시간과 공간, 그 근원을 찾아서

우주의 구조

THE FABRIC OF THE COSMOS

시간과 공간, 그 근원을 찾아서

우주의 구조

브라이언 그린 지음
박병철 옮김

승산

순수한 지적 모험의 결정판… 이 책은 스티븐 호킹의 『시간의 역사(A Brief History of Time)』와 비교해도 전혀 손색이 없다. 그린(Greene)은 모호한 표현을 사용하거나 지나치게 단순화시키지 않고서도 어려운 개념 속에 들어 있는 신비로운 자연을 알기 쉽게 설명하고 있다.

Newsday

그린은 역시 우아한(elegant) 과학자였다. 그는 첨단 물리학의 난해한 개념들을 영감 어린 통찰을 통해 명쾌하게 설명하고 있다. 시간과 공간도 그의 손에 들어가면 재미있는 장난감으로 변한다.

Los Angeles Times

고급스러운 내용과 번뜩이는 재치… 일반상대성이론과 양자역학의 신비함, 그리고 시간과 공간의 물리적 특성에 관한 한 이보다 훌륭한 책은 없다.

Discover

그린은 독자의 호기심을 자극하여 과학에 대한 열정을 불러일으키는 재주가 있다.

Kansas City Star

그린은 뛰어난 이론물리학자이자 탁월한 설명능력으로 일반인들에게 과학을 전파하는 전도사이다.

The Oregonian

브라이언 그린은 이 시대의 새로운 호킹(the new Howking)이다, 그 이상이다.

The Times (London)

그린의 매력은 블랙홀의 중력에 견줄 만하다.

Newsweek

그린은 뛰어난 교사이자 타고난 재담가이다. 일단 이 책을 펼치면 단 한 구절도 흘려 넘기지 못할 것이다.

Boston Globe

결코 바닥을 보이지 않는 뛰어난 위트… 우주의 신비함에 매력을 느끼는 일반 독자들의 필독서.

The Sunday Times

이 책은 시간과 공간이 존재하게 된 이유를 언젠가는 밝혀 줄 것을 약속하고 있다.

Nature

일반 교양서에 끔찍한 수식을 남발하는 것은 바람직하지 않지만, 최첨단의 물리학을 수식 없이 소개하는 것도 결코 쉬운 일은 아니다. 그러나 그린은 이 어려운 작업을 훌륭하게 완수하였다. 그는 난해한 수학적 개념들을 일상적인 언어로 표현하는 데 발군의 능력을 발휘하고 있다. 비전문가들도 이 책을 통해 우주로 떠나는 유쾌한 여행을 즐길 수 있을 것이다.

Booklist(독자서평)

정말 흥미로운 책… 수학이 절대군주로 군림하고 있는 최첨단 물리학의 신비하고 난해한 세계를 일반 독자들에게 명쾌하게 설명하고 있다.

The News & Observer

독자들의 사고를 자극하면서 최고의 흥밋거리를 제공하는 두 권의 과학교양서가 지난 몇 년 사이에 출판되었다. 그 중 하나인 『엘러건트 유니버스』는 퓰리처상의 최종후보에 올랐었다. 이제 『우주의 구조』가 그 상을 수상할 차례다.

Physics World

700쪽에 걸친 재미있는 글을 통해 그린은 21세기 물리학을 결코 야단스럽지 않게 설명하고 있다.

The Herald

어려운 과학을 대중화시키는 전도사들 중 그린은 단연 으뜸이다.

Entertainment Weekly

그린은 물리학을 설명하는 데 경이로운 재능을 타고났다… 누구나 즐거운 마음으로 부담 없이 읽을 수 있다.

Economist

정말로 대단한 책… 전율이 온몸을 타고 흐른다.

Financial Times

이 책은 최고수준의 과학교양서이다… 적절한 비유와 유머를 통해 고급수학을 일상적인 언어로 풀어내는 데 있어서 그린에 견줄 만한 대가는 없다… 그는 물리학의 개념을 명쾌하게 설명하는 데 그치지 않고 그것이 중요하게 취급되어야 하는 이유까지 친절하게 설명하고 있다.

Publishers Weekly(독자서평)

마음 같아서는 긴 서평을 쓰고 싶지만, 앞서 다녀간 독자들이 이미 긴 서평을 많이 남겨 놓았으므로 몇 가지 평가만 간단하게 내리기로 한다.

(1) 결코 쉽게 읽을 수 없지만 읽을 만한 가치가 충분한 책이다. 독자들은 이 책으로부터 엄청난 양의 정보와 함께 고전물리학과 현대물리학이 이루어 낸 놀라운 업적을 마음으로 '느낄 수' 있을 것이다(일부 독자들은 이 책을 두고 "엘러건트 유니버스의 모조작" 정도로 생각하고 있다. 그러나 내가 보기에 그것은 이 책의 진가를 이해하지 못한 상태에서 내린 성급한 판단에 불과하다. 사실, 이 책에는 『엘러건트 유니버스』와 중복되는 내용도 일부 들어 있다. 그러나 이 책이 지향하는 기본적인 방향은 『엘러건트 유니버스』와 전혀 다르다).

(2) 기존의 상투적인 교양과학서적과는 달리, 이 책은 결코 읽는 이들을 실망시키지 않는다. 대부분의 책들은 내용의 80% 정도만을 설명한 후 어렵고 추상적인 부분에 도달하면 더 이상의 설명을 생략한 채 결론을 내려 버리지만, 브라이언 그린은 적절한 비유를 들어가며 모든 내용을 100% 완벽하게 설명하고 있다.

(3) 쉽게 읽을 수는 없지만 정말 재미있는 책이다. 일단 첫 장을 넘기면 도중에 책을 덮기가 어렵다. 특히 몇 개의 장은 끝까지 읽기 전에는 다른 일을 도저히 할 수가 없을 정도였다.

(4) 저자는 어려운 개념이 등장할 때마다 여러 가지 다양한 비유를 들어가며 독자들의 이해를 돕고 있다. 내용을 잘 아는 사람이라면 이런 식의 설명이 필요 없겠지만, 물리학을 잘 모르는 나에게는 다양한 각도의 설명이 큰 도움이 되었다.

(5) 기술적이고 구체적인 내용을 더 알고 싶은 독자들을 위해 충실한 후주가 달려 있다.

(6) 물리학이 말하는 시간과 공간, 그리고 우주론에 대하여 알고 싶은 독자라면 이 책을 반드시 읽을 것을 권한다. 별 관심이 없는 독자들도 이 책의 1장만은 반드시 읽어 보기 바란다.

R. 스틸만(R. Stillman) (Amazon 독자서평)

별 10개를 줘도 모자라는 최고의 도서!

고등학교와 대학 수준의 물리학을 근 30년간 가르쳐 온 교사의 입장에서 볼 때, 이 책은 지금까지 내가 접해 왔던 그 어떤 책보다 많은 정보와 흥미를 담고 있다. 5년쯤 전에 브라이언 그린의 『엘러건트 유니버스』를 읽고 감탄했었는데, 내가 볼 때 이 책은 그 수준을 훨씬 능가하고 있다.

일부 독자들은 이 책이 『엘러건트 유니버스』를 간단하게 축약시킨 것이라고 주장하고 있는데, 이는 결코 사실이 아니다. 『우주의 구조』는 적절한 비유와 명쾌한 설명으로 수준 높은 내용을 아주 쉽게 설명한 책이다. 내가 보기에는 『엘러건트 유니버스』보다 더 쉽게 쓰인 것 같다. 그러나 『우주의 구조』에 담겨 있는 내용들은 『엘러건트 유니버스』와 사뭇 다르다. 이 책은 물리학자들이 오랜 세월 동안 고민해 온 우주의 근원—시간과 공간을 주제로 다루고 있다. "공간은 실재하는가? 양자적 얽힘이란 무엇인가? 시간은 왜 한쪽 방향으로만 흐르는가? 끈이론은 과연 검증될 수 있는가?" 이런 질문들은 너무 난해해서 물리학자들조차도 기피하는 경향이 있으며 과학평론가들도 피상적인 설명밖에 하지 못하고 있다. 그러나 이 책에는 이 난해한 문제들이 일반인들도 이해할 수 있는 수준으로 명쾌하게 설명되어 있으며 나름대로의 해답까지 제시하고 있다. 지금까지 내가 읽어 본 그 어떤 교양과학서보다도 알차고 쉽게 쓰인 책이다.

이 책에 나오는 내용에 대하여 여러 해 동안 대학에서 강의를 해 온 물리학과 교수와 대화를 나눈 적이 있었는데, 그 역시 브라이언 그린의 책에서 많은 내용을 발췌하여 강의했다고 한다.

또한, 이 책은 내용을 과장하거나 은폐하지 않고 있는 그대로 서술했다. 그린은 아직 결론이 나지 않거나 논란의 대상이 되고 있는 문제들도 각자의 의견을 자세히 소개하여 독자들이 어떤 편견을 갖지 않도록 세심하게 배려하였다. 이 책의 주제는 끈이론이 아니라 시간과 공간의 구조를 가능한 한 정확하게 밝히는 것이다. 물론 쉬운 주제는 아니지만 그린은 이 작업을 훌륭하게 해냈다.

할 수만 있다면 이 책에는 별 10개를 주고 싶다.

J. 투렌버그(J. Turenberg) (Amazon 독자서평)

최고의 걸작!

우주의 첨단이론에 대하여 이처럼 잘 쓰인 책은 지금까지 단 한 번도 본 적이 없다.

물리학자 브라이언 그린은 적절한 비유와 위트를 구사해 가며 시간과 공간에 얽힌 비밀을 꾸준하고 명쾌하게 파헤치고 있다. 특히 시간에 관한 그의 설명은 단연 최고이다.

나는 과학관련 도서를 몇 년간 읽어 왔는데, 이 책을 통해 양자역학의 불확정성원리가 과거와 미래까지 지배한다는 것을 처음으로 알게 되었다.

첨단물리학의 정보뿐만 아니라 '우주에 관하여 현재 우리가 아는 것과 모르는 것'을 분명하게 알고 싶은 독자들은 이 책을 반드시 읽어 보기 바란다.

별 다섯 개 이상을 줄 수 있다면 얼마든지 주고 싶은 책이다.

로버트 아들러(Robert Adler), 『사이언스 퍼스트』의 저자 (Amazon 독자서평)

트레이시에게

서문

수많은 과학적 주제들 중에서 우리의 상상력을 가장 강하게 자극하는 것은 아마도 시간과 공간일 것이다. 시간과 공간은 실존하는 현실이자 우주를 구성하는 기본구조이기도 하다. 우리가 직접 행하거나 경험하는 모든 사건들은 특정 시간간격 내에, 그리고 공간상의 한정된 영역 안에서 발생하고 있다. 직관적으로는 이렇게 간단하고 당연한 개념인데도, 현대과학은 시간과 공간의 정체를 파악하기 위해 지금도 씨름을 벌이는 중이다. 시간과 공간은 과연 물리적 실체인가? 아니면 그저 편의를 위해 도입된 개념에 불과한가? 만일 시간과 공간이 실존하는 물리적 실체라면 그들은 가장 근본적인 실체인가? 아니면 다른 무엇으로부터 파생된 2차적 징후인가? 공간이 '비어 있다'는 것은 무엇을 의미하는가? 과거에 시간은 시작점이 있었을까? 시간은 우리의 직관처럼 과거에서 미래를 향해 일방통행으로 날아가는 화살과도 같은 것일까? 우리는 과연 시간과 공간을 과학적 객체로 다룰 수 있을까? 이 책의 목적은 지난 300년 동안 과학자들이 쌓아 온 업적을 되돌아보면서 위에 열거한 질문의 답을 찾는 것이다. 질문 자체가 너무 난해하여 근본적인 답을 찾지는 못하더라도, 새로운 각도에서 우주의 본질에 관한 이해를 도모할 수는 있을 것이다.

다른 문제도 마찬가지지만, 특히 '시간과 공간의 특성'이라는 문제를 추적하다 보면 결국 "정말로 실재하는 것은 무엇인가?"라는 난제에 항상 부딪히게 된다. 우리의 경험과 생각은 지금 우리가 살고 있는 세계의 내부에 한정되어 있음이 분명한데, 눈앞에 펼쳐진 현실이 "다른 외부세계가 우리의 세계로 투영된 결과"라는 것을 어떻게 알 수 있다는 말인가? 철학자들은 이 문제를 놓고 오랜 세월 동안 고민해 왔으며, 영화제작자들은 여기에 인공적이고 자극적인 요소를 첨가하여 관객들의 마음을 사로잡고 있다. 또한, 나와 같은 물리학자들은 시간과 공간, 그리고 그 속에 존재하는 모든 물질들이 실재reality가 아니라는 강한 심증을 갖고 있다. 그러나 우리에게 주어진 것은 실험을 통해 얻은 결과들뿐이므로 눈앞에 보이는 현실세계를 가볍게 취급할 수는 없다. 의구심과 상상력은 과학의 원동력임이 분명하지만, 그렇다고 무작정 상상의 나래만 펼치고 있을 수도 없다. 우리는 주어진 실험 데이터를 수학적, 물리학적으로 분석하여 자연현상을 논리적으로 설명하고 앞으로 일어날 사건들을 예견해야 한다. 그러므로 우리가 만드는 이론에는 필연적으로 어떤 제한이 가해질 수밖에 없다. 지난 100년 동안 이루어진 물리학적 발견들은 그 어떤 공상과학소설보다도 충격적이었으며, 그 여파로 우리의 우주관과 과학의 패러다임은 엄청난 변화를 겪었다. 이 혁명적인 변화의 내용은 이 책을 읽어 가면서 체계적으로 정리될 것이다.

지금 우리가 제기하고 있는 질문의 대부분은 아리스토텔레스와 갈릴레이, 뉴턴, 아인슈타인 등 각 세대의 과학자들이 한결같이 제기해 왔던 질문과 크게 다르지 않다. 표현방식은 조금 다를 수도 있지만 근본적인 의문은 수천 년의 세월이 지난 지금도 여전히 의문으로 남아 있다. 물론, 각 시대의 과학자들은 그들 나름대로의 해답을 제시했으나 그 답이 온전한 형태로 대물림된 적은 거의 한 번도 없었다. 이 책이 추구하는 또 하나의 목적은 그 동안 과학자들이 제시했던 답의 변천사를 추적함으로써 과학이 형성되어 온 과정을 일목요연하게 조명하는 것이다.

"텅 빈 공간이란 무엇인가?"라는 질문을 예로 들어 보자. 완전하게 비어 있는 공간은 상상 속에서만 존재하는 허구인가? 아니면 텅 빈 화폭처럼 실제로 존재하는 그 무엇인가? 17세기의 뉴턴은 공간을 실재하는 물리적 객체로 간주했고 19세기의 에른스트 마흐Ernst Mach는 텅 빈 공간이 존재하지 않는다고 주장했으며 20세기의 아인슈타인은 시간과 공간을 하나의 세트로 통합하여 완전히 새로운 시공간의 개념을 만들어 냄으로써 마흐의 주장을 반박했다. 이렇게 당대 최고 석학들의 주장도 시계추처럼 오락가락하고 있다. 그 변하는 과정을 자세히 들여다보면 새로운 발견이 이루어질 때마다 '비어 있는' 상태의 물리적 정의가 수시로 변해 왔음을 알 수 있다. 현대에 와서는 텅 빈 공간에 양자장quantum field이라는 일종의 장(場)이 존재하며, 우주상수cosmological constant라 불리는 균일한 에너지로 가득 차 있다는 가능성이 제기되면서 과거의 에테르aether이론과 비슷한 형태로 회귀하고 있다.

요즘은 공간 속에 여분의 차원이 숨겨져 있음을 주장하는 끈이론string theory이 설득력을 얻고 있다. 끈이론에서 출발하여 우주의 근본적인 구조를 추적하는 M-이론에 의하면 우리가 살고 있는 공간은 더욱 큰 우주의 한 단면에 불과하며 심지어는 우리의 우주조차도 다양한 우주의 한 측면일 뿐이다. 물론 이 파격적인 주장은 아직 추론에 불과하지만 수많은 학자들이 우주의 가장 근본적인 법칙을 찾는 와중에 탄생한 이론이므로 한번쯤 신중하게 생각해 볼 만하다. 과학적인 상상력은 비현실적이고 이상한 현실을 만들어내기도 하지만, 첨단물리학을 이끌어 가는 원동력이기도 하다.

과학을 전공하지 않은 일반 독자들에게 복잡하고 다양한 우주의 법칙을 설명하고 이해를 돕는 것이 이 책 『우주의 구조』의 목적이다. 이전에 출간된 『엘러건트 유니버스』와 마찬가지로 이 책에서도 수학적인 내용은 가능한 한 배제하고 비유나 그림으로 설명을 대신할 것이다. 그리고 이 책에서 가장 어려운 부분에 도달하면 그 부분을 그냥 건너뛰고 싶은 독자들을 위해 간략한 개요를 미리 설명할 것이다. 독자들은 이 책을 읽으면서 첨단 물리학의 세계관뿐만 아니라 그러한 세계관이 왜 중요하게 취급되어야만 하는지, 그 이유도 분명하게 이해할 수 있을 것이다.

과학에 관심 있는 독자들과 학생들, 그리고 현장에서 학생들을 가르치는 교사 및 교수들은 이 책에서 더욱 많은 정보를 얻을 수 있다. 책의 앞부분에서는 상대성이론과 양자역학의 기초적인 지식을 주로 다루겠지만, 시간과 공간의 개념은 기존의 틀에 얽매이지 않고 자유로운 형식으로 도입될 것이다. 그 후로는 벨의 정리Bell's theorem와 양자적 관측이론, 가속되는 팽창, 입자가속기로 블랙홀을 만드는 과정, 웜홀wormhole을 이용한 시간여행 등 다양한 내용들이 다루어질 것이다.

이 책에 언급된 내용 중 일부는 논란의 여지가 있을 수도 있다. 아직 해결되지 않은 문제를 다룰 때는 현재 알려진 최첨단의 이론을 본문에 소개하고 나머지 이론들은 후주에 따로 소개하였다. 물론, 소수의견을 고집하는 과학자들은 나와 다른 생각을 갖고 있을 수도 있다. 나는 어떤 한쪽의 주장을 일방적으로 소개하지 않고 모든 의견을 공정하게 소개하기 위해 나름대로 최선의 노력을 기울였다. 후주를 잘 활용하면 본문에서 생략된 수학적 내용을 비롯하여 본문의 내용을 좀 더 분명하게 이해할 수 있을 것이다. 그리고 생소한 전문용어들은 뒤에 딸려 있는 용어해설에 따로 설명하였다.

사실, 이 정도 분량의 책에 시간과 공간에 관한 모든 이야기를 담을 수는 없다. 그래서 나는 가능한 한 근본적이고 흥미로운 주제들만을 골라서 소개할 수밖에 없었다. 물론 여기에는 나의 개인적 의견과 취향이 반영되어 있을 것이므로 일부 독자들의 연구주제나 관심분야가 누락되어 있을 수도 있다. 이 점에 관해서는 미리 양해를 구하는 바이다.

라파엘 캐스퍼Raphael Kasper와 루보스 모틀Lubos Motl, 데이비드 슈타인하르트David Steinhardt, 켄 바인버그Ken Vineberg는 이 책의 초고를 미리 읽고 나에게 값진 조언을 해 줌으로써 책의 완성도를 높이는 데 커다란 도움을 주었다. 그들에게 깊은 감사를 드리는 바이다. 또한 데이비드 앨버트David Albert, 테드 발츠Ted Baltz, 니콜라스 볼스Nicholas Boles, 트레이시 데이Tracy Day, 피터 뎀처크Peter Demchuk, 리처드 이스더Richard Easther, 애너 홀Anna Hall, 키스 골드스미스Keith Goldsmith, 셸리 골드스타인Shelley Goldstein, 마이클 고딘Michael Gordin, 조슈아 그린Joshua Greene, 아서 그린스푼Arthur Greenspoon, 가빈 게라Gavin Guerra, 산드라 카우프만Sandra Kauffman, 에드워드 카스텐마이어Edward Kastenmeier, 로버트 크룰위치Robert Krulwich, 안드레이 린데Andrei Linde, 샤니 오펜Shani Offen, 마울릭 패릭Maulik Parikh, 마이클 포포위츠Michael Popowits, 마를린 스컬리Marlin Scully, 존 스타첼John Stachel, 라스 스트래터Lars Straeter도 원고를 끝까지 읽고 많은 조언을 해 주었다. 그리고 대화를 통해서 많은 도움을 준 사람들도 있다. 그들의 이름을 나열하자면 안드레아스 알브레흐트

Andreas Albrecht, 마이클 바셋Michael Bassett, 션 캐롤Sean Carrol, 안드레아 크로스Andrea Cross, 리타 그린Rita Greene, 웬디 그린Wendy Greene, 수잔 그린Susan Greene, 앨런 구스Alan Guth, 마크 잭슨Mark Jackson, 다니엘 카바트Daniel Kabat, 윌 킨니Will Kinney, 저스틴 코우리Justin Khoury, 히라냐 페이리스Hiranya Peiris, 솔 펄무터Saul Perlmutter, 콘라드 샬름Koenraad Schalm, 폴 슈타인하르트Paul Steinhardt, 레너드 서스킨드Leonard Susskind, 닐 튜록Neil Turok, 헨리 타이Henry Tye, 윌리엄 와무스William Warmus, 에릭 와인버그Erick Weinberg 등이다. 특히, 많은 조언과 함께 신랄한 비평으로 결정적인 도움을 준 라파엘 군너Raphael Gunner에게 각별한 고마움을 전한다. 에릭 마르티네즈Eric Martinez는 이 책이 제작되는 동안 끊임없이 나를 도와주었고 제이슨 서버스Jason Severs는 멋진 그림을 그려주었다. 나의 출판 대리인인 카틴카 맷슨Katinka Matson과 존 브록만John Brockman에게도 감사드린다. 또한, 이 책의 편집자인 마티 에셔Marty Asher의 공로도 빼놓을 수 없다. 그는 꼼꼼하고 치밀한 편집으로 이 책의 완성도를 한층 더 높여 주었다.

끝으로 나의 연구와 집필에 재정적 도움을 아끼지 않았던 국립과학재단National Science Foundation의 에너지 분과와 슬론P. Sloan 재단에 깊은 감사를 드린다.

차례

I 진리의 각축장

II 시간과 경험

III 시공간과 우주론

IV 근원과 통일

V 실체와 상상의 세계

일러두기

1 각 장의 후주([1], [2], [3], …)는 책의 뒷부분에 정리되어 있다. 후주는 인용한 내용의 출처나 수학적 증명을 담고 있으므로 관심 있는 독자들은 참고하기 바란다.
2 이 외에 본문 중간에 있는 각주([+], [++])는 같은 페이지 내에서 좀 더 자세한 설명이 필요한 경우에 첨가되었다.

I

진리의 각축장

제1장

진리로 가는 길

시간과 공간은 왜 지금과 같은 모습을 하고 있는가?

어린 시절, 아버지의 서재는 가족들에게 항상 공개되어 있었다. 그러나 나는 우리 가족들 중 누군가가 아버지의 책을 꺼내 읽는 모습을 단 한 번도 본 적이 없다. 책꽂이에 꽂혀 있는 책은 보기만 해도 질릴 정도로 두꺼운 책들이 대부분이었고 책의 제목도 문명의 역사, 서양문학전집 등 골치 아픈 내용이 대부분이었다. 책장의 제일 위쪽에는 아주 얇은 책 한 권이 꽂혀 있었는데, 그 책은 마치 거인국에 떨어진 걸리버처럼 두툼한 책들 사이에서 유난히 눈에 띄었다. 이제 와서 생각해 보면 내가 그 책을 왜 진작 읽지 않았는지 언뜻 이해가 가지 않는다. 아버지의 책은 흐르는 세월과 함께, 읽는 책이라기보단 일종의 가족유산처럼 인식되었던 것 같다. 그러던 어느 날, 한창 사춘기를 겪고 있던 나는 드디어 그 얇은 책을 꺼내서 먼지를 털고 표지를 넘겨 보았는데, 처음 등장하는 몇 줄의 문장은 한마디로 놀라움, 그 자체였다.

"진정한 철학적 문제는 단 하나뿐이며, 그것은 바로 '자살'에 관한 것이다" — 그 책은 이런 문장으로 시작되었고, 충격을 받은 나는 잠시 움츠러들었다. 충격적인 문장은 다음과 같이 계속되었다. "이 세계는 과연 3차원인가? 인간의 마음은 정말 아홉 가지로 구분되는가? 이런 질문들은 인간이 벌이고 있는 게임의 일부이며, 사람들은 하나의 쟁점에 결론이 내려진 후에야 관심을 갖기 시작한다." 그 책은 알제리 태생의 작가이자 노벨 문학상 수상자인 알베르 카뮈Albert Camus의 대표작, 『시지푸스의 신화The Myth of Sisyphus』였다. 처음 읽을 때는 매우 냉담하게 느껴졌지만, 시간이 지남에 따라 나의 이해력이 성장하면서 카뮈의 냉담함은 나의 인식 속에 부드럽게 녹아들기 시작했다. 물론 이것은 나 혼자만의 생각이다. 개중에는 카뮈의 글을 놓고 평생 동안 고민하는 사람도 있을 것이다. 그러나 카뮈의 진정한 고민은 "과연 인생은 살 만한 가치가 있는가?"라는 문제였으며, 나머지는 모두 부차적인 문제에 불과했다.

내가 카뮈의 책을 처음 읽은 것은 감수성이 극도로 예민한 사춘기 시절이었기에 그의 글은 마음속 깊이 각인되어 지금까지도 생생하게 남아 있다. 지난 세월 동안 내가 만났던 수많은 사람들, 그리고 대중매체나 소문을 통해 간접적으로 접한 그 많은 사람들은 각자 나름대로 인생의 가치에 대하여 해답을 제시해 왔고 모든 답들은 나름대로 의미가 있었다. 그러나 카뮈는 인생을 중요하게 생각했던 반면, 과학에 대해서는 그다지 큰 가치를 두지 않았던 것 같다. "과학은 분명 추구할 만한 가치는 있지만 그것이 삶의 가치를 더 높여 주지는 않는다"는 것이 그의 생각이었다. 내가 어린 시절에 접했던 실존주의 철학과 비교할 때, 과학에 관한 카뮈의 주장은 다소 엉뚱하게 들렸다. 당시 물리학자를 꿈꾸던 나는 인생의 궁극적 무대인 이 우주를 이해하는 것이야말로 삶을 이해하는 가장 확실한 지름길이라고 생각했었다. 만일 우리 인간들이 지구의 깊은 내부에 살면서 지구의 표면과 찬란한 태양빛, 광활한 바다 등에 대하여 전혀 모르고 있다면, 또는 인간의 진화가 지금과는 다른 방향으로 진행되어 촉각 이외의 감각기관을 전혀 발달시키지 못했다면, 또는 인간의 감성과 분석능력이 다섯 살 이후로 더 이상 성장하지 않는 것이었다면 이 세상은 우리의 눈에 어떤 모습으로 보일 것인가? 나는 어린 시절에 이런 생각을 자주 떠올렸다. 어느 날, 인간이 드디어 지구의 표면을 뚫고 나왔을 때, 또는 시각과 청각, 후각, 미각을 획득하였을 때, 또는 인간의 정신이 다섯 살 후에도 계속 성장하게 되었을 때 우리의 삶과 우주관은 격렬한 변화를 겪게 될 것이 분명하다. 이런 경우에 우리가 갖고 있었던 '진리'라는 개념은 가히 혁명적으로 변하면서 온갖 철학적 질문들이 봇물 터지듯 쏟아져 나올 것이다.

그렇다면 그 진리란 과연 무엇인가? 우리 인간은 우주의 운영방식을 모두 알지 못하지만 대략적인 그림을 그려 볼 수는 있다. 물리학이 더욱 발전하면 공간의 차원에 대한 이해가 깊어질 것이고 신경생리학이 발전하면 두뇌의 구조가 더욱 구체적으로 밝혀질 것이다. 다른 과학분야에서도 나름대로의 정보를 취득할 수 있다. 그러나 이 모든 정보들이 과연 인간의 삶과 인간이 추구하는 진리에 영향을 줄 수 있을 것인가? 카뮈는 이 점에 대하여 부정적인 생각을 갖고 있었다. 진리란 사고의 영역에 존재하며, 오로지 경험에 의해 그 실체가 밝혀진다는 것이 카뮈의 생각이었던 것이다.

대다수의 사람들은 은연중에 카뮈와 비슷한 생각을 갖고 있다. 나 자신도 일상적인 삶 속에서 카뮈식 사고방식에 어느 정도 익숙해져 있다. 당장 눈앞에 보이는 자연의 모습에 현혹되는 것은 어쩔 수 없는 인간의 한계인지도 모른다. 그러나 카뮈의 책을 처음 접한 후로 수십 년간 자연과학을 공부해 온 나의 개인적인 경험에 의하면, 현대과학은 카뮈의 주장과 전혀 다른 관점을 고수하고 있다. 지난 한 세기 동안 인류는 과학을 연구하면서 "인간의 경험은 얼마든지 잘못된 결과를 낳을 수 있다"는 사실을 뼈저리게 통감하였다. 우리는 일상생활의 표면 안에 숨어 있는 세계를 쉽게 인지하지 못한다. 비밀스러운 종교나 점성술을 믿는 사람들, 그리고 "진리는 일상적인 경험을 초월한 곳에 있다"는 종교적 교리를 신봉하는 사람들도 현대과학과 비슷한 주장을 펼치고 있지만, 지금 내가 말하고자 하는 것은 그런 의미가 아니다. 그동안 수많은 과학자들이 창의적인 연구를 꾸준히 진행해 온 결과, 이 우주는 생소하고 흥미로우며 우아할 뿐만 아니라 우리의 짐작과 전혀 다른 모습을 하고 있다는 사실이 밝혀진 것이다.

이 모든 발전은 지금도 매우 구체적인 형태로 진행되고 있다. 물리학이 발전하면서 우주의 개념은 여러 차례에 걸쳐 대대적으로 수정되어 왔다. 수십 년 전에 처음 접했던 '삶의 참다운 가치'에 관한 카뮈의 질문이 지금도 내게 영향력을 행사하고 있는 것은 사실이지만, 동시에 현대물리학은 일상적인 경험만으로 이 우주를 이해하는 것이 콜라병을 통해 고흐의 그림을 바라보는 것만큼이나 부정확한 행위임을 강하게 암시하고 있다. 우리의 미숙한 이해력으로는 우주의 대략적인 그림밖에 그릴 수 없다는 사실을 현대과학이 말해 주고 있는 것이다. 카뮈는 물리적 질문을 인간의 삶과 분리하여 부차적인 문제로 간주했지만, 지금의 나는 물리적 질문이야말로 인간의 삶에 가장 중요한 요소라고 생각한다. 카뮈가 가장 중요하게 생각했던 형이상학적 문제들도 그 근본을 추적하다 보면 결국 물리적 실체에 도달하기 때문이다. 현대물리학을 고려하지 않고 존재의 근원을 추적하는 것은 어두운 방에서 알지도 못하는 적을 상대로 씨름을 벌이는 것과 다를 것이 없다. 주변의 모든 사물을 물리적으로 이해하지 못한 상태에서 우리의 감각이나 경험을 있는 그대로 믿을 수는 없지 않은가.

이 책의 목적은 시간과 공간의 진정한 모습과 그 결과로 나타난 이 우주의 실체를 가장 최신 버전의 물리학으로 이해하는 것이다. 이 문제는 아리스토텔레스에서 아인슈타인에 이르기까지, 그리고 아스트롤라베astrolabe(기원 전 200년경, 육분의sextant가 발명되기 전에 그리스 천문학자가 사용했던 천체 관측기: 옮긴이)로부터 허블망원경이 만들어질 때까지 장구한 세월 동안 인류가 추구해 온 역사 깊은 문제이다. 사실, 시간과 공간에 관한 의문은 인간 사고의 역사와 그 맥을 같이하고 있다. 특히 현대과학의 시대가 도래하면서 시간과 공간은 과거 그 어느 때보다도 중요한 문제로 취급되고 있다. 지난 300년간 물리학의 발달과 함께 시간과 공간의 개념은 가장 매혹적이면서도 가장 다루기 어려운 난제로 군림해 왔으며, 지금은 이 우주의 구조를 가장 근본적인 단계에서 밝혀 줄 후보로 각광을 받고 있다.

뉴턴Isaac Newton은 시간과 공간을 단순하게 생각했다. 그는 시간과 공간이 '자력으로 움직이지 못하는' 이 우주를 구성하고 있으며, 삼라만상이 발생하고 사라지는 무대가 곧 시간과 공간이라고 생각했다. 뉴턴과 동시대에 살면서 종종 그의 경쟁자로 일컬어지는 라이프니츠Gottfried Wilhelm von Leibniz도 뉴턴과 비슷한 논리로 "시간과 공간이란 모든 사물들이 존재하고 모든 사건이 발생하는 무대를 칭하는 하나의 어휘에 불과하다"고 생각했다. 그러나 아인슈타인에게 시간과 공간은 우주의 비밀이 숨어 있는 물리적 실체였다. 그는 자신의 전매특허인 상대성이론을 통해 시간과 공간에 대한 기존의 개념을 뿌리째 뒤흔들면서 "우주의 진화에 가장 중요한 역할을 해 온 주역은 시간과 공간이다"라는 놀라운 사실을 천명하였고, 그 후로 시간과 공간은 물리학의 보물과도 같은 존재로 부각되었다. 친숙하면서도 난해한 시공간의 실체를 완전하게 규명하는 것이야말로 현대물리학의 가장 큰 과제인 것이다.

이 책에서 우리는 시간과 공간의 구조를 다양한 각도에서 조명해 볼 것이다. 개중에는 사실여부를 확인할 수 없을 정도로 뜬구름 잡는 듯한 내용도 있고, 우리의 일상적인 경험과 잘 맞아떨어지는 내용도 있다. 그러나 이 책에 등장하는 대부분의 이론들은 우리의 상식과 많이 동떨어져 있음을 명심하기 바란다. 기존의 경험과 상식에 매달린다면 물리적 실체로서의 시간과 공간을 이해하기가 결코 쉽지 않을 것이다.

철학적인 내용은 가급적 언급을 피하고 반드시 필요한 경우에만 짚고 넘어갈 생각이다(물론 자살이나 삶의 의미와 같은 문제를 다룬다는 뜻은 아니다). 사실, 과학적 시각으로 시간과 공간의 수수께끼를 풀어 나가는 과정에서 우리가 펼칠 수 있는 사고의 영역은 엄격하게 제한될 수밖에 없다. 초기우주의 작은 점으로부터 현재 우주의 가장 먼 곳, 가장 먼 미래에 이르기까지 광활한 영역을 조망하는 동안 우리는 변치 않는 관점을 고수해야 한다. 물론 이 책을 다 읽는다고 해도 명확한 결론은 내려지지 않을 것이다. 그러나 다양한 사례들(개중에는 황당한 이론도 있고 수긍이 가는 이론도 있으며 실험적으로 규명된 것, 또는 순전히 이론상으로만 가능한 내용도 있다)을 접하다 보면 우주의 근본적인 구조와 진정한 실체를 부분적으로나마 마음속에 담을 수는 있을 것이다.

고전적 실체

현대과학의 시대가 정확하게 언제부터 시작되었는지는 역사학자들의 시각에 따라 천차만별이겠으나, 한 가지 분명한 것은 갈릴레이와 데카르트, 그리고 뉴턴이 활동하던 시대에도 현대과학은 한창 발전하고 있었다는 점이다. 이 시대의 과학자들은 천체의 움직임을 수학적으로 분석한 끝에 모종의 규칙이 있음을 발견하였고, 그 규칙이 모든 천체에 한결같이 적용된다는 사실이 알려지면서 새로운 과학적 시각이 싹트기 시작했다. 이 무렵에 활동했던 선구자들은 "우주 내의 모든 삼라만상은 설명 가능하고 예측 가능한 방식으로 진행된다"는 과감한 생각을 떠올렸다. 미래의 사건을 논리적인 방법으로 정확하게 예측하는 과학의 위력이 비로소 발휘되기 시작한 것이다.

초기의 과학은 주로 일상적인 물체들을 대상으로 삼았다. 갈릴레오는 기울어진 탑 위에서 물체를 떨어뜨리거나(그곳이 피사의 사탑이었다는 주장은 별로 신빙성이 없지만) 경사로 위에서 둥근 물체를 굴렸고 뉴턴은 떨어지는 사과를 바라보다가(이것도 전설에 불과하지만) 달의 공전궤도를 떠올렸다. 그들의 목적은 이제 갓 열린 과학의 귀로 자연의 화음을 인지하여 수학적으로 분석하는 것이었다. 물론 그들이 얻은 물리적 사실들은 기존의 경험과 잘 일치했지만, 갈릴레오와 뉴턴은 여기서 한 걸음 더 나아가 자연이 만들어 내는 리듬과 화음을 인지하고 그 속에 숨어 있는 규칙을 나름대로 이해하려고 노력했다. 후대에 알려지진 않았어도 이 시대에 과학의 발전에 공헌한 사람은 수도 없이 많을 것이다. 그러나 그 많은 사람들이 이루어 낸 업적은 대부분 뉴턴의 것으로 돌아갔다. 그는 당시에 알려져 있던 지구의 운동을 단 몇 개의 방정식으로 정확하게 설명함으로써 고전물리학classical physics의 새로운 지평을 활짝 열었던 것이다.

뉴턴의 운동법칙이 알려진 후로 수십 년 동안 그의 운동방정식은 다양한 분야에 적용되어 자연이 수학적임을 일깨워 주는 첨병의 역할을 톡톡히 해냈고, 이에 따라 고전물리학은 복잡하면서도 절대적인 과학으로 자신의 입지를 확고하게 굳혀 갔다. 물론 이 모든 것은 뉴턴이 세워 놓은 등대가 있었기에 가능한 일이었다. 300여 년이 지난 오늘날에도 뉴턴의 운동방정식은 전 세계 대학의 강의실이나 우주선을 띄우는 NASA의 연구문서에서 쉽게 찾아볼 수 있다. 뿐만 아니라 최첨단의 이론에서도 뉴턴의 고전물리학은 여전히 핵심적인 역할을 하고 있다. 한마디로 말해서, 뉴턴은 모든 자연현상들을 하나의 이론체계로 통합한 물리학의 대부였던 셈이다.

그러나 뉴턴은 운동법칙을 세우면서 하나의 문제에 직면하게 되었다. 물체에 힘을 가하면 움직인다는 것은 누구나 알고 있는 사실이다. 그렇다면 물체의 운동이 일어나는 배경은 어떻게 되는가? 여러분은 "그 배경은 다름 아닌 공간이다!"라고 대답하고 싶을 것이다. 그렇다. 그것은 분명히 공간이다. 그러나 "공간의 본질은 무엇인가?"라고 물으면 대답이 쉽게 떠오르지 않는다. 공간은 과연 물리적 실체인가? 아니면 우주를 이해하기 위해 인위적으로 도입된 추상적 개념에 불과한 것인가? 뉴턴은 이 질문에 그럴듯한 답을 구해야 했다. 시간과 공간의 물리적 의미를 규명하지 못하면 자신이 얻은 운동방정식도 의미가 없어지기 때문이었다.

뉴턴은 자신의 저서인 『프린키피아Principia』에 시간과 공간의 개념을 몇 줄에 걸쳐 정리해 놓았다. 그는 시간과 공간이 절대불변의 실체이며 이로부터 구성된 우주 역시 절대로 변하지 않는 견고한 세계라고 생각했다. 뉴턴의 주장이 옳다면 시간과 공간은 이 우주를 지금의 모습으로 유지시켜 주는 절대불변의 구성요소가 된다.

직관적으로는 크게 문제될 것이 없어 보이지만, 모든 사람들이 뉴턴의 주장을 받아들인 것은 아니었다. 일부 과학자들은 "시간과 공간은 느낄 수 없고 만질 수도 없으므로 물리적 실체로 간주할 수 없다"고 주장하기도 했다. 그러나 뉴턴이 찾아낸 운동방정식의 위력이 너무도 막강했으므로 시간과 공간에 관한 그의 절대적인 개념은 모든 반대의견들을 압도하면서 향후 200여 년 동안 물리학 최고의 교리로 군림할 수 있었다.

상대론적 실체

뉴턴의 고전적 세계관은 우리의 직관이나 경험과 잘 일치하기 때문에 굳이 반기를 들고 대항할 이유가 없었다. 뉴턴의 역학은 자연현상들을 놀라울 정도로 정확하게 서술할 수 있을 뿐만 아니라, 그로부터 얻어진 모든 수학적 결과들은 우리의 일상적인 경험과 잘 일치했다. 어떤 물체를 밀면 물체의 속도가 빨라지며, 벽을 향해 야구공을 세게 던질수록 벽에 전달되는 충격은 증가한다. 또, 무언가를 손가락으로 세게 누르면 그 물체는 똑같은 세기의 힘을 손가락에 행사하고, 질량이 큰 물체일수록 중력에 의한 무게도 크다. 이 모든 것은 자연의 기본적인 특성으로서, 뉴턴의 운동방정식을 풀면 일목요연하게 이해할 수 있다. 점쟁이들이 유리구슬을 바라보며 외우는 난해한 주문과는 달리, 뉴턴의 역학은 약간의 수학적 지식만 습득하면 누구나 의견일치를 볼 수 있는 절대불변의 진리였다. 고전물리학은 인간의 직관을 옹호하는 확고부동한 과학적 기초였던 것이다.

뉴턴은 자신의 방정식에 중력을 포함시켰다. 그러나 거기에 전기력과 자기력이 포함된 것은 그로부터 약 200년이 지난 후의 일이었다. 1860년대에 영국의 물리학자인 제임스 클러크 맥스웰James Clerk Maxwell은 고전물리학의 무대를 전자기력의 영역까지 확장시켰는데, 이 과정에서 몇 개의 방정식이 추가되어 수학적인 내용은 조금 어려워졌지만 우리의 직관과 일치하는 결과를 준다는 점에서는 별로 달라진 것이 없었다. 뉴턴의 운동방정식이 물체의 운동을 설명했던 것처럼, 맥스웰의 방정식은 전기 및 자기와 관련된 현상들을 훌륭하게 설명해 주었다. 이렇게 모든 일들이 순조롭게 풀려 나가면서 1800년대 말엽의 과학자들은 인간의 지성이 우주의 비밀보다 한 수 위라는 다소 오만한 생각까지 품게 되었다.

전기와 자기현상이 성공적으로 밝혀지면서 19세기의 이론물리학자들은 물리학이 곧 최종목적지에 도달할 것이라고 믿어 의심치 않았다. 조금만 더 앞으로 나아가면 물리학은 우주의 모든 것을 설명해 낼 것이며 그동안 밝혀진 물리법칙들은 불변의 진리로 비석에 새겨져 영원히 보존될 것만 같았다. 당시 유명한 실험물리학자였던 앨버트 마이컬슨Albert Michelson은 "이제 자연의 기본원리는 대부분 분명하게 밝혀졌다"면서 득의양양했고 영국의 물리학자 켈빈Lord Kelvin은 "이제 물리학에 남은 일은 기존 측정값들의 소수점 이하 자릿수를 늘려가는 것뿐이다"라고 자신 있게 공언했다.[1] 1900년에 켈빈은 물리학에 남아 있는 두 가지 문제, 즉 빛의 특성에 관한 문제와 달궈진 물체가 내뿜는 복사와 관련된 문제[2]를 짧게 언급한 적이 있었는데, 그를 비롯한 대다수의 물리학자들은 이것을 지엽적인 문제로 여기면서 빠른 시일 내에 해결될 것을 믿어 의심치 않았다.

그러나 그로부터 10년이 채 지나기도 전에 상황은 백팔십도 달라졌다. 켈빈은 아직 해결되지 않은 두 가지 문제를 언급하면서 "이제 곧 해결될 사소한 문제"라며 대수롭지 않게 생각했으나, 알고 보니 이 문제들은 기존의 물리학을 송두리째 갈아엎는 대혁명의 도화선이었던 것이다. 그 후로 물리학의 모든 법칙들은 새로운 틀에서 대대적으로 수정되었으며, 우리의 직관과 잘 일치하는 듯이 보였던 시간과 공간, 그리고 실체에 관한 고전적 개념은 더 이상 설 자리를 잃고 말았다.

켈빈이 언급했던 빛의 특성에서 시작하여 상대성이론으로 이어지는 물리학의 혁명은 아인슈타인이라는 걸출한 천재 한 사람에 의해 1905~1915년까지 십 년여 동안 진행되었고 그 사이에 특수상대성이론과 일반상대성이론이 새롭게 탄생하였다(3장 참조). 아인슈타인은 전기와 자기, 그리고 빛의 성질을 연구하던 중 고전물리학의 주춧돌 역할을 해 왔던 뉴턴의 시간과 공간 개념이 잘못되었음을 발견하였다. 그는 1905년, 몇 주 동안 심사숙고한 끝에 "시간과 공간은 절대적이지 않으며 서로 무관하지도 않다. 이들은 관측자의 운동상태에 따라 얼마든지 다르게 보일 수 있으며 서로 긴밀하게 연관되어 있다"는 놀라운 결과를 얻었다. 그리고 그로부터 약 10년이 지난 후에 아인슈타인은 뉴턴의 중력이론마저 상대론적 관점에서 재구성함으로써 그렇지 않아도 입지가 위태로워진 고전물리학에 결정타를 날렸다. 그의 새로운 중력이론(일반상대성이론)에 의하면 시간과 공간은 한 객체의 부분적 특성에 불과하며, 우주의 진화과정은 시간과 공간의 비틀림과 불가분의 관계를 맺고 있다. 영원불변의 절대량으로 여겨졌던 고전적 시간, 공간의 개념이 상대성이론의 출현과 함께 얼마든지 변형될 수 있는 역동적 개념으로 수정된 것이다.

인간의 지성이 이루어 낸 가장 훌륭한 업적이라 할 만한 두 가지(특수, 일반) 상대성이론은 뉴턴이 찾아냈던 고전적 진리를 역사의 뒤안길로 보내 버렸다. 뉴턴의 역학은 우리의 일상적인 경험을 훌륭하게 설명하고 있긴 하지만, 상대성이론이 존재하는 한 고전물리학의 저변에 깔려 있는 기본개념들은 더 이상 진리가 될 수 없었다. 우리가 살고 있는 세계는 상대성이론이 적용되는 상대성의 세계였던 것이다. 그런데 상대론적 효과는 아주 극단적인 상황에서 두드러지게 나타나기 때문에(물체의 운동속도가 아주 빠르거나 중력의 세기가 아주 큰 경우 등) 대부분의 경우는 뉴턴의 역학만으로도 매우 정확한 결과를 얻을 수 있다. 물론 그렇다고 해서 두 가지의 진리가 동시에 존재한다는 뜻은 아니다. 어떤 물리학이론을 적절히 '사용하는' 것과 그 속에 담겨 있는 실체를 '인정한다'는 것은 엄연히 다른 이야기다. 앞으로 보게 되겠지만 시간과 공간에 대하여 우리들이 제2의 천성처럼 받아들이고 있는 내용들은 대부분 뉴턴식 관점에 뿌리를 둔 잘못된 상상에 불과하다.

양자적 실체

켈빈이 언급했던 두 번째 문제는 과학 역사상 가장 극적인 혁명이라 할 수 있는 '양자혁명'을 야기했다. 변화의 소용돌이가 전 세계 물리학계를 한바탕 휩쓸고 지나간 후, 고전물리학은 더 이상 설 자리가 없었다. 양자적 실체가 드디어 물리학을 지배하게 된 것이다.

고전물리학의 핵심은 다음과 같다 — 만일 당신이 임의의 시간에 어떤 물체의 위치와 속도를 알고 있다면 이로부터 그 물체의 모든 과거와 모든 미래의 위치와 속도를 알아낼 수 있다. 이 작업을 가능하게 해 주는 것이 바로 뉴턴과 맥스웰의 방정식이었다. 즉, "과거와 미래의 모든 정보는 현재의 순간에 모두 각인되어 있다"는 것이 고전물리학의 기본이념이었다. 이 점은 특수 및 일반상대성이론도 마찬가지였다. 물론, 상대론적 시간(과거와 미래)은 고전적 개념보다 한층 더 미묘하게 꼬여 있긴 했지만(3, 5장 참조), 현재의 상태로부터 모든 과거와 미래를 예측할 수 있다는 논리는 상대성이론이나 고전역학이나 다를 것이 없었다.

그러나 1930년대에 들어서면서 물리학자들은 양자역학quantum mechanics이라는 전혀 새로운 물리학을 도입할 수밖에 없게 되었다. 양자역학의 법칙들을 수용하지 않고서는 원자적 스케일의 작은 영역에서 얻어진 실험데이터들을 올바르게 설명할 수가 없었기 때문이다. 그런데 양자역학의 법칙을 따르다 보면 어떤 물체의 지금 상태를 제아무리 정확하게 측정한다 해도 그 물체의 과거나 미래를 정확하게 예측할 수가 없게 된다. 우리가 알아낼 수 있는 것이라고는 과거나 미래에 그 물체가 처했을(또는 처하게 될) 물리적 상태를 확률적으로 짐작하는 것뿐이다. 다시 말해서, 양자적 우주의 과거와 미래는 현재의 순간에 각인되어 있지 않으며 일종의 확률게임을 벌이고 있다는 뜻이다.

모든 물리적 상태가 확률적으로 결정된다는 양자역학의 기본이념은 아직도 논쟁의 여지가 있다. 그러나 오늘날 대다수의 물리학자들은 양자적 실체의 내부구조에 확률이 깊이 관여하고 있음을 사실로 받아들이고 있다. 겉으로 드러난 모습만 본다면 이 세계는 고전역학의 법칙을 따라 명확하게 제 갈 길을 가고 있는 것처럼 보이지만, 양자역학적으로는 하나의 대상에 여러 개의 상태가 공존할 수 있다. 적절한 실험장비를 동원하여 물체가 가질 수 있는 다양한 가능성을 모두 차단하고 단 하나의 상태만을 허용했을 때 사물은 비로소 명확한 상태에 놓이게 된다. 그러나 이 경우에도 '어떤' 상태가 결과로 나타날지 예측할 수 없다. 우리는 오직 확률만을 알 수 있을 뿐이다.

이것은 우리의 상식을 완전히 벗어난 이야기다. 우리가 무언가를 인식하기 전에는 그 실체를 명확하게 규명할 수 없다니, 인간이 그토록 무기력한 존재였다는 말인가? 그러나 양자역학의 기이함은 여기서 끝나지 않는다. 1935년에 아인슈타인은 두 명의 젊은 동료 네이선 로젠Nathan Rosen, 보리스 포돌스키Boris Podolsky와 함께 양자역학을 반박하는 논문을 발표하였는데,[3] 이 논문은 지금 여기에서 실행된 우리의 행위가 멀리 떨어진 곳에서 일어나는 다른 사건에 **즉각적으로** 영향을 미친다는 놀라운 사실을 지적하고 있다. 임의의 물체가 빛보다 빠르게 달리거나 어떤 신호가 빛보다 빠른 속도로 전달되는 것은 상대성이론에 의해 금지되어 있었으므로, 아인슈타인은 "거리에 관계없이 즉각적인 영향이 미친다는 것은 물리적 넌센스이며, 이는 곧 양자역학이 아직 완전하게 다듬어진 이론이 아니라는 증거이다"라고 주장했다. 그러나 실험장비가 충분히 발달한 1980년대에 이르러 물리학자들은 '양자적 넌센스'라고 불렀던 이 현상이 실제로 일어난다는 것을 확인하였다. 멀리 떨어져 있는 두 지점 사이에 어떤 즉각적인 연결고리가 형성되는 것을 실험적으로 확인한 것이다(4장 참조).

양자적 실체란 과연 무엇인가? 이 문제는 지금도 한창 연구 중이다. 나를 포함한 다수의 물리학자들은 양자적 실체라는 것이, 공간의 특성을 양자역학적 버전으로 재해석하면서 얻어진 결과로 이해하고 있다. 무언가가 공간적으로 분리되어 있다는 것은 이들이 서로 독립적인 관계에 있음을 뜻한다. 축구팀의 감독이 상대편 진영에서 열심히 뛰고 있는 공격수에게 작전을 지시하려면 몸소 그쪽으로 달려가거나 신호를 담고 있는 다른 무언가를 보내야 한다(목청껏 소리를 질러서 공기를 교란시킬 수도 있고 빛을 발사하여 선수의 시선을 끌 수도 있다). 이런 식으로 정보를 전달하지 않는다면 감독과 공격수는 공간적으로 고립된 상태이며 이들은 아무런 영향도 주고받을 수 없다. 그런데 양자역학의 이론에 의하면 어떤 특별한 환경에서는 공간을 초월한 '양자적 연결고리'가 형성될 수 있다. 다시 말해서, 두 지점 사이의 거리가 아무리 멀다 해도 신호가 즉각적으로 전달되는 특별한 상황이 발생할 수도 있다는 것이다. 이런 경우에 공간적으로 멀리 떨어져 있는 두 물체는 마치 하나인 것처럼 행동한다. 게다가 시간과 공간은 아인슈타인의 상대성이론에 의해 시공간spacetime이라는 하나의 객체로 통합되었으므로 양자적 연결고리는 시간을 감지하는 촉수도 갖고 있다고 보아야 한다. 앞으로 독자들은 시공간의 특이한 성질을 보여 주는 놀라운 실험을 접하게 될 것이다. 그리고 우리들이 갖고 있는 고전적이고 직관적인 세계관은 이 실험에 의해 대대적으로 수정될 것이다.

이와 같이 기존의 상식을 뒤집는 놀라운 사실들이 그동안 여러 차례 발견되었지만, 시간이 갖는 기본적인 특성만은 아직 규명되지 못했다. 시간은 과연 과거에서 미래를 향해 오로지 한 방향으로만 진행되는 양인가? 상대성이론도, 양자역학도 이 문제만은 만족스럽게 설명하지 못했다. 이 문제에 대하여 설득력 있는 해답을 제시한 것은 바로 우주론cosmology이었다.

우주론적 실체

누가 뭐라 해도 물리학의 궁극적인 목표는 우주의 특성을 올바르게 이해하는 것이다. 지난 한 세기 동안 물리학자들은 우리가 일상적으로 경험해 왔던 실체라는 것이 진정한 실체의 한 부분에 지나지 않았음을 알게 되었다. 그러나 이런 난처한 상황에서도 물리학은 우리가 경험하는 실체들을 어떻게든 설명해야 했다. "고전물리학은 이미 일상적인 경험의 세계를 잘 설명하고 있지 않은가?" 하고 반문하는 사람도 있을 것이다. 그러나 뉴턴의 역학이라고 해서 일상의 모든 것을 설명할 수 있는 것은 아니다. 우리가 매일같이 겪고 있는 흔한 경험들 중에서 현대과학으로 설명하기가 가장 어려운 것은 다름 아닌 '시간'이다. 영국의 위대한 과학자인 에딩턴 경Sir Arthur Eddington

은 이 문제에 '시간의 화살arrow of time'이라는 제목을 붙였다.[4]

시간의 차원에서 볼 때 모든 사건들은 어떤 특정한 방향으로만 진행되며, 우리는 그것을 당연하게 받아들이고 있다. 식탁에서 떨어진 계란은 바닥과 충돌하면서 깨지지만, 깨진 계란이 다시 붙지는 않는다. 양초에 불을 붙이면 촛농이 흘러내리지만, 촛농이 거꾸로 올라가 다시 양초가 되는 일은 결코 일어나지 않는다. 우리의 기억 속에는 과거만이 담겨 있을 뿐, 미래를 기억하는 사람은 없다. 사람은 살면서 나이를 먹으며 늙어 간다. 세월과 함께 나이를 거꾸로 먹는 사람은 없다. 이러한 비대칭성은 우리의 삶 전체를 지배하고 있다. 실험을 통해 얻은 결과들이 물리적 의미를 가지려면 과거와 미래는 반드시 구별되어야 한다. 만일 과거와 미래가 오른쪽과 왼쪽, 또는 앞과 뒤처럼 대칭성을 갖고 있어서 시간이 양쪽으로 진행할 수 있다면 이 세계는 그야말로 난장판이 될 것이다. 깨진 계란이 다시 붙어서 깨끗한 계란이 되고 녹아 내렸던 촛농이 솟구치면서 원래의 양초로 되돌아가며, 우리는 과거와 함께 미래도 기억할 수 있게 된다. 뿐만 아니라 이 세상에는 늙어 가는 사람과 함께 점점 젊어지는 사람도 존재하게 될 것이다. 두말할 것도 없이 이런 세계는 우리의 경험과 정면으로 상충된다. 시간이 오직 한쪽 방향으로만 흐른다는 주장에 이의를 달 사람은 없다. 그런데 이러한 시간의 비대칭성은 대체 어디서 비롯된 것일까? 시간은 왜 과거에서 미래로, 한쪽 방향으로만 흐르는 것일까?

지금까지 알려진 물리학 법칙에 의하면 시간은 굳이 한쪽 방향으로 흐를 이유가 없다. 물리적 시간은 과거나 미래 중 어느 한쪽을 선호하지 않는다. 시간에 관한 문제가 그토록 난해한 수수께끼로 남아 있는 것은 바로 이런 이유 때문이다. 물리학의 기본 방정식은 시간이 흐르는 방향에 대하여 아무런 언급도 하고 있지 않다. 그러나 우리는 시간이 미래로만 흘러간다는 것을 너무나도 잘 알고 있다.[5]

기초물리학과 일상적인 경험 사이에 초래된 이러한 불일치를 과연 어떻게 해결해야 할까? 놀랍게도 해결의 실마리는 일상적인 경험과 완전히 동떨어져 있는 초기의 우주에서 찾아볼 수 있다. 이 사실을 처음 인식한 사람은 19세기의 물리학자 루트비히 볼츠만Ludwig Boltzmann이었고, 그의 아이디어를 더욱 발전시킨 사람은 영국의 수학자인 로저 펜로즈Roger Penrose였다. 앞으로 보게 되겠지만, 초기우주(빅뱅이 일어나던 무렵)에 주어졌던 특별한 물리적 조건들은 오늘날 시간의 방향성에 각인되어 있다. 고도의 질서가 존재했던 우주의 초기상태는 태엽이 완전히 감겨진 시계에 비유될 수 있고, 그 태엽이 풀림에 따라 시간이 흐르는 것으로 이해할 수 있다는 것이다. 그러므로 우주가 탄생하던 순간에 존재했던 고도의 질서는 140억 년이 지난 지금도 그 흔적이 남아 있는 셈이다.

우리는 초기우주와 일상적인 경험 사이의 상호관계로부터 시간이 한쪽 방향으로만 흐르는 이유를 어느 정도 짐작할 수 있다. 그러나 이런 식의 접근도 '시간의 화살'이라는 문제를 시원하게 해결해 주지는 못한다. 사실 이것은 시간이라는 문제를 우주에 관한 문제로 변환시킨 것에 불과하다. 우주의 근원은 무엇이며 어떻게 진화해 왔는가? 초기의 우주에는 과연 고도의 질서가 존재했는가? 시간에 얽힌 수수께끼를 풀려면 우선 이 질문의 답부터 구해야 한다.

우주론cosmology은 인류 역사상 가장 오래된 학문에 속한다. 이 우주는 어떻게 창조되었는가? 지난 수천 년간 수많은 종교인과 철학자들은 우주의 창조에 관하여 다양한 이야기를 만들어 냈고, 그들 중 상당수는 지금도 세간에 회자되고 있다. 물론 자연과학도 여기에 합류하여 나름대로의 이야기를 만들어 냈으니, 그것이 바로 우주론이다. 그러나 현대적 의미의 우주론은 아인슈타인의 일반상대성이론이 알려지면서 비로소 시작되었다.

아인슈타인이 일반상대성이론을 발표한 후 수십 년 동안 그를 비롯한 많은 물리학자들은 일반상대성이론을 실제의 우주에 적용하여 빅뱅이론big bang theory이라는 거대한 가설을 만들어 냈고, 이 이론은 천체를 관측하여 얻은 기존의 데이터들을 부분적으로나마 만족스럽게 설명해 주었다(8장 참조). 그 후 1960년대에는 우주 전역에 골고루 퍼져 있는 마이크로 복사파가 발견되면서(빅뱅이론은 마이크로 복사파의 존재를 미리 예견하였다. 마이크로파는 맨눈으로는 보이지 않지만 감지기를 이용하면 쉽게 찾을 수 있다) 빅뱅이론의 입지는 더욱 확고해졌으며, 1970년대에 와서는 우주의 구성요소들이 열과 온도의 변화에 반응하는 방식이 알려지면서 빅뱅이론은 최첨단의 우주론으로 인정받게 되었다(9장 참조).

이렇게 가시적인 성공을 거두긴 했지만, 빅뱅이론 자체에 문제가 전혀 없는 것은 아니다. 우주의 공간은 왜 지금과 같은 형태를 취하고 있는가? 그리고 마이크로 복사파의 온도는 왜 우주 전역에 걸쳐 균일하게 분포되어 있는가? 빅뱅이론은 이 질문에 아직 마땅한 답을 제시하지 못하고 있다. 뿐만 아니라 초기우주에 고도의 질서가 존재했다는 가설은 빅뱅이론이 등장한 후에도 여전히 가설로 남아 있다. 이 가설이 확인되지 않는 한 시간의 비대칭성은 영원한 수수께끼로 남을 수밖에 없다.

1980년대 초반에는 **인플레이션 우주론**inflationary cosmology이라는 이론이 이 모든 의문을 풀어 줄 후보로 대두되었다(10장 참조). 이 이론은 빅뱅이론을 일부 수정한 것으로서, 탄생 초기에 우주가 엄청나게 빠른 속도로 팽창을 겪었다는 전제를 깔고 있다(인플레이션이론에 의하면 이 우주의 크기는 100만×1조×1조분의 일 초 사이에 100만×1조×1조 배 이상 팽창되었다). 나중에 자세히 언급되겠지만, 이토록 엄청난 속도의 팽창을 가정하면 빅뱅이론의 단점(마이크로 복사파가 전 공간에 골고루 분포되어 있는 이유와 우주공간이 지금과 같은 모습을 하고 있는 이유, 그리고 초기우주에 고도의 질서가 존재하게 된 이유 등)은 어느 정도 보완될 수 있다. 이 문제가 해결되면 시간의 비대칭성도 물리적으로 이해할 수 있을 것으로 기대된다(11장 참조).

인플레이션 우주론은 지난 20년간 그런대로 성공을 거두었지만, 난처한 문제를 비밀처럼 숨겨 오고 있다. 기존의 빅뱅이론과 마찬가지로 인플레이션 우주론은 아인슈타인이 일반상대성이론에 도입했던 방정식에 기초하고 있는데, 거대한 물체에 대해서는 아인슈타인의 방정식이 정확하게 들어맞지만 빅뱅 후 몇분의 일 초 정도 지난 작은 우주를 다룰 때에는 양자역학이 필연적으로 도입되어야 한다. 그러나 상대성이론의 방정식과 양자역학을 한데 섞어 놓으면 거의 재난과도 같은 일대 모순이 발생하게 된다. 이 시점에 이르면 방정식을 더 이상 적용할 수 없게 되며, 우주의 탄생과 시간의 비대칭성을 설명하려는 우리의 노력도 졸지에 물거품이 되어 버리는 것이다.

이론물리학자들에게 이 상황은 한마디로 악몽, 그 자체이다. 관측이나 실험으로 확인할 수 없는 아주 중요한 부분에 이르긴 했는데, 그 내용을 다룰 만한 수학적 도구가 없다니, 이 얼마나 난처하고 황당한 사건인가! 시간과 공간은 우리가 접근할 수 없는 은밀한 영역(우주의 기원)에서 한데 얽혀 있으므로, 시간과 공간의 특성을 정확하게 이해하려면 초고밀도와 초고에너지, 초고온의 상태에 있었던 초기우주의 특성을 일련의 방정식으로 서술할 수 있어야 한다. 이 작업을 완수하기 위해 새롭게 대두된 이론이 바로 '통일장 이론unified theory'이었다.

통일된 실체

물리학의 역사는 곧 통일의 역사라 할 수 있다. 지난 수세기 동안 물리학자들은 외관상으로 전혀 다르게 보이는 다양한 자연현상들을 최소한의 물리법칙으로 통일해 왔다. 우주 안에서 일어나는 모든 현상들을 최소한의 법칙으로 통합시키는 것은 아인슈타인이 죽기 직전까지 추구했던 필생의 과제이기도 했다. 그는 두 개의 상대성이론으로 시간과 공간, 그리고 중력을 하나의 법칙으로 통합하는 데 성공했지만, 이것은 더욱 큰 스케일의 통일을 향해 나아가는 발판에 불과했다. 아인슈타인의 희망사항은 우주의 삼라만상을 모두 담고 있는 단 하나의 법칙을 찾는 것이었으며, 여기에는 통일장이론이라는 거창한 이름이 붙여졌다. 간혹 세간에는 "아인슈타인이 통일장이론을 완성했다!"는 소문이 떠돌기도 했으나 모든 것은 헛소문에 불과했고 실제로 아인슈타인은 필생의 꿈을 이루지 못한 채 세상을 떠났다.

아인슈타인은 생의 마지막 30년을 통일장이론에 매달리면서 물리학의 주류로부터 다소 벗어나 있었다. 그 무렵 전성기를 구가하던 젊은 물리학자들은 혼자만의 연구에 몰두하고 있는 아인슈타인을 뒷방 늙은이 취급하면서 "위대했던 물리학자가 늘그막에 판단력이 흐려져서 잘못된 길을 가고 있다"고 생각했다. 그러나 아인슈타인이 세상을 떠나고 수십 년이 흐르자 통일장이론에 투신하는 물리학자의 수가 점차 증가하기 시작했다. 오늘날 통일장이론은 이론물리학에서 가장 중요한 테마 중 하나로 꼽히고 있다.

그러나 통일장이론을 연구하는 물리학자들은 예외 없이 동일한 난관에 직면했다. 20세기 물리학의 대표주자라 할 수 있는 두 개의 분야—일반상대성이론과 양자역학이 서로 충돌하면서 엄청난 모순을 야기했기 때문이다. 사실, 이들은 애초부터 적용분야가 다른 이론이었다. 일반상대성이론은 별이나 은하와 같이 거대한 규모에 적용되는 물리학이었고 양자역학은 원자규모의 미시적 세계를 대상으로 삼고 있었다. 물론 그렇다고 해서 이들이 '부분적으로' 옳은 이론이라는 뜻은 아니다. 일반상대성이론이나 양자역학이나, 모두 범우주적인 이론임을 자부하고 있었다. 그런데 이 두 개의 이론을 하나로 결합시키면 말도 안 되는 결과가 초래된다. 예를 들어, 일반상대성이론과 양자역학을 혼합하여 '중력장하에서 어떤 물리적 과정이 일어날 확률'을 계산해 보면 24%나 63%, 또는 91%와 같이 상식적인 답이 나오는 것이 아니라 '무한대'라는 황당한 답이 얻어진다! 무한대의 확률 — 이것은 결코 확률이 크다는 의미가 아니다. 다들 알다시피 100%를 초과하는 확률은 수학적으로나 물리적으로 아무런 의미가 없다. 그것은 도중에 어디선가 계산이 잘못되었음을 나타낼 뿐이다. 양자역학과 일반상대성이론을 한데 묶어서 얻어낸 방정식이 잘못된 결과를 낳았다는 뜻이다.

지난 50여 년간 물리학자들은 일반상대성이론과 양자역학이 서로 조화롭게 섞이지 않는다는 사실을 너무도 잘 알고 있었지만 문제 해결을 위해 선뜻 나서는 사람은 거의 없었다. 대부분의 물리학자들은 거시적 영역에 일반상대성이론을 적용하고 미시적 영역에는 양자역학을 적용하되, 이들이 '위험거리' 이내로 접근하는 것을 방지하는 소극적인 자세를 취함으로써 각자의 영역에서 놀라운 발전을 이루었다. 그러나 이런 식의 '겉보기 평화'는 결코 오래갈 수 없었다.

물리적 대상들 중에는 막대한 질량을 가지면서 부피가 아주 작은 것도 있다. 여기에 현대물리학을 제대로 적용하려면 일반상대성이론과 양자역학은 어쩔 수 없이 외나무다리에서 마주치게 된다. 블랙홀의 중심부가 그 대표적인 사례이다. 블랙홀의 중심에는 별 전체가 질량을 그대로 간직한 채 아주 작은 점의 형태로 수축되어 있다. 또, 빅뱅이 일어나기 전에는 우주 전체가 원자보다도 작은 영역 속에 압축되어 있었던 것으로 추정된다. 그러므로 일반상대성이론과 양자역학이 조화롭게 결합되지 못하면 압축된 별의 최후와 우주의 근원도 영원히 미지로 남을 수밖에 없다. 그동안 많은 과학자들은 이 문제를 단순히 피해 가거나 뒤로 미뤄 둔 채 '당장 답을 얻을 수 있는 문제'만을 집중 공략해 왔다. 그러나 뒤로 미룬다고 해서 문제가 저절로 해결될 리는 없다. 이것은 누군가가 반드시 해결해야 할 중요한 문제이다.

다행히도 이 문제에 도전장을 던진 과감한 물리학자들이 몇 명 있었다.

기존의 물리법칙들이 상호 모순을 일으켰다는 것은 법칙 자체에 자연의 진리가 충분히 반영되지 않았음을 뜻하며, 이 사실은 도전적인 물리학자들을 강하게 자극했다. 길을 잘 찾아가면 물리학의 새로운 지평을 여는 선구자가 될 수도 있었다. 그런데 막상 물에 몸을 담그고 보니 생각보다 수심도 깊고 물살이 하도 거세서 제대로 된 길을 찾아가기가 쉽지 않았다. 그들은 오랜 시간 동안 별다른 수확도 없는 연구에 매달리면서 불확실한 미래와 사투를 벌여야 했다. 그러나 하늘은 스스로 돕는 자를 돕는다고 했던가. 일반상대성이론과 양자역학을 하나의 이론체계로 통합시키려는 그들의 노력은 드디어 초끈이론superstring theory이라는 최첨단의 통일이론을 탄생시켰다(12장 참조).

나중에 다시 언급하겠지만, 초끈이론은 기존의 질문에 전혀 다른 답을 제시하고 있다. 물체를 이루는 최소단위의 구성요소는 무엇인가? 지난 수십 년간 물리학자들은 모든 만물이 작은 입자들(전자와 쿼크)로 이루어져 있다고 믿어 왔다. 이들은 크기가 없는 점의 형태로서 내부구조를 갖고 있지 않으며 서로 다양한 형태로 결합하여 양성자와 중성자, 그리고 일상적인 물체의 기본단위인 원자와 분자를 이룬다. 그러나 초끈이론이 주장하는 바는 전혀 다르다. 초끈이론은 전자와 쿼크, 그리고 실험실에서 발견된 다른 소립자들의 기본적인 역할을 부정하지는 않지만, 입자들이 점의 형태를 취하고 있다는 것만은 정면으로 부정하고 있다. 초끈이론에 의하면 모든 입자들은 핵자보다 100×10억×10억 배나 작은 가느다란 끈으로 이루어져 있으며 각각의 끈들은 진동하는 형태에 따라 다양한 입자의 모습으로 나타난다. 바이올린의 줄이 진동 패턴에 따라 다양한 음을 발생하는 것처럼, 만물의 기본단위인 끈은 진동 패턴에 따라 다양한 입자들로 발현된다는 것이다. 어떤 특정한 패턴으로 진동하는 작은 끈은 거기에 해당되는 질량과 전기전하를 갖는다. 이때 질량이 9.11×10^{-31}kg이고 전기전하가 1.6×10^{-19}쿨롱이면 그 끈은 바로 전자electron에 해당된다. 물론 진동 패턴이 다른 끈들은 쿼크나 뉴트리노 등 다른 소립자에 해당될 것이다. 끈이라는 단 하나의 개체가 진동 패턴에 따라 온갖 입자들을 양산해 내고 있으므로, 모든 만물은 초끈이론이라는 하나의 이론체계 속에서 자연스럽게 통일되는 셈이다.

언뜻 생각해 보면 점입자라는 개념을 '점입자처럼 보이는 아주 작은 끈'으로 대치했다고 해서 상황이 크게 달라졌을 것 같지 않다. 그러나 그 차이는 말로 표현하기 어려울 정도로 막대한 것이었다. 초끈이론은 이렇게 대수롭지 않은 사고의 전환에서 시작하여 '무한대의 확률'이라는 대재난을 일거에 잠재우고 일반상대성이론과 양자역학을 모순 없이 결합시키는 데 성공하였으며, 자연계에 존재하는 모든 종류의 힘들을 하나의 이론으로 통합시키는 기틀을 마련하였다. 간단히 말해서, 초끈이론은 아인슈타인의 통일장이론을 완성시킬 수 있는 가장 강력한 후보이다.

만일 초끈이론이 맞는다면 물리학은 기념비적인 성공을 거둘 것이 분명하다. 그런데 초끈이론은 공간의 구조에 관하여 아인슈타인조차도 대경실색할 정도로 황당한 가정을 저변에 깔고 있다. 앞으로 자세히 알게 되겠지만, 초끈이론으로 일반상대성이론과 양자역학을 모순 없이 결합시키려면 이 우주의 시공간이 3차원 공간과 1차원의 시간으로 이루어져 있다는 기존의 관념을 폐기하고 '9차원 공간과 1차원의 시간'이라는 황당무계한 가정을 받아들여야 한다. 게다가 초끈이론을 더욱 발전시킨 M-이론M-theory에 의하면 이 우주는 10차원 공간과 1차원의 시간이 결합된 11차원의 시공간으로 이루어져 있어야 한다. 만일 그렇다면 우리가 인식하지 못하는 여분의 차원(6차원 또는 7차원)이 어딘가에 숨어 있다는 뜻이다. 즉, 초끈이론은 "우리의 눈에 보이는 세계는 진정한 실체가 아니라 실체의 일부분에 지나지 않는다"는 것을 시사하고 있는 셈이다.

물론, 여분의 차원은 지금까지 단 한 번도 발견되지 않았으므로 그런 것이 아예 존재하지 않을 수도 있고, 따라서 초끈이론은 틀린 이론일 수도 있다. 그러나 눈에 보이지 않는다는 이유로 이론 자체를 포기하는 것은 성급한 판단이다. 초끈이론이 등장하기 수십 년 전에도 아인슈타인을 비롯한 몇몇 선구적인 물리학자들은 공간을 이루는 차원의 일부가 어딘가에 숨어 있을지도 모른다는 의혹을 조심스럽게 제기했었다. 그 후 초끈이론은 이 아이디어를 더욱 구체화시켜서 "여분의 차원은 아주 작은 영역 속에 구겨져 있어서 현재의 관측기구로는 측정할 수 없거나(12장 참조), 아니면 우리가 인식하지 못할 정도로 아주 방대한 영역에 퍼져 있을 수도 있다(13장 참조)"고 주장하고 있다. 앞으로 둘 중 어느 쪽으로든 결론이 내려지기만 하면 초끈이론은 엄청난 파급효과를 불러오게 된다. 여분의 차원이 작은 영역 속에 구겨진 채 숨어 있다면 이 우주에 지금처럼 별과 행성이 존재하는 이유 등 매우 근본적인 질문에 답할 수 있게 되며, 여분의 차원이 방대한 영역에 걸쳐 존재한다면 여분의 차원으로 이루어진 공간 근처에 우리가 모르는 다른 세계가 존재할 수도 있다.

여분의 차원은 다분히 파격적인 개념이긴 하지만, 이론상으로만 존재하는 허황된 주장은 결코 아니다. 그것은 머지않아 실험으로 검증될 수도 있다. 만일 여분의 차원이 정말로 존재한다면 입자물리학자들은 아주 작은 블랙홀을 인공적으로 만들 수도 있고 지금까지 상상도 못했던 엄청난 크기의 소립자를 만들어 낼 수도 있다(13장 참조). 모든 것이 희망사항대로 순조롭게 진행된다면 초끈이론은 자연의 모든 현상을 하나로 통일해 주는 통일장이론으로 등극하게 될 것이다.

만일 초끈이론이 맞는 것으로 판명된다면 그동안 우리가 하늘같이 믿고 있었던 실체는 우주의 복잡한 구조를 덮고 있는 얇은 천에 불과하게 된다. 카뮈의 주장과는 달리, 공간의 차원을 결정하는 문제는 사소한 과학적 흥밋거리가 아니라 인간을 포함한 우주의 실체를 파악하는 지극히 중요한 문제이다. 여분의 차원이 발견된다면 "인간의 경험만으로는 우주의 기본적인 성질을 결코 파악할 수 없다"는 교훈을 가슴속 깊이 새기게 될 것이다.

과거와 미래의 실체

초끈이론이 등장한 후로 물리학자들은 극단적인 조건하에서도 와해되지 않는 굳건한 이론체계를 머릿속에 그리면서, 탄생초기의 우주를 물리적 방정식으로 이해할 수 있는 날이 반드시 오리라고 확신하고 있다. 빅뱅을 설명해 주는 이론은 아직 개발되지 않았지만, 초끈이론은 우주의 비밀을 밝혀 줄 가장 강력한 후보로서 지금도 이론물리학자들의 가장 큰 관심을 끌고 있다. 초끈이론에 입각한 우주론은 지난 몇 년 동안 광범위하게 연구되어(13장 참조) 기존의 관측결과를 이론적으로 설명할 수 있는 새로운 방법이 제시되었고(14장 참조), 에딩턴 경이 말했던 '시간의 화살' 문제를 설명해 줄 만한 실마리도 발견되었다.

우주의 근원과 밀접하게 관련되어 있는 시간의 화살 문제는 우리의 일상적인 경험과 첨단 이론 사이의 괴리를 해소시켜 줄 것이다. 또한 이 문제는 앞으로 이 책의 전반에 걸쳐 수시로 등장하면서 우주의 구조를 이해하는 데 중요한 실마리를 제공하게 될 것이다. 누가 뭐라 해도 시간은 우리의 삶을 좌우하는 가장 중요한 요인이다. 초끈이론과 M-이론 속으로 깊숙이 들어갈수록 시간의 기원과 화살문제의 중요성은 더욱 강하게 부각된다. 기존의 관념에 연연하지 않고 최대한의 상상력을 발휘한다면 지난 수천 년간 인간을 속박해 왔던 시공간의 족쇄를 걷어 내는 날이 찾아올지도 모를 일이다(15장 참조).

물론 지금 당장은 요원한 이야기다. 시공간은 지금도 우리의 활동 및 사고의 영역을 강하게 제한하고 있다. 그러나 우리가 시공간을 제어하는 능력을 획득하지 못한다 해도 이해의 수준은 분명히 깊어질 것이다. 시간과 공간의 진정한 성질을 알아낸다면, 그것은 인류 지성의 위대한 승리로 역사에 기록될 것이다. 인간이 경험할 수 있는 최대의 한계인 시간과 공간—그 비밀이 밝혀지는 날은 반드시 찾아올 것이다.

차세대의 시간과 공간

어린 시절, 카뮈의 『시지푸스의 신화』를 읽다가 마지막 페이지에 이르렀을 때 낙관적인 결론이 내려진 것을 보고 놀라지 않을 수 없었다. 거대한 바위를 산꼭대기까지 힘들게 밀어 올린 후 다시 그것을 계곡 아래로 굴려 보내고, 다시 꼭대기를 향해 밀어 올리는 고통스러운 반복 속에서 희망적인 결말을 기대할 수 있을까? 그러나 카뮈는 시지푸스가 난관 속에서 자유의지를 발휘하고, 의미 없는 반복 속에서도 생존의 의지를 잃지 않는 한 희망이 있다고 주장하였다. 경험의 세계 너머에 존재하는 모든 것들을 포기하고, '더욱 깊은 의미'나 '더욱 깊은 이해'를 더 이상 추구하지 않는다면 시지푸스는 나름대로 승리자가 될 수 있다는 것이다.

나는 그토록 절망적인 상황에서 한 줄기 희망을 찾아내는 카뮈의 능력에 감탄하지 않을 수 없었다. 그러나 그때나 지금이나, 나는 우주에 대한 깊은 이해가 삶의 가치를 높여 주지 못한다는 카뮈의 주장에 동감하지 않는다. 카뮈의 영웅은 시지푸스였지만 나의 영웅은 뉴턴, 아인슈타인, 보어Niels Bohr, 파인만 등과 같은 과학자들이기 때문이다. 파인만은 장미꽃 한 송이를 감상할 때에도 물리적 지식을 떠올림으로써 자연의 아름다움과 웅장함을 한층 더 실감나게 느낄 수 있었다. 장미의 향기에 습관적으로 매료되는 것과, 분자 및 원자세계에서 일어나는 현상으로부터 향기라는 결과를 도출해 내며 그 신비함에 매료되는 것은 분명히 다른 경험이다. 파인만식 접근법에 한층 더 매력을 느꼈던 나는 보잘 것 없는 감각에 자신을 한정시키지 않고, 모든 가능한 단계에서 삶을 경험하고 싶었다. 우주의 은밀한 비밀을 이해하는 것도 삶의 커다란 활력소가 될 수 있다고 생각했던 것이다.

나는 지금 물리학자가 되었지만, 청소년기에 품었던 물리학을 향한 동경심은 미숙하고 순진한 구석이 있었다. 일반적으로 물리학자들은 꽃을 바라보며 우주의 경이로움을 떠올리지 않는다. 그들은 칠판에 가득 적힌 복잡한 방정식과 씨름하면서 대부분의 시간을 보내고 있으며, 발전하는 속도도 아주 느리다. 자연과학의 특성이 원래 그렇다. 그러나 아주 조금씩 발걸음을 내디딜 때마다 우주와 내가 긴밀하게 연결되어 있음을 느낀다. 우리는 우주의 비밀을 하나씩 벗기면서 우주의 실체에 다가갈 수도 있고, 그 속에 나 자신을 완전히 의탁함으로써 우주의 실체를 느낄 수도 있다. 이 과정에서 얻은 답이 나중에 틀린 것으로 판명된다 해도, 우주에 대한 경험과 지식은 그만큼 풍부해질 것이다.

과학의 역사를 돌이켜 볼 때, 전 세계의 과학자들이 오랜 세월 동안 밀어올린 거대한 지식의 바위는 단 한 번도 계곡으로 굴러 떨어지지 않았다. 시지푸스와는 달리, 우리는 처음부터 다시 시작할 필요가 없는 것이다. 각 세대는 이전 세대로부터 지식과 열정을 그대로 전수 받아 조금씩 발전시키고 있다. 새로운 이론이나 더욱 정밀한 실험결과가 나올 때마다 과학은 한 걸음씩 진보하며, 과거의 경험으로부터 앞으로 갈 길을 찾아간다. 과학이 '목적 없는 표류'가 되지 않는 것은 바로 이러한 이유 때문이다. 지식의 바위를 산꼭대기로 밀어 올리는 것은 진정 보람있고 영예로운 행위이다. 우리가 살고 있는 우주의 특성을 발견해 내고 기뻐하며 그 값진 내용을 후대에 전수하는 것이야말로 과학자의 사명이자 보람인 것이다.

우주적 시간척도에서 볼 때, 인간이 직립보행을 하면서 지식을 쌓아가기 시작한 것은 지극히 최근의 일이다. 따라서 그 지식은 아직 불완전할 수밖에 없다. 그러나 지난 300여 년 동안 우리는 고전물리학에서 상대성이론과 양자역학에 이르기까지 눈에 띄는 진보를 이루었고, 급기야는 삼라만상을 하나의 이론으로 통합하는 통일장이론까지 다룰 수 있게 되었다. 지금도 인간의 탐구정신과 실험기구는 거대한 시공을 가로질러 우주의 비밀에 접근하고 있으며, 비밀이 밝혀질수록 우주와 인간 사이의 연결고리는 더욱 확고해질 것이다.

은하계의 변방에 자리 잡은 인간은 나름대로 유구한 역사를 거쳐 오면서[6] 지구를 비롯한 자연을 탐험하고 우주의 근원을 추적해 왔다. 뉴턴이 뿌리를 내린 과학의 나무는 위로 자라날 뿐, 결코 과거로 되돌아가는 일은 없을 것이다. 인류는 항상 당대의 최첨단을 추구해 왔으며, 다음의 질문에 답을 구하기 위해 지금도 여행을 계속하고 있다.

공간의 정체는 과연 무엇인가?

제2장

회전하는 물통과 우주

공간은 물리적 실체인가? 아니면 인간의 상상력이 만들어 낸 추상적 개념인가?

과학자들이 물통 하나를 놓고 지난 300년 동안 논쟁을 벌여 왔다고 말하면 독자들은 선뜻 이해가 가지 않을 것이다. 그러나 1689년에 뉴턴이 제안했던 물통실험은 후대의 물리학자들에게 지대한 영향을 미쳤다. 실험의 내용은 다음과 같다. 물이 가득 차 있는 물통을 밧줄에 매달아 놓은 다음 손으로 물통을 잡고 한쪽 방향으로 천천히 돌려서 밧줄이 꼬이게 만든다. 밧줄이 충분히 꼬인 후 물통을 잡고 있는 손을 놓으면 밧줄이 도로 풀리면서 물통은 반대 방향으로 돌아가기 시작한다. 처음에는 회전속도가 그다지 빠르지 않기 때문에 물의 표면은 그대로 수평을 유지할 것이다. 그러나 시간이 조금 지나면 회전속도가 빨라지고 물과 물통 사이에 마찰력이 작용하면서 물 자체도 회전운동을 하게 된다. 그리고 물이 회전운동을 시작하면 가장자리의 수면은 위로 올라가고 중심부의 수면은 아래로 파이면서 평평했던 물통의 수면이 그림 2.1처럼 오목해진다.

실험은 이것이 전부다. 보다시피 별로 특별할 것도 없는 간단한 실험이다. 그러나 한 단계 더 안으로 들어가 보면 여기에는 엄청난 수수께끼가 숨

그림 2.1 수면이 평평한 상태에서 물통이 회전운동을 시작하면 잠시 후 물 자체도 회전운동을 하게 되고 수면은 오목한 곡면이 된다. 이때 물통의 회전을 강제로 정지시켜도 물은 회전운동을 계속하며 수면도 오목한 곡면상태를 유지한다.

어 있다. 이 문제가 해결된다면 우주의 구조를 추적해 온 인류의 과학사는 엄청난 진보를 보게 될 것이다. 과학자들은 지난 300년간 회전하는 물통문제를 해결하기 위해 안간힘을 써 왔지만 아직도 이렇다 할 결론을 내리지 못하고 있다. 회전하는 물통 하나가 뭐 그리 대단하다는 말인가? 이 문제를 이해하려면 약간의 사전지식이 필요한데, 독자들도 알아 두면 좋을 것 같아 여기 소개하기로 한다.

아인슈타인 이전의 상대성이론

'상대성relativity'이라는 단어는 아인슈타인의 전매특허로 거의 정착되었지만, 아인슈타인이 태어나기 한참 전에도 상대성의 개념은 물리학에서 매우 중요한 역할을 하고 있었다. 갈릴레오와 뉴턴은 이동하는 물체의 빠르기와 방향, 즉 속도가 상대적인 물리량임을 이미 알고 있었다. 야구경기를 예로 들어 보자. 타석에 들어선 타자의 입장에서 볼 때, 일류 투수가 던진 공은 거의 시속 160km의 속도로 다가오지만, 야구공의 입장에서 보면 타자가 자신을 향해 시속 160km로 다가오는 것처럼 보일 것이다. 그렇다면 이들 중 어떤 관점이 맞는 것인가? 두 개의 관점이 모두 옳다. 물체의 속도는 보는 관점에 따라 얼마든지 달라질 수 있다. 모든 운동은 상대적인 관점에서 서술되어야 물리적 의미를 가질 수 있다. 즉, 물체의 속도는 다른 물체와의 상호관계에서 상대적으로 결정되는 양인 것이다. 우리는 일상생활 속에서 이와 유사한 경험에 익숙해져 있다. 기차 내부의 창가 쪽 좌석에 앉아 바깥을 바라보고 있을 때 반대편 선로에서 다른 기차가 움직이고 있는 광경을 목격했다면 당신은 어떤 기차가 움직이고 있는지 알 수 있겠는가? 덜컹거리는 기차의 움직임이 없다면 눈에 보이는 상황만으로 자신의 속도를 알 수 없다. 갈릴레오는 이것을 그 당시 주된 운송수단이었던 배를 이용하여 설명하였다. 조용하게 항해 중인 배 위에서 발치를 향해 동전을 떨어뜨려 보자. 그 동전은 마치 땅 위에 있을 때처럼 당신의 발등 위에 떨어질 것이다. 배를 타고 있는 당신의 관점에서 보면 당신과 배는 정지해 있으며 바닷물이 선체를 때리며 흘러가고 있다. 이 관점에서 볼 때 당신의 발에 대한 동전의 상대운동은 육지에서 동전을 떨어뜨릴 때와 다를 것이 없다.

물론, 속도의 크기나 방향이 바뀌는 가속운동을 하고 있다면 외부와 완전하게 차단된 상태라 해도 자신이 움직이고 있음을 느낄 수 있다. 만일 당신을 태운 배가 갑자기 기울어지거나 가속(또는 감속)을 하고 있다면, 또는 소용돌이에 휘말려 빙글빙글 돌고 있다면 당신은 배가 움직이고 있다는 것을 금방 알 수 있다. 이 판단은 당신의 위치를 바깥에 있는 다른 물체와 굳이 비교하지 않아도 저절로 내려진다. 심지어는 창문이 없는 선실 안에 갇혀 있다 해도 당신은 움직임을 감지할 수 있다. 직선경로를 따라 동일한 속도로 움직일 때는(이런 운동을 등속운동이라 한다) 아무것도 느껴지지 않지만, 속도가 변하는 경우(빠르기가 변하거나 방향이 변하는 경우)에는 운동의 변화를 몸으로 느낄 수 있다.

그런데 좀 더 신중히 생각해 보면 여기에는 무언가 이상한 점이 있다. 등속운동이나 가속운동이나 물체가 움직인다는 점에서는 다를 것이 없는데, 왜 가속운동은 상대적인 비교 없이도 의미를 갖는다는 것일까? 속도라는 양 자체가 비교를 통해서만 의미를 가질 수 있는데, 속도의 변화는 왜 비교를 통하지 않고서도 감지되는 것일까? 가속운동이 일어날 때마다 우리가 인식하지 못하는 무언가와 이미 비교되고 있는 것은 아닐까? 이것은 앞으로 우리가 집중적으로 다루게 될 아주 중요한 문제이다. 지금 당장은 실감이 가지 않겠지만, 이 문제는 시공간의 의미와 아주 밀접하게 관련되어 있다.

갈릴레오는 지구가 움직이고 있다는 충격적인 사실을 주장하여 종교재판에 회부되었고, 갈릴레오보다 좀 더 조심스러웠던 데카르트는 자신의 저서인 『철학의 원리Principia Philosophiae』에서 지구의 운동과 관련된 내용을 은유적으로 표현하여 종교재판을 피해 갔다. 데카르트는 그의 저서에 다음과 같이 서술하였다. "물체의 운동상태가 변할 때, 물체는 그 변화에 저항하는 힘을 행사한다. 정지해 있는 물체는 외부로부터 힘이 작용하지 않는 한 정지상태를 영원히 유지한다. 또한, 직선 궤도를 따라 일정한 속도로 움직이는 물체는 외부로부터 힘이 작용하지 않는 한 등속 직선운동을 계속한다." 그러나 뉴턴은 여기에 한 가지 의문을 제기하였다. '정지상태'와 '등속 직선운동'의 진정한 의미는 과연 무엇인가? 무엇에 대하여 정지해 있고, 무엇에 대하여 등속운동을 한다는 말인가? 물체의 속도가 변한다고 말할 때, 그 변화를 판단하는 기준은 무엇인가? 데카르트는 운동의 의미를 제대로 파악하고 있었지만 핵심적인 문제를 간과했고, 뉴턴은 천재답게 그 문제를 놓치지 않았다.

뉴턴은 안구의 구조를 해부학적으로 이해하기 위해 끝이 뭉툭한 바늘을 자신의 눈 밑에 밀어 넣을 정도로 탐구욕이 넘치는 과학자였으며, 영국 조폐국의 감사로 일할 때에는 100명이 넘는 위조지폐범을 적발하여 교수대로 보낼 정도로 원리원칙에 투철한 사람이었다. 잘못된 논리를 방치하는 것은 결코 용납될 수 없는 일이었기에 그는 자신이 떠올린 문제를 좀 더 직설적으로 표현하려고 노력하였고, 그 와중에 그의 머릿속에 떠오른 것이 바로 '회전하는 물통'이었던 것이다.[1]

회전하는 물통

앞에서 언급한 대로 밧줄이 충분히 꼬인 상태에서 물통을 가만히 놓으면 물통과 물이 회전하면서 평평했던 수면은 오목한 형태로 변한다. 여기서 뉴턴은 다음과 같은 질문을 제기했다 ― 회전하는 물통의 수면은 왜 오목해지는가? "그거야, 물통이 회전하기 때문이지!" 여러분은 이렇게 대답하고 싶을 것이다. 자동차가 급회전을 할 때 우리의 몸이 원형궤도의 바깥쪽으로 밀리는 것처럼, 회전하는 물이 바깥쪽으로 밀려서 가장자리의 수면이 올라가고 물이 빠져나간 중심부는 수면이 내려간다. 이 정도면 그런대로 논리적인 설명이다. 그러나 뉴턴이 제기했던 질문의 답이 되지는 못한다. 뉴턴은 '회전하는 물'의 진정한 의미를 문제 삼고 있다. 물은 **무엇에 대해** 회전하고 있는가? 뉴턴의 목적은 운동의 기본적인 개념을 정립하는 것이었으므로 "회전과 같은 가속운동은 외부의 대상과 비교하지 않고서도 운동을 느낄 수 있다"는 주장을 문자 그대로 받아들이지 않았다.⁺

⁺ 원운동을 논할 때 흔히 원심력(centrifugal force)과 구심력(centripetal force)이라는 용어가 등장하는데, 이는 어디까지나 이름표에 불과하다. 우리의 목적은 그런 힘이 나타나는 근본적인 원인을 이해하는 것이다.

물통 자체가 운동의 기준역할을 한다고 생각할 수도 있다. 그러나 뉴턴은 이 제안을 받아들이지 않았다. 물통이 막 회전을 시작했을 때, 물통과 물 사이에는 상대운동이 존재한다. 즉, 물통은 물에 대하여 움직이고 있다. 물통이 회전하는 초기에 물은 물통을 따라 회전하지 않기 때문이다. 이렇게 상대운동이 존재하는데도 회전 초기의 수면은 평평한 상태를 유지한다. 그러다가 어느 정도 시간이 지나서 물이 물통을 따라 회전하기 시작하면 물통과 물 사이의 상대운동이 사라지고 수면은 오목해지기 시작한다. 따라서 물통을 운동의 기준으로 삼으면 우리가 기대했던 것과 정반대의 결과(상대운동이 있으면 수면이 평평한 상태를 유지하고 상대운동이 없어지면 수면이 오목해진다)가 얻어진다.

뉴턴의 물통실험을 좀 더 자세히 살펴보자. 물통이 회전하면 꼬였던 밧줄이 풀리다가 다 풀린 후에는 반대쪽으로 꼬이기 시작한다. 이 시점부터는 물통의 회전속도가 서서히 감소하다가 일시적인 정지상태에 이르게 되는데, 물론 이 순간에도 물통에 담긴 물은 회전운동을 계속하고 있다. 물통이 일시적으로 정지한 순간에 물통과 물의 상대속도는 어떻게 될까? 처음에 밧줄을 꼬았다가 물통을 가만히 놓았을 때와 똑같다(다른 사소한 요인에 의해 상대속도가 조금 달라질 수도 있지만, 이런 효과는 우리의 논지와 상관없으므로 무시하기로 한다). 자, 자세히 보라. 처음과 나중의 상대운동이 똑같음에도 불구하고 수면의 상태는 전혀 다르지 않은가! 처음에는 수면이 평평했었는데, 밧줄이 반대쪽으로 완전히 꼬였을 때의 수면은 오목하다. 그러므로 상대운동의 개념으로는 수면이 오목해지는 이유를 설명할 수 없다.

물통을 운동의 기준으로 삼는 관점을 포기한 뉴턴은 다음과 같은 상황을 머릿속에 떠올렸다. 동일한 실험을 텅 빈 공간에서 실행한다면 어떻게 될 것인가? 물론 우주공간에서는 지구의 중력이 작용하지 않으므로 이전과 똑같은 실험이 될 수 없다. 그래서 좀 더 실현 가능한 실험을 위해 다음과 같은 상황을 상상해 보자. 아무것도 없는 텅 빈 우주공간에 커다란 물통 하나가 용감한 우주비행사 호머를 태운 채 표류하고 있다. 호머는 안전을 위해 물통의 내벽에 장착된 안전벨트를 단단히 매고 있다(뉴턴이 상상했던 실험은 이것과 조금 다르다. 그는 밧줄로 연결된 두 개의 바위를 떠올렸다. 물론 두 실험의 요지는 정확하게 같다). 자, 이제 호머를 태운 커다란 물통을 회전시켜 보자. 과연 어떤 일이 벌어질까? 지구상에서 수면이 오목해졌던 것처럼, 호머는 물통의 벽 쪽으로 떠밀리는 힘을 느낄 것이다. 얼굴 표정은 일그러지고 복부에는 압력이 느껴지며 머리카락은 벽 쪽을 향해 휘날릴 것이다. 이 시점에서 하나의 질문을 던져 보자. "태양도, 지구도, 아무것도 없이 우주공간은 완전히 비어 있고 오로지 호머를 태운 물통만 존재한다면 물통이 회전하고 있다는 것을 어떻게 알 수 있을까?" 언뜻 생각하기에, 공간이 완벽하게 비어 있으면 자신의 운동상태를 미루어 짐작할 만한 기준이 전혀 없을 것 같다. 과연 그럴까? 뉴턴의 생각은 달랐다.

뉴턴은 어떠한 경우에도 운동을 판단할 만한 기준계frame of reference가 존재한다고 생각했다. 그가 생각한 궁극적인 기준계는 바로 **공간 그 자체**였다. "모든 존재를 포함하면서 모든 사건들이 발생하는 무대인 공간은 실재하는 물리적 실체로서, 운동의 여부를 판단하는 궁극적 기준계의 역할을 한다"는 것이 뉴턴의 결론이었다. 그는 이것을 가리켜 '**절대공간**absolute space'이라고 불렀다.[2] 우리의 오감으로는 절대공간을 느낄 수 없지만 어쨌거나 그것은 존재한다. 뉴턴이 생각했던 절대공간은 물체의 운동을 미루어 짐작할 수 있는 가장 궁극적이고 진정한 기준계였다. 어떤 물체가 절대공간에 대하여 정지해 있다면 그 물체는 '진정으로' 정지해 있으며, 절대공간에 대하여 움직이는 물체는 '진정으로' 움직이고 있는 것이다. 그러므로 뉴턴은 "절대공간에 대하여 가속운동을 하고 있는 물체는 '진정으로' 가속되고 있다"는 결론을 내릴 수밖에 없었다.

뉴턴은 절대공간의 개념을 이용하여 텅 빈 공간에서 돌고 있는 물통을 다음과 같이 설명하였다. 실험 초기에 물통은 절대공간에 대하여 회전하고 있는 반면, 물은 절대공간에 대하여 정지상태에 있다. 초기에 물의 표면이 평평한 상태를 유지하는 것은 바로 이런 이유 때문이다. 잠시 후에 물이 물통과 함께 회전을 시작하면 물은 절대공간에 대하여 회전하게 되고 그 결과로 수면은 오목해진다. 밧줄이 반대쪽으로 꼬이면서 물통의 회전속도가 느려질 때에도 그 속에 담긴 물은 절대공간에 대하여 계속 회전하고 있으므로 수면도 오목한 상태를 그대로 유지한다. 물통과 물 사이의 상대운동만 고려한다면 겉으로 나타나는 현상을 설명할 수 없지만 물과 절대공간 사이의 상대운동을 고려하면 모든 것을 완벽하게 설명할 수 있다. 뉴턴의 관점에서 본다면 공간은 운동을 정의하는 가장 확실한 기준계인 셈이다.

물론, 실험에 사용한 물통은 하나의 사례에 불과하다. 방금 펼친 논리는 모든 사물에 적용될 수 있다. 뉴턴의 관점을 따른다면 자동차가 커브길을 달릴 때 몸이 한쪽으로 밀리거나 이륙하는 비행기에서 몸이 뒤로 밀리는 듯한 느낌을 받는 것은 당신의 몸이 절대공간에 대하여 가속되고 있기 때문이다. 또한, 얼음판 위에서 스케이트를 신고 제자리 돌기를 할 때 양팔이 바깥쪽으로 당겨지는 듯한 느낌을 받는 것도 절대공간에 대하여 가속운동을 하고 있기 때문이다. 그러나 누군가가 엄청난 장비를 동원하여 얼음판 전체를 회전시키고 당신은 그 위에 가만히 서 있기만 한다면(스케이트의 날과 얼음판 사이의 마찰력은 없다고 가정한다) 얼음판과 당신 사이의 상대운동은 이전의 경우와 다를 것이 없지만 당신의 몸은 절대공간에 대하여 정지해 있으므로(가속되지 않고 있으므로) 양팔이 바깥쪽으로 당겨지는 현상은 더 이상 나타나지 않는다. 뉴턴은 잡다한 요인들을 제거하기 위해 밧줄로 연결되어 있는 두 개의 돌멩이가 우주공간에서 빙글빙글 돌아가는 상황을 떠올렸다. 이때 돌멩이는 절내공간에 대하여 가속운동을 하고 있으므로 연결된 밧줄은 팽팽하게 당겨진다. 이와 같이, 절대공간은 물체의 운동여부를 판단하는 최후의 보루인 것이다.

그런데, 절대공간의 진정한 의미는 무엇인가? 뉴턴의 저서인 『프린키피아Principia』를 보면 "나는 여기서 시간과 공간, 위치, 운동을 따로 정의하지 않겠다. 이들은 우리가 이미 잘 알고 있는 개념이기 때문이다"라는 문장이 나오는데, 두루뭉술한 표현으로 난관을 교묘하게 피해간 듯한 인상을 받는다.[3] 그 다음에 나오는 문장은 아주 유명하다. "절대공간은 어떠한 기준도 필요 없이 완전하게 정지해 있다. 절대공간을 이동시키는 것은 불가능하다." 다시 말해서, 절대공간은 말 그대로 영원불변의 절대적 존재라는 뜻이다. 그러나 뉴턴은 자신의 주장이 무언가 석연치 않다는 느낌을 갖고 있었던 것 같다. 그의 글은 다음과 같이 계속된다.

> 물체의 '겉보기 운동'과 '진정한 운동'을 효율적으로 구별하는 것은 지극히 어려운 일이다. 운동이 일어나고 있는 공간 자체는 우리의 오감이나 실험기구로 감지되지 않기 때문이다.[4]

이 점에 관한 한, 뉴턴은 후대의 물리학자들을 난처한 곳으로 인도한 셈이다. 그는 절대공간의 개념을 정확한 정의 없이 도입한 후 그 안에서 운동을 서술하는 식으로 고전역학의 체계를 세웠다. 가장 중요한 핵심을 모호한 말로 포장했으니, 그도 마음이 편하지는 않았을 것이다. 물론 마음이 편치 않은 사람은 뉴턴뿐만이 아니었다.

스페이스 잼(space jam)

언젠가 아인슈타인은 이런 말을 한 적이 있다. "우리는 '빨갛다'거나 '딱딱하다', 또는 '실망했다'라는 말을 들으면 기본적으로 그 단어의 의미를 이해할 수 있다. 그러나 '공간'이라는 단어는 우리의 경험과 직접적인 관계가 없기 때문에 그 의미가 불확실하다."[5] 아인슈타인이 말한 의미상의 불확실성은 매우 긴 역사를 갖고 있다. 데모크리토스와 에피쿠로스, 루크레티우스, 피타고라스, 플라톤, 아리스토텔레스, 그리고 그들의 수많은 후손들은 오랜 세월 동안 공간이라는 개념과 씨름을 벌여 왔다. 공간과 물질은 다른 것인가? 물질이 없어도 공간은 존재할 수 있는가? 완전히 빈 공간은 과연 존재하는가? 공간과 물질은 서로 배타적인 관계인가? 우리가 속해 있는 공간은 유한한가? 아니면 경계 없이 무한히 펼쳐져 있는가?

지난 수천 년 동안 공간의 철학적 개념은 신학과 더불어 변화를 겪어 왔다. 신과 공간은 어느 곳에나 존재한다는 공통점을 갖고 있으므로 한때 사람들은 공간을 신성시한 적도 있었다. 17세기의 신학 및 철학자이자 뉴턴의 훌륭한 조언자였던 헨리 모어Henry More[6]는 이 아이디어를 더욱 발전시켜서 다음과 같이 주장했다. "만일 공간이 텅 비어 있다면 그것은 존재하지 않는 것과 마찬가지다. 그러나 아무런 물체도 없이 텅 빈 공간이라 해도 거기에는 영혼spirit이 존재한다. 따라서 텅 빈 공간은 애초부터 존재할 수 없으며 우리가 속해 있는 공간은 존재하는 실체이다." 뉴턴은 모어의 주장을 일부 수용하여, 우리가 사는 공간은 눈에 보이는 물질과 함께 '영적인 물질spiritual substance'도 함께 포함하고 있다는 생각을 갖게 되었으나 "영적인 물질은 물체의 운동을 전혀 방해하지 않는다"[7]는 가정을 추가함으로써 자신이 세운 역학법칙을 보호하였다. 뉴턴이 주장했던 절대공간은 바로 '신의 마음'이었던 것이다.

이런 식으로 공간에 철학적, 또는 종교적 의미를 부여하면 그것은 '수긍'이 아니라 '믿음'의 대상이 되기 쉽다. 앞에서 아인슈타인이 지적했던 것처럼 이런 식의 정의는 과학적 명확성이 떨어진다. 공간을 어떻게 정의하건 간에, 다음의 질문을 피해 갈 수는 없다. "우리가 지금 읽고 있는 이 책처럼, 공간도 하나의 실체로 간주해야 하는가? 아니면 공간은 일상적인 물체들 사이의 상호관계를 서술하는 하나의 용어에 불과한 것인가?"

뉴턴과 동시대에 살았던 독일의 위대한 철학자 라이프니츠Gottfried Wilhelm Leibniz는 어떠한 논리를 동원한다 해도 공간은 존재하지 않는다고 믿었다. 그의 주장에 의하면 공간은 물체들 사이의 상대적 위치를 결정하는 편리한 방법에 불과하다. 그러므로 위치를 결정할 대상(물체)이 하나도 없는 공간은 더 이상 존재의 의미가 없다는 것이다. 영어의 알파벳을 예로 들어 보자. 알파벳은 26개의 문자를 일렬로 나열한 것으로서 *a* 다음에는 *b*가 있고 *d*에서 여섯 글자를 더 가면 *j*가 있으며 *u*는 *x*보다 세 칸 앞에 있다는 등, 각 글자의 상대적 위치를 결정해 준다. 그런데 이 배열에서 글자를 모두 제거해 내면 알파벳은 그 의미를 깨끗하게 상실한다. 알파벳은 26개의 글자들이 정해진 순서에 따라 배열되어 있어야 의미를 가질 수 있다. 라이프니츠는 공간도 알파벳과 같다고 생각했다. *a*, *b*, *c*, *d*, …와 같은 문자의 배열처럼 각각의 물체들이 위치적으로 상호관계를 맺고 있을 때 공간은 그들 사이의 관계를 서술하는 용어로서 의미를 가지며, 물체가 하나도 없으면 공간의 의미도 함께 사라진다는 것이다. 텅 빈 공간은 문자가 하나도 없는 알파벳처럼 의미를 상실한다는 것이 라이프니츠의 생각이었다.

그 후 라이프니츠는 자신의 생각을 재확인시켜 주는 몇 가지 논리를 추가하였는데, 그중 하나만 짚고 넘어가 보자. 만물의 창조주이자 전지전능하고 실수가 없는 신은 이 세상을 창조할 때 각 피조물의 위치를 되는대로 정하지는 않았을 것이다. 만일 공간이 만물의 배경으로서 정말로 실재한다면 신은 이 세상을 창조할 때 우주를 공간상의 어느 위치에 놓을 것인지 결정을 내려야 했을 것이다. 그런데 아무것도 없이 텅 빈 공간은 모든 지점이 완벽하게 동일하다. 이런 공간에서 신은 어떻게 피조물의 위치를 결정할 수 있었을까? 과학적 사고방식에 익숙한 사람에게는 말장난처럼 들릴지도 모른다. 그러나 이 질문에서 종교적인 색채를 걷어 내고 나면 지독한 수수께끼가 그 모습을 드러낸다. 이 우주는 공간상의 어느 위치에 자리 잡고 있는가? 만일 모든 만물들의 상대적 위치를 유지한 상태에서 우주 전체가 왼쪽, 또는 오른쪽으로 10미터 이동했다면 우리는 그것을 어떻게 알 수 있을까? 공간 속을 이동하는 우주의 속도는 어떻게 알 수 있을까? 공간이라는 것이 근본적으로 감지될 수 없고 변형될 수도 없는 것이라면, 과연 그것이 존재한다고 주장할 수 있을까?

이 무렵에 뉴턴이 물통실험을 제기하면서 논쟁의 방향은 크게 달라졌다. 그는 "절대공간의 존재를 직접적으로 증명할 수는 없지만 그것이 존재함으로써 나타나는 결과는 관측 가능하다"고 주장했다. 회전하는 물통의 가속도는 절대공간에 대한 가속도이므로, 수면이 오목하게 패는 것은 바로 절대공간이 존재하기 때문에 나타난 결과라는 것이다. 그리고 무언가가 존재한다는 확고한 증거가 직접, 또는 간접적인 방법으로 얻어졌다면 그것으로 논쟁은 끝이라고 선언했다. 뉴턴이 제기한 간단한 논리 덕분에 종교색 짙은 논쟁거리는 과학적으로 증명 가능한 문제가 되었으며, 그 결과는 너무나도 명백했다. 라이프니츠는 뉴턴의 논리에 승복하면서 다음과 같은 말을 남겼다. "나는 물체의 진정한 '절대운동'과 겉으로 드러나는 상대운동(다른 물체를 기준으로 서술한 운동) 사이에 명백한 차이가 있음을 인정한다."[8] 그는 신을 거론하며 내세웠던 자신의 주장을 이 한마디로 깨끗하게 포기했다.

그 후로 200년 동안 라이프니츠의 논리를 추종하는 학자들과 공간의 실재를 부정하는 학자들은 자신의 주장을 굽히지 않았으나,[9] 학계의 중론은 뉴턴 쪽으로 기울었고 절대공간에 기초를 둔 뉴턴의 운동법칙은 결국 물리학계를 평정하였다. 후대의 학자들이 뉴턴의 절대공간을 별 거부감 없이 받아들인 것은 개념 자체가 확실해서가 아니라 뉴턴의 운동방정식이 물체의 운동을 너무나도 잘 설명해 주었기 때문일 것이다. 그러나 뉴턴은 자신이 물리학에 남긴 수많은 업적들 중에서 '절대공간의 개념을 확립한 것'을 가장 중요한 업적으로 꼽았다. 뉴턴에게 있어서 공간은 물리학의 모든 것이었다.[10]

마흐(Mach) — 공간의 의미

나는 어린 시절에 아버지와 함께 맨해튼의 거리를 거닐면서 이상한 게임을 하곤 했다. 둘 중 한 사람이 주변에서 일어나고 있는 잡다한 상황들(달리는 버스, 창틀에 내려앉은 비둘기, 동전을 떨어뜨린 신사 등)을 둘러보다가 그중 하나에 시선을 고정시킨 후, 버스의 바퀴나 날아가는 비둘기 등의 특이한 관점에서 그 상황을 바라보았을 때 어떻게 보일 것인지를 설명하면 상대방은, 관점의 주인공과 벌어지고 있는 상황을 알아맞히는 게임이었다. 예를 들어 "나는 지금 어둠 속에서 원기둥처럼 생긴 물체의 표면 위를 걸어가고 있습니다. 물체의 표면은 무늬가 있는 벽으로 덮여 있으며, 내 머리 위에는 두툼하고 하얀 덩굴이 하늘을 온통 뒤덮고 있습니다. 나는 누구이며 지금 어디에 있을까요?"라고 묻는다면, '양배추로 덮여 있는 노점상의 핫도그 위를 기어가고 있는 개미'가 답이다. 청소년기를 거치면서 아버지와의 게임은 중단되었지만, 훗날 내가 물리학과에 진학하여 뉴턴의 법칙을 공부하면서 골머리를 앓게 된 데에는 아버지와의 게임도 일부 책임이 있는 것 같다.

나는 그 게임을 하면서 이 세계를 다른 관점에서 바라보는 훈련을 할 수 있었고, 오만 가지 다양한 관점들이 모두 동등하다는 인식을 키울 수 있었다. 그러나 뉴턴은 절대공간이라는 궁극적인 기준을 믿었기 때문에, 다양한 관점들이 "절대적인 관점에서 얼마나 벗어나 있는지"를 알 수 있다고 생각했다. 스케이트 신발 위에 붙어 있는 개미의 입장에서 볼 때, 회전운동을 하고 있는 것은 자신이 아니라 '얼음판을 포함한 모든 세상'이다. 그리고 관중석에 앉아 있는 관객의 눈에는 스케이트 선수(눈이 좋다면 개미까지)가 회전하고 있는 것으로 보인다. 언뜻 생각해 보면 이 두 가지 관점은 똑같이 옳은 것 같다. 관객과 개미는 똑같이 상대방에 대하여 회전하고 있으므로 이들의 관점은 일종의 대칭적 관계를 형성할 것이다. 그러나 뉴턴의 생각은 달랐다. 그는 관객과 스케이트 선수, 둘 중 한 쪽의 관점이 상대방의 관점보다 '더 옳다'고 생각했다. 진짜 회전을 하고 있는 쪽이 스케이트 선수였다면 그(녀)는 양팔을 벌렸을 때 바깥쪽으로 당겨지는 듯한 느낌을 받을 것이고, 자신을 제외한 모든 세상이 회전운동을 하고 있는 경우라면 그런 느낌을 받지 않을 것이기 때문이다. 뉴턴의 절대공간을 인정한다는 것은 곧 절대적인 가속도의 개념을 수용한다는 뜻이며, 이 경우에는 "누가 회전하고 있는가?"라는 질문에 절대적인 답을 제시할 수 있다는 뜻이다. 어린 시절, 나는 이것을 이해하기 위해 무진 노력을 했는데, 교과서를 들춰 보거나 학교 선생님들에게 물어봐도 대답은 한결같았다. "등속 직선운동을 할 때에는 오직 상대운동만이 물리적 의미를 갖는다"는 것이었다. 그렇다면 가속운동은 왜 상대적 개념으로 이해할 수 없는가? 등속운동에서는 상대속도가 핵심적인 역할을 하는데, 가속운동에서는 왜 '상대가속도'라는 개념이 없는가? 절대공간의 존재를 인정하고 뉴턴의 논리를 그대로 따라간다면 수긍을 할 수도 있었지만, 어린 시절의 나에게는 커다란 수수께끼였다.

그로부터 몇 년이 지난 후, 나는 지난 수백 년 동안 수많은 물리학자와 철학자들이 이 문제를 놓고 격렬하게, 혹은 조용하게 논쟁을 벌여 왔다는 사실을 알게 되었다. 뉴턴은 물통실험을 통해 "절대공간을 운동의 기준으로 삼은 관점은 모든 관점들 중에서 가장 우월하다. 이 관점에서 바라본 운동이 진정한 운동이다(어떤 물체가 절대공간에 대하여 회전하고 있다면 그 물체는 '진정으로' 회전하고 있는 것이다. 그 외의 기준에 대하여 회전하는 경우는 진정한 회전운동이라고 말할 수 없다)"라고 주장했다. 그러나 뉴턴의 생각에 회의를 품는 사람들은 "모든 관점들은 서로 동등하며, 다른 관점보다 '더욱 진실에 가까운' 관점이란 존재하지 않는다"는 주장을 포기하지 않았다. 이들은 상대운동만이 의미를 갖는다는 라이프니츠의 우아한 논리를 끝까지 고수하면서 절대적 존재(공간)에는 강한 의구심을 갖고 있었다. 사실, 절대공간을 도입한다 해도 서로 상대방에 대하여 등속운동을 하고 있는 물체들 중 어느 쪽이 진짜 움직이고 있는지를 판별할 수는 없다. 그런데 어찌하여 유독 가속운동만은 절대공간의 도움으로 그 진위 여부를 판별할 수 있다는 말인가? 만일 절대공간이 정말로 존재한다면 그것은 가속운동뿐만 아니라 모든 운동의 진위 여부를 판별하는 기준이 될 수 있어야 한다. 그런데 우리는 주변의 사물들이 절대공간상에서 어느 위치에 있는지 전혀 모르고 있다. 절대공간이라는 것이 존재한다면 사물의 위치도 상대적인 관점 말고 절대적인 관점에서 결정할 수 있어야 하지 않을까? 우리가 절대공간에 아무런 영향도 줄 수 없는데, 어떻게 절대공간이 우리에게 영향(회전하는 스케이트 선수의 팔이 바깥쪽으로 당겨지는 현상 등)을 줄 수 있다는 말인가?

이 질문은 뉴턴 이후 수백 년 동안 물리학자들의 입에 회자되어 오다가 1800년대 중반에 오스트리아 출신의 철학자이자 물리학자인 에른스트 마흐 Ernst Mach의 등장으로 일대 전환점을 맞이하게 된다. 마흐가 제기했던 새로운 개념의 공간은 훗날 아인슈타인에게도 커다란 영향을 주었다.

마흐의 영감 어린 통찰(더욱 정확하게는 마흐의 업적으로 알려진 현대적 공간의 개념)을 이해하기 위해,[‡] 회전하는 물통으로 다시 돌아가 보자. 뉴턴의 논리에는 조금 이상한 점이 있다. 물통실험의 목적은 처음 상태에 수면이 평평했다가 밧줄이 반대로 완전히 꼬여서 물통이 정지했을 때 수면이 오목해지는 이유를 설명하는 것이다. 이 두 가지 상태의 차이점은 무엇인가? 그렇다. 전자의 경우는 물이 정지해 있고 후자의 경우는 물이 회전하고 있다. 그러므로 물의 운동상태에 의거하여 수면의 모양을 설명하는 것이 가장 자연스런 발상일 것이다. 그런데 바로 여기에 문제가 있다. 뉴턴은 절대공간을 도입하기 전에 물통을 기준계로 삼아 물의 운동을 서술하려고 시도했다가 실패했다. 그러나 물의 회전 여부를 판단할 만한 기준계(정지해 있다고 믿을 만한 기준)는 물통 말고도 사방에 널려 있다. 실험실의 바닥이나 천장, 또는 창문과 벽 등도 얼마든지 기준계가 될 수 있다. 화창한 날 오후에 야외에서 물통실험을 하고 있었다면 주변의 건물이나 나무, 땅까지도 기준계로 삼을 수 있을 것이다. 만일 우주공간을 표류하면서 실험을 한다면 멀리 있는 별을 기준계로 삼으면 된다.

그렇다면 이 시점에서 또 하나의 질문이 떠오른다. 물리학의 천재인 뉴턴이 과연 그런 생각을 한 번도 떠올리지 않았을까? 골치 아픈 물통은 잠시 잊어버리고 물과 땅, 또는 물과 창문 사이의 상대운동으로 수면의 상태를 설명할 수는 없었을까? 만일 뉴턴이 이런 생각을 떠올렸다면 절대공간이라는 개념을 따로 도입할 필요가 없었을 것이다. 그런데 뉴턴은 왜 그 많은 기준계들(창문, 벽, 땅 등)을 모두 무시하고 느닷없이 절대공간을 떠올린 것일까? 바로 이것이 1870년대에 마흐의 머릿속에 떠오른 의문이었다.

✣ 마흐의 업적에 관해서는 아직도 논란의 여지가 남아 있다. 그가 남긴 저술 중 일부는 내용이 모호하고, 그가 제안했다는 아이디어 중 일부는 그의 저술을 외국어로 번역하는 과정에서 새롭게 창조되기도 했다. 마흐는 자신의 책이 오역되었음을 알고 있었지만 수정을 요구하지는 않았으며 번역서에서 내려진 결론에 대체로 수긍했다고 전해진다. 역사적 사실을 호도하지 않기 위해 좀 더 신중을 기하고자 한다면, 이 책의 본문 중에 등장하는 다음의 문장들, "마흐는 …라고 말했다"나 "마흐의 아이디어는 …이다"라는 말은 "마흐가 창시한 접근법을 후대 사람들이 해석한 결과에 의하면…"으로 새겨들어야 할 것이다.

마흐의 관점을 좀 더 분명하게 이해하기 위해, 당신이 아무런 움직임 없이 우주공간에 떠 있다고 상상해 보자. 주변을 둘러보니 먼 곳에서 반짝이는 별들도 아무런 미동 없이 정지상태를 유지하고 있다(좌선을 하기에는 더 없이 좋은 환경이다). 바로 그때, 누군가가 당신 옆을 스쳐 지나가면서 어깨를 잡아챘고 그때부터 당신의 몸은 회전운동을 시작했다. 이제부터 당신은 이전에는 느끼지 못했던 두 가지 새로운 경험을 하게 된다. 첫째, 팔과 다리가 바깥쪽으로 당겨지는 듯한 느낌을 받는다. 여기에 저항을 하지 않는다면 당신의 몸은 큰 대자로 벌어질 것이다. 둘째, 멀리 있는 별들이 더 이상 정지해 있지 않고 하늘을 가로지르는 거대한 원을 그리면서 회전하는 것처럼 보인다. 그러므로 당신은 '사지가 바깥쪽으로 당겨지는 느낌'과 '회전하는 별들' 사이에 밀접한 관계가 있다고 생각할 것이다. 이 점을 마음속 깊이 새기고, 동일한 실험을 다른 환경에서 재현해 보자.

이제 당신은 아무것도 없이 텅 빈 공간 속에 조용히 떠 있다. 주변에는 별도, 은하도, 행성도 없고 공기조차 없다. 느껴지는 것이라고는 완벽한 침묵과 칠흑 같은 어둠뿐이다(아마도 당신의 존재를 가장 강하게 느낄 수 있는 순간일 것이다). 이런 환경에서 회전운동을 시작한다면 어떤 느낌을 받게 될까? 이 경우에도 팔과 다리가 바깥쪽으로 당겨질 것인가? 우리의 일상적인 경험에 의하면 당연히 그렇게 될 것 같다. 정지상태에 있다가 갑자기 회전운동을 하게 되면 팔과 다리는 당연히 바깥쪽으로 당겨진다. 그러나 지금 당신이 처한 상황은 일상적인 환경과 전혀 다르다. 보통의 우주공간이라면 먼발치에 천체들이 있기 마련이고 그들을 기준으로 삼아 몸의 움직임을 판별할 수 있지만, 지금 당신이 있는 곳은 그야말로 '아무것도 존재하지 않는' 텅 빈 가상의 공간이기 때문에 몸의 운동상태를 판단할 만한 기준이 없다. 당신의 몸이 회전을 하고 있는지, 아니면 정지해 있는지를 구별할 방법이 전혀 없는 것이다. 마흐는 이 점을 간파하고 자신만의 논리를 과감하게 진행시켰다. "텅 빈 공간에 달랑 하나의 물체만 존재하는 경우에는 그 물체의 회전운동을 감지할 방법이 없다. 즉, 물체가 회전하는 상태나 정지해 있는 상태나 다를 것이 없다는 뜻이다. 운동을 비교할 대상이 전혀 없다면 가속운동 자체의 의미가 없어진다." 우주 공간에서 두 개의 돌멩이를 줄로 연결시켜 놓고 회전운동을 시키면 줄이 팽팽해진다는 것이 뉴턴의 생각이었다. 그러나 마흐는 이 실험을 텅 빈 공간에서 실행했을 때 두 개의 돌멩이가 아무리 열심히 돌아가도 줄은 팽팽해지지 않는다고 생각했다. 이와 마찬가지로 텅 빈 공간에서 당신의 몸이 회전하고 있다면 팔과 다리에는 아무런 느낌도 전달되지 않고 머리가 띵해지는 일도 없다. 당신이 회전하고 있다는 것을 확인할 방법이 전혀 없으므로 회전운동 없이 가만히 있는 것과 다르지 않다는 것이다("에이, 그래도 뭔가가 다르지 않을까? 확인이 안 된다 해도 도는 것과 정지해 있는 것은 엄연히 다른 상황이 아닌가?" 이런 생각이 든다면 당신은 뉴턴식 사고방식을 따르는 사람이다. 비유적으로 표현한다면 뉴턴의 주장은 "완전범죄를 범한 자는 증거가 없어 처벌할 수 없지만 그는 어디까지나 죄인이다"에 가깝고, 마흐는 "완전범죄를 범한 사람은 죄가 없는 사람이다"를 주장하고 있는 셈이다: 옮긴이).

마흐의 논리에는 매우 미묘한 부분이 숨어 있다. 이 점을 제대로 이해하기 위해, 완전히 텅 빈 칠흑 같은 공간에 조용히 정지해 있는 당신의 모습을 다시 한 번 떠올려 보자. 이것은 어두운 방 안에 갇혀 있는 상황과 근본적으로 다르다. 실내에 갇혀 있다면 발아래 바닥도 있고 손을 뻗으면 벽도 만져진다. 또한, 당신의 눈이 암순응(어두운 곳에 눈이 적응하는 현상)을 거치고 나면 창문이나 벽의 틈새로 새 들어오는 희미한 빛을 감지할 수도 있다. 그러나 '완전히 텅 빈' 공간에는 바닥도, 벽도 없고 단 한 줄기의 빛도 없다. 이런 곳에서는 사방을 둘러보거나 더듬어 봐도 감지되는 것이 전혀 없다. 한마디로 완전한 무(無), 그 자체이다. 여기에는 무엇을 비교할 만한 대상도 없고 기준을 삼을 만한 물체도 없다. 마흐는 이런 상황에서 운동과 가속도를 논하는 것이 아무런 의미도 없다고 주장한 것이다. 그런 곳에서는 회전운동을 할 때 팔과 다리에 아무런 힘도 느껴지지 않을 뿐만 아니라, 가만히 정지해 있는 상태와 회전하는 상태를 구별하는 것 자체가 아예 불가능하다.✣

물론 뉴턴이 생전에 마흐의 주장을 들었다면 결코 동의하지 않았을 것이다. 뉴턴은 완전히 텅 빈 공간도 어디까지나 '공간'이라고 생각했기 때문이다. 공간은 만질 수 없고 느낄 수도 없지만 물체의 움직임을 비교 판단할 만한 무언가를 여전히 제공하고 있다는 것이 뉴턴의 기본적인 생각이었다. 여기서 뉴턴이 이런 결론을 내릴 수밖에 없었던 이유를 다시 한 번 생각해 보자. 그는 텅 빈 우주공간에서 두 개의 돌멩이가 회전하면 그들 사이를 묶어 놓은 줄이 팽팽해진다고 생각했다(물통에 담긴 물의 수면이 오목해지고 호머가 물통의 내벽 쪽으로 밀리는 듯한 힘을 느끼며 회전하는 스케이트선수의 팔이 바깥쪽으로 당겨지는 것도 모두 같은 현상이다). 물론 뉴턴은 아무것도 없는 공간을 인공적으로 만들 수 없었으므로 그의 생각은 일종의 가정에 불과하지만 이 가정을 끝까지 밀어붙인다면 텅 빈 공간에도 물체의 운동을 비교 판단할 만한 무언가가 존재해야 한다. 그 '무언가'의 정체는 대체 무엇인가? 뉴턴은 공간 자체가 그 역할을 한다는 결론을 내렸다(하긴, 절대적인 무(無)의 상황에서 그밖에 어떤 결론이 가능했겠는가?). 그런데 마흐는 뉴턴이 도입했던 가장 기본적인 가정을 문제 삼은 것이다. "실험실에서 나타나는 현상과 텅 빈 공간에서 나타나는 현상은 다르다"는 것이 마흐의 생각이었다.

마흐의 공간개념이 알려지면서 뉴턴의 절대공간은 탄생 200년 만에 처음으로 심각한 도전을 받았고 그 여파는 향후 수 년 동안 전 세계 물리학계를

✣ 이 책에서 회전운동을 논할 때 주로 사람의 몸을 언급하는 이유는 우리가 논하고 있는 물리적 상황을 직관적으로 이해하는 데 도움이 되기 때문이다. 그런데 우리의 사지는 서로 무관하게 움직일 수 있으므로 몸의 일부분이 다른 부분에 대하여 상대운동을 할 수도 있다(팔을 휘저으면 팔은 머리에 대하여 상대적인 회전운동을 하게 된다). 물론, 이런 상황까지 고려한다면 문제가 쓸데없이 복잡해진다. 그러므로 여기서 "몸이 회전하고 있다"는 말은 "몸 전체가 경직된 상태에서 일제히 동일한 각속도로 회전하고 있다"는 뜻임을 기억해 주기 바란다. 즉, 처음 회전운동을 시작할 때 취했던 자세가 회전 중에도 변하지 않는다는 뜻이다.

휩쓸었다(1909년에 블라디미르 레닌Vladimir Lenin은 마흐의 업적에 관한 논문을 발표하였다[11]). 그러나 "완전히 빈 공간에서는 회전이라는 개념이 성립하지 않는다"는 마흐의 주장은 실험으로 확인할 길이 없다. 게다가 일상적인 환경에서 물통실험을 해 보면 수면은 분명히 오목해진다. 이 현상을 어떻게 설명할 것인가? 답은 간단하다. 마흐의 주장을 부정해 버리면 모든 논쟁은 그 자리에서 끝난다.

마흐, 운동, 그리고 별

완전히 비어 있지는 않고 단 몇 개의 별들만이 사방에 흩어져 있는 아주 썰렁한 우주를 상상해 보자. 이 우주의 한 지점에서 회전실험을 실행한다면 별들이 아무리 멀리 있다 해도 그로부터 나오는 희미한 빛을 이용하여 몸의 운동상태를 측정할 수 있다. 이제 당신의 몸이 회전을 시작하면 멀리 있는 별들은 당신의 몸을 중심으로 회전하는 것처럼 보일 것이다. 지금은 별들이 기준계의 역할을 하고 있으므로 당신은 회전하는 상태와 정지해 있는 상태를 구별할 수 있으며, 팔과 다리가 바깥쪽으로 당겨지는 느낌도 받을 것이다. 그런데 까마득한 거리에 있는 단 몇 개의 별들이 무슨 수로 그토록 큰 변화를 일으킬 수 있다는 말인가? 별이고 뭐고 아무것도 없을 때는 사지가 당겨지는 느낌을 전혀 받지 않다가 몇 개의 별만 있으면 그때 비로소 사지가 당겨진다니, 별의 존재 여부가 가속운동 판별장치의 무슨 스위치라도 된다는 말인가? 단 몇 개의 별만 있어도 몸의 회전을 느낄 수 있다면 마흐의 주장은 틀렸을 가능성이 높다. 별을 하나씩 줄여나가다가 단 하나의 별만 남았을 때도 회전운동이 감지된다면 텅 빈 공간에서도 회전운동은 감지되어야 하지 않겠는가? 이렇게 따지고 보니 뉴턴의 절대공간설이 더 타당한 것 같다.

마흐는 이 반론에 나름대로의 대안을 제시하였다. 마흐의 주장에 따르면 텅 빈 공간에서는 우리의 몸이 회전할 때 아무것도 느껴지지 않는다(좀 더 정확하게 말하자면 '회전상태'와 '비회전상태'가 물리적으로 완전히 똑같다). 반면에, 우리의 우주처럼 별들이 산지사방에 흩어져 있는 우주에서 몸을 회전시키면 팔과 다리가 바깥쪽으로 당겨진다(직접 실험해 보라!). 자, 지금부터가 중요한 부분이다. 마흐가 수정한 이론은 다음과 같다. "별의 개수가 지금보다 적은 우주에서 회전운동을 한다면 사지를 바깥쪽으로 당기는 힘은, 우리의 우주에서 회전하는 경우보다 작아진다." 즉, 회전하는 몸에 느껴지는 힘은 우리의 주변에 널려 있는 물체의 양에 비례한다는 것이다. 별이 단 하나밖에 없는 우주에서 회전한다면 아주 미미한 힘을 느낀다는 이야기다. 똑같은 별이 두 개 있으면 힘도 두 배로 커지고, 별의 개수가 점차 증가하여 지금의 우주와 같아지면 비로소 지금 우리가 느끼는 정도의 힘이 작용하게 된다. 이 논리에 의하면 가속운동을 할 때 느껴지는 힘은 우주 내의 모든 천체들이 복합적으로 작용하여 나타나는 결과인 셈이다(원심력은 회전하는 물체의 질량과 속도에 의해 결정되는 양이므로 별들의 분포와 아무런 관계가 없다고 생각할지도 모른다. 그러나 이 원심력은 뉴턴이 절대공간의 존재를 가정하고 그로부터 이끌어 낸 결론이며, 천체의 분포가 지금과 다른 우주에서는 원심력의 크기가 달라진다는 것이 마흐의 관점이다: 옮긴이).

물론 이 논리는 회전운동뿐만 아니라 모든 종류의 가속운동에 똑같이 적용된다. 당신이 타고 있는 비행기가 이륙하면서 가속하고 있을 때나 당신을 태운 자동차가 급정거를 했을 때, 또는 승강기가 정지상태에서 출발했을 때 당신이 힘을 느끼는 이유는 지구를 포함하여 우주 전체에 분포되어 있는 모든 물질들이 복합적으로 작용하여 당신에게 영향력을 행사하고 있기 때문이라는 것이다. 만일 천체의 개수가 지금보다 많은 우주에 우리가 살고 있다면 가속운동을 할 때 지금보다 큰 힘을 느낄 것이며, 그 반대의 경우라면 지금보다 작은 힘을 느끼게 될 것이다. 그리고 아무것도 없는 텅 빈 우주에서 가속운동을 한다면 아무런 힘도 느끼지 않을 것이다. 그러므로 마흐의 논리에서는 오직 상대운동과 상대적 가속운동만이 눈에 보이는 현상을 지배하게 된다. 우리는 우주 안에 존재하는 모든 물질들의 평균분포상태에 대하여 상대적인 가속운동을 해야만 그에 대응되는 힘을 느낄 수 있다. 그러므로 물질이 전혀 없으면(운동을 비교할 대상이 전혀 없으면) 가속운동을 감지할 방법이 없다. 이것이 바로 마흐가 제창한 공간이론이었다.

마흐의 이론은 지난 150여 년 동안 수많은 물리학자들의 마음을 사로잡았다. 사실, 눈에 보이지도 않고 만질 수도 없는 무형의 빈 공간이 모든 운동의 기준역할을 한다는 것은 과학자의 입장에서 볼 때 무슨 신흥종교의 교리처럼 들릴 수도 있다. 무형의 절대공간에 전적으로 의지하여 운동의 개념을 정의하는 것은 다분히 위험하고 비과학적인 발상이다. 그러나 마흐의 주장을 수용했던 과학자들도 "뉴턴의 물통실험을 설명할 만한 또 다른 논리가 존재하지는 않을까?"라는 한 가닥 의문을 완전히 떨쳐버릴 수는 없었다.

마흐의 이론은 공간의 존재를 부정했던 라이프니츠의 관점을 옹호하고 있다. 기본적으로 마흐는 라이프니츠의 공간부재설을 수용했던 것이다. 마흐가 생각했던 공간은 한 물체와 다른 물체 사이의 상대적 위치관계를 서술하는 용어에 지나지 않았으므로, 위치를 결정할 물체가 하나도 없는 텅 빈 공간은 더 이상 의미를 가질 수 없었다.

마흐와 뉴턴의 대립

나는 대학원 석사과정 때 마흐의 이론을 처음 접하면서 "드디어 나의 의문을 속 시원하게 풀어주는 이론을 만났다"며 쾌재를 불렀다. 그것은 모든 관점을 동등하게 취급하는 공간-운동 이론으로서, 상대속도와 상대가속도에만 물리적 의미를 부여하고 있었다. 눈에 보이지 않는 절대공간을 운동의 궁극적 기준으로 삼았던 뉴턴의 이론과는 달리, 마흐는 우주 전역에 걸쳐 분포되어 있는 모든 물체들을 운동의 기준으로 삼았다. 나는 마흐의 답이 옳다는 것을 믿어 의심치 않았다. 그런데 알고 보니 아인슈타인을 비롯한 대부분의 물리학자들이 나와 같은 생각을 갖고 있었다. 결국 나는 라이프니츠-마흐-아인슈타인으로 이어지는 상대론자의 계보에 자발적으로 끼어든 셈이다.

마흐의 관점은 정말로 옳은 것일까? 물통실험까지 떠올리면서 사람들을 헷갈리게 만들었던 뉴턴은 왜 그렇게 모호한 결론을 내려야 했을까? 뉴턴의 절대공간은 과연 존재하는가? 아니면 진리의 추는 상대론자들 쪽으로 기울 것인가? 마흐의 새로운 아이디어가 등장한 후로 수십 년 동안 이 질문에는 마땅한 답이 제시되지 못했는데, 가장 큰 이유는 마흐의 이론이 불완전했기 때문이었다. 그는 우주 내의 모든 물질들이 한 물체의 운동에 영향을 준다고 주장했을 뿐, 그 영향이라는 것의 물리적 얼개에 대해서는 아무런 언급도 하지 않았다. 마흐의 이론이 맞는다면 당신이 방 안에서 빙글빙글 돌고 있을 때 멀리 있는 별들과 이웃집을 이루고 있는 벽돌들이 당신의 몸에 영향을 주는 과정을 구체적으로 설명할 수 있어야 한다. 이 과정을 설명하지 못하면 마흐의 이론을 과학적으로 검증할 방법이 없다.

현대물리학적 관점에서 보면 마흐가 예견했던 영향은 중력과 밀접한 관계가 있는 듯하다. 20세기 초에 아인슈타인이라는 걸출한 천재는 마흐의 원리에서 출발하여 새로운 중력이론인 일반상대성이론을 탄생시켰고, 이 이론은 공간과 우주를 전혀 새로운 시각으로 바라봄으로써 절대론자와 상대론자의 해묵은 논쟁을 일거에 날려 버렸다.

제3장

상대성과 절대성

시공간은 아인슈타인이 만들어 낸 추상적 개념인가? 아니면 실재하는 물리적 실체인가?

새로운 발견은 질문에 답을 제시하지만, 개중에는 기존의 질문이 지식의 부족에서 기인한 우문이었음을 일깨워 주는 발견도 있다. 우리는 땅의 끝에 무엇이 있는지를 고민하면서 평생을 살다 갈 수도 있고(과거에는 실제로 이런 사람들이 많았다) 땅의 반대쪽에 다른 생명체가 살고 있을지도 모른다는 신념으로 평생 동안 땅을 파헤칠 수도 있다. 훗날 지구가 둥글다는 사실이 알려진다 해도, 이런 의문들은 풀리지 않은 채로 남아 있다. 그러나 지구가 둥글다는 것을 사실로 받아들이면 위에 열거한 의문들은 더 이상 사람들의 관심을 끌지 못한다. 시원하게 풀리진 않았지만 풀어 봐야 별 볼일 없는 의문이 되어 버렸기 때문이다.

20세기가 밝은 후 처음 수십 년 동안 아인슈타인은 두 개의 위대한 발견을 이루어 냈다. 그리고 이 발견은 시간과 공간에 대한 이해의 수준을 획기적으로 향상시켰다. 그가 발견한 특수상대성이론은 200여 년 전에 뉴턴이 확립했던 시간과 공간의 절대적인 구조를 완전히 해체시키고 그 누구도 예견하지 못했던 전혀 새로운 개념의 시공간을 창시함으로써, 시간과 공간은 서로 밀접하게 얽혀 있으며 이들을 분리하여 생각하는 것 자체가 불가능함을 천명하였다. 그 후 1930년대에 이르러 "공간은 과연 존재하는가?"라는 기존의 질문은 다음과 같은 내용으로 대치되었다. "시공간spacetime은 과연 존재하는가?" 언뜻 보기에 이 질문은 공간을 '시공간'이라는 단어로 대치시킨 것에 불과하지만, 그 여파는 물리적 실체에 대한 기존의 관념을 송두리째 바꿀 정도로 심오하고 강력한 것이었다.

공간은 정말로 비어 있는가?

빛은 상대성이론에서 단연 주인공의 역할을 한다. 그리고 아인슈타인에게 빛의 중요성을 일깨운 사람은 영국의 천재 물리학자 맥스웰James Clerk Maxwell이었다. 1800년대 중반에 맥스웰은 전기 및 자기와 관련된 현상을 집중적으로 연구한 끝에 4개의 방정식을 유도하는 데 성공하였다.[1] 맥스웰은 이 방정식을 유도할 때 패러데이Michael Faraday의 연구결과를 주로 참고하였는데, 그는 1800년대 초반에 전기와 자기에 관한 수천 가지 실험을 실행했던 영국의 위대한 물리학자였다. 패러데이가 새롭게 발견한 항목들을 일일이 나열하자면 끝도 한도 없지만, 뭐니뭐니해도 그의 가장 큰 업적은 장(場)field의 개념을 물리학에 도입한 것이다. 이 개념은 훗날 맥스웰을 비롯한 여러 학자들에 의해 체계적인 형태를 갖추면서 지난 200년간 물리학의 발전에 결정적인 기여를 해 왔으며, 오늘날 우리가 일상생활 속에서 마주치는 온갖 신기한 기계장치의 비밀을 쥐고 있다. 예를 들어, 공항에 있는 검색장치는 여행객의 몸을 직접 만져 보지도 않고 그가 금속성 물질을 지니고 있다는 것을 어떻게 알 수 있을까? 자기공명영상장치(MRI)Magnetic Resonance Imager는 우리 몸속을 들여다보지 않고 어떻게 신체 내부의 사진을 찍을 수 있을까? 나

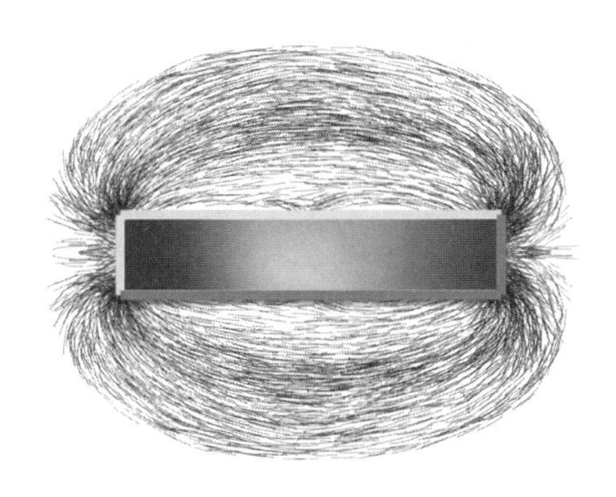

그림 3.1 막대자석의 주변에 뿌려진 쇳가루는 자기장의 방향을 따라 배열된다.

침반의 바늘은 왜 항상 특정 방향을 가리키는 것일까? 마지막 질문의 답은 누구나 알고 있다. 지구 자체가 거대한 자석으로서, 지표면 근처에 자기장을 형성하고 있기 때문이다. 공항의 검색장치와 MRI의 작동원리도 자기장의 개념을 이용하면 쉽게 설명할 수 있다.

자기장을 직관적으로 이해하는 가장 좋은 방법은 막대자석의 주변에 쇳가루를 뿌려 놓는 것이다. 그러면 쇳가루들은 어떤 곡선을 따라 도열하게 된다. 초등학교를 나온 사람이라면 이 실험을 적어도 한 번은 해 봤을 것이다. 쇳가루들이 그리는 곡선은 그림 3.1과 같이 항상 *N*극에서 나와 *S*극으로 들어가며, 이는 곧 막대자석이 자신의 주변에 '눈에 보이지 않으면서 공간을 가로지르는' 무언가를 형성한다는 뜻이다. 무엇이 쇳가루를 그림처럼 도열하게 만들었는가? 해답은 바로 자기장magnetic field이다. 직관적으로 말하자면 자기장은 공간을 채우고 있는 안개처럼 자석의 주변에 퍼져 있으면서 그 안에 들어온 금속성 물체에 힘을 행사하는 '그 무엇'이다. 그래서 자기장을 역장(力場)force field이라 부르기도 한다.

자기장은 장애물을 투과하는 성질이 있기 때문에 일상생활에 유용하게 쓰이고 있다. 공항에 있는 검색장치는 간단히 말해서 자기장을 발생시키는 장치이다. 여기서 발생한 자기장은 당신의 옷을 투과하여 주머니 속의 금속성 물질에 도달하고, 외부의 자기장에 영향을 받은 금속성 물질은 자신의 자기장을 발생시켜 다시 감지장치로 되돌려 준다. 그러면 감지장치는 되돌아온 자기장을 감지하면서 주머니 속에 금속이 있음을 알게 되는 것이다. 병원에서 주로 사용하는 MRI는 우리의 몸속에 자기장을 투과시켜서 특정 원자들의 나선운동을 일으키는 장치이다. 그러면 원자는 고유의 자기장을 새로 생성시키고 MRI는 그것을 수신하여 우리가 이해할 수 있는 그림으로 번역해 준다. 사막을 여행할 때 사용하는 나침반은 지구의 자기장을 따라 바늘이 도열하는 성질을 이용한 것이다. 지역마다 약간의 오차는 있지만 지구가 만드는 자기장의 *N*극은 북극점과 거의 일치한다.

자기장은 그림 3.1처럼 눈으로 쉽게 확인할 수 있기 때문에 우리에게 비교적 친숙한 개념이라고 할 수 있다. 그러나 패러데이는 여기서 한 걸음 더 나아가 전기에 장의 개념을 도입한 전기장electric field까지 연구하였다. 털목도리에서 '딱! 딱!'하는 소리가 나고 카펫이 깔려 있는 방의 문손잡이를 잡았을 때 손에 찌릿한 느낌이 오는 것은 그 근처에 전기장이 형성되어 있기 때문이다. 또, 번개가 치고 있을 때 나침반을 들여다보면 바늘이 이리저리 흔들리는 경우가 있는데, 이로부터 전기와 자기현상은 서로 밀접하게 관련되어 있음을 알 수 있다. 이 현상을 처음 발견한 사람은 덴마크의 물리학자인 한스 외르스테드Hans Oersted였고 정밀한 실험으로 사실임을 확인한 사람은 '실험물리학의 대가'로 일컬어지는 패러데이였다. 주식시장의 시세가 채권시장에 영향을 주고 이 변화가 다시 주식시장에 영향을 주는 것처럼, 전기장의 변화는 그 주변에 있는 자기장을 변화시키며, 변한 자기장은 다시 전기장의 변화를 초래한다. 맥스웰은 외르스테드와 패러데이가 알아낸 사실을 수학적으로 말끔하게 정리하였는데, 최종적으로 유도된 방정식에는 전기장과 자기장이 마치 라스타파리안 헤어 스타일(여러 가닥의 로프 모양으로 땋아 내린 머리 모양,

자마이카의 흑인들 사이에서 유행함: 옮긴이)처럼 서로 얽혀 있었으므로 그때부터 이들을 합쳐서 '전자기장electromagnetic field'이라고 부르기 시작했다. 물론, 이로부터 발생하는 힘은 '전자기력electromagnetic force'이라고 부른다.

오늘날 우리들은 전자기장의 홍수 속에서 살고 있다. 핸드폰과 라디오가 넓은 지역에 걸쳐 작동하려면 통신회사와 방송국은 그 모든 영역에 전자기파를 송출해야 한다. 무선 인터넷도 사정은 마찬가지다. 컴퓨터에 달려 있는 수신장치가 사방에 퍼져 있는 전자기파 중에서 월드 와이드 웹World Wide Web에 해당되는 전자기파를 골라내면 그때부터 무선 인터넷이 가능해진다. 물론, 맥스웰이 살던 시대에는 전자기학 관련기술이 지금처럼 발달되지 않았었지만 그가 이룬 업적은 과학자들 사이에 빠른 속도로 퍼져 나갔다. 맥스웰은 패러데이가 창시한 장의 개념을 도입하여, 서로 다르게 보였던 전기와 자기가 사실은 한 실체의 다른 측면임을 입증하였다.

이 책에는 전자기장 이외에 중력장, 핵력장, 힉스장Higgs field 등 다양한 장이 등장하는데, 장에 입각한 이론을 반복해서 접하다 보면 물리학 법칙을 수학적으로 표현하는 데 장이라는 개념이 얼마나 중요한 역할을 하는지 실감하게 될 것이다. 지금 당장은 맥스웰이 남긴 업적에 대하여 좀 더 알아보기로 하자. 맥스웰은 자신이 유도한 4개의 방정식을 분석한 끝에 전자기장의 변화나 교란은 파동의 형태로 전달되며, 전달속도는 시속 6억 7천만 마일(초속 30만 km)이라는 사실을 알아냈다. 그런데 이 속도는 이미 알려져 있는 빛의 속도와 정확하게 일치했으므로 빛은 곧 전자기파라는 결론에 이르게 되었고 이 결과는 그동안 맥스웰이 이뤄 온 업적을 더욱 값지게 만들어 주었다. 그는 전기와 자기를 하나로 통합했을 뿐만 아니라 이 모든 것을 빛과 연관시킴으로써 현대적 의미의 전자기학을 창시하였다. 그러나 맥스웰의 전자기학은 또 하나의 골치 아픈 질문을 야기했다.

앞에서 길게 설명한 바와 같이, "빛의 전달속도는 시속 6억 7천만 마일이다"라고 말하는 것은 그 속도가 무엇에 대한 속도인지를 밝히지 않는 한 아무런 의미가 없다. 그런데 맥스웰의 방정식은 아무런 기준도 도입하지 않은 채 그냥 '시속 6억 7천만 마일'이라는 숫자를 제시하고 있을 뿐이다. 이것은 마치 아무런 기준점도 명시하지 않은 채 "북쪽으로 22마일 올라가면 보물이 있다"고 말하는 것과 같다. 북으로 22마일이라니, 대체 어느 지점에서 출발하라는 말인가? 맥스웰을 비롯한 많은 물리학자들은 방정식에 등장하는 빛의 속도를 다음과 같이 설명하였다. "바다의 파도나 음파와 같이 우리에게 친숙한 파동은 모두 매질을 통해 전달된다는 공통점을 갖고 있다. 파도를 전달하는 매질은 바닷물 자체이고 음파는 공기를 통해 전달된다. 이 모든 경우에 파동의 속도란 바로 **매질에 대한 속도**를 의미한다." 예를 들어, 상온에서 소리의 속도가 시속 767마일(이 속도를 '마하 1 Mach 1'이라고 한다. 여기 등장하는 마하는 앞에서 언급했던 에른스트 마흐Mach의 이름을 딴 것이다)이라고 말하는 것은 음파가 공기에 대하여 이 속도로 진행한다는 뜻이다. 그러므로 빛(전자기파)의 전달속도 역시 빛을 매개하는 매질에 대한 속도로 정의되어야 할 것이다. 빛의 매개체는 지금까지 본 적도 없고 실험장치에 감지된 적도 없지만 어쨌거나 그것은 존재해야만 했다. 그래서 물리학자들은 존재가 확인되지도 않은 빛의 매질에 일단 '발광 에테르luminiferous aether(간단하게 에테르라고 부르기도 함)'라는 이름을 붙여 놓고 일제히 현상수배에 나섰다. 에테르는 아리스토텔레스가 천상의 존재를 칭할 때 사용하던 단어로서, 우주공간을 가득 메우고 있는 미지의 실체를 부르기에는 더 없이 좋은 이름이었다. 그리고 에테르의 가설이 맥스웰 방정식과 자연스럽게 연결되려면 방정식에 등장하는 빛의 속도는 에테르에 대하여 정지해 있는 관측자가 느끼는 속도여야 했다. 즉, 시속 6억 7천만 마일이라는 속도는 에테르에 대한 빛의 상대속도가 되어야만 했던 것이다.

독자들도 이미 간파했겠지만, 뉴턴이 주장했던 절대공간과 빛의 매개체인 에테르는 매우 유사한 개념이다. 이들은 모두 운동을 정의하는 기준계로서, 절대공간은 가속운동을 정의하고 에테르는 빛의 운동을 정의한다. 많은 물리학자들은 에테르를 "신성한 존재가 현실세계에 현현한 것"이라고 생각했다. 모어와 뉴턴이 절대공간에 신성함을 부여했던 것처럼 에테르도 신의 또 다른 모습으로 격상되었다(뉴턴을 비롯하여 그 시대에 살던 과학자들은 절대공간을 에테르라고 불렀다). 자, 지금까지는 미지의 존재에게 이름을 붙여준 것에 불과하다. 에테르의 정체는 과연 무엇인가? 에테르는 무엇으로 이루어져 있으며, 어디서 왔는가? 그것은 우주의 모든 곳에 존재하는가?

이 질문은 수백 년 전에 절대공간에 대하여 제기되었던 질문과 거의 동일하지만, 결정적으로 다른 점이 있다. 마흐의 공간이론은 모든 천체들을 사라지게 한 후 텅 빈 우주에서 물체를 회전시켜 봐야 그 진위 여부를 판단할 수 있었지만, 에테르의 존재 여부는 실행 가능한 실험을 통해 확인할 수 있다. 예를 들어, 바다에서 파도를 향해 헤엄을 치면 파도가 다가오는 속도는 그만큼 빨라진다. 반대로, 파도를 등지고 헤엄을 치면 파도가 다가오는 속도는 느려진다. 이와 마찬가지로 에테르 속에서 광원을 향해 다가가거나 멀어져 가면 빛이 나에게 다가오는 속도는 시속 6억 7천만 마일보다 빨라지거나 느려질 것이다. 그런데 1887년에 마이컬슨Albert Michelson과 몰리Edward Morley가 이런 조건에서 실험을 반복한 결과, 빛의 속도는 **관측자나 광원의 운동상태에 상관없이** 항상 시속 6억 7천만 마일을 유지했다. 왜 이런 결과가 나왔을까? 그들은 실험결과를 설명하기 위해 별의별 논리를 다 동원해 보았다. 자신들도 모르는 새에 에테르의 움직임에 영향을 미친 것일까? 아니면 실험장치의 세팅이 부정확했던 것일까? 이 모든 의문은 아인슈타인의 혁명적인 이론이 탄생하면서 안개 걷히듯 풀리게 된다.

상대적 공간과 상대적 시간

1905년 6월에 아인슈타인은 「움직이는 물체의 전기역학에 관하여On the Electrodynamics of Moving Bodies」라는 다소 겸손한 제목의 논문을 발표함으로써 학계에 떠돌던 에테르의 가설에 종지부를 찍었다. 이 한 편의 논문으로 인해 시간과 공간에 대한 기존의 이해방식은 역사 속으로 사라지고 아인슈타인이 제창한 새로운 시공간이 그 자리를 대신하게 되었다. 아인슈타인이 논문을 쓰는 데 들인 시간은 1905년 4~5월에 걸쳐 약 5주일에 불과했지만, 사실 이것은 십여 년에 걸친 고뇌의 산물이었다. 소년시절의 아인슈타인은 오랜 시간 동안 한 가지 질문을 놓고 고민에 빠졌었다. 빛은 자신과 같은 속도로 따라오는 관측자에게 어떤 모습으로 보이는가? 이 경우, 빛과 관측자는 에테르 속을 같은 속도로 헤엄쳐 가고 있으므로 이들 사이의 상대속도는 0이다. 그래서 어린 아인슈타인은 빛의 속도로 달리는 관측자에게 빛은 정지해 있는 것처럼 보인다고 나름대로 결론을 내렸다. 만일 이것이 사실이라면 관측자는 마치 바닥에 쌓인 눈을 집어 들듯이 눈앞에 있는 빛을 손에 한 움큼 집을 수도 있을 것이다.

그러나 여기에는 곤란한 문제가 있다. 맥스웰의 방정식에 의하면 빛은 결코 정지상태에 있을 수 없다. 물론, 지금까지 정지해 있는 빛을 한 움큼 수집했다는 보고서는 단 한 건도 발표된 적이 없다. 그리하여 소년 아인슈타인은 다시 한 번 딜레마에 빠졌다. 이 명백한 모순을 어떻게 해결해야 하는가?

그로부터 10년 후, 20대 중반의 청년이 된 아인슈타인은 특수상대성이론을 구축하면서 그 해답을 찾았다. 상대성이론의 진정한 뿌리에 대해서는 지금도 논란의 여지가 남아 있지만, "자연은 단순하고 아름답다"는 그의 믿음이 결정적인 역할을 했다는 것만은 분명한 사실이다. 그는 당시에 에테르를 측정하려는 일련의 실험들이 실패로 돌아갔음을 알고 있었다.[2] 그렇다면 실험과정에 어떤 오류가 있었는지를 먼저 살피는 것이 당연한 순서일 것이다. 그러나 아인슈타인은 가장 단순한 해법을 찾았다. "에테르가 관측되지 않는 이유는 에테르가 아예 존재하지 않기 때문이다" — 이 얼마나 간단명료하고 과감한 해답인가! 맥스웰 방정식은 빛(전자기파)의 운동을 서술하고 있지만 빛의 매질에 대해서는 아무런 언급도 하지 않았다. 따라서 이론과 실험결과를 종합하면 다음과 같은 결론이 가능해진다. "빛은 다른 파동들과는 달리 매질 없이 전달되는 특이한 파동이다. 빛은 언제나 혼자 여행하며, 아무것도 없는 텅 빈 공간도 지나갈 수 있다."

그렇다면 맥스웰 방정식이 말하는 '시속 6억 7천만 마일'은 어떻게 해석해야 하는가? 정지상태의 기준으로 삼을 만한 에테르가 아예 존재하지 않는다면 이 속도는 대체 무엇에 대한 속도라는 말인가? 여기서도 아인슈타인은 단순한 답을 찾았다. **"맥스웰의 방정식에 정지상태의 기준이 도입되지 않았다는 것은 그런 것이 애초부터 필요하지 않았다는 뜻이다. 빛의 속도는 이 세상 모든 만물에 대하여 시속 6억 7천만 마일이다!"**

아인슈타인이 평소 추구했던 대로, 위의 주장은 일단 간단하긴 하다. "더 이상 간단하게 만들 수 없을 때까지 간단하게 만들어라" — 이것은 아인슈타인이 입에 달고 다니던 격언이었다. 그러나 위에 굵은 글자로 적혀 있는 문장을 다시 한 번 읽어 보라. 이 얼마나 황당무계한 소리인가? 상식적으로 생각할 때, 당신이 빛의 뒤를 쫓아간다면 당신의 눈에 보이는 빛의 속도는 시속 6억 7천만 마일보다 느려져야 한다. 반대로, 진행하는 빛의 반대쪽으로 멀어지면서 빛의 속도를 관측한다면 당연히 시속 6억 7천만 마일보다 빨라져야 정상이다. 그러나 아인슈타인은 기존의 상식을 뛰어넘으며 평생을 살아왔고 이 경우에도 예외는 아니었다. 그는 관측자가 빛을 따라가건, 또는 빛으로부터 멀어져 가건 간에, 그의 눈에 보이는 빛의 속도는 항상 에누리 없이 시속 6억 7천만 마일이라고 강하게 주장했다. 어떠한 상황에서도 빛의 속도가 이보다 빨라지거나 느려지는 경우는 없다는 것이다. 아인슈타인이 소년시절부터 갖고 있던 의문은 결국 이렇게 해결되었다. 맥스웰 방정식에 의하면 빛은 정지상태에 있을 수 없다. 왜 그런가? 아인슈타인의 논리를 따르면 "빛이 정지상태에 있는 모습을 목격할 방법이 없기 때문이다." 관측자가 빛에 대하여 어떤 운동을 하건 간에, 빛의 속도는 항상 시속 6억 7천만 마일로 고정되어 있다. 이 값을 바꿀 수 있는 방법은 어디에도 없다. 그렇다면 당연히 떠오르는 질문이 하나 있다. "대체 빛의 정체가 무엇이기에 그토록 희한한 성질을 갖는다는 말인가?"

여기서 잠시 속도에 대하여 생각해 보자. 속도란 물체가 이동한 거리를, 이동하는 데 소요된 시간으로 나눈 값이다. 다시 말해서, '공간을 측정한 양(이동한 거리)'을 '시간을 측정한 양(이동하는 데 걸린 시간)'으로 나눈다는 뜻이다. 뉴턴의 고전역학이 탄생한 이후로 공간은 절대적인 실체이며 다른 무엇과도 비교할 필요가 없는 궁극적 기준으로 받아들여졌다. 그렇다면 공간상의 한 지점과 다른 지점 사이의 거리도 누가 측정하건 간에 항상 똑같은 결과가 나와야 한다. 또한, (이 책에서 아직 언급되지 않았지만) 뉴턴 이후로 시간도 절대적인 양으로 간주되어 왔다. 뉴턴의 저서인 『프린키피아Principia』를 보면 "시간은 다른 무엇에도 의존하지 않은 채 스스로 존재하며, 외부의 어떤 기준에도 상관없이 항상 동일한 속도로 흐른다"고 적혀 있다. 즉, 뉴턴은 시간이라는 것을 '모든 곳'에서 '언제나' 적용되는 절대적이고 범우주적인 개념으로 취급했던 것이다. 뉴턴이 생각하는 우주에서는 관측자가 누구이건, 또는 어떤 운동상태에 있건 간에, 한 사건의 시작과 끝을 측정한 시간 간격은 누구에게나 동일해야 했다.

시간과 공간에 대한 이러한 가정은 우리의 일상적인 경험과 잘 일치한다. 우리의 상식과 직관은 뉴턴식 시간과 공간에 그 기초를 두고 있기 때문에,

빛의 뒤를 쫓아가면서 측정한 빛의 속도는 정지상태에서 측정한 속도보다 느려야 한다고 여겨지는 것이다. 이 점을 좀 더 분명히 이해하기 위해, 용감한 청년 바트Bart가 지금 막 완성된 핵 추진 스케이트보드를 타고 빛과 경주하는 장면을 상상해 보자. 보드의 속도가 빛의 속도보다 조금 느린 시속 5억 마일이라는 말을 듣고 바트는 내심 실망스러웠지만, 프로 스케이트보더답게 주어진 조건하에서 최선을 다해 달리기로 마음먹었다. 바트의 여동생 리사는 바트의 경쟁상대인 빛을 발사하기 위해 레이저장치 앞에 서 있다. 그녀가 11부터 카운트다운을 시작하여(그녀의 영웅인 쇼펜하우어가 가장 좋아하는 숫자이다) 0에 이르는 순간, 바트와 레이저는 동시에 출발하였다. 이 광경을 땅에 서 있는 리사의 입장에서 본다면 어떻게 보일 것인가? 리사가 느끼는 빛의 속도는 당연히 시속 6억 7천만 마일이고 바트의 속도는 시속 5억 마일이므로, 빛이 바트로부터 시속 1억 7천만 마일의 속도로 멀어져 가고 있는 것처럼 보일 것이다. 여기에 뉴턴의 관점을 도입해 보면 리사가 관측한 시간과 공간은 범우주적이고 절대적인 물리량으로서 누가 관측을 해도 동일한 결과가 나와야 한다. 뉴턴에게 있어서 시간과 공간을 가로지르는 운동은 '2+2=4'만큼이나 객관적이고 분명한 개념이었다. 그러므로 뉴턴의 주장이 맞는다면 바트의 관점에서 바라본 빛의 속도는 리사가 관측했던 바트와 빛 사이의 상대속도와 정확하게 일치해야 한다.

그런데 경주를 끝내고 출발점으로 돌아온 바트는 리사와 전혀 다른 이야기를 하고 있었다. 그는 스케이트보드의 성능을 최대한으로 발휘해도 빛은 항상 자신에 대하여 시속 6억 7천만 마일로 멀어져 갔다며 투덜대고 있었다.[3] 바트의 말이 믿기지 않는 독자들은 다음의 사실을 명심하기 바란다. 지난 100여 년 동안 움직이는 관측자가 움직이는 광원에서 발사되는 빛의 속도를 수도 없이 측정해 보았지만, 시속 6억 7천만 마일에서 벗어난 적은 단 한 번도 없었다.

이런 일이 대체 어떻게 가능한 것일까?

해답을 알아낸 사람은 아인슈타인이었다. 그가 찾은 답은 매우 논리적일 뿐만 아니라 지금까지 우리가 다뤄 온 내용들을 더욱 심오한 영역으로 확장시켜 준다. 우선, 바트가 빛의 속도(빛이 자신으로부터 멀어져 가는 속도)를 계산하기 위해 측정했던 거리와 시간이, 리사가 측정한 거리 및 시간과 다르게 나타난 이유부터 알아보자. 다들 알다시피 속도는 거리를 시간으로 나눈 값이므로, 뉴턴식 논리를 따른다면 빛이 바트로부터 멀어져 가는 속도는 바트의 관점에서 보나 리사의 관점에서 보나 다를 이유가 없다. 따라서 아인슈타인은 절대공간과 절대시간을 제창한 뉴턴의 고전역학이 틀렸다는 결론에 이를 수밖에 없었다. 빛의 속도가 누구에게나 일정하다는 기존의 실험결과를 설명하려면 바트와 리사처럼 서로에 대하여 움직이고 있는 사람들이 동일한 시간과 공간을 관측하여 얻은 값은 서로 달라야만 했던 것이다.

미묘하지만 해롭지는 않은 존재

시간과 공간이 절대적이지 않고 상대적이라는 것은 그야말로 충격적인 선언이 아닐 수 없다. 나는 물리학을 공부하면서 이 사실을 안 지 근 25년이 지났지만, 지금도 조용히 앉아서 상대적 시공간을 떠올릴 때마다 스스로 놀라곤 한다. 빛의 속도가 항상 일정하다는 실험적 사실로부터 "시간과 공간은 그것을 바라보는 구경꾼(관측자)의 운동상태에 따라 다르게 보인다"는 황당한 결론이 내려지지 않았는가! 절대로 틀리지 않는 이상적인 시계를 모든 사람들이 하나씩 차고 있다고 상상해 보자. 그렇다면 고전적으로는 누가 어떤 운동을 하며 어떤 파란만장한 삶을 산다고 해도, 모든 사람들의 시계는 언제나 동일한 시간을 가리키고 있을 것이다. 그러나 사실은 그렇지 않다.

어느 한 사람이 다른 사람에 대하여 상대적으로 움직이고 있으면 두 사람의 시계는 달라진다. 두 사건 사이의 시간간격(예를 들면 불꽃놀이를 할 때 첫 번째 폭죽이 터진 후 두 번째 폭죽이 터질 때까지 흐른 시간)이 두 사람에게 다르게 나타나는 것이다. 시간뿐만 아니라 거리의 경우도 마찬가지다. 이번에는 모든 사람들이 길이가 똑같은 막대를 하나씩 갖고 있다고 상상해 보자(물론 막대의 길이는 모두 동일한 조건에서 측정되었다). 이 경우에도 한 사람이 다른 사람에 대하여 상대적으로 움직이고 있으면 두 사람이 갖고 있는 막대의 길이는 달라진다. 막대뿐만 아니라 이들이 측정한 임의의 두 점 사이의 거리도 달라진다(사실, 막대의 길이란 막대의 양 끝점 사이의 거리를 의미한다). 시간과 공간이 이런 특성을 갖고 있지 않다면, 빛의 속도는 관측자의 운동상태에 따라 다르게 나타나야 한다. 그러나 빛의 속도는 항상 일정하다. 이것은 수많은 실험을 통해 확인된 결과이므로 반론의 여지가 없다. 그러므로 시간과 공간은 위에서 언급한 것처럼 기묘한 성질을 갖고 있어야 한다. 지금까지 얻은 결과를 간단하게 요약해 보자. 시간과 공간은 어떤 특성을 갖고 있는가?— 시간과 공간은 빛의 속도가 관측자의 운동상태에 상관없이 항상 일정하게 보이도록 하기 위해, 각 관측자의 운동상태에 따라 다른 모습으로 나타난다.

그렇다면 시간과 공간은 관측자들 사이의 상대속도에 따라 어느 정도로 달라지는가? 이것을 계산하려면 약간의 수학이 동원되어야 하는데, 고등학교 수준의 수학이면 충분하다. 사실 아인슈타인의 특수상대성이론이 어렵게 느껴지는 이유는 수학 때문이 아니라, 이론에 적용된 아이디어와 그로부터 내려진 결론들이 우리의 경험과 상식에 정면으로 상충되기 때문이다. 그러나 200년 넘게 전수되어 온 뉴턴의 절대적 시공간이 수정되어야 하는 이유를 충분히 이해했다면, 나머지 구체적인 내용을 채워 넣는 것은 그다지 어려운 일이 아니다. 그리고 지금부터 정확하게 100년 전에 아인슈타인은 이 일을 해냈다. 빛의 속도가 누구에게나 일정하게 보이려면 한 관측자가 측정한 거리와 시간간격은 그에 대해 움직이고 있는 다른 관측자의 측정값과 달라야 한다. 이것이 바로 특수상대성이론의 출발점이었다.[4]

아인슈타인이 떠올렸던 생각 속으로 좀 더 깊이 들어가 보자. 지난번에 빛과의 경주에서 좌절감을 맛본 바트는 무모한 경주를 포기하고 스케이트보드에 달려 있는 핵 추진 장치를 제거했다. 그래서 바트의 보드는 끽해야 시속 65마일밖에 달릴 수 없는 평범한 보드가 되었다. 어느 날 바트는 보드를 타고 북쪽으로 달리다가(달리는 도중에 책도 읽고 하품도 하고…, 꽤나 지루했을 것이다) 고속도로를 만나 북동쪽으로 방향을 틀었다. 그렇다면 바트가 북쪽으로 진행하는 속도는 얼마나 될까? 구체적인 값은 계산을 해 봐야 알겠지만 시속 65마일보다 느리다는 것만은 분명하다. 처음에는 시속 65마일이라는 모든 속도가 북쪽으로 진행하는데 사용되었지만, 방향을 바꾼 후로는 속도의 일부가 동쪽으로 진행하는 데 사용되고 있으므로 북쪽으로 진행하는 속도는 이전보다 느려질 수밖에 없다. 특수상대성이론의 핵심 아이디어는 이 간단한 원리 속에 다 들어 있다. 지금부터 그 속으로 들어가 보자.

우리는 물체의 이동을 생각할 때 공간을 가로질러 이동하는 경우를 주로 떠올린다. 그러나 공간상의 이동만큼 중요한 이동이 또 하나 있다. 시간을 따라 이동하는 경우가 바로 그것이다. 즉, 물체는 공간 속에서 이동할 수도 있고 시간을 따라 이동할 수도 있다. 지금 이 순간에도, 당신이 차고 있는 손목시계와 벽에 걸려 있는 벽시계의 초침이 째깍거리는 동안 당신을 비롯한 모든 만물들은 아무리 싫어도 시간을 따라 가차 없이 '이동당하고' 있다(사람들은 "나는 원치 않았지만 어쩔 수 없이 시간을 따라 강제로 이동당했다"는 말을 간단하게 줄여서 "늙었다"는 말로 대신하기도 한다). 뉴턴은 시간을 따라가는 이동과 공간을 가로지르는 이동은 아무런 상호관계가 없는 독립적인 운동이라고 생각했다. 그러나 아인슈타인은 이들 사이에 너무나도 밀접한 관계가 있음을 발견하였다. 특수상대성이론이 이루어 낸 가장 큰 발견은 바로 이것이다—당신이 보기에 정지해 있는 주차된 자동차는 공간상의 이동이 전혀 없는 대신 시간을 따라 미래로 이동하고 있다. 정지해 있는 자동차와 그 안에 앉아 있는 운전자, 도로, 그리고 그들에 대해 정지해 있는 당신과 당신이 입고 있는 옷 등은 시간이 완벽하게 일치된 상태에서 일제히 시간을 따라 이동하고 있는 셈이다. 이들이 모두 나름대로의 시계를 갖고 있다면 누군가가 갑자기 움직이지 않는 한 모든 시계들은 똑같은 시간을 가리킬 것이다. 그러나 자동차가 공간을 가로지르며 달리기 시작하면 시간을 따라 이동하던 운동의 일부가 공간의 이동에 사용된다. 바트가 속도를 그대로 유지한 채 이동방향을 북쪽에서 북동쪽으로 틀었을 때, 북쪽으로 이동하는 속도가 이전보다 느려지면서 동쪽으로의 이동이 새롭게 나타나듯이, 정지해 있던 자동차가 움직이기 시작하면 시간을 따라 이동하는 속도는 이전보다 느려지면서 공간상의 이동이 새롭게 나타나게 된다. 다시 말해서, 시간만을 따라 이동하던 자동차(정지상태)가 시공간에서 방향을 바꿔 시간과 공간으로 동시에 이동(주행상태)하고 있는 것이다. 주행 중인 자동차는 시간을 따라 이동하는 속도가 느려졌으므로, 이는 곧 자동차의 시계가 길에 서 있는 당신(그리고 길에 대하여 정지해 있는 모든 것)의 시계보다 느리게 간다는 뜻이다.

이상이 바로 특수상대성이론의 핵심이다. 내친김에 약간의 논리를 추가하여 진도를 조금 더 나가 보자. 핵 추진 장치를 제거한 바트의 스케이트보드는 시속 65마일이 최대속도라고 했다. 속도에 한계가 있다는 것은 지금 우리의 논리에 아주 중요한 역할을 한다. 만일 바트가 속도를 마음대로 낼 수 있다면 방향을 북쪽에서 북동쪽으로 바꾼 후 이전보다 빠르게 달림으로써 북쪽으로 진행하는 속도를 그대로 유지할 수 있다. 그러나 속도에 한계가 있고 바트가 최대속도로 달리고 있다면 방향을 바꾼 후의 속도(북쪽으로 향한 속도와 동쪽으로 향한 속도의 조합)는 여전히 시속 65마일을 유지할 것이다. 그러므로 북쪽으로부터 방향을 조금 틀기만 하면 북쪽으로 진행하는 속도는 느려질 수밖에 없다.

특수상대성이론은 운동에 대하여 이와 비슷한 주장을 하고 있다. 즉, 임의의 물체의 속도(공간이동과 시간이동을 조합한 속도)는 어떠한 상황에서도 항상 광속(빛의 속도)과 같다는 것이다. 독자들은 여러 경로를 통해 "광속으로 달릴 수 있는 것은 빛뿐이다"라는 말에 익숙해 있을 것이므로 방금 한 말이 선뜻 이해가 가지 않을 것이다. 그러나 물체가 광속보다 빠르게 달릴 수 없다는 것은 오로지 공간상의 이동만을 고려했을 때 그렇다는 뜻이다. 지금 우리는 공간뿐만 아니라 시간을 따라가는 운동도 같이 고려하고 있다. 아인슈타인이 주장하는 바는 두 종류의 운동(시간운동과 공간운동)이 서로 상보적인 관계에 있다는 것이다. 당신이 길가에 서서 바라보던 주차된 자동차가 어느 순간에 움직이기 시작했다는 것은 오직 시간만을 따라 광속으로 이동하던 자동차가 어느 순간에 방향을 바꿔서 공간으로도 이동을 시작했다는 뜻이다. 그러나 이 경우에도 두 속도를 조합한 전체속도는 변하지 않는다. 그러므로 공간에서 이동을 시작한 자동차의 시간은 정지해 있을 때보다 느리게 갈 수밖에 없는 것이다.

예를 들어, 시속 5억 마일로 달리고 있는 바트의 시계를 정지해 있는 리사가 보았다면, 그녀의 눈에는 바트의 시계가 자신의 시계보다 2/3만큼 느리게 가는 것처럼 보일 것이다. 리사의 시계로 3시간이 흘렀다면 바트의 시계로는 두 시간이 흘러간다. 지금 바트는 공간 속을 엄청난 속도로 이동하고 있으므로, 시간을 따라 이동하는 속도가 그만큼 느려진 것이다.

뿐만 아니라, 공간을 가로지르는 속도는 아무리 빨라도 광속을 초과할 수 없다. 왜 그런가? 정지해 있는 물체는 시간을 따라 광속으로 움직이는데, 여기에 공간이동이 추가되면 시간 쪽으로 향했던 광속운동이 공간 쪽으로 일부 할당되며, 공간을 이동하는 속도가 광속에 도달하면 시간을 따른 이동은 전혀 일어나지 않게 된다. 즉, 광속으로 움직이는 물체는 나이를 전혀 먹지 않는다는 뜻이다! 이것은 모든 속도가 공간이동에 100% 사용된 극단적인 경우이고 여기서 더 이상의 속도를 낼 수는 없으므로, 공간을 이동하는 속도는 어떤 경우에도 광속을 초과할 수 없다. 그리고 빛은 특이하게도 항상 광속으로 달리고 있으므로 나이를 먹지 않는다. 만일 광자(빛을 이루는 입자)가 시계를 차고 있다면 그 시계의 초침은 전혀 움직이지 않을 것이다. 빛은 화장품 제조업체와 전 세계 여인들의 영원한 꿈을 실현시킨 유일한 존재이다. 빛은 100억 년 전이나 지금이나 나이가 똑같다.[5]

이와 같이, 특수상대성이론의 효과는 물체의 공간이동속도가 광속에 가까워질수록 두드러지게 나타난다. 그러나 어떠한 경우에도 시간이동속도와 공간이동속도의 상보적인 관계는 항상 성립한다. 물체의 속도가 느리면 특수상대성이론은 상식의 세계인 뉴턴의 고전역학과 거의 같아지지만, 둘 중 항상 옳은 이론은 특수상대성이론임을 명심하기 바란다.

이 모든 것은 분명한 사실이다. 언뜻 보기에는 마치 교묘한 말장난이나 야바위처럼 보일 수도 있고 심리적인 환상으로 느낄 수도 있겠으나, 우리가 속한 우주는 분명히 이런 식으로 운영되고 있다.

1971년에 조지프 하펠레Joseph Hafele와 리처드 키팅Richard Keating은 최첨단 기술로 만들어진 세슘 원자시계를 이용하여 시간이 느리게 가는 효과를 확인하는 데 성공했다. 그들은 두 개의 시계를 준비하여 하나는 민간용 항공기에 싣고 다른 하나는 지상에 방치해 둔 채 장거리 여행을 한 후 두 시계가 가리키는 시간을 비교한 결과, 비행기에 탑재된 시계가 지상의 시계보다 느리게 간다는 사실을 확인할 수 있었다. 물론 비행기는 빛의 속도와 비교할 때 거북이나 다름없으므로 시간의 차이는 극히 미미하게(수천억분의 일 초 정도) 나타났지만, 아인슈타인의 특수상대성이론이 옳다는 것만은 분명한 사실이다.

1908년에는 "새로운 실험으로 에테르가 발견되었다"는 소문이 학계에 돌기 시작했다.[6] 만일 이것이 사실이라면 절대공간이 존재한다는 뜻이고 아인슈타인의 특수상대성이론은 탄생 3년 만에 폐기되어야 할 판이었다. 소문을 들은 아인슈타인은 이렇게 말했다. "신은 미묘한 존재지만 우리에게 해악을 끼치진 않는다Subtle is the Lord, malicious He is not." 특수상대성이론처럼 완벽하고 우아한 논리가 이론적으로 가능하면서 실제의 우주는 그 법칙을 따르지 않는다면, 신은 우리를 갖고 놀면서 심술궂은 장난을 치고 있는 셈이다. 아인슈타인은 만물의 창조주인 신이 그런 식으로 인간에게 해악을 끼칠 리가 없다고 생각했다. 그 정도로 자신의 이론에 확신을 갖고 있었던 것이다. 결국 그 소문은 사실무근임이 밝혀졌고, 빛을 매개한다는 에테르는 과학의 장에서 영구히 추방되었다.

그렇다면 물통실험은 어떻게 되는가?

빛은 매개체 없이 스스로 진행하고 관측자나 광원의 운동상태에 상관없이 항상 일정한 속도를 유지한다. 이것은 이론과 실험을 통해 확실하게 검증된 물리법칙이다. 관측자의 운동상태에 상관없이 모든 관점은 동등하며, 다른 관점들보다 좀 더 사실에 가까운 '우월한 관점'이란 존재하지 않는다. 겉으로 보기에 움직이지 않는 물체가 정말로 완전히 정지해 있는지를 비교 판단할 만한 기준이 이 우주 안에는 없다는 뜻이다. 지금까지의 정황으로 미루어 보건대, 이 말은 아무래도 사실인 것 같다. 그러나 아직도 문제 하나가 해결되지 않은 채로 남아 있다. 회전하는 물통은 어떻게 설명해야 하는가?

많은 사람들은 에테르가 절대공간의 존재를 입증하는 증거라고 생각했으나 사실 뉴턴이 절대공간을 도입한 이유는 에테르와 아무런 상관이 없다. 뉴턴은 운동의 여부를 판단할 만한 절대적인 기준을 도입하지 않으면 회전하는 물통을 달리 설명할 방법이 없었기에 하는 수 없이 절대공간이라는 개념을 도입한 것이다. 그러므로 에테르를 포기한다고 해서 물통문제가 해결되는 것은 아니다. 아인슈타인의 특수상대성이론은 이 문제를 어떻게 해결했을까?

특수상대성이론은 물체의 운동속도가 변하지 않는 경우, 즉 등속운동만을 다룬 이론이다. 가속운동까지 고려한 상대성이론은 그로부터 10년이 지난 1915년에 '일반상대성이론'이라는 이름으로 탄생하였다. 그러나 아인슈타인을 비롯한 수많은 물리학자들은 회전운동을 특수상대성이론의 범주에서 이해해 보려고 노력했고, 결국은 "아무것도 없는 텅 빈 공간에서 회전운동을 하면 바깥쪽으로 힘이 작용한다"는 결론을 내렸다. 뉴턴과 마흐의 대결에서 뉴턴의 손을 들어준 것이다. 커다란 물통 안에서 안전벨트를 매고 있는 호머는 벽 쪽으로 밀리는 힘을 느끼고, 회전하는 두 돌멩이를 연결한 밧줄은 팽팽해지며, 회전하는 물통의 수면은 오목해진다.[7] 뉴턴의 절대공간과 절대시간을 부정한 상태에서 아인슈타인은 이것을 어떻게 설명할 수 있었을까?

그는 놀라운 해결책을 제시하였다. '상대성'이라는 단어는 아인슈타인 이론의 상징처럼 여겨지고 있지만, 사실 특수상대성이론은 모든 것이 상대적임을 주장하는 이론이 아니다. 다만 "개중에는 상대적인 것도 있다"는 점을 밝히고 있을 뿐이다. 속도와 거리, 그리고 두 사건 사이의 시간간격은 분명히 상대적인 양이다. 그러나 특수상대성이론은 전 우주적으로 절대적인 개념을 새로 도입하였다. 절대적인 시공간absolute spacetime의 개념이 바로 그것이다. 뉴턴의 역학에서 시간과 공간이 절대적인 개념이었던 것처럼, 특수상대성이론에서는 시공간spacetime이 절대적인 개념으로 등장한다. 그래서 아인슈타인의 논문은 원래 상대성이론이 아닌 '불변성이론invariant theory'이라는 제목으로 발표되었다.[8]

절대적인 시공간은 다음 장에 다시 등장하는 물통실험에서 핵심적인 역할을 한다. 운동을 정의할 만한 기준이 전혀 없다 해도, 특수상대성이론의 절대적 시공간은 가속운동의 여부를 판단할 만한 모종의 기준을 제공해 준다.

시간과 공간을 조각하다

도시계획을 전공한 설계사인 마지Marge와 리사Lisa는 정부에서 관장하는 신도시 개발계획에 참여하기로 했다. 그들에게 주어진 첫 업무는 스프링필드의 도로구획을 새로 정비하는 일이었는데, 여기에는 두 가지 제한조건이 있었다. 첫 번째 조건은 도시의 상징인 핵 개발 기념비가 5번가(街)street와 5번로(路)avenue의 교차점에 놓이도록 도로를 설계해야 하며, 두 번째 조건은 모든 도로의 길이가 100m의 간격을 유지하되 '가street'와 '로avenue'는 항상 직교해야 한다는 것이었다. 마지와 리사는 상관에게 점수를 따기 위해 나름대로 열심히 계획안을 만들었다. 그런데 상관에게 보고하기 전에 잠시 만나서 각자의 도안을 서로 비교해 보는 순간, 두 사람은 무언가가 크게 잘

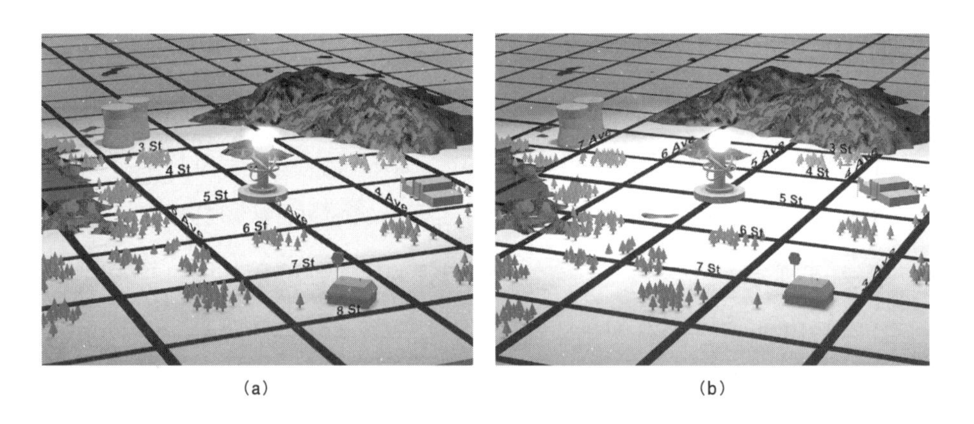

그림 3.2 (a) 마지(Marge)의 계획안. **(b)** 리사(Lisa)의 계획안.

못되었음을 깨달았다. 마지의 도안에는 핵 개발 기념비가 도시의 중앙에 위치해 있고 쇼핑몰은 8번가와 5번로의 교차로 근처에 놓여 있었으며 핵발전소는 3번가와 5번로가 만나는 곳에 자리 잡고 있었다(그림 3.2a). 그러나 리사의 도면은 이것과 전혀 달랐다. 거기에는 쇼핑몰이 7번가와 3번로의 교차점에 놓여 있고 핵발전소는 4번가와 7번로가 만나는 곳에 자리 잡고 있었다(그림 3.2b). 마지와 리사의 얼굴에는 당황한 기색이 역력했다. 잘못된 곳을 찾아 수정을 하기 전에는 상관에게 도저히 보여줄 수 없다고 생각했다.

두 개의 도면을 한참 동안 바라보던 리사가 갑자기 무릎을 치며 쾌재를 불렀다. 알고 보니 두 사람의 도면에는 잘못된 곳이 전혀 없었다. 리사와 마지의 도면은 모두 조건에 맞게 작성되어 있었고, 단지 도로구획 전체가 일정 각도로 돌아가 있다는 점만 달랐을 뿐이었다. 마지는 자신이 계획한 가street와 로avenue를 전체적으로 일정 각도만큼 회전시켜 보았다. 그랬더니 모든 도로들이 리사의 도면과 정확하게 일치하는 것이 아닌가! 결국 이들은 스프링필드의 도로를 각자 다른 방향으로 그려 넣었던 것뿐이다(그림 3.2c). 여기서 우리는 간단하면서도 매우 중요한 교훈을 얻었다. 스프링필드(공간상의 한 구획)를 직교하는 도로망으로 구획 짓는 방법은 유일하지 않다는 것이다. 거

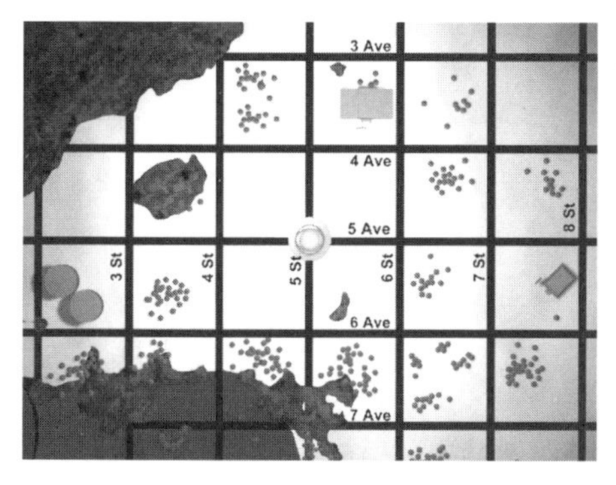

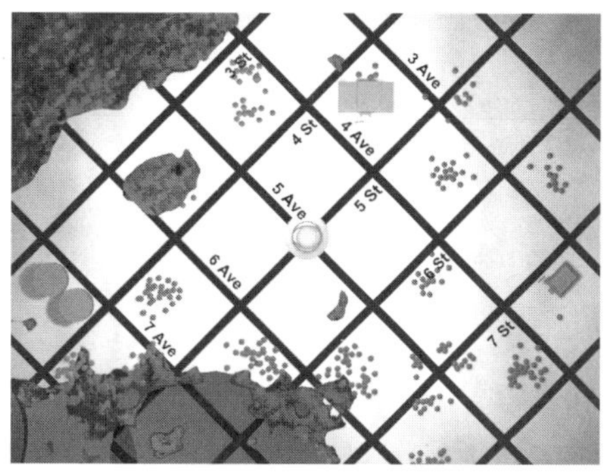

그림 3.2 (c) 마지와 리사의 도시계획안을 위에서 바라본 그림. 도로망을 전체적으로 회전시킨 것 빼고는 동일한 도안이다.

기에는 절대적인 '가'도 없고 절대적인 '로'도 없다. 마지와 리사의 도면 중 어느 쪽이 더 옳은가? 물론 둘 다 똑같이 옳다. 다른 각도로 돌아간 그 외의 모든 도면들도 잘못된 것이 없다.

방금 얻은 교훈을 앞으로 잘 기억하기 바란다. 우리는 공간을 우주의 무대로 생각하는 데 대체로 익숙해져 있다. 그러나 시간과 공간을 섞어서 생각하면 금방 혼란스러워진다. 모든 물리적 과정이 발생하고 진행되려면 공간도 필요하지만 그 과정이 정상적으로 진행되기 위해서는 시간도 필요하다. 예를 들어, 이치Itchy와 스크래치Scratch가 권총으로 결투하는 장면을 떠올려 보자. 이 광경을 매 순간마다 스냅샷으로 찍어서 순차적으로 배열하면 그림 3.3a와 같은 책을 만들 수 있다. 일종의 결투도감이라고 할 수 있는 이 책의 각 페이지에는 특정 시간, 특정 위치에서 벌어진 상황들이 순차적으로 담겨 있다. 다른 순간에 벌어진 상황을 보고 싶다면 그냥 책장을 넘기면 된다[+](결투가 벌어진 공간은 물론 3차원이지만 종이 위에 입체영상을 담을 수가 없어서 2차원으로 단순화시켰다. 이렇게 차원 하나를 생략해도 우리의 논리는 아무런 지장을 받지 않는다). 여기서 잠시 용어 하나를 짚고 넘어가자. 어떤 시간간격에 걸쳐 있는 공간을 '시공간spacetime'이라고 한다. 그러므로 시공간상의 한 구역이란, 특정 시간 동안 사건이 진행되고 있는 공간, 즉 시간과 공간을 모두 고려한 4차원의 공간을 의미한다.

이제, 아인슈타인에게 수학을 가르쳤던 헤르만 민코프스키Hermann Minkovski(그는 학생 아인슈타인을 게으름뱅이라고 나무란 적이 있다)교수의 논리를 따라 시공간상의 한 구역을 하나의 개체로 간주해 보자. 그러면 그림 3.3에 있는 책들도 하나의 개체가 된다. 이제, 그림 3.3a의 책을 낱장으로 뜯어

+ 그림 3.3에 제시되어 있는 책의 각 페이지는 어느 '한 순간'의 모습을 담고 있다. 그렇다면 시간은 책의 페이지처럼 띄엄띄엄 흐르는가? 아니면 아무런 간격 없이 연속적으로 흐르는가? 이 문제는 나중에 따로 고려할 것이다. 지금 당장은 시간이 연속적으로 흐른다고 가정하자. 다시 말해서, 그림 3.3의 책은 무한히 많은 페이지로 이루어져 있다는 뜻이다.

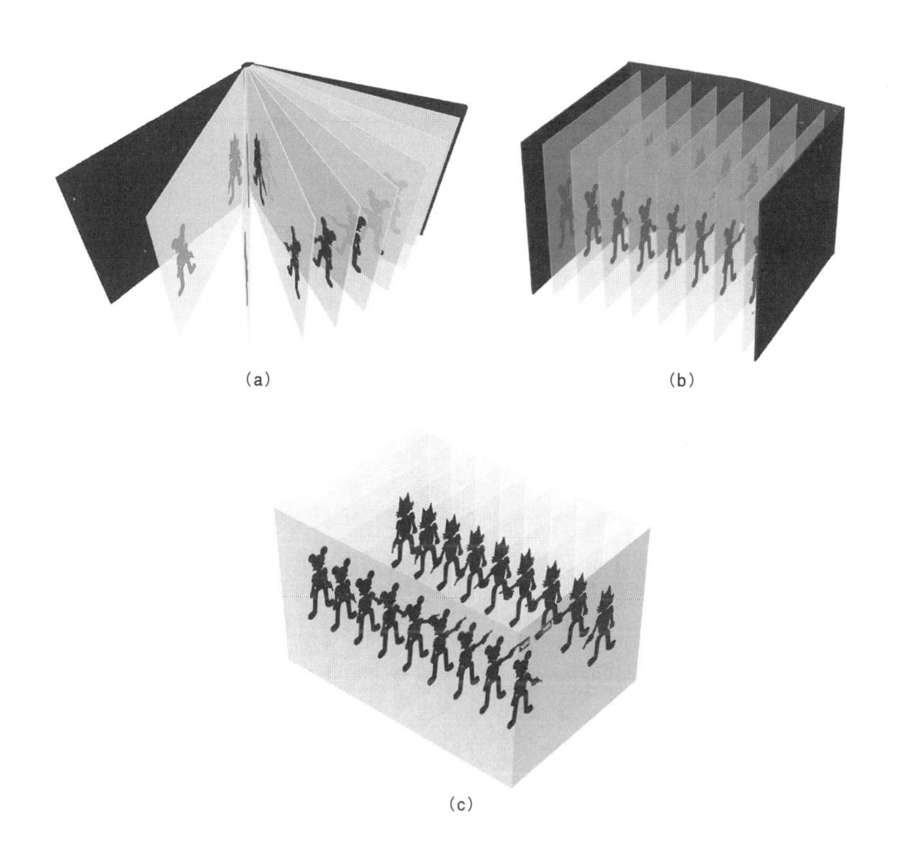

그림 3.3 (a) 결투장면을 기록한 책. (b) 책의 등을 넓혀서 다시 제본한 책. (c) 결투장면을 담고 있는 시공간의 한 블록. 각 페이지(또는 시간단면)가 모여서 전체 블록을 이룬다. 그림에는 각 페이지들이 일정 간격을 두고 떨어져 있는데, 이것은 독자들의 이해를 돕기 위해 중간 페이지를 생략한 것일 뿐, 시간이 띄엄띄엄 흐른다는 뜻은 아니다. 이 문제는 나중에 다시 언급될 것이다.

서 그림 3.3b와 같은 형태로 만들어 보자. 모든 페이지들이 투명하다면 이 책은 그림 3.3c와 같이 각 순간의 장면들이 평행하게 늘어선 모양을 하게 된다. 이 책을 들여다보면 특정 시간간격 동안 일어난 사건의 모든 진행과정이 각 장면별로 겹쳐져서 하나의 블록처럼 보일 것이다. 각각의 페이지들은 시공간에서 일어난 사건을 재구성하는 데 아주 유용하게 사용될 수 있다. '가'와 '로'가 도심의 각 위치를 정의하는 데 유용하게 사용되듯이, 시공간의 한 구역을 여러 장의 페이지로 나누고 각 페이지마다 해당 순간의 상황을 기록하여 순차적으로 나열하면 그곳에서 일어난 사건(이치가 총을 먼저 발사하고 잠시 후 스크래치가 총알에 맞는 사건 등)을 일목요연하게 분석할 수 있다. 또한, 여기서 하나의 특정한 시간과 특정 위치가 주어지면 거기에는 정확하게 한 장의 페이지가 대응된다.

자, 지금부터가 중요한 부분이다. 스프링필드의 도심을 몇 개의 '가'와 '로'로 분할하는 방법은 여러 가지가 있고 그 모든 방법들이 똑같이 옳았던 것처럼, 아인슈타인은 시공간의 한 구역을 각 시간별로 잘게 썰어 내는 방법(그림 3.3c처럼)도 여러 가지가 있으며 그 모든 방법들이 똑같이 옳다는 사실을 깨달았다. 그림 3.3a, 3.3b, 3.3c에 제시된 각 페이지들은 어느 '특정 순간'의 모습을 담고 있지만, 시간을 쪼개는 방법은 이것 말고도 얼마든지 많이 있다는 것이다. 언뜻 생각하기에, 아인슈타인의 발견은 직관에 의거한 기존의 공간개념을 조금 확장한 것에 불과한 듯이 보인다. 그러나 이것은 지난 수천 년 동안 이어져 내려왔던 우리의 직관을 근본부터 뒤집어엎는 '시공간의 혁명'이었다. 1905년 이전까지, "시간은 모든 사람들에게 동등하고 공평하게 흐른다"는 것은 당연한 상식이었다. 어떤 특정사건이 발생한 시간을 여러 사람들이 동시에 측정했을 때, 시계에 기계적인 결함이 없는 한 모든 사람들의 측정결과는 당연히 같아야 했다. 그렇다면 이치와 스크래치의 결투도감을 본 사람들은 각 페이지의 시제와 벌어진 상황에 대하여 아무런 이견 없이 의견일치를 보게 될 것이다. 그러나 상대방에 대하여 움직이고 있는 두 사람의 시계가 서로 다르게 간다는 사실이 알려지면서 상황은 급변했다. 두 개의 (정상적인) 시계가 다른 속도로 간다면 '동시성simultaneity'에 대한 정의도 달라져야 한다. 그림 3.3b에 기록된 그림들은 모든 사람들이 동의하는 결투장면이 아니라, 특별한 운동상태에 있었던 어떤 관측자의 눈에 비친 특별한 결투장면에 불과하다. 이 관측자에 대하여 움직이면서 결투장면을 목격한 또 다른 관측자에게 그림 3.3b나 3.3c중 한 페이지를 보여 준다면 그는 다음과 같이 말할 것이다. "어? 이건 뭔가 이상한데요? 이치와 스크래치가 각각 이런 자세를 취한 적은 있었지만 동시에 이런 자세를 취하지는 않았어요. 정말입니다. 제가 찍어 둔 사진을 한번 보시렵니까?" 물론 그의 말은 거짓이 아니다. 첫 번째 관측자가 말하는 '동시'는 두 번째 관측자의 입장에서 볼 때 더 이상 동시가 아니기 때문이다.

이것이 바로 '동시성의 상대성relativity of simultaneity'이다. 용어 자체는 중요하지 않으니 머릿속에 쉽게 들어오지 않으면 그냥 잊어버려도 된다. 중요한 것은 그 저변에 깔려 있는 물리학적 관점을 이해하는 것이다. 그러면 지금부터 이치와 스크래치의 대결현장 속으로 들어가 보자. 지금 이치와 스크래치는 손에 권총을 한 자루씩 들고 마주 서 있다. 무언가 말다툼이 생겨서 목숨을 건 결투로 승부를 낼 모양이다. 그런데 이들은 땅 위에 서 있는 것이 아니라 빠른 속도로 달리는 기차의 지붕 없는 화물칸에 타고 있다(이 화물칸은 엄청나게 길다. 그리고 벽이 없어서 바깥에 있는 사람도 결투장면을 볼 수 있다). 이치와 스크래치는 공정한 결투를 위해 두 명의 심판을 고용했는데 그중 한 사람은 화물칸에 같이 탑승했고 다른 심판은 플랫폼에 서서 결투장면을 바라보고 있다. 이제 방아쇠를 당기는 시점만 정하면 결투는 성립된다. 보통은 서로 등을 대고 서서 몇 걸음을 걸어간 후 빠르게 돌아서며 방아쇠를 당기지만 이치와 스크래치는 좀 더 정확성을 기하기 위해 두 사람의 중간지점에 화약을 장치해 놓고 심판이 화약을 터뜨리면 그것을 신호로 삼아 방아쇠를 당기기로 했다. 자, 드디어 모든 준비는 끝났다. 결투 당사자들과 함께 달리는 기차에 타고 있던 주심 아푸Apu는 화물칸의 중간지점을 정확하게 측정하여 그곳에 화약을 장치하고 심지에 불을 붙였다. 잠시 후에 화약은 터지고, 이치와 스크래치는 섬광을 보는 순간 상대방을 향하여 재빨리 방아쇠를 당겼다. 그들은 화약이 터진 지점에서 양쪽으로 정확하게 같은 거리만큼 떨어져 있었으므로, 섬광이 두 사람의 눈에 동시에 도달했다고 생각한 아푸는 대결

이 공정하게 이루어졌음을 뜻하는 초록 깃발을 들어 보였다. 그러나 플랫폼에서 이 장면을 바라보고 있던 부심 마틴Martin은 빨간 깃발을 높이 치켜든 채 경고용 호루라기를 힘껏 불어 댔다. 깜짝 놀란 아푸가 그 이유를 물었더니 마틴은 "이치가 스크래치보다 총을 먼저 발사했으므로 공정한 결투가 아니다"라고 주장했다. 화약이 터지면서 발생한 섬광이 이치의 눈에 먼저 도달했다는 것이다. 왜 그렇게 보였을까? 다시 화물칸으로 돌아가서 상황을 정리해 보자. 원래 이치는 기차가 진행하는 방향을 바라보고 있었고 스크래치는 기차의 진행방향을 등지고 서 있었다. 그러므로 부심인 마틴이 볼 때 이치는 자신에게 다가오는 빛을 '마중 나가면서' 보았고 스크래치는 '뒤로 후퇴하면서' 본 셈이다. 그런데 이치와 스크래치를 향해 양쪽으로 진행하는 빛의 속도는 아푸가 보나 마틴이 보나 똑같이 시속 6억 7천만 마일이기 때문에, 마틴은 빛이 이치에게 먼저 도달하는 광경을 목격한 것이다.

아푸와 마틴, 누구의 판정을 따라야 하는가? 둘 중 진실을 목격한 사람은 누구인가? 아인슈타인은 두 사람의 관점이 모두 옳다는 결론을 내렸다. 판정 결과는 상반되지만 두 심판의 논리에는 아무런 하자가 없기 때문이다. 야구공과 방망이의 경우처럼, 아푸와 마틴은 동일한 사건을 서로 다른 관점에서 바라본 것뿐이다. 둘 중 어느 관점이 더 옳은지를 판별할 방법이 없는 이상, 두 개의 관점과 그로부터 내려진 결론은 똑같이 옳아야 한다는 것이 아인슈타인의 생각이었다. 물론, 기차의 속도는 빛의 속도와 비교할 때 엄청나게 느리기 때문에 두 사람의 관측 결과에 나타난 차이는 극히 미미할 것이다(일상적인 기차라면 마틴의 눈에 보인 시간차는 1조분의 1초보다 작다). 그러나 기차의 속도가 거의 광속에 가까워지면 이 차이는 매우 심각하게 나타난다.

지금까지의 논리를 그림 3.3c의 '투명한 결투도감'에 적용해 보자. 앞서 말한 대로 서로에 대하여 움직이고 있는 관측자들은 어떤 사건의 동시성에 대하여 의견일치를 볼 수 없기 때문에, 그들이 만든 책을 각 페이지 별로 비교해 보면 조금씩 다른 영상이 기록되어 있을 것이다. 각각의 페이지들은 시공간에서 벌어지는 특정 사건(이치와 스크래치의 권총대결)의 '시간단면도'에 해당된다. 그런데 두 관측자가 느끼는 동시라는 것이 서로 일치하지 않으므로 한 장의 시간단면도에 기록된 영상은 다를 수밖에 없다. 그러나 이 두 권의 결투도감은 똑같이 옳다. 마지와 리사가 공간(스프링필드의 도로구획)에서 발견한 사실이 아인슈타인의 시공간에서도 그대로 성립되는 것이다.

시간단면도 기울이기

가street와 로avenue로 이루어진 격자형 도로망과 시간단면도 사이의 유사성에 대하여 좀 더 심도 있게 알아보자. 마지의 계획안에서 도로의 배열만 골라내어 일정 각도만큼 회전시키면 리사의 계획안과 일치하듯이, 아푸의 시간단면도(페이지)를 일정 각도만큼 회전시키면 마틴의 시간단면도와 정확하게 일치한다. 단, 마지와 리사는 자신의 도안을 공간상에서 회전시키면 되지만 아푸와 마틴은 시간단면도를 '시공간'에서 회전시켜야 일치를 볼 수 있다. 이 상황은 그림 3.4a와 3.4b에 도식적으로 나타나 있다. 그림에서 보다시피, 마틴의 단면도는 아푸의 단면도에 대하여 시공간에서 일정 각도만큼 돌아가 있기 때문에 마틴에게는 그 결투가 불공정하게 보였던 것이다. 마지와 리사가 제작한 도안의 차이는 단순히 디자인 감각상의 문제인 반면, 아푸와 마틴의 결과가 달라지는 정도는 둘 사이의 상대속도에 의해 좌우된다. 지금부터 최소한의 논리를 동원하여 그 이유를 알아보기로 하자.

이치와 스크래치는 무모한 결투를 그만 두고 서로 협력하여 화물칸의 선단과 후미에 걸려 있는 두 개의 시계를 정확하게 맞추기로 했다(이상하게 생

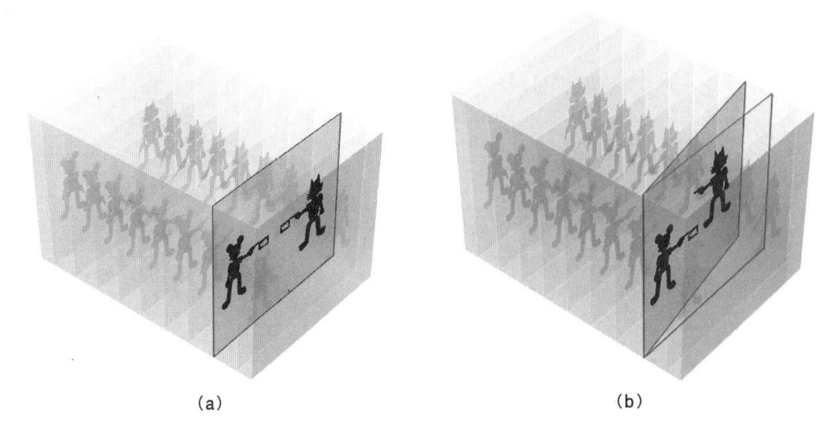

(a) (b)

그림 3.4 (a) 아푸와 **(b)** 마틴이 바라본 이치-스크래치 결투의 시간단면도. 아푸와 마틴은 서로 상대방에 대하여 등속운동을 하고 있다. 기차에 타고 있는 아푸가 볼 때 결투는 공정하게 이루어졌으나 플랫폼에 서서 바라본 마틴의 눈에는 공정하지 않았다. 그러나 이들 두 사람의 관점은 똑같이 옳다. 그림 (b)는 아푸의 시간단면도에 대하여 시공간에서 조금 돌아가 있는 마틴의 시간단면도를 나타낸다.

각할 것 없다. 이들은 원래 철도청으로 출장 나온 시계수리공이었다). 중앙에 놓인 화약으로부터 양쪽으로 똑같은 거리만큼 떨어져 있는 그들은 화약이 폭발하면서 발생한 섬광이 눈에 들어오는 순간 각자 맡은 시계를 12시에 맞추면 두 시계는 향후 정확하게 일치할 것이라고 생각했다. 빛의 속도가 항상 일정하고 광원으로부터 거리도 같으므로 별 문제는 없을 것 같았다. 다시 아푸가 화약에 불을 붙이고 섬광이 번쩍이는 순간, 두 사람은 재빨리 시계를 맞췄다. 그런데 기차 밖의 플랫폼에 서 있던 마틴은 또다시 이의를 제기했다. 마틴의 관점에서 볼 때 이치는 빛을 향해 마중 나갔고 스크래치는 뒤로 달아나면서 빛을 본 셈인데, 마틴의 눈에도 빛의 속도는 여전히 시속 6억 7천만 마일로 똑같기 때문에 결국 빛은 이치의 눈에 먼저 도달하여 시계에 먼저 손을 댔다는 것이었다. 마틴의 눈에는 이치의 시계가 12시에 맞춰진 후 잠시 뒤에 스크래치의 시계가 12시에 맞춰진 것으로 보였다. 그래서 잠시 후 이치의 시계가 12시 6초를 가리키고 있을 때 스크래치의 시계는 12시 4초를 가리키고 있었다(두 시계의 시간차는 화물칸의 길이와 기차의 속도에 따라 달라진다. 화물칸

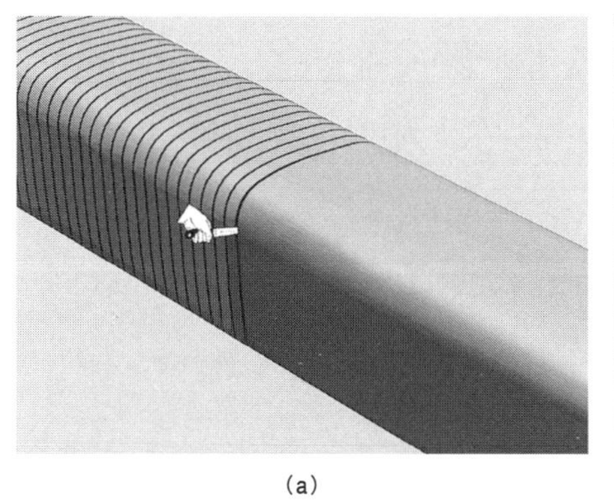

(a)

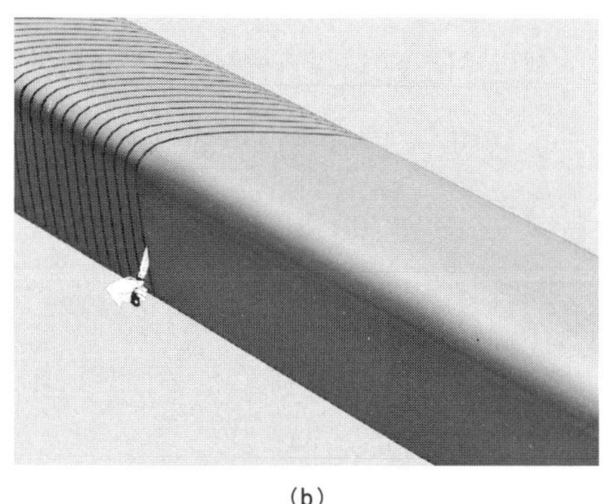

(b)

그림 3.5 빵을 다양한 각도로 자를 수 있는 것처럼, 서로에 대하여 상대운동을 하고 있는 관측자들의 시간단면도는 시공간을 각기 다른 방향으로 자름으로써 얻어진다. 이들의 상대속도가 클수록 각도의 차이는 더욱 커진다(빛의 속도를 1이라고 했을 때 이 각도는 45°를 초과할 수 없다).

이 길고 기차의 속도가 빠를수록 시간차는 커진다). 그러나 달리는 기차에 타고 있는 사람들의 눈에는 두 시계가 정확하게 일치했다. 이치와 스크래치의 관점에서는 성공적으로 시계를 맞춘 것이다. 직관적으로는 받아들이기 어렵겠지만 여기에는 아무런 모순도 없다. 이와 같이, **서로에 대해 움직이고 있는 관측자들은 사건의 동시성(둘 이상의 사건이 동시에 일어났는지, 아니면 시간차를 두고 일어났는지의 여부)에 대하여 의견일치를 볼 수 없다.**

그러므로 기차에 탑승한 사람이 어느 한 순간에 촬영한 스냅샷(결투도감의 한 페이지, 즉 시간단면도)은 플랫폼에 서 있는 사람이 촬영한 스냅샷과 다른 장면을 담고 있다(플랫폼에서 볼 때 이치는 스크래치보다 먼저 시계를 맞췄으므로 '이치가 시계를 맞추는 모습'과 '스크래치가 시계를 맞추는 모습'은 각기 다른 페이지에 기록되어 있다). 각 장면들을 일일이 비교해 보면, 기차에 타고 있는 사람의 스냅샷을 포개서 만든 책의 한 페이지에는 플랫폼 버전의 책에서 '결코 동시에 일어나지 않은' 사건들이 마치 동시인 것처럼 수록되어 있다. 바로 이런 이유 때문에 그림 3.4에 나타난 아푸와 마틴의 시간단면도는 상대방에 대하여 일정 각도만큼 돌아가 있는 것이다. 한 관점에서 볼 때 동시에 발생한 사건은 다른 관점에서 볼 때 결코 동시에 일어나지 않는다.

만일 뉴턴이 도입했던 절대공간과 절대시간의 개념이 맞는다면, 자신의 운동상태에 상관없이 모든 사람들의 관점은 정확하게 일치하고 그들이 얻은 시간단면도는 모두 똑같을 것이다. 그러나 우리가 살고 있는 시공간은 이런 식으로 운영되지 않는다. 뉴턴의 절대적 시간과 아인슈타인의 상대적 시간의 차이점은 거대한 빵을 칼로 잘라 내는 과정에 비유될 수 있다. 그림 3.5a처럼, 기다란 빵을 칼로 얇게 썰어 낸다고 상상해 보자. 빵 전체는 시공간을 의미하고, 썰어 낸 얇은 빵 조각 하나는 어느 특정순간의 시공간, 즉 시간단면도에 해당된다. 그러나 그림 3.5a의 써는 방식은 어떤 특정 관측자가 보는 하나의 관점에 불과하다. 이 관측자에 대하여 상대적으로 움직이고 있는 다른 관측자는 그림 3.5b처럼 다른 각도로 빵을 썰어 나간다. 두 사람의 상대속도가 클수록 빵을 자르는 각도는 커지며(후주에 언급된 바와 같이, 이 각도는 45°가 최대이다),[9] 두 사람이 얻은 관측결과도 더욱 큰 차이가 나게 된다.

특수상대성이론은 회전하는 물통을 어떻게 설명하는가?

이와 같이 시간과 공간은 상대적 물리량이기에, 시공간을 생각하는 우리의 사고방식도 완전히 바뀌어야 한다. 단, 여기에는 한 가지 유념할 것이 있다. 앞에서도 잠시 언급한 바와 같이 **특수상대성이론은 모든 만물이 다 상대적임을 주장하는 이론이 아니다.** 두 사람이 서로 다른 방향으로 빵을 자른다 해도, 거기에는 두 사람이 완전히 동의하는 부분도 있다. 빵 전체의 생긴 모습에 대해서는 두 사람 다 이견의 여지가 없는 것이다. 그들이 자른 빵의 단면은 서로 다를 수 있지만, 자신이 잘라 낸 모든 단면들을 한데 모아서 원래의 빵을 재구성한다면 두 사람 모두 동일한 결과를 얻게 된다. 생각해 보라. 그 외에 어떤 결과가 나올 수 있겠는가? 두 사람이 자른 빵은 원래 동일한 빵이었으므로 이것은 당연한 결과이다.

이와 마찬가지로, 서로에 대하여 상대운동을 하고 있는 두 명의 관측자들이 흐르는 시간을 따라 시공간을 순차적으로 자른 뒤에(그림 3.4 참조) 그 단면들을 모두 겹쳐서 원래의 시공간을 재구성했다면 그 결과는 다를 수가 없다. 이들이 시공간을 자르는 방법은 다르지만, 빵의 전체적인 형태가 불변이었던 것처럼 시공간 자체는 관측자들의 상대운동과 아무런 상관없이 독립적으로 존재한다. 그러므로 뉴턴의 절대공간과 절대시간은 잘못된 개념이긴 하지만 "모든 관측자들이 동의하는 절대적인 무언가가 존재한다"는 그의 기본 아이디어는 특수상대성이론과 상충되지 않는다. 물론, 절대적인 시간과 절대적인 공간은 존재하지 않는다. 그러나 특수상대성이론에서도 절대적인 시공간은 엄연히 존재한다. 이 점을 염두에 두고 회전하는 물통문제로 되돌아가 보자.

완전히 텅 빈 공간에서 물통은 과연 무엇에 대해 회전하는가? 뉴턴은 "절대공간에 대하여 회전한다"고 생각했고 마흐는 "회전을 판단할 만한 기준이 없으므로 물통이 회전을 한다 해도 안 한 것과 똑같다"고 주장했다. 그렇다면 아인슈타인은 어떤 해결책을 제시했을까? 그는 물통이 "절대 시공간 absolute spacetime에 대하여 회전한다"는 결론을 내렸다.

상대론적 관점을 이해하기 위해, 스프링필드의 도로구획을 다시 떠올려 보자. 마지와 리사가 계획한 도로망은 서로 상대방에 대하여 일정 각도만큼 돌아가 있었으므로 쇼핑몰과 핵발전소 등 각 건물의 주소는 서로 일치하지 않았었다. 그러나 이 도면에는 마지와 리사가 완전히 동의하는 부분도 있다. 예를 들어, 핵발전소 직원들의 편의를 위해 발전소에서 쇼핑몰로 가는 가장 빠른 길을 바닥에 페인트로 표시한다고 가정해 보자. 마지와 리사의 조감도에 이 길을 표시하면 그림 3.6과 같이 될 것이다. 새로 칠한 길이 기존의 몇 번가, 몇 번로와 교차하는지를 따진다면 마지와 리사의 대답은 물론 다를 것이다. 그러나 길의 생긴 모양과 전체 길이를 묻는다면 두 사람의 대답은 같아진다. 두 사람의 조감도에서 새로 난 길은 똑같이 직선이며 전체 길이도 같다. 핵발전소와 쇼핑몰을 잇는 길의 기하학적 생김새는 '가/로'의 배치상태와 전혀 무관하다.

아인슈타인은 시공간도 이와 비슷한 성질을 갖는다고 생각했다. 서로 상대운동을 하고 있는 두 사람의 관측자는 각기 다른 방향으로 썰어 낸 시간단면을 갖고 있음에도 불구하고 어떤 대상에 대해서는 의견일치를 볼 수 있다. 이제, 공간 속에 그려진 직선 대신 시공간 속에 그려진 직선경로를 생각해 보자. "시간과 공간 속에 그려진 직선이라고? 대체 그게 무슨 뜻이야?" 하며 의아해 하는 독자들도 있을 것이다. 걱정할 것 없다. 조금만 생각해 보면 그 의미는 분명해진다. 어떤 물체가 시공간 속에서 직선궤적을 그리려면 그 물체는 공간 속에서 직선경로를 따라갈 뿐만 아니라 시간적으로도 균일한 운동을 해야 한다. 다시 말해서, 운동의 방향과 빠르기가 변하지 말아야 한다는 뜻이다. 다들 알다시피 이것은 공간 속에서 이루어지는 등속직선운동을 의미한다. 서로 다른 운동상태에 있는 관측자들은 시공간의 빵을 다른 각도

그림 3.6 땅에 그려진 직선의 기하학적 성질은 도로망의 배열상태와 무관하다.

로 썰어 낸 시간단면도를 보고 있으므로 그 물체가 (시공간 속의) 두 점 사이를 지나는 데 소요된 시간과 진행한 거리는 관측자마다 다르겠지만, 물체의 궤적이 시공간에서 직선으로 나타난다는 사실만은 모두 동의할 것이다. 이것은 마지와 리사가 새로 난 길이 직선이라는 점에 동의하는 것과 비슷하다. 핵발전소와 쇼핑몰을 잇는 길의 기하학적 생김새는 '가/로'의 배열상태와 무관하듯이, 시공간 속에 그려진 궤적의 기하학적 생김새는 각 관측자의 시간단면과 무관하다.[10]

'시공간에서의 불변량'은 이처럼 간단한 개념이면서도 매우 깊은 의미를 담고 있다—서로에 대하여 등속운동을 하고 있는 관측자들은 매 순간마다 각기 다른 시간단면을 보고 있지만, 어떤 물체가 가속되고 있는지의 여부를 묻는다면 모든 사람들의 대답은 하나로 일치한다. 만일 어떤 물체가 그림 3.7a처럼 시공간에서 직선경로를 따라가고 있다면 그 물체는 가속운동을 하고 있지 않다는 뜻이다. 또한, 시공간에서 직선이 아닌 다른 궤적을 그리는 물체는 가속되고 있음을 의미한다. 예를 들어, 우주비행사가 등에 지고 있는

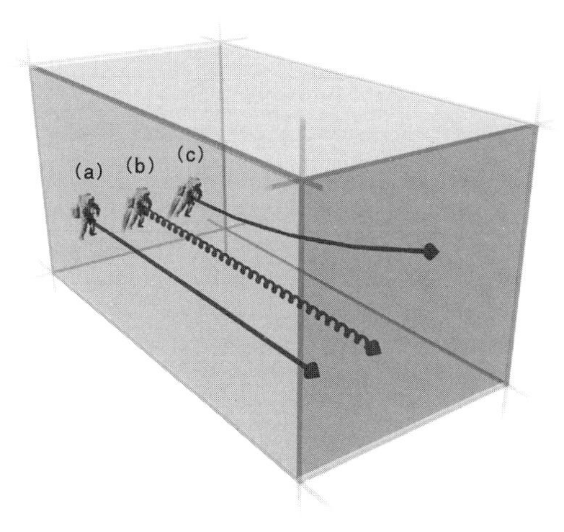

그림 3.7 세 명의 우주비행사들이 시공간에 그리는 궤적. (a) 공간에서 등속운동을 하고 있는 우주비행사는 시공간에 직선궤적을 그린다. (b) 공간에서 원운동을 하고 있는 우주비행사는 시공간에서 나선형의 궤적을 그리며, (c) 특정 방향으로 가속운동을 하고 있는 비행사는 시공간에서 곡선궤적을 그린다.

제트추진장치를 점화시켜 우주공간에서 원을 그리며 회전하는 경우, 시공간에 나타나는 그의 궤적은 그림 3.7b처럼 나선형으로 나타나며, 특정 방향으로 가속운동을 하는 경우에는 그림 3.7c와 같은 곡선을 그리게 된다. 즉, 가속운동은 시공간에서 직선이 아닌 곡선궤적으로 나타나며, 이것이 바로 가속운동의 증거라는 것이다. 그러므로 시공간에 나타나는 궤적의 기하학적 생김새는 가속운동의 여부를 판단하는 절대적인 기준역할을 한다. 운동의 기준은 공간이 아닌 시공간이었던 것이다!

이처럼 특수상대성이론은 시공간 자체가 가속운동을 판단하는 궁극적 기준임을 말해 주고 있다. 텅 빈 공간에서 물통이 회전하는 경우에도 시공간은 회전여부를 판단할 수 있는 기준이 된다. 공간의 실체를 좌우하는 운명의 추는 라이프니츠의 상대적 개념에서 뉴턴의 절대적 개념으로 이동했다가 다시 마흐의 상대론을 거쳐 결국 아인슈타인의 특수상대성이론에 둥지를 틀었다. 그렇다면 상대론자들이 최후의 승리자일까? 그렇지는 않다. 아인슈타인의 이론에는 '상대성'이라는 단어가 시도 때도 없이 등장하고 있긴 하지만 운동의 여부를 판단하는 궁극적인 기준은 어디까지나 '절대적인' 시공간이기 때문이다.[11]

오래된 질문, 그리고 중력

독자들은 이쯤에서 물통과 관련된 역사 깊은 논쟁이 마무리된 것으로 생각할지도 모르겠다. 아인슈타인의 혁명적인 시공간의 개념이 뉴턴과 마흐의 논쟁을 일거에 잠재우고(물론 이들은 동시대에 살지 않았다) 운동의 궁극적인 기준으로 자리를 잡은 것은 사실이지만, 여기에는 좀 더 미묘한 구석이 숨어 있다. 이야기를 더 진행시키기 전에, 잠시 숨을 고르면서 지금까지 언급된

뉴턴	공간은 실체이다; 가속운동은 상대적이지 않다; 절대적 관점.
라이프니츠	공간은 실체가 아니다; 모든 운동은 상대적이다; 상대적 관점.
마흐	공간은 실체가 아니다; 가속운동은 우주의 전체적인 질량분포에 대하여 상대적이다; 상대적 관점.
아인슈타인 (특수상대성이론)	시간과 공간은 모두 상대적이다; 시공간은 절대적인 실체이다.

표 3.1 공간과 시공간에 대한 개념의 변천사.

내용들을 정리해 보자(표 3.1 참조).

표 3.1을 읽으면서 고개가 끄덕여진다면 시공간에 관한 다음 이야기를 들을 준비가 된 셈이다. 지금부터 할 이야기는 마흐의 원리에 대부분의 기초를 두고 있다. 특수상대성이론은 마흐의 원리가 주장하는 바와는 반대로 "텅 빈 공간에서 회전운동을 하면 물통의 내벽 쪽으로 밀리는 힘을 느끼고, 밧줄로 이어 놓은 두 개의 돌멩이가 회전하면 줄이 팽팽해진다"는 결론을 내리긴 했지만, 사실 아인슈타인은 마흐의 이론에 커다란 매력을 느끼고 있었다. 그런데 마흐의 원리를 끈질기게 파고들다 보니, 그것은 빙산의 일각에 불과하다는 엄청난 사실을 알게 되었다. 앞에서 이야기했던 대로 마흐는 우주에 퍼져 있는 물체들이, 회전하는 물통의 수면(또는 회전하는 사람의 팔과 다리, 또는 회전하는 두 돌멩이 사이의 밧줄)에 영향을 준다고 주장하였으나, 그 힘의 크기와 주변 물체들 사이의 구체적인 관계를 밝히진 못했다. 아인슈타인은 "만일 마흐의 주장이 사실이라면 그 힘은 어떻게든 중력과 관계되어 있을 것이다"라고 생각했다.

한번 떠오른 이 생각은 줄곧 아인슈타인의 머리를 떠나지 않았다. 왜냐하면 그는 특수상대성이론의 체계를 세울 때 문제를 단순화하기 위해 중력에 의한 효과를 완전히 무시했기 때문이다. "특수상대성이론과 중력을 모두 포함하면서 마흐의 원리에 해답을 주는 더욱 강력한 이론이 존재하는 것은 아닐까? 중력을 고려하여 특수상대성이론을 일반화시키면 회전할 때 느껴지는 힘의 크기를 결정할 수 있을지도 모른다" ― 이것이 바로 아인슈타인의 희망사항이었다.

아인슈타인이 중력에 관심을 갖게 된 데에는 또 하나의 중요한 이유가 있었다. 특수상대성이론에 의하면 모든 물체와 모든 종류의 신호들은 제아무리 빠르다 해도 빛보다 빠르게 이동할 수 없다. 그런데 이것은 뉴턴의 중력이론과 정면으로 상충되는 듯이 보였다. 뉴턴의 중력, 즉 만유인력은 200년이 넘는 세월 동안 물리학의 왕좌에 군림하면서 달과 행성, 혜성 등 다양한 천체의 운동을 놀라울 정도로 정확하게 설명하고 있었으므로 의심의 여지가 없었다. 그러나 뉴턴의 주장(사실은 주장이 아니라 가정에 가까웠지만)에 의하면 중력은 전달되는 데 전혀 시간이 소요되지 않는다. 다시 말해서, 하나의 질량이 멀리 떨어져 있는 다른 질량의 존재를 인식하고 그에게 중력을 행사할 때까지, 시간이 티끌만큼도 걸리지 않는다는 뜻이다. 그렇다면 중력의 전달속도는 무한대가 되고, 두말할 것도 없이 무한대라는 속도는 광속보다 빠르다는 뜻이므로 중력과 특수상대성이론은 양립할 수 없는 이론처럼 보였다.

이 모순점을 좀 더 분명하게 이해해 보자. 어느 날 저녁, 매우 우울한 일을 겪은 당신은(프로야구 홈팀이 시합에 졌을 수도 있고, 친한 친구가 당신의 생일을 기억하지 못했거나 애지중지 아껴 두었던 케이크를 누군가가 먹어 버렸을 수도 있다) 가족용 요트를 혼자 타고 깊은 바다로 나가 달빛을 감상하고 있었다. 파도가 음악처럼 밀려오는 가운데 하늘에는 달이 외롭게 떠 있고(조수현상은 달의 인력 때문에 생긴다) 해수면에 비친 달빛은 파도와 함께 일렁이면서 당신의 우울한 마음을 달래 주고 있었다. 그런데 바로 그때, 파괴를 지상최대의 목표로 삼고 살아가는 막가파 외계인들이 은하수 저편에서 달을 향하여 막

강한 레이저빔을 발사했고, 그 빔이 달에 명중하는 순간 달은 대폭발을 일으키며 흔적도 없이 사라져 버렸다. 당신의 우울한 심정을 달래 주던 달이 돌연 사라져 버리다니, 이 얼마나 우울하고 황당한 사건인가! 그런데 만일 뉴턴의 중력법칙이 맞다고 한다면, 그 후에 일어나는 사건들은 더욱 황당하다. 자, 아까 있었던 우울한 일은 잊어버리고 눈앞에서 벌어진 대형사고에 관심을 집중해 보자. 뉴턴의 중력법칙에 의하면 바다에서 일어나는 파도는 당신이 달의 최후를 목격하기 1.5초 전에 이미 잦아들 것이다. 달의 최후를 목격하려면 달에서 출발한 빛이 지구에 도달하는 데 걸리는 시간만큼 기다려야 하지만, 달의 중력에 의한 효과(파도)는 달이 없어지는 바로 그 순간에 달과 함께 사라진다.

왜 그런가? 뉴턴이 생각했던 중력은 상대방에게 전달될 때까지 티끌만큼의 시간도 걸리지 않기 때문이다. 뉴턴의 중력은 아무리 먼 곳이라 해도 즉각적으로 전달된다. 그러므로 어느 순간에 달이 사라졌다면 지구의 해수면에서 일어나는 파도는 달이 없어지는 순간에 즉시로 잠잠해져야 한다. 그리고 당신의 눈에 달의 최후가 목격되려면 그로부터 약 1.5초가 지나야 한다. 달에서 출발한 빛 신호가 지구에 도달하려면 그 정도의 시간이 소요되기 때문이다. 따라서 요트를 타고 느긋하게 항해를 즐기던 당신은 약 1.5초 동안 이상한 광경을 목격하게 된다. 하늘에 달이 멀쩡하게 떠 있는데도 바다의 파도가 갑자기 잠잠해지는 것이다! 당신은 그 이유를 1.5초가 지나야 알 수 있다. 중력신호가 빛보다 먼저 도달했기 때문이다. 이것은 아인슈타인에게 커다란 수수께끼였다.[12]

1907년경, 아인슈타인은 뉴턴의 중력이론만큼 정확하면서 특수상대성이론과 모순을 일으키지 않는 새로운 상대성이론을 찾아 본격적인 여행을 시작했다. 그러나 이것은 너무나도 미묘한 문제였기에 당대 최고의 천재였던 아인슈타인도 크고 작은 실수를 연발했다. 그의 연구노트는 반쯤 완성된 아이디어로 가득 찼고 조금이라도 실수를 저지르면 엄청나게 먼 길을 돌아가야 했다. 가끔씩은 문제가 해결되어 환호성을 지르기도 했지만 조금 지나면 또 다른 실수가 발견되어 긴 탄식과 함께 폐기처분되곤 했다. 이렇게 우여곡절을 겪으며 한 가지 주제와 씨름을 벌이던 중, 1915년에 기발한 아이디어가 아인슈타인의 머리를 스치고 지나갔다. 물리학 역사상 가장 위대한 이론 중 하나인 일반상대성이론이 탄생하는 순간이었다. 아인슈타인은 당대의 저명한 수학자 마르셀 그로스만Marcel Grossmann의 도움을 간간이 받긴 했지만 일반상대성이론은 여타의 이론들과는 달리 오로지 아인슈타인 혼자서 이루어낸 업적이었으며 물리학 역사상 최고로 값진 보물이었다.

아인슈타인의 일반상대성이론은 200여 년 전에 뉴턴이 피해 갈 수밖에 없었던 핵심적인 질문에서 출발한다. 중력은 어떤 과정을 거쳐 방대한 영역으로 전달되는가? 지구로부터 무려 1억 5천만 km나 떨어져 있는 태양이 어떻게 지구에 영향을 줄 수 있는가? 태양은 지구와 접촉도 하지 않으면서 어떻게 중력을 행사하고 있는가? 한마디로 말해서, 아인슈타인은 중력이 생기는 원인을 알고 싶었던 것이다. 뉴턴은 자신이 유도한 방정식을 이용하여 중력에 의한 영향을 정확하게 계산할 수 있었지만, 중력이 작용하는 구체적인 얼개를 알아내지는 못했다. 그는 이 점에 관하여 자신의 저서인 『프린키피아』에 다음과 같이 적어 놓았다. "이 문제는 독자들 스스로 생각해 보기 바란다."[13] 사실, 1800년대에 전기와 자기현상을 규명했던 패러데이와 맥스웰도 이와 비슷한 고민을 했었다. 자석은 쇠붙이와 직접 닿지 않고서도 어떻게 쇠붙이를 끌어당기는가? 패러데이는 이 현상을 설명하기 위해 장의 개념을 도입했었다. 그러므로 중력의 경우에도 중력장을 도입하면 어느 정도 설명이 될 것이다. 물론 중력장은 중력을 설명하는 데 여러모로 편리한 점이 있다. 그러나 중력과 특수상대성이론 사이의 모순점을 해결하는 것은 또 다른 문제였다.

아인슈타인은 근 10년 동안 이 문제에 전적으로 매달린 끝에 결국, 물리학의 왕좌를 지키고 있던 뉴턴의 중력법칙을 부정할 수밖에 없었다. 그러나 아이러니하게도 아인슈타인의 획기적인 아이디어를 탄생시킨 일등공신은 바로 뉴턴의 '회전하는 물통'에서 제기된 역사 깊은 질문이었다—가속운동의 진정한 특성은 과연 무엇인가?

중력과 가속운동의 등가원리

특수상대성이론에서 아인슈타인이 집중적으로 다룬 운동은 등속 직선운동이었다. 등속운동을 하고 있는 관측자는 움직이고 있다는 느낌을 전혀 받지 않기 때문에 "나는 정지해 있고 나를 제외한 모든 우주가 반대쪽으로 움직이고 있다"고 주장해도 옳은 관점이 될 수 있다. 앞에서 등속운동을 하는 기차에 타고 있던 이치와 스크래치, 그리고 주심 아푸는 아무런 힘도 느끼지 않는다. 그들의 관점에서 보면 부심 마틴과 플랫폼을 비롯한 모든 세상이 반대쪽으로 움직이고 있다. 그러나 마틴도 힘을 느끼지 않기는 마찬가지다. 그의 관점에서 보면 플랫폼과 세상은 정지해 있고, 오직 기차와 탑승객들만이 움직이고 있다. 둘 중 누구의 관점이 옳은가? 앞에서 누누이 강조한 바와 같이 모든 관점이 똑같이 옳다. 그러나 가속운동을 할 때에는 사정이 전혀 다르다. 가속운동을 하는 사람(또는 물체)은 운동을 '느낄 수 있다.' 자동차가 가속되고 있을 때 운전자는 자신의 몸이 뒤로 밀리는 듯한 느낌을 받고 기차가 곡선철로를 달릴 때 승객의 몸은 한 쪽으로 쏠리며 정지해 있던 엘리베이터가 위로 출발할 때 그 안에 있는 사람은 아래로 눌리는 듯한 힘을 받는다.

우리는 일상생활 속에서 이런 종류의 힘에 매우 익숙해져 있다. 예를 들어, 당신이 자동차를 타고 가다가 눈앞에 급커브길이 나타나면 당신은 옆으로 쏠리지 않으려고 마음의 준비를 하면서 몸이 서서히 경직될 것이다. 제아무리 날고 기는 재주가 있다 해도 이 힘을 면제받을 수는 없다. 힘을 피해 가는 유일한 방법은 애초부터 커브길로 접어들지 않는 것뿐이다. 아인슈타인은 이렇게 평범한 사실로부터 결정적인 실마리를 찾았다. 그는 중력도 이와 유사한 성질을 갖고 있음을 떠올린 것이다. 중력은 모든 물체에 작용하며, 어느 누구도 그 힘을 피해 갈 수는 없다. 중력의 영향을 받지 않으려면 물체가 하나도 없는 텅 빈 공간으로 이사가는 수밖에 없다. 전자기력이나 핵력은 차단시킬 수 있지만 중력을 차단시키는 방법은 어디에도 없다. 1907년의 어느 날, 아인슈타인의 머릿속에 물리학의 역사를 바꾸는 엄청난 생각이 떠올랐다—"중력과 가속운동은 서로 비슷한 정도가 아니라 아예 똑같은 현상이다. 그것은 동전의 양면처럼 동일한 실체의 다른 모습에 불과하다." 모든 물리학자들이 평생을 두고 기다리는 '위대한 발견의 순간'이 아인슈타인에게 찾아온 것이다.

아인슈타인은 중력을 상쇄시키는 방법을 찾았다. 그것은 의외로 아주 간단했다. 운동상태를 적당히 바꾸면 중력에 의한 힘을 상쇄시킬 수 있다. 스프링필드에 사는 불쌍한 바니Barney의 기구한 사연을 통해 그 이유를 알아보자. 순진하고 소심한 청년 바니는 평소 흠모하던 여인에게 청혼했다가 뚱뚱하다는 이유로 거절당했다. 아닌 게 아니라 그의 몸은 비만을 넘어 비대함으로 치닫는 중이었다. 그런데 마음 약한 그 여인은 바니에게 한 가지 조건을 제시했다. 앞으로 한 달 이내에 20kg 이상을 감량하면 결혼을 승낙한다는 것이었다. 그날부터 바니는 눈물겨운 다이어트를 시작했으나 한번 불어난 몸은 좀처럼 줄어들지 않았다. 한 달 후, 바니는 욕실에 있는 저울에 올라섰다. 그러나 야속한 저울의 눈금은 결혼 커트라인을 훌쩍 넘기고 있었다. 순간적으로 극심한 좌절감에 빠진 바니는 모든 것을 체념하고 창문 밖으로 뛰어내렸다. 그런데 장난을 좋아하는 바니의 동생이 형 몰래 저울 위에 접착제를 발라놓았기 때문에 저울은 바니의 발바닥에 붙은 채로 같이 추락하고 있었다. 바니는 똑바로 선 자세로 옆집 수영장을 향해 추락하면서 발바닥에 붙어 있는 저울을 바라보았다. 그런데 신기하게도 저울의 눈금이 0kg을 가리키고 있지 않은가! 감량에 성공하긴 했지만 때는 이미 늦어 있었다…. 바니의 체중이 왜 갑자기 0kg으로 줄어들었을까? 인류 역사상 최초로 그 이유를 '완벽하게' 이해한 사람이 바로 아인슈타인이었다. 저울은 바니의 몸과 정확하게 같은 운동을 하고 있으므로 바니의 발은 저울에 아무런 힘도 가하지 않는다. 즉, 자유낙하하는 바니는 우주공간을 여행하는 우주선의 승무원들처럼 무중력상태를 경험하는 것이다.

만일 창문과 땅을 커다란 파이프로 연결시키고 내부의 공기를 모두 빼낸다면 파이프 속에서 떨어지는 바니의 몸은 공기저항을 전혀 받지 않는다. 그러면 바니의 몸을 이루고 있는 모든 원자들은 일제히 똑같은 속도로 낙하하게 되고, 따라서 몸의 어떤 부위에도 힘이 가해지지 않으므로 그는 자신이 추락하고 있다는 느낌을 전혀 받지 않을 것이다.[14] 만일 바니가 추락하는 동안 눈을 감고 있다면 그는 자신이 옆집 수영장을 향해 추락하고 있는지, 아니면 텅 빈 우주공간을 떠다니고 있는지 구분을 할 수 없을 것이다(두 개의 돌멩이를 밧줄로 묶어서 떨어뜨린 경우에는 줄이 느슨한 상태를 유지할 것이다). 이처럼 운동상태를 바꾸면(창가에 가만히 서 있다가 뛰어내리기) 중력이 없는 상태를 만들어 낼 수 있다(NASA의 우주비행사들은 보잉 707 여객기를 개량한 'Vomit Comet(토하는 혜성)'이라는 비행기를 타고 상공으로 올라갔다가 엔진을 끄고 자유낙하하는 동안 무중력상태에 적응하는 훈련을 하고 있다).

이와 비슷한 원리로, 운동상태를 적당히 바꾸면 중력이 작용하는 것과 똑같은 상황을 만들어 낼 수도 있다. 창가에서 뛰어내렸다가 구사일생으로 살아난 바니는 지금 동료 승무원들과 함께 밀폐된 우주선을 타고 우주공간을 떠다니고 있다(바니는 원래 우주비행사였다). 그런데 지난번에 동생이 발라 놓은 접착제가 너무 강력해서 바니의 발에는 아직도 저울이 붙어 있고 저울의 눈금은 0을 가리키고 있다. 우주선은 한동안 아무런 추진력도 없이 우주공간을 표류하다가 어느 순간에 엔진을 점화하여 위쪽으로 가속운동을 하기 시작했다. 그렇다면 바니를 태우고 있는 저울의 눈금은 어떻게 될까? 정지해 있던 엘리베이터가 출발할 때 자신의 체중이 증가한 듯한 느낌을 받는 것처럼, 저울의 눈금은 0이 아닌 특정 값을 가리키게 된다. 만일 우주선의 가속도가 지구의 중력가속도(약 9.8m/sec^2)와 정확하게 일치했다면 저울의 눈금은 지구에서 측정한 값과 정확하게 같아지고, 바니를 비롯한 모든 승무원들은 마치 집에 있는 듯한 느낌을 받게 될 것이다. 우주선에 창문이 나 있지 않아서 바깥을 내다볼 수 없다면 바니는 우주선이 지금 우주공간에서 가속되고 있는지, 아니면 지구에 착륙한 상태인지 구별할 수가 없다.

다른 가속운동의 경우에도 사정은 마찬가지다. 우주공간에서 회전하고 있는 커다란 물통을 생각해 보자. 그 안에는 호머가 여전히 자리를 지키고 있다. 이제 물통의 내벽에 저울을 붙이고(사실 '붙인다'는 말은 어울리지 않는다. 텅 빈 우주공간에는 중력이 없으므로 물체를 어떤 방향으로 놓아도 그 자리에 고정된다) 그 위에 바니가 서 있다고 상상해 보자. 즉, 바니는 호머와 달리 물통의 내벽(옆면)을 바닥 삼아 저울 위에 서 있는 상태이다. 이런 상태에서 물통을 회전시키면 어떻게 될까? 이 경우에도 바니의 발바닥은 저울에 힘을 가하여 눈금이 올라갈 것이다. 만일 물통의 회전속도가 아주 적절하여 저울의 눈금이 지구에서의 눈금과 일치했다면 바니는 또다시 집에 있는 듯한 착각을 일으킬 것이다. 그러므로 회전에 의한 가속운동도 중력과 동일한 효과를 만들어 낼 수 있다.

아인슈타인은 중력에 의한 힘과 가속운동에 의한 힘을 어떻게 구별할 수 있는지 백방으로 궁리하던 끝에 결국 구별할 수 없다는 결론에 이르렀다. 두 가지 현상을 구별할 방법이 이 우주 안에 존재하지 않는다면, 이는 곧 그 두 가지가 동일한 현상임을 뜻한다. 중력과 가속운동은 완전히 똑같다. 이리하여 아인슈타인은 전 세계의 물리학계를 향해 중력과 가속운동이 물리적으로 동일하다는 등가원리principle of equivalence를 천명하기에 이르렀다.

등가원리의 의미를 좀 더 자세히 알아보자. 지금 이 순간에도 당신은 중력을 느끼고 있다. 만일 당신이 서 있다면 바닥과 닿아 있는 발바닥이 당신의 체중을 느낄 것이고 의자나 바닥에 앉아 있다면 당신의 엉덩이가 체중을 느끼고 있을 것이다. 자동차나 비행기를 타고 이동 중인 상황이 아니라면 당신의 몸은 정지해 있다고 느낄 것이다. 그러나 아인슈타인의 등가원리에 의하면 지금 당신은 가속운동을 하는 중이다. "아니, 나는 지금 가만히 앉아 있는데 무슨 소리를 하는 거야?"라며 이의를 제기하는 사람도 있겠지만, 잠시 진정하고 후속질문을 던져 보자. 당신은 가속운동을 하고 있다. 그런데 가속운동의 기준은 무엇인가? 누구의 관점에서 가속운동을 하고 있는가?

아인슈타인은 특수상대성이론에서 시공간이 모든 운동의 기준임을 선언하였다. 그러나 특수상대성이론은 중력에 의한 효과를 고려하지 않았었다. 그로부터 10년 후, 아인슈타인은 등가원리를 통해 중력을 포함하는 더욱 분명한 기준을 제공하였다. 그리고 이 기준은 운동에 관한 기존의 관념을 송두리째 갈아엎었다. **중력과 가속운동은 동일한 현상이므로, 만일 당신이 중력의 영향을 느낀다면 그것은 곧 당신이 가속운동을 하고 있다는 뜻이다.** 중력은 물론이고, 아무런 힘도 느끼지 않는 관측자만이 "나는 가속운동을 하고 있지 않다"고 주장할 수 있다. 이런 관측자들의 관점이 바로 운동을 논할 수 있는 진정한 기준이다. 바니가 창문에서 뛰어내려 공기가 없는 파이프 속을 통해 떨어지고 있을 때, 대부분의 사람들은 바니의 몸이 지구를 향해 가속되고 있다고 생각할 것이다. 그러나 아인슈타인은 바니가 가속운동을 한다고 보지 않았다. 왜냐하면 추락하는 바니는 아무런 힘도 느끼지 않기 때문이다. 그의 발에 붙어 있는 저울은 눈금 0을 가리키고 있으며, 그의 몸은 우주공간에 떠 있는 것과 동일한 상태에 있다. 이때 바니의 관점은 모든 운동을 서술하는 기준이 된다. 그렇기 때문에 의자에 가만히 앉아 책을 읽고 있는 당신은 가속운동을 하고 있는 것이다. 아래로 추락하고 있는 바니의 관점(운동의 진정한 기준)에서 보면 당신을 포함하여 정지해 있는 듯이 보이는 모든 물체들이 위로 가속되고 있다. 이것이 바로 아인슈타인이 떠올렸던 운동의 기준이었다. 뉴턴이 땅바닥에 한가롭게 앉아서 사과가 떨어지는 것을 목격한 것이 아니라, 뉴턴과 지구가 사과를 향해 위로 달려 올라간 셈이다.

분명히 이것은 운동에 관한 기존의 관념과 엄청난 차이가 있다. 그러나 곰곰 생각해 보면 아인슈타인식 논리는 "중력에 저항하지 않는 한 물체는 중력을 느끼지 않는다"는 간단한 사실을 지적하고 있을 뿐이다. 중력에 완전히 몸을 내맡기면(자유낙하하면) 당신은 중력을 느낄 수 없다. 몸의 체중을 느끼려면 어떻게든 추락하는 것을 방지해야 하고, 이는 곧 중력에 저항한다는 것을 의미한다. 당신의 몸이 아무런 저항 없이 중력에 의해 끌려가고 있다면 당신은 텅 빈 우주공간에 가만히 떠 있는 듯한 느낌을 받을 것이다. 말할 것도 없이, 이것은 가속운동이 전혀 없는 상태이다.

지금까지 말한 아인슈타인의 관점을 간단하게 요약하면 다음과 같다—아무런 힘도 느끼지 않는 관측자는 그가 텅 빈 공간에 떠 있건, 또는 지표면을 향해 추락하고 있건 간에 가속운동을 하고 있지 않다. 만일 당신이 그 관측자에 '대하여' 상대적으로 가속운동을 하고 있다면 가속되고 있는 사람은 바로 당신이다.

엄밀하게 따지면 이치와 스크래치, 그리고 아푸와 마틴은 결투가 벌어지는 동안 자신이 정지해 있었다고 주장할 수 없다. 그들 모두는 한결같이 지구의 중력을 느끼고 있었기 때문이다. 앞에서 나는 이치와 스크래치의 결투 장면을 서술할 때 중력을 전혀 고려하지 않았다. 그들이 타고 있는 기차는 수평방향으로 이동하고 있었고, 수직방향으로 작용하는 중력은 수평방향의 운동에 아무런 영향도 미치지 않기 때문이다. 그러나 어떠한 경우에도 등가원리는 다음의 사실을 강변하고 있다 — "아무런 힘도 느끼지 않는 관측자만이 자신이 정지상태에 있음을 주장할 수 있다."

아인슈타인은 중력과 가속운동 사이의 관계를 등가원리로 매듭지은 후 한 걸음 더 나아가 뉴턴이 해결하지 못했던 문제의 해답을 찾기 시작했다. "중력은 과연 어떻게 전달되는가?"

왜곡(warps) 또는 휘어짐, 그리고 중력

특수상대성이론에 의하면 서로에 대하여 등속운동을 하고 있는 관측자들이 바라보는 시공간의 단면도(시간단면도)는 상대방에 대하여 일정 각도만큼 돌아가 있으며, 한 관측자의 시간단면들은 시공간 속에서 평행하게 놓여 있다(그림 3.3c). 그렇다면 관측자들이 서로에 대하여 가속운동을 하는 경우, 시간단면도의 배열상태는 어떻게 변할 것인가? 가속운동을 한다는 것은 매 순

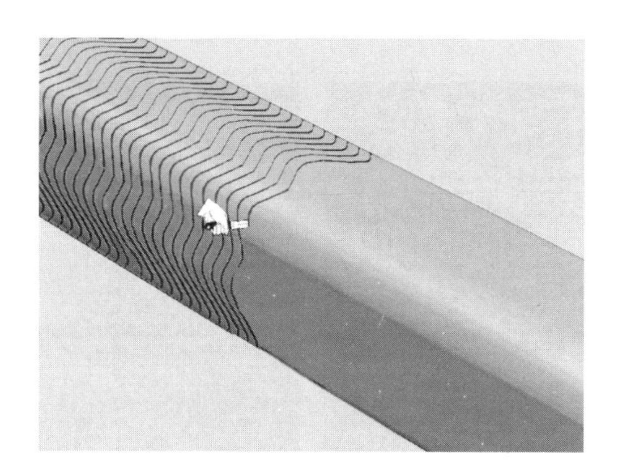

그림 3.8 일반상대성이론에 의하면 시공간이라는 빵을 썰어서 얻어진 시간단면은 관측자의 운동상태에 따라 각도가 달라질 뿐만 아니라, 주변에 존재하는 물질이나 에너지에 의해 단면 자체가 평면이 아닌 곡면을 그리게 된다.

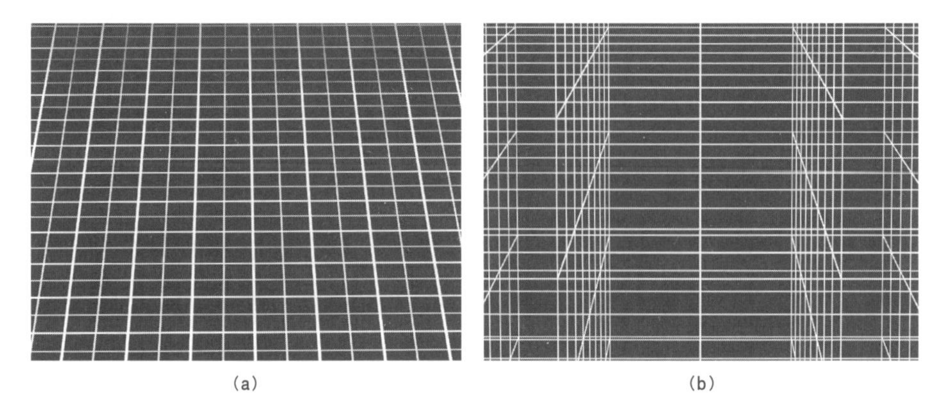

(a) (b)

그림 3.9 (a) 평평한 공간(2차원). **(b)** 평평한 공간(3차원).

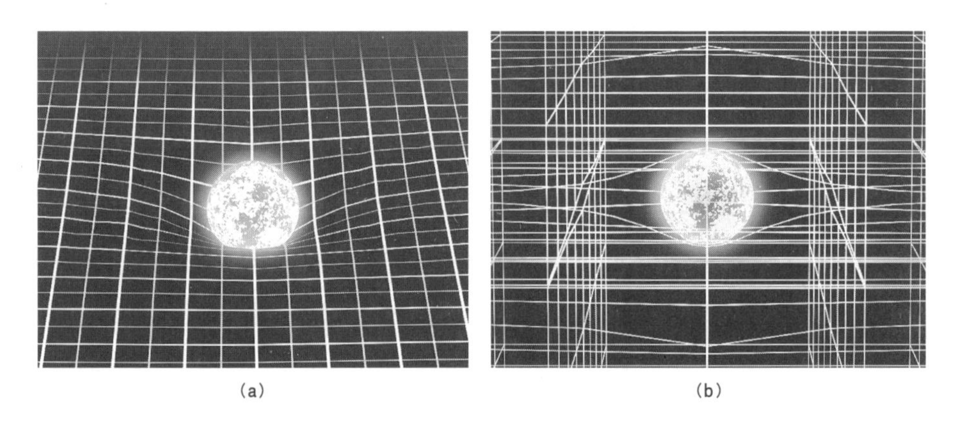

(a) (b)

그림 3.10 (a) 태양에 의해 휘어진 공간(2차원). **(b)** 태양에 의해 휘어진 공간(3차원).

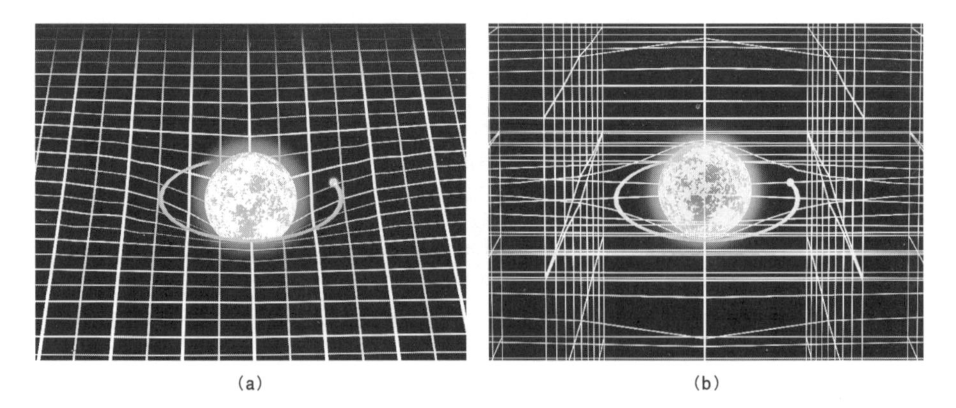

(a) (b)

그림 3.11 지구는 태양에 의해 휘어진 시공간의 굴곡을 따라 움직이므로 태양 주변에서 원운동을 할 수 밖에 없다. **(a)** 2차원 개요도. **(b)** 3차원 개요도.

간마다 속도가 변한다는 뜻이고 시간단면의 돌아간 정도는 상대속도에 따라 달라진다고 했으므로, 가속운동이 개입되면 시간단면들은 더 이상 평행하지 않고 매 순간마다 돌아간 각도가 달라질 것이다. 물론 이것은 대략적인 설명에 불과하다. 아인슈타인은 가우스와 리만 등 19세기 수학자들이 창시한 곡면기하학을 이용하여 이 아이디어를 구체화시킴으로써 시공간의 구부러진 시간단면들이 그림 3.8과 같이 나란히 정렬된 티스푼들처럼 배열되며 이들을 연결시킨 시공간은 여전히 원래의 모습을 유지한다는 것을 증명하였다. 다시 말해서, 가속운동을 하고 있는 관측자의 시간단면(어느 한 순간에 바라본 공간)은 휘어져 있다는 것이다.

아인슈타인이 이 사실을 인식하면서, 등가원리는 비로소 그 위력을 발휘하기 시작했다. 중력과 가속운동은 완전히 동일한 현상이라고 했으므로, 가속운동으로 인하여 공간이 휘어진다면 중력에 의해서도 공간은 휘어져야 한다. 이 말에 담긴 뜻을 좀 더 구체적으로 알아보자.

평평한 마룻바닥에서 구슬을 굴리면 그 구슬은 직선궤적을 그리며 나아간다. 그러나 최근 들어 끔찍한 홍수를 겪으면서 마룻바닥이 심하게 휘어진 상태라면 구슬은 더 이상 똑바로 구르지 않고 이리저리 휘어진 곡선궤적을 그리며 나아갈 것이다. 아인슈타인은 이 간단한 아이디어를 시공간의 구조에 그대로 적용시켰다. 물질(태양, 지구, 행성 등)이 전혀 없는 텅 빈 시공간은 홍수를 만나기 전의 마룻바닥처럼 평평한 상태에 있다. 그림 3.9a는 평평한 공간을 도식적으로 표현한 것이다. 물론 이것은 공간을 2차원으로 단순화시킨 그림이며, 실제로 평평한 3차원 공간은 그림 3.9b와 같이 될 것이다. 그런데 두 그림을 비교해 보면 알겠지만 3차원보다는 2차원으로 단순화시킨 그림이 훨씬 이해하기가 쉽다. 그래서 앞으로는 공간을 2차원으로 축소시켜서 표현하기로 하겠다. 자, 계속해서 아인슈타인의 생각을 따라가 보자. 그는 홍수가 마룻바닥의 평평한 상태를 변화시키듯이 물질 또는 에너지의 존재가 평평한 공간을 변화시킨다고 생각했다. 태양과 같은 물질이나 에너지가 그림 3.10a 또는 3.10b처럼 공간을(또는 시공간을[+]) 구부러지게 만든다는 것이다. 휘어진 마룻바닥 위에서 구슬을 굴리면 휘어진 궤적을 그리는 것처럼, 휘어진 공간 속에서 움직이는 모든 물체(태양 주변에서 움직이는 지구)는 그림 3.11a나 3.11b와 같이 휘어진 궤적을 그리게 된다.

이와 같이 물질과 에너지의 존재는 시공간의 굴곡을 결정하며, 그 근처를 지나가는 모든 물체들의 경로는 눈에 보이지 않는 시공간의 굴곡에 따라 좌우된다. 이것이 바로 아인슈타인이 생각했던 '중력의 작용원리'이다. 이 원리는 지금 당장 집 안에서도 적용되고 있다. 지금 당신의 몸은 지구에 의해 구부러진 시공간의 굴곡을 따라 이동하려고 하지만, 의자나 방바닥에 막혀 운동이 진행되지 않는다. 우리는 몸을 위로 떠미는 듯한 힘을 항상 느끼면서 살고 있다. 바닥에 서 있을 때나 의자에 앉아 있을 때, 또는 침대에 누워 있을 때에도 어떤 힘이 우리의 몸을 항상 위로 밀어 올리고 있기 때문에 시공간의 굴곡을 따라 '아래로 떨어지지' 않는 것이다. 이와는 반대로 다이빙대에서 몸을 날렸다면 당신의 몸은 시공간의 굴곡을 따라 자유롭게 이동한다(자유낙하).

그림 3.9와 3.10, 그리고 3.11은 아인슈타인이 10년에 걸쳐 이루어 낸 업적을 일목요연하게 보여 주고 있다. 이 기간 동안 그는 주어진 물질과 에너지의 양에 따라 시공간이 구부러지는 정도를 계산하면서 대부분의 시간을 보냈다. 이 그림에 근거하여 아인슈타인이 얻어낸 수학적 결과들은 '아인슈타인의 장 방정식Einstein field equation'에 모두 함축되어 있다. 방정식의 이름에서 알 수 있는 것처럼, 아인슈타인은 시공간의 왜곡이 중력장에 의한 결과

[+] 휘어진 공간을 상상하는 것은 그다지 어렵지 않다. 그러나 시간은 공간과 밀접하게 연관되어 있으므로 시간 역시 물질과 에너지에 의해 '휘어진다.' 공간이 휘었다는 것은 그림 3.10처럼 공간이 늘어나거나 수축되었다는 뜻이다. 따라서 '휘어진 시간'도 시간이 늘어나거나 수축되었음을 의미한다. 즉, 서로 다른 중력의 영향을 받고 있는 두 개의 시계는 다른 속도로 간다는 뜻이다.[15]

라고 생각했다. 과거에 맥스웰이 몇 개의 방정식을 유도하여 전자기적 현상을 설명했던 것처럼, 아인슈타인은 곡면기하학을 이용하여 중력을 설명해 주는 일련의 방정식을 유도하였고[16] 이 방정식으로부터 여러 행성들의 운동궤적과 멀리 있는 천체에서 방출된 빛이 휘어진 시공간을 지나면서 그리는 궤적을 계산할 수 있었다. 물론 그의 계산은 관측을 통해 얻은 값과 정확하게 일치했을 뿐만 아니라 중력이 전달되는 원리와 과정을 규명함으로써, 뉴턴의 고전적 중력이론을 능가하는 최신 버전의 중력이론으로 입지를 굳히게 되었다.

일반상대성이론은 중력의 전달과정을 설명하는 수학적 모델을 제시함으로써, 중력의 전달속도와 관련된 중요한 정보를 제공하였다. 중력은 시공간의 곡률을 변화시키는 것으로 자신의 존재를 나타낸다. 따라서 중력의 전달속도는 "새로운 물체나 에너지가 등장했을 때, 그로 인한 공간의 곡률 변화는 시간상으로 얼마나 빠르게 진행되는가?"라는 질문으로 귀결된다. 공간에 생긴 굴곡은 이곳에서 저곳으로 얼마나 빠르게 전달되는가? 아인슈타인이 알아낸 답은 당대의 물리학자들에게 낭보가 아닐 수 없었다. 공간의 굴곡은 뉴턴의 중력이론이 말하는 것처럼 즉각적으로 전달되지 않고 정확하게 "빛의 속도로 전달된다"고 선언했기 때문이다. 중력이 전달되는 속도는 한 치의 에누리도 없이 빛의 속도와 정확하게 일치한다. 이로써 아인슈타인은 특수상대성이론과 모순을 일으키지 않는 새로운 중력이론을 완성시켰다. 외계인의 공격으로 갑자기 달이 사라졌다면, 지구의 파도는 즉각적으로 사라지는 것이 아니라 그로부터 약 1.5초가 지난 후에 사라진다. 그러므로 '지구인의 시야에서 달이 사라지는 사건'과 '바다의 파도가 잦아드는 사건'은 티끌만큼의 시간차도 없이 동시에 발생한다. 이 사실이 알려지면서 뉴턴의 중력이론은 아인슈타인의 일반상대성이론에게 물리학의 왕좌를 내주어야 했다.

일반상대성이론과 회전하는 물통

일반상대성이론은 수학적으로 우아하고 논리체계가 확고하며 중력과 관련된 문제들을 모두 해결한 최초의 '완벽한 중력이론'으로서, 시간과 공간을 바라보는 기존의 시각을 완전히 바꿔 놓았다. 뉴턴의 고전역학과 아인슈타인의 특수상대성이론에서 시간과 공간은 사건이 발생하고 진행되는 우주적 무대로 간주되었다. 매 순간마다 공간의 정지화면을 그려 넣은 시간단면도가 관측자의 운동상태에 따라 달라진다는 것을 주장한 특수상대성이론에서도 한번 주어진 시공간은 영원히 그 형태를 유지하는 절대적인 개념이었다. 그러나 일반상대성이론이 등장하면서 사정은 또 달라졌다. 시간과 공간은 우주의 진화과정에 깊숙이 개입해 온 변화의 장본인이었던 것이다. 공간의 특정 장소에 물체가 존재하면 그 주변의 공간을 왜곡시키고 왜곡된 공간은 물체의 운동을 야기한다. 그리고 물체가 움직이면 공간은 또 다른 형태로 왜곡되고…. 이런 과정은 끝없이 계속된다. 일반상대성이론은 시간과 공간, 그리고 물체와 에너지가 한데 어울려 추고 있는 우주적 춤의 기본안무를 제공하고 있는 셈이다.

이것은 역사상 그 유래를 찾아보기 어려운 엄청난 진보이다. 그러나 우리에게는 아직도 하나의 질문이 머릿속에 끈질기게 남아 있다. 회전하는 물통은 어떻게 되는가? 일반상대성이론은 과연 아인슈타인이 원래 생각했던 대로 마흐의 원리에 물리적 타당성을 부여할 것인가?

이 문제는 몇 년 동안 수많은 논쟁을 불러 일으켰다. 원래 아인슈타인은 일반상대성이론이 마흐의 상대적 관점과 일맥상통할 것이라고 생각했다. 마흐의 이론에 '마흐의 원리Mach's principle'라는 거창한 이름을 붙인 장본인도 아인슈타인이었다. 그는 일반상대성이론의 연구가 거의 정점에 이르렀던

1913년에 마흐에게 편지를 썼다. 거기에는 "뉴턴의 회전하는 물통실험에 대한 당신(마흐)의 해석이 일반상대성이론과 적절하게 부합될 것 같다"는 희망적인 내용이 담겨 있었다.[17] 그 후 1918년, 일반상대성이론에 채용된 세 가지 기본적인 아이디어를 정리한 아인슈타인의 논문에는 "그중 하나가 마흐의 원리였다"고 적혀 있다. 그러나 일반상대성이론은 다른 물리학자들뿐만 아니라 아인슈타인 자신에게도 미묘하고 난해했기 때문에, 학계에 발표된 후 세월이 한참 지난 후에야 그 내용을 완전히 이해할 수 있었다. 그리고 내용이 분명해지면서 아인슈타인은 자신의 이론이 마흐의 원리와 조화롭게 섞일 수 없음을 점차 실감하게 되었고, 말년에는 마흐의 원리를 거의 포기하다시피 했다.[18]

그로부터 근 50년이 지난 지금, 일반상대성이론과 마흐의 원리에 관한 물리학자들의 입장은 대충 정리되었다(물론, 논란의 여지가 전혀 없는 것은 아니다). 내가 보기에 일반상대성이론은 마흐의 관점을 일부 수용하긴 했지만 마흐가 추종했던 상대주의적 관점과 완전히 일치하지는 않는다. 그 이유를 잠시 알아보자.

마흐는 회전하는 물통의 수면이 오목해지거나 회전하는 사람의 사지가 바깥쪽으로 당겨지는 현상이 절대공간(또는 절대적 시공간)과 아무런 관계가 없으며[19] 우주공간에 분포되어 있는 물체들이 가속운동의 여부를 판단하는 궁극적인 기준이라고 주장했다. 우주공간에 물체가 하나도 없으면 가속운동이라는 개념도 없고 수면이 오목해지지도 않는다는 것이 마흐의 관점이었다.

그렇다면 일반상대성이론의 결론은 무엇인가?

일반상대성이론은 중력에 몸을 완전히 내맡기고 자유낙하하는 관측자의 관점(그는 아무런 힘도 느끼지 않는다)을 모든 운동의 궁극적인 기준으로 삼았다. 그런데 자유낙하하는 관측자가 느끼는 중력은 우주 전체에 퍼져 있는 모든 물체에서 골고루 기인한 것이다. 지구와 달, 태양, 심지어는 멀리 있는 별들과 가스구름, 퀘이사quasar(준항성체), 은하 등이 모두 합심하여 지금 당신이 있는 곳에 중력장(기하학 용어로는 시공간의 굴곡curvature)을 형성하고 있다. 질량이 크고 거리가 가까울수록 중력은 커지지만, 지금 우리가 느끼는 중력장은 지구뿐만 아니라 우주에 있는 모든 천체들의 영향이 종합적으로 나타난 결과이다.[20] 즉, 중력에 몸을 완전히 내맡긴 채 자유낙하하는 관측자(모든 운동의 기준)의 경로는 하늘의 별과 이웃집 현관문을 포함하여 우주 안에 존재하는 모든 물체로부터 영향을 받는다. 그러므로 일반상대성이론에서 물체가 가속된다는 것은 '온 우주에 퍼져 있는 물체의 분포상태로부터 정의된 기준에 대하여' 가속되고 있다는 뜻이다. 이렇게 보면 일반상대성이론은 마흐의 원리와 매우 비슷하다. 위에서 일반상대성이론이 마흐의 관점을 일부 수용했다고 말한 것은 바로 이런 이유 때문이다.

그러나 일반상대성이론은 마흐의 원리와 100% 조화를 이루지는 않는다. 이 점을 이해하기 위해 텅 빈 공간에서 회전하는 물통을 상상해 보자. 만일 이런 공간이 존재한다면 거기에는 중력이 전혀 작용하지 않고,[21] 중력이 없으면 시공간의 왜곡도 일어나지 않는다. 다시 말해서, 텅 빈 우주공간이란 그림 3.9b처럼 평평한 공간을 의미하며 그곳에서는 특수상대성이론을 마음 놓고 적용할 수 있다(아인슈타인은 특수상대성이론을 연구할 때 중력에 의한 효과를 완전히 배제시켰었다. 일반상대성이론은 중력을 무시하면서 생긴 결함을 수정하기 위해 만들어진 이론이다. 아무것도 없이 텅 빈 우주에서 일반상대성이론은 특수상대성이론과 같아진다). 회전하는 물통 자체는 질량이 별로 크지 않으므로 텅 빈 공간에 물통을 등장시킨다 해도 공간의 왜곡은 거의 일어나지 않을 것이다. 그러므로 우리는 특수상대성이론에서 사용했던 논리를 이곳에 그대로 적용할 수 있다. 자, 어떤 결과가 얻어졌는지 보라. 텅 빈 공간에서는 일반상대성이론이 특수상대성이론과 같아지고 공간의 왜곡도 무시할 수 있으므로 결국은 특수상대성이론으로 되돌아가게 된다. 그리고 특수상대성이론에 의하면 텅 빈 시공간은 가속운동의 여부를 판단하는 궁극적 기준이므로 마흐의 원리와는 정반대의 결과가 얻어지는 것이다. 즉, 일반상대성이론을 동원한다 해도 텅 빈 공간에서 회전하는 물통의 수면은 오목해지고 회전하는 두 개의 돌멩이를 묶어 놓은 밧줄은 팽팽해진다.

일반상대성이론은 마흐의 생각과 일치하는 부분도 일부 있지만 마흐가 주장했던 상대주의적 관점을 그대로 수용하지는 않았다.[22] 결국 마흐의 원리는 자신으로부터 탄생한 새로운 이론(일반상대성이론) 때문에 물리학사의 뒤안길로 물러나는 기구한 운명을 겪은 셈이다.

2000년대의 시공간

회전하는 물통문제는 뉴턴의 절대공간 및 절대시간과 라이프니츠의 상대적 관점, 그리고 마흐의 원리와 아인슈타인의 특수-일반상대성이론을 거치면서 참으로 오랜 세월 동안 논란의 대상이 되어 왔다. 아인슈타인이 시간과 공간을 절대적인 시공간에 통합시키고 시공간의 왜곡을 발견할 때에도 물통은 여전히 그곳에서 회전하고 있었다. 이 문제는 현대 이론물리학과 역사를 함께 하면서, "보이지 않고 만질 수도 없는 추상적 공간(현대적 의미로는 시공간)을 운동의 기준으로 간주할 수 있는가?"라는 질문이 제기될 때마다 검증 방법으로 대두되어 왔다. 그렇다면 최종 결론은 무엇인가? 아직 논란의 여지는 남아 있지만 대부분의 물리학자들은 시공간이 운동의 기준이라는 아인슈타인의 결론을 받아들이고 있다. 시공간은 무형의 추상적 개념이 아니라 실제로 존재하는 '그 무엇'이다.[23]

그러나 좀더 넓은 의미에서 상대적 관점을 추구하는 상대주의자들은 위의 결론을 패배가 아닌 반가운 소식으로 받아들였다. 뉴턴식 관점과 특수상대성이론에서 공간과 시공간은 가속운동을 정의하는 기준의 역할을 했다. 이와 동시에 시간과 시공간은 절대적인 불변량으로 간주되었으므로 이런 관점에서 보면 가속운동은 절대적인 개념에 가깝다. 그러나 일반상대성이론으로 넘어오면서 시간과 공간은 역동적인 특성을 갖게 되었다. 질량과 에너지의 분포에 따라 시간과 공간은 얼마든지 변할 수 있다. 즉, 시간과 공간은 더 이상 절대적인 개념이 아닌 것이다. 특히 시공간은 중력에 의해 다양한 형태로 구부러지기 때문에 시공간에 대한 가속운동도 더 이상 절대적인 개념으로 간주할 수 없다. 아인슈타인이 사망하기 몇 년 전에 언급했던 것처럼,[24] 일반상대성이론의 관점에서 볼 때 시공간에 대한 가속운동은 상대적인 개념이다. 우리에게 의미가 있는 것은 돌멩이나 별과 같은 물체에 대한 가속도가 아니라, 실제로 존재하면서 만질 수 있고 변화시킬 수도 있는 그 무엇—바로 중력장에 대한 가속도이다.[✣] 이 점에서 볼 때 중력의 현현(顯現)으로 일컬어지는 시공간은 실제적인 양으로서 모든 운동의 상대적 기준이 된다. 상대주의자들이 일반상대성이론의 결론을 반긴 것은 바로 이런 이유 때문이었다.

이 장에서 언급된 내용들은 시공간의 진정한 구조를 찾아가는 우리의 여정에 계속해서 등장하게 될 것이다. 양자역학이 등장하면서 텅 빈 공간과 완전한 무(無)의 개념은 또 한 번의 극적인 변화를 겪게 된다. 아인슈타인이 에테르의 개념을 폐기시킨 1905년 이후로, 공간이 눈에 보이지 않는 무언가로 가득 차 있다는 주장은 심각한 도전을 받아 왔다. 그러나 앞으로 보게 되겠지만, 현대물리학은 에테르와 비슷한 형태의 개념들을 새로 도입하면서 다시 과거로 회귀하고 있다. 물론 이 개념들은 에테르처럼 운동의 여부를 판단하는 절대적 기준은 아니지만 텅 빈 공간에 대한 기존의 개념을 위태롭게 만들

✣ 이 아이디어는 특수상대성이론(일반상대성이론에서 중력장이 0인 특수한 경우)에도 적용될 수 있다. 크기가 0인 중력장도 여전히 중력장으로서 측정될 수 있고 변할 수도 있으므로 가속운동을 정의하는 기준이 될 수 있다.

었다. 그리고 고전적 우주에서 공간이 맡아 왔던 가장 기본적인 역할(한 물체와 다른 물체를 구별하는 척도로서의 역할)도 양자역학의 등장과 함께 그 입지가 흔들리기 시작했다.

제4장

얽혀 있는 공간

양자적 우주에서 서로 분리되어 있다는 것은 무엇을 의미하는가?

특수상대성이론과 일반상대성이론을 수용한다는 것은 곧 뉴턴의 절대공간과 절대시간의 개념을 완전히 포기한다는 뜻이다. 당장은 쉽지 않겠지만 반복적인 사고를 하다 보면 아인슈타인의 상대론적 관점에 익숙해질 것이다. 당신이 움직이고 있을 때, 당신의 눈에 보이는 '지금'은 정지해 있는 사람들의 '지금'과 다르다고 상상해 보라. 또는 당신이 자동차를 타고 고속도로를 달리고 있을 때 당신이 차고 있는 시계가 집에 있는 벽시계보다 느리게 간다고 상상해 보라. 또는 당신이 산꼭대기에 올라 가쁜 숨을 고르며 멋진 풍경을 감상하고 있을 때 당신의 시계가 산 아래에 있는 시계보다 빠르게 간다고 상상해 보라(산꼭대기는 산 아래쪽보다 지구의 중심으로부터 멀리 떨어져 있으므로 중력이 조금 작다. 그리고 중력이 작으면 시공간이 휘어진 정도도 그만큼 작아진다). 여기서 '상상해 보라'는 단어를 사용한 이유는 위와 같이 일상적인 환경에서 나타나는 상대론적 효과가 너무 작아서 그 차이를 도저히 느낄 수 없기 때문이다. 우리가 매일같이 겪는 일상적인 경험만으로는 우주의 운영방식을 알 수가 없다. 그래서 아인슈타인의 상대성이론이 세상에 알려진 지 무려

100년이 지났음에도 불구하고, 대부분의 사람들은 상대론적 효과를 피부로 느끼지 못하고 있다. 물론 이 분야를 연구하고 있는 물리학자라 해도 사정은 마찬가지다. 상대성이론을 깊이 이해하는 것과 인간의 생존능력 사이에는 아무런 관계도 없으므로 이것은 당연한 결과이다. 우리가 일상적으로 겪는 느린 속도와 적당한 중력에서는 뉴턴의 절대공간과 절대시간의 개념도 거의 완벽하게 들어맞기 때문에, 우리의 감각은 상대성이론으로 진화할 필요성을 전혀 느끼지 않는 것이다.

1900~1930년은 물리학에 상대성이론이 도입되면서 우주의 개념에 혁명적인 변화의 바람이 불었던 시기이다. 그런데 이 기간 동안 또 다른 곳에서 불어 닥친 혁명의 바람은 물리학을 아예 거꾸로 뒤집어 놓았다. 이 극적인 변화는 20세기가 막 시작되던 무렵에 독일의 물리학자 막스 플랑크Max Planck가 흑체복사blackbody radiation와 관련된 논문을 발표하면서 시작되었고 아인슈타인의 반박성 논문이 발표된 후로는 실체라는 개념이 도마 위에 오르면서 격렬한 논쟁이 야기되었다. 30여 년간의 집중적인 연구 끝에 비로소 물리학의 한 분야로 자리 잡은 혁명의 주인공은 바로 양자역학quantum mechanics이었다. 앞에서 지적한 대로 상대성이론은 물체의 속도가 아주 빠르거나 중력이 아주 클 때 그 효과가 두드러지게 나타난다. 이와 비슷하게, 양자역학은 원자와 같이 미시적인 세계에서 그 가치를 발휘하는 물리학으로서 상대성이론과 함께 현대물리학을 떠받치고 있는 두 개의 기둥이라 할 수 있다.

이렇게 적용분야도 다르지만, 상대성이론과 양자역학은 본질적으로 커다란 차이가 있다. 상대성이론이 우리의 상식을 벗어난 것처럼 보이는 주된 이유는 시간과 공간이 각 개인마다 다르게 느껴진다는 것을 주장하고 있기 때문이다. 다른 사람의 관점과 비교를 하지 않는다면 이상할 것이 전혀 없다. 즉, 상대성이론의 기이함은 '비교'에 그 뿌리를 두고 있는 셈이다. 우리의 눈에 보이는 실체는 무한히 많은 실체들 중 하나에 불과하며, 모든 실체들을 한데 모으면 이음새 없는 말끔한 시공간이 재현된다.

그러나 양자역학의 기이한 성질은 굳이 비교를 하지 않아도 명백하게 드러난다. 양자역학은 실체에 대한 기존의 관념을 완전히 해체시키고 상식적으로는 도저히 받아들일 수 없는 새로운 실체를 물리적 대상으로 삼았기 때문에 여기에 익숙해지는 것은 결코 쉬운 일이 아니다.

양자적 세계

우주를 바라보는 인류의 시각은 각 시대를 거치면서 다양한 형태로 전수되어 왔다. 고대 인도인들의 창조신화에 의하면 신이 푸루사Purusa라는 거인의 몸을 잘라 내어 그의 머리는 하늘이 되고 다리는 땅이 되었으며 그가 내뱉는 숨결은 바람이 되었다고 한다. 아리스토텔레스는 이 우주가 동일한 중심을 갖는 55개의 구(球)로 이루어져 있다고 생각했다. 가장 바깥에 있는 구는 하늘이고 안에 위치한 구에는 별과 행성, 그리고 지구 등이 위치해 있으며 그 안쪽으로는 일곱 단계의 지옥이 있었다.[1] 또한, 뉴턴은 정확한 수학과 결정론적인 사상을 도입하여 인류의 우주관을 또 한차례 바꿔 놓았다. 그가 생각했던 우주는 태초에 감아 놓은 태엽이 풀리면서 매 순간마다 일정한 규칙을 따라 예측 가능한 방식으로 움직이는 거대한 시계와 같았다.

그 후 특수상대성이론과 일반상대성이론이 등장하면서 시계처럼 돌아가는 기계론적 우주관에는 미묘한 특성이 추가되었다. 누구에게나 동등하게 흐르는 범우주적 시계는 존재하지 않으며 운동상태가 서로 다른 관측자들은 '지금'이라는 순간을 공유할 수 없었다. 그러나 상대성이론은 이 우주가 '감겨진 태엽이 풀리면서 작동되는 거대한 시계'라는 점에 이의를 달지는 않았다. 상대론적 우주는 엄밀한 규칙과 예측 가능한 방식으로 운영된다는 점에서 뉴턴의 결정론적 우주와 그 맥락을 같이하고 있었다. 만일 우리가 온갖 수단과 방법을 동원해서 우주의 현재 상태를 모두 알아낸다면(우주를 이루고 있는 모든 소립자들의 현재 위치와 속도, 그리고 진행방향을 모두 알아낸다면) 물리학의 법칙을 이용하여 우주의 모든 과거와 미래를 알아낼 수 있다. 이것이 바로 뉴턴과 아인슈타인이 생각했던 우주의 밑그림이었다.[2]

그러나 양자역학은 전통적인 우주관을 철저히 붕괴시켰다. 양자역학에 의하면 우리는 사소한 입자 하나의 위치와 속도조차도 정확하게 결정할 수 없다. 뿐만 아니라 입자 하나를 관측했을 때 얻어질 실험결과를 100% 정확하게 예측할 수도 없다. 입자 하나의 미래도 예측하지 못하면서 무슨 수로 우주의 미래를 예측한다는 말인가? 우리가 할 수 있는 일은 실험결과를 확률적으로 예측하는 것뿐이다. 이것이 바로 양자역학으로부터 주어진 우리의 한계이다. 양자역학은 수십 년 동안 정밀한 실험을 거치면서 올바른 이론임이 입증되었으므로 우리는 이 한계를 사실로 받아들여야 한다. 뉴턴이 제안하고 아인슈타인이 업그레이드시켰던 '우주적 시계'는 결국 적절한 비유가 아니었던 셈이다.

양자역학의 기이함은 여기서 끝나지 않는다. 뉴턴과 아인슈타인의 이론은 시간과 공간에 대하여 사뭇 다른 주장을 하고 있긴 하지만, 기본적인 사실만은 똑같이 인정하고 있다. 예를 들어, 두 물체 사이에 공간이 놓여 있으면(두 마리의 새가 반대 방향으로 날아가고 있으면) 우리는 그들을 상호 독립적인 개체로 간주할 수 있다. 그들은 서로 분리되어 있으며, 필요하다면 아무런 모호함 없이 둘 중 하나를 골라낼 수 있다. 공간은 하나의 물체를 다른 물체와 분리시켜서 서로를 구별해 주는 일종의 매개체이다. 지금까지 우리가 생각해 왔던 공간은 이런 것이었다. 공간상에서 서로 다른 위치를 점유하고 있는 물체들은 엄연히 다른 물체이며, 한 물체가 다른 물체에게 영향력을 행사하려면 그 사이에 놓인 공간과 어떤 식으로든 '협상'을 해야 했다. 하늘을 나는 새가 다른 새에게 영향을 주려면 그들 사이에 놓인 공간을 가로질러 상대방 쪽으로 날아가야 한다. 또한, 멀리 떨어져 있는 사람에게 영향을 주려면 작은 돌멩이를 그쪽으로 던지거나 목청껏 소리를 질러서 공기를 교란시켜야 한다. 공기의 교란효과는 마치 도미노처럼 옆에 있는 공기분자에 차례로 전달되어 상대방의 고막을 진동시키고, 진동이 신경신호로 바뀌어 두뇌에 전달되면 그때서야 상대방은 모종의 반응을 보이게 된다. 자신의 영향이 좀 더 빠르게 전달되기를 원한다면 레이저(빛, 전자기파)를 발사할 수도 있고, 3장에 잠시 등장했던 호전적인 외계인을 혼내 주고 싶다면 (달처럼) 질량이 엄청나게 큰 물체를 마구 흔들어서 교란된 중력을 외계인에게 전달할 수도 있다. '여기'에 있는 우리가 '저기'에 있는 상대방에게 영향력을 행사하려면 사람을 직접 보내거나 아니면 신호를 보내거나, 좌우지간 무언가를 보내야 한다. 그리고 상대방은 우리가 보낸 신호를 성공적으로 수신한 후에야 모종의 반응을 보이게 된다.

물리학자들은 공간의 이러한 성질을 '국소성locality'이라는 단어로 표현한다. 부두Voodoo교도들이 행하는 마술은 아무런 신호도 없이 다른 물체에 영향을 주는 것처럼 보이기도 하지만, 우리의 경험에 의하면 공간은 분명히 국소성을 갖고 있다.[3]

그러나 물리학자들은 지난 수십 년간 일련의 실험을 거친 끝에, 우리가 한 장소에서 실행한 어떤 행위가(예를 들어, 한 입자의 특성을 관측하는 행위 등) 아무런 신호전달과정 없이 멀리 떨어져 있는 다른 장소에서 이루어지는 행위에(다른 입자의 특성을 측정하는 행위 등) 영향을 줄 수도 있다는 놀라운 사실을 발견하였다. 직관적으로는 도저히 이치에 맞지 않지만, 이 놀라운 현상은 양자역학의 법칙에 전혀 위배되지 않으며, 믿을 만한 실험과정을 거쳐 이미 오래 전에 사실로 확인되었다. 이쯤 되면 마치 부두교의 마술을 대하는 기분까지 든다. 양자역학의 마술이라 할 만한 이 현상을 처음으로 인식했던 사람은 아인슈타인이었다. 양자역학에 대하여 부정적인 생각을 갖고 있던 그는, 즉각적으로 전달되는 영향을 '유령spooky'이라는 단어에 비유하기도 했다. 앞으로 보게 되겠지만, 이 현상은 매우 미묘한 특성을 갖고 있어서 우리 마음대로 제어할 수는 없다.

이론과 실험을 통해 사실로 입증된 이 현상은 우주공간이 국소적이지 않다는 것을 강하게 시사하고 있다.[4] '여기'에서 일어나는 어떤 행위는 아무런 신호도 보내지 않은 채 멀리 떨어져 있는 '저기'에서 일어나는 행위에 영향을 줄 수 있다. 두 지점에서 실행된 관측행위가 거리 및 시간적으로 빛조차 도달할 수 없을 만큼 떨어져 있다 해도 이 영향은 여전히 전달된다. 이는 곧 공간이라는 것이 두 물체를 엄격하게 분리하는 척도로서의 역할을 하지 않는다는 뜻이다. 양자역학적 공간은 거리상으로 멀리 떨어져 있는 두 물체 사이에 모종의 상호관계를 매개하고 있다. 당신의 몸을 이루고 있는 수많은 원자들은 상황에 따라 어디로든 갈 수 있지만 결코 숨을 수는 없다. 양자역학의 이론과 다양한 실험결과에 의하면 두 입자 사이에 존재하는 양자적 연결고리는 이 입자들이 우주 반대편에 있어도 여전히 존재한다. 이런 관점에서 본다면 수조 km 떨어져 있는 입자들이나 바로 옆에 붙어 있는 입자들이나 다를 것이 없다.

두말할 것도 없이, 양자적 공간개념은 처음 등장할 때부터 수많은 물리학자들의 공격을 받아 왔다. 그 자세한 내용은 앞으로 차차 언급될 것이다. 나는 지금까지 실험으로 확인된 물리적 사실들 중에서 이 우주가 국소적이지 않다는 것을 가장 황당무계한 사실로 꼽고 싶다.

붉은색과 푸른색

양자역학이 말하는 공간의 비국소성을 좀 더 분명하게 이해하기 위해, 《X-파일》에서 맹활약 중인 멀더Mulder와 스컬리Scully의 일화 속으로 들어가 보자. 한동안 휴가도 없이 바쁘게 뛰어다녔던 스컬리 요원에게 드디어 휴가가 주어졌다. 그녀는 지중해 근처에 있는 별장으로 가서 조용한 휴식을 취하기로 했다. 그런데 스컬리가 별장에 도착하여 짐을 채 풀기도 전에, 미국에 있는 멀더로부터 전화가 걸려왔다.

"스컬리, 붉은색과 푸른색 종이로 포장된 상자 받았어요?"

그녀는 우편물이 산더미처럼 쌓여 있는 현관문 쪽을 바라보며 말했다. "멀더, 난 이곳에 방금 도착했어요. 아직 우편물을 확인해 보지 않았는데, 언제 보낸 거죠?"

"아뇨, 그건 내가 보낸 게 아닙니다. 나도 똑같은 우편물을 방금 받았어요. 포장을 뜯어 보니 조그만 티타늄상자가 1,000개나 들어 있더라고요. 각 상자마다 1번부터 1,000번까지 번호가 매겨져 있고요. 아, 그리고 편지도 한 장 들어 있어요. 당신에게도 똑같은 소포를 보냈다고 적혀 있는데요?"

"그래요?" 스컬리는 그 조그만 상자들이 모처럼의 휴가를 망쳐 버릴 것 같은 불길한 예감이 들었다.

멀더가 말을 이었다. "편지에 의하면 티타늄 상자 안에는 외계에서 온 조그만 공이 하나씩 들어 있대요. 그리고 각 상자의 뚜껑을 여는 순간, 안에 있는 공이 폭발하면서 푸른색 아니면 붉은색 빛을 발산한다는군요."

"멀더, 대체 무슨 말을 하는 거예요? 외계인이 뭐가 어쨌다고요?"

"진정하고 내 말을 끝까지 들어요. 상자를 열기 전에는 푸른색과 붉은색 중 어떤 빛이 나올지 전혀 알 수가 없대요. 상자를 여는 순간에 폭발장치가 작동하는데, 그것도 완전 무작위로 작동하기 때문에 붉은색 빛이나 푸른색 빛이 나올 확률은 똑같다고 봐야 할 겁니다. 그런데 이상한 점이 하나 있어요. 당신이 받은 상자는 내가 받은 것과 동일한 원리로 작동하지만, 우리가 갖고 있는 상자들은 신비한 방식으로 연결되어 있다고 합니다. 편지에는 이렇게 적혀 있어요. 만일 내가 1번 상자를 열어서 푸른색 빛을 본다면 당신이 1번 상자를 열어도 푸른색 빛을 볼 거랍니다. 그리고 내가 2번 상자를 열어서 붉은 빛을 본다면 당신이 2번 상자를 열어도 붉은 빛이 보일 거래요. 나머지 상자들도 모두 마찬가지구요. 내 말 알아듣겠어요?"

스컬리가 대답했다. "멀더, 아무래도 이 이야기는 나중에 만나서 하는 게 좋을 것 같네요."

"안돼요, 스컬리! 제발 내 말 좀 들어요. 당신이 휴가 중인 건 알지만 이대로 내버려 둘 수는 없어요. 이게 사실인지 확인하는 데는 몇 분밖에 안 걸릴 거예요."

스컬리는 더 이상 버텨 봐야 소용없다는 것을 잘 알고 있었다. 그래서 그녀는 현관문 앞에 놓여 있는 소포를 찾아보았다. 과연 멀더의 말은 거짓이 아니었다. 그녀는 소포를 개봉하여 조그만 티타늄 상자들을 하나씩 열어 보면서 상자에 적힌 번호와 눈에 보이는 빛의 색깔을 멀더에게 전화로 알려 주었다. 그런데 놀랍게도 그들이 보는 빛의 색깔은 편지에서 예견한 대로 정확하게 일치하고 있었다. 상자를 열 때마다 나오는 빛은 상자의 번호에 따라 제각각이었지만, 번호가 같은 상자를 열었을 때 멀더와 스컬리의 눈에는 항상 같은 색의 빛이 보이는 것이었다. 시간이 지날수록 멀더는 흥분한 기색이 역력했다. 그러나 스컬리의 눈에는 이 모든 것이 유치하고 단순한 장난으로 보일 뿐이었다.

참다못한 스컬리는 침착한 어투로 말했다. "멀더, 당신도 휴가가 필요한 것 같네요. 이건 정말 바보 같은 짓이에요. 같은 번호가 매겨진 상자에서 같은 색 빛이 나오게 만드는 건 나도 할 수 있다고요. 당신도 바보는 아니죠? 그럼 생각해 보세요. 뚜껑을 열었을 때 어떤 색 빛이 나올지는 이미 정해져 있는 거예요. 누군가가 그렇게 만들었겠지요. 그리고 같은 빛이 나오도록 되어 있는 공들을 같은 번호의 상자에 넣어 둔 거라고요. 이까짓 게 뭐 그리 대단하다고 그 난리예요?"

"스컬리, 그게 아니에요. 상자를 열었을 때 나오는 빛의 색깔은 완전히 무작위로 선택된다고 편지에 적혀 있단 말입니다. 미리 결정되어 있는 게 아니라고요!"

스컬리는 한숨을 내쉬며 말했다. "멀더, 이미 알고는 있었지만 당신 정말 순진한 사람이군요. 누가 썼는지도 모르는 그 편지를 믿는단 말이에요? 방금 내가 한 말을 잘 생각해 보세요. 모든 상황이 잘 설명되잖아요. 그밖에 어떤 설명이 더 필요하겠어요? 그리고 외계인이 보냈다는 편지를 자세히 읽어 보세요. 저도 지금 보고 있는데, 맨 밑에 적혀 있는 내용이 정말 우습지 않나요? 공은 상자의 뚜껑을 열어도 폭발하지만, 누군가가 공의 화학적 성분이나 기타 내부구조를 확인하려는 시도를 해도 역시 폭발한다고 적혀 있잖아요. 이게 어디 말이나 되는 소린가요? 이건 마치 내가 당신에게 '나는 금발머리예요. 하지만 당신을 포함해서 누군가가 내 머리카락의 색을 확인하려고 시도한다면 그 방법이 무엇이건 간에 내 머리카락은 붉은색으로 바뀔 거니까 그런 줄 아세요!'라고 말하는 것과 같다고요(스컬리의 머리카락은 원래 붉은색이다). 이런 경우에 당신은 내가 거짓말을 하고 있다는 것을 증명할 수 있겠어요? 그러니까 이 상자들도 누군가가 만들어 낸 장난이 틀림없다고요. 어쨌거나 난 지금부터 조용하게 휴가를 즐길 테니까 당신은 계속 상자를 열어 보던지, 아니면 그 상자로 크리스마스트리를 만들던지 마음대로 하세요!"

정상적인 사고를 하는 사람이라면 스컬리의 설명이 과학적으로 옳다고 생각할 것이다. 그러나 양자역학은 이 우주가, 외계인이 보낸 편지와 같은 방식으로 운영된다는 것을 지난 80년 동안 줄기차게 주장해 왔다. 그리고 양자역학을 발견한 장본인은 외계인이 아니라 분명 지구에 사는 물리학자들이었다. 그동안 얻어진 실험 데이터들을 종합해 보면, 이 우주는 스컬리가 아닌 멀더의 관점에 따라 운영되고 있는 것이 확실하다. 예를 들어, 양자역학에 의하면 하나의 입자는 하나의 특성을 뚜렷하게 갖지 않고 몇 가지 특성의 중간지점에 애매하게 놓여 있다가(뚜껑을 열기 전에는 어떤 색의 빛을 발할지 알 수 없는 외계인의 상자와 비슷하다), 관측을 시도했을 때 비로소 그중 하나의 특성이 뚜렷하게 나타난다는 것이다. 뿐만 아니라 입자들 사이에는 어떤 연결고리가 존재하며, 한 입자를 관측하여 특성이 알려지면 그 결과는 다른 입자의 관측결과에 즉각적인 영향을 준다. 이것은 멀더와 스컬리가 같은 번호의 상자를 열었을 때 항상 동일한 색의 빛을 보는 것과 비슷하다. 두 개의 입자가 서로 멀리 떨어져 있을 때 한 입자의 특성을 관측하여 얻은 결과는 무작위로 나타나지만, 이 입자와 '양자역학적으로' 연결되어 있는 다른 입자의 특성은 앞서 얻은 결과에 따라 달라진다는 것이다.

한 가지 구체적인 사례를 들어 보자. 당신이 '눈부심 방지용' 선글라스를 쓰고 있을 때 태양으로부터 날아온 특정 광자가 선글라스를 통과할 확률은 약 50%이다(이것은 동전던지기처럼 직관적으로 때려잡은 확률이 아니라 양자역학의 원리에 따라 계산된 값이다). 하나의 광자가 선글라스의 렌즈와 충돌하는 순간, 그 광자는 반사할 것인지 아니면 투과할 것인지를 '무작위로' 선택한다. 그런데 놀라운 것은 이 광자의 '파트너 광자'가 수십 마일 떨어진 곳에서 전혀 다른 방향으로 진행하고 있을 수도 있으며, 파트너 광자가 다른 사람이 쓰고 있는 동종의 선글라스를 만난다면 원래의 광자가 내렸던 선택을 그대로 따라한다는 것이다. 광자가 선글라스를 통과하거나 반사하는 사건은 무작위로 일어나고, 두 개의 광자는 거리상으로 멀리 떨어져 있음에도 불구하고, 한 광자가 안경렌즈를 통과하면 파트너 광자도 다른 안경렌즈를 통과한다.

이것이 바로 양자역학이 말하는 비국소성nonlocality의 사례이다.

아인슈타인은 평소 양자역학에 대하여 강한 거부감을 갖고 있었다. 우주가 그토록 해괴망측한 법칙을 따른다는 것을 도저히 받아들일 수 없었던 그는 "입자의 특성을 관측한 결과는 무작위로 나타난다"는 양자역학의 주장을 일거에 날려 버릴 만한 논리를 개발하였다. 그는 "서로 멀리 떨어져 있는 두 개의 입자를 관측한 결과, 이들이 어떤 특성을 공유하는 것으로 판명되었다고 해서 '신비한 양자적 연결고리를 통해 모종의 신호가 즉각적으로 전달되었다'는 증거는 될 수 없다"고 주장했다. 외계인의 공이 푸른 빛과 붉은 빛을 무작위로 내뿜는 것이 아니라, 누군가가 미리 조작해 놓은 규칙에 따라 특정 색깔의 빛을 발한다고 주장했던 스컬리처럼, 아인슈타인은 입자들이 여러 가지 특성들 중 하나를 무작위로 선택하는 것이 아니라, 일단 관측행위가 일어나면 '미리 프로그램되어 있는' 모종의 규칙에 따라 여러 가지 특성들 중 하나가 선택된다고 믿었다. 멀리 떨어져 있는 광자들이 동일한 성질을 갖는 것은 양자적 연결고리 때문이 아니라, 원래부터 동일한 성질을 갖도록 태어났기 때문이라는 것이다.

이 논쟁은 근 50년 동안 끊임없이 계속되었다. 아인슈타인의 확고한 믿음과 양자역학 추종자들의 끈질긴 주장 — 과연 어느 쪽 주장이 옳은가? 이 문제는 스컬리와 멀더의 논쟁과 그 맥락을 같이하고 있었으므로 결론이 쉽게 내려질 수 없었다. 양자역학적 연결고리를 부정하면서 아인슈타인의 주장을 입증하려고 해도 "관측행위 자체가 관측대상의 속성을 변화시킨다"는 양자역학의 주장은 모든 것을 수포로 돌아가게 만들었다. 이 지독한 수수께끼는 1960년대에 이르러 아일랜드의 물리학자 존 벨John Bell에 의해 '실험적으로 검증 가능하다'는 사실이 알려졌고, 진짜로 검증된 것은 그로부터 다시 20년이 흐른 뒤였다. 지금까지 얻어진 실험 데이터로 미루어 볼 때, 학계의 분위기는 아인슈타인의 판정패 쪽으로 기울고 있다. 공간의 '이곳'과 '저곳'을 연결시켜 주는 신비한 양자적 연결고리(아인슈타인의 표현을 빌자면 '양자적 유령')가 정말로 존재했던 것이다.[5]

이 결론을 도출해 내는 데 사용된 논리는 너무나도 미묘하고 난해하여, 물리학자들이 그 내용을 모두 이해하는 데는 30년의 세월이 추가로 흘러야 했다. 그러나 양자역학의 기본원리를 제대로 이해한다면 일반 독자들도 별 어려움 없이 이해할 수 있다.

파동을 쏘다

햇빛에 노출되어 까맣게 된 일반 필름을 조금 잘라 내어 표면에 칠해진 감광유제를 두 개의 가느다란 선을 따라 긁어내면, 빛이 파동이라는 것을 어렵지 않게 증명할 수 있다. 경험이 없는 독자들이라면 한번쯤 해 볼 가치가 있는 실험이다(필름대신 촘촘한 그물망을 사용해도 된다). 레이저빔이 필름을 투과하여 벽에 걸려 있는 스크린에 도달하면 그림 4.1과 같이 어둡고 밝은 세로 줄무늬가 번갈아 나타나는데, 이 무늬의 구체적인 배열상태는 파동의 기본적인 특성에 따라 달라진다. 여러 가지 파동 중에서 눈으로 가장 쉽게 확인할 수 있는 것은 수면파이므로, 잔잔한 호수에서 일어나는 파동을 먼저

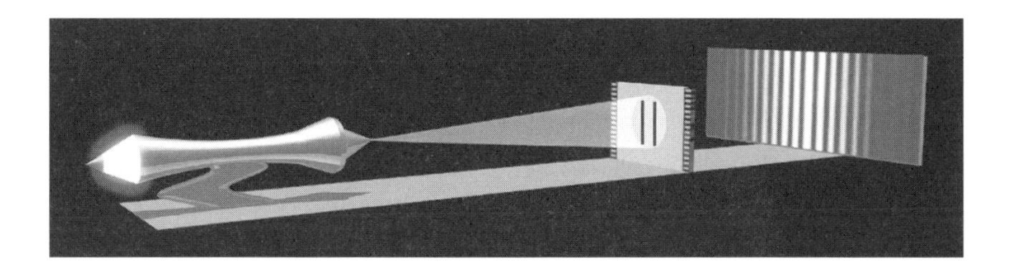

그림 4.1 검은 필름조각에 두 개의 길고 가느다란 구멍(슬릿)을 내고(또는 감광유제를 긁어내고) 레이저빔을 쪼이면 스크린에는 간섭무늬가 나타난다. 이것은 레이저빔(빛)이 파동이라는 증거이다.

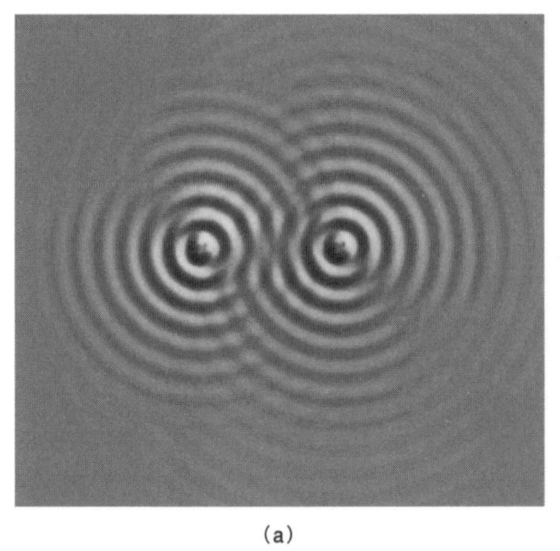

(a)

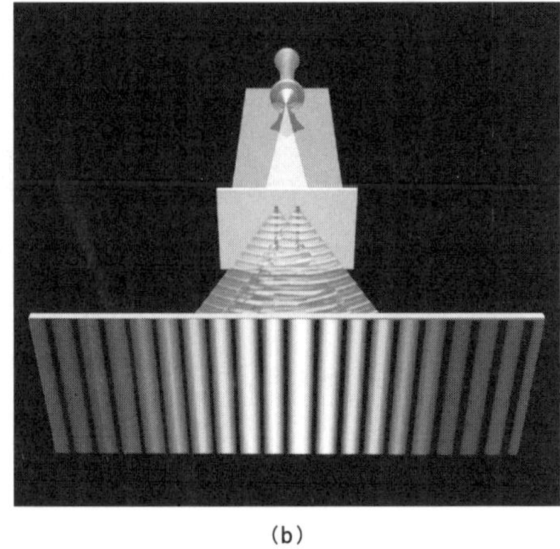

(b)

그림 4.2 (a) 두 개의 수면파가 만나면 간섭무늬가 만들어진다. **(b)** 두 줄기의 빛이 만나도 간섭무늬가 만들어진다.

생각해 본 후에 빛의 파동을 다루기로 하자.

잔잔한 물에 파동이 일어나면 원래의 수면보다 높은 곳이 생기고 낮은 곳도 생긴다. 이때 파도의 가장 높은 곳을 '마루peak'라 하고 가장 낮은 곳을 '골trough'이라 하며, 전형적인 파동은 마루와 골이 번갈아 나타난다. 두 개의 파동이 만나면(예를 들어 호수 위에 돌멩이 두 개를 적당한 간격으로 떨어뜨리면 두 개의 원형파동이 바깥쪽으로 퍼져 나가다가 서로 만나게 된다), 그림 4.2a와 같은 '간섭interference'이라는 현상이 나타난다. 이때 마루와 마루가 만난 곳에는 새로운 마루가 생성되며 그 높이는 각 마루의 높이를 더한 것과 같다. 이와 마찬가지로 골과 골이 만난 곳에는 새로운 골이 형성되고 그 골의 깊이는 두 골의 깊이를 더한 것과 같다. 그렇다면 골과 마루가 만난 곳에서는 어떤 일이 벌어질까? 이 경우에도 수면의 높이는 마루의 높이와 골의 깊이를 더한 것과 같다. 단, 마루의 높이는 +이고 골의 깊이는 −이므로 이들을 더하면 서로 상쇄효과가 나타나서 수면의 높이는 거의 0이 된다. 만일 높이와 깊이가 같은 마루와 골이 만났다면 섞인 후의 높이가 정확하게 0이 되어 그 지점의 물은 아무런 요동도 없이 정지상태를 유지하게 된다.

이 원리를 그대로 빛에 적용하면 그림 4.1에 나타난 무늬를 이해할 수 있다. 앞에서 언급한 대로 레이저빔은 빛의 일종이고 빛은 전자기파, 즉 파동이다. 레이저에서 발사된 빛이 필름에 나 있는 두 개의 슬릿slit을 통과하면 빛은 두 개의 파동으로 분리되어 뒤쪽에 있는 스크린을 향해 나아간다. 이때 두 개의 파동은 호수에서 일어난 수면파가 간섭을 일으키는 것처럼 서로 합쳐지면서 나름대로의 간섭을 일으킨다. 그 결과, 두 줄기의 빛이 스크린의 특정 위치에 도달할 때 마루와 마루, 골과 골끼리 만나면 밝아지고 마루와 골이 만나면 어두워지면서 그림 4.2b와 같은 무늬가 나타나는 것이다.

파동의 운동을 수학적으로 분석해 보면 스크린에 그림 4.1과 같은 무늬가 나타나는 이유를 알 수 있다. 스크린에 어두운 줄과 밝은 줄이 번갈아 나타나는 것은 빛이 파동임을 보여 주는 증거이다(뉴턴은 빛이 작은 입자의 흐름이라고 생각했다. 이에 관해서는 나중에 다시 언급될 것이다). 이런 식의 분석은 모든 종류의 파동(빛, 수면파, 음파 등)에 똑같이 적용될 수 있으므로, 스크린에 나타나는 간섭무늬는 피실험체의 파동성을 판별하는 기준이 된다. 적당한 크기로 나 있는 두 개의 슬릿(구체적인 크기는 파동의 마루와 골 사이의 거리에 의해 결정된다)에 실험대상을 통과시켜서 그림 4.1과 같은 결과를 얻었다면, 이는 곧 실험대상이 파동이었음을 의미한다(밝은 부분은 파동의 세기가 강한 곳이고 어두운 부분은 파동의 세기가 약한 곳이다).

1927년에 클린턴 데이비슨Clinton Davisson과 레스터 저머Lester Germer는 니켈 결정을 향해 전자(파동과 아무런 관련이 없는 소립자)빔을 발사하는 실험을 했다. 그들은 두 개의 슬릿에 전자를 통과시킨 후 형광스크린에 만들어지는 무늬를 관찰하였는데(TV의 스크린도 이와 비슷한 원리로 작동된다), 결과는 그야말로 경악, 그 자체였다. 전자는 작은 공이나 탄환과 같은 입자이므로 스크린에는 그림 4.3a와 같은 무늬가 형성되어야 하겠지만, 데이비슨과 저머

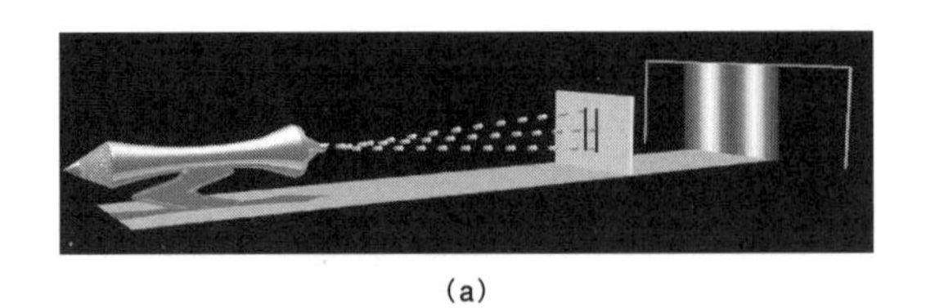

(a)

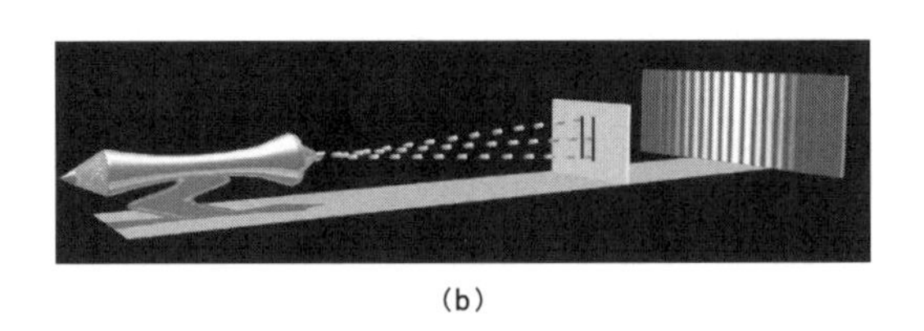

(b)

그림 4.3 **(a)** 고전물리학에 의하면 전자빔을 이중슬릿(가늘고 긴 두 개의 구멍)에 통과시켰을 때 스크린에는 두 개의 밝은 선이 나타난다. **(b)** 양자역학에 의하면 슬릿을 통과한 전자는 간섭무늬를 만든다. 즉, 전자는 파동적인 성질을 갖고 있다.

가 얻은 결과는 이것과 영 딴판이었다. 그들이 장치한 스크린에는 4.3b와 같은 무늬가 선명하게 찍혀 있었던 것이다. 이것은 전자가 아닌 파동을 대상으로 실험했을 때 나타나는 간섭무늬가 아닌가! 그렇다. 슬릿을 통과한 전자는 자신이 마치 파동인 것처럼 행동하고 있었다. 그리고 데이비슨과 저머는 이 현상을 처음으로 생생하게 관측한 목격자가 되었다. 그들은 본의 아니게 전자의 빔이 파동적 성질을 갖고 있음을 증명한 것이다.

독자들은 이렇게 생각할지도 모른다. "전자가 간섭을 일으킨다고? 그럴 수도 있는 거 아닌가? 물은 H_2O분자로 이루어져 있고 분자는 분명히 입자인데도 수면파가 생기잖아? 전자들이 리듬을 잘 맞춰서 움직이면 간섭무늬를 만들 수도 있지 않을까?" 그럴듯한 생각이다. 그림 4.3b에 나타난 무늬는 전자들이 집단적으로 파동처럼 출렁이면서 만든 것인지도 모른다. 그러나 실험을 조금 변형시켜서 실행해 보면 상황은 더욱 미궁 속으로 빠져들게 된다.

애초에 우리는 전자의 빔이 소방호스에서 뿜어져 나오는 물처럼 연속적으로 흐르는 것으로 간주했었다. 자, 이제 전자를 방출하는 총을 약간 수정하여 전자가 튀어나오는 빈도수를 현격하게 줄여 보자. 예를 들어, 1초당 단 한 개의 전자가 총으로부터 발사되어 슬릿을 통과한다고 가정해 보자. 이전보다 시간은 오래 걸리겠지만 끈기를 갖고 기다리면 스크린에 서서히 무늬가 형성될 것이다. 그림 4.4a, 4.4b, 4.4c는 이 실험을 각각 1시간, 12시간, 24시간 동안 실행하여 얻은 무늬를 보여 주고 있다. 1920년대에 얻어진 이 실험결과는 물리학의 기반을 송두리째 흔들었다. 파동도 아닌 전자가, 그것도 총에서 매 초당 하나씩 발사되어 '혼자서' 슬릿을 통과한 전자가 스크린에 간섭무늬를 만들었던 것이다. 이 얼마나 황당무계한 결과인가!

이것은 마치 개개의 H_2O분자들이 마치 파동처럼 행동한다는 뜻이다. 어떻게 이런 일이 있을 수 있다는 말인가? 파동이란 '집단적인 현상'이기 때문

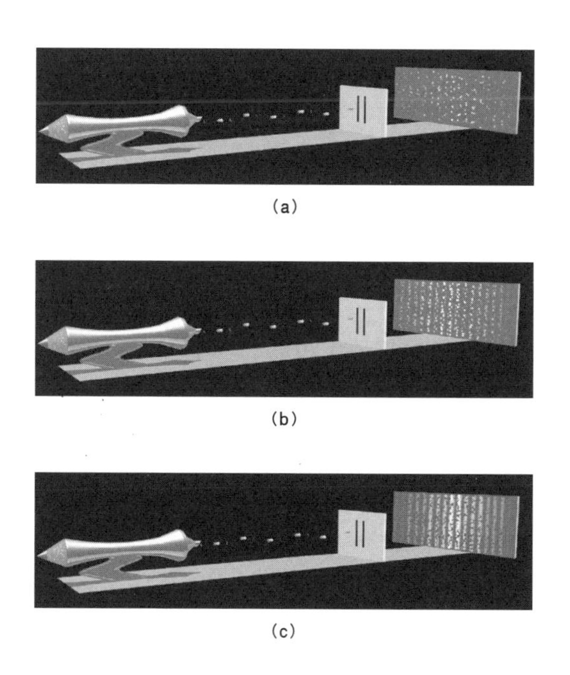

그림 4.4 1초당 하나씩 발사된 전자는 슬릿을 통과한 후 스크린에 간섭무늬를 만든다. (a) 1시간 후. (b) 12시간 후. (c) 24시간 후.

에, 하나의 고립된 입자를 놓고 파동 운운하는 것은 의미가 없다. 축구경기장의 관람석에 앉아 있는 관중들이 제멋대로 앉았다 일어났다를 반복한다면 파도응원을 할 수 없다. 게다가, 파동의 간섭무늬가 나타나려면 어떻게든 두 개의 파동이 서로 '만나야' 한다. 그런데 홀로 움직이고 있는 입자가 무슨 수로 간섭무늬를 만들 수 있다는 말인가? 그러나 그림 4.4에 제시되어 있는 실험결과는 엄연한 사실이다. 아무래도 전자를 입자로 간주해 왔던 우리의 생각이 틀린 것 같다. 만일 그렇다면 입자를 만물의 기본구조로 간주해 왔던 물리학은 대대적인 수술을 받아야 할 것이다.

확률과 물리법칙

개개의 전자들이 파동적 성질을 갖고 있다면 그 파동의 정체는 무엇인가? 에르빈 슈뢰딩거Erwin Schrödinger는 다음과 같은 가설을 제안했다. "전자는 공간의 일정 영역 안에 '퍼진 채로' 존재하며 그 존재 자체가 파동이다." 이런 관점에서 보면 전자라는 입자는 전자구름 속에 가늘게 솟아 있는 파동에 가깝다. 그러나 아무리 날카롭게 솟아 있는 파동이라 해도 시간이 지나면 사방으로 퍼지면서 사라지기 때문에 슈뢰딩거의 가설은 현실성이 없었다. 날카롭게 솟은 전자의 파동이 퍼지면 전하의 일부가 '여기'서 발견되거나 질량의 일부가 '저기'에 존재하는 모순적인 상황이 발생한다. 전자는 결코 분해되지 않으며, 전자의 모든 질량과 전하는 공간상의 아주 작은 영역(점에 가까움) 속에 밀집되어 있다. 1927년, 막스 보른Max Born은 전자의 파동성에 대한 새로운 해석을 내림으로써 새로운 물리학의 지평을 열었다. 파동의 정체는 공간에 퍼져 있는 전자가 아니라 바로 '확률파동'이었던 것이다.

보른의 해석을 이해하기 위해, 어느 한 순간에 사진기로 촬영한 수면파의 모습을 상상해 보자. 마루와 골 근처에서는 파동의 강도intensity가 크고, 마루와 골이 뒤바뀌는 곳 근처에서는 파동의 강도가 작다. 또한, 파동의 강도가 클수록 그 근처를 지나가는 선박에 강한 힘을 행사한다. 보른이 제안한 확률파동도 마루와 골을 갖고 있었지만 그 해석법은 기존의 파동과 전혀 달랐다. "공간상의 한 지점에서 주어진 파동의 크기는 그 지점에서 전자를 발견할 확률에 비례한다"는 것이 보른의 생각이었다(물론, 파동의 주인은 전자가 아니라 다른 입자일 수도 있다). 확률파동이 큰 곳은 전자가 발견될 확률이 큰 지점이고, 확률파동이 작은 곳은 전자가 발견될 확률이 낮은 지점이다. 또, 확률파동이 0인 지점에서 전자는 결코 발견되지 않는다.

그림 4.5는 어느 특정 순간에 보른의 확률파동을 찍은 '스냅샷'을 보여주고 있다. 물론 이것은 상상으로 그린 그림이다. 수면파와는 달리 확률파동은 사진기로 찍을 수 없다. 지금까지 확률파동을 본 사람은 단 한 명도 없다. 양자역학의 원리에 의하면 앞으로도 그런 사람은 영원히 나타나지 않을 것이다. 우리는 슈뢰딩거와 닐스 보어Niels Bohr, 하이젠베르크Werner Heisenberg, 폴 디랙Paul Dirac 등이 유도한 일련의 방정식들로부터 확률파동의 형태를 이

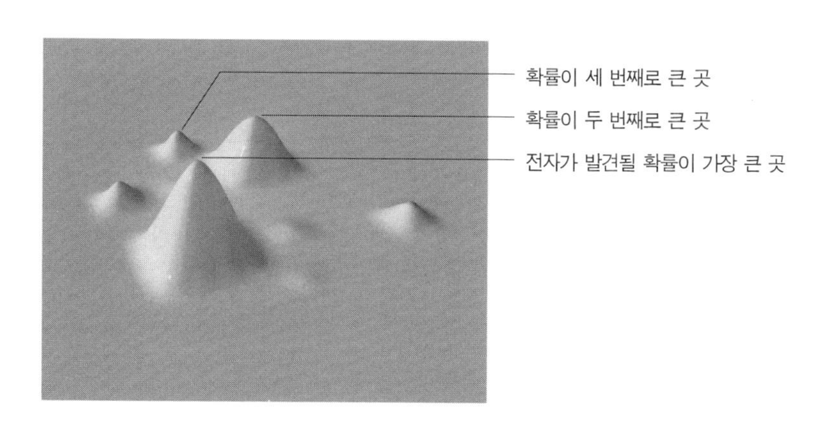

그림 4.5 전자의 확률파동은 각 지점에서 전자가 발견될 확률을 말해 준다.

론적으로 그려볼 수 있을 뿐이다. 그렇다면 보른의 '확률파동 가설'이 옳다는 것을 어떻게 알 수 있을까? 먼저 전자의 확률파동을 수학적으로 계산한 후 동일한 조건에서 여러 차례에 걸쳐 전자의 위치를 확인하면 된다. 뉴턴의 생각과는 달리, 동일한 조건에서 동일한 실험을 반복했을 때 항상 같은 결과가 얻어지는 것은 아니다. 실제로 전자의 위치를 동일 조건하에서 여러 번 측정해 보면 조금씩 다른 결과가 얻어진다. 방금 전에는 '여기'에 있었던 전자가 잠시 후 '저기'서 발견될 수도 있다. 양자역학이 옳다면 한 지점에서 전자가 발견되는 횟수는 그 지점에서 계산된 확률파동의 크기에 비례할 것이다(좀 더 정확하게 말하면 확률파동의 제곱에 비례한다). 지난 80여 년 동안 양자역학의 이론 값과 실험결과가 일치하지 않은 적은 단 한 번도 없었다.

그림 4.5는 전자의 전체 확률파동이 아니라 그 일부만 나타낸 것이다. 양자역학에 의하면 아무리 작은 입자라 해도 그 확률파동은 우주 전역에 걸쳐 퍼져 있다.[6] 그러나 대부분의 경우에 입자의 확률파동은 금방 0으로 사라지고 아주 작은 영역 안에서만 0이 아닌 값을 갖게 된다. 그래서 대부분의 입자는 크기가 아주 작은 것처럼 보이는 것이다. 이렇게 확률파동이 '움츠러들면' 그림 4.5의 파동은(사실 이 그림은 우주 전역에 걸쳐 그려야 한다) 거의 모든 영역에서 0으로 사라진다. 그러나 한 전자의 확률파동 값이 저 멀리 안드로메다성운에서 0이 아닌 값을 갖는다면 그곳에서 전자가 발견될 가능성은 엄연히 존재한다.

그러므로 양자역학을 수용한다면 모든 물질의 기본적 구성요소이자 그동안 거의 점입자로 간주해 왔던 전자 하나가 우주 전체에 걸쳐 퍼져 있다는 것을 사실로 받아들여야 한다. 뿐만 아니라, 양자역학에 의하면 전자뿐만 아니라 모든 물체들이 파동-입자의 이중성을 공통적으로 갖고 있다. 양성자와 중성자도 파동성을 갖고 있으며, 19세기 초반에 실행된 실험에 의하면 파동으로 간주해 왔던 빛도 입자적인 성질을 갖고 있다(특히, 빛의 입자를 광자라고 한다).[7] 예를 들어, 100와트짜리 전구는 1초당 100×10억×10억 개의 광자를 방출하고 있다. 이와 같이, 양자적 세계에서 모든 물체는 파동성과 입자성을 동시에 갖고 있다.

양자적 확률파동의 개념이 관측결과와 잘 일치한다는 것은 지난 80년 동안 수도 없이 재확인된 사실이다. 그러나 확률파동의 실체에 대해서는 아직도 의견이 분분하다. 전자의 확률파동이 전자 자체를 의미하는지, 아니면 전자에 관한 정보를 담고 있는 간접적인 실체인지, 아니면 방정식을 유도하는 과정에서 부수적으로 개입된 수학적인 양에 불과한 것인지, 아직도 정확한 결론은 내려지지 않고 있다. 한 가지 분명한 것은 확률파동이 양자역학에 도입되면서 확률이라는 개념이 물리학의 최전방에 나섰다는 점이다. 사실, 확률은 기상학자들이 날씨를 예보할 때, 또는 카지노에서 던져진 주사위의 눈금을 예측할 때 주로 사용되어 왔다. 이런 분야에서 확률이 중요하게 취급되는 이유는 앞으로 일어날 사건을 정확하게 예측할 만한 정보가 부족하기 때문이다. 뉴턴의 생각은 양자역학과 사뭇 달랐다. 만일 우리가 주변환경의 현재상태(주변환경을 이루는 모든 입자들의 위치와 속도 등)를 완벽하게 알고 있다면(그리고 충분히 빠른 컴퓨터를 갖고 있다면) 우리는 내일 오후 4시 7분에 비가 올 것인지, 또는 방금 던져진 주사위가 어떤 눈금을 나타낼 것인지 정확하게 알 수 있다. 이것이 바로 뉴턴식 사고방식이다. 만일 우리가 주사위의 모든 물리적 상태(정확한 모양과 구성성분, 운동속도, 회전속도, 테이블 표면의 구성성분 등)를 완벽하게 알고 있다면 주사위의 눈금을 정확하게 예측할 수 있겠지만, 현실적으로는 정보가 태부족하기 때문에 확률에 의존할 수밖에 없는 것이다.

그러나 양자역학에서 말하는 확률은 일상적인 확률의 개념과 근본적으로 다른 특성을 갖고 있다. 필요한 정보를 모두 취합하고 최고의 계산능력을 갖춘다 해도 양자역학의 세계에서 우리가 할 수 있는 최선은 확률을 구하는 것뿐이다. 예를 들어 전자나 양성자, 또는 중성자의 위치를 알고 싶을 때 모든 물리적 조건들이 완벽하게 주어져 있다 해도 100%의 정확도로 입자의 위치를 결정할 수는 없다. “전자가 이곳에 있을 확률은 27%이다”라는 식으로 확률을 계산하는 것이 우리가 할 수 있는 최선이다. 미시세계의 물리학은 확률에 의해 지배되고 있는 셈이다.

확률파동의 개념을 이용하여 그림 4.4에서처럼 개개의 전자들이 스크린에 간섭무늬를 만드는 현상을 이해해 보자. 이제 개개의 전자는 입자가 아닌 확률파동으로 서술된다. 총에서 발사된 전자가 슬릿을 통과한다는 것은 전자의 확률파동이 슬릿을 통과하면서 두 부분으로 갈라진다는 것을 의미하고, 갈라진 확률파동은 빛이나 수면파처럼 간섭을 일으켜서 스크린에 간섭무늬를 만드는 것이다. 두 개의 확률파동이 서로 보강간섭(마루와 마루, 또는 골과 골이 만난 경우)을 일으키면 확률파동의 세기가 커지고 소멸간섭(마루와 골이 만난 경우)을 일으키면 확률파동은 0이 된다(물론 그 중간에 해당하는 간섭도 있다). 스크린의 표면에서 확률파동의 값이 큰 곳은 전자가 도달할 확률이 크고 확률파동 값이 작은 곳은 전자가 도달할 확률이 작다는 뜻이므로, 여러 개의 전자를 꾸준하게 쏘아대다 보면 그림 4.4와 같은 무늬가 스크린에 나타나는 것이다.

아인슈타인과 양자역학

양자역학은 ‘확률’에 기초한다는 점에서 기존의 물리학과 분명하게 구별된다. 지난 세기의 물리학자들은 양자역학의 독특한 체계를 기존의 상식적인 세계관과 조화시키기 위해 끊임없이 노력해 왔으며, 그 노력은 지금도 계속되고 있다. 가장 큰 문제는 양자역학이 말하는 미시세계의 실체와 거시세계에서 일어나는 일상적인 경험 사이의 괴리를 극복하는 것이다. 우리가 살고 있는 세상은 정치적으로나 경제적으로 의외의 사건들이 시도 때도 없이 발생하고 있지만, 물리학적 관점에서 보면 나름대로의 안정성과 신뢰도를 유지하고 있다. 우리는 대기를 이루고 있는 모든 원자들이 양자적 특성을 유감없이 발휘하여 어느 순간 갑자기 달의 뒷면으로 이사갈까봐 마음을 졸이지 않는다. 확률파동의 특성상 이런 일이 발생할 확률은 결코 0이 아니지만, 아예 잊고 살아도 좋을 만큼 엄청나게 작다. 왜 그럴까?

그 이유는 대충 두 가지로 요약될 수 있다. 첫째, 원자적 규모에서 볼 때 달까지의 거리는 엄청나게 멀고, 넓게 퍼져 있는 확률파동은 아주 작은 지역을 제외한 모든 곳에서 빠르게 0으로 붕괴되기 때문이다(이것은 양자역학의 방정식을 풀어서 얻어진 결과이다). 예를 들어, 지금 당신이 내쉰 공기 속의 전자 하나가 잠시 후에 달의 뒷면에서 발견될 확률은 거의 0에 가깝다(그러나 0은 아니다). 이 확률과 비교한다면 당신이 니콜 키드먼이나 안토니오 반데라스와 결혼할 확률은 엄청나게 크다. 두 번째 이유는 대기 속에 들어 있는 전자의 개수가 엄청나게 많기 때문이다. 단 하나의 전자가 달의 뒤쪽으로 이동할 확률도 그렇게 작은데, 무수히 많은 전자들이 일제히 이동할 확률은 더 말할 필요도 없을 것이다. 이 확률은 당신이 유명 연예인과 결혼도 하고, 앞으로 수천조 년 동안 미국의 각 주에서 발행되는 모든 로또복권에 매주 당첨될 확률보다도 작다.

양자역학의 확률적 특성이 일상생활 속에 나타나지 않는 것은 대충 이런 이유 때문이다. 그러나 양자역학은 자연의 근본적인 특성을 매우 정확하게 서술하고 있기 때문에, 물리적 실체의 구성요소에 관한 기존의 믿음은 그 앞에서 심각한 도전을 받아왔다. 양자역학을 못마땅하게 생각했던 아인슈타인도 확률파동이 미시세계의 실험결과를 정확하게 설명한다는 사실만은 부정할 수 없었다. 그래서 그는 양자역학의 오류를 찾아내는 대신, 양자역학은 우주를 설명하는 궁극적인 이론이 될 수 없음을 입증하는 데 모든 노력을 기울였다. 정말로 궁극적인 이론이 무엇인지는 아인슈타인 자신도 알 수 없었지만, 그는 양자역학보다 덜 기괴하고 더욱 심오한 이론이 어딘가에 분명히 존재한다는 믿음을 끝내 포기하지 않았다.

아인슈타인은 몇 년에 걸친 노력 끝에 양자역학의 구조적 결함을 지적하는 매우 미묘한 논리를 완성시켰다. 1927년, 솔베이 연구소Solvay Institute에서 개최된 제5회 물리학회에서[8] 아인슈타인은 다음과 같이 주장하였다 — 전자의 확률파동이 (그림 4.5와 같이) 아무리 넓은 영역에 퍼져 있다 해도, 전자의 위치를 측정하면 항상 하나의 정확한 값으로 결정된다. 그렇다면 확률파동은 궁극적인 실체가 아니라 더욱 정확한 서술법을 찾는 과정에서 우연, 또는 필연적으로 마주친 과도적 개념일 수도 있다. 궁극적인 이론은 전자의 위치를 아무런 모호함 없이 정확하게 알려줄 것이다. 전자가 X라는 위치에서 발견되었다는 것은 전자가 우리에게 발견되기 전에 'X 또는 그 근처'에 있었음을 의미한다. 그렇다면 확률파동으로 전자의 위치를 서술하는 양자역학은 전자의 물리적 실체를 알지 못한다는 뜻이며, 따라서 양자역학은 궁극적인 이론이 될 수 없다.

아인슈타인의 주장은 간단명료하면서도 나름대로 설득력이 있었다. 입자가 특정 위치에서 발견되었을 때, "이 입자는 우리에게 발견되기 직전에 이곳, 또는 이 근처에 있었다"고 간주하는 것은 지극히 상식적이고 당연한 발상이다. 우리에게 필요한 모든 정보를 제공해 주는 궁극적인 이론이 발견된다면, 확률 운운하며 머리를 복잡하게 만드는 양자역학은 그날로 폐기 처분될 것이다. 그러나 덴마크의 물리학자 닐스 보어Niels Bohr와 그 동료들의 생각은 달랐다. 그들은 아인슈타인의 논리가 "전자는 단 하나의 정확한 경로를 따라 움직인다"는 고전적인 관념의 산물이라고 주장했다. 사실, 전자를 입자로 간주하면 그림 4.4와 같은 실험결과를 설명할 수 없다. 총알이나 작은 모래알 같은 입자들이 어떻게 간섭효과를 일으킬 수 있겠는가? 권총에서 하나씩 발사된 개개의 총알은 결코 다른 총알과 간섭을 일으킬 수 없다. 그러므로 그림 4.4를 설명하려면 전자가 입자라는 선입견을 버려야 한다는 것이 보어의 생각이었다.

보어의 관점을 좀 더 구체적으로 알아보자. 양자역학에 의하면 전자의 위치를 관측하기 전에는 위치를 운운하는 것 자체가 무의미하다. 관측되지 않은 전자는 '분명한 위치'라는 속성을 갖고 있지 않다. 위치에 관하여 전자로부터 우리가 얻을 수 있는 정보는 확률파동이 전부이다. 전자가 명확한 위치를 갖는 것은 우리가 그것을 보았을 때(위치를 측정하여 알아냈을 때)뿐이다. 관측을 하기 전(또는 후)에 전자의 위치는 간섭효과를 일으키는 확률파동으로 서술된다. 전자는 정확한 위치를 점유하고 있지 않기 때문에, 그것을 직접 들여다보지 않는 한 정확한 위치를 알 수 없는 것이다.

제아무리 새로운 발견을 즐기는 과학자라 해도 위의 주장에는 쉽게 수긍이 가지 않을 것이다. 이 관점에 따르면 전자를 관측할 때 우리가 보는 것은 '원래부터 그곳에 있었던' 전자의 실체가 아니다. 측정행위 자체가 전자를 교란시켜서 확률파동이 붕괴되고, 그때 비로소 전자의 위치는 하나의 명확한 값으로 나타난다. 아인슈타인은 이 논리를 일상적인 스케일로 확장시켜서 다음과 같은 비유를 들었다. "우리가 달을 바라보지 않는다고 해서 달이 그곳에 없다는 말인가? 당신은 정말 그렇게 생각하는가?" 양자역학을 신봉하는 물리학자들도 이에 물러서지 않고 '숲에서 홀로 쓰러지는 나무'의 비유를 들면서 "달을 바라보는 사람이 단 한 명도 없다면 달이 그곳에 있는지 확인할 방법이 없다. 달의 위치를 확인하는 유일한 방법은 누군가가 달을 바라보는(관측하는) 것이다"라고 응수했다. 물론 아인슈타인은 그들의 대답에 만족하지 않았다. 그는 누군가가 달을 바라보건, 바라보지 않건 간에 달은 항상 그곳에 있다고 강력하게 주장했다. 그러나 양자론자들도 설득되지 않기는 마찬가지였다.

1930년에 솔베이 연구소에서 개최된 학회에서 아인슈타인은 양자역학을 반박하는 두 번째 논문을 발표하였다. 여기서 그는 자, 시계, 자동카메라 등이 장착되어 있는 상상 속의 기계장치를 동원하여 전자는 관측되기 전에도 명확한 속성을 갖고 있어야 한다는 것을 논증하였다(일반 독자들은 구체적인 내용을 굳이 알 필요가 없기에 생략한다). 그러나 아인슈타인의 의도와는 달리 그의 새로운 주장은 보어의 영감을 자극하여 양자역학을 옹호하는 새로운 논리를 제공하는 꼴이 되고 말았다. 처음에 보어는 아인슈타인의 주장에서 논리적 결함을 찾을 수 없었으나, 숙소로 돌아가 며칠을 고민하던 끝에 드디어 아인슈타인의 입을 다물게 할 만한 논리를 완성하였다. 더욱 놀라운 것은 이 논리의 핵심이 일반상대성이론이었다는 점이다! 보어는 아인슈타인이 양자역학에 반론을 제기할 때, 자신이 탄생시킨 일반상대성이론의 대원리(중력이 시간을 변형시킨다는 원리)를 망각했다는 사실을 깨달았다. 결국 양자역학에 확고한 논리를 부여한 장본인은 양자역학을 그토록 반대했던 아인슈타인 자신이었던 셈이다.

이로써 양자역학에 대한 반론은 잠잠해졌지만 아인슈타인은 끝까지 양자역학을 인정하지 않았다. 그 다음해인 1931년에 보어와 그 동료들은 가장 위협적이었던 아인슈타인의 세 번째 도전에 직면하게 된다. 아인슈타인이 마지막으로 잡고 늘어진 것은 1927년에 하이젠베르크가 발견했던 양자역학의 대원리—바로 불확정성원리uncertainty principle였다.

하이젠베르크와 불확정성원리

불확정성원리는 양자적 우주에 확률이 필연적으로 개입될 수밖에 없는 이유를 정확하고 명쾌하게 설명해 준다. 그 내용을 이해하기 위해, 중국음식점에서 제공되는 메뉴판을 예로 들어 보자. 어느 날, 매일 먹는 밥에 싫증을 느낀 당신은 오랜만에 중국음식을 먹기로 작정하고 가까운 중국음식점을 찾았다. 식탁에 비치되어 있는 메뉴판에는 각종 요리들이 두 줄(A, B)로 나열되어 있었다. 그런데 이 중국음식점의 운영방식이 매우 특이하여, A줄에 있는 첫 번째 요리를 시키면 B줄에 있는 첫 번째 요리를 시킬 수 없고 A줄에 있는 두 번째 요리를 시키면 B줄에 있는 두 번째 요리를 주문할 수 없도록 되어 있었다. 물론 나머지 요리들도 이와 동일한 규칙을 따른다고 했다. 주방장에게 그 이유를 물어봤더니 A줄과 B줄에 있는 요리들이 음양학(陰陽學)적으로 서로 상충되기 때문에 같이 먹으면 몸에 좋지 않다고 했다. 그래서 당신은 평소 좋아하던 북경오리와 광둥새우를 같이 먹을 수 없었다.

하이젠베르크의 불확정성원리도 이와 비슷하다. 그 내용을 대충 설명하자면 다음과 같다. 미시세계의 물리적 특성(입자의 위치, 속도, 에너지, 각운동량 등)들은 두 개의 목록(A, B)으로 나눌 수 있다. 그런데 목록 A에 있는 어떤 특성에 대하여 우리가 알고 있는 정보와, 목록 B의 같은 위치에 있는 특성에 관한 정보는 똑같이 완전해질 수 없다. 하나에 대하여 많이 알게 될수록 다른 하나에 대한 정보는 그만큼 빈약해진다. 중국음식점의 메뉴와 다른 점은 북경오리와 광둥새우를 동시에 주문하는 것이 가능하다는 것인데, 이 경우에도 전체 가격이 어느 한계를 넘지 않는 선에서 섞어 먹는 것만 가능하다. 즉, 북경오리를 많이 먹으려면 광둥새우의 양을 줄여야 하고 광둥새우를 많이 먹으려면 북경오리의 양을 줄여야 한다. 그리고 북경오리만으로 가격의 한계를 채우면 광둥새우는 구경조차 할 수 없다. 이와 마찬가지로, 목록 A에 있는 물리적 특성을 정확하게 결정할수록 그에 대응되는 목록 B의 특성은 대충 결정될 수밖에 없다. 양쪽 목록에 있는 두 개의 특성들을 '동시에 정확하게' 아는 것은 원리적으로 불가능하다. 이것이 바로 하이젠베르크가 발견한 불확정성원리이다.

예를 들어, 한 입자의 위치를 정확하게 알수록 입자의 속도는 그만큼 부정확해지고 입자의 속도를 정확하게 알면 입자의 위치는 대략적인 값밖에 알 수 없다. 양자적 세계의 주방장은 서로 대응되는 두 개의 특성들이 동시에 정확하게 알려지는 것을 금지하고 있다. 우리는 미시적 영역에서 입자가 갖고 있는 특성 중 하나를 정확하게 측정할 수 있지만, 그 대신 이와 불확정성의 짝을 이루는 다른 특성을 정확하게 측정하는 것은 포기해야 한다.

이런 제한조건은 대체 어디서 온 것일까? 지금부터 하이젠베르크가 제안했던 논리를 따라가면서 불확정성이 존재하는 이유를 알아보자. 어떤 물체의 위치를 측정한다는 것은 어떤 형태로든 그 물체와 상호작용을 한다는 뜻이다. 어두운 방에서 형광등의 스위치를 찾을 때, 우리는 무언가 돌출된 부위를 감지할 때까지 손으로 벽을 더듬어야 하며, 박쥐가 먹이를 찾을 때에는 음파를 사방으로 발사한 후 되돌아온 음파의 변형된 정도를 감지하여 그곳에 들쥐가 있는지를 판단한다. 일반적으로 물체의 위치를 판단할 때 가장 빈번하게 사용되는 방법은 그 물체를 눈으로 직접 보는 것이다. 그리고 무언가를 본다는 것은 관찰대상에서 반사된 빛이 우리의 눈에 도달하도록 눈의 위치를 조절한다는 뜻이다. 여기서 중요한 것은 이러한 상호작용이 우리의 눈뿐만 아니라 관찰대상까지도 교란시킨다는 점이다. 왜 그럴까? 빛이 어떤 물체에 반사되면 그 물체는 빛에 '얻어맞으면서' 조금이라도 뒤로 밀리기 때문이다. 독자들이 지금 읽고 있는 책이나 벽에 걸려 있는 시계 등 일상적인 물건들도 매 순간 빛에 얻어맞고 있지만 워낙 덩치가 크기 때문에 뒤로 되튀거나 밀리는 효과는 눈에 보이지 않을 정도로 작다. 그러나 전자와 같이 작은 입자에 빛이 입사되면 전자는 무시할 수 없는 영향을 받게 된다. 세찬 바람을 맞으면 보행속도가 변하듯이, 빛에 얻어맞은 전자는 속도에 심각한 변화를 일으킨다. 그런데 전자의 위치를 정확하게 측정하려면 가능한 한 빛을 강하게 쪼여야 하고, 그럴수록 전자의 속도는 더욱 큰 변화를 일으키는 것이다.

그러므로 전자의 위치를 정확하게 측정하려고 욕심을 부릴수록 전자는 더욱 크게 교란될 수밖에 없다. 위치를 정확하게 측정하려는 행위 자체가 전자의 속도를 바꿔 놓기 때문이다. 실험자가 원한다면 전자의 위치를 정확하게 측정할 수는 있지만, 그렇게 되면 관측이 이루어지는 순간에 전자의 속도를 알 수 없게 된다. 이와 반대로 전자의 속도를 정확하게 측정하고자 한다면 전자의 위치를 정확하게 측정하는 것은 포기해야 한다. 자연은 이런 식으로 상보적인 물리량들 사이에 불확정성을 부여함으로써 측정상의 한계를 지워놓았다. 불확정성원리는 전자뿐만 아니라 우주에 존재하는 모든 만물에 똑같이 적용된다.

우리는 "자동차가 시청 앞 사거리에 있는 정지선(위치)을 지날 때 시속 90마일(속도)로 달렸다"는 표현을 별 부담 없이 사용하고 있다. 그러나 양자역학에서는 위치와 속도를 '동시에 정확하게' 측정할 수 없으므로, 엄밀히 따지면 이것은 정확한 표현이 아니다. 그런데도 이런 표현이 별 문제없이 통용되는 이유는 일상적인 스케일에서 나타나는 불확정성이 무시할 수 있을 정도로 작기 때문이다. 하이젠베르크의 불확정성원리는 '자연계에 불확정성이 있다'는 사실뿐만 아니라 어떠한 환경에도 적용되는 '최소한의 불확정성'을 명확하게 규정하고 있다. 이 공식을 달리는 자동차에 적용했을 경우, 어느 순간에 차의 위치를 수cm 오차범위로 알고 있다면 차의 속도는 시속 10억×10억×10억×10억분의 1마일의 오차범위 이내로 알아낼 수 있다. 교통경찰이 이 자동차에 과속딱지를 뗀다면 "당신의 자동차는 시속 89.999999999999999999999999999999999999마일에서 90.000000000000000000000000000000000001마일 사이의 속도로 달렸습니다"라고 말해야 양자역학의 법칙에 위배되지 않는다. 그러나 10억분의 1m의 오차로 위치를 알고 있는

그림 4.6 마루와 골이 규칙적으로 배열되어 있는 확률파동은 명확한 속도를 갖는 대신 이 파동으로 서술되는 입자의 위치에 대해서는 아무런 정보도 주지 못한다. 그림과 같은 파동의 경우, 입자는 모든 지점에 똑같은 확률로 존재한다.

전자의 경우, 속도의 불확정성은 시속 100,000마일이나 된다. 우주 안에 존재하는 어떤 물체이건 간에, 불확정성원리로부터 자유로울 수는 없다. 그러나 그 효과는 미시적인 스케일로 갈수록 더욱 크게 나타난다.

"불확정성은 관측행위 자체가 관측대상을 교란시키면서 필연적으로 나타나는 현상이다" — 하이젠베르크의 새로운 발견으로 인해, 물리학자들은 몇 가지 특별한 상황을 설명하는 논리적 기초를 확보할 수 있었다. 그런데 일반인들이 불확정성원리를 접할 때 흔히 빠지기 쉬운 오류가 있다. 불확정성원리가 말하는 오차는 측정장비나 그것을 다루는 사람의 기술이 부족하여 발생하는 오차가 아니다. 불확정성은 그런 것과 상관없이 자연계에 원래부터 존재하는 측정상의 한계를 의미하며, 양자역학의 파동적 성질에 그 뿌리를 두고 있다. 예를 들어, 부드럽게 일렁이는 파도처럼 일정한 패턴을 갖고 움직이는 확률파동을 생각해 보자(그림 4.6). 이런 경우에 파동의 마루는 일제히 오른쪽(또는 왼쪽)으로 움직이고 있으므로, 이 파동으로 서술되는 입자는 "파동의 마루가 이동하는 속도와 같은 속도로 오른쪽을 향해 움직이고 있다"고 말할 수 있을 것이다. 실제로 관측을 해 보면 이 말이 사실임을 입증할 수 있다. 그렇다면 입자는 대체 어디에 있는가? 파동은 공간 전체에 퍼져 있기 때문에 입자의 위치를 결정할 방법이 없다. 그런데 일단 측정을 하면 입자는 어디선가 발견된다. 따라서 입자의 속도를 정확하게 알고 있다면 입자의 위치에는 엄청난 불확정성이 존재하게 된다. 이것은 우리가 입자를 교란시키는(측정하는) 방법과 아무런 상관이 없다. 불확정성은 입자의 파동성에 그 뿌리를 두고 있기 때문이다. 모든 파동에 똑같이 적용되는 불확정성원리는 양자역학의 세계를 지배하는 기본법칙으로서, 파동-입자의 이중성을 간단명료하게 보여 주고 있다.

아인슈타인과 불확정성, 그리고 진리를 향한 여정

독자들은 아마도 불확정성원리를 접하면서 다음과 같은 의문을 떠올렸을 것이다. 불확정성원리는 진리에 대하여 우리가 알 수 있는 한계를 설정한 것인가? 아니면 그 한계라는 것이 진리, 그 자체인가? 우주를 이루고 있는 모든 물체들은 일상적인 물건들(날아가는 야구공, 조깅하는 사람, 하늘에 날리는 눈송이 등)처럼 명확한 위치와 속도를 갖고 있는가? 양자역학의 불확정성원리가 '두 가지를 동시에 정확하게 아는 것'이 불가능함을 선언했음에도 불구하고, 물체의 진정한 속성은 여전히 그곳에 존재하는가? 아니면 불확정성원리가 주장하는 대로, 임의의 순간에 한 입자는 명확한 위치와 명확한 속도를 동시에 갖지 않는 것인가?

보어는 선불교의 화두를 푸는 자세로 이 질문의 해답을 찾았다. 물리학의 연구대상은 반드시 측정 가능해야 한다. 물리학의 입장에서 보면 측정 결과가 곧 진리이다. 물리학으로 그 이상의 진리를 추적하는 것은 '한 손으로 치는 손뼉'의 의미를 찾는 것과 같다. 그러나 1935년에 아인슈타인은 그의 연구동료인 보리스 포돌스키Boris Podolsky, 네이선 로젠Nathan Rosen과 함께 한 손으로 치는 손뼉의 의미를 찾음으로써, 양자역학을 위협하는 반론의 기틀을 마련하였다.

아인슈타인-포돌스키-로젠(줄여서 EPR로 표기한다)이 발표한 논문의 요지는 다음과 같다. "양자역학의 이론적 예견치가 실험결과와 정확하게 일치하는 것은 사실이지만, 양자역학 자체는 미시세계를 서술하는 궁극적인 이론이 될 수 없다." 그들은 모든 입자들이 임의의 순간에 명확한 위치와 속도를 갖고 있으며, 따라서 불확정성원리는 자연에 내재되어 있는 한계가 아니라 양자역학 자체의 한계라고 주장했다. 만일 모든 입자들이 명확한 위치와 속도를 갖고 있다면, 그것을 제대로 알아내지 못하는 양자역학은 우주의 일부만을 서술하는 불완전한 이론이 된다. 양자역학은 '엄연히 존재하는 실체'를 알아내지 못하기 때문에 불완전한 이론이 될 수밖에 없으며, 기껏해야 '완전한 이론으로 우리를 안내하는 디딤돌' 정도의 역할을 할 뿐이라는 것이 EPR의 주장이었다.

EPR이 영감을 얻은 곳은 다름 아닌 하이젠베르크의 불확정성원리였다. 물체의 위치를 측정하려면 어떻게든 그 물체를 교란시켜야 하고, 그 결과는 속도의 불확정성으로 나타난다. 양자역학은 불확정성이 '측정방법에 상관없이 원래 물체에 내재되어 있는 근본적인 한계'라고 선언하였으나, EPR은 불확정성의 근원을 교묘하게 피해감으로써 그 한계를 극복할 수 있다고 생각했다. 입자를 직접 교란시키지 않고 간접적인 방법으로 위치와 속도를 측정한다면 어떻게 될까? 다시 스프링필드로 돌아가 답을 구해 보자. 스프링필드에 새로 이사 온 로드와 토드 형제는 길을 익히기 위해 시내를 산책하기로 했다. 그들은 시내의 중심에 있는 핵개발 기념탑을 출발점으로 삼아 서로 등을 맞댄 상태에서 출발하여 미리 약속한 속도를 유지한 채 앞을 향해 똑바로 걸어가기로 했다. 그로부터 9시간이 지난 후, 직장에서 돌아온 아버지는 두

아들이 없어진 것을 알고 온 시내를 이 잡듯이 뒤지다가 가까스로 로드와 만날 수 있었다. 그러나 모든 부모들이 그렇듯이, 아버지는 아들을 찾은 기쁨보다 아직 찾지 못한 아들을 걱정하는 마음이 앞섰다. "얘야, 토드는 지금 어디에 있니?" 물론 토드는 로드가 있는 곳에서 한참 떨어진 곳을 걸어가고 있겠지만, 현재 로드가 서 있는 위치와 헤어진 시간, 그리고 이동속도 등을 종합하면 토드의 현재상태에 관하여 꽤 많은 정보를 얻을 수 있다. 만일 로드가 출발점으로부터 동쪽으로 45km 떨어진 곳에서 아버지와 만났다면 그 시간에 토드는 출발점에서 서쪽으로 45km 떨어진 거리를 걸어가고 있을 것이다. 또, 로드의 속도가 동쪽으로 시속 5km였다면 토드의 속도는 서쪽으로 시속 5km일 것이다. 지금 로드와 토드는 거리상으로 무려 90km나 떨어져 있음에도 불구하고, 로드의 현재상태와 주어진 조건들(출발점, 출발속도, 출발시간 등)로부터 토드의 위치와 속도를 간접적으로 알아낼 수 있다.

아인슈타인과 그의 동료들은 양자적 영역에 이 논리를 적용하였다. 흔히 발생하는 물리적 과정 중에, 한 장소에서 두 개의 입자가 갑자기 생성되는 경우가 있는데 이때 두 입자의 특성은 로드와 토드처럼 서로 긴밀하게 연결되어 있다. 예를 들어, 원래 하나였던 입자가 어느 순간에 갑자기 질량이 같은 두 개의 입자로 분해되었다면 각각의 입자들은 동일한 속도로 서로 반대방향을 향해 날아간다. 이것은 원자물리학에서 빈번하게 나타나는 현상이다. 게다가 이 입자들의 위치도 서로 긴밀하게 연관되어 있는데, 편의상 어떤 공통의 중심으로부터 항상 같은 거리를 유지한다고 생각할 수 있다.

한 장소에서 태어나 서로 반대쪽으로 운동하는 두 개의 입자와 서로 정반대 방향으로 걸어가는 로드-토드형제는 각 개인의 위치 및 속도가 상대방과 밀접하게 연관되어 있다는 점에서 비슷한 상황이긴 하지만, 이들 사이에는 결정적으로 다른 점이 있다. 운동하는 입자의 경우, 두 입자의 속도 사이에 분명한 관계가 성립한다는 것은 틀림없지만(둘 중 한 입자를 측정하여 속도를 알아냈다면 다른 입자의 속도는 이 값과 같을 것이다), 두 입자의 속도를 정확하게 '예측할' 수는 없다. 우리가 할 수 있는 최선은 양자역학의 법칙을 이용하여 어떤 특정 속도를 가질 확률을 계산하는 것뿐이다. 이와 마찬가지로 두 입자의 위치 역시 분명한 관계에 있지만(둘 중 한 입자를 측정하여 위치를 알아냈다면 다른 입자는 출발점에서 반대 방향으로 같은 거리만큼 떨어진 곳을 지나고 있을 것이다), 두 입자의 위치를 이론적으로 정확하게 예측할 수는 없다. 우리의 최선은 입자가 특정 위치에 있을 확률을 계산하는 것뿐이다. 즉, 양자역학의 이론으로는 입자의 위치나 속도를 정확하게 예측할 수 없지만, 위치와 속도의 상호관계를 적절히 이용하면 이것이 가능하도록 만들 수 있다.

EPR의 목적은 이 관계를 이용하여 각 입자들이 임의의 순간에 '정확한 위치'와 '정확한 속도'라는 속성을 갖고 있음을 보이는 것이었다(앞서 말한 바와 같이, 양자역학은 "반드시 측정을 해야만 하나의 값이 결정되며, 측정을 하기 전의 입자는 정확한 위치나 속도라는 속성을 갖고 있지 않다"고 주장했었다). 그들이 사용한 논리는 다음과 같다 — 우선, 어떤 특정 시간에 오른쪽으로 진행하는 입자(입자 R이라 하자)의 위치를 측정한다. 그러면 같은 순간에 왼쪽으로 진행하는 입자(입자 L이라 하자)의 위치도 자동으로 알게 된다. 자, 자세히 보라. 우리는 입자 L을 전혀 건드리거나 교란시키지 않고 위치를 알아냈다. 이것은 무엇을 의미하는가? 그렇다. 입자 L은 측정을 하지 않아도 '정확한 위치'라는 속성을 이미 갖고 있다는 뜻이다! 처음에 입자 R의 속도를 측정했다면, 이번에는 아무런 측정과정도 거치지 않고 입자 L의 속도를 알 수 있게 된다. 즉, 입자 L은 '정확한 속도'라는 속성을 갖고 있다는 뜻이다. 이 두 가지 결과를 한데 묶어서 생각해 보면 "입자 L은 임의의 순간에 정확한 위치와 정확한 속도를 갖고 있다"는 결론을 내릴 수 있다.

EPR의 논리는 매우 미묘한 점이 많아서 자칫하면 논리의 핵심을 놓칠 수도 있다. 이런 불상사를 방지하기 위해, 핵심부분을 다시 한 번 강조해 보겠다. EPR은 "입자 R의 특성을 측정하는 행위는 입자 L의 특성에 아무런 영향도 주지 않는다. 왜냐하면 이들은 서로 멀리 떨어져 있기 때문이다"라고 주장하고 있다. 그러므로 입자 R의 특성을 측정하면 입자 L의 특성은 털끝 하나 건드리지 않고 알 수 있다. 우리가 입자 R의 특성을 측정한 순간에 두 입자는 수m에서 수km, 또는 수 광년 이상 떨어져 있을 수도 있다. 이렇게 멀리 있는 입자 L은 우리가 입자 R에게 무슨 짓을 하건 전혀 개의치 않고 자신의 길을 갈 것이다. 그러므로 우리가 입자 R을 측정하여 간접적으로 알아낸 입자 L의 특성은 확률파동같이 애매한 형태가 아니라 명확하게 하나의 값으로 이미 존재하는 셈이다. 물론, 이 논리는 실험의 종류에 관계없이 항상 성립한다. 입자 R의 위치를 측정하면 입자 L의 위치를 덩달아 알 수 있고, 입자 R의 속도를 측정하면 입자 L의 속도도 덩달아 알 수 있으므로, 입자 L은 정확한 위치와 속도를 갖고 있어야 한다. 또한, 이 모든 논리는 입자 R과 L의 역할을 바꿔도 여전히 성립한다(사실, 측정을 하기 전에는 어떤 입자가 오른쪽으로 움직이고 어떤 입자가 왼쪽으로 움직이는지조차 알 수 없다). 따라서 두 입자는 모두 정확한 위치와 정확한 속도를 갖고 있어야 하는 것이다!

이런 이유로, EPR은 양자역학이 물리적 실체를 완전하게 서술하지 못하는 불완전한 이론이라고 결론지었다. 모든 입자는 정확한 위치와 속도를 갖고 있음에도 불구하고 양자역학의 불확정성원리는 입자의 위치와 속도를 동시에 정확하게 알 수 없다고 말하고 있으니 무언가 모자라는 이론이라는 것이다. 아인슈타인과 포돌스키, 그리고 로젠이 제기한 이 역설은 양자역학의 완전성을 심각하게 위협하는 듯이 보였다.

양자적 해답

EPR은 모든 입자들이 매 순간마다 명확한 위치와 속도를 갖는다고 결론지었으나, 그들의 논리를 신중하게 따라가다 보면 무언가 부족한 점이 발견된다. 앞에서 입자 R의 속도를 측정했다면 입자 R의 위치가 교란되며, 반대로 위치를 측정하면 속도가 교란된다. 그리고 입자 R의 위치와 속도를 둘 다 측정하지 않는다면 입자 L에 관해서 아무런 정보도 얻을 수 없다. 그러므로 여기에는 불확정성원리에 위배되는 사항이 전혀 없다. 아인슈타인과 그의 동료들은 한 입자의 위치와 속도를 둘 다 결정할 수 없다는 것을 잘 알고 있었다. 그러나 "위치와 속도를 둘 다 결정하지 않더라도 입자는 명확한 위치와 속도를 갖고 있다"는 것이 EPR의 주장이었다. 그들에게 중요한 것은 입자의 '실체reality'였고, 실체를 서술하지 못하는 이론은 불완전한 이론이었던 것이다.

EPR의 도전을 받은 양자물리학자들은 주어진 상황을 치밀하게 분석한 끝에 나름대로의 해답을 제시했다. 그 내용은 저명한 물리학자인 파울리Wolfgang Pauli의 연설에 함축적으로 표현되어 있다. "존재 여부조차 분명치 않은 대상을 놓고 논쟁을 벌이는 것은 물리학자로서 결코 바람직한 태도가 아니다. 그것은 마치 바늘자국(점) 위에 얼마나 많은 천사가 올라앉을 수 있는지 따지는 것과 다를 바가 없다."[9] 대부분의 물리학, 특히 양자역학은 측정 가능한 대상만을 다룰 수 있다. 측정될 수 없는 것들은 물리학의 대상이 아닌 것이다. 한 입자의 위치와 속도를 동시에 측정할 수 없다면 "입자는 위치와 속도라는 속성을 모두 갖고 있는가?"라는 질문은 아무런 의미가 없다.

그러나 EPR은 양자물리학자들의 설득을 수용하지 않았다. EPR이 생각하는 실체는 입자감지기의 눈금보다 더욱 근본적인 '그 무엇'이었기 때문이다. 아무도, 그 누구도, 심지어는 외계인들 중에서도 달을 바라보는 생명체가 하나도 없고 달을 관측하는 장비도 전혀 없어서 달이 '범우주적 왕따'가 되었다 해도, EPR이 생각하는 달은 여전히 그 자리에 존재해야 했다.

EPR과 양자물리학자들 사이의 논쟁은 공간의 실체에 관하여 설전을 벌였던 뉴턴과 라이프니츠의 논쟁을 떠올리게 한다. 만질 수 없고 관측할 수도 없는 무언가를 과연 존재한다고 말할 수 있을까? 뉴턴이 '회전하는 물통실험'을 제안하여 공간과 관련된 추상적인 논쟁을 실험적으로 검증 가능한 문제로 바꾼 것처럼, 존 벨John Bell은 1964년에 획기적인 실험을 제안함으로써 양자적 실체에 관한 추상적인 논쟁을 검증 가능한 문제로 바꾸어 놓았다(한 과학평론가는 벨의 업적을 "과학 역사상 가장 심오한 발견"이라고 극찬하였다).

지금부터 네 개의 절(節)에 걸쳐 벨이 제안한 실험과 그 파급효과를 알아보기로 한다. 여기 사용된 논리는 주사위게임에 필요한 논리보다 결코 복잡하지 않지만, 몇 가지 단계를 착실하게 거쳐 가야 분명한 결론에 이를 수 있다. 책을 읽는 도중에 "아! 바로 이것이었구나!" 하는 느낌이 들면 중간 부분을 생략하고 178쪽의 '연기 없이 타는 불'로 건너뛰어도 좋다. 거기에는 벨의 이론과 그로부터 파생된 결론들이 일목요연하게 정리되어 있다.

벨(Bell)과 스핀

EPR의 철학적 견해를 '실험적으로 검증 가능한 질문'으로 변환시킨 사람은 존 벨John Bell이었다. 앞서 말한 대로 양자역학의 불확정성원리는 입자가 갖고 있는 두 개의 특성(예를 들면 위치와 속도)을 동시에 정확하게 측정할 수 없다고 선언하고 있다. 그런데 벨은 불확정성원리를 조금 확장하여 "동시 측정이 불가능한 특성이 세 개 이상 존재한다면(즉, 셋 중 하나를 정확하게 측정했을 때 나머지 특성들을 결정할 수 없게 된다면) 실체의 존재 여부를 실험으로 확인할 수 있다"고 주장했다. 그가 제시했던 가장 간단한 실험은 입자의 스핀spin에 관한 것이었다.

1920년대부터 물리학자들은 입자의 스핀에 주목하기 시작했다. 스핀이란 일종의 회전현상으로서, 대충 비유하자면 골대를 향해 날아가는 축구공이 스스로 회전(자전)하는 현상과 비슷하다. 그러나 입자의 스핀은 거시적인 비유로 나타낼 수 없는 몇 가지 특징을 갖고 있다. 우선 첫째로, 전자와 광자를 비롯한 모든 입자들은 임의의 회전축에 대하여 시계방향, 또는 반시계방향으로만 회전할 수 있으며, 한번 주어진 회전속도는 영원히 변치 않는다. 회전축의 방향은 외부의 영향에 따라 수시로 바뀔 수 있지만 회전속도는 더 빠르거나 느리게 만들 수 없다. 둘째, 불확정성원리를 입자의 스핀에 적용하면 "두 개 이상의 축에 대한 입자의 스핀은 동시에 정확하게 결정될 수 없다"는 결과가 얻어진다. 예를 들어, 축구공이 북동쪽을 향한 축을 중심으로 회전한다고 가정해 보자. 이런 경우에 공의 회전은 북쪽 축에 대한 회전과 동쪽 축에 대한 회전의 조합으로 생각할 수 있으며, 각 축에 대한 회전이 전체 회전에 기여하는 정도를 어렵지 않게 계산할 수 있다. 그러나 어떤 특정 축을 중심으로 회전하는 전자electron의 경우, 회전 성분을 둘 이상으로 나누어 측정한다면 동시에 정확한 결과를 얻을 수 없다. 관측행위에 의해 교란된 전자는 자신이 갖고 있는 모든 회전성분을 관측자가 설정한 축을 중심으로 규합하여 그 축을 중심으로 시계방향, 또는 반시계방향으로 회전하려는 경향을 보이기 때문이다. 게다가 관측행위가 전자를 교란시키면서 관측이 이루어지기 전의 상태(수평축에 대한 회전이나 앞-뒤축에 대한 회전 등 임의의 축에 대한 회전상태)에 관한 정보는 더 이상 얻을 수 없게 된다. 양자적 스핀은 이처럼 매우 난해한 특성을 갖고 있기 때문에 고전적인 사고방식으로는 도저히 그 얼개를 짐작할 수가 없다. 그러나 양자역학의 막강한 수학과 지난 수십 년간 축적된 실험 데이터로 미루어볼 때, 양자적 스핀이 위에서 언급한 대로 기묘한 특성을 갖고 있다는 것만은 분명한 사실이다.

나는 독자들을 복잡한 입자물리학의 세계로 끌고 들어가려는 것이 아니다. 양자적 스핀을 도입한 이유는 이로부터 실체의 존재 여부를 테스트할 수 있는 실험을 할 수 있기 때문이다. 양자적 불확정성에 의하면 두 개 이상의 축에 대한 스핀을 동시에 결정할 수 없다. 그럼에도 불구하고 '모든 축에 대한 스핀'이라는 속성은 여전히 존재할 것인가? 아니면 결정할 수 없는 상태 자체가 입자의 궁극적인 실체인가? 회전하는 입자는 특정 축에 대하여 '어떤 스핀성분을 가질 확률'로 존재하다가 누군가가 자신의 스핀을 관측하면 그때 비로소 명확한 하나의 스핀 값으로 탈바꿈하는 것일까? 스핀의 특성을 잘 이용하면 양자적 실체의 진실을 밝힐 수 있다. 지금부터 그 방법을 알아보기로 하자.

물리학자 데이비드 보옴David Bohm은 EPR이 제기했던 문제를 다음과 같은 질문으로 바꿔서 생각해 보았다.[11] "입자는 임의의 모든 축에 대하여 명확한 스핀 값을 갖고 있는가?" 지금부터 한 가지 실험을 해 보자. 여기, 입사된 전자의 스핀을 감지하는 장치 두 개가 실험실의 왼쪽 벽과 오른쪽 벽에 각각 부착되어 있다. 두 감지기의 중간지점에는 전자 방출기가 놓여 있고 여기서 방출된 한 쌍의 전자는 서로 반대 방향으로 감지기를 향해 움직이며, 이들의 스핀은(앞에서 논했던 위치와 속도처럼) 서로 긴밀하게 연관되어 있다. 임의의 축에 대한 두 전자의 스핀은 이들이 감지기에 도달했을 때 계기판에 같은 값이 나오게끔 서로 연관되어 있다(그렇게 되도록 초기조건을 설정하였다). 수직방향 축에 대한 스핀을 측정하도록 감지기를 세팅해 놓고 전자를 쏘았을 때, 왼쪽 감지기에 도달한 전자의 스핀이 시계방향이었다면 다른 전자의 스핀도 시계방향으로 나타날 것이다. 또, 수직으로부터 60° 기울어진 축에 대한 스핀을 측정하도록 감지기를 세팅해 놓고 전자를 쏘았을 때 왼쪽 감지기에 도달한 전자의 스핀이 반시계방향이었다면 오른쪽에 도달한 전자의 스핀도 반시계방향일 것이다. 양자역학에 의하면 전자가 감지기에 도달하기 전에 우리가 할 수 있는 최선은 스핀의 관측결과가 시계방향이나 반시계방향으로 나올 확률을 계산하는 것뿐이다. 그러나 하나의 감지기가 어떤 값을 나타내건, 다른 감지기도 항상 같은 값을 나타낼 것이다. 이 사실만큼은 100%의 확신을 갖고 자신 있게 주장할 수 있다.⁺

보옴이 제기했던 이 실험은 관측하고자 하는 특성만 조금 달라졌을 뿐, 그 의도는 입자의 속도와 위치에 초점을 맞췄던 이전의 실험과 동일한 것이었다. 두 개의 전자는 서로 연관되어 있으므로 오른쪽으로 움직이는 전자의 어떤 특정 축에 대한 스핀을 측정하면 왼쪽으로 움직이는 전자의 (동일한 축에 대한)스핀을 간접적으로 알 수 있다. 측정이 이루어지는 동안 두 전자는 실험실의 폭만큼 멀리 떨어져 있기 때문에, 상대방에게 영향을 줄 가능성은 거의 없다. 또한, 우리는 전자의 스핀을 임의의 축에 대하여 측정할 수 있으므로 두 입자의 스핀은 모든 축에 대하여 동일한 결과를 줄 것이다. 스핀감지기는 한 번에 하나의 값만을 측정할 수 있지만, 어떤 축에 대한 스핀을 측정할 것인지는 관측자가 임의로 정할 수 있으므로 왼쪽으로 움직이는 전자는 '모든 축'에 대하여 명확한 스핀성분을 갖고 있어야 한다. 물론 이 모든 논리는 오른쪽-왼쪽으로 움직이는 전자의 역할을 뒤바꿔도 여전히 성립하므로, 결국 임의의 전자는 모든 축에 대하여 명확한 스핀성분을 갖고 있어야 한다는 결론을 내릴 수 있다.[12]

지금까지는 위치-속도의 사례와 별로 다른 점이 없어 보인다. 독자들은

⁺ 언어상의 혼란을 피하기 위해 두 개의 전자가 서로 '연관되어 있다(correlated)'는 표현을 사용했지만, 올바르게 표현하려면 '반-연관되어 있다(anticorrelated)'고 해야 한다. 실제의 상황에서 하나의 감지기가 어떤 스핀 값을 나타내면 다른 감지기는 그와 정반대의 스핀 값을 나타내기 때문이다. 본문의 설명이 마음에 들지 않는다면, 둘 중 하나의 감지기를 조금 수정하여 측정값과 항상 정반대의 값이 나타나도록 만들었다고 생각하면 된다.

파울리의 말대로 입자의 스핀을 논의할 가치가 없는 문제로 치부할 수도 있다. 다른 축에 대한 스핀을 측정할 수 없다면 그 축에 대한 스핀의 명확한 값을 논하는 것이 무슨 의미가 있겠는가? 양자역학을 비롯한 모든 물리학은 측정 가능한 것을 대상으로 삼는 학문이다. 보옴과 EPR은 자신이 제안했던 실험이 실행 가능하다고 말하지는 않았다. 그들은 "입자의 실체가 눈에 보이지 않는다고 해도 여전히 그곳에 존재한다"는 주장을 펼친 것뿐이다. 물리학자들은 이렇게 눈에 보이지 않는 특성을 가리켜 '숨은 특성hidden feature', 또는 '숨은 변수hidden variable'라고 불렀다.

그러나 이 모든 상황은 존 벨의 등장과 함께 극적으로 바뀌게 된다. 그는 "두 개 이상의 축에 대하여 스핀을 정할 수 없다 해도 입자가 모든 방향으로 명확한 스핀성분을 갖고 있다면 그로부터 파생되는 결과를 현실적인 실험으로 확인할 수 있다"고 주장했다.

실체를 검증하다

벨이 제안했던 실험의 요지를 이해하기 위해, 멀더와 스컬리의 이야기 속으로 다시 들어가 보자. 이상한 소포 때문에 논쟁을 벌인 다음 날, 멀더와 스컬리 앞으로 또 하나의 소포가 배달되었다. 그 안에는 어제 받은 것과 같은 티타늄 상자가 여러 개 들어 있었는데, 각 상자에는 뚜껑이 세 개씩 달려 있고(윗면과 옆면, 그리고 뒷면) 동봉된 편지에는 다음과 같은 내용이 적혀 있었다.[13] "상자에 달려 있는 세 개의 뚜껑 중 아무거나 하나만 열면 상자 안에 들어 있는 조그만 구는 붉은색 빛과 푸른색 빛 중 하나를 무작위로 선택하여 발산할 것입니다. 단, 하나의 구는 빛을 단 한 번만 발산할 수 있으며, 어떤 뚜껑을 여느냐에 따라 발산되는 빛의 색깔은 달라집니다. 그러나 당신이 일단 뚜껑 하나를 열어서 특정 색의 빛을 보았다면, 그 뚜껑 말고 다른 뚜껑을 열었을 때 어떤 색 빛이 나왔을 지는 알아낼 방법이 없습니다(이 상황은 양자역학의 불확정성원리와 비슷하다. 물체의 특성을 측정하여 구체적인 값을 얻었다면 그 순간에 다른 특성들이 어떤 값을 갖고 있었는지는 알아낼 방법이 없다)." 또한, 이 편지에는 지난번과 마찬가지로 멀더와 스컬리가 받은 조그만 상자들이 신비한 방식으로 연관되어 있다고 적혀 있었다. "모든 구들은 뚜껑이 열렸을 때 발산하는 빛의 색깔을 무작위로 선택하지만, 번호가 같은 상자에 들어 있는 구는 항상 동일한 색깔의 빛을 발산하도록 만들어져 있습니다." 만일 멀더가 1번 상자의 위 뚜껑을 열어서 푸른 빛을 보았다면 스컬리도 1번 상자의 위 뚜껑을 열었을 때 푸른 빛을 보게 될 것이다. 또한, 멀더가 2번 상자의 옆 뚜껑을 열어서 붉은 빛을 보았다면 스컬리도 2번 상자의 옆 뚜껑을 열었을 때 붉은 빛을 보게 될 것이다. 멀더와 스컬리는 처음 몇 개의 상자들을 하나씩 열어 보면서 그들의 눈에 보이는 빛의 색깔을 서로 비교해 나갔다. 역시 편지에 적힌 글은 거짓이 아니었다….

멀더는 어제보다 조금 더 복잡해진 상황에 잔뜩 흥분했지만 스컬리는 여전히 차분한 자세를 유지하고 있었다.

"멀더, 이건 어제와 마찬가지로 바보 같은 짓이에요. 신기할 것이 하나도 없다고요. 상자 안에 들어 있는 조그만 구들은 뚜껑이 열렸을 때 어떤 색 빛을 발산할 것인지 이미 정해져 있는 거예요. 아시겠어요?"

멀더가 대답했다. "하지만 이 상자에는 뚜껑이 세 개나 달려 있잖아요. 소포의 발신자가 제아무리 뛰어난 존재라 해도 우리가 어떤 뚜껑을 열지 미리 알 수는 없을 텐데, 무슨 수로 색을 일치하게 만들 수 있다는 겁니까?"

스컬리는 여전히 냉담했다. "그건 미리 알고 있을 필요가 없지요. 내가 예를 하나 들어볼까요? 당신과 내가 똑같이 37번 상자를 손에 들고 있다고 가정해 보자고요. 이 상자에 들어 있는 구는 이미 운명이 정해져 있는 거예요. 예를 들어 위 뚜껑이 열리면 푸른 빛을 발산하고, 옆 뚜껑이 열리면 붉은 빛, 그리고 뒤쪽 뚜껑이 열리면 푸른 빛을 발산하도록 만들어져 있는 거겠지요. 그리고 당신과 내게 배달된 상자들은 똑같은 복제품일 거구요. 그러면 내가 37번 상자의 위 뚜껑을 열었을 때 보게 될 빛의 색깔과 당신이 37번 상자의 위 뚜껑을 열었을 때 보게 될 빛의 색깔이 같다는 것은 너무나 당연하잖아요. 여기에 신비한 연결 같은 건 없어요. 그나저나 당신 트리가 더 예뻐지겠군요. 그럼 계속 수고하세요.(딸깍!)"

그러나 멀더는 모든 것이 미리 조작되어 있다는 스컬리의 주장보다 상자들이 신비한 방식으로 연결되어 있다는 편지를 더 믿고 싶었다. 누구의 생각이 옳은가? 일단 상자의 뚜껑을 열면 특정 빛이 발산되면서 모든 상황이 끝나 버리기 때문에 어느 쪽이 옳은 지를 판단할 방법은 없는 것 같다.

그런데 갑자기 멀더의 머릿속에 기가 막힌 아이디어가 떠올랐다. 약간의 수학적 과정을 거쳐야 하는 번거로움은 있지만 일련의 과정을 주의 깊게 잘 따라가면 상자의 비밀을 실험적으로 풀 수 있을 것 같았다.

멀더는 스컬리가 '두 사람이 번호가 같은 상자의 같은 뚜껑을 열었을 때 벌어지는 상황'만을 고려했다는 사실을 떠올렸다. 그는 당장 스컬리에게 전화를 걸어 번호가 같은 상자의 같은 뚜껑을 열지 말고, 번호가 같은 상자를 고르되, 뚜껑은 각자 마음대로 골라서 열어 보자고 제안했다.

"멀더, 제발 그만 좀 하세요. 난 지금 휴가 중이란 말예요. 그렇게 한다고 해서 뭐가 달라지겠어요?"

"내 말대로 하면 당신의 설명이 맞는지 틀리는지 알아낼 수 있다고요. 제발 내 말 한번만 믿어 봐요."

"휴우, 당신을 누가 말리겠어요? 어디, 설명이나 해 보세요."

"간단해요. 당신의 생각이 맞는다면 어떤 결과가 필연적으로 나와야 합니다. 지금부터 내 말을 잘 들어 보세요. 우리 두 사람이 번호가 같은 상자를 하나씩 들고 각자 마음 내키는 대로 뚜껑을 열어서 나타나는 색깔을 메모지에 기록해 나가 보자고요. 당신의 주장이 옳다면 이 과정을 여러 차례 시행했을 때 우리가 같은 색을 보는 경우가 50% 넘게 나와야 합니다. 만일 그렇지 않다면(같은 색을 볼 확률이 50% 이하라면) 당신의 주장이 틀린 거고요."

스컬리가 의아하다는 듯이 물었다. "그래요? 어째서 그렇지요?"

"예를 하나 들어 볼게요. 당신 말대로 각각의 공들이 어떤 빛을 발할 것인지 이미 결정되어 있다고 칩시다. 그리고 어떤 특정 번호의 상자를 열었을 때 나타날 빛의 색깔이 푸른색(위 뚜껑), 푸른색(옆 뚜껑), 붉은색(뒤 뚜껑)이라고 가정합시다. 지금 우리는 세 개의 뚜껑들 중에서 하나를 선택해야 하니까 가능한 경우의 수는 아홉 가지가 있어요. 내가 위 뚜껑을 열면 당신이 옆 뚜껑을 여는 경우가 있고, 내가 위 뚜껑을 열면 당신이 뒤쪽 뚜껑을 여는 경우가 있고, 또…."

"맞아요. 그건 나도 동의해요. 위에 나 있는 뚜껑을 1번이라 하고 옆에 난 뚜껑을 2번, 뒤쪽에 나 있는 뚜껑을 3번이라고 하면 우리 두 사람이 뚜껑을 열 수 있는 가능한 조합은 (1,1) (1,2) (1,3) (2,1) (2,2) (2,3) (3,1) (3,2) (3,3)이 있지요."

"맞아요, 바로 그겁니다. 자, 지금부터가 본론이니 잘 들으세요. 방금 열거한 아홉 가지 조합 중에서 당신과 내가 같은 색을 보는 경우는 (1,1) (2,2) (3,3) (1,2) (2,1)의 다섯 가지입니다. 이들 중 (1,1) (2,2) (3,3)은 같은 뚜껑을 연 경우고, (1,2) (2,1)은 선택한 뚜껑은 다르지만 1번 뚜껑과 2번 뚜껑은 원래 '푸른색을 보여 주도록 이미 설계되어 있는' 뚜껑이라고 가정했기 때문에 여전히 같은 색을 보는 경우에 해당됩니다. 그런데 5는 9의 반보다 크잖아요? 그러니까 당신의 주장이 맞는다면 뚜껑을 무작위로 골라서 열었을 때 우리가 같은 색의 빛을 보게 될 확률은 50%가 넘어야 한다는 겁니다. 내 말 이해하겠어요?"

스컬리도 끈질기다. "잠깐만요. 그건 특별한 경우에만 성립하는 논리 아닌가요? 방금 전에 당신은 모든 상자들이 발하는 빛이 한결같이 푸른색(1번 뚜껑), 푸른색(2번 뚜껑), 붉은색(3번 뚜껑)이라고 가정했지요? 하지만 번호가 다른 상자들은 각기 다른 식으로 빛을 발하게끔 만들어졌을 수도 있잖아요."

멀더의 설명은 계속된다. "스컬리, 그건 아무래도 상관없어요. 내가 내린 결론은 모든 경우에 똑같이 적용됩니다. 세 개의 뚜껑 중에서 두 개가 동일한 색깔을 보여 주도록 설계되어 있기만 하면, 그 순서가 붉은색, 푸른색, 붉은색이건, 또는 붉은색, 붉은색, 푸른색이건 아무 상관없다고요. 물론, 이 배열이 달라지면 일치하는 색이 달라질 수도 있겠지요. 하지만 붉은색이건 푸른색이건 '동일한 색을 보는 사건'이 발생하는 확률에는 변함이 없단 말입니다. 한 가지 따로 고려할 것은 모든 뚜껑이 같은 색을 보여 주는 경우, 그러니까 붉은색, 붉은색, 붉은색이거나 푸른색, 푸른색, 푸른색인 경우인데, 만일 모든 상자가 이런 식으로 만들어져 있다면 뚜껑을 열었을 때 당신과 나는 항상 같은 색깔의 빛을 보게 될 테니 '확률이 50%가 넘는다'는 결론에 여전히 위배되지 않지요. 따라서 상자가 발산하는 빛이 이미 결정되어 있다는 당신의 주장이 맞는다면, 각 상자마다 다른 식으로 설계되었다고 해도 우리가 같은 색 빛을 볼 확률은 무조건 50%가 넘어야 한다 이겁니다. 자, 이래도 내 말을 안 믿을 건가요?"

바로 이것이다. 방금 우리는 가장 어려운 고비를 넘어 왔다. 아직도 머릿속이 혼란스러운 독자들을 위해 논리의 핵심을 정리해 보면 다음과 같다. 지금 스컬리는 상자의 뚜껑을 열었을 때 어떤 색의 빛이 발산될지는 이미 (상자를 만든 사람의 손에 의해) 결정되어 있다고 주장하고 있다. 그리고 멀더는 스컬리의 주장이 맞는지를 판단할 수 있는 실험을 제기하였다. 만일 스컬리의 주장이 맞는다면, 두 사람이 번호가 같은 상자를 열었을 때(반드시 동시에 열 필요는 없다) 동일한 색을 보게 될 확률은 50%를 넘어야 한다.

다음 절에서 자세히 설명하겠지만, 멀더가 발견했던 것을 물리학 버전으로 이루어 낸 사람이 바로 벨이었다.

각도를 이용하여 천사의 수를 헤아리다

지금부터 멀더와 스컬리의 대화내용을 물리학 용어로 옮겨 보자. 실험실의 왼쪽과 오른쪽 벽에 입자의 스핀을 측정하는 감지기를 설치해 놓고 그 중앙에는 전자를 양쪽으로 방출하는 전자총을 세팅해 놓는다. 전체적인 상황은 앞 절에서 언급했던 실험장치와 동일하다. 감지기는 입자의 스핀 중 어떤 특정 방향의 축에 대한 성분 하나만을 측정할 수 있다(수직방향 축이나 수평방향 축, 앞뒤방향 축, 또는 이들 사이로 나 있는 임의의 축 등). 문제를 좀 더 단순하게 만들기 위해, 우리가 사용하는 감지기는 헐값으로 산 중고품이라서 단 세 가지 방향의 스핀성분만 측정할 수 있다고 가정하자. 여기에 전자가 입사되면 우리가 미리 설정한 축(셋 중에 하나를 골라야 한다)에 대해서 전자가 시계방향으로 회전하는지, 아니면 반시계방향으로 회전하는지를 알 수 있다.

EPR의 주장은 근본적으로 스컬리의 주장과 같다. 즉, 그들은 전자의 스핀이 모든 방향에 대하여 이미 확고하게 결정되어 있다고 믿는 사람들이다. 그것이 교묘하게 숨겨져 있어서 측정을 할 수 없다 해도, 개개의 전자는 모든 축에 대하여 시계방향, 아니면 반시계방향으로 명확한 스핀을 갖고 있다는 것이다. 그렇다면 전자는 세 개의 축에 대하여 이미 명확한 스핀을 가진 채로 감지기에 도달해야 한다. 예를 들어, 세 개의 축에 대하여 모두 시계방향의 스핀을 가진 전자는 시계방향, 시계방향, 시계방향의 스핀성분을 갖고 있으며 이는 멀더와 스컬리의 일화에서 뚜껑에 따른 빛의 색깔이 푸른색, 푸른색, 푸른색인 경우에 해당된다. 또는 전자의 스핀방향이 두 축에 대해서는 같고 나머지 하나의 축에 대해서만 다르다면, 이미 결정되어 있는 스핀은 시계방향, 시계방향, 반시계방향으로 표현할 수 있다. EPR은 왼쪽으로 움직이는 전자와 오른쪽으로 움직이는 전자가 이미 동일한 스핀을 가진 채로 감지기에 도달한다고 주장했다. 같은 방향의 축에 대한 스핀을 측정하도록 두 개의 감지기를 똑같이 세팅해 놓았다면 서로 반대 방향으로 날아온 두 전자의 스핀은 항상 똑같은 값을 보일 것이다.

지금쯤 독자들은 전자의 스핀을 측정하는 실험이 멀더와 스컬리의 상자 실험과 같다는 것을 어느 정도 눈치 챘을 것이다. 티타늄 상자의 뚜껑을 선택하는 행위는 세 개의 회전축들 중에서 하나를 선택하는 행위에 대응되고, 붉은색이나 푸른색 빛을 목격하는 사건은 시계방향이나 반시계방향의 스핀이 관측되는 사건에 대응된다. 그러므로 번호가 같은 한 쌍의 상자를 골라 같은 뚜껑을 열었을 때 같은 색의 빛이 보였던 것처럼, 동일한 축에 대한 스핀을 측정하도록 두 감지기를 세팅해 놓고 양쪽으로 날아온 전자의 스핀을 측정하면 항상 같은 결과가 나올 것이다. 또, 일단 상자의 뚜껑을 열면 다른 뚜껑을 열었을 때 어떤 빛이 나왔을지 전혀 알 수 없었던 것처럼, 전자의 스핀을 특정 축에 대하여 측정하고 나면 (양자역학의 불확정성원리에 의해) 다른 축을 선택했을 때 어떤 결과가 나왔을지 알아낼 방법이 없다.

자, 이제 대략적인 준비는 끝났다. 멀더의 실험과 전자의 스핀을 측정하는 실험은 이렇게 공통된 특성을 갖고 있으므로, 스컬리의 주장을 확인하는 실험은 곧바로 EPR의 주장을 확인하는 실험이 될 수 있다. EPR의 주장대로 전자가 모든 축에 대하여 명확한 스핀값을 갖고 있다면(즉, 감지기에 도달했을 때 어떤 값이 나올지 미리 결정되어 있다면), 우리는 다음과 같은 결과를 예측할 수 있다—측정하고자 하는 스핀의 방향을 무작위로 바꿔 가면서(두 감지기의 측정방향을 상대방과 아무런 연관도 없이 독립적으로, 그리고 무작위로 바꾸면서) 동일한 실험을 여러 번 실행했을 때, 두 전자의 스핀이 동일하게 나오는 경우(둘 다 시계방향, 또는 둘 다 반시계방향)가 전체 실행횟수의 50%를 넘어야 한다. 만일 두 전자의 스핀이 일치하지 않는 경우가 반 이상 나타난다면 EPR의 주장은 틀린 것이다!

이상이 바로 벨이 이루어 낸 위대한 발견이다. 두 개 이상의 축에 대하여 전자의 스핀을 측정할 수 없다 해도(각각의 뚜껑을 열었을 때 어떤 색을 보게 될지 알 수 없다 해도), 전자가 모든 축에 대하여 명확한 스핀을 갖고 있다는 것을 증명하려는 행위 자체는 "점 위에 올라앉을 수 있는 천사의 수"를 헤아리는 행위처럼 허황치만은 않다는 것이다. 벨은 입자가 명확한 스핀을 갖고 있는지의 여부를 판단할 수 있는 현실적인 검증방법을 창안하였다. 결국 벨은 세 개의 축이 이루는 세 개의 각도를 이용하여 파울리가 말한 '천사의 수'를 헤아리는 데 성공한 셈이다.

연기 없이 타는 불

벨의 발견과 관련된 내용 중 일부를 건너뛴 독자들을 위하여 지금까지 얻은 결론을 정리하고 넘어가기로 하자. 하이젠베르크의 불확정성원리에 의하면, 이 우주에는 정확한 값으로 동시에 존재할 수 없는 물리량(입자의 위치와 속도, 또는 여러 개의 축에 대한 입자의 스핀 등)들이 존재한다. 양자역학에 의하면 모든 입자는 정확한 위치와 정확한 속도를 동시에 가질 수 없으며 두 개 이상의 축에 대하여 정확한 스핀성분(시계방향, 또는 반시계방향)을 동시에 가질 수 없다. 일반적으로, 모든 입자는 불확정성의 쌍을 이루는 모든 양들을 동시에 정확한 값으로 갖고 있을 수 없다. 입자는 모호하고 불규칙한 양자적 세계에서 모든 가능성을 간직하고 있는 희한한 존재이다. 그러나 우리가 입자의 물리적 특성을 측정하면, 입자는 희한한 성질을 귀신같이 감추고 그 많은 가능성들 중에서 단 하나의 명확한 값을 우리에게 보여 준다. 두말할 것도 없이 이것은 고전적인 물리학의 세계와 전혀 딴판이다. 정말이지 달라도 너무 다르다.

양자역학에 대하여 회의적인 생각을 버리지 않았던 아인슈타인은 포돌스키, 로젠과 함께 양자역학의 특이한 성질을 반박의 무기로 삼았다. 그들(EPR)은 양자역학이 입자의 위치와 속도를 동시에 알아내지 못함에도 불구하고 입자는 '정확한 위치와 속도'라는 속성을 갖고 있다고 주장했다(뿐만 아니라 입자는 모든 축에 대한 스핀성분도 정확하게 갖고 있고 불확정성의 쌍을 이루는 모든 양들을 정확한 값으로 갖고 있다고 주장했다). 이런 이유로 양자역학은 물리적 실체를 다루지 못하는 불완전한 물리학이라는 것이 EPR이 내세운 반박의 요지였다.

그 후로 오랜 세월 동안 EPR의 반박은 물리학 문제라기보다 형이상학적 철학문제로 부각되면서 수많은 논쟁을 불러일으켰다. 파울리가 지적한 대로, 양자적 불확정성에 가려서 어떤 양을 측정할 수 없다면 그것이 숨겨진 실체로 존재하는 것과 아예 존재하지 않는 것 사이에 무슨 차이가 있겠는가? 상황이 여기서 끝났다면 이 문제는 영원한 미궁 속으로 빠졌을 것이다. 그러나 존 벨이 실험적인 검증방법을 찾아내면서 문제는 다시 물리학으로 되돌아왔고 물리적 실체에 대한 EPR의 주장은 본격적인 시험대에 오르게 되었다. 만일 EPR의 주장이 옳다면 멀리 떨어져 있는 두 대의 스핀 측정장치(임의로 설정한 축에 대하여 입자의 스핀성분을 측정하는 장치)로 전자의 스핀을 여러 번 반복 측정했을 때, 이들의 눈금이 서로 일치하는 경우는 전체 시행횟수의 50%를 넘어야 한다.

벨이 그 유명한 아이디어를 떠올린 것은 1964년의 일이었다. 그러나 당시에는 실험을 구현할 만한 장비가 없어서 역사적인 검증은 뒤로 미루어졌다. 그 후 1970년대 초반에 버클리 대학의 프리드만Stuart Freedman과 클라우

저John Clauser가 처음으로 실험에 성공하였고 텍사스 A&M대학의 프라이Edward Fry와 톰슨Randall Thompson이 프리드만의 실험결과를 재확인하였으며, 1980년대에 프랑스의 알랭 아스펙Alain Aspect과 그의 동료들은 최신장비를 동원하여 더욱 정밀한 실험을 구현하였다. 아스펙은 두 감지기 사이의 거리를 13m로 세팅하고 그 중간지점에 놓인 칼슘원자 컨테이너로부터 광자를 발사하였다. 개개의 칼슘원자는 두 개의 광자를 양쪽 방향으로 방출하면서 안정된 상태를 찾아가는데, 이때 방출된 광자들은 서로 완벽하게 연관되어 있다. 즉, 아스펙은 전자 대신 광자를 실험대상으로 삼은 것이다. 이 실험에서 감지기를 똑같이 세팅한다면(동일한 축에 대한 스핀을 측정하도록 설정해 둔다면) 두 광자의 스핀은 항상 동일한 값을 나타낼 것이다.

그러나 벨이 제안했던 실험의 핵심 포인트는 두 감지기의 세팅 상태를 무작위로 바꾸는 데 있다. 물론 아스펙도 이런 식으로 실험을 진행시켰다. 과연 어떤 결과가 나왔을까? 놀랍게도 **두 대의 감지기가 동일한 스핀 값을 나타내는 경우는 전체 시행횟수의 50%를 넘지 않았다.**

아스펙의 실험결과가 알려지면서 물리학계는 지구가 흔들리는 듯한 충격에 빠졌다. 그것은 진정 물리학사에 길이 남을 위대한 실험이었다. 그러나 여기에는 아직 미묘한 구석이 남아 있다. 왜 그럴까? 그 점에 대해서 잠시 생각해 보자. 아스펙의 실험결과에 의하면 EPR의 주장은 틀린 것으로 판명된다. 이론적으로 틀린 것이 아니라 직접적인 실험을 통해 오류가 입증된 것이다. EPR은 "불확정성원리에 의해 그 실체가 가려져 있지만, 모든 입자는 명확한 특성(임의의 축에 대한 스핀)을 갖고 있다"고 주장했고, 그것을 입증하는 논리도 제시했다. 그런데 왜 실험에서는 반대의 결과가 나온 것일까?

EPR은 어느 부분에서 오류를 범한 것일까? 그들이 펼친 논리의 저변에는 커다란 가정이 깔려 있다. "임의의 순간에 물체 A의 특성을 측정하여, 그와 떨어져 있는 다른 물체 B의 특성을 간접적으로 알아낸다면 물체 B는 '간접적으로 밝혀진' 그 특성을 계속해서 간직해 왔음이 분명하다"는 가정이 바로 그것이다. 기존의 상식으로 미루어볼 때 이 가정이 성립하지 않을 이유는 없을 것 같다. 당신이 '여기'에서 A의 특성을 관측하는 동안, B는 멀리 떨어진 '저기'에서 자신의 길을 가고 있다. A와 B는 공간적으로 분리되어 있으므로, A를 관측한 행위가 B에 영향을 줄 수는 없을 것 같다. 좀 더 정확하게 말하자면 이 세상의 어떤 물체나 신호도 빛보다 빠르게 이동할 수는 없기 때문에, 만에 하나 A와 B가 서로 영향을 주고받는다 해도(예를 들어 A가 자신의 스핀을 측정 당하는 순간 B에게 "이봐! 방금 인간들에게 내 스핀 값을 들켰어! 우리가 한 가족임을 보여 주려면 너도 나랑 같은 스핀을 가져야 해. 내 스핀은 지금 수직 축을 중심으로 시계방향이니까 너도 빨리 시계방향으로 돌아가는 모습을 보여 주라구!"라는 신호를 보낸다 해도) 그 신호가 상대방에게 도달하려면 최소한 빛이 그들 사이를 가로지르는 데 필요한 시간이 소요된다. 그런데 EPR의 논리나 실제 실험에서는 A와 B의 특성을 동시에 측정할 수 있다. 따라서 A를 측정하여 간접적으로 알아낸 B의 특성은 A를 측정하는 순간에(또는 그 직후에) 갑자기 나타난 게 아니라 원래부터 B에 내재되어 있는 속성이어야 한다. 우리가 온갖 실험장비를 동원하여 A를 아무리 못살게 굴어도, B의 속성은 이로부터 아무런 영향도 받지 않는다. 간단히 말해서 EPR의 핵심은, **당신이 '여기'에 있는 물체에게 무슨 짓을 하건 '저기'에 있는 물체는 아무런 관심도 갖지 않는다는 것이다.**

EPR의 생각이 맞는다면 두 대의 감지기가 같은 결과를 주는 경우는 전체 시행횟수의 반을 넘어야 한다. 그러나 아스펙의 실험결과는 그렇지 않았다. 그러므로 우리는 EPR이 은연중에 세운 가정이 틀렸음을 인정할 수밖에 없다. 그 가정이 아무리 그럴듯하다 해도, 좌우지간 우리가 살고 있는 우주에는 적용되지 않고 있는 것이다. 따라서 우리가 내릴 수 있는 결론은 다음과 같다 — **당신이 '여기'에 있는 물체에게 무슨 짓을 하면, '저기'에 있는**

물체는 지대한 관심을 갖는다!

양자역학에 의하면 우리가 물체를 측정할 때마다 물체는 자신의 특성을 무작위로 보여 준다고 하지만, 그 무작위라는 것은 이렇듯 공간을 가로질러서 연결되어 있다. 서로 연관성을 갖고 있는 한 쌍의 입자들이(이런 입자를 '얽힌 입자entangled particles'라 한다) 우리에게 측정 '당했을 때' 나타내는 값들은 상호 독립적이지 않다. 애틀랜틱시티와 라스베가스에서 각각 주사위를 굴렸는데 그 결과가 항상 일치한다면 이 한 쌍의 주사위는 마술을 부리고 있는 것이 분명하다. 그런데 얽힌 입자들에게 이것은 마술이 아니라 일상생활이다. 이들은 아무리 멀리 떨어져 있어도 결코 독자적인 행동을 하지 않는다.

아인슈타인과 포돌스키, 그리고 로젠의 목적은 양자역학이 불완전한 이론임을 입증하는 것이었다. 그러나 반세기가 지난 후 이론적인 보강과 영감어린 실험이 이루어지면서 EPR의 논리 중 가장 기본적이고 고전적인 부분에 오류가 있었음을 알게 되었다. 이 우주는 그들의 생각처럼 국소적이지 않았다. 한 장소에서 우리가 행한 행위의 결과는 다른 장소와 긴밀하게 연결되어 있었으며, 그렇다고 두 장소 사이에 모종의 신호가 오가는 것도 아니었다. 이처럼 즉각적인 장거리 상호관계가 가능하려면 입자는 서로 연관된 속성을 미리부터 갖고 있어야 한다는 것이 EPR의 주장이었으나 그들의 논리는 실험에 의해 잘못되었음이 입증되었고, 결국 물리학자들은 우주가 비국소적임을 인정해야만 했다.[14]

1997년, 제네바 대학의 니콜라스 기신Nicolas Gisin과 그의 동료들은 두 감지기 사이의 거리를 11km까지 띄워 놓고 아스펙의 실험을 재현하였다. 물론 실험결과는 전과 동일했다. 광자의 파장과 비교할 때 11km는 실로 엄청나게 먼 거리이다. 이 정도면 광자들 사이의 상호연관성이 공간을 초월하여 전달된다는 것을 사실로 받아들여야 한다.

"두 물체가 양자적으로 상호 연관되어 있으면 그 영향은 공간을 초월하여 즉각적으로 전달된다" — 이것은 수많은 물리학자들이 각고의 노력 끝에 얻은 결론이긴 하지만 쉽게 납득이 가지 않는다. 그러나 실험적 증거가 있는 한, 우리는 이 사실을 부정할 수 없다. 물리학자들은 이 현상을 가리켜 '양자적 얽힘quantum entanglement'이라고 부른다. 두 개의 광자 A, B가 서로 얽혀 있을 때, 특정 축에 대하여 A의 스핀을 측정하면 멀리 떨어져 있는 광자 B도 바로 그 순간부터 A와 동일한 스핀을 갖게 된다. 이곳에서 행해진 측정 행위가 멀리 떨어져 있는 광자 B에게 즉각적으로 영향력을 행사하여, 파동 확률로 존재하던 B의 특성이 단 하나의 명확한 값(A를 측정하여 얻은 값과 동일한 값)으로 탈바꿈한다는 것이다. 제아무리 열린 사고를 가진 사람이라 해도 쉽게 수긍이 가지는 않을 것이다.[+]

양자적 얽힘과 특수상대성이론: 표준적 관점

방금 나는 측정행위 자체가 멀리 떨어져 있는 입자의 속성을 변화시킨다고 말했다. 아직도 고전적인 선입견을 버리지 못한 사람은 이 말을 들으면서 무언가 구체적인 정보가 교환되는 장면을 떠올릴지도 모르지만, 앞에서 누누이 지적했던 것처럼 사실은 전혀 그렇지 않다. 앞으로 진도를 더 나가려면 이 점을 분명하게 이해해야 한다. 상식적으로 생각해볼 때, A가 B에게 영향을 미쳤다는 것은 A의 의지가 원인이 되고 B의 변화가 결과로 나타나는 일종의 인과율causality로 간주할 수 있다. 우리 모두는 이런 식의 사고패턴에

[+] 멀리 떨어져 있는 입자들 사이에 상호연관성이 존재한다는 것은 벨의 논리와 아스펙의 실험으로 확실하게 입증되었다. 나를 포함한 다수의 물리학자들은 두 입자들이 헤어지기 전부터 이미 명확한 특성을 갖고 있었다는 스컬리식 논리를 더 이상 믿지 않는다. 그러나 일부 학자들은 벨-아스펙의 결과를 다른 식으로 해석하여 어떻게든 비국소성의 충격을 완화시키려고 노력하고 있다. 이에 관하여 구체적인 내용을 알고 싶은 독자들은 후주에 소개된 문헌을 참고하기 바란다.[15]

이미 익숙해져 있다. 만일 두 광자 사이에 존재하는 '즉각적인 상호연관성'의 얼개가 이론적으로 규명된다면 특수상대성이론은 당장 설 자리를 잃게 된다. 아스펙의 실험에 의하면, 관측자의 입장에서 볼 때 그가 광자 A의 스핀을 측정하는 바로 그 순간에 멀리 떨어져 있는 광자 B는 즉각적으로 A와 동일한 스핀을 갖게 된다. 이때 A와 B 사이에 어떤 신호가 전달되는 것이라면, 신호의 속도는 무한대가 되어 특수상대성이론에 위배된다.

그러나 양자적 상호연관성과 특수상대성이론이 서로 모순되는 것처럼 보이는 것은 일종의 착각이라는 것이 대다수 물리학자들의 생각이다. 왜 그럴까? 직관적으로 생각해 보면 두 광자가 공간적으로 떨어져 있다 해도, 이들 사이에는 처음에 출발했던 공통의 원점으로부터 무언가 근본적인 연결고리가 있을 것 같다. 두 광자는 공간 속에서 서로 멀어져 가고 있지만 결코 남남이라고 할 수는 없다. 둘 사이의 거리가 아무리 멀어져도 이들은 어디까지나 한 물리계의 부분인 것이다. 그러므로 하나의 광자를 측정하는 행위가 다른 광자로 하여금 어떤 특정 값을 갖도록 '강제로 만든다'는 것은 별로 설득력이 없다. 그보다는 두 개의 광자가 하나의 실체를 이루고 있어서 하나의 광자를 관측했다는 것은 곧 실체를 관측한 것이고 그 결과가 자기자신에게 즉각적으로 영향을 미친다고 생각하는 편이 더 그럴듯하다.

이렇게 생각하면 두 광자 사이의 연결상태를 좀 더 쉽게 이해할 수 있다. 그러나 여기에는 한 가지 질문이 필연적으로 제기된다. "공간상으로 분리되어 있는 물체들이 어떻게 하나의 실체가 될 수 있는가?" 특수상대성이론에 의하면 그 어떤 것도 빛보다 빠르게 움직일 수 없다. 여기서 말하는 '어떤 것'이란, 일상적인 물질이나 에너지를 의미한다. 그런데 위에서 말한 연결관계는 어떤 물질이나 에너지가 전달되는 것이 아니기 때문에 속도를 측정할 만한 대상이 아예 없다. 그러나 여기서 특수상대성이론과 정면승부를 벌이면 어떤 해결책이 나올지도 모른다. 지금부터 과감하게 밀고 나가 보자. 물질과 에너지는 다른 곳으로 전달될 때 정보를 함께 전달한다는 공통점이 있다. 방송국의 송신탑에서 당신의 라디오로 전달되는 광자는 실로 다양한 정보를 전달하고 있다. 또한, 인터넷 케이블을 통해 전달되는 전자들도 우리에게 유용한 정보를 배달해 주고 있다. 그러므로 무언가가 빛보다 빠르게 움직이는 것으로 추정된다면 그것이 정보를 실어 나르고 있는지 확인하여 특수상대성이론과의 대립여부를 판단할 수 있다. 만일 정보를 실어 나르지 않는다면 "빛보다 빠르게 움직이는 물질(또는 에너지)은 존재하지 않는다"는 특수상대성이론의 대계명은 위배되지 않은 채로 남을 것이다. 사실 이것은 특수상대성이론에 위배되는 듯한 현상이 발견될 때마다 물리학자들이 흔히 사용하는 검증방법이다(실제로 모순을 일으킨 경우는 지금까지 단 한 번도 없었다). 지금부터 검증을 시작해 보자.

오른쪽과 왼쪽으로 움직이는 광자의 스핀을 측정함으로써 이들 사이에 어떤 정보가 교환되도록 만들 수 있을까? 없다. 불가능하다. 왜 그런가? 광자가 시계방향의 스핀을 가질 확률과 반시계방향 스핀을 가질 확률은 정확하게 똑같기 때문에 오른쪽, 또는 왼쪽 광자의 스핀을 측정해서 얻은 결과는 시계방향과 반시계방향의 무작위 수열을 이룬다. 측정결과가 어떻게 나올지 미리 예측할 방법은 없다(오직 확률만을 알 수 있다). 따라서 여기에는 어떤 메시지도, 숨겨진 암호도 없고 측정결과를 나열한 목록을 미리 예측할 수 있는 정보도 없다. 우리의 관심을 끄는 것은 두 광자를 관측한 결과가 항상 같다는 점인데, 이 사실도 두 개의 측정결과목록을 서로 비교해야 알 수 있고 비교를 하려면 빛보다 느린 신호(전화나 팩스, 또는 전자우편 등)를 사용하여 정보를 교환해야 한다. 그러므로 표준적인 관점에서 논하자면 하나의 광자를 측정하는 행위가 다른 광자에 즉각적인 영향을 준다 해도 이들 사이에 교환되는 정보는 없으며, 따라서 특수상대성이론이 공포한 속도의 한계는 여전히 그 효력을 잃지 않는다. 두 광자의 스핀은 서로 연관되어 있지만 이들 사이에는 아무런 정보도 교환되지 않으므로 전통적인 인과율을 위배하지 않는 것이다.

양자적 얽힘과 특수상대성이론: 상반된 관점

이것이 전부인가? 이것으로 양자적 비국소성과 특수상대성이론 사이의 상호모순은 모두 해결된 것인가? 아마도 그런 것 같다. 다수의 물리학자들은 위에 전개된 논리에 기초하여 "특수상대성이론과 아스펙의 실험은 조화롭게 공존할 수 있다"고 굳게 믿고 있다. 간단히 말해서, 특수상대성이론은 아슬아슬하게 위기를 넘긴 셈이다. 그러나 이 정도로는 만족하지 못하고 그 내막을 더욱 깊이 파고드는 물리학자들도 많이 있다.

나는 이론물리학자로서 기본적으로 공존가능성에 동의하는 입장이지만, 더 깊이 파고들 여지가 남아 있다는 의견에 굳이 반대하지는 않는다. 앞으로 이 현상에 관하여 부족했던 정보를 누군가가 알아낸다 해도, '멀리 떨어져 있으면서 양자적 무작위성을 따르는 입자들'은 여전히 긴밀한 관계를 유지할 것이며 한 입자가 갖는 물리적 특성은 다른 입자도 여전히 갖고 있을 것이다. 이런 점에서 보면 빛보다 빠른 무언가가 두 입자 사이를 오가면서 모종의 연결고리를 형성하고 있는 것 같기도 하다.

무엇이 정답인가? 누구나 인정하는 모범답안은 아직 없다. 일부 물리학자와 철학자들은 지금까지 진행되어 온 논의가 잘못되었음을 깨달아야 더 앞으로 나갈 수 있다고 주장하고 있다. 광속은 모든 속도의 한계를 의미하는 것이 아니라, 관측자의 운동상태에 상관없이 모든 관측자들의 눈에 '동일한 속도로 보이는' 기준의 역할을 한다는 것이 그들의 주장이다.[16] 사실, 특수상대성이론의 핵심은 모든 물체가 빛보다 빠를 수 없다는 금지조항이 아니라 수없이 다양한 관측자들의 관점이 모두 동등하다는 것이다. 그래서 이들은 다양한 속도로 움직이는 모든 관측자들의 동등함을 양자적으로 얽혀 있는 입자의 동등함으로 연결시켜서 특수상대성이론과의 타협을 시도하고 있다.[17] 그러나 이것은 결코 만만한 작업이 아니다. 이 내용을 좀 더 구체적으로 이해하기 위해 전통적인 양자역학적 관점에서 아스펙의 실험결과를 설명해 보자.

전통적인 양자역학에 의하면 우리가 관측을 시도하여 입자가 '여기'에 있다는 사실을 확인하는 순간, 입자의 확률파동은 급격하게 변한다. 관측 전에는 다양한 가능성이 파동의 형태로 공존하고 있다가, 일단 측정이 이루어지면 확률파동이 순간적으로 급격하게 변하면서 모든 가능성이 하나의 값(관측된 값)으로 집결되는 것이다(그림 4.7 참조). 물리학자들은 이 현상을 '확률파동의 붕괴collapse'라고 부르며, 측정 전에 그 지점에서의 확률파동 값이 클수록 그 지점으로 붕괴될 가능성이 높은 것으로 이해하고 있다. 다시 말해서, 확률파동이 큰 지점일수록 그곳에서 입자가 발견될 확률이 크다는 뜻이다. 표준이론에 의하면 이 붕괴현상은 우주 전역에 걸쳐서 동시에 나타난다. 입자의 위치가 알려지는 바로 그 순간에 다른 곳에서 입자가 발견될 확률은

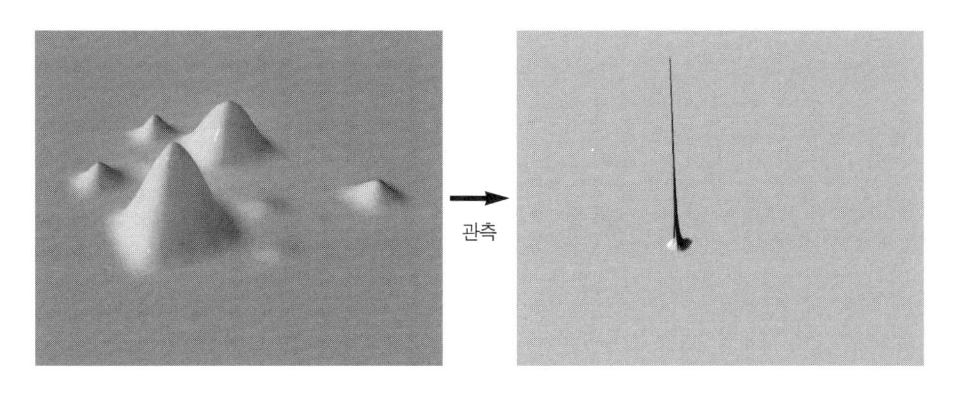

그림 4.7 입자가 어느 한 지점에서 관측되는 순간, 다른 지점에서 발견될 확률은 일제히 0으로 사라지고 그 지점에서 발견될 확률은 100%가 된다.

0으로 사라지는 것이다.

아스펙의 실험에서 왼쪽으로 움직이는 광자(L)의 스핀이 어떤 축에 대하여 시계방향으로 판명되면 바로 그 순간에 L의 확률파동이 전 우주적으로 동시에 붕괴되면서 반시계방향의 스핀을 가질 확률은 0으로 사라진다. 이 붕괴현상은 전 우주에 걸쳐 일어나므로, 오른쪽으로 움직이는 광자(R)가 있는 곳에서도 L의 확률파동은 붕괴된다. 그리고 여기에 영향을 받아서 R의 스핀이 반시계방향일 확률도 같이 붕괴되어 0으로 사라진다. 따라서 L과 R이 아무리 멀리 떨어져 있어도 R은 L로부터 즉각적으로 영향을 받아 L과 동일한 스핀을 갖게 된다. 전통적인 양자역학은 광자 L의 영향이 R에게 즉각적으로(빛보다 빠르게) 전달되는 현상을 이런 식으로 설명하고 있다.

이 과정은 양자역학의 수학을 이용하여 매우 정확하게 서술할 수 있다. 확률함수가 붕괴되면서 나타나는 원거리 영향은 아스펙의 실험에서 왼쪽 감지기와 오른쪽 감지기가 같은 값을 나타내는 횟수를 변화시킨다(측정하고자 하는 스핀의 중심축은 임의로 선택된다). 약간의 수학 계산을 거치면(관심 있는 독자들은 후주를 참조하기 바란다)[18] 두 대의 감지기가 측정한 스핀이 일치할 확률은 정확하게 50%이다(EPR의 국소적 우주가설이 맞는다면 50%가 넘어야 한다). 사실, 아스펙이 실험을 통해 얻은 결과도 정확하게 50%였다. 양자역학의 표준이론이 실험결과와 멋지게 맞아 들어간 것이다.

이것은 물리학사에 길이 남을 위대한 업적임에 틀림없지만, 문제가 완전하게 풀렸다고 볼 수는 없다. 지난 70여 년 동안 확률파동이 붕괴되는 구체적인 과정을 알아낸 사람은 아무도 없었다. 다만, 양자역학이 예견하는 확률이 측정결과와 잘 일치하기 때문에 확률파동이 붕괴한다는 가정을 세운 것뿐이다. 이 가정은 지금도 풀리지 않은 수수께끼로 남아 있다. 이것은 인위적으로 도입된 개념이기 때문에, 양자역학의 수학이나 실험적인 방법으로 파동함수의 붕괴를 설명할 수는 없다. 의문점은 이것 말고도 또 있다. 뉴욕시에 설치된 입자감지기에 전자의 스핀이 감지되었다고 해서, 저 멀리 안드로메다성운까지 퍼져 있는 전자의 확률파동이 어떻게 한순간에 붕괴될 수 있다는 말인가? 일단 뉴욕시에서 전자 하나가 발견되면, 그 전자는 절대로 안드로메다성운에서 발견되지 않는다. 이것은 너무나도 당연하다. 그런데 뉴욕시에서 실행된 관측의 파급효과가 어떻게 한순간에 전 우주로 퍼져 나갈 수 있다는 말인가? 안드로메다성운뿐만 아니라 전 우주에 퍼져 있는 전자의 확률파동이 어떻게 '동시에' 붕괴될 수 있는가?[19]

양자역학에서 관측과 관련된 문제는 7장에서 집중적으로 다룰 예정이다(확률파동의 붕괴라는 개념을 완전히 폐기하고 전혀 다른 설명을 채택한 이론도 7장에서 소개할 예정이다). 지금은 3장에서 언급했던 '동시성' 문제를 파동확률과 관련지어 다시 한 번 짚고 넘어가기로 하자. 특수상대성이론에 의하면 두 개의 사건이 한 관측자의 관점에서 동시에 일어났다 해도 다른 관측자가 볼 때는 동시가 아닐 수도 있다(이치와 스크래치가 기차를 타고 결투하던 장면을 떠올리기 바란다). 이 결과를 확률파동에 적용해 보면, 한 관측자가 볼 때 확률파동이 우주 전역에 걸쳐 동시에 붕괴됐다 해도 그에 대하여 움직이고 있는 다른 관측자의 눈에는 각 지점마다 시간차를 두고 붕괴되는 것처럼 보일 것이다. 뿐만 아니라, 움직이는 두 개의 전자를 관측할 때에도 어떤 관측자는 "왼쪽으로 움직이는 광자가 먼저 관측되었다"고 주장하는 반면에, 운동상태가 다른 관측자는 "오른쪽으로 움직이는 광자가 먼저 관측되었다"고 주장할 수도 있다. 물론, 3장에서 누누이 강조한 대로 두 사람의 주장은 똑같이 옳다. 즉, 확률파동의 붕괴가 실제로 일어나는 현상이라 해도, 어떤 광자가 어떤 광자에게 영향을 미쳤는지를 결정할 만한 객관적 기준이 없는 것이다. 그러므로 우리는 확률파동의 붕괴가 어떤 특별한 관점(파동의 붕괴가 전 우주에 걸쳐 동시에 일어난 것으로 보이는 관점, 또는 두 개의 광자가 동시에 관측된 것으로 보이는 관점)에서 일어난다고 생각할 수밖에 없다. 그러나 하나의 관점에 특별한 속성을 부과하는 것은 "모든 관점은 평등하다"는 특수상대성이론의 대원칙에 정면으로 위배된다. 이 난처한 상황을 피해 가기 위해 여러 가지 미봉책이 제시되었지만 아직도 이 문제는 수수께끼로 남아 있다.[20]

조화로운 공존상태를 인정하는 것이 물리학계의 주된 시각이긴 하지만, 아직도 일부 물리학자와 철학자들은 양자역학과 상호 연관된 입자들, 그리고 특수상대성이론 사이의 관계를 해결되지 않는 문제로 간주하고 있다. 내 생각에는 현재 받아들여지고 있는 관점이 결국 물리학계를 지배하게 될 것 같다. 그러나 물리학의 역사를 돌이켜 보면, 근본적이고 미묘한 문제들이 우주관을 송두리째 뒤엎는 경우가 종종 있었다. 앞으로 어떤 변화가 닥칠지는 아무도 예측할 수 없다.

어떤 결론을 내려야 하는가?

아인슈타인이 생각했던 우주는 벨의 논리와 아스펙의 실험에 의해 "마음속에 존재할 수는 있지만 실제로는 존재하지 않는" 우주로 판명되었다. 그의 우주는 '이곳'에서 행한 일이 '이곳'에만 영향을 주는 국소적 우주였다. 그러나 지금 우리는 이론이 아닌 실험데이터에 의해 우주가 비국소적임을 알게 되었다.

또한, 아인슈타인이 생각했던 우주는 모든 물체들이 명확한 물리적 속성을 갖고 있는 우주였다. 그 속에 존재하는 물체들은 외부의 관측자가 자신의 특성을 관측해 줄 때까지 기다리면서 모호한 경계에 걸쳐 있는 물체가 결코 아니었다. 대다수의 물리학자들은 이 점에서 아인슈타인이 틀렸다고 생각할 것이다. 그들은 입자의 특성을 관측해야 비로소 그 특성이 현실로 나타나며 (이 점에 관해서는 7장에서 좀 더 자세히 다룰 예정이다), 관측되지 않거나 주변환경과 상호작용을 하지 않는 입자의 특성은 다양한 가능성이 중첩되어 있는 모호한 형태로 존재한다고 믿고 있다. 달을 바라보거나 달과 상호작용을 하고 있는 주체가 전혀 없으면 달은 그곳에 존재하지 않는 거나 마찬가지라는 것이다.

과연 어느 쪽이 옳은가? 최종판단은 아직도 유보되고 있다. EPR은 멀리 떨어져 있는 입자들이 동일한 특성을 갖는 이유는 그들이 애초부터 동일한 특성을 갖고 있었기 때문이라고 생각했다(두 입자는 동일한 과거를 갖고 있기 때문에 상호 연관되어 있다). 그로부터 수십 년 후, 혜성같이 등장한 벨의 논리와 아스펙의 실험데이터는 아인슈타인의 우주를 부정하고 비국소적인 우주를 새로운 대안으로 제시하였다. 그러나 아인슈타인식 논리가 비국소성의 신비한 성질을 설명하지 못한다고 해서, 모든 입자들이 명확한 성질을 갖고 있지 않다고 단정 지을 수 있는 것은 아니다. 아스펙의 실험결과는 국소적 우주의 가능성을 없애 버렸지만, 입자가 숨겨진 특성을 갖고 있을 가능성만은 완전히 배제하지 못했다.

1950년대에 보옴은 비국소성과 숨은 변수를 조화롭게 연결시키는 새로운 양자역학체계를 제안하였다. 보옴의 이론에서도 불확정성원리는 그대로 성립하여 입자의 위치와 속도를 동시에 정확하게 측정할 수 없지만, 그럼에도 불구하고 입자는 항상 명확한 위치와 속도를 갖고 있다. 보옴이 제안한 양자역학을 물리계에 적용하면 기존의 양자역학과 동일한 결과가 얻어진다. 그러나 보옴은 '멀리 떨어져 있는 지점에 가해진 조건에 따라 (이곳에 있는) 입자에 작용하는 힘이 즉각적으로 영향을 받는' 더욱 대담한 비국소적 요소를 자신의 이론에 포함시킴으로써 아인슈타인이 추구했던 고전적 우주관에 조금 더 가깝게 다가갈 수 있었다. 비국소성의 정도가 이전보다 훨씬 강력해져서 그의 이론은 더욱 수용되기 어려웠지만 아인슈타인에게는 어느 정도 위안이 되었을 것이다.

아인슈타인과 포돌스키, 로젠, 보옴, 벨, 아스펙 등의 업적으로 새롭게 알려진 사실 중에서 가장 충격적인 것은 '우주의 국소성을 포기해야 한다'는 것이다. 과거에 서로 연관되어 있었던 물체들은 지금 우주의 반대편에 있다 해도 양자적으로 얽힌 '한몸'으로 간주해야 한다. 이런 물체들은 아무리 멀리 떨어져 있어도 '획일적인 무작위성'을 갖는다(즉, 이들의 특성을 측정하면 매번 다른 값이 얻어지지만 이들끼리는 항상 일치한다는 뜻이다: 옮긴이).

우리는 공간의 기본적인 특성이 하나의 물체와 다른 물체를 구별 짓는 것이라고 생각해 왔다. 그러나 양자역학은 우주의 반대편에 있는 두 물체도 서로 밀접하게 연관될 수 있다는 것을 우리에게 보여 주었다. 양자적 연결고리는 두 물체를 하나로 묶어서 서로 영향을 주고받도록 만들어 주고 있다. 공간은 이렇게 상호 연관된 물체를 구별하지 않으며, 그들 사이의 상호관계를 끊을 수 없다. 두 물체가 아무리 멀리 떨어져 있어도 양자적 연결고리는 결코 그들 사이에 놓인 공간 때문에 약해지지 않는다.

일부 학자들은 이를 두고 "모든 것은 다른 모든 것들과 연결되어 있다"거나 "양자역학은 우리를 우주 전체와 얽힌 관계로 만들어 놓았다"고 표현한다. 빅뱅이 일어날 때 공간을 비롯한 모든 만물은 한곳에서 쏟아져 나왔으므로, 지금 우리의 눈에 다른 지점으로 보이는 공간들도 빅뱅이 일어나기 전에는 동일한 지점이었을 것이다. 하나의 칼슘원자에서 방출된 두 개의 광자처럼, 우주에 산재하는 모든 만물은 태초에 한 지점에서 탄생하였다. 따라서 우주의 근원까지 추적해 들어간다면 모든 만물은 양자적으로 얽혀 있다고 말할 수도 있을 것이다.

나 자신도 감상적인 사람이긴 하지만, 양자적 연결관계를 온 우주만물로 확장시키는 것은 지나치게 감상적이며 과장된 표현이라고 생각한다. 칼슘원자에서 방출된 두 개의 광자 사이에는 양자적 상호연관성이 존재하지만 그 얼개는 지극히 미묘하고 섬세하다. 아스펙이 그 유명한 실험을 할 때, 칼슘

원자에서 방출된 전자는 감지기에 도달할 때까지 털끝만큼의 방해도 받지 않아야 했다. 만일 전자가 이동 중에 다른 입자와 충돌하거나 감지기 이외의 다른 장애물 때문에 방해를 받는다면 광자들 사이의 상호연관성을 규명하는 작업은 끔찍하게 어려워졌을 것이다. 이렇게 되면 두 광자 사이의 상호관계보다 광자와 주변 물체들 사이의 상호관계가 실험결과를 대부분 좌우할 것이기 때문이다. 방해요인이 많아질수록 양자적 얽힘은 점차 그 범위가 넓어지면서 감지가 거의 불가능해진다. 실제로 실험실에서 방해요인을 제거하는데 각별한 신경을 쓰지 않으면 광자들 사이의 양자적 상호관계는 깨끗하게 사라져 버릴 것이다.

그러나 양자적 상호연관성이 존재한다는 주장만으로도 물리학자들은 대단한 충격을 받았다. 그리고 그 주장이 실험을 거쳐 사실로 확인되면서 물리학자들은 경악을 금치 못했다. 이제 공간은 더 이상 우리가 생각했던 공간이 아닌 것이다.

그렇다면 시간은 어떨까? 시간도 공간만큼이나 희한한 속성을 갖고 있을까?

II

시간과 경험

제5장

얼어붙은 강

시간은 정말로 흐르고 있는가?

시간은 우리에게 가장 친숙하면서도 가장 이해하기 어려운 개념이다. 우리는 시간이 '흘러간다' 고 말하기도 하고, 사업가들은 돈에 비유하기도 한다. 그만큼 소중한 시간이기에 가능하면 아껴 쓰려고 노력하고, 낭비했다는 생각이 들면 몹시 심란해진다. 그런데, 대체 시간의 정체는 무엇일까? 우리는 흔히 시계나 달력을 보면서 시간이 흘러갔다는 사실을 문득 깨닫곤 한다. 2000년대를 사는 우리들은 과거의 선조들보다 시간의 속성을 더 깊이 이해하고 있을까? 어떤 면에서 보면 그렇고, 달리 생각해 보면 별로 그렇지도 않다. 인간은 지난 수백 년 동안 시간의 수수께끼를 풀기 위해 많은 노력을 해 왔고 개중에는 극적으로 해결된 부분도 있지만, 대부분은 여전히 풀리지 않은 채로 남아 있다. 시간은 어디서 왔는가? 공간의 차원이 여러 개인 것처럼, 시간도 두 개 이상의 방향으로 흐를 수 있는가? 과거로의 여행은 과연 가능한가? 만일 과거로 갈 수 있다면 과거에 이미 벌어진 사건을 바꿀 수도 있을까? 시간도 양자처럼 최소단위를 갖고 있는가? 시간은 우주를 구성하는 기본적인 요소인가? 아니면 우주의 기본법칙 목록에는 올라 있지 않지만 인간의 편의를 위해 도입된 추상적인 개념인가? 혹시 시간은 아직 발견되지 않은 근본적인 그 무엇으로부터 파생된 이차적 개념은 아닐까?

이 질문에 납득할 만한 해답을 찾는다면, 현대과학은 또 한 번의 혁명적인 변화를 겪게 될 것이다. 그러나 시간문제에 관한 한, 우리의 일상적인 경험은 우주적 수수께끼와 직접 연관되어 있기 때문에 아무리 사소한 질문이라고 해도 해답을 찾기가 결코 쉽지 않다.

시간과 경험

"누구에게나 공평하게, 그리고 누가 봐도 동일하게" 흐른다는 시간의 보편성과 절대성은 특수상대성이론과 일반상대성이론의 등장과 함께 완전히 폐기처분 되었다. 상대성이론에 의해 시간은 상대적이고 개인적인 개념이 된 것이다. 우리 모두는 자신의 운동상태에 따라 나름대로의 시간을 느끼면서, 오로지 한 방향으로 흐르는 무자비한 시간에 떠밀려 매 순간을 이동하고 있다. 일상생활 속에서 내가 차고 다니는 시계는 항상 균일한 속도로 가는 것처럼 보이고, 다른 사람의 시계도 내 것과 똑같은 속도로 가는 듯이 보인다. 그러나 아주 빠른 속도로 이동하면서 정지해 있는 사람의 시간과 내 시간을 비교해 보면 현격한 차이가 난다. 타인의 시간과 나의 시간은 같을 이유가 전혀 없는 것이다.

직접 눈으로 확인한 적은 없겠지만, 일단 상대성이론을 받아들이기로 하자. 그러나 상대성이론을 수용한다 해도 시간에 대한 의문은 여전히 풀리지 않는다. 내가 느끼는 시간의 진정한 속성은 무엇인가? 다른 사람과의 비교는 차치하더라도, 지금 당장 내가 느끼고 인식하는 시간의 정체는 무엇인가? 시간의 특성은 우리의 경험 속에 그대로 반영되어 있는가?

우리의 경험은 과거와 미래가 전혀 다르다는 것을 설득력 있게 보여 주고 있다. 미래는 가능성으로 가득 차 있는 반면, 과거는 이미 일어난 사건들의 집합에 불과하다. 미래는 개인의 취향에 따라 계획될 수 있고 얼마든지 바꿀 수도 있지만, 한번 흘러간 과거는 절대로 바꿀 수 없다. 그리고 과거와 미래 사이에 끼어 있는 '지금'이라는 순간은 끊임없이 과거로 이동하면서 미래의 새로운 순간들이 그 자리를 메우고 있다. 지금도 시간은 완벽하게 균일한 리듬을 유지한 채 '지금'이라는 덧없는 순간을 거쳐 과거로 흘러가고 있다.

또한, 우리의 경험에 의하면 모든 사건들은 오직 한쪽 방향으로만 진행된다. 일단 우유를 엎지른 다음에는 아무리 울어 봐야 소용이 없다. 바닥에 흩어진 우유는 컵 안으로 다시 되돌아오지 않기 때문이다. 엎질러진 우유가 스스로 뭉치면서 마룻바닥을 박차고 뛰어올라와 탁자 위에 놓인 컵 안으로 되돌아오는 광경을 본 사람은 어디에도 없다. 우리가 살고 있는 세상은 다분히 일방통행적이어서, '이런' 상태가 '저런' 상태로 바뀔 수는 있지만 '저런' 상태가 '이런' 상태로 바뀌는 사건은 결코 자발적으로 일어나지 않는다.

그러므로 시간에 관한 우리의 경험은 두 가지로 요약된다. 첫째, 시간은 어떻게든 '흘러가는 것처럼' 보인다. 시간의 강둑에 서서 바라보면, 거스를 수 없는 시간의 흐름이 미래로부터 우리에게 다가오고 눈앞에 있는 지금은 매 순간 과거를 향해 흘러가고 있다. 어느 누구도 이 고고한 흐름을 막을 수는 없다. 이런 소극적인 비유가 마음에 들지 않는다면 다른 식으로 비유를 들어 보자. 우리는 지금 뗏목을 타고 한쪽 방향으로만 흐르는 시간의 강을 따라 흘러가고 있다. 주변의 풍경은 우리 눈앞을 스쳐 가는 순간 과거가 되고, 저 앞에는 미래가 기다리고 있다. 실제의 강은 바다로 흘러가지만 시간의 강은 바다도 없이 영원히 뻗어 있다(인간은 오랜 경험을 통해 시간을 은유적으로 표현하는 다양한 기법들을 개발해 왔다). 둘째, 시간은 화살처럼 방향성을 갖고 있다. 시간은 오직 한 방향으로만 흘러간다. 그래서 모든 사건들은 고

유한 순서를 따라 진행된다. 누군가가 '컵 안에 들어 있는 우유가 쏟아지는 장면'을 찍은 영화필름을 각 프레임마다 일일이 가위질을 하여 잘라 놓았다면, 그 필름조각을 원래의 순서대로 재배열시킬 수 있을까? 물론이다. 이런 일은 영화제작자의 도움 없이도 얼마든지 할 수 있다. 시간은 언제나 과거에서 미래를 향해 흘러가고 모든 사건과 사물들(엎질러진 우유, 깨지는 계란, 타들어가는 양초, 늙어 가는 사람 등)은 일제히 시간이 흘러가는 방향을 따라 진행된다.

이렇듯 너무나 당연하고 상식적인 시간의 특성을 생각하다 보면 한 가지 의문이 떠오른다. 시간은 정말로 '흘러가는' 것일까? 만일 그렇다면 구체적으로 무엇이 흘러가고 있으며, 흐르는 속도는 얼마인가? 시간은 정말로 특정한 방향성을 갖고 있는가? 공간은 시간과 달리 고유한 방향을 갖고 있지 않다. 우주 공간을 표류하고 있는 사람에게는 왼쪽과 오른쪽, 앞과 뒤, 위쪽과 아래쪽의 구별이 없다. 그에게는 모든 방향이 똑같다. 그런데 왜 유독 시간은 방향성을 갖고 있는 것처럼 보이는가? 만일 시간이 정말로 방향성을 갖고 있다면 그 방향은 절대적인 것인가? 우리가 느끼는 시간과 반대 방향으로 움직이는 존재도 있을까?

지금부터 고전물리학의 범위 안에서 이 문제들을 찬찬히 살펴보자. 5장과 6장(여기서는 시간의 흐름과 시간의 방향을 별개의 문제로 다룰 것이다)에서는 양자적 확률과 양자적 불확정성을 무시하고, 오직 고전적인 관점으로 시간에 접근할 것이다. 여기서 알게 될 내용들은 나중에 7장에서 양자역학적 시간을 고려할 때에도 유용하게 써먹을 수 있다.

시간은 정말로 흐르고 있는가?

지각이 있는 생명체, 특히 인간에게 이것은 너무도 뻔한 질문이다. 나는 지금 이 글을 써 내려가면서도 시간의 흐름을 '느끼고' 있다. 이 글을 읽고 있는 독자들도 단어를 하나씩 읽어 내려가면서 시간의 흐름을 느끼고 있을 것이다. 그러나 직관적으로는 이렇듯 뻔한 사실을 물리학의 법칙으로 표현하려 들면 갑자기 아무런 생각도 떠오르지 않는다. 물리학자들은 시간의 흐름을 물리적 법칙으로 표현하려고 무진 노력을 해 왔으나, 아직 그 누구도 성공하지 못했다. 사실, 아인슈타인의 특수상대성이론에 입각해서 보면 '시간은 흐르지 않는다'는 표현이 더 적절한 것 같다.

왜 그런가? 3장에서 도입했던 '시공간의 빵 자르기' 문제를 다시 떠올려 보자. 빵을 잘라 낸 하나의 조각은 한 관찰자가 바라보는 '지금'에 해당된다. 즉, 각각의 조각은 한 관찰자의 관점에서 특정 시간에 바라본 공간이 되는 셈이다. 그리고 모든 조각들을 관측자가 느끼는 시간의 흐름에 따라 순서대로 겹쳐 놓으면 시공간(의 일부분)이 된다. 여기서 사고의 스케일을 과감하게 확장하여 빵의 한 조각에 '우주 전체'의 모습을 담고 이런 조각을 태초의 과거부터 까마득한 미래까지 겹쳐 놓으면 모든 우주가 모든 시간대에 걸쳐 있는 거대한 빵, 즉 거대한 시공간이 만들어진다. 이렇게 하면 우주에서 일어난(또는 앞으로 일어날) 모든 사건은 거대한 빵 속의 한 점으로 표현될 수 있다.

이 거대한 시공간은 그림 5.1에 개략적으로 표현되어 있다. 독자들은 이 그림을 보면서 머릿속이 잠시 혼란스러울지도 모른다. "아니, 나도 우주 속에 포함되어 있는데 이렇게 우주의 시공간을 바깥에서 바라본다는 게 말이 되나?" 물론 말이 안 된다. 4차원의 방대한 시공간을 어떻게 A4용지보다도 작은 2차원 평면 위에 그릴 수 있겠는가? 이 그림은 독자들의 이해를 위해 그려 넣은 것 뿐, 사실하고는 거리가 멀다. 우주의 시공간을 이렇게 바깥에서 바라보는 것은(적어도 이 우주 안에서는) 불가능하다. 인간을 비롯한 우주 만물들은 모두 시공간 안에 존재한다. 당신과 내가 겪었던 모든 경험은 어떤 특정 시간에 공간상의 한 점에서 일어났다. 그림 5.1은 모든 우주공간과 모든 시간을 담고 있으므로(그렇게 봐주기 바란다) 여기에는 당신과 내가 겪었던 모든 경험들뿐만 아니라 모든 사람, 모든 사물의 모든 역사가 고스란히 담겨 있다. 그림에 현미경을 대고 확대해서 지구의 궤적을 자세히 살펴보면 알렉산더 대왕을 가르치고 있는 아리스토텔레스와 모나리자를 그리고 있는 레오나르도 다빈치, 나무를 도끼로 잘라 낸 뒤 아버지에게 용서를 구하는 조지 워싱턴 등을 볼 수 있고, 왼쪽에서 오른쪽으로 계속 훑어 나가다 보면 당신의 할머니가 귀여운 아기로서 기어다니는 모습, 열 살 난 당신의 할아버지가 옆집 여자아이에게 장난치는 모습, 당신이 초등학교에 처음 입학하던 모습 등을 볼 수 있다 여기서 오른쪽으로 더 이동하면 지금 책을 읽고 있는 당신의 모습을 지나 당신의 손녀의 손녀가 태어나는 장면, 그리고 그 아이가 대

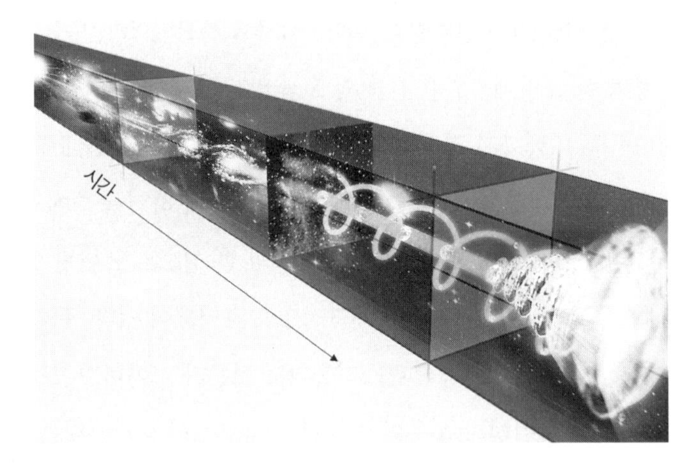

그림 5.1 모든 공간과 모든 시간을 담고 있는 우주의 시공간(이 그림에는 그 중 일부만 표현되어 있다). 과거에 형성된 은하와 태양, 지구 등이 시공간에서 각자의 길을 가고 있다. 그림의 오른쪽 끝에는 태양이 적색거성으로 변하여 지구를 삼키는 미래의 사건이 표현되어 있다.

통령 취임선언문을 읽는 감격스러운 장면도 보일 것이다. 안타깝게도 그림 5.1은 해상도가 매우 떨어져서 이 모든 장면들을 보여줄 수는 없지만, 아무튼 여기에는 가스구름으로부터 태양과 지구가 생성되는 장면과 수명을 다한 태양이 적색거성이 되어 지구를 삼켜 버리는 장면까지 고스란히 담겨 있다.

위에서 지적한 대로, 그림 5.1은 가상의 관점에서 바라본 그림이다. 이 장면을 바라보고 있는 관측자는 어떤 시간과 공간에도 속해 있지 않으므로, 단적으로 말하자면 '시공을 초월한' 관점인 셈이다. 물론 현실적인 우주에서는 이런 관점에서 우주를 바라볼 수 없다. 그러나 이렇게 시공간에서 벗어난 가상의 관점을 도입하면 시간과 공간의 특성을 효율적으로 분석할 수 있다. 예를 들어, 시간의 흐름이라는 직관적인 감각은 그림 5.1을 통해 효과적으로 가시화시킬 수 있다. 시간의 흐름이란, 시공간의 그림에서 오른쪽(그림에 따라서는 왼쪽)으로 옮겨가는 것을 뜻한다. 이제, 한 번에 시공간의 한 단면만을 비춰서 밝게 보여 주는 빔 프로젝터를 특별히 주문 제작하여 그림 5.1의 시공간에 비춰 보자(시간 축을 따라 겹쳐 있는 무한히 많은 단면들 중 하나만을 골라서 비춘다는 뜻이다. 프로젝터의 작동원리는 대충 생략하고 넘어가자). 프로젝터가 현재 비추고 있는 단면을 '지금'으로 간주한다. 그러면 프로젝터는 지금에 해당되는 단면을 순간적으로 비추다가 곧바로 다음 단면으로 넘어가고, 방금 전에 비췄던 단면은 다시 어두워지면서 과거 속에 묻히게 된다. 이런 식으로 시간의 흐름을 가시화시키면, 지금 당장 프로젝터는 지구라는 행성의 한곳에 앉아 지금 이 단어를 읽고 있는 당신의 모습이 담긴 하나의 단면을 비출 것이다. 그리고 잠시 후에는 그 다음 슬라이드 단면, 즉 이 단어를 읽고 있는 당신의 모습이 담긴 단면을 비출 것이다. 이런 식으로 프로젝터가 비추는 단면들을 모두 조합하면 책을 읽고 있는 당신의 모습이 시공간에서 재현된다. 그런데 '움직이는 프로젝터의 빛'을 물리법칙으로 어떻게 나타내야 하는가? 많은 사람들이 그 방법을 백방으로 찾아보았지만 아무도 실현시키지 못했다. 잠시도 쉬지 않고 미래를 향해 흘러가는 시간 속에서 우리가 느낄 수 있는 유일한 현실은 '지금'뿐이다. 그러나 물리학자들은 지금 이 순간을 과거와 미래로부터 골라내는 법칙을 아직도 찾지 못하고 있다.

그림 5.1은 가상의 관점에서 그린 그림이지만, 눈앞에 놓고 곰곰 생각해 보면 전체 시공간(잘라 낸 조각 말고 빵 전체)은 허구나 상상이 아닌 하나의 실체임을 알 수 있다. 아인슈타인의 특수상대성이론은 (겉으로 드러내놓고 강조하진 않았지만) 모든 시간을 동등하게 취급하고 있다. 물론 우리가 세상을 바라볼 때는 과거나 미래보다 지금이 훨씬 더 현실적이고 훨씬 중요하게 취급되지만 상대성이론은 우리의 직관을 뒤엎고 모든 순간들이 똑같이 현실적이라고 선언했다. 우리는 3장에서 회전하는 물통을 특수상대성이론으로 분석할 때 이 문제를 다룬 적이 있다. 거기서 우리는 다소 간접적인 논리를 통해 아인슈타인의 시공간이 가속운동의 여부를 판단하는 기준이라고 결론지었었다. 지금 우리는 조금 다른 관점에서 시공간의 불변성을 논하는 중이다. 즉, 그림 5.1에 제시된 시공간의 각 지점들은 어느 것 하나 특별할 것 없이 모두 동등하다는 것이다. 아인슈타인은 과거, 현재, 미래가 똑같이 현실적이기 때문에 시간의 흐름은 인간의 불완전한 감각이 느끼는 일종의 환상이라고 믿었다.

끈질긴 환영 — 과거, 현재, 미래

아인슈타인의 관점을 제대로 이해하려면 '주어진 한 순간에 존재하는 실체'의 의미를 정확하게 정의해야 한다. 일반적인 방법은 다음과 같다 — "지금 이 순간에 존재하는 것은 무엇인가?" 나는 이 질문을 들으면 마음속에 지금 이 순간 우주의 모습을 찍은 거대한 사진 한 장을 떠올린다. 나는 지금 타자를 치면서 주변에 존재하는 모든 실체들을 인식하고 있다. 부엌에 걸린 시계가 가는 소리, 마루에서 창문으로 뛰어오르는 고양이, 더블린의 아침을 밝히는 햇살, 동경 주식거래소에서 사람들이 고함치는 소리, 태양의 내부에서 지금 핵융합반응을 하고 있는 수소원자, 오리온 성운에서 방출되는 광자, 수명을 다하여 블랙홀이 되기 직전에 놓인 별 등등. 이 모든 것들은 '지금'이라는 하나의 사진 속에 담겨 있다. 이 사건들은 한결같이 지금 이 순간에 일어나고 있기 때문에 나는 그들이 "지금 존재한다"고 자신 있게 말할 수 있다. 샤를마뉴 대제는 지금 존재하는가? 아니다. 네로는 지금 존재하는가? 아니다. 링컨은 지금 존재하는가? 역시 아니다. 엘비스는? 턱도 없는 소리다. 이들은 내가 갖고 있는 '지금 존재하는 것들의 목록'에 올라 있지 않다. 서기 2300년이나 3500년, 또는 5700년에 태어난 사람은 지금 존재하는가? 물론 존재하지 않는다. 이들 역시 '지금'이라는 한 장의 사진에 포함되어 있지 않으며, 따라서 '지금 존재하는 것들의 목록(줄여서 지금-목록이라고 하자)'에도 들어 있지 않다. 그러므로 나는 자신에 찬 목소리로 "그들은 지금 존재하지 않는다!"고 말할 수 있는 것이다. 이것이 바로 주어진 한 순간에 존재하는 실체를 정의하는 방법이다. 우리는 '존재'라는 것을 생각할 때 흔히 암묵적으로 이 방법을 사용하고 있다.

앞으로 나는 이 개념을 자주 사용할 것이다. 단, 여기에는 한 가지 짚고 넘어갈 부분이 있다. 위에서 언급한 지금-목록은 엄밀한 의미에서 볼 때 사실과 조금 다르다. 이 목록에는 지금 이 순간에 존재하고 있는 모든 것들이 망라되어 있는데, 사실 우리의 눈에 보이는 물체의 모습은 지금 이 순간의 모습이 아니다. 물체에서 반사된 빛이 우리의 눈에 들어올 때까지는 어쨌거나 시간이 걸리기 때문이다. 따라서 지금 당신이 보고 있는 물체는 지금의 모습이 아니라 과거의 모습이다. 심지어는 지금 당신이 보고 있는 이 페이지의 단어들조차 지금의 모습이 아니다. 당신의 눈과 책 사이의 거리가 1피트라면, 당신의 눈에 들어오는 글자는 지금으로부터 10억분의 1초 전의 모습이다. 그랜드캐니언에서 바라보이는 풍경은 대략 일만분의 1초 전의 모습이며, 달은 약 1.5초 전의 모습이다. 우리의 눈에 보이는 태양은 약 8분 전의 모습이고, 맨눈으로 보이는 별들은 수년~10,000년 전의 모습이다. 게다가 우리의 눈과 주변 물체들 사이의 거리는 모두 제 각각이므로 눈에 보이는 특정 순간의 풍경은 동시에 존재하는 물체들로 이루어져 있지 않다. 그러나 당신과 주변 물체들 사이의 거리를 모두 알고 있다면 그로부터 반사된(또는 발광된) 빛이 우리의 눈에 도달하는 데 걸리는 시간을 일일이 계산하여 시간차를 보정해 줌으로써, 진정한 지금-목록을 작성할 수 있다. 그래서 앞으로 언급되는 지금-목록(또는 주어진 한 순간에 우주 전체의 모습을 찍은 스냅샷. 이 스냅샷은 현실적으로는 불가능하지만 머릿속에 그려볼 수는 있다)은 이 번거로운 절차를 모두 거쳐서 만들어진 목록이라고 가정하기로 한다.

지금까지 말한 '실체를 정의하는 방법'은 직관적으로 너무나 당연하여 별로 새로운 내용이 없어 보이지만, 이것을 잘 이용하면 엄청나게 중요한 정보를 얻을 수 있다. 뉴턴의 절대공간과 절대시간 개념에 의하면, 모든 사람이 어느 한 순간에 찍은 우주의 스냅샷에는 동일한 사건들이 기록되어 있다(물론 바라보는 각도나 거리에 따라 구체적인 모양은 다르겠지만 지금 중요한 것은 사건의 겉모습이 아니라 동시성이므로 모든 사진은 동일하다고 간주해도 상관없다). 어느 한 사람이 느끼는 '지금'은 다른 사람에게도 '지금'이어야 한다. 어떤 사람이나 사물이 당신의 지금-목록에 들어 있다면 그것은 내가 갖고 있는 지금-목록에도 들어 있어야 한다. 보통 사람들의 직관은 이 범주를 넘지 않는다. 그러나 특수상대성이론은 전혀 다른 주장을 하고 있다. 잠시 그림 3.4로 되돌아가 보자. 그림에서 보다시피 서로에 대해 움직이고 있는 두 사람의 관측자는 각기 다른 '지금'을 보고 있다(그림에 나와 있는 두 사람은 관측자가 아니라 관측당하고 있는 사람들이다. 관측자는 그림에 나와 있지 않다: 옮긴이). 그들이 느끼는 '지금'

의 풍경은 한 장의 단면도에 기록되어 있는데, 이 단면이 상대속도에 따라 특정 각도만큼 돌아가 있기 때문이다. 이렇게 '지금'이 서로 다르다면 두 사람의 관측자들이 작성한 지금-목록도 당연히 다를 것이다. 그러므로 서로에 대해 상대적으로 움직이고 있는 관측자들은 주어진 한 순간에 서로 다른 '지금'을 느끼고 있으며, 따라서 이들은 실체reality에 대하여 서로 다른 개념을 갖고 있다.

두 사람의 상대속도가 시속 수백 마일 정도였다면 시간단면이 돌아간 각도가 아주 미미하여 두 개의 단면은 거의 동일한 사건을 담고 있을 것이다. 일상적인 삶 속에서 모든 사람들의 '지금'이 일치하는 것처럼 보이는 것은 바로 이런 이유 때문이다. 그래서 특수상대성이론은 상대론적 효과를 강조하기 위해 상대속도가 거의 광속에 가까운 극단적인 경우를 예로 들고 있다. 그러나 굳이 물체의 속도를 비현실적으로 키우지 않고서도 특수상대성이론의 효과를 강조하는 방법이 있다. 게다가 실체의 개념을 따질 때는 이 방법이 훨씬 더 효과적이다. 어떻게 하면 극적인 효과를 볼 수 있을까? 그 원리는 다음과 같다. 만일 당신과 내가 하나의 빵을 놓고 약간 다른 각도로 썰어가

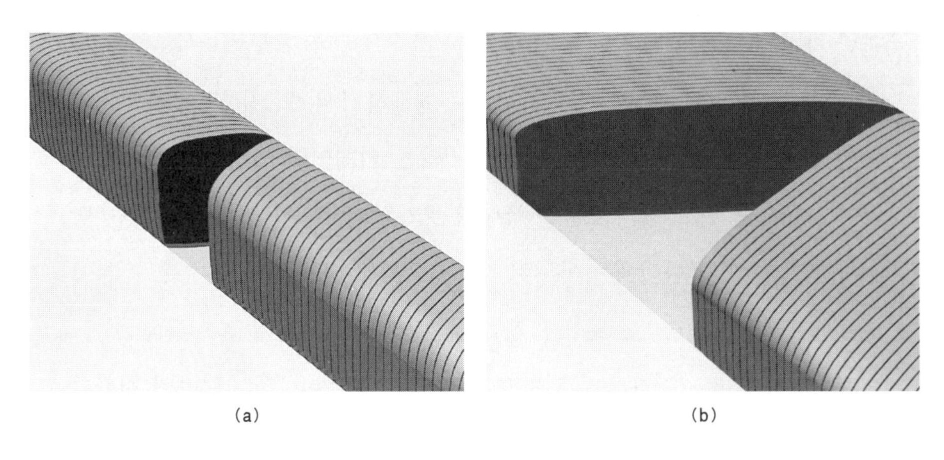

그림 5.2 (a) 보통 크기의 빵을 양쪽 끝에서 조금 다른 방향으로 썰어 나가면 중앙에는 조그만 틈이 생긴다. (b) 빵이 엄청나게 크면 썰어 나간 각도의 차이가 작아도 거대한 틈이 생긴다.

고 있다면 그 단면들은 평행하게 자른 단면과 크게 다르지 않을 것이다. 그러나 빵의 크기가 엄청나게 크다면 사정은 달라진다. 집에서 흔히 사용하는 가위를 예로 들어 보자. 손잡이 쪽의 가위 날을 아주 작은 각도로 벌렸을 때, 가위의 양끝은 제법 큰 폭으로 벌어지게 된다. 엄청나게 큰 가위였다면 날 끝의 간격도 엄청나게 멀어질 것이다. 이와 마찬가지로, 엄청나게 큰 빵을 양쪽 끝에서 조금 다른 각도로 잘라나간다면, 두 개의 칼이 만나는 지점에서 그림 5.2와 같이 엄청나게 큰 틈이 생기게 된다.

시공간의 경우도 마찬가지다. 두 관측자의 상대속도가 그리 크지 않다면 이들이 바라보는 시간단면은 상대방에 대하여 아주 조금 돌아가 있을 것이다. 이때 두 관측자 사이의 거리가 가까우면 상대론적 효과는 극히 미미하게 나타난다. 그러나 (빵의 경우처럼) 두 사람이 아주 멀리 떨어져 있다면 시간단면이 조금만 돌아가도 한쪽 끝은 매우 큰 거리를 두고 벌어지게 될 것이다. 그리고 두 관측자의 단면(시간단면)이 크게 벗어나 있다는 것은 두 사람이 인식하는 '지금'이 크게 다르다는 것을 의미한다. 이 상황은 그림 5.3과 5.4에 도식적으로 표현되어 있다. 그림에서 보다시피, 두 관측자의 상대속도가 아무리 작다 해도 그들 사이의 거리가 충분히 멀면 그들이 느끼는 '지금'은 커다란 차이를 보이게 된다.

지금까지의 상황을 좀 더 구체적으로 이해하기 위해, 지구로부터 100억 광년 떨어진 은하계의 한 행성에서 미키라는 외계인이 거실의 안락의자에 앉아 느긋하게 쉬고 있는 모습을 상상해 보자. 그리고 이 책을 읽고 있는 당신과 외계인 미키 사이에는 아무런 상대운동도 없다고 가정하자(즉, 둘은 서로에 대하여 정지해 있다는 뜻이다. 물론 이런 상황은 지구의 운동과 은하의 운동, 우주의 팽창, 중력에 의한 효과 등을 모두 무시해야 가능하다). 그렇다면 시간과 공간에 관한 두 사람의 의견은(편의상, 외계인 미키도 사람으로 취급하겠다) 항상 일치할 것이다. 당신과 미키는 시공간을 정확하게 동일한 각도로 썰어 낸

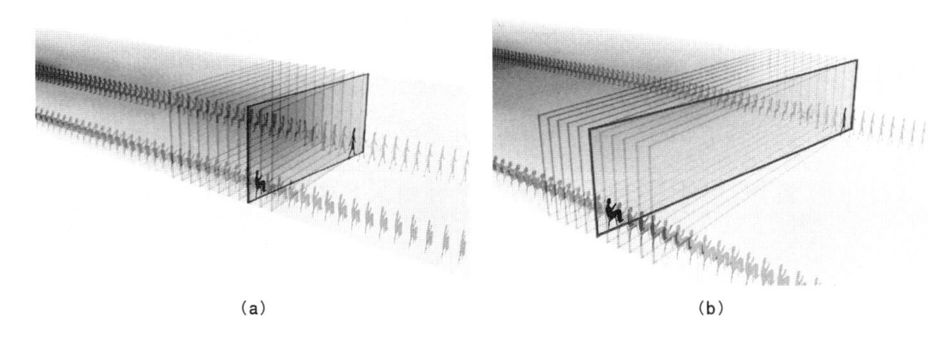

(a) (b)

그림 5.3 (a) 서로에 대하여 정지해 있는 두 사람은 동일한 '지금'을 느끼며 시간단면도 정확하게 일치한다. 그러나 한 사람이 다른 사람에 대하여 움직이기 시작하면 이들의 시간단면이 일정 각도만큼 돌아가면서 각기 다른 '지금'을 느끼게 된다. 그림에서 보행자의 시간단면은 약간 진한 색으로 강조되어 있는데, 단면의 한쪽 끝이 (앉아 있는 사람의 입장에서 볼 때) 과거를 향하여 조금 돌아가 있음을 알 수 있다. 단, 그림에서 시간은 오른쪽으로 진행된다. **(b)** 두 관측자 사이의 거리가 멀어지면 시간단면의 회전에 의한 효과도 그만큼 크게 나타나고, 두 사람이 느끼는 '지금'도 많은 차이를 보이게 된다.

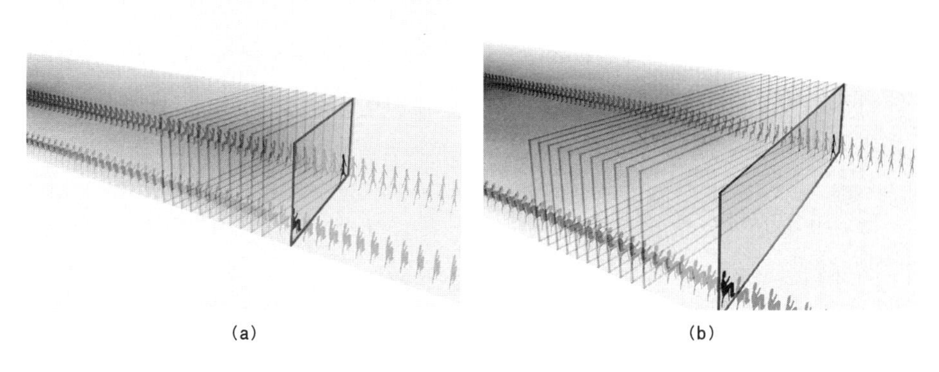

(a) (b)

그림 5.4 (a) 그림 5.3a와 같은 시간단면. 단, 지금은 보행자가 앉아 있는 사람 쪽으로 다가오고 있다. 이 경우에 보행자의 시간단면은 (앉아 있는 사람의 입장에서 볼 때) 과거가 아닌 미래 쪽으로 돌아가게 된다. **(b)** 그림 5.3b와 같은 그림. 이동속도가 같더라도 둘 사이의 거리가 멀어지면 시간단면의 회전에 의한 효과도 그만큼 크게 나타난다. 이 경우에도 보행자는 의자에 앉아 있는 사람을 향해 다가오고 있으므로 보행자의 시간단면은 미래 쪽으로 돌아간다.

시간단면 속에 매 순간 살고 있으므로, 두 사람이 작성한 지금-목록은 정확하게 일치할 것이다. 그런데 잠시 후, 미키가 의자에서 일어나 느긋한 걸음으로 산책을 시작했다. 여러 가지 정황들을 분석해 본 결과, 그가 가고 있는 방향은 당신이 있는 곳으로부터 멀어져 가는 방향임이 밝혀졌다. 미키의 운동상태가 변했다는 것은 그가 인식하는 '지금'이 당신의 '지금'과 달라졌다는 것을 의미하며, 그 결과 미키의 시간단면은 당신의 시간단면에 대하여 아주 조금 돌아가게 된다(미키의 이동속도가 빨랐다면 큰 각도로 돌아갔을 것이다. 그림 5.3 참조). 미키가 있는 곳 근처에서 이 작은 각도변화에 의한 효과는 거의 눈에 띄지 않을 정도로 미미하게 나타난다. 만일 미키의 거실 안에 미키의 동생이 여전히 앉은 자세를 유지하고 있다면, 그들 두 사람의 시간단면은 거의 정확하게 일치할 것이다. 그러나 그로부터 100억 광년이나 떨어져 있는 당신의 시간단면과 비교한다면 그 차이는 엄청나게 커진다. 미키가 앉아 있을 때는 당신의 '지금'과 미키의 '지금'이 정확하게 일치했었지만, 일단 미키가 이동을 시작하면 두 사람이 느끼는 '지금'은 현격하게 달라진다.

그림 5.3과 5.4는 이 상황을 개략적으로 나타낸 그림이며, 특수상대성이론의 방정식을 이용하면 시간단면이 돌아간 정도를 정확하게 계산할 수 있다.[1] 만일 미키가 시속 10마일의 속도로 당신으로부터 멀어져 가고 있다면(미키는 외계인이라서 보폭이 크다) 그의 지금-목록에 올라있는 지구의 모습은 당신의 입장에서 볼 때 무려 150년 전의 모습에 해당된다! 지금 이 순간, 미키가 바라보는 지구에서 당신은 아직 태어나지도 않았다. 만일 미키가 이동방향을 180° 바꿔서 그림 5.4처럼 당신을 향해 걸어오고 있다면, 그가 인식하는 지구의 지금은 당신이 인식하는 지금보다 150년 후가 된다! 이 경우, 미키의 '지금-목록'에 당신은 들어 있지 않을 것이다. 150년 이상 살 수 있는 지구인은 없기 때문이다. 미키가 걷는 것을 그만두고 시속 1,000마일로 날아가는 우주선을 탔다면(그래 봐야 콩코드 여객기보다 느리다) 그가 인식하는 지구의 지금은 당신의 관점에서 볼 때 무려 15,000년 전이나 후가 된다. 이동방향과 속도를 적당히 조절한다면 미키의 지금-목록에는 엘비스, 네로 황제, 샤를마뉴 대제, 링컨 대통령 등의 탄생이 기록될 것이다.

보는 관점에 따라 한 지점의 '지금'이 수천, 수만 년까지 달라진다는 것은 분명 놀라운 결과이긴 하지만, 이것 때문에 모순이나 역설이 야기되지는 않는다. 왜냐하면 앞에서 지적한 대로 거리가 멀수록 빛이 도달하는 데 시간이 오래 걸리기 때문이다. 예를 들어, 부스John Wilkes Booth(링컨 대통령의 암살자: 옮긴이)가 워싱턴에 있는 포드극장에서 연극 관람 중인 링컨 대통령을 향해 다가가는 모습이 시속 9.3마일로 지구로부터 멀어져 가는 미키의 지금-목록에 들어 있다 해도,[2] 미키는 절대로 링컨 대통령을 구할 수 없다. 이 아슬아슬한 장면이 지금-목록에 올라있다고는 하지만 미키가 그 장면을 직접 보려면 적어도 100억 년 이상을 기다려야 하기 때문이다. 그렇다면 미키의 지금-목록은 어떻게 만들어졌냐고? 앞에서 이미 말한 대로 미키보다 100억 년 후에 태어난 그의 후손이 비극적인 암살장면을 지구로부터 수신하여 거리와 시간을 역추적해서 자신의 까마득한 조상인 미키가 막 산책을 시작하던 순간의 지금-목록을 찾아 업데이트시킨 것이다(이 작업을 하려면 미키의 후손은 과거 100억 년 동안 축적된 모든 '지금-목록'을 하나도 빠짐없이 갖고 있어야 한다. 물론 이것은 상식적으로 불가능하지만 우리가 다루고 있는 논지의 핵심은 다른 곳에 있으므로 따지지 말고 대충 넘어가자. 저자도 그래주기를 바라고 있을 것이다: 옮긴이). 또한, 미키의 후손은 미키가 의자에서 일어나기 직전의 지금-목록에 당신이 21세기 지구의 한 지점에서 의자에 앉아 이 책을 읽고 있는 모습을 기록할 것이다.[3]

오락가락하기는 미래도 마찬가지다. 서기 2100년도의 미국 대통령 선거에 누가 당선될까? 후보가 아직 태어나지도 않았으니 우리로서는 짐작조차 할 수 없다. 그러나 미키가 의자에서 일어나 시속 6.4마일의 속도로 지구를 향해 걸어온다면 그의 지금-단면(지금 이 순간에 미키가 속해 있는 시간단면)에는 22세기의 첫 번째 대통령이 선거에서 승리를 확인하고 지지자들과 함께 환호하는 모습이 담겨 있을 것이다. 우리에게는 아직 결정되지 않은 일들이 미키에게는 과거사가 되어 버리는 것이다. 물론 이 경우에도 TV의 방송전파가 미키에게 도달하려면 100억 년이라는 시간이 필요하므로 미키는 100억 년을 기다려야 환호하는 대통령의 모습을 볼 수 있다. 그러나 100억 년 후에 TV전파를 수신한 미키의 후손이 창고에 쌓아두었던 '흘러간' 지금-목록을 뒤져서 내용을 업데이트시키면 지구에서 22세기의 첫 대통령이 선출되는 사건과 미키가 의자에서 일어나 지구를 향해 걷기 시작했던 순간은 동일한 지금-목록에 기록될 것이다. 또한, 그 후손은 21세기에 살던 당신이 지금 적혀 있는 이 문장을 끝까지 읽은 직후에 22세기의 첫 대통령이 선출됐다고 기록할 것이다.

이상에서 우리는 두 가지 중요한 사실을 알았다. 첫째, 특수상대성이론이 예견하는 비상식적인 효과들은 물체의 이동속도가 빠를수록 크게 나타나지만, 엄청나게 먼 거리까지 고려하면 일상적인 속도에서도 큰 효과를 얻을 수 있다. 둘째, 위에서 예시했던 두 가지 사례(지구로부터 멀어져 가는 미키와 지구를 향해 다가오는 미키)를 잘 음미하면 시공간이 정말로 존재하는 물리적 실체인지, 아니면 '지금'이라는 공간과 과거-미래로 흐르는 시간을 한데 묶어 놓은 추상적 개념에 불과한지를 판단하는 데 중요한 실마리를 얻을 수 있다.

미키가 갖고 있는 지금-목록, 즉 그가 느끼는 '지금' 이 순간에 존재하는 모든 것들은 우리가 갖고 있는 지금-목록만큼 현실적이다. 그러므로 실체의

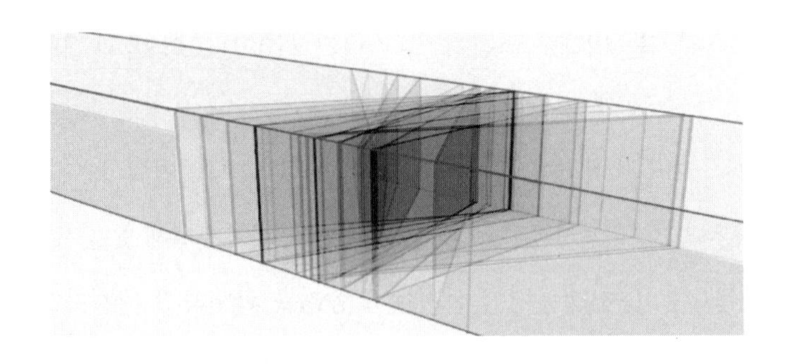

그림 5.5 다양한 관측자들의 지금-단면들. 지구로부터의 거리와 각 관측자의 이동속도에 따라 다양한 각도를 이룬다.

구성요소를 판단할 때 우리의 관점만 고려하고 다른 관점을 무시한다면 올바른 답을 구할 수 없다. 뉴턴처럼 절대공간과 절대시간을 고집한다면 우주 안의 모든 존재들이 동일한 지금-단면을 갖고 있으므로 다른 사람의 관점을 따로 고려할 필요가 없겠지만, 상대성이론을 따르는 우리의 우주는 사정이 전혀 다르다. 우리는 '지금 존재하는 것들'을 생각할 때 단 하나의 '지금-단면'을 떠올리지만(과거는 이미 지나간 시간단면이고 미래는 앞으로 다가올 시간단면으로 생각하는 경향이 있지만), 외계인을 포함한 모든 관측자의 관점은 동등하기 때문에 미키의 지금-단면도 함께 고려해 주어야 한다. 게다가 미키의 처음 위치와 운동상태는 임의로 바뀔 수 있으므로 결국 우리는 이론적으로 발생할 수 있는 모든 '지금-단면'을 다 함께 고려해 주어야 한다. 이 다양한 지금-단면은 미키(또는 다른 생명체나 가상의 관측자)의 초기 위치를 중심으로 하여 미키의 이동속도에 따라 다양한 각도로 돌아간 모양을 하고 있을 것이다(단, 미키는 빛보다 빠르게 움직일 수 없으므로 단면의 돌아간 각도는 시공간에서 시계방향, 또는 반시계방향으로 45°를 넘을 수 없다. 후주 3.11 참조). 이 상황은 그림 5.5에 표현되어 있는데, 보다시피 가능한 지금-단면을 모두 겹쳐 놓으면 시공간의 상당부분을 차지하게 된다. 만일 당신과 미키가 무한한 거리를 두고 떨어져 있다면 단면의 폭이 무한대로 길어져서 모든 가능한 지금-단면들은 시공간 전체를 뒤덮게 된다!⁜

그러므로 당신의 지금-단면에 들어 있는 만물들이 현재를 이룬다는 것과, 다른 장소에서 임의의 속도로 움직이고 있는 관측자의 지금-단면도 당신의 단면과 똑같이 현실적이라는 것을 인정한다면, 결국 시공간의 모든 점들(사건들)이 당신의 현재가 된다. 빵은 언제나 그곳에 있다. "공간은 현

⁜ 빵의 내부에 있는 임의의 점을 선택하여 이 점을 포함하는 단면을 하나 그리고 이 단면과 우리의 지금-단면이 45° 이내의 각도로 만나도록 단면을 이리저리 회전시켜 보자. 이 단면은 당신으로부터 멀리 떨어진 곳에서 당신에 대하여 정지상태에 있다가 어느 순간에 갑자기 (빛보다 느린 속도로) 움직이기 시작한 미키의 지금-단면에 해당된다.[4]

실적인 실체이며 전 우주에 걸쳐 하나의 실체로 존재한다"고 생각한다면, 시간도 역시 현실적인 실체이며 모든 과거와 미래에 걸쳐 하나의 실체로 존재한다는 것을 받아들여야 한다. 과거, 현재, 미래는 다른 개념임이 틀림없지만, 아인슈타인의 말대로 "과거, 현재, 미래는 인간의 뇌리를 떠나지 않는 끈질긴 환영이다."[5] 정말로 존재하는 것은 과거, 현재, 미래가 아니라 이들이 하나로 합쳐진 시공간인 것이다.

경험과 시간의 흐름

지금까지의 논리에 따르면 모든 사건들은 발생한 시간과 장소에 상관없이 그냥 거기에 존재하는 것으로 간주할 수 있다. 모든 사건들은 '과거에 일어났고 현재 일어나고 있고 미래에 일어날 예정'이 아니라, 하나의 시공간 안에서 '한꺼번에 존재한다.' 이들은 시공간의 한 점을 점유한 채 영원히 그곳에 있을 것이다(사실, 이 상황은 일상의 언어로 적절하게 표현할 수 없다. '영원히'나 '~있을 것이다'라는 말 자체가 시간의 흐름을 내포하고 있기 때문이다. 전체 시공간을 하나의 실체로 본다면 모든 사건들은 영원히 있는 것도 아니고, 그냥 거기에 있는 것이다: 옮긴이). 거기에는 어떤 흐름도 없다. 당신이 1999년 12월 31일에 새천년맞이 축제에 참가했던 모습도 시공간에 '그대로' 존재하고 있다. 우리는 지금까지 과거, 현재, 미래를 엄격히 구분해 왔기 때문에 현대물리학의 단호하고 냉정한 우주관을 받아들이기란 쉽지 않을 것이다.

우리가 겪었던 과거의 경험은 여러 장의 시간단면에 걸쳐 존재하고 있다. 마치 필름을 비추는 프로젝터처럼, 우리의 의식이 과거의 특정 시간단면을 비추면 그 부분이 되살아나면서 현재의 머릿속에 떠오르고, 이때 떠오르는 영상을 우리는 기억이나 추억이라고 부른다. 한 순간에서 다른 순간으로, 무언가가 끊임없이 흘러가는 것처럼 보이는 이유는 우리의 생각과 느낌이 변하는 것을 우리 스스로 인식하기 때문이다. 생각과 느낌의 변화는 마치 연속적인 운동처럼 진행되며, 그 과정을 한데 모으면 부분적인 역사history가 형성된다. 그러나 심리학이나 신경생리학의 난해한 언어로 문제의 논지를 흐리지 않은 채 "구체적으로 무엇이 흘러가는가?"라고 자문을 해 보면 뚜렷한 답이 떠오르지 않는다. 이 점을 좀 더 분명히 부각시키기 위해, 당신이 반쯤 고장난 DVD 재생기를 통해 〈바람과 함께 사라지다Gone With the Wind〉라는 영화를 보고 있다고 가정해 보자. 이 재생기는 DVD의 각 장면을 순서대로 읽지 않고 제멋대로 오락가락하면서 무작위로 선택된 장면을 보여 주고 있다. 그렇다면 당신은 도대체 어떤 스토리가 진행되고 있는지 감을 잡을 수 없을 것이다. 그러나 영화에 등장하는 스칼렛Scarlett과 레트Rhett에게는 아무런 문제도 없다. 그들은 각 장면마다 프레임에 기록된 대로 연기를 보여 주고 있을 뿐이다. 만일 당신이 특정 장면에서 DVD 화면을 일시 정지시키고 등장인물들에게 "지금 무슨 생각을 하고 있으며 그동안 무슨 일을 겪었는지" 물어볼 수 있다면, 그들은 정상적인 DVD에 출연하는 배우들과 똑같은 대답을 할 것이다. 그들에게 "파티석상에서 노닥거리다가 갑자기 전쟁장면에 등장하니 혼란스럽지 않나요?" 하고 묻는다면 그들은 더욱 의아한 표정으로 당신을 바라볼 것이다. 어떤 장면에서건, 그들은 각 장면에 합당한 생각과 경험을 갖고 있으면서 시간은 여전히 연속적으로 흐른다고 생각할 것이다.

시공간 안에 있는 모든 순간들(모든 시간단면들)도 이와 비슷하다. 이들은 프로젝터가 자신을 비추건 말건, 항상 그 자리에 있다. DVD에서 시제를 오락가락하던 스칼렛과 레트처럼, 당신은 시공간의 어느 지점에 있건 그 순간을 겪고 있을 뿐이다. 모든 시간단면에서 당신의 생각과 기억은 지금과 같이 완벽하게 형성되어 있고, 당신이 태어났을 때부터 그 시점까지 시간이 연속적으로 흘러왔다고 생각할 것이다. 굳이 과거의 순간들(과거의 시간단면)이

없어도, 당신은 시간이 흐른다는 느낌을 확고하게 갖고 있을 것이다.[6]

조금만 더 생각해 보면 이와 같은 세계관이 매우 편리하다는 것을 독자들도 느낄 것이다. 사실, 프로젝터가 매 순간마다 이동하면서 지금-단면을 비춘다는 생각은 여러 가지 문제를 야기한다. 예를 들어, 프로젝터가 정상적으로 작동하여 지금 막 1999년 12월 31일 자정을 비추고 있다면, 바로 다음 순간에 이 장면이 어둠 속으로 사라진다는 것은 무엇을 의미하는가? 프로젝터가 어느 한 순간을 비추면, 밝혀진 모든 것들은 그 순간을 다른 순간과 구분짓는 특징이 되며, 이 특징은 영원히 변하지 않는다. 프로젝터의 빛을 받은 후에(즉, '지금'으로 부각된 후에) 다시 어두워진다는 것(과거로 묻힌다는 것)은 곧 변화를 겪는다는 뜻이다. 그러나 '한 순간'이라는 시간 속에서 '변화'는 아무런 의미도 없다. 변화란 시간의 진행과 함께 일어나는 사건이며, 그 자체가 시간의 흐름을 계량하는 척도이다. 그런데 어떻게 하나의 시간단면에서 변화를 논할 수 있다는 말인가? 하나의 순간은 그 정의에 의해 시간의 흐름을 포함하고 있지 않다. 하나의 순간은 시간을 이루는 구성요소로서, 절대로 변하지 않는다. 공간 속의 한 점은 얼마든지 이동할 수 있지만, 시간 속의 한 순간은 절대로 변할 수 없다. 공간 속에서 하나의 점이 이동했다면, 그 점은 이전과 다른 위치에 놓이게 된다. 이와 마찬가지로, 만일 시간 속의 한 순간이 변한다면, 그 순간은 다른 시간대로 이동할 것이다. 꾸준하게 이동하면서 각각의 순간들을 '현재'로 부각시켜 주는 프로젝터는 어떤 특정 순간을 자세히 살피기 위해 가던 길을 멈추지 않는다. 프로젝터는 모든 순간들을 비추고, 모든 순간들을 '똑같이' 비추며 지나간다. 시간의 속성을 자세히 살펴보면, 끊임없이 흐르는 강물이라기보다 모든 순간들이 한꺼번에 꽁꽁 얼어붙어 있는 거대한 얼음 덩어리에 가깝다.[7]

이러한 시간개념은 우리가 일상적으로 간직하고 있는 개념과 커다란 차이가 있다. 이 아이디어를 떠올린 장본인이었던 아인슈타인조차도 새로운 시간개념을 수용하는 데 적지 않은 어려움을 겪었다고 한다. 루돌프 카르냅Rudolf Carnap은 아인슈타인과 나눴던 대화를 다음과 같이 회상하고 있다.[8] "아인슈타인은 '지금'이라는 시제를 놓고 심각한 고민에 빠져 있었다. 그는 '지금' 경험하고 있는 것이 과거나 미래와 근본적으로 다르다는 심증은 있지만, 물리학으로는 그 차이를 집어낼 수가 없다고 했다. 현대과학이 그 정도의 수준밖에 되지 않는다는 것을 받아들여야 하는 현실 자체가 그에게는 고통이었던 것이다."

여기서 우리는 결정적인 질문과 마주치게 된다. 과학은 아직 충분히 발달하지 못하여 폐가 공기를 마시듯 자연스럽게, 너무나 당연하게 받아들여지고 있는 시간의 진정한 속성을 아직 규명하지 못하고 있는 것일까? 아니면 시간이라는 것이 인간의 편의에 따라 인위적으로 만들어진 개념이어서 물리학의 법칙에 나타나지 않는 것일까? 만일 누군가가 연구실에서 한창 계산에 몰두하고 있는 나에게 이런 질문을 던져온다면 후자에 가까운 대답을 할 것이다. 그러나 하루 일을 모두 마치고 일상적인 삶으로 돌아오면 나의 생각은 전자 쪽으로 흐르곤 한다. 시간은 너무나도 미묘한 문제여서, 우리가 그 속성을 다 이해하려면 앞으로도 많은 시간이 필요할 것이다. 미래의 어느 날, 한 천재가 홀연히 나타나 전혀 다른 관점에서 시간을 해석하여 물리학의 법칙으로 표현해 주기를 바란다. 그러면 다소 복잡한 논리와 상대성이론으로 근근이 이어온 우리의 논리는 아름답게 완성될 것이다. 시간이 '흘러간다'는 느낌은 우리의 경험과 사고, 그리고 언어 속에 깊이 뿌리내리고 있다. 시간의 정체가 명쾌하게 밝혀지지 않는 한, 시간을 흘러가는 것으로 생각하는 우리의 습관은 더욱 견고하게 굳어질 것이다. 그러나 언어와 실체를 혼동해서는 안 된다. 언어는 인간의 경험을 효과적으로 표현할 수 있지만, 물리학의 심오한 법칙을 표현하는 데는 별로 적절치 않다.

제 6 장

우연과 화살

시간은 방향성을 갖고 있는가?

시간이 흐르지 않는다고 해도, 시간의 방향성을 따지는 것은 나름대로 의미가 있다. 과연 시간은 특정한 방향을 따라 흐르는가? 만일 그렇다면 그 방향은 물리법칙으로 표현될 수 있는가? 이 질문은 다음과 같은 형태로 바꿀 수 있다. "시공간에서 사건은 고유한 순서를 따라 진행되는가? 특정 방향으로 진행되는 사건과 그 반대 방향으로 진행되는 사건은 과학적으로 어떤 차이가 있는가?" 모두들 잘 알고 있는 바와 같이, 여기에는 엄청난 차이가 있다. 삶이 희망적이고 과거가 한스럽게 느껴지는 것은 시간이 지금과 같은 방향으로 흐르기 때문이다. 그러나 앞으로 보게 되겠지만 과거와 미래의 차이를 규명하는 것은 결코 쉬운 일이 아니다. 이 문제의 해답은 놀랍게도 우주의 기원과 밀접하게 연관되어 있다.

수수께끼

우리는 사건이 시간을 따라 진행되는 것과 거꾸로 진행되는 것의 차이를 하루에도 수천 번씩 실감하고 있다. 방금 구워 낸 피자는 배달되는 도중에 식기 마련이다. 집에 배달된 피자는 오븐에서 갓 구워 냈을 때보다 항상 식어 있다. 커피에 크림을 넣고 저으면 커피는 황갈색으로 변한다. 그러나 이 커피가 다시 블랙커피와 크림으로 분리되는 광경을 본 사람은 없다. 계란을 떨어뜨리면 껍질이 깨지면서 내용물이 쏟아져 나오지만, 깨진 계란이 다시 재조립되면서 원래의 계란으로 되돌아오는 기적은 결코 일어나지 않는다. 콜라병 속에 압축된 채로 녹아 있는 이산화탄소는 뚜껑을 개봉함과 동시에 바깥으로 새어 나오지만, 한번 밖으로 나온 이산화탄소가 다시 콜라병 속으로 녹아 들어가지는 않는다. 냉장고에서 얼음을 꺼내 상온상태에 방치해 두면 녹아서 물이 되지만, 동일한 상태에서 물은 다시 얼음으로 되돌아가지 않는다. 지금까지 나열한 일련의 사건들은 (그 밖의 무수히 많은 다른 사건들을 포함하여) 오직 한쪽 방향으로만 진행된다는 공통점을 갖고 있다. 이들은 결코 반대 방향으로 진행되지 않으며, 이로부터 아무런 모순 없이 범우주적으로 통용될 수 있는 개념, 즉 '과거'와 '미래'가 탄생한다. 바로 이러한 방향성 때문에, 그림 5.1처럼 시공간을 바깥에서 바라보면 시간 축을 따라 심각한 비대칭성asymmetry이 존재하게 된다. 깨진 계란은 우리가 흔히 말하는 '미래'에 있고, 말짱한 계란은 그 반대쪽 과거에 놓여 있다.

시간의 방향성을 가장 극명하게 보여 주는 예로, 우리의 기억을 들 수 있다. 우리는 과거에 일어났던 사건들을 머릿속에 저장해 놓고 있다가 수시로 꺼내 보면서 감상적인 분위기에 빠지곤 한다. 그러나 미래에 일어날 사건을 '기억'하며 추억에 잠기는 사람은 없다. 이렇게 보면 과거와 미래는 전혀 다른 개념인 것 같다. 우리 주변에서 일어나는 엄청나게 다양한 사건들은 한결같이 한쪽 방향으로만 진행된다. 그러므로 우리가 기억할 수 있는 것(과거)과 기억할 수 없는 것(미래) 사이에는 분명한 구별이 있다. 바로 이러한 이유 때문에 "시간은 방향성(화살)을 갖고 있다" 고 말할 수 있는 것이다.[1]

물리학을 포함한 모든 과학은 '규칙성'에 기초를 두고 있다. 과학자는 자연을 탐구하면서 일련의 규칙을 찾아내고, 그것을 과학적인 언어로 표현함으로써 법칙을 세워 나간다. 그렇다면 시간의 방향성도 분명한 규칙이므로 자연의 법칙에 포함되고, 따라서 과학적인 언어로 표현될 수 있어야 한다. 이것을 두고 "컵에 담긴 우유는 엎질러질 수 있지만 엎질러진 우유는 컵 안으로 되돌아오지 않는다" 라거나, "계란은 깨질 수 있지만 한번 깨진 계란은 결코 원래의 모습으로 되돌아오지 않는다" 는 식으로 표현할 수도 있겠지만, 이런 것은 그저 사례를 있는 그대로 서술한 문장일 뿐, 그 외의 다른 정보를 제공해 주지는 않는다. 즉, 이런 표현은 과학의 법칙이 될 수 없는 것이다. 아마도 물리학의 깊은 저변에는 피자와 우유, 계란, 커피, 사람, 별 등을 이루고 있는 기본입자들의 운동상태와 특성으로부터 이들의 변화가 한쪽 방향으로만 진행되는 이유를 설명해 주는 심오한 법칙이 존재할 것이다. 이 법칙을 찾아낸다면 시간이 방향성을 갖고 있는 이유도 속 시원하게 설명될 것이다.

그러나 안타깝게도 이 법칙은 아직 발견되지 않았다. 게다가 더욱 당혹스러운 것은 뉴턴과 맥스웰, 아인슈타인의 이론을 비롯하여 현대 물리학이 발견한 기본 법칙들은 과거와 미래가 완벽하게 대칭적임을 보여 주고 있다.[+] 그 많은 법칙들 중에서 "모든 사건은 한쪽 방향으로만 진행된다" 고 주장하

+ 일부 예외적인 경우도 있다. 어떤 입자들은 시간에 대하여 대칭적이지 않다. 그러나 이 입자들은 지금 우리가 문제 삼고 있는 시간의 비대칭성과 직접적인 관계가 없기 때문에 자세한 설명은 생략하겠다. 관심 있는 독자들은 후주 6.2를 참고하기 바란다.

는 법칙은 단 하나도 없다. 시간이 흐르는 방향을 정반대로 바꿔도 모든 물리법칙들은 여전히 성립한다. 물리학의 법칙에서 과거와 미래는 완전히 동등한 개념인 것이다. 우리의 경험상으로는 시간에 방향성이 있음이 분명한데도, 물리학의 기본법칙에는 이 뻔한 사실이 겉으로 드러나 있지 않다.

과거와 미래 — 물리학의 기본 법칙들

왜 그런가? 물리학의 법칙들은 왜 과거와 미래를 구별하지 않는가? 모든 사건들이 한쪽 방향으로만 진행된다는 것은 삼척동자도 아는 사실인데, 이 점을 지적하는 물리법칙은 왜 발견되지 않고 있는가?

사실, 상황은 이보다 더욱 복잡하다. 지금까지 알려진 물리법칙에 의하면 (우리의 경험과는 정반대로) 크림을 타서 섞은 커피는 다시 크림과 블랙커피로 분리될 수 있고 깨진 계란은 원래의 계란으로 되돌아올 수 있으며 얼음이 녹으면서 생성된 물은 상온에서 다시 얼음으로 되돌아갈 수 있다. 또한, 탄산음료에서 빠져 나온 기체는 다시 음료 속으로 녹아 들어갈 수도 있다. 우리가 하늘같이 믿고 있는 물리법칙들은 '시간되짚기 대칭성time reversal symmetry'을 갖고 있기 때문이다. 즉, 어떤 일련의 사건들이 시간의 순방향을 따라 진행되었다면(서로 섞이는 크림과 블랙커피, 깨지는 계란, 음료수 병을 탈출하는 기체 등), 이 사건은 반대 방향으로(크림과 커피의 분리, 깨진 계란의 원상복귀, 음료 속으로 되돌아오는 기체 등) 진행될 수도 있다는 뜻이다. 구체적인 내용은 앞으로 차차 설명하겠지만, 아무튼 현대물리학의 기본법칙에 의하면 시간 축을 따라 한쪽 방향으로 일어나는 사건은 반대 방향으로도 일어날 수 있다는 것을 마음속 깊이 새겨 두기 바란다.

물리법칙들이 그것을 허용하고 있는데, 왜 우리는 거꾸로 진행되는 사건을 볼 수가 없는 것일까? 만일 이 문제로 내기를 한다면, 나는 "깨진 계란이 말짱한 모습으로 되돌아가는 광경을 본 사람은 하나도 없다"는 쪽에 걸고 싶다. 물리법칙은 계란이 깨지는 과정과 깨진 계란이 원래대로 되돌아오는 과정을 똑같이 허용하고 있는데, 왜 계란은 깨지기만 하고 원래대로 돌아오지 않는 것일까?

시간되짚기 대칭(time-reversal symmetry)

이 수수께끼를 해결하려면 우선 시간되짚기 대칭성에 담겨 있는 의미를 제대로 파악해야 한다. 잠시 이야기의 배경을 25세기로 옮겨 보자. 프로 테니스선수인 당신은 복식 파트너인 쿨스트로크 윌리엄스Coolstroke Williams와 함께 항성 간 리그전을 치르고 있다. 그런데 어느 날, 금성에서 복식경기를 치르던 쿨스트로크는 경기에 너무 몰두한 나머지 금성의 중력이 지구보다 약하다는 사실을 깜빡 잊고 있는 힘을 다해 백 스트로크를 날렸다. 평소 괴물 같은 파워를 자랑하던 그였기에 공은 우주공간으로 멀리 날아가 버렸고, 때마침 그 근처를 지나던 우주왕복선의 조종사는 날아가는 공을 촬영하여 CNNCelestial News Network(범우주 뉴스방송국)으로 보냈다. 자, 여기서 질문 하나를 던져 보자. CNN의 방송기술자가 잠시 실수하여 거꾸로 움직이는 영상을 방송했다면, 누군가가 그 장면을 보면서 "아니, 저거 지금 실제상황과 반대로 진행되고 있잖아?" 하며 잘못을 지적할 수 있을까? 답은 "아니오!"이다. 실제상황에서 테니스공이 왼쪽→오른쪽으로 움직였다면 거꾸로 돌아가

+ 시간되짚기 대칭성은 시간 자체가 거꾸로 흐른다는 뜻이 아니라, "시간은 항상 과거에서 미래로 흐르지만, 그래도 사건은 거꾸로 진행될 수 있다"는 뜻이다. 그러므로 엄밀하게 따지면 '시간되짚기'보다 '사건되짚기'나 '과정되짚기', 또는 '사건과정 되짚기'가 더 적절한 표현일 것이다. 본문에서는 물리학자들의 습관을 따라 시간되짚기라는 용어를 계속 사용하기로 한다.

는 필름에서는 오른쪽→왼쪽으로 움직일 것이다. 그런데 이 두 가지 운동은 모두 고전역학의 운동법칙을 위배하지 않는다. 따라서 필름이 어느 쪽으로 돌아가건 간에, 그 장면을 보고 있는 사람은 잘못된 점을 발견할 수 없다.

이 문제에서 우리는 중력을 고려하지 않았으므로 테니스공은 등속운동을 했을 것이다. 지금부터는 중력을 고려한 일반적인 경우를 생각해 보자. 뉴턴의 운동법칙에 의하면 힘은 물체의 속도를 변화시킨다. 즉, 물체에 힘이 작용하면 그 물체는 가속운동을 한다. 이제, 우주공간을 날아가던 테니스공이 목성의 중력에 끌려 그림 6.1a와 6.1b처럼 왼쪽에서 오른쪽으로 곡선을 그리며 목성의 표면을 향해 떨어지고 있다고 가정해 보자. 이 장면을 필름으로

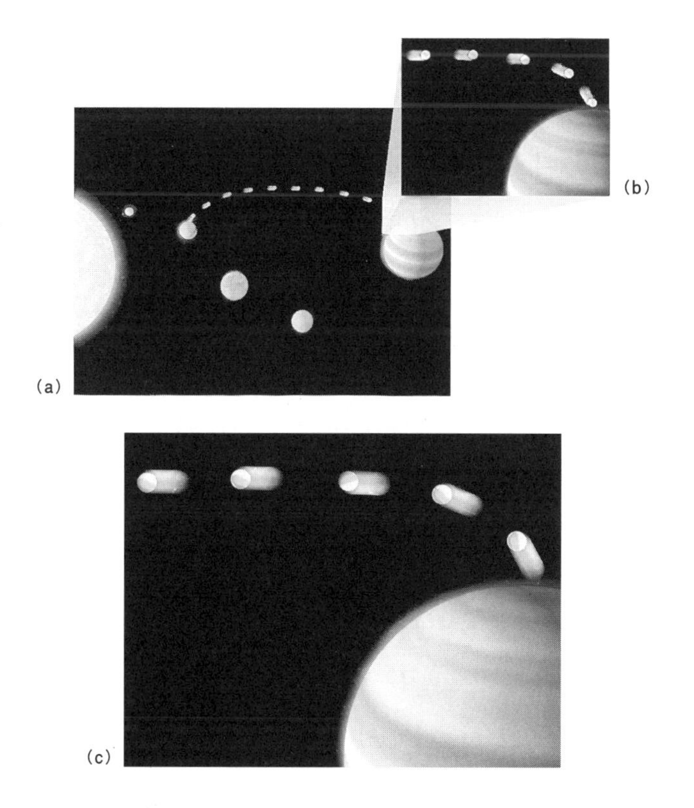

그림 6.1 (a) 금성을 출발한 테니스공이 목성에 도달하는 장면. (b) 확대한 그림. (c) 필름을 반대 방향으로 돌렸을 때 나타나는 테니스공의 움직임.

촬영한 후 거꾸로 돌리면 그림 6.1c와 같이 목성의 표면에서 출발한 공이 오른쪽에서 왼쪽으로 곡선을 그리며 우주공간으로 날아가는 것처럼 보일 것이다. 그렇다면 이 경우에도 거꾸로 움직이는 공은 물리법칙을 위배하지 않을 것인가? 실제의 우주에서 이런 운동이 가능할 것인가? 언뜻 보기에도 불가능할 이유는 없을 것 같다. 테니스공은 오른쪽 아래로 곡선궤적을 그릴 수도 있고 왼쪽 위로 곡선궤적을 그릴 수도 있지 않은가? 결론부터 말하자면 이 짐작은 맞다. 그러나 이 문제의 답은 이렇게 간단한 논리로 얻어지지 않는다. 여기에는 좀 더 복잡한 속사정이 숨어 있다.

필름을 거꾸로 돌리면 테니스공은 목성의 표면에서 빠른 속도로 출발하여 위로 올라가다가 빠르기의 변화 없이 진행방향만 왼쪽으로 바뀌면서 금성을 향해 날아가는 것처럼 보일 것이다. 그러므로 필름의 처음부분(목성을 출발하여 우주공간으로 날아가는 부분)에는 물리법칙에 위배되는 사항이 전혀 없다. 목성에서 경기 중인 또 한사람의 괴물 같은 테니스선수가 필름에 나타나는 속도로 공을 쳐 냈다고 생각하면 모든 정황이 잘 들어맞는다. 문제는 필름의 나머지 부분도 물리법칙에 부합되는가 하는 것이다. 필름에 나타난 초기속도로 목성의 표면을 출발한 테니스공은 과연 금성까지 원래의 궤적을 그대로(거꾸로) 따라갈 것인가?

답은 "그렇다" 이다. 혼동을 피하기 위해, 이 부분만 골라내서 찬찬히 따져 보자. 그림 6.1a에서 보는 바와 같이, 공이 금성으로부터 멀리 떨어져 있을 때는 오른쪽으로 직선운동을 하고 있다. 그러다가 그림 6.1b처럼 목성에 가까워지면 강한 중력이 작용하면서 테니스공은 목성의 중심을 향해 끌려가기 시작한다. 그러나 공은 곧바로 수직 낙하하는 것이 아니라 떨어지는 와중에도 여전히 오른쪽으로 이동하고 있다. 자세히 보면 공은 목성의 표면에 가까워질수록 오른쪽으로 이동하는 속도는 적당히 증가하지만 아래로 추락하는 속도는 급격하게 증가한다는 것을 알 수 있다. 그러므로 필름을 거꾸로 돌렸을 때 테니스공은 그림 6.1c와 같이 수직에서 약간 왼쪽으로 기울어진 방향으로 목성의 표면을 출발하는 것처럼 보일 것이다. 그리고 테니스공은 목성의 중력에 영향을 받아 속도의 수직방향성분이 급격하게 작아지고 왼쪽 방향성분은 서서히 작아질 것이다. 이런 식으로 운동이 진행되다 보면 공은 자연히 왼쪽으로 곡선을 그리게 되며, 시간이 충분히 흐르면 수직방향의 속도성분이 거의 사라지고 왼쪽으로 움직이는 성분만 남게 되어 공은 상승을 멈추고 왼쪽으로 이동하게 된다.

여기서 중요한 것은 공이 목성에서 출발했다고 간주한 경우와(필름을 거꾸로 돌렸을 때) 금성에서 출발했다고 간주한 경우, 공의 궤적과 각 지점에서의 속력(빠르기)이 완전히 똑같다는 점이다. 금성의 중력과 초기속도가 주어졌을 때 이로부터 계산된 공의 궤적이 목성까지 이어졌다면, 목성에 도달하는 속도를 초기속도로 삼아(부호는 반대) 계산된 공의 궤적은 원래의 궤적과 완전히 일치한다. 즉, 공의 진행방향을 고스란히 반대로 바꿔도 물리적으로는 아무런 문제가 없다는 뜻이다. 따라서 누군가에게 거꾸로 돌아가는 필름을 보여 준다 해도, 그는 필름이 거꾸로 돌아가고 있다는 것을 전혀 눈치 채지 못할 것이다.

이것은 뉴턴의 운동법칙을 적용한 사례이지만, 이밖에도 맥스웰의 전자기학과 아인슈타인의 특수 및 일반상대성이론(양자역학은 다음 장에서 다룰 예정이다)을 비롯한 모든 물리법칙들은 날아가는 테니스공처럼 시간되짚기 대칭성을 갖고 있다. 몇 가지 예외적인 경우가 있긴 한데, 그것은 후주에 따로 설명해 놓았다.[2] 이 경우를 제외하면 시간되짚기 대칭성은 모든 물리법칙에 일반적으로 적용된다. 물론, 시간을 되짚는다고 해서 시간이 거꾸로 흐른다는 뜻은 아니다. 시간은 항상 한쪽 방향으로(과거에서 미래로) 흐르고 있다. **그러나 모든 물체의 운동은 반대 방향으로 진행된다고 가정해도 물리법칙에 전혀 위배되지 않는다.**

날아가는 테니스공과 깨진 계란

사실, 금성과 목성 사이를 테니스공이 오고 간다는 설정은 별로 현실성이 없다. 지금까지 우리가 얻은 결론은 폭넓게 적용될 수 있으므로, 좀 더 현실적인 장소인 부엌으로 시선을 돌려 보자. 가족들의 저녁식탁을 차리던 당신은 무심결에 탁자 위에 놓여 있던 날계란을 건드렸고, 그 계란은 데굴데굴 굴러가다가 결국 바닥으로 떨어져서 박살이 났다. 이 과정에는 계란의 자유낙하와 껍질의 파열, 쏟아져 나오는 내용물, 마룻바닥의 진동, 공기의 흐름, 마찰에 의한 열의 발생, 그리고 발생한 열에 의해 더욱 빠르게 움직이는 원자와 분자들 등등 여러 가지 운동들이 다양한 형태로 개입되어 있다. 앞에서 우리는 물리학의 법칙을 따라 날아가는 테니스공의 궤적을 정반대로 되돌릴 수 있었으므로, 동일한 법칙을 여기에 적용하면 조각난 껍질과 쏟아진 내용물, 마루에 난 흠집, 교란된 공기 등을 고스란히 반대 방향으로 되돌릴 수 있을 것이다. 우리가 해야 할 일이란 모든 순간에 모든 입자들의 속도를 반대 방향으로 바꾸는 것뿐이다. 이 내용을 좀 더 정확하게 표현해 보자. 우리는 날아가는 테니스공으로부터 다음과 같은 사실을 알았다 ― "만일 우리가 깨지는 계란과 직접, 또는 간접적으로 연관된 수많은 원자와 분자의 속도를 '동시에' 정반대로 바꿀 수 있다면 계란이 깨지는 운동을 거꾸로 되돌릴 수 있다."

테니스공의 경우와 마찬가지로, 모든 속도를 정반대 방향으로 바꾸는 데 성공한다면 필름을 거꾸로 돌리는 것과 동일한 장면을 보게 될 것이다. 그러나 거꾸로 가는 테니스공과는 달리, 계란이 깨지는 과정이 거꾸로 진행되는 모습은 매우 인상적이다. 교란된 공기분자들과 바닥의 미세한 진동이 충돌지점(계란이 바닥과 충돌한 곳)으로 모여들고, 깨진 조각들과 쏟아진 내용물도 그 근처로 모여든다. 이때, 모든 입자들은 계란이 깨질 때와 동일한 속도로 움직이며, 방향만 정반대이다. 그 후 흩어진 액체가 한 덩어리로 모이면 조각난 껍질들이 일제히 달려와 그 바깥을 에워싸면서 매끄러운 계란표면을 형성한다. 그러면 움직이는 공기분자들과 진동하는 바닥은 일제히 계란을 위로 차올리고, 바닥에서 튀어 오른 계란은 탁자 위로 사뿐히 올라와 데굴데굴 굴러서 처음 놓여 있던 위치에 안착한다. 물론 계란이 구르는 것은 바닥에서 올라올 때부터 회전운동을 하고 있었기 때문이다. 이상이 바로 모든 입자의 속도를 반대 방향으로 바꿨을 때 눈앞에 펼쳐지는 광경이다.[3]

그러므로 운동 상황이 테니스공처럼 간단하건, 아니면 깨지는 계란처럼 복잡하건 간에, 모든 운동은 (적어도 원리적으로는) 물리법칙을 위배하지 않으면서 실제와 반대 방향으로 일어날 수 있다.

원리와 실제의 차이

테니스공과 계란의 사례를 잘 분석해 보면, 물리법칙에 시간되짚기 대칭성이 존재한다는 사실뿐만 아니라, 많은 사건들이 한쪽 방향으로만 일어나는 이유도 알 수 있다. 테니스공이 특정한 궤적을 그리면서 움직이는 모습을 거꾸로 재현하는 것은 그리 어렵지 않다. 최종 속도와 똑같은 속도로(단, 방향은 정반대로) 공을 힘껏 던지면 된다. 그러나 깨진 계란이 원래의 모습으로 되돌아가는 장면을 재현하는 것은 엄청나게 어려운 작업이다. 모든 조각들을 일제히 손에 쥐고 마지막 순간의 속도와 정반대의 속도로 한꺼번에 던져야 한다. 말할 것도 없이 이것은 우리의 능력을 벗어난 일이다.

지금 우리는 앞에서 제기했던 질문의 해답을 찾았는가? 실제 상황에서 깨진 계란이 원래대로 돌아가지 않는 것은, 과연 모든 조각들을 일제히 정반대의 속도로 던지기가 어려워서 그런 것일까? 계란을 깨는 것은 쉽지만 깨진 계란을 복구시키려면 우리의 능력을 벗어날 정도로 어려운 과정을 거쳐야 하기 때문에 한번 깨진 계란은 원래대로 돌아가지 않는 것일까?

만일 이것이 정답이라면 이토록 장황설을 늘어놓지 않았을 것이다. 쉽고 어려운 정도의 차이도 중요한 요인이긴 하지만, 여기에는 훨씬 더 복잡 미묘한 내막이 숨어 있다. 물론, 머지않아 우리는 어떤 결론에 도달하게 될 것이다. 그러나 여기서 진도를 더 나가려면 이 절에서 대충 얼버무린 이야기를 좀 더 정확하게 짚고 넘어가야 한다. 시간되짚기 문제를 따지고 들어가다 보면, 우리는 엔트로피entropy라는 개념과 필연적으로 마주치게 된다.

엔트로피

비엔나Vienna시에는 젠트랄프리드호프Zentralfriedhof라는 시립공동묘지가 있다. 이곳은 베토벤, 브람스, 슈베르트, 스트라우스 등 세계적인 음악가들이 잠들어 있는 유명한 묘지인데, 개중에는 $S=k\log W$라는 수식이 새겨진 이상한 묘비가 있다. 이 묘비의 주인공은 엔트로피의 개념을 창안하고 그와 관련된 수학체계를 세운 위대한 물리학자, 루트비히 볼츠만Ludwig Boltzman이다. 볼츠만은 1906년에 건강이 몹시 악화되어 아내와 딸을 데리고 이탈리아로 휴가를 갔다가 좌절감을 이기지 못하고 그곳에서 자살하였는데, 안타깝게도 그가 평생 동안 주장해 왔던 이론은 그가 죽은 지 3개월 후부터 사실로 입증되기 시작했다.

원초적인 엔트로피의 개념은 산업혁명이 한창 진행되고 있을 무렵, 용광로와 증기엔진의 효율을 계산하던 과학자들에 의해 처음으로 제기되었다. 그 당시 대부분의 과학자들은 열기관의 효율을 극대화시키는 연구에 몰두하였고, 결국 그들의 열정은 열역학thermodynamics이라는 새로운 물리학 분야를 탄생시켰다. 그리고 볼츠만은 '물리계를 이루는 수많은 입자들'과 '물리계의 전체적인 특성'을 연결시켜 주는 엔트로피의 개념을 도입함으로써, 고전 통계역학의 새로운 지평을 열었다.[4]

엔트로피의 개념을 이해하기 위해, 톨스토이의 소설 『전쟁과 평화War and Peace』가 693장으로 양면 인쇄되어 제본을 기다리고 있다고 가정해 보자.[5] 그런데 갑자기 창문으로 일진광풍이 불어와 원고뭉치를 날려 버리는 바람에 순서가 뒤죽박죽이 되었다. 생각만 해도 끔찍한 상황이지만, 사실 흩어진 종이를 주워서 한데 모으는 것은 그리 어렵지 않다. 창 밖으로 날아간 페이지만 없다면 몇 분 이내에 해치울 수 있다. 그러나 페이지의 순서까지 맞춰야 한다면 사정은 심각하게 달라진다. 종이를 아무렇게나 쌓아 놓았다면 순서가 맞지 않을 확률이 맞을 확률보다 엄청나게 크다. 왜 그런가? 이유는 간단하다. 순서가 섞이는 경우는 엄청나게 많지만 순서가 모두 맞는 경우는 단 하나밖에 없기 때문이다. 순서가 맞으려면 페이지는 1, 2, 3, 4, 5, 6, …, 1385, 1386으로 정렬되는 수밖에 없다. 이 순서에서 단 하나라도 어긋난다면, 그것은 틀린 배열이 된다. 여기서 알아야 할 것은 "어떤 사건이 발생하는 방법이 많을수록 그 사건이 발생할 확률도 커진다"는 사실이다. 693장의 종이가 순서에 맞지 않게 배열되는 방법의 수는 엄청나게 많기 때문에 그렇게 될 확률도 따라서 커지는 것이다. 대부분의 사람들은 경험을 통해 이 사실을 잘 알고 있다. 매주 로또복권을 구입하는 사람은 부지기수로 많지만, 그들 중 1등에 당첨되는 복권은 단 하나뿐이다. 번호가 서로 다른 복권을 100만장 구입했다면 1등에 당첨될 방법을 100만 가지로 늘린 셈이므로, 당첨될 확률도 100만 배로 커진다.

엔트로피는 주어진 물리계가 처할 수 있는 상태의 수에 이 아이디어를 접목한 개념이다. 엔트로피가 높다는 것은 특정 상태에 처하는 방법의 수가 많다는 뜻이고 엔트로피가 작다는 것은 그 방법의 수가 작다는 것을 의미한다. 『전쟁과 평화』의 원고가 순서대로 정리된 상태는 저-엔트로피 상태이다. 이렇게 되는 방법은 단 하나뿐이기 때문이다. 그리고 페이지가 순서에 어긋난 상태는 고-엔트로피 상태인데, 약간의 계산을 거치면 693장의 원고가 순서에 어긋나게 배열되는 방법의 수는 12455219845377834336600293537049882916336110124638904513688769126468689559185298450437739406929474395079418933875187652765671405928662715136707473912957138235380001610812646530182342056205714732061720293829029125021317022782119134735826558815410713601431193221575341597338554284672986913981515992511908586726099348105614303413438305637713671511057047869413339129441924406610514288798477908536095089540140125932850632906034109513149466389839052676761042780416673015494552281886102502463386626036015088866470101429708545848151415983925468762312952933478295186812370774596522432148887351679284483403000787170636684623843536242451673622861091985393918150307604689046649129789406250332651868583732271363702473904018910940649881398380265451114876864895816491403426444110871911844164280902757137738090672587084302157950158991623204581301295083438653790819182377773852143753631225316415985892681059765281448013877486970265254626439371893927305921796747169166978155198569769269249467883642278227334577671807331624043363695277118367410428449347223477923340272256307211938539124728809290720342716923779362076501904571097887744535443586803319160959249877443194986997700333249463073243755353229067448765795395621840329516814427104222760812428904

871642866487240307036486493483250999667289734464253103493006
266220146043120511010932823962492511968978283306192150828270
814393659987326849047994166839657747890212456279619560018706
080576877894787009861069226594487269341000087269987633990030
255916858206397348510356296764611600225159200113722741273318
074829547288192807653266407023083275428631264667150135590596
642977333713183465474854760701242330128721353212373287327218
748252640399110497001721457647004992922645864352265011199999
999999999999999999999999999999999999999999999999999999999999
999999999999999999999999999999999999999999999999999999999999
99999999999999999999999999999999999999999999임을 알 수 있다. 이 무지막지한 숫자를 지수로 표현하면 약 10^{1878}이다.[6] 그러므로 흩어진 원고를 주워서 한데 모았다면 페이지 순서가 맞지 않을 확률이 압도적으로 높다. 순서가 맞는 경우의 수는 단 하나뿐이지만 맞지 않는 경우의 수가 보다시피 엄청나게 많아서 '페이지 순서가 틀린 배열의 엔트로피'가 매우 크기 때문이다(숫자의 끝부분에 9가 길게 반복된 이유는 693장을 배열하는 전체 경우의 수에서 페이지가 순서대로 배열된 경우의 수 1을 뺐기 때문이다: 옮긴이).

원리적으로, 원고뭉치를 허공에 던졌을 때 각 페이지가 떨어질 정확한 위치는 고전역학의 법칙을 이용하여 계산할 수 있다(양자역학적으로 가면 사정은 달라진다. 이 내용은 7장에서 설명할 예정이다). 그렇다면 굳이 확률의 개념을 도입하여 가능한 경우의 수를 일일이 따질 필요가 없지 않을까? 예상되는 결과를 정확하게 예측할 수 있는데,[7] 왜 확률과 엔트로피를 도입하여 문제를 더 어렵게 만들고 있는가? 그 이유는 간단하다. 통계적 논리가 훨씬 더 강력하고 유용하기 때문이다. 『전쟁과 평화』의 원고가 단 몇 장으로 이루어져 있다면 뉴턴의 역학법칙을 이용하여 정확한 결과를 계산할 수 있겠지만, 페이

지수가 많아지면 계산량이 너무 방대해져서 도저히 다룰 수가 없게 된다.[8] 만일 누군가가 허공에 던져진 종이 693장의 운동을 뉴턴의 운동법칙으로 풀려고 한다면, 가장 강력한 슈퍼컴퓨터를 동원한다 해도 계산결과를 보지 못하고 세상을 뜰 가능성이 높다.

게다가, 정확한 답을 구했다 해도 별로 도움이 되지 않는다. 우리의 주된 관심은 페이지 순서가 맞는지의 여부를 아는 것이지, 어떤 페이지가 어느 위치에 있는지를 일일이 알려는 것이 아니기 때문이다. 만일 모든 페이지가 올바른 순서로 배열되는 기적이 일어났다면, 당신은 잠시 놀란 후에 차분히 앉아서 책을 읽어 나가면 된다. 그러나 페이지 순서가 잘못된 경우에는 구체적으로 어떤 페이지가 어떻게 잘못 놓였는지를 따지고 들 이유가 없다. 책장을 넘기다가 순서가 잘못된 페이지를 한 장이라도 발견했다면 그 배열은 잘못된 배열이며 상황은 그것으로 끝이다. 이 상태에서 누군가가 당신 몰래 페이지를 더 섞어 놓는다 해도 당신은 그것을 눈치 채지 못할 것이다. 두 가지 경우 모두 순서가 틀렸다는 점에서는 다를 것이 없다. 통계역학이 운동역학보다 더 유용하다고 말하는 것은 바로 이런 이유 때문이다. 물리계를 이루는 기본 요소들이 아주 많은 경우에는 통계적인 계산이 훨씬 쉬울 뿐만 아니라 그 답도 훨씬 유용하다.

엔트로피와 통계학은 이런 식으로 밀접하게 관련되어 있다. 모든 복권들의 당첨확률이 동일한 것처럼, 『전쟁과 평화』의 원고더미를 허공에 던졌을 때 나타날 수 있는 모든 배열들도 똑같은 확률을 갖고 있다. 통계적 논리가 우리에게 유용한 이유는 우리의 관심이 '맞는 배열'과 '맞지 않는 배열', 단 두 가지 경우에 한정되어 있기 때문이다. 맞는 배열은 단 한 가지뿐이며(1, 2, 3, 4, …) 맞지 않는 배열은 엄청나게 다양한 형태로 나타날 수 있다. 나타날 수 있는 결과를 이렇게 두 가지 경우(맞는 배열과 맞지 않는 배열)로 구분하면 구체적인 경우의 수를 일일이 헤아리지 않아도 주어진 계의 특성을 적절하게 표현할 수 있다.

독자들은 이렇게 생각할지도 모른다. "그래도 페이지가 조금 섞인 것과 많이 섞인 것은 무언가 다르지 않을까?" 실제로, 단 몇 장만 순서에서 벗어난 배열과 한 장(章) chapter이 통째로 섞인 배열을 따로 구별하면 편리한 경우도 있다. 그러나 책의 일부분이 섞일 수 있는 경우의 수는 전체 페이지가 섞일 수 있는 경우의 수와 비교할 때 그야말로 조족지혈에 불과하다. 예를 들어, 『전쟁과 평화』의 제1부에 해당되는 페이지들이 자기들끼리 섞이는 경우의 수는 전체 페이지가 섞이는 경우의 수의 $1/10^{178}$%밖에 되지 않는다. 원고를 허공에 던졌을 때 나타나는 배열은 세분화된 특정 경우에 속할 확률이 높지만, 같은 시행을 여러 번 반복하다 보면 배열상태가 무작위로 나타나기 때문에 경우의 수를 세분화하는 것은 별로 의미가 없다.

'제본되지 않은 『전쟁과 평화』의 원고를 허공에 뿌리는 실험'은 엔트로피가 갖고 있는 두 가지 특성을 분명하게 보여 주고 있다. 첫째, **엔트로피는 주어진 물리계의 무질서한 정도, 즉 무질서도를 나타내는 양이다.** 엔트로피가 크다는 것은 현재 구성요소들의 배열상태를 다르게 바꿔도 별로 표가 나지 않는다는 뜻이며, 이는 곧 무질서도가 크다는 것을 의미한다(『전쟁과 평화』의 페이지가 이미 섞여 있다면, 그 순서를 또 바꿔도 달라지는 것이 거의 없다). 반면에, 엔트로피가 작다는 것은 배열상태를 지금과 다르게 바꿨을 때 금방 표가 나는 상태를 말하며, 이는 물리계가 그만큼 질서정연하게 배열되어 있음을 의미한다(『전쟁과 평화』의 원고가 처음부터 끝까지 순서대로 배열되어 있다면, 순서를 조금만 바꿔도 금방 표가 난다).✣ 둘째, 무질서한 상태가 갖는 경우의 수는 질서정연한 상태의 경우의 수보다 훨씬 많기 때문에 많은 구성요소

✣ 엔트로피와 질서도는 서로 상반되는 증감관계에 있다. 즉, 엔트로피가 '작으면' 질서도가 '높고', 엔트로피가 '크면' 질서도가 '낮다'. 이 관계가 헷갈린다고 해서 낙심할 필요는 없다. 물리학을 직업으로 삼고 있는 나조차도 종종 헷갈린다. 질서도를 무질서도로 바꿔서 생각하면 이런 혼돈을 피할 수 있다.

로 이루어진 물리계는 무질서한 상태로 가려는 경향이 있다. 좀 더 물리적인 용어로 표현하자면, "물리계는 고-엔트로피 상태로 이동하려는 경향이 있다."

물론, 『전쟁과 평화』라는 책의 사례만으로는 엔트로피를 정확하게 정의할 수 없다. 엔트로피를 더욱 정확하고 광범위하게 정의하려면 물리계의 기본적 구성요소인 원자와 아원자 입자들을 대상으로 삼아야 한다.

물리계에 적용되는 엔트로피의 사례로서, 콜라병을 예로 들어 보자. 콜라병의 마개를 열면 그 안에 들어 있던 이산화탄소 기체는 온 방 안에 골고루 퍼져 나간다. 이때, 기체분자의 배열을 바꿔도 그 효과가 눈에 띄지 않는 경우의 수는 엄청나게 많을 것이다. 예를 들어 당신이 팔을 휘둘러서 실내 공기를 교란시킨다면 공기분자들의 위치와 속도는 심각하게 변하겠지만 전체적인 변화는 거의 눈에 띄지 않는다. 공기분자는 이미 균일하게 분포되어 있었고, 당신이 팔을 휘두른 후에도 여전히 균일하게 분포되어 있다. 균일하게 퍼져 있는 기체는 분자의 배열이 심각하게 바뀌어도 전체적으로는 달라지는 것이 거의 없으므로 엔트로피가 큰 상태에 해당된다. 이와 반대로, 좁은 영역(병) 안에 밀집되어 있는 기체는 엔트로피가 매우 작다. 왜 그럴까? 이유는 간단하다. 페이지가 몇 장 안 되는 책은 가능한 배열상태가 적은 것처럼, 기체가 점유할 수 있는 공간이 좁으면 분자들이 배열될 수 있는 경우의 수도 그만큼 줄어들기 때문이다.

그러나 병마개를 열면 그 안에 들어 있던 기체분자들은 일제히 밖으로 새어 나와 방 안에 골고루 퍼져 나간다. 왜 그럴까? 마개가 닫혀 있다면 기체분자들은 기포 안에 갇힌 채 오락가락하거나 기포 밖으로 나갔다가 다시 되돌아오는 정도로 움직일 수밖에 없다. 그러나 일단 마개가 열리면 기체가 점유할 수 있는 공간이 엄청나게 넓어지고 공간이 넓어지면 기체분자들이 취할 수 있는 배열의 종류도 많아지기 때문에, 기체는 좁은 병을 빠져 나와 넓은 방 안에 골고루 퍼지게 된다. 다시 말해서, 저-엔트로피 상태에 있던 기체분자들이 스스로 고-엔트로피 상태를 찾아가는 것이다. 시간이 흘러서 방 안의 공기가 균일해지면 기체는 고-엔트로피 상태를 그대로 유지한다. 여기서 공기를 더 교란시키면 분자의 배열이 바뀌긴 하겠지만 기체의 전체적인 특성은 거의 변하지 않는다. 이것이 바로 고-엔트로피 상태의 물리적 의미이다.[9]

공중으로 던져진 『전쟁과 평화』의 원고와 마찬가지로, 고전역학의 법칙을 적용하면 (원리적으로) 각 기체분자의 위치와 속도를 계산할 수 있다. 그러나 기체분자의 개수가 워낙 많기 때문에(콜라 한 병에는 약 10^{24}개의 CO_2분자가 들어 있다) 현실적으로는 계산이 불가능하다. 만일 어떤 괴물이 나타나서 이 계산을 해치웠다 해도, 100만×10억×10억 개나 되는 입자의 위치와 속도로부터 분포상태를 짐작하기란 불가능하다. 그래서 우리는 기체의 통계적인 성질(기체가 퍼지고 있는가? 아니면 한곳으로 모여들고 있는가? 엔트로피는 얼마인가? 등)에 관심을 가질 수밖에 없는 것이다.

엔트로피와 열역학 제2법칙, 그리고 시간의 방향성

"모든 물리계는 고-엔트로피 상태로 이동하려는 경향이 있다" — 이것이 바로 열역학의 제2법칙이다(제1법칙은 잘 알려져 있는 에너지보존법칙이다). 지금까지 말한 대로, 이 법칙은 통계적인 논리에 그 기초를 두고 있다. 엔트로피가 큰 물리계는 '가능한 배열상태'를 많이 갖고 있다. 그리고 배열상태가 많다는 것은 물리계가 이들 중 하나의 상태(고-엔트로피 상태)로 이동할 가능성이 크다는 것을 의미한다. 그러나 이것은 엄밀한 의미에서 법칙이라고 할 수 없다. 왜냐하면 경우에 따라서는 (확률이 아주 작긴 하지만) 고-엔트로피 상태에서 저-엔트로피 상태로 이동할 수도 있기 때문이다. 원고다발을 허공에 던진 후 무작위로 주워서 한데 모았을 때 모든 페이지가 순서대로 쌓여 있을 확률은 얼마나 될까? 물론 엄청나게 적긴 하지만 분명히 0은 아니다. 만일 이것으로 내기를 한다면 바보가 아닌 한 순서가 어긋나는 쪽에 돈을 걸 것이다. 그러나 주체할 수 없을 정도로 돈이 많은 재벌이라면 그 반대쪽에 걸 수도 있다. 순서에 맞게 배열될 가능성이 분명 존재하기 때문이다. 이와 마찬가지로, 방 안에 퍼져 있는 이산화탄소 기체가 콜라병 안으로 모여드는 사건도 일어날 수 있다. 분자들 사이의 상호작용이 여기에 걸맞게 일어나면 된다. 콜라병 앞에 앉아 숨을 죽여 가며 기체가 모여 주기를 기다릴 필요는 없지만, 이 기적 같은 현상이 발생할 확률은 결코 0이 아니다.[10]

『전쟁과 평화』의 페이지가 많을수록, 또는 방 안에 퍼져 있는 기체분자가 많을수록, 질서정연한 상태와 무질서한 상태의 엔트로피는 커다란 차이를 보인다. 그래서 질서정연한 상태에 놓일 확률이 그토록 작은 것이다. 양면으로 인쇄된 종이 두 장을 허공에 던졌을 때 이들이 순서에 맞게 안착할 확률은 12.5%이다(두 장 다 홀수 페이지가 위를 향해야 하고, 1~2페이지에 해당하는 종이가 나중에 떨어져야 하므로 1/2×1/2×1/2=1/8=0.125이다: 옮긴이). 3장을 던졌을 때 이 확률은 약 2%로 줄어들고 4장인 경우에는 0.3%, 5장이면 0.03%, 6장이면 0.002%로 점차 감소하며 10장을 던졌을 경우에는 0.000000027%밖에 되지 않는다. 그러니 693장의 원고를 던졌을 때 순서에 맞게 떨어질 확률은 엄청나게 작을 수밖에 없다(생각 같아서는 구체적인 값을 여기 적고 싶지만, 이 책의 편집자는 "긴 숫자를 나열하면서 또 한 페이지를 낭비한다"고 생각할 것 같아 생략하겠다). 이와 마찬가지로, 텅 빈 콜라병에 기체분자 두 개를 나란히 떨구면 이들은 상온에서 무작위로 움직이며 거의 몇 초마다 한 번씩 수mm 거리 이내로 가까워질 것이다. 그러나 분자 세 개를 집어넣고 이들이 한 장소에 뭉치는 모습을 보려면 며칠을 기다려야 하고 네 개를 집어넣으면 몇 년을 기다려야 하며, 공기방울 하나에 들어 있는 기체분자, 즉 100만×10억×10억 개의 분자들이 한데 뭉치는 모습을 보려면 우주의 나이보다 훨씬 긴 세월을 기다려야 한다.

겉으로 드러나진 않았지만, 지금 우리는 매우 흥미로운 지점에 도달했다. 지금까지 알게 된 사실을 종합해 보면 열역학의 제2법칙은 시간의 방향성을 강하게 시사하고 있는 것 같다. 여러 개의 구성원소로 이루어진 물리계의 변화는 주로 한쪽 방향으로만 진행되기 때문이다. 두 개의 이산화탄소 분자가 조그만 용기 안에서 움직이는 모습을 촬영하여 그 동영상을 보여 준다면, 당신은 필름이 제대로 돌아가고 있는지, 아니면 반대로 돌아가고 있는지 전혀 구별할 수 없을 것이다. 분자들은 이리저리 돌아다니면서 한데 모였다가 흩어지기를 반복하겠지만, 전체적인 운동에는 어떤 뚜렷한 경향이라는 것이 없다. 그러나 10^{24}개의 분자를 용기에 집어넣고 그들이 움직이는 모습을 촬영하여 재생한다면, 필름이 제대로 돌아가고 있는지의 여부를 금방 알 수 있다. 필름이 제대로 된 방향으로 상영되고 있다면 시간이 흐를수록 기체분자들은 용기 안에 골고루 퍼지면서 고-엔트로피 상태로 이동할 것이며, 퍼져 있는 기체분자들이 한곳으로 모여들면 그 필름은 거꾸로 돌아가고 있는 것이다.

이 논리는 엄청나게 많은 입자들로 이루어져 있는 일상적인 물체에도 그대로 적용된다. 시간이 흐르는 방향을 따라가면 엔트로피는 항상 증가한다. 상온에서 얼음이 담겨 있는 컵을 촬영하여 사람들에게 보여 주면 그들은 필름이 제대로 돌아가고 있는지, 아니면 거꾸로 돌아가고 있는지 금방 알아낼 것이다. 제대로 돌아가고 있다면 매 순간마다 얼음으로부터 H_2O분자가 빠져 나오면서 고-엔트로피 상태로 이동하고, 그 결과 얼음은 서서히 녹게 될 것이다. 계란이 추락하여 깨지는 장면도 마찬가지다. 계란을 이루고 있는 구성성분들이 점점 더 무질서한 쪽으로 변해 가면 필름은 제대로 돌아가고 있는 것이다. 멀쩡한 계란보다는 깨진 계란의 무질서도가 더 크고, 따라서 엔트로피도 더 크다.

보다시피 엔트로피의 개념을 도입하면, 앞에서 『전쟁과 평화』의 원고와 기체분자를 대상으로 내렸던 결론들이 더욱 분명해진다. 『전쟁과 평화』의 원고를 허공에 던졌을 때, 페이지 순서에 맞게 떨어질 가능성은 거의 없다. 페이지가 섞일 수 있는 경우의 수가 압도적으로 많기 때문이다. 떨어지는 계란이 깨질 확률은 깨지지 않을 확률보다 훨씬 크다. 계란은 매우 다양한 방법으로 깨질 수 있기 때문이다. 그리고 한번 깨진 계란이 원래의 상태로 되돌아갈 가능성은 거의 없다. 이렇게 되려면 계란을 이루는 모든 입자들이 원래의 계란을 형성하는 쪽으로 일제히 움직여야 하기 때문이다. 수많은 입자로 이루어진 물체들은 저-엔트로피 상태에서 고-엔트로피 상태로(질서정연한 상태에서 무질서한 상태로) 이동하기가 훨씬 쉽다. 고-엔트로피 상태에서 저-엔트로피 상태로의 이동은 가능성이 거의 없어서 지극히 드물게 나타난다(대부분은 평생을 기다려도 나타나지 않는다).

그렇다고 해서 엔트로피의 방향성이 절대적이라는 뜻은 아니다. 엔트로피가 증가하는 방향을 따라 시간의 방향을 정의하면 시간이 거꾸로 흐르는 경우가 생길 수도 있다. 열역학의 제2법칙은 엔트로피가 증가할 확률이 통계적으로 높다는 것이지, 항상 증가한다는 뜻은 아니다. 허공에 던져진 원고는 순서에 맞게 바닥에 안착할 수도 있고 병에서 빠져나간 기체는 다시 병으로 되돌아올 수도 있으며, 깨진 계란은 다시 멀쩡한 계란으로 복구될 수도 있다. 약간의 수학을 이용하면 이런 기적 같은 사건이 일어날 확률을 계산할 수 있다(앞에서 길게 나열했던 수를 상기하라). 물론 엄청나게 작은 확률이지만 분명히 0은 아니다.

물리학자들은 확률과 통계에 입각한 논리를 사용하여 열역학 제2법칙을 유도하였다. 이 법칙을 이용하면 과거와 미래의 차이점을 직관적으로나마 이해할 수 있다. 열역학 제2법칙은 일상적인 사건들이 한쪽 방향으로만 진행되는 이유를 설명해 주고 있다. 대부분의 물체들은 엄청난 개수의 구성입자들로 이루어져 있기 때문에 '이런' 상태에서 출발하여 '저런' 상태로 끝날 수는 있지만 '저런' 상태에서 시작하여 '이런' 상태로 끝나는 경우는 없다. 단, 아예 없는 것이 아니라 너무 드물게 나타나서 우리의 눈에 띄지 않는 것이다. 볼츠만은 켈빈Lord Kelvin과 로슈미트Josef Loschmidt, 푸앵카레Henri Poincaré, 버버리S.H. Burbury, 제르멜로Ernest Zermelo, 깁스Willard Gibbs 등 많은 물리학자들의 연구결과를 종합하여 시간의 방향성과 관련된 놀라운 사실을 알아낼 수 있었다. "엔트로피는 시간의 방향성을 이해하는 데 도움이 되긴 하지만, 과거와 미래가 다르게 보이는 이유를 완벽하게 설명하지는 못한다"는 것이 볼츠만의 생각이었다. 그러나 엔트로피는 시간의 방향성에 관한 질문을 다른 형태로 재서술함으로써, 아무도 예측하지 못한 놀라운 결과를 낳게 된다.

엔트로피: 과거와 미래

앞에서 나는 우리가 겪는 일상적인 경험이 뉴턴의 법칙과 일치하지 않는다고 말했었다. 우리의 경험에 의하면 모든 사건과 변화는 특정 방향을 향하여 진행되지만, 뉴턴의 법칙은 모든 사건들이 반대 방향으로도 똑같이 일어날 수 있음을 말해 주고 있다. 고전물리학의 법칙에 의하면 시간은 특별한 방향성을 갖고 있지 않다. 이런 차이는 왜 발생한 것일까? 물리학의 법칙은 시간의 대칭성(과거와 미래를 구별하지 않음)을 보장하고 있는데, 왜 우리의 눈에 보이는 세상은 한쪽 방향으로만 진행되는 것일까?

앞 절에서 우리는 엔트로피라는 개념을 도입하여 약간의 진보를 보았다. "엔트로피가 증가하는 쪽으로 시간이 흐른다"는 아이디어가 바로 그것이다. 그러나 조금 더 생각해 보면 문제는 그리 간단하지 않다. 앞에서 우리는 엔트로피와 열역학 제2법칙을 논하면서 고전물리학의 법칙을 전혀 수정하지 않았다. 우리는 그저 통계적 관점에서 바라본 '커다란 그림'에 의거하여 거기 나타나는 법칙을 수용했을 뿐이다. 우리는 세세한 사항(『전쟁과 평화』의 원고가 쌓여 있는 구체적인 순서, 계란을 이루고 있는 입자들의 정확한 위치와 속도, 콜라병 안에 들어 있는 CO_2 기체분자의 정확한 위치와 속도 등)을 무시하고 전체적인 상태(페이지가 순서대로 쌓여 있는지의 여부, 계란이 깨졌는지 안 깨졌는지의 여부, 기체분자가 밖으로 퍼져 나가는지, 혹은 병 안에 머물러 있는지의 여부 등)에 관심을 가졌다. 아주 많은 구성입자로 이루어져 있는 물리계의 경우(페이지 수가 많은 원고, 깨지기 쉬운 물체, 거시적 부피를 갖는 기체 등), 질서정연한 상태의 엔트로피와 무질서한 상태의 엔트로피는 커다란 차이를 보인다. 이로부터 우리는 "물리계는 저-엔트로피 상태에서 고-엔트로피 상태로 이동할 확률이 매우 크다"는 결론을 내렸고, 이는 또한 열역학 제2법칙을 대략적으로 서술하는 방법이기도 했다. 그러나 여기에는 한 가지 명심해야 할 점이 있다. 열역학 제2법칙은 뉴턴의 운동법칙에 확률적인 논리를 적용하여 얻어진 '부차적인' 법칙이라는 점이다.

이리하여 우리는 다음과 같이 놀라운 사실에 직면하게 된다 — 뉴턴의 운동법칙은 과거와 미래를 구별하지 않고 있으므로, "미래로 진행되는 물리계는 엔트로피가 증가한다"는 우리의 논리는 과거로 진행되는 물리계에도 똑같이 적용될 수 있다. 다시 말해서, 열역학의 법칙보다 더욱 근본적인 뉴턴의 운동법칙은 시간되짚기 대칭성을 갖고 있으므로 과거와 미래를 구별하는 것은 원리적으로 불가능하다는 것이다. 칠흑 같은 우주공간에서 위와 아래를 구별할 수 없는 것처럼, 고전물리학에서는 어느 쪽이 미래고 어느 쪽이 과거인지 구별할 수 없다. 그런데 뉴턴의 운동법칙은 시간에 따라 사물이 변해 가는 과정을 말해 주고 있으므로, 열역학 제2법칙의 저변에 깔려 있는 확률-통계적 논리는 현재를 기점으로 하여 과거와 미래의 두 방향에 똑같이 적용될 수 있다. 즉, 시간이 미래로 진행되면서 주어진 물리계가 고-엔트로피 상태로 이동할 확률이 압도적으로 높다면, 시간이 거꾸로(반대로) 진행될 때에도 물리계는 고-엔트로피 상태로 이동할 확률이 압도적으로 높다는 것이다(그림 6.2).

이것은 지금까지 논의된 내용들 중에서도 가장 핵심적인 결론이지만, 오해를 사기 쉬운 미묘한 구석이 있다. 대다수의 사람들은 엔트로피에 관하여 다음과 같은 생각을 갖고 있다. "열역학 제2법칙에 의하면 시간이 미래로 진행될 때 엔트로피는 증가한다. 그러므로 시간이 과거로 흐른다면 엔트로피는 감소할 것이다." 그러나 사정은 그렇게 간단하지 않다. 실제로 열역학 제2법칙이 말하는 것은 "임의의 한 순간에 어떤 물리계가 최대한의 엔트로피를 갖고 있지 않다면, 이 물리계는 앞으로 엔트로피가 증가할 가능성이 크고, 과거에도 지금보다 높은 엔트로피를 갖고 있었을 가능성이 크다"는 것이다. 이 상황은 그림 6.2b에 표현되어 있다. 물리법칙 자체가 과거와 미래를 구별

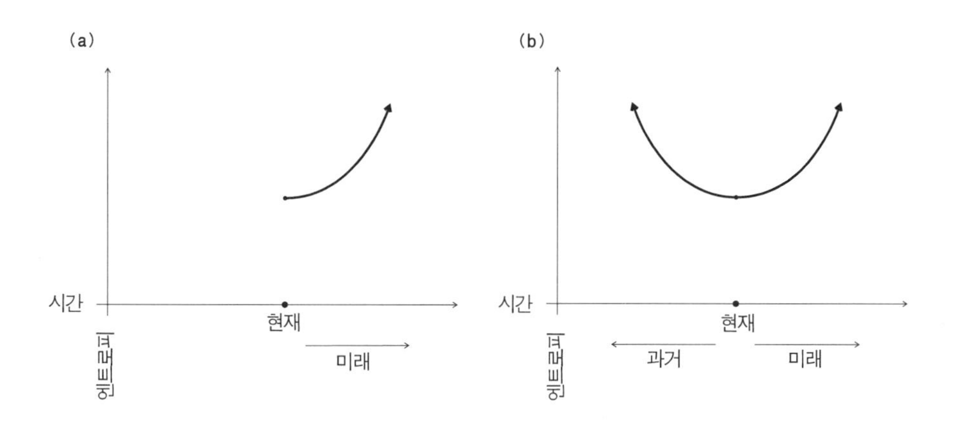

그림 6.2 (a) 열역학 제2법칙에 의하면 시간이 미래로 흘러감에 따라 물리계의 엔트로피는 항상 '지금'보다 증가한다. (b) 자연의 법칙은 시간이 미래로 갈 때나 과거로 거슬러 갈 때 똑같이 적용된다. 그러므로 물리계의 엔트로피는 열역학 제2법칙에 의해 미래로 갈 때도 증가하고 과거로 거슬러 갈 때도 증가해야 한다.

하지 않기 때문에, 그래프가 좌우대칭형으로 나타나는 것은 필연적인 결과이다.

이상이 6장에서 우리가 얻은 가장 중요한 교훈이다. 그림에서 보다시피 엔트로피와 관련된 시간의 흐름은 양쪽 방향으로 진행될 수 있으며, 어느 쪽으로 진행되건 엔트로피는 항상 증가한다. 그렇다면 엔트로피의 개념으로는 시간이 한쪽방향으로만 흐르는 이유를 설명할 수 없을 것 같다.

양쪽방향으로 증가하는 엔트로피의 의미를 좀 더 구체적인 사례를 통해 알아보기로 하자. 만일 당신이 유리컵에 담겨진 채 녹아내리고 있는 얼음 조각을 보고 있다면, "앞으로 30분이 지나면 얼음은 지금보다 더 녹을 것이다"라고 하늘같이 믿을 것이다. 얼음이 녹을수록 엔트로피는 증가하기 때문이다.[11] 그러나 물리법칙의 시간되짚기 대칭성을 받아들인다면, 당신은 "지금부터 30분 전에도 저 얼음은 지금보다 더 녹아 있었다"고 믿어야 한다. 똑같은 통계적 논리를 과거를 향해 적용해도 엔트로피는 증가하기 때문이다. 우리 주변에 있는 어떤 물체에 이 논리를 적용해도 결론은 항상 똑같다. 시간이 미래로 진행하면서 엔트로피가 증가한다면(이것은 의심의 여지가 없는 사실이다), 시간이 과거로 진행될 때에도 엔트로피는 증가해야 한다. 다시 말해서, 과거의 물체는 지금보다 높은 엔트로피를 갖고 있었다는 뜻이다.

이 믿음이 과연 옳은 것일까? 대충 말하자면 반(미래)은 맞고 반(과거)은 틀리다. 엔트로피와 관련된 논리를 미래로 흐르는 시간에 적용하면 상식과 경험에 걸맞는 결과가 얻어지지만, 똑같은 논리를 과거로 흐르는 시간에 적용하면 이렇게 말도 안 되는 결론에 도달하게 된다. 상온에서 유리컵에 담긴 얼음이 녹고 있을 때, "지금부터 30분 전의 모습을 상상해 보라"고 사람들에게 주문하면 예외 없이 깨끗한 얼음이 담긴 유리컵을 떠올릴 것이다. 물이 담긴 유리잔으로 시작했다면 결코 지금과 같은 광경(얼음이 녹고 있는 광경)을 볼 수 없었을 것이다. 상온에서 물이 얼음으로 변했다가 다시 녹아내리는 일은 결코 일어날 수 없기 때문이다. 『전쟁과 평화』의 원고를 허공으로 던졌다가 다시 모으는 실험을 반복할 때, 페이지의 순서가 서서히 맞아 들어가다가 다시 섞이는 일은 거의 일어나지 않는다. 또한, 탁자 위의 계란이 한번 깨졌다가 원래대로 되돌아온 후에 바닥으로 떨어지는 일도 결코(거의) 일어나지 않는다.

대체 무엇이 잘못된 것일까?

수학에 순종하기

과학자들은 지난 수백 년 동안 과학을 발전시켜 오면서 우주를 분석하는데 가장 유용하고 강력한 언어가 수학이라는 사실을 절감하였다. 현대과학의 역사를 돌이켜 보면 수학을 통해 유도된 결과가 인간의 직관이나 경험과 정면으로 상충되는 경우도 종종 있었지만(블랙홀과 반물질anti-matter의 존재, 멀리 떨어져 있는 입자들이 서로 연관되어 있는 현상 등), 후속으로 행해진 일련의 실험들은 결국 수학이 옳았음을 입증해 주었고, 이와 비슷한 사례가 반복되면서 이론물리학은 수학을 절대적으로 신뢰하게 되었다. 오늘날, 수학은 과학을 진리의 세계로 이끌어 주는 가장 믿을 만한 길잡이로 인정받고 있다.

그러므로 자연의 법칙을 수학적으로 분석하여 "엔트로피는 미래로 가면서 증가하고 과거로 가면서도 증가한다"는 결과가 얻어진 이상, 물리학자는 그것을 거부하거나 무시할 수가 없다. 의학도들이 의사가 되면서 히포크라테스의 계율을 지킬 것을 맹세하는 것처럼, 물리학자들은 수학이 제아무리 황당한 결과를 내놓아도 결코 회의적인 생각을 품지 않고 그 근원을 끝까지 추적하여 진실을 밝히겠다는 계율에 암묵적으로 동의한 사람들이기 때문이다. 이렇게 모든 진상을 철저히 파헤친 후에야 비로소 우리는 물리법칙과 일상적인 경험 사이에 괴리가 생긴 이유를 나름대로 해석할 수 있게 되는 것이다.

지금부터 우리도 물리학의 히포크라테스 선서에 입각하여 황당한 결과의 근원을 추적해 보자. 지금 시간은 밤 10시 30분, 당신은 술집의 바에 앉아 술잔 속에서 서서히 녹고 있는 얼음 조각을 30분 전부터 줄곧 바라보고 있다. 지금부터 30분 전, 그러니까 밤 10시 정각에 바텐더는 방금 냉장고에서 꺼낸 깨끗한 얼음 조각을 위스키 잔에 담아서 당신에게 내주었다. 지금 당신은 약간 술에 취한 상태지만, 30분 전의 일도 기억 못할 정도로 심하게 취하지는 않았다. 혹시라도 기억이 안 난다면 맞은편에서 30분 전부터 당신의 위스키 잔을 뚫어지게 바라보고 있는 취객에게 물어볼 수도 있고, 그것도 여의치 않다면 술집 벽에 부착되어 있는 감시용 카메라의 필름을 되돌려서 30분 전의 모습을 눈으로 확인할 수도 있다. 녹화된 필름을 보면서 "앞으로 30분 동안(10시 30분~11시) 얼음의 상태는 어떻게 변할 것인가?" 라고 자문한다면 당신은 "계속해서 녹는다" 고 믿어 의심치 않을 것이다. 게다가 당신이 엔트로피의 개념을 잘 알고 있다면 10시 30분을 기점으로 하여 시간이 흐를수록 엔트로피는 계속 증가할 것이라고 예상할 것이다. 물론 당신의 예측은 우리의 직관이나 경험에 전혀 위배되지 않는다.

그러나 앞에서 확인한 바와 같이, 지금을 기점으로 하여 앞으로 엔트로피가 증가할 것이 확실하다면 과거로 거슬러 올라가도 엔트로피는 증가해야 한다. 그리고 이것은 10시 30분에 부분적으로 녹아 있던 얼음이 과거에는 더 많이 녹아 있었음을 의미한다. 즉, 이 얼음은 밤 10시에 견고한 얼음의 상태로 시작한 것이 아니라, 지금보다 더 많이 녹은 상태에서 시작하여 서서히 얼음으로 변해 오다가 지금의 상태를 맞이했다는 뜻이다. 이것은 "지금의 얼음은 11시가 되면 더 많이 녹을 것이다" 라는 주장만큼이나 분명한 사실이다.

두말할 것도 없이, 이것은 말도 안 되는 주장이다. 같이 술을 마시던 친구가 이런 소리를 한다면 당신은 술이 확 깨면서 그를 집에 보내고 싶어질 것이다. 과거의 엔트로피가 지금보다 크려면 술잔에 들어 있는 H_2O분자들이 상온에서 자발적으로 한데 뭉쳐 얼음으로 변해야 할 뿐만 아니라, 감시용 카메라에 기록된 디지털 영상과 당신의 두뇌에 각인된 기억, 그리고 맞은편에서 바라보고 있던 취객의 기억까지 몽땅 재구성되어 30분 전에 거의 녹아 있었던 얼음이 상온에서 서서히 얼기 시작하여 지금(10시 30분)에 이르렀음을 증언할 수 있어야 한다. 누가 들어도 넌센스에 불과한 이 결과는 과거와 미래를 구별하지 않는 물리학의 기본법칙에 엔트로피의 개념을 적용하여 얻어진 것이다. "10시 30분에 부분적으로 녹아 있었던 얼음은 11시가 되면 더 많이 녹을 것이다"라는 주장을 믿는다면, 그 반대의 주장도 똑같이 믿어야 한다. 다시 한 번 강조하거니와, 이 모든 것은 과거와 미래를 똑같이 취급하는 물리학의 법칙에 따라, 과거와 미래에 똑같은 수학을 적용함으로써 얻어진 결과이다.[12]

그렇다고 해서 너무 심란해 할 필요는 없다. 이제 곧 독자들은 이 지독한 딜레마에서 어떻게든 탈출하게 될 것이다. 나는 지금 독자들이 전혀 일어나지 않았던 과거를 기억하고 있다고 주장하려는 것이 아니다(영화 〈매트릭스〉의 팬들은 나와 생각이 다를지도 모르지만). 그러나 수학적 법칙과 우리의 직관을 구별하는 것은 과학을 대하는 사람이라면 반드시 가져야 할 기본적인 자세이다. 그러면 지금부터 이 난처한 상황에서 우리를 구해 줄 단서를 찾아보자.

궁지에 몰리다

지금 우리는 오랜 경험을 거치면서 쌓아 온 직관 때문에 발목이 잡힌 상태이다. 아무리 생각해 봐도, 자발적으로 일어나는 모든 사건들은 시간의 흐름을 따라 정해진 수순을 거쳐 발생해야 할 것 같다. 10°C가 넘는 상온에서 물이 얼음으로 변하고, 있지도 않았던 일을 두뇌가 기억하며, 비디오카메라가 느닷없이 있지도 않았던 장면을 재생하는 등의 황당한 사건이 발생할 가능성은 거의 없다. 이 점에서 물리법칙과 엔트로피의 수학은 우리의 직관과 잘 일치한다. 이런 사건들은 미래로 진행하는 시간의 관점(10시~10시 30분)에서 볼 때 엔트로피가 감소하고 있으므로 열역학 제2법칙에 정면으로 위배된다. 엄밀히 말하면 '완전히' 불가능한 것은 아니지만 일어날 확률이 거의 0에 가깝다.

우리의 직관과 경험에 의하면, 10시에 냉장고에서 꺼낸 얼음이 10시 30분(현재시간)이 되면서 부분적으로 녹았다고 말해야 이치에 맞는다. 그러나 이 점에서 물리법칙과 엔트로피의 수학은 우리의 예상과 부분적으로밖에 일치하지 않는다. 만일 오후 10시에 녹지 않은 얼음이 위스키 잔 안에 정말로 있었다면, 그 얼음은 30분 후에 부분적으로 녹아 있을 것이다. 이 점에서는 수학과 직관이 일치한다. 그리고 이 과정에서 엔트로피가 증가한다는 점에 있어서는 열역학 제2법칙과 우리의 경험이 일치한다. 그러나 다음과 같은 질문을 던졌을 때 직관에 의한 답과 수학적 계산을 통한 답은 크게 달라진다.

"지금(오후 10시 30분) 당신이 부분적으로 녹아내린 얼음을 보고 있다면, 이 얼음이 오후 10시 정각에 '녹지 않은 얼음'으로 존재했을 확률은 얼마인가?"

이것은 매우 중요한 문제이므로 좀 더 자세한 설명이 필요할 것 같다. 열역학 제2법칙의 핵심은, 엔트로피가 클수록 그러한 상태에 놓일 수 있는 경우의 수가 많기 때문에 모든 물리계는 고-엔트로피 상태로 가려는 경향이 있다는 것이다. 그리고 일단 고-엔트로피 상태에 도달한 물리계는 그 상태를 유지하려는 성질이 있다. 그러므로 엔트로피가 큰 상태는 자연스러운 상태이며, 주어진 물리계가 고-엔트로피 상태에 있는 이유를 굳이 설명하려고 애쓸 필요는 없다. 그것은 지극히 정상적인 상태이다. 정작 설명해야 할 것은 물리계가 질서정연한 상태, 즉 저-엔트로피 상태에 있는 이유이다. 이런 상태는 분명히 존재하지만 자연스러운 상태는 아니다. 엔트로피의 관점에서 볼 때 질서정연한 상태는 일종의 '일탈된 상태'로서, 거기에는 반드시 그럴 만한 이유가 있으며 우리는 그 이유를 설명해야 한다. 그러므로 10시 30분에 부분적으로 녹아 있는 '질서정연한' 얼음을 분명히 보았다면, 왜 그런 상태가 존재할 수 있는지를 설명해야 하는 것이다.

확률적인 관점에서 볼 때, 현재(10시 30분) 부분적으로 녹아내린 얼음이 30분 전에 녹지 않은 얼음(엔트로피가 지금보다 훨씬 작은 상태)으로 존재했을 확률은 지극히 희박하다. 그보다는 30분 전에 물만 존재했을 확률이 압도적

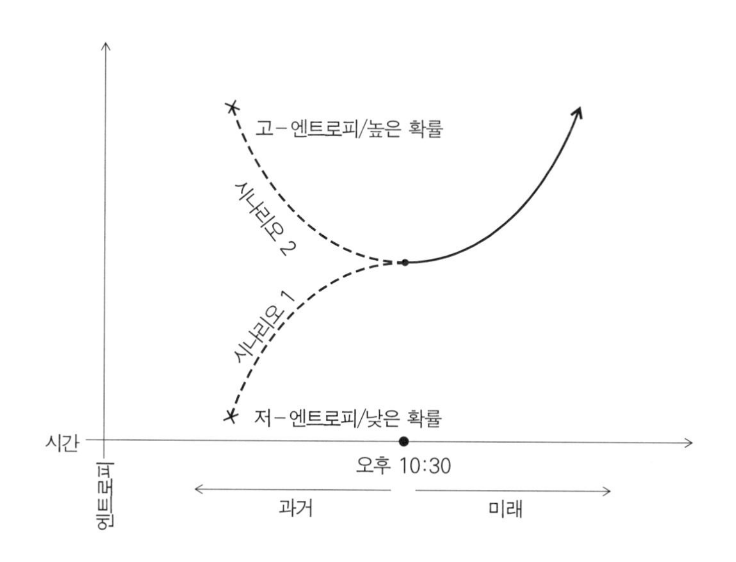

그림 6.3 오후 10시 30분에 당신의 눈에 뜨인 '부분적으로 녹은 얼음'이 과거에 어떤 과정을 밟아 왔는지 설명하는 두 가지 방법. 시나리오 1은 얼음이 계속 녹아내리고 있다는 가정으로서 당신의 기억과 일치하지만, 10시 정각에 저-엔트로피 상태에 있었다고 가정해야 한다. 반면에 시나리오 2는 당신의 기억과 상반되며 10시 30분에 목격된 '부분적으로 녹은 얼음'은 그로부터 30분 전인 10시에 완전한 물에서 출발하여 점차 얼음으로 변해가고 있다고 설명한다. 물론 물은 얼음보다 엔트로피가 크고 따라서 확률도 압도적으로 크다. 그림에서 보다시피 시나리오 2는 모든 시점에서 시나리오 1보다 엔트로피와 확률이 크기 때문에 통계적 관점에서 볼 때 '더욱 그럴듯한 과거'가 되는 것이다.

으로 크다(그 쪽이 엔트로피가 훨씬 크며, 따라서 훨씬 더 '정상적인' 상태이다). 그 후, (확률은 아주 작지만) 통계적인 요동이 일어나면서 잔에 담겨 있는 물이 저-엔트로피 상태로 이동하여 '부분적으로 녹은 얼음'이 되었고, 그 모습이 당신의 눈에 뜨였을 가능성이 높다. 물이 얼음으로 변할 확률은 아주 작긴 하지만, "현재 부분적으로 녹아내린 얼음이 주어진 상태에서, 과거에 멀쩡한 얼음이 존재했을 확률" 보다는 훨씬 크다. 10시~10시 30분 사이의 모든 순간에 '얼음으로 변하는 물'은 '녹고 있는 얼음'보다 엔트로피가 크며(그림 6.3), 10시 30분이 되면 정확하게 당신의 눈에 뜨인 모습을 하게 된다. 이 사건은 "완전한 얼음이 과거에 존재했고 10시~10시 30분 사이에 녹아내리는" 사건보다 발생확률이 엄청나게 크다.[13] 이것이 바로 우리가 펼치고 있는 논지의 핵심이다.⁺

볼츠만은 지금까지의 논리가 우주전체에도 적용될 수 있다는 사실을 깨달았다. 지금 당장 주변을 둘러보면 수많은 생명체들과 복잡한 화학결합을 통해 만들어진 물질들, 그리고 한 치의 오차도 없이 맞아 들어가는 물리적 질서가 눈에 뜨일 것이다. 이 우주는 완전 무질서한 난장판이 될 수도 있었는데 현실은 그렇지 않다. 왜 그런가? 이 모든 질서는 어디서 비롯되었는가?

⁺ 앞에서 나는 693장의 원고가 순서에 맞게 배열될 확률과 순서에 어긋나게 배열될 확률의 차이가 엄청나게 크다는 것을 강조하기 위해 무지막지한 숫자를 나열했었다. 그런데 지금 우리는 693개가 아니라 무려 10^{24}개나 되는 H_2O 분자를 다루고 있으므로, 질서정연한 배열이 나타날 수 있는 경우의 수와 무질서한 배열이 나타나는 경우의 수는 상상을 초월할 정도로 방대한 차이가 날 것이다. 당신의 몸과 주변환경을 이루고 있는 입자들(두뇌, 감시용 카메라, 공기분자 등)도 사정은 마찬가지다. 즉, 당신의 기억과 일치하는 설명을 한다면 지금(10시 30분) 당신이 보고 있는 '부분적으로 녹아내린 얼음'은 10시에 완전한 얼음에서 시작되었을 뿐만 아니라(가능성은 엄청 작다), 다른 모든 사물들도 그와 비슷한 수순을 밟았을 것이다. 비디오카메라에 일련의 사건이 기록되면 엔트로피는 증가하며(녹화과정에서 열과 소음이 발생하므로), 두뇌에 기억이 저장될 때에도 엔트로피는 증가한다(구체적인 과정은 아직 알려지지 않았지만 어떤 질서가 갖춰지는 과정에서 열이 발생하는 것만은 분명하다). 그러므로 10시에서 10시 30분 사이에 일어난 총 엔트로피의 변화를 두 가지 시나리오로 설명했을 때(하나는 당신의 기억을 따른 것이고, 다른 하나는 훨씬 무질서한 상태에서 지금 당신이 바라보는 상태로 변했다는 것이다) 이들의 차이는 엄청나게 크다. 물론 후자의 경우가 전자보다 엔트로피가 압도적으로 크고, 따라서 확률적 관점에서 볼 때 가능성이 훨씬 높다.

얼음의 경우처럼 확률적 관점에서 보면, 우주의 초기에 지금보다 훨씬 더 질서정연한 상태에 있다가 점차 질서가 무너지면서 지금의 상태에 이르렀을 가능성은 거의 없다. 이 우주는 엄청난 양의 구성성분들로 이루어져 있기 때문에, 질서정연한 상태와 그렇지 않은 상태의 수는 비교가 무의미할 정도로 엄청난 차이가 난다. 그러므로 얼음 조각에 적용된 논리는 더욱 확실하게 우주에 적용될 수 있다. 우리가 지금 바라보는 우주는 과거에 지극히 무질서한 상태(고-엔트로피 상태)에서 시작되어 통계적으로 매우 희귀한 요동을 겪으면서 지금의 상태로 진화해 왔을 가능성이 높다(그냥 높은 정도가 아니라 지극히, 엄청나게 높다).

다음과 같은 식으로 생각해 보자. 허공을 향해 여러 개의 동전을 한꺼번에 던진다. 시행을 여러 번 반복하다 보면 모두 다 앞면이 나오는 경우가 발생할 것이다. 또는 초인적인 인내심을 갖고 693장의 원고를 계속해서 허공으로 뿌리다 보면 모든 페이지가 순서대로 배열되는 경우가 언젠가는 발생할 것이다. 여기서 한 걸음 더 나아가, 콜라병의 마개를 열고 대대손손 끈기

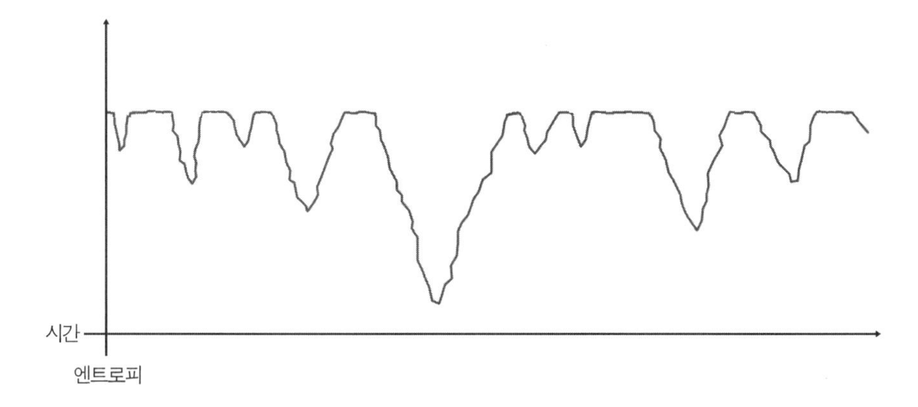

그림 6.4 우주의 총 엔트로피가 시간에 따라 변해 가는 과정을 나타낸 그래프. 그림에 의하면 이 우주는 대부분의 시간을 무질서한 상태(고-엔트로피 상태)에서 보냈고 가끔씩 요동을 겪으면서 저-엔트로피 상태를 오락가락하고 있다. 엔트로피의 골짜기가 깊을수록 그에 해당되는 요동이 일어날 확률은 작아진다. 현재의 우주는 발생확률이 가장 작은 '가장 깊은 엔트로피의 골짜기'에 위치하고 있다.

있게 기다리면 이산화탄소 분자들이 병으로 되돌아오는 장면을 목격할 수 있을 것이다. 그리고 엄청나게 긴 세월(거의 영겁에 가까운 세월)을 기다리다 보면 고-엔트로피 상태의 무질서한 우주는 충돌과 흔들림, 그리고 무작위로 나타나는 복사 등을 겪으면서 기적적으로 한곳에 뭉쳐 지금과 같이 질서를 갖춘 우주로 진화할 수도 있다. 그렇다면 우리의 몸과 두뇌는 완전한 혼돈상태에서 지금의 형태로 만들어진 셈이다. 즉, 우리가 알고 있는 모든 것과 우리가 가치를 부여하고 있는 모든 것들은 영구히 지속되는 무질서 속에서 잠시 (아주 희귀한) 통계적 요동을 겪으면서 지금의 모습으로 변해 왔다고 할 수 있다. 이 상황은 그림 6.4에 그래프로 표현되어 있다.

관망하기

나는 이 아이디어를 처음 접했을 때 대단한 충격을 받았다. 그때까지만 해도 나는 엔트로피의 개념을 그런대로 잘 이해하고 있다고 생각했으나, 사실은 교과서에 나온 내용만을 이해하고 있었다. 나는 엔트로피를 공부할 때 미래로 진행하는 엔트로피만을 생각했던 것이다. 지금까지 살펴본 바와 같이 엔트로피의 개념을 미래로 흐르는 시간을 따라 적용하면 우리의 직관과 잘 맞아떨어지지만, 과거를 향해 적용하면 당장 문제가 발생한다. 마치 오랜 세월 동안 굳게 믿어 왔던 가까운 친구에게 갑자기 배신을 당한 듯한 느낌이다.

그러나 미묘한 문제일수록 판단은 신중하게 내려야 한다. 엔트로피가 우리의 직관과 맞지 않는 것은 분명하지만, 항상 그래 왔듯이 예상 밖의 결과에서 새로운 교훈을 얻을 수도 있다. 지금 우리가 당연하게 받아들이고 있는 아이디어들 중에는 처음 제기될 때 엔트로피 못지 않게 황당한 내용도 많이 있었다. 우주를 이와 같은 방식으로 설명하면 그동안 우리가 사실로 믿어 왔던 모든 것들이 당장 위협을 받게 되지만, 그와 동시에 중요한 질문들이 새롭게 제기된다. 예를 들어, 그림 6.4에 나타나 있듯이 질서정연한 우주일수록(엔트로피의 골짜기가 깊을수록) 존재할 확률이 작다. 오늘날의 우주가 가장 깊은 엔트로피의 골짜기에 위치하고 있다면 그만큼 우리는 '기적 같은' 우주에 살고 있다는 뜻이다. 그러므로 확률적으로 따져 보면 우리의 우주가 실제로 요구되는 질서도를 생략하고 어떤 지름길을 거쳐 지금의 모습에 이르렀다고 생각하는 쪽이 더 그럴듯하다. 그러나 지금의 우주를 관측해 보면 더욱 높은 질서를 가질 여지가 아직 많이 남아 있으므로, 우주는 변화의 과정에서 많은 기회를 놓쳤다고 볼 수도 있다. 만일 인류가 진화를 거치지 않고 어느 날 갑자기 저-엔트로피 상태로 비정상적인 점프가 일어나면서 돌연 지구에 나타났다면 이때 일어난 요동은 통계적으로 볼 때 발생확률이 매우 작지만, 진화를 증명하는 화석이 아예 없다면 이 확률은 크게 증가할 것이다. 마찬가지로, 태초에 빅뱅이 전혀 일어나지 않고 저-엔트로피 상태로 비정상적인 점프가 일어나면서 수천억 개의 은하들이 만들어질 확률은 엄청나게 작지만, 현재 우주에 500억 개나 5,000개, 또는 단 몇 개의 은하만이 존재하고 있다면 이 확률은 많이 증가할 것이다. 그러므로 우리의 우주가 통계적인 요동(엄청난 행운)에 의해 생성되었다는 주장이 설득력을 얻으려면 지금처럼 저-엔트로피 상태에 있게 된 이유를 설명할 수 있어야 한다.

더욱 난처한 것은, 우리의 기억과 기록을 믿지 말아야 한다면 물리학의 법칙도 믿을 수 없게 된다는 점이다. 물리법칙의 타당성은 오직 실험에 의해서 검증되는데, 그 결과는 우리의 기억과 과거의 기록 속에 고스란히 담겨 있기 때문이다. 이렇게 되면 기존 물리법칙의 시간되짚기 대칭성에 근거를 둔 모든 논리는 더 이상 믿을 수 없게 되고, 엔트로피에 관한 우리의 이해와 현재 진행되고 있는 모든 논리의 근간도 위태로워진다. 이 우주가 완전히 무질서한 상태에서 '가끔 일어나는 통계적 요동'에 의해 지금의 모습을 갖추게 되었다는 주장을 수용하려고 하면, 현재 갖고 있는 모든 지식과 논리의 연결 고리를 모두 포기해야 하는 딜레마에 빠지게 되는 것이다.✢

이와 같이, 과거의 지식을 고수하면서 엔트로피와 관련된 물리학과 수학의 법칙을 충실하게 따른다면(주어진 한 시점을 기준으로 하여 무질서도가 과거와 미래, 양쪽으로 모두 증가한다는 논리를 따른다면) 우리는 당장 난처한 상황에 빠지게 된다. 독자들은 이런 상황이 그다지 달갑지 않겠지만, 사실 따지고 보면 좋은 점도 있다. 첫째, 기억과 기록을 믿지 않는 것이 왜 이치에 맞지 않는지를 분명하게 알 수 있고 둘째, 우리의 분석적인 접근법이 송두리째 와해되는 지점에 이르렀을 때, 우리의 논리 중에서 무언가 중요한 부분을 어쩔 수 없이 포기해야 한다는 것을 깨닫게 해준다.

더 이상 설명이 복잡해지는 것을 피하기 위해, 우리 스스로에게 질문을 던져 보자. 우리의 기억과 과거의 기록(상온에서 위스키 잔 속의 얼음은 얼고 있는 중이 아니라 녹고 있는 중이고, 커피와 크림은 분리되지 않고 섞이며, 계란은 재조립되지 않고 오직 깨지기만 한다는 사실들)을 계속 신뢰할 수 있으려면 엔트로피와 시간되짚기 대칭을 초월하여 어떤 새로운 아이디어를 도입해야 하는가? 엔트로피는 미래로 갈 때만 증가하고 과거로 거슬러 올라가면 감소한다는 관점을 고수하면서, 시공간 속의 사건들이 시간에 대하여 비대칭적으로 일어나는 이유를 설명할 수 있을 것인가?

그렇다. 설명할 수 있다. 그러나 논리적인 설명이 되려면 사건의 초창기에 아주 특별한 조건이 부가되어야 한다.[14]

✢ 지금 당장 눈에 보이는 우주가 완전히 무질서한 상태에서 생겨났음을 믿는다면, 잠시 후에 이 문제를 다시 떠올렸을 때 지금 믿고 있는 사실들을 또다시 포기해야 한다. 즉, 매 순간마다 과거의 믿음을 백지화시켜야 하는 것이다(과거는 지금보다 엔트로피가 높은 상태여야 하기 때문이다). 우주를 설명하는 방법치고는 매우 받아들이기 어려운 논리가 아닐 수 없다.

계란과 닭, 그리고 빅뱅(big bang)

방금 앞에서 한 말을 이해하기 위해, 저-엔트로피 상태의 멀쩡한 계란을 예로 들어 보자. 이렇게 엔트로피가 작은 물체는 어떻게 만들어졌는가? 우리의 기억과 기록을 뒤져 보면 답을 얻을 수 있다. 계란은 닭으로부터 생겨났다. 그리고 그 닭은 다시 계란에서 탄생했고 그 계란은 또 닭으로부터 생겨났고…. 이런 식으로 끝없이 계속된다. 그러나 영국의 수학자 펜로즈Roger Penrose는 닭-계란과 같은 순환논리가 단순히 제자리를 맴도는 것이 아니라 무언가 명백한 출발점이 있으며, 거기에는 심오한 진리가 담겨 있다고 강력하게 주장하였다.[15]

닭을 비롯하여 살아 있는 모든 생명체들은 엄청나게 높은 질서도를 갖고 있는 물리계라고 할 수 있다. 이 복잡한 생명체들은 어떻게 존재하게 되었으며 어떤 방식으로 생명을 유지해 왔을까? 닭이 계란을 낳으려면 반드시 무언가를 먹어야 한다. 생명체들은 음식과 산소로부터 자신에게 필요한 에너지를 얻는다. 그러나 이 에너지에 대하여 반드시 짚고 넘어가야 할 부분이 있다. 닭은 음식으로부터 에너지를 얻기만 하는 것이 아니라, 다양한 활동과 신진대사를 거치면서 열이나 기타 분비물의 형태로 에너지를 방출하고 있다. 이런 식으로 에너지의 유입량과 방출량이 균형을 이루지 않으면 닭은 몸집이 너무 비대해져서 생명을 유지하기가 어려울 것이다.

여기서 중요한 것은 다양한 형태의 에너지들이 모두 동일하지 않다는 점이다. 닭이 몸 밖으로 방출하는 열에너지는 매우 무질서한 상태의 에너지로서, 일단 열이 공기 중으로 방출되면 공기분자들은 이전보다 더욱 빈번한 충돌을 겪게 된다. 즉, 열에너지는 엔트로피가 커서 주변환경과 쉽게 섞이며, 한번 방출된 에너지는 유용한 에너지로 재사용하기가 쉽지 않다. 그러나 닭이 음식을 섭취하여 얻은 에너지는 엔트로피가 작기 때문에 생명을 유지하는 데 유용하게 사용될 수 있다. 그러므로 닭을 비롯한 모든 생명체들은 저-엔트로피 에너지를 고-엔트로피 에너지로 전환하는 일종의 변환장치인 셈이다.

그렇다면 계란이 갖고 있는 작은 엔트로피는 어디서 온 것일까? 닭의 에너지원인 음식(사료)은 어떻게 저-엔트로피 상태가 되었는가? 이 기적과도 같은 질서를 어떻게 설명해야 하는가? 육식동물은 다른 동물을 음식으로 섭취하고 있으므로 음식의 기원을 동물에서 찾는다면 우리는 "동물은 어떻게 저-엔트로피 상태를 유지하고 있는가?"라는 원래의 질문으로 되돌아가게 된다. 그러나 먹이사슬을 추적해 가면 그 끝에는 (나처럼) 식물만 먹고 사는 동물이 있다. 그렇다면 식물(그리고 그 열매들)은 어떻게 저-엔트로피 상태를 유지할 수 있는가? 식물들은 태양빛과 이산화탄소를 재료 삼아 광합성을 하면서 그 부산물로 산소와 탄소를 만들어 내는데, 산소는 공기 중으로 방출되고 탄소는 식물에게 필요한 영양분으로 사용된다. 그러므로 저-엔트로피의 원천을 추적하고 있는 우리는 이제 태양에너지로 관심을 돌려야 한다.

고도의 질서를 유지하고 있는 태양은 어디서 왔는가? 지금으로부터 50억 년 전에 소용돌이치던 수소기체가 중력에 끌려 한데 모이면서 지금의 모습을 갖추게 되었다. 기체가 밀집될수록 입자들 사이에 작용하는 중력이 커져서 기체는 더욱 수축되고, 기체입자들 사이의 간격이 좁아지면서 중심부는 점점 뜨거워졌다. 그러다가 어떤 특정 온도에 이르는 순간부터 핵융합반응이 일어나기 시작했고 그 결과로 강한 복사에너지가 방출되면서 중력에 의한 수축은 더 이상 일어나지 않게 되었다. 안정된 상태를 유지하면서 밝게 타오르는 뜨거운 태양(별)은 이렇게 탄생하였다.

그렇다면 태양의 전신인 기체구름은 어디서 왔는가? 아마도 그 전에 살던 별이 수명을 다하여 초신성supernova이 되면서 사방에 뿌려 놓은 흔적일 것이다. 그렇다면 이 별의 전신인 기체구름은 또 어디서 왔는가? 우리가 알기로는 빅뱅이 일어나면서 소립자와 원자가 출현하였고 그들이 뭉쳐서 기체구름이 형성되었다. 지금까지 알려진 가장 믿을 만한 우주론cosmology에 의하면, 빅뱅이 일어나고 몇 분이 지났을 때 이 우주는 뜨거운 기체로 가득 차 있었으며 그 구성성분은 대략 수소 75%, 헬륨 23%, 그리고 약간의 중수소와 리튬(Li)으로 이루어져 있었다. 여기서 중요한 것은 이 우주가 '극저-엔트로피 상태'에서 시작되었다는 점이다. 빅뱅에서 탄생한 우주는 매우 작은 엔트로피에서 시작하여 지금의 상태로 진화해 왔다. 그러므로 지금 우리의 눈에 보이는 우주의 질서는 '우주적 유물'인 셈이다. 지금부터 이 점에 관하여 좀 더 자세히 살펴보기로 하자.

엔트로피와 중력

지금까지 알려진 이론과 관측결과에 의하면 빅뱅이 일어난 지 몇 분 후의 우주공간에는 초기에 형성된 기체들이 균일하게 퍼져 있었다. 앞에서 언급했던 콜라병과 이산화탄소 기체의 사례로부터 유추해 보면, 초기의 우주공간에 퍼져 있던 기체는 엔트로피가 매우 높은 무질서한 상태에 있었을 것 같지만 사실은 그렇지 않다. 앞에서 우리는 엔트로피를 논할 때 중력을 전혀 고려하지 않았었다. 콜라병에서 새어나오는 기체는 중력의 영향을 거의 받지 않기 때문이다(물론 중력이 작용하긴 하지만 다른 요인에 의한 힘이 중력보다 훨씬 크다). 중력을 무시한 채 논리를 계속 진행시키면 방 안에 기체가 골고루 퍼지면서 고-엔트로피 상태에 이른다는 것을 쉽게 증명할 수 있다. 그러나 중력이 개입되면 상황은 크게 달라진다. 중력은 서로 자신을 향해 잡아당기는 쪽으로만 작용하기 때문에, 충분히 많은 기체분자들 사이에 중력이 작용하면 기체분자들은 그림 6.5와 같이 여러 개의 덩어리로 분할되는 경향을 보인다. 이것은 왁스를 칠한 종이 위에 뿌려진 물이 표면장력에 의해 물방울로 뭉치는 현상과 비슷하다. 초기의 우주에는 기체분자들 사이의 중력이 중요한 요인으로 작용하여 밀도가 높은 기체덩어리가 곳곳에 형성되었으며, 따라서 우주공간은 균일한 상태가 아니었다.

이렇게 만들어진 기체덩어리는 골고루 퍼져 있었던 처음 상태보다 엔트로피가 작은 것처럼 보인다(장난감이 온 방안에 골고루 널려 있는 상태의 엔트로피보다 몇 개의 상자에 담겨 있는 상태의 엔트로피가 더 작다). 그러나 우주 전체의 엔트로피를 계산하려면 뭉쳐진 기체뿐만 아니라 모든 곳의 엔트로피를 더해 주어야 한다. 장난감이 어지럽게 널려 있는 방에서 몇 개의 상자에 장난감을 주워 담으면 '장난감의 배열상태'와 관련된 엔트로피는 감소하지만, 그 장난감을 열심히 치우는 어머니의 몸에서 열(지방이 타면서 발생하는 열)이 발생하여 결국 방 전체의 엔트로피는 증가하게 된다. 이와 마찬가지로, 넓은 공간에 골고루 퍼져 있던 기체분자들이 지역적으로 뭉치면 엔트로피가 감소한 것처럼 보이지만, 이 과정에서 열이 발생하여 결국에는 핵융합반응으로 이어지기 때문에 전체적인 엔트로피는 증가한다.

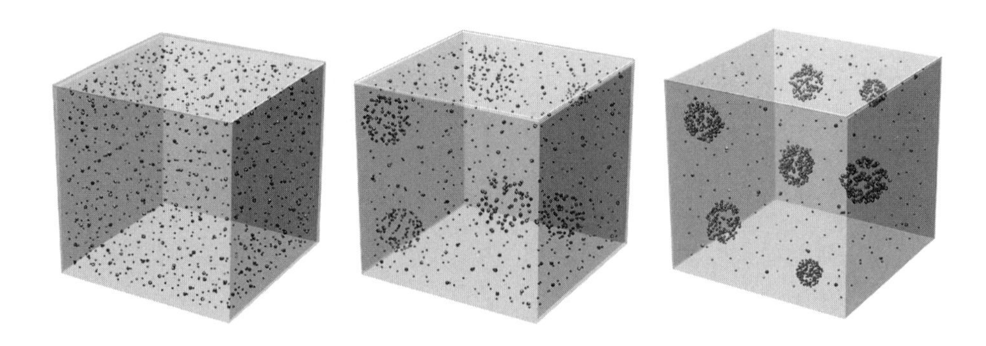

그림 6.5 방대한 영역을 점유하고 있는 기체분자들 사이에 중력이 작용하면 균일하게 분포되어 있던 분자들은 점차 한곳으로 뭉치면서 여러 개의 '기체덩어리'를 형성하게 된다.

이것은 매우 중요하면서도 흔히 간과하기 쉬운 부분이다. 우주의 삼라만상이 무질서한 상태로 변해 가는 것은 사실이지만, 그렇다고 해서 별이나 행성, 또는 식물이나 동물과 같은 질서정연한 개체가 생성될 수 없다는 뜻은 아니다. 지금 당장 주변을 둘러봐도, 기적같이 질서를 유지하고 있는 오묘한 생명체는 사방에 널려있다. 어떤 질서가 창출되었을 때, 그 부산물로 더욱 큰 무질서가 함께 창출되면 열역학 제2법칙은 여전히 성립된다. 그러므로 어느 날 갑자기 부분적인 질서가 나타났다 해도 전혀 이상할 것이 없다. 중력은 매우 방대한 거리에 걸쳐 작용할 뿐만 아니라 항상 인력으로만 작용하기 때문에 별과 같이 질서정연한 물체를 만들어 낼 수 있는 것이다. 물론 이 모든 생성과정에서 총 엔트로피는 꾸준히 증가한다.

기체가 더욱 작은 영역 속에 뭉칠수록 총 엔트로피는 더 크게 증가한다. 우주 안에서 가장 고밀도로 뭉쳐진 천체인 블랙홀black hole은 그 극한을 보여주고 있다. 블랙홀의 내부에서는 중력이 너무 강하게 작용하여 빛조차도 밖으로 빠져나갈 수 없다. 블랙홀이 검게 보이는 이유가 바로 이것이다. 블랙홀은 자신이 만들어 낸 엔트로피까지도 밖으로 빠져나가는 것을 허용하지 않는다. 빛이나 엔트로피뿐만 아니라, 그 어떤 것도 블랙홀의 중력을 이겨내고 밖으로 탈출할 수는 없다.[16] 16장에서 다시 언급되겠지만, 우주 안에서 블랙홀보다 무질서한(엔트로피가 큰) 천체는 존재하지 않는다.✣ 이것은 직관적으로 어렵지 않게 이해할 수 있다. 엔트로피가 크다는 것은 "물리적 상태에 거의 변화를 주지 않으면서 구성물질의 배열을 바꿀 수 있는 방법의 수가 많다"는 뜻이다. 그런데 우리는 블랙홀의 내부를 들여다볼 수 없으므로 구성요소들이 아무리 재배열되어도 겉으로 드러나는 모습은 항상 똑같다. 따라서 블랙홀은 최대-엔트로피 상태에 있다고 말할 수 있다.

✣ 동일한 크기의 블랙홀은 우주 안의 그 어떤 물체보다도 엔트로피가 크다.

이제 드디어 결론을 내릴 때가 왔다. 우주의 질서(저-엔트로피 상태)를 창조한 궁극적인 원천은 바로 빅뱅 그 자체였다. 확률에 입각하여 생각해 볼 때, 뜨거운 수소와 헬륨기체가 우주공간을 균일하게 메우고 있었던 시기는 엄청난 엔트로피를 가진 블랙홀이 등장한 시기보다 훨씬 전이었을 것이다. 이렇게 엔트로피가 큰 저밀도상태에서는 중력에 의한 효과를 거의 무시할 수 있다. 그러나 중력이 중요한 요인으로 부상하면 상황은 크게 달라져서 균일한 기체는 극저-엔트로피 상태가 된다. 물론 열역학 제2법칙에 따라 우주의 총 엔트로피(전체적인 무질서도)는 끊임없이 증가해 왔다. 우주가 탄생한 지 수십억 년이 지난 후, 원시기체들은 중력에 의해 한곳으로 뭉치면서 별과 은하, 또는 행성으로 진화하였다. 그리고 그들 중에서 기가 막히게 운이 좋았던 행성은 별과 적당한 거리를 유지하면서 엔트로피가 낮은 에너지를 흡수하여 생명체를 탄생시켰고 그 생명체들 중 일부는 진화에 진화를 거듭하여 닭이 되었으며, 그 닭이 낳은 계란은 부엌의 탁자 위에 놓여 있다가 어느 부주의한 생명체(당신)가 건드리는 바람에 탁자를 벗어나 바닥을 향해 자유낙하를 하던 끝에 결국 바닥과 충돌하면서 깨지고 말았다. 계란이 깨진 이유는 태초의 우주가 지극히 낮은 엔트로피에서 출발하여 더 높은 엔트로피 상태를 향해 줄곧 진화해 왔기 때문이다. 초기의 우주는 믿을 수 없을 만큼 저-엔트로피 상태였으며, 지금도 우리는 무질서를 향해 끊임없이 나아가는 우주 속에 살고 있다.

이것이 바로 지금까지 길게 끌어온 논리의 종착점이다. 깨진 계란은 초기우주의 상태, 즉 빅뱅과 밀접하게 연관되어 있다. 빅뱅으로 시작된 초기의 우주에는 고도의 질서가 존재했었기 때문에 지금도 무질서는 계속 증가하고 있고, 그 결과 한번 깨진 계란이 원래대로 돌아가는 것은 매우 어렵지만 멀쩡한 계란이 깨지는 사건은 빈번하게 일어나는 것이다.

물론 이 논리는 계란뿐만 아니라 모든 사물에 적용될 수 있다. 소설『전쟁과 평화』의 원고를 허공에 던졌을 때 엔트로피가 높은 상태로 배열되는 이유는 그들이 애초부터 질서정연한(엔트로피가 낮은) 상태에서 출발했기 때문이다. 즉, 초기의 질서정연한 상태가 엔트로피 증가의 원인인 것이다. 이와 반대로, 처음부터 원고가 뒤죽박죽으로 섞인 상태에서 허공에 던져졌다면 이들의 엔트로피는 거의 달라지지 않을 것이다. 그러므로 우리의 질문은 다음과 같다—"초기상태의 원고는 왜 순서대로 배열되어 있었는가?" 아마도 톨스토이가 원고를 집필할 때 그 순서로 써 내려갔고, 인쇄기도 그 순서를 따라 인쇄했기 때문일 것이다. 그렇다면 톨스토이는 어떻게 그토록 질서정연한 글을 쓸 수 있었는가? 톨스토이의 몸과 마음은 어디서 그런 질서를 획득하였는가? 계란의 경우와 마찬가지로, 그 원천은 빅뱅에서 찾을 수 있다. 오후 10시 30분에 부분적으로 녹아내린 얼음은 어떻게 설명해야 하는가? 당신의 기억에 의하면 30분 전인 오후 10시에 바텐더가 냉장고에서 녹지 않은 얼음을 꺼내 위스키 잔에 넣어 주었다. 그 냉장고는 똑똑한 엔지니어가 설계했고 솜씨 좋은 기계공의 손을 거쳐 지금의 모습으로 탄생하였다. 그들 모두는 냉장고같이 고도의 질서를 가진 물건을 만들 수 있을 정도로 고도의 질서를 갖춘 생명체들이다. 그러므로 우리는 또다시 '생명체의 원천'이라는 문제로 되돌아가게 되고, 그 결과는 항상 '고도의 질서를 갖춘 초기상태의 우주'로 귀결되는 것이다.

결정적인 입력

만일 빅뱅이 초고도의 질서를 갖춘 극저-엔트로피 상태에서 시작되었다면 우리는 과거의 기억과 기록을 믿을 수 있고 과거의 엔트로피가 지금보다 작았다는 것도 사실로 받아들일 수 있게 된다. 이러한 '결정적인 입력'이 없으면 우리는 앞서 언급했던 딜레마에서 빠져 나올 수가 없다. 물리법칙에 의하면 엔트로피는 현재를 기점으로 과거와 미래를 향해 똑같이 증가해야 하고, 결국 "지금 존재하는 질서는 과거의 무질서한 상태에서 '우연히' 탄생했다"고 설명할 수밖에 없기 때문이다. 그러나 (사실 그 가능성은 매우 희박하지만) 초기의 우주가 극도로 질서정연했다는 가정을 세우면, 엔트로피는 미래로 가면서 증가하고(미래 방향으로는 아무런 제한 없이 확률적 논리를 적용할 수 있으므로), 과거로 가면서 증가하지 않게 된다(엔트로피가 과거로 가면서 증가하면 초기의 우주가 극저-엔트로피 상태였다는 우리의 가정에 위배되기 때문이다[17]). 그러므로 초기우주에 부과된 조건은 시간의 방향성을 결정하는 데 매우 중요한 역할을 한다. 미래는 엔트로피가 증가하는 방향이며, 시간이 흐르는 방향(어떤 사물이 '이런' 상태에서 '저런' 상태로 변할 수는 있지만 '저런' 상태에서 '이런' 상태로 변할 수 없다는 제한조건)은 고도의 질서가 갖춰진 극저-엔트로피 상태의 초기우주에서 이미 결정되어 있었다.[18]

아직도 풀리지 않은 수수께끼

우주의 초기에 시간의 방향이 결정되었다는 것은 지금 우리의 입장에서 볼 때 아주 다행스럽고 만족스러운 결론이지만 그것으로 모든 문제가 해결되는 것은 아니다. 초창기의 우주는 무슨 수로 그토록 질서정연한 상태를 획득할 수 있었는가? 무려 150억 년 동안 무질서를 향해 진화해 왔는데도 우주는 여전히 질서정연하다. 그렇다면 초창기의 우주는 상상을 초월할 정도로 '초강력 질서'를 갖고 있었음이 분명하다. 그 질서는 대체 어디서 온 것인가? 확률적 관점에서 볼 때, 10시 30분에 '부분적으로 녹아내린 얼음'은 "과거에 완전한 얼음이 그곳에 존재하여 서서히 녹아내렸을 확률"보다 "과거에 물이 그곳에 존재했다가 통계적인 행운이 작용하여 그중 일부가 얼음으로 변했을 확률"이 훨씬 더 크다. 이것은 얼음뿐만 아니라 삼라만상에 똑같이 적용되는 통계적 사실이다. 확률적인 관점에서 보면 지금 우리의 눈에 보이는 모든 사물의 질서는 "초강력 질서로 시작된 빅뱅의 산물"이 아니라 "지금보다 무질서한 상태에서 운 좋게 질서를 찾아왔을" 가능성이 훨씬 높다.[19]

그러나 모든 것이 통계적인 요행에 의해 지금의 모습으로 존재한다고 생각하면 물리법칙조차 신뢰하지 못하는 지독한 수렁에 빠지게 된다. 그래서 우리는 극저-엔트로피 상태인 빅뱅으로부터 시간의 방향성을 설명하려고 한다. 그렇다면 우리는 초기의 우주가 무슨 수로 그토록 완벽한 질서를 획득할 수 있었는지 설명해야 한다. 이것이 바로 시간의 일방통행을 이해하는 최대의 관건이며, 해결의 열쇠는 우주론이 쥐고 있다.[20]

우주론에 관해서는 8~11장에 걸쳐 설명할 예정이다. 그러나 한 가지 명심할 것은 시간에 관한 우리의 논의가 아직은 완전하지 않다는 점이다. 지금까지 우리는 오직 고전적인 관점에서 시간을 다루어 왔다. 지금부터 양자역학이 우리의 시간개념에 어떤 수정을 요구하고 있는지 알아보기로 하자.

제7장

시간과 양자

양자의 세계에서 시간의 본질을 추적하다

우리는 항상 시간 속에서 살고 있다('항상'이라는 말 자체에도 시간의 영속성이라는 절대가정이 깔려 있다). 시간은 어디나 존재하는 생활의 무대이며 우리는 잠시라도 그 흐름에서 벗어날 수 없다. 그러므로 시간에 관한 논리는 우리의 일상적인 경험에 의해 그 방향이 정해질 수밖에 없다. 물론, 우리가 매일같이 겪고 있는 세계는 고전적인 경험의 세계로서, 여기에 적용되는 물리법칙은 이미 300여 년 전에 뉴턴이라는 걸출한 천재에 의해 확립되었다. 그러나 지난 100년 동안 이루어진 다양한 물리학적 발견들 중에서 양자역학은 고전물리학의 근간을 가장 심각하게 뒤흔들었다.

지금부터 양자역학이 기존의 시간개념에 미친 영향을 살펴봄으로써 우리의 고전적인 경험을 한 단계 확장시켜 보자. 물론 이 장에서도 우리의 목적은 시간의 방향성을 규명하는 것이다. 그러나 양자역학에 입각한 시간의 개념은 지금도 물리학자들 사이에 논쟁의 대상이 되고 있으므로 명확한 결론을 내리기는 어려울 것이다. 시간의 특성을 양자역학적 관점에서 추적해 나가다 보면, 그 끝은 역시 우주의 기원으로 귀결된다.

양자적 과거

독자들도 잘 알다시피 확률은 6장에서 핵심적인 역할을 했다. 확률의 역할이 부각된 이유는 경우의 수가 너무 많아서 실질적인 계산이 불가능했기 때문이다. 10^{24}개에 달하는 H_2O분자들의 운동을 일일이 계산하는 것은 현재의 계산능력으로 불가능할 뿐만 아니라, 만일 가능하다 해도 데이터가 너무 많아서 효율적으로 사용할 수가 없다. H_2O분자 10^{24}개의 위치와 속도로부터 얼음의 존재를 유추하는 것은 생각만 해도 끔찍한 일이다. 그러나 여기에 확률의 개념을 도입하면 계산이 가능해질 뿐만 아니라 '질서'와 '무질서'라는 거시적 특성에 초점을 맞출 수 있다. 두말할 것도 없이, 수없이 많은 분자들을 일일이 상대하는 것보다는 얼음과 물을 상대하는 편이 훨씬 쉽다. 하지만 여기서 말하는 확률은 어디까지나 고전적인 개념의 확률임을 명심해야 한다. 고전역학에 의하면 우주를 이루는 모든 입자들의 현재 위치와 속도를 모두 알 수만 있다면 (원리적으로) 우주의 과거와 미래를 모두 알 수 있다. 과거와 미래의 우주를 굳이 관측하지 않아도 현재의 상태만 정확하게 알고 있으면 고전물리학의 법칙이 모든 것을 알려 주는 것이다.[1]

7장에서도 확률은 핵심적인 역할을 하지만, 고전역학의 경우처럼 편의상 도입된 개념은 아니다. 양자역학 자체가 확률에 근간을 둔 물리학이기 때문에 이로부터 내려진 결론들은 대부분 우리의 상식과 일치하지 않는다. 물론 과거와 미래의 개념도 여기서 예외일 수 없다. 앞에서 우리는 양자적 불확정성 때문에 물체의 위치와 속도를 동시에 정확하게 측정할 수 없음을 알았다. 또한, 양자역학에 의하면 미래의 어느 한 시점에 입자가 점유할 위치는 확률적으로밖에 예견될 수 없다는 사실도 알고 있다. 물론 수많은 실험이 그 타당성을 입증하고 있으므로 우리는 양자역학이 예견하는 확률을 믿을 수밖에 없다. 그러나 확률은 어디까지나 확률이기 때문에, 양자역학으로 미래를 예견할 때에는 '우연'이라는 요소가 필연적으로 개입된다.

과거를 서술할 때에도 고전역학과 양자역학은 매우 심각한 차이를 보인다. 고전역학은 모든 시간을 동등하게 취급하며, 물리적 사건들은 우리에게 관측되건 또는 관측되지 않건 간에 자신의 갈 길을 따라 진행되는 것으로 간주된다. 하늘에서 유성이 발견되면 우리는 그 물체의 현재위치와 현재속도를 측정할 수 있고 그 유성의 과거행적이 궁금하다면 고전역학의 운동법칙을 이용하여 정확한 궤적을 산출해 낼 수 있다. 그러나 양자역학은 사정이 전혀 다르다. 양자적 세계에서 무언가를 관측한다는 것은 그 순간에 "관측대상의 물리량을 100% 정확하게 알 수 있는 세계"로 발을 들여놓았음을 뜻한다(실험장비에서 발생하는 기계적 오차를 무시하고 하는 말이다). 그러나 어느 누구에게도(반드시 인간일 필요는 없다) 관측되지 않은 과거는 양자적 불확정성의 세계에 확률적으로 존재한다. 지금 이 순간에 전자의 위치를 측정하여 '이곳'에 있음을 확인했다 해도, 1초 전의 전자는 반드시 어느 지점에 있었어야 한다는 법이 없다. 과거의 전자는 우주 반대편에 있었을 수도 있다(물론, 현재 확인된 지점에서 멀어질수록 확률은 급속하게 줄어든다).

앞에서 말했던 것처럼, 전자(또는 임의의 입자)는 여러 가지 가능한 지점들 중 한 지점에 존재하는 것이 아니라[2] 가능한 모든 지점에 골고루 존재한다. 왜냐하면 과거의 '모든' 가능성들이 현재의 관측결과를 낳았기 때문이다. 이것은 4장에서 이중슬릿 실험을 논할 때 이미 언급된 내용이다. 고전적으로 생각하면 임의의 순간에 전자가 처할 수 있는 상태는 단 하나뿐이다. 그러므로 고전물리학에 입각한 전자는 두 개의 슬릿(구멍) 중 왼쪽 아니면 오른쪽, 단 하나만을 통과할 수 있다. 그러나 이런 관점을 고수하면 실험결과를 설명할 수가 없다. 고전적인 생각이 맞는다면 실험결과는 그림 4.3a처럼 나와야 하는데, 실제로는 그림 4.3b와 같은 결과가 나타나기 때문이다. 그림에 나타나는 간섭무늬는 무언가가 두 개의 구멍을 동시에 통과했다고 생각해야 논리적으로 설명될 수 있다.

양자역학은 하나의 전자가 두 개의 구멍을 동시에 통과하는 것을 허용한다. 그러나 이렇게 비상식적인 관점을 채용하면 지금의 입자를 있게 한 '과거'는 개념상으로 엄청난 변화를 겪게 된다. 양자역학에 의하면 전자 한 개의 확률파동은 두 개의 슬릿을 '모두' 통과하며 슬릿을 빠져 나온 파동들이 서로 섞이면서 스크린에 간섭무늬를 만들고, 스크린의 특정 위치에 전자가 도달하는 빈도수는 그 지점에 형성된 간섭무늬의 강약에 따라 달라진다.

우리의 일상적인 경험에 비춰볼 때 이런 식의 설명은 전혀 납득이 가지 않는다. 그러나 백 번 양보하여 위의 주장을 받아들이고 한 걸음 더 나가 보면 더욱 희한한 사실에 직면하게 된다. 개개의 원자들이 두 개의 슬릿을 동시에 통과하여 스크린에 도달했다는 것은, 한 전자의 과거지사가 슬릿을 통과하는 순간부터 두 개로 분리되어 동시 진행되어 왔다는 것을 의미한다. 즉, 하나의 전자는 '왼쪽 슬릿을 통과해 온 과거'와 '오른쪽 슬릿을 통과해 온 과거'를 동시에 갖고 있으며, 스크린에 나타나는 간섭무늬(전자의 현재 모습)는 두 종류의 과거지사에 똑같이 영향을 받는다는 것이다.

이 놀랍고도 괴상하기 짝이 없는 아이디어는 1965년에 노벨 물리학상을 수상했던 천재과학자 리처드 파인만Richard Feynman의 창작품으로서, 양자역학을 현대적으로 업그레이드시키는 데 결정적인 역할을 했다. 파인만의 논리를 간단히 설명하면 다음과 같다—하나의 결과가 여러 가지 방법으로 나타날 수 있는 경우(예를 들어, 전자가 스크린의 특정 위치에 도달하는 사건은 왼쪽 슬릿을 통과한 경우와 오른쪽 슬릿을 통과한 경우, 두 가지로 발생할 수 있다), 모든 가능한 사건들은 동시에 진행된다. 파인만은 이 모든 '가능한 경우'들이 최종결과가 나타날 확률에 나름대로 기여하고 있으며, 각각의 확률을 모두 더한 결과는 양자역학이 예견하는 총 확률과 정확하게 일치한다는 것을 멋지게 증명하였다.

파인만이 '모든 과거의 합sum over histories'이라고 불렀던 이 계산법은 확률파동이 모든 가능한 과거에 골고루 내재되어 있다는 것을 보여 주었으며, 그로 인해 양자역학이 말하는 과거의 개념은 가히 혁명적인 변화를 겪게 되었다.[3]

오즈(Oz)로 가는 길

전자가 거쳐 온 다양한 과거들이 더욱 분명하게 구별될 수 있도록 실험장치를 조금 바꿔 보자. 그리고 상황을 좀 더 쉽게 설명하기 위해 실험용 입자로 전자 대신 광자(레이저)를 사용하기로 하자. 광원에서 발사된 레이저빔은 '광선분리기beam splitter'라는 장치에 도달하게 되는데, 여기에는 은으로 반도금된 거울이 달려 있어서 도달한 빛의 반은 거울을 투과하고 나머지 반은 반사된다. 따라서 광원을 출발한 레이저빔은 분리기를 거치면서 왼쪽 빔과 오른쪽 빔으로 양분되어 각자의 길을 가게 된다(이것은 이중슬릿을 통과한 빛이 두 갈래로 갈라지는 과정에 해당된다). 이제, 각각의 빔이 가는 길목에 그림 7.1과 같이 전반사용 거울을 설치해 놓으면 갈라진 빔을 다시 한 장소(스크린)에 모을 수 있다. 맥스웰의 이론대로 빛이 파동이라면 스크린에는 간섭무늬가 나타날 것이다(사실이 그렇다). 이때, 두 개의 거울을 좌-우 대칭형으로 세팅해 놓으면 각 레이저빔이 스크린에 도달할 때까지 거쳐 온 거리는 스크린의 중앙을 제외하고 조금씩 달라지게 된다. 예를 들어, 왼쪽 거울을 거쳐 온 빔이 스크린의 중앙에서 조금 벗어난 지점에 '파동 마루' 상태로 도달했다면 오른쪽 거울을 거쳐 온 빔은 '마루 상태'나 '골 상태', 또는 '마루와 골 사이의 어떤 상태'로 도달할 것이다. 그리고 그 지점의 스크린에는 두 파동이 합쳐진 높이만큼 밝은 무늬가 나타날 것이다.

레이저 광원의 강도를 크게 낮춰서 1초당 광자 하나가 발사되도록 조절하면 고전역학과 양자역학의 차이가 극명하게 드러난다. 고전적인 관점에서 볼 때, 광자 하나가 광선분리기에 도달하면 통과하거나 아니면 반사되거나, 둘 중 하나일 것이다. 고전적으로는 이 경우에 간섭이 일어날 수가 없다. 간섭을 일으킬 만한 상대가 전혀 없기 때문이다. 지금 광자는 한 번에 한 개씩 발사되고 있으므로 하나의 광자는 다른 광자(앞서 간 광자나 뒤에서 따라오는 광자)의 영향을 전혀 받지 않은 채로 오른쪽이나 왼쪽 중 하나의 경로를 거쳐 스크린에 도달할 것이다. 그러나 실제로 실험을 해 보면 스크린에는 그림 4.4나 7.1b와 같은 간섭무늬가 선명하게 나타난다. 왜 그럴까? 파인만식 논리에 의하면 하나의 광자는 오른쪽 경로와 왼쪽 경로를 '동시에' 거쳐 온다. 즉, 스크린에 도달한 광자는 '두 개의 가능한 과거'를 갖고 있으며, 이들이 결합되어 나타난 확률파동에 의해 스크린의 특정 위치에 도달할 확률이 결정된다. 광자 하나의 왼쪽 확률파동과 오른쪽 확률파동이 이런 식으로 한데 합쳐지면서 그림과 같은 간섭무늬가 나타나는 것이다. 도로시Dorothy는 허수아비가 양손을 벌린 채 오즈Oz로 가는 길을 가르쳐 주는 바람에 혼란스러워했지만, 광자는 아무런 갈등 없이 두 개의 길을 '동시에' 거쳐 온다.

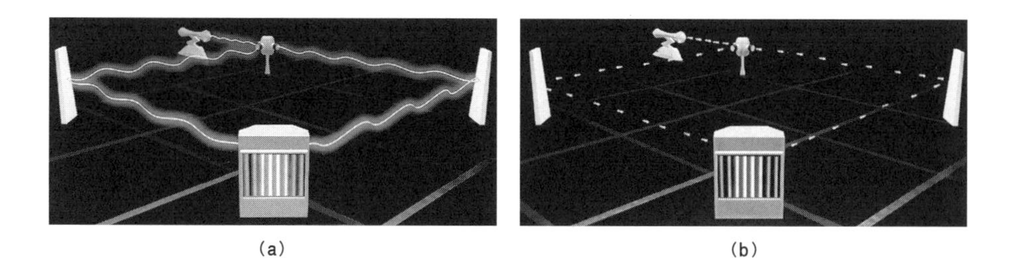

그림 7.1 (a) 광선분리기를 이용한 실험에서 레이저빔은 두 갈래로 갈라진 후 각기 거울에 반사되어 스크린에 도달한다. (b) 레이저 광원의 강도를 줄여서 한 번에 광자 하나씩 발사해도 시간이 충분히 지나면 스크린에는 간섭무늬가 형성된다.

선택

위의 실험에서 광자의 가능한 과거는 단 두 개뿐이지만, 모든 가능한 과거들이 동시에 진행된다는 것은 어떠한 경우에도 적용될 수 있는 일반적인 사실이다. 고전물리학은 단 하나의 과거만을 허용하고 있으나, 확률파동으로 대변되는 양자역학에서는 과거의 영역이 훨씬 넓다. 파인만식 접근법에 의하면 우리에게 관측된 현재는 모든 가능한 과거들이 특별한 방식으로 혼합되어 나타난 결과이다.

이중슬릿 실험과 광선분리기 실험의 경우, 전자(또는 광자)가 스크린에 도달하는 경로는 두 가지(왼쪽 경로와 오른쪽 경로)가 있고 이 두 가지 경우를 조합해야 실험결과를 설명할 수 있다. 슬릿이 3개였다면 스크린에 도달한 전자의 가능한 과거는 3가지가 되고 슬릿이 300개면 가능한 과거는 300가지가 된다. 슬릿의 개수를 무한개로 늘리면(이렇게 되면 슬릿이 아예 없는 거나 마찬가지다) 개개의 전자는 무한히 많은 길을 '동시에 거쳐서' 스크린의 한 지점에 도달하고, 이 모든 과거를 적절하게 조합시켜야 실험과 일치하는 결과를 얻을 수 있다. 물론 상식적으로는 말도 안 되는 이야기다. 그러나 이 황당한 이론은 그림 4.4와 7.1b를 비롯하여 미시적 스케일에서 실행된 모든 실험결과와 기가 막힐 정도로 잘 일치한다.

간단히 말해서, 일어날 수 있는 '모든 가능한 과거'들을 한꺼번에 더해야(중첩시켜야) 현재를 이해할 수 있다는 뜻이다. 물론 독자들은 당장 수긍하기 어려울 것이다. 하나의 전자는 정말로 모든 가능한 경로들을 동시에 거쳐 오는 것일까? 아니면 이 황당한 이론은 결과를 설명하기 위한 수학적 도구에 불과한 것일까? 이것은 양자적 실체를 규명하는 데 반드시 짚고 넘어가야 할 핵심적인 질문이므로 어떻게든 답을 제시하고 싶지만, 안타깝게도 나에게는 그럴 만한 능력이 없다. 물리학자들은 모든 가능한 과거들의 집합을 가시화시켜서 이해를 도모하고 있으며 나 또한 틈날 때마다 그 상황을 머릿속에 그려 보곤 한다. 구체적인 영상을 떠올리는 것이 수식으로 휘갈겨 놓은 것보다 유용한 것은 사실이다. 그러나 이런 식의 상상화를 현실적인 그림으로 인정할 수는 없다. 중요한 것은 양자역학에 입각하여 특정 위치에 전자가 도달할 확률을 계산한 값이 실험결과와 너무나도 잘 일치한다는 점이다. 사실, 이론의 타당성과 예측가능성만 놓고 따진다면 전자가 어떤 경로를 거쳐 왔는지는 별로 중요한 문제가 아니다.

그래도 대부분의 독자들은 '모든 가능한 과거'를 선뜻 받아들이기가 어려울 것이다. 원한다면 실험장치를 조금 바꿔서 여러 개의 과거가 섞이는 현상을 다른 방법으로 확인할 수도 있다. 그러나 여기에는 어떤 장비를 동원한다 해도 결코 다다를 수 없는 한계가 있다. 4장에서 말했던 것처럼 확률파동은 직접 관측할 수 있는 양이 아니다. 파인만이 말했던 '모든 가능한 과거의 중첩'이란, 확률파동을 다른 방법으로 설명한 것에 지나지 않기 때문에 이것 역시 직접적인 관측이 불가능하다. 실험적인 관측으로는 여러 개의 과거들을 낱개로 분리해 낼 수 없다. 우리는 모든 가능한 과거들이 중첩되어 나타난 최종결과만을 볼 수 있을 뿐이다. 그러므로 실험장치를 바꾸면 전자가 도달하는 위치만 바뀔 뿐, 그들이 거쳐 온 '혼합형 과거'를 분리시켜서 볼 수는 없다. 전자가 이곳에서 저곳으로 이동하는 이유를 양자역학적으로 설명하려면 전자가 거쳐 갈 수 있는 모든 가능한 과거들을 일일이 고려해 주어야 한다. 그러나 전자를 직접 관측하면 그 모든 과거들이 혼합된 결과만을 알 수 있다. 양자역학은 우리의 눈에 보이는(관측된) 결과를 설명해 주고 있지만 설명방법 자체를 보여 주지는 않는다.

독자들은 이렇게 물을 수도 있다. "그렇다면 유일한 과거와 유일한 경로를 고집하는 상식적인 고전역학은 무슨 수로 이 우주를 그토록 정확하게 서술하고 있는가? 날아가는 야구공이나 행성의 운동을 고전역학으로 계산한 결과가 실제의 상황과 정확하게 일치하는 이유는 무엇인가? 시간이 과거에서 미래로 흐르는 일상적인 세계에서 '모든 가능한 과거의 중첩'이라는 희한한 설명법이 필요 없는 이유는 무엇인가?" 4장에서 잠시 언급한 바와 같이, 그 이유는 야구공이나 행성의 크기가 전자에 비하여 엄청나게 크기 때문이다. 양자역학에 의하면 물체가 클수록 최종결과에 대한 각 궤적의 기여도가 어느 한 궤적에 집중되는 경향이 있다. 야구공에 양자역학을 적용했을 때 여러 가지 가능한 궤적이 얻어지는 것은 사실이지만, 고전역학이 예견하는 궤적의 기여도가 다른 모든 궤적의 기여도보다 압도적으로 크기 때문에 고전역학이 맞는 이론처럼 보이는 것이다(예를 들어, 야구공의 포물선 궤적이 전체 결과에 99.9999%를 기여하고 다른 궤적들이 나머지 0.0001%를 기여한다면 양자역학이나 고전역학이나 다른 점이 거의 없다). 야구공뿐만 아니라 거시적인 스케일의 모든 물체들은 모든 가능한 경로들을 평균하는 과정에서 고전적으로 예견되는 경로의 기여도가 압도적으로 크다. 그러나 전자나 쿼크quark, 또는 광자처럼 작은 입자들은 모든 경로들이 전체적인 결과에 거의 같은 정도로 기여하기 때문에 이들을 더하는(평균 내는) 과정이 중요하게 부각되는 것이다.

독자들은 또 이렇게 반문할 수도 있다. "모든 가능한 과거들이 동시에 존재하다가 관측이라는 행위가 개입되었을 때 이 모든 것들이 갑자기 하나의 결과로 통합되는 이유는 무엇인가? 전자와 같은 무생물이 '누군가가 나를 관측하고 있다'는 사실을 어떻게 눈치 챌 수 있다는 말인가? 우리 인간과 우리가 만든 실험장비들이 전자에게 그 사실을 일깨워 주고 있는 것일까? 모든 피조물들 중에서 인간이 그렇게 특별한 존재였던가? 아니면 인간의 관측행위가 양자역학의 기본 틀 안에 잘 들어맞는 것일까?" 이것은 양자적 실체와 시간의 방향성을 규명하기 위해 반드시 짚고 넘어가야 할 문제이며, 이 장의 후반부에서 집중적으로 다룰 예정이다.

양자적 평균을 계산하려면 고도의 수학적 계산능력이 필요하다. 그리고 입자의 모든 가능한 경로들이 언제, 어떻게, 어느 곳에서 하나로 합쳐지는지는 아직 분명치 않다. 그러나 양자역학이 궁극적인 '선택의 장'이라는 사실만은 분명하다. 입자가 취할 수 있는 모든 가능한 경로는 양자역학의 확률 속에 내포되어 있다.

이와 같이 고전역학과 양자역학은 과거를 전혀 다른 관점에서 바라보고 있다.

과거 골라내기

고전적으로 더 이상 분리될 수 없는 입자들(전자, 광자 등)이 여러 개의 경로를 동시에 지나간다는 것은 정말로 받아들이기 어려운 제안이다. 제아무리 자제력이 강한 사람이라 해도 이 궤변 같은 논리에서 어떻게든 벗어나고 싶은 충동을 느낄 것이다. 여기서 한 가지 제안을 해 보자. 이중슬릿이나 광선분리기에 또 다른 장치를 추가하여 전자나 광자가 **정말로** 어떤 궤적을 따라가는지 확인할 수도 있지 않을까? 이중슬릿 실험의 경우, 슬릿의 바로 앞쪽에 미세한 감지기를 따로 장치하면 전자가 둘 중 어떤 슬릿을 통과하는지(또는 정말로 '동시에' 통과하는지) 알아낼 수 있지 않을까? (물론 감지기로 가는 전자의 길을 방해하지 않도록 설치한다.) 그리고 광선분리기 실험에서는 전자가 가는 길목(오른쪽과 왼쪽 경로)에 각각 감지기를 설치하여 어떤 경로를 따라가는지 확인할 수 있지 않을까?

좋은 제안이다. 이 정도의 장치는 얼마든지 설치할 수 있다. 그런데 입자의 경로를 확인하는 감지기를 추가하면 두 가지 사실을 새롭게 알게 된다.

첫째, 개개의 전자나 광자는 두 가지 길을 동시에 지나가지 않고 한 번에 하나의 경로만을 따라간다. 즉, 지금까지 열심히 강조했던 '경로의 중첩' 같은 현상은 일어나지 않는다. 둘째, 입자의 종착점인 스크린에는 그림 4.3b나 7.1b와 같은 간섭무늬가 더 이상 나타나지 않고 그림 4.3a와 같이 상식에 부합되는 두 줄짜리 무늬가 형성된다. 입자가 두 개의 경로를 동시에 지나간다는 아이디어를 도저히 믿을 수가 없어서 경로를 확인하는 실험을 했더니 "입자는 두 개의 경로를 동시에 지나가지 않는다"는 결과가 얻어지면서 간섭무늬까지 사라져 버렸다. 왜 이렇게 되었을까? 이전의 실험에서는 입자가 스크린에 도달할 때 관측이 이루어진 반면, 지금은 입자가 슬릿을 통과하는 순간에 첫 번째 관측이 이루어졌기 때문이다. 관측을 '당한' 입자는 모든 가능성을 더 이상 유지하지 않고 그중 하나의 가능성을 우리에게 보여 준다. 즉, 우리의 관측행위가 입자의 가능한 과거(지금은 더 이상 과거가 아니다)들 중 하나를 골라낸 것이다. 스크린에 간섭무늬가 나타나지 않은 것은 바로 이런 이유 때문이다.

닐스 보어Niels Bohr는 이 현상을 가리켜 '상보성원리principle of complementarity'라 불렀다. 전자와 광자를 비롯한 모든 만물들은 파동적 성질과 입자적 성질을 동시에 갖고 있다. 그러므로 전자를 '단 하나의 궤적을 따라 이동하는' 입자로 간주한 고전적 관점으로는 간섭현상을 설명할 수 없으며,[+] 전자를 순수한 파동으로 간주하면 방금 전의 실험에서 나타나는 입자적 성질을 설명할 수 없게 된다. 입자의 특성을 완전하게 서술하려면 파동성과 입자성을 모두 고려해야 한다. 우리는 실험장치를 적절히 세팅하여 입자의 파동성과 입자성 중 한쪽이 두드러지게 나타나도록 만들 수 있다. 전자가 소스에서

[+] 파인만의 '경로 합(sum over the paths)'은 물체의 입자적인 성질이 강조되어 있는 것처럼 보이지만, 사실 이것은 확률파동을 해석하는 또 다른 방법이기 때문에(한 입자의 모든 과거들은 각기 나름대로 전체확률에 기여하고 있다) 파동적인 성질도 함께 고려되어 있다고 보아야 한다. 입자란 한 번에 단 하나의 경로만을 따라가는 물체를 말한다.

출발하여 스크린에 도달할 때까지 아무런 방해도 하지 않으면 전자의 파동성이 두드러지게 나타나면서 스크린에는 간섭무늬가 형성된다. 그러나 전자가 어떤 경로를 거쳐 가는지 알아내기 위해 어떤 장치를 경로 중간에 설치하면 간섭무늬는 사라져 버린다. 만일 전자가 왼쪽(또는 오른쪽) 슬릿을 통과했다는 사실을 알고 있는 상황에서 간섭무늬가 관측되었다면 우리는 지독한 역설에 휘말렸을 것이다. 그러나 이런 난처한 상황은 절대로 발생하지 않는다. 이 얼마나 다행스러운 일인가! 관측이라는 행위를 통해 전자의 가능한 경로들 중 하나를 골라내면 전자는 파동성을 완전히 잃어버리고 입자적인 성질만 우리에게 보여 주기 때문에 더 이상 설명할 것이 없다. 이런 경우에는 "전자는 입자이다"라고 선언하면 그만이다. 전자는 파동성과 입자성을 동시에 갖고 있지만, 그 두 가지 성질은 결코 동시에 관측되지 않는다.

자연은 이렇게 이상한 방식으로 운영되고 있다. 모든 물체는 파동과 입자의 경계면에 아슬아슬하게 존재하면서 역설적인 상황을 교묘하게 피해 가고 있는 것이다.

수정된 과거

앞에서 했던 실험은 이 세계가 양자역학의 법칙에 따라 운영되고 있음을 분명하게 보여 주고 있다. 뉴턴과 맥스웰, 그리고 아인슈타인이 창안했던 고전물리학은 거시적인 현상을 나름대로 잘 설명하고 있지만 이것은 어디까지나 근사적인 서술에 불과하다. 양자역학의 법칙들은 우리가 생각하는 통상적인 과거의 개념을 크게 바꿔 놓았다. 지금의 현재를 있게 한 과거는 유일하게 결정되지 않으며(단, 우리가 그것을 관측하지 않는 한), 여러 개의 과거들이 동시에 공존하고 있다. 여기서 실험장치를 조금 바꾸면 양자역학적 시간의 놀라운 속성을 또 한 번 발견하게 된다.

첫 번째 실험은 저명한 물리학자인 존 휠러John Wheeler가 1980년에 제안한 실험으로, 세칭 '지연된 선택delayed choice'이라 불리기도 한다. 이 실험은 "과거는 미래에 따라 달라지는가?"라는 괴상한 질문에서 시작된다. 그러나 이 질문은 "시간을 거슬러 올라가 과거를 바꿀 수 있는가?"라는 질문과는 근본적으로 다르다(이 문제는 15장에서 자세히 다룰 예정이다). 휠러의 실험은 과거에 이미 일어났을 것으로 짐작되는 사건과 현재 일어나고 있는 사건이 서로 영향을 주고받는다는 것을 보여 주기 위해 제안된 실험이었다.

상황을 쉽게 이해하기 위해 당신이 예술품 수집가라고 가정해 보자. 스프링필드의 예술-미화위원회 회장직을 맡고 있는 스미더 씨Mr. Smither는 당신이 팔려고 내놓은 예술품들을 둘러보기 위해 지금 이쪽으로 오고 있다. 사실, 당신은 스미더 씨가 어떤 작품에 관심을 갖고 있는지 이미 알고 있다. 그가 사고 싶어 하는 작품은 몇 해 전에 당신의 숙부인 몬티 번즈Monty Burns로부터 물려받은 〈풀 몬티The Full Monty〉라는 그림이었다. 하지만 당신은 평소에 숙부님을 매우 존경하고 있었으므로 그 그림을 팔아야 할지 말아야 할지, 선뜻 결정을 내리지 못하고 있었다. 그런데 매장에 도착한 스미더 씨와 대화를 나누다 보니, 그가 한때 숙부님의 보좌관으로 일한 적이 있었다는 놀라운 사실을 알게 되었다. 스미더 씨와 작품에 관한 대화를 계속 나누면서 친밀감을 느낀 당신은 결국 〈풀 몬티〉를 그에게 팔기로 마음먹었다. 소장품들 중에는 그에 못지않은 그림도 많이 있고, 그림을 너무 많이 갖고 있으면 소장가치가 떨어질 수도 있겠다고 생각한 것이다.

당신은 마음의 결정을 내린 후에 지금까지 갈등해 왔던 시간들을 곰곰 되새겨 보았다. 그랬더니 스미더 씨가 도착하기 전에 이미 팔기로 결정되어 있었던 것 같다는 느낌이 들었다. 당신은 〈풀 몬티〉라는 그림에 애착을 갖고 있긴 했지만 미술 소장품이 너무 많아서 일부를 처분해야겠다고 항상 생각해 왔으며, 특히 〈풀 몬티〉가 표방하고 있는 20세기말의 핵자기 에로티시즘 nuclearmagnetic eroticism은 전문가가 아니면 수용하기 어려울 정도로 보기 민망한 장면을 묘사하고 있었기 때문에 사실 갖고 있기가 다소 부담스러웠다. 스미더 씨가 도착하기 전까지 〈풀 몬티〉의 판매여부를 결정하지 못한 것은 사실이지만, 지금 생각해 보면 그 그림을 팔아치우기로 이미 마음의 결정을 내려놓고 있었던 것 같다. 물론 그렇다고 해서 미래의 사건(결정)이 이미 지나간 과거지사를 바꿔 놓았다는 뜻은 아니다. 스미더 씨와 유쾌한 대화를 나누면서 그림을 팔기로 결심하고 보니 과거에 겪었던 갈등이 실감나지 않는다는 것이다. 이후로 시간이 더 흐르면 과거지사는 더욱 분명해질 것이다.

물론 이 경우는 미래의 사건이 과거에 직접 영향을 미친 것이 아니라 '과거를 회상하는 당신의 마음'에 영향을 주었으므로 전혀 역설적인 상황이 아니다. 이런 일은 일상생활 속에서 얼마든지 일어날 수 있다. 그러나 휠러가 제안했던 '지연된 선택' 실험은 과거와 미래 사이에 작용하는 심리적 요인을 양자역학적 요인으로 대치하여 더욱 정확하면서도 놀라운 결과를 얻어 내고 있다. 실험의 개요는 다음과 같다. 우선 그림 7.1b와 같이 광선분리기를 이용한 실험장치를 세팅한 후, 광선분리기 바로 뒤에 광자감지기를 추가로 설치해 놓는다(앞에서 했던 대로, 1초당 하나의 광자가 방출되도록 레이저의 강도를

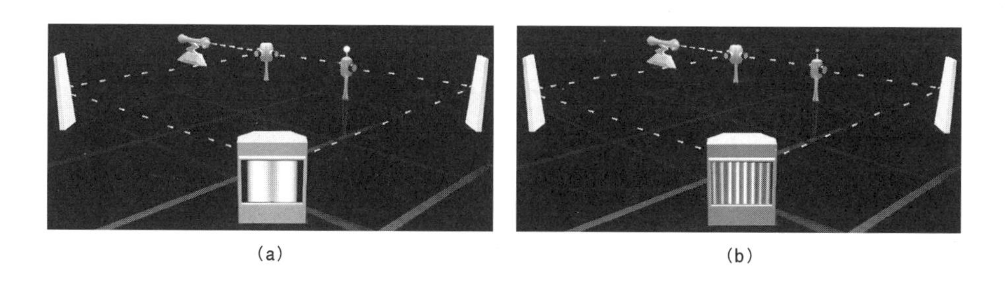

그림 7.2 (a) 입자의 경로를 확인하는 장치(광자감지기)의 스위치를 켜면, 간섭무늬는 사라진다. **(b)** 광자감지기의 스위치를 끄면 그림 7.1의 상황과 동일해지면서 스크린에는 간섭무늬가 다시 나타난다.

아주 약하게 맞춰 놓는다). 이때 광자감지기의 스위치를 꺼놓으면(그림 7.2b) 이 실험은 앞에서 했던 실험과 동일해지므로 스크린에는 간섭무늬가 선명하게 나타날 것이다. 그러나 광자감지기의 스위치를 켜면(그림 7.2a) 광자의 경로는 만천하에 드러나게 된다. 감지기가 광자를 감지했다면 광자는 그 길로 간 것이고 감지하지 못했다면 다른 쪽 길로 간 것이다. 그리고 감지기에게 자신의 경로를 들켜버린 광자는 파동성을 잃어버리고 입자처럼 행동하기 때문에 스크린에는 더 이상 간섭무늬가 나타나지 않는다.

이제 새로 추가된 광자감지기의 위치를 스크린에 가까운 쪽으로 옮겨 보자. 이 실험에서 레이저와 스크린 사이의 거리는 아무리 멀어도 상관없으므로, 광자감지기와 광선분리기 사이의 거리가 충분히 멀어지도록 모든 위치를 재조절한다. 이 경우에도 광자감지기의 스위치를 꺼 놓으면 스크린에는 간섭무늬가 나타나고 스위치를 켜면 간섭무늬는 사라진다.

이것은 정말로 신기한 현상이 아닐 수 없다. 왜냐하면 이 실험에서 광자의 경로를 확인하는 관측행위는 광자가 광선분리기를 지나고 나서 한참 후에 행해졌기 때문이다. 광자는 광선분리기를 지나는 순간에 '파동처럼 행동하면서 두 개의 경로를 동시에 지나갈 것인지, 아니면 입자처럼 행동하면서 한 번에 하나의 경로만을 따라갈 것인지'를 결정한다. 그리고 이제 막 광선분리기를 통과한(또는 반사된) 광자는 저 멀리 놓여 있는 광자감지기의 스위치가 켜져 있는지, 아니면 꺼져 있는지 알 도리가 없다. 심지어는 광자가 광선분리기를 통과한 후에 광자감지기의 스위치 상태(켜짐/꺼짐)를 바꿀 수도 있다. 감지기의 스위치가 꺼져 있는 상태에 대비하려면 광자는 처음부터 양자적 파동처럼 행동하면서 두 개의 경로를 동시에 지나가야 한다. 그래야 스크린에 간섭무늬를 만들 수 있기 때문이다. 그런데 광자감지기에 도달했을 때 스위치가 켜져 있었다면(또는 광자가 스크린을 향해 날아오는 도중에 실험자가 광자감지기의 스위치를 켰다면) 광자는 잠시 난감한 상황에 직면하게 될 것 같다. 그렇지 않은가? 광선분리기를 통과할 때 파동처럼 행동하기로 마음먹고 지금까지 그렇게 진행해 왔는데, 눈앞에는 자신의 입자성을 관측하려는 장치(광자감지기)가 떡하니 버티고 서 있다. 광자는 이 '위기상황'을 어떻게 헤쳐 나갈 것인가? 놀랍게도 광자는 그동안의 과거를 말끔히 털어 버리고 갑자기 입자처럼 행동하기 시작한다!

신기하게도 광자는 절대로 실수를 하지 않는다. 광자감지기가 아무리 멀리 있어도 스위치가 켜져 있기만 하면 광자는 무조건 입자처럼 행동한다(물론 스위치는 광자가 오는 동안에 꺼짐에서 켜짐으로 바뀔 수도 있다). 즉, 이 경우에 광자는 둘 중 하나의 경로를 골라서 처음부터 줄곧 따라온 '척'을 하고 있는 것이다(광자감지기를 두 경로에 모두 설치하면 매번 한 곳에서 광자가 감지될 뿐, 두 곳에서 동시에 감지되는 일은 결코 발생하지 않는다). 물론 스크린에는 간섭무늬가 감쪽같이 사라진다. 그리고 광자감지기의 스위치를 끄면(물론 광자가 오는 도중에 스위치를 껐을 수도 있다) 광자는 갑자기 파동으로 돌변하여 스크린에 간섭무늬를 만들기 시작한다. 마치 현재의 상태(감지기의 켜짐/꺼짐 여부)에 따라서 자신의 과거(파동 또는 입자상태)를 마음대로 바꾸고 있는 것처럼 보인다. 광자는 과연 자신의 앞날을 미리 예견하고 있는 것일까? 스크린에 거의 다 도달하여 마주치게 될 광자감지기의 켜짐/꺼짐 여부를 미리 알고 있는 것일까? 어쨌거나 광자의 예지력은 100%의 적중률을 자랑한다.[4]

〈풀 몬티〉를 팔기로 결심한 당신도 이와 비슷한 과정을 겪었다고 할 수 있다. 스미더 씨를 만나기 전에 당신은 그 그림을 팔아야 할지 말아야 할지, 결정을 내리지 못하고 있었다. 그러나 막상 스미더 씨를 만나 대화를 나누면서 숙부님과의 인연을 알게 되었고, 그의 높은 안목에 호감을 느낀 당신은 결국 그림을 팔기로 마음먹었다. 즉, '대화'라는 상호작용을 거치면서 당신의 모호했던 과거가 분명한 결정으로 구체화된 것이다. 그리고 나서 지난 일을 회상해 보면 마치 전부터 그림을 팔기로 결정되어 있었던 것처럼 느껴진다. 물론 스미더 씨가 당신의 숙부와 아무런 관계도 없는 사람이고 그림에 대한 안목도 그리 높지 않았다면 당신은 〈풀 몬티〉를 팔지 않았을 수도 있다. 그러나 이 경우에도 당신은 과거를 회상하며 마치 그 그림을 팔지 않기로 이미 결심했던 것처럼 느낄 것이다. 그림을 팔았건 안 팔았건 간에, 당신은 현재의 결정이 과거에 이미 내려져 있었다고 생각할 것이다. 물론 현실세계에서 한번 지나간 과거는 절대로 바뀌지 않는다. 그러나 현재의 경험에 따라 당신이 생각하는 과거는 얼마든지 다르게 해석될 수 있다.

심리적인 관점에서 볼 때 이미 지나간 과거를 뜯어고치는 것은 늘 있는 일이다. 대부분의 사람들은 현재 처한 상태에 따라 과거를 재해석하는 경향이 있다. 그러나 객관적이고 논리적인 물리학의 세계에서 현재 상태에 따라 과거가 수정된다는 것은 그야말로 황당무계한 사건이 아닐 수 없다. 게다가 이 실험을 제안했던 휠러는 실험의 무대를 우주공간으로 확장시킴으로써 듣는 사람을 더욱 황당하게 만들었다. 지금부터 휠러의 '지연된 선택' 실험을 우주적 스케일로 확장하여 얼마나 황당한 결과가 얻어지는지 알아보기로 하자. 이 실험에서는 실험실용 레이저가 아니라 머나먼 우주 저편에 있는 퀘이사quasar(준항성체, 망원경으로는 별처럼 보이지만 방출스펙트럼의 적색편이가 매우 크게 일어난다는 점에서 기존의 다른 항성과 구별되는 천체: 옮긴이)를 광원으로 사용한다. 광선분리기 역시 실험실용을 사용할 수는 없고 우주에 이미 있는 천체를 사용해야 하는데, 퀘이사와 지구 사이에 위치한 대형은하가 그 역할을 대신할 수 있다. 즉, 은하의 중력이 충분히 크다면 그 근처를 지나가는 퀘이사의 빛이 휘어지면서 그림 7.3과 같이 각기 다른 경로를 거쳐 지구에 도달할 것이다. 지구에서 이 실험이 실행된 적은 아직 없지만, 퀘이사로부터 충분한 양의 광자를 모을 수만 있다면 지구에 설치된 스크린에는 광선분리기를 이용한 실험의 경우처럼 간섭무늬가 나타날 것이다. 그러나 둘 중 하나의 경로가 도달하는 곳에 광자감지기를 설치해 두면 광자가 어떤 경로를 따라왔는지 알 수 있게 되며,

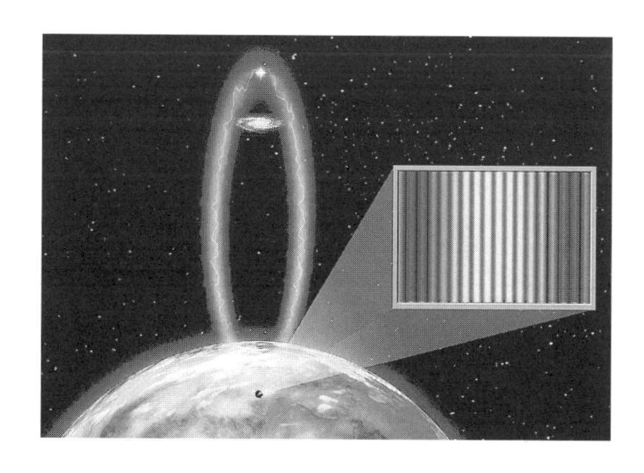

그림 7.3 멀리 있는 퀘이사(quasar)에서 방출되어 은하의 양쪽으로 스쳐 지나가는 광자들은 은하의 중력에 의해 경로가 휘어지면서 다시 한곳에 집중되어 지구에 도달한다. 이때 지구에 있는 스크린 바로 앞에 광자감지기를 설치하고 스위치를 켜 두면 스크린에는 간섭무늬가 나타나지 않는다.

그 결과 스크린의 간섭무늬는 사라진다.

이 실험에 사용된 광자는 지구에 도달할 때까지 무려 수십억 년 동안 우주공간을 날아왔다. 즉, 광자는 관측자가 태어나기도 전에(심지어는 지구가 생성되기도 전에) 입자처럼 한 길만을 따라갈 것인지, 아니면 파동처럼 두 길을 동시에 지나갈 것인지를 이미 결정한 상태였다. 그런데 수십억 년을 날아온 후 감지기에 포착되는 순간, 광자는 그 길고 긴 과거를 몽땅 백지화시키고 마치 지난 수십억 년 동안 오로지 입자로서 한 길만을 따라온 것처럼 행동하는 것이다. 그러다가 몇 분 후에 감지기의 스위치를 끄면 수십억 년에 걸친 광자의 과거는 다시 파동 버전으로 바뀌면서 스크린에 간섭무늬를 만들어 낸다.

21세기의 어느 날에 광자감지기의 스위치를 켜거나 끈 행위가 광자의 수십억 년 전 과거를 바꾼 것일까? 아마도 그렇지는 않을 것이다. 양자역학이 제아무리 기괴하다 해도 한번 지나간 과거를 바꿀 수는 없다. 이 점에는 양자역학도 동의하고 있다. 그런데도 이렇게 역설적인 상황이 발생한 이유는 양자역학이 말하는 과거와 고전적인(직관적인) 과거가 개념적으로 다르기 때문이다. 고전적으로 생각하면 광자는 과거에 이미 이런 일을 '했거나' 저런 일을 '했다.' 그러나 양자역학의 세계에서 광자의 과거는 유일하게 결정되지 않고 여러 가지 가능한 과거들이 중첩된 상태로 있다가 관측이라는 행위가 개입되었을 때 비로소 그들 중 하나의 과거가 '대표 선수' 내지는 '대표 과거'로 나타난다. 즉, 퀘이사에서 수십억 년 전에 방출된 광자는 은하의 오른쪽으로 갈지, 또는 왼쪽으로 갈지(또는 양쪽으로 동시에 갈지)를 이미 결정한 것이 아니라 이 모든 가능성이 양자적으로 중첩된 상태에 있었다.

이와 같이, 관측행위는 우리에게 생소한 양자적 실체를 일상적인 경험의 세계로 투영시킨다. 오늘 우리가 행한 관측은 여러 가지 가능한 과거들 중 하나를 현실세계로 현현(顯現)시키고 있다. 이 점에서 보면 양자적 과거는 현재의 관측행위에 영향을 받지 않지만 우리가 인식하는 과거는 현재 진행 중인 행위에 영향을 받는다고 할 수 있다. 스크린을 향해 날아오는 광자의 길목에 광자감지기를 설치해 놓으면 우리가 인식하는 광자의 과거는 둘 중 하나의 경로를 지나온 과거로 명확하게 결정된다. 이렇게 '단 하나의 과거'로 축약된 후에야 우리는 비로소 광자의 과거를 직관적으로 판별할 수 있다. 그러나 광자감지기를 설치하지 않았다면 광자가 어느 쪽 경로를 거쳐 왔는지 알 수 없고, 따라서 두 가지 과거가 모두 옳다는 결론을 내릴 수밖에 없는 것이다.

그러므로 지금 실행되고 있는 관측행위는 어제, 또는 며칠 전에, 또는 수십억 년 전에 시작된 물리적 과정의 풀 스토리를 고전적인 시각에서 완결시켜 준다고 할 수 있다.

과거 지우기

어떤 경우에도 현재의 행위로 인해 과거가 바뀌는 일은 없다. '지연된 선택'의 실험결과를 제대로 이해하려면 이 점을 명심해야 한다. 실험장치를 어떻게 개조한다 해도, 한번 지나간 과거를 바꿀 수는 없다. 그렇다면 이 시점에서 하나의 질문이 떠오른다. "이미 지나간 과거를 바꾸는 것이 불가능하다면, 그 차선책으로 과거가 현재에 미치는 영향을 제거할 수는 없을까?" 어떤 면에서 생각해 보면 가능할 수도 있다. 9회 말 투 아웃 상황에서 평범한 뜬공을 실수로 놓쳐 버린 외야수는 그 다음 타자의 타구를 멋진 다이빙 캐치로 잡아내어 자신의 실수를 만회할 수 있다. 물론 여기에 신기한 구석이라곤 조금도 없다. 그러나 과거에 일어난 사건이 미래의 가능성 중 일부를 원천적으로 봉쇄시키는 경우(예를 들어, 외야수가 공을 떨어뜨리면 퍼펙트 게임은 물 건너간 꿈이 된다), 그 봉쇄된 미래가 실제로 나타난다면 누구나 신기하다고 생각할 것이다. 1982년에 마를란 스컬리Marlan Scully와 카이 드륄Kai Drühl은 '양자지우개quantum eraser'라는 개념을 도입하여 이 신기한 현상을 양자역학의 영역 안으로 끌어들이는 데 성공하였다.

기존의 이중슬릿 실험에 약간의 수정을 가하면 양자지우개를 구현할 수 있다. 우선, '지나가는 광자에 꼬리표를 달아주는 장치(이 장치를 '꼬리표 부착기'라 부르기로 하자)'를 두 개의 슬릿 바로 앞에 각각 설치한다. 그러면 광자가 스크린에 도달한 후 꼬리표를 확인하여 그 광자가 어떤 슬릿을 통과했는지 확인할 수 있다. "광자에 어떻게 꼬리표를 달아야 하는가?" — 좋은 질문이지만 지금 우리의 실험에서는 별로 중요한 문제가 아니다. 그래도 굳이 방법을 찾는다면 슬릿을 통과하는 광자의 스핀 축이 어떤 특정 방향을 향하도록 만들어 주는 장비를 사용하면 된다. 그리고 입자가 도달한 위치뿐만 아니라 스핀까지 측정할 수 있는 고급형 스크린을 사용하면 '어떤' 광자가 '어떤' 슬릿을 통과했는지 판별할 수 있다.

이렇게 장비를 세팅한 상태에서 실험을 개시하면 그림 7.4a와 같이 스크린에는 간섭무늬가 나타나지 않는다. 그 이유는 이제 독자들도 짐작할 것이다. 슬릿 바로 앞에 장치한 꼬리표 부착기가 광자의 행적(광자가 통과한 슬릿)을 폭로해 버렸기 때문에 광자는 파동적 성질을 포기하고 입자처럼 행동하게 된 것이다. 입자가 된 광자는 한 번에 하나의 슬릿만을 통과할 수 있으므로 확률파동의 중첩이 일어나지 않으며, 따라서 간섭무늬도 나타나지 않는다.

바로 이 시점에서 스컬리와 드륄의 아이디어가 등장한다. 광자가 스크린에 도달하기 직전에 광자의 과거 정보를 어떻게든 지워버릴 수 있다면, 스크린에는 어떤 무늬가 나타날 것인가? 광자가 어떤 슬릿을 통과했는지 알려 주는 정보를 무효화시키면 '두 개의 경로를 동시에 지나온 과거'가 다시 부활하면서 스크린에 간섭무늬가 나타날 것인가? 만일 그렇다면, 이것은 9회 말 수비에서 공을 빠뜨린 외야수가 다음 타자를 맞이하여 멋진 수비로 실수를 만회하는 것보다 훨씬 놀라운 반향을 일으킬 것이다. 짐작건대, 광자는 꼬리표 부착기를 통과하면서 입자로서의 정체성을 선택하여 두 개의 슬릿 중 하나를 얌전하게 통과했을 것 같다. 만일 그렇다면 이 광자가 스크린에 도달하기 직전에 과거를 지운다고 해서 파동성을 되살릴 수는 없을 것이다. 상식적으로 생각해 봐도 이미 때는 늦지 않았는가. 스크린에 간섭무늬가 형성되려면 광자는 슬릿을 통과할 때부터 파동적 성질을 갖고 있어야 한다. 그러나 슬릿 바로 앞에 꼬리표 부착기를 설치해 놓았으므로(물론 스위치는 켜져 있었다) 광자는 '입자'의 신분으로 슬릿을 통과한 셈이고, 따라서 차후에 어떤 조치를 취한다 해도 간섭무늬는 나타나지 않을 것 같다.

스컬리와 드륄의 아이디어를 실험으로 구현한 사람은 레이몬드 치아오

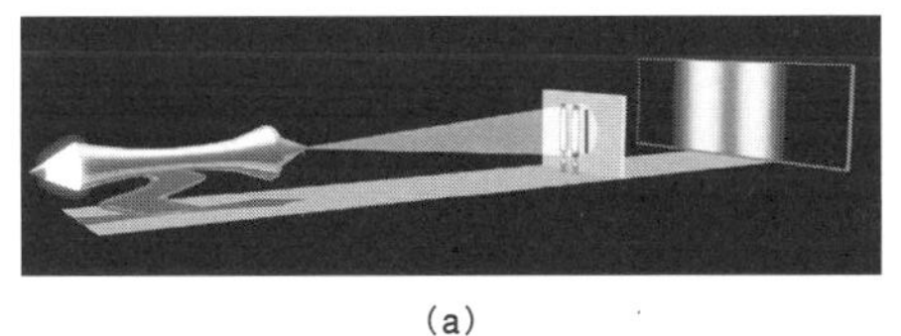

(a)

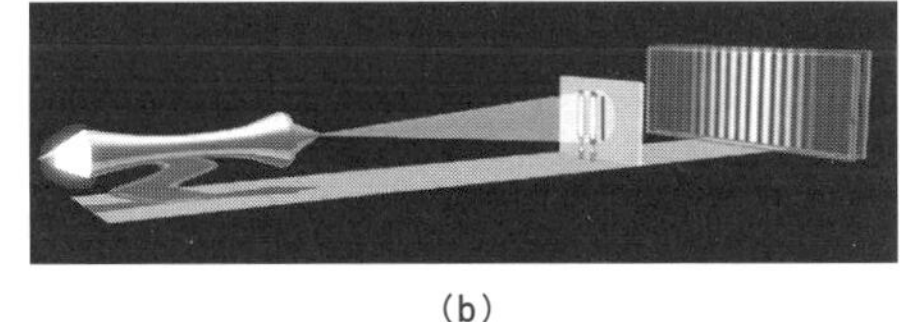

(b)

그림 7.4 양자지우개(quantum eraser) 실험의 개요도. 이중 슬릿 바로 앞에 꼬리표 부착기 두 개를 설치하면 광자가 어떤 슬릿을 통과했는지 알 수 있다. **(a)** 그 결과, 광자는 파동성을 상실하고 입자처럼 행동하여 간섭무늬를 만들지 않는다. **(b)** 스크린 바로 앞에 광자의 과거(어떤 슬릿을 통과했는지 알려주는 정보)를 지우는 필터를 설치하면 간섭무늬가 다시 나타난다.

Raymond Chiao와 폴 퀴아트Paul Kwiat, 그리고 에이프레임 스타인버그Aephraim Steinberg였다. 이들은 스크린 바로 앞에 광자의 과거를 말살하는 필터를 추가하고 그림 7.4a와 동일한 실험을 실행하였는데, 실험의 개요도는 그림 7.4b와 같다. 실험의 세세한 부분은 우리의 관심사가 아니므로 생략하기로 하고, 광자의 과거를 지우는 방법만 간단히 알고 넘어가자. 위에서 잠시 언급한 대로, 우리는 특정 슬릿을 통과한 광자에 꼬리표를 달 때 광자의 스핀을 이용하기로 했다. 스핀의 방향에는 광자가 통과한 슬릿의 정보가 담겨 있다. 그러므로 이 스핀정보를 지워 버리면 광자가 어느 쪽 슬릿을 통과했는지 알 길이 없어진다. 어떻게 지울 수 있을까? 간단히 말해서, 광자의 스핀을 획일적으로 바꾸면 된다. 지금 광자의 스핀 축은 그들이 통과한 슬릿에 따라 각기 다른 방향을 향하고 있는데, 스크린 바로 앞에 또 다른 필터를 설치하여 모든 광자들이 새로운 방향으로 일괄적인 스핀 축을 갖도록 만들면 둘 중 하나의 슬릿을 통과해 온 광자의 과거는 깨끗하게 지워진다. 놀랍게도, 이런 식으로 '과거 말살과정'을 거친 광자는 스크린에 간섭무늬를 만들어 내기 시작한다! 게다가 여기에 '지연된 선택' 실험을 적용하면 스크린을 바로 코앞에 두고 필터를 통과하면서 벌어지는 '과거 지우기' 작업은 수십억 년 전까지 소급되어 적용된다. 간단한 조작으로 지구가 태어나기 전의 까마득한 과거까지 한꺼번에 지워지는 것이다.

이 현상을 어떻게 논리적으로 설명할 수 있을까? 양자역학의 테두리 안에서 이론적으로 계산된 값이 실험결과와 다르게 나온 사례는 지금까지 단 한 번도 없었다. 스컬리와 드륄은 양자역학적 계산을 통해 확신을 가진 상태에서 실험을 제안하였고, 실험결과는 그들의 예상과 정확하게 일치했다. 문제는 양자역학으로 유도된 결과가 우리의 일상적인 경험과 일치하지 않는다는 점이다. 위의 실험에 의하면 이미 지나간 과거가 현재의 측정에 의해 바뀐 것처럼 보인다. 그러나 그 속사정을 파헤쳐 보면 반드시 그렇지만은 않다. 만일 꼬리표 부착기가 아닌 '광자감지기'를 슬릿 앞에 설치했다면 광자는 감지기를 지나는 순간부터 파동성을 완전히 포기하고 입자처럼 행동할 것이며, 이렇게 결정된 광자의 정체성은 미래에 어떤 후속조치를 취한다 해도 결코 바뀌지 않을 것이다. 그러나 감지기가 아닌 꼬리표 부착기를 사용했다면 사정은 크게 달라진다. 광자가 꼬리표 부착기를 거치면서 갖게 되는 스핀에는 광자가 통과한 슬릿의 정보가 담겨 있긴 하지만, 우리가 그 정보를 확인하려면 광자는 어쨌거나 스크린에 도달해야 한다. 광자가 스크린에 도달하기 전에는 (그 전에 꼬리표 부착기를 통과했다 해도) 어느 쪽 슬릿을 통과했는지 알 수가 없다. 다만, 꼬리표 부착기를 통과한 광자는 "앞으로 열심히 달려서 스크린에 도달하면 어느 쪽 슬릿을 통과해 왔는지 판별될 수 있는 가능성"을 갖고 있었을 뿐이다. 이 광자가 아무런 방해 없이 스크린에 도달했다면 간섭무늬가 나타나지 않았겠지만, 또 한차례 필터를 거치면서 스핀이 획일화되면 꼬리표를 잃어버린 것과 마찬가지이므로 "양자적 세계에 은밀하게 숨어 있던 파동"이 다시 되살아나면서 스크린에 간섭무늬를 만드는 것이다.

독자들의 마음이 후련하지는 않겠지만, 이 정도 설명이면 양자지우개가 그다지 신기한 현상은 아니라는 점을 이해할 수 있을 것이다. 그러나 여기 또 하나의 충격적인 실험이 아직 남아 있다. 양자지우개 실험을 조금 변형시키면 기존의 시간과 공간 개념을 심각하게 위협하는 놀라운 결과가 얻어진다.

과거 만들기⁺

이 실험에 이름을 붙인다면 '지연된 선택에 의한 양자지우개 실험delayed-choice quantum eraser' 쯤 될 것이다. 스컬리와 드륄이 제안했던 이 실험에는 그림 7.1의 광선분리기 실험장비 이외에 두 개의 낮춤변환기down-converter라는 장비가 추가로 필요하다(두 개를 각각 R, L이라 하자). 낮춤변환기란, 에너지 E인 광자 한 개가 들어오면 에너지 $E/2$인 광자 두 개를 방출하는 장치이다. 이때 방출된 두 개의 광자 중 하나는 원래의 광자가 가던 길을 계속 따라가고(이를 신호광자signal photon라 한다), 나머지 하나는 그림 7.5a와 같이 원래의 광자와 다른 방향으로 진행한다(이를 공전광자idler photon라 한다). 이제, 한 번에 광자 한 개씩 방출하면서 실험을 한다고 가정해 보자. 그림에서 보다시피 광선분리기를 통과한 광자는 경로에 상관없이 잠시 후에 낮춤변환기를 또 한 번 통과하게 되어 있다. 그러므로 신호광자가 선택한 경로는 공전광자를 관측함으로써 간접적으로 알아낼 수 있다. 그리고 이전의 실험과 마찬가지로 (비록 간접적인 방법을 사용하긴 했지만) 경로를 '관측당한' 광자는 스크린에 간섭무늬를 만들지 않는다.

이제 실험장치의 세팅을 조금 바꿔서, 감지된 공전광자가 어느 쪽 낮춤변환기에서 나왔는지 알 수 없게 만든다면 결과는 어떻게 달라질 것인가? 공전광자에 담겨 있는 경로정보를 지워 버리면 간섭무늬도 사라질 것인가? 지금 우리는 스크린으로 가고 있는 신호광자를 직접 관측하지 않고 그 파트너인 공전광자를 관측함으로써 신호광자의 경로를 간접적으로 알아냈다. 즉, 우리는 신호광자를 전혀 건드리지 않았고 바라본 적도 없다. 그런데도 신호광

⁺ 이 절(節)의 내용이 다소 어렵게 느껴진다면 다음 절로 건너뛰어도 상관없다. 그러나 이 절에는 매우 신기하고 놀라운 내용이 소개되어 있으므로 가능하면 읽고 넘어갈 것을 권한다.

자의 파동-입자성은 공전광자에 담겨 있는 정보에 따라 다르게 나타날 것인가? 놀랍게도 답은 "그렇다!" 이다. 신호광자를 전혀 건드리지 않고 공전광자에 담겨 있는 정보를 지우면 신호광자에 의한 간섭무늬를 복구시킬 수 있다는 것이다. 이것은 정말로 놀라운 사실이다. 주인공을 건드리지도 않고 어떻게 그 속성을 바꿀 수 있다는 말인가? 지금부터 그 과정을 자세히 알아보기로 하자.

이 놀라운 실험의 개요도는 그림 7.5b에 제시되어 있다. 세팅이 다소 복잡하긴 하지만 미리 겁먹을 필요는 없다. 내가 장담하건대, 실험의 원리는 그림보다 훨씬 더 간단하다. 그림 7.5a와 7.5b는 낮춤변환기에서 방출된 공전광자를 감지하는 방법만 다를 뿐, 나머지는 모두 똑같다. 그림 7.5a에서는 공전광자가 방출되는 즉시 감지기에 도달하도록 되어 있으므로 감지기에 경보가 울리는 즉시 우리는 신호광자가 어떤 경로를 따라가고 있는지 알 수 있다. 그러나 우리의 새로운 실험에서는 공전광자가 감지기에 곧바로 들어오지 않고 이리저리 먼 길을 돌아오면서 신호광자의 경로에 관한 정보를 잃어버린 후에 감지기로 들어오게 된다. 예를 들어, 낮춤변환기 L에서 방출된 공전광자를 생각해 보자. 이 광자는 그림 7.5a처럼 광자감지기에 직접 들어가지 않고 광선분리기 a에 먼저 도달한다. 여기서 공전광자가 가던 경로를 계속 따라갈 확률은 50%이고(경로 A) 왼쪽으로 90° 꺾어서 경로 B를 따라갈 확률도 50%이다. 만일 경로 A를 따라간다면 광자감지기 1에 도달하면서 모든 여정이 끝나지만, 경로 B를 따라가면 또 하나의 광선분리기 c를 만나게 되고 여기서 50%의 확률로 경로 E를 따라가면 광자감지기 2에 도달하며, 나머지 50%의 확률로 경로 F를 따라가면 감지기 3에 도달하게 된다. 이상이 낮춤변환기 L에서 방출된 공전광자의 가능한 경로이다. 이와 마찬가지로 낮춤변환기 R에서 방출된 공전광자는 광선분리기 b에 도달한 후 50%의 확률로 경로 D를 거쳐 광자감지기 4에 도달하고, 나머지 50%의 확률로 경로 C를 따

(a)

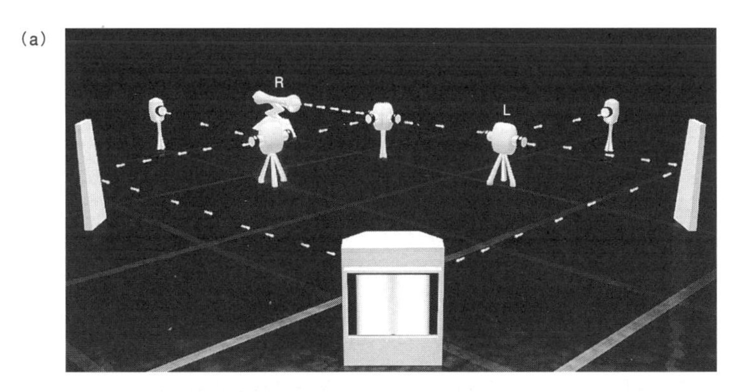

(b)

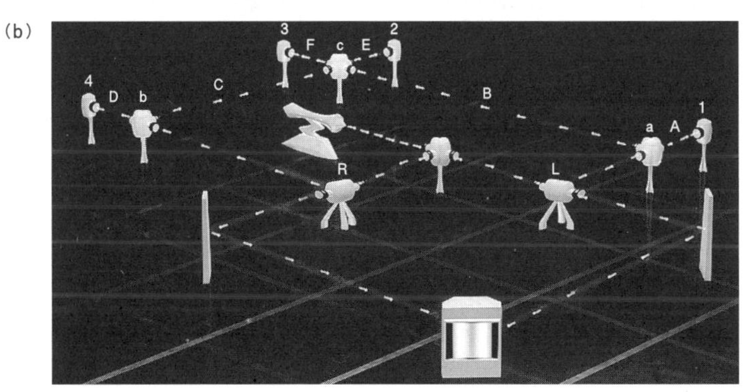

그림 7.5 (a) 광선분리기 실험에 낮춤변환기(down-converter)를 추가하면 공전광자(idler photon)가 경로에 관한 정보를 갖고 있기 때문에 스크린에는 간섭무늬가 나타나지 않는다. **(b)** 공전광자를 직접 관측하지 않고 그림처럼 먼 길을 돌아오게 만들면 간섭무늬가 다시 나타난다. 공전광자는 신호광자(signal photon)의 경로에 관한 정보를 모두 잃어버린 상태에서 광자감지기 2나 3에 도달하게 된다.

라가다가 광선분리기 c를 만나게 된다. 여기서 공전광자의 경로는 다시 50%의 확률로 경로 E와 F로 갈라져서 감지기 2 또는 3에 도달하게 된다.

왜 이렇게 실험장치가 복잡해졌을까? 지금부터 그 이유를 알아보자. 만일 공전광자가 감지기 1에 도달했다면 신호광자는 왼쪽 경로를 지나간 것이 분명하다. 왜냐하면 낮춤변환기 R에서 방출된 공전광자가 감지기 1에 도달할 수는 없기 때문이다. 이와 마찬가지로, 공전광자가 감지기 4에 도달했다면 이는 곧 신호광자가 오른쪽 경로를 지나갔다는 뜻이다. 그러나 공전광자가 감지기 2에 도달했다면 이 광자가 낮춤변환기 L에서 방출되어 경로 B-E

를 따라왔는지, 아니면 R에서 방출되어 경로 C-E를 따라왔는지를 구별할 수가 없다. 왜냐하면 이 두 가지 경우는 발생확률이 똑같기 때문이다. 공전광자가 감지기 3에 도달한 경우도 사정은 마찬가지다. 이 경우에는 광자가 L에서 방출되어 경로 B-F를 따라왔는지, 아니면 R에서 방출되어 경로 C-F를 따라왔는지 구별할 수 없다. 그러므로 공전광자가 감지기 1 또는 4에 도달하면 그 파트너인 신호광자의 경로를 알 수 있지만, 공전광자가 감지기 2나 3에 도달하면 신호광자의 과거는 지워지는 셈이다.

신호광자를 전혀 건드리지 않았음에도 불구하고, 공전광자에 의해 간접적으로 과거가 지워졌다고 해서 신호광자는 과연 스크린에 간섭무늬를 만들어 낼 것인가? 그렇다. 단, 간섭무늬는 공전광자가 감지기 2나 3에 도달했을 때만 나타난다. 그림 7.5a에서 스크린에 간섭무늬가 나타나지 않은 이유는 공전광자에 의해 신호광자의 경로가 간접적으로 알려졌기 때문이다(이 경우에 신호광자는 오른쪽, 또는 왼쪽 경로를 지나왔다). 그러나 이 경우를 더욱 세분하여 공전광자가 감지기 2에 도달한 경우에는 간섭무늬가 나타난다. 즉, 정보를 잃어버린 공전광자를 파트너로 갖는 신호광자는 마치 처음부터 파동이었던 것처럼(두 개의 경로를 동시에 지나온 것처럼) 행동하는 것이다! 공전광자가 감지기 2나 3에 도달했을 때 스크린에 붉은 점이 찍히고, 그 외의 경우에는 푸른색 점이 찍히도록 만들었다면, 색맹이 아닌 한 스크린에서 붉은색으로 형성된 간섭무늬를 발견할 수 있을 것이다. 그러나 공전광자가 감지기 1이나 4에 도달한 경우에는(푸른색 점) 간섭무늬가 전혀 나타나지 않는다.

지금까지 설명한 현상은 실제 실험을 통해 사실로 확인되었음에도 불구하고 여전히 사람을 헷갈리게 한다.[5] 경로에 관한 정보를 알려 주는 낮춤변환기를 사용하면 그림 7.5a처럼 간섭무늬가 사라지므로, 이 경우에 광자는 오른쪽과 왼쪽 중 하나의 경로를 지나왔다고 말할 수 있다. 그러나 공전광자의 경로를 적절히 변형시켜서 그들이 갖고 있는 경로정보를 지워 버리면 신호광자의 파동성이 회복되면서 간섭무늬가 다시 나타난다.

이 정도만 해도 충분히 신기한 현상이지만, 정말로 신기한 것은 이 실험에서 각 장비들 사이의 거리를 아무리 늘려도 여전히 같은 결과가 얻어진다는 점이다. 지금까지 진행되어 온 논리는 낮춤변환기나 광자감지기까지의 거리와 아무런 상관이 없으므로 실험에 필요한 3개의 광선분리기(a, b, c)와 4개의 광자감지기(1, 2, 3, 4)를 우주 저편에 갖다 놓아도 결과는 달라지지 않아야 한다. 그런데 광자감지기까지의 거리가 충분히 멀면 신호광자가 스크린에 먼저 도달하고, 그로부터 한참 후에 공전광자가 광자감지기에 도달할 수도 있다. 예를 들어, 낮춤변환기에서 광자감지기까지의 거리가 10광년이라고 가정해 보자. 당신은 그림 7.5b의 실험을 오늘 낮에 실행했는데 스크린에는 간섭무늬가 나타나지 않았다. 누군가가 그 이유를 묻는다면 당신은 "공전광자가 경로정보를 알고 있기 때문에 신호광자는 둘 중 하나의 경로를 선택했고 그 결과 간섭무늬가 나타나지 않았다"고 설명하고 싶을 것이다. 그러나 이것은 방금 말한 바와 같이 지나치게 성급한 결론이다. 공전광자는 지금 10광년이나 떨어져 있는 광자감지기를 향해 우주공간을 날아가는 중이므로 그들이 몇 번 감지기에 도달할지 아직은 알 수 없기 때문이다.

그로부터 10년 후, 네 개의 광자감지기에는 공전광자가 하나 둘씩 도착하기 시작했다. 그리고 그곳에 대기하고 있던 당신의 동료는 몇 번째 공전광자가 도달하고 있는지 당신에게 수시로 알려 주었다(예를 들어, 2번 감지기에 1번, 7번, 8번, 11번, …의 순서로 공전광자가 도달했다고 가정하자). 그로부터 또 다시 10년이 흐른 뒤, 동료가 보낸 전문을 수신한 당신은 스크린 앞으로 가서 1번, 7번, 8번, 11번, …에 해당하는 신호광자의 도착지점을 골라냈다. 그랬더니 놀랍게도 숨어 있던 간섭무늬가 나타나는 것이 아닌가! 이 광자들은 두 개의 경로를 '동시에' 지나왔던 것이다. 만일 실험이 시작된 지 9년하고 364일이 흘렀을 때(동료가 공전광자를 수신하기 하루 전에) 누군가가 광선분리기 a와 b를 슬쩍 치워 놓았다면 공전광자는 1번이나 4번 감지기에만 도달할 것이고, 이 소식을 전해 들은 당신은 모든 신호광자들이 왼쪽 또는 오른쪽 경로를 거쳐 왔다는 결론을 내릴 것이다. 다시 말해서, 지금 당신이 신호광자에 대하여 내리는 모든 결론들은 10년 후에 얻어질 공전광자의 데이터에 의해 좌우된다는 뜻이다.

물론 이 경우에도 미래에 실행될 관측이 현재의 실험결과를 바꾸지는 못한다. 아직 일어나지도 않은 사건(공전광자의 관측) 때문에 이미 얻어진 실험 데이터(스크린에 형성된 무늬)가 달라질 수는 없다. 그러나 미래의 관측이 오늘 얻어진 실험결과를 설명하는 데 세세한 부분에서 영향을 미칠 수는 있다. 공전광자에 관한 데이터를 수신하기 전에는 스크린을 보고 광자의 경로를 단정 지을 수 없지만(스크린에는 하나의 경로를 지나온 광자와 두 개의 경로를 동시에 지나온 광자들이 마구 섞여 있다), 데이터를 수신한 후에는 개개의 신호광자가 10년 전에 어떤 경로를 '지나왔었는지' 판별할 수 있다. 또한, 경로정보를 잃어버린 공전광자의 파트너, 즉 '경로를 알 수 없는' 신호광자는 10년 전에 두 개의 경로를 동시에 지나왔다고 결론 내릴 수 있다(공전광자 데이터가 도착하면 그로부터 스크린에 숨어 있는 간섭무늬를 골라냄으로써 당신의 결론이 옳다는 것을 입증할 수 있다). 다시 말해서, 미래에 일어날 사건의 도움을 받아 과거의 스토리가 완성되는 셈이다.

이 실험은 기존의 시간 및 공간개념을 심각하게 위협하고 있다. 아주 멀리 떨어진 곳에서 미래에 일어날 사건이 지금 이곳에서 일어나는 사건에 영향을 준다는 것은 고전적인 관점에서 볼 때 거의 망언이나 다름없다. 그러나 양자역학적 우주에서는 얼마든지 있을 수 있는 일이다. 물론 그렇다고 해서 고전역학의 세계와 양자역학적 세계가 따로 있는 것은 아니다. 고전역학은 양자역학을 거시적인 세계에서 근사적으로 서술한 이론일 뿐이다. 앞에서 우리는 EPR의 논리를 통해 이 우주가 비국소적인 특성을 갖고 있음을 확인하였다. 이 내용을 잘 이해하고 넘어온 독자들은(완전히 받아들이기가 결코 쉽진 않지만) 시간과 공간을 초월하여 두 개의 사건이 서로 얽혀 있음을 보여주는 지금의 실험결과도 수용할 수 있을 것이다. 일상적인 경험으로 미루어 보면 말도 안 되는 결론이지만, 우리의 우주는 이와 같이 '말도 안 되는' 방식으로 운영되고 있다.

양자역학과 경험의 세계

이 실험에 관한 이야기를 처음 들었을 때, 나는 숨겨진 진실을 찾아낸 사람처럼 의기양양했었다. 그날 이후로 일상적인 경험의 세계는 양자적 진실을 어설프게 나타내는 일종의 제스처 게임처럼 느껴지기 시작했다. 마치 자연은 순진한 관객들을 교묘하게 속여서 고전적인 시공간의 개념을 하늘같이 믿게 만들어 놓고, 속으로는 신비한 양자적 특성을 은밀하게 간직하고 있는 것 같았다.

최근 들어 물리학자들은 자연의 '위장전술'을 파헤치는 데 많은 공을 들이고 있다. 양자역학의 법칙으로 일상적인 경험의 세계를 설명할 수 있는가? 일상적인 물체들은 양자역학의 지배를 받는 원자적 스케일의 입자들로 이루어져 있다. 그러므로 양자역학의 법칙들은 어떤 과도적 스케일에서 고전역학과 일치하는 지점이 있을 것이다. 이 문제에 관해서는 지금까지 많은 연구가 이루어졌고 그 과정에서 많은 사실들이 새롭게 밝혀졌다. 지금부터 양자적 관점에서 시간의 방향성 문제를 집중적으로 다뤄보자.

고전역학은 1600년대 말에 뉴턴이 발견한 운동방정식에 기초를 두고 있으며, 고전 전자기학은 1800년대 말에 발견된 맥스웰의 방정식에 기초하고 있다. 특수상대성이론은 1905년에 아인슈타인이 발견한 방정식에서 비롯되었고 일반상대성이론은 1915년에 역시 아인슈타인이 발견한 방정식에 기초하고 있다. 이 모든 방정식들은 과거와 미래를 동등하게 취급한다는 공통점을 갖고 있으며(방정식에 시간 t 대신 -t를 대입해도 여전히 성립한다), 이 공통점은 시간의 방향성 문제를 딜레마에 빠뜨리는 원인이 되기도 했다(이 문제는 6장에서 이미 다루었다). 고전물리학의 어느 곳을 뒤져봐도, 앞으로 가는 시간과 뒤로 되돌아가는 시간을 구별하는 방정식은 없다. 과거와 미래는 고전적으로 동등한 개념이었던 것이다.

양자역학은 슈뢰딩거Erwin Schrödinger가 1926년에 발견한 파동방정식에 기초하고 있다.[6] 물론 독자들은 이 골치 아픈 방정식의 모든 것을 알 필요는 없다. 그저 특정 시간과 장소에서 확률파동의 값을 알고 있으면(그림 4.5 참조) 슈뢰딩거 방정식을 이용하여 모든 과거와 미래의 확률파동을 알아낼 수 있다는 사실만 알고 있으면 된다. 만일 이 확률파동이 전자와 같은 입자를 서술하고 있다면 우리는 이로부터 임의의 시간, 임의의 장소에서 전자가 발견될 확률을 예견할 수 있다. 또한 뉴턴과 맥스웰, 그리고 아인슈타인의 방정식처럼, 슈뢰딩거의 파동방정식도 과거와 미래를 동등하게 취급하고 있다. 양자적 파동이 '이런' 상태에서 시작되어 '저런' 상태로 끝나는 영화를 거꾸로 돌린다고 해도('저런' 상태에서 시작하여 '이런' 상태로 끝나는 영화) 물리적으로 잘못된 것은 하나도 없다. 이 두 가지는 모두 슈뢰딩거 방정식의 해로서 전혀 손색이 없다.[7]

물론, 확률파동을 찍은 영화는 6장에서 언급했던 우주공간을 날아가는 테니스공이나 깨지는 계란을 촬영한 영화와 다른 점이 많다. 무엇보다도, 확률파동은 직접 볼 수가 없다. 확률파동을 촬영하는 카메라는 아직 개발되지 않았다(영원히 개발되지 않을 가능성이 높다). 우리의 최선은 확률파동을 수학적으로 서술한 후에 그림 4.5나 4.6처럼 머릿속에 그려 보는 것뿐이다. 일단 관측이라는 행위가 개입되면 그 순간부터 확률파동은 사라져 버리기 때문이다.

앞에서 여러 차례 강조한 대로, 양자역학은 자연현상의 진행과정을 두 가지 단계에서 서술하고 있다. 첫 번째 단계에서는 전자와 같은 입자를 슈뢰딩거의 파동방정식에 의거하여 확률파동(정확한 용어로는 파동함수wavefunction라 한다)으로 서술한다. 이 방정식에 의하면 입자의 파동함수는 마치 한쪽 끝에서 반대쪽 끝으로 이동하는 호수의 물결처럼 시간이 흐름에 따라 서서히, 연속적으로 변한다.[+] 그리고 두 번째 단계에서는 관측행위를 통해 전자의 위치와 같이 관측 가능한 물리량을 취함으로써 파동함수가 갑자기 날카로운 형태(한 곳에서만 값을 갖는 형태)로 변하게 된다. 전자의 파동함수는 우리에게 친숙한 물결파나 음파와 본질적으로 다르다. 전자의 위치를 관측하는 순간, 전자의 파동함수는 그림 4.7처럼 한순간에 붕괴되어 전자가 발견된 곳에서는 100%의 확률을 갖고 그 외의 장소에서는 모두 0으로 사라진다.

제1단계 — 파동함수가 시간을 따라 변해 가는 과정은 슈뢰딩거의 파동방정식에 의해 수학적으로 엄밀하게 결정된다. 여기에는 티끌만큼의 모호함도 없다. 제2단계 — 관측으로 인해 파동함수가 붕괴되는 현상은 지난 80년 동안 수많은 역설과 수수께끼를 양산하며 지금까지도 명확하게 규명되지 않고 있다. 가장 큰 문제는 4장의 끝 부분에서 언급했던 것처럼 슈뢰딩거의 파동방정식이 파동함수의 붕괴를 허용하지 않는다는 점이다. 파동함수의 붕괴는 슈뢰딩거의 파동방정식이 발견된 후에 이론과 실험을 매끄럽게 연결시키기 위해 어쩔 수 없이 첨가된 개념이다. 붕괴되지 않은 원래의 파동함수도 입자가 이곳저곳에 '동시에' 존재한다는 점에서 이상하기는 매일반이지만 실험적으로 관측될 수는 없다. 한번 관측된 입자는 분명한 위치를 갖고 있으며,

---

[+] 양자역학은 '연속적인 것'이나 '점진적인 것'과는 거리가 멀다. 나중에 자세히 논하게 되겠지만 미시세계는 불연속과 요란스러움으로 가득 차 있으며, 이곳이 바로 양자역학의 주된 무대이다. 그리고 이 요란스러움의 근원은 파동함수의 확률적 성질에서 찾아볼 수 있다—확률이 크고 작은 차이는 있지만 전자는 우주 안의 어떤 곳에서도 발견될 수 있으며, 어느 한 순간에 이곳에서 발견된 전자는 다음 순간에 우주 저편에서 발견될 수도 있다(물론 그렇게 될 확률은 아주 작다).

"일부는 이곳에 있고 일부는 저곳에 있는" 애매한 상황은 결코 발생하지 않는다.

우리의 일상적인 경험도 마찬가지다. 의자가 이곳에 있으면서 저곳에도 있는 경우를 본 적이 있는가? 술에 취하지 않았다면 그런 광경은 절대로 볼 수 없다. 우리는 밤하늘의 이곳저곳에 동시에 떠 있는 달도 본 적이 없고, 죽었으면서 동시에 살아 있는 고양이를 본 적도 없다. 그러므로 파동함수의 붕괴는 여러 가지 가능성이 동시에 존재하는 양자적 세계가 관측이라는 행위를 통해 단 하나의 값을 갖는 현실세계로 변환되는 과정을 투영하고 있다.

양자적 관측의 수수께끼

파동함수가 관측이라는 행위에 의해 붕괴되는 이유는 무엇인가? 파동함수가 붕괴될 때, 미시적 스케일에서는 과연 무슨 일이 일어나고 있는가? 모든 관측행위는 그 종류나 주체에 상관없이 항상 파동함수를 붕괴시키는가? 붕괴가 일어나는 데 얼마나 긴 시간이 소요되는가? 슈뢰딩거의 파동방정식은 파동함수의 붕괴를 허용하지 않는다. 그렇다면 파동함수의 붕괴를 설명하는 방정식이 따로 존재할 것인가? 그리고 그 방정식은 양자역학의 근간을 이루는 슈뢰딩거의 방정식을 양자역학의 권좌에서 몰아낼 것인가? 시간의 방향성이라는 관점에서 볼 때 슈뢰딩거의 파동방정식은 미래로 흐르는 시간과 과거로 흐르는 시간을 구별하지 않는다. 그렇다면 파동함수의 붕괴를 설명하는 방정식은 '관측 전'과 '관측 후'를 구별하는 시간적 비대칭성을 보유하고 있을까? 다시 말해서, 관측을 통해 일상적인 세계와 연결되는 양자역학은 과연 시간의 일방통행성(한쪽 방향으로만 흐르는 성질)을 기본 법칙으로 보유하고 있을까? 앞에서 우리는 양자역학적 과거의 개념이 고전적인 과거와 크게 다르다는 것을 여러 가지 실험으로 확인하였다. 물론 여기서 말하는 과거는 관측이 실행되기 전의 시점을 의미한다. 그렇다면 파동함수의 붕괴를 초래하는 관측행위를 기점으로 하여 과거와 미래는 비대칭적인 속성을 갖고 있어야 하지 않을까?

이 의문은 지금까지도 해결되지 않은 채로 남아 있다. 그러나 양자역학의 타당성은 지난 세월 동안 수많은 실험을 통해 거의 완벽하게 입증되었다. 1단계와 2단계로 구별되는 양자역학의 체계는(2단계는 아직 분명치 않지만) 임의의 관측결과가 얻어질 확률을 정확하게 예견하고 있으며, 이론적으로 예견된 확률은 반복되는 실험을 통해 그 타당성을 검증할 수 있다. 양자역학적 예견치가 불합격으로 판정된 경우는 지금까지 단 한 번도 없었으므로, 2단계의 설명이 다소 불분명한 상태임에도 불구하고 양자역학은 그 명성을 굳게 유지할 수 있었다.

물론 불분명한 문제는 항상 그곳에 도사리고 있다. 파동함수가 붕괴되는 과정을 구체적으로 서술하지 못하는 것도 문제지만, 양자역학의 한계와 범용성을 좌우하는 '양자적 관측문제quantum measurement problem'도 아직 해결되지 않은 채로 남아 있다. 양자역학이 1단계와 2단계로 나뉜다는 것은 관측자와 관측대상(전자, 광자, 원자 등) 사이에 엄격한 구분이 존재한다는 것을 시사하고 있다. 관측자가 입자를 관측하지 않는 한, 파동함수는 슈뢰딩거 방정식을 따라 행복하게 제 갈 길을 간다. 그러나 여기에 관측행위가 개입되면 게임의 법칙이 돌변하면서 양자적 세계가 현실세계로 투영된다. 슈뢰딩거의 파동방정식은 제2단계에서 일어나는 파동함수의 붕괴를 다루고 있지 않지만, 사실 전자는 관측대상일 뿐만 아니라 관측자의 몸과 관측장비를 구성하는 기본입자이므로 '관측하는' 전자와 '관측당하는' 전자가 전혀 다른 세상에 존재한다는 것은 언뜻 이해가 가지 않는다. 만일 양자역학이 아무런 한계없이 모든 만물에 적용될 수 있는 이론이라면, 관측자와 관측대상도 동일한 방식으로 취급되어야 한다.

그러나 닐스 보어는 이 의견에 동의하지 않았다. 그는 "관측자와 관측장비도 동일한 입자로 이루어져 있는 것은 사실이지만, 관측대상의 입장에 놓인 입자와는 다르게 취급되어야 한다"고 주장했다. 관측자와 관측장비는 무수히 많은 소립자들이 모여 있는 거시적 물체이므로 고전역학의 법칙을 따른다는 것이다. 개개의 입자들과 거시적 물체들은 크기가 다르기 때문에, 그들 사이에는 법칙이 달라지는 지점이 어딘가 있을 것이다. 이런 주장을 펼치는 데는 나름대로 이유가 있다. 양자역학에 의하면 작은 입자들은 이곳저곳에 혼재된 상태로 존재하는 반면에 거시적 물체들은 항상 명확한 위치를 갖고 있다. 그런데, 작은 입자와 큰 물체의 정확한 경계는 어디인가? 그리고 그 지점에서 두 개의 상이한 법칙은 어떤 식으로 융합되는가? 보어는 이 질문이 우리가 답할 수 있는 한계를 넘어서 있다고 주장했다. 그리고 그 후로 오랜 세월 동안 이 문제를 깊게 파고드는 물리학자는 그리 많지 않았다. 양자론으로 예견된 물리량들이 관측결과와 너무 잘 일치했기 때문에 굳이 '긁어 부스럼'을 만들고 싶지 않았던 것이다.

그러나 양자역학을 완전하게 이해하고 양자적 실체와 시간의 방향성을 정확하게 규명하려면 양자적 관측은 반드시 밝혀져야 할 핵심적인 문제이다.

양자적 실체와 양자적 관측

양자적 관측문제에 관하여 지금까지 제기되어 온 다양한 이론들은 양자적 실체를 각기 다른 방식으로 설명하고 있지만 관측결과를 설명하는 부분에서는 마치 약속이나 한 듯이 의견일치를 보고 있다. 그런데 각 이론의 내막을 면밀히 들여다보면 그들이 사용한 접근방법은 천차만별이라고 할 만큼 큰 차이를 보이고 있다.

오락이나 유희에 빠졌을 때, 우리는 그 내막에서 벌어지고 있는 일에 관심을 가질 필요가 없다. 그저 결과물을 보고 즐기기만 하면 그만이다. 그러나 우주를 이해하려는 시도를 할 때에는 가능한 한 많은 궁금증을 가진 채로 모든 커튼과 문을 일일이 열어 보면서 실체의 가장 깊은 곳까지 끈질기게 추적해 나가는 것이 바람직한 자세일 것이다. 그러나 보어는 이러한 시도가 양자역학을 이해하는 데 별로 도움이 되지 않는다고 생각했다. 그에게 있어 실체란 일종의 퍼포먼스에 불과했던 것이다. 스팰딩 그레이Spalding Gray(미국의 배우이자 극작가: 옮긴이)의 연극 〈독백Soliloquy〉처럼, 관측자가 행하는 관측은 일종의 쇼show이며 그 외에 어떤 의미도 담겨 있지 않다는 것이 보어의 확고한 생각이었다. 거기에는 그 어떤 내막도 없고 숨겨진 진실도 없다. 관측행위가 개입되었을 때 양자적 파동함수가 다른 모든 값들을 포기하고 관측장비에 나타난 값만을 갖는 것은 그 자체로 진실이며, 그 내막을 캐고 분석하는 것은 문제의 핵심을 벗어난 행위이다. 중요한 것은 관측된 값이지, 그런 값이 나오게 된 내막이 아니라는 것이다.

보어의 주장은 수십 년 동안 다양한 논쟁을 불러일으켰다. 양자역학이 실험결과와 기가 막히게 일치하는 것은 물론 좋은 일이었지만, 그 정도로 정확한 이론이 사물의 실체를 은밀한 곳에 숨겨 놓고 있다는 주장만은 쉽게 수용될 수 없었다. 상식적인 사고를 가진 사람이라면 양자역학과 일상적인 경험을 부드럽게 이어주는 연결고리를 당연히 찾고 싶을 것이다. 그러므로 물리학자들이 파동함수와 관측 사이의 괴리를 해소시키고 관측행위의 저변에 숨어 있는 실체를 찾아내려고 애쓴 것은 지극히 당연한 일이다. 지금부터 이 문제에 관하여 지금까지 제기된 몇 가지 이론들을 살펴보기로 하자.

제일 먼저 소개할 이론은 하이젠베르크의 아이디어에서 비롯된 것으로, 파동함수를 객관적 특성으로 간주하는 기존의 관점을 포기하고 '실체에 대하여 우리가 알고 있는 내용을 형상화시킨 것'으로 간주할 것을 권하고 있다. 전자를 관측하지 않은 상태에서 전자의 위치를 모르는 것은 당연한 사실이며, 파동함수는 이렇게 '전자의 위치를 모르고 있는' 우리의 상태를 반영하고 있다는 것이다. 그런데 일단 관측을 실행하여 전자의 위치가 알려지면 상황은 급격하게 달라진다. 방금 전까지만 해도 전혀 모르고 있었던 전자의 위치를 지금은 100% 정확하게 알고 있다(물론, 전자의 위치가 100% 정확하게 알려지면 불확정성원리에 의해 전자의 속도를 전혀 알 수 없게 된다. 그러나 이것은 지금 우리의 논지와 아무런 상관이 없으므로 무시해도 된다). 그리고 이렇게 급격한 '지식의 변화'는 파동함수의 급격한 변화로 나타난다. 즉, 파동함수가 그림 4.7처럼 한 지점에서만 값을 갖는 형태로 급격하게 붕괴되는 것이다. 이렇게 생각하면 파동함수의 붕괴는 우리가 무언가를 새롭게 알았을 때 부수적으로 나타나는 현상에 불과하며, 더 이상 그 문제에 대해 왈가왈부할 필요가 없어진다.

두 번째 이론으로는 1957년에 휠러의 제자였던 휴 에버레트Hugh Everett가 제안했던 이론을 들 수 있다. 그는 파동함수의 붕괴를 정면으로 부정하고 모든 가능성들이 여러 개의 세상(우주)에서 동시에 진행되어 나간다고 주장했다. 흔히 '다중우주 해석Many Worlds interpretation'이라 불리는 이 이론에 의하면 우주는 유일한 존재가 아니라 무한히 많이 존재할 수 있으며, 파동함수에 내재되어 있는 모든 가능성들은 개개의 우주에서 개별적으로 펼쳐지고 있다. 발생확률이 아무리 적은 사건이라 해도 다중우주 중 어느 하나의 우주에서는 그 사건이 진행되고 있다는 것이다. 파동함수가 예견하는 전자의 위치가 '이곳', 또는 '저곳', 또는 '그곳'이었다면, 다중우주 중 하나의 우주에서는 전자가 '이곳'에서 발견되고 또 하나의 우주에서는 '저곳'에서 발견되며 나머지 하나의 우주에서는 '그곳'에서 전자가 발견된다. 우리가 무언가를 관측하여 어떤 특정한 값을 얻었다면 그것은 무한히 많은 우주 중 하나의 우주에서 일어난 사건이고, '다른 값이 얻어지는 사건'은 지금도 다른 우주에서 진행되고 있다. 물론 다른 우주에도 당신과 나를 비롯한 모든 사람들이 똑같이 살고 있다. 어떤 우주에서는 당신이 책을 읽고 있고 또 하나의 우주에서는 당신이 웹 서핑을 하고 있으며 또 다른 우주에서는 당신이 브로드웨이의 무대 뒤에서 첫 데뷔를 앞둔 채 가슴을 졸이고 있다. 다중우주 해석론에 의하면 그림 5.1과 같은 시공간은 단 하나만 존재하는 것이 아니라 모든 가능한 사건들이 나름대로 진행되고 있는 무수히 많은 시공간이 동시에 존재하는 셈이다. 그러므로 어떤 사건이 일어날 가능성은 그저 가능성으로 끝나는 것이 아니라 어느 우주에선가 반드시 일어나고 있으며 따라서 관측을 하더라도 파동함수는 붕괴되지 않는다.

세 번째로는 1950년대에 데이비드 보옴David Bohm이 제안한 이론을 들 수 있다. 보옴은 4장에서 EPR 역설을 논할 때 등장했던 바로 그 사람이다. 보옴은 위에서 언급한 두 가지 이론과 전혀 다른 방식으로 문제에 접근하였다.[8] 그는 전자와 같은 입자들이 고전물리학(특히 아인슈타인)의 주장대로 정확한 위치와 속도를 갖고 있지만 그 특성이 우리의 눈에 보이지는 않는다고 생각했다. 이것이 바로 4장에서 잠시 언급했던 '숨은 변수hidden variable'의 한 사례이다. 하이젠베르크의 불확정성원리에 의하면 전자의 입자와 속도는 동시에 정확하게 측정될 수 없다. 보옴은 이 불확정성이 우리가 알 수 있는 한계를 지정해 주고 있지만 입자의 실제적인 속성을 의미하지는 않는다고 주장했다. 보옴의 접근법은 벨이 얻었던 결과와 아무런 모순도 일으키지 않는다. 4장의 끝부분에서 말했던 것처럼, 입자가 정확한 위치와 속도를 가질 수 있는 가능성은 아직 완전히 배제되지 않았기 때문이다. 또한, 보옴의 접근법은 비국소적 성질을 갖고 있었으며,[9] 입자의 파동함수를 입자와 함께 존재하는 또 하나의 실체로 간주했다. 보어의 상보성원리에 의하면 모든 물체는 입자 '또는' 파동이지만, 보옴의 접근법에서 모든 물체는 입자이면서 '동시에' 파동으로 간주된다. 뿐만 아니라 보옴은 파동함수가 입자 자체와 상호작용을 하면서 입자의 운동을 '인도'하거나 '강제'하고 있으며, 한 지점에서 발생한 파동함수의 변화는 즉각적으로 멀리 있는 다른 입자에 영향을 줄 수 있다고 생각했다. 예를 들어 이중슬릿 실험의 경우 개개의 입자는 두 개의 슬릿 중 하나를 통과하는 반면, 입자의 파동함수는 두 개의 슬릿을 동시에 통과하면서 간섭무늬를 만든다. 그런데 파동함수는 입자의 운동을 인도하고 있으므로 파동함수의 값이 큰 곳일수록 입자가 도달할 확률이 커져서 그림 4.4와 같은 간섭무늬가 나타난다는 것이다. 보옴의 이론에서 파동함수의 붕괴는 따로 고려할 필요가 없다. 입자의 위치를 관측하여 '이곳'에 있음이 확인되었다면, 입자는 관측되던 순간에 정말로 이곳에 있었기 때문이다.

네 번째 접근법으로는 이탈리아의 물리학자 지안카를로 기라르디Giancarlo Ghirardi와 알베르토 리미니Alberto Rimini, 그리고 툴리오 웨버Tullio Weber의 아이디어를 들 수 있다. 이들은 슈뢰딩거의 파동방정식을 과감하게 수정하여 "미시적 물체에 여전히 적용되면서 일상적(거시적)인 스케일에도 적용될 수 있는" 방정식을 만들었는데, 이 방정식의 해는 매우 불안정하여 외부에서 교란을 가하지 않아도 스스로 붕괴되는 특성을 갖고 있다. 특히 이들은 입자의 파동함수가 수십억 년에 한 번씩 스스로 붕괴한다고 가정하였는데,[10] 그 기간이 너무 길어서 기존의 양자역학을 심각하게 뜯어고칠 필요가 없었다. 그러나 관측장비나 관측자와 같이 거시적인 물체(인간)들은 수십억×수십억 개의 입자들로 이루어져 있으므로 이들을 서술하는 전체 파동함수는 거의 매 순간마다 붕괴되고 있다고 보아야 한다. 그리고 작은 입자의 파동함수들은 거시적인 물체 속에서 서로 얽혀 있기 때문에 하나의 파동함수가 붕괴되면 다른 입자의 파동함수들도 연쇄적으로 붕괴되는 양자적 도미노 효과가 나타난다. 그런데 커다란 물체에서는 이런 현상이 거의 매 순간 일어나고 있으므로 거시적 물체를 측정하면 항상 명확한 값이 얻어진다는 것이다. 임의의 한 순간에 달의 위치는 아무런 모호함 없이 명확하게 결정될 수 있으며, 이 세상의 모든 고양이는 죽은 고양이와 살아 있는 고양이로 명확하게 구분된다(저자가 고양이를 자주 언급하는 이유는 슈뢰딩거가 양자적 관측에 담긴 역설을 처음으로 논할 때 '죽은 고양이와 살아 있는 고양이'를 예로 들었기 때문이다: 옮긴이).

지금까지 소개한 접근법들(그리고 이 책에서 소개되지 않은 다른 접근법들)은 지금도 찬반양론이 대립하고 있는 상태이다. 이들은 파동함수를 물리적 실체가 아닌 하나의 '지식'으로 취급함으로써 파동함수의 붕괴와 관련된 문제를 교묘하게 피해 갔다. 그러나 반대론자들은 질문의 고삐를 늦추지 않는다. 근본적인 물리학이 대체 인간의 지식(알거나 모르는 여부)과 무슨 상관이란 말인가? 만일 지구상에 자연을 관측할 만한 생명체가 존재하지 않는다면 파동함수는 붕괴되지 않을 것인가? 혹은 파동함수라는 개념 자체도 존재하지 않는다는 말인가? 인간이 지구에 출현하면서 이 우주가 전혀 다른 곳으로 변했다는 말인가? 사람이 아닌 쥐나 개미, 아메바, 또는 컴퓨터와 같은 기계가 관측을 해도 파동함수는 붕괴될 것인가?[11]

이와는 대조적으로, 에버레트의 다중우주 해석론은 파동함수의 붕괴를 아예 고려하지 않고 있다. 관측이 이루어질 때마다 우주가 여러 갈래로 갈라져 나간다는 것이 다중해석론의 요지이므로 파동함수가 붕괴될 필요가 없는 것이다. 에버레트는 이 아이디어로 골치 아픈 관측문제를 피해 갈 수 있었지만, 그 대가로 '무수히 많은 평행우주'라는 더욱 난해한 개념을 양산함으로써 물리학자들의 격렬한 반박을 감수해야 했다.[12] 보옴의 접근법도 파동함수의 붕괴문제를 피해 갔지만, 반대론자들은 물체가 파동성과 입자성을 '동시에' 갖는다는 점에 회의적인 생각을 품고 있으며 '빛보다 빠르게 전달되는 영향'도 논쟁의 여지를 남겨 놓고 있다. 반면에, 보옴의 의견을 지지하는 사람들은 우주의 비국소성이 벨의 정리에 의해 이미 입증되었으므로 반박의 여지가 없다고 주장하고 있다. 그러나 보옴의 해석은 증명이 불가능하기 때문에 그다지 큰 인기를 얻지는 못하고 있다.[13] 기라르디-리미니-웨버는 슈뢰딩거의 파동방정식을 수정하여 파동함수가 자발적으로 붕괴되도록 만들었지만 실험적으로 검증된 사례가 없기 때문에 역시 정설로 인정되지 않고 있다.

양자역학과 일상적인 경험 사이의 연결고리를 찾는 연구는 앞으로 한동안 계속될 것이며 지금까지 제시된 이론들 중 어떤 것이 최종적으로 살아남을지는 아무도 알 수 없다(아직 나타나지 않은 엉뚱한 이론이 모든 것을 대신할지도 모른다). 지금 물리학자들을 대상으로 투표를 한다 해도 득표율이 두드러지게 높은 이론은 없을 것이다. 지금까지 언급한 이론들을 검증하는 데에는 실험자료도 별로 도움이 되지 않는다. 기라르디-리미니-웨버의 이론은 1단계와 2단계 양자역학이 어떤 특별한 상황에서 서로 다를 수도 있다는 것을 예견하고 있지만 그 차이가 너무 미미하여 현재의 실험기술로는 진위 여부를 규명할 수 없다. 게다가 다른 세 개의 이론은 실험으로 검증하기가 더욱 어렵다. 물론 이들은 표준 양자역학과 완전하게 일치하며, 관측 가능한 물리량을 이론적으로 계산한 값도 정확하게 일치한다. 이들은 파동함수의 붕괴와 같이 관측행위의 저변에 숨어 있는 양자적 실체를 서로 다른 방법으로 설명하고 있을 뿐이다.

양자적 관측문제는 지금도 시원하게 해결되지 않고 있지만, 물리학자들은 지난 수십 년 동안 연구를 거듭한 끝에 하나의 해결책을 찾아냈다. 현재 많은 학자들의 지지를 얻고 있는 그 해결책은 바로 '양자적 결어긋남quantum decoherence'이었다.

결어긋남(decoherence)과 양자적 실체

양자역학의 확률적 특성을 처음 접하는 사람들은 흔히 동전던지기나 카지노의 룰렛게임과 같은 고전적 확률을 떠올릴 것이다. 그러나 양자역학의 확률은 이보다 훨씬 더 근본적인 단계에서 도입된다. 일상적인 경험의 세계에서 다양한 결과들(동전의 앞면과 뒷면, 붉은색과 푸른색, 당첨복권의 숫자 등)은 각자 나름대로 명확한 확률을 갖고 있으며, 일단 사건이 진행되면 발생 가능한 결과들 중 하나가 반드시 나타나게 되어 있다. 그리고 개개의 결과들은 해당 사건의 명확한 과거로 기억(또는 기록)된다. "허공에 동전을 던졌을 때 앞면 또는 뒷면이 나올 확률은 50:50이다"라는 말 속에는 특정 결과가 얻어질 확률뿐만 아니라 동일한 시행을 여러 번 반복했을 때 나타나는 통계적 수치가 담겨 있다. 예를 들어, 동전을 100번 던졌다면 앞면이 50번 나올 확률이 가장 크다는 뜻이다. 또한, 동전의 앞면이 나오는 사건과 뒷면이 나오는 사건은 절대로 동시에 일어날 수 없는 독립적인 사건이며, 이들 중 하나의 사건이 다른 사건의 발생빈도에 영향을 줄 수도 없다.

그러나 양자역학의 확률은 동전의 확률과 전혀 다른 특성을 갖고 있다. 이중슬릿 실험에서 전자가 택할 수 있는 두 개의 경로는 서로 분리되어 있지 않으며, 따라서 '독립적인 사건'으로 간주할 수 없다. 전자는 하나의 과거를 선택하여 그 길만을 따라가는 것이 아니라, 전자가 택할 수 있는 모든 가능한 과거들이 서로 얽혀서 전체적인 결과를 만들어 내기 때문이다. 이때 일부 경로들은 보강되기도 하고 경우에 따라서는 상쇄되기도 한다. 이와 같이 모든 가능한 과거들 사이에 일종의 간섭interference이 일어나면서 스크린에는 어둡고 밝은 띠 모양의 무늬가 만들어진다. 그러므로 양자적 확률과 일상적인 확률의 차이점은 '간섭'이라는 한마디 속에 모두 함축되어 있다고 할 수 있다.

결어긋남decoherence이란, 미시세계에 적용되는 양자역학과 확률의 간섭이 거의 일어나지 않는 일상적인 세계(고전역학)를 연결시켜 주는 개념으로서, 간단히 말해 양자적 확률과 고전적 확률의 차이점을 가장 간명한 형태로 추려 낸 개념이라 할 수 있다. 결어긋남의 중요성은 양자역학이 처음 탄생하던 무렵부터 인식되어 왔지만, 1970년에 독일의 물리학자 디터 제Dieter Zeh의 논문이 발표되면서 비로소 현대적인 의미로 자리를 잡게 되었고[14] 그 후 에리히 주스Erich Joos와 뉴멕시코에 있는 로스앨러모스 국제연구소의 주렉Wojciech Zurek 등에 의해 꾸준히 개발되어 왔다.

아이디어는 다음과 같다. 이중슬릿을 통과하여 스크린에 도달하는 광자와 같이 비교적 간단한 시스템에 슈뢰딩거의 방정식을 적용하면 익히 알려져 있는 간섭무늬를 순수한 계산으로 얻을 수 있다. 그러나 여기에는 일상적인 세계에서 볼 수 없는 두 가지 특성이 내재되어 있다. 첫째, 우리가 흔히 접하는 일상적인 물체들은 엄청나게 많은 입자들로 이루어져 있으며 둘째, 일상적인 물체들은 고립되어 있지 않고 관측자를 포함한 주변환경과 끊임없이 상호작용을 주고받고 있다. 지금 당신이 읽고 있는 이 책도 당신과 상호작용을 하고 있다. 좀 더 정확히 말하자면 책의 표면은 광자나 공기분자들과 매 순간 충돌을 겪고 있으며, 책을 이루고 있는 분자와 원자들도 매 순간마다 내부적인 충돌을 겪고 있다. 측정장비에 달려 있는 탐침(探針)이나 고양이, 인간의 두뇌 등 다른 모든 일상적인 물체들도 사정은 마찬가지다. 지구와 달, 소행성 등 천문학적 스케일의 물체들도 태양으로부터 날아온 광자에 의해 끊임없이 융단폭격을 당하고 있다. 컴컴한 우주공간을 표류하고 있는 한 줌의 먼지도 빅뱅 때 분출된 저-에너지 마이크로파와 수시로 충돌하고 있다. 그러므로 현실세계를 양자역학적으로 이해하려면 이처럼 복잡한 상황에 대하여 슈뢰딩거의 방정식을 풀어야 한다.

제Zeh는 이러한 상황과 다른 사람들의 의견을 종합하여 매우 놀라운 결과를 도출해냈다. 광자나 공기분자는 크기가 너무 작아서 책이나 고양이처럼 덩치가 큰 물체에 심각한 영향을 주지 못하지만 '다른 방식으로' 영향을 미치는 것은 가능하다. 결론부터 말하자면 광자나 분자는 거시적 물체의 파동함수, 또는 결맞음coherence 상태를 교란시키고 있다. 즉, 규칙적으로 배열되어 있는 파동함수의 마루와 골이 광자나 공기분자에 의해 변화를 겪는다는 것이다. 그림 4.2와 같은 간섭무늬가 나타나려면 파동함수의 규칙성은 반드시 유지되어야 하므로, 광자나 공기분자에 의한 교란은 결코 무시할 수 없는 요인이다. 슬릿을 통과하는 광자에 꼬리표를 달아주면 간섭무늬가 사라졌던 것처럼, 주변으로부터 작은 입자들의 폭격을 받고 있는 물체들도 간섭현상을 일으키지 못한다. 그리고 양자적 간섭이 일어나지 않으면 양자역학의 확률적 특성은 동전던지기나 룰렛의 특성과 비슷해진다. 주변환경의 결어긋남 현상이 파동함수의 규칙을 교란시키면 양자역학의 신기한 특성이 일상적인 확률로 전환되는 것이다.[15] 이 과정을 잘 이해하면 양자적 관측의 저변에 깔려 있는 수수께끼를 해결할 수도 있을 것이다. 일단은 긍정적인 측면을 살펴본 후에, 앞으로 해결되어야 할 문제가 무엇인지 알아보기로 하자.

여기, 홀로 고립되어 있는 전자가 하나 있다. 이 전자의 파동함수로부터 유추한 결과, 전자가 '이곳' 에서 발견될 확률이 50%이고 '저곳' 에서 발견될 확률도 50%라면 이 확률은 양자역학적 관점에서 해석되어야 한다. 즉, 전자가 가질 수 있는 두 가지 가능성이 서로 뒤엉키면서 나타나는 간섭효과도 고려해야 한다는 뜻이다. 대충 말하자면 전자는 이곳과 저곳에 '동시에' 존재할 수도 있다. 이제, 고립되어 있지 않은 거시적인 크기의 장비를 이용하여 고립된 전자의 위치를 관측한다면 어떤 결과가 얻어질 것인가? 관측장비의 눈금이 '이곳'을 가리킬 확률이 50%이고 '저곳'을 가리킬 확률도 50%로 나타날 것이다. 그러나 눈금이 두 곳을 동시에 가리키는 경우는 결코 일어나지 않을 것이다. 왜냐하면 전자와 관측장비의 상호작용으로 인해 결어긋남 현상이 발생하여, 양자적 확률이 일상적인 확률로 변했기 때문이다. 동전을 허공으로 던졌을 때 50%의 확률로 앞면이 나오고 50%의 확률로 뒷면이 나오지만 앞면과 뒷면이 동시에 나오는 경우는 없는 것처럼, 관측장비의 눈금은 50%의 확률로 이곳 아니면 저곳을 명확하게 가리키고 있을 것이다.

고립되지 않은 복잡한 물체에도 이와 비슷한 논리를 적용할 수 있다. 독가스 방출장치가 부착되어 있는 상자 안에 고양이 한 마리를 가둬 두었다고 상상해 보자. 상자 안에 있는 전자총에서 방출된 전자가 회로의 미세한 스위치를 건드리면 독가스가 방출된다. 그런데 전자가 스위치를 맞출 확률은 정확하게 50%이다. 그렇다면 상자 안의 고양이가 살아 있을 확률과 죽어 있을 확률은 똑같이 50%이다. 여기에 양자적 결어긋남을 고려하면 고양이가 살아 있는 상태와 죽어 있는 상태는 동시에 존재할 수 없다. 고양이는 살았거나 아니면 죽었거나, 둘 중 하나의 상태에 있다. 물리학자들은 지난 수십 년 동안 "살았으면서 동시에 죽어 있는 고양이란 대체 어떤 상태를 의미하는가? 상자의 뚜껑을 열고 그 안을 들여다봄으로써 둘 중 하나의 상태로 결정되는 과정을 어떻게 설명해야 하는가?"라는 문제를 놓고 격렬한 논쟁을 벌여왔지만 이렇다 할 결론을 내리지 못했다. 그러나 결어긋남을 고려하면 문제는 쉽게 해결된다. 즉, 당신이 상자의 뚜껑을 열기 훨씬 전에 상자 내부의 주변환경은 고양이와 수십억 차례의 상호작용을 주고받았으므로 신비한 양자적 확률은 이미 고전적 확률로 바뀐 상태이다. 그러므로 당신이 고양이를 눈으로 확인하기 전에 고양이는 살아 있거나 아니면 죽었거나, 둘 중 하나의 상태로 이미 명확하게 결정되어 있다. 이와 같이 결어긋남은 거시적 물체에 존재하는 '상식을 벗어난 양자적 특성'을 희석시킨다. 주변환경과 주고받는 상호작용에 의해 양자적 특성이 상실되는 것이다.

양자적 관측문제에 관하여 이보다 만족스런 답을 구하기는 쉽지 않을 것 같다. 결어긋남의 개념은 주변환경을 고려하지 않는 등의 문제를 지나치게 단순화시키는 가정을 내세우지 않고서도 양자역학에 위배되지 않는 답을 제시하였으며, 관측문제에 항상 따라다니던 '인간의 역할' 문제도 일거에 해결하였다. 인간의 의식, 인간이 만든 관측장비, 인간의 관측행위 등은 더 이상 중요한 요소가 아니다. 이 모든 것들은 공기분자나 광자처럼 관측대상과 상호작용을 하는 주변환경의 일부일 뿐이다. 또한, 관측대상과 관측자의 역할에 따라 양자역학을 1단계와 2단계로 나누던 구분법도 더 이상 필요 없게 되었다. 관측대상과 관측자는 동등한 입장에서 동일한 양자역학의 법칙—슈뢰딩거의 파동방정식을 따르고 있을 뿐이다. 그러므로 관측행위 자체를 유별난 행위로 취급할 필요가 없다. 관측이란 주변환경과의 상호작용을 보여주는 하나의 사례에 불과하다.

이것이 전부인가? 결어긋남은 과연 양자적 관측과 관련된 모든 문제를 해결하였는가? 결어긋남은 파동함수가 갖고 있는 다양한 가능성들이 관측이라는 행위와 함께 단 하나의 결과로 축약되는 현상을 만족스럽게 설명하고 있는가? 그렇게 생각하는 사람들도 있다. 카네기 멜론Carnegie Mellon 대학의 로버트 그리피스Robert Griffiths와 오르세Orsay의 롤랑 옴네Roland Omnès, 그리고 노벨상 수상자인 산타페 과학원Santa Fe Institute의 머리 겔만Murray Gell-Mann과 산타 바바라에 있는 캘리포니아 대학의 짐 하틀Jim Hartle은 양자적 결어긋남을 더욱 깊이 파고든 끝에 관측과 관련된 모든 문제를 해결했다고 주장하였으며, 나를 포함한 다른 사람들은 그들의 주장에 관심을 갖고 있지만 완전히 설득되지는 않은 상태이다. 결어긋남의 개념은 보어가 제기했던 문제(거시세계와 미시세계의 차이)를 양자역학의 범위 안에서 성공적으로 해결하였다. 만일 보어가 살아서 이 소식을 듣는다면 매우 기뻐했을 것이다. 물론 물리학자들은 양자적 관측문제가 해결되지 않은 상황에서도 실험결과와 이론적 예상치를 훌륭하게 일치시켜 왔지만, 보어를 비롯한 그의 추종자들은 관측문제를 설명하기 위해 양자역학에 이상한 개념을 첨가시켰었다. 처음에 물리학자들은 '파동함수의 붕괴'나 '거시적 물체'와 같은 용어들을 접하면서 당혹스러움을 감추지 못했다. 그러나 결어긋남의 개념이 도입되면서 이런 모호한 용어들은 양자역학의 무대에서 사라지게 되었다.

그러나 여기에는 아직 해결되지 않은 중요한 문제가 남아 있다. 결어긋남이 양자적 간섭현상을 배제시킨다는 아이디어를 도입하여 양자적 확률을 고전적인 확률로 변환시키는 데는 성공했지만, 파동함수에 내재되어 있는 다양한 가능성들은 아직도 현실적인 개념으로 이해되지 않고 있다. 관측이 실행되었을 때 왜 단 하나의 결과만 우리에게 모습을 드러내는가? 그 많던 나머지 가능성들은 다 어디로 사라졌는가? 속 시원한 답은 아직 발견되지 않았다. 동전던지기의 경우, 고전물리학은 이와 비슷한 질문에 나름대로의 해답을 제시하고 있다. 허공에 던져진 동전의 회전상태와 공기의 저항 등 동전의 운동과 관련된 모든 정보를 알고 있다면 원리적으로는 역학의 법칙을 이용하여 동전의 최종상태를 예견할 수 있다. 즉, 상황을 자세히 들여다보면 확률을 논할 필요 없이 정확한 결과를 알 수 있다는 뜻이다. 그러나 양자역학의 세계에서는 아무리 자세히 들여다본다 해도 관측결과를 100% 정확하게 예견하는 방법은 없다. 결어긋남이 양자적 확률을 고전적인 확률로 바꿔주기는 하지만, 많은 가능성들 중에서 어떤 결과가 선택될지 미리 알 수는 없다.

보어의 주장을 받아들인 일부 물리학자들은 "특정 결과가 선택되는 과정을 따지고 드는 것은 의미가 없다"고 믿고 있다. 그들은 결어긋남이 고려된 양자역학을 관측장비의 특성까지 모두 포용하는 완전한 이론으로 간주하고 있다. 이 관점을 따른다면 현대의 양자역학은 과학의 최종목적을 이룬 셈이다. 그 내부에서 진짜로 어떤 일이 벌어지고 있는지 설명하려고 애를 쓴다거나 특정 결과가 선택되는 과정을 이해하려고 애쓰는 것, 그리고 관측장비의 눈금을 초월해 있는 실체를 추구하는 것은 비논리적인 지식적 탐욕에 불과하다는 것이다.

나를 포함한 다수의 물리학자들은 다른 생각을 갖고 있다. 물론 과학의 본분은 실험 데이터를 설명하는 것이다. 그러나 과학은 최대한의 영감을 발휘하여 자연의 실체를 규명하는 임무도 부여받고 있다. 나는 양자적 관측에 더욱 깊은 비밀이 숨어 있으며, 이 문제는 앞으로 더욱 깊이 연구되어야 한다고 생각한다.

양자적 결어긋남을 통하여 양자역학과 고전역학을 연결하는 다리가 어느 정도 그 모습을 드러냈고 많은 사람들이 여기에 희망을 걸고 있지만, 다리가 완성되려면 아직도 갈 길이 멀다.

양자역학과 시간의 방향

자, 그렇다면 관측문제는 어디까지 해결되었으며 시간의 방향성과는 어떤 관계에 있는가? 대충 말하자면 양자적 실체와 일상적인 경험을 연결하는 데에는 두 가지 부류의 접근법이 있다. 첫 번째 부류는 파동함수를 하나의 지식으로 간주하는 이론과 다중우주 해석론, 그리고 양자적 결어긋남 등과 같이 슈뢰딩거의 파동방정식을 이론의 종착점으로 보는 접근법이다. 이 방법은 방정식의 의미를 다른 방식으로 재해석할 뿐, 방정식을 뜯어고치지는 않는다. 반면에 두 번째 부류의 접근법은 슈뢰딩거 방정식을 수정하거나(기라르디-리미니-웨버) 다른 방정식을 추가하여(보옴) 문제를 해결한다. 시간의 방향성과 관련하여 가장 중요한 문제는 이러한 접근법에서 시간이 과거와 미래에 대하여 비대칭성을 갖고 있는지의 여부이다. 슈뢰딩거의 파동방정식은 뉴턴이나 맥스웰, 또는 아인슈타인의 방정식처럼 과거로 흐르는 시간과 미래로 흐르는 시간에 대하여 똑같이 성립한다. 방정식으로만 보면 시간은 어느 쪽으로든 흐를 수 있다. 그렇다면 앞에서 나열한 접근법들 중에서 이 특성에 변화를 줄 만한 후보가 있을까?

첫 번째 부류의 접근법은 슈뢰딩거의 방정식을 수정하지 않았으므로 시간의 대칭성도 그대로 유지되며, 두 번째 부류의 접근법에서는 구체적인 내용에 따라 시간의 대칭성이 유지될 수도 있고 붕괴될 수도 있다. 예를 들어 보옴의 접근법에서 제기된 새로운 방정식은 시간에 대하여 대칭성을 갖고 있으며, 따라서 과거와 미래를 동등하게 취급한다. 그러나 기라르디-리미니-웨버의 접근법에서 파동함수의 붕괴를 설명하기 위해 수정된 파동방정식은 시간에 대하여 뚜렷한 방향성을 갖고 있다(파동함수는 붕괴될 수 있지만 한번 붕괴된 파동함수는 이전의 상태로 되돌아갈 수 없다). 따라서 어떤 접근법을 택하느냐에 따라 양자역학의 체계와 관측문제는 과거와 미래에 대하여 동일하게 취급될 수도 있고 그렇지 않을 수도 있다. 지금부터 두 가지 경우를 좀 더 구체적으로 살펴보자.

시간의 대칭성이 유지되는 접근법을 선택한다면(나는 이쪽에 표를 던지고 싶다) 6장에서 내렸던 모든 결론들을 (약간의 수정만 가해서) 그대로 적용할 수 있다. 시간의 방향성을 좌우하는 가장 중요한 원리는 고전물리학의 시간되짚기 대칭성time reversal symmetry이었다. 양자역학의 기본 언어와 기초원리는 많은 점에서 고전물리학과 딴판이지만(물체의 위치와 속도 대신 파동함수가 등장하고 뉴턴의 운동방정식은 슈뢰딩거의 파동방정식으로 대치된다), 양자역학의 방정식은 뉴턴의 방정식처럼 시간되짚기 대칭성을 갖고 있으므로 시간의 방향성에 관한 한 고전역학과 다를 것이 없다. 입자를 파동함수로 바꾸기만 하면 고전적인 엔트로피의 개념도 똑같이 정의하여 사용할 수 있으며, 엔트로피가 항상 증가한다는 결론(현재를 기점으로 하여 과거와 미래, 모든 방향으로 증가한다는 결론)도 양자역학에 똑같이 적용된다.

이리하여 우리는 6장에서 만났던 수수께끼에 또다시 직면하게 된다. 의심할 여지없이 현실적인 이 세계를 관측한다면, 그리고 과거와 미래의 엔트로피가 항상 지금보다 크다면 이 세계가 진행되어 가는 과정을 어떻게 설명해야 하는가? 앞에서와 마찬가지로, 여기에는 두 가지 가능성이 있다. 즉,

"이 우주는 대부분의 시간을 무질서한 상태에서 보내다가 가끔씩 통계적인 행운이 찾아와서 지금 우리의 눈에 보이는 질서정연한 상태를 획득하였다"는 제안과 "빅뱅이 일어나던 무렵에 이 우주는 극저-엔트로피 상태에 있다가 향후 140억 년 동안 질서가 서서히 느슨해지면서 지금의 상태에 도달했다"는 제안이 그것이다. 6장에서 지적한 바와 같이, 우리의 기억과 과거의 기록을 불신하고 물리법칙까지 믿지 못하는 난처한 상황을 피해 가려면 두 번째 제안을 받아들여야 한다. 물론 이 우주가 발생초기에 그토록 유별난 상태에 있었던 이유는 앞으로 풀어야 할 숙제이다.

이와는 반대로, 시간의 대칭성이 붕괴되는 접근법을 따른다면 시간이 한 쪽 방향으로만 흐르는 이유는 자연스럽게 설명된다. 예를 들어, 계란이 깨지기만 하고 다시 원상태로 복구되지 않는 이유는 "깨지는 계란은 양자역학의 방정식의 해solution가 될 수 있지만 복구되는 계란은 해가 될 수 없기 때문이다." 이 관점에 의하면 계란이 깨지는 과정을 촬영하여 필름을 거꾸로 돌렸을 때 눈에 보이는 장면은 현실세계에서 일어날 수 없다.

물론 가능성이 전혀 없는 이야기는 아니다. 그러나 시간의 방향성을 이런 식으로 설명하는 것은 그다지 새로운 접근법이 아니다. 6장에서 보았듯이, 『전쟁과 평화』의 원고는 허공으로 던져지기 전에 질서정연한 상태에 있었고 깨지기 전의 계란도 고도의 질서를 유지하고 있었다. 미래로 가면서 엔트로피가 증가하려면 과거의 엔트로피는 지금보다 낮아야 한다. 그래야 앞으로 더 커질 가능성이 있기 때문이다. 그러나 물리학의 법칙이 과거와 미래를 동등하게 취급하지 않는다고 해서 과거의 엔트로피가 미래보다 작다는 보장은 없다. 과거로 가면서 엔트로피가 증가한다는 결과가 얻어질 수도 있고(과거와 미래를 향해 증가하는 양상은 각기 다를 수도 있다), 따라서 시간되짚기 대칭성이 없는 법칙으로는 과거에 대하여 아무것도 언급할 수 없게 될지도 모른다. 과거와 미래를 비대칭적으로 취급하는 기라르디-리미니-웨버의 접근법이 바로 이런 경우이다. 이들의 이론에 따라 붕괴된 파동함수는 결코 이전의 상태로 되돌아갈 수 없다. 파동함수의 구체적인 형태는 붕괴와 함께 모두 사라지기 때문에 붕괴되기 이전의 상태를 역으로 추적하는 것은 불가능하다.

시간에 대하여 비대칭적인 법칙을 수용하면 시간이 한쪽방향으로만 흐르고 그 반대 방향으로는 결코 흐르지 않는 이유를 부분적으로나마 이해할 수 있다. 그러나 시간에 대하여 대칭적인 법칙의 경우와 마찬가지로, 이 경우에도 먼 과거에 엔트로피가 지극히 작았던 이유를 어떻게든 설명해야 한다. 어떠한 접근법을 수용하건 간에, 결국은 우주의 탄생 — 빅뱅으로 모든 문제가 귀결되는 것이다. 이 주제는 다음 장에서 심도 있게 다뤄질 예정이다.

우주론을 다루다 보면 시간과 공간, 그리고 물질의 신비한 성질은 또 다른 양상으로 우리 앞에 나타난다. 지금부터 현대 우주론으로 무대를 옮겨서 우주의 역사와 시간의 방향성 문제를 집중적으로 파헤쳐 보자.

III

시공간과 우주론

제8장

눈송이와 시공간

우주의 대칭성과 진화

리처드 파인만은 이런 말을 한 적이 있다. "현대과학이 이룩한 모든 업적들 중에서 가장 중요한 것을 골라 하나의 문장으로 요약하라는 주문을 받는다면, 나는 '이 세계는 원자로 이루어져 있다'는 문장을 꼽을 것이다." 사실 우주에서 일어나고 있는 거의 대부분의 현상들(별이 빛을 발하는 이유, 하늘이 푸른색으로 보이는 이유, 당신의 손에 이 책의 무게가 느껴지는 이유, 책에 적혀 있는 단어들이 당신의 눈에 보이는 이유 등)은 원자들 사이의 상호작용에서 출발하고 있으므로, 과학의 유산을 과감하게 축약한 파인만의 한마디는 지극히 당연한 선택이라고 할 수 있다. 그런데 여기에 또 하나의 문장이 추가될 여지가 남아 있다면 아마도 대부분의 과학자들은 "우주가 운영되는 법칙의 저변에는 대칭성이 깔려 있다"는 문장을 선택할 것이다. 지난 수백 년 동안 과학분야에서 이루어진 역사적인 발견들은 일관된 공통점을 갖고 있다. 이 세계에 어떤 식으로든 변환을 가하면 대부분의 양들이 일제히 변하게 되는데, 그 와중에도 변하지 않고 원래의 값을 유지하는 양이 존재하는 경우가 있다. 그런데 물리학의 역사를 바꾼 중요한 이론들은 바로 이 '불변량'에 초점이 맞춰져 있다. 물리학자들은 이렇게 변하지 않는 속성을 흔히 '대칭성symmetry'이라고 표현한다. 물리량이 갖고 있는 대칭적 성질은 현대물리학에서 핵심적인 역할을 하고 있으며, 자연에 숨어 있는 진리를 밝히는 데 가장 강력한 도구로 사용되고 있다.

앞으로 차차 알게 되겠지만, 우주의 역사를 한마디로 줄인다면 '대칭의 역사'라 할 수 있다. 우주의 변천과정에서 가장 중요한 순간들은 긴 세월 동안 유지되어 왔던 균형과 질서가 갑작스럽게 깨지는 순간이며, 이런 변화를 기점으로 우주는 과거와 사뭇 다른 모습으로 새로운 진화의 길을 걸어 왔다. 최근의 이론에 의하면 우리의 우주는 탄생 초기에 극적인 변화를 수차례 겪으면서 지금의 모습으로 진화해 왔다고 한다. 그러므로 지금 우리의 눈에 보이는 우주는 그 옛날에 붕괴된 대칭성의 잔해인 셈이다. 그러나 대칭성은 우주가 급격하게 변하는 순간뿐만 아니라 우주의 진화과정 자체에도 깊이 관련되어 있다. 예를 들어, 시간은 우주의 탄생 초기부터 대칭성과 밀접하게 관련되어 있었다. 앞으로 차차 분명해지겠지만, '변화를 측정하는 기준으로서의 시간'과 '우주의 나이와 진화를 논할 때 언급되는 범우주적 시간'은 어떤 대칭성을 갖느냐에 따라 그 개념이 크게 달라진다. 그동안 과학자들은 시간과 공간의 진정한 특성을 찾아 초기우주로 거슬러 올라가면서, 대칭성이야말로 우주의 신비를 벗겨 줄 가장 강력한 후보임을 실감하게 되었다. 물리학에 대칭의 개념이 도입되지 않았다면, 현대물리학은 결코 지금과 같은 업적을 이루지 못했을 것이다.

대칭성과 물리법칙

대칭성은 우리의 주변 어디서나 쉽게 찾을 수 있다. 당구공을 손에 들고 공의 중심을 지나는 임의의 축을 중심으로 마음대로 회전시켜도 공의 모양은 변하지 않는다. 부엌에 있는 원탁도 중심축을 고정시킨 채로 회전시키면 겉모습이 변하지 않는다. 또한, 방금 하늘에서 떨어진 눈의 결정을 60° 회전시켜도 모양은 변하지 않는다(눈의 결정은 대부분 정6각형이다). 또는 수직 축을 중심으로 알파벳 A자를 뒤집어도 달라지는 것이 없다.

이와 같이 물체에 존재하는 대칭성이란 어떤 변환(실제의 변환이나 상상 속의 변환)에 대하여 물체의 외형이 변하지 않는다는 것을 의미한다. 물체의 외형이 그대로 유지되는 변환의 종류가 많을수록 그 물체는 '높은 대칭성을 갖는다'고 표현한다. 우리가 알고 있는 도형들 중에서 가장 높은 대칭성을 보유한 도형은 구(球) sphere 이다. 구는 그 중심을 지나는 임의의 축을 중심으로 아무렇게나 돌려도 모양이 변하지 않는다. 정육면체는 각 면의 중심을 지나는 축에 대하여 90°(또는 90°의 정수 배)만큼 돌려야 외형이 변하지 않으므로 구보다 낮은 대칭을 갖고 있다고 말할 수 있다. 물론, 90°가 아닌 임의의 각도로 돌려도 그 도형이 정육면체임을 알아보는 데는 하등의 문제가 없지만(그림 8.1c) 제멋대로 돌아간 정육면체를 보면 '누군가가 건드렸다'는 사실을 금방 알아챌 수 있다. 그러나 당신이 안 보는 사이에 누군가가 정육면체를

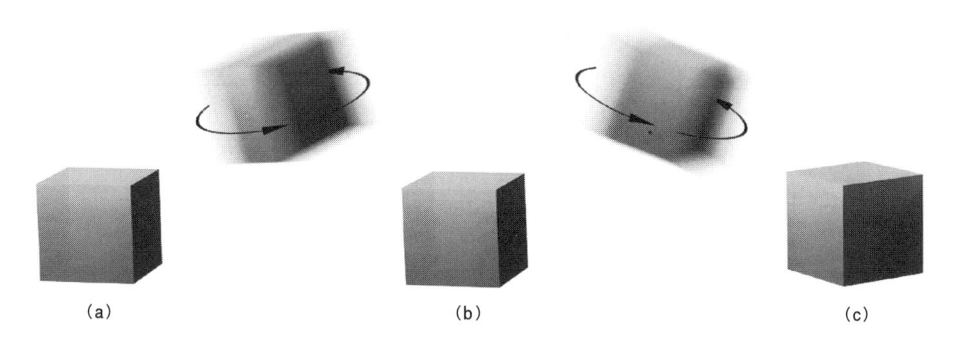

그림 8.1 정육면체(a)를 한 면의 중심을 지나는 수직 축에 대하여 90°(또는 90°의 정수 배)만큼 회전시키면 (b)와 같이 원래의 모습을 그대로 유지한다. 그러나 제멋대로 회전시키면 최종적인 모습은 처음과 달라진다.

정확하게 90°만큼 돌려놓았다면 당신은 그 사실을 전혀 눈치 채지 못할 것이다.

지금까지 들었던 사례는 '공간 속에 존재하는 물체'의 대칭이며, 물리법칙의 저변에 깔려 있는 대칭은 이들과 밀접하게 관련되어 있다. 그러나 개중에는 더욱 추상적인 영역에 존재하는 대칭도 있다. 예를 들어, 당신을 포함한 주변환경을 변화시키는 다양한 변환들 중에서 기존의 물리법칙이 그대로 유지되는 변환에는 어떤 것이 있을까? 당신이 관측한 값 자체가 변하지 않는 변환을 의미하는 것이 아니다. 관측 값은 변하되, 그 값을 설명하는 물리법칙이 변하지 않는, 그런 변환을 말하는 것이다. 이것은 매우 중요한 질문이므로 몇 가지 사례를 통해 좀 더 자세히 알아보기로 하자.

당신이 올림픽 체조선수라고 가정해 보자. 당신은 지난 4년 동안 코네티컷의 주립 체육관에서 금메달을 목표로 열심히 훈련에 매진하여 일련의 동작들을 거의 완벽하게 해낼 수 있게 되었다. 철봉에 매달려 대회전을 하려면 봉을 얼마나 세게 쥐어야 하며 공중에서 이중 회전을 한 후 바닥에 안정되게 착지하려면 회전을 얼마나 빠르게 해야 하는지, 당신은 반복훈련을 통해 완전히 통달한 상태이다. 사실 그동안 해 온 훈련이라는 것은 당신의 몸과 뉴턴의 운동법칙을 조화시키는 작업에 불과했다. 철봉에 매달린 채 어지럽게 움직이는 당신의 몸을 지배하는 것은 뉴턴의 중력법칙과 운동법칙이 전부이기 때문이다. 자, 이제 드디어 대망의 올림픽경기가 뉴욕시에서 개막되었고 코치와 함께 뉴욕으로 날아온 당신은 출전을 코앞에 둔 채 숨을 고르고 있다. 그런데 지난 4년 동안 코네티컷에서 훈련했던 대로 연기를 해도 아무런 문제가 없을 것인가? 물론이다. 지금까지 어떤 체조선수도 이런 문제로 고민한 적은 없다. 뉴턴의 법칙은 코네티컷이나 뉴욕시에서 똑같이 적용되기 때문이다. 코네티컷에서 제대로 먹혔던 철봉기술이 뉴욕에서 먹히지 않는 황당한 사건은 결코 일어나지 않는다. 우리는 뉴턴의 법칙이 장소에 상관없이 똑같은 방식으로 작용한다는 것을 하늘같이 믿고 있다(사실, 믿는다기보다는 '너무나 당연하게' 생각하고 있다). 장소를 바꾼다 해도 당신의 몸을 지배하는 뉴턴의 운동법칙은 변하지 않는다. 이것은 '회전시켜도 변하지 않는 당구공'과 비슷한 맥락에서 이해할 수 있다.

이와 같이, 뉴턴의 법칙은 '위치를 바꾸는 변환'에 대하여 불변이다. 즉, 뉴턴의 법칙은 병진대칭translational symmetry, 또는 병진불변성translational invariance을 갖고 있다. 뉴턴의 법칙뿐만 아니라 맥스웰의 전자기법칙과 아인슈타인의 특수 및 일반상대성이론, 그리고 양자역학 등 현대물리학의 모든 물리법칙들은 한결같이 병진대칭성을 갖고 있다.

그런데 여기에는 한 가지 주의할 점이 있다. 우리가 겪는 경험이나 관측결과는 장소에 따라 달라질 수도 있다. 예를 들어, 체조경기가 달에서 개최되었는데 지구에서 훈련했던 대로 힘차게 회전하다가 봉을 놓는다면 저 멀리 날아가 버릴 것이다. 그러나 이것은 달의 중력이 지구보다 작기 때문에 일어나는 현상일 뿐, 운동법칙 자체가 달라진 것은 아니다. 그러므로 달에서 당신의 몸이 허공에 그리는 궤적은 여전히 뉴턴의 법칙을 이용하여 정확하게 계산할 수 있다. 중력의 크기가 질량에 따라 달라진다는 사실은 뉴턴의 중력법칙에 이미 예견되어 있으므로, 지구와 달에서 물체의 운동이 달라지는 것은 당연한 일이다. 우리에게 중요한 것은 눈에 보이는 운동 자체가 아니라, 그 운동을 설명하는 물리법칙이다. 코네티컷과 뉴욕(또는 달)에서 동일한 물리법칙이 적용된다는 것은 '장소가 달라져도 운동은 변하지 않는다'는 의미가 아니라, '장소가 달라지면 운동은 변할 수도 있지만 그 운동을 설명하는 법칙은 변하지 않는다'는 뜻을 담고 있다. 다행히도 우리가 알고 있는 대부분의 물리법칙들은 장소가 변해도 여전히 똑같은 형태로 적용된다. 그러므로 물리학자들은 실험장소가 바뀔 때마다 다른 물리법칙을 찾느라 고생할 필요가 없다.

그러나 모든 물리법칙들이 반드시 병진대칭성을 갖고 있어야 할 이유는 없다. 우리는 물리법칙이 마치 지방자치제도처럼 각 구역마다 다르게 적용되는 우주를 얼마든지 상상할 수 있다. 우리가 알고 있는 법칙으로는 달이나 안드로메다성운, 또는 게자리성운에 적용되는 법칙을 전혀 알 수 없는, 그런 우주를 상상할 수도 있다. 사실, 지금 여기에서 적용되는 물리법칙이 우주의 반대편 끝에서도 똑같이 적용될지는 아무도 알 수 없다. 그러나 지금까지 관측된 가장 먼 우주에서도 물리법칙은 동일한 형태로 적용되고 있으므로, 만일 다른 물리법칙이 적용되는 지역이 있다 해도 그곳은 지구로부터 엄청나게 멀리 떨어져 있는 지역일 것이다. 그러므로 지구 근처에서 발견된 법칙은 상당한 신뢰도를 유지한 채 (우리가 관측할 수 있는) 우주 전역에 걸쳐 적용될 수 있다.

병진대칭의 사촌 격인 회전대칭rotational symmetry도 물리법칙이 갖고 있는 중요한 특성 중 하나이다. 이 대칭성은 공간상의 모든 방향이 동등하다는 아이디어에 그 뿌리를 두고 있다. 만일 당신이 우주공간을 유영하면서 다양한 각도에서 지구를 바라본다면 여기에 동의하지 않을 것이다. 북극점 위에서 바라본 지구와 남극점 아래(위와 아래라는 개념이 어울리지는 않지만)에서 바라본 지구는 분명히 다른 모습을 하고 있다. 그러나 이것은 구체적인 환경에 관한 문제이지, 그 저변에 깔린 법칙 자체가 변한다는 뜻은 아니다. 주변에 아무런 천체도 없는 깊은 우주 속으로 들어가면 회전대칭은 분명하게 나타난다. 그곳에는 방향을 구별할 만한 기준이 전혀 없기 때문에 모든 방향은 동등해야만 한다. 만일 이런 곳에서 실험장비를 세팅하고 물질의 특성이나 힘을 관측하는 실험을 한다면 방향에 따라 달라지는 특성을 전혀 찾을 수 없을 것이다. 방향을 바꿔도 물리법칙은 달라지지 않기 때문이다. 누군가가 당신 몰래 실험장비들을 일괄적으로 특정 각도만큼 돌려놓았다 해도 당신은 전혀 눈치 채지 못할 것이다. 돌아간 실험장비로 실험을 해도 여전히 같은 결과가 얻어질 것이기 때문이다. 지금까지 수많은 실험이 실행되었지만, 돌아간 각도에 따라 실험결과가 다르게 나오는 경우는 단 한 번도 없었다. 그러므로 우리는 '바라보는 방향이 달라져도 물리법칙은 변하지 않는다'는 결론을 내릴 수 있다. 즉, 자연의 법칙은 병진대칭과 함께 회전대칭을 갖고 있는 것이다.[1]

3장에서 말했듯이 갈릴레오를 비롯한 그 시대의 물리학자들은 자연계에 또 다른 대칭성이 존재한다는 사실을 이미 알고 있었다. 우주 깊숙한 곳에 설치된 실험실이 통째로 등속운동을 한다 해도(속도가 시속 5마일이건, 시속 100,000마일이건 상관없다), 관측결과를 설명하는 물리법칙은 달라지지 않는다. 왜냐하면 당신은 "나와 실험실을 제외한 모든 우주가 반대 방향으로 움직이고 있다"고 주장할 수 있고 이 주장도 똑같이 옳기 때문이다. 아인슈타인은 등속운동에 대한 대칭성과 "빛의 속도는 광원이나 관측자의 운동상태에 상관없이 항상 일정하다"는 가설을 한데 묶어 특수상대성이론을 탄생시켰다. 사실, 빛의 속도가 항상 일정하다는 것은 우리의 직관에서 한참 벗어나는 주장이다. 일반적으로 물체의 속도는 그것을 바라보는 관측자의 운동상태에 따라 다르게 보이기 때문이다. 그러나 아인슈타인은 빛의 속도를 불변량으로 간주함으로써 또 하나의 대칭성을 추가시켰다. 즉, 빛의 속도는 관측자의 속도변환에 대하여 대칭성을 갖는다는 것이다.

아인슈타인의 두 번째 작품인 일반상대성이론은 특수상대성이론을 더욱 큰 대칭성의 세계로 확장시킨 것이다. 특수상대성이론은 서로에 대하여 등속운동을 하고 있는 관측자들 사이의 대칭성에 기반을 두고 있으며, 일반상대성이론은 여기서 한 걸음 더 나아가 관측자들이 서로에 대하여 가속운동을 하는 경우까지 고려한 이론이다. 물론 가속운동은 등속운동과 근본적으로 다른 특성을 갖고 있다. 등속운동은 아무리 빨라도 속도감을 느낄 수 없지만 가속운동을 할 때에는 어떤 '힘'이 느껴진다. 그러므로 등속운동을 설명하는 법칙과 가속운동을 설명하는 법칙은 다른 형태를 취하고 있을 것이다. 이것이 바로 고전물리학의 근간을 이루는 뉴턴식 접근법이다. 뉴턴의 운동법칙은 대학 1학년 물리교과서에 자세히 나와 있는데, 가속운동을 하고 있는 관측자의 입장에서 운동을 서술하려면 기존의 법칙에 약간의 수정을 가해야 한다. 그러나 아인슈타인은 가속운동에 의한 힘과 중력에 의한 힘이 구별 불가능하다는(결국은 동일하다는) 등가원리를 도입하여 가속운동을 할 때에도 변하지 않는 물리법칙의 체계를 세웠다. 일반상대성이론은 (가속운동을 포함하여) 임의의 운동을 하고 있는 관측자들의 관점을 모두 동등하게 취급하고 있다. 왜냐하면 모든 관측자들은 자신의 운동상태에 상관없이 적당한 크기의 중력을 도입함으로써 자신이 정지해 있다고 주장할 수 있기 때문이다. 그러므로 가속운동을 하고 있는 한 사람의 관측자와 다른 가속운동을 하고 있는 또 한 사람의 관측자가 서로 다른 현상을 보게 되는 것은 지구와 달에서 체조선수의 감이 달라지는 것과 크게 다르지 않다. 이러한 차이는 법칙 자체가 달라서가 아니라, 주변환경이 달라졌기 때문에 나타나는 현상에 불과하다.[2]

지금까지 들었던 사례로부터, 독자들은 자연에 존재하는 풍부한 대칭성이 원자설 다음으로 중요한 위치를 차지하는 이유를 어느 정도 짐작할 수 있을 것이다(아마 파인만이 살아 있다면 대칭성이 랭킹 2위라는 의견에 동의하리라 생각한다). 그렇다면 이쯤에서 대칭에 관한 이야기를 끝내도 될 것인가? 천만의 말씀이다. 지난 수십 년간 물리학자들은 대칭의 원리를 파고든 끝에 물리학의 최고 정점에 올려놓았다. 우리는 새로운 법칙을 접할 때마다 다음과 같은 질문을 제기할 수 있다. "이런 법칙은 왜 존재하는가? 특수상대성이론과 일반상대성이론은 왜 성립하는가? 맥스웰의 전자기학은 왜 성립하는가? 약력과 강력(핵력)을 설명하는 양-밀스 이론Yang-Mills theory은 왜 성립하는가?(이 이론은 나중에 따로 설명할 예정이다)" 물론 이 이론들은 실험결과와 정확하게 일치하기 때문에 맞는 이론이라고 주장할 수도 있다. 이론의 타당성을 입증할 때 실험이 결정적인 역할을 하는 것은 사실이다. 그러나 우리가 위의 이론들을 믿는 데에는 실험적 증거 이외에 또 다른 이유가 있다.

물리학자들이 위에 열거한 이론들을 하늘같이 믿는 이유는 실험적 증거 이외에도 "맞을 것 같다, 맞아야만 한다"는 강한 심증을 갖고 있기 때문이다. 그 심증을 몇 마디의 말로 표현하기는 어렵지만, 대칭성과 밀접하게 연관되어 있다는 것만은 분명한 사실이다. 지금까지 관측된 바로는 우주의 전 지역에 동일한 물리법칙이 적용되고 있으므로 물리법칙이 병진대칭성을 갖고 있다고 단언해도 크게 틀리지는 않을 것이다. 또한, 어떠한 빠르기로 등속운동을 한다 해도 다른 등속운동과 유별나게 다르지 않으므로, 우리는 모든 등속운동을 동등하게 취급하는 특수상대성이론을 전적으로 신뢰할 수 있다. 그리고 여기서 한 걸음 더 나아가 (가속운동을 포함하여) 임의의 운동을 하고 있는 모든 관측자들의 관점이 동등하다는 '더욱 확장된 대칭성'을 도입하면 일반상대성이론도 전적으로 옳은 이론이 된다. 앞으로 알게 되겠지만, 중력을 제외한 나머지 세 종류의 힘(전자기력, 약력, 강력)을 설명하는 이론도 다소 추상적이긴 하지만 여전히 대칭성에 그 뿌리를 두고 있다. 이쯤 되면 자연의 대칭성은 물리법칙이 만족하는 하나의 특성에 불과한 것이 아니라, 물리법칙보다 더욱 근본적인 단계에서 우주의 운명을 좌우하는 기본원리인 것 같다. 현대의 이론물리학자들은 대칭성으로부터 모든 물리법칙이 파생되었다고 믿고 있다.

대칭성과 시간

대칭성은 자연의 법칙을 깔끔하게 정리하는 데 매우 유용하다. 그러나 물리학에서는 대칭이라는 개념 자체가 없어서는 안 될 필수요소로 취급되고 있다. 시간의 개념은 아직 근본적인 단계에서 정확하게 정의되지 않았지만, 우주의 변화를 기록하는 일종의 장부(帳簿) 역할을 한다는 점에는 의심의 여지가 없다. 우리는 주변환경의 변화를 통해 시간의 흐름을 느낀다. 시계의 시침이 가리키는 숫자가 달라지고, 하늘의 태양이 다른 곳으로 이동하며, 『전쟁과 평화』의 원고가 더욱 복잡하게 섞이고, 콜라병에 들어 있던 이산화탄소 기체가 방 안에 더욱 골고루 퍼지면 이는 곧 시간이 흘렀음을 의미한다. 휠러의 말을 인용하자면, "시간은 자연이 모든 사물의 변화를 기록하기 위해 채택한 방법이다."

그러므로 시간은 과거와 미래에 대하여 대칭적이지 않다. 우주에 존재하는 삼라만상은 잠시도 쉬지 않고 매 순간 미래로 진행하면서 변하고 있다. 만일 사물의 과거 상태와 지금 상태 사이에 완벽한 대칭성이 존재하여, 사물에 일어나는 변화라는 것이 당구공을 다른 각도에서 바라본 것과 마찬가지라면 시간은 존재하지 않는 거나 마찬가지일 것이다.[3] 물론 그렇다고 해서 그림 5.1의 시공간이 더 이상 존재하지 않는다는 뜻은 아니다. 변화가 없는 세계에서도 시공간은 얼마든지 존재할 수 있다. 그러나 모든 삼라만상이 시간 축을 따라 아무런 변화도 겪지 않는다면 우주의 진화나 변화 같은 것도 전혀 일어나지 않을 것이며, 시간을 인식하는 것 자체가 불가능해질 것이다.

시간이 존재한다는 것은 곧 시간에 '과거-미래 대칭성'이 존재하지 않는다는 것을 의미한다. 그러나 우주적 스케일의 시간은 다른 종류의 대칭성을 갖고 있다. 상대성이론에 의하면 시간의 흐름은 관측자의 속도나 관측자가 느끼는 중력의 크기에 따라 다르게 느껴진다. 그렇다면 천문학자나 물리학자들이 추정하고 있는 우주의 나이 150억 년은 무엇을 기준으로 측정한 것인가? 그들이 말하는 150억 년은 누구의 관점에서 측정한 시간인가? 이 시간을 측정한 시계는 어디에 있는가? 태드폴 은하Tadpole galaxy(올챙이 모양의 외관을 가진 전파 은하: 옮긴이)에 생명체가 살고 있다면 그들도 우주의 나이를 150억 년으로 추정하고 있을까? 만일 그렇다면 그들의 시계와 우리의 시계가 같은 속도로 가는 이유는 무엇인가? 그 대답은 공간의 대칭성에서 찾을 수 있다.

만일 당신이 오렌지색이나 붉은색 빛보다 파장이 긴 빛(적외선)을 볼 수 있다면 전자오븐 속에서 어지럽게 반사되고 있는 마이크로파를 볼 수 있고 캄캄한 밤하늘 전체에 균일하게 퍼져 있는 희미한 빛도 볼 수 있을 것이다. 지금으로부터 40여 년 전에, 물리학자들은 빅뱅 직후의 초고온 상태에서 방출된 마이크로 복사파가 지금도 우주 전역에 골고루 퍼져 있다는 사실을 알게 되었다.[4] 흔히 '우주배경복사cosmic background radiation'라 불리는 이 마이크로파는 처음에 상상을 초월할 정도로 뜨거웠지만 우주가 팽창함에 따라 온도가 서서히 떨어지면서 지금은 절대온도 단위로 약 2.7도(영하 270.3°C)를 유지하고 있다. 우주배경복사는 인간에게 거의 아무런 해도 끼치지 않는다. 우리에게 미치는 영향이란 TV 수상기의 안테나선을 제거하고 방송이 없는 채널에 고정시켰을 때 TV 화면에 눈발이 휘날리는 듯한 잡음(잡영상)을 만들어 내는 것뿐이다.

그러나 이 희미한 복사파는 고생물학의 새로운 지평을 열었던 티라노사우르스 공룡의 화석처럼, 천문학의 역사를 완전히 바꾸어 놓았다. 그동안 베일에 싸여 있던 우주 탄생의 비밀이 우주배경복사에 의해 조금씩 드러나기 시작한 것이다. 지난 수십 년 동안 위성관측을 통해 확인한 결과, 배경복사는 우주 전역에 걸쳐 매우 균일하게 분포되어 있는 것으로 드러났다. 지역에 따른 복사파의 온도차는 기껏해야 천분의 1도를 넘지 않는다. 지구 근처에서는 이러한 대칭성(장소가 달라져도 온도는 변하지 않는 대칭성)이 발견되었다 해도 그다지 큰 관심을 끌지 못할 것이다. 자카르타의 기온이 섭씨 30도일 때 아델라이데와 상하이, 클리블랜드, 앵커리지 등의 기온이 29.999~30.001도 사이였다면 "거의 모든 지역의 기온이 비슷하군. 그럴 수도 있지 뭐" 하면서 대수롭지 않게 넘길 것이다. 그러나 범우주적 규모로 온도가 동일한 복사파는 매우 흥미로운 존재로서 우리에게 두 가지 중요한 사실을 말해 주고 있다.

첫째, 초기의 우주에는 블랙홀과 같이 물질이 한 지역에 집중되어 있는 고-엔트로피 덩어리가 거의 존재하지 않았다는 것이다. 만일 이런 천체가 존재했다면 질량(에너지)이 공간에 균등하게 분포되어 있지 않았다는 뜻이고, 여기서 방출된 마이크로 복사파는 지금과 같이 전 공간에 걸쳐 균일하게 분포되지 않았을 것이기 때문이다. 우주배경복사의 온도가 균일하다는 것은 초기의 우주가 균질분포상태homogeneous distribution 였음을 의미한다. 그리고 6장에서 언급한 대로 균질한 상태는 엔트로피가 작은 상태이다. 앞에서 우리는 시간이 한쪽으로만 흐르는 이유를 설명하면서 초기의 우주가 극저-엔트로피 상태였다는 가정을 세웠으므로, 이것은 우리에게 반가운 소식이라고 할 수 있다. 이 책에서 우리가 추구하고 있는 목적 중 하나는 초기의 우주가 저-엔트로피의 균일한 상태(이렇게 될 확률은 매우 작다)에서 시작될 수 있었던 이유를 가능한 한 구체적으로 규명하는 것이다. 이 의문이 풀리면 시간의 기원과 관련된 문제도 상당한 진전을 보게 될 것이다.

배경복사가 우리에게 말해 주고 있는 두 번째 사실은, 빅뱅 이후로 우주가 겪어 온 진화과정이 전 지역에 걸쳐 거의 동일한 양상으로 진행되어 왔다는 것이다. 태양계와 소용돌이은하, 코마성단Coma cluster 등을 비롯한 우주 전역의 온도는 0.001도 이내에서 일치하고 있으므로, 우주 내의 전 지역은 빅뱅 이후로 거의 동일한 변화과정을 거쳐 온 것으로 추정된다. 물론 이것은 매우 그럴듯한 추론이지만 그 의미를 해석할 때에는 세심한 주의를 기울여야 한다. 밤에 보이는 하늘은 매우 다양한 모습을 하고 있다. 거기에는 행성과 항성이 불규칙적으로 배열되어 있을 뿐만 아니라, 망원경을 통해 보면 수많은 은하들이 사방에 산재해 있다. 우리는 우주의 진화과정을 분석할 때 지역적인 분포가 아닌 전체적인 분포상태에 주로 관심을 갖는다. 우주가 균일하다는 것은 이렇게 전체적으로 평균을 낸 결과가 그렇다는 뜻이다. 컵에 담겨 있는 물을 예로 들어 보자. 한 지역을 크게 확대해서 보면 H_2O분자 하나가 발견되고 그 주변은 대부분 빈 공간으로 채워져 있다. 그리고 멀리 떨어져 있는 곳에 또 하나의 H_2O분자가 발견된다. 즉, 미시적 관점에서 볼 때 물분자의 배열상태는 전혀 균일하지 않다. 그러나 이들의 분포에 전체적인 평균을 취하면 잔에 담긴 물은 우리의 눈에 보이는 것처럼 균일한 상태가 된다. 맨눈으로 바라본 천체의 배열상태가 불규칙적으로 보이는 것은 물분자를 확대시켰을 때 그 배열이 불규칙적으로 보이는 것과 동일한 상황이다. 이 분포를 수억 광년의 스케일에서 평균을 취하면 매우 균일한 분포가 얻어진다. 그러므로 균일하게 분포되어 있는 우주배경복사는 물리학의 법칙과 주변환경이 전 우주에 걸쳐 균일하다는 사실을 보여 주는 증거라고 할 수 있다.

이것은 매우 중요한 사실이다. 우주가 정말로 균일하다면 전 우주에 걸쳐 동일하게 적용되는 시간의 개념을 정의할 수 있기 때문이다. 만물의 '변화'를 시간의 척도로 사용한다면, 우주의 분포가 균일하다는 것은 우주의 변화가 전 지역에 걸쳐 균일하게 진행되었으며 시간도 모든 곳에서 균일하게 흘러왔다는 것을 의미한다. 미주대륙과 아프리카, 아시아 등지의 지질학자들이 지구의 구조에 관하여 의견일치를 볼 수 있는 이유는 지구의 내부구조가 장소에 상관없이 균일하기 때문이다. 이와 마찬가지로, 전 우주가 균일한 상태에 있다면 은하수에 살고 있는 물리학자와 안드로메다은하의 물리학자, 그리고 다른 은하에 사는 모든 물리학자들은(만일 있다면) 우주의 역사에 대하여 모두 동일한 이론을 제시할 것이다. 좀 더 구체적으로 말하자면 우주의 모든 지역에서 물리적 조건이 동일하므로 시간도 어디서나 동일한 빠르기로 흘러왔다고 말할 수 있다. 즉, 우주의 균질성은 범우주적인 시간의 등시성을 보장해 주고 있는 것이다.

중요한 부분은 아직 언급되지 않았지만(공간의 팽창은 다음 절에서 다룰 예정이다), 지금까지 논의된 내용을 종합해 보면 시간이 우주의 대칭성을 좌우한다는 사실만은 분명한 것 같다. 만일 우주가 시간에 대하여 완벽한 대칭성을 갖고 있다면(즉, 시간이 아무리 흘러도 변하지 않는다면) 시간을 정의하는 것 자체가 어려워진다. 반면에, 만일 우주가 공간적인 대칭성을 갖고 있지 않다면(예를 들어, 우주배경복사의 온도가 장소에 따라 다르다면) 범우주적 시간은 그 의미를 상실한다. 이렇게 되면 다른 장소에 있는 시계들은 각기 다른 속도로 움직일 것이며, 30억 년 전의 우주의 모습도 장소에 따라 달라질 것이다. 만일 이것이 사실이라면 우주의 역사를 추적하는 작업은 상상을 초월할 정도로 복잡해진다. 그러나 다행히도 우리의 우주는 시간이 의미를 상실할 정도로 정적이지 않을 뿐더러, 복잡함을 걱정하지 않아도 될 만큼 충분한 공간적 대칭성을 갖고 있다.

그러면 지금부터 우주의 진화과정으로 관심을 돌려서 그 길고 긴 역사를 따라가 보자.

공간 늘이기

흔히 우주의 역사라고 하면 매우 장구하고 거창한 역사를 떠올리지만 대략적인 골격만 놓고 보면 놀라울 정도로 간단하다. 우주의 역사를 한 마디로 요약한다면 '팽창의 역사'라 할 수 있다. 우주의 팽창은 지금까지 이루어진 과학적 발견들 중에서 가장 중요한 발견이자 우주의 과거를 규명하는 데 가장 중요한 정보를 제공하고 있다. 그런데 과학자들은 우주가 팽창한다는 사실을 어떻게 알 수 있었을까?

1929년에 에드윈 허블Edwin Hubble은 캘리포니아의 파사데나Pasadena에 있는 구경 100인치짜리 윌슨 망원경으로 천체를 관측하던 중 수십 개의 은하들이 서로 멀어져 가고 있다는 사실을 알게 되었다.[5] 그리고 그의 관측결과에 의하면 지구로부터 멀리 있는 은하일수록 더욱 빠른 속도로 멀어져 가고 있었다. 최근 들어 허블 우주망원경으로 관측한 결과에 의하면 지구로부터 1억 광년 거리에 있는 은하는 시속 880만 km의 속도로 멀어져가고 있으며 2억 광년 거리에 있는 은하는 시속 1,780만 km의 속도로 멀어지고 있다. 허블이 활동했던 당시의 과학자와 철학자들은 이 우주가 정적이며 영원히 변하지 않는다는 편견을 갖고 있었으므로 허블의 발견은 과학의 전 분야에 커다란 충격을 안겨 주었다. 그 후 다양한 관측결과가 새롭게 알려지고 여기에 아인슈타인의 일반상대성이론이 가세하면서 허블의 발견은 확고한 천문학이론으로 입지를 굳히게 되었다.

독자들은 허블의 관측결과로부터 우주가 팽창한다는 결론을 유추하는 것이 별로 어렵지 않은 일이라고 생각할지도 모른다. 만일 당신이 공장 옆을 지나가다가 온갖 물체들이 산지사방으로 흩어지는 광경을 목격했다면 당신은 그 근처에서 폭발사고가 일어났다고 생각할 것이다. 이때 사방으로 날아가는 파편의 궤적을 역으로 추적해 가다 보면 폭발이 일어난 지점으로 도달하게 된다. 이와 마찬가지로, 지구에서 볼 때 모든 천체들이 멀어져 가고 있으므로 당신은 지구가 팽창의 중심이라고 생각할 것이다. 이는 곧 과거의 빅뱅이 지금 지구가 있는 곳에서 발발했다는 뜻이기도 하다. 과연 그럴까? 코페르니쿠스가 지동설을 제창한 이후로 지구는 우주에서 그다지 유별난 존재가 아니었다. 그런데 우주 전체에서 단 하나뿐인 빅뱅의 진원지가 왜 하필이면 지구라는 말인가? 만일 이것이 사실이라면 지구에서 멀리 떨어져 있는 곳의 물리적 환경은 이곳의 환경과 사뭇 다르게 나타날 것이다. 그러나 우주 어디를 둘러봐도 먼 곳과 가까운 곳의 환경이 다르다는 증거는 발견된 적이 없다. 그러므로 허블의 관측결과를 설명하려면 좀 더 세심한 주의를 기울여야 한다.

그 해답은 아인슈타인의 일반상대성이론에서 찾을 수 있다. 일반상대성이론에 의하면 시간과 공간은 견고하게 고정되어 있지 않으며 주어진 조건에 따라 고무처럼 휘어질 수 있다. 아인슈타인은 질량과 에너지의 분포상태가 주어졌을 때, 이로부터 시간과 공간의 휘어진 정도를 알려 주는 방정식을 유도해 냈다. 그리고 1920년대에 러시아의 수학자이자 기상학자였던 알렉산더 프리드만Alexander Friedmann과 벨기에 출신의 성직자이자 천문학자였던 조르주 르메트르Georges Lemaître는 아인슈타인의 방정식을 우주에 적용하여 놀라운 결과를 얻어 냈다(이들의 연구는 비슷한 시기에 독립적으로 이루어졌다). 중력장하에서 허공을 날아가는 야구공은 지표면으로부터 고도가 증가하거나 감소하듯이(최고점에 도달했을 때 나타나는 일시적 정지상태는 제외함), 프리드만과 르메트르는 물질과 복사에 의한 중력이 전 우주에 걸쳐 작용하면 우주공간은 고정된 크기를 유지하지 못하고 팽창 아니면 수축을 겪어야 한다는 결론에 도달하였다. 방금 들었던 야구공과 우주공간의 비유는 물리적 의미뿐만 아니라 수학적으로도 매우 밀접한 관계에 있다. 야구공의 고도를 결정하는 운동방정식과 우주의 크기를 결정하는 아인슈타인의 방정식이 거의 동일한 형태를 갖고 있기 때문이다.[6]

일반상대성이론에 의한 공간의 유연성은 허블의 관측결과를 해석하는 데 핵심적인 역할을 한다. 일반상대성이론에 의하면 은하가 멀어지는 현상은 '우주적 공장의 폭발사건'에 기인하는 것이 아니라, 지난 수십억 년 동안 우주가 꾸준히 팽창해 온 결과이다. 건포도를 박아 놓은 밀가루반죽을 오븐에 넣었을 때 반죽이 부풀어 오름에 따라 건포도들 사이의 간격이 일제히 멀어지는 것처럼, 은하들이 서로 멀어지는 것은 공간 내부의 국소적인 팽창 때문이 아니라 '공간 자체'가 팽창하면서 나타나는 현상이다.

이 점을 좀 더 분명하게 이해하기 위해, 팽창하는 우주를 커다란 풍선의

'표면'에 비유해 보자(이 비유는 네덜란드의 한 신문에 게재된 빌렘 데 시테르 Willem de Sitter(우주론에 많은 업적을 남긴 덴마크 출신의 천문학자)의 인터뷰 기사와 그 옆에 그려진 삽화에서 유래되었다).[7] 물론 우리가 살고 있는 우주공간은 3차원이므로 팽창하는 풍선의 표면과 같을 수는 없다. 단지 시각적인 이해를 돕기 위해, 그림 8.2a와 같이 '팽창하는 3차원 공간'을 '팽창하는 2차원 곡면'에 비유하자는 것이다. 아직 팽팽해지지 않은 풍선의 표면에 균일한 간격으로 동전을 붙여 보자. 이 동전들은 우주공간에 균일하게 분포되어 있는 은하를 나타낸다. 이제 풍선을 힘껏 불면 풍선의 표면이 늘어나면서 모든 동전의 간격이 '일제히' 멀어지기 시작할 것이다. 망원경으로 관측된 은하들이 서로 멀어진다는 것은 바로 이런 의미를 담고 있다.

풍선모델의 중요한 특징은 동전들 사이에 완벽한 대칭성이 존재한다는 점이다. 어떤 동전에서 사방을 바라봐도 항상 똑같은 장면이 보일 것이기 때문이다. 예를 들어, 당신의 몸이 난쟁이처럼 작아져서 풍선에 붙어 있는 여러 개의 동전들 중 하나에 매달린 채 사방을 바라본다고 가정해 보자(우리는 지금 3차원 공간을 풍선의 2차원 표면에 비유하고 있으므로, 풍선의 표면이 아닌 안이나 바깥을 바라보는 것은 의미가 없다). 당신의 눈에는 어떤 모습이 보일 것인가? 풍선이 팽창하고 있다면 모든 동전들이 당신으로부터 일제히 멀어져 가는 광경을 보게 될 것이다. 다른 동전 위에서 바라본다면 어떻게 될까? 동전들끼리는 서로 대칭적인 관계에 있으므로 이전과 달라질 것이 없다. 이 경우에도 모든 동전들은 당신을 중심으로 일제히 멀어질 것이다. 지금까지 얻어진 관측결과에 의하면 우주의 어느 곳에서 관측을 하건 간에, 모든 천체들은 관측자를 중심으로 멀어져 가고 있는 것이 분명하다. 1000억 개가 넘는 모든 은하마다 망원경을 가진 생명체가 살고 있다면, 이들은 "모든 천체들은 내가 있는 곳을 중심으로 일제히 멀어져 가고 있다"는 데 동의할 것이다.

우주의 팽창이 '이미 존재하는 고정된 공간 속에서 발생한 폭발사건'이 아니라 공간 자체가 팽창하면서 나타나는 결과라면 우주공간에는 '팽창의 중심'이라는 개념이 필요 없다. 풍선의 표면에 붙어 있는 동전들 중에는 특별한 동전 없이 모두가 동등한 것처럼, 우주에 산재해 있는 모든 은하들은 모두가 동등한 입장에서 팽창을 겪고 있다. 즉, 모든 관측자는 자신이 있는 곳을 중심으로 모든 천체들이 사방팔방으로 멀어져 가고 있는 광경을 목격하고 있는 것이다. 따라서 우주공간에는 팽창의 중심이라고 할 만한 장소가 따로 없으며, 이는 곧 공간 자체가 팽창하고 있음을 의미한다.

이러한 해석은 모든 은하들이 공간적으로 균질하게 멀어져 가는 현상뿐만 아니라, 지금까지 얻어진 천문관측 데이터를 잘 설명해 주고 있다. 그림 8.2b와 같이 일정 시간 동안 풍선이 팽창하여 크기가 두 배로 커졌다면 각

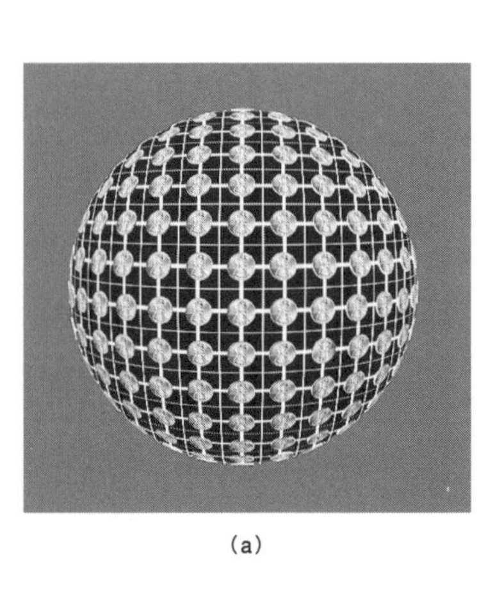

(a)

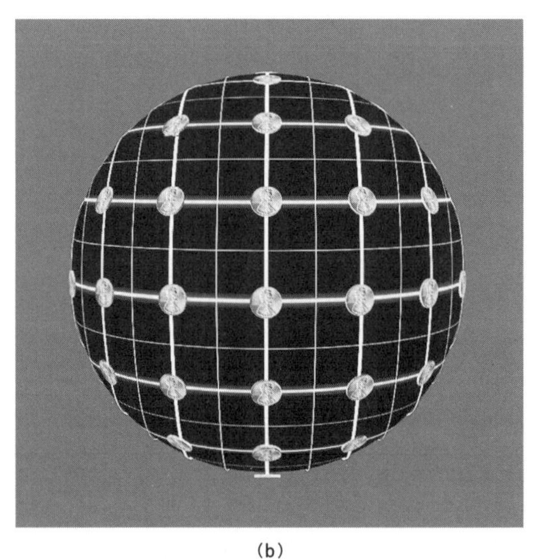

(b)

그림 8.2 **(a)** 구면 위에 일정한 간격으로 동전을 붙여 놓으면 어떤 방향에서 바라봐도 같은 모양으로 보인다. 우주에 산재해 있는 은하들도 이와 같이 균일한 형태로 분포되어 있다. **(b)** 구를 팽창시키면 동전들 사이의 거리가 일제히 멀어진다. 또한, 그림 (a)에서 멀리 떨어져 있는 동전일수록 팽창 후의 거리는 더욱 멀어진다. 이것은 멀리 있는 은하일수록 빠르게 멀어져 가는 천체관측결과를 설명해 주고 있다. 구면에 붙어 있는 동전들은 모두 동등하므로(이들 중 그 어떤 것도 특별하지 않으므로) 공간의 팽창도 모든 지점에서 동일한 형태로 진행되고 있다(우주의 어떤 곳에서 바라봐도 모든 천체들이 멀어져 가고 있다). 그러므로 우주에는 팽창의 중심이 따로 없으며 공간 자체가 팽창하는 것으로 간주해야 한다.

동전들 사이의 간격도 정확하게 두 배로 늘어난다. 처음에 간격이 1인치였다면 팽창 후의 간격은 2인치이며, 2인치에서 시작되었다면 간격은 4인치로 커진다. 따라서 주어진 시간 동안 두 동전 사이의 거리변화는 원래의 간격에 비례한다. 그런데 일정 시간 동안 이동거리가 크다는 것은 속도가 빠르다는 뜻이므로, 이는 곧 처음부터 멀리 떨어져 있는 동전일수록 멀어져 가는 속도가 빨라진다는 것을 의미한다. 원리적으로는 동전들 사이의 거리가 멀수록 그 사이에는 더 많은 공간이 존재하기 때문에 팽창에 의한 효과가 더욱 두드러지게 나타나는 것으로 이해할 수 있다. 허블이 천체를 관측하여 얻은 결론이 바로 이것이었다. 그는 멀리 있는 은하일수록 더욱 빠르게 멀어져 간다는 관측결과로부터 우주가 팽창하고 있다는 결론에 이른 것이다.

일반상대성이론은 지금까지 관측을 통해 알려진 은하의 움직임과 우주공간의 팽창이론을 연결시킴으로써 우주 내의 모든 장소들을 대칭적으로 취급할 수 있는 기틀을 마련하였으며 허블의 관측결과를 일관되게 설명할 수 있었다. 현대의 과학자들은 우주공간 자체가 팽창하고 있다는 주장에 거의 동의하고 있다.

팽창하는 우주 속의 시간

풍선모델에 약간의 변형을 가하면 팽창하는 공간의 대칭성으로부터 우주 전역에 걸쳐 고르게 적용되는 시간의 개념을 세울 수 있다. 풍선에 붙어 있는 동전을 모두 떼어 내고, 그 자리에 똑같이 생긴 여러 개의 시계를 붙였다고 생각해 보자(그림 8.3). 상대성이론에 의하면 개개의 시계들은 이동속도나 중력의 크기에 따라 다른 속도로 가게 된다. 그러나 동전을 시계로 대치시켰다고 해서 동전들이 갖고 있었던 완벽한 대칭성이 사라질 이유는 없다. 그러므로 모든 시계의 초침들은 동일한 물리적 조건하에서 똑같은 빠르기로 움직여야 한다(여기서 움직인다는 것은 시계의 병진운동이 아니라 시계의 초침이 돌아가는 속도를 의미한다). 이와 마찬가지로, 고도의 대칭관계에 있는 수많은 은하들 속의 시계는 모두 동일한 빠르기로 가고 있으며 흘러간 시간도 모두 같을 것이다. 이런 상황에서 그밖에 어떤 대안을 제시할 수 있겠는가? 개개의 은하에 속해 있는 시계들은 평균적으로 거의 동일한 물리적 조건하에 존재하고 있다. 이것이 바로 대칭의 위력이다. 우리는 구체적인 계산이나 분석 과정을 전혀 거치지 않은 채 우주배경복사와 현존하는 은하들이 전 공간에 고르게 퍼져 있다는 사실로부터 시간의 균질성을 유추해 내는 데 성공하였다.[8]

지금까지 펼쳐 온 논리 자체는 별로 어려운 점이 없지만 결론을 내릴 때는 약간의 주의가 필요하다. 우주가 팽창함에 따라 은하들이 서로 멀어지고 있는 것은 분명한 사실이므로, 하나의 은하에 속해 있는 시계는 다른 은하에

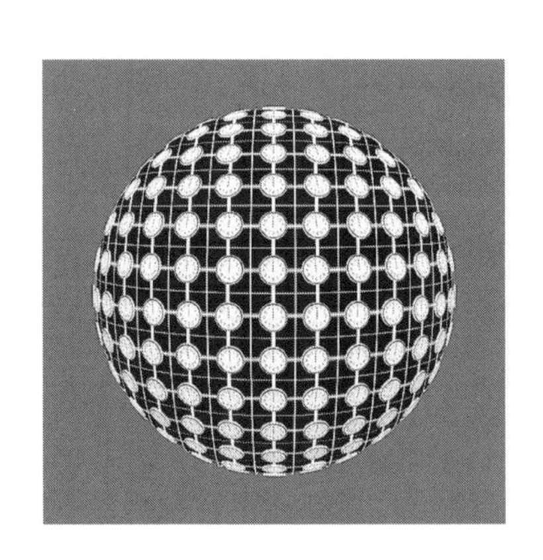
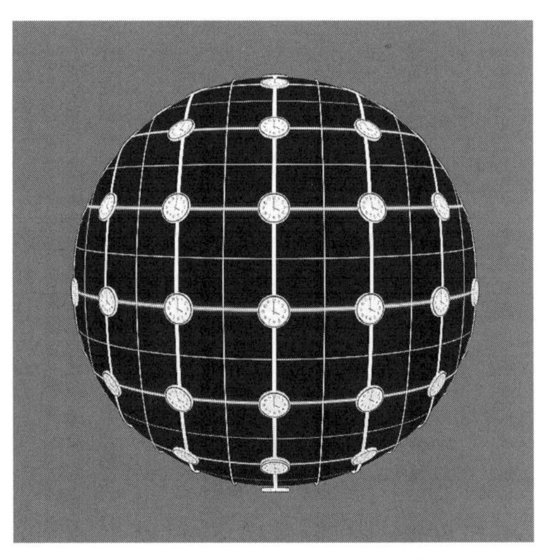

그림 8.3 팽창하는 우주 속의 각 은하에 속해 있는 시계들은 모두 동일한 시간을 나타내고 있다. 이들은 공간을 가로지르며 이동하는 것이 아니라 '공간과 함께' 이동하고 있기 때문에 등시성이 붕괴되지 않는다.

대하여 분명히 '운동'을 하고 있다. 그렇다면 아인슈타인의 특수상대성이론에 의하여 제각각 움직이는 시계들이 동일한 시간을 가리키는 것은 원리적으로 불가능하지 않을까? 결론부터 말하자면 "그렇지 않다." 이것은 몇 가지 방법으로 증명할 수 있는데, 그중 하나를 여기 소개한다.

아인슈타인의 특수상대성이론에 의하면 공간에서 다른 운동상태를 겪고 있는 시계는 서로 다른 시간을 가리킨다(운동상태가 달라지면 공간이동과 시간이동의 비율이 달라지기 때문이다. 스케이트보드를 타고 북쪽으로 달리다가 북동쪽으로 방향을 바꿨던 바트의 사례를 기억하라). 그러나 지금 우리가 논하고 있는 시계는 '공간을 가로지르며' 이동하고 있지 않다. 동전들 사이의 거리가 달라지는 것은 동전이 풍선의 표면 위를 미끄러져 가기 때문이 아니라 동전이 붙어 있는 표면 자체가 팽창하고 있기 때문이다. 이와 마찬가지로 은하들 사이의 거리가 서로 멀어지는 것은 은하들이 공간을 가로지르며 이동하기 때문이 아니라(물론 이런 이동도 조금은 있겠지만 그다지 큰 요인으로 작용하지 않는다), 공간 자체가 팽창하고 있기 때문이다. 즉, 시계는 '공간에 대하여' 움직이고 있지 않으므로 모든 시계들은 동일한 시간을 가리키게 되는 것이다. 우주의 나이를 측정하는 시계는 이와 같이 공간에 대하여 정지해 있는 시계이다.

물론 당신은 시계를 지닌 채 우주공간을 마음대로 이동할 수 있다. 엄청나게 빠른 로켓을 타고 이리저리 돌아다니다 보면 당신의 시계는 지금까지 언급한 범우주적 표준시계보다 훨씬 느리게 가고 있을 것이며, 따라서 당신이 측정한 우주의 나이는 표준 나이와 다르게 나타날 것이다. 물론 당신의 관점도 틀리진 않지만 당신의 시계가 가리키는 시간은 당신의 운동상태에 따라 달라지기 때문에 범우주적인 표준이 될 수는 없다. 천문학자들은 우주 어디서나 통용되는 범우주적 표준시간을 찾고 있으며, 균일하게 변하는 공간이 그 답을 제시하고 있다.[9]

사실, 우주배경복사는 우리가 우주적 공간의 흐름(공간의 팽창)에 대하여 움직이고 있는지, 또는 정지해 있는지를 판단하는 기준의 역할을 한다. 우주배경복사가 공간에 고르게 퍼져 있다 해도, 당신이 팽창하는 공간에 대하여 움직이고 있다면 당신의 눈에 보이는 배경복사는 균일하지 않을 것이다. 구급차가 당신을 향해 다가올 때와 당신으로부터 멀어져 갈 때 사이렌 소리의 높낮이가 다르게 들리는 것처럼, 빠른 로켓을 타고 우주공간을 여행할 때 로켓의 앞부분에서 감지되는 마이크로파의 파장은 뒷부분에서 감지되는 마이크로파의 파장보다 짧다. 그런데 파장이 짧다는 것은 곧 진동수가 크다는 것을 의미하고, 마이크로파의 진동수가 커지면 온도가 높아지므로, 결국 앞쪽의 배경복사가 뒤쪽보다 덥게 느껴지면서 공간의 대칭성이 붕괴된다. 우리가 살고 있는 지구는 태양을 중심으로 공전하고 있을 뿐만 아니라 은하수(태양계가 속해 있는 은하) 자체도 회전 및 병진운동을 하고 있으므로(은하수는 바다뱀자리를 향해 조금씩 다가가고 있다) 이 모든 운동이 종합된 결과, 특정 방향의 배경복사는 그 반대 방향의 배경복사보다 온도가 높게 나타난다. 우주배경복사가 전 공간에 걸쳐 고르게 분포되어 있다는 것은 실제 관측된 값에서 이 효과를 보정해 준 결과이다. 우주 전체의 나이를 일괄적으로 언급할 수 있는 것은 공간의 각 지점들이 대칭성을 갖고 있기 때문이다.

팽창우주의 미묘한 특성

팽창하는 우주에는 몇 가지 미묘한 특징이 있다. 첫째, 풍선모델에서는 팽창의 주체가 2차원 곡면이었지만(2차원 곡면 위에서 한 점을 지정하려면 경도와 위도처럼 두 개의 좌표만 있으면 된다), 실제로 팽창하는 우주는 3차원 공간이라는 점이다. 그러나 '팽창하는 3차원 공간'은 시각화시키기가 어렵기 때문에, 기본 개념을 유지하는 선에서 차원 하나를 생략하여 풍선으로 비유를 들었던 것이다. 사실, 팽창하는 풍선은 팽창의 중심을 갖고 있다. 풍선의 표면은 내부에 있는 중간지점을 중심으로 하여 사방으로 퍼져 나가고 있기 때문이다. 그러나 우리가 느끼는 공간은 풍선의 표면에 해당되므로 풍선의 내부(또는 외부)를 언급하는 것은 아무런 의미가 없다. 풍선의 표면은 우리가 볼 수 있는 전체 공간을 상징하고 있으며, 표면에서 벗어난 지점은 실제의 3차원 공간에 대응되지 않는다.✢

두 번째로 미묘한 점은 은하의 이동속도와 관련되어 있다. 멀리 있는 은하일수록 멀어져 가는 속도가 빠르다면 아주 멀리 있는 은하는 광속보다 빠르게 멀어질 수도 있지 않을까? 물론이다. 그럴 수도 있다. 하지만 "모든 물체는 빛보다 빠르게 움직일 수 없다"는 특수상대성이론에 위배되지는 않는다. 왜 그럴까? 그 이유는 공간에 박혀 있는 시계들이 일제히 같은 시간을 가리킨다는 사실과 밀접하게 연관되어 있다. 3장에서 강조한 바와 같이, 아인슈타인은 이 세상의 어떤 물체나 신호도 빛보다 빠르게 "공간을 가로질러 갈 수는 없다"고 선언하였다. 그러나 은하들은 (평균적으로 볼 때) 공간을 가로질러 이동하고 있지 않다. 은하의 운동은 공간 자체가 팽창하면서 야기된 것이다. 그리고 아인슈타인의 특수상대성이론은 두 점(두 개의 은하) 사이의 거리가 빛보다 빠르게 멀어지도록 공간이 팽창하는 것을 금지하지 않았다. 아

✢ 팽창하는 3차원 공간을 2차원 풍선표면에 비유한 것이 마음에 들지 않는다면 수학적인 표현을 동원할 수도 있다. 그러나 '팽창하는 3차원 공간'을 시각적으로 표현하는 것은 전문 수학자나 물리학자들에게도 매우 어려운 일이다. 손가락 구멍이 뚫려 있지 않은 단단한 볼링공을 떠올리는 독자들도 있겠지만, 이것은 적절한 비유가 아니다. 우주공간의 모든 점들은 물리적으로 동등한 자격을 갖고 있는 반면에, 볼링공을 이루는 점들은 전혀 동등하지 않기 때문이다(어떤 점은 표면에 있고 어떤 점은 내부에 있으며, 또 어떤 점은 볼링공의 중심에 있다). 적절한 비유가 되려면 2차원 풍선표면이 3차원 공간(풍선의 내부)을 에워싸고 있는 것처럼, 4차원의 구(sphere)를 에워싸고 있는 3차원 도형을 떠올려야 한다. 머릿속에 그려지는가? 물론 그려지지 않을 것이다. 전문가들도 사정은 마찬가지다. 그래서 물리학자들은 풍선모델을 통해 공간의 팽창을 이해하고 있다. 차원 하나가 빠져 있긴 하지만 기본적인 특성은 그 속에 고스란히 담겨 있기 때문이다. 평평한 3차원 공간을 평평한 2차원의 면으로 시각화시키는 것도 같은 맥락에서 이해할 수 있다.

인슈타인이 말하는 운동은 공간의 팽창효과를 제거했을 때 나타나는 순수한 운동, 즉 공간을 가로지르는 운동이었으므로 은하들이 빛보다 빠르게 멀어져도 아무런 문제가 없다. 실제로 팽창효과를 제거했을 때 나타나는 은하의 움직임은 빛보다 훨씬 느리다.✣

세 번째로 주의해야 할 점은 팽창이 적용되는 한계에 관한 문제이다. 앞서 말한 대로, 우주가 팽창한다는 것은 모든 은하들 사이의 거리가 멀어진다는 것을 의미한다. 그렇다면 은하의 내부에 있는 모든 별과 행성들 사이의 거리, 당신과 나 사이의 거리, 원자들 사이의 거리, 그리고 소립자들 사이의 거리도 일제히 멀어지고 있을까? 만일 그렇다면 우주의 팽창과 함께 모든 사물의 크기도 같이 커지고 있다는 의미가 되고, 우리가 동원할 수 있는 모든 관측장비도 똑같은 비율로 커지고 있으므로 우주가 커지는 것을 관측으로 확인할 수도 없게 된다. 과연 그럴까? **답: 그렇지 않다.** 동전이 부착된 풍선으로 되돌아가서 생각해 보자. 풍선이 팽창하는 동안 동전들 사이의 거리는 멀어지지만 동전 자체의 크기는 그대로 유지된다. 물론 동전을 붙이지 않고 풍선의 표면에 색연필로 동그랗게 표시를 해 놓았다면 풍선이 팽창함에 따라 동그란 표시도 함께 커질 것이다. 그러나 실제의 은하는 동그란 표시가 아닌 동전과 같은 속성을 갖고 있다. 개개의 동전은 아연이나 구리 등의 금속으로 되어 있고 이 금속을 이루는 원자들은 서로 단단하게 결합되어 있으므로 풍선이 아무리 팽창해도 동전의 구조는 변하지 않는다. 이와 마찬가지로, 각 원자의 내부구조를 유지시켜 주는 핵력과 우리의 뼈와 피부구조를 유지시켜 주는 전자기력, 그리고 행성과 별들이 은하의 내부에 머물도록 붙잡아 두고 있는 중력은 팽창에 의한 힘보다 훨씬 강력하기 때문에, 공간이 팽

✣ 공간이 점차 빠른 속도로 팽창하고 있다면(즉, 팽창속도가 가속되고 있다면) 지금 관측되는 은하는 어느 날 시야에서 사라질 수도 있다. 공간의 팽창속도가 광속을 능가하면 멀리 있는 은하에서 방출된 빛은 지구에 도달할 수 없기 때문이다.[10]

창하면 은하들 사이의 거리만 멀어질 뿐 은하 자체가 팽창하지는 않는다. 공간의 팽창이 거의 아무런 저항도 받지 않고 진행되는 것은 은하보다 훨씬 큰 스케일에서 바라봤을 때의 이야기다(멀리 떨어져 있는 두 은하 사이의 중력은 거의 무시할 수 있을 정도로 작다).

우주론과 대칭성, 그리고 공간의 형태

당신이 한참 자고 있을 때 누군가가 당신을 흔들어 깨우면서 우주가 어떤 모습으로 생겼냐고 묻는다면 대답이 참으로 궁할 것이다. 그러나 평소 우주론에 관심이 많았던 당신은 비몽사몽간임에도 불구하고 "우주는 아메바처럼 어떤 모양도 취할 수 있다"는 아인슈타인의 말을 떠올렸다. 자, 이제 그 호기심 많은 질문자에게 어떤 대답을 들려줘야 할까? 우리는 평범한 별(태양)의 주위를 공전하고 있는 그저 그런 행성에 살고 있고, 우리가 속한 태양계는 거대한 은하수의 한쪽 구석에 자리 잡고 있으며 우주에는 이런 은하가 수천억 개나 있다. 이런 열악한 상황에서 우주의 전체적인 생김새를 무슨 수로 알 수 있다는 말인가? 앞으로 차차 알게 되겠지만, 우리의 구세주는 역시 대칭성밖에 없다.

우주공간의 모든 위치와 모든 방향들이 대칭적이라는 과학자들의 굳건한 믿음을 수용한다면, 당신은 잠을 깨운 질문자에게 대답할 준비가 된 셈이다. 사실, 머릿속에 온갖 도형을 그려 봐도 모든 위치와 방향에 대하여 대칭성을 갖고 있는 도형은 선뜻 떠오르지 않는다. (먹는) 배는 아래쪽이 위쪽보다 더 불룩하고 계란은 중간부분보다 양쪽 끝이 더 뾰족하다. 이런 도형들은 약간의 대칭성을 갖고 있긴 하지만 과학자들이 말하는 '완벽한 대칭'과는 거리가 멀다. 이렇게 대칭이 부족한 도형들을 하나씩 제외시키면서 모든 지점과 모든 방향으로 대칭성을 갖고 있는 도형을 찾다 보면 몇 개의 후보가 남게 된다.

우리는 완벽한 대칭을 가진 3차원 도형을 이미 다룬 적이 있다. 구형 풍선의 표면은 모든 지점이 동등하고 어떤 각도에서 바라봐도 모양이 변하지 않는 완벽한 대칭을 갖고 있으므로, 여기서 차원을 하나 높인 '3차원 구면 three-sphere'은 완벽한 대칭을 가진 3차원 도형이라 할 수 있다. 뿐만 아니라, 무한히 큰 2차원 평면(조금도 휘어지지 않은 완전한 평면)을 3차원 버전으로 확장한 도형도 허블이 발견한 '팽창하는 균일한 우주'의 후보가 될 수 있다. 이 도형을 시각화시키기 위해, 그림 8.4와 같이 2차원 평면으로 줄여서 생각해 보자. 평면 위에 균일한 간격으로 동전을 붙여 놓고 평면 전체를 팽창시키면 동전들 사이의 간격은 풍선의 경우와 마찬가지로 원래의 간격에 비례하여 멀어진다. 그리고 무한히 큰 평면에는 경계라는 것이 없기 때문에 모든 점들은 동등하게 취급될 수 있다. 그러므로 이 도형을 3차원으로 확장시킨 도형은 팽창하는 우주가 취할 수 있는 또 하나의 후보가 된다(투명한 고무재질로 만들어진 무한히 큰 육면체에 은하들이 균일하게 박혀 있는 모습을 상상하면 된다. 이 고무덩어리가 팽창하면 은하들 사이의 간격은 원래의 거리에 비례하는 속

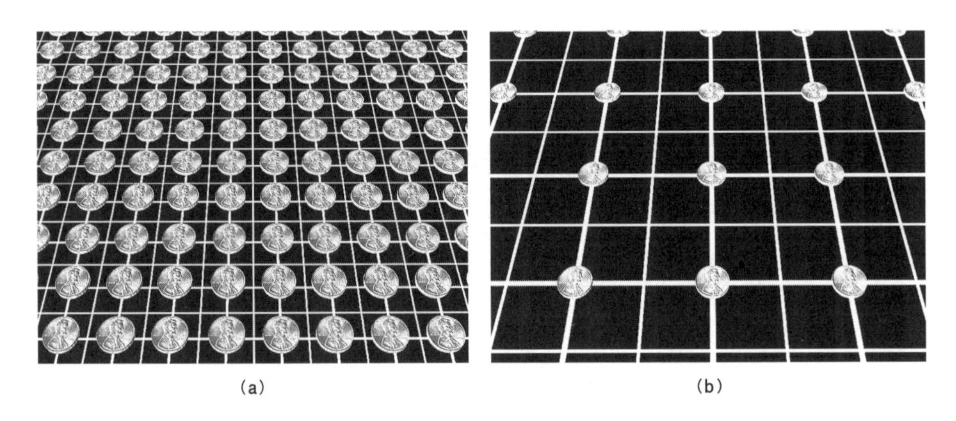

(a) (b)

그림 8.4 (a) 무한히 큰 평면에 일정한 간격으로 동전을 붙여 놓으면 어떤 방향에서 바라봐도 동일한 형태로 보인다. (b) 평면이 팽창하면 동전들 사이의 간격이 멀어진다. 이때, 멀리 있는 동전일수록 빠른 속도로 멀어져 간다.

도로 일제히 멀어진다. 물론 이 도형은 무한히 크기 때문에 경계라는 것이 없고, 따라서 모든 점들은 동등하게 취급될 수 있다). 물리학자들은 이 도형을 가리켜 '평평한 공간flat space'이라고 부른다. 풍선의 표면과는 달리, 여기에는 어떠한 곡률curvature(휘어진 정도)도 존재하지 않기 때문이다(수학자나 물리학자들이 '평평하다'고 말할 때, 그것은 빈대떡처럼 납작하다는 뜻이 아니라 곡률이 0이라는 뜻을 담고 있다).[11]

방금 위에서 말한 대로, 구의 표면이나 무한히 큰 평면은 경계라는 것이 없다. 이런 도형 위에서는 임의의 방향으로 아무리 걸어가도 끝에 도달할 수 없다. 그러므로 3차원 구형이나 3차원 무한평면을 우주의 모형으로 삼으면 "우주의 끝은 어디인가? 우주의 경계를 벗어나면 그곳은 또 어디인가?"라는 등의 난처한 질문에 굳이 답을 구하려고 애쓸 필요가 없다. 공간에 경계가 없으면 이런 질문은 아예 의미가 없기 때문이다. 그런데, 구형과 무한평면의 '무한성'은 그 성질이 조금 다르다. 만일 당신이 구면 위에서 임의의 방향으로 무작정 걸어간다면 그 옛날에 마젤란이 그랬던 것처럼 언젠가는 출발점으로 되돌아오게 된다. 이 과정에서 당신은 경계 비슷한 것도 구경하지 못할 것이다. 그러나 무한평면 위에서 임의의 방향으로 걸어가면 경계를 만나지 못하는 것은 물론이고 출발점으로 되돌아오지도 못한다. 이렇게 보면 구면과 무한평면은 근본적으로 다른 도형 같지만, 평면에 약간의 변형을 가하면 이들 사이에 놀라운 공통점을 찾을 수 있다.

여기, 사각형 모양의 배경화면에서 진행되는 비디오게임이 있다. 게임이 진행되는 영역은 상하좌우로 분명한 경계선이 있지만, 실제의 게임은 경계선의 제한을 받지 않을 수 있다. 어떻게? 위쪽 경계선으로 사라진 영상은 아래쪽 경계선에서 다시 나타나게 하고, 오른쪽 경계선을 통과하여 사라진 영상은 왼쪽 경계선에서 다시 나타나도록 만들면 된다(물론 그 반대 방향으로 사라지는 경우도 맞은편에서 나타나도록 만든다). 이렇게 하면 게임이 진행되는 사

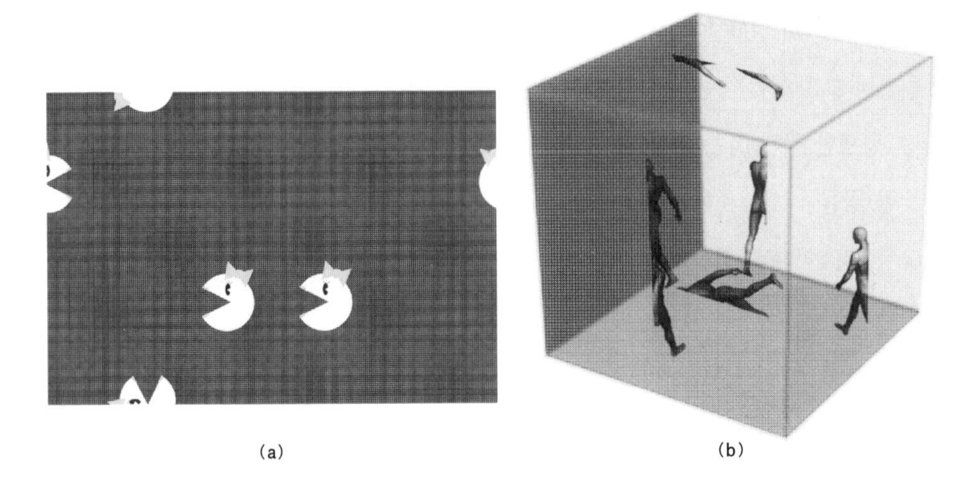

그림 8.5 (**a**) 비디오게임이 진행되고 있는 평면(휘어 있지 않은 면)은 크기가 유한하지만 한쪽 경계선이 반대쪽 경계선과 연결되어 있으므로 경계가 없는 도형으로 간주할 수 있다. 수학자들은 이런 도형을 '2차원 원환면(2-dimensional torus)'이라 부른다. (**b**) 2차원 원환면을 3차원으로 확장시킨 '3차원 원환면'은 각각의 경계면이 맞은편 경계면과 연결되어 있는 육면체로 가시화시킬 수 있다. 이 도형은 휘어 있지 않고 무한히 크지도 않지만 경계면이 없는 것과 마찬가지이므로 무한히 큰 도형으로 간주할 수 있다. 만일 이 속에서 당신이 한쪽 면을 뚫고 걸어 나간다면 반대쪽에 있는 면을 뚫고 걸어 들어오게 될 것이다.

각형 화면은 위쪽 끝-아래쪽 끝과 오른쪽 끝-왼쪽 끝이 맞물려 있는 셈이다. 즉, 이 도형은 유한한 평면임에도 불구하고 경계선을 갖고 있지 않다. 수학적으로는 이런 도형을 '2차원 원환면(圓環面) 2-dimensional torus'이라 한다(그림 8.5a 참조).[12] 그렇다면 이 도형을 3차원으로 확장시킬 수 있을까? 물론이다. 복잡하게 생각할 것 없이, 그냥 거대한 육면체를 떠올리면 된다. 단, 이 육면체 안에서 경계면을 뚫고 사라진 물체는 그림 8.5b와 같이 반대쪽 경계면을 통해 다시 나타난다. 즉, 윗면으로 사라진 물체는 아래쪽 면에서 나타나고 앞면으로 사라진 물체는 뒷면에서 다시 나타나며, 오른쪽 면으로 사라진 물체는 왼쪽 면에서 다시 나타난다. 이 도형 역시 3차원 공간에서 유한하고 평평한 모습을 하고 있지만(빈대떡처럼 납작하다는 뜻이 아니라, 곡률이 0이라는 뜻이다), 경계면이라고 부를 만한 것이 존재하지 않으므로 사방으로

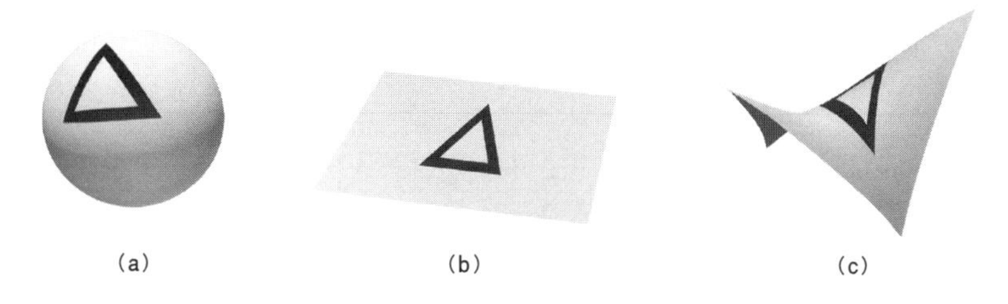

그림 8.6 공간을 2차원으로 줄여서 생각하면 완전한 대칭성을 갖는 도형은 곡률에 따라 크게 세 가지로 나눌 수 있다. **(a)** 구면과 같이 모든 점이 바깥으로 볼록하게 나와 있는 곡면(곡률 > 0). **(b)** 비디오 게임의 배경화면처럼 한쪽 끝이 맞은편 끝과 이어져 있거나 그 자체로 무한히 큰 완전평면(곡률=0). **(c)** 말안장처럼 모든 점들이 안으로 오목하게 들어가 있는 곡면(곡률 < 0).

무한히 뻗어 있다고 말할 수 있다.

허블이 발견한 '대칭적으로 팽창하는 우주'를 기하학적으로 구현하는 방법은 이것 말고도 또 있다. 이 모형을 3차원에서 구현하기는 어렵지만, 풍선의 경우처럼 2차원으로 단순화시켜서 표현하는 것은 가능하다. 새로운 우주 모델 후보의 2차원 버전은 바로 '무한히 큰 프링글스 감자칩'으로서, 말안장처럼 생긴 이 곡면의 곡률은 구면과 정반대의 성질을 갖고 있다. 구면 위의 모든 점들은 바깥쪽으로 볼록하게 나와 있는 반면, 말안장 위의 모든 점들은 대칭성을 유지한 채 안으로 오목하게 들어가 있다(그림 8.6). 약간의 수학용어를 사용해서 표현하자면 구면의 곡률은 +(바깥으로 돌출된 곡면)이고 말안장의 곡률은 −(안으로 파인 곡면)이며, 완전한 평면의 곡률은 0이다.⁺

그동안 이루어진 연구결과에 의하면, 모든 지점과 모든 방향으로 대칭성을 갖는 도형은 이 세 가지(모든 지점에서 곡률이 +인 도형과 모든 지점에서 곡률이 −인 도형, 그리고 모든 지점에서 곡률이 0인 도형)가 전부인 것으로 드러났

⁺ 비디오게임이 진행되는 2차원 평면이 경계선을 갖지 않는 것처럼, 말안장 모양의 도형도 경계선을 갖지 않도록 변형될 수 있다. 구체적인 설명은 생략하거니와, 곡률이 각각 +, 0, −인 세 종류의 도형들은 비슷한 변형과정을 통하여 경계가 없는 무한도형으로 만들 수 있다는 점을 지적하고 넘어가고자 한다(마젤란이 오랜 세월 동안 우주여행을 하다가 출발점으로 되돌아왔다면, 그는 우주가 이 세 가지 후보들 중 하나의 형태로 되어 있다고 말할 것이다).

다. 독자들은 그럴 수도 있다고 생각하겠지만, 사실 이것은 매우 놀라운 결과이다. 우리는 지금 얼마나 큰지 짐작조차 할 수 없는 방대한 우주의 기하학적인 생김새를 논하는 중이다. 여기에 별다른 실마리가 주어져 있지 않다면 우주가 취할 수 있는 외형의 종류는 거의 무한대에 달할 것이다. 그러나 우리는 대칭이라는 강력한 논리를 도입하여 그 가능성을 엄청나게 줄이는 데 성공했다. 공간의 구조를 규명하는 데 대칭이 결정적인 실마리를 제공한다는 사실은 앞으로 진도를 나갈수록 더욱 분명해질 것이다.[13]

그러나 독자들 중에는 세 개도 많다고 생각하는 사람이 있을 것이다. 우리는 단 하나뿐인 우주에 살고 있는데, 공간의 형태가 유일하게 결정되지 않는 이유는 무엇인가? 위에 열거한 세 가지 모델은 "관측자가 우주의 어느 지점에 있건 간에, 그의 눈에 보이는 우주는 항상 동일해야 한다"는 우리의 믿음에 근거하여 추려 낸 것이다. 이 정도면 매우 엄밀한 심사를 거친 셈이긴 하지만 후보를 단 한 개로 줄이기에는 아직 부족한 점이 있다. 그렇다면 최후의 판결은 과연 누가 내려 줄 것인가? 우리가 기댈 수 있는 곳은 아인슈타인의 일반상대성이론밖에 없다. 거기 등장하는 방정식이 해답을 줄 수 있을지도 모른다.

물질과 에너지의 분포를 아인슈타인의 방정식에 입력시키면(물론 공간의 대칭성을 유지하려면 물질과 에너지가 전 우주공간에 걸쳐 균일하게 분포되어 있다고 가정해야 한다) 우주공간의 곡률이 출력되어 나온다. 그런데 지난 세월 동안 천문학자들은 우주에 얼마나 많은 물질과 에너지가 산재해 있는지 알 수가 없었으므로 고성능 방정식을 보유하고 있음에도 불구하고 공간의 곡률을 구하지 못하고 있었다. 물질과 에너지가 전 공간에 균일하게 퍼져 있다고 가정하고, 그 밀도가 우주의 임계밀도critical density인 0.0000000000000000000 0001g/m^3(10^{-23}g/m^3, 1입방미터당 수소원자 다섯 개 정도가 들어 있는 꼴이다[†])보다 크다면, 이 값을 입력으로 삼아 아인슈타인의 방정식을 풀어서 얻은 우주공간의 곡률은 +부호를 갖게 된다. 그러나 공간의 밀도가 임계밀도보다 작으면 공간의 곡률은 −부호가 되며, 실제의 밀도가 임계밀도와 일치하면 곡률은 정확하게 0이 된다. 아직 명확한 결론이 난 것은 아니지만 지금까지 수집된 데이터를 종합해 보면 곡률이 0이라는 쪽에 무게가 실리고 있다(그러나 그 평면이 비디오게임처럼 양쪽 경계가 이어져 있는지, 아니면 그 자체로 무한히 큰 평면인지는 전혀 알 수 없다).[14]

우주공간의 구조에 대하여 아직 최종 결론이 내려지진 않았지만, 한 가지 분명한 사실은 대칭이라는 개념이 시간과 공간의 정체를 밝혀 줄 가장 강력한 도구라는 점이다. 대칭을 도입하지 않고서는 한 걸음도 나갈 수 없을 만큼 이 우주는 복잡하고 방대한 존재인 것이다.

우주론과 시공간

이제 우리는 팽창하는 우주와 3장에 등장했던 시공간-빵의 개념을 같이 다룰 수 있는 단계에 이르렀다. 시공간의 빵을 잘라 낸 단면은(사실은 2차원 평면이지만) 한 관측자의 관점에서 어느 한 순간에 바라본 3차원 공간의 모습을 담고 있으며, 상대속도가 다른 관측자들은 빵을 자르는 각도가 다르다. 우리는 앞에서 시공간을 다룰 때 공간의 팽창을 무시하고 '시간이 흘러도 우주공간은 변하지 않는다'는 가정하에 모든 논리를 진행시켰었다. 지금부터는 앞에서 다뤘던 시공간 문제에 팽창하는 우주를 결합시켜 생각해 보자.

일단은 공간에 대하여 정지해 있는 관측자의 관점을 택하기로 한다. 즉,

✣ 현재 우주에는 복사파보다 물질이 더 많기 때문에 임계밀도를 질량과 관련된 단위(g/m^3)로 표현하였다. 1입방미터당 10^{-23}g이면 지극히 작은 값처럼 보이지만 우주공간은 머릿속에 그릴 수 없을 정도로 방대하기 때문에 질량을 다 모아 놓으면 그것도 엄청난 양이 된다. 게다가 과거로 거슬러 올라갈수록 우주공간의 부피는 점점 작아지므로 밀도는 더욱 커진다.

팽창하는 풍선의 표면에 붙어 있는 동전처럼, 공간의 팽창에 의한 움직임 말고는 아무런 운동도 하고 있지 않은 관측자의 관점에서 모든 것을 서술하자는 뜻이다. 공간의 각 지점에서 이런 상태에 있는 관측자들은 서로에 대하여 움직이고 있긴 하지만, 앞서 지적한 대로 이들 모두는 동일한 광경(모든 은하들이 자신을 중심으로 멀어져 가는 광경)을 보고 있으므로 모두 동등한 관점에 있다고 할 수 있다. 따라서 이들이 갖고 있는 시간단면의 방향, 즉 빵을 자르는 방향도 모두 동일하다. 어떤 관측자의 빵을 자르는 각도가 달라지려면, 그는 공간의 팽창에 의한 움직임 이외에 '공간을 가로지르는' 운동을 추가로 겪고 있어야 한다. 이제 우리의 할 일은 앞에서 제시했던 세 가지 가능성을 기초로 하여 공간의 형태를 결정하는 것이다.

가장 다루기 쉬운 것은 양쪽 끝이 서로 연결되어 있는 유한한 평면, 즉 비디오게임의 배경화면이다. 지금 이 순간에 존재하는 우주 전체의 모습이 그림 8.7a와 같다고 가정하자. 즉, 이 그림은 전체 시공간을 '지금'이라는

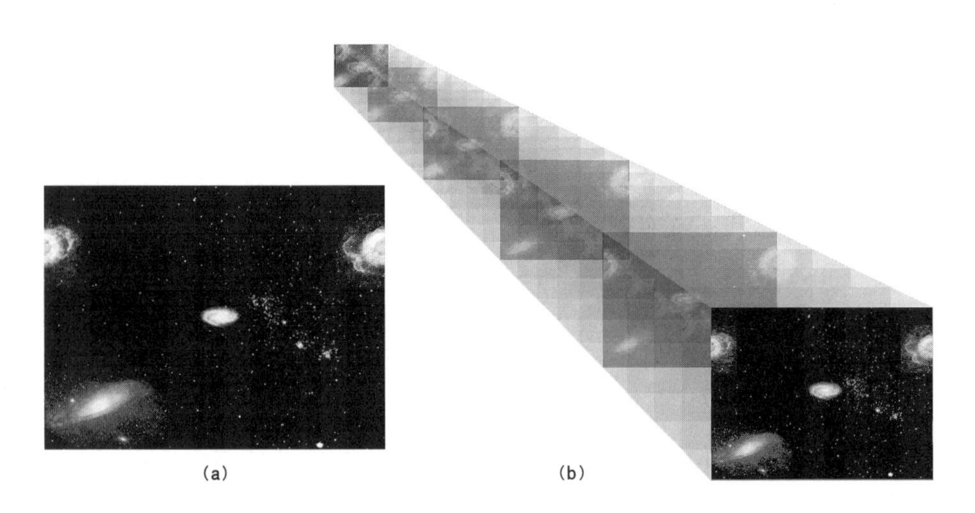

그림 8.7 (a) 우주공간이 비디오게임의 배경화면처럼 평평하면서 양끝이 연결되어 있다고 가정하면 지금 이 순간 우리의 우주는 대충 이런 모습을 하고 있을 것이다. 오른쪽 경계선에 반쯤 걸쳐 있는 은하의 나머지 반은 왼쪽 경계선에 걸쳐 있다. (b) 우주공간의 변천사를 보여 주는 시공간 조감도. 공간의 전체적인 크기와 각 은하들 사이의 거리는 과거로 거슬러 갈수록 작아진다.

시점에서 잘라 낸 시간단면에 해당된다. 그림에는 편의상 우리가 속한 은하(은하수Milky Way)를 중심에 그렸지만, 앞서 지적한 대로 우주공간에는 특별한 지점이라는 것이 없다. "사각형의 경계선 부근은 중심과 다르지 않은가?"라는 의문이 든다면 비디오게임을 다시 한 번 상기해 주기 바란다. 사각형의 위쪽 경계선은 우주공간이 끝나는 지점이 아니라 아래쪽 경계선과 연결되는 지점이며, 오른쪽과 왼쪽 경계선도 같은 방식으로 연결되어 있다. 지금까지 관측된 모든 우주를 담으려면 이 그림의 가로와 세로의 길이는 140억 광년(1,360억×1조 km)까지 확장되어야 하며, 이보다 더 클 가능성도 얼마든지 있다.

물론 우리는 '지금 이 순간의 우주 전체 모습'을 인식할 수 없다. 한 번에 바라볼 수 있는 시야가 넓지 않은 것도 문제지만, 그보다 더 큰 문제는 5장에서 말한 대로 멀리 있는 천체가 우리의 시야에 들어올 때까지 시간이 걸리기 때문이다. 밤하늘에 반짝이는 별은 지금 이 순간의 모습이 아니라 수백만 년, 혹은 수십억 년 전의 모습이다. 그 옛날에 방출된 빛이 이제서야 지구에 있는 망원경(또는 우리의 망막)에 도달한 것이다. 우주공간은 그 정도로 방대하다. 그런데 공간은 예나 지금이나 꾸준히 팽창하고 있으므로, 이 빛이 처음 방출되던 무렵에는 우주공간의 크기가 지금보다 훨씬 작았을 것이다. 초기우주를 포함한 시공간의 변천과정은 그림 8.7b에 제시되어 있다. 그림에서 보다시피 우주공간의 전체적인 크기와 은하들 사이의 간격은 과거로 갈수록 작아진다.

그림 8.8은 멀리 있는 은하에서 수십억 년 전에 방출된 빛이 은하수에 도달하는 과정을 보여 주고 있다. 그림 8.8a의 첫 번째 단면(제일 멀리 있는 단면)에서 출발한 빛은 공간이 팽창하고 있음에도 불구하고 시간이 지남에 따라 점차 은하수를 향해 접근하다가 현재의 단면에 이르러 비로소 은하수의 한 귀퉁이에 있는 지구에 도달하였다. 그림 8.8b는 매 순간(매 시간단면)마다

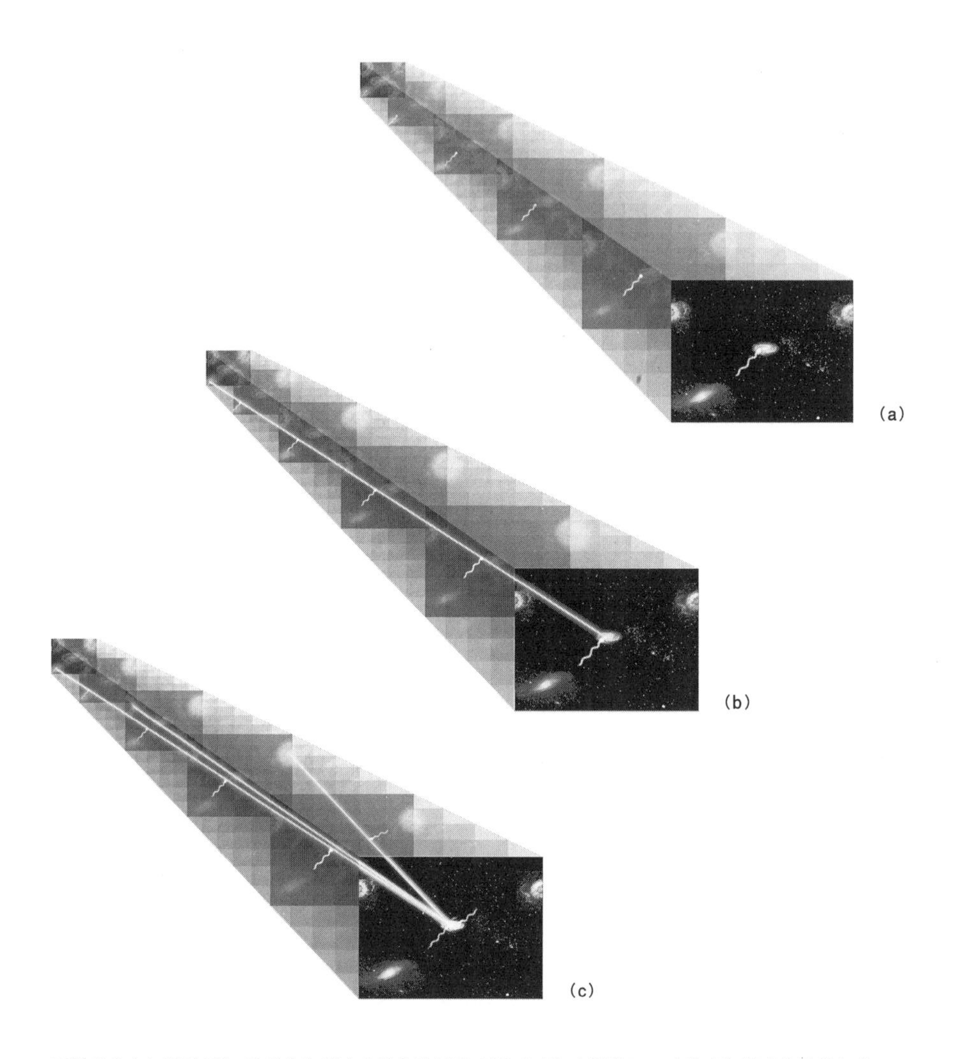

그림 8.8 **(a)** 멀리 있는 은하에서 옛날에 방출된 빛은 시간단면을 순차적으로 거치면서 현재의 은하수에 도달한다. **(b)** 멀리 있는 은하의 빛이 지구의 망원경에 도달했을 때 우리의 눈에 보이는 은하는 현재의 모습이 아니라 까마득한 과거의 모습이다. 빛이 은하와 지구 사이를 여행하는 데 그만큼 시간이 걸리기 때문이다. 그림에서 흰색 선은 시공간을 여행하는 빛의 궤적을 나타내고 있다. **(c)** 여러 개의 은하에서 출발하여 지구(은하수)에 도달하는 빛의 궤적. 각각의 빛은 광원의 위치에 따라 각기 다른 시간에 방출되었다.

빛의 첨단을 연결하여 시공간 속에서 하나의 궤적으로 표현한 것이다. 그런데 지구에 도달하는 빛은 이것뿐만이 아니다. 그림 8.8c에는 주변에 있는 여러 은하에서 방출된 빛이 지구에 도달하는 과정을 나타낸 것이다.

그림 8.8은 빛이 우주적 타임캡슐의 역할을 하고 있다는 놀라운 사실을 극적으로 보여 주고 있다. 지금 이 순간, 지구의 망원경에 도달한 안드로메다성운의 빛은 3백만 년 전에 방출된 빛이므로 우리는 3백만 년 전의 안드로메다성운을 보고 있는 셈이다. 또, 코마성단은 지구로부터 3억 광년이나 떨어져 있으므로 우리는 무려 3억 년 전의 코마성단의 모습을 보고 있다. 만일 지금 이 순간에 코마성단에 있는 모든 별들이 초신성으로 변했다 해도, 지구에 있는 관측자가 그 장관을 구경하려면 지금부터 3억 년의 세월을 기다려야 한다. 마찬가지로, 코마성단에 살고 있는 어떤 천문학자가 지금 이 순간에 초대형 망원경으로 지구를 관측하고 있다면 그의 눈에는 고사리와 파충류만 보일 것이다. 만리장성이나 에펠탑이 관측되려면 그 천문학자도 3억 년을 더 기다려야 한다. 물론 초대형 망원경을 자유자재로 다루는 코마성단의 천문학자는 지구의 천문학자 못지않게 우주론을 잘 알고 있을 것이므로 자신이 보고 있는 지구의 모습이 까마득한 과거의 모습임을 감안하여 지구와 코마성단을 동일한 시간단면에 놓고 분석하려고 노력할 것이다.

이 모든 것은 코마성단에 사는 천문학자와 지구에 사는 천문학자가 공간의 팽창에 의한 움직임 이외에 아무런 운동도 하고 있지 않다는 가정하에 성립하는 말이다. 그의 시간단면이 우리의 시간단면과 동일한 방향으로 '썰어져 있어야' 주어진 순간에 일치될 수 있기 때문이다. 즉, 코마성단의 천문학자가 갖고 있는 '지금-목록'은 우리의 그것과 동일하다. 그러나 만일 그가 엄청나게 빠른 속도로 우주공간을 가로질러 이동하고 있다면(공간팽창에 의한 이동 이외에 별도의 운동을 하고 있다면) 그의 시간단면은 그림 8.9와 같이 우리의 시간단면에 대하여 큰 각도로 기울어져 있을 것이다. 이런 경우에는 5장에서 말한 대로 코마성단에서 빠르게 움직이고 있는 천문학자의 '지금'은 우리의 과거나 미래와 일치하게 된다. 또한, 그 천문학자의 시간단면에 새겨진 우주는 더 이상 균일하지 않다. 그림 8.9에서 평행한 단면 속의 우주가 균일하다고 가정했으므로(이 단면은 팽창하는 우주에 대하여 정지해 있는 관측자의 관점에서 본 단면이므로), 큰 각도로 돌아간 단면 속의 우주는 전혀 균일하지 않을 것이다. 독자들도 짐작하겠지만 이렇게 되면 우주의 역사를 논하기가 아주 어려워진다. 그래서 물리학자와 천문학자들은 일반적으로 이런 관점보다 공간의 팽창에 얌전하게 순응하고 있는 관점을 선호한다. 그래야 모든 단면 속의 우주가 균일한 분포로 나타나기 때문이다. 그러나 상대성이론이 말해 주듯이 특별하게 옳은 관점이란 존재하지 않는다. 모든 관점들은 똑같이 옳다.

우주의 시공간에서 과거로 거슬러 올라갈수록 공간은 점점 작아지고 밀도는 커진다. 자전거 타이어를 세게 압축하면 타이어 내부의 온도가 올라가는 것처럼, 과거의 우주는 물질과 복사에너지가 좁은 공간 속에 압축되어 있었기 때문에 그만큼 온도가 높은 상태였을 것이다. 빅뱅이 일어난 후 1천만분의 1초가 지났을 때, 우주의 온도는 너무 높아서 모든 입자들은 지금과 같은 일상적인 물질을 구성하지 못하고 낱낱이 분해된 상태(이를 플라즈마plasma 상태라 한다)로 존재하고 있었다. 그리고 빅뱅이 일어나던 바로 그 순간에

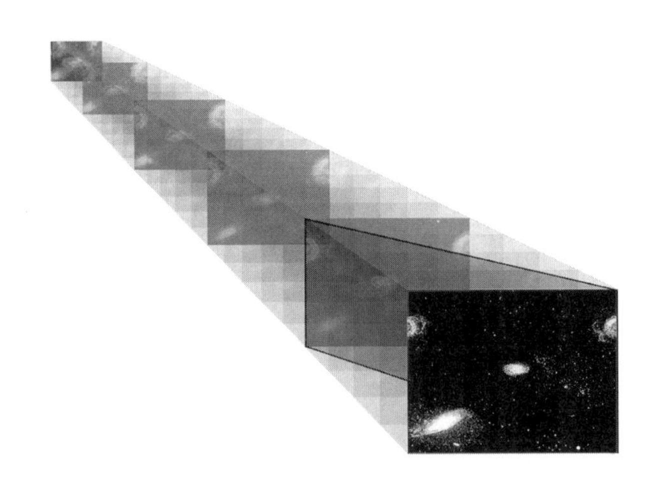

그림 8.9 아주 빠른 속도로 공간을 가로질러 이동하고 있는 관측자의 시간단면.

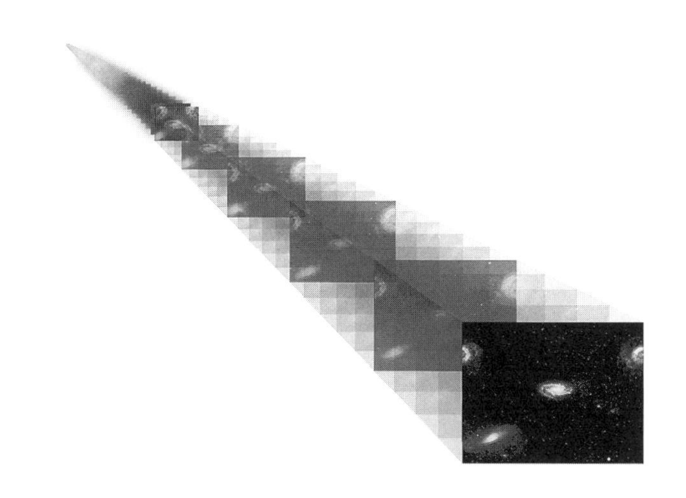

그림 8.10 평평하고 유한한 우주의 진화과정을 보여 주는 시공간. 과거로 갈수록 알려진 바가 거의 없기 때문에 희미한 점으로 얼버무렸다.

는 지금 우리가 알고 있는 모든 우주가 이 문장의 끝에 찍혀 있는 마침표 정도 크기의 공간 속에 압축되어 있었다. 이 상태는 밀도를 비롯한 모든 물리적 조건들이 너무 극단적이어서, 우리가 알고 있는 물리법칙을 정상적으로 적용할 수가 없다. 20세기에 개발된 최첨단의 이론도 우주가 시작되던 시점으로 가면 무용지물이 되는 것이다. 개중에는 그런대로 희망적인 이론이 있긴 하지만(앞으로 곧 소개할 예정이다), 우주가 탄생하던 순간에 대해서는 사실 알려진 것이 별로 없다. 그래서 우리는 그림 8.10처럼 초창기의 시간단면을 두루뭉술하게 얼버무려 놓은 채로 우주의 역사를 논할 수밖에 없는 것이다.

다른 모양의 우주

지금까지 우리는 우주가 비디오게임의 배경화면처럼 '유한하면서도 무한한' 평평한 공간이라고 가정해 왔다. 그러나 다른 형태의 공간을 가정해도 기본적인 특성은 크게 달라지지 않는다. 예를 들어, 우주의 전체적인 형태가 구형이라면 과거로 거슬러 갈수록 구의 크기가 작아지고 온도와 밀도는 대책 없이 높아지면서 결국에는 빅뱅이 일어나던 시점에 도달할 것이다. 구형의 공간이 시간 축을 따라 진행하는 '구형 시공간'을 그림으로 표현하기가 조금 번거롭긴 하지만(미래의 구가 과거의 구를 완전히 에워싸면서 팽창하는 모습을 상상하면 된다), 원리적으로는 평평한 공간과 크게 다르지 않다.

무한히 큰 평면과 무한히 큰 말안장모양의 우주도 비디오게임 평면과 비슷한 점이 많지만, 이들 사이에는 근본적으로 다른 점이 있다. 예를 들어, 이 우주가 그림 8.11처럼 무한히 크고 평평한 공간이라고 가정해 보자. 그림에 등장하는 각 단면은 특정 시간에 바라본 우주의 시간단면을 나타낸다(물론 종이가 너무 작아서 무한한 공간을 다 표현하지 못했다). 이 경우, 과거로 거슬러 갈수록 은하들 사이의 거리는 점점 가까워지지만 전체 공간의 크기는 작아지지 않는다. 왜 그럴까? '무한히 크다'는 말속에 그 비밀이 숨어 있다. 무한대는 참으로 희한한 특성을 갖고 있는 양이다. 무한히 큰 우주가 반으로 줄어들었다면 그 크기는 '무한대의 반'이 되는데, 무한대의 반은 여전히 무한대이다. 이런 이유 때문에 과거로 거슬러 갈수록 밀도는 커지면서 전체적인 크기는 변하지 않는 것이다. 이 모형을 따른다면 빅뱅의 양상은 이전의 모형이 예상했던 빅뱅과 많은 차이를 보이게 된다.

일반적으로 과학자들은 이 우주가 그림 8.10처럼 하나의 점에서 탄생한 것으로 믿고 있다(물론 이 점을 벗어나면 시간도 공간도 존재하지 않는다). 만일 이것이 사실이라면 빅뱅과 함께 조그만 점에 농축되어 있던 내용물들이 일제히 쏟아져 나오면서 공간의 팽창이 시작되었을 것이다. 그러나 지금의 우주가 무한히 크다면 빅뱅으로 거슬러 올라가도 공간은 여전히 무한대이다. 그 시점의 온도와 밀도는 엄청나게 높았겠지만 이 극단적인 초기조건은 한 점에만 적용되는 것이 아니라 무한히 넓은 전 공간에 골고루 적용된다. 즉, 빅뱅은 어느 한 지점에서 일어난 사건이 아니라 전 공간에 걸쳐 한꺼번에 일어난 사건으로 이해되어야 한다. 그리고 빅뱅이 일어난 후 공간이 팽창했다는 점은 이전과 다르지 않지만 전체공간의 크기는 빅뱅 이전에도 이미 무한히 컸기 때문에 더 이상 커지지 않았다고 보아야 한다. 즉, 그림 8.11b에 제시된 것처럼 빅뱅 이후에 은하들 사이의 거리가 멀어졌을 뿐, 우주의 크기는 그대로 유지되고 있다는 것이다. 이 경우에도 개개의 은하에서 우주를 관측하는 천문학자들은 모든 은하들이 자신으로부터 멀어져 가는 광경을 목격하게 될 것이다.

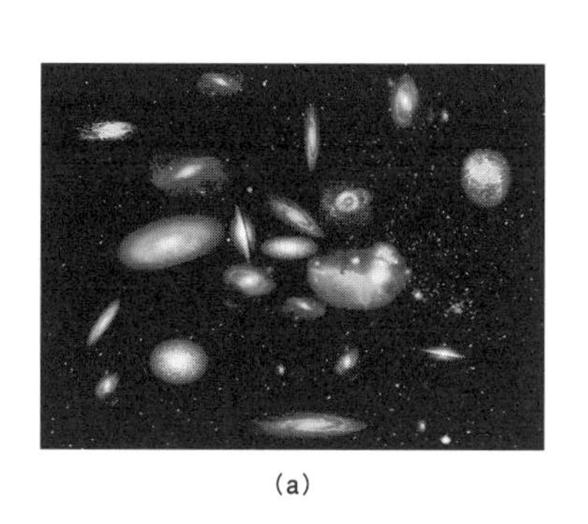

(a)

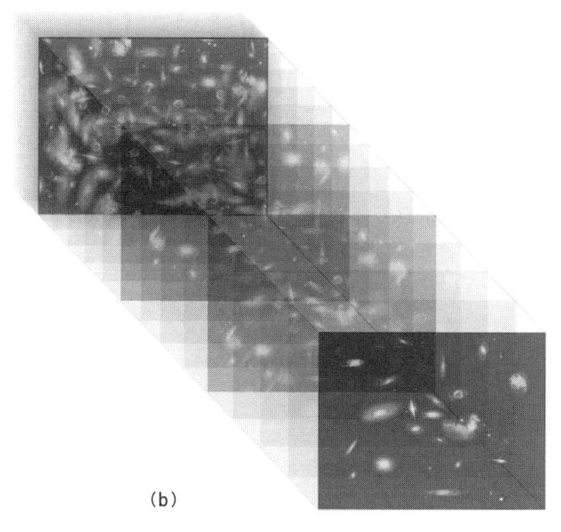

(b)

그림 8.11 (a) 은하가 고르게 분포되어 있는 무한우주공간(무한대를 표현할 수 없어서 사각형으로 축약시켰다). **(b)** 초기우주의 밀도는 지금보다 높았지만 전체적인 크기는 지금과 마찬가지로 무한대였다. 이 우주모델의 경우에도 발생초기에 대한 정보가 거의 없기 때문에 흐릿한 그림으로 얼버무렸다.

무한히 큰 평탄우주는 단순히 이론상으로만 존재하는 '연구용 모델'이 아님을 기억하기 바란다. 앞으로 차차 알게 되겠지만 우주공간이 휘어져 있지 않다는 증거는 천문관측을 통하여 지금도 계속 쏟아져 나오고 있으며, 우주공간이 비디오게임의 배경화면처럼 생겼다는 확실한 증거도 없으므로 평탄한 무한공간모델은 시공간의 거시적 구조를 설명해 줄 가장 유력한 후보라고 할 수 있다.

우주론과 대칭성

현대의 우주론은 대칭성의 개념에 크게 의존하고 있다. 시간의 진정한 의미와 공간의 전체적인 형태, 그리고 일반상대성이론의 이론적 근간에 걸쳐 대칭성은 핵심적인 역할을 하고 있다. 그러나 대칭성으로부터 유추될 수 있는 우주는 이것이 전부가 아니다. 초창기의 우주는 상상조차 할 수 없을 정도로 뜨거웠다가 오늘날에 이르러 영하 270°C 근처까지 식었다. 그런데 열과 대칭성은 매우 밀접하게 관련되어 있는 양이므로(그 이유는 다음 장에서 설명할 것이다), 지금 우리의 눈에 보이는 것은 초기우주의 특성을 좌우했던 높은 대칭성이 붕괴되고 남은 흔적일 수도 있다.

제9장

증발된 진공

열(熱)과 무(無), 그리고 통일

우주의 진화과정을 설명하는 이론은 여러 종류가 있지만 그들 중 약 95%는 우주의 전체적인 조건에 대하여 거의 동일한 주장을 하고 있다. 우주는 지금도 계속해서 팽창하고 있다. 그 안에 있는 물질들은 공간의 팽창과 함께 넓은 지역으로 퍼져 나가고 있으며, 그 결과 우주의 온도와 밀도는 점차 낮아지고 있다. 가장 거시적인 스케일에서 볼 때, 우주공간은 대칭성과 균질성을 유지하고 있다. 그러나 이것은 우주가 어느 정도 안정된 상태로 접어든 후의 이야기고, 모든 변화가 급격하게 진행되던 탄생초기의 우주는 전혀 다른 모습이었을 것으로 짐작된다.

이 장에서는 빅뱅이 일어난 후 1초 이내에 어떤 일이 있었는지를 집중적으로 알아보기로 한다. 우주가 탄생한 직후에는 고도의 대칭성이 급격하게 붕괴되었고 이때 일어난 일련의 변화들은 향후 장구한 세월 동안 우주의 운명을 좌우하는 결정적인 요인이 되었다. 물리학자들은 우주탄생의 초기에 일어났던 격렬한 변화와 대칭성의 붕괴과정에 각별한 관심을 갖고 있다. 그 무렵에 존재했던 물질과 힘의 기본구조는 지금과 전혀 딴판이었기 때문이다.

이 모든 역사는 열과 대칭성의 긴밀한 관계 속에 함축되어 있으며, 그 내용을 이해하려면 '텅 빈 공간empty space'과 '완전한 무(無)nothingness'의 의미를 다시 한 번 깊이 생각해 봐야 한다. 앞으로 알게 되겠지만, 이들은 초기우주를 이해하는 데 필수적인 요소일 뿐만 아니라 뉴턴과 맥스웰, 그리고 특히 아인슈타인의 꿈이었던 '통일된 물리법칙'의 세계로 우리를 안내할 것이다. 또한, 텅 빈 공간과 완전한 무의 개념은 우주론의 최신버전인 '인플레이션 우주론inflation cosmology'에서 가장 중요하게 다뤄지고 있다. 이 모든 내용을 한꺼번에 설명할 수는 없으므로, 일단은 열과 대칭성의 긴밀한 관계부터 차근차근 알아보기로 하자.

열과 대칭성

어떤 물체이건 간에, 뜨겁게 달궈지거나 차갑게 식으면 모종의 변화가 일어난다. 변화의 정도가 너무 심하면 원래의 모습을 짐작하는 것조차 어려워질 수도 있다. 빅뱅이 일어난 직후에 우주는 엄청난 고온상태였고 그 후로 공간이 팽창하면서 급격하게 식었으므로 초기우주의 역사를 이해하려면 온도가 변할 때 나타나는 일련의 현상들을 반드시 알고 있어야 한다. 일단은 얼음에서 시작하여 이야기를 풀어 나가 보자.

차가운 얼음 조각에 열을 가하면 처음에는 별다른 변화가 일어나지 않는다. 얼음의 온도는 올라가겠지만 겉모습에는 큰 변화가 없다. 그러나 얼음에 계속해서 열을 가하여 온도가 섭씨 0도에 이르면 갑자기 급격한 변화가 나타나기 시작한다. 견고했던 얼음이 녹으면서 물로 변하는 것이다! 이것을 너무 당연한 현상이라고 생각한다면 중요한 부분을 놓칠 수도 있다. 얼음이 녹는 광경을 한 번도 본 적이 없는 사람이라면 경이에 찬 표정을 지으며 얼음과 물 사이에 어떤 관계가 있는지 알아내고 싶어질 것이다. 한쪽은 단단한 고체이고 다른 한쪽은 점성을 가진 액체이다. 물론 얼음과 물은 모두 H_2O라는 분자로 이루어져 있지만 간단한 관찰로는 이런 공통점을 발견하기 어렵다. 얼음과 물을 단 한 번도 본 적이 없는 사람에게 커다란 얼음 조각과 한 통의 물을 번갈아 보여 준다면 그는 아무런 공통점도 찾지 못할 것이다. 그러나 주변 온도를 변화시키면서 관찰을 하다 보면 이들 사이에 숨어 있는 놀라운 관계가 비로소 드러나기 시작한다.

물에 열을 가하는 경우도 마찬가지다. 물이 담긴 냄비를 버너에 올려놓고 불을 점화시키면 한동안 아무런 변화도 일어나지 않는다. 물에 손을 담가 봐도 물이 뜨거워지고 있다는 정도의 변화만 느껴질 뿐이다. 그러나 물의 온도가 섭씨 100도에 이르는 순간부터 극적인 변화가 나타난다. 물이 격렬하게 끓으면서 증기로 변하기 시작하는 것이다! 그런데 증기와 물을 따로 분리시켜 놓으면 이들 사이의 공통점도 겉으로 분명하게 드러나지 않는다. 다들 알다시피 얼음과 물, 그리고 증기는 모두 H_2O분자로 이루어진 물체이며 온도에 따라서 셋 중 하나의 상태를 취한다. 이와 같이 고체에서 액체로, 또는 액체에서 기체로 변하는 현상을 일반적으로 '상전이phase transition'라 하는데, 온도가 변하는 폭을 충분히 넓게 잡으면 대부분의 물질들은 얼음-물-증기와 비슷한 상전이를 겪게 된다.[1]

대칭성은 상전이 과정에서 핵심적인 역할을 한다. 대부분의 경우, 상전이가 일어나면 물체에 존재했던 대칭성은 큰 변화를 겪게 된다. 한 가지 예를 들어 보자. 얼음을 이루고 있는 H_2O분자는 질서정연한 6각형 구조로 되어 있다. 그러므로 그림 8.1에 예시된 회전하는 육면체처럼, 얼음의 분자구조는 특정 축을 중심으로 60°만큼 회전시켜도 그 형태가 변하지 않는다. 그런데 여기에 열을 가하면 기존의 분자구조가 마구 뒤섞이면서 새로운 규칙이 나타난다. 얼음이 녹으면서 형성되는 물의 분자구조 역시 회전에 대하여 대칭성을 갖지만, 특정한 축이 아니라 '임의의' 축을 중심으로 회전시켜도 그 형태가 변하지 않는다. 즉, 얼음에 열을 가하여 얼음→물의 상전이가 일어나면 이전보다 대칭성이 높아지는 것이다(독자들은 얼음이 물보다 더 질서정연한 상태이므로 얼음의 대칭성이 더 높다고 생각할지도 모른다. 그러나 사실은 정반대이다. 대칭성이 높다는 것은 상태가 규칙적이라는 뜻이 아니라 '상태를 변화시키지 않는 변환의 종류'가 많이 존재한다는 뜻이다).

이와 마찬가지로, 물을 끓여서 물→증기의 상전이가 일어날 때에도 대칭성이 높아진다. 물을 이루는 H_2O분자들은 (평균적으로) 수소원자가 붙어 있는 쪽으로 서로 접해 있는 구조를 갖고 있지만, 수증기상태가 되면 개개의 분자들이 자유롭게 움직이면서 기존의 대칭이 붕괴되는 대신 '하나의 분자를 임의의 각도로 회전시켜도 수증기의 전체적인 모습이 변하지 않는' 더욱 높은 대칭성을 보유하게 된다. 즉, 얼음이 물로 변하면서 대칭성이 높아지는 것처럼, 물이 증기로 변할 때에도 대칭성이 풍부해진다는 뜻이다. 거의 모든 물질들은 고체→액체, 또는 액체→기체의 상전이를 겪으면서 대칭성이 높아진다는 공통점을 갖고 있다(예외적인 경우도 있다[2]).

온도를 낮추면 위에서 언급한 변화가 정반대의 방향으로 일어난다. 예를 들어, 수증기의 온도를 낮추면 처음에는 별다른 변화가 없지만 온도가 섭씨 100도 이하로 떨어지면 물방울이 맺히기 시작한다. 그리고 여기서 온도를 계속 낮추면 한동안 물의 상태가 유지되다가 섭씨 0도에 이르면 갑자기 얼음으로 변하기 시작한다. 즉, 물체의 온도를 낮추면 상전이를 일으키면서 대칭성이 줄어드는 것이다.⁜

얼음과 물, 증기의 경우는 그렇다 치고, 이런 것이 우주론과 무슨 관계라

⁜ 대칭성이 줄어든다는 것은 겉으로 드러나지 않는 변환의 종류가 줄어든다는 것을 의미한다. 그러나 상전이가 일어날 때 외부로 열이 방출되기 때문에 이 경우에도 주변 환경을 포함한 전체적인 엔트로피는 증가한다.

는 말인가? 1970년대에 물리학자들은 우주를 구성하는 물질들뿐만 아니라 우주 자체도 상전이를 일으킬 수 있다는 놀라운 사실을 알아냈다. 지난 140억 년 동안 우주는 끊임없는 팽창을 겪으면서 꾸준히 식어 왔는데(자전거 타이어의 압력이 낮아질 때 온도가 내려가는 것과 같은 이치이다), 온도가 내려가는 대부분의 시간 동안은 큰 변화를 겪지 않다가 어떤 임계온도에 다다랐을 때 격렬한 변화를 겪으면서 그동안 보유하고 있던 많은 대칭성을 잃어버렸다는 것이다. 대다수의 물리학자들은 지금 우리가 초기의 우주와 전혀 다른 상태인 '얼어붙은' 우주에 살고 있는 것으로 믿고 있다. 우주적 상전이는 기체가 액체로 변하거나 액체가 고체로 변하는 일상적인 상전이와 전혀 다른 양상으로 진행되지만, 그 내부를 자세히 들여다보면 몇 가지 공통점을 갖고 있다. 우주가 점차 식어가다가 임계온도에 도달하면 얼음처럼 얼어붙는 것이 아니라 그 안에 어떤 장field이 출현하게 된다(좀 더 정확하게는 힉스장Higgs field이라고 한다).

힘과 물질, 그리고 힉스장

장의 개념은 현대물리학에서 핵심적인 역할을 하고 있다. 가장 간단하면서도 가장 널리 수용되고 있는 장은 아마도 3장에서 다뤘던 전자기장일 것이다. 라디오파와 TV전파를 비롯하여 무선전화와 태양빛에 이르기까지 우리의 일상생활은 전자기파의 바다 속에서 이루어진다고 해도 과언이 아닐 정도이다. 전자기장의 기본적 구성요소인 광자는 전자기력을 매개하는 입자로 알려져 있다. 당신의 눈에 어떤 물체가 보인다는 것은 그 물체로부터 반사된(또는 그 물체가 발산하는) 전자기파(또는 광자)가 망막에 도달했음을 의미한다. 이런 이유 때문에 광자는 흔히 전자기력의 '전령입자messenger particle'라 불리기도 한다.

중력은 모든 물체를 지구의 표면에 붙들어 두는 힘으로서 우리에게 가장 친숙한 힘이다. 전자기력의 경우와 마찬가지로, 우리의 일상은 중력의 바다 속에서 진행되고 있다. 우리가 느끼는 중력의 대부분은 지구로부터 기인하고 있으나, 태양과 달을 비롯한 다른 행성의 중력도 지구의 환경에 나름대로 영향력을 행사하고 있다. 전자기장을 형성하는 기본입자가 광자이듯이, 물리학자들은 중력장을 형성하는 기본입자를 중력자graviton라 부르고 있다. 중력자는 아직 실험적으로 발견된 적이 없는데, 여기에는 그럴 만한 이유가 있다. 중력은 자연에 존재하는 근본적인 힘들 중에서 가장 약한 힘이기 때문에, 그 힘을 매개하는 입자도 자신의 존재를 강하게 드러내지는 않을 것이다(조그만 자석으로 클립을 들어 올릴 수 있다는 것은 지구 전체가 클립을 잡아당기는 중력보다 조그만 자석 하나가 클립을 당기는 자력이 더 크다는 것을 의미한다). 물리학자들은 실험적 증거가 없음에도 불구하고 광자가 전자기력을 매개하는 것처럼 중력자가 중력을 매개하는 것으로 믿고 있다. 누군가가 당신에게 "손에서 미끄러진 유리잔은 왜 바닥으로 떨어지는가?"라고 묻는다면, 당신은 지구의 중력이 유리잔을 잡아당기고 있기 때문이라고 대답할 수도 있고 아인슈타인의 중력이론을 도입하여 지구의 질량에 의해 왜곡된 공간을 따라 유리잔이 미끄러지고 있다고 대답할 수도 있으며, 또는 중력자가 지구와 유리잔 사이를 오락가락하면서 유리잔에게 "지구를 향해 다가가라"는 메시지를 전달하고 있기 때문이라고 대답할 수도 있다.

위에서 언급한 전자기장과 중력장 이외에, 자연에 천연적으로 존재하는 힘으로는 강한 핵력(강력)strong nuclear force과 약한 핵력(약력)weak nuclear force이 있는데, 이 힘들도 그에 해당하는 장을 형성하고 있다. 핵력은 원자적 규모에서 작용하는 힘이기 때문에 일반인들에게는 그리 친숙하지 않지만 태양 에너지의 원천인 핵융합반응과 원자반응기 안에서 일어나는 핵분열, 그리고 우라늄이나 플루토늄 같은 물질에서 일어나는 방사성붕괴radioactive decay 등에 대해서는 한 번쯤 들어 본 적이 있을 것이다. 강한 핵력장과 약한 핵력장은 1950년대에 이론의 기틀을 마련했던 양C. N. Yang과 밀스Robert Mills의 이름을 따서 '양-밀스 장Yang-Mills field'이라 한다. 전자기장이 광자로 이루어져 있고 중력장이 중력자로 이루어져 있는 것처럼, 강력장과 약력장도 어떤 특정한 입자로 이루어져 있다. 강력은 글루온gluon에 의해 매개되고 약력은 W입자와 Z입자에 의해 매개된다. 이 입자들은 1970년대 말~1980년대 초에 걸쳐 독일과 스위스에 있는 입자가속기 연구실에서 실험적으로 발견됨으로써 그 존재가 입증되었다.

장의 개념은 물질에도 그대로 적용될 수 있다. 대충 말하자면 양자역학의 확률파동은 어떤 입자나 물질이 특정 장소에서 발견될 확률을 나타내는 일종의 장이라 할 수 있다. 예를 들어, 전자는 그림 4.4처럼 스크린에 작은 점 모양의 흔적을 만들기 때문에 입자로 간주해야 하지만, 그림 4.3b와 같이 간섭무늬를 만드는 경우도 있으므로 파동으로 간주해야 할 때도 있다.[3] 이 책에서 구체적인 설명은 생략하겠지만,[4] 전자의 확률파동은 전자장electron field과 밀접하게 관련되어 있다는 점을 기억하기 바란다. 전자장은 여러 가지 면에서 전자기장과 비슷한 점이 많은데, 장의 구성성분이 전자라는 점에서 전자기장과 구별된다(전자기장의 구성성분은 광자이다). 이것은 전자뿐만 아니라 물질을 이루는 모든 입자들이 갖고 있는 공통적인 특성이다.

물질에 의한 장matter field과 힘에 의한 장force field을 모두 다루고 나면 당신은 모든 것을 알았다고 생각할지도 모른다. 그러나 이 이론은 아직 완성되지 않았다는 것이 학자들의 중론이다. 많은 물리학자들은 이들 이외에 제3의 장이 존재한다고 믿고 있는데, 이 장은 실험실에서 단 한 번도 발견된 적이 없지만 지난 수십 년간 우주론과 입자물리학 분야에서 핵심적인 역할을 해왔으며, 스코틀랜드 출신의 물리학자인 피터 힉스Peter Higgs의 이름을 따서

'힉스장Higgs field'이라는 이름으로 불리고 있다.[5] 다음절에서 소개할 이론이 맞는다면, 이 우주는 빅뱅의 유적이라 할 수 있는 힉스장으로 가득 차 있고, 당신의 몸을 비롯한 모든 만물을 이루는 입자들의 특성도 이로부터 결정되었다고 할 수 있다.

차가운 우주 속에 존재하는 장

온도가 변하면 물질의 상태가 변하는 것처럼, 장도 온도에 따라 달라진다. 온도가 높아지면 (끓는 물이 담겨 있는 냄비의 표면처럼) 장의 값이 엄청나게 커지면서 위아래로 격렬한 진동을 겪게 된다. 그리고 지금처럼 차가운 우주공간(절대온도 2.7K)이나 지구 표면의 평균기온 정도에서는 장의 기복이 거의 나타나지 않는다. 그런데 빅뱅이 일어나고 10^{-43}초가 지난 후에 우주의 온도는 무려 10^{32}도나 되었으므로(이 정도면 절대온도와 섭씨온도를 구별하는 것도 의미가 없어진다), 그 무렵에 존재했던 모든 장들은 엄청난 요동을 겪었을 것으로 추정된다.

그 후, 공간의 팽창과 함께 온도가 내려가면서 우주공간을 채우고 있는 물질과 복사의 밀도는 서서히 작아졌고 장의 요동도 점차 진정되었다. 다시 말해서, 대부분의 장은 평균적으로 0에 가까운 값을 갖게 되었다는 뜻이다. 어떤 순간에 특정한 장은 잠시 동안 0보다 큰 값이 되었다가 다시 0보다 작은 값으로 내려가는 등 미약한 진동을 겪긴 했지만 평균적으로 볼 때 대부분의 장들은 거의 0에 가까운 값으로 진정되었다. 장이 0이라고 하면, 우리는 직관적으로 '아무것도 없는 텅 빈 공간'을 떠올린다.

바로 이 시점에서 힉스장이 두각을 나타내기 시작한다. 물리학자들이 생각하는 힉스장은 다음과 같다 — 빅뱅이 일어난 직후 초고온 상태에서 모든 장들은 한결같이 격렬한 진동을 겪었지만 온도가 충분히 내려가면서 다른 장들이 거의 0에 가까운 평균값을 갖게 되었을 때 전 공간에 걸쳐 0이 아닌 어떤 특정한 값으로 '동결'된 장을 힉스장이라 한다(온도가 충분히 내려갔을 때 수증기가 물방울로 응결되는 것과 비슷한 현상으로 이해할 수 있다). 물리학자들은 힉스장이 동결된 값을 가리켜 '힉스장의 진공기대값Higgs field vacuum expectation value'이라고 부른다. 힉스장은 전 우주공간에 골고루 퍼져 있다고 추정되므로, 앞으로 '힉스장'과 '힉스의 바다Higgs ocean'라는 표현을 섞어서 사용하기로 하겠다.

그림 9.1a와 같이, 뜨겁게 달궈진 금속제 그릇의 중앙부에 모여 있는 벌레들을 향하여 개구리가 뛰어들었다고 가정해 보자. 아무것도 모른 채 그릇 안으로 무작정 뛰어든 불쌍한 개구리는 발바닥이 너무 뜨거워서 상하좌우로 마구 뛰어다닐 것이므로, 개구리의 평균 위치는 벌레들로부터 멀리 떨어져 있게 되고 그 결과 개구리는 벌레들이 어디에 모여 있는지조차 알 수 없을 것이다. 그러나 시간이 흐르면서 그릇이 식으면 개구리는 점차 안정을 찾으면서 더 이상 이리저리 뛰어다니지 않고 그릇의 바닥을 향해 침착하게 다가갈 것이다. 그리고 그릇의 중심부에 이르는 순간, 드디어 개구리는 저녁식사거리와 마주치게 된다(그림 9.1b).

그러나 그릇의 생김새에 약간의 변형을 가하면 상황은 크게 달라진다. 다시 뜨겁게 달궈진 그릇의 중심부에 벌레들이 모여 있는 상태로 되돌아가 보자. 단, 이번에는 그릇의 중앙부가 그림 9.1c처럼 위쪽으로 돌출되어 있다. 이곳에 던져진 개구리는 중앙에 있는 돌출부에 식사거리가 있다는 사실을 전혀 눈치 채지 못하고 발이 뜨거워서 이리저리 뛰어다니다가 그릇이 충분히 식으면 마음의 안정을 되찾으면서 매끄러운 벽을 타고 중앙부를 향해 서서히 기어갈 것이다. 그러나 이번에는 그릇의 중앙부가 돌출되어 있기 때문에 개구리는 중심부에 이르지 못하고 그림 9.1d와 같이 가장 깊은 계곡에서

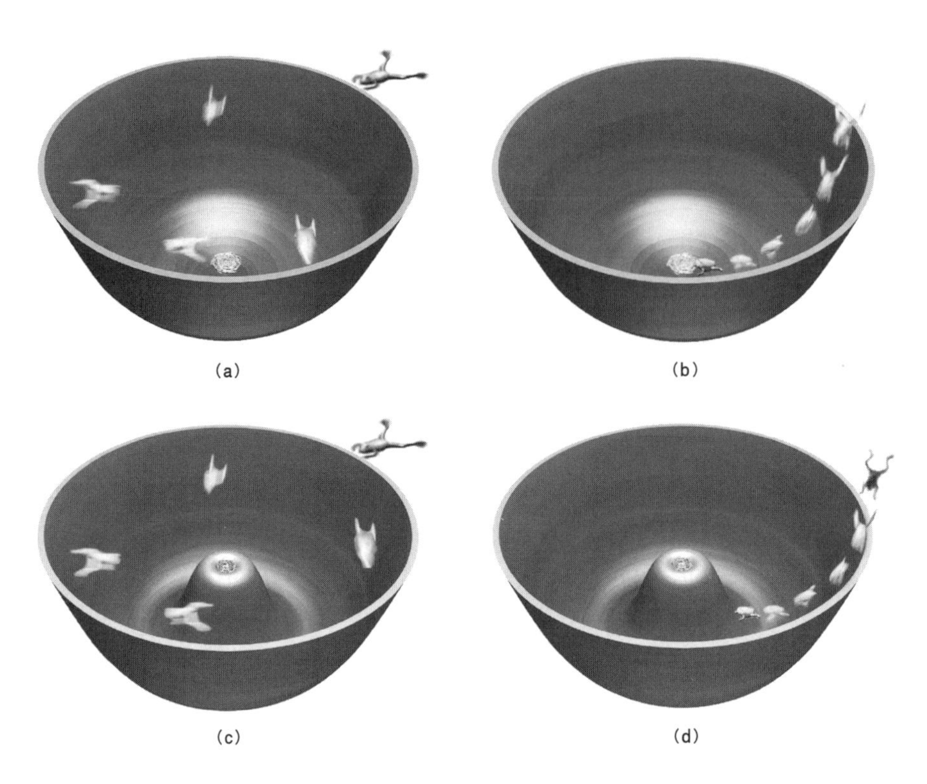

그림 9.1 **(a)** 뜨거운 금속그릇으로 뛰어든 개구리는 발이 뜨거워서 이리저리 정신없이 뛰어다닌다. **(b)** 그릇이 식으면 개구리는 안정을 되찾으면서 그릇의 중심부를 향해 서서히 기어간다. **(c)** 중심부가 돌출된 뜨거운 그릇 안으로 던져진 개구리는 발이 뜨거워서 이리저리 정신없이 뛰어다닌다. **(d)** 그릇이 식으면 개구리는 안정을 되찾으면서 그릇의 가장 깊은 곳을 향해 서서히 기어가지만 그릇의 중심부(돌출된 곳)에는 도달하지 못한다.

멈출 것이다.

여기서 개구리와 벌레 사이의 수평거리를 장의 값에 대응시키고(개구리가 벌레로부터 멀리 떨어져 있을수록 장의 값이 크다) 개구리가 있는 곳의 높이(고도)를 '그 위치에서 장이 갖는 에너지'에 대응시키면(개구리가 그릇의 높은 곳에 있을수록 장의 에너지가 크다) 식어 가는 우주 속에서 장의 변천과정을 이해할 수 있다. 우주가 뜨거울 때에는 장들이 개구리처럼 요동치다가, 온도가 내려가면 서서히 진정되면서 가장 작은 에너지상태(안정된 상태, 그릇의 가장 깊은 곳)를 찾아가게 된다.

자, 지금부터가 중요한 부분이다. 앞의 사례에서 보았듯이 가능한 경우는 두 가지로 요약된다. 장의 에너지(위치에 따라 달라지기 때문에 위치에너지 potential energy라고도 한다)분포가 그림 9.1a처럼 매끄러운 형태를 하고 있다면 장의 값은 (진정된 개구리처럼) 전 공간에 걸쳐 그릇의 중심부인 0으로 수렴할 것이다. 그러나 장의 위치에너지가 그림 9.1c와 같이 가운데가 돌출된 형태로 분포되어 있다면 벌레들이 있는 곳에 이르지 못하는 개구리처럼, 장의 값은 그릇의 중심부로 수렴하지 못하고 중심으로부터의 거리가 0이 아닌 골짜기로 수렴하게 된다. 즉, 장 자체가 '0이 아닌 어떤 값'을 갖게 되는 것이다(그릇의 중심부와 개구리 사이의 수평거리가 장의 값에 대응된다는 것을 다시 한 번 상기하기 바란다).[6] 이것이 바로 힉스장의 두드러진 특징이다. 우주가 차가워짐에 따라 힉스장의 값은 에너지가 가장 작은 골짜기로 수렴하기 때문에 결코 0이 될 수 없다. 그리고 이것은 우주 전역에 걸쳐 골고루 적용되는 논리이므로, 지금의 우주는 0이 아닌 균일한 힉스장, 즉 힉스의 바다로 가득 차 있다고 생각할 수 있다.

우주공간이 팽창함에 따라 물질과 복사의 밀도가 작아지고 온도가 내려가면서 공간이 품고 있는 에너지도 점차 작아진다. 이 과정이 엄청나게 긴 세월 동안 계속되어 에너지가 더 이상 줄어들 수 없는 가장 작은 값에 도달하면 우주공간은 밀도가 가장 작은 상태에 이르게 될 것이다. 공간을 가득 채우고 있는 일상적인 장들은 그림 9.1b와 같이 장의 값이 0일 때(개구리가 그릇의 중심부에 이르렀을 때) 최소에너지 상태가 된다. 즉, 장의 값이 0일 때 에너지도 0이 되는 것이다. 우리는 텅 빈 공간을 떠올릴 때 장을 포함한 모든 물리량들이 0인 상태를 떠올리므로 이것은 우리의 직관과 잘 일치하는 결과라고 할 수 있다.

그러나 힉스장의 경우에는 사정이 많이 다르다. 그림 9.1c에서 개구리가 그릇의 중심부에 도달하려면 계곡에서 돌출부 위로 뛰어오를 수 있을 만큼의 에너지를 갖고 있어야 하듯이, 힉스장이 그릇의 중심부에 도달하여 0의 값을 가지려면 언덕을 오를 수 있을 만큼의 에너지를 갖고 있어야 한다. 만일 개구리의 에너지가 부족하거나 남은 에너지가 전혀 없다면 중심부의 언덕을 오르지 못하고 벌레와 일정한 간격을 유지한 채 그 주변에 있는 골짜기에 머물 수밖에 없을 것이다. 이와 마찬가지로, 힉스장의 에너지가 부족하거나 아예 없으면 중심부의 언덕에서 미끄러져 계곡에 머물게 되고, 이 지점은 그릇의 중심부와 일정 거리만큼 떨어져 있으므로 장 자체는 0이 아닌 값을 갖게 된다.

힉스장의 값을 0으로 만들려면(장을 완전히 제거하여 공간에 아무것도 남지 않게 하려면) 에너지를 올려야 하고, 에너지가 올라가면 공간은 이전보다 '덜 빈 상태'가 된다. 언뜻 듣기에는 모순처럼 들리지만, 힉스장의 값을 0으로 만든다는 것은 그 지역에 에너지를 추가한다는 뜻이다. 완전히 똑같은 사례는 아니지만 잡음제거용 헤드폰도 이와 비슷한 원리로 작동된다고 할 수 있다. 이 장치는 자체적으로 잡음을 생성시켜서 주변의 잡음을 상쇄시키는 원리로 작동된다. 잡음제거용 헤드폰을 착용하고 있으면 시끄러운 장소에서도 거의 완벽한 고요를 느낄 수 있다. 그러나 헤드폰의 전원을 끄면 그 순간부터 시끄러운 소음이 들려오기 시작한다. 물리학자들은 이와 비슷한 이유로 전 우주공간이 힉스장으로 가득 차 있을 때 최소한의 에너지를 갖는다고 믿고 있다. '가장 텅 빈' 공간이란 진공상태를 의미하므로, 위의 논리를 따른다면 진공은 힉스장이 균일하게 퍼져 있는 상태를 의미하는 셈이다.

힉스장이 전 공간에 걸쳐 0이 아닌 값을 갖게 되는 과정을 가리켜 '자발적인 대칭성 붕괴spontaneous symmetry breaking'라고 하는데,[+] 이 아이디어는 20세기 후반에 이론물리학의 최대현안으로 부각되었다. 지금부터 그 이유를 자세히 알아보자.

힉스의 바다와 질량의 근원

힉스장이 전 우주공간에 퍼져 있고 그 값이 0이 아니라면 그 존재를 감지할 수도 있지 않을까? 물론이다. 팔을 이리저리 휘두르면 우리의 근육은 팔의 질량을 '느낀다'. 그리고 볼링공을 집어 든 채로 팔을 휘두르려면 손가락과 팔의 근육은 이전보다 더욱 강한 힘을 행사해야 한다. 움직여야 할 대상의 질량이 이전보다 커졌기 때문이다. 이런 점에서 보면 물체의 질량은 '움직임에 대한 저항'으로 이해할 수 있다. 좀 더 정확하게 말하자면 질량이란 움직임이 변할 때(가속운동) 그 변화에 저항하는 정도를 나타내는 척도이다. 그런데, 가속운동에 저항하는 물체의 속성은 대체 어디서 비롯된 것일까? 이 질문을 물리적으로 바꾸면 다음과 같다 — "관성의 근원은 무엇인가?"

우리는 2~3장에서 뉴턴과 마흐, 그리고 아인슈타인이 제시한 '부분적인' 답을 이미 알고 있다. 이들은 완전한 정지상태를 판가름하는 기준을 나름대로 제시했었다. 뉴턴이 제시했던 기준은 절대공간이었고 마흐의 기준은 멀리 있는 별들이었으며 아인슈타인의 특수상대성이론에서 정지상태의 기준은 절대적인 시공간이었다. 그 후 아인슈타인의 일반상대성이론에서는 중력장이 기준역할을 했다. 그러나 정지상태의 기준을 설정하고 가속도를 정의한

✣ 용어 자체는 별로 중요하지 않지만, 이런 거창한 이름이 붙게 된 데에는 다음과 같은 이유가 있다. 그림 9.1c와 9.1d에 나타난 계곡(그릇 밑바닥의 파인 부분)은 원형대칭을 갖고 있다. 즉, 깊게 파인 부분에 있는 모든 점들은 물리적으로 동등하게 취급될 수 있다(이 점들은 최소에너지 상태에서 힉스장의 값을 나타낸다). 그런데 힉스장의 값이 그릇의 벽을 따라 아래로 내려가다 보면 이들 중 하나의 지점을 선택할 수밖에 없다. 즉, 힉스장이 '자발적으로' 하나의 특별한 지점을 선택하는 것이다. 그리고 하나의 점이 선택되면 계곡을 이루는 모든 점들은 더 이상 동등하게 취급될 수 없다. 힉스장이 하나의 점을 선택함으로써 대칭성이 붕괴되었기 때문이다. 이 과정을 하나의 문장으로 줄인 것이 '자발적인 대칭성 붕괴(spontaneous symmetry breaking)'이다. 힉스의 바다가 형성되면서 나타나는 대칭성의 붕괴는 좀 더 가시적인 결과를 낳기도 하는데 이 점에 관해서는 나중에 설명할 예정이다.[7]

다 해도 "물체는 왜 가속운동에 저항하는가?"라는 질문에는 마땅한 답을 제시할 수 없다. 즉, 뉴턴과 마흐, 그리고 아인슈타인은 질량(관성)의 근원을 설명하지 못한 것이다. 그런데 힉스장은 이 근본적인 질문에 나름대로의 해답을 제시하고 있다.

당신의 팔과 볼링공을 구성하고 있는 모든 원자들은 양성자와 중성자, 그리고 전자로 이루어져 있다. 그리고 1960년대에 이르러 양성자와 중성자는 더욱 작은 입자인 쿼크quark로 이루어져 있다는 사실이 실험으로 확인되었다. 그러므로 팔을 흔드는 사람은 자신의 팔을 이루고 있는 모든 쿼크와 전자들을 한꺼번에 흔들고 있는 셈이다. 그런데 이 세상이 온통 힉스장으로 가득 차 있다면 쿼크와 전자들은 힉스장과 무언가 상호작용을 교환하고 있을 것이다. 커다란 용기 안에 당밀과 같이 점성이 큰 액체를 가득 채우고 그 안에서 탁구경기를 하면 공이 가속도에 저항하는 정도가 훨씬 커지는 것처럼(공의 움직임이 둔해지는 것처럼), 힉스장 안에 잠겨 있는 쿼크와 전자는 운동의 변화에 더욱 크게 저항할 것이다. 그리고 이 저항은 당신의 근육에 느껴지는 팔과 볼링공의 질량, 또는 100m 달리기를 하면서 몸을 가속시킬 때 느껴지는 몸 전체 질량의 근원이 된다. 우리는 이런 식으로 힉스장의 존재를 '느끼고 있다.' 물체의 속도를 바꿀 때 힘을 가해야 하는 이유는 힉스장이 물체의 운동상태가 변하는 것을 방해하고 있기 때문이다.[8]

'당밀 속에서 움직이는 물체'의 비유는 힉스장의 일부 특성을 잘 보여 주고 있다. 당밀 속에 잠겨 있는 탁구공을 가속시키려면 공기 중에 있을 때보다 더욱 큰 힘을 가해야 한다. 탁구공은 당밀 속에 있을 때 운동의 변화에 더욱 강하게 저항하기 때문이다. 그리고 이것은 탁구공의 질량이 증가한 것과 동일한 효과를 가져온다. 이와 마찬가지로, 힉스장과 상호작용을 하고 있는 소립자들은 속도의 변화에 더욱 강하게 저항하면서 마치 질량이 증가한 것 같은 행동을 보인다. 그러나 당밀 속에서 움직이는 탁구공과 힉스장 속에서 움직이는 소립자들 사이에는 근본적으로 몇 가지 다른 점이 있다.

첫째, 우리는 마음만 먹으면 언제든지 탁구공을 당밀 밖으로 꺼내서 공기 중의 가속운동과 비교할 수 있지만 소립자의 경우는 이것이 불가능하다. 지금까지 알려진 바에 의하면 힉스장은 전 우주공간에 가득 차 있기 때문에, 힉스장이 존재하지 않는 곳으로 입자를 꺼낼 수가 없다. 우주 내의 어느 위치에 있건 간에 입자는 힉스장에 잠겨 있으므로 그로부터 비롯된 질량을 가질 수밖에 없다. 둘째, 당밀은 등속운동을 비롯한 모든 운동에 대하여 저항력을 행사하지만 힉스장은 오직 가속운동이 일어날 때에만 저항력을 행사한다. 당밀 속에서 움직이는 탁구공과는 달리, 등속운동을 하고 있는 소립자는 힉스장의 저항을 전혀 받지 않는다. 그래야만 우주공간에서 등속운동 중인 물체가 현재의 운동상태를 영원히 유지하는 이유를 설명할 수 있기 때문이다. 우리가 물체의 속도를 변화시킬 때에 한하여 힉스장은 그에 해당하는 힘을 요구함으로써 자신의 존재를 간접적으로 드러내고 있다. 셋째, 작은 입자들이 모여서 형성된 일상적인 물체들은 쿼크와 전자 이외에 질량을 좌우하는 또 다른 요인을 갖고 있다. 양성자와 중성자를 이루고 있는 쿼크는 글루온gluon이라는 매개입자에 의해 핵력으로 단단히 결합되어 있는데, 실험적으로 알려진 사실에 의하면 글루온은 매우 큰 에너지를 갖고 있고 에너지는 질량을 통해 그 존재를 드러내므로($E=mc^2$), 양성자와 중성자의 내부에서 핵력을 매개하고 있는 글루온은 그 자체만으로도 커다란 질량을 갖고 있다. 힉스장은 쿼크나 전자와 같이 물질을 이루는 근본입자에 질량을 부여하지만, 이런 입자들이 모여서 양성자나 중성자, 또는 원자 등을 구성하게 되면 전체 질량에 글루온의 질량이 추가되는 것이다.

물리학자들은 힉스장이 입자의 가속도에 저항하는 정도가 입자의 종류에 따라 다르다고 믿고 있다. 사실, 입자의 질량은 종류마다 천차만별이므로 힉스장으로 입자의 질량을 설명하려면 이와 같은 가정이 반드시 도입되어야 한다. 예를 들어, 양성자와 중성자는 두 종류의 쿼크로 이루어져 있는데(두 종류란 위쿼크up-quark와 아래쿼크down-quark를 말한다. 양성자는 두 개의 위쿼크와 한 개의 아래쿼크로 이루어져 있고 중성자는 두 개의 아래쿼크와 한 개의 위쿼크로 이루어져 있다), 이 사실이 알려진 후로 여러 해에 걸친 충돌실험을 통해 네 종류의 쿼크가 추가로 발견되었으며 이들의 질량은 양성자의 0.0047배에서 189배에 이르기까지 다양하게 분포되어 있다. 물리학자들은 입자의 종류에 따라 질량이 다른 이유를 설명하기 위해 각 입자들이 힉스장과 상호작용하는 정도가 다르다는 가정을 내세웠다. 즉, 입자의 질량이 작다는 것은 입자와 힉스장 사이의 상호작용이 그만큼 작다는 뜻이다. 대표적인 사례로는 광자를 들 수 있는데, 광자는 힉스장을 통과하면서 아무런 저항도 받지 않기 때문에 질량을 갖지 않는다고 이해할 수 있다. 이와 반대로 힉스장과의 상호작용이 강한 입자들은 상대적으로 질량이 크다. 가장 무거운 쿼크인 꼭대기쿼크top-quark의 질량은 전자의 350,000배나 되는데, 이는 꼭대기쿼크가 힉스장과 상호작용하는 정도가 전자보다 350,000배나 강하다는 뜻이며, 그 결과 꼭대기쿼크는 힉스장 안에서 가속되기가 그만큼 어려워진다. 입자의 질량을 한 사람의 명성에 비유한다면 힉스장은 파파라치에 비유할 수 있다. 유명하지 않은 사람은 벌떼처럼 모여든 파파라치 무리 속을 별로 어렵지 않게 헤쳐 나갈 수 있지만 유명한 정치인이나 영화배우일수록 이들을 헤쳐나가기 어려워진다.[9]

이런 식으로 생각하면 입자의 종류마다 질량이 다른 이유를 원리적으로 이해할 수는 있지만 입자가 힉스장과 상호작용을 주고받는 구체적인 과정은 아직 알려지지 않고 있다. 그래서 각 입자들이 왜 그런 질량을 갖게 되었는지는 여전히 미지로 남아 있다. 그러나 대부분의 물리학자들은 **힉스장이 없다면 모든 입자들은 질량이 없을 것이라고 굳게 믿고 있다.** 이제 곧 알게 되겠지만 탄생 직후의 우주가 바로 이런 상태였다.

물리법칙의 통일

수증기는 섭씨 100도에서 액화되고 물은 섭씨 0도에서 얼어붙지만 힉스장은 무려 10^{15}도라는 엄청난 고온에서 0이 아닌 값으로 '얼어붙는다.' 이것은 태양의 중심부보다 1억 배나 높은 온도인데, 빅뱅 이후(ATB) after the big bang 10^{-11}초 만에 우주는 이 정도의 온도까지 식었던 것으로 추정된다. 그 이전에는 힉스장의 값이 격렬하게 진동하면서 평균적으로는 0을 유지하고 있었다. 100도 이상의 고온에 노출된 물처럼, 10^{15}도 이상의 고온에서 힉스의 바다는 지금처럼 고요한 상태를 유지할 수 없었다. 고온에서 물이 증발하는 것처럼 힉스의 바다도 증발된 상태였던 것이다. 이렇게 힉스장이 없는 상태에서 가속운동을 하는 입자는 아무런 저항도 받지 않기 때문에(파파라치가 없는 곳에서 아무런 방해 없이 유유히 걸어가는 유명 영화배우처럼) 질량도 0으로 사라진다.

힉스장의 형성과정이 우주적 위상변화로 취급되는 이유가 바로 이것이다. 증기가 물로 변하거나 물이 얼음으로 변환되는 과정에서는 외형이 눈에 띄게 달라질 뿐만 아니라 대칭성이 크게 줄어드는데, 힉스장이 형성되는 과정에서도 이와 비슷한 두 가지 현상이 발생한다. 첫째, 질량이 없던 입자들이 일제히 질량을 갖게 되며, 이때 획득한 질량이 지금까지 유지되고 있다. 둘째, 입자들 사이의 대칭성이 크게 줄어든다. 힉스장이 형성되기 전에는 모든 입자의 질량이 0이었으므로 매우 높은 대칭상태에 있었다. 즉, 아무렇게나 두 개의 입자를 골라서 이들의 질량을 바꿔치기 해도 달라지는 것이 없었다. 그러나 힉스장이 형성된(동결된) 후 입자들은 0이 아닌 질량을 갖게 되었고 그 값도 여러 종류로 나타났다. 다시 말해서, 입자의 질량들 사이에 존재하는 대칭성이 힉스장의 등장과 함께 사라진 것이다.

힉스장이 형성되면서 초래된 대칭성의 붕괴는 물질을 이루는 입자(물질입자)뿐만 아니라 힘을 전달하는 매개입자(힘입자)에도 질량을 부여했다. 온도가 10^{15}도 이상인 상태(힉스장이 '증발된' 상태)에서는 모든 물질입자의 질량이 0일 뿐만 아니라 모든 힘입자들도 질량이 없는 상태로 존재한다(힉스장이 형성된 지금, 약한 핵력을 매개하는 W입자와 Z입자의 질량은 각각 양성자의 86배, 97배이다). 1960년대에 셸던 글래쇼Sheldon Glashow와 스티븐 와인버그Steven Weinberg, 그리고 압두스 살람Abdus Salam은 질량이 없는 힘입자들 사이에도 아름다운 대칭성이 존재한다는 사실을 발견하였다.

1800년대 말에 맥스웰은 전기력과 자기력이 외관상으로는 전혀 다른 힘처럼 보이지만 사실은 전자기력이라는 하나의 힘으로 통합될 수 있다는 사실을 발견하였다(3장 참조). 그의 전자기이론에 의하면 전기와 자기는 서로 상대방을 완전하게 만들어 주는 역할을 하고 있다. 이들은 음양의 조화를 이루면서 고도의 대칭성으로 밀접하게 연결되어 있는 관계였던 것이다. 글래쇼와 살람, 그리고 와인버그는 맥스웰의 통일작업을 한 단계 더 발전시켜서 "힉스장이 형성되기 이전에 모든 힘입자들은 질량이 0이라는 공통점을 갖고 있었을 뿐만 아니라 모든 점에서 근본적으로 동일한 입자였다"는 놀라운 사실을 발견하기에 이르렀다.[10] 눈의 결정을 특정 각도로 회전시켜도 외형이 전혀 변하지 않는 것처럼, 힉스장이 존재하지 않는 상태에서 일어나는 물리적 과정들은 전자기력의 힘입자와 약력의 힘입자를 특정한 방식으로 서로 교환해도 달라지지 않는다. 그런데 눈의 결정에 회전이라는 변환을 가했을 때 외형이 변하지 않는다는 것은 결정 자체가 대칭성(회전대칭)을 갖고 있다는 뜻이므로, 힘입자를 교환했을 때 물리적 과정이 달라지지 않는 것도 물리계에 어떤 대칭성이 존재한다는 뜻이 된다. 물리학자들은 어떤 역사적 이유 때문에 이 대칭성을 '게이지대칭gauge symmetry'이라는 이름으로 부르고 있다. 그런데 힘입자는 특정한 힘을 매개하는 입자이므로 이들 사이에 대칭성이 존재한다는 것은 곧 그들이 매개하고 있는 힘들 사이에도 대칭성이 존재한다는 것을 의미한다. 즉, 오늘날 우주공간을 가득 메우고 있는 힉스장이 증발될 정도로 온도가 높았던 과거의 우주에서는 약한 핵력과 전자기력이 동일한 힘이었다는 뜻이다! 온도가 충분히 높은 상태에서는 힉스의 바다와 함께 약력과 전자기력의 차이점도 증발해 버리는 것이다.

글래쇼와 와인버그, 그리고 살람은 1세기 전에 이루어진 맥스웰의 통일 작업을 더욱 확장하여 약력과 전자기력이 동일한 힘의 다른 모습이었음을 알아냈다. 이들이 통일시킨 힘은 오늘날 약전자기력으로 알려져 있다. 물론 현재의 약력과 전자기력은 대칭적 관계에 있지 않다. 그동안 우주가 식으면서 힉스장이 형성되었고, 그 결과 광자와 W, Z 보존은 각기 다른 방식으로 힉스장과 상호작용을 하고 있기 때문이다. 지금 광자는 쌀집 아저씨가 파파라치 무리들 사이를 여유롭게 헤쳐 가듯이 힉스장 속을 아무런 저항 없이 지나가고 있으므로 질량을 갖지 않는다. 그러나 W와 Z입자는 빌 클린턴이나 마돈나 같은 유명인들이 파파라치 때문에 앞으로 나아가기 어려운 것처럼, 양성자보다 86배, 97배 큰 질량을 가진 채 힉스장 속을 '힘겹게' 헤쳐 나가고 있다(그렇다고 해서 빌 클린턴이 쌀집 아저씨보다 정확하게 86배만큼 유명하다는 뜻은 아니다). 오늘날의 약력과 전자기력이 확연하게 구별되는 것은 바로 이런 이유 때문이다. 이들 사이에 존재했던 대칭성이 힉스장의 출현과 함께 붕괴된 것이다.

이것은 정말로 놀라운 결과이다. 현재의 온도에서 전혀 다르게 보이는 두 종류의 힘(빛에 의해 매개되는 전자기력은 전기 및 자기와 관련된 모든 현상에 개입되어 있고 약한 핵력은 방사성붕괴를 일으키는 힘이다)은 원래 동일한 힘이었는데, 우주가 식으면서 형성된 힉스장 때문에 이들 사이의 대칭성이 사라지면서 지금처럼 각자의 길을 가게 되었다. 그러므로 텅 빈 공간(진공, 아무것도 없는 무(無)의 공간)은 우리의 우주가 지금과 같은 모습으로 진화하는 데 결정적인 역할을 해 왔다고 할 수 있다. 자연의 저변에 존재하는 대칭성은 힉스장이 증발될 정도로(힉스장의 평균값이 전 공간에 걸쳐 0이 될 정도로) 고온상태가 되어야 그 모습을 완전하게 드러낸다.

글래쇼와 와인버그, 그리고 살람이 약전자기이론을 한참 연구하던 당시는 W입자와 Z입자가 발견되기 전이었다. 그러나 대칭성의 수학적 아름다움에 매료된 이들은 확고한 신념으로 연구를 진행하였고, 결국 W와 Z입자가 발견되면서 이들의 신념은 옳은 것으로 판명되었다. 이 세 사람은 표면적인 자연현상에 머물지 않고 그 깊은 곳에 숨어 있는 대칭성을 찾아냄으로써 자연계에 존재하는 네 종류의 힘들을 하나로 통일하는 원대한 작업의 기틀을 마련하였다. 이들은 약한 핵력과 전자기력을 통일한 공로를 인정받아 1979년에 노벨 물리학상을 수상하였다.

대통일(grand unification)

대학 1학년 때, 나는 하워드 조자이Howard Georgi 교수의 강좌를 신청했다가 강의 내용이 너무 어려워서 나중에 취소한 적이 있다. 조자이는 학생들과 대화하는 것을 아주 좋아했는데, 한번 발동이 걸리면 수학기호와 방정식으로 칠판을 가득 메우면서 한 시간이 넘도록 열변을 토했고, 나는 경이에 찬 표정으로 그의 강의에 몰입하곤 했다. 물론 대학 1년생이었던 나는 그의 설명을 거의 한 마디도 알아들을 수 없었다. 그로부터 몇 년이 지나서야 나는 조자이가 열강했던 내용이 대통일이론grand unified theory이었음을 알게 되었다.

대통일이론은 약력과 전자기력이 약전자기력이라는 이름으로 통일되면서 자연스럽게 제기된 이론이다. 우주의 탄생초기에 두 종류의 힘이 하나로 통합되어 있었다면 그보다 온도가 더 높은 과거에는 지금 알려져 있는 네 종류의 힘들도 더욱 큰 대칭하에 하나로 통합되어 있지 않았을까? 지금까지 언급된 내용을 모두 알고 있으면서 정상적인 사고를 하는 사람이라면 당연히 떠올릴 만한 질문이다. 우주의 온도가 지극히 높았을 때에는 모든 힘들이 하나의 형태로 존재하다가, 온도가 내려가면서 우주적 위상변화가 일어남에 따라 지금과 같이 네 종류의 힘으로 분리되었다는 것이 대통일이론의 기본 가설이다. 1974년에 조자이와 글래쇼는 이 원대한 통일작업을 향한 첫 번째 이론을 발표하였다. 이들이 제안한 대통일이론에 의하면 빅뱅이 일어나고 10^{-35}초가 지났을 때 우주의 온도는 100억×10억×10억 도(10^{28}도, 태양 중심부 온도의 1조×10억 배) 이상이었으며 이런 극한 상황에서 네 개의 힘들 중 세 개(강한 핵력, 약한 핵력, 전자기력)는 동일한 형태로 존재했었다(이 이론에는 헬렌 퀸Helen Quinn과 와인버그의 아이디어도 수용되었다). 이 온도에서는 광자와 W, Z입자, 그리고 강력을 매개하는 글루온을 서로 뒤바꿔도 겉으로 드러나는 현상은 달라지지 않는다(즉, 약전자기력의 경우보다 더욱 강력한 게이지대칭이 존재한다). 조자이와 글래쇼는 10^{28}도 이상의 고온에서 중력을 제외한 세 종류의 힘입자들 사이에 완벽한 대칭이 존재하며, 따라서 세 종류의 힘들도 완벽한 대칭관계에 있다고 주장하였다.[11]

글래쇼와 조자이의 대통일이론에 등장하는 대칭성은 지금의 우주에 더 이상 존재하지 않는다(원자핵의 내부에서 양성자와 중성자를 단단히 묶어 두는 강력은 약력이나 전자기력과 전혀 다른 힘이다). 우주의 온도가 10^{28}도 이하로 내려가면서 또 하나의 힉스장이 우주공간을 가득 채웠기 때문이다. 물리학자들은 이때 나타난 장을 가리켜 대통일 힉스장grand unified Higgs이라 부른다(혼돈을 피하기 위해, 약력과 전자기력을 통일하면서 도입된 장은 약전자기 힉스장electroweak Higgs이라고 한다). 대통일 힉스장은 사촌지간인 약전자기 힉스장과 비슷한 특성을 갖고 있다. 즉, 10^{28}도 이상의 고온에서 대통일 힉스장은 격렬하게 진동하면서 평균적으로 0을 유지하고 있지만, 그 이하로 온도가 내려가면 0이 아닌 값으로 얼어붙게 된다. 대통일 힉스장의 형성과 함께 우주는 한 차례의 위상변화를 겪으면서 갖고 있던 대칭성의 일부를 잃었고, 그 결과 대통일 힉스장 속을 누비는 글루온과 다른 힘입자들의 질량이 달라지면서 원래 하나였던 힘이 강력과 약전자기력으로 갈라졌다. 그 후 아주 짧은 시간 동안 우주의 온도는 수십억×10억 도 이상 더 떨어졌고 차가워진 우주공간에는 '제2차 위상변화'라 할 수 있는 약전자기 힉스장이 형성되었으며, 그 결과 약전자기력은 약력과 전자기력으로 갈라지면서 오늘에 이른 것이다.

아이디어 자체는 아주 아름답지만 대통일이론은 (약전자기이론과는 달리) 아직 실험적으로 검증되지 않았다. 그런데 조자이와 글래쇼의 대통일이론은 현대에도 남아 있는 어떤 현상을 예견하고 있다. 만일 우주 초기에 세 개의 힘들이 하나로 통일되어 있었다면 지금도 양성자는 매 순간마다 반전자anti-electron와 파이온pion으로 붕괴되어야 한다. 소위 '양성자붕괴proton decay'로 불리는 이 현상을 실험적으로 확인하기 위해 그동안 수많은 실험이 시도되었으나(그 옛날, 조자이가 내게 열변을 토하며 설명했던 실험이 바로 이것이었다), 애석하게도 아직 발견된 사례가 없다. 조자이와 글래쇼의 대통일이론은 끝내 검증의 문턱을 넘지 못한 것이다. 그 이후로 물리학자들은 양성자붕괴가 필요 없는 대통일이론을 다양한 방법으로 연구해 왔지만 완전하게 검증된 이론은 아직 나타나지 않고 있다.

입자물리학을 연구하는 물리학자들은 입자물리학의 신기원을 이룰 궁극의 이론으로 대통일이론을 꼽고 있다. 대칭의 개념과 우주적 위상변화는 전자기력과 약력을 통일하는 데 결정적인 역할을 했으므로, 많은 사람들은 조만간에 모든 힘들이 이와 비슷한 체계 속에서 통일될 것이라고 믿고 있다. 앞으로 12장에서 보게 되겠지만, 최근 들어 물리법칙을 통일하는 작업은 초끈이론superstring theory의 등장과 함께 전혀 다른 길을 걷기 시작했다. 초끈이론은 중력을 포함한 네 종류의 힘을 일거에 통일시켜 줄 강력한 후보로서 지금도 한창 연구가 진행되고 있다. 그러나 약전자기이론이 말하는 바와 같이 초기우주에 풍부하게 존재했던 대칭성이 온도의 하강과 함께 붕괴되어 지금의 모습으로 진화해 왔다는 것만은 분명한 사실이다.

에테르(aether)로 되돌아가다

대칭성이 붕괴되면서 우주공간에 약전자기 힉스장이 형성된다는 이론은 현대 입자물리학과 우주론에서 핵심적인 역할을 하고 있다. 그런데 이 시점에서 한 가지 떠오르는 질문이 있다. 우리가 텅 비어 있다고 생각하는 진공 상태의 공간에도 힉스의 바다가 가득 차 있는 것이 사실이라면, 그것은 한때 과학자들의 관심을 끌었다가 폐기 처분된 에테르가 아닐까? 답: 맞기도 하고 틀리기도 하다. 전 공간에 골고루 퍼져 있으면서 절대로 제거될 수 없다는 점에서는 에테르와 동일하게 취급될 수 있지만(전 우주공간의 온도를 10^{15}도까지 올리면 힉스장을 제거할 수 있다. 물론 현실적으로는 턱도 없는 이야기다), 공기가 소리를 매개하는 것처럼 빛을 매개한다는 에테르와는 달리 힉스장은 빛의 속도를 변화시키지 않기 때문에 빛과 아무런 관계도 없다고 보는 것이 정설이다. 20세기가 밝아오기 직전에 실행되었던 마이컬슨과 몰리의 실험은 에테르가 빛의 속도를 변화시키지 않는다는 것을 입증하였고, 그 후로 에테르는 물리학의 무대에서 설 자리를 잃었다. 따라서 힉스장을 과거의 에테르와 연결시켜 생각하는 것은 다소 무리한 발상이다.

게다가 힉스장은 등속으로 움직이는 물체에 아무런 영향도 미치지 않기 때문에 등속운동을 하고 있는 모든 관측자들의 관점이 동등하다는 특수상대성이론의 기본이념과도 잘 일치한다. 물론 그렇다고 해서 힉스장의 존재가 증명되는 것은 아니지만, 아무튼 힉스장은 에테르와 비슷한 특성을 갖고 있으면서도 특수상대성이론과 모순을 일으키지 않으므로 당장 문제될 것은 없다.

힉스장의 존재 여부는 앞으로 수년 이내에 실험적으로 검증될 것이다. 전자기장이 광자로 이루어져 있는 것처럼, 힉스장도 '힉스입자Higgs particle'라 불리는 입자로 이루어져 있을 것이므로(이것은 모든 장들이 갖고 있는 공통적인 특징이다), 입자를 아주 강하게 충돌시키면 충돌의 여파로 힉스입자가 튀어나올 수도 있다. 2007년 완공을 목표로 현재 스위스 제네바의 유럽 입자물리학 연구소(CERN)Centre Européène pour la Recherche Nuclaire에 건설 중인 '강입자 충돌 가속기(LHC)Large Hadron Collider' 정도면 힉스입자를 검출할 수 있다. 바다 속에서 H_2O분자끼리 아주 강하게 충돌시키면 수면 위로 튕겨져 나올 수도 있는 것처럼, 힉스의 바다 속에서 두 개의 양성자를 어마어마한 속도로 충돌시키면(그래봐야 빛보다 빠를 수는 없지만) 그 여파로 힉스입자가 힉스의 바다에서 밖으로 튀어나올 수도 있다. 현대 이론물리학의 핵심을 이루고 있는 중요한 이론이 결정적인 테스트를 코앞에 두고 있는 셈이다.

만일 힉스장이 발견되지 않는다면 지난 30여 년간 입자물리학을 이끌어 왔던 이론은 대대적인 수정이 불가피해진다. 그러나 일단 힉스장이 발견되기만 하면 그것은 입자물리학의 신기원을 이루는 역사적 사건으로 기록될 뿐만 아니라 대칭성이야말로 자연의 특성을 탐구하는 데 가장 유용하고 막강한 도구라는 사실을 다시 한 번 확인하게 될 것이다. 힉스장의 발견으로 나타나는 효과는 이것 이외에 크게 두 가지로 요약될 수 있다. 첫째, 현재 우주가 갖고 있는 다양한 모습이 아득한 과거에는 거대한 대칭성의 일부로 존재했음을 확인할 수 있으며 둘째, 진공에 대한 개념을 더욱 확고하게 정립할 수 있게 된다. 공간에 존재하는 '모든 것'을 하나도 남김없이 걷어 내면 과연 어떤 상태가 될 것인가? 이렇게 되면 공간은 최소한의 에너지와 최소한의 온도를 갖게 되겠지만, 사실 이것 말고는 텅 빈 공간에 대하여 알려진 사실이 별로 없었다. 텅 빈 공간이라고 해서 그 안에 아무것도 없어야 할 필요는 없다. 우리의 능력으로 도저히 걷어 낼 수 없는 무언가가 공간에 존재한다면, 텅 빈 공간은 그것을 포함한 채로 정의될 수도 있기 때문이다. 그러므로 2장에 소개된 헨리 모어의 공간개념에서 영적인 존재를 힉스장으로 대치시키면 현대적인 의미의 공간개념을 정립할 수 있다. 모어는 텅 빈 공간에도 영혼이 깃들어 있기 때문에 완전하게 텅 빈 공간은 애초부터 존재하지 않는다고 주장했었다. 그의 논지에서 종교색이 강한 '영혼'을 '힉스의 바다'로 대치시키면 과학적인 진공을 새롭게 정의할 수 있다. 물론 이 모든 것은 힉스입자가 발견되었을 때의 이야기다.

엔트로피와 시간

그림 9.2는 빅뱅이 일어난 후로 당신의 부엌 식탁에 계란이 놓일 때까지 우주가 겪어 온 역사를 한눈에 보여 주고 있다(초기우주에 관해서는 아는 것이 거의 없기 때문에 흐릿하게 얼버무렸다). 어떤 현상이건 간에, 그 진행과정을 이해하기 위해서는 발생초기에 주어졌던 조건(『전쟁과 평화』의 원고가 섞인 정도, 콜라 속에 녹아 있는 이산화탄소 기체의 상태, 빅뱅이 일어나던 순간의 우주의 상태 등)을 반드시 알아야 한다. 엔트로피는 더 증가할 수 있는 여지가 남아 있어야 증가할 수 있다. 즉, 저-엔트로피 상태에서 사건이 시작되어야 고-엔트로피 상태로 끝날 수 있는 것이다. 만일 『전쟁과 평화』의 원고가 허공에 뿌려지기 전에 이미 섞일 대로 섞인 상태였다면 허공에 뿌린 후 다시 거둬들여도 달라지는 것이 별로 없다. 마찬가지로, 이 우주가 완전히 무질서한 상태에서 시작되었다면 우주의 진화는 단순히 '무질서한 상태를 유지하는 과정'에 지나지 않을 것이다.

그림 9.2에 제시된 역사는 어느 모로 보나 무질서한 상태가 지속되는 역

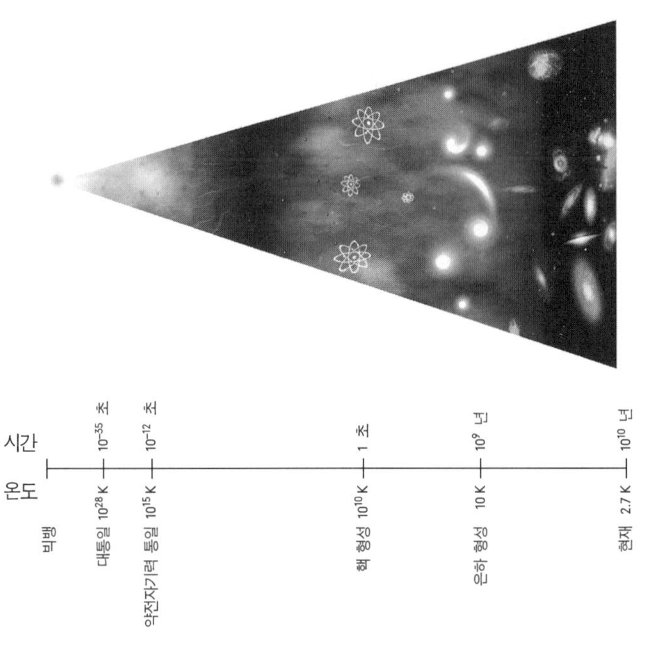

그림 9.2 표준 빅뱅이론에 의거한 우주역사의 개요도.

사라고 할 수 없다. 특정 온도에 이르렀을 때 갑자기 우주적 위상변화가 일어나면서 대칭성을 단계적으로 상실하긴 했지만, 전체적으로 보면 엔트로피는 꾸준히 증가하고 있다. 그러므로 이 우주는 탄생초기에 극저-엔트로피 상태였다고 보아야 할 것이다. 이렇게 보면 시간은 엔트로피가 증가하는 방향으로 흐른다고 생각할 수 있다. 그러나 이 주장이 설득력을 가지려면 우리의 우주가 어떻게 극저-엔트로피 상태에서 시작될 수 있었는지를 설명해야 하고, 이를 위해서는 ATB after the big bang 10^{-35}초보다 더 과거로 거슬러 올라가서(그림에서 희미하게 얼버무린 부분) 우주탄생의 순간에 어떤 일이 있었는지를 규명해야 한다. 이것이 바로 다음 장에서 우리가 해야 할 일이다.

제10장

빅뱅의 재구성

무엇이 폭발했는가?

많은 사람들은 빅뱅이론이 우주의 탄생과 근원을 설명해 주는 것으로 생각하고 있지만 사실은 그렇지 않다. 8~9장에 걸쳐서 부분적으로 언급된 빅뱅이론은 대폭발이 일어난 직후부터 우주의 진화과정을 설명하는 이론이며, 빅뱅이 일어나던 바로 그 순간(시간=0)에 관해서는 단 한마디도 언급하지 않고 있다. 이름 자체는 '빅뱅', 즉 '대폭발이론'이지만 그 안에는 정작 폭발과 관련된 부분이 빠져 있는 것이다. 무엇이 폭발했으며 왜 폭발했는지, 또 어떻게 폭발했는지, 그리고 정말로 대폭발이 일어나긴 했는지, 이런 의문점들은 여전히 미지로 남아 있다.[1] 사실, 빅뱅이론을 곰곰 생각하다 보면 커다란 수수께끼에 직면하게 된다. 우주를 이루는 모든 질량과 에너지가 아주 작은 영역 속에 함축되어 있었다면 밀도가 엄청나게 컸을 것이고, 이런 상황에서는 중력이 가장 커다란 위력을 발휘한다. 그런데 다들 알다시피 중력은 잡아당기는 힘, 즉 인력으로만 작용하기 때문에 뭉쳐 있는 사물들은 중력에 의해 더욱 단단하게 결속된다. 그렇다면 초기우주는 왜 바깥쪽을 향해 폭발하였는가? 아마도 엄청나게 강한 척력(미는 힘)이 빅뱅에 개입되어 중요한 역할을 했던 것 같다. 대체 어떤 힘이 그런 초대형 사고를 일으켰을까?

우주론과 관련된 근본적인 문제들은 지난 수십 년 동안 전혀 해결의 기미를 보이지 않고 있었다. 그러던 중 1980년대에 이르러 아인슈타인의 이론이 새로운 형태로 재정립되면서 인플레이션 우주론inflation cosmology(inflation은 사전적으로 '팽창'을 의미하지만 기존의 팽창이론과 구별하기 위해 이 책에서는 원어 그대로 '인플레이션'이라는 용어를 사용하기로 한다. 여기서 인플레이션이란 '급격한 팽창'을 의미한다: 옮긴이)이라는 새로운 분야가 탄생하였고, 이로부터 대폭발 사건은 중력으로 설명할 수 있게 되었다. 독자들은 믿기 어렵겠지만 어떤 특별한 환경이 조성되면 중력은 척력으로 작용할 수도 있다. 이론에 의하면 초창기의 우주는 이와 같은 환경에 놓여 있었다고 한다. 1나노초(10^{-9}초)가 영원처럼 느껴질 정도로 지극히 짧은 순간에 초기우주의 중력은 무지막지한 척력으로 작용하여 그 안에 들어 있는 내용물들을 바깥쪽으로 사정없이 밀어냈다는 것이다. 이 힘은 빅뱅의 전과 후를 명확하게 구별해 주고 있는데, 폭발의 규모는 지금까지 우리가 상상했던 것보다 훨씬 강력했던 것으로 추정된다. 인플레이션이론에 의하면 탄생초기의 우주는 기존의 빅뱅이론이 예상하는 것과 비교가 안 될 정도로 훨씬 빠르게 팽창되었다. 그러므로 우리의 은하가 수천억 개의 은하들 중 하나라는 지난 세기의 소박한 우주관은 대대적으로 수정되어야 한다.[2]

10장과 11장에서는 인플레이션 우주론을 주로 다룰 예정이다. 이 이론은 표준 빅뱅이론의 최첨단 버전으로서, 기존의 빅뱅이론이 설명하지 못했던 우주 초창기의 비밀을 상당부분 설명해 줄 뿐만 아니라 실험적으로 확인 가능한 몇 가지 징후들을 예견하고 있다. 앞으로 실험장비가 개선되면 인플레이션 우주론은 확실한 검증절차를 밟을 수 있을 것이다. 또한, 우주가 팽창하는 동안 일어났던 일련의 양자적 과정들이 우주공간의 구조에 어떤 식으로 흔적을 남겼는지도 알게 될 것이다. 이밖에도 인플레이션 우주론은 시간의 일방통행성을 설명하기 위해 반드시 규명되어야 할 사실 — "초기우주는 어떻게 극저-엔트로피 상태를 획득하였는가?" 라는 질문에 중요한 실마리를 제공하고 있다.

아인슈타인과 '밀어내는 중력'

1915년, 아인슈타인은 일반상대성이론을 완성한 후 거기 도입된 중력방정식을 다양한 사례에 적용하였는데, 그중 하나가 바로 뉴턴 시대부터 수수께끼로 취급되어 왔던 수성의 근일점에 관한 문제였다. 천문관측 결과에 의하면 수성의 공전궤도는 한자리에 고정되어 있지 않고 주기가 반복될 때마다 한쪽 방향으로 조금씩 치우치는 것으로 나타났다. 즉, 수성의 근일점(태양과의 거리가 가장 가까워지는 지점)이 매 주기마다 특정 방향으로 조금씩 이동하고 있었던 것이다. 아인슈타인은 자신이 유도했던 방정식에 필요한 값을 대입하여 수성의 궤적을 다시 계산하였고, 그 결과는 입이 딱 벌어질 정도로 관측데이터와 정확하게 일치하고 있었다. 그것은 일반상대성이론이 최초로 검증되는 순간이었다.[3] 그 후 아인슈타인은 멀리 있는 별에서 날아오는 빛이 태양 근처를 지나갈 때 태양의 중력에 의해(시공간의 굴곡에 의해) 휘어지는 정도를 계산하였고, 1919년에는 두 팀의 천문학자들이(한 팀은 아프리카 서해안의 프린시페Principe 섬으로 갔고 다른 한 팀은 브라질에 캠프를 쳤다) 일식 때 태양 근처에 있는 별의 위치를 관측함으로써 아인슈타인의 계산결과를 재확인하였다(태양 근처에 있는 별은 일식 때만 볼 수 있다). 일반상대성이론이 실험적 검증을 통과했다는 특종 뉴스는 곧 전 세계로 퍼져 나갔고, 하루아침에 명사가 된 아인슈타인은 상대성이론의 원조로서 근 100년이 지난 지금까지도 최고의 명성을 누리고 있다.

몇 차례의 획기적인 성공을 거둔 후, 아인슈타인은 자신의 이론을 우주전체에 적용시켰다. 그러나 결과는 아인슈타인의 예상과 전혀 다르게 나왔고, 그는 오로지 수학 계산만으로 얻어진 결과를 믿을 수가 없었다. 아인슈타인은 프리드만과 르메트르의 업적이 알려지기 전부터(8장 참조) 일반상대성이론의 방정식을 우주전체에 적용하면 '정적인 우주'의 해가 얻어지지 않는다는 것을 이미 알고 있었다. 그의 방정식으로 예견되는 우주는 정적인 우주가 아니라 팽창하거나 수축하는 우주였다. 이것이 사실이라면 우주는 분명한 시작점과 종착점을 가져야 한다. 아인슈타인은 일반상대성이론이 낳은 결과에 당혹스러움을 감추지 못했다. 당시 그를 비롯한 거의 모든 사람들은 우주를 '영원히 변치 않는 정적인 존재'로 생각했기 때문이다. 그래서 아인슈타인은 일반상대성이론이 기념비적인 성공을 거두었음에도 불구하고 기존의 우주관에 부합되는 결과를 얻어내기 위하여 방정식에 약간의 수정을 가하였고, 1917년에 공개된 그의 방정식에는 우주상수cosmological constant라는 새로운 항이 첨가되어 있었다.[4]

아인슈타인의 수정논리는 일반 독자들도 쉽게 이해할 수 있을 정도로 간단명료하다. 야구공이나 행성, 별, 혜성 등 임의의 두 물체 사이에 작용하는 중력은 항상 인력의 형태로 나타난다. 즉, 중력은 언제나 두 물체 사이의 거리를 '좁히는' 쪽으로 작용한다. 발레리나가 무대를 박차고 허공으로 뛰어올랐을 때, 지구와 발레리나 사이에 작용하는 중력은 발레리나의 속도를 줄여서 최고점에 이르게 한 후 다시 무대 위로 되돌아오게 만든다. 만일 아무런 도구도 사용하지 않고 발레리나의 몸이 허공에 떠 있는 모습을 연출하고 싶다면 발레리나와 지구 사이에 어떤 척력이 작용하도록 만들어서 중력을 상쇄시켜야 한다. 인력과 척력이 정확하게 상쇄되어야 정적인 상태를 구현할 수 있다. 아인슈타인이 자신의 방정식을 수정할 때 사용한 논리는 이것이 전부이다. 바닥을 박차고 뛰어오른 발레리나의 속도가 중력 때문에 느려지듯이, 팽창하는 우주도 중력에 의해 팽창하는 속도가 줄어든다. 또한, 중력을 상쇄시킬 만한 힘이 작용하지 않는 한 허공을 가로지르는 발레리나는 결코 일정한 높이를 유지할 수 없는 것처럼, 우주공간도 중력과 비길 만한 척력이 작용하지 않는 한 일정한 크기를 유지할 수 없다. 아인슈타인이 자신의 방정식에 새로운 상수를 도입한 이유는 그것이 '척력으로 작용하는 중력'을 가능하게 만들어 주었기 때문이다.

수학적인 이유로 도입된 우주상수의 물리적 의미는 무엇인가? 우주상수의 정체는 무엇이며, 어떤 원리로 밀어내는 중력을 가능하게 만든 것일까? 아인슈타인의 업적을 재조명한 요즘 서적들을 보면 우주상수가 전 우주공간에 걸쳐 균일하게 분포되어 있는 어떤 신비한 에너지를 나타내는 것으로 해석하고 있다. 여기서 '신비하다'는 단어를 사용한 이유는 에너지의 정체가 아직도 정확하게 규명되지 않았기 때문이다. 앞으로 곧 알게 되겠지만 아인슈타인이 사용했던 수학적 논리에 의하면 이 에너지는 우리가 익히 알고 있는 입자들(양성자, 중성자, 전자, 광자 등)과 아무런 관계도 없다. 우주상수가 존재한다는 것은 '모양도 없고 보이지도 않는 무언가'가 우주공간을 가득 메우고 있다는 것을 의미하기 때문에, 현대의 물리학자들은 아인슈타인의 우주상수를 가리켜 '공간 자체의 에너지'라 부르고 있다. 간혹 '암흑에너지dark energy'라고 부르는 경우도 있는데, 이는 우주상수가 존재한다 해도 우주공간은 여전히 검은색으로 보이기 때문이다(우주상수는 빛을 전달한다는 에테르나 0이 아닌 값을 가진 채 우주공간을 가득 메우고 있는 힉스장의 개념과 비슷한 점이 많다. 특히 우주상수와 힉스장의 유사성은 좀 더 깊이 생각해 볼 만한 가치가 있는데, 이 문제는 잠시 후에 다룰 예정이다). 아인슈타인은 우주상수의 근원이나 정체를 규명하진 못한 채로 자신의 논리를 끝까지 밀고 나갔다. 그리고 그 결과는 전 세계 물리학계를 또 한 번 뒤집어 놓았다.

그 내용을 이해하려면 앞에서 언급하지 않은 일반상대성이론의 특성 중 일부를 어느 정도 알고 있어야 한다. 뉴턴의 중력이론에서 두 물체 사이에 작용하는 인력은 두 물체의 질량과 그들 사이의 거리에 전적으로 좌우된다. 질량이 클수록, 그리고 거리가 가까울수록 중력은 두 물체를 더욱 강한 힘으로 끌어당긴다. 일반상대성이론에서도 상황은 이와 비슷하지만, 아인슈타인의 방정식에 따르면 질량에 초점을 둔 뉴턴의 이론은 지나치게 제한된 관점이었다. 일반상대성이론에 의하면 중력장의 세기를 좌우하는 것은 물체의 질량(그리고 그들 사이의 거리)만이 아니다. 에너지와 압력도 중력장의 세기에 기여하고 있다. 이것은 매우 중요한 내용이므로 좀 더 자세히 알고 넘어가는 게 좋을 것 같다.

이야기의 배경을 잠시 25세기로 옮겨 보자. 어쩌다가 범죄에 연루되어 체포된 당신은 화이트칼라 계급의 범죄자들을 교화시키는 프로그램에 차출되어 일종의 테스트를 받고 있다. 범죄자들에게는 문제가 하나씩 주어지는데, 답을 알아낸 사람은 자유의 몸이 된다는 조건이 붙어 있다. 옆방에 수감된 죄수에게는 "〈길리건의 섬(영화제목: 옮긴이)〉이 22세기에 재상영되었을 때 선풍적인 인기를 끌었던 이유는 무엇인가?"라는 질문이 던져졌고 그는 어렵지 않게 답을 제시하여 집으로 돌아갔다. 그리고 당신에게는 더욱 간단한 문제가 주어졌다. 일단 그들은 당신에게 육면체 모양의 금덩이 두 개를 건네주었다. 두 개의 금덩이는 크기도 같고 금 함유량도 정확하게 같다고 했다. 그러고는 초정밀 저울에 이들을 올려놓았을 때 무게가 서로 달라지도록 만드는 것이 당신에게 주어진 과제라고 했다. 단, 거기에는 금덩이를 깎아 내거나 부스러뜨리거나 파편을 갖다 붙이는 등의 조작은 일체 불허한다는 단서가 붙어 있었다. 만일 뉴턴에게 이 문제를 내준다면 그는 단호하게 답이 없다고 선언했을 것이다. 뉴턴의 법칙에 의하면 동일한 양의 금으로 만들어진 물체는 질량이 같을 수밖에 없다. 그리고 각각의 금덩이를 정밀한 저울에 올려놓으면 지구는 이들을 똑같은 힘으로 끌어당길 것이므로 저울의 눈금은 똑같이 나올 수밖에 없다.

그러나 25세기의 고등학교과정에서 일반상대성이론을 배운 당신은 어렵지 않게 해결책을 찾아냈다. 일반상대성이론에 의하면 두 물체 사이에 작용하는 중력(인력)의 세기를 좌우하는 것은 물체의 질량(또는 두 물체 사이의 거리)만이 아니다.[5] 각 물체가 갖고 있는 총에너지도 중력에 기여하고 있다. 지금까지 우리는 금덩이의 온도에 대하여 아무런 언급도 하지 않았는데, 온도란 물체를 이루고 있는 원자들의 평균적인 운동상태(운동에너지)를 나타내는 양이므로 온도가 높아지면 물체가 품고 있는 에너지도 커진다. 따라서 두 개의 금덩이 중 하나를 데우면 온도가 올라가면서 에너지가 커지고, 그 결과 더운 금덩이는 차가운 금덩이보다 조금 더 무거워질 것이다. 17세기에 살던 뉴턴은 이 사실을 모르고 있었다(온도가 10°C 올라가면 1파운드짜리 금덩이는 100만×10억분의 1파운드 정도 무거워진다). 고등학교 때 공부를 열심히 했던 당신은 주머니에 넣어 두었던 라이터를 이용하여 금덩이를 가열함으로써 문제를 해결할 수 있었다.

그러나 당신이 저지른 범죄는 가중처벌의 대상이었으므로 가석방 심사위원회는 당신에게 문제를 하나 더 내주기로 결정했다. 두 번째 문제는 금덩이 대신 두 개의 동일한 '잭 인 더 박스Jack in the box(상자의 뚜껑을 열면 인형이 튀어나오는 장난감: 옮긴이)'를 대상으로 전처럼 질량을 다르게 만드는 문제였는데, 이번에는 상자의 질량을 바꾸면 안 된다는 단서와 함께 상자의 온도를 변화시키면 안 된다는 조항까지 추가되어 있었다. 이 문제 역시 뉴턴에게 내준다면 그는 "말도 안 되는 문제로 사람 괴롭히지 말고 차라리 그냥 종신형을 내려주세요!"라고 외쳤을 것이다. 두 개의 상자는 질량이 정확하게 같기 때문에 첫 번째 문제와 다른 점이 없을 것 같다. 그러나 일반상대성이론을 잘 알고 있는 당신은 이번에도 쉽게 해결책을 찾아냈다. 상자 하나는 인형이 연결되어 있는 용수철을 압축시켜서 뚜껑을 닫아 두고, 다른 하나는 뚜껑을 열어서 인형이 튀어나오게 한 채로 방치해 두면 된다. 왜 그런가? 압축된 용수철은 평형상태에 있는 용수철보다 많은 에너지를 갖고 있기 때문이다. 용수철을 압축시키려면 어떻게든 일을 해 줘야 하고, 이 일은 용수철에 저장되어 있다가 나중에 용수철이 인형을 바깥으로 밀어낼 때 사용된다. 그런데 물체의 에너지가 증가하면(에너지의 형태가 무엇이건 간에) 질량이 커진다고 했으므로, 인형을 상자 안에 가둔 채 뚜껑을 닫은 상자는 뚜껑이 열려 있는 상자보다 질량이 커진다. 이리하여 한때의 실수로 감옥에 갈 뻔했던 당신은 아인슈타인의 이론 덕분에 자유의 몸으로 돌아올 수 있었다.

두 번째 문제는 앞으로 우리가 다루게 될 일반상대성이론의 중요한 특성을 잘 보여 주고 있다. 아인슈타인은 일반상대성이론을 발표할 때 중력이 질량과 에너지(열)에만 좌우되는 것이 아니라 물체가 받는 압력에도 좌우된다는 것을 수학적으로 증명하였다. 앞에서 언급했던 우주상수의 물리적 의미를 이해하려면 이 사실을 반드시 알고 있어야 한다. 왜 그런가? 압축된 용수철이 상자의 뚜껑을 바깥쪽으로 밀어내는 것처럼 외부로 작용하는 압력을 '양압positive pressure'이라고 한다. 25세기에 당신이 풀었던 두 번째 문제에서 알 수 있듯이, 양압은 중력의 세기를 크게 만들어 주는 효과가 있다. 그러나 경우에 따라서는 압력이 안쪽으로 작용할 수도 있다. 즉, 양압과 반대 방향으로 작용하는 음압negative pressure이 존재할 수도 있다는 것이다. 그런데 양압은 물체에 작용하는 중력을 크게 만드는 효과가 있으므로 음압은 중력의 크기를 작게 만드는 효과를 가져 올 것이다. 자, 지금까지 한 이야기를 정리해 보자. 바깥쪽으로 향하는 압력, 즉 양압은 물체의 질량을 증가시키며, 따라서 중력에 의한 '인력'을 강하게 만든다. 이와 반대로 음압은 중력을 약하게 만드는 효과를 가져온다. 그런데 중력이 약해졌다는 것은 무언가 반대 방향의 힘이 작용하여 기존의 중력을 상쇄시켰다는 뜻이므로, 결국 **음압은 음의 중력, 즉 '밀어내는 중력repulsive gravity'을 만들어 낸다는 결론을 내릴 수 있다!**[6]

아인슈타인의 일반상대성이론은 이 놀라운 사실을 알아냄으로써 "중력은 항상 인력으로만 작용한다"는 역사 깊은 믿음에 종지부를 찍었다. 행성과 별, 은하 등의 물체들은 뉴턴의 예상대로 잡아당기는 중력을 행사하고 있다. 그러나 압력이 무시할 수 없을 정도로 크고(일상적인 물체의 경우, 압력에 의한 중력은 거의 무시할 수 있을 정도로 작다) 그 압력이 안쪽으로 작용하면(양성자나 전자 등 일상적인 입자의 압력은 항상 바깥쪽으로 작용한다. 그래서 우주상수는 어떤 입자를 도입해도 설명되지 않는다) 뉴턴이 기절초풍할 현상이 나타난다. 즉, 중력이 척력으로 작용하기 시작하는 것이다.

이것은 엄청나게 중요한 결과이다. 그러나 일반 독자들은 잡아당기는 중력에 익숙해져 있기 때문에 밀어내는 중력에 대하여 자칫하면 잘못된 인식을 갖기가 쉽다. 그래서 한 가지 기본적인 사실을 지적하고 넘어가고자 한다. 중력과 압력은 서로 연관되어 있긴 하지만, 우리의 논지에서는 서로 개별적인 특성으로 이해되어야 한다. 압력(더욱 정확하게 말하면 압력의 차이)은 중력이 아닌 다른 힘에 더해질 수 있다. 물속으로 다이빙을 했을 때 당신의 귀에 달려 있는 고막은 물이 밀어내는 압력과 귀 안의 공기가 밀어내는 압력의 차이를 느낄 수 있다. 이것은 분명한 사실이다. 그러나 지금 여기서 말하고 있는 압력과 중력의 관계는 이런 의미가 아니다. 압력은 압력 자체가 행사하는 힘 이외에 다른 힘의 원천이 될 수도 있으며, 그 힘이 바로 중력이라는 것이다! 질량이나 에너지가 존재하면 그 자체로 중력의 원천이 되듯이, 압력도 그와 동일한 자격을 갖고 있다는 뜻이다. 그리고 어떤 지역 내에 음압이 존재하면 그로부터 발생한 중력은 해당 지역 안에서 당기는 힘이 아니라 밀어내는 힘으로 작용한다.

이와 같이, 음압이 작용하는 곳에서는 질량이나 에너지에 의한 인력과 음압에 의한 척력이 서로 경쟁을 하고 있다. 음압이 충분히 크면 밀어내는 중력이 당기는 중력을 압도하여 물체들 사이의 간격을 가능한 한 멀리 벌려 놓는 쪽으로 힘이 작용하게 된다. 그리고 바로 이 시점에서 우주상수가 본격적으로 개입된다. 우주상수가 추가된 일반상대성이론의 방정식에 의하면 우주공간은 에너지로 가득 차 있으며, 이 에너지는 음압을 행사하고 있다. 또한, 우주공간에는 질량과 에너지에 의한 인력보다 음압에 의한 척력이 더 강하기 때문에 전체적으로는 바깥쪽으로 밀어내는 척력이 작용하고 있다. 이것이 바로 우주상수가 가져온 놀라운 결과이다.[7]

사실, 우주상수라는 아이디어는 아인슈타인이 자신의 이론에 내린 일종의 처방전이었다. 공간에 퍼져 있는 일상적인 물체와 복사는 인력(잡아당기는 중력)을 행사하여 공간 내의 모든 지역을 끌어당기고 있다. 그리고 아인슈타인이 도입한 우주상수는 전 공간에 퍼져 있으면서 밀어내는 중력을 행사하여 모든 지역을 바깥쪽으로 밀어내고 있다. 아인슈타인은 중력에 의한 인력과 척력이 균형을 이루도록 우주상수의 값을 적절히 선택함으로써 정적인 우주모형을 완성할 수 있었다.

게다가 밀어내는 중력은 공간 내에 존재하는 에너지와 압력 자체에서 기인하고 있으므로 아인슈타인은 밀어내는 중력의 세기가 공간이 커짐에 따라 누적된다는 사실을 알 수 있었다. 즉, 공간이 클수록 그 안에 포함되어 있는 에너지와 압력이 증가하기 때문에, 공간을 바깥쪽으로 밀어내는 힘도 그만큼 커진다는 것이다. 지구 근방이나 태양계 정도의 규모에 이 이론을 적용하면 밀어내는 중력은 거의 무시할 수 있을 정도로 작다. 밀어내는 중력은 방대한 규모의 공간을 고려해야 비로소 중요한 요인으로 작용하게 된다. 그러므로 뉴턴과 아인슈타인의 중력이론은 각각의 적용분야에서 훌륭한 성공을 거둔 셈이다. 단적으로 말해서, 아인슈타인은 뉴턴의 중력이론에 커다란 해를 끼치지 않으면서 우주가 정적임을 입증해 주는 논리를 찾아낸 것이다.

아인슈타인은 우주상수를 도입하여 정적인 우주가 이론적으로 가능하다는 것을 확인한 후 안도의 한숨을 내쉬었다. 그 무렵에는 정적인 우주가 일반적인 대세였으므로, 10여 년 동안 심혈을 기울여 온 자신의 연구가 '팽창하거나 수축하는 우주'로 귀결되었다면 그는 매우 당혹스러웠을 것이다. 그러나 1929년에 에드윈 허블Edwin Hubble은 기존의 관측결과를 뒤집어엎는 놀라운 사실을 발견했다. 그의 관측에 의하면 우주는 지금의 상태를 유지하고 있는 것이 아니라 끊임없이 팽창하고 있었다. 만일 아인슈타인이 자신의 방정식을 신뢰했다면 그는 우주가 팽창한다는 사실을 가장 먼저 예측한 과학자가 되었을 것이다. 아마도 그것은 인류 역사상 가장 위대한 발견으로 아낌없는 칭송을 받았을 것이다. 그러나 아인슈타인은 허블의 관측결과를 전해들은 후 자신이 방정식에 끼워 넣었던 우주상수를 철회하면서 사람들에게 없었던 일로 생각해 줄 것을 당부했다. 우주상수에서 시작된 소란은 이렇게 한바탕 해프닝으로 끝나는 듯이 보였다.

그러나 1980년대에 이르러 우주상수는 완전히 새로운 형태로 재탄생하면서 인류가 우주를 연구해 온 이래 가장 드라마틱한 변화의 물결을 몰고 왔다.

뛰는 개구리와 과냉각된 우주

하늘로 솟구치는 야구공에 뉴턴의 중력법칙(또는 아인슈타인의 중력법칙)을 적용하면 공의 향후 궤적을 계산할 수 있다. 그러나 모든 계산을 수행하여 공의 갈 길을 완벽하게 알아냈다 해도, 거기에는 끝까지 대답할 수 없는 질문이 하나 있다. "애초에 야구공은 왜 위쪽으로 날아가게 되었는가? 야구공의 연직 상승방향 속도성분은 어떻게 획득된 것인가?" 물론 야구공의 경우는 그 원인을 어렵지 않게 알아낼 수 있다. 야구공의 출발지점으로 추정되는 일대를 답사하여 벌어진 상황을 분석하면 된다. 그곳이 야구장이었다면 타자가 휘두른 방망이가 야구공의 운동을 야기했을 것이고, 타자가 방망이를 휘두른 이유는 고액의 연봉을 받았기 때문일 것이다. 그러나 우주가 팽창하는 원인을 묻는다면 현지답사가 불가능하기 때문에 일반상대성이론에 의지하는 수밖에 없다.

일반상대성이론의 방정식을 이용하여 우주가 팽창하고 있다는 사실을 처음으로 알아낸 사람은 네덜란드의 물리학자인 빌렘 데 시테르Willem de Sitter였고, 그 후 프리드만과 르메트르도 같은 결과를 얻었다. 그러나 뉴턴의 방정식이 운동의 원인을 설명하지 못하는 것처럼, 아인슈타인의 방정식도 우주가 팽창하고 있다는 사실만 알려줄 뿐, 팽창이 일어나게 된 근본적인 원인을 설명하지는 못했다. 그 후로 우주론을 연구하는 학자들은 초기의 팽창을 기정사실로 간주하고 팽창하는 과정을 설명하는 데 주력해 왔다. 앞에서 "빅뱅이론에는 '뱅bang'이 빠져 있다"고 말한 것도 이런 현실을 반영하고 있다.

이런 딱한 상황은 1979년에 스탠퍼드의 선형가속기 연구소에서 박사후과정postdoctor을 밟고 있던 앨런 구스Alan Guth가 돌파구를 열기 전까지 계속되었다(그는 지금 MIT의 교수로 재직 중이다). 그 후로 20여 년이 지난 지금, 아직도 많은 문제들이 미해결상태로 남아 있긴 하지만, 당시의 구스는 우주 초창기에 있었던 폭발의 규모가 우리의 짐작과는 비교가 안 될 정도로 엄청나게 컸다는 가정을 도입함으로써 우주탄생의 비밀에 한 걸음 더 다가갈 수 있었다.

사실 구스는 우주론의 전문가가 아니었다. 그는 1970년대 말에 코넬대학에서 헨리 타이Henry Tye와 함께 입자물리학을 공부했고, 특히 대통일이론에 등장하는 힉스장의 특성에 각별한 관심을 갖고 있었다. 앞에서 언급했던 '자발적인 대칭성 붕괴' 과정에서 0이 아닌 값으로 고정된 힉스장은(이 값은 위치에너지를 나타내는 그릇의 모양에 따라 달라진다) 최소한의 에너지를 갖는다고 했다. 초고온 상태였던 초기우주에서 힉스장은 뜨거운 그릇 속에 던져진 개구리처럼 격렬하게 요동치고 있었지만 우주의 온도가 내려가면서 힉스장의 값은 그릇의 중심부에 가까운 쪽으로 접근하다가 에너지가 최소인 지점에서 결빙되었다.

구스와 타이는 힉스장이 최소에너지 지점(그림 9.1c의 깊은 계곡)으로 도달할 때까지 시간이 걸리는 이유를 파고들었다. 이들의 의문점을 그릇에 던져진 개구리 버전으로 바꿔서 표현하면 다음과 같다. 그릇이 막 식기 시작했을 때 그릇에 던져진 개구리가 힘차게 점프를 하여 운 좋게 중심부의 봉우리 위에 안착했다면 어찌될 것인가? 그리고 개구리가 정상에 놓여 있는 식사거리를 느긋하게 음미하면서 그릇이 충분히 식은 후에도 골짜기로 내려오지 않고 버틴다면 어찌될 것인가? 이 질문을 물리학 버전으로 바꾸면 다음과 같다. "요동치던 힉스장의 값이 에너지 그릇의 중심부에 안착한 채로 우주가 식었다면 어떻게 될 것인가?" 물리학자들은 이런 경우를 두고 "힉스장이 과냉각supercooled되었다"고 표현한다. 우주의 온도는 힉스장이 골짜기에 도달할 정도로 내려갔지만, 힉스장의 에너지는 최소상태가 아닌 고에너지 상태에 머물고 있다는 뜻이다(이것은 고도로 정제된 물이 섭씨 0도 이하로 냉각되는 것과 비슷한 현상이다. 얼음 결정이 자라나려면 약간의 불순물이 섞여 있어야 하기 때문에, 완전히 정제된 물은 영하의 온도에서도 물의 상태를 유지할 수 있다. 이런 물을 '과냉각수'라 한다).

구스와 타이는 이런 가능성에 관심을 가졌다. 왜냐하면 대통일이론을 연구하는 학자들은 종종 자기홀극magnetic monopole 문제에 직면하게 되는데,[8] 과냉각된 힉스장이 이 문제와 밀접하게 관련되어 있었기 때문이다. 그러나 이들은 과냉각된 힉스장이 그 이상의 의미를 갖고 있다고 믿었다. 돌이켜 생각해 보건대, 이들의 연구가 높이 평가되는 것도 그런 과감한 도전정신 덕분이었던 것 같다. 구스와 타이는 과냉각된 힉스장의 에너지가(개구리가 있는 곳의 높이가 그 지점의 에너지에 대응되므로, 장의 에너지가 0이 되려면 개구리는 가장 깊은 계곡에 있어야 한다) 우주의 팽창에 영향을 준다고 생각했다. 구스는 자신의 짐작을 구체화시켜서 1979년 12월 말에 발표하였는데, 그 내용은 다음과 같다.

구스는 에너지 그릇의 중심에 있는 돌출부에 안착한 힉스장이 전 우주공간에 0이 아닌 에너지를 부여할 뿐만 아니라 전 공간에 걸쳐 균일한 음압을 만들어 낸다는 놀라운 사실을 알아냈다. 그의 계산에 의하면 에너지와 압력에 관한 한, 돌출부에 위치한 힉스장과 아인슈타인의 우주상수는 동일한 성질을 갖고 있었다. 그 결과 구스는 과냉각된 힉스장이 우주상수와 마찬가지로 공간의 팽창에 중요한 영향을 미친다는 결론에 이를 수 있었다. 다시 말해서, 힉스장은 밀어내는 중력의 원천이었던 것이다.[9]

독자들은 음압과 밀어내는 중력에 대하여 이미 알고 있으므로 이렇게 반문할지도 모른다. "좋다. 구스가 아인슈타인의 우주상수에 해당하는 물리적 실체를 찾아냈다고 치자. 그래서 뭐가 어쨌다는 말인가? 그것이 뭐 그리 대단한 업적이라는 말인가? 우주상수의 개념은 원조인 아인슈타인에 의해 이미 철회되지 않았는가?" 아인슈타인은 생전에 우주상수를 가리켜 자신이 저질렀던 일생일대의 실수라고 고백한 적이 있다. 그러므로 이제 와서 그것을 다시 들춰 봐야 이미 고인이 된 아인슈타인만 민망해질 것 같다. 이미 60여 년 전에 폐기 처분된 이론을 다시 거론하는 것이 과연 무슨 의미가 있다는 말인가?

인플레이션

그 해답은 다음과 같다. 구스는 과냉각된 힉스장과 우주상수가 몇 가지 특성을 공유하고 있긴 하지만 이들 사이에는 두 가지 중요한 차이점이 있다

그림 10.1 (a) 먹잇감을 찾은 개구리처럼, 과냉각된 힉스장은 에너지 그릇의 돌출부 위에 자리를 잡는다. (b) 과냉각된 힉스장은 먹이를 다 먹은 개구리처럼 빠른 시간 내에 중앙의 돌출부를 이탈하여 더 작은 에너지 상태를 찾아간다.

고 주장했다.

첫째, 우주상수는 우주가 팽창해도 변하지 않는 상수지만 과냉각된 힉스장은 반드시 상수일 필요가 없다는 점이다. 그림 10.1a와 같이 개구리가 그릇의 중심에 있는 돌출부에 앉아 있는 경우를 생각해 보자. 이 개구리는 한동안 그 자리에 머물러 있다가 언젠가는 다시 무작위로 점프를 하게 된다(개구리가 한자리에 오랫동안 머물지 않는 것은 그릇이 뜨거워서가 아니라(그릇은 더 이상 뜨겁지 않다) 한자리에 오래 머물지 못하는 개구리의 천성 때문이다). 그리고 봉우리에서 뛰어오른 개구리는 그림 10.1b처럼 그릇의 가장 낮은 지점으로 미끄러져 내려갈 것이다. 힉스장의 변천과정도 이와 비슷하다. 온도의 하강 속도가 아주 느려서 심각한 열적 교란이 일어나지 않는다면 힉스장의 값은 에너지 그릇 중심부의 돌출부 위에 머물 수도 있지만, 양자적 과정이 개입되면 힉스장의 값은 개구리처럼 무작위로 점프하여 제일 깊은 계곡을 찾아가게 되고 그 결과 힉스장의 에너지와 압력은 0으로 진정된다.[10] 점프하는 데 걸리는 시간은 중앙 돌출부의 생김새에 따라 달라지는데, 구스의 계산에 의하면 약 0.00000000000000000000000000000000001초(10^{-35}초)가 소요된

그림 10.2 위치에너지 그릇이 좀 더 완만한 곡선을 그리면 힉스장은 에너지가 0인 지점을 더욱 쉽게 찾아갈 수 있으며, 공간상의 분포도 더욱 균일해진다.

다. 그 후 모스크바 레베데프연구소의 안드레이 린데Andrei Linde와 펜실베이니아대학의 폴 슈타인하르트Paul Steinhardt, 그리고 슈타인하르트의 학생이었던 안드레아스 알브레흐트Andreas Albrecht는 힉스장의 에너지와 압력이 전 공간에 걸쳐 더욱 효율적이고 균일하게 0으로 진정될 수 있다는 것을 증명하였다(이로써 구스의 이론이 갖고 있었던 기술적인 문제도 해결되었다[11]). 이들은 위치에너지 그릇이 그림 10.2처럼 완만한 형태로 되어 있으면 양자적 점프를 도입할 필요가 없다는 것을 증명했다. 이런 조건에서는 마치 언덕 꼭대기에 놓인 공이 계곡으로 굴러가는 것처럼, 힉스장은 아주 빠른 시간 내에 최소지점을 찾아간다. 결론적으로 말해서, 힉스장은 아주 짧은 시간 동안 우주상수처럼 행동했다는 것이다.

우주상수와 힉스장의 두 번째 다른 점은 다음과 같다. 아인슈타인은 밀어내는 중력과 끌어당기는 중력이 정확하게 상쇄되도록 우주상수의 값(공간의 에너지와 음압의 값)을 인위적으로 선택한 반면, 구스와 타이는 힉스장에 의한 에너지와 음압을 어떠한 인위적 요소 없이 계산하였다. 그들이 얻은 값은 아인슈타인이 선택한 값의 무려 10^{100}배에 달했는데, 이 정도면 힉스장으로부터 생성된 밀어내는 중력은 우주공간을 팽창시키고도 남는다.

그렇다면 힉스장이 아주 잠시 동안 고에너지 상태에 머물면서 음압을 만들어 낸다는 아이디어와 힉스장이 에너지의 정점에 머무는 동안 엄청난 크기의 척력을 만들어 낸다는 아이디어를 결합하면 어떤 결론을 내릴 수 있을까? 구스는 우리의 우주가 아주 짧은 시간 동안 엄청난 규모의 팽창을 겪은 것으로 결론지었다. 다시 말해서, 그는 기존의 빅뱅이론에 누락되어 있는 '뱅(폭발)'을 재현시키는 데 성공한 것이다.[12]

구스의 아이디어로부터 새롭게 탄생한 우주론은 대략적으로 다음과 같은 내용을 담고 있다. 아득한 옛날, 우주의 밀도가 매우 높았을 때 힉스장의 값은 에너지 그릇의 가장 낮은 계곡에 자리 잡고 있었다. 다른 힉스장(입자에 질량을 부여하는 약전자기 힉스장과 대통일이론에 등장하는 힉스장[13])과 구별하기 위해, 이 힉스장을 흔히 '인플라톤장inflaton field'이라 부른다.⁺ 인플라톤장은 음압을 갖고 있기 때문에 중력적으로 엄청난 척력을 행사하여 공간 내의 모든 지점들이 서로 멀리 도망가도록 만들었다. 구스의 표현을 빌자면, "인플레이션은 우주를 확장시켰다Inflation drove the universe to inflate." 이 척력은 위력이 너무도 방대하여 약 10^{-35}초라는 극히 짧은 시간 동안 작용했음에도 불구하고 우주공간을 엄청난 크기로 부풀려 놓았다. 팽창의 규모는 위치에너지 그릇의 구체적인 형태에 따라 달라지는데, 현재의 계산으로는 거의 10^{30}배나 10^{50}배, 혹은 10^{100}배까지 팽창된 것으로 추정된다.

이것은 머릿속에 그리기조차 어려울 정도로 엄청나게 큰 숫자이다. 적게 잡아서 10^{30}이라 해도, 이 값은 DNA 분자 하나와 은하수 전체의 크기비율과 비슷하고, 시간적으로는 눈을 한 번 깜박이는 시간의 10억×10억×10억분의 1보다도 짧다. 이 팽창속도는 기존의 빅뱅이론이 예견하는 팽창속도보

⁺ 이것은 inflation에서 i를 누락시킨 오타가 아니라 특별한 힉스장을 칭하는 하나의 이름이다. 물리학자들은 장(입자)의 이름을 지을 때 광자(photon), 글루온(gluon), 전자(electron) 등 '-on' 자 돌림을 즐겨 사용한다.

다 10억×10억 배나 빠르며 인플레이션 이후부터 지금까지 140억 년 동안 팽창된 비율보다도 크다! 여러 가지 인플레이션이론으로부터 계산된 팽창비율은 대부분 10^{30}보다 크기 때문에, 가장 성능이 좋은 망원경으로 관측한다 해도 우리가 볼 수 있는 공간은 전체 우주의 극히 일부분에 불과하다. 이 우주모델에 의하면 우주에 존재하는 천체들 중 거의 대부분은 아직 우리의 시야에 들어오지 않았다. 아득한 옛날에 그곳에서 출발한 빛이 아직 지구에 도달하지 못했기 때문이다. 물론 이 빛은 지구와 태양이 수명을 다하여 사라진 후에도 도달하지 않는다. 우주 전체의 크기를 지구의 크기로 축소시킨다면 우리가 관측할 수 있는 우주공간은 모래알 한 톨 정도가 될 것이다.

갑작스런 팽창이 시작된 지 약 10^{-35}초 후에 인플라톤장은 고에너지 상태에서 이탈하여 에너지 그릇의 가장 깊은 계곡으로 굴러 떨어졌고, 그와 함께 밀어내는 중력도 사라졌다. 그리고 인플레이션이 진정되면서 여분의 에너지는 일상적인 입자와 복사로 전환되어 팽창하는 공간을 균일하게 채우게 되었다.[14] 인플레이션 모델은 이 시점부터 기존의 빅뱅이론과 같아진다. 공간

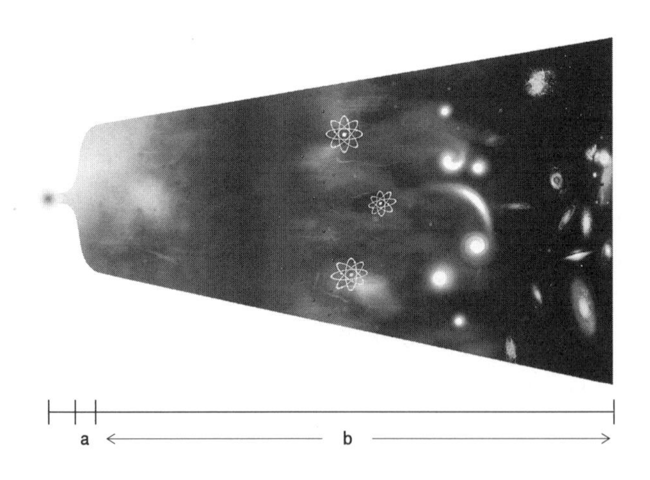

그림 10.3 (a) 탄생 초기의 우주는 급격한 인플레이션을 겪으면서 아주 짧은 시간 동안 엄청난 규모로 팽창하였다. (b) 이 초대형 사건이 끝난 후 우주는 기존의 빅뱅이론이 말하는 것처럼 완만하고 꾸준한 팽창을 겪으면서 오늘에 이르고 있다.

은 계속 팽창하면서 점차 식어 갔고 입자들이 모여서 은하, 별, 행성 등의 천체를 이루었으며 그중 하나의 행성에 우연히 살게 된 우리들이 그 은하를 관측하고 있다. 그림 10.3에는 이 과정이 일목요연하게 표현되어 있다.

구스의 이론은 (린데, 알브레흐트, 슈타인하르트의 업적과 함께) 초기우주의 팽창과정을 성공적으로 설명해 주고 있다. 0보다 큰 에너지를 획득한 힉스장은 우주를 엄청난 규모로 팽창시킨다. 구스는 '폭발bang이 포함된 빅뱅이론'을 완성시킨 장본인으로 과학사의 한 페이지를 장식했다.

인플레이션의 구조

구스의 이론은 순식간에 학계로 퍼져 나가 뜨거운 반향을 불러일으켰고, 그 후로 인플레이션모델은 우주론의 주된 연구과제로 자리를 잡았다. 그러나 여기에는 두 가지 짚고 넘어갈 사항이 있다. 첫째, 표준 빅뱅이론에서는 대폭발이라는 사건이 우주가 탄생하던 바로 그 순간, 즉 시간=0인 시점에서 발생한 것으로 간주하고 있다. 그러나 다이너마이트가 폭발하려면 심지가 타는 시간이 필요한 것처럼, 초창기의 인플레이션은 필요한 조건(밀어내는 중력이 위력을 발휘할 만큼 충분한 에너지와 음압을 생성하는 인플라톤장이 생성되어야 함)이 충족된 후에 발생할 수도 있다. 즉, 인플레이션이 시작된 시점이 우주 탄생의 시점과 일치할 필요는 없는 것이다. 그러므로 인플레이션은 초기의 우주가 겪은 중대한 사건임에는 분명하지만 그것으로 우주가 탄생했다고 볼 수는 없다. 그래서 그림 10.3의 왼쪽 끝은 희미한 띠로 얼버무려져 있다. 만일 인플레이션이론이 맞는다면 우리가 답을 구하지 못한 질문들은 다음과 같다. "우주에는 왜 인플라톤장이 존재하였는가? 위치에너지 그릇은 왜 인플레이션이 일어나기 알맞은 형태로 조성되어 있었는가? 그 와중에 시간과 공간은 어떻게 형성되었는가? 텅 빈 공간은 왜 텅 비어 있지 않은가?"

두 번째로 짚고 넘어갈 사항은 인플레이션이론만이 유일한 우주론은 아니라는 점이다. 밀어내는 중력과 공간의 팽창을 논리적으로 설명할 수만 있으면 얼마든지 새로운 우주론으로 수용될 수 있다. 초기의 팽창이 얼마 동안 진행되었으며 그 위력은 어느 정도였는지, 그리고 이 기간 동안 우주는 얼마나 팽창하였으며 총에너지는 얼마나 되었는지, 이 모든 것은 인플라톤장의 위치에너지 그릇의 모양에 따라 좌우되며, 지금 알려진 이론만으로는 정확한 값을 계산할 수 없다. 지난 몇 년 동안 물리학자들은 모든 가능성(위치에너지 그릇의 다양한 형태, 모든 가능한 인플라톤장 등)을 고려하여 현재의 관측결과와 가장 가깝게 일치하는 우주모델을 찾아 왔다. 그러나 중요한 것은 모든 인플레이션 모델들이 구체적인 내용에 상관없이 어떤 공통점을 갖고 있다는 점이다. 인플레이션 자체가 초기우주의 대폭발을 설명하기 위한 이론이므로 모든 인플레이션이론은 이 점을 충족시키고 있을 뿐만 아니라, 표준 빅뱅이론이 갖고 있었던 중요한 문제점들을 해결하였다.

인플레이션과 지평선 문제(horizon problem)

그 문제점들 중 하나는 균일한 우주배경복사와 관련된 지평선 문제였다. 지구에 도달하는 각 방향의 마이크로파는 놀라울 정도로 균일한 온도를 유지하고 있는데(1/1,000도까지 일치한다), 이는 우주모델을 상정할 때 매우 유리한 조건으로 작용한다. 온도가 균일하다는 것은 우주가 전 공간에 걸쳐 균질하다는 증거이므로 우주론은 그만큼 간단해질 수 있다. 앞에서 우리는 공간의 균질성을 이용하여 공간의 가능한 형태를 몇 가지 유형으로 줄일 수 있었고 우주적 시간도 균일한 형태로 가정할 수 있었다. 그러나 우주가 균질성을 획득하게 된 원인과 그 과정을 설명하려고 하면 항상 똑같은 문제에 직면하게 된다. 방대한 우주의 양끝에 위치한 두 지역의 온도가 어떻게 같아질 수 있다는 말인가?

우리는 4장에서 비국소적인 양자적 얽힘quantum entanglement 현상이 멀리 떨어져 있는 두 입자의 스핀에 영향을 준다는 사실을 확인하였다. 그렇다면 멀리 떨어져 있는 두 공간의 온도도 이와 비슷하게 얽혀 있는 것은 아닐까? 매우 흥미로운 추측이긴 하지만 4장의 끝부분에서 지적한 대로 양자적 연결관계를 온 우주공간으로 확장시키는 것은 지나치게 과장된 생각이다. 그렇지 않아도 그 정체가 모호한 양자적 연결고리를 방대한 우주로 확장시킨다는 것은 어느 모로 보나 무리한 발상이 아닐 수 없다. 이보다는 좀 더 간단하고 명료한 해결책을 찾아야 한다. 더운 부엌과 썰렁한 거실 사이의 문을 열어 놓고 잠시 동안 기다리면 두 곳의 온도가 같아지듯이, 모든 것이 가까이 뭉쳐 있었던 우주 초기에는 전 지역의 온도가 같았을 것이다. 그러나 표준 빅뱅이론에는 이런 식의 설명도 통하지 않는다.

우주의 탄생부터 현재에 이르기까지, 모든 진화과정을 동영상으로 담아냈다고 상상해 보자. 이제 재생되는 동영상을 바라보며 우주의 경이로움에 감탄사를 연발하다가 임의의 한 순간에 영상을 정지시키고 다음과 같은 질문을 던져 보자. 부엌과 거실처럼 우주의 다른 두 지역이 빛이나 열(온도)을 서로 교환할 수 있을까? 그 해답은 두 지역 사이의 거리와 빅뱅 이후 흘러간 시간에 따라 좌우된다. 만일 한 지점에서 빅뱅 때 방출된 빛이 다른 한 지점에 이미 도달했다면 이 지점들은 서로 영향을 주고받을 수 있고, 그렇지 않다면 영향을 주고받는 것이 불가능하다. 그렇다면 초기우주의 모든 지점들은 충분히 가까운 거리에 있었으므로 방대한 거리를 두고 있는 지점들도 옛날에 이미 영향을 주고받지 않았을까? 그렇지 않다. 모든 지점들이 가까웠던 것은 사실이지만 그러한 상태를 유지했던 시간이 너무나도 짧았기 때문에 정보를 교환하지 못한 지점들이 압도적으로 많다.

상황을 제대로 분석하기 위해, 현재 관측 가능한 우주에서 가장 멀리 떨어져 있는 두 지점에 초점을 맞추고 동영상을 거꾸로 돌려 보자(이 지점들은 너무 멀리 떨어져 있어서 지금 당장은 서로 영향을 주고받지 못한다). 이들 사이의 간격을 반으로 줄이기 위해 우주의 역사가 담긴 동영상을 우주 나이의 반만큼 과거로 되돌린다면 간격은 거의 반으로 줄어들지만 정보교환은 여전히 불가능하다. 한쪽에서 출발한 빛이 아직 70억 년(우주 나이의 반)밖에 여행하지 못했기 때문이다. 그러므로 여기서 동영상을 과거로 더 돌려서 두 지점 사이의 거리를 더 줄인다 해도 달라지는 것은 없다. 만일 우주가 줄곧 이런 식으로 진화해 왔다면 멀리 떨어진 지점의 온도가 같은 이유를 설명할 방법이 없다.

이것이 바로 표준 빅뱅이론이 안고 있는 문제점 중 하나이다. 표준이론에서 중력은 오직 인력으로만 작용하기 때문에 우주의 초창기 때부터 공간의 팽창을 방해하는 역할을 해 왔다. 그러므로 영상을 과거로 되돌려서 두 지점 사이의 거리를 반으로 줄이고자 한다면 시간상으로는 반 이상을 거슬러 올라가야 한다. 예를 들어 2,000m를 달리는 육상선수가 처음 1,000m를 2분에 주파한 뒤 체력이 저하되어 나머지 1,000m를 달리는 데 3분이 소요되었다고 가정해 보자. 이 경주 장면을 촬영한 후 필름을 거꾸로 재생시켜서 1,000m를 통과하는 시점으로 되돌아가려면 전체 소요시간(5분)의 반 이상(3분)을 거슬러 올라가야 한다. 경주의 후반부로 갈수록 달리는 속도가 느려졌기 때문이다. 이와 마찬가지로 표준 빅뱅이론에서 중력은 공간의 팽창을 방해하고 있으므로 두 지점 사이의 거리를 반으로 줄이려면 시간상으로 반 이상을 거슬러 가야 한다. 그리고 이것은 우주의 초창기에 모든 지점들이 가까이 모여 있었다 해도 서로 영향을 주고받기가 여전히 어려웠다는 것을 의미하며, 모든 지역이 동일한 온도를 유지하고 있는 이유도 여전히 미지로 남게 된다.

물리학자들은 빅뱅이 일어난 후 빛이 도달할 수 있는 거리 이내에 있는 지역과 그 바깥에 있는 지역 사이의 경계를 '우주적 지평선cosmic horizon'이라고 부른다(간단하게 줄여서 '지평선'이라고도 한다). 이것은 지구상의 한 지점에서 경치를 바라볼 때 시야에 들어오는 지역과 그 너머에 있는 지역 사이의 경계를 지평선이라 부르는 것과 같은 이치이다.[15] 그렇다면 우주적 지평선 너머에 존재하면서 빅뱅 이후 단 한 번도 정보를 교환한 적이 없는 지역들이 한결같이 동일한 온도를 유지하고 있다는 것은 정말로 미스터리가 아닐 수 없다.

지평선 문제가 해결되지 않았다고 해서 표준 빅뱅이론이 틀렸다고는 말할 수 없다. 우리는 어떻게든 이 수수께끼를 풀어야 한다. 다행히도 인플레이션 우주론이 하나의 가능한 답을 제시하고 있다.

인플레이션 우주론에 의하면 우주 초기에 아주 짧은 시간 동안 중력이 척력으로 작용하여 우주공간이 엄청난 빠르기로 팽창한 시절이 있었다. 우주의 역사를 담은 필름을 대충 이 시기에 맞춰 놓으면 두 지점 사이의 거리를 반으로 줄이고자 할 때 시간을 반까지 되돌릴 필요가 없다. 왜냐하면 이 시기에는 공간의 팽창속도가 점점 빨라지고 있었기 때문이다. 앞에서 등장했던 육상선수가 처음 1,000m를 2분에 주파한 뒤 몸의 컨디션이 더욱 좋아져서 나머지 반을 1분 만에 주파했다고 가정해 보자. 이 경주 장면을 촬영한 필름을 거꾸로 되돌려서 중간지점을 통과하는 장면을 다시 보고 싶다면 전체 3분짜리 필름 중 1분만 되돌리면 된다. 이와 마찬가지로, 인플레이션이 진행되는 우주에서 점점 빠르게 멀어져 가는 두 지점의 간격을 반으로 줄이고자 한다면 필름을 반까지 되감을 필요가 없다. 과거로 갈수록 두 지점은 상대적으로 신호를 주고받기에 충분한 시간을 확보하고 있으므로 서로 영향을 주고받기가 쉬워진다. 인플레이션이 일어나면서 우주공간이 10^{30}배 팽창했다고 가정하고 계산을 진행해 보면, 오늘날 우리가 관측할 수 있는 모든 지점들은 (온도가 같은 것으로 확인된 지점들은) 우주 초기에 부엌과 거실처럼 인접해 있으면서 쉽게 영향을 주고받았음을 알 수 있다. 즉, 동일한 온도를 유지하고 있는 이유가 자연스럽게 설명되는 것이다.[16] 간단히 말해서, 우주의 탄생 초기에는 공간이 서서히 팽창하여 모든 지점들이 정보를 충분히 교환할 수 있었고(이 무렵에 온도가 모두 같아졌다), 그 후 갑자기 팽창속도가 빨라진 것으로 이해할 수 있다.

인플레이션이론은 마이크로파 배경복사가 전 공간에 걸쳐 동일한 온도를 유지하고 있는 이유를 이런 식으로 설명하고 있다.

인플레이션과 평평성 문제(flatness problem)

표준 빅뱅이론에서 제기되는 또 하나의 문제는 공간의 생김새와 관련되어 있다. 8장에서 우리는 완벽한 대칭성을 갖는 공간을 곡률에 따라 세 가지 유형으로 분류했었다. 공간을 2차원의 면으로 단순화시켜서 생각했을 때, 가능한 모양은 양의 곡률(구의 표면)과 음의 곡률(말안장), 그리고 0의 곡률(무한히 큰 평면, 또는 양끝이 연결되어 있는 비디오게임의 화면)로 분류될 수 있다. 일반상대성이론이 발표된 이후로 물리학자들은 우주 안에 존재하는 물질과 에너지의 분포상태(물질과 에너지의 밀도)가 모든 공간의 곡률을 결정한다는 사실을 알게 되었다. 물질과 에너지의 밀도가 충분히 높으면 공간은 구면과 같이 양의 곡률을 갖게 되고, 밀도가 낮으면 말안장과 같이 음의 곡률을 가지며, 9장에서 말한 것처럼 질량과 에너지의 밀도가 어떤 임계값($1m^3$당 수소원자 5개, 즉 $10^{-23}g/m^3$)과 일치하면 곡률=0이 되어 우주공간은 완전한 평면이 된다.

이 사실을 염두에 두고, 지금부터 표준 빅뱅이론이 해결하지 못한 수수께끼에 도전해 보자.

표준 빅뱅모델의 근간을 이루는 일반상대성이론에 의하면, 초기우주의 밀도가 임계밀도와 정확하게 일치했다면 이 값은 공간이 팽창하는 동안에도 그대로 유지된다.[17] 그러나 공간의 밀도가 임계밀도보다 조금이라도 크거나 작았다면 그 결과는 엄청나게 달라진다. 예를 들어, 빅뱅이 일어나고 1초가 지났을 때 우주의 밀도가 임계밀도의 99.99%였다면 오늘날의 우주 밀도는 임계밀도의 0.00000000001배(10^{-11}배)밖에 되지 않았을 것이다. 이것은 마치 칼날같이 날카로운 능선 위에서 한 걸음만 잘못 디뎌도 천 길 낭떠러지로 추락하는 것과 비슷한 상황이다(대학교 기숙사의 샤워실에 있는 수도꼭지도 이와 비슷한 특성을 갖고 있다. 수도꼭지의 손잡이를 적절한 위치에 맞추면 적당하게 미지근한 물이 나와서 느긋하게 샤워를 즐길 수 있지만, 손잡이의 위치가 조금이라도 틀려지면 아예 펄펄 끓는 물이나 얼음장같이 차가운 물이 나오기 일쑤다. 그래서 한 건물에 있는 모든 학생들이 일제히 비명을 지르며 샤워를 멈추는 진풍경이 벌어지기도 한다).

지난 수십 년 동안 물리학자들은 우주의 질량과 에너지 밀도를 측정하는 수많은 실험을 해 왔다. 그러다가 1980년대에 이르러 한 가지 사실이 분명하게 밝혀졌다. 현재 우주의 질량 및 에너지 밀도는 임계밀도보다 수백만 배 이상 크거나 작지는 않다는 것이다. 이는 우주공간이 음이나 양의 곡률로 크게 휘어져 있지 않다는 것을 의미하는데, 표준 빅뱅이론의 문제점은 바로 여기서 기인한다. 표준 빅뱅이론이 현재의 관측결과와 일치하려면 초기우주의 질량 및 에너지 밀도는 임계밀도와 거의 정확하게 일치해야 한다. 예를 들어, 빅뱅이 일어나고 1초가 지났을 때 우주의 밀도는 1조분의 1% 오차 이내에서 임계밀도와 일치해야 한다. 만일 초기우주의 밀도가 이 범위를 벗어나 있었다면, 표준 빅뱅이론으로 계산된 오늘날의 우주밀도는 관측결과와 엄청나게 달라진다. 그러므로 표준 빅뱅이론이 예측하는 초기우주는 엄청나게 날카로운 능선에서 아슬아슬하게 균형을 잡고 있는 등반가의 처지와 비슷하다고 할 수 있다. 초기우주가 이 조건에서 아주 조금이라도 벗어나 있었다면 오늘날의 우주는 전혀 다른 모습으로 진화했을 것이다. 이것이 바로 평평성 문제flatness problem이다.

기본적인 아이디어는 대충 이와 같다. 그러나 정확한 이해를 위해서는 평평성 문제가 정말로 문제시되는 이유를 좀 더 자세히 따져 볼 필요가 있다. 평평성 문제가 제기되었다고 해서 표준 빅뱅이론이 틀렸다고 단정 지을 수는 없다. 표준 빅뱅이론을 신봉하는 사람들에게 이 문제를 제기하면 그들은 어깨를 들썩이며 이렇게 대답할 것이다. "그게 왜 문제가 된다는 겁니까? 초기우주의 밀도가 임계밀도와 정확하게 일치했다고 믿으면 그만 아닌가요?" 그러나 근본적인 설명 없이 어떤 물리량을 특정한 값에 맞춰서 만들어진 이론을 곧이곧대로 받아들일 수는 없다. 그래서 많은 물리학자들은 별다른 근거 없이 초기우주의 밀도를 특정한 값(임계밀도)에 맞춰 놓은 표준 빅뱅이론을 다분히 작위적인 이론으로 간주하고 있다.

정상적인 물리학자라면 확인할 수 없는 양에 의존하지 않고 항상 성립하는 이론을 선호할 것이다. 관측이나 계산이 불가능한 양에 의존하지 않는 이론은 당연히 자연스럽고 설득력도 뛰어나다. 이런 면에서 볼 때, 현재 우리가 취할 수 있는 가장 그럴듯한 대안이 바로 인플레이션 우주론이다. 인플레이션이론은 평평성 문제를 그 나름의 방식으로 설명하고 있다.

끌어당기는 중력은 우주의 밀도를 임계밀도에서 벗어나게 만드는 원인으로 작용하는데, 인플레이션이론에 등장하는 '밀어내는 중력'은 정확하게 그 반대로 작용하여 우주의 밀도가 임계밀도에서 크게 벗어나는 것을 방지해 준다. 우주의 질량-에너지 밀도와 우주공간의 곡률 사이의 밀접한 관계를 이용하면 이 사실을 쉽게 이해할 수 있다. 특히, 초기우주의 곡률이 아주 컸다고 해도 인플레이션이 일어난 후의 우주는 국지적인 관점에서 거의 평평한 공간으로 간주할 수 있는데, 이것은 일반인들도 익히 알고 있는 기하학적 특성에서 비롯되는 사실이다. 독자들도 잘 알다시피 농구공이 둥글다는 것은 누구나 한눈에 알 수 있지만 지구가 둥글다는 사실을 알기까지는 매우 오랜 세월이 걸렸다. 왜 그랬을까? 그 이유는 그것은 두말할 것도 없이 지구가 크기 때문이었다. 사람의 눈은 지구의 극히 일부분만을 볼 수 있으므로 둥그런 지구가 평평하게 보였던 것이다. 어떤 도형이 어떻게 휘었건 간에, 도형의 크기가 클수록 휘어진 정도는 완만하게 나타나며 부분적으로는 평평하게 보인다. 예를 들어, 네브래스카Nebraska주의 지도를 그림 10.4a처럼 반지름 수백 마일짜리 구면 위에 그려 넣으면 원래의 모습에서 심하게 왜곡되지만, 둥그런 지구 위에 자리 잡고 있는 실제의 네브래스카는 누가 봐도 평평하다. 만일 이 지도를 지구보다 수십억 배 큰 구면 위에 그린다면 한층 더 평평하게 보일 것이다. 인플레이션이론에 의하면 우주는 짧은 시간 동안 엄청난 규모로 팽창되었고 현재 우리가 관측할 수 있는 공간은 전체 우주의 극히 일부분에 지나지 않는다. 그러므로 우주 전체가 휘어져 있다고 해도 관측 가능한

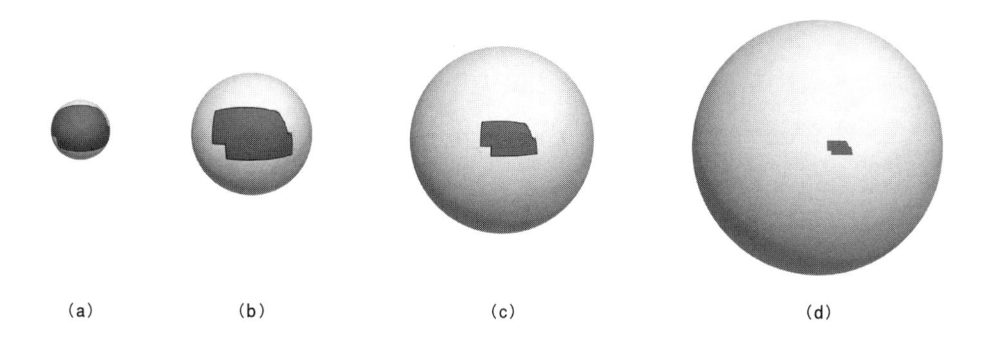

그림 10.4 네브래스카(Nebraska)주의 지도처럼 크기가 고정되어 있는 임의의 도형을 구면 위에 그려 넣는다고 했을 때, 구의 크기가 클수록 원래의 도형은 평평해진다. 전체 우주의 일부분에 해당하는 '관측 가능한 우주'도 이와 비슷한 특성을 갖고 있다. 즉, 우리의 눈에 보이는 우주는 우주적 지평선 이내에서 평평한 공간으로 간주할 수 있다.

우주는 거의 평평한 공간으로 간주할 수 있다.[18]

이것은 마치 강한 자석이 달려 있는 등산화를 신고 아슬아슬한 능선을 등반하는 것과 비슷하다. 만일 산 전체가 금속성 물질로 되어 있다면 등반가가 발걸음을 조금 잘못 내디뎌도 신발에 작용하는 강한 인력이 그 잘못을 수정해 줄 것이다. 이와 마찬가지로 초기우주의 밀도가 임계밀도로부터 조금 벗어나서 평평성을 잃는다 해도 인플레이션(급격한 팽창)은 우리가 관측할 수 있는 우주공간을 평평하게 유지시켜 준다. 즉, 관측 가능한 공간의 질량-에너지 밀도가 항상 임계밀도와 일치하게 되는 것이다.

진보와 예견

인플레이션 우주론은 우주적 지평선 문제와 평평성 문제를 해결하는 데 획기적인 기여를 했다. 오늘날같이 우주의 밀도가 균일한 이유를 표준 빅뱅 이론으로 설명하려면 초기우주의 밀도가 아주 특별한 값이었다는 다소 무리한 가정을 내세워야 한다. 빅뱅이론의 신봉자들은 이 가정을 당연하게 받아들이고 있지만, 그에 합당한 설명을 제시하지 못하고 있으므로 억지로 짜 맞춘 이론이라는 느낌을 지우기가 어렵다. 그러나 인플레이션 우주론은 초기우주의 질량-에너지 밀도에 상관없이 관측 가능한 우주가 평평하다는 것을 이론적으로 예견하고 있다. 즉, 우리 눈에 보이는 우주의 밀도가 임계밀도와 거의 100% 일치한다는 사실을 아무런 가정 없이 입증하고 있는 것이다.

이와 같이 인플레이션 우주론은 우리가 알 수 없는 초기우주의 상태를 고려하지 않고서도 구체적인 결과를 예측할 수 있다는 장점을 갖고 있다. 그러나 여기에도 한 가지 의문은 남아 있다. 인플레이션 우주론이 예견하는 대로, 현재 관측된 우주의 밀도는 임계밀도와 정확하게 일치하고 있는가?

여러 해 동안 "반드시 그렇지만은 않다"는 대답이 지배적이었다. 그동안 최신 장비를 동원하여 정밀한 관측을 시도한 결과 우주의 질량-에너지 밀도는 임계밀도의 약 5%로 밝혀졌는데, 이는 표준 빅뱅이론의 예견치보다 엄청나게 크지도, 작지도 않은 값이다. 앞에서 "현재 관측된 우주의 밀도는 임계밀도보다 수백만 배 이상 크거나 작지는 않다"고 말한 것도 바로 이 점을 염두에 두고 한 말이었다. 어쨌거나, 현재의 관측결과는 인플레이션 우주론이 예상하는 값의 5% 정도에 불과하다. 그러나 물리학자들은 관측 데이터를 분석할 때 각별한 주의를 기울여야 한다고 충고하고 있다. 망원경에 도달하는 천체는 한결같이 스스로 빛을 발하는 천체들이기 때문에(태양계에 있는 몇 개의 행성들은 제외), 만에 하나 빛을 발하지 않는 물질이 존재한다면 우주의 밀도는 달라질 수도 있다는 것이다. 그리고 우주의 방대한 공간이 칠흑같이 어두운 물체로 뒤덮여 있다는 증거는 인플레이션 우주론이 등장하기 전부터 이미 다양한 관측을 통해 제시되어 있었다.

암흑물질의 존재를 예견하다

1930년대 초반에 캘리포니아공과대학의 천문학과 교수였던 프리츠 즈위키Fritz Zwicky(그는 다른 사람의 이론에 신랄한 비평을 가하는 것으로 유명했는데, 특히 동료들은 그를 '구형(球刑) 찰거머리'라고 불렀다. 구형은 가장 높은 대칭성을 갖고 있으므로, 이 별명은 곧 '어느 모로 보나 찰거머리 같은 친구'라는 뜻을 담고 있다[19])는 코마성단(지구로부터 약 370만 광년 떨어져 있는 은하의 집단)의 외부를 이루고 있는 수천 개의 은하들이 비정상적으로 움직이고 있는 현장을 목격하였다. 그의 계산에 의하면 가장자리에 있는 은하들은 자전거바퀴에 붙어 있는 물방울들이 바퀴가 회전함에 따라 사방으로 튀겨 나가듯이 흩어져야 했지만, 망원경에 잡힌 모습은 전혀 그렇지 않았다. 이들은 눈에 보이는 질량보다 훨씬 큰 중력이 작용하는 것처럼 한데 뭉쳐서 움직이고 있었던 것이다. 즈위키는 빛을 발하지 않는 어떤 물질이 코마성단에 잔뜩 퍼져 있어서 성단 전체를 강한 중력으로 묶어 놓고 있다는 가설을 제기하였는데, 그의 추론이 맞으려면 성단의 대부분은 이런 물질로 이루어져 있어야 했다. 그 후 윌슨산 천문대의 연구원이었던 싱클레어 스미스Sinclair Smith는 1936년에 처녀자리성단을 관측하다가 이와 유사한 결론에 이르렀다. 그러나 눈에 보이지 않는 방대한 양의 물질이 강력한 중력을 행사하여 은하단을 하나로 묶어주고 있다는 이들의 공통된 주장은 한동안 검증되지 않은 채로 남아 있었다.

그 후 30여 년 동안 이와 비슷한 관측결과가 여러 차례 발표되면서 점차 학계의 이슈로 떠오르다가,[20] 워싱턴에 있는 카네기 과학원의 천문학자 베라 루빈Vera Rubin과 켄트 포드Kent Ford를 비롯한 일단의 천문학자들에 의해 즈위키와 스미스의 추론은 사실로 확인되었다. 루빈과 그녀의 동료들은 회전하고 있는 은하를 찾아서 별들의 움직임을 분석한 끝에 "만일 망원경에 보이는 것이 은하의 전부라면 회전하는 은하의 가장자리에 있는 별들은 바깥쪽으로 이탈되어야 한다"는 결론에 이르렀다. 그들의 계산에 의하면 망원경에 관측된 별들의 질량만으로는 바깥쪽으로 달아나려는 별들을 붙잡아둘 정도로 강한 중력을 행사할 수 없었다. 그러나 빛을 발하지 않는 물질이 그림 10.5처럼 은하 전체를 둥그렇게 뒤덮고 있고, 이 물질의 총 질량이 은하 전체의 질량보다 훨씬 크다고 가정하면 가장자리의 별들이 은하에서 이탈되지 않는 이유를 설명할 수 있다. 천문학자들이 '암흑물질dark matter'이라 부르는 이 물질은 방대한 공간에 걸쳐 퍼져 있지만 별에 흡수되지 않고 별개로 존재하고 있으며, 따라서 자체적으로 빛을 발하지 않는다. 이것은 검은 옷을 입은 사람이 검은 배경이 드리워진 무대에서 눈에 잘 띄지 않는 것과 같은 이치이다. 그러므로 빛을 발하는 모든 별들은 암흑물질이라는 거대한 대양을

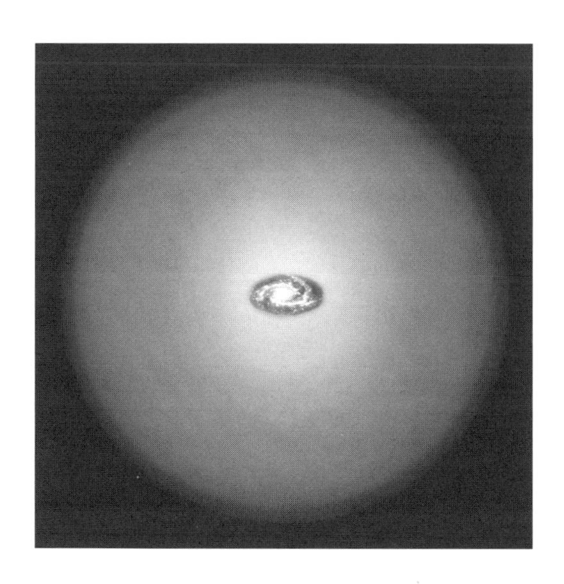

그림 10.5 암흑물질에 싸여 있는 은하의 모습(배경과 구별하기 위해 암흑물질을 약간 밝은 색으로 표현하였다).

표류하고 있는 일종의 등대선에 비교될 수 있다.

은하의 외형을 설명하려면 암흑물질은 반드시 존재해야 한다. 그런데, 대체 암흑물질의 정체는 무엇인가? 암흑물질은 무엇으로 이루어져 있는가? 지금까지는 알려진 것이 거의 없다. 일부 천문학자들은 희귀한 입자나 블랙홀 등을 동원하여 그 정체를 설명하고 있긴 하지만, 암흑물질의 구성성분은 아직도 현대 천문학의 가장 큰 수수께끼로 남아 있다. 그러나 지금까지 관측된 은하의 분포상태로부터 우주에 존재하는 암흑물질의 총량을 계산할 수는 있다. 지금까지 알려진 바에 의하면 암흑물질의 평균밀도는 임계밀도의 약 25% 정도인데,[21] 여기에 빛을 발하는 천체의 밀도 5%를 추가하면 현재 우주의 밀도는 인플레이션 우주론이 예견하는 밀도의 30% 정도라고 할 수 있다.

물론 이 정도면 커다란 진보를 거둔 셈이다. 그러나 인플레이션 우주론이 맞는다면 나머지 70%도 우주 어딘가에 반드시 존재해야 한다. 천문학자들은 나머지 '잃어버린 70%'를 찾기 위해 머리카락을 쥐어뜯으며 고민해 왔다. 그러던 중 1998년에 아인슈타인의 우주상수로 회귀하는 놀라운 결과가 두 그룹의 천문학자들에 의해 발표되었다.

도망가는 우주

만일 당신이 주치의로부터 별로 반갑지 않은 진단결과를 통보받았다면 그 결과를 재확인하기 위해 다른 병원을 찾아갈 것이다. 물리학자들도 실험이나 이론이 엉뚱한 결과를 내놓으면 그것을 재확인하기 위해 다른 이론을 찾는다. 기존의 이론과 접근 방식이 전혀 다르면서 동일한 결과를 주는 별개의 이론이 존재한다면 수긍하기가 훨씬 쉬워질 것이다. 과학의 역사를 돌아볼 때 두 개 이상의 이론이 동일한 결론에 이르렀음에도 불구하고 그 이론이 틀린 것으로 판명된 경우는 거의 없었다. 인플레이션 우주론이 맞는다면 우주공간의 질량-에너지 밀도는 현재 관측된 값의 세 배가 넘어야 한다(눈에 보이는 은하들이 전체의 5%를 차지하고 암흑물질이 25%를 채웠으므로 아직도 70%를 더 발견해야 한다). 물리학자들은 이 사실을 다른 방법으로 확인하고자 백방으로 노력한 끝에 '감속변수deceleration parameter'가 그 역할을 할 수 있다는 가능성을 발견하였다.

인플레이션이 막 시작된 직후에 잡아당기는 중력은 공간의 팽창을 방해하는 요인으로 작용하였는데, 이때 중력에 의하여 팽창이 지연된 비율을 감속변수라 한다. 감속변수를 정확하게 측정할 수만 있다면, 이 값은 우주에 존재하는 전체 질량을 산출하는 제2의 방법으로 활용될 수 있다(중력은 물체의 발광 여부에 상관없이 항상 작용한다).

물리학자들은 지난 수십 년간 감속변수를 측정하기 위해 많은 노력을 기울여 왔다. 감속변수를 측정하는 작업은 원리적으로 크게 어려울 것이 없지만 실제로는 매우 까다로운 작업에 속한다. 멀리 있는 은하나 퀘이사를 망원경으로 관측할 때, 우리는 현재의 모습이 아닌 아득한 과거의 모습을 보고 있다. 거리가 멀면 멀수록 과거로 거슬러 가는 시간도 더욱 길어진다. 그러므로 멀리 있는 천체들이 우리로부터 멀어져 가는 속도를 측정하면 과거의 우주가 팽창하는 속도를 알아낼 수 있다. 뿐만 아니라 다양한 거리에 있는 천체들을 대상으로 동일한 관측을 시도하면 '팽창속도의 변천사'까지도 알아낼 수 있다. 이렇게 얻어진 팽창속도를 시간대별로 비교하면 시간에 대한 팽창속도의 변화율, 즉 감속변수를 알아낼 수 있다.

그러므로 감속변수를 계산하려면 관측된 천체까지의 정확한 거리(눈에 보이는 천체가 실제로 존재했던 정확한 시간대)와 멀어져 가는 속도(과거 그 시점에서의 팽창속도)를 알아야 하는데, 이들 중 후자는 비교적 쉽게 알아낼 수 있다. 멀어져 가는 소방차의 사이렌소리가 실제보다 낮은 음으로 들리는 것처럼, 천체로부터 방출된 빛은 그 천체의 이동속도에 따라 진동수에 변화가 일어난다(특히, 멀어져 가는 천체에서 방출된 빛은 진동수가 작은 쪽으로 편이를 일으킨다). 그런데 별과 은하, 그리고 퀘이사 등의 천체들도 결국은 수소나 헬륨, 산소 등의 원자들로 이루어져 있고 이런 원자에서 방출되는 빛의 진동수는 이미 실험을 통해 잘 알려져 있으므로, 멀리서 날아온 빛의 진동수와 실험실에서 관측한 각 원자의 진동수를 세밀하게 분석/비교해 보면 진동수가 편이된 정도와 함께 해당 천체의 이동 속도를 어렵지 않게 알아낼 수 있다.

그러나 천체까지의 거리를 측정하는 것은 그리 만만한 작업이 아니다. 멀리 있는 별일수록 희미하게 보이는 것은 분명한 사실이지만, 이로부터 거리를 유추하려면 해당 천체의 원래 밝기를 알고 있어야 한다. 즉, 당신이 그 천체의 바로 앞에 서 있을 때 얼마나 밝게 보이는지를 알고 있어야 하는 것이다. 독자들도 짐작하다시피, 수십억 광년이나 떨어져 있는 천체의 고유한 밝기를 알아낸다는 것은 결코 쉬운 일이 아니다. 일반적으로 통용되는 방법은 어떤 근본적인 이유에서 항상 고정된 밝기로 빛을 방출하고 있는 천체를 찾는 것이다. 우주공간에 100와트짜리 전구가 빛을 발하고 있다면(그리고 우리가 그 사실을 알고 있다면) 전구의 밝기로부터 그곳까지의 거리를 산출할 수 있다(물론 전구가 아주 멀리 있으면 아예 보이지 않을 것이므로 다른 기준을 찾아야 한다). 그렇다면 우주공간에서 어떤 천체가 표준밝기의 전구 역할을 해 줄 것인가? 천문학자들은 다양한 방법으로 소위 말하는 '표준촛불standard candle'을 찾아 헤맨 끝에 특별한 종류의 초신성supernova이 그 역할을 할 수 있다는 결론에 이르렀다.

별을 태우는 핵연료가 고갈되면 핵융합반응에 의해 바깥쪽으로 작용하던 압력이 약해지면서 별은 자체 중력으로 인해 안으로 수축되며, 이 과정에서 중심부의 온도가 급격하게 상승하여 거대한 폭발을 일으키게 된다. 이러한 폭발을 흔히 초신성이라고 하는데, 하나의 별이 초신성으로 변하면 태양의 수십억 배에 달하는 빛을 수주일 동안 발산하게 된다. 이것은 정말로 신기한 현상이 아닐 수 없다. 단 하나의 별이 거의 은하 전체와 맞먹는 양의 빛을 한꺼번에 방출하는 것이다! 별의 크기와 구성성분에 따라 초신성의 폭발은 다양한 형태로 나타나지만, 어떤 특별한 초신성들은 거의 동일한 규모의 폭발을 일으키는 것으로 알려져 있다. 이러한 초신성을 'Ia형 초신성type Ia supernova'이라 한다.

Ia형 초신성이 되려면 먼저 백색왜성white dwarf star이라는 과정을 거쳐야 한다. 백색왜성이란 '핵연료는 모두 고갈되었지만 초신성 폭발을 초래할 만큼 충분한 질량을 갖고 있는 별'로서, 근처에 있는 다른 별의 표면에 있는 물질들을 모두 빨아들이면서 자신의 몸집을 키워 나가다가 질량이 어느 임계값에 이르면(태양의 약 1.4배 정도) 다시 핵반응이 시작되면서 초신성으로 변한다. 이와 같이, 초신성의 폭발은 백색왜성이 어떤 특정 질량을 획득했을 때에만 일어나는 현상이므로 시간과 장소에 상관없이 항상 동일한 밝기를 낸다고 생각할 수 있다. 뿐만 아니라 초신성은 100와트짜리 전구와 달리 엄청나게 밝기 때문에 아무리 멀리 있어도 망원경에 쉽게 잡힌다는 장점이 있다. 이런 이유에서 천문학자들은 폭발하는 초신성을 거리 산정의 기준인 표준촛불로 사용하고 있다.[22]

1990년대에 로렌스 버클리 연구소의 사울 펄뮤터Saul Perlmutter가 이끄는 천문학 팀과 호주 국립대학의 브라이언 슈미트Brian Schmidt가 이끄는 또 하나의 천문학 팀은 Ia형 초신성이 멀어져 가는 속도를 측정하여 감속변수(결국은 우주의 질량-에너지 밀도)를 계산하는 작업에 착수하였다. 폭발하는 초신성은 처음에 아주 강렬한 빛을 방출하다가 서서히 희미해지는 특성을 갖고 있기 때문에, 망원경으로 쉽게 확인할 수 있다. 그런데 문제는 Ia형 초신성의 폭발이 하나의 은하에서 수백 년에 한 번 정도 발생하는 희귀한 사건이라는 점이었다. 펄뮤터와 슈미트는 독립적으로 광각 망원경을 개발하여 한 번에 수천 개의 은하를 관측함으로써 이 문제를 해결하였다. 이들은 초인적인 인내심을 발휘하여 다양한 거리에 있는 초신성을 거의 50개 가까이 발견한 후, 각 초신성까지의 거리와 멀어지는 속도로부터 우주의 팽창속도를 연대별로 계산하였는데, 그 결과는 실로 놀라운 것이었다. 우주의 나이가 약 70억 살이 되는 시점부터 공간의 팽창속도가 갑자기 빨라졌던 것이다!

두 팀의 연구원들은 인플레이션이 일어난 후부터 약 70억 년 동안 마치 톨게이트 앞에서 속도를 늦추는 자동차처럼 우주의 팽창속도가 서서히 느려졌다는 사실을 확인할 수 있었다. 그러나 이들의 관측결과에 의하면 톨게이트를 통과한 자동차가 갑자기 빨라지는 것처럼, 70억 년이라는 시점을 통과한 우주는 점차 빠른 속도로 팽창하고 있었다. ATB(빅뱅 후)after the big bang 70억 년의 팽창속도는 ATB 80억 년의 팽창속도보다 느리고 이는 또 ATB 90억 년의 팽창속도보다 느렸으며, 이러한 추세는 현재까지 계속되고 있다. 공간의 팽창속도가 서서히 느려진다는 것을 확인하려던 이들의 노력이 오히려 정반대의 결과를 낳은 것이다.

이 관측결과를 어떻게 설명해야 할까? 그 해답은 앞에서 언급한 '잃어버린 70%'의 비밀과 밀접하게 연관되어 있다.

잃어버린 70%

1917년으로 되돌아가서 아인슈타인의 우주상수를 다시 떠올리면 팽창가속도와 관련된 정보를 얻을 수 있다. 보통의 질량과 에너지는 끌어당기는 중력을 행사하여 공간의 팽창속도를 늦추지만, 공간이 팽창할수록 물체들 사이의 거리가 멀어져서 중력이 팽창을 방해하는 정도는 서서히 약해지며, 이로부터 전혀 예상하지 못했던 결과가 초래된다. 만일 우주상수가 정말로 존재한다면(그리고 그 값이 적당하다면) 계산상으로 대략 ATB 70억 년까지는 끌어당기는 중력이 밀어내는 중력보다 강하게 작용하여 팽창속도가 점차 감소하게 되는데, 이는 관측결과와 잘 일치한다. 그러나 이때에도 우주는 계속 팽창하고 있으므로 물체들 사이의 거리는 점차 멀어지고 그 결과 끌어당기는 중력도 점차 약해진다. 그런데 우주상수는 공간의 팽창과 상관없이 항상 동일한 값을 유지하고 있으므로 시간이 흐르다 보면 밀어내는 중력이 끌어당기는 중력보다 강해져서 팽창속도가 점차 빨라지는 시점이 찾아온다. 바로 그 시점이 대략 ATB 70억 년이라는 것이다.

그 후 1990년대 말에 이르러 펄뮤터와 슈미트가 이끌던 두 연구팀은 근 80년 전에 아인슈타인이 중력 방정식에 끼워 넣었던 중력상수가 잘못 도입된 것이 아니라는 결론에 도달하였다. 이 우주는 정말로 우주상수의 지배를 받고 있었던 것이다.[23] 물론 아인슈타인은 중력에 의한 인력과 척력을 정확하게 상쇄시키기 위해 우주상수를 도입했으므로, 수십억 년 동안 척력의 원인으로 작용해 온 새로운 우주상수는 아인슈타인이 제안했던 상수와 다른 값을 갖는다. 그러나 이런 차이에도 불구하고 아인슈타인은 80년 전에 우주의 심오한 비밀을 꿰뚫어 본 선각자로 다시 한 번 인정받고 있다.

초신성이 멀어져 가는 속도는 일상적인 물체로부터 작용하는 끌어당기는 중력과 우주상수에서 기인하는 밀어내는 중력의 차이에 따라 달라진다. 앞에서 말한 대로 일상적인 물질과 암흑물질을 모두 합한 우주의 밀도는 임계밀도의 30%를 차지하고 있다. 그리고 초신성 연구팀은 우주의 팽창속도가 70억 년 전부터 점차 빨라지고 있음을 발견하였다. 그러므로 지금은 끌어당기는 중력보다 밀어내는 중력이 더 강한 상태이다. 그렇다면 이 척력의 원천은 무엇일까? 초신성 연구팀은 나머지 70%의 정체가 바로 우주상수에서 기인하는 암흑에너지의 양과 일치한다고 결론지었다.

이것은 정말로 놀라운 결과이다. 이들의 주장대로라면 양성자나 중성자, 전자 등의 일상적인 입자로 이루어진 물체는 우주의 전체 질량-에너지의 5%에 불과하고 아직 그 정체가 분명하지 않은 암흑물질도 우주 전체 질량의 25%밖에 되지 않으며, 우주를 이루는 질량-에너지의 대부분(70%)은 이들과 전혀 다른 정체불명의 암흑에너지로 이루어져 있다. 만일 이것이 사실이라면 코페르니쿠스 이후로 인류의 우주관은 가장 격렬한 변화를 겪게 될 것이다. 우리의 몸을 비롯하여 눈에 보이는 모든 삼라만상을 이루고 있는 물질들이 우주의 전부가 아니라 극히 일부분에 지나지 않는다고 생각해 보라. 이 얼마나 놀라운 변화인가? 우주에 존재하는 양성자와 중성자, 그리고 전자를 몽땅 걷어 내도 95%는 건재하다는 것이다.

이 결과가 충격적으로 받아들여지는 데에는 또 한 가지 이유가 있다. 임계밀도의 70%를 차지하는 우주상수에 일상적인 물질 5%와 암흑물질 25%를 더하면 인플레이션 우주론이 예견하는 임계밀도가 정확하게 재현된다! 초신성을 관측하여 얻어진 암흑에너지의 총량이 인플레이션 우주론의 큰 골칫

거리였던 '잃어버린 70%'와 딱 부러지게 들어맞는 것이다. 그러므로 초신성 관측 팀이 얻은 결과는 인플레이션 우주론과 상호보완적인 관계에 있다고 할 수 있다. 하나의 이론이 다른 하나의 신뢰도를 더욱 높여 주고 있는 것이다.[24]

초신성의 관측결과와 인플레이션 우주론을 한데 결합하여 재현시킨 우주의 역사는 그림 10.6과 같다. 탄생 초기에 우주의 에너지는 에너지 그릇의 중심에 있는 돌출부에 안착한 인플라톤장에 의해 좌우되었다. 그 시기에 인플라톤장은 음압을 만들어 내어 엄청난 위력으로 공간을 팽창시켰으며, 그로부터 10^{-35}초가 지난 후에 인플라톤장이 최저에너지 상태로 떨어지면서 급격한 팽창은 진정되었고 이때 방출된 에너지는 일상적인 물질과 복사로 전환되었다. 그 후로 수십억 년 동안 이 물질들은 우리에게 익숙한 끌어당기는 중력을 행사하여 공간의 팽창속도를 늦춰 왔다. 그러나 우주가 점차 커지고 물체들 사이의 거리가 멀어지면서 끌어당기는 중력도 점차 약해졌다. 그러

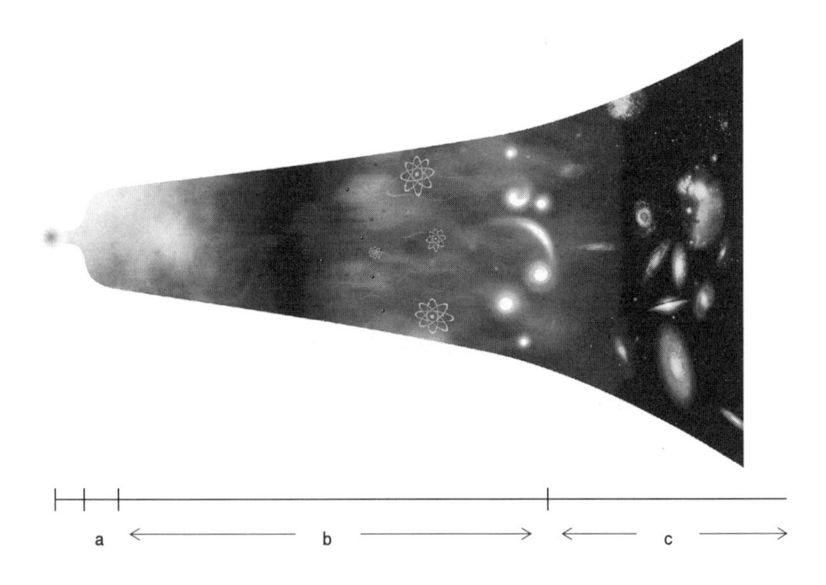

그림 10.6 우주적 진화의 연대표. (a) 인플레이션. (b) 표준 빅뱅이론에 의한 팽창기간. (c) 팽창이 가속되는 기간.

다가 우주의 나이가 약 70억 살이 되었을 때(지금으로부터 약 70억 년 전) 일상적인 물체에 의한 중력(인력)보다 우주상수에 의한 중력(척력)이 더 커졌으며, 그 결과 우주의 팽창속도는 서서히 빨라지기 시작했다.

앞으로 100억 년의 세월이 더 흐르면 아주 가까이 있는 은하를 제외한 대부분의 은하들은 빛보다 빠른 속도로 멀어져 가게 된다. 그때 지구에 사는 생명체는 아무리 성능 좋은 망원경을 동원한다 해도 그들을 볼 수 없다. 이 이론이 맞는다면 미래의 우주는 광대하면서 텅 비어 있는 외로운 장소가 될 것이다.

수수께끼와 진보

지금까지 이루어진 발견으로 우주의 퍼즐조각은 점차 제 위치를 찾아가고 있다. 표준 빅뱅이론이 답할 수 없었던 질문들—"공간을 바깥쪽으로 팽창시킨 힘의 근원은 무엇인가? 우주배경복사의 온도가 전 지역에 걸쳐 균일한 이유는 무엇인가? 공간은 왜 평평하게 보이는가?"와 같은 질문들은 인플레이션 우주론을 통해 거의 해결되었다. 그러나 아직도 의문은 남아 있다. 인플레이션이 일어나기 전에도 우주는 존재했는가? 만일 그렇다면 그때의 우주는 어떤 모습이었는가? 인플라톤장은 무엇 때문에 최소에너지상태에서 벗어나 인플레이션의 원인이 되었는가? 그리고 가장 최근에 대두된 질문—우주는 왜 5%의 일상적인 물질과 25%의 암흑물질, 그리고 70%의 암흑에너지로 이루어져 있는가? 이들을 모두 합하면 인플레이션 우주론이 예견하는 우주의 밀도가 정확하게 재현되고 초신성의 관측을 통해 알게 된 팽창의 가속현상도 설명할 수 있지만, 많은 물리학자들은 우주가 다양한 물질의 혼합으로 구성되어 있다는 주장을 달갑게 받아들이지 않고 있다. 우주의 구성성분은 왜 한 가지로 통일되어 있지 않은가? 그리고 그 혼합비율은 왜 하필 5 : 25 : 70인가? 우리가 아직 알지 못하는 근본적인 원리가 은밀한 곳에 숨어 있는 것은 아닐까?

이 질문에 답할 수 있는 이론은 아직 나타나지 않았다. 위에 열거한 문제들은 현대 우주론의 핵심을 이루는 연구과제이며, 우주탄생의 비밀을 이해하기 전에 반드시 선결되어야 할 문제들이다. 이렇게 해결되지 않은 문제들이 산적해 있지만, 인플레이션 우주론이 가장 최신 버전의 우주론임에는 반론의 여지가 없다. 많은 물리학자들이 인플레이션 우주론을 전적으로 신뢰하는 데에는 앞에서 제시한 증거들 이외에 또 다른 이유가 있다. 다음 장에서 다루게 될 다양한 실험과 이론들은 인플레이션 우주론이야말로 우리 세대에서 이룰 수 있는 가장 중요하고 값진 연구과제임을 강하게 시사하고 있다.

제11장

다이아몬드를 가진 하늘의 양자

인플라톤과 양자적 요동, 그리고 시간의 일방통행

인플레이션이론체계가 개발된 후, 우주론의 연구는 새로운 시대로 확실하게 접어들었다. 지난 10년 동안 이 분야와 관련하여 발표된 논문만도 수천 여 편에 달한다. 그동안 과학자들은 인플레이션과 관련된 모든 사항을 빠짐없이 연구해 왔다. 이들 중 대부분의 연구과제는 기술적인 세부사항에 중점을 두고 있지만, 개중에는 인플레이션이론을 이용하여 역사 깊은 문제를 해결하려는 시도도 있었다. 이들 중에서 눈에 띄게 진보를 이룬 세 가지 주제를 꼽는다면 은하의 구조와 우주의 총에너지, 그리고 시간의 방향성(일방통행) 문제를 들 수 있다. 지금부터 그 내용을 하나씩 살펴보기로 하자.

우주공간에 새겨진 양자적 문자

인플레이션 우주론은 우주적 지평선 문제와 평평성 문제를 나름대로 해결함으로써 이미 그 위력을 과시한 바 있다. 앞에서 언급한 대로, 이것은 인플레이션 우주론이 이루어 낸 대표적인 성과였다. 여기에 고무된 다수의 물리학자들은 인플레이션 우주론이 다른 문제도 해결할 수 있다는 믿음을 갖게 되었고 시간이 흐르면서 그들의 믿음은 현실로 나타나기 시작했다.

우선 첫 번째 질문을 던져 보자. 은하와 별, 그리고 행성들은 어떻게 존재하게 되었을까? 8~10장에서 우리는 주로 방대한 스케일만을 고려해 왔다. 우주의 밀도가 균일하다는 것은 개개의 은하를 H_2O분자쯤으로 간주하고 우주 전체를 컵에 담긴 물 정도로 취급했을 때 그렇다는 뜻이다. 전체적으로 평균을 취하면 우주는 균질한 대상으로 취급할 수 있지만 사실 국소적으로 파고들어 가면 우주의 질량은 결코 균일하게 분포되어 있지 않다. 독자들도 잘 알다시피, 대부분의 우주공간은 텅 비어 있으며 질량을 가진 천체들은 주로 한 지역에 밀집되어 있다. 여기서 우리는 하나의 수수께끼에 직면하게 된다.

큰 스케일에서 볼 때 우주는 매끄러운 곡률에 균일한 분포를 보이고 있다(이것은 모든 우주론이 인정하고 있는 기본적 사실이며 관측을 통해 이미 입증되었다). 그런데 상대적으로 작은 규모에서 볼 때 은하나 별들이 한곳에 뭉쳐 있는 이유는 무엇인가? 이러한 분포는 어디서 비롯되었는가? 표준 빅뱅이론을 신봉하는 사람들은 초기우주에 특별한 초기조건을 부여하면서 이렇게 대답할 것이다. "우주의 초기에는 전반적으로 모든 것이 매끄럽고 균일하게 분포되어 있었지만 완벽하게 균일하지는 않았다. 우주가 왜 이런 상태에서 시작되었는지는 나도 알 수 없다. 어쨌거나 우주는 이런 상태에서 시작되었다. 처음에 부분적으로 뭉쳐 있던 질량들은 주변에 떠다니는 물질을 중력으로 끌어당겨서 점차 덩치를 키워 갔고, 질량이 커질수록 중력도 함께 커져서 지금과 같은 별이나 은하로 진화하였다." 이런 주장은 부분적으로 설득력이 있긴 하지만 '초기우주가 전반적으로 균질했던 이유'와 '완벽하게 균일하지 않고 아주 작은 덩어리들이 존재했던 이유'를 설명하지는 못한다. 그러나 인플레이션 우주론은 이 분야에서도 획기적인 진보를 이루었다. 앞에서 지적한 대로 인플레이션이론은 방대한 스케일에서 우주가 균일한 이유를 성공적으로 규명하였다. 그리고 인플레이션 우주론에 양자역학을 첨가하면 초기우주에 질량이 국소적으로 뭉쳐 있었던 이유와 별과 은하의 형성과정을 논리적으로 이해할 수 있다.

이것은 인플레이션 우주론과 양자역학의 불확정성원리를 결합시킴으로써 얻어지는 결과이다. 불확정성원리는 서로 상보적 관계에 있는 두 개의 물리량을 결정할 때 그 정확도에 한계가 있음을 말해 주고 있다. 4장에서 말했던 것처럼, 입자의 위치를 정확하게 측정할수록 입자의 속도는 모호해진다. 그러나 불확정성원리는 입자뿐만 아니라 장에도 적용할 수 있다. 입자에 적용했던 것과 똑같은 논리를 장에 적용하면 한 지점에서 장의 값이 정확하게 결정될수록 그 지점에서 장의 변화율이 더욱 모호해진다는 것을 알 수 있다. 이것이 바로 장에 관한 불확정성원리이다(입자의 위치와 위치의 변화율(속도)이 불확정성 관계에 있는 것처럼, 한 지점에서 장의 값과 그 값의 변화율도 불확정성 관계에 있다).

불확정성원리에 담겨 있는 의미를 한마디로 요약하면 다음과 같다—"양자역학은 모든 것을 불안정하고 난폭하게 만든다." 입자의 속도를 정확하게 결정할 수 없다는 것은 잠시 후에 그 입자의 위치를 정확하게 결정할 수 없다는 뜻이기도 하다. 입자의 '지금' 속도는 '잠시 후'의 위치를 결정하기 때문이다. 이렇게 보면 입자는 자신의 속도를 마음대로 고르고 있다고 생각할 수도 있다. 좀 더 정확하게 말하자면 입자는 여러 개의 다양한 속도가 중첩된 상태에 있다. 방금 전에 '불안정하고 난폭하다'는 표현을 사용한 것은 바로 이런 이유 때문이다. 장field의 경우에도 사정은 마찬가지다. 장의 변화율을 정확하게 결정할 수 없다면 앞으로 장이 어떤 값을 갖게 될지도 알 수 없게 된다. 즉, 장의 값은 이런저런 변화율로 요동을 치고 있으며 좀 더 정확하게 말하면 장은 여러 가지 다양한 변화율이 중첩된 상태에 있다. 따라서 입자의 위치뿐만 아니라 장의 값도 이리저리 널을 뛰며 무작위로 변하고 있다.

일상적인 삶 속에서는 이러한 요동이 눈에 띄지 않는다. 양자적 요동은 원자 스케일의 작은 영역에서 진행되고 있기 때문이다. 그러나 급격한 인플레이션에 의해 양자적 효과는 거시적인 영역에 흔적을 남기게 되었다. 초기에 미시적 규모로 존재했던 우주가 인플레이션에 의해 갑자기 엄청난 규모로 팽창하면서 양자적 효과들이 거시적으로 나타났기 때문이다. 인플레이션 우주론의 선구자들은[1] 장소에 따라 무작위로 일어나는 양자적 요동의 차이가 미시적인 영역에서 비균질성의 원인이 되었다는 것을 잘 알고 있었다. 양자적 요동은 위치에 상관없이 무차별적으로 일어나기 때문에, 어느 순간에 한 지점에서의 에너지는 공간이 팽창하면서 옮겨 간 지점의 에너지와 약간의 차이를 보이게 된다. 이런 식으로 팽창이 계속되면 이 작은 차이는 양자적 스케일을 훨씬 초과하여 작은 덩어리를 형성하게 된다. 이것은 마치 바람 빠진 풍선의 표면에 매직펜으로 선을 긋고 풍선에 바람을 불어 넣었을 때 선의 길이가 자라나는 것과 같은 이치이다. 표준 빅뱅이론을 신봉하는 물리학자들은 우주공간의 질량 덩어리가 이런 과정을 거쳐 형성된 것으로 굳게 믿고 있다. 비균질적이고 미세한 양자적 요동이 공간과 함께 엄청난 규모로 팽창하면서 우주공간에 그 흔적을 남겼다는 것이다.

짧은 시간 동안 급격한 팽창(인플레이션)이 일어나고 향후 수십억 년 동안 작은 덩어리들은 자체 중력으로 주변의 물질들을 빨아들이면서 몸집을 키워 갔다. 표준 빅뱅이론이 말하는 대로, 이 덩어리들은 주변의 다른 물질들보다 중력이 조금 컸기 때문에 다른 물질에 빨려들지 않고 그 반대로 주변의 물질을 자신 쪽으로 영입할 수 있었다. 이 과정이 장구한 세월 동안 계속되면 별이나 은하를 구성할 만큼 충분한 질량 덩어리가 형성될 것이다. 물론 작은 덩어리가 은하로 진화하려면 중간에 엄청나게 많은 과정을 거쳐야 하며, 이들 중 대부분의 과정은 아직 분명하게 알려져 있지 않다. 그러나 전체적인 과정은 비교적 명쾌하다. 양자적 세계에서는 그 어떤 것도 완전한 균질성을 유지할 수 없다. 불확정성원리로부터 나타나는 양자적 요동을 피할 길이 없기 때문이다. 그리고 균일하지 않은 양자적 세계가 인플레이션을 겪으면 그 비균질성이 거시적 스케일로 확장되면서 별이나 은하와 같은 거대한 천체의 모태가 형성된다.

기본적인 아이디어는 이것이 전부다. 그러므로 이 점에 관해서는 더 이상 궁금해 할 것 없이 다음 단계로 넘어가도 아무런 지장이 없다. 그러나 일부 관심 있는 독자들을 위해 좀 더 정확한 설명을 추가하고 넘어가기로 한다. 인플레이션 팽창은 인플라톤장의 에너지가 위치에너지 그릇의 바닥으로 떨어지면서 종료되었고 그 후로 장은 여분의 에너지와 음압을 더 이상 갖고 있지 않았다. 이 내용은 앞에서도 언급한 적이 있는데, 그때 우리는 이 모든 사건이 전 공간에 걸쳐 고르게 일어난 것으로 가정했었다(즉, 모든 지점의 인플라톤장이 똑같은 변천과정을 겪었다고 가정했었다). 그러나 이것은 양자적 효과를 전혀 고려하지 않았을 때의 이야기다. 평균적으로 볼 때, 전 공간에 걸친 인플라톤장의 값은 위치에너지 그릇의 중심에 있는 돌출부에서 그 주변을 에워싸고 있는 골짜기로 '일제히' 미끄러져 내려왔다고 생각할 수 있다. 이것은 조그만 공이 경사면을 타고 매끄럽게 굴러 내려오는 것과 크게 다르지 않다. 그러나 개구리가 벽을 타고 미끄러지는 동안 이리저리 움직이거나 점프할 가능성이 있는 것처럼, 에너지 계곡을 찾아가는 인플라톤장은 양자역학의 법칙에 따라 약간의 요동을 겪는다. 이 요동 때문에 인플라톤장이 최소에너지에 이르는 시간은 각 지점마다 조금씩 달라지게 되고, 인플레이션 팽창이 끝나는 시간도 각 지점마다 조금씩 달라져서 공간의 팽창률은 위치에 따라 약간의 차이를 보이게 된다. 피자 반죽을 만들 때 균일하게 문지르지 않으면 군데군데 작은 덩어리나 주름이 생기는 것처럼, 우주공간에도 약간의 '주름'이 생기는 것이다. 상식적으로 생각하면 양자역학적 요동으로 발생한 비균질성은 그 정도가 극히 미미하여 천문학적 스케일에서는 겉으로 드러나지 않을 것 같지만, 인플레이션이 일어나는 동안 우주공간은 엄청난 빠르기로 팽창되었기 때문에(매 10^{-37}초당 두 배로 커졌다), 인플레이션이 인접한 두 지점에 아주 미세한 시간차를 두고 도달했다 해도 그 결과는 커다란 '주름'으로 나타난다. 구체적인 계산을 해 보면 이렇게 나타난 비균질성은 시간이 흐를수록 점차 커지는 경향을 보인다. 그래서 인플레이션 모형을 상정할 때에는 지나치게 많은 천체가 등장하는 것을 방지하기 위해 세부적인 변수들(위치에너지 그릇의 구체적인 형태)을 잘 조절해야 한다. 어쨌거나, 인플레이션 우주론을 이용하면 미세한 양자적 요동에서 별이나 은하와 같이 거시적인 천체가 탄생하는 과정을 이해할 수 있다.

인플레이션이론이 맞는다면, 현재 1조 개가 넘는 것으로 추정되는 모든 은하들은 먼 옛날에 양자역학이 하늘에 새겨 놓은 흔적인 셈이다(이 장의 제목인 "다이아몬드를 가진 하늘의 양자(Quanta in the Sky with Diamonds)"는 비틀스의 노래 〈Lucy in the Sky with Diamonds〉를 패러디한 것으로, 밤하늘에 다이아몬드처럼 빛나는 은하가 양자역학의 흔적이라는 뜻을 담고 있다: 옮긴이). 아마도 이것은 현대과학이 이루어 낸 가장 위대한 업적 중 하나일 것이다.

우주론의 전성시대

우주배경복사의 온도는 인공위성으로 정밀하게 측정할 수 있다. 그리고 지금까지 얻어진 측정결과는 앞 절에서 소개한 이론과 매우 정확하게 일치하고 있다. 지금까지 나는 우주배경복사가 장소에 상관없이 거의 동일한 온도를 유지하고 있다는 사실을 여러 번에 걸쳐 강조해 왔다. 그러나 소수점

이하 네 번째 자리까지 고려하면 배경복사의 온도는 장소에 따라 달라진다. 1992년에 우주배경복사 탐사선(COBE) Cosmic Background Explorer satellite이 관측한 값과 최근 들어 이루어진 윌킨슨 마이크로파 비등방성 탐사선(WMAP) Wilkinson Microwave Anisotropy Probe의 관측결과에 따르면 대부분 공간의 온도는 2.7249K이며 일부 지역은 2.7250K, 또는 2.7251K를 유지하고 있다.

더욱 놀라운 것은 온도의 차이가 하늘에서 어떤 방향성을 갖고 나타난다는 점이다. 이 현상은 앞 절에서 논했던 별의 생성과정(인플레이션과 양자적 요동)을 이용하여 설명할 수 있는데, 대략적인 내용은 다음과 같다. 우주공간에 미세한 양자적 요동이 발생하면 온도가 평균보다 조금 높거나 낮은 지역이 생긴다(밀도가 평균보다 조금 높은 곳에서 방출되는 광자는 그만큼 강한 중력장을 빠져 나와야 하기 때문에 더 많은 에너지가 소모된다. 그러므로 이들의 에너지와 온도는 밀도가 작은 곳에서 방출된 광자보다 낮다). 이 아이디어에 입각하여 정확한 계산을 수행하면 각 장소에 따른 마이크로 복사파의 온도분포가 얻어지는데, 그 결과는 그림 11.1a와 같다(구체적인 내용은 중요하지 않으므로 신경

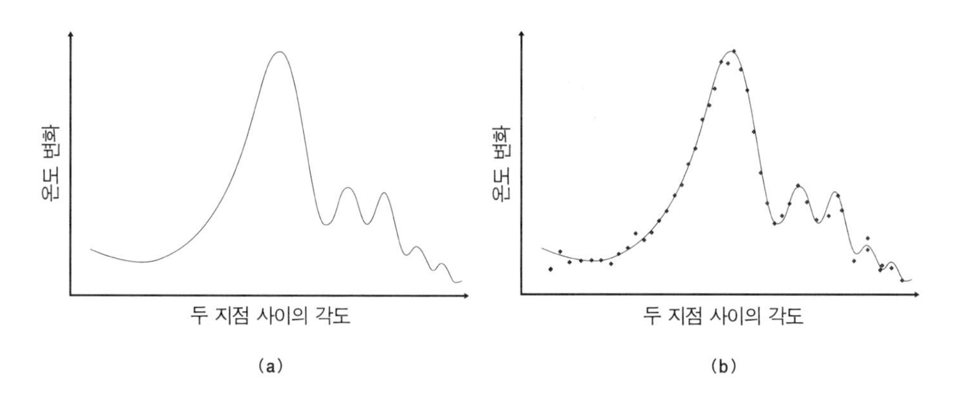

그림 11.1 (a) 인플레이션 우주론이 예견하는 마이크로파 배경복사의 장소에 따른 온도변화. **(b)** 이론과 관측값의 비교.

쓰지 않아도 된다. 그래프에서 가로축은 두 지점 사이의 각도를 나타내고 세로축은 두 지점 사이의 온도차를 나타낸다). 그림 11.1b는 이론적으로 얻은 그래프와 실제의 관측결과를 비교한 것인데, 보다시피 두 값은 놀라울 정도로 잘 일치하고 있다.

이것은 그야말로 환상적인 결과가 아닐 수 없다. 독자들도 나처럼 경이로운 표정으로 이 그림을 바라볼 수 있기를 바란다. 만일 두 결과가 이렇게 일치하지 않았다면 나는 애초부터 장광설을 늘어놓지 않았을 것이다. 지금부터 이 그래프에 담겨 있는 의미를 찬찬히 음미해 보자. 위성에 달려 있는 천체망원경은 근 140억 년 동안 아무런 방해 없이 우주공간을 여행해 온 마이크로파 광자를 최근에 관측하였다. 그리고 다양한 방향에서 날아온 광자들은 수만분의 1°의 오차범위 이내에서 모두 같은 온도를 유지하고 있었다. 뿐만 아니라 이들의 미세한 온도차는 그림 11.1b와 같이 방향에 따라 특정한 패턴을 그리고 있다. 그리고 무엇보다도 놀라운 것은 인플레이션이론에 입각하여 최근에 실행된 계산결과가 140억 년 전에 생겼던 미세한 온도차를 거의 정확하게 맞췄다는 점이다. 그러므로 배경복사의 미세한 온도차는 우리의 예견대로 양자적 요동에서 기인한 것임이 분명하다. 이 얼마나 대단한 성과인가!

이론과 실험이 이 정도로 일치한다면 인플레이션 우주론을 믿을 수밖에 없다. 최근에 이루어진 천문관측결과들은 우주론을 '사색과 추론'의 단계에서 '관측에 근거한 과학'으로 확실하게 격상시켰다. 바야흐로 우주론의 전성시대가 도래한 것이다.

우주의 창조

우주론의 진보에 한껏 고무된 물리학자들은 인플레이션이론이 예견할 수 있는 한계가 어디까지인지 궁금해지기 시작했다. 인플레이션 우주론은 우주가 생겨난 이유도 설명할 수 있을까? 현재의 수준으로 미루어 볼 때 이것은 너무나도 근본적인 질문이어서 아직 답을 제시할 단계는 아니라고 본다. 우주론의 궁극적인 목표는 이 의문을 해결하는 것이지만, 그 전에 먼저 특정 이론이 관측결과와 잘 일치하는 이유를 정확하게 이해하고 넘어가야 한다. 순수한 논리만으로 우주가 탄생한 이유와 관련 법칙을 설명할 수 있다면 정말 좋겠지만, 지금으로서는 허황된 꿈에 불과하다.

우주의 근원과 관련된 질문들 중 그런대로 공략이 가능하면서 오랜 세월 동안 사람들의 궁금증을 자극해 왔던 질문을 제기해 보자. 현재 우주에 존재하는 질량과 에너지는 언제, 어떻게 형성되었는가? 완전한 답은 아니지만 인플레이션 우주론은 이 질문에 대하여 흥미로운 해결책을 제시하고 있다.

수천 명의 어린아이들이 거대한 상자 속에서 제멋대로 날뛰며 돌아다니는 모습을 상상해 보자. 상자는 외부와 완전하게 차단되어 있어서 어떠한 열이나 에너지도 바깥으로 새어 나가지 않는다. 단, 상자의 벽은 신축성을 갖고 있어서 바깥쪽으로 밀려날 수는 있다고 가정하자. 이제, 아이들이 정신없이 뛰놀다가 상자의 벽에 부딪히면(한 번에 수백 명씩 부딪힌다고 가정하자. 물론 이 충격은 매 순간마다 계속된다) 벽이 바깥쪽으로 밀려나면서 상자의 부피가 서서히 커질 것이다. 상자는 외부와 완전하게 차단되어 있다고 했으므로, 독자들은 아이들이 갖고 있는 총에너지가 변하지 않는다고 생각할 것이다. 하긴, 이 상황에서 에너지가 어디로 도망갈 수 있겠는가? 그러나 놀랍게도 사실은 그렇지 않다. 에너지가 숨을 수 있는 장소가 엄연히 존재한다. 대체 어디로 숨는 것일까? 아이들은 벽과 충돌할 때마다 에너지를 잃고, 그 에너지는 벽에 전달되어 벽 자체의 운동을 야기한다. 즉, 아이들이 잃어버린 에너지가 상자의 부피를 키우고 있는 것이다.

그러던 중 유별난 장난꾸러기 몇 명이 작당하여 상황을 조금 바꾸어 놓았다. 서로 마주보고 있는 벽들을 수많은 고무줄로 연결시켜서 상자의 팽창을 방해하도록 만들어 놓은 것이다. 이렇게 되면 아이들이 벽과 충돌할 때마다 고무줄은 벽을 안으로 잡아당기는 힘을 행사할 것이다(아이들이 벽과 충돌하면서 만들어 내는 압력은 양압이고, 고무줄에 의한 압력은 음압으로 간주할 수 있다). 이전에는 아이들로부터 에너지를 전달받아서 상자의 부피가 커졌었지만, 지금은 그 에너지가 고무줄의 장력으로 전환된 셈이다. 상자가 팽창할수록 고무줄은 더욱 팽팽해지고, 그와 함께 고무줄의 에너지도 증가할 것이다.

물론 우리의 주된 관심사는 팽창하는 상자가 아니라 팽창하는 우주이다. 실제의 우주공간에는 어린아이들이나 고무줄 대신 균일한 인플라톤장과 일상적인 입자들(전자, 광자, 양성자 등)로 채워져 있다. 그러나 주어진 상황을 면밀히 분석해 보면 상자에서 얻은 결론이 우주에도 그대로 적용된다는 것을 알 수 있다. 빠르게 움직이는 아이들이 '안쪽으로 힘을 작용하는 상자의 벽'에 대하여 일work을 하는 것처럼, 빠른 속도로 움직이는 입자들은 공간이 팽창함에 따라 안으로 작용하는 힘에 대항하여 일을 하고 있다. 즉, 입자들은 중력에 대항하여 일을 하고 있는 것이다. 그러므로 중력을 상자의 내벽으로 대치시키면 우주와 상자를 거의 동일한 객체로 취급할 수 있다(이것은 수학적으로 확인된 결과이다).

상자가 팽창함에 따라 아이들이 갖고 있던 에너지가 계속해서 벽으로 전달되어 아이들의 에너지가 감소하는 것처럼, 물질과 복사를 이루는 일상적인 입자들의 총에너지는 우주가 팽창함에 따라 서서히 감소하게 된다. 또한, 마주보는 벽을 서로 묶어 놓은 고무줄이 팽창하는 상자의 내부에 음압을 만들어 내는 것처럼, 균일한 인플라톤장은 팽창하는 우주 안에서 음압을 만들어 낸다. 그리고 고무줄이 상자의 벽으로부터 에너지를 전달받아 고무줄의 총 에너지가 증가하듯이, 인플라톤장은 우주가 팽창함에 따라 중력으로부터 에너지를 획득함으로써 총에너지가 증가하게 된다.⁺

지금까지의 내용을 한 문장으로 요약하면 다음과 같다. **"우주가 팽창함에 따라 질량과 복사는 중력에게 에너지를 빼앗기고 인플라톤장은 중력으로부터 에너지를 획득한다."**⁺⁺

이 사실은 별과 은하의 모태인 물질matter과 복사radiation의 기원을 설명할 때 더욱 분명하게 드러난다. 표준 빅뱅이론에 따르면 물질과 복사가 갖고 있는 질량/에너지는 우주가 팽창함에 따라 서서히 감소하였으므로 초기우주의 질량/에너지는 지금보다 훨씬 많았다고 볼 수 있다. 그러므로 표준 빅뱅이론은 현존하는 질량과 에너지의 근원을 설명하는 것보다 더욱 근본적이고 끝이 보이지 않는 문제를 파고들고 있는 셈이다. 과거로 거슬러 올라갈수록 설명해야 할 질량/에너지는 더욱 많아지기 때문이다.

그러나 인플레이션 우주론으로 넘어오면 상황은 정반대로 달라진다. 인

⁺ 상자와 고무줄 비유법은 우리의 논리에 유용하긴 하지만 완벽한 비유라고는 볼 수 없다. 고무줄이 만들어 내는 음압은 상자의 팽창을 방해하지만, 인플라톤장의 음압은 그 반대로 공간의 팽창을 유발시키기 때문이다. 이들 사이의 차이점은 본문 389쪽에 분명하게 강조되어 있다: 균일한 음압은 팽창을 유발시키지 않는다(힘을 만들어 내는 것은 압력 자체가 아니라 '두 지점 사이의 압력의 차이'이다. 따라서 그 값이 양이건, 혹은 음이건 간에 균일한 압력은 힘을 유발시키지 않는다). 일반적으로 양압은 질량처럼 끌어당기는 중력의 원인이 되며, 음압은 밀어내는 중력을 만들어 내어 공간의 팽창을 야기한다. 그러나 우리의 논리는 여기에 큰 영향을 받지 않기 때문에 비유상의 문제를 거론하지 않은 것이다.

⁺⁺ 우주가 팽창하면서 광자가 에너지를 잃어버리면 적색편이가 일어나므로 이 현상은 쉽게 관측될 수 있다. 편이된 정도가 클수록 에너지의 손실도 그만큼 크다는 뜻이다. 이러한 적색편이가 무려 140억 년 동안 일어났기 때문에 우주배경복사는 온도가 매우 낮고 파장도 마이크로파의 영역까지 편이된 것이다. 물질도 이와 비슷하게 운동에너지(입자의 운동에 의한 에너지)를 잃어버리지만 이 과정에서 질량을 이루는 입자의 총에너지(정지질량 에너지, rest mass energy)는 변하지 않는다.

플레이션이론에 의하면 물질과 에너지는 인플레이션이 끝나던 시점에 인플라톤장이 위치에너지 그릇의 바닥으로 굴러 떨어지면서 그 여분의 에너지로부터 탄생하였다. 그렇다면 인플라톤장은 어떻게 그토록 많은 양의 질량과 에너지를 만들어 낼 수 있었을까?

앞에서 설명한 대로 인플라톤장은 중력에 기생하면서 그 명맥을 유지해 왔다. 한마디로 말해서, 인플라톤장은 중력을 먹고산다. 그래서 인플라톤장에 함유된 에너지의 총량은 공간이 팽창할수록 증가한다. 좀 더 정확하게 말해서, 인플레이션이 진행되는 동안 인플라톤장의 에너지밀도가 변하지 않았다는 것은 인플라톤장의 총에너지가 공간의 전체 부피에 비례해 왔음을 의미한다. 10장에서 나는 인플레이션 기간 동안 우주의 크기가 적어도 10^{30}배 이상 커졌음을 지적한 바 있다. 길이가 이렇게 커졌으므로 부피는 적어도 $(10^{30})^3=10^{90}$배 이상 증가한 셈이다. 그러므로 인플라톤장의 에너지도 이 정도의 배율로 증가했을 것이다. 인플레이션이 시작된 지 불과 10^{-35}초 만에 인플라톤장의 에너지가 10^{90}배 이상 커진 것이다! 그러므로 인플레이션이 막 시작되는 시점에서 인플라톤장은 많은 에너지를 갖고 있을 필요가 없었다. 조금만 기다리면 자신의 에너지가 무려 10^{90}배나 증가할 운명이었기 때문이다. 실제로 10^{-26}cm 정도의 공간을 균일하게 채우고 있는 인플라톤장(무게로는 약 20파운드)이 인플레이션을 겪으면 지금 우주에 존재하는 모든 질량을 만들어 낼 수 있다.[2]

표준 빅뱅이론은 초기우주의 질량이 지금보다 엄청나게 많았다고 주장하는 반면, 인플레이션 우주론은 고작 20파운드짜리 인플라톤장이 인플레이션을 겪으면서 중력으로부터 에너지를 충당하여 현존하는 모든 질량을 만들어 냈다고 주장하고 있다. 물론 이것만으로는 라이프니츠의 의문—"초기의 우주는 왜 텅 비어 있지 않았는가?"라는 질문에는 답을 제시할 수 없지만 현존하는 질량의 근원을 나름대로 이해할 수는 있다. 이것은 표준 빅뱅이론과 인

플레이션이론의 가장 큰 차이점이기도 하다.⁺

인플레이션, 매끈함(smoothness), 그리고 시간의 방향성

과학은 우리 세대에 이르러 크게 진보했지만, 그중에서도 우주론이 이루어 낸 비약적인 발전을 바라보고 있노라면 한편으로는 감탄을 자아내면서 다른 한편으로는 겸손한 자세를 배우게 된다. 과거에 일반상대성이론을 처음 접하면서 "우주의 한 구석에 불과한 우리의 시공간으로부터 우주 전체의 진화과정을 유추할 수 있다"는 놀라운 사실을 깨달은 이후로 지금까지, 물리학을 향한 나의 열정은 단 한순간도 식은 적이 없었다. 그리고 그로부터 수십 년이 지난 지금, 당시의 추상적인 이론들은 다양한 테크닉을 통해 현실화되고 있다.

우리는 6~7장에서 시간이 한쪽 방향만으로 흐르는 이유를 초기우주의 역사와 결부시켰었다. 그때 우리는 시간의 방향성을 설명하기 위해 초기우주가 극저-엔트로피 상태였고 그 후로 우주는 엔트로피가 큰 미래로 진화해 왔다고 결론지었다. 『전쟁과 평화』의 원고가 초기에 정돈되지 않은 상태였다면 원고를 허공에 던진 뒤 다시 긁어모아도 무질서도는 크게 증가하지 않는 것처럼, 우리의 우주도 초기상태에 고도의 질서를 갖고 있지 않았다면 엎질러진 우유나 깨지는 계란, 또는 나이를 먹는 사람들처럼 무질서도를 키울 능력이 없었을 것이다. 그렇다면 우리에게 남은 문제는 초창기의 우주가 고

⁺ 앨런 구스(Alan Guth)와 에디 파리(Eddie Farhi)를 비롯한 일부 학자들은 극히 작은 공간을 채우고 있는 인플라톤장으로부터 새로운 우주의 창조 가능성을 이론적으로 연구한 적이 있다. 그러나 인플라톤장은 실험적으로 발견된 적이 없을 뿐더러, 이 점을 문제 삼지 않는다고 해도 지금의 기술로는 인플라톤장을 실험실에서 재현시킬 수 없다. 20파운드의 무게가 10^{-26}cm 안에 집중되어 있으면 밀도가 원자핵 밀도의 10^{67}배나 된다. 이런 초-고밀도 상태는 앞으로도 당분간(아마도 영원히) 만들 수 없을 것이다.

도의 질서(극저-엔트로피 상태)를 획득하게 된 이유를 설명하는 것이다.

인플레이션 우주론은 이 문제에 관해서도 커다란 진보를 이루었다. 구체적인 내용으로 들어가기 전에, 일단 주어진 문제를 좀 더 정확하게 정의하고 넘어가기로 하자.

많은 학자들은 초기우주에 물질이 전 공간에 걸쳐 고르게 분포되어 있었다고 믿고 있으며, 여기에는 반론을 제기할 만한 근거도 별로 없다. 그런데 분포가 균일한 상태는 일반적으로 엔트로피가 큰 상태에 대응된다. 콜라병에서 빠져 나온 이산화탄소 기체는 시간이 흐름에 따라 방 안에 골고루 퍼지면서 고-엔트로피 상태가 된다. 이것은 누구나 알고 있는 상식이라서 굳이 설명할 필요조차 없다. 그러나 중력이 개입되면 사정은 정반대로 달라진다. 중력이 작용하고 있는 공간에서 어떤 물질이 균일하게 분포되어 있다는 것은 엔트로피가 아주 작은 상태를 의미한다. 왜냐하면 중력은 물질을 한 지점으로 집중시키는 성질이 있기 때문이다. 이와 마찬가지로 공간의 곡률이 매끄럽고 균일한 것도 엔트로피가 작은 상태를 의미한다. 이것은 중력에 의해 질량이 한곳에 모여서 곡률이 커진 상태와 비교할 때 분명 질서도가 높다(『전쟁과 평화』의 원고가 섞일 수 있는 방법은 엄청나게 많지만 질서정연한 상태는 단 하나뿐인 것처럼, 공간이 균일하지 않은 형태로 무질서해지는 방법은 엄청나게 많지만 매끄럽고 균일하게 질서를 갖추는 방법은 몇 가지밖에 없다). 그리고 바로 이 시점에서 수수께끼와 직면하게 된다. 초기우주는 왜 블랙홀과 같이 질량이 한곳에 뭉친 고-엔트로피 상태(무질서도가 큰 상태)에 있지 않고 질량이 균일하게 분포된 저-엔트로피 상태(고도의 질서를 유지한 상태)에서 시작되었는가? 우주공간의 곡률은 왜 주름진 상태가 아닌 매끄럽고 균일한 쪽으로 진화했는가?

인플레이션 우주론을 적용하여 이 질문에 처음으로 답을 제시한 사람은 폴 데이비스Paul Davies와 돈 페이지Don Page였다.[3] 그 내용을 이해하려면 일단 질량 덩어리가 형성되기만 하면 자체 중력으로 주변의 물질들을 끌어 모아서 덩치가 점차 커진다는 기본가정을 기억하고 있어야 한다. 즉, 공간의 이곳저곳에 주름이 생기면 중력이 점점 커져서 커다란 덩어리가 곳곳에 형성되고 그 결과 공간은 균일함과 거리가 멀어진다는 것이다. 중력을 고려했을 때 엔트로피가 높은 상태란 여기저기에 덩어리가 형성된 상태를 뜻한다.

그러나 이것은 끌어당기는 중력만을 고려한 결과이다. 질량 덩어리가 자라나는 것은 끌어당기는 중력이 주변의 물질들을 말 그대로 '끌어당기기' 때문이다. 그러나 인플레이션이 진행되던 짧은 시간 동안은 밀어내는 중력이 끌어당기는 중력을 압도하고 있었으므로 상황은 많이 달라진다. 밀어내는 중력이 엄청난 크기로 작용하면 공간은 초고속으로 팽창하고, 그 결과 초기에 형성되었던 공간의 주름이나 질량덩어리들은 매끈하게 펴진다. 이것은 주름진 풍선에 바람을 불어넣었을 때 주름이 말끔하게 펴지면서 표면이 매끈해지는 것과 같은 이치이다.[✣] 뿐만 아니라, 인플레이션 기간 동안 공간의 부피는 엄청난 비율로 커졌기 때문에 질량덩어리의 밀도는 거의 알아볼 수 없을 정도로 희석되었다. 이것은 어항 속에서 헤엄치던 금붕어들을 올림픽 수영경기장에 풀어 놓았을 때 금붕어를 거의 찾을 수 없는 것과 비슷하다. 따라서 잡아당기는 중력은 질량덩어리와 공간의 주름을 더욱 크게 만드는 쪽으로 작용하지만, 밀어내는 중력이 그 반대로 작용하여 결국은 매끈하고 균일한 공간이 형성된 것이다.

인플레이션이 끝나던 무렵에 우주공간은 엄청난 크기로 팽창되었으므로 곡률의 불균일성은 불어난 풍선의 표면처럼 매끈하게 펴졌고 질량덩어리들

✣ 여기서 자칫 잘못하면 혼동을 일으킬 수 있다. 앞 절에서 말한 대로, 양자적 요동이 인플레이션을 겪으면 미세한 불균일성이 필연적으로 나타나게 된다(약 1/100,000 정도). 이것은 공간이 아무리 빠르게 팽창한다 해도 피할 수 없는 결과이다. 그러나 나머지 99,999/100,000에 해당하는 균일한 공간이 미세한 불균일성을 압도하고 있다. 지금 우리는 후자의 경우를 논하고 있는 것이다.

도 거의 무시할 수 있을 정도로 희미해졌다. 게다가 인플레이션이 끝나던 무렵에 인플라톤장의 에너지가 위치에너지 그릇의 바닥으로 떨어지면서 여분의 에너지로부터 탄생한 일상적인 입자들은 전 공간에 걸쳐 고르게 분포되었다(물론 양자적 요동에 의해 약간의 오차는 있었다). 이 정도면 매우 훌륭한 설명이다. 인플레이션이론을 적용하여 우리가 원하던 결과(균일하고 매끄러운 공간에 물질이 거의 균일하게 분포되어 있는 상황)를 유추해 냈기 때문이다. 초기의 우주가 극저-엔트로피 상태였다는 것은 이와 같은 논리로 설명할 수 있다.

엔트로피와 인플레이션

다시 한 번 강조하건대, 이것은 정말로 커다란 진보이다. 그러나 여기에는 아직 두 가지 문제가 남아 있다.

첫째, 인플레이션으로 인해 공간이 매끈해졌다고 하면 언뜻 생각하기에 엔트로피가 낮은 상태로 전환되었다고 생각하기 쉽다. 다들 알다시피 이것은 열역학 제2법칙에 정면으로 위배된다. 만일 그렇다면, 우리가 열역학 제2법칙을 잘못 이해하고 있거나 논리를 풀어 가는 과정에서 어딘가 오류를 범했다고 생각할 수밖에 없다. 그러나 실제로 인플레이션이 일어난 후에도 우주의 엔트로피는 감소하지 않았다. 인플레이션이 진행되는 동안 총 엔트로피는 분명히 증가했다. 정작 문제가 되는 것은 엔트로피의 증감여부가 아니라, 그 증가량이 우리의 예상보다 훨씬 작다는 점이다. 인플레이션이 끝나던 시점에 우주는 이미 매끈하게 팽창되었으므로 중력(질량덩어리와 주름진 공간 등)은 총 엔트로피에 거의 기여하지 못했다. 그러나 인플라톤장이 에너지 그릇의 바닥상태로 떨어지면서 무려 10^{80}개에 달하는 입자를 만들어 냈고, 이 입자들은 매우 높은 엔트로피 상태에 있었다(원고의 페이지가 많을수록 엔트로피가 큰 것과 같은 이치이다). 그러므로 중력에 의한 엔트로피가 인플레이션과 함께 진정되었음에도 불구하고 인플라톤장이 수많은 입자들을 만들어 내면서 엔트로피가 증가하여 전체적인 엔트로피는 인플레이션이 일어나기 전보다 커졌다고 할 수 있다. 따라서 인플레이션은 열역학 제2법칙에 위배되지 않는다.

그러나 인플레이션 우주론에 의하면 중력에 의한 엔트로피의 증가량은 우리의 예상보다 훨씬 적었다. 인플레이션이 진행되는 동안 총 엔트로피는 분명히 증가했지만, 그 증가량이 예상 밖으로 아주 적었다는 것이다. 인플레이션이 저-엔트로피 우주를 창출했다는 것은 바로 이 점을 염두에 두고 한 말이었다. 인플레이션이 끝났을 때 우주의 엔트로피는 전체적으로 증가했으나, 공간이 팽창된 정도를 생각할 때 그 증가량은 형편없이 작았다. 엔트로피를 재산세에 비유한다면 뉴욕시 전체가 사하라 사막과 비슷한 수준의 재산세를 납부한 것이나 다름없다. 물론 사하라 사막에서도 세금이 걷히긴 하겠지만, 뉴욕시가 걷을 수 있는 액수와 비교하면 형편없이 적은 액수이다.

인플레이션이 끝난 후에도 중력은 계속해서 엔트로피를 키워 나갔다. 균일한 분포상태(물론 양자적 요동에 의해 미시적으로 균일하지 않는 지점도 있었다)에서 중력에 의해 형성된 은하와 별, 행성, 블랙홀 등 모든 질량덩어리들은 주변의 물질들을 빨아들이면서 자신의 엔트로피를 증가시켰다. 그러므로 인플레이션이 끝난 후 방대해진 우주는 상대적으로 저-엔트로피 상태였고, 그 후로 수십억 년 동안 엔트로피가 계속 증가하여 지금과 같은 우주가 만들어졌다고 생각할 수 있다. 즉, 인플레이션 우주론은 중력에 의한 엔트로피가 매우 작은 과거를 상정함으로써 시간이 한쪽 방향으로 흐를 수밖에 없는 논리적 기틀을 제공하고 있는 것이다. 시간은 항상 엔트로피가 증가하는 쪽으로 흘러가며, 이것이 바로 '미래'의 정의이다.[4]

두 번째 문제는 6장에서 다뤘던 시간의 방향성과 밀접하게 관련되어 있다. 6장에서 우리는 부엌의 식탁에 올라 있는 계란에서 시작하여 그 계란을 낳은 닭이 먹는 모이와 그 모이가 자라는 식물의 세계, 그리고 식물을 키우는 태양빛과 우주 초기에 공간을 채우고 있었던 원시기체에 이르기까지 우주의 역사를 거슬러 올라가면서 과거로 갈수록 감소하는 엔트로피의 원천을 추적했었다. 그리고 지금 우리는 인플레이션 우주론을 이용하여 우주가 매끄럽고 균일한 이유를 설명할 수 있게 되었다. 그런데, 인플레이션은 왜 일어났을까? 과연 우리는 초기우주가 인플레이션이 일어나기에 알맞은 조건을 갖추고 있었던 이유를 설명할 수 있을까?

두말할 것도 없이, 이것은 우주론에서 제기되는 가장 중요한 질문이다. 인플레이션 우주론이 아무리 많은 수수께끼를 풀어준다 해도, 정작 인플레이션이 일어나지 않았다면 모든 것은 수포로 돌아간다. 게다가 과거로 직접 되돌아가서 인플레이션이 정말로 일어났는지 확인할 수도 없으므로, 시간의 방향성 문제에 관하여 우리가 제시한 해답의 신뢰도를 평가하려면 인플레이션이 발생할 확률이라도 알아내야 한다. 빅뱅이론을 믿는 학자들은 초기우주의 밀도가 균일했다는 가정을 당연하게 받아들이고 있으나 그 이유를 이론적으로 설명한 사람은 없었다. 초기우주가 극저-엔트로피 상태에 있었다는 가정을 아무런 근거도 없이 받아들이고서 마음이 편할 사람은 없을 것이다. 시간의 일방통행론도 이와 같은 가정을 기본적으로 깔고 있으므로 그다지 신뢰가 가지는 않는다. 인플레이션이론은 표준 빅뱅이론이 내세웠던 가정을 인플레이션을 통해 구현시킴으로써 자신의 타당성을 입증하고 있다. 그러나 만일 인플레이션이 엄청나게 작은 엔트로피 상태에서만 일어날 수 있는 사건이라면 우리는 또다시 미궁 속으로 빠지게 된다. 만일 그렇다면 우리가 할 수 있는 일이란 빅뱅이론에서 인플레이션이 부합되는 조건을 추출해 내는 것뿐이고, 시간의 방향성 문제는 여전히 수수께끼로 남을 것이다.

인플레이션이 일어나려면 어떤 조건이 만족되어야 하는가? 인플레이션은 인플라톤장이 위치에너지 그릇의 중심에 있는 정점에 잠시 동안 위치하면서 필연적으로 나타난 결과이다. 그러므로 우리가 할 일은 인플라톤장이 이런 상태에 놓이게 될 확률을 계산하는 것이다. 만일 이 확률이 그런대로 높게 나온다면 학자들의 심기는 많이 편해질 것이다. 그러나 이 확률이 엄청나게 작다면, 시간의 방향성을 추적하는 우리들은 인플레이션보다 더 먼 과거로 거슬러 가서 인플라톤장이 극저-엔트로피 상태에 있었던 이유를 규명하는 수밖에 없다.

일단은 가장 최근에 제시된 이론들을 긍정적인 관점에서 살펴본 후, 근본적인 요소들을 따져 보기로 하자.

볼츠만으로 되돌아가다

10장에서 말한 대로 우주는 인플레이션으로 인해 창조된 것이 아니라 이미 존재하고 있던 우주가 어느 순간에 인플레이션을 겪으면서 팽창했다고 생각하는 것이 우리의 최선이다. 인플레이션이 일어나기 전의 우주(앞으로 이 시기의 우주를 편의상 '원시우주'라 부르기로 한다: 옮긴이)가 어떤 모습이었는지는 정확히 알 수 없지만, 일단은 엔트로피가 높은 일상적인 상태였다고 가정하고 그 쪽으로 논리를 진행시켜 보자. 특히, 원시우주에는 주름과 덩어리가 도처에 산재하여 인플라톤장의 무질서도가 아주 높았다고 가정해 보자(뜨거운 그릇 안에서 이리저리 뛰어다니는 개구리를 떠올리면 된다).

당신이 정상적인 슬롯머신 앞에 앉아 끈기를 가지고 게임에 몰입한다면(물론 돈도 많아야 한다) 언젠가는 잭팟을 터트릴 것이다. 마찬가지로, 원시우주가 고에너지 상태에서 요동을 치다 보면 언젠가는 인플라톤장이 적절한 값을 가지면서 갑자기 모든 것이 바깥으로 터져 나가는 인플레이션 팽창이 시작될 것이다. 앞 절에서 지적한 대로, 원시우주가 10^{-26}cm 정도의 크기만 갖고 있어도 오늘날과 같은 규모로 팽창될 수 있다(표준 빅뱅이론에 의한 팽창이 먼저 일어난 후 인플레이션이 시작되었다). 이 논리를 따른다면 원시우주가 인플레이션이 일어나기에 알맞은 조건을 이미 갖추고 있었다고 굳이 가정할 필요가 없다. 무질서한 상태에 있는 20파운드짜리 초미세 덩어리도 그 조건을 만족할 수 있기 때문이다.

슬롯머신의 화면에 나타나는 대부분의 결과가 당신의 돈을 잃게 만드는 것처럼, 원시우주 내부의 다른 지역에서는 인플라톤장이 다른 방식으로 요동을 칠 수도 있다. 그리고 대부분의 경우에 인플라톤장의 요동은 인플레이션이 일어날 조건을 만족하지 못한다(원시우주의 크기는 10^{-26}cm에 불과하지만, 이 안에서도 인플라톤장은 다양한 값을 가질 수 있다). 그러나 어찌되었건 지금 우리는 거대하고 매끄러운 단 하나의 우주에 살고 있으므로, 원시우주는 인플레이션에 필요한 초기조건을 어떻게든 획득했을 것이다. 우리에게 필요한 것은 단 한 번에 잭팟을 터트리는 우주적 슬롯머신이다.[5]

지금 우리는 원시우주의 혼돈상태에 존재했던 통계적 요동을 추적하고 있으므로, 시간의 방향성 문제는 볼츠만이 제안했던 내용과 어떤 특징을 자연스럽게 공유하게 된다. 6장에서 말한 대로, 볼츠만은 지금 우리의 눈에 보이는 모든 것들이 무질서한 상태에서 아주 드물게 나타나는 요동에 의해 탄생했다고 주장하였다. 그런데 이 아이디어는 우연히 발생한 요동이 지금처럼 '지나치게 질서정연하고 방대한' 우주를 만들어 낸 이유를 설명하지 못한다. 우주는 왜 단 한 개, 또는 몇 개의 은하로 만족하지 못하고 수십억×수십억 개의 별들로 이루어져 있는 은하를 수십억×수십억 개나 만들어 냈는가?

통계적인 관점에서 보면 '지금의 우주에는 훨씬 미치지 못하지만 약간의 질서를 창출하는' 얌전한 요동이 발생할 확률이 훨씬 크다. 게다가 엔트로피는 평균적으로 증가하고 있으므로 볼츠만의 관점에서 볼 때 지금 우리의 눈에 보이는 모든 것은 '엔트로피가 낮은 상태로 통계적인(확률이 적은) 점프가 일어난 결과'일 가능성이 높다. 그 이유를 다시 한 번 떠올려 보자. 요동이 일어난 시점이 먼 과거일수록 그 시점의 엔트로피는 작아진다(그림 6.4에서 보듯이, 엔트로피는 아주 깊은 골짜기로 떨어진 후 다시 증가한다. 그러므로 만일 요동이 어제 일어났다면 엔트로피는 어제까지 감소했다는 뜻이며 요동이 십억 년 전에 일어났다면 엔트로피는 십억 년 전까지 감소했다가 그 후로 지금까지 증가하고 있다는 뜻이다. 물론 엔트로피의 골짜기는 후자의 경우가 더 깊다). 그러므로 과거로 거슬러 올라갈수록 요동은 더욱 격렬해지고 그러한 요동이 발생할 확률은 더욱 작아진다. 따라서 점프가 일어났다고 생각하는 편이 훨씬 그럴듯하다. 그러나 이 결론을 받아들인다면 우리는 우리 자신의 기억과 기록들, 그리고 논리의 근간이 되는 물리법칙조차도 신뢰할 수 없는 난처한 상황에 빠지게 된다.

인플레이션 우주론에 볼츠만의 아이디어를 접목시키면 엄청난 득을 볼 수 있다. 즉, 초기에 있었던 조그만 요동(미세한 원시우주 속에서 적당한 조건을 만족하는 얌전한 요동)이 지금과 같이 질서정연하고 방대한 우주를 만들어 낸 이유를 설명할 수 있는 것이다. 일단 인플레이션이 시작되면 조그만 원시우주는 엄청난 규모까지 팽창될 수 있으므로, 우주가 적당한 규모에서 성장을 멈추지 않은 이유를 따질 필요가 없다. 우주가 지금처럼 방대하고 수많은 천체들로 가득 차 있는 것은 더 이상 문제가 되지 않는다. 인플레이션은 처음 시작될 때부터 엄청난 규모의 팽창을 예고하고 있었다. 아주 조그만 원시우주가 저-엔트로피 상태로 점프하면서 인플레이션이 촉발되었고, 그 결과로 지금과 같이 방대한 우주가 탄생한 것이다. 그리고 무엇보다 중요한 사실은 인플레이션이 과거의 다른 우주를 만들어 낸 것이 아니라, 바로 우리가 살고 있는 지금의 우주를 만들어 냈다는 것이다. 인플레이션은 공간의 형태와 균

그림 11.2 인플레이션은 오래된 우주로부터 새로운 우주가 탄생하면서 반복적으로 진행될 수 있다.

일성, 그리고 은하와 배경복사의 경우처럼 부분적인 불균일성을 모두 설명해 주고 있다.

결국 볼츠만의 생각이 옳았다. 지금 우리의 눈에 보이는 모든 것들은 혼돈상태의 원시우주에서 우연히 일어난 요동으로부터 탄생하였다. 이 아이디어를 수용한다면 우주의 근원이 된 요동은 최근에 일어난 것이 아니므로 우리의 기억과 기록도 신뢰할 수 있게 된다. 과거는 분명히 존재했었다. 우리가 갖고 있는 기록에는 실제로 일어난 사건이 기록되어 있다. 인플레이션은 원시우주에 존재했던 작은 질서를 방대한 규모로 확장시켰다(그 결과 우주는 최소한의 중력 엔트로피를 갖는 상태로 팽창되었다). 그러므로 140억 년이 지난 지금 수많은 은하와 별들이 존재하는 것은 더 이상 신기한 일이 아니다.

이 접근법은 우리에게 또 다른 사실을 알려 주고 있다. 대형 오락실에서 수백 개의 슬롯머신이 동시에 작동되고 있을 때 그들 중 여러 개가 잭팟을 터뜨릴 수 있는 것처럼, 혼돈으로 가득 찬 고-엔트로피 상태의 원시우주에서 인플레이션이 단 한곳에서만 일어날 필요는 없다. 안드레이 린데의 주장대로, 원시우주를 이루는 알갱이는 하나가 아니라 여러 개 존재했을 수도 있다. 만일 그렇다면 지금 우리가 속해 있는 우주는 그림 11.2에 제시된 것처럼 원시 알갱이에서 탄생한 수많은 우주들 중 하나에 불과하다. 물론 다른 우주들은 우리의 우주와 영원히 분리되어 있기 때문에 그 존재 여부를 확인할 방법은 없다. 그러나 순전히 이론적인 관점에서 본다면 참으로 흥미롭고 감질나는 아이디어가 아닐 수 없다. 나는 10장에서 인플레이션 우주론이 표준 빅뱅이론의 최첨단 버전임을 강조했었다. 그러나 인플레이션 팽창이 그림 11.2처럼 여러 개의 원시우주에서 반복적으로 진행되었다면(또는 진행되고 있다면) 인플레이션이론은 빅뱅과 같은 진화과정을 반복적으로 허용하는 최선의 이론이라고 할 수 있다. 즉, 인플레이션이론이 표준 빅뱅이론에 부합된다기보다, 표준 빅뱅이론이 인플레이션에 부합되는 형국이 되는 것이다.

인플레이션과 계란

계란이 깨지는 광경은 수시로 볼 수 있는 반면, 깨진 계란이 원래대로 복구되는 광경을 볼 수 없는 이유는 무엇인가? 우리 모두가 경험하고 있는 시간의 일방통행성은 어디서 기인한 것인가? 이제 우리는 가능한 답을 제시할 수 있는 단계에 이르렀다. 약 20파운드의 무게에 크기는 10^{-26}cm에 불과했던 고-엔트로피 상태의 원시우주는 인플레이션이 일어날 수 있는 조건을 운좋게 획득하여 짧은 시간 동안 엄청난 규모로 팽창하였다. 이 기간 동안 공간은 매우 매끈한 상태를 유지하면서 방대한 규모로 확장되었으며, 팽창이 진정될 무렵에는 인플라톤장이 엄청나게 증폭된 에너지를 방출하여 물질과 복사가 거의 균일하게 공간을 채우게 되었다. 그리고 인플라톤장에 의한 밀어내는 중력이 약해지면서 끌어당기는 중력이 전 공간을 지배하게 되었다. 앞에서 확인한 바와 같이, 끌어당기는 중력은 양자적 요동으로 생겨난 작은 불균일성을 기점으로 물질이 뭉쳐지도록 만든다. 가까이 있는 태양과 행성들, 그리고 우리가 알고 있는 모든 별과 은하들은 이런 과정을 거쳐 탄생하였다(앞서 말한 대로 ATB 70억 년 무렵에 밀어내는 중력이 다시 강해졌다. 이것은 전 우주적 규모에서 중요하게 작용했지만 개개의 은하나 별들에 대해서는 별다른 영향을 미치지 않았다). 태양이 분출하는 저-엔트로피 에너지는 지구에 서식하는 저-엔트로피 식물의 생명활동을 가능하게 했고 그로부터 엔트로피가 더욱 작은 고등동물이 탄생하였다. 물론 이 과정에서 열을 비롯한 여러 가지 노폐물과 쓰레기가 생성되면서 총 엔트로피는 꾸준히 증가해 왔다. 부엌의 식탁에 놓여 있는 계란도 이 과정의 산물이다. 계란이 식탁에서 추락하여 깨지는 사건은 고-엔트로피 상태로 사정없이 이동해 가는 우주의 일부인 것이다. 이것은 인플레이션을 거쳐 탄생한 균일하고 매끈한 저-엔트로피 우주의 특징으로서, 『전쟁과 평화』의 원고가 순서대로 배열되어 있는 상태와 비슷하다. 우주가 지금처럼 고-엔트로피 상태로 끊임없이 진행되고 시간이 한쪽 방향으로만 흐르는 것은, 초기의 우주가 아무런 덩어리나 주름 없이 매우 낮은 엔트로피 상태에 있었기 때문이다. 이것은 우리가 알고 있는 범위 안에서 시간의 방향성을 설명하는 가장 그럴듯한 이론이다.

끈적거리는 연고 속에서 날아가기

나는 지금까지 소개한 인플레이션 우주론과 시간의 일방통행이론을 매우 선호하는 편이다. 혼돈스러운 고에너지 상태의 원시우주에서 균일한 인플라톤장이 초미세 요동을 일으켰고 그로부터 인플레이션이 촉발되면서 시간의 방향이 정해졌다.

그러나 여기에는 아직 검증되지 않은 중요한 가정이 깔려 있다. 인플레이션이 일어날 가능성을 판별하려면 원시우주의 특성을 정확하게 알고 있어야 한다. 혼란스럽고 에너지가 큰 상태였다는 정도는 알고 있지만 이 상태를 수학적으로 서술하는 것은 또 다른 문제이다. 게다가 이 모든 것은 어디까지나 추측일 뿐이다. 결국 우리는 그림 10.3의 흐릿한 부분(초기우주)을 아직 규명하지 못한 것이다. 이 정보가 없으면 인플레이션이 발생할 확률도 계산할 수 없다. 이런 상태에서는 어떤 가정을 세우느냐에 따라 계산결과가 엄청나게 달라진다.[6]

이렇게 지식이 불완전한 상태에서 굳이 결론을 내린다면 다음과 같이 말할 수 있다. 인플레이션이론은 지평선 문제와 평평성 문제, 그리고 천체의 기원과 초기우주의 저-엔트로피문제 등 전혀 연관성이 없어 보이는 다양한 문제들을 일거에 해결하는 하나의 답을 제시하였다. 물론 이 답은 그다지 틀린 것 같지 않다. 그러나 그 다음 단계로 넘어가려면 가장 초창기의 우주(그림 10.3과 10.6에서 희미하게 얼버무려져 있는 부분, 극도로 뜨겁고 밀도가 큰 상태)를 설명하는 새로운 이론을 개발해야 한다.

다음 장에서 알게 되겠지만, 이 작업을 수행하려면 지난 80년 동안 물리학자들을 무던히도 괴롭혀 왔던 커다란 문제(극단적인 환경에서 양자역학과 일반상대성이론이 양립할 수 없다는 문제)를 해결해야 한다. 최근 들어 많은 물리학자들은 이 문제를 해결해 줄 가장 유력한 후보로 초끈이론superstring theory을 꼽고 있다. 그러나 초끈이론이 맞는다면 지금까지 우리가 고수해 왔던 우주관은 또 한차례의 대수술을 받아야 한다.

IV

근원과 통일

제12장

끈 위의 세계

끈이론이 말하는 시공간의 구조

'무언가를 이해하려면 모든 것을 이해해야 하는' 우주를 상상해 보자. 행성이 별(태양)을 중심으로 공전하는 이유를 비롯하여 야구공이 날아갈 때 포물선을 그리는 이유, 자석과 배터리의 작동원리, 빛과 중력을 지배하는 법칙 등을 설명하고자 할 때 그 한 문제만을 집중공략해서는 답을 얻을 수 없고, 만물을 구성하는 가장 작은 입자의 특성까지 모두 알아야 답을 구할 수 있는, 그런 우주를 상상해 보자. 다행히도 우리가 속해 있는 우주는 이 정도로 깐깐하지 않다.

만일 우리가 그런 우주에 살고 있다면 과학은 전혀 진보하지 못했을 것이다. 지난 수백 년 동안 과학이 진보할 수 있었던 것은 우리에게 필요한 지식을 단편적으로 습득할 수 있었기 때문이다. 과학자들은 수수께끼를 단계적으로 해결해 왔고, 한 단계 나아갈 때마다 자연에 대한 이해는 조금씩 깊어졌다. 뉴턴은 운동법칙과 중력의 법칙을 발견할 때 원자의 구조를 알고 있을 필요가 없었으며, 맥스웰은 전자를 비롯한 하전입자들의 특성을 모르는 상태에서 전자기학의 체계를 세웠다. 아인슈타인 역시 새로운 중력이론인 일반상대성이론을 연구할 때 우주의 역사를 세세히 알고 있을 필요가 없었다. 이들의 발견을 비롯하여 현대적인 우주의 개념을 정립하는 데 공헌했던 모든 과학적 발견들은 도처에 산재하는 의문점들을 일일이 해결하지 않고 과감하게 진도를 나간 덕분에 나름대로의 결론을 도출할 수 있었다. 각각의 발견들은 거대한 퍼즐의 한 조각, 또는 몇 개의 조각을 맞춤으로써 자신의 본분을 다한 것이다. 퍼즐이 다 맞춰졌을 때 어떤 그림이 나타날지는 아무도 알 수 없다.

오늘날의 과학은 50년 전과 비교할 때 많은 부분에서 엄청난 진보를 이루었지만, 선조 과학자들의 업적을 무시하고 최첨단 이론만으로 과학을 요약하는 것은 분명히 경솔한 행동이다. 새로운 이론은 어느 날 갑자기 하늘에서 떨어진 것이 아니라, 이미 제기되어 있던 과거의 이론을 개선하거나 그 범위를 확장시킨 것에 불과하기 때문이다. 뉴턴의 중력이론이 아인슈타인의 일반상대성이론으로 대체되었다고 해서 뉴턴의 이론이 틀렸다고 단정 지을 수는 없다. 물체의 이동속도가 빛보다 훨씬 느리고 블랙홀처럼 강한 중력이 작용하지 않는다면 뉴턴의 중력법칙은 입이 딱 벌어질 정도로 정확하게 들어맞는다. 물론 그렇다고 해서 아인슈타인의 일반상대성이론이 뉴턴의 중력이론을 조금 수정해서 만들어졌다는 뜻은 아니다. 아인슈타인은 뉴턴의 이론을 대대적으로 수정하여 시공간의 개념을 혁명적으로 바꿔 놓았다. 그러나 뉴턴의 이론은 원래의 적용분야(행성을 비롯한 일상적인 천체의 운동)에서 여전히 막강한 위력을 발휘하고 있다.

우리는 항상 새로운 이론을 개발하여 자연에 숨어 있는 진리를 찾아가고 있지만 더 이상 개선의 여지가 없는 궁극적인 이론(가장 깊은 단계에서 우주의 원리를 설명하는 이론)이 존재하는지는 아무도 알 수 없다. 그러나 지난 300여 년간에 걸친 과학의 역사를 되돌아보면 궁극의 이론이 존재할 수도 있다는 심증을 갖게 된다. 이 기간 동안 이루어진 비약적인 발전들은 다양한 자연현상들을 하나(또는 몇 개)의 이론으로 통합시켰다는 공통점을 갖고 있다. 뉴턴은 나무에서 떨어지는 사과의 운동과 태양 주위를 공전하고 있는 행성의 운동을 중력이라는 단 하나의 법칙으로 훌륭하게 설명하였고 맥스웰은 전기와 자기가 동전의 양면처럼 동일한 현상의 다른 면이라는 사실을 알아냈다. 그리고 아인슈타인은 시간과 공간이 마이다스의 손과 금 덩어리처럼 서로 떨어질 수 없는 관계임을 발견하였다. 20세기 초에 활동했던 물리학자들은 미시세계에서 일어나는 수많은 현상들을 양자역학이라는 새로운 이론으로 설명하였으며, 그 후 글래쇼-살람-와인버그는 전자기력과 약한 핵력(약력)이 약전자기력이라는 하나의 힘에서 분리되었다는 사실을 증명하여 세상을 놀라게 했다. 뿐만 아니라 물리계의 대칭성을 확장시키면 강한 핵력도 약전자기력에 통합될 수 있다는 가능성이 제시되기도 했다.[1] 이 모든 업적들을 종합해 보면 복잡함에서 단순함으로 변해가는 어떤 흐름을 읽을 수 있다. 복잡다단한 자연현상들이 어떤 하나의 궁극적인 법칙으로 통합되어가고 있는 것이다. 오늘날의 이론물리학자들은 우주에 존재하는 모든 힘과 물질의 특성을 단 하나의 이론으로 설명하기 위해 지금 이 순간에도 온갖 노력을 기울이고 있다. 이 모든 것들을 하나로 통일하는 대단한 이론이 정말로 존재하는지는 100% 장담할 수 없지만, 최근 이론물리학계의 동향은 분명히 '궁극의 이론'을 향해 수렴하고 있다.

통일이론의 원조는 전자기학과 일반상대성이론을 하나로 통일시키기 위해 근 30년 동안 사투를 벌였던 아인슈타인이었는데, 당시에 그는 통일이론을 추구하던 단 한 사람의 물리학자였기에 학계의 주된 흐름에서 벗어나 있었다. 그러나 지난 20년 사이에 통일이론은 극적으로 부활하여 이론물리학의 주된 흐름으로 자리 잡았다. 아인슈타인이 외롭게 추구해 왔던 원대한 꿈이 현대 이론물리학을 이끌고 있는 것이다. 그러나 요즘 연구되고 있는 통일이론은 아인슈타인의 통일이론과 조금 다른 관점에서 접근을 시도하고 있다.

약전자기력과 핵력(강력)을 통일하는 이론은 아직 완성되지 않았지만 세 개의 힘(전자기력, 약력, 강력)은 양자역학적 관점에서 볼 때 분명한 공통점을 갖고 있다. 그러나 중력의 얼개를 설명하는 일반상대성이론은 나머지 세 힘을 설명하는 이론체계에서 많이 벗어나 있다. 일반상대성이론은 중력을 설명하는 최신 버전의 이론임에도 불구하고, 양자역학적 관점에서 보면 고전적인 이론에 해당된다. 일반상대성이론은 양자역학의 핵심이라 할 수 있는 확률의 개념을 전혀 사용하지 않고 있기 때문이다. 그러므로 지금 연구되고 있는 통일이론의 최대 현안은 일반상대성이론과 양자역학을 조화롭게 결합하여 자연에 존재하는 네 가지 힘들을 하나의 이론으로 통일시키는 것이다. 그런데 중력(일반상대성이론)과 양자역학을 하나로 묶는 것은 이론물리학 역사상 가장 어렵고 난해한 문제로서, 꽤 오랜 세월 동안 물리학자들을 끊임없이 괴롭혀 왔다. 대체 얼마나 어려운 문제이길래 당대의 천재들조차 대책 없이 끌려 다닌 것일까?

지금부터 그 속사정을 알아보기로 하자.

양자적 요동과 텅 빈 공간

양자역학이 갖고 있는 가장 큰 특징을 하나 꼽으라고 한다면 나는 주저없이 불확정성원리를 꼽을 것이다. 물론 확률과 파동함수의 개념도 커다란 특징이긴 하지만 고전역학과 결별을 선언하게 된 직접적인 요인은 단연 불확정성원리였다. 17~18세기의 과학자들은 우주만물을 이루고 있는 모든 입자의 위치와 속도가 완벽하게 결정되면 물리적 탐구는 끝난 것이나 마찬가지라고 굳게 믿고 있었다. 그리고 19세기에는 장field의 개념이 전자기력과 중력에 적용되면서, 모든 지점에서 장의 값(장의 세기)과 그 변화율이 결정되면 모든 것을 알 수 있다고 생각했다. 그러나 1930년대에 발견된 불확정성원리는 이 모든 믿음을 한순간에 물거품으로 만들어 버렸다. 불확정성원리에 의하면 입자의 위치와 속도, 그리고 장의 값과 그 값이 변하는 빠르기(시간에 대한 변화율)는 어떤 경우에도 동시에 정확하게 측정될 수 없었다.

11장에서 말한 대로, 양자적 불확정성은 미시세계가 혼란스러운 요동으로 가득 차 있다는 사실을 보여 주고 있다. 앞에서 우리는 양자적 요동을 이용하여 인플라톤장의 특성을 설명한 적도 있지만, 사실 불확정성원리는 인플레이션뿐만 아니라 거의 모든 분야에 적용된다. 전자기장과 약력 및 강력장, 그리고 중력장은 한결같이 미시적 스케일에서 양자적 요동으로 한바탕 난리를 겪고 있다. 게다가 이 요동은 아무것도 없이 텅 비어 있는(물질도 없고 장도 존재하지 않는) 공간에서도 여전히 진행되고 있다. 이것은 양자적 요동의 실체를 이해하는 데 매우 중요한 현상이지만 독자들은 텅 빈 공간에서 무언가 난장판이 벌어지고 있다는 생각을 거의 한 번도 해 본 적이 없을 것이므로 선뜻 수용하기 어려운 수수께끼임에는 틀림없다. 아무것도 없는 공간, 즉 '진공vacuum'은 진정 말 그대로 '말끔하게 비어 있는' 공간을 의미하는 것일까? 왠지 그럴 것 같지 않다. 앞에서 지적한 대로, 무(無)라는 것은 아주 미묘한 개념이다. 공간을 아무리 완벽하게 비운다 해도 현대물리학이 주장하는 힉스의 바다는 여전히 그곳에 남아 있다. 그런데 여기에 양자적 요동까지 도입하면 진공의 실체는 더욱 미묘해진다.

양자역학과 힉스장이 도입되기 이전의 물리학은 '입자가 하나도 없고 모든 장의 값이 균일하게 0인 지역'을 완전하게 빈 공간으로 간주했었다.[+] 지금부터 이 고전적인 진공의 개념을 불확정성원리에 입각하여 재조명해 보자.

+ 앞으로는 설명을 간단하게 하기 위해 장의 값이 0일 때 에너지도 최소가 되는 전자기장을 예로 들겠지만, 이 논리는 힉스장과 같이 바닥상태(최소에너지 상태)에서 장의 값이 0이 아닌 경우에도 똑같이 적용된다. "진공이란 물질과 장이 전혀 존재하지 않는 공간을 말한다"고 믿고 싶은 독자들은 후주를 읽어 보기 바란다.[2]

특정 지역에서 장의 값이 0이라고 단언할 수 있다는 것은 그 지역에서 장의 값을 아무런 오차 없이 정확하게 알고 있다는 뜻이다. 그리고 그 지역이 진공상태로 계속 남아 있으려면 장의 변화율도 에누리 없이 0이어야 한다(즉, 장의 값에 아무런 변화도 없어야 한다). 그러나 불확정성원리에 의하면 장의 값과 변화율은 동시에 정확하게 결정될 수 없다. 만일 장의 값을 정확하게 알고 있다면 그 변화율은 완전히 무작위로 나타나게 된다. 그리고 장의 변화율이 무작위로 변한다는 것은 텅 빈 공간에서 장의 값이 제멋대로 널을 뛴다는 뜻이다. 그러므로 장의 값이 얌전하게 0을 유지하는 고전적인 개념의 진공은 불확정성원리에 정면으로 위배된다. 장의 값이 0을 중심으로 요동을 치는 것은 가능하지만 특정한 값을 일정하게 유지할 수는 없다.[3] 물리학자들은 이 현상을 가리켜 '진공요동vacuum fluctuation'이라 부른다.

진공상태에 존재하는 장이 무작위적 성질을 갖는다는 것은 위쪽으로 일어나는 요동과 아래쪽으로 일어나는 요동이 상쇄되어 장의 값이 평균적으로 0이 된다는 것을 의미한다. 이것은 대리석의 표면에서 수많은 전자들이 대기와 대리석 사이를 오락가락하고 있음에도 불구하고 거시적으로는 아주 정적으로 보이는 것과 비슷한 상황이다. 우리가 '텅 비어 있다'고 말하는 진공상태에서도 양자적 요동은 끊임없이 계속되고 있다. 물리학자들이 이 사실을 알아낸 것은 지금부터 반세기 전의 일이었다.

1948년에 네덜란드의 물리학자 헨드릭 카시미르Hendrick Casimir는 전자기장의 진공요동을 실험적으로 관측하는 방법을 제안하였다. 양자이론에 따르면 텅 빈 공간에서의 전자기장 요동은 그림 12.1a처럼 다양한 형태로 나타난다. 카시미르는 텅 빈 공간 속에서 그림 12.1b와 같이 금속판 두 개를 가까이 가져가면 장의 요동 패턴에 변화가 일어난다는 사실을 알아냈다. 두 금속판 사이에 낀 요동은 완전 무작위가 아니라 어떤 특정한 패턴을 갖고 있었던 것이다(금속판이 있는 곳에서 전자기장의 값이 0이 되는 요동만 살아남는다). 카시

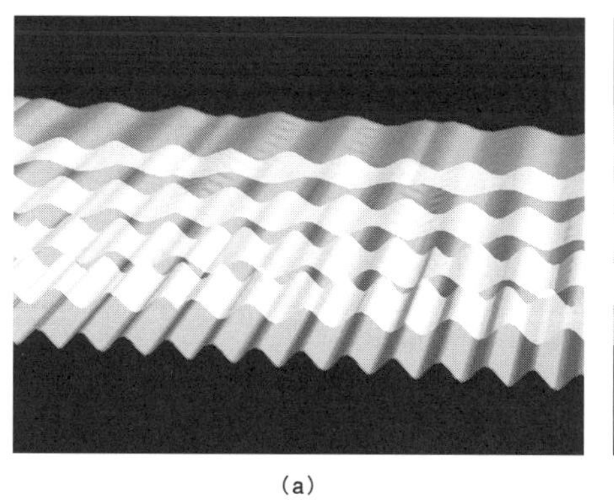
(a)

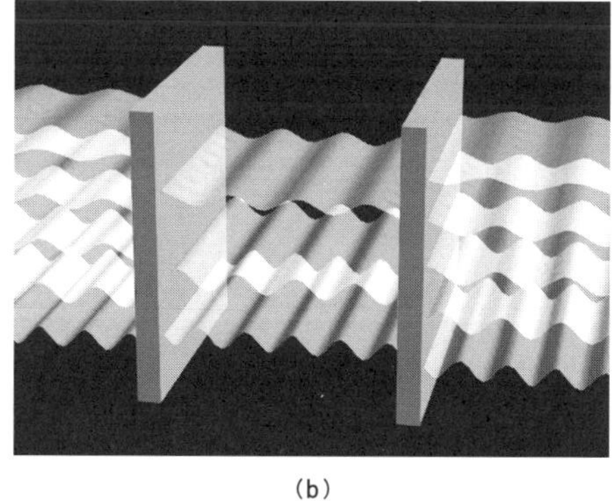
(b)

그림 12.1 (a) 전자기장의 진공요동. (b) 두 금속판의 내부와 외부에서 일어나는 진공요동.

미르는 이 현상으로부터 매우 중요한 사실을 유추해 냈다. 한 지역의 공기를 제거하면 압력의 불균형이 초래되듯이(높은 곳으로 올라가면 귓속의 기압과 대기압 사이에 차이가 생겨 귀가 멍해진다), 두 금속판 사이에서 양자장의 요동이 제거되면 금속판으로 둘러싸인 지역과 바깥지역 사이에 압력의 불균형이 초래된다. 즉, 금속판 사이의 양자적 요동이 바깥쪽 요동보다 약하기 때문에 두 금속판이 더 가까워지는 쪽으로 압력이 작용하는 것이다.

이것은 정말로 신기한 현상이 아닐 수 없다. 우리가 한 일이란 전하를 띄고 있지 않은 두 개의 금속판을 텅 빈 공간에 설치한 것뿐이다. 금속판의 질량은 아주 작기 때문에 이들 사이에 작용하는 중력은 거의 무시할 수 있을 정도로 작다. 주변에는 다른 물체가 전혀 없으므로 당신은 두 금속판이 서로 가까이 다가갈 이유가 전혀 없다고 생각할 것이다. 그러나 카시미르의 계산 결과는 그렇지 않았다. 그는 세밀한 계산을 통해 두 개의 금속판이 서로를 향해 다가간다는 놀라운 결과를 얻을 수 있었다(이때 두 금속판을 가까이 가져가는 힘을 카시미르힘Casimir force이라 한다).

카시미르가 이 사실을 학계에 발표했을 당시에는 그 정도로 정밀한 실험을 수행할 만한 장비가 개발되지 않았었다. 그러나 그로부터 10여 년이 지난 후 또 다른 네덜란드 물리학자인 마르쿠스 스파네이Marcus Spaarnay가 최초로 카시미르힘을 관측하는 데 성공하였고 그 후로 더욱 정밀한 실험이 계속해서 실행되었다. 예를 들어, 1997년에 워싱턴 대학의 스티브 라모로Steve Lamoreaux는 카시미르가 예측한 힘을 5%의 오차범위에서 측정하는 데 성공하였다[4](트럼프 카드와 비슷한 크기의 금속판을 1/1,000mm 간격으로 설치했을 때 이들 사이에 작용하는 카시미르힘은 눈물 한 방울의 무게와 비슷하다. 이 정도면 실험물리학자들의 투지를 불태우기에 충분하다). 현대의 물리학자들은 '아무것도 없고 아무런 사건도 일어나지 않는 완전히 빈 공간'이 존재하지 않는다는 것을 당연한 사실로 받아들이고 있다. 텅 빈 공간은 양자적 불확정성에 의해 끊임없이 요동치고 있다.

20세기의 물리학자들은 전자기력과 약력 및 강력의 양자적 특성을 수학적으로 서술하기 위해 모든 노력을 기울였고, 그 결과 실험결과와 기가 막힐 정도로 잘 일치하는 양자수학의 체계가 완성되었다(예를 들어, 전자의 자기적 성질에 의한 진공요동을 수학적으로 계산한 결과는 실험값과 십억분의 1 정도의 차이가 난다. 이 정도면 '아름답다'는 칭송을 들을 만하다).[5]

그러나 이 모든 성공에도 불구하고, 지난 수십 년간 물리학자들은 양자적 요동이 물리법칙에 얌전하게 순응하지 않는다는 사실을 잘 알고 있었다.

양자적 요동과 불일치[6]

지금까지 우리는 '공간 안에서 일어나는' 장의 양자적 요동만을 고려해왔다. 그렇다면 공간 자체의 양자적 요동은 어떻게 되는가? 언뜻 듣기에는 좀 이상한 소리 같지만 이것은 양자적 요동에 관한 또 하나의 사례에 불과하다(다루기가 좀 번거롭긴 하다). 아인슈타인은 일반상대성이론에서 중력을 공간의 휘어짐(곡률)으로 표현하였다. 중력장은 공간(일반적으로는 시공간)의 형태를 기하학적으로 변형시킴으로써 자신의 존재를 드러낸다. 그리고 중력장은 다른 장들과 마찬가지로 양자적 요동을 겪고 있다. 불확정성원리에 의하면 중력장은 아주 작은 스케일에서 위아래로 요동을 치고 있다. 그런데 중력장은 '공간의 형태'와 동의어이므로 중력장이 요동을 친다는 것은 곧 공간의 형태가 무작위적으로 요동친다는 뜻이기도 하다. 물론 이 요동은 아주 작은 영역에서 진행되고 있기 때문에, 일상적인 스케일의 주변환경은 더할 나위 없이 고요하고 매끈하며 예측 가능한 것처럼 보인다. 그러나 미세한 영역으로 들어갈수록 불확정성은 더욱 두드러지게 나타나며 양자적 요동도 한층 더 격렬해진다.

이 상황은 그림 12.2에 예시되어 있다. 일상적인 스케일의 공간은(가장 아래쪽) 우리의 경험대로 매끈하고 조용하여 아무런 일도 일어나지 않고 있다.

그림 12.2 공간을 점차 확대하여 플랑크길이(10^{-33}cm)의 영역에 이르면 양자적 요동이 압도적으로 커지면서 공간은 거의 알아볼 수 없을 정도로 난장판이 된다(그림에 등장하는 돋보기는 한 개당 배율이 1,000만~1억 배 사이의 가상(imaginary) 돋보기이다).

물론 여기서도 양자적 요동이 없는 것은 아니지만 공간의 규모에 비해서 요동의 정도가 너무 작기 때문에 눈에 보이지 않는 것이다. 그러나 공간을 점차 확대해 나감에 따라 양자적 요동은 서서히 그 모습을 드러낸다. 그림에서 가장 위쪽에 있는 부분은 플랑크길이(100만×10억×10억×10억분의 1cm=10^{-33}cm)까지 확대한 그림인데, 이 영역에서 양자적 요동은 거의 난장판이라 할 만큼 격렬하게 진행되고 있다. 그림에서 보다시피, 이런 상황에서는 오른쪽-왼쪽이나 위-아래라는 개념조차 그 의미가 불분명해진다. 그리고 플랑크시간(1,000만×1조×1조×1조분의 1초=10^{-43}초, 빛이 플랑크길이를 진행하는 데 걸리는 시간과 비슷함) 이내의 시간간격에서는 과거와 미래의 구별도 모호해진다. 과거와 미래는 시공간을 잘라 낸 단면의 순서로 결정되는데, 시공간 자체가 너무 어지럽게 꼬여 있는데다가 짧은 시간일수록 그 정도가 두드러지게 나타나기 때문에 어느 단면이 먼저인지 구별할 수가 없는 것이다. 결론적으로 말해서, 플랑크길이 이내의 영역과 플랑크시간 이내의 짧은 시간간격에서는 양자적 불확정성에 의해 시공간이 난장판을 이루고 있기 때문에 일상적인 시간과 공간의 개념을 적용할 수가 없다.

세세하게 파고들어 가면 문제가 복잡해지지만, 대략적인 내용은 독자들도 이미 알고 있다. 하나의 특정한 스케일에서 얻은 결론을 모든 스케일에 적용할 수 있겠는가? 물론 그럴 수 없다. 이것은 언뜻 듣기에 별 볼일 없는 평범한 주장 같지만, 물리학의 핵심을 이루는 아주 중요한 원리이다. 한 잔의 물을 예로 들어 보자. 일상적인 스케일에서 볼 때 물은 매끈하고 균일한 액체이며, 그렇게 서술하는 것이 여러모로 편리하다. 그러나 원자적 스케일로 가면 이런 식의 근사적 서술은 더 이상 통하지 않는다. 원자적 규모에서 바라본 물은 서로 멀리 떨어져 있는 분자들의 집합이며, 매끄러움과는 거리가 멀다. 이와 마찬가지로 아인슈타인이 말했던 매끄러운(꺾이거나 찢기지 않고 부드럽게 휘어져 있는) 시간과 공간은 거시적인 규모의 우주를 매우 정확하게 서술하고 있지만 지극히 작은 스케일에는 도저히 적용할 수가 없다. 시간과 공간을 매끄러운 실체로 간주하는 것은 거시적인 관점에서 본 근사적 서술에 불과하다.

그림 12.2에서 보는 바와 같이, 시공간을 매끄러운 객체로 서술하는 일반상대성이론은 초미세 영역에서 양자역학과 커다란 차이를 보인다. 일반상대성이론의 핵심은 시간과 공간이 질량의 분포에 따라 매끄러운 곡률로 휘어져 있다는 것인데, 이는 초미세 영역에서 불확정성원리를 따라 격렬하게 요동치고 있는 양자적 세계와 도저히 양립할 수 없다. 이리하여 일반상대성이론과 양자역학을 조화롭게 연결하는 것은 지난 80년 동안 물리학자들 사이에서 가장 어렵고 난해한 문제로 인식되어 왔다.

무엇이 문제인가?

일반상대성이론과 양자역학 사이의 부조화는 아주 특별한 방식으로 그 모습을 드러낸다. 일반상대성이론과 양자역학의 방정식을 결합하면 대부분의 경우에 '무한대'라는 황당한 답이 얻어지는 것이다. 이것이 바로 문제이다. 물리학에서 무한대는 어떤 의미도 가질 수 없기 때문이다. 어떤 물리량이건 간에, 무한대의 양은 실험적으로 관측될 수 없다. 기계의 눈금이나 길이를 재는 자는 무한대를 측정할 수 없고, 전자계산기도 무한대를 표현하지 못한다. 거의 대부분의 경우에 무한대라는 답은 물리적으로 아무런 의미가 없다. 그러므로 우리는 일반상대성이론과 양자역학을 한데 합치는 과정에서 오류가 발생했다고 생각할 수밖에 없는 것이다.

특수상대성이론과 양자역학도 비국소성 문제와 관련하여 서로 상충되는 주장을 하고 있긴 하지만(4장 참조), 일반상대성이론과 양자역학 사이의 충돌은 그 정도가 훨씬 심각하다. 특수상대성이론의 기본원리(특히 등속운동을 하고 있는 두 관측자 사이의 대칭성)와 입자의 특성이 서로 '얽혀 있는' 상황을 조화롭게 연결하기 위해서는 양자적 관측문제를 좀 더 분명하게 이해해야 한다. 그러나 이 문제가 아직 해결되지 않았다고 해서 수학적 불일치가 발생하거나 방정식의 해가 무한대로 나오는 등의 황당한 사건은 발생하지 않았다. 오히려 그 반대로 특수상대성이론과 양자역학의 방정식을 결합하면 매우 정확한 결과를 얻을 수 있다. 두 이론 사이의 문제점은 앞으로 해결되어야 하겠지만, 이들을 결합하여 얻은 결과는 실제의 물리량들을 정확하게 예견하고 있다. 그러나 일반상대성이론과 양자역학을 한데 묶어 놓으면 어떤 값도 계산할 수 없는 난처한 상황에 처하게 된다.

지금쯤 독자들의 머릿속에는 이런 의문이 떠오를 것이다. "좋다. 여기까지는 그렇다 치자. 그런데 그것이 왜 문제가 된다는 말인가? 일반상대성이론과 양자역학이 물과 기름처럼 섞이지 않는다면, 아예 섞지 않으면 될 것 아닌가?" 그렇다. 섞지 않으면 문제될 것이 없다. 그동안 실행되어 온 천문관측에 의하면 일반상대성이론은 별과 은하, 그리고 우주 전체의 팽창 등 거시적 규모에서 일어나는 현상들을 매우 정확하게 서술하고 있으며, 양자역학은 분자와 원자 및 아원자 규모에서 일어나는 모든 현상들을 놀랄 정도로 정확하게 서술하고 있다. 두 개의 이론이 이렇게 자신의 고유영역에서 훌륭한 성능을 발휘하고 있는데, 왜 굳이 이들을 한데 합치려 하는가? 그냥 분리된 채로 놔두면 만사가 편하지 않겠는가? 거시적인 규모에서는 일반상대성이론을 적용하고 미시적인 규모에는 양자역학을 적용하면서 "보라, 현대과학은 이렇게 다양한 규모에 걸쳐 자연을 정확하게 서술하고 있다!"며 큰소리를 칠 수도 있지 않겠는가?

실제로 20세기 초반의 물리학자들은 이런 생각을 갖고 있었다. 경우에 따라 적절한 이론을 골라서 적용하기만 하면 설명하지 못할 것이 없었다. 그

동안 두 개의 분야는 서로 분리된 상태에서 놀라울 정도로 진보해 왔다. 그러나 일반상대성이론과 양자역학이 어려움을 무릅쓰고 하나로 합쳐져야만 하는 데에는 크게 두 가지 이유가 있다.

첫 번째는 과학적 이유라기보다 심미안적인 이유에 가까운데, 이 우주가 전혀 융합되지 않는 두 개의 이론으로 서술된다는 주장을 받아들이기가 어렵다는 점이다. 마치 모래사장에 그려진 선처럼 어떤 뚜렷한 경계선이 존재하여 각 영역마다 다른 이론이 적용되는 우주는 왠지 인위적인 느낌을 준다. 많은 사람들은 바로 이러한 이유 때문에 더욱 깊은 단계에서 모든 이론을 아우르는 궁극의 이론이 존재해야 한다고 믿고 있다. 누가 뭐라 해도 우주는 단 하나뿐이므로, 그것을 설명하는 이론도 하나뿐이어야 한다는 주장은 설득력이 있다.

둘째, 대부분의 물체들은 크고 무겁거나 작고 가벼워서 일반상대성이론이나 양자역학으로 정확하게 서술될 수 있지만 모든 물체가 다 그렇지는 않다는 것이다. 예를 들어, 블랙홀을 이루는 대부분의 물질들은 중심부에 똘똘 뭉쳐 있는데,[7] 이 중심부는 엄청난 질량을 갖고 있음에도 불구하고 크기가 아주 작아서 일반상대성이론과 양자역학 중 하나만으로 설명할 수 없다. 질량이 크면 공간을 심하게 왜곡시키므로 일반상대성이론을 적용해야 하고, 그 질량이 점유하고 있는 공간이 엄청나게 작기 때문에 양자역학도 동원되어야 한다. 그러나 두 이론의 방정식을 하나로 엮으면 전술한 대로 비상식적인 결과가 나오기 때문에 블랙홀의 중심부는 아직도 베일에 싸여 있다.

이 정도면 일반상대성이론과 양자역학이 하나로 합쳐져야 할 이유는 충분하다고 본다. 그러나 개중에는 아직도 필연성을 느끼지 못하는 독자들도 있을 것이다. 사실, 블랙홀의 내부로 과감하게 뛰어들지 않는 한 그 내부를 볼 수 없고, 안으로 뛰어든다 해도 눈에 보이는 것을 외부 사람들에게 알려줄 방법이 없으므로 블랙홀의 중심부를 문제 삼는 것 자체가 무의미하게 보일 수도 있다. 그러나 제아무리 베일에 싸여 있는 지역이라 해도 그곳에서 물리학의 법칙이 먹혀들지 않는다면 물리학에는 경계경보가 발령될 수밖에 없다. 기존의 물리법칙이 먹혀들지 않는다는 것은 우리의 이해수준이 아직 궁극적인 지점에 도달하지 못했음을 의미하기 때문이다. 법칙이야 어찌되었건, 우주는 예나 지금이나 멀쩡하게 잘 운영되고 있다. 물리법칙은 와해될 수 있어도 우주는 결코 와해되지 않는다. 올바른 물리법칙이라면 최소한 '적용될 수 없는 곳'은 없어야 하는 것이다.

이제 대다수의 독자들은 어느 정도 설득되었을 것으로 믿는다. 그러나 완벽을 기하기 위해, 일반상대성이론과 양자역학 사이의 충돌을 반드시 해결해야 하는 또 하나의 이유를 제시하고자 한다. 잠시 그림 10.6으로 되돌아가서 생각해 보자. 앞에서 우리는 우주의 진화과정을 단계별로 알아본 후 이들을 하나로 이어서 거대한 연대기를 만들었다. 그런데 가장 초창기의 우주에 관해서는 아는 바가 거의 없기 때문에 그림 10.6의 왼쪽 끝부분을 희미하게 얼버무리고 말았다. 사실, 시간과 공간의 기원을 규명하려면 이 부분의 정보가 가장 중요하다. 우주의 초창기는 왜 아직도 베일에 싸여 있는 것일까? 그 주된 원인은 바로 일반상대성이론과 양자역학이 이 연대에서 충돌을 일으키기 때문이다. 현재로서는 거시세계에 적용되는 법칙과 미시세계에 적용되는 법칙이 양립할 수 없기 때문에 우주가 탄생하던 무렵은 완전히 블랙박스로 남아 있을 수밖에 없다.

10장에서 시도했던 대로 우주의 역사가 담긴 필름을 거꾸로 돌려서 빅뱅이 일어나던 시점까지 되돌아간다고 상상해 보자. 그러면 모든 물질들이 서서히 모여들면서 결국에는 아주 작은 영역 속에 초고온 상태로 밀집될 것이다. '시간=0'에 접근할수록 우주는 점점 작아져서 태양→지구→볼링공→땅콩→모래알→…의 크기로 축소된다. 이런 식으로 계속 진행하다 보면 결국 우주는 플랑크길이(100만×10억×10억×10억분의 1cm=10^{-33}cm) 이하로 축소되어 일반상대성이론과 양자역학을 동시에 적용할 수 없게 된다. 이 시기에 우주를 이루는 모든 질량과 에너지는 원자 하나의 100×10억×10억분의 1에 해당하는 초미세 영역 속에 초고밀도 상태로 존재하게 된다.[8]

이와 같이, 초창기의 우주는 블랙홀의 중심처럼 일반상대성이론의 영역(고밀도)과 양자역학의 영역(초미세 크기)을 공유하고 있다. 그리하여 필름을 돌리던 영사기는 이 시점에서 덜그럭거리기 시작하고 필름은 열 받은 영사기 때문에 타 버리고 마는 것이다. 우주의 초창기는 반드시 존재했을진대, 그 모습을 담은 필름을 재생할 방법이 없다. 그래서 그림 10.6의 왼쪽 끝부분은 희미하게 남겨질 수밖에 없는 것이다.

우주의 진정한 근원을 알고 싶다면(이것은 과학이 추구하는 궁극의 목표일 것이다) 우리는 어떻게든 일반상대성이론과 양자역학 사이의 충돌을 무마시켜서 하나의 조화로운 이론으로 재구성해야 한다.

해답으로 가는 미심쩍은 길✢

과학은 뉴턴이나 아인슈타인의 경우처럼 단 한사람의 천재에 의해 비약적으로 발전할 수도 있지만, 사실 대부분의 중요한 발전은 수많은 과학자들의 피땀 어린 노고로 이루어져 왔다. 한 사람의 과학자가 다른 과학자들에게 영감을 불어넣거나 아이디어를 제공하면 그는 이것을 한 단계 발전시켜서 또 다른 과학자에게 전달하고, 이런 과정이 반복되면서 과학이라는 거대한 수레바퀴가 굴러가는 것이다. 박식한 지식과 숙련된 기술, 유연한 사고와 의

✢ 이 장의 나머지 부분에서는 초끈이론의 탄생과정과 기본적인 아이디어를 주로 다룰 것이다. 단, 나의 저서인 『엘러건트 유니버스』의 6~8장을 이미 읽은 독자들은 13장으로 건너뛰어도 상관없다.

외의 결과를 순순히 받아들이는 개방적 사고, 부단한 노력, 그리고 약간의 행운…. 이 모든 것들은 위대한 과학적 발견이 이루어지기 위해 반드시 요구되는 항목이다. 그리고 최근에 개발된 초끈이론superstring theory은 이 말이 사실임을 여실히 보여 주고 있다.

많은 과학자들은 일반상대성이론과 양자역학 사이의 충돌을 무마시켜 줄 가장 강력한 후보로 초끈이론을 꼽고 있다. 독자들도 앞으로 알게 되겠지만, 학자들이 초끈이론을 신뢰하는 데에는 그럴 만한 이유가 있다. 아직도 연구는 한창 진행 중이지만 초끈이론은 머지않아 아인슈타인의 꿈(모든 힘과 물질을 하나로 통일된 체계로 설명하는 궁극의 이론)을 실현시켜 줄 것이다. 나를 포함한 대다수의 물리학자들은 초끈이론이 가장 근본적인 단계에서 우주의 비밀을 풀어줄 것으로 굳게 믿고 있다. 그러나 솔직히 말해서 초끈이론이 이 원대한 목표를 이루어 줄 '가장 우아하고 독창적인' 이론이라고 할 수는 없다. 초끈이론은 애초부터 우연히 발견되었으며 출발부터 길을 잘못 들어 많은 학자들에게 심각한 민폐를 끼쳤다. 특히 시기를 잘못 맞춰 초끈이론에 투신했던 학자들은 이렇다 할 업적도 없이 좋은 세월을 다 보내 버리기가 일쑤였다. 있는 그대로 말하자면, 초끈이론의 역사는 '잘못된 문제로부터 올바른 답을 찾아가는' 역사였다.

1968년, 가브리엘레 베네치아노Gabriele Veneziano는 유럽 입자물리학 연구소CERN에서 박사후과정postdoctorial research fellow을 밟고 있었다. 이 젊은 물리학자는 고에너지 입자가속기 실험을 통하여 핵력의 구조를 연구하고 있었는데, 몇 달 동안 실험데이터를 분석한 끝에 수학과 물리학 사이의 놀라운 연결고리를 발견하였다. 스위스가 낳은 천재 수학자 레온하르트 오일러Leonhard Euler가 무려 200여 년 전에 발견했던 수학공식(오일러 베타함수)이 핵력에 관한 실험데이터와 기가 막힐 정도로 일치하고 있었던 것이다. 사실 이것은 이론물리학자의 입장에서 볼 때 그다지 신기한 발견은 아니었지만(희한한 수식들과 씨름을 벌이는 것은 이론물리학자들의 일상생활이다) 베네치아노는 마치 마차가 말보다 앞서가는 것처럼 비정상적인 수순을 밟았다. 물리학자들은 대개 자신이 연구하는 분야의 기본원리를 대략적으로(또는 직관적으로) 이해한 후에 수학적인 기틀을 쌓아 나가는 것이 보통이다. 그러나 베네치아노는 방정식을 먼저 발견한 후에 물리적 의미를 찾는 정반대의 과정을 거쳤다.

베네치아노는 무언가 의미 있는 수식을 찾긴 했지만 그것이 실험데이터와 일치하는 이유를 알 수가 없었다. 오일러의 베타함수와 핵력을 주고받는 입자들 사이에 대체 어떤 공통점이 있길래 그토록 놀라운 일치를 보였던 것일까? 그로부터 2년이 지난 1970년에 스탠퍼드대학의 레너드 서스킨드 Leonard Susskind와 닐스 보어 연구소의 홀거 닐센Holger Nielsen, 그리고 시카고대학의 난부 요이치로(南部陽一郎)가 베네치아노의 발견에 물리적 의미를 부여함으로써 수수께끼는 해결되었다. 이들은 "두 개의 입자 사이에 아주 작고 가느다란 고무줄 같은 것이 연결되어 있어서 그 줄을 통해 핵력이 작용한다고 가정하고 이 과정을 양자역학적으로 서술하면 오일러의 베타함수와 동일한 결과를 얻을 수 있다"는 놀라운 사실을 발견하였다. 말을 앞서 가던 마차가 드디어 말과 보조를 맞춰 달리게 된 것이다. 그 후, 약간의 탄력을 갖는 그 줄에는 '끈string'이라는 이름이 붙여졌다. 이론물리학의 역사를 바꾼 초끈이론의 전신 — 끈이론string theory은 이렇게 탄생하였다.

그러나 이들의 연구결과는 학계로부터 별다른 관심을 끌지 못했다. 이 분야를 연구하는 물리학자들은 '핵력을 다른 각도에서 이해한 새로운 이론'으로 어느 정도 인정하고 있었으나, 다른 물리학자들의 반응은 썰렁하기 그지없었다. 심지어 서스킨드의 논문은 '별로 관심을 끌지 못하는 주제'라는 이유로 학술지의 편집자로부터 게재불가 판정까지 받았다. 서스킨드는 당시의 상황을 이렇게 회고하고 있다. "퇴짜를 맞았을 때 저는 망치로 머리를 얻어맞은 듯한 느낌이었습니다. 몹시 낙담하여 쓰러지듯 의자에 앉아 버렸지요.

그리고는 집으로 돌아가 있는 대로 술을 퍼마셨어요."[9] 결국 그의 논문은 우여곡절을 겪은 끝에 끈이론과 관련된 다른 논문들과 함께 학술지에 실렸다. 그러나 얼마 지나지 않아 끈이론은 두 차례에 걸쳐 치명적인 타격을 받게 된다. 1970년대 초에 핵력과 관련된 실험데이터를 주도면밀하게 분석한 결과 끈이론은 새로운 데이터와 일치하지 않는 것으로 드러났고, 그 무렵에 등장한 양자색역학quantum chromodynamics(기존의 전통적인 입자물리학에 입각하여 핵력을 설명하는 이론)이 끈의 개념을 전혀 사용하지 않은 채로 새로운 데이터를 말끔하게 설명해 버린 것이다. 이렇게 원-투 펀치를 얻어맞은 끈이론은 거의 그로기 상태가 되어 물리학의 무대를 당장이라도 떠나야 할 것만 같았다.

존 슈워츠John Schwartz는 끈이론을 처음부터 열렬하게 지지했던 물리학자였다. 언젠가 그는 나와 대화를 나누면서 "처음부터 끈이론의 중요성을 느낌으로 알고 있었다"고 했다. 슈워츠는 수년 동안 끈이론의 수학적 특성을 집중적으로 연구한 끝에 원래의 이론에 결정적인 수정을 가했는데, 이것은 훗날 초끈이론의 모태가 되었다. 그 무렵 끈이론은 새로운 핵력 데이터를 설명하지 못한다는 결점과 양자색역학의 약진에 밀려 점차 학자들의 관심에서 멀어지고 있었다. 그런데 끈이론과 핵력 사이의 불일치 중에서 슈워츠의 신경을 유난히 건드리는 부분이 있었다. 양자역학 버전으로 개선된 끈이론의 방정식에 의하면, 아주 높은 에너지상태(속도가 빠른 상태)에서 입자들이 충돌할 때 질량이 0이고 스핀이 2인 이상한 입자가 생성되어야 한다. 여기서 스핀이 2라는 것은 대충 말해서 광자보다 두 배 빠르게 자전한다는 뜻이다. 그런데 실험실에서는 이런 입자가 발견된 적이 단 한 번도 없었으므로 사람들은 끈이론의 예측이 틀렸다고 생각했던 것이다.

존 슈워츠와 그의 연구동료였던 조엘 셰크Joël Sherk는 이 입자의 근원을 추적하다가 끈이론의 방향타를 전혀 다른 쪽으로 바꾸는 일대 발견을 이루어 냈다. 그때까지 일반상대성이론과 양자역학을 성공적으로 결합한 사례는 단 한 건도 보고된 적이 없었지만 성공적인 이론이 갖추어야 할 조건은 어느 정도 알려져 있었다. 그중 하나는 전자기력이 광자에 의해 매개되듯이 중력도 어떤 입자에 의해 매개된다는 가정이었다. 물리학자들은 이 가상의 입자에 중력자graviton라는 이름을 붙여 두었다(중력자는 중력의 가장 기본적인 양자 다발에 해당된다: 9장 참조). 중력자는 실험실에서 발견된 적이 없지만 이론적으로 두 가지 성질을 만족해야 한다. 질량=0에 스핀=2라는 성질이 바로 그것이다. 이 놀라운 일치는 슈워츠와 셰크에게 구원의 종소리와도 같았다. 끈이론이 예견했던 입자는 다름 아닌 중력자였던 것이다! 이 혁신적인 발견으로 인해, 거의 꺼져 가던 끈이론의 불씨는 다시 강렬하게 타오르기 시작했다.

애초에 끈이론은 핵력을 양자역학적으로 설명하는 수단으로 출발했지만, 슈워츠와 셰크는 끈이론이 핵력이 아닌 다른 문제의 해답을 제공한다고 생각했다. 알고 보니 그것은 바로 양자적 중력이론이었다. 그들은 끈이론이 예견한 질량=0, 스핀=2인 입자는 다름 아닌 중력자이며 끈이론의 방정식은 중력을 양자역학적으로 설명하고 있다고 주장했다.

슈워츠와 셰크는 1974년에 공동논문을 발표하면서 대단한 반향을 불러일으킬 것으로 기대했다. 그러나 학계의 반응은 역시 썰렁했다. 초기에 물리학자들이 끈이론을 천대한 이유는 지금도 분명치 않다. 사실, 끈이론은 끈이라는 생소한 개념을 적용할 만한 분야를 찾다가 우연히 탄생한 이론이었다. 끈이론으로 핵력을 설명하려는 시도는 실패로 돌아갔지만, 끈이론의 추종자들은 이에 굴하지 않고 다른 적용분야를 찾아나갔다. 그러던 중 슈워츠와 셰크가 끈의 길이에 대대적인 수정을 가하여, 이론적으로 알려져 있었던 중력자를 재현하는 데 성공하면서 끈이론은 다시 생명력을 얻게 되었다. 중력은 매우 약한 힘이고[+] 끈의 길이가 길수록 매개되는 힘은 더욱 강해지기 때문에, 슈워츠와 셰크는 끈이론이 중력과 조화를 이루려면 끈의 길이가 소위 말하는 플랑크길이까지 작아져야 한다는 결론에 이르렀다. 이 길이는 기존의 끈이론이 예견했던 끈의 길이보다 무려 100×10억×10억 배나 짧은 것이었다. 그러나 끈이론을 수용하지 않는 물리학자들은 끈의 길이가 너무 짧아서 관측될 수 없으므로 끈이론은 실험적으로 검증될 수 없는 이론이라고 생각했다.[10]

이와는 대조적으로, 입자를 점으로 간주하는 전통적인 이론(표준모델)은 1970년대에 이르러 커다란 진보를 이루었다. 그 무렵 이론 및 실험물리학자들의 머릿속은 표준모델을 연구하고 실험적으로 검증하는 아이디어로 가득 차 있었다. 이런 분위기라면 중력자의 존재를 예견한 끈이론에 흥미를 가질만도 했을 텐데, 왜 당시의 물리학자들은 끈이론에 관심을 보이지 않았던 것일까? 물리학자들은 기존의 표준모델로 중력을 양자화 시킬 수 없다는 사실을 내심 알고는 있었지만 당장 문제 삼지는 않았다. 중력과 양자역학을 조화롭게 합치는 것은 물론 중요한 문제였으나 중력을 제외한 다른 힘에 관해서도 연구과제가 산적해 있었으므로 중력을 양자화시키는 문제는 우선순위에서 한참 밀려 있었다. 게다가 1970년대의 끈이론은 기반이 확고하게 다져지지 않아서 젊은 물리학자들의 성취동기를 자극하기에는 부족한 점이 많았다. 중력자의 존재를 이론적으로 도출해 내는 데에는 성공했지만 기본 개념들이 아직 불분명한 상태였고 그것을 다루는 수학적 기술도 충분히 개발되지 않았기에, 끈이론에 투신하려면 적지 않은 위험을 감수해야 했다. 심지어 개중에는 끈이론이 몇 년 이내에 사장될 것이라고 예견하는 학자들도 있었다.

그러나 슈워츠는 끈이론에 대한 신념을 굽히지 않았다. 그는 양자역학의 언어로 중력을 서술하는 데 처음으로 성공한 끈이론이야말로 이론물리학의

+ 9장에서 말한 대로 하나의 클립을 지구 전체가 잡아당기는 중력은 조그만 자석이 클립을 잡아당기는 자력보다도 작다(그래서 클립은 자석에 붙은 채 끌려온다). 구체적인 계산을 해 보면 중력의 세기는 전자기력의 10^{-42}배에 불과하다.

꿈을 실현해 줄 가장 강력한 후보라고 굳게 믿었다. 학계의 관심을 끌지 못하는 것도 그에게는 문제가 되지 않았다. 그는 묵묵히 연구에 정진하다 보면 언젠가는 사람들의 열광적인 관심을 끄는 날이 반드시 오리라고 생각했고, 그의 생각은 전적으로 옳았다.

1970년대 말과 1980년대 초에 이르는 기간 동안 슈워츠는 런던 퀸 메리Queen Mary대학의 마이클 그린Michael Green과 함께 끈이론의 문제점들을 단계적으로 해결해 나갔다. 그중에서도 가장 큰 문제는 '비정상성anomaly'과 관련된 문제였는데, 자세한 내용은 알 필요 없고 대충 설명하자면 '에너지보존법칙과 같은 신성불가침의 절대법칙을 무너뜨리는 양자적 대재난'이라고 할 수 있다. 어떤 이론이건 간에, 비정상성이 제거되지 않으면 살아남을 수 없다. 초기의 끈이론이 사람들의 관심을 끌지 못했던 이유도 이론 속에 비정상성이 존재했기 때문이다. 끈이론이 중력의 양자이론을 성공적으로 만들어낸다 해도 비정상성을 제거하지 못하는 한 올바른 이론으로 인정받을 수 없었다.

그러나 슈워츠는 이 모든 것이 그다지 비관적인 상황은 아니라고 생각했다. 뚜렷한 확신은 없었지만 비정상성에 기여하는 양자적 효과들을 잘 조합시키면 서로 깔끔하게 상쇄되어 전체 비정상성을 0으로 만들 수 있을 것 같았다. 그는 동료인 그린과 함께 지루한 계산을 끈기 있게 수행하여 1984년 여름에 드디어 목적을 달성하였다. 폭풍우가 몰아치던 어느 날, 콜로라도의 아스펜 물리연구소에서 밤늦도록 연구에 몰두하고 있던 이들 두 사람은 이론물리학의 새로운 지평을 활짝 열어젖히는 획기적인 계산을 완결하였다. 끈이론을 괴롭히던 비정상성이 기적처럼 서로 상쇄된다는 것을 마침내 증명한 것이다! 이제 끈이론은 비정상성으로부터 자유로워졌고 수학적 불일치도 나타나지 않게 되었다. 결국 끈이론은 양자역학적으로 타당한 이론이었던 것이다.

이번에는 다른 물리학자들도 귀를 기울였다. 1980년대 중반의 물리학계는 많이 달라져 있었다. 중력을 제외한 나머지 세 힘의 상당부분이 이론과 실험을 통해 규명되었기에(일부 문제는 지금도 연구 중이다) 그 다음 단계인 중력의 양자화문제에 관심을 가질 여유가 생긴 것이다. 그린과 슈워츠는 비정상성을 완벽하게 제거하고 아름다운 수학체계를 구축함으로써 변방에 방치되어 있던 끈이론을 물리학의 최정점으로 끌어올렸으며, 끈이론을 연구하는 학자는 단 두 사람에서 순식간에 수천 명으로 늘어났다. 바야흐로 끈이론의 제1차 혁명기가 시작된 것이다.

끈이론의 1차 혁명기

나는 1984년에 옥스퍼드대학의 대학원에 입학하였는데, 첫 학기가 시작되고 몇 달이 지난 어느 날 학과건물의 복도에 사람들이 모여 물리학의 혁명에 관한 열띤 논쟁을 벌이고 있었다. 그 당시는 인터넷이 보급되기 전이었으므로 정보를 취득하는 가장 빠른 수단은 소문에 귀를 기울이는 것이었다. 그런데 그때 떠돌던 소문은 "물리학에 일대 사건이 벌어졌다"는 심상치 않은 분위기와 함께 "획기적인 내용이 새로 발표되었다"는 솔깃한 이야기를 담고 있었다. 게다가 이런 소문은 거의 매일같이 학과 건물로 흘러들어 왔다. 영문을 모르는 학생들은 뛰는 가슴을 억누르며 소문의 출처를 찾아 이리저리 뛰어다녔고, 진중한 학자들은 "양자역학이 처음 등장했을 때에도 사람들은 이론물리학이 최후의 목적지에 도달했다며 호들갑을 떨었었다"고 충고하면서 다소 신중한 자세를 취했다.

당시 끈이론은 누구에게나 생소한 이론이었으므로 구체적인 내용을 아는 사람이 거의 없었다. 그러나 우리는 특별히 운이 좋았다. 얼마 전에 마이클 그린이 옥스퍼드대학을 방문하여 끈이론에 관한 강연을 한 차례 하고 갔기 때문이다. 그래서 우리들 중 대부분은 끈이론의 기본적인 아이디어와 주장하는 내용을 대충 알고 있었는데, 그 내용은 다음과 같았다.

얼음이나 돌멩이, 또는 금속조각 등 임의의 물체를 계속해서 반으로 잘라 나간다고 가정해 보자. 한 번 자를 때마다 물체의 크기는 이전의 반으로 줄어든다. 지금부터 약 2,500년 전에 고대 그리스의 철학자들도 이 문제를 떠올렸었다. 물체를 계속해서 잘라 나가면 더 이상 자를 수 없는 최소단위가 존재하는가? 그들은 이 문제를 놓고 심각한 고민에 빠졌었다. 독자들은 학교에 다니면서 물질의 가장 기본적인 구성요소가 원자atom라고 배웠을 것이다. 물론 원자는 물질의 특성을 간직하고 있는 최소단위임에는 틀림없지만 그리스의 철학자들이 떠올렸던 의문의 해답은 되지 못한다. 원자는 더 작은 구성성분으로 분해될 수 있기 때문이다. 다들 알다시피 원자의 가장자리는 전자들이 점유하고 있고 중심부에 있는 원자핵은 양성자와 중성자로 이루어져 있다. 그런데 1960년대 말경에 스탠퍼드의 선형가속기로 충돌실험을 실시한 결과, 양성자와 중성자가 더욱 작은 소립자로 이루어져 있다는 사실이 밝혀졌다. 9장에서 언급한 대로, 개개의 양성자와 중성자는 3개의 쿼크quark로 이루어져 있다(그림 12.3a 참조).

그림 12.3 (a) 전통적인 이론은 전자와 쿼크를 물질의 최소단위로 간주하고 있다. **(b)** 끈이론은 모든 입자를 진동하는 끈으로 간주한다.

전통적인 입자물리학은 전자와 쿼크를 크기가 없는 점으로 간주하고 있다. 그러므로 이 관점에서 보면 전자와 쿼크는 더 이상 분해될 수 없는 최소단위임이 분명하다. 그러나 끈이론에 의하면 전자와 쿼크는 점이 아니라 어떤 크기를 갖고 있으며 이들을 점으로 간주하는 것은 일종의 근사적 서술에 지나지 않는다. 그렇다면 점이 아닌 전자와 쿼크는 실제로 어떤 모습을 하고 있는가? 바로 여기서 끈이론의 대담한 가정이 등장한다. 끈이론은 모든 입자들을 "아주 작은 영역에서 특정 에너지를 가진 채 진동하는 끈string"으로 간주하고 있다(그림 12.3b 참조). 단, 이 끈은 굵기가 없고 길이만 있기 때문에 1차원적 대상으로 취급되어야 한다. 입자를 대신하는 끈은 그 길이가 매우 짧아서(원자의 100×10억×10억분의 1, 약 10^{-33}cm) 현재 우리가 갖고 있는 가장 강력한 입자가속기를 동원한다 해도 그저 점으로 보일 뿐이다.

끈이론은 아직 완전하게 정립되지 않았다. 앞으로 끈이론이 어떤 놀라운 결과를 가져올지는 아무도 짐작할 수 없다. 끈은 만물의 최소단위일 수도 있고 그보다 작은 스케일에 또 다른 세부구조가 존재할 수도 있다. 이 문제는 뒤에서 다루기로 하고, 지금 당장은 끈이 만물의 궁극적인 기본단위라는 주장을 수용한 채 끈이론의 주장을 따라가 보자.

끈이론과 물리법칙의 통일

이상이 끈이론의 대략적인 내용이다. 그러나 끈이론의 위력을 제대로 실감하려면 우선 전통적인 입자물리학을 자세히 알고 있어야 한다. 지난 100년 동안 물리학자들은 우주를 구성하는 기본단위를 찾기 위해 온갖 물체들을 열심히 자르고, 깨고, 부순 끝에 모든 물체는 전자와 쿼크로 이루어져 있다는 결론에 이르렀다. 좀 더 정확하게 말하자면 모든 물체는 전자와 두 종류의 쿼크—위쿼크up-quark와 아래쿼크down-quark—로 이루어져 있다(이들은 질량과 전하가 서로 다르다). 그러나 실험에 의하면 이 우주에는 일상적인 물체에서 찾아볼 수 없는 여러 종류의 이색적인 입자들이 함께 존재하고 있다. 쿼크만 해도 위쿼크와 아래쿼크 이외에 네 종류의 쿼크가 더 있으며(맵시쿼크charm-quark, 이상쿼크strange-quark, 바닥쿼크bottom-quark, 꼭대기쿼크top-quark), 전자와 성질이 비슷하면서 질량이 훨씬 큰 두 종류의 입자(뮤온muon과 타우tau 입자)가 있다. 이 입자들은 빅뱅이 일어난 직후에 매우 풍부하게 널려 있었을 것으로 추정되지만 지금은 일상적인 입자들을 매우 빠른 속도로 충돌시켰을 때 그 여파로 잠시 나타났다가 사라지는 정도이다. 그리고 마지막으로 뉴트리노(중성미자)neutrino라 불리는 세 종류의 도깨비 같은 입자들이 있다(전자-뉴트리노electron-neutrino, 뮤온-뉴트리노muon-neutrino, 타우-뉴트리노tau-neutrino). 뉴트리노는 1조 마일 두께의 납덩이를 가볍게 통과할 정도로 투과력이 뛰어나다(투과력이 뛰어나다는 것은 다른 입자들과 상호작용을 거의 하지 않는다는 뜻이다: 옮긴이). 지금까지 나열한 입자들(전자와 두 종류의 사촌입자(뮤온과 타우입자), 6종류의 쿼크, 3종류의 뉴트리노)은 고대 그리스인들의 의문에 대한 가장 최신 버전의 해답이다. 즉, 우주에 존재하는 모든 만물들은 이들의 조합으로 이루어져 있다.[11]

위에 열거한 기본입자들은 표 12.1과 같이 세 개의 입자족family으로 나눌 수 있다. 각 입자족에는 두 종류의 쿼크와 하나의 뉴트리노, 그리고 하나의 전자(또는 그 사촌)가 포함되어 있다. 표 12.1에서 같은 종류의 입자들은 오른쪽으로 갈수록 질량이 커진다. 같은 족에 속한 입자들은 어떤 공통점을 갖고 있긴 하지만 전체적으로 종류가 꽤 많아서 처음 보는 사람들은 머릿속이 복잡할 것이다. 그러나 걱정할 것 없다. 끈이론을 도입하면 이 복잡한 상황은 말끔하게 정리된다.

끈이론에 의하면 물질을 이루는 최소단위는 단 하나뿐이다. 그 하나란 다름 아닌 '끈'이다. 그리고 끈은 진동패턴에 따라 표 12.1에 나열된 다양한 입자들 중 하나로 나타난다. 끈의 진동은 바이올린이나 첼로줄의 진동과 비슷하다. 첼로의 줄은 다양한 패턴으로 진동할 수 있으며 각 진동패턴에 따라 높이가 다른 음을 만들어 낸다. 하나의 첼로줄은 그 길이(진동패턴)에 따라 여러 개의 음을 만들어 낼 수 있다. 끈이론에 등장하는 끈도 이와 비슷한 방식으로 작동한다. 단, 끈은 진동하면서 음악이 아닌 다른 것(훨씬 근본적인 것)을 만들어 낸다. 끈이론의 주장에 의하면 "**진동패턴이 다른 끈은 각기 다른 입자의 형태로 그 모습을 드러낸다.**" 끈이 진동하는 방식에 따라 특정한 질량과 전기전하, 그리고 특정한 스핀 등 각 입자의 고유한 특성이 창출된다는 것이다. 입자들이 서로 구별될 수 있는 것은 끈이 각기 다른 방식으로 진동하고 있기 때문이다. 끈이 어떤 특정한 패턴으로 진동하면 전자가 되고, 다른 방식으로 진동하면 위쿼크가 되며, 또 다른 방식으로 진동하면 아래쿼크가 되고…. 이런 식으로 표 12.1에 있는 모든 입자들이 생성된다. 여기서 명심할 것은 전자를 만들어 내는 '전자 끈'이나 쿼크를 만들어 내는 '쿼크 끈' 등이 따로 존재하는 것이 아니라, 모든 입자들이 단 한 종류의 끈으로부터 만들어진다는 사실이다. 하나의 끈이 다양한 패턴으로 진동하면서 온갖 종류의 입자들을 만들어 내고 있는 것이다.

독자들도 짐작하겠지만, 끈의 이러한 특성은 물리법칙을 통일하는 데 매우 유용하게 활용될 수 있다. 끈이론이 맞는다면 표 12.1에 나열된 입자족보는 '끈이 진동할 수 있는 다양한 패턴의 목록'에 지나지 않는다. 지금까지 발견된 모든 입자들은 한 종류의 끈이 얼마나 다양한 패턴으로 진동할 수 있는지를 보여 주고 있는 셈이다. 그러므로 우주는 초미세 영역에서 수많은 끈들이 다양한 형태로 진동하면서 만들어 낸 장중한 교향곡이라고 할 수 있다.

끈이론은 표 12.1의 입자족보를 아주 간단하고 우아하게 설명하고 있다. 그러나 이것은 끈이론이 갖고 있는 능력의 극히 일부에 불과하다. 우리는 자

입자족 1		입자족 2		입자족 3	
입자	질량	입자	질량	입자	질량
전자(Electron)	0.00054	뮤온(Muon)	0.11	타우(Tau)	1.9
전자-뉴트리노 (Electron-neutrino)	$<10^{-9}$	뮤온-뉴트리노 (Muon-neutrino)	$<10^{-4}$	타우-뉴트리노 (Tau-neutrino)	$<10^{-3}$
위쿼크 (Up-quark)	0.0047	맵시쿼크 (Charm-quark)	1.6	꼭대기쿼크 (Top-quark)	189
아래쿼크 (Down-quark)	0.0074	이상쿼크 (Strange-quark)	0.16	바닥쿼크 (Bottom-quark)	5.2

표 12.1 3가지 족으로 분류한 기본입자 목록과 각 입자의 질량(양성자의 질량을 1로 간주하고 비교한 값). 뉴트리노의 질량이 0보다 큰 것은 분명하지만 정확한 값은 아직 알려지지 않았다.

연에 존재하는 힘들이 양자적 단계에서 전령입자messenger particle에 의해 매개된다는 사실을 이미 알고 있다(9장 참조). 이 입자의 목록은 표 12.2에 정리되어 있다. 끈이론은 물질을 이루는 입자뿐만 아니라 전령입자들까지도 동일한 끈의 진동으로 간주하고 있다. 즉, 개개의 전령입자들도 어떤 특별한 형태로 진동하는 끈에 대응된다는 것이다. 광자와 W입자, 그리고 글루온 등은 끈이 각기 다른 방식으로 진동하면서 생성된 입자들이다. 그리고 무엇보다 중요한 것은 슈워츠와 셰크가 1974년에 알아낸 바와 같이 끈의 진동패턴 중에 중력을 매개하는 중력자가 포함되어 있다는 점이다. 바로 이러한 사실 덕분에 양자역학을 근간으로 하는 끈이론의 체계 속에 중력(일반상대성이론)이 자연스럽게 도입될 수 있는 것이다. 이와 같이 끈이론은 물질을 이루는 입자(물질입자)와 힘을 매개하는 입자(중력자까지 포함하여)를 하나의 이론체계 안에서 일관된 논리로 설명하고 있다.

끈이론을 도입하면 중력과 양자역학을 조화롭게 연결할 수 있을 뿐만 아니라 모든 물질과 힘을 하나의 이론체계로 설명할 수 있다. 1980년대 중반

힘	힘입자(전령입자)	질량
강력(핵력)	글루온(Gluon)	0
전자기력	광자(Photon)	0
약력	W, Z입자	86, 97
중력	중력자(Graviton)	0

표 12.2 자연에 존재하는 네 가지 기본 힘과 그 힘을 매개하는 힘입자(전령입자), 그리고 각 힘입자의 질량(W입자는 질량이 같고 전하가 반대인 두 종류의 입자로 세분되지만 표에서는 이들을 구별하지 않았다).

에 수천 명의 이론물리학자들이 일제히 자리를 박차고 일어났던 것은 바로 이 놀라운 능력 때문이었다. 그 후로 끈이론은 이론물리학을 선도하는 최첨단의 이론으로 자신의 입지를 확실하게 굳힐 수 있었다.

끈이론이 들어맞는 이유는 무엇인가?

끈이론이 등장하기 전에도 중력과 양자역학을 하나로 합치는 작업은 도처에서 시도되어 왔지만 단 한 번도 성공한 적이 없었다. 일반상대성이론과 양자역학은 그 정도로 섞이기 어려운 이질적 이론이었다. 그런데 끈이론은 그 어려운 장애를 단숨에 뛰어넘었다. 대체 얼마나 대단한 이론이길래 당대의 석학들도 모두 실패한 난제를 그토록 간단하게 해결할 수 있었을까? 앞서 말한 대로 슈워츠와 셰크는 끈의 특정한 진동패턴으로부터 나타나는 입자들 중 하나가 중력자와 동일한 성질을 갖는다는 놀라운 사실을 발견함으로써 중력과 양자역학을 조화롭게 연결시킬 수 있는 이론적 기틀을 마련하였다. 그러나 중력자가 이론적으로(사실은 우연히) 예견되었다고 해서 일반상대성이론과 양자역학 사이의 불일치가 일거에 해소되는 것은 아니다. 여기에는 좀 더 깊은 사연이 숨어 있다. 그림 12.2는 일반상대성이론과 양자역학 사이에 충돌이 일어나는 영역을 도식적으로 보여 주고 있다. 초미세 영역과 초미세 시간간격에서는 양자적 요동이 더욱 격렬해져서 기하학적으로 매끈한 시공간을 예견하고 있는 일반상대성이론과 도저히 양립할 수 없다. 끈이론은 이 문제를 과연 어떻게 해결하였을까? 끈이론은 어떻게 초미세 영역에서 시공간의 격렬한 요동을 잠재울 수 있었을까?

끈이론의 가장 중요한 특징은 기본입자를 점이 아닌 끈으로 간주한다는 점이다. 점은 크기가 없지만 끈은 길이를 갖고 있으므로 공간의 한 부분을 점유하고 있다. 바로 이러한 차이점 덕분에 끈이론은 일반상대성이론과 양자역학을 조화롭게 결합할 수 있었다.

그림 12.2의 제일 위에서 진행되는 격렬한 요동은 불확정성원리를 중력장에 적용했을 때 나타나는 결과이다. 작은 영역으로 갈수록 불확정성원리의 위력은 더욱 막강해져서 중력의 요동은 한층 더 어지럽게 나타난다. 그런데 이런 초미세 영역에서는 가장 작은 기본단위인 중력자를 이용하여 중력을 서술해야 한다. 이것은 분자적 스케일에서 물을 서술할 때 H_2O분자가 동원되는 것과 같은 이치이다. 분자 스케일에서 물을 액체라고 표현하는 것은 아무런 의미가 없다. 이런 맥락에서 보면 초미세 영역에서 중력장이 겪고 있는 난리법석은 이리저리 정신없이 돌아다니는 수많은 중력자들로부터 기인한 현상으로 간주할 수 있다. 만일 중력자가 크기가 없는 점입자라면(이는 일반상대성이론과 양자역학을 합치는 데 실패한 기존의 이론이 고수해 왔던 관점이다), 그림 12.2는 수많은 중력자들이 만들어 낸 효과임이 분명하다. 여기서 더 작은 영역으로 파고 들어갈수록 요동은 더욱 심하게 나타날 것이다. 그러나 끈이론은 이 모든 상황을 완전히 뒤집어엎는 새로운 내용을 주장하고 있다.

끈이론에 의하면 중력자는 점이 아니라 진동하는 끈이며, 이 끈은 대략 플랑크길이(10^{-33}cm)정도의 길이를 갖고 있다.[12] 그런데 중력자는 중력장을 구성하는 가장 작은 기본단위이므로, 플랑크길이보다 작은 영역에서 중력을 논하는 것은 아무런 의미가 없다. TV 수상기의 해상도가 각 점의 크기에 따라 제한을 받는 것처럼, 중력장의 해상도 역시 중력자의 크기에 의해 제한되는 것이다. 끈이론에 의하면 중력자는 점이 아니라 플랑크길이 정도의 크기를 갖고 있으므로, 이 길이가 바로 중력을 분해(확대)할 수 있는 한계에 해당된다.

이것은 그야말로 파격적인 발상의 전환이 아닐 수 없다. 그림 12.2에 예시된 양자적 요동은 불확정성원리를 플랑크길이보다 작은 영역에 적용했을 때에만 나타난다. 이론의 근간이 점입자설에 기초하고 있다면 무한히 작은 영역에도 불확정성원리를 적용할 수 있으며, 따라서 그림 12.2와 같은 험악한 지형을 피해 갈 길이 없다. 즉, 아인슈타인의 '매끄러운 시공간'과 당장 충돌을 일으키게 된다. 그러나 점입자가 아닌 끈에 기초를 둔 끈이론에는 이런 난처한 상황을 모면할 수 있는 안전장치가 마련되어 있다. 끈은 중력장을 포함하여 만물을 이루는 최소단위이므로, 공간을 확대하여 플랑크길이(끈의 길이)까지 이르렀다면 더 이상 확대하는 것이 불가능하다. 그림 12.2에서 공간을 플랑크길이까지 확대한 그림은 위로부터 두 번째 돋보기에 제시되어 있다. 보다시피 이 영역에서도 양자적 요동은 일어나고 있지만, 일반상대성이론과 충돌을 일으킬 정도로 그 정도가 심하지는 않다. 그래서 일반상대성원리의 수학을(약간의 수정을 가하여) 이 영역에 적용해도 무한대라는 황당한 결과가 초래되지 않는다. 두 개의 이론이 가장 작은 스케일에서 조화롭게 결합되는 것이다!

끈이론은 '자세히 들여다볼 수 있는 정도'에 분명한 한계를 두고 있다. 그리고 이 한계는 양자역학과 일반상대성이론이 충돌을 일으키는 영역보다 훨씬 크다. 중력장의 최소단위는 중력자이고, 그보다 작은 스케일을 논하는 것은 의미가 없으므로 플랑크길이 이하의 초미세 영역에서 제아무리 난장판이 벌어지고 있다 해도 전혀 문제될 것이 없다. 중력자라는 최소단위 스케일에서 물리학을 서술하면 우리의 할 일은 다 한 것이며, 그 이상의 서술은 할 수도 없고 할 필요도 없다. 끈이론은 이런 논리로 중력과 양자역학을 과학역사상 최초로 조화롭게 연결시킬 수 있었다.

초미세 영역에서 바라본 시공간의 구조

지금까지 언급된 사실들은 초미세 공간과 초미세 시공간에 대하여 어떤 정보를 제공하고 있는가? 일단, "시간과 공간은 연속적이다"라는 기존의 개념이 심각한 위협을 받고 있다는 것만은 분명하다. 그동안 우리는 한 지점과 다른 지점 사이의 거리, 또는 한 순간과 그 다음 순간 사이의 시간간격을 무한히 작은 조각으로 분해할 수 있다고 생각해 왔다. 다시 말해서, 두 지점이나 두 시점 사이의 간격을 아무리 작게 분해해도 더 분해할 수 있는 여지가 항상 남아 있다는 것이 시간과 공간에 대한 기존의 관념이었다. 그러나 끈이론에 의하면 시간과 공간을 잘게 잘라서 플랑크길이(끈의 길이)나 플랑크시간(빛이 플랑크길이만큼 진행하는 데 걸리는 시간) 단위에 이르면 더 이상 세분하는 것이 불가능하다. 우주를 이루는 가장 작은 기본단위에 이르면 '작게 자르기'라는 행위는 더 이상 의미를 가질 수 없다. 만일 우주를 이루는 최소단위를 점으로 간주한다면 이런 한계는 사라지고 우리는 얼마든지 더 작게 잘라 나갈 수 있을 것이다. 그러나 만물의 기본단위가 끈이라는 주장을 받아들인다면, '자르기 작업'은 플랑크 스케일에서 더 이상 진행할 수 없게 된다. 즉, 우리가 일상적으로 겪고 있는 시간과 공간은 플랑크 스케일의 최소단위 요소로 이루어진 불연속적 객체가 되는 것이다.

끈이론의 관점에서 보면 우리가 속한 공간은 플랑크 스케일에서 제작된 격자와 비슷하다. 격자를 이루는 뼈대 사이의 간격은 물리적 실체의 영역을 벗어나 있다. 초소형 개미가 이 격자 위를 기어가면서 뼈대 사이를 건너뛰는 것처럼, 초미세 영역에서 일어나는 운동은 매 순간 이 간격을 건너뛰면서 불연속적으로 진행되고 있을지도 모른다. 시간도 공간과 마찬가지로 최소단위의 간격들이 줄지어 늘어서서 언뜻 보기에 연속적인 흐름을 구성하고 있을 수도 있다. 이렇게 생각하면 '가장 짧은 시간간격'과 '가장 짧은 거리'는 아래로 분명한 한계가 있다. 플랑크 스케일보다 작은 간격은 그 어떤 방법을 동원해도 감지가 불가능하기 때문이다. 미국 화폐로 경제활동을 할 때 1페니penny보다 작은 돈은 의미가 없는 것처럼, 초미세 영역이 격자구조로 되어 있다면 '플랑크길이보다 짧은 길이'나 '플랑크시간보다 짧은 시간'은 의미를 가질 수 없다.

물론 이것만이 유일한 해답은 아니다. 초미세 영역으로 접근하다가 플랑크 스케일에 도달하는 순간 시간과 공간의 의미가 갑자기 사라지는 것이 아니라, 그 근처에서 점진적으로 형태가 변하여 더욱 근본적인 개념으로 전환될 수도 있다. 시간과 공간을 플랑크 스케일보다 작게 자를 수 없는 것은 그보다 작은 격자가 존재하지 않기 때문이 아니라, 플랑크 스케일 이하의 영역에서는 "더 작게 분해한다"는 개념 자체가 "숫자 9는 행복한가?"라고 묻는 것처럼 의미가 없기 때문이다. 그러므로 우리에게 익숙한 거시적 스케일의 시간과 공간이 초미세 규모로 작아지면 이들이 갖고 있는 일상적인 특성(길이와 시간간격 등)은 현실과 무관해지거나 의미 자체를 상실한다. 거시적인 스케일에서는 물의 온도나 점도 등을 측정할 수 있지만 분자적 스케일에서 H_2O분자의 온도나 점도를 언급하는 것은 아무런 의미가 없는 것과 마찬가지다. 따라서 거리와 시간이 플랑크 스케일 이하로 작아지면, 더 이상의 분할이 무의미해지는 쪽으로 어떤 변환을 일으킬 수도 있다.

끈이론을 연구하는 물리학자들은(나를 포함하여) 위에 언급한 가정을 대부분 받아들이고 있다. 물론 시간과 공간이 초미세 영역에서 구체적으로 어떤 형태가 될지는 아무도 알 수 없으며, 이 문제에 관해서는 지금도 연구가 한창 진행 중이다.[+] 그러나 최근에 진행된 일련의 연구들은(이 내용은 마지막 장에서 소개할 예정이다) 매우 설득력 있는 답을 제시하고 있다.

점(point)보다 분명한 끈(string)

이 정도면 끈이론은 이론물리학이 당면한 최대의 난제를 해결한 일등공신이라 칭하기에 충분하다. 그러나 끈이론의 위력은 여기서 끝나지 않는다. 지금부터 끈이론이 어떻게 아인슈타인의 꿈을 실현시켰으며, 그 꿈을 뛰어넘어서 어디까지 도달할 수 있는지 알아보자. 결론부터 말하자면 끈이론은 양자역학과 일반상대성이론의 충돌문제를 해소한 이론이자 모든 힘과 물질의 특성을 '진동하는 끈'이라는 하나의 이론체계로 통일할 수 있는 이론이며, 초미세 영역에서 일어나는 모든 현상을 설명해 주는 이론이다. 이 영역으로 가면 우리가 알고 있는 시간과 공간의 개념은 다이얼식 전화기처럼 구식 골동품으로 전락한다. 간단히 말해서, 끈이론은 우주에 대한 우리의 이해수준을 현격하게 끌어올려 줄 가장 강력한 후보라고 할 수 있다. 그러나 끈의 존재를 눈으로 확인한 사람은 이 세상 어디에도 없다. 먼 훗날, 측정장비가 획기적으로 발전하고 끈이론이 옳다고 판명된다 해도 끈을 볼 수 있는 날은 영원히 찾아오지 않을 것이다(하지만 최근에 제기된 아이디어에 의하면 반드

[+] 일반상대성이론과 양자역학의 충돌을 해소하기 위해 제시된 이론 중에는 '루프-양자중력이론(loop quantum gravity)'이라는 것도 있다. 이 이론은 초미세 영역에서 시간과 공간이 불연속적이라는 전자의 의견을 채택하고 있는데, 구체적인 내용은 16장에서 소개할 예정이다.

시 그렇지만도 않다. 이 내용은 다음 장에서 언급될 것이다). 우리의 눈으로 확인하기에는 끈의 길이가 너무 짧다. 끈을 본다는 것은 이 책에 인쇄된 글씨를 100억 광년 떨어진 거리에서 판독하는 것과 거의 같은 수준의 작업이다. 대충 말하자면 지금 보유하고 있는 최상의 장비보다 무려 10억×10억 배에 달하는 해상도를 갖춰야 끈의 존재를 육안으로 확인할 수 있다. 그래서 과학자들 중에는 "실험적으로 검증 불가능한 이론은 물리학이 아니라 철학이나 신학으로 분류되어야 한다" 며 끈이론을 비난하는 사람도 있다.

나는 이 의견이 끈이론의 내용을 제대로 이해하지 못한 상태에서 내린 섣부른 결론이라고 본다. 끈의 존재를 직접적으로 확인할 만한 실험장비는 아직(그리고 앞으로도 영원히) 갖추지 못했지만, 물리학에는 간접적인 방법으로 검증과정을 통과한 이론이 엄청나게 많다.[13] 끈이론은 결코 겸손하거나 조심스러운 이론이 아니다. 끈이론의 목적은 스케일이 크고 원대하며, 물리학자에게는 이런 이론이 더욱 흥미롭고 유용하다. 어떤 이론이건 간에, 그 목적이 우리의 우주를 서술하는 것이라면 전체적인 윤곽뿐만 아니라 구체적인 부분에서도 현실세계와 일치해야 한다. 앞으로 알게 되겠지만 끈이론은 이 조건을 매우 훌륭하게 만족시키고 있다.

1960년대에서 1970년대에 이르는 동안, 입자물리학자들은 중력을 제외한 세 종류의 힘과 다양한 물질의 특성을 양자역학에 기초하여 성공적으로 설명함으로써, 소위 말하는 표준모델standard model의 기틀을 확고하게 다져놓았다. 이들은 표 12.1의 물질입자와 표 12.2에 나열된 매개입자를 모두 점으로 간주하여(표준모델은 중력을 취급하지 않았으므로 중력자는 제외시켰다. 단, 힉스입자는 표에 열거하지 않았지만 표준모델에 포함된다) 기존의 실험데이터와 정확하게 일치하는 이론을 확립하였으며, 여기에 공헌한 사람들은 학자로서 최고의 영예를 누렸다. 그러나 표준모델은 심각한 문제점을 갖고 있었다. 앞서 지적한 대로 중력과 양자역학을 조화시키지 못하는 것도 문제였지만, 표준모델이 안고 있는 문제는 이것 말고도 또 있었다.

표준모델은 세 가지 힘이 표 12.2에 나열된 입자들에 의해 전달되는 이유를 설명하지 못했으며, 모든 물질들이 표 12.1과 같은 물질입자로 구성되어 있는 이유도 만족스럽게 설명하지 못했다. 물질입자는 왜 세 가지 족으로 분류되는가? 입자족의 수가 하나나 둘이 아닌 이유는 무엇인가? 전자의 전하는 왜 아래쿼크의 세 배인가? 뮤온의 질량이 위쿼크의 23.4배인 이유는 무엇이며, 꼭대기쿼크의 질량은 왜 하필 전자의 350,000배인가? 우주는 왜 이렇게 무작위적인 입자들로 이루어져 있는가? 표준모델은 표 12.1과 12.2에 나열된 입자들을 입력input으로 삼아(중력자는 제외) 입자들 간의 상호작용과 서로에게 미치는 영향을 설명할 수 있었지만, 그러한 입력이 존재하는 이유를 설명할 수는 없었다. 전자계산기는 입력이 주어진 대로 계산을 수행할 수는 있지만, 그런 입력이 자신에게 주입된 이유를 알지는 못한다. 표준모델도 이와 비슷한 한계를 갖고 있었던 것이다.

우주를 구성하는 입자들이 왜 이런 목록으로 나타나는지를 따지는 것과 그 입자들의 특성을 연구하는 것은 전혀 다른 문제이다. 이 세계가 지금과 같은 모습을 갖추고 있는 것은 입자들이 표 12.1과 12.2에 열거된 바로 그 특성을 갖고 있기 때문이다. 전하의 질량이나 전하가 지금과 조금만 달랐어도 우주는 지금과 전혀 딴판으로 진화했을 것이다. 입자의 특성이 조금만 달랐다면 별의 내부에서 핵융합반응이 일어나지 않았을 것이고, 별들이 핵융합을 일으키지 않았다면 우주는 지금과 전혀 다른 모습을 하고 있을 것이다. 그러므로 가장 근원적인 단계에서 우주를 이해하려면 입자들이 지금과 같은 특성을 갖게 된 원인을 규명해야 한다. 별이 핵융합을 일으키면 그 주변을 공전하는 행성에 에너지를 공급할 수 있게 되고 운이 좋으면 생명체도 번식할 수 있게 된다. 이 모든 사건은 소립자들이 거기에 알맞은 특성을 갖고 있었던 덕분에 자연스럽게 발생할 수 있었다. 소립자들은 그 많은 가능성들 중에서 왜 하필이면 지금과 같은 특성을 선택한 것일까?

표준모델은 입자의 특성을 그저 입력으로 간주하고 있으므로 이 질문에 답할 수 없다. 표준모델은 입자의 특성을 연료로 삼아 앞으로 나아가는 기차와 비슷하다. 기차가 앞으로 진행하다 보면 입자의 특성과 일치하는 다양한 현상들을 목격할 수는 있겠지만, 연료의 출처에 대해서는 함구할 수밖에 없다. 그러나 끈이론으로 넘어오면 사정은 완전히 달라진다. 끈이론에 의하면 입자의 특성은 끈의 고유한 진동패턴에서 창출되고 있으므로 위에 열거한 질문에 나름대로의 답을 제시할 수 있다.

끈이론이 말하는 입자의 특성

끈이론의 체계를 제대로 이해하려면 끈의 진동으로부터 입자의 특성이 창출되는 과정을 대략적으로나마 알고 있어야 한다. 입자의 특성 중 가장 간단하다고 사료되는 질량부터 알아보기로 하자.

물리학에 별 관심이 없는 사람들도 아인슈타인의 특수상대성이론에 등장하는 가장 유명한 관계식 $E=mc^2$는 들어본 적이 있을 것이다. 이 식은 달러화와 유로화처럼 질량과 에너지가 서로 교환 가능하다는 사실을 말해 주고 있다(단, 화폐의 환율은 수시로 달라지지만 질량과 에너지 사이의 환율은 항상 c^2으로 일정하다. 여기서 c는 빛의 속도이다). 사실, 우리의 생존여부는 바로 이 식에 달려 있다고 해도 과언이 아니다. 모든 생명의 원천인 태양열과 태양빛은 매 초당 430만 톤의 물질이 에너지로 전환되면서 발생하고 있기 때문이다. 만일 인류가 이 정도 규모의 핵반응을 인공적으로 일으키고 제어할 수 있는 날이 온다면 에너지 때문에 고민하는 일은 없어질 것이다.

이와 같이 에너지는 질량으로부터 생성된다. 그러나 이 관계식은 반대 방향으로 작동할 수도 있다. 즉, 에너지가 질량으로 바뀔 수도 있다는 것이다. 그리고 끈이론에서 아인슈타인의 관계식은 바로 이 방향으로 적용된다. 끈이론이 말하는 입자의 질량이란, 진동하는 끈의 에너지에 해당된다. 예를 들어, 한 입자가 다른 입자보다 무거운 이유는 무거운 입자를 이루는 끈이 가벼운 입자를 이루는 끈보다 더욱 강하고 격렬하게 진동하고 있기 때문이다. 진동이 강하고 격렬할수록 에너지는 커지고, 큰 에너지는 아인슈타인의 관계식을 통해 큰 질량에 대응된다. 이와 반대로 질량이 작은 입자는 그에 해당하는 끈의 진동이 그만큼 덜 격렬하다는 것을 의미한다. 그리고 광자나 중력자와 같이 질량=0인 입자에 해당하는 끈은 가장 조용하게 진동하고 있다.⁜ [14]

전기전하와 스핀 등 입자의 다른 특성들은 끈이 겪고 있는 진동과 아주 미묘한 방식으로 연관되어 있다. 질량과는 달리 이런 특성들은 수학의 도움 없이 설명하기가 쉽지 않지만, 기본적인 아이디어는 거의 비슷하다. 끈의 진동패턴은 각 입자의 고유한 지문이라고 할 수 있다. 우리가 입자들을 서로 구별하는 데 사용하고 있는 모든 특성들은 끈의 진동패턴에 의해 전적으로 좌우된다.

1970년대 초에 물리학자들이 연구했던 끈이론은 '보존 끈이론bosonic string theory'으로서, 끈의 진동으로 나타나는 입자들은 모두 정수 스핀(0, 1, 2)을 갖고 있었다. 그러나 이것은 표 12.2에 나열된 매개입자의 특성일 뿐, 표 12.1의 물질입자들(전자, 쿼크 등)의 스핀은 정수가 아니었으므로 보존 끈이론은 모든 입자를 설명하는 이론이 될 수 없었다(물질입자의 스핀은 1/2이다). 1971년에 플로리다대학의 피에르 라몽Pierre Ramond은 보존 끈이론의 방정식을 수정하여 반정수 스핀의 진동패턴을 허용하는 새로운 방정식을 유도하였다.

⁜ 힉스입자와 끈의 진동 사이의 관계는 이 장의 끝부분에서 다룰 예정이다.

라몽을 비롯한 여러 물리학자들(슈워츠, 앙드레 느뵈André Neveu, 페르디난도 글리오치Ferdinando Gliozzi, 조엘 셰크Jöel Scherk, 데이비드 올리브David Olive 등)은 끈이론을 면밀하게 분석한 끝에, 스핀이 다른 진동패턴들 사이에 어떤 대칭성이 존재한다는 새로운 사실을 알게 되었다. 이들은 새로운 끈이론의 진동패턴이 항상 짝을 지어 나타나며, 한 쌍의 짝을 이루는 진동은 스핀이 1/2 단위로 차이가 난다는 것을 발견하였다. 스핀이 1/2인 모든 진동패턴에는 스핀 0인 진동패턴이 짝으로 대응되고, 스핀이 1인 진동패턴에는 스핀이 1/2인 진동패턴이 짝으로 대응되는 식이었다. 그 후 정수 스핀과 반정수 스핀 사이에 존재하는 대칭에는 '초대칭supersymmetry'이라는 이름이 붙여졌고, 초대칭이 도입된 끈이론은 '초대칭 끈이론supersymmetric string theory', 또는 '초끈이론superstring theory'이라 불리게 되었다. 슈워츠와 그린이 비정상성을 모두 상쇄시켜 끈이론에 생명력을 불어 넣은 지 근 10년 만에, 하나의 이론으로 만물을 서술하는 초끈이론이 비로소 탄생한 것이다. 이들은 1984년에 연구결과를 발표함으로써 초끈이론의 제1차 혁명기에 불을 댕겼다(특별한 경우를 제외하고, 앞으로 이 책에서 언급될 '끈이론'이라는 단어는 모두 초끈이론을 줄여서 부르는 말임을 기억하기 바란다. 우리의 주된 관심은 고전적 끈이론이 아니라 초대칭이 도입된 초끈이론이다).

이 정도면 끈이론은 우주가 지금과 같은 모습을 하고 있는 이유를 가장 근본적인 단계에서 설명해 줄 후보로 손색이 없다. 끈이론은 우주를 두루뭉술하게 설명하는 이론이 아니라, 매우 구체적인 단계에서 우주의 근원을 설명해 주는 이론이다. 그 내막을 들여다보면 다음과 같다. 우리가 알고 있는 모든 입자의 개별적 특성은 끈이 가질 수 있는 모든 진동패턴들 중 하나에 반드시 대응되어야 한다. 스핀이 1/2인 진동패턴은 표 12.1에 열거된 물질입자에 대응되어야 하고, 스핀이 1인 진동패턴은 표 12.2의 매개입자에 정확하게 대응되어야 한다. 그리고 스핀이 0인 힉스입자가 실험을 통해 발견된다면, 끈이론에는 여기에 해당되는 진동패턴이 반드시 존재해야 한다. 간단히 말해서, 끈이론이 살아남으려면 끈이 수행할 수 있는 진동패턴들은 표준모델이 제시하고 있는 입자의 목록을 하나도 빠짐없이, 그리고 정확하게 재현시킬 수 있어야 하는 것이다.

바로 이 부분에서 끈이론의 위력이 발휘된다. 만일 끈이론이 옳다면, 그것은 실험실에서 발견된 모든 입자들의 특성을 나열하는 데 그치지 않고 '입자들이 그러한 성질을 가질 수밖에 없는' 이유까지 설명해 주는 최초의 이론이 될 것이다. 만일 끈의 진동패턴이 표 12.1과 12.2에 나열된 입자의 특성과 줄줄이 일치한다면 끈이론에 대하여 부정적인 생각을 갖고 있는 사람들도 설득되지 않을 수 없을 것이다. 이론과 실험이 이 정도까지 일치한다면, 끈이론은 우주가 지금과 같은 모습을 하고 있는 이유를 설명하고 한 걸음 더 나아가 자연의 모든 법칙을 하나로 통일하는 가장 성공적인 이론이 될 것이다.

그렇다면 끈이론은 이 모든 테스트를 무난히 통과했을까? 지금부터 하나씩 알아보기로 하자.

너무 많은 진동패턴

언뜻 보면 끈이론은 실패작처럼 보인다. 끈이 수행할 수 있는 진동패턴이 무한히 많기 때문이다. 이들 중 처음 몇 가지 패턴이 그림 12.4에 예시되어 있다. 표 12.1과 12.2에 나와 있는 입자의 종류 수는 분명히 유한하기 때문에, 진동패턴이 무수히 많다는 것은 이론과 실험 사이의 심각한 불일치를 의미하는 것 같다. 게다가 끈이 가질 수 있는 에너지(질량)를 수학적으로 분석해 보면 이론과 실험 사이에 또 다른 불일치가 발견된다. 끈이 수행할 수 있는 진동으로부터 산출되는 질량은 표 12.1과 12.2에 나열된 입자의 질량과 엄청난 차이를 보이고 있다.

끈이론이 처음 등장했을 때부터 물리학자들은 끈의 강도가 길이에 반비례한다는 사실을 알고 있었다(좀 더 정확하게 말하자면 끈의 길이의 제곱에 반비례한다). 기다란 끈은 쉽게 구부릴 수 있지만 짧은 끈은 구부리기 어려운 것과 비슷한 이치이다. 1974년에 슈워츠와 셰크가 끈이론으로 중력을 설명하기 위해 끈의 길이를 왕창 줄였을 때, 그들이 계산한 끈의 장력은 자그마치 1,000×1조×1조×1조(10^{39}) 톤이나 되었다. 이것은 피아노 줄 하나에 걸리는 힘의 100000000000000000000000000000000000000000(10^{41})배에 달하는 어마어마한 장력이다. 플랑크길이 정도로 작은 끈이 이 정도의 장력을 행사하려면 그림 12.4하고는 비교가 안 될 정도로 수많은 마루와 골을 갖고 있어야 한다. 그런데 진동하는 끈의 마루와 골이 많아지면 에너지가 커지고, 이것은 다시 $E=mc^2$를 통해 엄청난 질량에 대응된다. 즉, 끈이론으로 예견되는 입자의 질량은 실험적으로 알려진 값과 엄청난 차이를 보이는 것이다.

여기서 '엄청나다'는 말은 문자 그대로 엄청나게 크다는 뜻이다. 끈이 진동하면서 창출되는 질량은 현악기의 배음harmonics과 같이 일련의 규칙을 따른다. 각 배음에 해당하는 진동수가 기본 진동수의 정수 배인 것처럼, 끈의 질량은 '플랑크질량Planck mass'이라고 하는 기본질량의 정수 배로 나타난다. 플랑크질량은 양성자 질량의 10억×100억 배에 달할 정도로 엄청나게 크다. 이 정도면 먼지 한 톨이나 박테리아 하나와 맞먹는 질량이다. 그런데 끈의 진동에 의한 질량은 플랑크질량의 0배, 1배, 2배, … 등으로 나타나기 때문에, 질량=0인 경우를 제외하면 끈이론으로 예견되는 입자의 질량은 실제의 입자의 질량과 비교가 안 될 정도로 엄청나게 크다.[15]

표 12.1과 12.2에서 보는 바와 같이, 개중에는 질량이 0인 입자들도 있지만 대부분의 입자들은 0보다 큰 질량을 갖고 있다. 그리고 이 입자들의 질량

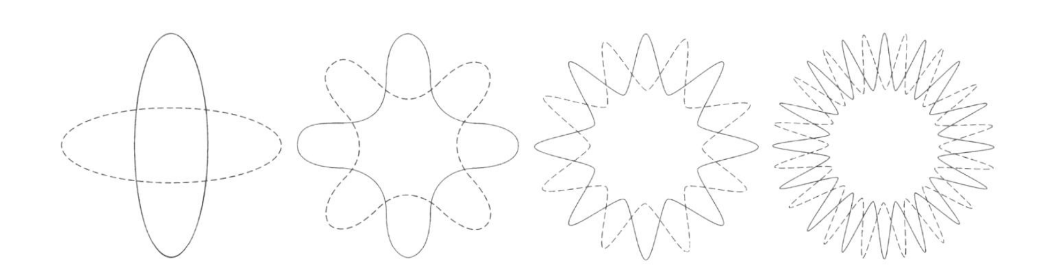

그림 12.4 진동하는 끈의 처음 몇 가지 사례.

은 플랑크질량과 황당할 정도로 차이가 난다. 브루나이왕국의 왕이 사채를 끌어 쓴다는 말보다 더 황당하다!(브루나이왕국의 왕은 세계 최고의 갑부로 알려져 있다: 옮긴이) 끈이론으로 질량의 근원을 찾아내는 데에는 성공했지만 그 값이 너무 크게 나온 것이다. 그렇다면 끈이론은 틀린 것일까? 그렇게 생각하는 독자들도 있겠지만 사실은 그렇지 않다. 지금까지 진행되어 온 연구결과에 의하면 끈의 진동으로 엄청난 질량이 창출되는 문제는 이론적으로 극복될 수 있다.

그동안 누적된 실험데이터에 따르면 질량이 큰 입자일수록 불안정한 경향을 갖고 있다. 무거운 입자는 여러 개의 가벼운 입자들로 순식간에 분해되어 최종적으로는 표 12.1과 12.2에 나와 있는 가벼운 입자들로 변환된다(예를 들어, 꼭대기쿼크up-quark는 10^{-24}초 만에 분해된다). 끈이론을 연구하는 학자들은 '엄청나게 무거운' 질량을 창출하는 끈의 진동패턴도 이런 식으로 분해된다고 믿고 있다. 과연 그럴까? 사실, 플랑크질량에 준하는 거대한 질량을 만들어 내려면 초대형 입자가속기를 동원해야 한다. 그러나 현재 우리가 보유하고 있는 입자가속기로는 끽해야 양성자 질량의 1,000배에 해당하는 에너지밖에 얻을 수 없다. 따라서 입자의 질량이 현재 가속기로 도달할 수 있는 질량의 수백만×10억 배에서 출발했다는 끈이론의 주장은 아직 검증이 불가능하다. 즉, 아직까지는 실험데이터와 상충되지 않는다고 말할 수 있다.

끈이론과 입자물리학이 공유할 수 있는 부분은 가장 작은 에너지에 해당하는 진동(질량=0인 입자)뿐이다. 그 외의 진동은 현재의 기술로 도달할 수 없기 때문이다. 그런데 표 12.1과 12.2에 나와 있는 대부분의 입자들은 0보다 큰 질량을 갖고 있다. 왜 그럴까? 그 해답은 어렵지 않게 구할 수 있다. 플랑크질량은 엄청나게 큰 양이어서, 가장 무거운 입자인 꼭대기쿼크의 질량도 플랑크질량의 0.0000000000000000116배(약 10^{-17}배)밖에 되지 않는다. 전자의 질량은 플랑크질량의 0.000000000000000000000034배(약 10^{-23}배)이다. 그러므로 10^{-17}의 오차범위 이내에서 표 12.1과 12.2에 열거된 모든 입자들은 '플랑크질량의 0배'라고 근사적으로 말할 수 있다(모든 사람들의 개인재산이 브루나이 왕의 재산의 0배라고 근사적으로 말하는 것과 같다). 끈이론의 예견이 '근사적으로' 맞아 들어간 셈이다. 이제 우리가 할 일은 표 12.1과 12.2의 입자들이 플랑크질량의 0배에서 조금 벗어나 있는 이유를 끈이론으로 설명하는 것이다.

이 정도면 그다지 나쁜 상황은 아니다. 그러나 조금 더 깊이 파고들어 가면 또 다른 문제에 직면하게 된다. 물리학자들은 끈이론으로부터 질량=0에 해당되는 모든 가능한 진동패턴을 찾아냈다. 그중 하나가 스핀=2인 중력자인데, 이것은 앞서 말한 대로 끈이론을 부활시킨 일등공신으로서, 이로부터 중력은 양자적 끈이론에 포함될 수 있었다. 그러나 끈이론으로 예견되는 질량=0, 스핀=1인 입자와 질량=0, 스핀=1/2인 입자는 표 12.1과 12.2에 나와 있는 입자보다 그 종류가 훨씬 많다. 뿐만 아니라 스핀=1/2인 끈의 진동패턴들은 표 12.1처럼 '입자족'으로 구분되지도 않는다. 이런 부정적인 결과들만 놓고 보면, 현존하는 입자의 특성과 그 존재의 근원을 끈이론으로 설명하는 것은 아무래도 무리인 것 같다.

이런 이유로 1980년대 중반에 끈이론이 갑자기 부상했을 때에도 많은 물리학자들은 회의적인 생각을 품고 있었다. 그러나 물리법칙의 통일이라는 원대한 목표가 끈이론 덕분에 우리에게 한층 더 가까워졌다는 사실만은 부인할 수 없다. 영국 출신의 육상선수였던 로저 배니스터Roger Bannister가 1마일 경주에서 4분 벽을 처음으로 돌파하여 육상의 신기원을 세웠던 것처럼, 끈이론은 역사상 처음으로 중력과 양자역학을 조화롭게 결합시킴으로써 이론물리학의 새로운 지평을 열었다. 20세기 물리학을 떠받치고 있는 두 개의 주춧돌 — 일반상대성이론과 양자역학 — 이 끈이론을 통하여 드디어 하나로 결합된 것이다.

그러나 물리학자들은 끈이론으로 물질과 힘의 특성을 설명해 나가다가 예상 밖의 난관에 부딪혔다. 끈이론으로 예견되는 입자의 질량이 너무 컸기 때문이다. 그래서 끈이론은 "물리법칙을 통일하는 데 유리한 점을 갖고 있긴 하지만 실제의 우주와는 상관없는 하나의 수학적 모델에 지나지 않는다"는 비난을 피할 수 없었다.

끈이론이 갖고 있는 결점들 중에서 가장 결정적인 것은 차원dimension에 관한 문제였다. 초끈이론은 중력과 양자역학을 수학적 불일치 없이 조화롭게 결합시켰지만, 정작 심각한 불일치는 엉뚱한 곳에서 나타났다. 끈이론의 방정식이 3차원 공간에서 수학적으로 심각한 장애를 일으켰던 것이다. 끈이론이 수학적으로 문제를 일으키지 않으려면 우리가 살고 있는 공간은 3차원이 아닌 9차원이어야 했다. 여기에 시간차원을 더하면 10차원의 시공간이 된다. 즉, 초끈이론은 오직 10차원의 시공간에서 제대로 작동하는 이론이었던 것이다!

이 엄청난 문제에 비하면 앞서 언급했던 결점들(끈의 진동패턴과 실재하는 입자 목록의 차이)은 지엽적인 문제에 불과하다. 초끈이론이 맞으려면 3차원 공간의 어딘가에 6개의 차원이 추가로 존재해야 한다. 이것은 끈이론이 시급하게 해결해야 할 최대의 난제였다.

20세기 초반에 이론물리학은 획기적인 발전을 이루었지만 공간의 차원 자체를 문제 삼은 적은 단 한 번도 없었다. 그런데 20세기말에 이르러 끈이론의 진동패턴과 기존의 실험결과(입자목록)가 일치하려면 여분의 차원(6차원)이 추가로 필요하다는 파격적인 주장이 제기된 것이다. 과연 끈이론의 주장대로 우리는 9차원 공간에서 살고 있는 것일까?

높은 차원에서의 통일

1919년의 어느 날, 아인슈타인 앞으로 황당무계한 내용의 논문 한 편이 배달되었다. 무명의 독일 물리학자 테오도르 칼루자Theodor Kaluza가 쓴 그 논문은 중력과 전자기력(당시에는 이 두 가지 힘만이 알려져 있었다)을 통일하는 방법에 대하여 논하고 있었는데, 칼루자는 자신의 목적을 이루기 위해 지금까지 어느 누구도 떠올린 적이 없는 과감한 가정을 내세웠다. 그는 공간이 3차원이라는 역사 깊은 믿음을 과감히 뿌리치고 4차원 공간(5차원 시공간)에서 자신의 논리를 펼쳐나갔던 것이다.

공간이 4차원이라니, 이건 또 무슨 소리인가? 우리가 사는 공간은 어느 모로 보나 3차원임이 분명하다. 3차원 공간이란, 한 점에서 서로 직교하는 직선을 최대 3개까지 그릴 수 있는 공간을 말한다. 3차원 공간에서 당신은 현재 서 있는 위치를 기점으로 하여 좌-우, 전-후, 상-하 방향으로 이동할 수 있다. 3차원 우주공간에서 일어나는 임의의 운동은 이 세 개의 축을 따라 진행되는 운동의 조합으로 나타낼 수 있다. 그리고 이 공간에서 하나의 지점을 명시하려면 최소한 세 개의 정보(좌표)가 필요하다. 예를 들어 당신이 어떤 도시에서 저녁파티 초대장을 발송한다면, 그 초대장에는 건물이 서 있는 가street와 로avenue, 그리고 그 건물에서 파티장이 속해 있는 층수가 명기되어 있어야 손님들이 제대로 찾아올 수 있다. 또한, 음식이 식기 전에 손님들이 도착하도록 배려하려면 네 번째 정보, 즉 파티가 열리는 시간까지 알려 주어야 한다. 우리가 속한 시공간을 '4차원 시공간'이라고 부르는 이유가 바로 이것이다.

칼루자는 좌-우, 전-후, 상-하 이외에 움직여 갈 수 있는 또 하나의 방향이 공간에 존재하며, 어떤 이유로 인해 지금까지 아무도 그 방향을 인식하지 못해 왔다고 가정하였다. 만일 칼루자의 가정이 맞는다면 우리가 속해 있는 공간에는 독립적인 방향이 또 하나 존재하여 특정 위치를 명시하려면 4개의 좌표가 있어야 하고, 시간까지 포함한 시공간에서 한 점을 정의하려면 5개의 좌표가 필요하게 된다.

이것이 바로 1919년 4월에 아인슈타인 앞으로 배달된 논문의 내용이었다. 그런데 놀랍게도 아인슈타인은 이 황당한 논문을 휴지통으로 던지지 않았다. 왜 그랬을까? 가와 로, 그리고 건물의 층수가 주어진 상태에서 목적지를 찾기 위해 추가정보가 필요한 적이 있었는가? 아니다. 그런 적은 없었다. 우리가 살고 있는 공간은 누가 뭐라 해도 3차원 공간임이 분명하다. 그런데 왜 아인슈타인은 칼루자의 논문을 신중하게 받아들인 것일까? 칼루자는 아인슈타인이 제안했던 일반상대성이론의 방정식이 4차원 공간의 우주에도 적용될 수 있음을 간파하고 일반상대성이론을 4차원 버전으로 확장시켰다. 그런데 차원을 확장시켜서 얻은 4차원 중력이론은 원래의 아인슈타인 방정식뿐만 아니라 또 하나의 방정식을 포함하고 있었다. 차원을 확장시켜서 추가정보를 얻어내는 데 성공한 칼루자는 들뜬 마음으로 새로운 방정식을 분석하기 시작했고, 그 결과는 실로 놀라운 것이었다. 추가로 얻어진 방정식은 19세기에 맥스웰이 전자기장을 수학적으로 서술하면서 유도했던 방정식과 거짓말처럼 일치했던 것이다! 아인슈타인은 칼루자의 논문이 과학 역사상 가장 중요한 문제에 해답을 제시했다고 평가하였다. **칼루자는 공간의 차원을 확장시킴으로써 일반상대성이론의 방정식과 맥스웰의 전자기 방정식을 하나로 통일시키는 새로운 이론체계를 구축했던 것이다.** 이 사실을 간파한 아인슈타인이 칼루자의 논문을 쓰레기통으로 던지지 않은 것은 너무나도 당연한 일이었다.

칼루자가 제안했던 가정은 직관적으로 다음과 같이 이해할 수 있다. 아인슈타인은 일반상대성이론을 통해 시간과 공간에 숨어 있는 비밀을 만천하에 공개하였다. 시간과 공간은 휘어지고 늘어나면서 중력의 존재를 증명하고 있었다. 그리고 칼루자의 논문은 시간과 공간의 의미를 더욱 확장시켰다. 아인슈타인은 1차원 시간과 3차원 공간의 왜곡으로 중력장을 설명했지만, 공간에 차원 하나를 추가시킨 칼루자의 공간에서는 왜곡현상이 추가로 나타난다. 그리고 칼루자의 분석에 의하면 이 새로운 왜곡은 전자기장의 존재를 설명하고 있었다. 간단히 말해서, 칼루자는 아인슈타인의 일반상대성이론이 중력을 설명할 뿐만 아니라 중력과 전자기력을 하나로 통합하는 훨씬 강력한 이론임을 입증한 셈이다.

물론, 칼루자의 이론에 문제가 전혀 없는 것은 아니었다. 수학적으로는 아무런 문제가 없었지만, 겉으로 보기에 3차원이 분명한 공간에서 또 하나의 차원을 찾는다는 것은 어느 모로 보나 불가능한 일이었다. 칼루자의 이론은 과연 공간의 숨은 실체를 규명한 것일까? 아니면 그저 이론상으로만 가능한 모델이었을까? 칼루자는 자신의 이론을 굳게 믿고 있었다(들리는 소문에 의하면 그는 수영법을 책으로 익힌 뒤 곧바로 물속에 뛰어들었다고 한다). 그러나 이론이 제아무리 그럴듯하게 들린다 해도, 또 하나의 차원이 존재한다는 주장만은 쉽게 받아들여지지 않았다. 그 후 1926년에 스웨덴의 물리학자인 오스카 클라인Oskar Klein은 칼루자의 아이디어를 조금 수정하여 여분의 차원이 숨어 있는 곳을 구체적으로 지적하였다.

숨어 있는 차원

클라인이 제안했던 아이디어를 이해하기 위해, 한 대담한 곡예사가 에베레스트산과 로체산 사이에 밧줄을 연결시켜 놓고 그 위를 아슬아슬하게 걸어가고 있는 장면을 상상해 보자. 이 광경을 수km 떨어진 곳에서 바라보면, 곡예사를 받치고 있는 밧줄은 두께가 없고 길이만 있는 1차원의 선처럼 보일 것이다(그림 12.5 참조). 이때, 곡예사의 앞쪽에서 벌레 한 마리가 줄을 따라 기어가고 있다고 가정해 보자. 밧줄이 정말로 1차원의 물체라고 했을 때, 이 벌레가 곡예사의 발에 밟히지 않으려면 사력을 다해 앞으로 나아가는 수밖에 없다. 그러나 실제로는 그럴 필요가 없다는 것을 우리는 잘 알고 있다. 밧줄은 언뜻 보기에 1차원 선처럼 보이지만 가까이 가서 보면 2차원의 표면을 갖고 있기 때문이다. 그러므로 벌레는 밧줄 위에서 앞-뒤로 이동하는 것 이외에 시계방향-반시계방향으로 '돌아갈' 수도 있다. 먼 거리에서 망원경을 동원하거나 밧줄이 있는 쪽으로 가까이 다가가면 이 원형차원이 우리의 시야에 들어온다. 즉, 숨어 있던 차원이 비로소 그 모습을 드러내는 것이다. 이제 벌레는 앞-뒤 방향 이외에 시계방향, 또는 반시계방향으로 밧줄을 '휘감으며' 돌아갈 수도 있다. 결국, 벌레가 진행할 수 있는 독립적인 방향은 하나가 아니라 둘이었던 것이다(밧줄의 표면이 2차원인 이유가 바로 이것이다[‡]). 따라서 벌레는 사력을 다해 달릴 필요 없이 밧줄의 아래쪽으로 몸을 숨기면 곡예사의 무지막지한 발걸음을 피할 수 있다.

밧줄의 예에서 알 수 있듯이, 차원(이동할 수 있는 독립적인 방향) 중에는

---

‡ 앞과 뒤, 그리고 시계방향과 반시계방향을 별도로 헤아리면 벌레가 이동할 수 있는 방향은 4개가 된다. 그러나 차원을 헤아릴 때에는 임의의 방향과 그 정반대 방향을 합쳐서 하나의 방향으로 간주한다. 그러므로 밧줄의 표면은 앞-뒤 차원과 시계방향-반시계방향 차원을 합쳐 2차원으로 간주해야 한다.

그림 12.5 멀리서 바라보면 밧줄은 1차원의 선으로 보인다. 그러나 망원경으로 확대해서 보면 숨어 있는 또 하나의 차원, 즉 밧줄을 감고 돌아가는 원형차원이 그 모습을 드러낸다.

밧줄의 길이방향으로 나 있는 차원처럼 그 규모가 커서 우리의 눈에 쉽게 들어오는 차원이 있는가하면, 밧줄의 둘레를 감고 돌아가는 원형차원처럼 아주 작은 영역 속에 숨어 있어서 눈에 잘 뜨이지 않는 차원도 있다. 물론 위의 사례에서는 숨어 있는 차원을 어렵지 않게 찾아낼 수 있다. 성능 좋은 망원경을 통해서 보거나 밧줄을 향해 가까이 다가가서 보면 된다. 그러나 차원이 아주 미세한 영역 속에 숨어 있다면 찾아내기가 결코 쉽지 않다. 곡예사가 타고 있는 줄이 두툼한 밧줄이 아니라 가느다란 섬유였다면 우리는 숨어 있는 차원을 발견하지 못한 채 벌레를 향해 "이봐, 밟히지 않으려면 죽어라고 달려! 사는 길은 그것뿐이야!"라고 외쳤을 것이다.

클라인은 "어떤 사실이 우주 안에 존재하는 물체에 적용된다면, 그 사실은 우주 자체에도 적용될 수 있다"고 생각했다. 가느다란 밧줄의 표면에 커다란 차원과 조그만 차원이 공존하고 있는 것처럼, 우주공간의 차원도 그런 식으로 구성되어 있다고 생각한 것이다. 우리가 알고 있는 3차원(좌-우, 전-

후, 위-아래)은 그들 중 '눈에 쉽게 뜨이는 커다란 차원'일 수도 있다. 그리고 밧줄에 원형차원이 숨어 있는 것처럼, 우주공간에는 눈에 보이지 않을 정도로 작은 영역에 우리가 모르는 차원이 숨어 있을 수도 있다.

그렇다면 숨어 있는 차원은 얼마나 작길래 현재의 관측장비로 관측되지 않는 것일까? 칼루자의 원래 아이디어에 양자역학을 적용하여 계산해 보면, 여분의 차원은 대략 플랑크길이 정도의 영역 안에 숨어 있다.[16] 이 정도로 작다면 현재의 관측장비로 감지되지 않는 것은 너무나 당연하다(현재 가장 성능이 좋은 장비로 관측할 수 있는 한계는 원자핵 크기의 1/1000 정도로서, 플랑크길이의 100만×10억 배나 된다). 그러나 플랑크길이만큼 작은 벌레가 있다면 '작은 영역 속에 구겨진 채 숨어 있는' 원형차원을 따라 그 방향으로 자유롭게 이동할 수 있다. 이것은 그림 12.5에서처럼 밧줄 위를 기어가는 벌레가 밧줄의 둘레를 따라 돌아가는 것과 같은 이치이다. 물론 이 원형차원은 크기가 아주 작아서 조금만 이동하면 원래의 위치로 되돌아오게 된다. 그러나 크기가 작다는 것을 제외하면 이 원형차원은 곧게 뻗어 있는 다른 세 개의 차원과 다를 것이 없다. 벌레는 네 개의 방향들 중 하나를 임의로 선택할 수 있으며 각 방향들은 서로 독립적인 관계를 유지하고 있다.

곧게 뻗은 세 개의 차원과 하나의 감겨진 차원으로 이루어진 4차원 공간을 그림으로 표현할 수 있을까? 정확하게 그릴 수는 없지만 대략적인 그림으로 이해를 도모할 수는 있다. 단, 한 가지 사실을 마음속에 새겨 둬야 한다. 그림 12.5에서 밧줄의 길이방향으로 진행하고 있는 벌레는 **매 위치마다** 원형차원을 따라 돌아갈 수 있는 기회가 있다는 것이다. 즉, **조그만 원형차원은 길게 뻗어 있는 차원의 '모든 지점에' 존재하고 있다.** 벌레는 밧줄 위의 어떤 지점에서도 원형차원을 따라 밧줄의 둘레를 휘돌아갈 수 있기 때문에 밧줄의 표면을 2차원으로 간주할 수 있는 것이다(그림 12.6 참조). 이 점을 잘 새겨두면 클라인이 구현한 칼루자의 차원을 그림으로 이해할 수 있다.

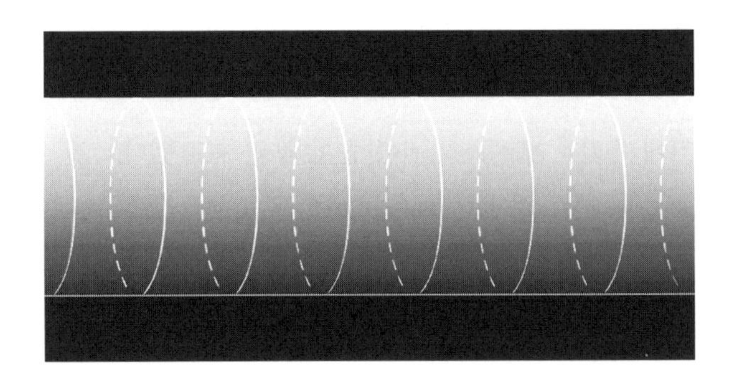

그림 12.6 밧줄의 표면은 기다란 차원(길이방향)과 원형차원(둘레방향)으로 이루어져 있다. 원형차원은 기다란 차원의 모든 지점에 독립적으로 존재한다.

그림 12.7과 같이 공간을 돋보기로 확대해 나간다고 가정해 보자. 이와 비슷한 그림은 앞에서도 등장한 적이 있다(그림 12.2). 단, 지금은 양자적 요동을 무시하고 공간 자체의 기하학적 형태만을 고려하기로 한다. 처음 몇 단계에서는 공간의 스케일이 조금 커졌을 뿐, 커다란 변화는 나타나지 않는다. 공간은 여전히 3차원이다(종이 위에 3차원을 표현하면 그림이 너무 복잡해질 것 같아서 2차원 격자만 표시하였다). 그러나 확대를 계속 해나가다가 플랑크 스케일에 이르면(그림 12.7의 제일 꼭대기에 있는 돋보기), 감겨진 차원이 비로소 그 모습을 드러내기 시작한다. 밧줄의 원형차원이 기다란 차원의 모든 지점마다 존재하는 것처럼, 칼루자가 제안한 여분의 원형차원은 우리에게 익숙한 3차원 공간의 모든 지점에 존재한다. 그림 12.7은 3차원의 모든 지점에 원형차원이 존재하는 모습을 도식적으로 보여 주고 있다(모든 지점마다 원을 그려 넣으면 거의 알아볼 수 없는 지경이 되기 때문에 격자가 만나는 곳만 그려 넣었다). 독자들은 이 그림과 밧줄(그림 12.6) 사이의 공통점을 금방 알아챘을 것이다. 클라인은 이와 같은 방식으로 우리의 공간이 '감기지 않은' 세 개의 대형 차원(그림 12.7에는 2차원으로 단순화되어 있다)과 그 모든 지점에 존재하는 하나의 '감긴 차원'으로 이루어져 있다고 가정하였다. 그림에는 여분의

그림 12.7 칼루자와 클라인은 3차원 공간의 모든 지점에 미세한 원형차원이 추가로 존재한다고 가정하였다.

차원이 기존의 3차원 공간 '속에' 존재하는 것처럼 그려져 있지만, 이것은 표현상의 한계 때문에 어쩔 수 없이 그렇게 된 것이고 실제의 원형차원은 전혀 새로운 방향으로 나 있음을 명심해야 한다. 운동의 범위를 우리가 알고 있는 3차원 공간에 한정시킨다면 어떤 방향으로 움직여도 원형 차원을 따라갈 수 없다. 이 원형차원은 공간의 모든 지점에 존재하며, 현재의 기술로는 도저히 감지할 수 없을 정도로 작은 영역 속에 숨어 있다.

클라인은 칼루자의 아이디어를 이런 식으로 구체화시킴으로써 우리가 알고 있는 3차원보다 더 큰 차원을 갖는 우주가 가능하다는 것을 입증하였고, 그의 이론은 칼루자-클라인이론Kaluza-Klein theory으로 알려지게 되었다. 칼루자의 의도는 일반상대성이론과 전자기학을 통합하는 것이었으므로, 칼루자-클라인 이론은 아인슈타인이 추구하던 통일장이론의 출발점이었던 셈이다.

그 후로 아인슈타인을 비롯한 수많은 물리학자들은 숨어 있는 여분의 차원을 도입하여 물리법칙의 통일을 시도하였으나, 얼마 지나지 않아 칼루자-클라인이론에서 일련의 문제점이 발견되었다. 그중에서도 가장 심각한 문제는 전자electron를 여분의 차원에 끼워 넣을 수가 없다는 것이었다.[17] 아인슈타인은 1940년대 초까지 칼루자-클라인이론과 씨름을 벌였지만 이렇다 할 결과를 얻지 못했다.

그러나, 그로부터 수십 년이 지난 어느 날 칼루자-클라인이론은 극적인 부활을 맞이하게 된다.

초끈이론과 숨겨진 차원

이처럼 칼루자-클라인 이론은 미시세계의 물리학을 성공적으로 설명하지 못했다. 그러나 당대의 물리학자들이 그들의 이론을 쉽게 받아들이지 못한 데에는 또 다른 이유가 있었다. 많은 사람들은 기존의 공간에 새로운 차원을 도입하는 것이 지나치게 임의적이고 무모한 발상이라고 생각했다. 사실, 칼루자는 논리적인 필연성에 의해 새로운 차원을 도입한 것이 아니라, 일단 차원을 확장시킨 후에 그 결과를 분석하다가 일반상대성이론과 전자기학이 통합된다는 사실을 우연히 발견하였다. 그러므로 발견 자체는 인정받을 만했으나 차원이 확장되어야 하는 필연성에 대해서는 함구할 수밖에 없었다. 만일 당신이 칼루자나 클라인에게 "우리가 속한 시공간은 왜 4차원이나 6차원, 또는 7차원이나 7,000차원이 아니고 하필이면 5차원입니까?" 라고 묻는다면 그들은 이렇게 대답할 것이다. "시공간이 5차원이면 안 된다는 법도 없지 않습니까?"

그로부터 30여 년이 지난 후, 상황은 극적으로 달라졌다. 혜성처럼 등장한(사실은 되살아난) 끈이론이 일반상대성이론과 양자역학을 성공적으로 합병시켰을 뿐만 아니라, 자연에 존재하는 모든 힘과 물질들을 하나의 이론체계로 통일시켜줄 후보로 떠오르기 시작했다. 그러나 양자역학에 입각한 끈이론은 4차원 시공간이나 5차원, 7차원, 7,000차원 등의 시공간에서는 성립될 수 없었다. 다음 절에서 설명하겠지만, 끈이론의 방정식은 오로지 10차원 시공간(9차원 공간+1차원 시간)에서만 제대로 작동된다. 즉, 끈이론도 칼루자-클라인의 이론처럼 여분의 차원을 필요로 했던 것이다.

이것은 물리학 역사상 단 한 번도 제기된 적이 없는 혁명적인 발상이었다. 끈이론이 등장하기 전에는 (칼루자-클라인 이론을 제외하고) 어떤 이론도 공간의 차원을 문제 삼지 않았었다. 뉴턴의 운동법칙에서 맥스웰의 전자기학을 거쳐 아인슈타인의 상대성원리에 이르기까지, 물리학의 모든 이론은 우주공간이 3차원이라는 것을 지극히 당연한 가정으로 깔고 있었다. 칼루자-클라인 이론은 공간이 4차원이라는 대담한 가정을 처음으로 내세웠지만, 이것도 필연성이 결여된 가정에 불과했다. 그러나 끈이론은 과학역사상 처음으로 "시공간의 차원은 이러이러한 값이어야 한다"는 이론적 근거를 제시하였다. 그것은 어떤 가정이나 가설, 또는 영감 어린 짐작이 아니라 오로지 끈이론에 입각한 계산을 통해 수학적으로 유추된 결과였다. 만일 이 결과가 3차원으로 나왔다면 끈이론 학자들은 정말 행복했을 것이다. 그러나 애석하게도 끈이론으로 예견된 공간은 9차원이었다. 우리가 익히 알고 있는 3차원 이외에 무려 6개의 차원이 "반드시 존재해야" 끈이론의 명맥이 유지될 수 있었다. 그래서 끈이론 학자들은 과거에 잠시 등장했다가 사라진 칼루자-클라인 이론에 관심을 가질 수밖에 없었다.

칼루자-클라인 이론에서 숨어 있는 차원은 단 한 개뿐이지만, 이것은 필요에 따라 두 개, 세 개, …, 여섯 개로 쉽게 확장될 수 있다. 예를 들어, 여분의 차원이 두 개인 공간(5차원 공간)은 그림 12.8a와 같이 가시화시킬 수 있다. 이 그림은 그림 12.7에 예시된 여분의 원형차원(조그만 고리)에 하나의 차원을 추가하여 '구의 표면을 따라 감겨 있는 여분의 2차원'으로 확장시킨 것이다(8장에서 언급한 대로 구 전체는 3차원 도형이지만 구의 표면은 2차원이다. 구의 표면에서는 두 개의 좌표(경도와 위도)만 지정하면 하나의 점이 정확하게 정의된다). 원형차원의 경우와 마찬가지로 조그만 구는 3차원 공간의 모든 지점에 존재한다. 단, 그림 12.8a에서는 복잡해지는 것을 피하기 위해 격자가 만나는 지점에만 구를 그려 넣었다. 이런 공간에서 하나의 점을 정의하려면 기존의 3차원 좌표(가, 로, 층수)와 함께 그 점에 위치한 구면상의 좌표(경도와 위도)까지 알고 있어야 한다. 즉, 하나의 점을 결정하려면 다섯 개의 좌표가 필요하다. 구의 크기가 아주 작다면(원자의 수십억분의 1), 일상적인 스케일에서 구와 관련된 두 개의 정보는 별로 중요하지 않을 것이다. 그러나 이 정보는 초미세 영역에서 공간의 특성을 좌우하는 결정적인 요인으로 작용한다. 초미세 영역에 살고 있는 벌레를 저녁파티에 초대하려면 공간과 관련된 다섯 개의 정보와 하나의 시간정보, 도합 6개의 정보를 알려줘야 한다.

여기서 여분의 차원을 하나 더 추가해 보자. 그림 12.8a에서는 여분의 차원으로 구의 표면만을 고려했지만, 구의 내부로도 움직여갈 수 있다고 허용

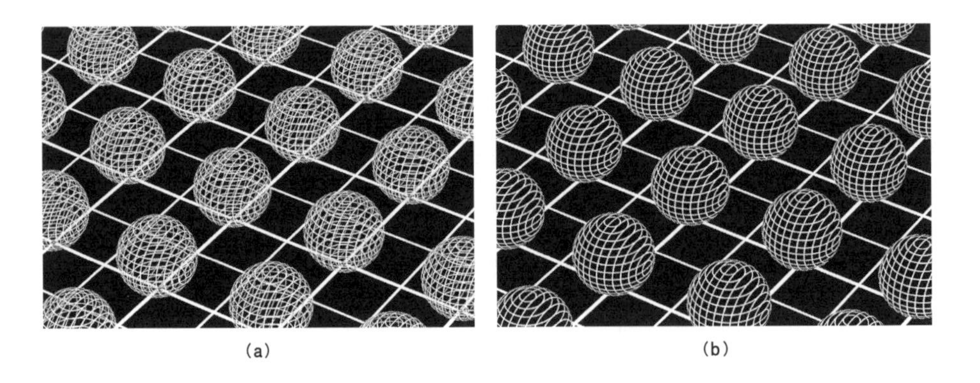

그림 12.8 일상적인 3차원 공간을 확대하여 격자로 표현한 그림. **(a)** 구의 표면을 따라 감겨 있는 여분의 2차원. **(b)** 구의 내부와 표면을 따라 감겨 있는 여분의 3차원.

하면 하나의 차원이 자연스럽게 추가된다. 이런 공간에서 살고 있는 벌레는 널찍한 3차원 공간을 자유롭게 돌아다닐 수 있고 미세한 구의 표면을 돌아다닐 수도 있으며 사과를 파먹는 벌레처럼 구의 내부로 진입할 수도 있다. 이 벌레의 위치를 지정하려면 널찍한 3차원 공간좌표 3개와 구의 경도와 위도, 그리고 구의 중심으로부터의 거리(벌레가 구 속으로 얼마나 깊이 들어갔는지를 말해 주는 좌표)까지 포함하여 총 6개의 좌표가 필요하다. 여기에 시간까지 고려하면 벌레가 사는 세계는 7차원 시공간이 된다.

이제 차원확장을 몇 단계 건너뛰어서 끈이론이 주장하는 차원의 세계로 이동해 보자. 머릿속에 그리긴 어렵겠지만, 3차원 공간의 모든 지점에 원형차원(그림 12.7)도 아니고 구형차원(그림 12.8)도 아닌, 6차원의 세계가 숨어 있다고 상상해 보자. 내 재주로는 이런 공간을 그림으로 표현할 수 없다. 나뿐만 아니라 이 세상의 어느 누구도 할 수 없는 일이다. 그러나 여분의 6차원이 의미하는 바는 어렵지 않게 이해할 수 있다. 이런 공간에 살고 있는 벌레의 위치를 지정하려면 9개의 좌표(일상적인 3차원 공간의 좌표 3개와 플랑크 길이 안에 돌돌 말려 있는 6차원 공간의 좌표 6개)가 주어져야 한다. 여기에 시간까지 고려하면 이 시공간은 초끈이론이 말하는 10차원 시공간이 된다. 만일 6개의 차원이 아주 작은 영역 안에 돌돌 말려 있다면, 우리는 이 공간을 3차원으로 인식하며 살고 있을 것이다.

숨어 있는 차원의 형태

끈이론의 방정식은 차원의 개수뿐만 아니라 숨어 있는 차원의 형태까지 예견하고 있다.[18] 그림 12.7과 12.8에서는 숨어 있는 여분의 차원으로 원형이나 구형을 예로 들었지만 끈이론이 예견하는 여분의 6차원은 이들보다 훨씬 복잡한 형태로 되어 있다. 흔히 '칼라비-야우 형태Calabi-Yau shape', 또는 '칼라비-야우 공간'이라 불리는 이 공간은 끈이론이 등장하기 훨씬 전에 유지니오 칼라비Eugenio Calabi와 싱 퉁 야우Shing-Tung Yau라는 두 사람의 수학자에 의해 이미 알려져 있었다. 그림 12.9a에는 여러 가지 가능한 칼라비-야우 공간들 중 하나의 예가 제시되어 있다. 물론 이것은 6차원의 객체를 2차원 평면에 투영시킨 그림이므로 실제의 모습에서 많이 왜곡되어 있다. 그러나 그림을 자세히 들여다보면 대략적인 감을 잡을 수는 있을 것이다. 만일 그림 12.9a에 제시된 도형이 초미세 영역에서 여분의 6차원을 구성하고 있다면 전체 공간은 그림 12.9b와 같은 모습을 하고 있을 것이다. 칼라비-야우 형태는 3차원 공간의 모든 지점에 존재하고 있으므로 당신과 나, 그리고 모든 만물들은 이 조그만 공간도형으로 가득 찬 세상에서 살고 있는 셈이다(물론, 칼라비-야우 공간이 3차원 공간을 가득 채우고 있다는 뜻은 아니다. 칼라비-야우 공간은 기존의 3차원 공간과 전혀 상관없는 다른 차원에 존재하고 있다: 옮긴이). 한 지점에서 다른 지점으로 이동할 때, 당신의 몸은 3차원이 아닌 9차원 공간을 이동하고 있다. 그러나 6개의 차원이 너무나 작은 영역에 숨어 있기 때문에 당신은 3차원 공간만을 인식하고 있는 것이다. 이것은 빗줄 위를 기어가는 벌레가 원형차원

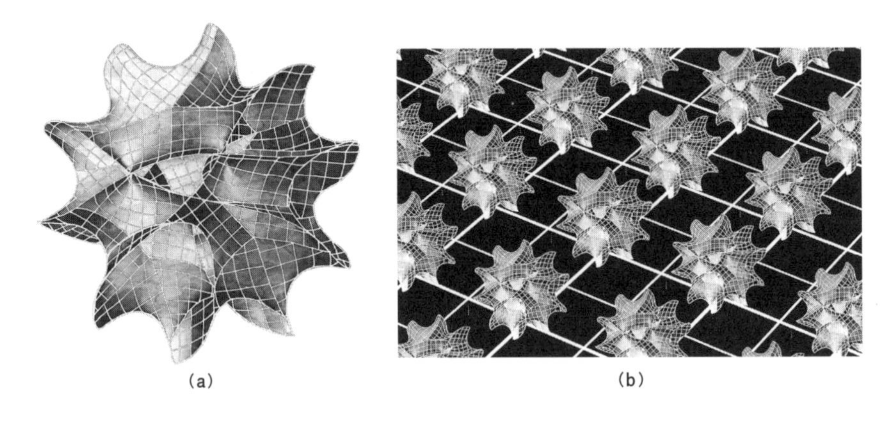

그림 12.9 **(a)** 칼라비-야우 형태의 한 예. **(b)** 칼라비-야우 형태로 이루어진 여분의 차원을 확대한 모습.

의 존재를 전혀 인식하지 못하고 그저 앞으로만 나아가면서 자신의 세계가 1차원이라고 굳게 믿고 있는 것과 비슷한 상황이다.

만일 끈이론이 맞는다면 초미세 영역의 공간은 우리의 상상을 초월할 정도로 복잡하고 다양한 세계가 된다.

초끈이론과 여분의 차원

일반상대성이론이 아름답고 우아하게 보이는 이유는 중력을 깔끔한 기하학으로 설명하고 있기 때문이다. 그런데 여분의 6차원을 도입한 끈이론을 들여다보고 있노라면, 물리학의 운명을 좌지우지하는 기하학의 위력을 다시 한 번 실감하게 된다. 기하학의 중요성은 다음의 질문에서 더욱 분명하게 드러난다. "끈이론은 왜 10차원 시공간을 요구하고 있는가?" 수학을 사용하지 않고 그 이유를 설명하기란 결코 쉽지 않지만, 기하학과 물리학 사이의 관계에 중점을 두고 우리 나름대로의 답을 찾아보기로 하자.

2차원 평면에서 진동하고 있는 끈을 떠올려 보자. 이 끈은 다양한 진동패턴을 갖고 있지만 평면을 이탈할 수 없기 때문에 좌-우, 그리고 앞-뒤로만 진동할 수 있다. 이제 끈의 진동범위를 3차원으로 확장시키면 끈은 세 번째 차원인 위-아래방향으로도 진동할 수 있게 된다. 여기서 차원을 하나 더 늘리면 어떻게 될까? 그 광경을 머릿속으로 그리기는 어렵지만 물리적 의미는 분명하다. 4차원 공간에서 진동하는 끈은 3차원 공간의 끈보다 더 많은 진동패턴을 갖고 있으며, 차원이 높아질수록 진동패턴은 더욱 다양해진다. 끈이론을 이해하려면 이 사실을 잘 기억하고 있어야 한다. 왜냐하면 끈이론의 방정식은 독립적인 진동패턴들이 반드시 만족해야 할 조건을 부과하고 있기 때문이다. 이 조건이 만족되지 않으면 끈이론의 수학은 붕괴되고 방정식도 의미를 상실한다. 그런데 우리의 공간이 3차원이라면 가능한 진동패턴의 수가 너무 적어서 방정식으로부터 부과된 조건을 만족하지 못한다. 4차원, 5차원, …, 8차원 공간도 사정은 마찬가지다. 오직 9차원 공간만이 진동패턴에 부과된 제한조건을 완벽하게 만족시킬 수 있다. 끈이론이 9차원 공간에서만 성립하는 것은 바로 이런 이유 때문이다.✣ [19]

이 정도면 물리학과 기하학의 밀접한 관계를 실감하기에 충분하지만, 끈이론에서 물리학과 기하학은 더욱 긴밀하게 연결되어 있다. 실제로, 이들의 관계를 이용하면 앞에서 언급했던 문제를 더욱 구체적으로 표현할 수 있다. 앞서 말한 대로, 끈의 진동패턴과 입자목록은 자연스럽게 대응되지 않는다. 질량=0에 해당하는 진동패턴의 개수가 질량=0인 입자의 종류보다 압도적으로 많은데다가, 진동패턴의 구체적인 성질도 입자의 특성과 일치하지 않기 때문이다. 그런데 물리학자들이 이 사실을 확인하기 위해 수행했던 계산에는 여분의 차원이 고려되어 있긴 하지만(이것은 끈의 진동패턴이 지나치게 많은 이유를 부분적으로 설명해 주고 있다), 여분의 차원이 아주 작다는 것과 복잡한 형태로 되어 있다는 사실은 고려되지 않았었다(이 계산은 모든 공간차원들이 방대한 규모로 평평하게 퍼져 있다는 것을 가정으로 깔고 있다). 이론과 실험의 차이는 여기서 기인한 것이다.

끈은 아주 작기 때문에, 여분의 6차원이 칼라비-야우 공간 안에 구겨져 있다 해도 그 좁은 공간 안에서 진동할 수 있다. 이 사실이 중요하게 취급되는 데에는 두 가지 이유가 있다. 첫째, 끈이 9차원 공간에서 진동하면 진동

✣ 다음 장에서 다뤄질 내용을 쉽게 이해하기 위해, 지금 약간의 준비를 해 두고자 한다. 지난 수십 년간 학자들은 끈이론을 수학적으로 분석하는 데 사용해 왔던 방정식이 근사적인 방정식이라는 사실을 알고 있었다. 그러나 이들 중 대부분은 근사적인 방정식만으로도 여분의 차원을 충분히 정확하게 계산할 수 있다고 생각했다. 그런데, 최근 들어 근사적인 방정식 때문에 차원 하나가 누락되었다는 놀라운 사실이 밝혀졌다. 그래서 지금의 끈이론은 여분의 차원이 7개라고 주장하고 있다. 지금 본문에서는 끈이론이 10차원 시공간에서 성립된다고 말하고 있는데, 나중에 끈이론의 무대를 11차원으로 확장시켜도 이 장에서 말한 내용들은 크게 달라지지 않는다. 그러나 11차원의 끈이론은 더욱 넓은 체계(사실은 더욱 통합된 체계)를 제공하고 있다. [20]

패턴의 개수에 부과된 제한조건이 계속 만족되며, 둘째, 공기가 튜바(저음을 내는 금관악기의 일종: 옮긴이)의 관을 지나갈 때 관의 생김새에 따라 진동패턴이 달라지는 것처럼, 끈의 진동패턴은 숨어 있는 차원의 기하학적 구조에 따라 달라진다. 만일 튜바의 관을 더 길게 늘이거나 꼬인 모양에 변형을 가한다면 공기의 진동패턴이 달라져서 이전과는 다른 음이 생성될 것이다. 이와 마찬가지로, 여분차원의 모양과 크기가 달라진다면 끈이 수행할 수 있는 가능한 진동패턴의 목록도 크게 달라진다. 그런데 끈의 진동패턴은 입자의 질량과 전하량을 결정하므로, 결국 여분차원의 구체적인 형태는 입자의 특성을 좌우하는 결정적인 요인이라고 할 수 있다.

이것은 매우 중요한 사실이다. **여분차원의 정확한 크기와 형태는 끈의 진동패턴에 결정적인 영향을 주며, 입자의 특성은 이로부터 전적으로 좌우된다.** 그리고 은하와 별의 형성에서 생명체의 탄생에 이르기까지, 우주의 기본적인 구조는 입자의 특성에 의해 전적으로 좌우되고 있으므로, 결국 우주의 비밀은 칼라비-야우 공간의 기하학적 특성에 고스란히 담겨 있는 셈이다.

그림 12.9는 가능한 칼라비-야우 공간들 중 하나의 사례에 불과하며, 끈이론의 조건을 만족하는 칼라비-야우 공간은 무려 수십만 개나 존재한다. 문제는 이들 중에서 실제의 우주공간과 일치하는 칼라비-야우 공간을 찾아내는 것이다. 이것은 끈이론이 직면하고 있는 가장 큰 문제로서, 어떤 후보가 선택되느냐에 따라 공간의 기본구조는 현격하게 달라진다. 안타깝게도 정확한 답은 아직 알려지지 않았다. 현재의 이해수준으로는 수십만 개의 후보들 중 하나를 골라낼 방법이 없기 때문이다. 끈이론의 방정식을 판단 기준으로 삼으면 모든 칼라비-야우 공간들은 똑같이 옳다. 현재 알려진 방정식만으로는 여분차원의 크기조차 결정할 수 없다. 여분의 차원은 우리의 눈에 보이지 않으므로 그 규모가 작다는 것만은 분명하지만, 얼마나 작은지는 아직 알려지지 않았다.

이것을 끈이론의 결정적인 단점이라고 할 수 있을까? 글쎄, 그럴지도 모르겠다. 하지만 내 개인적인 생각은 조금 다르다. 다음 장에서 구체적으로 언급되겠지만, 물리학자들은 여러해 동안 끈이론의 '정확한' 방정식을 찾지 못하여 근사적인 방정식을 사용할 수밖에 없었다. 물론 근사적인 방정식으로도 많은 사실을 알아낼 수 있었지만 여분차원의 정확한 크기와 형태 등 결정적인 정보는 여전히 미지로 남아 있다. 여분차원의 정확한 형태를 규명하는 것은 앞으로 끈이론이 해결해야 할 가장 큰 문제이다(내가 보기에 이 문제는 곧 해결될 것이다).

그래도 한 가지 의문은 여전히 남아 있다. 수십만 개의 칼라비-야우 공간들 중에서 우리가 알고 있는 입자의 특성을 거의 정확하게 재현시켜 주는 해답이 과연 존재할 것인가? 지금 시점에서 결론을 내리긴 어렵지만 상황은 매우 희망적이라 할 수 있다.

아직 모든 가능성을 조사해 보진 못했지만, 칼라비-야우 공간의 몇 가지 사례들로부터 계산된 결과는 표 12.1 및 12.2와 대략적으로 일치하고 있다. 1980년대 중반에 필립 칸델라스Philip Candelas와 게리 호로비츠Gary Horowitz, 앤드루 스트로밍거Andrew Strominger, 에드워드 위튼Edward Witten 등은(이들로 이루어진 연구팀은 끈이론과 칼라비-야우 공간의 밀접한 관계를 처음으로 발견하였다) 칼라비-야우 공간에 나 있는 각각의 '구멍hole'들이 최저에너지 진동패턴 족family과 관련되어 있음을 발견하였다(여기서 말하는 '구멍'은 수학적으로 정의된 용어이다). 예를 들어, 구멍이 세 개인 칼라비-야우 공간은 표 12.1과 같이 세 개의 입자족으로 구분되는 입자계와 일치한다. 그래서 물리학자들은 구멍이 세 개인 칼라비-야우 공간을 먼저 골라냈다. 이제 남은 일은 먼저 골라낸 후보들 중에서 표 12.1, 12.2에 나열된 입자의 특성을 정확하게 재현시켜 주는 2차 후보를 골라내는 것이다.

이 정도면 매우 희망적인 상황이다. 물론 반드시 성공한다는 보장은 없다. 끈이론은 일반상대성이론과 양자역학을 조화롭게 결합시키는 데 성공했지만, 그 성공은 "플랑크길이 이하의 영역을 논하는 것은 의미가 없다"는 전제하에 거둔 성공이었다. 언뜻 보기에 이것은 물질입자와 힘입자의 특성을 설명하는 것 자체가 불가능하다는 것을 의미하는 것처럼 보인다. 그러나 끈이론학자들은 여기에 굴하지 않고 지금도 입자의 정확한 질량을 끈이론으로 재현시키기 위해 부단한 노력을 기울이고 있다. 앞에서 말한 대로, 표 12.1과 12.2에 나타난 입자의 질량은 끈의 최저에너지 진동패턴에 해당되는 질량(플랑크질량의 0배, 즉 질량=0)과 1천 조분의 1 정도의 차이를 보이고 있는데, 이 작은 차이를 이론적으로 규명하려면 지금보다 더욱 정확한 방정식이 필요하다.

사실, 나를 포함한 대부분의 끈이론학자들은 표 12.1과 12.2를 끈이론으로 재현시킬 수 있다고 굳게 믿고 있다. 표준모델에 의하면 전 공간에 0이 아닌 힉스장이 골고루 퍼져 있기 때문에 그 안에서 움직이는 입자들은 일종의 저항을 받아 질량을 획득하게 된다. 끈이론에서도 이와 비슷한 시나리오를 펼칠 수 있다. 만일 엄청난 개수의 끈들이 전 공간에 걸쳐서 일제히 진동하고 있다면 힉스장과 마찬가지로 균일한 배경효과를 줄 수 있을 것이다. 그렇다면 원래 질량=0이었던 진동패턴도 '끈이론 버전의 힉스장'의 영향을 받아 아주 작은 질량을 획득할 수도 있다.

표준모델에서는 힉스장의 영향으로 나타나는 입자의 특성(질량)이 실험적으로 결정되며, 이 값은 이론의 '입력'으로 사용된다. 그러나 끈이론 버전의 힉스장이 끈에 미치는 영향(끈의 진동으로 창출되는 질량)은 끈과 끈 사이의 상호작용으로 귀결되며(힉스장도 끈으로 이루어져 있으므로), 이 값은 이론으로부터 '계산될 수 있다.' 즉, 끈이론은 (적어도 원리적으로는) 모든 입자의 특성을 순수한 계산으로 예측할 수 있는 능력을 갖고 있는 것이다.

물론 이 계산을 수행한 사람은 아직 없다. 끈이론은 지금 한창 개발 중에 있으며, 아직도 갈 길은 멀다. 물리학자들은 끈이론이 갖고 있는 모든 능력이 머지않아 십분 발휘될 것으로 믿고 있다. 끈이론에 걸려 있는 판돈 자체가 너무 크기 때문에 희망도 간절할 수밖에 없다. 부단한 노력과 약간의 행운이 따라 준다면, 장차 끈이론은 기본입자의 특성을 비롯하여 '우주가 지금과 같은 모습을 하고 있는 이유'까지 설명해 주는 만물의 이론으로 등극하게 될 것이다.

끈이론이 말하는 우주의 구조

우리는 아직 끈이론의 상당부분을 이해하지 못하고 있지만 그 전망은 매우 밝다고 할 수 있다. 무엇보다 놀라운 것은 끈이론으로 예견되는 공간의 차원이 우리가 알고 있는 3차원보다 훨씬 높은 차원으로 이루어져 있다는 점이다. 공간의 차원은 우주의 깊은 비밀을 밝히는 데 있어서 가장 근본적이고 중요한 정보이다. 또한, 끈이론은 우리에게 친숙한 시공간의 개념이 플랑크 스케일 이하에서는 더욱 근본적인 다른 개념으로 전환된다는 것을 암시하고 있다(구체적으로 어떻게 변할 것인지는 머지않아 밝혀질 것이다).

지금은 이러한 시공간의 특성들이 오직 수학적으로만 구현될 수 있다. 그러나 우주의 초창기에는 시간과 공간이 바로 그런 희한한 모습으로 존재했었다. 우주의 초기에는 현존하는 3차원도 아주 작은 영역 속에 갇혀 있었으므로 '기존의 3차원'이나 '여분의 차원'이라는 구분도 존재하지 않았었다. 어떤 이유인지는 몰라도, 이들 중에서 여섯 개의 차원은 그대로 남아 있고 나머지 세 개는 팽창하는 공간과 함께 엄청난 규모로 커져서 오늘에 이르고 있다. 더욱 과거로 거슬러 올라가면 우주는 플랑크 스케일의 규모로 수축되며(그림 10.6의 희미한 부분), 시간과 공간은 그 안에서 지금과 전혀 다른 모습으로 존재했을 것이다. 물리학자들은 그 정체를 밝히기 위해 지금도 모든 노력을 기울이고 있다.

우주의 기원을 밝히고 시간의 일방통행성을 이해하려면, 끈이론을 공략하는 도구들을 더욱 날카롭게 갈아야 한다. 앞으로 보게 되겠지만, 최근 등장한 M-이론M-theory은 과거에 가장 낙관적인 사람의 예상을 훨씬 뛰어넘는 수준까지 발전하였다.

제13장

막(brane) 위의 우주

M-이론이 예견하는 시간과 공간

끈이론은 다른 어떤 이론보다도 복잡다단한 역사를 갖고 있다. 물리학의 주무대에 끈이론이 등장한 지 거의 30년이 흘렀지만, 끈이론학자들은 가장 기초적인 질문에도 아직 이렇다 할 답을 제시하지 못하고 있다. "도대체 끈이론이란 무엇인가?" 물론 우리는 끈이론에 대하여 제법 많은 것을 알고 있다. 끈이론의 기본적인 특성은 무엇이며 그동안 어떤 성과를 이루었는지, 그리고 우리에게 어떤 희망을 주고 있으며 어떤 문제에 직면하고 있는지도 잘 알고 있다. 그러나 대다수의 끈이론학자들은 현재의 끈이론에 핵심적인 원리가 빠져 있다고 생각한다. 특수상대성원리는 두 개의 기본적인 원리(광속불변의 원리와 등속으로 움직이는 모든 관측자들에게 물리법칙이 동일하게 나타난다는 원리)에서 출발하였고 일반상대성원리에는 등가원리라는 것이 있었다. 그리고 양자역학에는 불확정성원리가 있다. 그런데 끈이론에는 이론의 근간을 이루는 원리라고 딱히 내세울 만한 것이 없다.

끈이론에 원리가 없는 주된 이유는 이론의 전체적인 조망 없이 지엽적으로 개발되어 왔기 때문이다. 끈이론의 목적(모든 물질과 힘을 양자역학의 체계하에 하나로 통일하는 것)은 매우 원대하지만 이론 자체는 다분히 산발적인 과정을 거치면서 개발되어 왔다. 30여 년 전에 우연히 발견된 이후로 한 무리의 학자들이 끈이론 방정식을 연구하여 중요한 특성을 밝혀내는 동안, 다른 무리의 학자들은 또 다른 방정식으로부터 다른 특성을 밝혀냈다. 몸통을 먼저 만든 후에 다리를 붙여 나간 것이 아니라, 우연히 발견된 다리들을 조합하여 몸통의 실체를 추적해 나가는 형국이었던 것이다.

끈이론을 연구하는 학자들은 "땅에 묻힌 우주선의 일부를 우연히 발견한 뒤 그것을 발굴하기 위해 열심히 땅을 파고 있는 원시인"에 비유되곤 한다. 그들은 서투른 솜씨로 복잡한 기계장치들을 만지작거리면서 우주선의 작동원리를 서서히 익혀나가다가, 결국에는 우주선이라는 거대한 기계장치의 전체적인 특성을 이해하게 될 것이다. 끈이론학자들이 처한 상황도 이와 비슷하다. 그동안 발표된 연구결과들은 서로 긴밀하게 연결되어 하나의 결론을 향해 수렴하고 있으므로, 끈이론은 어지럽게 널려진 잡동사니가 아니라 우주선과 같이 분명한 실체가 있는 이론이라는 것이 학자들의 중론이다. 그들은 끈이론이 자연을 가장 깊은 단계에서 가장 명쾌하게 설명해 줄 궁극의 이론이라고 굳게 믿고 있다.

최근 들어 학자들의 기대는 '끈이론의 제2차 혁명기'를 거치면서 더욱 확고해졌다. 특히 숨어 있는 차원 하나가 추가로 발견되면서 끈이론을 실험적으로 검증할 수 있는 가능성이 한층 더 높아졌다.

끈이론의 제2차 혁명기

몇 년 전에 출판된 나의 책 『엘러건트 유니버스』를 읽은 독자들은 이미 알고 있겠지만, 얼마 전까지만 해도 끈이론은 매우 난처한 상황에 빠져 있었다. 지난 30년 동안 '논리적, 수학적으로 타당한' 끈이론이 하나가 아니라 무려 다섯 개나 발견되었기 때문이다. 이들은 각각 I형Type I, IIA형Type IIA, IIB형Type IIB, 이형(異形)-OHeterotic-O, 이형-EHeterotic-E이론이라고 불리는데, 이름은 중요하지 않으므로 굳이 외울 필요는 없다. 이 다섯 개의 이론들은 12장에서 설명한 끈이론의 기본적 특성들을 공유하고 있으며, 여분의 6차원 공간을 요구하고 있다는 점도 똑같다. 그러나 각 이론을 구체적으로 파고들어 가다 보면 심각한 차이가 나타나기 시작한다. 예를 들어, I형 끈이론은 다른 이론들과 달리 닫힌 끈closed string(가느다란 끈의 양쪽 끝이 서로 이어져서 고리모양을 이룬 채 진동하는 끈)과 함께 열린 끈open string(양쪽 끝이 이어져 있지 않은 끈)도 허용하고 있다. 그리고 끈의 진동패턴과 끈들 사이의 상호작용이 일어나는 양상도 이론마다 서로 다르다.

낙관적인 끈이론학자들은 앞으로 실험데이터가 충분히 축적되면 다섯 개의 이론들 중 맞는 이론 하나를 골라낼 수 있을 것으로 믿었다. 그러나 솔직히 말해서 끈이론이 다섯 개나 존재한다는 것은 결코 바람직한 상황이 아니다. 모든 물리법칙을 통일하는 이론이라면 당연히 하나의 이론으로 귀결되어야 한다. 일반상대성이론과 양자역학을 성공적으로 결합시킨 끈이론이 단 하나뿐이었다면 물리학자들은 통일이라는 열반의 세계에 이미 도달했을 것이다. 실험적인 증거가 아직 발견되지 않았다 해도, 하나뿐인 끈이론은 이론물리학의 왕좌를 거뜬히 차지하고도 남았을 것이다.

그러나 애석하게도 가능한 끈이론은 다섯 개나 존재한다. 이들은 표면적으로 비슷하게 보이지만 구체적으로는 사뭇 다른 내용을 담고 있다. 그러므로 끈이론은 '유일성'이라는 면에서 이미 실패한 이론이라고 볼 수도 있다. 미래의 어느 날, 엄청나게 향상된 실험장비를 이용하여 다섯 개의 끈이론 중 하나를 골라내는 데 성공했다 해도, "그렇다면 나머지 네 개의 이론은 왜 존재하는가?"라는 의문만은 풀리지 않을 것이다. 그 나머지는 단지 수학적으로만 가능한 이론인가? 아니면 그들 모두가 실제의 우주를 서술하는 이론인가? 다섯 개로도 충분히 많지만 이들은 빙산의 일각일지도 모른다. 똑똑한 물리학자가 그 밑을 더 파고들어 가면 여섯 개, 일곱 개, 또는 무수히 많은 끈이론들이 굴비처럼 줄줄이 꿰여져 나타날지도 모를 일이다.

1980년대 말~1990년대 초에 걸쳐서 끈이론에 파묻혀 살았던 많은 물리학자들은 이론이 다섯 개나 된다는 현실을 그다지 심각하게 받아들이지 않았다. 물론 이론이 단 하나로 결정된 것보다는 불편한 상황이었지만, 개개의 이론을 충분히 이해하고 나면 올바른 하나의 이론을 골라낼 수 있을 것이라고 생각했다.

그리고 1995년의 어느 봄날, 한 사람의 천재 물리학자가 혁신적인 아이디어를 제기함으로써 이들의 희망은 갑자기 현실에 가까워졌다. 에드워드 위튼Edward Witten(지난 20년간 끈이론을 선두에서 이끌어 온 물리학자)이 크리스 헐Chris Hull과 폴 타운센드Paul Townsend, 아쇼크 센Ashoke Sen, 마이클 더프Michael Duff, 존 슈워츠John Schwarz 등의 연구결과를 종합하여 다섯 개의 끈이론을 하나로 통합하는 데 성공한 것이다. 위튼은 다섯 개의 끈이론이 '하나의 이론을 수학적으로 분석하는 다섯 가지 방법'에 대응된다는 놀라운 사실을 알아냈다. 한 권의 원서를 다섯 가지 언어로 번역해 놓았을 때, 한 가지 언어에만 익숙한 사람에게는 다섯 권의 책이 모두 다른 책으로 보이듯이, 다섯 개의 끈이론이 다르게 보였던 것은 이들을 연결해 주는 사전이 없었기 때문이었다. 그런데 위튼이 그 사전을 제공함으로써 다섯 개의 끈이론은 하나의 몸통에서 갈라져 나온 가족임이 분명해졌다. 결국, 이들은 별개의 이론이 아니라 하나의 이론을 각기 다른 방법으로 해석한 결과였던 것이다. 그렇다면 원서에 해당하는 그 '하나의' 이론이란 과연 무엇인가? 학자들은 그것을 M-이론M-theory이라는 다소 모호한 이름으로 부르고 있다. M이 Master(우두머리)의 약자인지, 혹은 Majestic(통치하는), Mother, Magic, Mystery,

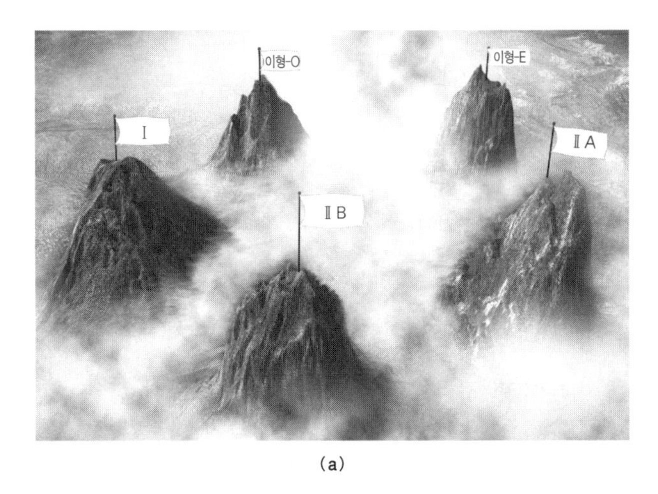

(a)

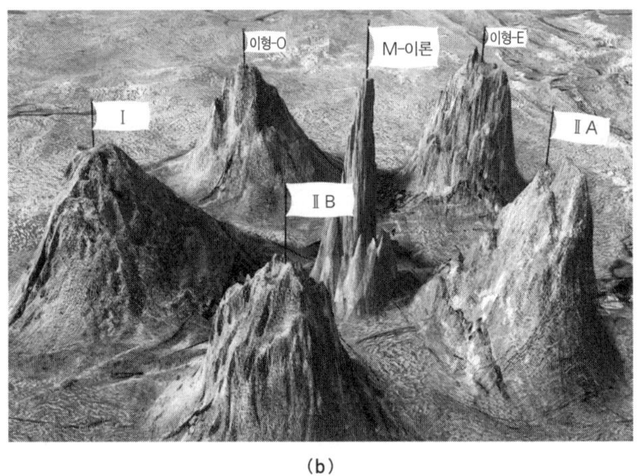

(b)

그림 13.1 (a) 1995년 이전의 상황. 다섯 개의 끈이론들은 별개로 존재했었다. **(b)** 중심부에 드리워진 구름을 걷어 내면 다섯 이론의 몸통에 해당하는 M-이론이 그 모습을 드러낸다.

Matrix(모체) 등 어떤 단어의 머리글자인지는 분명치 않다. 어쨌거나, 위튼이 이 놀라운 사실을 발견한 이후로 M-이론은 이론물리학의 최대 화두로 떠올랐다.

이것은 실로 대단한 발견이 아닐 수 없다. 위튼이 그 유명한 논문에서 증명한 대로, 끈이론은 다섯 개가 아닌 하나의 이론이었다(위튼의 발견은 후에 페트르 호라바Petr Horava에 의해 일부 보강되었다). 이제 끈이론학자들은 다섯 개의 이론을 놓고 어떤 것을 고를 것인지 고민할 필요가 없어졌다. 개개의 이론은 나름대로의 '유일성'을 갖고 있었으며, 이들 모두는 한 권의 원서를 각기 다른 언어로 옮겨 놓은 번역서에 불과했다. 이제 남은 문제는 원서에 해당하는 M-이론의 정체를 규명하는 것이다.

그림 13.1은 다섯 개의 끈이론이 존재했던 이전의 상황과 위튼의 발견으로 분명하게 드러난 현재의 상황을 상징적으로 보여 주고 있다. 이 그림을 머릿속에 잘 기억해 두기 바란다. 그림에서 알 수 있듯이, M-이론은 전혀 새로운 이론이 아니다. 다섯 개의 이론이 개별적으로 존재할 때는 잘 몰랐지만, 이들 사이에 드리워진 구름을 걷어 내고 보니 다섯 개의 끈이론은 하나의 몸체에서 갈라져 나온 일종의 '변주곡'이었고 그 중심에는 M-이론이 자리 잡고 있었다. 학자들은 M-이론이 기존의 이론들보다 훨씬 강력하고 완전한 이론일 것으로 기대하고 있다. M-이론은 다섯 개의 끈이론들이 더욱 커다란 이론체계의 일부임을 입증함으로써, 이들을 하나로 통합하였다.

변환의 위력

그림 13.1은 위튼의 발견을 상징적으로 보여 주고 있긴 하지만, 그림만으로는 이 발견의 중요성을 충분히 설명하기가 어렵다. 위튼이 돌파구를 열기 전에는 다섯 개의 끈이론이 별개로 존재하는 것처럼 보였으나, 구름을 걷어 내고 나니 그렇지 않다는 것이 분명해졌다. 그런데, "가능한 끈이론은 다섯 개나 된다"는 사실을 전혀 모르고 있었던 사람의 입장에서 볼 때는 별로 대단한 발견도 아니다. "그래, 좋다. 다섯 개의 끈이론들이 하나의 몸통에서 파생된 변주곡이라 치자. 그러나 그 몸통에 해당하는 M-이론의 정체는 아직 밝혀지지 않았다. 그런데도 위튼의 발견을 그토록 높게 평가하는 이유는 무

엇인가? 위튼의 업적이란, 과거의 잘못된 관점을 조금 수정한 것에 불과하지 않은가?"

그렇지 않다. 위튼의 발견은 그 이상의 심오한 뜻을 담고 있다. 지난 수십 년 동안 끈이론학자들은 수학 문제 하나 때문에 줄곧 골머리를 썩여 왔다. 그들은 다섯 개의 끈이론을 개별적으로 서술하는 '정확한exact' 방정식을 분석하는 것이 너무 어려워서, 주로 근사적인 방정식에 의존하여 연구를 수행해 왔다. 물론 근사적인 방정식만으로도 많은 사실들을 유추해 낼 수 있었지만 이론의 근간을 이루는 핵심적인 문제를 해결할 수는 없었으므로 '정확한 방정식의 부재'는 이론의 진보를 가로막는 커다란 장애가 아닐 수 없었다.

번역서를 읽다가 내용전달에 한계를 느꼈다면 차선책을 동원해야 한다. 가장 좋은 방법은 원서를 찾아서 읽는 것이다(단, 독자가 원어에 익숙해야 한다). 그러나 지금의 끈이론학자들은 이런 차선책을 동원할 수가 없다. 위튼이 만들어 놓은 사전 덕분에 다섯 개의 끈이론들이 M-이론을 원서로 하는 번역판임이 밝혀졌지만, 원본에 해당하는 M-이론은 아직도 상당부분이 베일에 싸여 있다. 다섯 종류의 언어로 해석된 번역판은 주어져 있는데, 정작 원서의 내용이 해독되지 않고 있는 것이다.

그렇다면 다른 방법은 없을까? 번역을 해 본 사람은 잘 알고 있겠지만, 끈이론의 경우처럼 원본이 아예 없거나, 고문서처럼 원어를 이해하지 못할 때에는 자신에게 익숙한 언어로 번역된 책들을 참고할 수 있다. 여러 번역서의 번역이 일치하는 부분은 그만큼 신뢰도가 높을 것이고, 번역이 다른 부분은 번역과정에서 오류가 생겼을 가능성이 높다. 위튼은 이런 식으로 다섯 개의 끈이론이 하나의 근원으로 통합된다는 사실을 발견한 것이다. 이 사실이 알려진 후로, 물리학자들은 그동안 따로 놀았던 다섯 개의 이론들을 서로 연결해 주는 다리를 오락가락하면서 더욱 넓고 깊은 관점에서 끈이론을 이해할 수 있게 되었다.

어떤 문화권의 고유한 운율과 익살이 절묘하게 결합된 명저가 있다고 가정해 보자. 만일 이 책을 다섯 가지 언어로 번역한다면, 이들 중 어떤 책도 원래의 맛을 충분히 살리지 못할 것이다. 개중에는 스와힐리어Swahili(아프리카 반투어의 일종)로 적절하게 번역되는 문장도 있겠지만, 스와힐리어 하나만으로는 원작의 묘미를 만족스럽게 전달할 수 없다. 스와힐리어 판에서는 불분명했던 내용이 이누이트Inuit(에스키모인) 언어 판에서는 명확하게 전달될 수도 있고, 여기서도 불분명한 내용은 산스크리트어Sanskrit(인도의 고어, 범어梵語) 버전으로 쉽게 이해될 수도 있다. 그러나 개중에는 어떤 언어로도 원래의 운율을 살리지 못하고 오직 원어로 읽어야만 그 의미가 제대로 전달되는 부분도 있을 것이다. 다섯 개의 끈이론이 처한 상황도 이와 비슷하다. 다섯 개의 이론으로 어떤 특정문제의 답을 구했을 때, 개중에는 분명하고 간단한 답을 제시하는 이론이 있는가 하면, 수학적으로 너무 복잡해서 거의 쓸모가 없는 답을 내놓는 이론도 있다. 바로 여기서 위튼의 발견이 위력을 발휘하게 된다. 1995년 이전에는 끈이론을 연구하다가 어려운 문제에 봉착하면 더 이상의 대책이 없었다. 그저 연구자와 문제, 둘 중 하나가 나가떨어질 때까지 밀어붙이는 것이 유일한 방법이었고, 나가떨어지는 쪽은 대부분 연구자들이었다. 그러나 위튼은 모든 문제들이 네 가지의 다른 언어(지금 당장 사용중인 이론을 제외한 네 개의 이론들)로 번역될 수 있음을 발견하였고, 그 후로 어려운 문제가 등장하면 다른 이론으로 문제를 재구성함으로써 더 쉽고 간단한 답을 모색할 수 있게 되었다. 즉, **다섯 개의 이론을 연결해 주는 위튼의 번역사전을 잘 이용하면 하나의 이론으로 답을 구할 수 없는 문제를 다른 이론으로 해결할 수 있다.**

물론 이것으로 모든 문제가 해결되지는 않는다. 번역서의 경우, 원문의 문장이 미묘한 운율과 함께 지나치게 함축적인 의미를 담고 있다면 다섯 권의 번역서들 중 그 어떤 책도 원문의 의미를 충분히 살리지 못할 것이다. 이런 경우에는 원문을 구하여 직접 읽는 것이 상책이다. 이와 마찬가지로, 문제 자체가 난해하여 다섯 개의 끈이론으로부터 얻어낸 답들이 한결같이 어렵다면 원문에 해당되는 M-이론을 공략하는 수밖에 없다. 현재 M-이론은 의욕적인 끈이론학자들에 의해 집중적으로 연구되고 있으나 아직은 넘어야 할 장애가 많이 남아 있다. 그렇다 해도 위튼의 발견이 답보상태에 빠져 있던 끈이론의 부활에 결정적인 공헌을 한 것만은 분명한 사실이다.

복잡한 원문을 이해하고자 할 때 번역서가 커다란 도움이 되는 것처럼, 다섯 개의 끈이론도 M-이론을 분석하는 데 매우 유용하게 사용될 수 있다. 각 이론에 담겨 있는 아이디어들을 종합하면 하나의 이론으로는 도저히 풀 수 없는 문제도 쉽게 해결될 수 있다. 그러므로 끈이론을 연구하는 학자들은 위튼의 결정적인 발견 덕분에 이전보다 거의 다섯 배 정도 강력한 도구를 손에 넣은 셈이다. 1995년을 끈이론 제2차 혁명기의 원년이라 부르는 이유가 바로 이것이다.

11차원

다섯 개의 이론이 M-이론이라는 원본의 '번역판'임이 알려진 후로, 끈이론은 다양한 면에서 많은 발전을 이루었다. 그중 시간 및 공간과 관련된 내용들을 추려서 정리해 보면 다음과 같다.

가장 중요한 것은 1970~1980년대의 끈이론이 근사적인 방정식을 사용해 왔고, 그로 인해 차원 하나가 누락되었다는 점이다. 위튼의 분석에 의하면 M-이론이 예견하는 공간은 9차원이 아니라 10차원이며, 따라서 끈은 11차원의 시공간에서 살고 있다. 그 옛날 칼루자는 시공간을 5차원으로 확장하여 중력과 전자기력을 하나로 통일시켰고 끈이론학자들이 10차원 시공간을 도입하여 양자역학과 일반상대성이론을 통합하는 기틀을 마련했듯이, 위튼은 11차원의 시공간을 도입하여 다섯 개의 끈이론을 하나로 통합하였다. 땅바닥에 서서 다섯 개의 마을을 바라보면 완전히 격리되어 있는 것처럼 보이지만 산꼭대기에 올라서 내려다보면(즉, 수직방향으로 하나의 차원을 추가하면) 오솔길이나 도로 등으로 연결되어 있는 광경이 보인다. 이와 마찬가지로 끈이론에도 하나의 차원이 추가되면서 그들 사이의 연관성이 분명하게 드러났던 것이다.

위튼의 발견은 "새로운 차원을 도입하여 통일의 스케일을 넓힌다"는 점에서 통일의 과학사와 그 맥락을 같이하고 있지만, 1995년에 끈이론학회에서 발표된 그의 논문은 끈이론의 근간을 뿌리째 뒤흔들었다. 그전까지만 해도 나를 포함한 대부분의 끈이론학자들은 근사적인 방정식을 갖고 고생하는 것이 우리들의 팔자라고 생각했고, 끈이론으로 예견된 9차원 공간에 대해서는 별다른 의심을 하지 않았었다. 그러나 위튼의 논문은 이 모든 것을 한 순간에 바꿔 버렸다.

위튼은 이전까지 사용해 왔던 끈이론 방정식이 열 번째 공간차원을 생략하는 근사식이었음을 입증하였다. 열 번째 차원은 기존의 아홉 개 차원보다 훨씬 작았기 때문에 근사적인 방정식에서 누락되었던 것이다. 끈이론학자들은 수학적인 힌트가 이미 있었음에도 불구하고 근사적인 방정식의 '해상도'가 너무 낮아서 미세한 차원을 발견하지 못한 것이었다. 그러나 위튼은 M-이론에 대한 깊은 통찰로 근사적인 한계를 뛰어넘어 누락되었던 하나의 차원을 찾아냄으로써, 지난 10여 년 동안 독립적으로 존재해 왔던 다섯 개의 10차원(9차원 공간+1차원 시간) 끈이론들이 사실은 11차원 끈이론의 근사적인 서술에 불과했다는 놀라운 사실을 알아냈다.

"차원이 하나 늘어났다면 이론의 근간이 완전히 바뀐 것 아닌가? 그렇다면 기존의 끈이론은 폐기되어야 하지 않을까?" 독자들은 이렇게 생각할지도 모른다. 그러나 다행히도 전반적으로는 그렇지 않다. 새롭게 발견된 열 번째 공간차원은 끈이론에 예상치 않은 변화를 가져오긴 했지만, 만일 끈이론/M-이론이 맞는다면, 그리고 열 번째 차원이 다른 차원들보다 훨씬 작다면 1995년 이전의 끈이론은 그 명맥을 유지할 수 있다. 그러나 지금의 방정식으로는 열 번째 차원의 크기와 형태를 예측할 수 없으므로 지금 당장 확실한 결론을 내릴 수는 없다. 지금도 끈이론학자들은 '작지 않은' 열 번째 차원이 존재할 가능성을 확인하기 위해 부단히 노력하고 있다. 이 모든 것은 기존의 끈이론들이 M-이론으로 통합되면서 얻어진 결과이다.

아마도 독자들은 10차원과 11차원의 차이를 크게 실감하지 못할 것이다. 추가된 차원은 M-이론에서 매우 중요한 역할을 하고 있지만, 사실 여분의 6차원도 상상이 안가는 판국에 하나의 차원이 추가되었다고 해서 머리가 더 복잡해지지는 않을 것이다.

그러나 실제로 끈이론은 2차 혁명기를 맞이하면서 엄청난 변화를 겪었다. 위튼을 비롯하여 더프, 헐, 타운센드 등의 물리학자들은 영감 어린 연구를 통해 끈이론은 끈만을 위한 이론이 아니라는 혁명적인 결론에 도달하였다.

브레인(brane, 막膜)

독자들은 12장을 읽으면서 잠시나마 이런 의문을 떠올렸을 것이다. 왜 하필이면 끈인가? 왜 모든 입자들이 1차원의 끈으로 이루어져 있다고 주장하는가? 일반상대성이론과 양자역학을 조화롭게 결합시킬 때 가장 중요한 역할을 했던 것은 만물의 기본단위(입자)가 점이 아니라는 가정이었다. 그렇다면 굳이 1차원 끈일 필요는 없지 않은가? 그렇다. 만물의 최소단위는 조그만 2차원 원반일 수도 있고 야구공이나 진흙뭉치처럼 3차원의 덩어리일 수도 있다. 게다가 끈이론은 풍부한 차원을 제시하고 있으므로 3차원 이상의 고차원적 존재가 만물의 기본단위를 이루고 있을지도 모른다. 그런데 왜 끈이론은 굳이 1차원 끈만을 고집해 왔는가?

1980～1990년대의 끈이론학자들은 나름대로 이유를 갖고 있었다. 그들은 "과거에 입자를 3차원 덩어리로 간주했던 이론(대표적 인물로는 베르너 하이젠베르크와 폴 디랙을 꼽는다)이 있었지만 수학적, 또는 물리적 모순을 초래하여 살아남지 못했다"고 생각했다. 입자에 크기를 허용하면 양자역학적 확률이 0～1 사이를 벗어나거나(확률은 반드시 0～1 사이의 값을 가져야 한다) 물체나 신호의 이동속도가 빛보다 빨라지는 등의 모순이 초래된다는 것이다. 1920년대에 탄생하여 근 50년 동안 연구되어 온 표준모델(입자를 점으로 간주한 이론)은 이런 모순을 일으키지 않았다(단, 중력은 고려되지 않았다). 그 후 슈워츠와 셰크, 그린 등의 활약에 힘입어 1980년대에는 점이 아닌 1차원 끈도 모순을 일으키지 않는다는 사실이 알려지게 되었다(여기에는 중력도 포함되어 있다). 그러나 만물의 기본단위를 2차원 이상으로 확장시키는 것은 불가능해 보였다. 그 이유를 대충 설명하자면 1차원 끈은 방정식과 관련된 대칭의 수가 무한히 많은데 반해, 기본단위를 2차원 이상으로 확장시키면 대칭이 급격하게 줄어들기 때문이다(여기서 말하는 대칭은 8장에서 다뤘던 대칭보다 다소 추상적인 개념이다). 방정식이 모순을 초래하지 않으려면 어떤 일련의 변환에 대하여 불변성을 유지해야 하는데, 끈이 아닌 2차원 이상의 구성성분을 가정하면 이 조건을 만족할 수 없었다.[1]

그러나 위튼은 M-이론이 1차원 끈뿐만 아니라 2차원 이상의 요소들도 포함하고 있다는 또 하나의 충격적인 사실을 발표하여 끈이론학자들을 경악케 했다.[2] 그의 분석에 의하면 만물의 근원은 2차원의 막(膜) membrane 일 수도 있고(M-이론이 멤브레인membrane의 약자라고 주장하는 사람도 있다. 2차원 멤브레인membrane은 더 고차원적인 대상들과 이름의 운율을 맞추기 위해 twobrane이라 부르기도 한다), three-brane이라 불리는 3차원 객체일 수도 있다. 그리고 머릿속에 그리긴 어렵지만 p-차원 객체인 p-brane도 가능하다(물론 p는 양의 정수이고 10보다 작아야 한다). 결국, 1차원 끈은 끈이론의 '모든 것'이 아니라 '일부'였던 것이다.

과거의 끈이론에서 이런 객체들이 등장하지 않았던 이유는 근사적인 방정식을 사용했기 때문이다. 근사적인 방정식은 공간차원 하나를 놓쳤을 뿐만 아니라 끈이 취할 수 있는 다양한 형태(2차원, 3차원, 또는 그 이상)도 감지하지 못했다. 지금까지 연구된 결과에 의하면 모든 p-브레인(1차원 끈이 아닌 모든 형태. '끈string'이라는 단어에는 1차원이라는 의미가 담겨 있으므로 2차원이나 3차원으로 확장된 끈을 그냥 '끈'이라고 부르기는 좀 곤란하다. 그래서 도입된 용어가 브레인brane인데, 사실 사전에는 이런 단어가 없다(멤브레인membrane의 뒷부분에서 따온 용어이다). 물리학자들은 p-차원으로 확장된 끈을 p-brane이라 부르고 있다. 굳이 번역을 하자면 '막(膜)'이라고 표현할 수 있겠으나, 이것도 2차원적인 의미를 띄고 있으므로 적절한 용어는 아니다. 이 책에서는 원어를 살려 브레인으로 표기하고, two-brane은 2-브레인으로, three-brane은 3-브레인으로 표기하기로 한다: 옮긴이)은 끈보다 훨씬 큰 질량을 갖고 있다. 물론 질량이 크다는 것은 에너지가 그만큼 크다는 뜻이다. 그런데 끈이론이 근사적인 방정식을 사용하는 한, 끈의 질량이 클수록 이론적으로 예견되는 값들은 커다란 오차를 수반하게 된다(끈이론을 연구하는 학자들은 이 한계를 잘 알고 있다). 그래서 p-브레인의 질량이 극단적으로 커지면 근사적인 방정식으로는 이들의 존재를 감지할 수 없다. 끈이론학자들이 지난 수십 년 동안 p-브레인을 수학적으로 발견하지 못한 것은 바로 이런 이유 때문이다. 그러나 새롭게 등장한 M-이론을 통하여 다양한 접근법이 개발되면서 기존의 문제들 중 일부가 해결되었고, 그 덕분에 p-브레인의 존재도 알려지게 되었다.[3]

끈 이외에 다른 구성요소를 도입했다고 해서 열 번째 차원이 도입되기 전의 끈이론을 폐기 처분할 필요는 없다. 고차원 브레인의 질량이 끈보다 훨씬 크면(이전의 끈이론은 이 사실을 본의 아니게 가정하고 있었다) 이론적 계산에 그다지 큰 영향을 주지 않는다. 그러나 열 번째 차원이 다른 차원보다 반드시 작아야 할 이유가 없는 것처럼, 고차원의 브레인이 끈보다 반드시 무거워야 할 이유도 없다. 고차원 브레인의 질량은 경우에 따라서(물론 가정이지만) 끈의 최저에너지 진동패턴과 얼마든지 비슷해질 수 있으며, 이런 경우에 브레인의 존재는 기존의 끈이론을 심각하게 변형시킨다. 예를 들어, 나와 앤드루 스트로밍거, 그리고 데이비드 모리슨David Morrison이 발표한 논문에 의하면 마치 비닐 포장지로 진공 포장된 자몽처럼, 브레인은 칼라비-야우 형태의 구형(球形)부분을 휘감아 돌아갈 수 있다. 그러므로 이 부분의 공간(자몽)이 수축되면 브레인(포장지)도 수축되어 질량이 감소한다. 이때 브레인의 질량이 감소하면 공간의 일부가 물리적 혼돈을 초래하지 않으면서 '찢어질 수도 있다'는 것이 우리가 얻은 결론이었다. 이 내용은 몇 년 전에 출판된 『엘러건트 유니버스』에 자세히 설명되어 있으며, 이 책의 15장에서 다시 다뤄질 예정이다. 아무튼, 이와 같이 고차원 브레인은 끈이론의 물리학에 커다란 영향을 미칠 수도 있다.

브레인은 우리의 우주관에도 커다란 변화를 가져올 수 있다. 방대한 규모의 우주(시공간 전체)는 그 자체로 하나의 거대한 브레인일 수도 있다. 우리가 사는 세계가 바로 브레인일지도 모른다.

브레인세계(braneworld)

끈은 엄청나게 작기 때문에 끈이론을 검증하는 것은 결코 쉬운 일이 아니다. 여기서 잠시 끈의 크기를 유추했던 논리를 떠올려 보자. 중력의 매개입자인 중력자는 끈의 최저에너지 진동패턴들 중 하나에 해당되며, 중력자가 매개하는 중력의 크기는 끈의 길이에 비례한다. 그런데 중력은 매우 약한 힘이므로 끈의 길이는 아주 짧아야 한다. 끈의 진동으로 나타나는 중력자가 중력을 매개한다는 가정하에 관련계산을 해 보면, 끈의 길이는 플랑크길이의 100배 이내인 것으로 추정된다.

이런 식으로 설명을 해 놓고 보면 큰 에너지를 갖고 있는 끈은 중력자와 직접적인 관계가 없으므로 길이가 짧을 이유가 없다(중력자는 질량=0인 저에너지 진동패턴에 해당된다). 실제로 끈에 많은 에너지가 투입될수록 초기의 끈은 더욱 격렬하게 진동한다. 그러나 어떤 시점이 지나면 끈의 에너지는 다른 효과를 나타내기 시작한다 — 진동하는 끈의 길이가 길어지는 것이다! 그리고 이 길이에는 아무런 제한이 없다. 충분한 양의 에너지가 투입된 끈은 우리의 눈에 보일 정도로 길어질 수도 있다. 지금의 기술로는 이 정도의 에너지를 투입할 수 없지만 초고온 상태였던 초창기의 우주에는 기다란 끈들이 사방에 존재했을 것이다. 만일 그들 중 일부가 어떻게든 지금까지 남아 있다면 어디선가 하늘을 가로지른 채 표류하고 있을 것이다. 우주공간에서 이렇게 기다란 끈의 존재가 직접, 또는 간접적으로 관측된다면 끈이론은 매우 강력한 증거를 확보하는 셈이다.

고차원의 p-브레인은 굳이 작을 이유가 없다. 그리고 이들은 1차원 끈보다 훨씬 다양한 형태로 존재할 수 있다. 무한히 긴 1차원 끈을 머릿속에 그려 보라고 하면, 우리는 3차원 공간 안에서 길게 뻗어 있는 가느다란 선을 떠올린다. 이와 마찬가지로, 무한히 큰 2차원 막(2-브레인)을 머릿속에 그려 보라고 하면 3차원 공간 안에서 넓게 퍼져 있는 면을 떠올릴 것이다. 실생활에서 적절한 예를 든다면 드라이브인 영화관(자동차를 탄 채 영화를 관람하는 야외극장)에 설치되어 있는 엄청나게 크고 얇은(너무 커서 끝이 보이지 않는) 스크린이 여기에 해당될 것이다. 그런데 3차원 브레인부터는 상황이 급격하게 달라진다. 3-브레인은 3차원 객체이므로 무한히 큰 3-브레인은 우리에게 익숙한 3차원 공간을 가득 채우고 있을 것이다. 무한히 큰 1차원 끈이나 2-브레인은 3차원 공간 '안에' 존재하는 반면, 무한히 큰 3-브레인은 공간 자체를 점유하게 된다.

이로부터 매우 흥미로운 가능성이 제기된다. 지금 우리가 3-브레인에서 살고 있는 것은 아닐까? 2차원 스크린(2-브레인) 속에 백설공주가 살고 있고 그녀가 바라보는 우주는 더 높은 차원의 공간(3차원 공간) 속에 존재하는 것처럼, 우리가 알고 있는 모든 우주만물들은 더 높은 차원(4차원 이상) 속에 박혀 있는 3차원 스크린(3-브레인)에 존재하고 있는 것은 아닐까? 상대론적 언어로 표현하자면 "민코프스키와 아인슈타인이 떠올렸던 4차원 시공간은 3-브레인이 더 높은 차원 속을 쓸고 지나가면서 남기는 궤적이 아닐까?" 간단히 말해서, 우주 자체가 하나의 브레인으로 존재하는 것은 아닐까?[4]

우리가 3-브레인에서 살고 있다는 소위 '브레인세계 가설braneworld scenario'은 끈이론학자들이 최근에 제안한 가설이다. 앞으로 보게 되겠지만, 이 가설은 M-이론에 접근하는 새로운 방법을 제시해 주고 있다.

끈끈한 브레인과 진동하는 끈

과거의 끈이론은 만물의 최소단위로 1차원 끈만을 허용했지만 M-이론은 10차원 이내에서 임의의 차원을 갖는 p-브레인의 존재를 허용하고 있다. 사실, M-이론은 진보된 형태의 끈이론이므로 과거의 끈이론은 심각한 문제가 없다 해도 왠지 구식 이론처럼 느껴진다. 그러나 실제로 끈이론은 다양한 브레인들을 대동한 M-이론의 등장에도 불구하고 이 분야에서 여전히 핵심적인 역할을 하고 있다. 끈이론의 중요성을 보여 주는 간단한 사례를 들어보자. 2차원 이상의 모든 p-브레인들이 끈보다 훨씬 무겁다면 이들은 무시될 수 있다. 사실, 끈이론학자들은 1970년대부터 이 사실을 자신도 모르는 사이에 가정하고 있었다. 이것만으로도 끈이론은 그 명맥을 유지할 만한 충분한 이유가 있지만, 끈이론이 중요하게 취급되는 가장 큰 이유는 따로 있다.

1995년, 위튼이 끈이론의 2차 혁명에 불을 댕긴 직후에 샌타바버라에 있는 캘리포니아대학의 조 폴친스키Joe Polchinski는 깊은 생각에 잠겼다. 그는 몇 년 전에 로버트 리Robert Leigh, 진 다이Jin Dai와 함께 공동연구를 수행하면서, 다소 모호하지만 사람들의 관심을 끌 만한 흥미로운 사실을 발견한 적이 있었다. 그때 폴친스키가 구사했던 논리는 우리의 주된 관심사가 아니므로 자세히 설명할 필요는 없지만 그가 얻은 결과는 우리에게도 매우 중요하다. 그는 어떤 특별한 상황에서, 열린 끈의 양쪽 끝이 완전히 자유롭게 움직이지 못한다는 사실을 발견하였다. 줄에 꿰인 구슬은 자유롭게 움직일 수 있지만 줄의 궤적을 이탈하지 못하고, 핀볼게임의 구슬은 테이블 위로 나 있는 길을 따라 자유롭게 움직일 수 있지만 테이블 위를 벗어나지 못하듯이, 열린 끈의 양쪽 끝은 자유롭게 움직일 수 있지만 공간의 형태에 따라 어쩔 수 없이 제한을 받게 된다. 폴친스키와 그의 동료들은 다양한 상황들을 분석한 끝에 "끈의 몸통은 자유롭게 진동할 수 있지만 열린 끈의 양쪽 끝은 어떤 영역 안에 들러붙어 있거나 속박되어 있다"는 결론에 이르렀다.

경우에 따라서 이 영역은 1차원일 수도 있다. 이 경우에 끈의 양끝은 줄에 꿰인 구슬에 해당되며, 끈 자체는 이들을 연결하는 줄로 간주할 수 있다(즉, 끈 자체는 자유롭게 이동할 수 있지만 끈의 양끝은 어떤 특정한 1차원 선상을 이탈하지 못한다는 뜻이다: 옮긴이). 또 다른 상황에서는 끈의 양끝이 '한 줄에 꿰인 채 핀볼게임판 위를 굴러다니는 한 쌍의 구슬'처럼 움직일 수도 있으며, 끈의 끝이 움직일 수 있는 영역은 주어진 조건에 따라 3차원이나 4차원 등 임의의 차원으로 확장될 수 있다(단, 10차원을 초과하지는 못한다).

폴친스키 이외에 페트르 호라바Petr Horava와 마이클 그린Michael Green도 동일한 결과를 얻었는데, 이들은 열린 끈과 닫힌 끈에 관하여 오랫동안 풀리지 않았던 수수께끼를 해결하였음에도 불구하고 한동안 학계의 관심을 끌지 못했다.[5] 그 후 1995년에 폴친스키는 자신의 논문에 위튼의 영감 어린 아이디어를 접목시켜 새로운 결과를 발표하였다.

폴친스키는 자신의 새로운 논문에서 하나의 의문을 제시하였다. "열린 끈의 양쪽 끝이 들러붙어 있다는 공간의 특정지역은 과연 어떤 곳인가?" 구슬을 꿰고 있는 실이나 핀볼게임 판은 자신이 제공한 영역(1차원 실, 또는 2차원 판) 안에서 움직이는 구슬을 갖고 있다. 그렇다면 열린 끈의 양끝을 움켜쥐고 있는 공간은 어떤 모습을 하고 있는가? 끈이론의 또 다른 기본적 구성요소들이 그곳을 가득 채우고 있으면서 열린 끈의 끝을 꽉 잡고 있는 것일까? 끈이론이 1차원 끈만을 다뤘던 1995년 이전에는 그럴듯한 답을 제시할 수 없었다. 그러나 위튼의 획기적인 논문이 발표되고 몇 편의 후속타가 터지면서 폴친스키의 머리에 확실한 답이 떠올랐다. 열린 끈의 양끝이 어떤 p-차원 영역 이내에서 움직이도록 제한되어 있다면, 그 영역은 바로 p-브레인이어야 한다는 것이 그의 결론이었다.[+] 폴친스키의 계산에 의하면 새로 발견된 p-브레인은 열린 끈의 양쪽 끝을 단단하게 움켜쥐고 있었으며, 이 결합은 그 어떤 힘으로도 분리될 수 없었다.

이 상황은 그림 13.2에 개략적으로 표현되어 있다. 그림 13.2a는 여러 개의 열린 끈들이 두 개의 2-브레인 위에서 자유롭게 움직이는 모습을 보여 주고 있다. 단, 끈의 양끝은 자신이 속해 있는 2-브레인의 표면을 이탈하지 못한다. 그림으로 표현하기는 어렵지만, 열린 끈이 3-브레인이나 4-브레인에

+ 정확한 이름은 디리클레-p-브레인(Dirichlet-p-brane), 또는 D-p-브레인(D-p-brane)인데, 새로운 용어가 자꾸 나오면 혼란스러울 것 같아서 그냥 p-브레인으로 표기하였다. 앞으로도 이 표기법을 사용할 것이다.

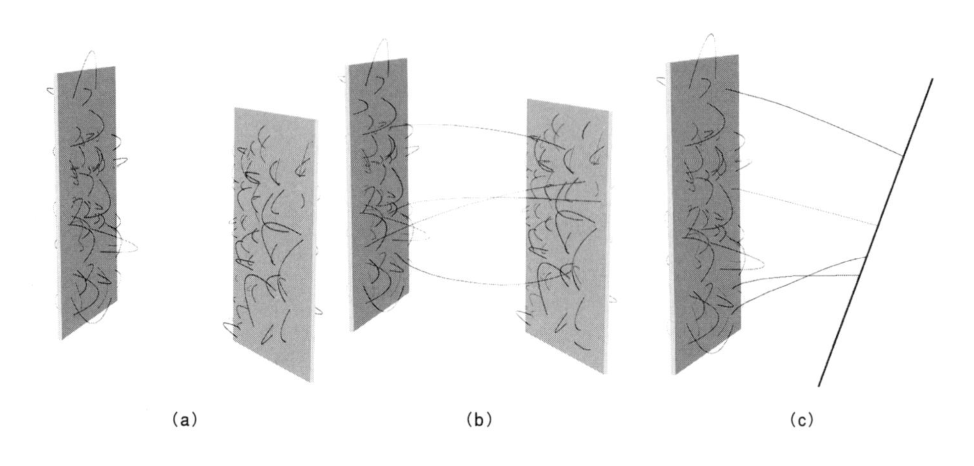

그림 13.2 **(a)** 열린 끈의 양쪽 끝이 하나의 2-브레인에 붙어 있는 상태. **(b)** 열린 끈의 양쪽 끝이 서로 다른 2-브레인에 붙어 있는 상태. **(c)** 열린 끈의 양쪽 끝이 2-브레인과 1-브레인(선)에 붙어 있는 상태.

속박되어 있는 경우도 이와 비슷하게 이해할 수 있다. 일반적으로, 열린 끈의 양쪽 끝은 p-브레인 안에서 자유롭게 움직일 수 있지만 p-브레인에서 벗어날 수는 없다. 또한, 열린 끈의 양끝은 그림 13.2b와 같이 서로 다른 p-브레인에 연결된 채 움직일 수도 있고, 그림 13.2c처럼 양끝에 연결된 브레인의 차원이 서로 다를 수도 있다.

다섯 개의 끈이론을 하나로 통합한 위튼의 발견에 이어, 폴친스키의 논문은 끈이론의 제2차 혁명에 또 한 번의 박차를 가했다. 20세기 이론물리학을 대표하는 최고의 지성들도 만물의 최소단위를 점(0차원)이나 끈(1차원)보다 높은 차원의 객체로 설명하는 데 실패했지만, 위튼과 폴친스키를 비롯한 최첨단의 끈이론학자들은 해답으로 가는 길을 분명하게 제시하였다. 이들은 고차원의 구성요소를 포함하는 M-이론을 창안했을 뿐만 아니라, 각 브레인의 구체적인 특성을 이론적으로 분석하는 방법을 개발하였다. 폴친스키의 논문에 의하면 각 브레인의 특성은 그들이 붙잡고 있는 열린 끈의 특성에 의해 좌우된다. 카펫의 보풀 한 가닥을 추적하면 실의 한쪽 끝이 묶여 있는 카펫의 바닥구조를 알아낼 수 있는 것처럼, 브레인의 특성은 그 브레인에 들러붙어 있는 끈을 분석하여 알아낼 수 있다.

이것은 끈이론이 이루어 낸 가장 중요한 업적이다. 수십 년 동안 연구되어 온 1차원 객체(끈)는 결국 헛되지 않고 고차원의 p-브레인을 분석하는 중요한 도구가 된 것이다. 폴친스키 덕분에 우리는 고차원 브레인과 관련된 대부분의 문제를 1차원 끈에 관한 문제로 단순화시킬 수 있게 되었다. 이런 이유로 1차원 끈이론은 아직도 중요하게 취급되고 있다.

이 점을 염두에 두고, 지금부터 우리의 세계가 3-브레인임을 주장하는 브레인세계 가설로 들어가 보자.

우리의 우주는 브레인인가?

만일 우리가 3-브레인3-brane 안에서 살고 있다면(우리가 겪고 있는 4차원 시공간이 시간을 따라 이동하는 3-브레인의 궤적이라면) 시공간은 추상적이고 모호한 개념이 아니라 끈이론/M-이론을 구성하는 물리적 실체가 된다. 브레인세계braneworld의 관점에서 보면 4차원 시공간은 전자나 쿼크처럼 자연에 실재하는 물리적 실체이다(그렇다면 끈이론/M-이론이 말하는 11차원 시공간도 물리적 실체일까? 그 답은 4차원 시공간으로부터 유추할 수 있다). 그러나 만일 우주가 정말로 3-브레인이라면 우리가 그 안에 살고 있다는 것이 왜 분명하게 드러나지 않는 것일까?

현대물리학은 힉스장과 암흑에너지(암흑물질), 그리고 양자적 요동이 우주공간을 가득 메우고 있다는 가설을 내세우고 있다. 이들 모두는 이론적으로만 존재하며, 그 실체가 직접 확인된 적은 없다. 그러므로 끈이론/M-이론이 텅 빈 공간을 가득 채우고 있는 또 하나의 후보를 추가한다고 해서 그다지 놀랍지는 않을 것이다. 그러나 공간에 무언가가 존재한다고 가정할 때는 세심한 주의를 기울여야 한다. 우리는 힉스장과 암흑물질, 그리고 양자적 요동이 물리학에 미치는 영향과 그들이 존재하는 이유를 물리적/수학적으로 이해하고 있다. 실제로 암흑물질과 양자적 요동이 존재한다는 증거는 거의 확보되어 있는 상태이며, 힉스장의 경우는 앞으로 고성능 입자가속기가 건설되면 그 존재 여부가 판가름 날 것이다. 그렇다면 우리의 우주가 3-브레인이라는 가설은 어느 정도의 증거를 확보하고 있는가? 만일 브레인세계 가설이 사실이라면 우리는 왜 그것을 볼 수 없으며 그 존재는 어떻게 증명되어야 하는가?

이 질문의 답을 찾다 보면 브레인세계 가설을 채용한 끈이론/M-이론과 그렇지 않은 끈이론(브레인세계 가설을 채용하지 않은 끈이론을 흔히 'no-braner'라 한다) 사이의 커다란 차이가 분명하게 드러난다. 이 점을 이해하기 위해, 빛의 운동(광자의 운동)을 예로 들어 보자. 독자들도 잘 알다시피, 광자는 끈이론에서 끈의 특별한 진동패턴에 대응된다. 그러나 브레인세계를 가정하고 수학적 논리를 펼쳐 보면 오직 열린 끈만이 광자를 창출할 수 있다는 것을 알 수 있다. 이것은 닫힌 끈의 진동으로 광자가 창출되는 다른 끈이론과 커다란 차이가 난다. 열린 끈의 양끝은 3-브레인을 이탈할 수 없지만 그 안에서는 얼마든지 자유롭게 움직일 수 있다. 즉, 광자(광자에 해당되는 열린 끈의 진동패턴)는 3-브레인 안에서 아무런 제한 없이 움직일 수 있으며, 따라서 우리가 속해 있는 3-브레인은 완전히 투명하여 육안으로는 볼 수 없는 세계가 된다. 그래서 우리는 이 우주가 3-브레인이라 해도 눈으로는 그 사실을 확인할 수 없는 것이다.

또 한 가지 중요한 사실은 열린 끈의 양끝이 브레인을 이탈할 수 없기 때문에 여분의 차원 속으로 들어갈 수도 없다는 점이다. 실에 꿰인 채 움직이는 구슬은 실을 이탈할 수 없고 핀볼게임 판 위를 굴러다니는 구슬은 게임

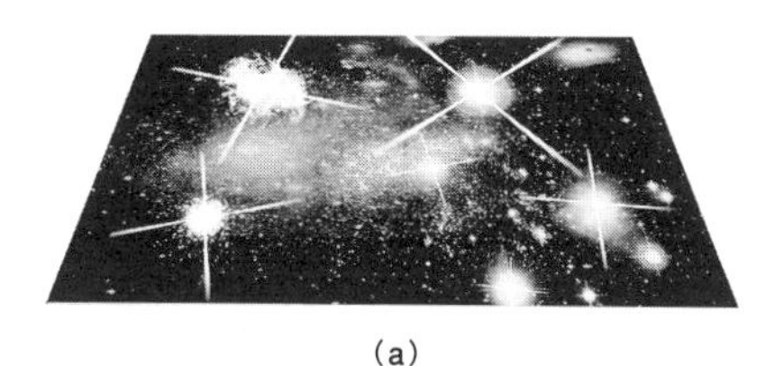

(a)

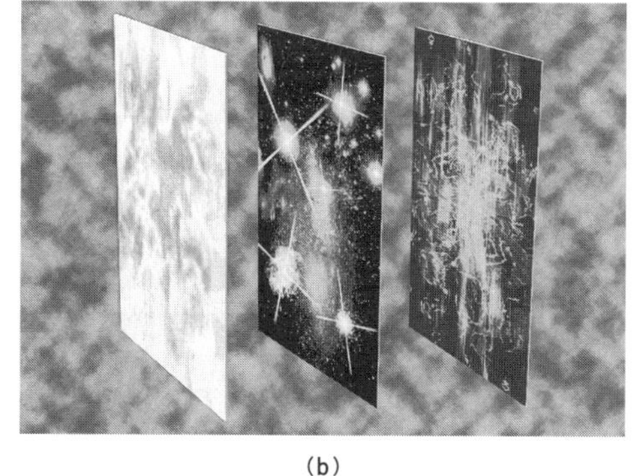

(b)

그림 13.3 (a) 브레인세계 가설에 의하면 광자는 '진동하는 열린 끈'으로서 3-브레인을 이탈할 수 없다. (b) 광자는 우리가 살고 있는 브레인세계를 이탈할 수 없으므로 우리 근처에 다른 (엄청나게 큰) 브레인세계가 표류하고 있다 해도 그 존재를 감지할 수 없다.

판을 이탈할 수 없는 것처럼, 광자는 우리가 속해 있는 3-브레인, 즉 3차원 공간을 벗어날 수 없다. 그리고 광자는 전자기력을 매개하는 입자이므로 결국 전자기력 자체가 3차원 공간 안에 갇혀 있는 셈이다. 그림 13.3에는 이 상황이 2차원 버전으로 표현되어 있다.

앞에서 우리는 끈이론/M-이론이 요구하는 여분의 차원이 아주 작은 공간 안에 감겨 있다고 가정했었다. 가장 성능이 좋은 확대경을 공간에 들이대도 여분의 차원을 관측할 수 없으므로 이것은 자연스러운 가정이다. 그러나 브레인세계 가설을 수용하고 이 문제를 다시 생각해 보면, 여분의 차원은 반드시 작은 공간에 숨어 있을 필요가 없다. 우리는 사물을 어떻게 감지하는가? 사물을 눈으로 본다는 것은 전자기력의 도움으로 물체의 존재를 감지한다는 뜻이다. 전자현미경과 같은 관측도구를 사용할 때는 어떤가? 이 경우에도 우리는 전자기력을 사용하고 있다. 입자가속기로 입자를 충돌시켜서 무언가를 관측할 때에도, 우리는 전자기력을 이용하고 있다. 그러므로 만일 전자기력이 3-브레인 안에 속박되어 있다면 여분의 차원이 아무리 크다 해도 그것을 감지할 방법이 없다. 여분의 차원이 우리의 눈에 보이려면 광자가 그

공간으로 침입했다가 다시 나와서 우리의 눈에 들어와야 하는데, 광자는 우리에게 친숙한 3차원 공간을 이탈할 수 없으므로 그런 일은 결코 일어나지 않는다. 즉, 여분의 차원이 기존의 3차원 공간만큼 크다고 해도, 광자가 3-브레인을 이탈하지 못하는 한 우리는 여분의 차원을 볼 수 없다.

따라서 우리가 3-브레인에 살고 있다고 가정하면 여분의 차원이 보이지 않는 이유를 다른 방식으로 설명할 수 있다. 여분의 차원은 작아서 안 보이는 것이 아니라 그것을 '볼 방법이 없어서' 감지되지 않을 수도 있다. 어떤 대상을 감지할 때 반드시 필요한 전자기력이 여분차원의 세계로 진입할 수 없기 때문이다. 물위에 떠 있는 연꽃 위를 기어가고 있는 개미가 자신의 아래에 광활한 물속세계가 존재한다는 사실을 까맣게 모르고 있는 것처럼, 우리도 그림 13.3b와 같이 광활한 고차원 공간 속의 3차원 공간(그림에는 2차원으로 단순화되어 있다)으로 표류하면서 우리의 브레인만이 유일한 세계라고 생각하며 살아가고 있는지도 모른다.

독자들은 이렇게 반문할 수도 있다. "좋다. 전자기력은 그렇다 치자. 하지만 우주에는 전자기력 말고도 다른 힘이 세 종류나 더 있지 않은가? 약력과 강력, 그리고 중력 중에서 단 하나라도 여분의 차원 속으로 진입할 수 있다면 우리는 여분의 차원을 볼 수 있어야 하지 않겠는가?" 옳은 지적이다. 하지만 약력과 강력도 전자기력처럼 3-브레인을 이탈할 수 없다. 브레인세계 가설에 입각하여 수학적인 계산을 해 보면 강력과 약력을 매개하는 입자들(글루온과 W, Z입자)도 열린 끈의 특정한 진동패턴에 해당되며, 이들의 양 끝은 광자와 마찬가지로 3-브레인에 속박되어 있기 때문에 여분의 차원을 감지하지 못한다. 전자와 쿼크와 같은 물질입자들도 사정은 마찬가지다. 이들도 열린 끈의 특정 진동패턴에 대응되며 3-브레인에 속박되어 있다. 그러므로 브레인세계 가설을 따른다면 당신과 나를 포함한 모든 존재들은 3-브레인 안에 영원히 갇혀 있는 셈이다. 여기에 시간까지 고려하면 모든 만물들은 4차원 시공간의 단면 속에 갇혀 있다고 할 수 있다.

그러나 중력을 고려하면 사정은 조금 달라진다. 브레인세계 가설을 수학적으로 분석한 결과에 따르면, 중력자는 no-braner이론의 경우와 마찬가지로, 닫힌 끈의 특정 진동패턴에 대응되며, 닫힌 끈은 '끝'이라는 것이 없기 때문에 브레인에 속박되어 있을 이유가 없다. 이들은 브레인을 이탈하여 다른 차원의 세계를 자유롭게 돌아다닐 수 있다. 따라서 우리가 3-브레인에 살고 있다 해도 여분의 차원과 완전히 단절된 상태는 아니다. 우리는 중력을 통해 여분의 차원과 영향을 주고받을 수 있다. 즉, 브레인세계 가설에서 중력은 기존의 3차원과 여분의 차원 사이에 정보를 교환하는 유일한 수단인 것이다.

그렇다면 중력을 통해 감지되는 여분의 차원은 어느 정도까지 커질 수 있을까? 이것은 매우 중요한 질문이므로 좀 더 신중히 따져 보기로 하자.

중력, 그리고 거대한 여분차원

뉴턴이 1687년에 범우주적인 중력법칙을 발견했을 때, 사실 그는 공간의 차원을 이미 결정한 것이나 다름없었다. 뉴턴은 거리가 멀어질수록 중력의 크기가 작아진다는 식으로 두루뭉술하게 말하지 않고, 거리와 중력 사이의 수학적 관계를 분명하게 밝혀냈다. 다들 알다시피, 중력의 세기는 거리의 제곱에 반비례한다. 이 공식에 의하면 두 물체 사이의 거리를 두 배로 늘렸을 때 중력은 $1/4(1/2^2)$로 작아지고 거리를 세 배로 늘리면 $1/9(1/3^2)$로 작아지며, 4배로 늘리면 $1/16(1/4^2)$로 작아진다. 일반적으로, 두 물체 사이의 거리가 D 배만큼 멀어지면 그들 사이에 작용하는 중력의 세기는 $1/D^2$로 작아진다. 이 법칙은 지난 수백 년 동안 수많은 실험을 거치면서 더 이상 의심의 여지가 없을 정도로 확고하게 입증되었다.

그런데, 중력의 세기는 왜 거리의 제곱에 반비례하는가? 거리의 세제곱에 반비례하거나(거리가 두 배로 멀어지면 세기가 1/8로 약해지는 중력) 네제곱에 반비례(거리가 두 배로 멀어지면 세기가 1/16로 약해지는 중력)하지 않고, 또는 거리에 직접 반비례하지도 않고(거리가 두 배로 멀어지면 1/2로 약해지는 중력) 왜 하필이면 제곱에 반비례하는가? 그 해답은 공간의 차원과 밀접하게 관련되어 있다.

이 관계를 어떻게 확인할 수 있을까? 두 물체 사이의 거리에 따라 서로 주고받는 중력자의 개수를 셀 수 있다면 좋겠는데, 불행히도 중력자는 아직 발견된 적이 없다. 그렇다면 거리에 따른 공간의 곡률 변화를 측정하면 어떨까? 불가능하진 않지만 곡률의 변화가 현재의 측정장비로 감지되려면 질량이 엄청나게 커야 하기 때문에 현실성이 없다. 좀 더 쉽고 간단한 방법은 없을까? 아주 고전적인 방법이긴 하지만 직관적으로 명백한 답을 얻을 수 있는 방법이 하나 있다. 태양에 의해 생성되는 중력장을 그린 후, 거리에 따라 역선line of force(각 지점마다 중력이 향하는 방향을 이어 놓은 선)의 촘촘한 정도가 변하는 양상을 비교하면 된다. 그림 3.1은 막대자석이 자신의 주변에 만드는 자기장을 표현한 그림인데, 자기장은 자석의 *N*극에서 나와 *S*극으로 들어가지만, 하나의 질량(구형)에 의해 생성되는 중력장은 질량이 있는 곳을 중심으로 반지름 방향으로 뻗어나가는 특성을 갖고 있다. 이것은 그림 13.4에 도식적으로 표현되어 있다. 한 물체(A)가 다른 물체(B)를 잡아당기는 중력의 세기는(그림에는 태양이 위성을 잡아당기는 상황으로 묘사되어 있다) 물체 B가 있는 위치에서 역선의 밀도에 비례한다. 즉, 위성을 뚫고 지나가는 역선의 수가 많을수록 태양이 위성을 잡아당기는 힘은 커진다(그림 13.4b).

이 그림을 이용하면 중력이 거리의 제곱에 반비례하는 이유를 알 수 있다. 그림 13.4c와 같이 태양을 중심으로 하여 위성이 있는 곳을 지나가는 가

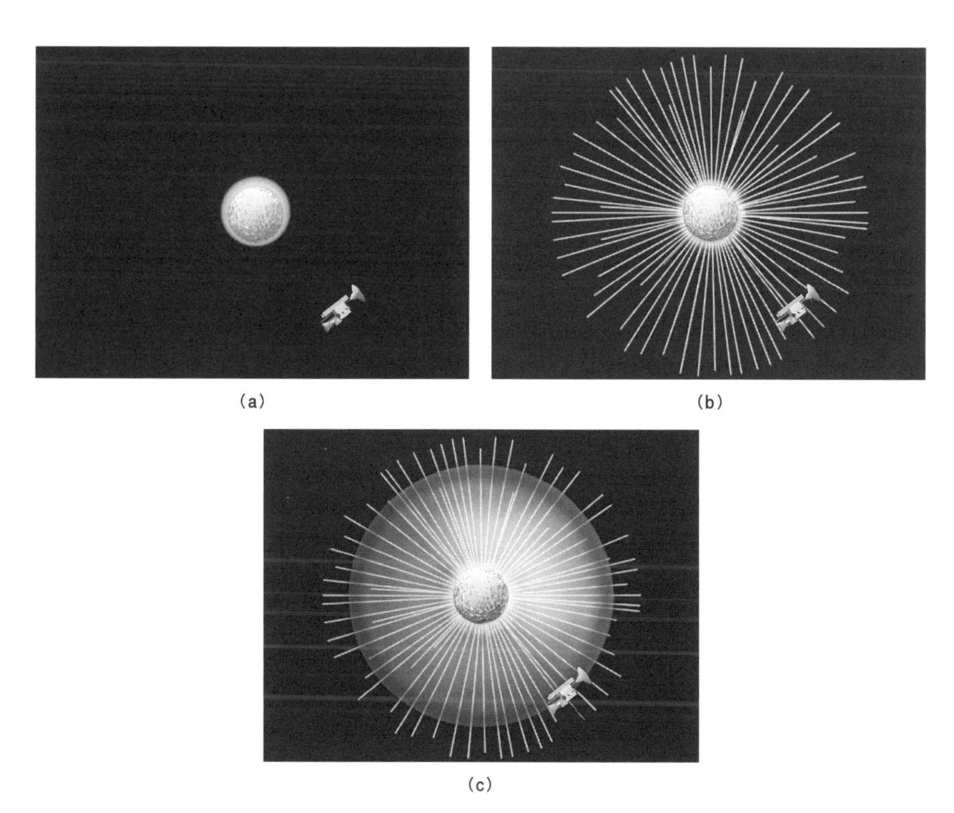

그림 13.4 (a) 태양이 위성에 행사하는 중력의 세기는 이들 사이의 거리의 제곱에 반비례한다. 그 이유는 태양에서 나온 역선이 그림 (b)처럼 퍼져 나가면서 거리가 멀어질수록 역선의 촘촘한 정도가 줄어들기 때문이다. 그림 (c)처럼 위성을 지나가는 가상의 구면을 그려놓고 보면, 구의 단위면적을 통과하는 역선의 수(역선의 밀도)가 구의 반지름의 제곱에 반비례하여 작아진다는 것을 알 수 있다.

상의 구면을 그려 보자. 이 구면의 면적은 구의 반지름의 제곱에 비례하는데, 구의 반지름이란 곧 태양과 위성 사이의 거리를 의미하므로 구의 면적은 태양과 위성 사이의 거리의 제곱에 비례하여 커진다. 따라서 구를 통과하는 역선의 밀도(역선의 총 개수를 구의 면적으로 나눈 값)는 거리의 제곱에 반비례하여 작아진다는 것을 알 수 있다. 태양으로부터 나오는 역선의 총 개수는 이미 정해져 있는 반면, 구의 표면적은 반지름의 제곱에 비례하여 커지기 때문이다. 태양과 위성 사이의 거리가 두 배로 멀어지면(구의 반지름이 두 배로 커지면) 구의 단위면적을 통과하는 역선의 수가 1/4로 줄어들기 때문에 중력의 세기도 1/4로 약해지는 것이다. 그러므로 뉴턴의 중력법칙은 3차원 공간의 기하학적 특성을 반영하고 있다(구의 표면적이 반지름의 제곱에 비례하여 커지는 것은 3차원 공간 내부에 존재하는 2차원 구면의 특성이다).

만일 우리의 우주가 3차원이 아니라 2차원이라면 뉴턴의 중력법칙은 어떻게 달라질 것인가? 그림 13.4를 2차원 공간으로 축약시킨 그림은 그림 13.5a와 같다. 2차원 공간에서도 태양(사실은 납작한 접시모양의 태양)으로부터 나온 역선은 반지름 방향으로 균일하게 뻗어나가고 있다. 그런데 원주의 길이는 원의 반지름의 제곱에 비례하지 않고 그냥 반지름에 비례하므로, 태양과 위성 사이의 거리를 두 배로 늘리면 가상의 원(위성이 있는 곳을 지나가는 원)을 뚫고 지나가는 역선의 밀도는 반으로 줄어든다. 즉, 2차원의 세계에서 거리가 두 배로 멀어지면 중력은 4배가 아니라 두 배로 줄어드는 것이다. 그러므로 만일 우주가 2차원이었다면 중력은 거리의 제곱에 반비례하지 않고 거리에 직접 반비례했을 것이다.

1차원에서는 어떻게 될까? 그림 13.5b는 1차원 우주의 한 지점에 놓여 있는 태양과 그 주변에 위치한 위성을 나타내고 있다. 1차원 우주에서 위성

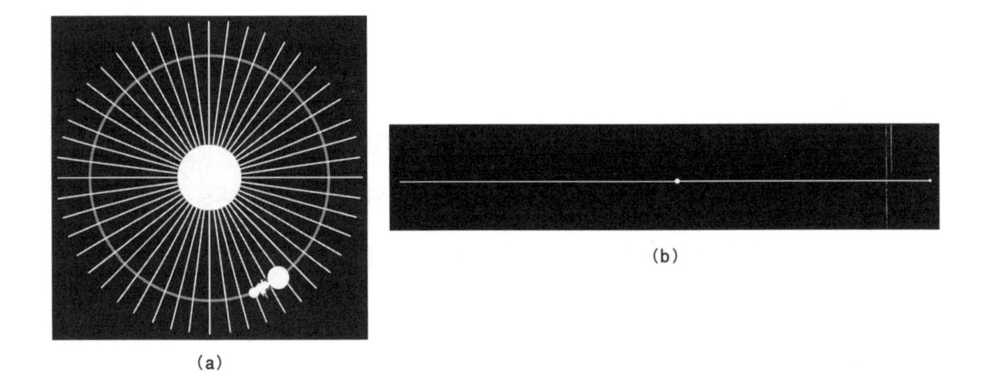

그림 13.5 (a) 2차원 우주공간에서 단위길이의 원주를 뚫고 지나가는 역선의 수는 원의 반지름에 그냥 비례하므로 중력의 크기는 두 물체 사이의 거리에 반비례한다. **(b)** 1차원 우주에서는 중력장에 의한 역선이 퍼져 나갈 수 없으므로 중력은 두 물체 사이의 거리에 상관없이 항상 일정한 크기로 작용한다.

은 태양 쪽으로 가까이 다가가거나 태양으로부터 멀어지는 운동만 가능하므로 중력법칙도 아주 간단해진다. 1차원 우주의 가장 큰 특징은 태양으로부터 나온 역선이 아무리 멀리 가도 퍼지지 않는다는 것이다. 그래서 두 물체 사이의 거리가 아무리 멀어져도 중력의 세기는 달라지지 않는다. 태양과 위성 사이의 거리를 두 배로 늘려도 위성을 통과하는 역선의 수는 변함이 없으므로 중력은 이전과 똑같은 세기로 작용하게 된다. 즉, 1차원 우주에서 두 물체 사이의 중력은 거리에 무관하다.

그림으로 표현할 수는 없지만 그림 13.4와 13.5는 4차원, 5차원, 6차원, … 등 고차원 공간으로 확장될 수 있다. 공간의 차원이 높아질수록 중력장의 역선은 거리가 멀어짐에 따라 더욱 넓게 퍼져 나가고, 퍼지는 정도가 커질수록 중력은 더욱 급격하게 줄어든다. 예를 들어, 4차원 공간에서 중력은 거리의 세제곱에 반비례하고(거리가 두 배로 멀어지면 중력은 8배로 줄어든다), 5차원 공간에서는 거리의 네제곱에 반비례하며(거리가 두 배로 멀어지면 중력은 16배로 줄어든다), 6차원 공간에서는 거리의 5제곱에 반비례한다(거리가 두 배로 멀어지면 중력은 32배로 줄어든다). 이것은 차원이 아무리 높아져도 항상 성립하는 논리이다.

뉴턴의 중력법칙은 행성의 운동에서 은하의 움직임에 이르기까지 전 공간에 걸쳐 성립하는 범우주적 법칙이므로, 독자들은 우리의 우주가 3차원이라고 생각할지도 모른다. 그러나 이것은 조금 성급한 결론이다. 중력은 천문학적 스케일에서 분명히 거리의 제곱에 반비례하고 있으므로,[6] 방대한 규모에서 볼 때 우주공간은 분명히 3차원이라고 할 수 있다. 그러나 미세한 공간에서도 이와 동일한 논리가 성립할 것인가? 중력이 거리의 제곱에 비례한다는 법칙은 실험적으로 어느 정도 작은 스케일까지 검증되어 있는가? 1/10mm까지는 중력의 역제곱 비례법칙이 검증되어 있다. 이 정도 거리까지는 중력의 세기가 거리의 제곱에 반비례하는 것이 분명하다. 그러나 이보다 가까운 거리에서는 중력의 크기를 측정하기가 결코 쉽지 않다(중력이 워낙 약한 힘인데다가 거리가 아주 가까워지면 양자적 효과까지 나타나면서 실험이 아주 복잡해진다). 그러나 중력이 역제곱 비례법칙에서 벗어나는지의 여부는 여분 차원의 존재 여부와 밀접하게 관련되어 있으므로 언젠가는 반드시 확인되어야 할 중요한 문제이다.

이 점을 좀 더 분명하게 이해하기 위해, 실제보다 낮은 차원에서 한 가지 예를 들어 보자(차원을 낮추면 그림을 그리기가 쉽고 논리도 간단해지며, 여기서 얻은 결론은 높은 차원에 그대로 적용될 수 있다). 우리가 살고 있는 세계가 1차원이라고 가정해 보자. 아니, 우리의 선조들이 오랜 세월 동안 이 세계를 1차원으로 믿어 왔다고 가정해 보자. 이 세계에서는 중력이 거리에 상관없이 일정하다는 것이 수많은 실험과 경험을 통해 너무나 당연한 상식으로 통해 왔다. 그러나 이 세계에도 기술적인 한계가 존재하여, 1/10mm보다 짧은 거리에서 중력의 특성을 테스트할 수는 없었다. 그러던 어느 날, 한 무리의 물리학자들이 쇼킹한 주장을 펼치기 시작했다. 이 세계가 1차원이 아니라 2차원이라는 것이다! 두 개의 차원 중 하나는 길게 뻗어 있어서 기존의 1차원세계를 형성하고 있고, 나머지 하나의 차원은 그림 12.5의 밧줄처럼 작은 공간 안에 말려 있다는 것이 그들의 주장이었다. 이들의 황당한 주장은 과연 어떻게 검증될 수 있을까? 해답의 실마리는 그림 13.6에서 찾을 수 있다. 두 개의 조그만 물체가 대략, 감긴 차원의 원주길이보다 가까이 접근하면 2차원적 특성이 분명하게 드러난다. 만일 그들의 주장대로 이 세계가 2차원이라면, 아주 가까운 거리에서 중력에 의한 역선은 넓게 퍼질 수 있기 때문에 중력의 세기는 거리에 반비례하여 작아질 것이다(그림 13.6a).

만일 이 세계에서 미세 거리의 중력을 측정하는 장비가 개발되어 있다면 위의 논리를 이용하여 공간의 차원을 확인할 수 있다. 두 개의 물체가 감긴 차원의 원주길이보다 훨씬 가까운 거리에 있을 때, 이들 사이의 중력이 거리

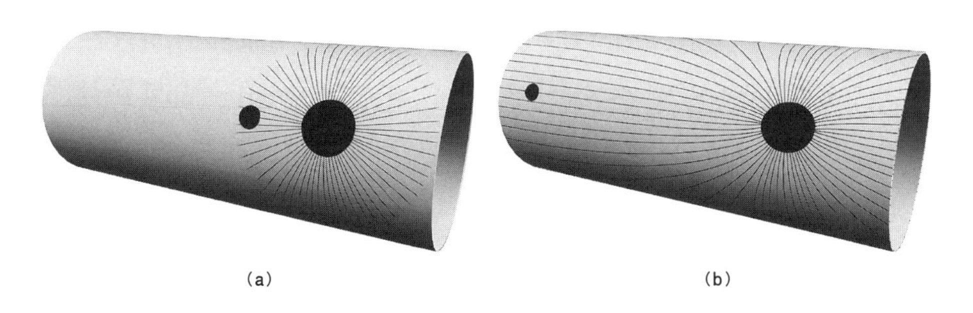

그림 13.6 **(a)** 두 물체가 가까이 있으면 중력은 2차원의 경우처럼 거리에 반비례한다. **(b)** 두 물체 사이의 거리가 멀어지면 중력은 1차원의 경우처럼 거리에 상관없이 일정한 크기로 작용한다.

에 반비례한다면 공간은 2차원으로 결정된다. 그러나 실제의 공간이 2차원이라 해도 두 물체 사이의 거리가 감긴 차원의 원주보다 훨씬 먼 경우에는, 그림 13.6b에서 보는 것처럼 중력에 의한 역선이 여분의 차원방향을 다 채우고 나면 더 이상 넓게 퍼지지 못하기 때문에 거리가 멀어져도 중력은 거의 변하지 않는다. 이 상황은 오래된 집의 수도배관에 비유할 수 있다. 당신이 화장실에서 머리를 감고 있을 때 누군가가 부엌 싱크대의 수도꼭지를 틀었다면 화장실의 수압은 갑자기 약해질 것이다. 물의 출구가 하나에서 둘로 늘어났기 때문이다. 이때, 또 다른 사람이 세탁기를 돌리기 시작했다면 수압은 더욱 떨어질 것이다. 그러나 집안에 있는 모든 수도꼭지가 열려 있다면 수압은 더 이상 떨어지지 않고 일정한 값을 유지하게 된다. 물론 수압 자체는 평소보다 많이 약해지겠지만 더 이상 물이 새어나갈 곳이 없으므로 수압도 더 이상 변하지 않는다. 이와 마찬가지로, 중력장이 여분의 차원 쪽을 완전히 채운 후에는 더 이상 퍼져 나갈 곳이 없으므로 거리에 따른 변화가 나타나지 않는 것이다.

이로부터 우리는 두 가지 결론을 내릴 수 있다. (1) 가까운 거리에서 중력이 거리에 반비례한다면 그 공간은 2차원이다. (2) 오랜 세월 동안 사람들은 그 세계가 1차원이라고 생각해 왔으므로 하나의 차원은 작은 공간 속에 감겨 있어야 한다. 숨어 있는 차원의 규모는 중력법칙이 변하기 시작하는 거리(두 물체 사이의 거리에 반비례하다가 거리에 무관해지기 시작하는 거리)와 비슷하다. 이렇게 되면 장구한 세월 동안 하늘같이 믿어 왔던 1차원 공간의 개념은 2차원으로 수정되어야 한다.

방금 우리는 1차원→2차원의 확장과정을 예로 들었지만, 이 논리는 더 높은 차원에서도 그대로 성립한다. 지난 수백 년 동안 행해진 수많은 실험들은 중력이 거리의 제곱에 반비례한다는 사실을 의심의 여지없이 증명하고 있으므로 우리의 공간은 3차원임이 분명하다. 그러나 1/10mm 이하의 짧은 거리에서 중력의 변화를 측정하는 실험은 기술상의 한계 때문에 아직 실행되지 못했다. 그래서 스탠퍼드대학의 사바스 디모폴로스Savas Dimopoulos와 하버드대학의 니마 아르카니-하미드Nima Arkani-Hamed, 그리고 뉴욕대학의 지아 드발리Gia Dvali는 숨겨진 차원의 크기가 1mm 이내일 것으로 추정하였다. 실험물리학자들은 1mm 이내의 거리에서 중력이 거리 역제곱 비례법칙으로부터 벗어나는 사례를 발견하기 위해 지금도 안간힘을 쓰고 있지만 아직 믿을 만한 결과는 발표된 적이 없다. 아무튼, 중력과 관련하여 지금까지 수행된 실험결과로 미루어볼 때, 만일 우리가 3-브레인에 살고 있는 것이 사실이라면 여분차원의 크기는 거의 1/10mm까지 허용된다.

이것은 지난 10년 동안 끈이론 분야에서 발표된 논문들 중 가장 관심을 끄는 주제이다. 중력을 제외한 세 개의 힘들을 이용하면 십억×십억분의 1m(10^{-18}m)까지 탐사할 수 있지만, 이렇게 작은 영역에서 여분의 차원이 발견된 적은 없다. 브레인세계 가설에 의하면 중력을 제외한 힘들은 브레인의 내부에 갇혀 있기 때문에, 이들을 이용하여 여분의 차원을 감지하는 것은 원리적으로 불가능하다. 오직 중력만이 여분차원의 특성을 감지할 수 있는데, 지금까지 알려진 바에 의하면 여분차원의 크기는 거의 인간의 머리카락 굵기와 비슷할 가능성이 있음에도 불구하고 아직 발견되지 않고 있다. 이 가설에 따르면 지금도 공간상의 모든 지점에는 종이의 두께와 맞먹는 크기의 여분차원이 존재하면서 인간이 발견해 주기를 기다리고 있다.

거대한 여분차원과 거대한 끈

브레인세계 가설은 세 종류의 힘(전자기력, 약력, 강력)을 3-브레인에 가둬 둠으로써, 여분차원의 크기에 걸려 있는 제한조건을 많이 완화시켰다(즉, 여분의 차원은 기존의 짐작보다 훨씬 더 커질 수도 있게 되었다). 그러나 이 가설에 의해 덩치가 커진 것은 여분의 차원만이 아니다. 이그나티오스 안토니아디스Ignatios Antoniadis와 아르카니-하미드, 그리고 디모폴로스와 드발리는 위튼과 조 리켄Joe Lykken, 그리고 콘스탄틴 바카스Constantin Bachas 등의 영감 어린 아이디어로부터 "브레인세계 가설에 등장하는 끈은 기존의 생각보다 훨씬 더 클 수도 있다"는 결론에 도달하였다. 실제로, 여분차원의 크기와 끈의 크기는 서로 밀접하게 관련되어 있다.

12장에서 말한 대로, 끈의 크기는 중력자가 매개하는 중력의 세기에 따라 결정된다. 그런데 중력은 매우 약한 힘이므로 이로부터 유도되는 끈의 길이는 대략 플랑크길이(10^{-33}cm) 정도일 것으로 추정된다. 그러나 이런 식으로 내려진 결론은 여분차원의 크기에 따라 크게 달라진다. 끈이론/M-이론에 의하면, 3차원 공간에서 실험적으로 관측된 중력의 세기에는 두 가지 요인들 사이의 상호관계가 반영되어 있다. 첫 번째 요인은 중력의 고유한 크기이며 두 번째 요인은 여분차원의 크기이다. 여분차원의 크기가 클수록 중력의 많은 부분이 그쪽으로 투입되어, 3차원 공간에 나타나는 중력은 그만큼 약해진다. 수도파이프가 굵을수록 그 안에 물이 퍼질 수 있는 공간이 넓어서 수압이 약해지는 것처럼, 여분차원의 규모가 클수록 그 안에 중력이 많이 퍼질 수 있기 때문에 우리에게 관측되는 중력은 약해지는 것이다.

끈의 크기를 처음 계산할 때에는 여분의 차원이 플랑크길이 정도의 영역에 감겨 있다고 가정했으므로, 중력이 여분차원의 공간 속으로 흘러들어 가는 일이 거의 없다는 가정하에 계산된 값이라고 할 수 있다. 이런 가정하에서 중력이 약한 이유를 묻는다면, 당연히 "중력은 원래 약한 힘이다"라고 대답할 수밖에 없다. 그러나 브레인세계 가설을 채용하여 "여분의 차원은 우리가 생각했던 것보다 훨씬 클 수도 있다"는 가능성을 받아들인다면 중력이 약한 이유는 사뭇 달라진다. 중력은 원래 약한 힘이 아니었는데 상당부분이 여분차원의 공간 속으로 흘러들어 갔기 때문에 우리에게 약하게 나타날 수도 있는 것이다. 만일 이것이 사실이라면 끈의 길이는 우리의 생각보다 훨씬 길어질 수도 있다.

끈의 정확한 길이는 아직 밝혀지지 않고 있다. 여분차원과 끈에 부가된 크기제한은 이전보다 많이 완화되었으므로 가능성도 그만큼 많아졌다. 디모폴로스와 그의 연구동료들이 입자물리학과 천체물리학을 모두 고려하여 계산한 결과에 따르면 최저에너지 상태에 있는 끈의 길이는 10억×10억분의 1m(10^{-18}m)보다 길 수 없다. 일상적인 스케일과 비교하면 엄청나게 작은 길이지만, 이전에 끈의 길이로 추정되었던 플랑크길이와 비교하면 무려 1억×10억 배나 커진 셈이다. 이 정도면 차세대 입자가속기로 충분히 감지될 수 있는 크기이다.

끈이론과 실험의 만남?

우리가 거대한 3-브레인 안에 살고 있다는 것은 어디까지나 가설이다. 그리고 이 가설에 의하면 여분의 차원은 우리가 생각했던 것보다 훨씬 크고 끈의 길이도 훨씬 길어질 수 있다. 물론 이 모든 내용도 가설일 뿐이지만, 가설치고는 엄청나게 흥미로운 가설이 아닐 수 없다. 사실, 브레인세계 가설이 사실로 판명된다 해도 여분차원과 끈의 크기는 여전히 플랑크길이의 규모일 수도 있다. 그러나 끈의 길이와 여분차원의 규모가 기존의 생각과 비교가 안 될 정도로 클 수도 있다는 것은 정말로 환상적인 결과이다. 만일 이것이 사실이라면 앞으로 수년 이내에 끈이론/M-이론은 실험적으로 검증 가능한 이론이 될 수도 있기 때문이다.

그렇게 될 가능성은 어느 정도인가? 정확한 가능성을 예측할 수 있는 사람은 어디에도 없다. 직관적으로 생각해 보면 그럴 가능성이 거의 없어 보이지만, 사실 나의 직관은 지난 15년 동안 플랑크길이 규모의 여분차원과 끈을 연구하면서 형성되어 왔으므로 시대에 뒤떨어져 있음을 부인할 수 없다. 만일 끈과 여분의 차원이 충분히 커서 실험적으로 발견된다면 그 여파는 상상을 초월할 것이다.

다음 장에서 우리는 끈이론을 검증하는 여러 가지 가능한 실험에 대하여 알아볼 것이다. 특히 끈과 여분차원을 관측하는 실험에 중점을 둘 예정인데, 독자들의 궁금증을 미리 자극해 둔다는 취지에서 약간의 내용을 미리 소개하기로 한다. 만일 끈이 십억×십억분의 1m(10^{-18}m) 정도로 길다면, 끈의 높은 배음진동(그림 12.4)에 대응되는 입자의 질량은 앞에서 말했던 것처럼 엄청나게 크지 않고 양성자 질량의 수백만 배 정도가 된다. 이 정도면 지금 CERN에 건설 중인 강입자 충돌 가속기(LHC) Large Hadron Collider로 충분히 감지될 수 있다. 만일 끈의 진동이 입자가속기를 통해 고에너지 상태로 들뜬 상태excited가 된다면 입자감지기에는 타임스퀘어광장의 크리스털 볼crystall ball(뉴욕 타임스퀘어광장에 있는 커다란 조명기구. 해마다 수천 명의 사람들이 신년맞이 행사에서 크리스털 볼의 아름다운 조명을 보기 위해 모여든다: 옮긴이)처럼 극적인 불이 켜질 것이다. 지금까지 한 번도 관측된 적이 없는 입자들이 새롭게 발견되고, 이 입자들의 질량 사이에는 분명한 규칙이 존재할 것이다. 그리고 끈이론이 결국 옳은 이론이었다는 증거는 실험 데이터들 속에 존 핸콕John Hancock(미국 독립 선언서의 첫 서명자. 그의 굵은 서명이 유난히 돋보였다고 하여 그의 이름은 '뚜렷한 증거'의 의미로 통용되고 있다: 옮긴이)의 서명처럼 뚜렷하게 새겨져 있을 것이다. 물론 끈이론학자들은 이 역사적인 순간을 결코 놓치지 않을 것이다.

게다가 더욱 놀라운 사실은 브레인세계 가설에 의하면 고에너지 충돌실험에서 소형 블랙홀이 만들어질 수도 있다는 것이다. 우리는 블랙홀이라고 하면 흔히 먼 우주공간에 존재하는 거대한 천체를 떠올리지만, 물리학자들은 일반상대성이론이 발표된 직후에도 조그만 영역에 엄청난 질량을 꾹꾹 눌러 담을 수 있다면 손바닥만한 블랙홀이 만들어진다는 사실을 이미 알고 있었다. 그동안 실험실에서 블랙홀을 만들 수 없었던 이유는 작은 영역에 방대한 질량을 눌러 담을 방법이 없기 때문이었다. 실제의 블랙홀은 핵융합반응을 통해 바깥쪽으로 작용하는 압력보다 안으로 잡아당기는 자체중력이 더 크기 때문에 별이 안으로 수축되면서 형성된 것이다. 그러나 만일 미세 영역에서 중력의 고유한 세기가 우리의 생각보다 훨씬 강력하다면, 그다지 크지 않은 압력으로도 블랙홀을 만들 수 있다. 구체적인 계산을 해 보면 지금 건설되고 있는 LHC로 양성자끼리 충돌시켰을 때 다량의 초소형 블랙홀이 생성될 수 있다.[7] 이것이 얼마나 놀라운 일인지 상상이 가는가? LHC가 '초소형 블랙홀 제조기'의 역할을 할 수도 있다는 뜻이다! 이렇게 만들어진 블랙홀은 크기가 너무 작고 오랫동안 유지될 수도 없기 때문에 인간에게 유해하지도 않을 뿐더러(몇 년 전에 스티븐 호킹은 모든 블랙홀이 양자적 과정을 거치면서 분해된다는 것을 증명한 바 있다. 천문학적 스케일의 블랙홀은 서서히 분해되고 조그만 블랙홀은 순식간에 분해된다), 지금까지 '가설'이라는 꼬리표를 달고 있던 모든 이론들을 일거에 증명해 줄 것이다.

브레인세계 우주론

나를 포함한 전 세계의 이론물리학자들은 끈이론/M-이론이 반영된 우주론을 최고의 목표로 삼고 있다. 우주론은 우리에게 친숙하면서도 모호한 문제들(시간의 일방통행 등)을 설명해 줄 뿐만 아니라 이론의 타당성을 검증하기에 알맞은 무대이기 때문이다. 어떤 이론이 초기우주의 극단적인 상황에서 성립한다면 다른 어떤 조건에서도 성립할 가능성이 높다.

현재 끈이론/M-이론에 입각하여 우주론을 연구하고 있는 과학자들은 두 가지 방법으로 접근을 시도하고 있다. 이들 중 첫 번째 접근법을 시도하는 학자들은 인플레이션이론이 표준 빅뱅이론의 최첨단 버전이듯이, 끈이론/M-이론이 인플레이션이론의 첨단 버전이라는 관점을 유지하고 있다. 즉, 끈이론/M-이론의 체계가 잡히면 우주 초창기의 풀리지 않은 수수께끼들도 자연스럽게 해결된다는 것이다.

그동안 이 분야에서 새롭게 밝혀진 사실도 많이 있지만(10차원 공간 중에서 오직 세 개의 차원만이 팽창을 겪고 있는 이유 등) "유레카!"를 외칠 만한 결정적인 발견은 아직 이루어지지 않았다. 과거로 거슬러 갈수록 관측 가능한 우주는 점점 뜨거워지고 밀도가 높아지면서 지극히 작은 영역으로 수렴하게 되는데, 끈이론/M-이론은 우주가 수축할 수 있는 '최소한의 크기'를 도입하여 기존의 이론에서 발생하는 특이성singularity 문제를 해결하고 있다. 사실 이 논리는 끈이론이 양자역학과 일반상대성이론을 결합시킬 때 이미 사용했던 논리이다. 나는 앞으로 멀지 않은 미래에 이와 동일한 논리를 우주론에 적용하여 초기우주의 수수께끼를 해결할 수 있을 것으로 전망한다.

두 번째 접근법은 브레인세계 가설을 인용하여 전혀 새로운 형태의 우주론을 구축하는 것이다. 이 이론이 수학적 검증을 무사히 통과하여 끝까지 살아남는다는 보장은 없지만, 훗날 목적을 달성한다면 획기적인 발상의 전환으로 성공을 거둔 또 하나의 사례로 기록될 것이다. 물리학자들은 이 접근법을 가리켜 '주기적 모델cyclic model'이라 부르고 있다.

주기적 우주론

시간적 관점에서 볼 때, 우리가 일상적으로 겪고 있는 모든 경험들은 두 가지 형태로 분류될 수 있다. 시작, 중간, 끝이 분명한 사건들(책, 야구경기, 인간의 삶 등)과 시작이나 끝이 없이 계속해서 반복되는 사건(계절의 변화, 태양의 출몰, 래리 킹(CNN의 토크쇼 사회자: 옮긴이)의 결혼 등)이 그것이다. 물론, 사건의 진행과정을 면밀히 분석해 보면 주기적인 사건들도 완전히 동일한 양상으로 진행되지는 않는다. 태양은 지난 50억 년 동안 특별한 규칙을 따라 출몰을 거듭하고 있지만, 태양계가 형성되지 않았던 50억 년 전에는 그런 현상이 전혀 일어나지 않았었다. 그리고 앞으로 약 50억 년이 지나면 태양이 적색거성으로 변하면서 지구를 비롯한 태양계의 행성들을 집어삼킨 후 장렬한 최후를 맞이하게 될 것이다. 이렇게 긴 시간을 고려하면 지금 당장 주기적으로 진행되는 사건들도 시작과 끝이 있음을 알 수 있다.

그러나 이것은 현대에 와서 알려진 사실이며, 고대인들은 주기적인 현상들이 영원히 계속된다고 믿었다. 뿐만 아니라, 그들은 주기성이 뚜렷하지 않은 현상들에도 작위적인 주기성을 부여하곤 했다. 반복되는 하루와 계절의 변화는 인간의 삶에 일정한 패턴을 만들어 냈고 여기에 절대적인 영향을 받을 수밖에 없었던 고대인들은 눈에 보이는 세계와 우주를 주기적인 관점에서 이해하려고 노력했다. 그들은 이 우주가 시작도, 중간도, 끝도 없이 달의 위상변화처럼 동일한 변화를 반복한다고 생각했다.

일반상대성이론이 발견된 후로 주기성에 입각한 우주모델이 몇 개 제안되었는데, 그중에서 1930년대에 캘리포니아공과대학Caltech의 리처드 톨만Richard Tolman의 주기모델이 가장 유명했다. 톨만은 우주의 팽창이 앞으로 점차 느리게 진행되다가 어느 날 완전히 멈춘 후에 다시 수축과정을 겪게 된다고 생각했다. 그리고 이 수축은 우주가 한 점으로 압축되어 결딴날 때까지 계속되지 않고 어느 정도까지 수축되고 나면 다시 팽창모드로 바뀐다고 주장하였다. 이처럼 우주가 팽창-수축을 주기적으로 반복한다고 가정하면 시작과 끝을 생각할 필요가 없으므로 '우주의 기원'이라는 골치 아픈 문제를 피해 갈 수 있을 것 같다.

그러나 톨만은 현재를 기점으로 하여 과거로 거슬러 올라갈수록 주기성 자체에도 변화가 생긴다는 점을 강조하였다. 그 주된 이유는 평균적인 엔트로피가 열역학 제2법칙에 따라 반드시 증가해야 하기 때문이다.[8] 그리고 일반상대성이론에 의하면 매 주기마다 발생하는 엔트로피의 증가량은 그 다음 주기의 길이를 결정하며, 엔트로피가 클수록 팽창이 지속되는 시간은 길어진다. 그러므로 각 주기는 그 전 주기보다 소요시간이 길다. 다시 말해서, 과거로 거슬러 갈수록 팽창-수축의 주기가 점차 짧아지는 것이다. 이 과정을 수학적으로 분석해 보면, 주기가 꾸준히 감소한다는 것은 곧 주기운동 자체가 영원한 과거까지 거슬러 올라가지 않는다는 것을 의미한다. 결국 톨만이 제안했던 '주기적 우주론'에도 우주의 시작점은 존재하는 셈이다.

톨만의 이론은 구형 우주를 자연스럽게 상기시키지만, 이것은 앞에서 말한 대로 관측을 통해 그 가능성이 이미 배제되었다. 그러나 현대에 이르러 끈이론/M-이론은 주기적인 우주의 개념을 새로운 형태로 제기하고 있다. 케임브리지대학의 폴 슈타인하르트Paul Steinhardt와 그의 연구동료인 닐 투록Neil Turok은 다른 동료인 버트 오브러트Burt Ovrut와 네이선 자이버그Nathan Seiberg, 저스틴 코우리Justin Khoury 등이 발견한 내용을 더욱 깊이 파고든 끝에 우주의 진화에 관한 새로운 의견을 제시하였다.[9] 그 내용을 간단히 옮기자면 다음과 같다—"우리가 살고 있는 3-브레인은 수조 년마다 한 번씩 인근에 있는 다른 3-브레인과 격렬한 충돌을 겪는다. 그리고 이 거대한 충돌이 일어날 때마다 우주의 새로운 주기가 시작된다."

슈타인하르트와 투록이 제안했던 기본적인 아이디어는 그림 13.7에 표현되어 있다. 이보다 몇 해 전에 호라바와 위튼도 우주론과 상관없이 이와 비슷한 아이디어를 제안한 적이 있었다. 호라바와 위튼은 다섯 개의 끈이론을 하나로 통합하는 혁명적인 아이디어를 더욱 체계적으로 다듬다가 "M-이론이 말하는 일곱 개의 여분차원 중 하나가 매우 단순한 형태로 되어 있고(그림 12.7과 같은 원형이 아니라 그림 13.7과 같은 직선형) 소위 말하는 '브레인세계의 끝'에 북엔드(세워 놓은 책들이 쓰러지지 않도록 받치는 지지물: 옮긴이)처럼 붙어 있다면, 이형-E Heterotic-E 끈이론과 다른 끈이론들 사이에 직접적인 연결관계

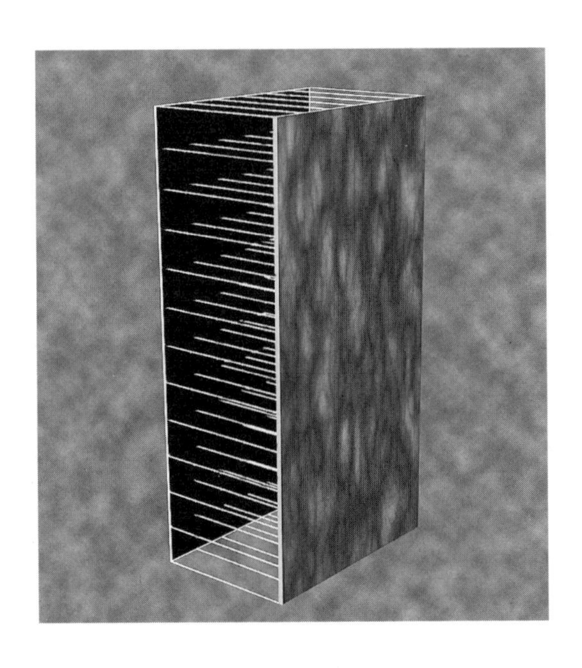

그림 13.7 짧은 간격을 두고 마주보고 있는 두 개의 3-브레인.

가 성립한다"는 사실을 알아냈다(구체적인 내용은 지금 우리의 목적상 별로 중요하지 않으므로 생략한다. 관심이 있는 독자들은 『엘러건트 유니버스』의 12장을 읽어 보기 바란다). 여기서 중요한 것은, 이들의 발견이 우주의 시작점을 자연스럽게 제안하고 있다는 점이다.

슈타인하르트와 투록은 그림 13.7과 같이 3차원 브레인들 사이를 연결하고 있는 직선이 네 번째 공간차원에 해당되며 나머지 여섯 개의 차원들은 끈의 진동패턴과 기존의 입자들이 서로 일치하도록 칼라비-야우 공간 안에 구겨져 있다고 생각했다.[10] 그렇다면 우리가 경험하는 우주는 이들 중 하나의 3-브레인에 해당되며 그 옆에 있는 또 하나의 브레인도 별개의 3차원 우주에 해당된다. 만일 이 우주에도 생명체가 살고 있다면 그들의 과학수준은 우리와 크게 다르지 않을 것이다(피차 서로를 발견하지 못하고 있으므로). 더욱 놀라운 것은 이 별개의 우주가 우리의 우주와 불과 1mm 이내의 거리에 위치하고 있다는 것이다. 단, 그 거리라는 것이 우리가 알고 있는 3차원 공간상의 거리가 아니라 네 번째 공간차원상의 거리이기 때문에, 또 다른 우주가 바로 이웃에 존재하고 있음에도 불구하고 우리에게 감지되지 않는 것이다. 물론 이웃 우주에 살고 있는 생명체들도(만일 있다면) 우리의 존재를 전혀 모르는 채로 살고 있을 것이다.

그러나 슈타인하르트와 투록의 주기적 우주모델에 의하면 이웃한 3-브레인은 그림 13.7과 같은 형태를 계속 유지하지 않고 서로 상대방에게 끌려 충돌했다가 다시 간격이 벌어지는 주기운동을 반복하면서 우주적 진화를 겪는다. 그림 13.8은 두 개의 브레인이 겪는 한 차례의 주기운동을 도식적으로 표현한 것이다.

1단계에서 두 개의 3-브레인은 충돌 후의 반동으로 인해 서로 벌어지고 있다. 충돌 시에 발생한 엄청난 에너지는 각 3-브레인에 초고온의 복사와 물질을 양산하는데, 이때 나타나는 물질과 복사의 구체적인 특성은 인플레이

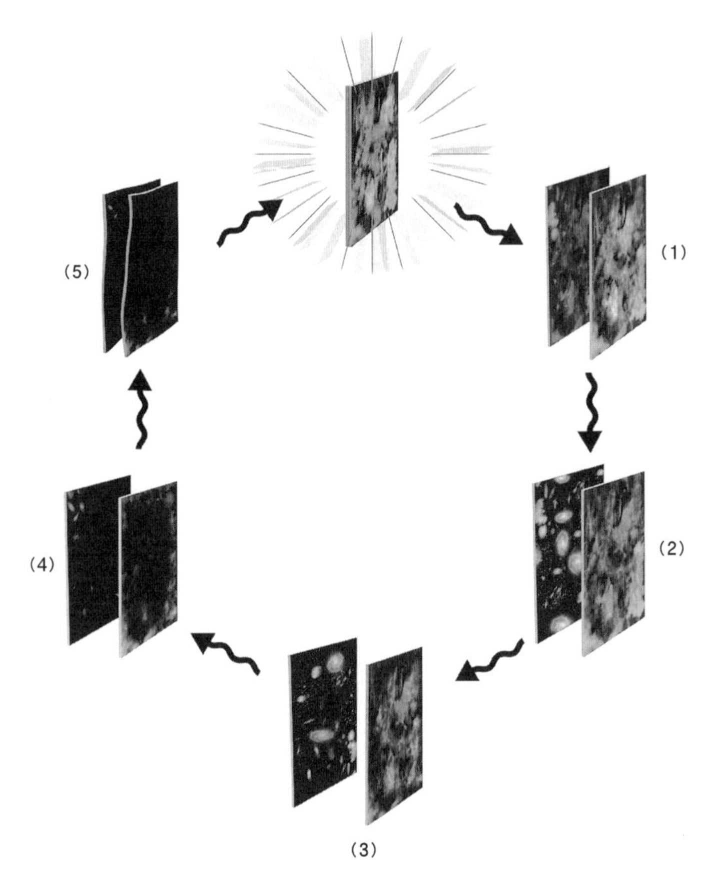

그림 13.8 주기적 브레인세계 가설에 입각한 우주모델의 한 주기.

션 모델에서 예견되는 특성과 거의 정확하게 일치한다. 이 점에 대해서는 아직 논란의 여지가 남아 있긴 하지만, 슈타인하르트와 투록은 두 개의 3-브레인이 충돌하면서 나타나는 물리적 특성들이 인플레이션팽창이 막 일어나기 시작한 시점의 특성(10장 참조)과 매우 정확하게 일치한다고 주장했다. 그렇다면 우리의 3-브레인에서 바라본 그 다음 단계들은 근본적으로 그림 9.2와 동일해진다(지금 펼치고 있는 논리를 따른다면 이 그림은 두 개의 3-브레인 중 하나의 진화과정을 나타낸다). 즉, 우리의 3-브레인은 이웃한 3-브레인과 충돌을 겪은 후 팽창하면서 온도가 내려가고, 초기의 플라즈마 상태에서 물질이 서서히 뭉치면서 별이나 은하와 같은 천체들이 형성되기 시작할 것이다. 이 과정은 그림 13.8의 2단계에 해당된다. 그리고 슈타인하르트와 투록은 최근에 초신성을 관측하여 얻은 결과로부터(10장 참조) "주기가 시작되고 70억 년이 지나면(3단계) 브레인의 팽창이 충분히 진행되어 일상적인 에너지/복사보다 암흑물질의 음압에 의한 팽창이 더욱 두드러지게 나타나며, 그 결과 팽창속도는 더욱 빨라진다"고 주장했다(이런 결론이 내려지려면 세부 변수들을 임의로 맞춰야 한다. 그러나 일단은 관측결과와 일치하는 주장이므로 주기적 우주론을 지지하는 사람들은 변수의 임의성을 별로 심각하게 생각하지 않고 있다). 70억 년이 지난 지금, 지구 위에 존재하는 우리 인간들은 '팽창이 가속되는 시기'의 초기에 살고 있는 셈이다. 앞으로 약 1조 년 동안 우리의 3-브레인은 별다른 변화 없이 가속되는 팽창을 겪을 것이며, 이렇게 긴 시간이 지나면 우리의 3차원 공간은 엄청난 규모로 커져서 거의 텅 빈 우주가 될 것이다(4단계).

이 시점이 되면 충돌에 의한 반발이 끝나고 두 개의 3-브레인은 서로를 향해 다가가기 시작한다. 두 브레인 사이의 거리가 가까워질수록 브레인에 붙어 있는 끈은 양자적 요동을 겪으면서 미세한 굴곡을 만들어 내고(5단계), 이 굴곡은 시간이 흐를수록 더욱 크게 나타난다. 그러다가 두 개의 3-브레인이 대충돌을 일으키면서 다시 새로운 주기가 시작되는 것이다. 양자적 요동은 '균질하지 않은 물질과 복사의 분포'라는 형태로 그 흔적을 남기고, 이러한 비균질성으로부터 별과 은하가 생성된다(이 부분은 인플레이션이론과 동일하다).

주기적 우주모델이 거치는 중요한 시점들은 이와 같이 요약될 수 있다(물리학자들은 이 모델을 '빅 스플랫big splat'이라 부르기도 한다). 브레인세계가 충돌한다는 가정은 이미 성공을 거둔 인플레이션이론과 크게 다르지만 양자적 요동으로부터 초기의 비균질성이 초래된다는 점에서는 두 이론이 일치하고 있다. 슈타인하르트와 투록은 주기적 우주모델에서 양자적 굴곡을 결정하는 방정식이 인플레이션이론과 거의 일치하기 때문에 비균질성도 거의 동일하게 나타난다고 주장하였다.[11] 뿐만 아니라 주기적 우주모델은 갑작스런 팽창(인플레이션)과정을 도입하지 않고 무려 1조 년에 달하는 팽창가속기간(3단계에서 시작됨)을 허용하고 있으므로, 주기적 우주모델과 인플레이션 우주론의 차이는 사실 '서두름'과 '느긋함'의 차이라고 할 수 있다. 인플레이션 모델에서 순식간에 일어나는 현상이 주기적 우주모델에서는 매우 오랜 시간에 걸쳐 일어나고 있기 때문이다. 주기적 모델에서 3-브레인 사이에 충돌이 일어나는 시점은 우주의 시작점이 아니라 반복되는 주기의 일부이므로 평평성 문제와 지평선 문제 등도 이전 주기의 마지막 1조 년 사이에서 그 원인을 찾을 수 있다. 매 주기마다 나타나는 완만하고 꾸준한 팽창에 의해 우리의 3-브레인은 평평성과 균질성을 획득하게 되었다. 그러므로 각 주기의 마지막 단계에 해당하는 장구한 기간 동안 인플레이션과 거의 동일한 환경이 형성된다고 할 수 있다.

간단한 평가

현재 인플레이션이론과 주기적 우주모델은 각기 나름대로의 우주론을 제시하고 있지만 어느 쪽도 완전한 이론이라고 할 수는 없다. 인플레이션의 경우, 초기우주에 대하여 아는 것이 별로 없기 때문에 "우주의 초창기에는 인플레이션이 일어나기에 알맞은 조건이 이미 갖춰져 있었다"는 가정을 이론적 근거 없이 내세워야 한다. 이 가정을 받아들인다면 시간의 방향성을 비롯하여 우주론과 관련된 수많은 수수께끼들을 해결할 수 있다. 그러나 인플레이션이 발생한 원인은 여전히 미지로 남게 된다. 게다가 인플레이션이론은 끈이론과 매끄럽게 연결되지 않기 때문에 양자역학과 일반상대성이론 사이의 조화로운 결합도 마음대로 인용할 수 없다.

주기적 우주론도 나름대로의 문제점을 안고 있다. 톨만의 모델을 엔트로피 증가법칙의 관점(그리고 양자역학적 관점[12])에서 볼 때, 우주의 주기는 영원한 과거부터 계속되어 왔다고 볼 수 없다. 이것은 우주의 주기적 변화가 처음으로 시작된 시점이 존재한다는 것을 의미하기 때문에, 인플레이션이론의 경우와 마찬가지로 그 시작이 어떻게 촉발되었는지를 추가로 설명해야 한다. 만일 이 설명이 주어진다면 그림 13.8과 같은 주기가 형성된 과정도 이해할 수 있을 것이다. 그러나 지금으로서는 우주가 왜, 그리고 어떻게 그림 13.8과 같은 식으로 운영되는지를 설명할 방법이 없다. 여섯 개의 차원은 칼라비-야우 공간 안에 숨어 있고 단 하나의 여분차원만 두 개의 3-브레인을 연결하고 있는 이유는 무엇인가? 두 브레인의 경계면이 나란히 배열되어 서로 잡아당기는 이유는 무엇인가? 그리고 가장 중요한 질문—두 개의 3-브레인이 충돌했을 때 구체적으로 어떤 효과가 발생하는가?

주기적 우주론을 신봉하는 학자들은 방금 언급한 마지막 질문이 인플레이션 우주론에서 제기되는 특이성singularity 문제만큼 심각하지 않을 것이라는 희망을 갖고 있다. 주기적 우주론에서 초기의 우주는 하나의 점 안에 무한대의 밀도로 밀집되어 있을 필요가 없다. 좁은 영역에 압축되는 것은 두 개의 3-브레인을 연결하는 1차원 공간뿐이며, 3-브레인 자체는 매 주기마다 계속해서 팽창을 겪고 있다. 이런 이유 때문에 슈타인하르트와 투록은 3-브레인의 온도와 밀도가 유한하다는 결론을 내렸다. 그러나 3-브레인의 충돌에 관하여 알려진 것이 거의 없기 때문에 이들의 결론을 곧이곧대로 믿을 수는 없다. 사실, 시간=0인 시점에서 인플레이션이론이 안고 있는 문제는 주기적 우주론으로도 극복할 수 없다. 그러므로 우주적 변천과정이 오직 한 방향으로 진행되건, 혹은 일정한 주기가 반복되건 간에, 시작점(또는 현 주기의 시작점)을 규명하는 것은 여전히 문제로 남을 수밖에 없다.

주기적 모델의 가장 큰 매력은 관측으로 알려진 '팽창의 가속화'와 암흑에너지의 존재를 별 무리 없이 설명해 준다는 점이다. 1998년, 공간의 팽창이 가속되고 있다는 사실이 처음으로 알려졌을 때 물리학자와 천문학자들은 그 사실을 별로 달가워하지 않았다. 암흑에너지를 도입하면 팽창이 가속되는 지금의 현상을 인플레이션 체계 속에 어떻게든 끼워 넣을 수는 있지만, 이제 와서 팽창이 가속되고 있다는 것은 사실 '원치 않았던' 현상이었다. 그러나 주기적 우주론에서는 암흑에너지가 매우 중요한 역할을 한다. 1조 년 동안 서서히, 그리고 꾸준하게 진행되는 가속팽창 과정은 관측 가능한 우주를 거의 무(無)의 상태로 희석시켜 한 주기의 과거를 깨끗하게 청산하고 새로운 주기의 시작을 가능하게 한다. 인플레이션이론과 주기적 우주론은 모두 '가속되는 팽창'을 도입하고 있지만(인플레이션은 우주의 발생초기에, 그리고 주기적 우주론은 주기의 후반부에 가속팽창이 일어난다), 관측결과를 설명하기에는 아무래도 후자의 이론이 더 낫다(주기적 우주론에 의하면 가속팽창은 1조 년에 걸쳐 진행되며, 지금 우리는 그 단계가 막 시작되는 시점에 살고 있다). 그러나 미래의 어느 날 팽창의 가속현상이 더 이상 관측되지 않는다면 인플레이션이론만 살아남고(그래도 잃어버린 70%는 여전히 문제로 남는다) 주기적 우주론은 폐기될 것이다.

새로운 개념의 시공간

브레인세계 가설과 그로부터 탄생한 주기적 우주론은 어디까지나 가설일 뿐이다. 내가 이 내용을 독자들에게 소개한 것은 끈이론/M-이론에 뿌리를 둔 우주론이 우리가 살고 있는 세계를 얼마나 놀라운 방식으로 설명하고 있는지를 보여 주고 싶었기 때문이다. 우리가 정말로 3-브레인에 살고 있다면,

3차원 공간과 관련된 유서 깊은 질문에 분명한 답을 제시할 수 있다. "공간의 실체는 무엇인가? 공간은 다름 아닌 브레인이다" — 이 한마디로 공간의 실체는 규명된다. 또한, 끈이론/M-이론이 말하는 고차원 공간 속에는 다양한 차원(10차원 이하)을 갖는 브레인들이 표류하고 있을 수도 있다. 그리고 우리가 살고 있는 3-브레인이 근처에 있는 다른 3-브레인과 주기적으로 충돌하고 있다면 우리가 느끼는 시간도 주기적 성질을 갖게 된다.

이것은 매우 흥미로운 발상이지만, 사실 시간과 공간은 이보다 훨씬 방대한 규모일 수도 있다. 우리가 말하는 '모든 것'은 엄청나게 방대한 실체의 극히 일부분에 불과할 수도 있는 것이다.

V

실체와 상상의 세계

제14장

이상과 현실

실험을 통해 시간과 공간의 실체를 규명하다

고대 아그리젠토Agrigento(이탈리아의 시칠리아주 아그리젠토현의 현청 소재지, 고고학 유적지로 유명함: 옮긴이)의 엠페도클레스Empedocles(BC 495~435?)는 우주가 흙, 공기, 불, 그리고 물로 이루어져 있다고 생각했다. 그 후 뉴턴과 맥스웰, 아인슈타인, 슈뢰딩거 등 천재 물리학자들의 손을 거치면서 현대과학은 장족의 발전을 이루었고 이론을 검증하는 실험기술도 일반인의 상상을 초월하는 수준으로 개선되었다. 그러나 1980년대 중반부터 우리는 그동안 이뤄 왔던 이론적 성공에 대한 대가를 치러야 했다. 그 무렵부터 이론물리학은 현대의 실험기술이 도저히 도달할 수 없는 영역으로 치닫기 시작한 것이다.

그러나 부단한 노력을 기울이면서 거기에 약간의 행운이 따라 준다면, 첨단 이론의 상당부분은 앞으로 수십 년 이내에 실험적으로 검증될 것이다. 이제 곧 구체적으로 논의되겠지만, 여분의 차원과 암흑물질(암흑에너지), 질량의 기원과 힉스입자(힉스장), 초기우주의 상태, 초대칭, 그리고 끈이론의 타당성 등 최근에 제기된 이론들은 현재 실험이 진행 중이거나 구체적인 실험일정이 잡혀 있는 상태이다. 뿐만 아니라 물리법칙의 통일과 시간/공간의 실체, 우주의 기원 등 가장 중요하고 근본적인 문제들도 (역시 약간의 운이 따라준다면) 머지않은 미래에 검증될 것으로 기대되고 있다.

그물에 걸린 아인슈타인

일반상대성이론의 체계를 구축하던 10년 동안, 아인슈타인은 여러 가지 다양한 소스를 접하면서 영감 어린 생각들을 떠올렸다. 그중에서 아인슈타인에게 가장 큰 영향을 끼쳤던 것은 칼 프리드리히 가우스Carl Friedrich Gauss와 야노스 볼야이Janos Bolyai, 니콜라이 로바체프스키Nikolai Lobachevsky, 게오르그 베른하르트 리만Georg Bernhard Riemann 등 19세기의 수학자들이 창시했던 곡면기하학curved surface geometry이었다. 그리고 3장에서 말한 바와 같이, 아인슈타인은 에른스트 마흐의 이론에도 많은 영향을 받았다. 독자들도 이미 알다시피, 마흐는 공간을 '상호관계'라는 관점에서 이해하려고 노력했다. 그에게 있어 공간이란 물체들 간의 상대적인 위치를 결정하는 수단이었으며, 공간 자체는 독립적인 의미를 갖지 않는다고 생각했다. 사실, 아인슈타인은 마흐를 가장 열렬하게 지지하는 사람들 중 하나였다. 왜냐하면 마흐의 이론에는 상대론적 특성이 다분하게 깔려 있기 때문이었다. 그러나 일반상대성이론의 체계가 확립되면서 아인슈타인은 자신의 이론이 마흐의 원리와 완전하게 부합되지 않는다는 사실을 알게 되었다. 일반상대성이론에 의하면 아무것도 없이 텅 빈 공간에서도 회전하는 물통의 수면은 오목하게 들어가야 했고, 이 결과는 마흐의 원리와 정면으로 상충되었다. 하지만 그 와중에도 일반상대성이론과 마흐의 관점은 서로 통하는 부분이 있었다. 그 후 1959년에 마흐가 예견했던 현상을 위성으로 관측하는 실험이 제안되었다가 예산문제 때문에 실현되지 못했고, 그로부터 다시 40여 년이 지난 2004년에 무려 5

억 달러를 들인 인공위성 '중력탐사 B Gravity Probe B'호가 이 임무를 띠고 우주로 발사되었다.

사실, 중력탐사 B호의 임무는 1918년부터 이미 정해져 있었다. 오스트리아의 물리학자 요세프 렌제 Joseph Lense와 한스 티링 Hans Thirring은 질량이 큰 물체가 시간과 공간을 왜곡시키듯이(트램펄린 위에 놓여 있는 볼링공이 표면을 왜곡시키는 것과 비슷하다) 회전하는 물체는 그 주변의 시간과 공간을 끌어당긴다는 것을 일반상대성이론으로 증명하였다. 직관적인 비유를 들자면 걸쭉한 액체 속에서 돌멩이가 회전할 때 그 주변에 소용돌이가 일어나는 현상과 비슷하며, 흔히 '좌표계 이끌림 frame dragging'이라는 이름으로 알려져 있다. 예를 들어, 빠르게 회전하고 있는 중성자별이나 블랙홀을 향해 자유롭게 낙하하는 소행성은 곧바로 떨어지지 않고 소용돌이처럼 회전하는 공간을 따라 중성자별(블랙홀)의 주변을 회전하면서 추락하게 된다. 그러나 소행성의 입장(소행성의 좌표계)에서 볼 때 자신은 전혀 회전하지 않고 똑바로 떨어지고 있을 뿐이다. 즉, 소행성은 '공간에 대하여' 회전하는 것이 아니라 소용돌이 치듯이 왜곡되어 있는 공간의 격자선을 '똑바로' 따라가고 있다(그림 14.1 참조). 그러므로 블랙홀을 향해 떨어지고 있는 소행성을 바깥에서 바라보면 나

그림 14.1 회전하는 물체는 그 주변의 공간을 소용돌이 형태로 왜곡시킨다.

선형 궤적을 그리면서 떨어지는 것처럼 보이지만, 당신이 그 소행성에 타고 있다면 회전을 전혀 느끼지 못할 것이다.

렌제와 티링의 이론이 마흐의 원리와 어떤 관계에 있는지 알아보기 위해 속이 텅 비어 있는 거대한 구sphere가 회전하고 있는 경우를 생각해 보자. 이와 관련된 계산은 일반상대성이론이 완성되기 전인 1912년에 아인슈타인이 처음으로 실행하였고 1965년에 디터 브릴Dieter Brill과 제프리 코헨Jeffrey Cohen에 의해 더욱 개선되었으며 1985년에 독일의 물리학자인 헤르베르트 피스터Herbert Pfister와 브라운K. Braun에 의해 완성되었다. 이들의 계산에 의하면 회전하는 빈 구의 내부공간은 소용돌이처럼 휘어진다.[1] 만일 구의 내부에 물통이 들어 있었다면 회전하는 공간이 정지해 있는 물에 힘을 작용하여 수면이 오목해진다.

마흐가 살아서 이 결과를 접했다면 대단히 기뻐했을 것이다. '회전하는 공간'이라는 단어 자체에는 공간을 물리적 실체로 취급한다는 의미가 함축되어 있으므로 마흐에게는 별로 달갑지 않았겠지만, 공간과 물 사이의 상대적인 회전운동이 수면의 형태를 바꾼다는 것은 마흐의 주장과 정확하게 일치한다. 만일 구의 껍질에 들어 있는 질량이 우주 전체의 질량과 맞먹을 정도로 크다면, 속이 빈 구가 물통에 대하여 회전하는 상황과 물통이 빈 구에 대하여 회전하는 상황은 계산상으로 동일한 결과를 가져온다. 마흐의 주장대로, 여기서 중요한 것은 "어느 쪽이 회전하고 있는가?"가 아니라 "둘 사이에 상대적인 회전운동이 존재하는가?"이다. 그리고 이 계산은 오로지 일반상대성이론에 의거하고 있으므로, 아인슈타인의 이론과 마흐원리 사이에 공통점이 존재한다는 명백한 증거이기도 하다(단, 마흐의 추종자들은 "텅 빈 무한 공간에서 회전하는 물통은 수면이 평평하게 유지된다"고 주장할 것이다. 물론 일반상대성이론에 의하면 이 경우에도 수면은 오목해진다. 피스터와 브라운은 "질량이 충분히 큰 회전하는 구는 외부공간에 의한 영향을 완벽하게 차단할 수 있다"는 사실을 증명한 것이다).

1960년에 스탠퍼드대학의 레너드 쉬프Leonard Schiff와 미국 국방부에서 근무하던 조지 푸우George Pugh는 일반상대성이론으로 예견되는 좌표계 이끌림 현상을 지구의 자전으로부터 실험적으로 관측할 수 있다고 주장하였다(이들의 연구는 독립적으로 진행되었다). 뉴턴의 고전물리학에 의하면, 지면으로부터 높은 궤도를 표류하면서 회전하는 자이로스코프gyroscope(회전의(回轉儀), 축에 고정된 채 회전하는 바퀴)는 항상 일정한 방향을 가리킨다. 그러나 일반상대성이론에 의하면 자이로스코프의 회전축은 지구의 자전에 의한 좌표계 이끌림 현상 때문에 미세한 회전운동을 겪게 된다. 지구의 질량은 피스터와 브라운이 계산을 실행하면서 가정했던 질량보다 훨씬 작기 때문에 지구에 의한 좌표계 이끌림 현상도 아주 미미하게 나타나는데, 구체적인 계산을 해보면 자이로스코프의 회전축은 1년에 10만분의 1° 정도 돌아가야 한다. 이것은 시계의 초침이 약 2백만분의 1초 사이에 돌아가는 각도로서, 이 효과를 관측하는 것은 이론물리학과 실험물리학, 그리고 공학적인 측면에서 야심차게 시도해 볼 만한 대형 프로젝트였다.

그 후 100여 편의 관련논문이 발표되면서 근 40년의 세월이 흐른 뒤에, 프란시스 에버리트Francis Everitt가 이끄는 스탠퍼드대학의 연구팀은 NASA의 재정지원을 받아 쉬프와 푸우의 계획을 실현시켰다. 지난 2004년 4월 20일, 반덴버그 공군기지에서 쏘아 올려진 중력탐사 B호는 향후 18개월 동안 지구로부터 640km 떨어진 궤도를 선회하면서 지구의 자전에 의한 좌표계 이끌림 현상을 관측하게 된다. 이 위성에는 지금까지 제작된 것들 중에서 가장 안정적인 자이로스코프 4개가 탑재되어 있는데, 만일 이 장비를 이용하여 좌표계 이끌림 현상이 성공적으로 관측된다면 아인슈타인의 일반상대성이론은 역사상 가장 엄밀한 검증을 통과하게 되고, 마흐가 예견했던 효과도 함께 검증될 수 있다.[2] 그러나 만일 관측결과가 일반상대성이론이 예견하는 값과 다르게 나온다 해도 물리학자들은 흥분을 감추지 못할 것이다. 그 차이는 시공간의 비밀로 통하는 입구가 될 수도 있기 때문이다.

파동 따라잡기

일반상대성이론의 핵심은 질량과 에너지의 분포상태에 따라 시공간의 곡률이 달라진다는 것이다. 이 내용은 앞에서 그림 3.10을 통해 설명한 적이 있다. 그런데 이 상황을 그림으로 나타내면 질량이나 에너지가 움직이고 있을 때, 그 위치에 따라 수시로 변하는 시공간의 곡률을 표현할 수가 없다.[3] 당신이 트램펄린 위에 가만히 서 있으면 트램펄린의 휘어진 형태도 그대로 유지되는 것처럼, 물체가 공간상에서 가만히 정지해 있으면(그림 3.10) 공간의 휘어진 형태도 그대로 유지된다. 그러나 물체가 움직이면 공간에 진 주름도 물결처럼 흔들리게 된다. 아인슈타인이 이 사실을 깨달은 것은 일반상대

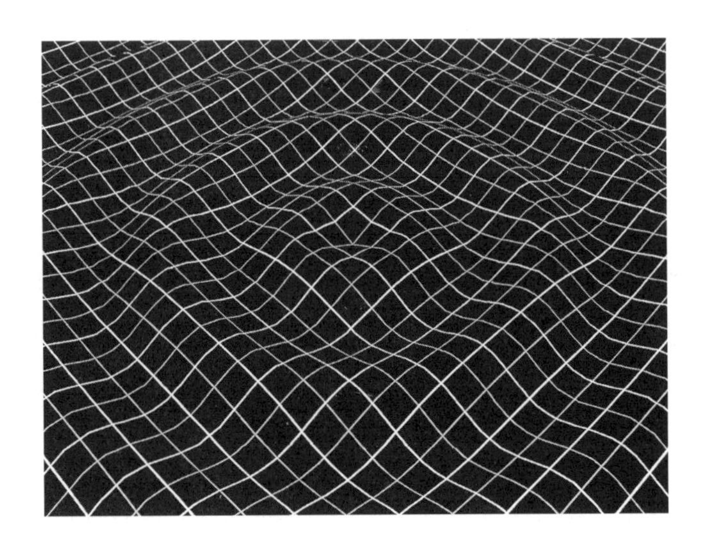

그림 14.2 중력파는 시공간에 주름을 만들어 낸다.

성이론의 방정식을 유도하던 1916~1918년 무렵이었다. 그는 전기전하가 방송용 안테나를 오르락내리락하면서 전자기파를 만들어 내듯이, 이리저리 움직이는 물질들(폭발하는 초신성 등)이 중력파gravitational wave를 만들어 낸다고 생각했다. 중력은 시공간에 곡률을 만들어 내는 원천이므로, 중력파는 곡률을 전달하는 파동에 해당된다. 조용한 수면에 돌멩이를 던지면 수면파가 동심원을 그리며 퍼져 나가는 것처럼, 회전하는 물체는 바깥쪽으로 퍼져 나가는, 공간의 '주름'을 만들어 낸다. 일반상대성이론에 의하면 초신성의 폭발은 고요한 시공간의 연못에 던져진 돌멩이와 비슷한 역할을 하며, 그 파급효과는 그림 14.2와 같은 형태로 나타난다. 이 그림은 중력파의 중요한 특성을 잘 보여 주고 있다. 전자기파나 음파, 또는 물결파와는 달리 중력파는 '공간에 대하여' 이동하는 것이 아니라 '공간과 함께' 이동하는 특성을 갖고 있다.

오늘날 중력파는 일반상대성이론으로부터 예견되는 당연한 현상으로 받아들여지고 있지만, 오랜 세월 동안 이 문제는 마흐의 철학을 너무 많이 내포하고 있다는 이유로 수많은 논쟁의 대상이 되어 왔다. 만일 일반상대성이론이 마흐의 아이디어를 완전히 수용했다면 '공간의 기하학'은 무거운 물체의 위치와 운동을 상대적으로 서술하는 도구에 머물렀을 것이다. '텅 빈 공간'이란, 말 그대로 아무것도 없는 공간이라는 뜻인데, 이런 곳에 어떻게 파동과 같은 요동이 존재할 수 있다는 말인가? 많은 물리학자들은 중력파라는 것이 일반상대성이론의 수학을 잘못 해석한 결과로 생각했으며, 이 사실을 입증하기 위해 안간힘을 썼다. 그러나 얼마 지나지 않아 학자들의 의견은 "중력파는 물리적 실체이며 공간은 파동처럼 넘실거릴 수 있다"는 쪽으로 모아졌다.

중력파의 마루와 골이 지나갈 때마다 공간(그리고 그 안에 포함되어 있는 모든 것)은 한 방향으로 늘어나고 그와 수직한 방향으로는 수축된다. 이 상황은 그림 14.3에 매우 과장된 형태로 표현되어 있다. 그러므로 중력파가 지나가는

그림 14.3 중력파가 지나가면 물체의 형상은 여러 방향으로 왜곡된다(이 그림에서는 왜곡되는 정도가 크게 과장되어 있다).

곳 근처에 다양한 지점을 정해 놓고 그들 사이의 거리를 수시로 측정하여 이들이 변하는 양상을 분석하면 중력파의 존재를 (원리적으로) 확인할 수 있다.

그러나 이 실험은 아직 실행되지 못했다. 즉, 중력파의 존재는 아직 실험적으로 확인되지 않았다(간접적으로 입증된 사례는 있다[4]). 중력파가 지나가면서 공간이 '찌그러지는' 정도가 너무 미미하기 때문이다. 1945년 7월 15일에 트리니티Trinity에서 시험 폭파된 핵폭탄은 TNT 20,000톤에 달하는 파괴력과 함께 수km 거리에 있는 사람의 눈에 손상을 입힐 정도로 강한 빛(전자기파)을 발산하였다. 그러나 당시 핵폭탄이 설치되었던 철제타워의 바로 아래쪽에 당신이 서 있었다고 해도, 폭발에 의한 중력파는 기껏해야 당신의 몸을 원자 하나의 크기 정도로 확장시킬 뿐이다(전자기파가 다량의 광자로 이루어져 있는 것처럼, 중력파는 수많은 중력자의 이동으로 간주할 수 있다. 따라서 중력파의 감지가 어렵다는 것은 중력자의 검출이 그만큼 어렵다는 것을 의미한다).

물론 우리의 관심은 핵무기로부터 생성되는 중력파가 아니라 천문학적 소스로부터 생성되는 중력파를 감지하는 것이다. 그러나 이것도 그리 만만치는 않다. 천체가 가깝고 무거울수록, 그리고 에너지가 크고 운동이 격렬할수록 강한 중력파가 생성된다. 그러나 10,000광년 거리에서 초신성이 폭발한다 해도, 그로부터 지구에 도달하는 중력파는 1m 길이의 막대를 100만×10억분의 1cm밖에 변형시키지 못한다. 이것은 원자핵의 1/100에 지나지 않는 극히 미세한 길이로서, 현재의 실험기술로는 도저히 감지할 수 없다. 아주 가까운 거리에서 엄청난 규모의 천문학적 '대재앙'이 일어나지 않는 한, 지금보다 훨씬 민감한 실험장비가 있어야 중력파를 감지할 수 있다.

한 무리의 과학자들이 레이저 간섭 중력파 관측기(LIGO)Laser Interferometer Gravitational Wave Observatory(캘리포니아공과대학Caltech과 매사추세츠 공과대학MIT이 국제과학재단의 재정지원을 받아 운영하고 있다)를 설계하고 제작하면서 여기에 도전장을 던졌다. LIGO는 지금까지 만들어진 그 어떤 관측장비보다 섬세하고 예민한 특성을 갖고 있다. 여기에는 길이 4km에 폭이 1m 남짓한 두 개의 튜브가 거대한 L자 모양으로 연결되어 있는데, 각 튜브의 안쪽으로 레이저 광선을 동시에 발사한 후 고도로 연마된 거울에 반사시켜 소요시간을 측정함으로써, 튜브의 길이를 매우 정밀하게 측정할 수 있도록 설계되었다. 여기에 중력파가 지나가면 둘 중 한 튜브의 길이가 상대적으로 길어질 것이므로, 이 효과가 관측되면 일반상대성이론은 또 한 번의 엄밀한 검증과정을 통과하게 된다.

튜브를 길게 만든 이유는 중력파에 의한 팽창-수축효과가 누가적cumulative으로 나타나기 때문이다. 만일 어떤 중력파가 4m짜리 막대를 10^{-20}m만큼 길어지게 만들었다면, 4km 길이의 막대는 10^{-17}m까지 늘어나게 된다. 즉, 원래의 길이가 길수록 팽창-수축효과를 감지하기가 쉽다. 그래서 LIGO는 단순히 튜브의 길이를 측정하지 않고 레이저가 튜브의 내부를 100여 차례 왕복하도록 만든 후에 총 소요시간을 측정하도록 설계되었다. 이렇게 하면 LIGO는 무려 800km에 달하는 길이를 측정하는 셈이다. 현재 LIGO는 머리카락 굵기의 1조분의 1 이상의 변화를 감지할 수 있으며(원자 크기의 1억분의 1) 머지않아 중력파를 감지해 낼 것으로 기대되고 있다.

사실, 이 거대한 L자 모양의 장치는 두 대가 설치되어 있다. 하나는 루이지애나주의 리빙스턴Livingston에 있고 다른 하나는 워싱턴주의 핸포드Hanford에 설치되어 있는데, 이들 사이의 거리는 2,000마일에 불과하기 때문에 우주에서 강력한 중력파가 발생하여 이 근처를 통과하면 두 개의 장비는 동시에 중력파를 검출할 것이다. 일부 독자들은 괜한 낭비라고 생각할지도 모르지만, 사실 이것은 매우 중요한 '확인절차'이다. 커다란 트럭이나 전기톱, 쓰러지는 나무 등 일상적인 요인들이 중력파로 오인되는 경우가 종종 있으므로 두 개의 장비로 크로스체크cross check를 하면 잘못된 신호를 효율적으로 걸러 낼 수 있다.

물리학자들은 초신성의 폭발이나 중성자별의 회전, 또는 블랙홀의 충돌 등으로 야기되는 중력파의 진동수(1초당 마루와 골이 지나가는 횟수)를 계산하는 데도 상당한 공을 들이고 있다. 진동수에 관한 정보 없이 중력파를 찾아내는 것은 건초더미 속에서 바늘을 찾는 것만큼이나 어렵기 때문이다. 일단 진동수를 알고 있으면 후보 명단을 크게 줄일 수 있으므로 중력파를 감지하기가 쉬워진다. 그런데 이상하게도 수학적으로 예견되는 중력파의 진동수는 초당 수천 사이클밖에 되지 않는다. 음파의 경우, 이 정도의 진동수면 사람의 귀로 들을 수 있는 가청주파수에 해당된다. 소리로 비유하자면 엄청난 밀도의 중성자별에서 발생하는 중력파는 점차 음이 높아지는 소프라노 가수의 목소리에 해당되며, 충돌하는 블랙홀은 참새의 울음소리 정도에 해당된다. 물론 개중에는 듣기 거북한 불협화음에 해당되는 중력파도 있다. 모든 것이 이론대로라면 LIGO는 중력파를 감지하는 최초의 기구가 될 것이다.[5]

이 모든 작업이 학자들의 흥미를 끄는 이유는 중력의 두 가지 특징이 중력파에 의해 최대한으로 부각되기 때문이다. 앞에서도 강조한 적이 있지만 중력은 아주 약하면서 모든 곳에 존재하는 힘이다. 자연에 존재하는 네 가지 힘들 중에서 중력은 물질과의 상호작용이 가장 약하다. 즉, 중력은 빛이 통과하지 못하는 지역도 자유롭게 통과할 수 있으므로 눈에 보이지 않는 곳의 정보를 수집하는 훌륭한 수단이 될 수 있다. 게다가 중력은 종류를 가리지 않고 질량을 가진 모든 물체에 작용하고 있으므로(전자기력은 전하를 가진 물체에만 작용한다) 모든 물체는 중력파를 만들어 낼 수 있고 아무리 깊은 속에 숨어 있어도 중력파를 감지하여 그 존재를 확인할 수 있다. 이런 맥락에서 볼 때, LIGO는 천체관측의 새로운 지평을 여는 획기적인 장비가 될 수도 있다.

요즘은 하늘을 관측할 때 대형 천체망원경을 들여다보는 것이 당연한 절차이지만, 과거에는 고개를 들어 하늘을 바라보는 것이 곧 천체관측이었다. 그러다가 17세기에 이르러 한스 리페르셰이Hans Lippershey와 갈릴레오 갈릴레이Galileo Galilei가 망원경을 발명하면서 기구를 이용한 천문관측이 비로소 시작되었으며, 그 덕분에 관측 가능한 우주의 영역은 엄청나게 넓어졌다. 그 후 과학자들은 빛이라는 것이 넓은 진동수대에 걸쳐 있는 전자기파의 극히 일부분(가시광선)에 지나지 않는다는 것을 알게 되었고, 20세기에 이르러 적외선과 라디오파, X-선, 감마선 등을 이용한 망원경이 개발되면서 천문관측은 가시광선으로 볼 수 없었던 영역까지 확장되었다. 그리고 이러한 확장 추세는 21세기가 밝은 지금도 계속되고 있다. LIGO를 비롯한 여러 관측기구들은 과거와 전혀 다른 방법으로 우주를 바라보고 있다.[+] 즉, 빛이 아닌 중력파를 이용하여 우주를 관측하게 된 것이다. 앞으로 이루어지는 천문관측의 상당부분은 전자기력이 아닌 중력의 도움으로 이루어질 것이다.

[+] 현재 계획단계에 있는 레이저 간섭 우주 안테나(LISA, Laser Interferometer Space Antenna)는 LIGO를 우주적 스케일로 확장한 관측장비로서, 수백만 km 떨어져 있는 여러 대의 위성들이 LIGO의 4km짜리 튜브 역할을 하게 된다. 또한, LIGO는 프랑스-이탈리아 합작으로 이탈리아 피사의 외곽에 설치된 VIRGO와 공동관측을 계획하고 있다. 이 외에도 독일-영국이 공동 추진하는 GEO600과 일본의 TAMA300 등의 관측기가 있다.

여분의 차원을 찾아서

1996년 이전에는 끈이론에서 예견되는 여분차원의 크기가 거의 플랑크 길이(10^{-33}cm)와 비슷한 규모일 것으로 추정되었다. 이 길이는 현재의 기술수준으로 관측할 수 있는 가장 작은 길이보다 무려 10^{-17}배나 작기 때문에, 관측장비에 획기적인 혁명이 일어나지 않는 한 끈이론은 도저히 실험으로 검증될 수 없는 이론으로 남을 수밖에 없었다. 그러나 만일 여분의 차원이 과거의 짐작보다 훨씬 커서 원자핵의 약 100만분의 1에 이른다면(10^{-20}m), 실험으로 검증될 수 있는 가능성이 있다.

13장에서 말한 바와 같이 여분의 차원들 중 일부가 '매우 크다면(0.1mm 단위)' 중력의 세기를 정밀하게 측정하여 그 존재를 확인할 수 있다. 이 실험은 지난 몇 해 동안 꾸준하게 실행되어 왔는데, 중력이 역제곱 반비례법칙에서 벗어나는 경우는 아직 발견되지 않았다. 그래서 물리학자들은 더 작은 영역에서 중력의 세기를 관측해야 하는 어려운 상황으로 몰리고 있다. 만일 역제곱 반비례법칙에서 벗어나는 경우가 단 하나라도 발견되기만 한다면 물리학은 커다란 변화를 겪게 될 것이다. 그것은 "중력만이 여분의 차원을 발견할 수 있다"는 확실한 증거이며, 끈이론/M-이론에서 출발한 브레인세계 가설도 강력한 지지를 얻게 될 것이다.

여분의 차원이 과거의 짐작보다는 크지만 우리의 기대만큼 크지 않다면, 중력으로는 여분의 차원을 찾지 못할 가능성이 높다. 그러나 이런 경우에도 여분의 차원을 간접적으로 관측할 수는 있다. 앞에서 말한 대로 여분의 차원이 크다는 것은 중력의 고유한 세기가 이미 알려진 값보다 크다는 것을 의미한다. 즉, 현실세계에서 중력이 약하게 나타나는 것은 중력이 원래 약한 힘이어서가 아니라 중력의 일부가 여분차원 속으로 흘러들어 갔기 때문이다.

따라서 아주 짧은 거리에서 측정을 시도하면 여분차원으로 새어 나가는 것을 방지할 수 있으므로 중력은 더욱 강하게 나타날 것이다. 이로부터 유추되는 결과들 중 가장 놀라운 것은 실험실에서 초소형 블랙홀이 만들어질 수도 있다는 점이다. 중력이 작은 우주공간에서 블랙홀이 형성되려면 매우 큰 질량이 필요하지만, 중력이 강한 작은 영역에서는 아주 작은 질량으로도 블랙홀이 생성될 수 있다. 13장에서 말한 대로, 스위스의 제네바에 건설되고 있는 강입자 충돌 가속기(LHC) Large Hadron Collider가 2007년에 완공되면 이 모든 가설의 진위 여부를 판가름할 수 있을 것이다. 지금도 전 세계의 물리학자들은 그 날을 손꼽아 기다리고 있다. 그러나 켄터키대학의 알프레드 샤피어 Alfred Shapere와 캘리포니아대학의 조나단 펭 Jonathan Feng은 초소형 블랙홀이 우주선 cosmic ray(우주공간에서 쏟아지는 소립자들)에서도 생성될 수 있음을 발견하였다.

1912년, 오스트리아의 물리학자인 빅터 헤스 Victor Hess에 의해 처음으로 발견된 우주선 입자는 90여 년이 지난 지금까지도 많은 의문점을 제시하고 있다. 지금도 매 초마다 수십억 개의 입자들이 대기 속으로 폭포처럼 쏟아지면서 당신과 나의 몸을 관통하고 있다. 그들 중 일부는 다양한 기구를 통해 감지되고 있지만, 아직도 우주선의 정체는 정확하게 규명되지 않았다(양성자로 이루어져 있다는 의견이 지배적이다). 그리고 이들 중 높은 에너지를 갖는 입자들은 초신성이 폭발하면서 생성된 것으로 추정되지만 정확한 기원은 역시 미지로 남아 있다. 예를 들어, 1991년 10월 15일에 유타주에 있는 우주선 감지기 '플라이 아이 Fly's Eye(파리의 겹눈이 여러 각도의 빛을 모을 수 있다는 데서 착안: 옮긴이)'에 포착된 우주선 입자는 양성자 질량의 300억 배에 달하는 에너지를 가진 채 하늘을 가로지르고 있었다. 이것은 마리아노 리베라(뉴욕 양키즈 소속의 투수, 1999년도 정규시즌 MVP: 옮긴이)가 던진 강속구와 맞먹는 에너지이며 LHC로 얻을 수 있는 에너지의 1억 배나 된다.[6] 문제는 이런 고에너지 입자들이 어디서 어떻게 생성되었는지 알 수가 없다는 점이다. 앞으로 더욱 예민한 감지기가 개발되고 관측데이터가 충분히 많아지면 우주선의 수수께끼는 풀릴 것으로 기대된다.

샤피어와 펭에게 초-고에너지 우주선 입자의 기원은 부차적인 문제였다. 그들의 관심은 "미시적 스케일에서 중력의 세기가 우리의 짐작보다 훨씬 크다면 대기를 통과하는 초-고에너지 우주선 입자는 초소형 블랙홀을 만들어낼 수도 있다"는 것이었다.

실험실에서 만들어지는 초소형 블랙홀과 마찬가지로, 대기 중에서 우주선으로부터 생성되는 초소형 블랙홀은 사람이나 관측장비에 아무런 해도 입히지 않는다. 이들은 잠시 생성되었다가 순식간에 수많은 입자들로 분해된다. 실제로 초소형 블랙홀의 수명은 너무나 짧아서 그들의 존재를 직접 확인할 방법은 없다. 우리는 이들이 분해되어 쏟아지는 입자들을 관측함으로써 "블랙홀이 거기에 존재했었다"는 간접적인 증거를 확인할 수 있을 뿐이다. 현재 서부 아르헨티나에 있는 피에르 오거 천문대Pierre Auger Observatory에 고성능 우주선 입자 감지기가 건설되고 있는데, 완공되고 나면 로드아일랜드주Rhode Island만한 영역을 관측할 수 있다. 샤피어와 펭의 계산에 의하면 모든 여분차원들이 10^{-14}m 정도로 크다고 가정했을 때, 1년 동안 대기의 상층부에서 10여 개의 초소형 블랙홀이 피에르 오거 천문대의 감지기에 발견되어야 한다. 만일 블랙홀의 흔적이 발견되지 않는다면, 이는 곧 여분차원이 10^{-14}m보다 작다는 것을 의미한다. 우주선 입자의 충돌로 생성되는 초소형 블랙홀을 실험적으로 관측하는 것은 사실 승산이 거의 없는 일종의 도박이지만, 단 한 개라도 찾아내기만 하면 그것은 여분의 차원과 블랙홀, 그리고 끈이론과 양자중력의 새로운 장을 여는 획기적인 발견이 될 것이다.

초소형 블랙홀을 관측하는 것 이외에 입자가속기를 이용하여 여분차원을 찾아내는 방법도 있다. 다들 알다시피, 물리학의 가장 핵심적인 원리는 에너지보존법칙이다. 에너지는 여러 가지 형태로 나타날 수 있는데, 날아가는 야구공의 운동에너지와 높은 곳에 도달한 야구공의 위치에너지, 그리고 야구공이 지면과 충돌하면서 나타나는 열에너지와 소리에너지 등이 그것이다. 에너지는 이렇게 다양한 형태로 변환될 수 있지만, 모든 에너지를 더한 값은 항상 일정하게 유지된다.[7] 에너지보존법칙에 위배되는 사례는 지금까지 단 한 번도 발견되지 않았다.

그러나 여분차원의 크기에 따라 에너지보존법칙은 위배될 수도 있다. 현재 페르미연구소와 LHC가 이 실험을 계획하고 있는데, 실험의 목적은 두 개의 입자를 충돌시켰을 때 충돌 후의 에너지가 충돌 전보다 작아지는 경우를 관측하는 것이다. 이런 현상을 기대하는 이유는 중력자가 실어 나르는 중력에너지가 여분의 차원 속으로 흘러들어 갈 수도 있기 때문이다. 만일 그렇다면 현재의 에너지보존법칙은 여분의 차원을 고려하지 않은 근사적인 법칙이 되는 셈이다. 여분의 차원 속으로 '유출된 에너지'가 발견된다면, 우주의 구조가 겉으로 드러난 것보다 훨씬 복잡하다는 사실을 인정하지 않을 수 없을 것이다.

나는 여분의 차원이 반드시 존재할 것으로 믿는다. 나는 지난 15년 동안 이 분야를 연구해 왔기 때문에 약간의 편견을 가질 수밖에 없다. 앞으로 누군가가 여분의 차원을 발견한다면, 그것은 과학역사상 가장 충격적이고 가장 위대한 발견이 될 것이다. 또한, 우리는 '이론과 실험의 사소한 차이가 물리학의 근간을 송두리째 바꾸는' 격동적인 사건을 또 한 차례 겪게 될 것이다.

힉스장과 초대칭, 그리고 끈이론

미지의 영역을 탐구하고 여분의 차원을 발견하는 것도 중요하지만, 막대한 예산을 들여가며 페르미연구소의 가속기와 LHC를 건설하는 데에는 몇 가지 다른 이유가 있다. 그중 하나는 힉스입자를 발견하는 것이다. 9장에서 언급한 바와 같이, 힉스입자는 힉스장을 이루는 최소단위의 입자로서 다른 일상적인 입자들에게 질량을 부여하는 근원으로 추정되고 있다. 현재 이론과 실험을 통해 예측되는 힉스입자의 질량은 양성자의 약 100~1,000배 정도이다. 만일 실제의 질량이 아래쪽 한계에 가깝다면 페르미연구소의 가속기가 힉스입자를 먼저 발견할 가능성이 높다. 페르미연구소에서 힉스입자를 발견하지 못한다면, 그리고 힉스입자의 질량이 우리가 추정하는 영역 안에 들어 있다면 앞으로 10년 이내에 LHC가 그 존재를 확인시켜 줄 것이다. 지난 수십 년 동안 물리학과 천문학 분야에서 이론상으로만 존재해 왔던 힉스입자가 실제로 발견된다면, 이 또한 과학사의 한 페이지를 장식하는 위대한 업적이 될 것이다.

페르미연구소와 LHC가 추구하는 또 하나의 목적은 초대칭supersymmetry을 실험적으로 확인하는 것이다. 1970년대의 물리학자들이 끈이론을 연구하면서 도입했던 초대칭은 스핀이 반정수(1/2)만큼 다른 입자들을 초대칭짝으로 연결시켜 준다. 만일 초대칭이 자연계에 정말로 존재한다면 스핀=1/2인 모든 입자들은 스핀=0인 초대칭짝을 갖게 되고 스핀=1인 입자들은 스핀=1/2인 초대칭짝을 갖게 된다. 예를 들어, 스핀=1/2인 전자에는 스핀=0인 '초대칭 전자supersymmetric electron(줄여서 셀렉트론selectron이라고도 한다)'가 초대칭짝으로 대응되고, 스핀=1/2인 쿼크의 초대칭짝은 '초대칭 쿼크supersymmetric quark(줄여서 스쿼크squark라 한다)'이며, 스핀=1/2인 뉴트리노는 스핀=0인 스뉴트리노sneutrino를 초대칭짝으로 갖는다. 그리고 스핀=1인 글루온gluon과 광자photon, W, Z입자들은 각각 스핀=1/2인 글루이노gluino, 포티노photino, 위노wino, 지노zino 입자를 초대칭짝으로 갖게 된다(아직 발견되지는 않았지만 초대칭짝의 이름은 다 지어 놓았다).

모든 입자들의 '도플갱어Dopplegänger'라고 할 만한 초대칭입자들은 아직 한 번도 발견된 적이 없다. 왜 그럴까? 물리학자들은 초대칭입자의 질량이 일상적인 입자들보다 훨씬 크기 때문일 것으로 추정하고 있다. 이론적인 계산에 의하면 초대칭입자의 질량은 양성자 질량의 약 1,000배 정도인데, 만일 이것이 사실이라면 실험실에서 발견되지 않는 것은 그다지 놀라운 일이 아니다. 현존하는 최고성능의 입자가속기도 그 정도의 질량을 만들어 낼 만큼 강력하지 않기 때문이다. 그러나 앞으로 10년쯤 지나면 사정은 크게 달라진다. 새로 개선된 페르미연구소의 입자가속기는 초대칭짝을 발견하기 위해 이미 가동을 시작했고, 만일 페르미연구소가 실패한다 해도 지금 건설 중인 LHC가 그 한을 어렵지 않게 풀어줄 것이다.

초대칭의 존재를 확인하는 것은 입자물리학 분야에서 가장 중요한 과제로 꼽힌다. 만일 초대칭의 실재가 확인된다면, 우리는 끈이론이 올바른 길로 가고 있다는 확신을 가질 수 있을 것이다. 그러나 이것만으로 끈이론이 절대적으로 옳다고 주장할 수는 없다. 초대칭은 끈이론뿐만 아니라 입자를 점으로 간주하는 표준모델과도 부합되는 일반적인 원리이기 때문이다. 초대칭의 확인은 끈이론이 앞으로 나아가기 위해 반드시 해결해야 할 숙제임은 분명하지만, 끈이론의 타당성을 입증해 주지는 못한다.

앞으로 완공될 입자가속기를 잘 활용하면 브레인세계 가설도 실험적으로 확인할 수 있다. 13장에서 간략하게 언급한 대로, 브레인세계 가설에 등장하는 여분차원이 10^{-16}cm정도의 크기를 갖고 있다면 중력의 고유한 세기는 우리가 알고 있는 값보다 훨씬 클 뿐만 아니라 만물의 근원인 끈의 길이도 기존의 예상보다 훨씬 길어진다. 그리고 끈이 길면 강도가 약해지기 때문에 진동에 필요한 에너지도 작아진다. 기존의 끈이론에 입각하여 끈의 진동에 필요한 에너지를 계산해 보면 현재 실험으로 도달할 수 있는 에너지의 100만×10억 배라는 엄청난 값이 나오지만, 브레인세계 가설에 입각한 끈의 에너지는 양성자 질량의 1,000배 정도에 지나지 않는다. 만일 우리의 우주가 정말로 3-브레인이라면, LHC는 그랜드피아노의 줄 위를 물수제비뜨며 날아가는 골프공처럼 여러 옥타브에 해당하는 끈을 만들어 낼 것이며, 지금까지 한 번도 관측된 적이 없는 새로운 입자(새로운 진동패턴)들이 무더기로 발견될 것이다.

새롭게 발견된 입자의 특성과 그들 사이의 상호관계가 알려지면, 그 모든 것들은 만물의 기본단위인 끈의 다양한 진동패턴에 해당될 것이다. 개개의 입자들은 서로 다른 특성을 갖고 있지만, 이들을 종합하면 아름답고 치밀한 범우주적 악보가 그 모습을 드러낼 것이다. 나를 포함한 끈이론학자들은 그 날이 하루 속히 오기를 경건한 마음으로 기다리고 있다.

우주의 기원

앞에서 여러 번 강조한 바와 같이 우주배경복사는 1960년대 중반에 발견된 이후로 우주론의 연구에 핵심적인 역할을 해 왔다. 그 이유는 이제 독자들도 잘 알고 있다. 탄생초기의 우주공간은 전자나 양성자와 같은 하전입자들로 가득 차 있었고, 이들은 전자기력을 매개하는 광자에 의해 거의 무차별적인 융단폭격을 받았다. 그러나 우주공간은 팽창과 함께 서서히 식어갔고 ATB 30만년경에는 양성자와 전자가 결합하여 전기적으로 중성인 원자를 구성할 수 있을 정도로 차가워졌다. 그리고 이때부터 복사에너지가 전 공간에 걸쳐 거의 아무런 방해도 받지 않고 골고루 퍼지기 시작했다. 오늘날 우주공간의 $1m^3$당 약 4억 개정도로 분포되어 있는 마이크로파 광자는 원시우주의 모습을 담고 있는 일종의 '우주적 유적'인 셈이다.

배경복사를 처음으로 관측했을 때, 복사의 온도는 장소에 상관없이 놀라울 정도로 균일하게 나타났다. 그러나 11장에서 말한 대로 1992년에 우주배경복사 탐사선(COBE) Cosmic Background Explorer이 정밀한 측정을 시도한 결과 우주배경복사는 그림 14.4a와 같이 장소에 따라 약간의 편차를 갖고 있는 것으로 판명되었다(이 관측결과는 후에 더욱 정밀한 실험을 거치면서 개선되었다). 그림에서 진한 부분과 밝은 부분의 온도차는 대략 1/10,000K 단위이다. 그림 14.4a에 나타난 검은 반점들은 우주배경복사가 (아주 작은 차이이긴 하지만) 결코 균일하지 않다는 사실을 분명하게 보여 주고 있다.

COBE 위성의 관측결과는 그 자체만으로도 가치 있는 발견이었지만, 그로 인해 우주론의 연구방향이 바뀌었다는 점에서 더욱 큰 의미를 갖는다. 그 전까지만 해도 우주론과 관련된 관측자료들은 별로 정확하지 않았기 때문에 관측결과와 대충 일치하기만 하면 맞는 이론으로 간주되었으며, 학자들은

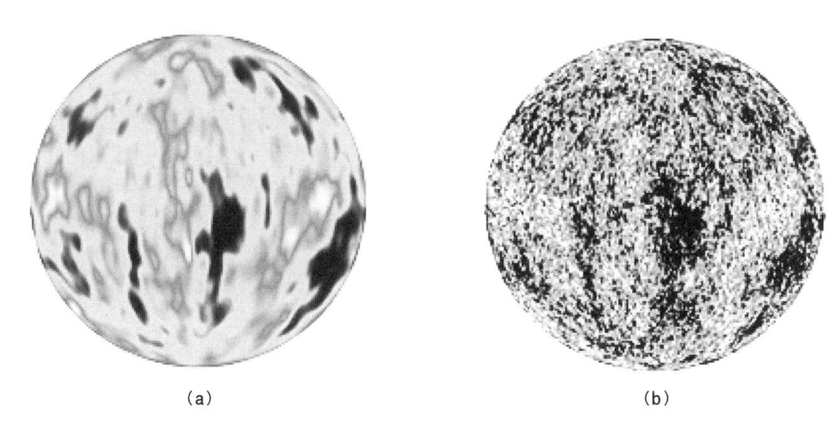

그림 14.4 **(a)** COBE 위성이 관측한 우주배경복사의 온도분포. 배경복사는 ATB 300,000년경부터 지금까지 아무런 방해 없이 우주공간을 여행하고 있다. 그러므로 이 그림은 약 140억 년 전의 온도분포상태를 보여 주는 청사진이라 할 수 있다. **(b)** WMAP 위성이 더욱 세밀하게 측정한 온도분포.

관측결과와 크게 벗어나지 않는 한도 이내에서 상상의 나래를 자유롭게 펼칠 수 있었다. 그러나 COBE가 정확한 자료를 제시한 이후로 우주론의 연구 방향은 급선회 하게 되었다. 요즘은 새로운 이론을 제시할 때 우선적으로 검증되어야 할 데이터가 산더미처럼 쌓여 있다. NASA와 프린스턴대학이 합작하여 2001년에 쏘아 올린 윌킨슨 마이크로파 비등방성 탐사선(WMAP) Wilkinson Microwave Anisotropy Probe은 우주배경복사의 온도분포를 COBE보다 40배 정확하게 측정하는 임무를 수행하고 있다. WMAP 위성이 초기에 보내온 온도분포는 그림 14.4b와 같다. 두 개의 그림을 비교해 보면 WMAP 위성의 성능이 얼마나 뛰어난지를 실감할 수 있을 것이다. 현재 유럽우주기구European Space Agency에서는 2007년에 발사예정인 위성 플랑크Planck호를 제작하고 있는데, 계획대로라면 WMAP보다 10배 더 정확하게 우주배경복사의 온도를 측정할 수 있다.

정확한 관측데이터가 점차 많아지면서 관측결과와 일치하지 않는 이론들은 사라졌고, 지금은 인플레이션 우주론이 가장 유망한 후보로 꼽히고 있다. 그러나 10장에서 지적한 대로 인플레이션이론은 단 하나만 있는 것이 아니다. 그동안 우주론학자들은 다양한 형태의 인플레이션이론들을 제시해 왔는데(구형old 인플레이션, 신형new 인플레이션, 고온warm 인플레이션, 혼합hybrid 인플레이션, 하이퍼hyper 인플레이션, 원조assisted 인플레이션, 영구eternal 인플레이션, 확장extended 인플레이션, 혼돈chaotic 인플레이션, 이중double 인플레이션, 약한weak-scale 인플레이션, 초자연hypernatural 인플레이션 등), 우주가 초기에 급속한 팽창을 겪었다는 점에서는 모든 이론이 일치하고 있지만 세부적으로 들어가면 많은 차이를 보인다(장의 개수와 위치에너지 그릇의 형태 등). 그리고 각각의 이론으로 계산된 우주배경복사의 특성도 조금씩 다르다(에너지가 다른 장은 양자적 요동이 다른 형태로 나타난다). 나중에 WMAP 위성과 플랑크 위성의 관측결과를 비교하면 이들 중 상당수의 이론들은 폐기될 것으로 예상된다.

사실, 지금까지 얻은 관측데이터를 잘 활용하면 연구해야 할 분야를 더 줄일 수 있다. 인플레이션에 의해 양자적 요동이 확장되었다고 생각하면 현재의 온도분포를 설명할 수 있지만, 동일한 온도분포를 다른 방법으로 그럴듯하게 설명하는 이론도 있다. 13장에서 소개했던 슈타인하르트와 투록의 주기적 우주론이 바로 그것이다. 이들의 이론에 의하면 두 개의 3-브레인이 가까이 접근할 때 양자적 요동이 일어나면서 브레인의 각 지역마다 접근하는 속도가 조금씩 달라진다. 이런 식으로 약 1조년이 지난 뒤에 두 개의 브레인이 서로 충돌할 때가 되면 브레인의 각 지역은 동시에 접하지 않고 지역마다 조금씩 시간차를 두고 충돌하게 되며, 이러한 차이는 브레인이 약간의 비균질성을 지닌 채로 진화하는 원인이 된다. 브레인세계 가설에 의하면 이들 중 하나가 우리의 3차원 우주이므로 현재 관측되는 배경복사의 비균질성은 여기서 기인했다고 볼 수 있다. 슈타인하르트와 투록, 그리고 그의 동료들은 이런 논리로 우주배경복사의 비균질성과 주기적 우주론을 연결시킴으로써 인플레이션이론에 견줄 만한 또 하나의 우주론을 확립하였다.

그러나 향후 10년 동안 더욱 정확한 데이터가 수집되면 두 개의 이론은 확연하게 구별될 것이다. 인플레이션이론에 의하면 공간의 팽창과 함께 인플라톤장의 양자적 요동이 확장되면서 공간에 양자적 주름(물결)이 형성되었다. 그런데 이 주름은 다름 아닌 중력파이므로, 결국 인플레이션이론은 우주의 탄생초기에 중력파가 생성되었음을 예견하고 있는 셈이다.[8] 물리학자들은 이 중력파를 최근에 생성된 중력파와 구별하기 위해 '원시중력파primordial gravitational wave'라는 이름으로 부르고 있다. 이와는 대조적으로, 주기적 우주론에 의하면 우주의 비균질성은 1조년(두 개의 3-브레인이 충돌하기 위해 다가오는 데 걸리는 시간)이라는 장구한 세월 동안 서서히 형성된다. 이런 환경에서는 브레인(공간)이 강하고 격렬한 변화를 겪지 않기 때문에 공간에는 주름이 형성되지 않는다. 즉, 주기적 우주론에서는 원시중력파가 생성되지 않는다. 그러므로 원시중력파가 관측된다면 두 이론의 경쟁은 인플레이션이론의 판정승으로 끝날 것이다.

LIGO는 인플레이션이론이 예견하는 원시중력파를 감지할 수 있을 정도로 예민하지 않다. 그러나 플랑크 위성이나 현재 계획 중인 우주 마이크로파 배경복사 편광 탐사위성(CMBPol) Cosmic Microwave Background Polarization experiment을 통해 원시중력파가 간접적으로 관측될 가능성은 있다. 플랑크 위성과 CMBPol은 우주배경복사의 온도분포 측정뿐만 아니라 마이크로파 광자의 평균 스핀방향, 즉 편광polarization을 관측하는 임무도 띠고 있다. 여기서 설명하기에는 좀 복잡하지만, 아무튼 몇 단계의 논리를 거치면 원시중력파는 마이크로파 광자의 스핀에 관측 가능한 흔적을 남긴다. 그러므로 스핀을 측정하면 원시중력파의 존재 여부를 확인할 수 있다.

앞으로 10년 이내에 우리는 지금까지 열거한 많은 가설의 진위 여부를 확인하게 될 것이다. 지금 당장은 확인할 수 없는 이론들(주기적 우주론, 인플레이션, 비균질성의 원인, 원시 중력파, 끈이론/M-이론)도 이제 곧 실험적 검증이 가능해진다. 그래서 앞으로 다가올 시대를 '우주론의 전성시대'라고 부르는 것이다.

암흑물질과 암흑에너지, 그리고 우주의 미래

10장에서 우리는 이론 및 실험적 증거를 통하여 양성자나 중성자와 같은 일상적인 입자들이 우주의 5%를 이루고 있으며(전자는 일상적인 물체의 질량의 0.5%밖에 되지 않는다) 25%는 암흑물질, 그리고 나머지 70%는 암흑에너지로 이루어져 있음을 확인하였다. 그러나 암흑물질과 암흑에너지의 정체에 대해서는 알려진 바가 별로 없다. 양성자와 중성자가 어떤 식으로든 교묘하게 얽혀서 빛을 발하지 않는 형태로 뭉쳐 있다고 보는 것이 자연스러운 추측이겠으나, 다른 이론에 입각해서 보면 이것도 그다지 설득력이 없다.

그동안 천문학자들은 세밀한 관측을 통해 빛을 발하는 원소들(수소, 헬륨, 중수소, 리튬 등)이 우주 전역에 걸쳐 골고루 분포되어 있음을 확인하였다. 이 원소들의 균일한 분포상황은 우주가 탄생하고 처음 몇 분 동안 형성된 양성자 및 중성자의 이론적 분포상태와 거의 정확하게 일치한다. 이것은 현대 우주론이 일궈낸 가장 커다란 쾌거라고 할 수 있다. 그러나 이 계산은 암흑물질의 대부분이 양성자나 중성자로 이루어져 있지 않다는 가정하에 수행되었다. 우주적 규모에서 볼 때 양성자와 중성자가 우주를 이루는 주요 성분이라면 앞서 언급했던 우주의 성분목록(5%, 25%, 70%)은 의미를 상실한다.

암흑물질의 구성성분이 양성자/중성자가 아니라면 대체 무엇으로 이루어져 있을까? 정확한 답은 아무도 알 수 없지만 액시온axion에서 지노zino(Z입자의 초대칭짝)에 이르기까지 다양한 의견들이 제시되어 있다. 이들 중 올바른 답을 찾은 사람은 장차 스톡홀름을 방문하게 될 것이다(노벨상을 받으러 간다는 뜻이다: 옮긴이). 그러나 암흑물질이 관측된 사례가 단 한 번도 없기 때문에, 이와 관련된 모든 가설들은 심각한 제한을 받을 수밖에 없다. 여러 물리학자들의 의견에 따르면 암흑물질은 전 공간에 두루 퍼져 있으면서 지금도 매 순간마다 우리의 몸을 관통하고 있다. 따라서 암흑물질은 거의 흔적을 남기지 않고 일상적인 물체를 투과할 수 있는 성분으로 이루어져 있을 것이다.

뉴트리노도 암흑물질의 후보가 될 수 있다. 빅뱅으로부터 생성된 뉴트리노의 개수를 이론적으로 계산해 보면 $1m^3$당 약 5,500만 개 정도이다. 따라서 세 종류의 뉴트리노들 중 하나가 양성자 질량의 1억분의 1(10^{-8})에 해당한다면 암흑물질의 구성성분이 될 수 있다. 그런데 최근 실시된 실험에 의하면 뉴트리노의 질량이 너무 작아서(양성자의 10^{-10} 배) 암흑물질을 구성하기 어려운 것으로 밝혀졌다.

또 다른 후보로는 포티노photino와 지노zino, 그리고 힉시노higgsino(각각 광자, Z입자, 힉스입자의 초대칭짝)를 들 수 있다.[9] 이들은 다른 입자와의 상호 작용이 거의 없기 때문에(아무런 흔적도 남기지 않은 채 지구를 가볍게 통과할 수 있다) 관측되기도 어렵다. 이론적인 계산에 의하면 이들은 양성자의 100~1,000배에 달하는 질량을 가져야 암흑물질의 후보가 될 수 있는데, 암흑물질을 전혀 고려하지 않고 오로지 초대칭이론에 입각하여 계산된 질량도 이 값과 거의 일치하기 때문에 많은 학자들의 관심을 끌고 있다. 그러나 만일 암흑물질이 이런 입자들로 이루어져 있지 않다면 질량의 일치는 또 하나의 수수께끼로 남을 것이다. 지금 전 세계의 입자물리학자들은 초대칭과 암흑물질의 수수께끼를 풀기 위해 대형 입자가속기를 총동원하여 초대칭입자를 열심히 찾고 있다.

지구를 투과하는 암흑물질의 구성성분을 직접 관측하는 실험은 지금도 (매우 어렵긴 하지만) 가끔 실행되고 있다. 암흑물질을 이루는 입자들은 매 초마다 동전만한 크기의 영역을 약 100만 개 가량 통과하고 있는데, 이들 중 하루에 한 개 정도는 특별하게 고안된 입자감지기에 흔적을 남길 수도 있다. 아직까지는 발견된 사례가 없지만[10] 실험물리학자들은 사방에 지천으로 깔려 있는 '복권'을 찾기 위해 지금도 최선을 다하고 있다. 지금의 추세로 나간다면 암흑물질의 정체는 앞으로 수년 이내에 밝혀질 것이다.

직접, 또는 간접적인 관측을 통하여 암흑물질의 존재가 분명하게 밝혀진다면 우주론은 장족의 발전을 하게 된다. 이처럼 단 하나의 관측으로 이론의 전체적인 운명이 좌우되는 경우는 아마도 유사 이래 처음일 것이다. 암흑물질이 발견된다는 것은 우주의 거의 대부분(95%)이 새롭게 발견된다는 뜻이다.

10장에서 말한 대로, 암흑물질의 존재가 확인된다 해도 최근 얻어진 관측데이터에는 설명되지 않는 부분이 많이 남아 있다. 물리학자와 천문학자들은 초신성을 열심히 관측한 끝에 "우주가 갖고 있는 에너지의 70%는 밖으로 팽창하는 우주상수에서 기인한다"는 결론에 도달하였다. 이것은 지난 10년 사이에 이루어진 가장 흥미롭고 놀라운 발견임에 틀림없지만 우주상수(공간에 두루 퍼져 있는 에너지)의 개념은 더욱 엄밀한 검증을 거칠 필요가 있다. 일단의 물리학자들은 지금 이 문제를 집중적으로 연구하고 있으며 여러 건의 연구계획도 이미 수립되어 있다.

이 연구에는 마이크로파 배경복사도 중요한 역할을 한다. 그림 14.4에 나타난 반점들은(반점의 내부는 온도가 같다) 전체적인 공간의 형태를 반영하고 있다. 만일 공간이 그림 8.6a와 같은 구형이라면, 공간이 바깥쪽으로 팽창하면서 그림 14.4b의 반점은 조금씩 커질 것이다. 반면에, 공간이 그림 8.6c와 같은 안장형이라면 공간이 안으로 수축되면서 반점의 크기는 작아진다. 그리고 공간이 그림 8.6b와 같이 평평하다면 반점의 크기는 위의 두 가지 경우의 중간쯤 될 것이다. COBE와 WMAP의 관측결과에 의하면 공간은 평평할 것으로 추정된다. 이 결과는 인플레이션이론과 일치할 뿐만 아니라, 초신성을 관측하여 얻은 결과와도 거의 정확하게 일치한다. 앞에서 지적한 대로, 평평한 우주의 밀도는 임계밀도와 같아야 하는데, 일상적인 물질과 암흑물질이 전체의 30%를 차지하고 암흑에너지가 나머지 70%를 점유하고 있다고 가정하면 모든 계산이 정확하게 들어맞는다.

초신성/가속 탐사위성(SNAP) SuperNova/Acceleration Probe 은 더욱 정밀한 수준에서 이 결과를 확인하려는 목적으로 설계되었다. 로렌스 버클리 연구소 Lawrence Berkeley Laboratory 의 과학자들이 제안하여 만들어진 SNAP은 위성에 탑재된 채 궤도를 순항하는 망원경으로서, 지상에 있는 망원경보다 20배나 많은 초신성을 관측할 수 있다. 앞으로 SNAP은 우주의 70%가 암흑에너지로 이루어져 있다는 가설뿐만 아니라 암흑에너지의 정체도 더욱 정확하게 규명해 줄 것으로 기대된다.

이 책에서는 암흑에너지를 아인슈타인의 우주상수(공간에 고루 퍼져 있으면서 팽창의 원인이 되는 에너지)와 같은 맥락에서 설명했지만, 사실 암흑에너지는 다른 방법으로 설명할 수도 있다. 앞에서 인플레이션 우주론을 다룰 때 이미 언급한 바와 같이, 최저에너지보다 높은 에너지를 갖는 장field은 우주상수처럼 공간의 팽창을 가속시키지만, 지속시간이 매우 짧다. 장은 곧 최저에너지 상태에 이르게 되고 그 순간부터 바깥을 향한 팽창은 사라진다. 인플레이션 우주론에 의하면 이러한 팽창은 몇분의 1초 사이에 끝난다. 그러나 새로운 장을 도입하고 위치에너지 그릇의 형태를 잘 선택하면 팽창이 가속되는 현상은 꽤 오랜 시간 동안 지속될 수 있다. 장이 최소에너지 지점으로 이동하는 속도가 느려지도록 위치에너지 형태를 선택하면 팽창의 가속이 서서히 진행되어 팽창기간은 수십억 년까지 길어진다. 이렇게 되면 지금의 우주는 매우 느리게 진행되는 인플레이션을 겪고 있다고 생각할 수도 있다.

진정한 의미의 우주상수와 방금 위에서 도입한 새로운 장(퀸테센스quintessence라고도 한다)은 지금 당장 크게 다른 효과를 주지 않지만, 먼 미래에는 커다란 차이를 보이게 된다. 우주상수는 말 그대로 '변하지 않는 값'이므로 팽창의 가속현상은 영원히 계속되며, 시간이 흐를수록 팽창속도가 빨라져서 결국 우주는 거의 아무것도 없는 희석된 공간으로 진화하게 된다. 그러나 퀸테센스quintessence를 도입하면 팽창의 가속이 둔화되어 우주상수의 경우처럼 황량한 우주로 결말을 맺지는 않는다. SNAP이 긴 시간에 걸친 팽창가속도 데이터를 충분히 수집하면(다양한 거리에 있는 초신성을 측정하면) 두 이론의 차이점은 확연하게 드러날 것이다. 그리고 암흑에너지와 우주상수의 관계가 알려지면 먼 훗날 찾아올 우주의 운명도 정확하게 예측할 수 있을 것이다.

시간과 공간

과학은 오랜 세월 동안 시간과 공간의 정체를 추적해 오면서 여러 차례에 걸쳐 놀라운 발견을 이루어 냈다. 물론 결론에 도달하려면 아직도 갈 길이 멀다. 시간과 공간의 개념은 지난 수백 년 동안 획기적인 전환점을 여러 번 거쳐 왔고 지금도 대대적인 수정을 눈앞에 두고 있다. 이 책에서 소개된 이론 및 실험들이 훗날 틀린 것으로 판명된다 해도, 그 아이디어만은 과학사에 영원히 남을 것이다. 가장 최근에 이루어진 업적과 앞으로 나아갈 방향에 대해서는 16장에서 구체적으로 소개할 예정이다. 그 전에, 15장에서는 시간과 공간에 관한 문제를 조금 다른 각도에서 생각해 보기로 하자.

과학적 발견에는 어떤 정형이라는 것이 없지만, 과학의 역사를 뒤져 보면 깊은 이해와 통찰이 기술적인 발전으로 연결된 경우를 쉽게 찾아볼 수 있다. 1800년대에 전자기학에 대한 깊은 이해가 이루어진 덕분에 훗날 전신telegraph과 라디오, TV 등이 발명될 수 있었고, 여기에 양자역학에 대한 이해가 더해지면서 컴퓨터와 레이저를 비롯한 수많은 전기장치와 전기기계들이 탄생하였다. 또한, 핵력에 대한 이해가 깊어지면서 인류 역사상 가장 강력한 무기가 개발되었으며, 이런 추세로 발전하다 보면 모든 에너지를 바닷물에서 얻을 수 있는 날도 머지않아 찾아올 것이다. 그렇다면 시간과 공간에 대한 이해가 깊어졌을 때 어떤 기술이 개발될 것인가? 오늘날 공상과학소설에서나 볼 수 있는 꿈같은 이야기들이 실현될 수도 있지 않을까?

물론 반드시 그렇게 된다고 장담할 수는 없다. 그러나 시간과 공간을 깊이 이해하고 잘 활용하면 어떤 문명의 이기가 탄생할 것인지 한번쯤 생각해 보는 것도 좋은 공부가 될 것이다.

제15장

순간이동과 타임머신

시간과 공간을 마음대로 넘나들 수 있을까?

나의 상상력이 부족한 탓이었겠지만, 1960년대에 엔터프라이즈호Enterprise(TV시리즈 《스타트렉Star Trek》에 등장하는 대형 우주선: 옮긴이)에 탑재되어 있는 컴퓨터를 처음 보았을 때 놀라움을 감추지 못했다. 당시 초등학생이었던 나는 초광속으로 날아가는 우주선과 영어에 능통한 외계인들을 보면서 별로 현실감을 느끼지 못했다. 까마득한 옛날에 살았던 사람도 이름만 대면 화면에 사진이나 초상화와 함께 신상정보가 뜨고, 어떤 기계든 이름만 대면 제원(諸元)과 사용설명서가 나타나며, 어떤 책이든 제목만 대면 내용을 보여 주는 기계가 어떻게 가능하다는 말인가? 아무리 과학이 발달한다 해도 그 많은 양의 정보들을 한꺼번에 저장하고 주인이 원할 때마다 재빠르게 찾아서 보여 주는 기계는 도저히 만들 수 없을 것 같았다. 그로부터 반세기가 채 지나지 않은 지금, 나는 음성인식 프로그램이 설치된 노트북에 무선 인터넷을 연결하여 아주 심각한 내용부터 어린애 장난에 이르기까지 다양한 내용의 정보들을 손가락 하나 까딱하지 않고 자유롭게 열람하고 있다. 개인용 컴퓨터가 처음 등장한 지 20년 만에 이토록 장족의 발전을 이루었으니, 《스타트렉》에 등장하는 23세기형 컴퓨터와 여타 기계장치의 성능은 가히 상상을 초월하고도 남을 것이다.

《스타트렉》은 그와 유사한 수천, 수만의 미래형 SF물 중 하나의 사례에 불과하다. 그런데 이런 공상과학소설(또는 영화)에서 가장 흥미로운 장면을 꼽으라면 나는 다음과 같은 장면을 꼽고 싶다 — 어떤 사람이 심상치 않게 생긴 캡슐에 들어간다. 이상하게 생긴 스위치를 올린다. 그러면 그 사람은 다른 시대, 다른 장소로 이동한다! 과연 이것이 가능할까? 태어난 이후로 지금까지 지극히 한정된 장소에서 시간에 순응하며 살아 왔던 운명적 한계를 극복하고 시공을 자유롭게 넘나들 수 있게 되는 날이 정말로 찾아올 것인가? 아니면 과학이 아무리 발달해도 공상과학과 현실은 끝까지 괴리된 채로 남아 있을 것인가? 독자들은 이렇게 말할지도 모른다. "아니, 이 친구는 《스타트렉》에 나오는 컴퓨터가 실현되고 있는 작금의 현실을 뻔히 보고서도 이런 질문을 한단 말이야? 아직도 상상력을 많이 키워야겠군, 쯧쯧." 나의 상상력이 남들보다 뛰어난 편은 아니지만, 그렇다고 머릿속으로 그린 미래가 반드시 실현된다는 보장이 없는 것도 사실이다. 그러므로 무턱대고 상상의 나래를 펼치기보다는 현재 진행되고 있는 이론과 실험을 토대로 앞날을 예측하는 것이 바람직하다. 지금부터 우리가 알고 있는 지식을 총동원하여 순간이동장치와 타임머신이 과연 가능한지를 논리적으로 따져 보자.

양자세계에서의 순간이동

전형적인 SF소설에 등장하는 순간이동장치teleporter(스타트렉에서는 transporter라고 부른다)는 물체(또는 사람)의 구성성분을 스캔하여 거기 담겨 있는 모든 정보를 읽어 들인 후 다른 장소로 전송하여 재구성하는 장치이다(teleporter라는 단어 속에는 '순간적인 이동'이라는 뜻이 들어 있지 않지만 물체의 일상적인 이동과 구별하기 위해 '순간이동'으로 번역하기로 한다. 단, 순간이동이라고 해서 굳이 '소요시간 없이 순간적으로 이동하는' 광경을 떠올릴 필요는 없다: 옮긴이). 이때, 전송하고자 하는 물체를 원자단위로 완전히 분해한 후 스캐너가 읽은 설계도와 함께 분해된 원자를 통째로 전송하여 목적지에서 재조립하는 것인지, 아니면 목적지에는 설계도만 전송하고 그곳에 있는 원자를 활용하여 원본과 똑같은 복제품을 만들어 내는 것인지는 작가의 의도에 따라 달라질 수 있다. 앞으로 보게 되겠지만, 지난 10년 동안 과학자들이 연구해 온 순간이동은 주로 후자의 경우를 대상으로 하고 있다. 그런데 이 문제를 곰곰 생각하다 보면 두 가지 중요한 질문이 떠오른다. 첫 번째는 원론적이면서 다분히 철학적인 색채를 띤 질문이다. "완벽한 복제품(또는 복제인간)이 만들어졌다면, 과연 그것을 원본과 동일한 정체성을 갖는 물체로 인정할 수 있을 것인가?" 두 번째는 좀 더 실용적인 질문이다. "완벽한 복제품을 만들 수 있을 정도로 원본의 정보(물체의 구성성분과 물리적 상태, 그리고 구성성분들 사이의 상호관계 등)를 완전하게 추출하는 것이 과연 가능한가?"

만일 이 우주가 고전물리학의 법칙에 의해 운영되고 있다면 두 번째 질문의 답은 "그렇다!" 이다. 고전역학에 의하면 구성입자의 종류와 위치, 속도 등 모든 물리적 속성들은 원리적으로 정확하게 측정될 수 있으므로, 이 정보들을 먼 곳으로 전송하면 그곳에 있는 원자들과 전송 받은 '조립 설명서'를 이용하여 완전하게 동일한 복제품을 만들 수 있다. 물론 일상적인 크기의 물체를 대상으로 이 작업을 수행한다면 엄청난 노동이 수반되겠지만, 이것은 단지 시간상의 문제일 뿐 물리법칙상으로는 아무런 하자가 없다.

그러나 양자역학의 지배를 받는 실제의 우주에서는 사정이 전혀 다르다. 양자역학의 세계에서 어떤 물체를 관측한다는 것은 물체가 갖고 있는 수많은 가능성들 중에서 하나를 선택한다는 뜻이다. 그런데, 앞에서 양자역학을 논할 때 언급했던 것처럼, 관측이라는 행위 자체는 관측대상을 필연적으로 교란시킨다. 즉, 어떤 입자를 관측하여 얻은 값은 관측이 행해지기 전의 모호한 상태(다양한 가능성이 중첩되어 있는 상태)를 전혀 반영하고 있지 않다.[1] 그러므로 양자역학적 관점에서 볼 때, 이미 관측된 입자를 관측 전의 상태로 되돌리는 것은 불가능하다. 그렇다면 순간이동은 논리적 진퇴양난에 빠지게 된다. 물체의 정보를 입수하려면 관측을 해야 하는데, 일단 관측을 시도하면 원래의 상태와 전혀 다른 정보가 얻어지므로 이로부터 재생된 복제품은 원본과 같을 수가 없다. 따라서 양자역학의 세계에서는 물체의 순간이동이 불가능하다. 과정이 복잡해서가 아니라 양자역학의 법칙 자체가 완전한 복제를 방해하고 있기 때문이다. 그러나 다음 절에서 언급되겠지만 1990년대 초에 일단의 물리학자들은 이 난처한 상황을 피해 가는 교묘한 방법을 제안하였다.

원본과 복제품의 동일성을 묻는 첫 번째 질문에 대하여 양자역학은 나름대로 정확하고 고무적인 답을 제시하고 있다. 양자역학에 의하면 우주에 존재하는 전자들은 질량과 전하, 약력과 강력에 관한 성질, 그리고 스핀 등 모든 물리적 특성이 완전히 동일하다. 그러므로 모든 전자들은 동일한 입자로 간주할 수 있다(방금 열거한 항목 이외에 전자를 구별할 수 있는 다른 항목은 없다). 이와 마찬가지로 모든 위쿼크와 아래쿼크도 완전히 동일하며, 광자를 비롯한 다른 입자들도 같은 종류끼리는 구별할 수 없다. 물리학자들은 이미 수십 년 전부터 입자를 조그만 장의 다발packet로 간주해 왔으며(광자는 전자기장을 이루는 가장 작은 다발이다), 같은 장에 속해 있는 모든 다발은 항상 동일하게 취급할 수 있다는 사실을 잘 알고 있었다(끈이론의 관점에서 봐도 같은 종류의 입자들은 끈의 동일한 진동패턴에 해당되므로 완전히 동등하게 취급할 수 있다).

그러나 두 개의 동종 입자는 특정 위치에 놓일 확률과 스핀이 특정 방향을 가리킬 확률, 그리고 특정 속도와 에너지를 가질 확률이 다를 수 있다. 물리학자들은 두 개의 동종입자가 이 항목들 중 하나라도 다른 값을 갖고 있을 때 "두 입자는 서로 다른 양자상태quantum state에 있다"고 말한다. 같은 종류의 두 입자가 동일한 양자상태에 있으면(단, 아무리 동일하다 해도 위치만은 같을 수 없다) 우리는 이들을 구별할 수 없다. 이것은 기술적인 문제가 아니라 원리상의 문제이다. 이들은 완벽한 쌍둥이다. 만일 누군가가 이들의 위치를 몰래 뒤바꿔 놓았다면(좀 더 엄밀히 말해서 이들의 위치에 관한 확률파동을 뒤바꿔 놓았다면) 아무도 그 사실을 눈치채지 못할 것이다.

그러므로 하나의 입자를 어떤 위치에 갖다 놓고[+] 이와 동일한 양자상태에 있는(스핀, 에너지 등과 관련된 확률파동이 모두 똑같은) 또 하나의 동종입자를 멀리 떨어진 곳에 갖다 놓으면 두 입자는 구별이 불가능하므로 '양자적 순간이동'은 이루어진 것이나 마찬가지다. 물론 이 경우에는 원본에 해당하는 입자가 그대로 살아 있으므로, 엄밀히 말하자면 이동이 아니라 '양자적 복제'나 '양자적 팩스 보내기'쯤으로 불러야 할 것이다. 그러나 앞으로 보게 되겠지만 이 과정을 과학적으로 구현하다 보면 원본입자의 속성은 필연적으로 변하기 때문에, 어느 쪽이 원본인지 헷갈릴 염려는 없다.

입자 하나는 그렇다 치고, 수많은 입자들이 모여서 이루어진 커다란 물체에도 이 논리가 그대로 적용될 수 있을까? 만일 당신이 드로리안DeLorean(영화 〈백 투 더 퓨처Back to the Future〉에 타임머신으로 등장했던 스포츠카: 옮긴이)을 이루고 있는 개개의 원자들을 다른 장소로 완벽하게 전송하는 기술을 확보했다면 자동차를 통째로 전송하는 것도 가능할 것인가? 순간이동은 아직 성공한 사례가 없기 때문에 단정적으로 말할 수는 없지만 이론적으로 따져 보면 불가능할 이유가

[+] 순간이동이란 '이곳'에 있는 무언가가 '저곳'에 갑자기 나타나도록 만드는 기술이므로, 앞으로 나는 입자가 정확한 위치를 갖고 있다는 가정하에 논리를 풀어 나갈 것이다. 사실 엄밀하게 말하자면 '이곳에 있을 확률이 아주 높은 입자'를 '저곳에 있을 확률이 아주 높은 입자'로 변환시킨다고 말해야 할 것이다. 그러나 편의를 위해 확률이라는 말을 생략하고 그냥 '이곳' 또는 '저곳'이라는 표현을 사용하기로 한다.

없다. 물체의 외관과 감촉, 소리, 냄새, 맛 등 모든 특성들은 원자와 분자의 배열상태에 따라 전적으로 좌우되므로, 개개의 원자들을 전송하여 재구성된 드로리안은 원본과 완전히 동일하다. 차의 범퍼와 긁힌 자국, 삐걱거리는 문, 어제 강아지를 태웠을 때 시트에 배인 냄새 등 모든 것이 똑같다. 가속페달과 브레이크의 감도 완전히 똑같을 것이다. 이 자동차가 원본 자체인지, 아니면 똑같은 복제품인지는 중요하지 않다. 당신이 이 드로리안을 뉴욕에서 런던으로 옮겨 달라고 해운회사에 의뢰했는데, 회사측에서 운송비를 절약하기 위해 비밀리에 런던으로 순간이동을 시켰다면(비용이 정말로 절약될지는 알 수 없지만) 당신은 전혀 눈치채지 못할 것이다. 적어도 원리적으로는 그렇다.

그러나 만일 차 안에 당신이 애지중지하는 고양이가 타고 있었다면, 또는 비행기 값을 절약하기 위해 당신이 드로리안에 탄 채로 순간이동되었다면 어떤 결과가 초래될 것인가? 뉴욕에서 드로리안의 문을 열고 승차한 당신과 런던에서 차 문을 열고 걸어 나오는 당신은 과연 같은 사람일까? 나는 개인적으로 그렇다고 생각한다. 물론 이것도 성공사례가 없으므로 오로지 사고(思考)를 통하여 그 가능성을 판단할 수밖에 없다. 그러나 나의 몸을 이루고 있는 모든 원자와 분자의 양자상태가 다른 곳으로 전송되어 나와 완전히 똑같은 생명체가 재현되었다면, 그것은 곧 '나'일 수밖에 없다. 반대하는 사람도 있겠지만, 적어도 나는 그렇게 생각한다. 복제인간이 만들어진 후에도 원본에 해당되는 나는 여전히 멀쩡하게 존재하지만, 그래도 '나는 나'이다. 두 사람 다 나임에 틀림없다. 우리 두 사람은 생각도, 마음도 같고 둘 중 어느 쪽도 다른 쪽보다 우월하지 않다. 생각과 기억, 감정, 판단력 등은 인간의 몸을 이루고 있는 원자와 분자로부터 형성되기 때문에, 모든 구성요소들이 완벽하게 동일한 양자적 상태에 있는 복제인간은 원래의 인간과 다를 것이 없다(여기서 말하는 복제인간은 세포를 배양하여 만든 생물학적 복제인간이 아니라 모든 '물리적 상태가 완벽하게 동일한 인간'을 뜻한다: 옮긴이). 우리 두 사람이 앞으로 다른 환경에서 살게 된다면 다른 인간이 될 수도 있겠지만 둘 중 어느 쪽이 진정한 '나'였는지를 따지는 것은 의미가 없다고 생각한다. 완벽하게 복제된 순간부터 나라는 존재는 구별할 수 없는 두 사람으로 증식되었기 때문이다.

사실, 똑같은 사람을 만들고자 한다면 이 정도까지 완벽한 조건을 요구할 필요도 없다. 우리의 몸을 이루고 있는 구성성분들 중에는 죽을 때까지 지속되는 것이 하나도 없기 때문이다. 인간의 몸은 매 순간마다 크고 작은 변화를 겪고 있다. 아이스크림을 먹으면 혈관 속에 지방과 당분이 새롭게 유입되고 MRI 촬영기는 두뇌를 이루고 있는 원자핵의 스핀 방향을 바꾼다. 뿐만 아니라 심장을 통째로 이식하는 경우도 있고 살이 많은 사람은 지방흡입시술을 받기도 한다. 이런 다양한 과정을 거치면서 우리의 몸속에서는 평균적으로 100만분의 1초마다 수조(10^{12}) 개의 원자들이 꾸준하게 변하고 있다. 그런데 이런 심각한 변화의 와중에도 '나'라는 정체성은 전혀 영향을 받지 않는다. 그러므로 순간이동된 분신의 물리적 상태가 나와 완전하게 일치하지 않는다 해도 얼마든지 구별 불가능할 수 있다. 내 생각에는 그것도 여전히 '나'이다.

"인간에게는 의식이나 영혼 등 물리적 조건으로 설명될 수 없는 무언가가 더 있다"고 생각하는 독자들은 순간이동에 관하여 나보다 더욱 까다로운 조건을 제시할 것이다. "인간은 물리적 조건으로 어느 정도까지 결정될 수 있는가?" — 이 모호한 주제를 놓고 다양한 분야의 학자들이 수많은 논쟁을 벌여 왔지만, 아직 모든 사람들이 수긍할 만한 결론은 내려지지 않았다. 나는 물리적 조건만으로 인간의 모든 것이 결정된다고 믿는 사람이다. 물론 나와 다른 의견을 주장하는 사람들도 많다. 누가 옳은지는 아무도 알 수 없다.

형이상학적인 부분은 일단 제쳐두고, 물리적인 요인만 생각하기로 하자. 현대의 과학자들은 양자역학의 놀라운 위력을 십분 활용하여 개개의 입자들을 순간이동시키는 방법을 알아냈다. 지금부터 그 원리를 자세히 알아보자.

양자적 얽힘과 양자적 순간이동

1997년에 인스브루크대학의 안톤 자일링거Anton Zeilinger가 이끄는 물리학 연구팀과 로마대학의 프란체스코 데 마르티니Francesco De Martini가 이끄는 연구팀은 독자적으로 연구를 수행하여 광자 하나를 순간이동시키는 데 성공했다.[2] 이들은 특정한 양자상태에 있는 광자를 실험실에서 비교적 가까운 곳으로 이동시켰지만, 이론적으로는 아무리 먼 거리라 해도 똑같은 원리로 이동시킬 수 있다. 두 연구팀은 양자적 얽힘과 관련하여 1993년에 발표된 논문(IBM 왓슨 연구소의 찰스 베넷Charles Bennet과 몬트리올대학의 질 브라사르Gilles Brassard, 클로드 크리포Claude Crepeau, 리처드 조스차Richard Josza, 그리고 이스라엘의 물리학자 애셔 페레스Asher Peres와 윌리엄스대학의 윌리엄 우터스William Wootters의 논문)을 이론적 근거로 삼았다.

4장에서 설명한 바와 같이, 양자적으로 얽혀 있는 두 개의 입자(지금의 경우에는 광자)는 매우 밀접하면서도 희한한 관계를 유지하고 있다. 이들은 공간상으로 분명히 고립되어 있음에도 불구하고, 한 입자를 관측하여 스핀이 알려지면(즉, 가능한 스핀들 중 하나가 선택되면) 이 결과가 '즉각적으로' 다른 입자에 전달되어 아직 관측을 하지 않았음에도 불구하고 자신의 파트너와 동일한 스핀을 갖게 된다. 두 입자 사이의 거리가 아무리 멀어도 결과는 마찬가지다. 물론 그렇다고 해서 모종의 신호가 빛보다 빠르게 전달된다는 뜻은 아니다. 4장에서 우리는 양자적으로 얽힌 입자를 이용하여 빛보다 빠른 신호를 보낼 수는 없다는 것을 확인한 바 있다. 양자적으로 얽혀 있는 입자들의 스핀을 여러 차례 측정하여 그 결과를 나열해 보면 무작위적인 데이터가 얻어질 뿐이다(단, 각 스핀의 전체적인 빈도수는 입자의 확률파동에서 예견되는 값과 일치한다). 양자적 얽힘은 두 입자의 스핀 데이터를 비교한 후에야 비로소 분명해진다. 그런데 두 입자의 관측결과를 비교하려면 어떻게든 둘 사이에 신호가 교환되어야 하고 그 신호는 분명히 빛보다 빠를 수 없다. 관측결과를 비교하기 전에는 두 입자가 양자적으로 얽혀 있다는 사실을 확인할 수 없으므로, 어떤 신호가 빛보다 빠르게 전달되는 일은 발생하지 않는다.

양자적 얽힘이 빛보다 빠른 신호를 의미하지 않는다는 것은 분명한 사실이지만, 관측정보가 즉각적으로 전달되는 것은 어느 모로 보나 신기한 현상이다. 이 현상을 잘 이용하면 무언가 의외의 사건을 만들어 낼 수도 있을 것 같다. 실제로 1993년에 베넷과 그의 동료들은 양자적으로 얽혀 있는 입자를 이용하여 소위 말하는 '양자적 순간이동quantum teleportation'이 가능하다는 것을 입증하였다. 개중에는 순간이동이 빛보다 빨라야 한다고 생각하는 독자들도 있겠지만, 굳이 그런 무리한 조건을 부과하지 않는다면 양자적 얽힘이 해답을 제시할 수 있다는 것이다.

베넷은 누가 봐도 분명한 수학적 논리를 사용했지만, 거기에는 아주 기발하고 미묘한 부분이 있다. 지금부터 그의 논리를 단계적으로 따라가 보자.

지금 뉴욕에 살고 있는 나는 A라고 이름 붙인 광자를 런던에 사는 친구 니콜라스에게 전송하려고 한다. 광자 하나를 통째로 보내려면 여러 가지 관련 정보를 전송해야 하지만, 문제를 단순화시키기 위해 광자의 스핀만을 전송한다고 가정해 보자. 즉, 뉴욕에 있는 광자 A와 동일한 '스핀 확률파동'을 갖는 광자를 니콜라스도 소유하도록 만들고 싶다.

그런데, 내가 갖고 있는 광자와 니콜라스에게 전송된 광자의 스핀상태가 동일하다는 것을 어떻게 확인할 수 있을까? 일단 광자 A의 스핀을 관측한 후 런던에 전화를 걸어서 니콜라스의 광자도 동일한 스핀을 갖고 있는지 물어봐야 할까? 아니다. 이런 식으로는 광자의 스핀상태를 확인할 수 없다. 관측행위 자체가 광자를 교란시켜서 원래의 스핀상태가 변하기 때문이다. 그렇다면 어떤 방법을 동원해야 하는가? 베넷과 그의 동료들이 제시한 방법은 다음과 같다. 우선 양자적으로 얽혀 있는 다른 한 쌍의 광자 B와 C를 니콜라스와 내가 하나씩 확보하고 있어야 한다. 이런 광자 쌍을 어떻게 구했는지는 중요하지 않다. 아무튼, 니콜라스와 나는 대서양의 정반대편에 살고 있지만 내가 광자 B를 관측하여 어떤 특정 스핀을 얻었다면, 니콜라스가 광자 C를 측정했을 때에도 동일한 스핀이 얻어질 것이다.

다음 단계는 광자 A(전송하려고 하는 광자)를 직접 관측하지 않고 광자 A와 B의 '연결관계'를 관측하는 것이다. 양자역학의 이론에 의하면 광자 A와 B의 스핀을 개별적으로 측정하지 않고서도 이들의 스핀이 수직축에 대하여 같은 값을 갖는지 확인할 수 있다(다른 물리적 특성도 마찬가지다). 수평축에 대한 스핀도 이와 마찬가지로 개별적인 관측을 하지 않고 같은 값을 갖는지 확인할 수 있다. 이런 식으로 공통된 특성을 측정하면 광자 A의 스핀을 알 수는 없지만 A의 스핀이 B의 스핀과 어떤 관계에 있는지 확인할 수는 있다. 이 정보는 베넷의 순간이동에서 핵심적인 역할을 한다.

멀리 떨어져 있는 광자 C는 B와 양자적으로 얽혀 있으므로, A와 B의 관계를 알면 A와 C의 관계도 알 수 있다. 이제 런던에 있는 니콜라스에게 전화를 걸어 광자 A와 C의 스핀이 어떻게 다른지(혹은 같은지)를 확인하면 그는 적절한 조치를 취하여 C의 양자적 상태가 A와 일치하도록 만들 수 있다. 이 조치가 끝나면 그가 갖고 있는 광자의 양자상태는 A와 같아지고, 결국 니콜라스는 A와 동일한 양자상태에 있는 광자를 소유하게 된다. 즉, 양자적 순간이동이 완료된 것이다. 가장 간단한 예로, 내가 갖고 있는 광자 A와 B의 스핀이 똑같았다면 런던에 있는 광자 C의 양자상태는 아무런 조치도 취할 필요 없이 그냥 A와 같아진다. 이것은 순간이동이 공짜로 이루어진 아주 운 좋은 경우에 속한다.

대략적인 전송계획은 이상과 같다. 그러나 위의 설명에는 현실적인 단계에서 반드시 고려해야 할 중요한 부분이 빠져 있다. 광자 A와 B의 연결관계를 관측하면 A와 B의 스핀이 어떻게 연결되어 있는지를 알 수 있다. 그러나 앞에서 누누이 강조한 것처럼, 관측행위는 어쩔 수 없이 관측대상인 광자의 양자적 상태를 교란시킨다. 따라서 나는 관측이 이루어지기 전에 A와 B가 어떤 관계에 있었는지 알 수가 없다. 그저 관측으로 교란된 후의 상호관계를 알 수 있을 뿐이다. 그런데 광자 B와 C를 도입한 것은 광자 A가 교란되는 것을 방지하기 위한 조치였으므로, A와 B를 어떻게든 관측해야 한다면 새로운 광자를 도입해도 관측과 관련된 문제를 피해 갈 수는 없을 것 같다. 그러나 사실은 그렇지 않다. 광자 C가 이 모든 문제를 말끔하게 해결해 주고 있다. 광자 B와 C는 양자적으로 얽힌 관계에 있으므로, 내가 뉴욕에서 광자 B를 관측하여 교란시키면 런던에 있는 광자 C도 즉각적으로 그 영향을 받게 된다. 이것이 바로 4장에서 설명했던 양자적 얽힘의 본질이다. 베넷과 그의 동료들은 광자 B가 관측행위를 통하여 교란되었을 때, 멀리 있는(그리고 양자적으로 B와 얽혀 있는) 광자 C도 똑같이 교란된다는 것을 수학적으로 증명하였다.

자, 문제가 점점 흥미로워지기 시작한다. 나는 관측을 통하여 A와 B의 스핀이 어떤 관계에 있는지를 알아냈고, 이 과정에서 A와 B는 원래의 상태를 잃어버렸다. 그러나 다행히도 B와 C는 양자적으로 얽혀 있기 때문에 B가 관측행위로부터 영향을 받으면 C도 똑같은 영향을 받게 된다(C가 아무리 먼 곳에 있어도 상관없다). 따라서 이 영향을 분리해 내면 관측 때문에 잃어버린 정보를 다시 복구할 수 있다. 런던에 있는 니콜라스에게 전화를 걸어서 나의 관측결과를 알려 주면 그는 뉴욕에서 관측이 행해진 후 A와 B의 스핀이 어떤 관계에 있는지 알게 되고, 광자 C를 잘 이용하면 관측에 의한 효과를 분리해 낼 수 있다. 즉, 니콜라스가 광자 C로부터 관측에 의한 교란효과를 제거하면 광자 A의 원래 상태를 복원할 수 있다는 것이다. 베넷과 그의 동료들은 광자 C에 간단한 조작(광자 A와 B의 스핀관계를 이용한 조작)을 가하여

'관측이 행해지기 전의 A'를 정확하게 복원할 수 있음을 증명하였다. 지금 우리의 논리는 광자의 스핀에 한정되어 있지만, 다른 특성들(에너지 확률파동 등)도 이와 동일한 방법으로 정확하게 복원될 수 있다. 이 방법을 이용하면 뉴욕에서 런던으로 광자를 순간이동시킬 수 있다.[3]

이상과 같이, 양자적 순간이동은 두 개의 단계를 거쳐 이루어지며, 각 단계는 아주 중요하면서 상호 보완적인 정보를 제공하고 있다. 첫 번째 단계에서는 양자적으로 얽혀 있는 두 개의 광자들 중 하나(B)와 전송하고자 하는 광자(A)를 동시에 관측하여, 관측에 의한 교란이 멀리 떨어져 있는 광자(C)에 즉각적으로 전달되도록 만든다. 즉, 1단계에서는 양자적 신호가 전달된다. 그리고 두 번째 단계에서는 이미 행해진 관측결과를 멀리 있는 수신자(광자 C를 갖고 있는 사람)에게 전화나 팩스, 또는 전자메일 등 일상적인 방법으로 전송한다. 즉, 2단계에서는 정상적인 방법으로 신호가 전달된다. 이제 1단계와 2단계를 종합하면 멀리 있는 광자 C가 A와 완전히 동일한 상태가 되도록 조작(특정한 축에 대하여 회전시키는 등의 조작)할 수 있다. 이렇게 되면 원본은 그 자리에 그대로 남아 있는 상태에서 멀리 떨어져 있는 곳에 완벽한 쌍둥이가 만들어지는 셈이다.

양자적 순간이동에 관하여 몇 가지 더 짚고 넘어갈 것이 있다. 광자 A의 상태는 관측에 의해 이미 교란되었으므로, 원래의 A와 동일한 광자는 이제 런던에 있는 광자 C뿐이다. 즉, 원본과 동일한 복사본을 만드는 데는 성공했지만 원본 자체가 더 이상 존재하지 않는 것이다. 그러므로 이 방법은 '양자 팩스 보내기'가 아니라, 문자 그대로 '양자적 순간이동'에 더 가깝다고 할 수 있다.[4] 또한, 광자 A를 뉴욕에서 런던으로 전송했다 해도(그리고 런던에 있는 광자 C와 원래의 A를 구별할 수 없다 해도) 우리는 광자 A의 원래 상태를 알 수 없다. 런던에 있는 광자가 특정한 축에 대하여 스핀을 가질 확률은 측정하기 전의 광자 A와 동일하지만, 그 확률이 얼마인지는 알 수 없다. 사실, 이것은 양자적 순간이동의 저변에 깔려 있는 일종의 트릭이라고 할 수 있다. 일단 관측이 행해지면 광자 A의 양자상태는 사라져 버리지만, 이 광자를 전송하는 것이 목적이라면 굳이 양자상태를 알고 있을 필요가 없다. 우리는 그저 광자 A와 B를 관측하여 이들 사이의 상대적인 관계만 알아내면 된다. 그 나머지는 B와 양자적으로 얽혀 있는 C가 다 알아서 처리해 줄 것이다.

양자적 순간이동은 결코 가볍게 볼 업적이 아니다. 1990년대 초까지만 해도 양자적으로 얽혀 있는 한 쌍의 광자를 만들어 내는 것은 별로 어렵지 않았지만 두 광자의 상대적인 관계를 측정하는 기술은 개발되지 않았었다(이 실험을 가리켜 'Bell-state 관측'이라 한다). 그러다가 1997년에 이르러 자일링거 연구팀과 마르티니 연구팀이 획기적인 기술을 개발하여 양자적 순간이동을 현실세계에서 성공적으로 구현시켰다.[5] 이들의 업적은 하나의 광자를 성공적으로 순간이동시킨 최초의 사례로 과학사에 길이 남을 것이다.

현실적인 물체의 순간이동

익히 알다시피, 당신과 나의 몸 그리고 드로리안 스포츠카를 비롯한 모든 물체들은 엄청나게 많은 입자들로 이루어져 있다. 그러므로 광자 하나를 전송하는 데 성공했다면 그 다음은 당연히 커다란 물체를 옮기는 데 관심이 갈 것이다. 그러나 입자 하나에서 갑자기 거시적인 물체로 전송대상을 옮기는 것은 너무 커다란 비약이다. 현재의 기술로는 물론이고 앞으로도 한동안 이런 기술은 개발되기 어려울 것이다. 그러나 현실성이 없다고 그냥 포기한다면 이 장에서는 별로 할 말이 없다. 그러므로 자일링거의 환상적인 아이디어를 과감하게 확장시켜서, 논리에 입각한 상상의 나래를 펼쳐 보기로 하자.

지금 나는 드로리안 스포츠카를 뉴욕에서 런던으로 순간이동시키려고 한

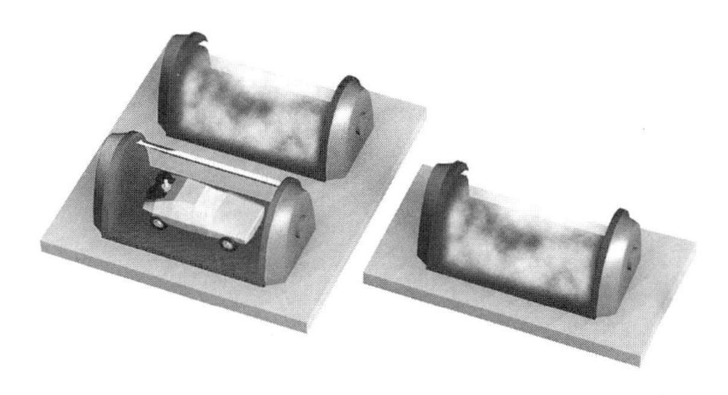

그림 15.1 자일링거의 광자이동을 자동차로 확장시킨 그림(그림이 분명치 않지만, 컨테이너 안에는 드로리안 스포츠카가 들어 있다: 옮긴이) 왼쪽 그림은 뉴욕에 있는 두 개의 입자 보관용 컨테이너를 나타내고 오른쪽은 런던에 있는 또 하나의 컨테이너이다. 뿌연 연기가 피어오르는 두 컨테이너의 입자들은 모든 쌍들이 양자적으로 얽힌 관계에 있다. 뉴욕에서 두 컨테이너의 입자들을 관측하여(개별적인 관측이 아니라 각 쌍의 차이를 관측한다) 그 결과를 런던에 전화로 알려 주면 니콜라스는 이 정보를 이용하여 자신의 컨테이너에 있는 입자들에 적절한 변환을 가함으로써 원래의 드로리안과 동일한 스포츠카를 얻게 된다.

다. 앞에서 광자 하나를 전송할 때는 니콜라스와 내가 양자적으로 얽혀 있는 한 쌍의 광자를 추가로 나눠 가졌으므로, 이 경우에는 드로리안 스포츠카를 이루는 엄청난 양의 입자들(양성자, 중성자, 전자), 그것도 한결같이 양자적으로 얽혀 있는 입자들을 한 세트씩 나눠 갖고 있어야 한다. 이 많은 입자들을 허공에 보관할 수는 없으므로 각자의 실험실에 비치해 둔 특수 컨테이너에 입자들을 보관하고 있다고 가정하자(그림 15.1 참조). 지금부터 내가 할 일은 원래의 드로리안(이것도 특수 컨테이너 안에 보관되어 있다)을 이루는 입자들과 또 하나의 컨테이너에 들어 있는 입자들의 상대적인 특성을 관측하는 것이다(이 과정은 앞에서 광자 A와 B의 스핀 상호관계를 측정하는 과정에 해당된다). 그러면 관측에 의해 나타나는 교란은 런던에 있는 컨테이너 속의 입자들에게 고스란히 전달될 것이다(이것은 A와 B를 관측하면서 나타난 교란이 C에 전달되는 것과 같다). 그 후 니콜라스에게 전화를 걸어 나의 관측결과를 알려 주면 (10^{30}개의 결과를 일일이 알려 주어야 하므로 전화요금이 꽤 많이 나올 것이다) 그는 이 데이터를 참고로 하여 자신의 컨테이너 안에 있는 입자들에 적절한 조작을 가한다(이 과정은 앞에서 전화를 받은 후 광자 C를 조작하는 과정에 해당된다). 이 모든 작업이 끝나면 니콜라스의 컨테이너 안에 들어 있는 모든 입자들은 내가 갖고 있는 원래의 드로리안과 완전하게 동일한 양자적 상태(관측이 행해지기 전의 상태)에 놓이게 되며, 이로써 양자적 순간이동은 극적으로 완결된다.✤

현재의 기술수준에서 거시적 물체를 이런 식으로 순간이동시키는 것은 그야말로 꿈같은 이야기다. 보통의 스포츠카는 대략 10억×10억×10억 개가 넘는 입자들로 이루어져 있다. 서로 얽힌 관계에 있는 몇 쌍의 입자들을 관측하는 것은 가능하지만 거시적인 스케일의 물체를 이런 식으로 일일이 관측하는 것은 불가능하다.[6] 양자적으로 얽혀 있는 10^{27}개의 입자쌍을 두 개의 분리된 컨테이너에 보관한다는 것도 지금으로선 어림도 없는 이야기다. 게다가 두 광자의 상대적인 스핀상태를 관측하는 것만도 대단한 업적으로 취급되는 지금의 현실에서 10억×10억×10억 개가 넘는 입자쌍들을 이런 식으로 관측한다는 것은 상상만 해도 끔찍한 작업이다. 현재의 기술수준으로 미루어볼 때 거시적인 크기의 물체를 순간이동시키는 것은 그저 꿈같은 이야기일 뿐이다.

그러나 과학은 항상 부정적인 예견을 초월하면서 발전해 왔다. 지금 당장은 큰 물체를 전송할 수 없지만 영원히 불가능하지는 않을 것이다. 누가 알겠는가? 40년 전의 TV 연속극에 등장했던 엔터프라이즈호의 컴퓨터도 당시에는 허황된 꿈에 불과하지 않았던가?[7]

✤ 개개의 입자들과는 달리 입자의 집합을 서술하는 양자적 상태에는 입자 하나와 나머지 입자들 사이의 상호관계도 포함되어 있다. 따라서 드로리안 스포츠카를 이루는 모든 입자들을 똑같이 재생시켰다면, 재생된 입자들도 이전과 동일한 상호관계를 맺고 있어야 한다. 다른 점이라고는 이들의 위치가 뉴욕에서 런던으로 이동한 것뿐이다.

시간여행의 수수께끼

일상적인 물체들을 페덱스FedEx나 택배로 부치듯이 순간이동시킬 수 있다면 우리의 삶은 엄청나게 달라질 것이다. 우주의 반대편을 옆집 드나들듯이 오락가락할 수 있고 어떤 물건이든 단추만 누르면 원하는 곳으로 전송할 수 있는 세상— 생각만 해도 환상적이다. 이런 시대가 오면 인류의 세계관은 가히 혁명적인 변화를 겪게 될 것이다.

그러나 시간이동이 가져올 변화에 비교하면 공간이동은 어린애 장난에 불과하다. 사실, 마음만 먹으면 공간상의 이동은 언제나 가능하다. 드로리안을 런던으로 보내고 싶은데 순간이동장치가 고장났다면 우편으로 부치거나 육로와 해로를 이용하여 직접 몰고 갈 수도 있다. 물론, 빛보다 빠르게 이동할 수 없다거나 인간의 평균수명보다 오래 걸리는 여행은 할 수 없다는 등의 제한조건이 있긴 하지만 이 범위 이내에서 이동하는 것은 아무런 문제가 없다. 그저 충분한 시간과 여행경비만 있으면 된다. 그러나 과거, 또는 미래로 이동하는 것은 전혀 다른 이야기다. 우리의 경험에 의하면 시간상의 이동은 오직 한 가지 방향으로, 그것도 정해진 속도로만 가능하다. 내일 이 시간에 이곳에서 벌어지게 될 광경을 보고 싶다면 꼼짝없이 86,400초를 기다리는 수밖에 없다. 내일은 오늘보다 시간적으로 뒤에 있기 때문이다. 그러나 과거에 있었던 광경을 보고 싶다면 꿈을 꾸는 수밖에 없다. 현실세계에서는 과거로 가는 길이 전혀 없기 때문이다. 공간이동과는 달리 시간이동은 선택의 여지가 전혀 없다. 좋건 싫건 간에 모든 만물들은 시간의 공평하고 가차 없는 흐름에 순응하는 수밖에 없는 것이다.

공간을 자유롭게 오가듯이 시간도 마음대로 오락가락할 수 있다면 인류의 세계관이 바뀌는 정도가 아니라 완전히 다른 세상이 될 것이다. 사실, 미래로 가는 시간여행의 이론적 기초는 20세기 초에 이미 확립되어 있었다. 그런데 놀랍게도 이 사실을 알고 있는 사람이 별로 많지 않다(안다기보다 '깨닫는다'는 표현이 더 적절할 것 같다).

아인슈타인이 특수상대성이론에 입각하여 시공간의 개념을 확립했을 때, 그는 이미 미래로 가는 지름길을 제시했었다. 기껏해야 100년밖에 살지 못하는 인간이 1,000년 후나 10,000년 후, 또는 1천만 년 후의 지구의 모습을 볼 수 있을까? 물론 볼 수 있다. 아인슈타인이 발견한 법칙 속에 그 해답이 들어 있다. 예를 들어, 당신이 초고속 우주선을 개발하여 광속의 99.9999999996%로 달릴 수 있게 되었다고 가정해 보자. 이 무지막지한 우주선을 타고 당신의 시계로 하루나 열흘, 또는 27년 동안 우주공간을 비행한 후 곧바로 U-턴하여 같은 속도로 귀향한다면 지구시간으로는 1,000년, 또는 10,000년, 또는 1천만 년이 흘러 있을 것이다. 이것은 실험적으로 이미 확인된 분명한 사실이다. 속도의 증가에 따른 시간 팽창효과는 3장에서 이미 다룬 바 있다.[8] 물론 이 정도로 빠른 우주선은 아직 만들 수 없다. 그러나 앞서 말한 대로 시간의 지연효과는 일상적인 비행기와 광속으로 움직이는 소립자 등을 이용하여 이미 확인되었다(정지해 있는 뮤온은 수명이 아주 짧아서 백만분의 2초 만에 다른 입자로 붕괴되지만, 빠르게 움직이는 뮤온은 시간이 지연되어 상대적으로 수명이 길어진다). 지금까지 확인된 바에 따르면 특수상대성이론은 어떤 환경에서도 성립되는 이론이며, 미래를 '앞당겨서' 볼 수 있는 방법을 제시하는 이론이기도 하다. 우리가 지금의 시대를 벗어나지 못하는 것은 물리학 법칙 때문이 아니라 기술(광속과 견줄 정도로 빠른 로켓을 만드는 기술)이 부족하기 때문이다.

미래로 가는 것도 결코 간단한 일은 아니지만 과거로의 여행은 더욱 심각한 문제를 야기한다. 독자들은 공상과학시리즈를 통해 주인공이 과거로 이동하는 장면을 본 적이 있을 것이다. 그런데 과거는 이미 일어난 사건의 집합체이기 때문에, 현재에 사는 사람이 과거로 가면 논리적으로 여러 가지 심각한 문제가 대두된다. 예를 들어, 당신이 과거로 가서 당신의 출생을 방해한다면 어떻게 될 것인가? 소설이나 영화에서는 논리상의 무리를 감수하면서 이런 상황을 연출해 내곤 한다. 그렇다면 상황을 조금 바꿔서, 과거로 간 당신이 당신의 부모가 만나는 것을 방해했다면 어떤 결과가 초래될 것인가? 방해공작이 성공했다면 당신은 태어나지 않았을 것이고, 그렇게 되면 '부모의 만남을 방해하러 과거로 간 당신'도 존재하지 않았을 것이다. 이것은 분명한 모순이다. 부모의 만남을 방해하여 당신이 태어나지 않도록 과거를 수정하려면, 일단 당신은 현재에 존재해야 한다. 그러나 과거로 가서 방해공작이 성공했다면 당신은 태어나지 않았어야 한다. 과거로 이동하여 이미 일어난 사건을 바꿀 수 있다면 이런 모순적 상황을 피할 수 없게 된다.

옥스퍼드의 철학자인 마이클 더미트Michael Dummett와 그의 연구동료 다비드 도이치David Deutsch는 시간여행에서 야기되는 논리적 모순을 분명하게 지적하였는데, 이들의 논리를 일상적인 상황으로 바꿔서 서술하면 다음과 같다. 어느 날, 나는 타임머신 제작에 성공하여 시운전 삼아 미래로 가 보았다. 일단은 배가 고파서 '두부포유Tofu-4-U'에 들러 간단한 식사를 한 후(미래에는 광우병이 전 세계를 휩쓸어 맥도널드사가 큰 타격을 입는 바람에 두부포유 체인점이 업계 1위를 달리고 있었다) 근처에 있는 인터넷 까페에 들러 끈이론이 얼마나 진전되었는지 알아보았더니 아니나 다를까, 끈이론의 모든 문제들은 말끔하게 해결되어 있었다. 끈이론의 체계는 완벽하게 구축되었고 모든 입자

✣ 인간의 몸이 강체가 아니라는 것도 또 하나의 제한조건으로 작용한다. 우주선이 몇 초, 또는 몇 분 만에 광속에 접근할 정도로 가속된다면, 그 안에 탑승하고 있는 사람은 가속운동에 수반되는 힘 때문에 분해되고 말 것이다. 이런 장애를 어떻게든 극복하고 시간지연효과를 잘 활용하면 멀리 있는 은하에도 갔다올 수 있다. 예를 들어, 지구에서 발사된 우주선이 안드로메다은하를 향해 광속의 99.99999999999999999%로 비행한다면 지구 시간으로 약 6백만 년이 흘러야 지구로 귀환할 수 있다. 그러나 우주선 내부의 시간은 훨씬 느리게 흐르기 때문에, 지구로 귀환한 승무원의 입장에서는 불과 8시간 만에 왕복임무를 수행한 셈이 된다(단, 승무원이 출발과 U-턴, 그리고 도착할 때 가해지는 무지막지한 가속을 견뎌 내고 살아 있어야 한다).

의 특성도 끈이론으로 완벽하게 설명되어 있었다. 뿐만 아니라 여분의 차원과 초대칭입자들도 모두 발견되었고 이들의 질량과 전하 등은 강입자 충돌가속기(LHC)를 이용한 실험으로 정확하게 측정되어 있었다. 의심의 여지없이, 끈이론은 모든 것을 설명하는 '만물의 이론Theory of everything'으로 확고한 입지를 굳히고 있었다.

"이 모든 것을 규명한 천재가 대체 누구일까?" 호기심이 발동한 나는 당대의 물리학자들을 열람하다가 거의 뒤로 넘어갈 뻔했다. 끈이론을 완성하는 데 결정적인 공헌을 했던 물리학자는 바로 리타 그린Rita Greene이었던 것이다. 그게 뭐 그리 놀랄 일이냐고? 놀라운 정도가 아니라 세상이 뒤집힐 일이다. 왜냐하면 그녀는 나의 어머니이기 때문이다! 물론 우리 어머니가 무능하다는 뜻은 아니다. 그녀는 나름대로 훌륭한 사람이다. 그러나 우리 어머니는 과학과 담을 쌓은 것은 물론이고 과학자가 되려고 노력하는 학생들을 전혀 이해하지 못하는 분이었다. 몇 년 전에 내가 『엘러건트 유니버스』를 집필했을 때에도 어머니는 처음 한두 페이지를 읽더니 머리가 아프다며 더 이상 읽기를 포기하셨다. 그랬던 어머니가 끈이론에 가장 큰 공헌을 한 물리학자가 되었다니, 내 어찌 놀라지 않을 수 있겠는가! 놀란 가슴을 쓸어내리며 어머니가 썼다는 논문을 찾아서 읽어 보았더니, 역시 간단명료하면서도 아름다운 논리로 모든 문제를 완벽하게 해결한 당대 최고의 논문임이 틀림없었다. 그런데 논문의 끝부분에 첨부된 감사의 글을 읽어 보니 놀랍게도 내 이름이 거론되어 있지 않은가! 토니 로빈스의 세미나에 참석한 후로 물리학에 대한 흥미가 생겨서 늦은 나이에 물리공부를 시작했는데, 물리학을 전공한 아들 브라이언 그린이 끈이론에 필요한 수학과 물리학을 자신에게 가르쳤다고 적혀 있었다! 토니 로빈스의 세미나라면…, 아차! 큰일 났다. 내가 타임머신에 발동을 걸고 있을 때 어머니가 그 세미나에 참석하러 외출하시는 모습을 언뜻 본 것 같다. 그렇다면 빨리 현재로 되돌아가서 어머니의 열정이 식기 전에 물리학과 수학을 가르쳐 드려야 한다.

나는 급하게 현재로 돌아와서 어머니에게 자초지종을 설명하고 끈이론 개인교습을 시작했다. 그러나 평소 물리학과 담을 쌓고 지내던 어머니에게 고전물리학도 아닌 끈이론을 가르친다는 것은 결코 쉬운 일이 아니었다. 처음 두 해 동안 어머니는 열심히 노력했지만 진도는 지지부진이었다. 나는 슬슬 걱정되기 시작했다. 내가 보았던 미래의 시점에 이르기 전에 어머니를 끈이론의 석학으로 만들어 드려야 하는데, 당시의 사정으로 봐선 어림도 없을 것 같았다. 그 후 몇 년의 세월이 더 흘렀지만 어머니는 편미분 기호만 봐도 머리가 아프다며 손사래를 치고 계셨다. 이거 정말 큰일 났다. 이제 시간도 얼마 남지 않았다. 어떻게 하면 단기간에 논문을 쓰도록 만들 수 있을까? 결국, 나는 물리학의 발전을 위해 중요한 결단을 내릴 수밖에 없었다. 나는 미래로 갔을 때 어머니가 쓰신 논문을 자세히 읽었으므로 그 내용을 생생하게 기억하고 있었다. 그래서 어머니가 스스로 논문을 쓰실 수 있을 때까지 기다릴 것이 아니라(지금의 상태로 봐서 그렇게 될 가능성은 거의 없다), 내가 기억하고 있는 내용을 불러 주고 어머니가 받아써서 학술지에 발표하는 것이 더 나을 것 같았다. 그래서 우리 모자는 며칠 만에 논문을 완성하여 저명한 학술지에 발표하였고 그날로 전 세계 물리학계는 발칵 뒤집혔다. 어머니의 논문 한 편으로 끈이론이 드디어 완벽한 체계를 갖추게 된 것이다.

약간의 반칙을 범하여 미래가 예정대로 진행되도록 만드는 데에는 성공했지만, 얼마 지나지 않아 심각한 문제가 발생했다. 노벨상 선정위원회에서 수상자를 결정해야 하는데, 대체 누구에게 상을 줘야 할지 판단을 내릴 수가 없었던 것이다. 논문의 아이디어를 생각해 낸 사람이 과연 누구란 말인가? 물론 나는 아니다. 내가 한 일이란 미래에서 읽었던 논문을 어머니에게 그대로 불러 준 것뿐이다. 그렇다면 우리 어머니가 노벨상을 받아야 할까? 그것도 아니다. 어머니는 내가 기억하는 내용을 받아 적었을 뿐, 아이디어에 공헌한 바가 전혀 없다. 그렇다면 노벨상은 누구에게 돌아가야 하는가? 사실, 지금은 노벨상이 문제가 아니다. 물리학의 역사를 바꾸는 논문이 만들어지긴 했는데, 정작 그 논문의 아이디어를 떠올린 사람이 존재하지 않는 것이다. 과연 누가, 또는 어떤 컴퓨터가 그 영감 어린 아이디어를 창출해 냈는가? 나도 아니고 우리 어머니도 아니다. 게다가 다른 사람은 끼어들 여지도 없었다. 그리고 우리는 컴퓨터를 사용하지도 않았다. 우리 어머니는 전형적인 컴맹이다. 그럼에도 불구하고 물리학의 역사를 바꾼 세기적 논문은 이미 발표되었다. 이와 같이, 과거와 미래로 자유롭게 넘나들 수 있는 세상이 온다면 지식은 무(無)로부터 창조될 수 있다. 주인공이 과거로 가서 자신의 출생을 방해하는 것보다는 덜 역설적이지만 난해하기는 마찬가지다.

이 역설적이고 난해한 상황을 어떻게 이해해야 하는가? 모순을 제거하기 위해 "미래로 가는 것은 물리법칙상 가능하지만 과거로 가는 것은(또는 미래로 갔다가 현재로 되돌아오는 것은) 불가능하다"고 결론지어야 하는가? 개중에는 여기에 전적으로 동의하는 사람도 있다. 그러나 앞으로 보게 되겠지만, 이런 모순적인 상황을 피하면서 과거로 가는 방법도 있다. 과거로의 여행이 논리적인 모순을 발생시킨다고 해서 "물리적으로 불가능하다"고 단정 지을 수는 없다.

수수께끼의 재고

5장에서 우리는 시간의 흐름을 고전적인 관점에서 분석한 끝에 기존의 직관과는 사뭇 다른 결론에 도달하였다. 그때 내려진 결론에 의하면 시공간은 모든 순간이 '얼어붙어 있는' 커다란 얼음 덩어리로 시각화시킬 수 있는데, 이는 매 순간마다 시간이 과거에서 미래로 '흐른다'는 일상적인 관념과 커다란 차이가 있다. 정지된 순간들은 매 순간 '지금nows'이라는 시제를 나타내며, 여기 포함된 장면은 관측자의 운동상태에 따라 달라질 수 있다. 이렇게 보는 관점에 따라 달라지는 시공간의 단면은 다양한 각도로 잘려 나간 빵의 단면으로 비유되기도 했다.

그러나 이런 비유와는 상관없이 5장에서 우리가 분명하게 확인한 것은 시공간을 구성하는 모든 사건들이 '이미 그곳에 존재한다'는 사실이다. 일상적인 경험에 의하면 과거는 이미 일어난 사건의 집합이고 미래는 아직 결정되지 않은 미지의 영역처럼 보이지만, 시공간을 하나의 객체로 간주하면 과거와 미래를 이루는 모든 사건들은 이미 그 안을 가득 채우고 있다. 이들은 시간과 무관하게 존재한다. 드넓은 공간 안에 모든 점들이 이미 존재하는 것처럼, 시간에도 과거와 미래를 포함한 모든 순간들이 이미 존재하고 있는 것이다. 2010년 10월 6일 오후 10시 45분 32초의 순간은 그때 가서야 비로소 존재하는 것이 아니라 시공간 속에 이미 존재하고 있다. 그리고 여기서 시간이 더 흘러도 이때의 순간은 사라지지 않고 시공간에 그대로 남아 있다. 시공간에 기록된 모든 사건(과거, 현재, 미래)들은 변하지 않고 항상 그 형태를 유지하고 있다. 다만 우리는 시간의 정해진 흐름을 따라 매 순간마다 하나의 단면만을 볼 수 있기 때문에, 미래가 '정해져 있지 않은 가능성의 세계'처럼 보이는 것뿐이다. 이 상황은 그림 5.1에 잘 나타나있다. 그림에서 보다시피, 우주의 역사를 이루는 모든 사건들은 시공간 속에 이미 정해진 형태로 존재하고 있으며, 시간이 흘러도 전혀 변하지 않는다. 운동상태가 다른 관측자들은 서로 다른 '지금'을 경험하게 되겠지만(시공간의 단면을 자르는 각도가 달라진다), 빵의 전체적인 형태와 그 안에 들어 있는 내용물들은 범우주적으로 변하지 않는 불변량이다.

양자역학은 고전적인 시간개념에 과감한 수정을 가했다. 예를 들어, 그림 12.2에서 보는 바와 같이 시간과 공간은 지극히 작은 영역에서 아주 심하게 왜곡되어 있다. 그러나 양자역학과 시간을 완전하게 이해하려면 양자적 관측문제가 해결되어야 한다. 지금까지 제시된 해결책들 중 하나가 다중우주 해석론Many Worlds interpretation인데, 이 이론을 이용하면 시간여행에 수반되는 모순을 피해 갈 수 있다. 이 내용은 다음 절에서 살펴보기로 하고, 이 절에서는 고전적인 관점에서 시간여행의 모순점을 다시 한 번 조명해 보자.

당신이 과거로 돌아가서 부모님의 만남을 방해한다는 역설적인 상황을 떠올려 보자. 당신이 과거로 가기 전, 당신의 부모님은 송년파티가 한창이던 1965년 12월 31일 자정에[+] 처음으로 만났고, 달콤한 연애기간을 거쳐 부부가 된 후 1년 만에 당신을 낳았다. 그 후 세월이 흘러 성년이 되면서 삶에 환멸을 느낀 당신은 과거로 되돌아가서(1965년 12월 31일) 부모님이 서로 만나지 못하도록 방해하기로 결심했다. 그렇게 하면 당신은 이 세상에 태어나지 않을 것이고 환멸스러운 세상을 겪지 않아도 될 것 같았다. 자, 과연 당신은 목적을 이룰 수 있을 것인가? 지금부터 '고정된 시공간'의 개념을 염두에 두고 이 문제를 자세히 따져 보기로 하자.

고전적인 관점에서 보면 당신의 계획은 실현될 수 없다. 당신의 목적은 과거를 바꾸는 것인데, 위에서 말한 대로 과거나 미래는 이미 정해져 있는 시간단면의 연속체에 불과하기 때문이다. 통상적인 지구시간으로 1965년 12월 31일 자정에 당신의 부모는 송년파티장에서 만났다. 그러나 당신이 과거로 가서 부모를 떼어 놓는 데 성공했다면(예를 들어, 송년파티장에서 당신의 아버지를 납치하여 다른 곳으로 끌고 갔다면) 1965년 12월 31일에 당신의 부모는 수십 마일 떨어진 곳에 있게 된다. 그런데 문제는 시공간의 모든 시간단면들이 불변이라는 데 있다. 모든 사건들은 그림 12.2처럼 시공간 속에 이미 존재하고 있는 것이다. 그러므로 일단 '이러이러하게' 진행된 과거의 사건을

[+] 정확하게는 1966년 1월 1일 자정이라고 해야겠지만 사소한 문제는 따지지 말기로 하자.

'저러저러하게' 바꾸는 것은 불가능하다.

만일 당신이 타임머신을 타고 1965년 12월 31일로 갔다면 당신은 그 시간과 그 장소에 존재하게 된다. 고전적인 관점에서 볼 때 시공간은 불변이므로 한번 존재한 것은 그 시간, 그 장소에 영원히 존재해야 한다. 그런데 당신이 과거로 가기 전에는 그 시간, 그 장소에 당신이 존재하지 않았었다. 그렇다면 1965년 12월 31일은 '당신이 존재하는' 버전과 '당신이 존재하지 않는' 버전으로 두 번 반복되었다는 말인가? 아니다. 고전적인 관점에서 이런 반복은 있을 수 없다. 시간의 개념을 초월한 시공간의 개념에서 봤을 때, 당신의 모습은 시공간의 여러 지점에 새겨져 있다(출생 후 과거로 되돌아가기 직전까지의 모든 행적이 시공간에 나타나 있다). 만일 당신이 오늘 타임머신을 작동하여 1965년 12월 31일로 갔다면 시공간상의 그 지점에서도 당신의 모습이 발견될 것이다. 그런데 이 시점의 시간단면은 시공간의 특성상 영구불변이어야 한다.

이렇게 역설적인 상황을 피해 가다 보면 다소 엉뚱한 결론이 내려진다. 예를 들어, 당신이 부모님의 만남을 방해하기 위해 타임머신을 타고 1965년 12월 31일 밤 11시 50분으로 갔다고 해 보자. 그런데 그 시간이 되기 전에는 이 세상 어디에도 당신이 존재했던 증거는 없다. 즉, 전혀 존재하지 않았던 당신이 그 시간에 갑자기 나타난 것이다. 이것도 매우 이상하긴 하지만 논리적으로 모순되지는 않는다. 그때, 당신의 갑작스런 등장을 목격한 어떤 사람이 겁에 질린 표정으로 "다, 당신, 대체 어디서 온 겁니까?"라고 물었다. 그리고 당신은 차분한 어조로 "미래에서 왔습니다"라고 대답했다. 여기까지도 논리적 모순은 없다. 재미있는 일은 당신이 부모의 만남을 방해할 때부터 일어나기 시작한다. 자, 과연 어떤 일이 벌어질 것인가? 시공간의 불변성에 입각하여 생각해 보면 당신은 결코 목적을 달성할 수 없다. 당신이 어떤 짓을 하건, 송년파티장에서의 운명적인 만남을 막을 수는 없다. 당신이 파티장에 뛰어들어서 아버지와 어머니 사이의 거리가 가까워지지 않도록 방해하는 것은 시공간의 특성상 불가능하다. 당신의 부모는 자정에 만났고 그때 당신은 그곳에 있었다. 앞으로도 영원히 당신은 시공간의 그 지점(1965년 12월 31일 자정, 송년파티장)에 존재할 것이다. 시공간의 한 순간이 변하기를 바라는 것은 바위에게 심리치료를 하여 자신이 바위임을 깨닫게 하는 것만큼이나 허황된 짓이다. 1965년 12월 31일 자정에 당신의 부모가 만난 것은 절대로 변하지 않는 시공간상의 한 단면의 모습이며, 그것은 앞으로 영원의 세월이 흘러도 결코 변하지 않을 것이다.

과거로 가서 갈팡질팡하던 당신은 문득 한 가지 기억을 떠올렸다. 어린 시절에 아버지에게 "아버지, 옛날에 어머니에게 어떻게 청혼하셨어요?"라고 물었을 때, 아버지의 대답은 다음과 같았다. "글쎄다. 그 무렵에 난 결혼할 계획이 전혀 없었단다. 그런데 1965년 12월 31일에 어떤 송년파티에 갔었는데 밤 11시 50분경에 갑자기 허공에서 어떤 남자가 '펑!' 하고 나타나는 거야. 놀란 가슴을 쓸어내리면서 그에게 어디서 왔냐고 물었더니 미래에서 왔다고 그러더라. 별 희한한 일도 다 있지? 나는 너무 놀라서 뒷걸음질을 치다가 무언가에 걸려서 넘어졌는데 어떤 여자가 나를 안아 주었단다. 그게 바로 네 엄마였지. 여자의 품이 그토록 아늑하다는 것을 그때 처음 알았지 뭐냐. 그 남자가 나타나지 않았다면 네 엄마에게 청혼도 못했을 거야."

앞뒤를 맞추기 위해 억지로 지어낸 이야기 같지만, 당신이 과거로 간 것이 실제로 있었던 일이라면 이것 또한 사실이어야 한다. 시공간을 이루고 있는 모든 사건들은 그 자체로 논리적이고 모순이 없어야 하기 때문이다. 지금 당장 주변을 둘러보라. 우주는 상당히 논리적인 방식으로 운영되고 있다. 비논리적인 상황은 이 우주 안에 발붙일 곳이 없다. 당신이 1965년 12월 31일로 시간여행을 한 것은 당신이 반드시 그곳에 가야만 했기 때문이다. 당신은 과거를 바꾸기 위해 과거로 갔지만, 사실은 이미 정해져 있는 각본에 따라 과거로 간 것이다. 당신이 과거로 가지 않으면 당신의 아버지는 어머니를 만나도 청혼을 하지 않을 것이기 때문이다! 지금까지 말한 사건을 '시공간의 빵'이라는 관점에서 다시 재현시켜 보자. 1965년 12월 31일 밤 11시 50분에 송년파티장에서 과거에는 전혀 존재하지 않았던 한 남자가 갑자기 나타난다. 상식적으로는 말도 안 되는 이야기 같지만, 이 상황은 그림 5.1처럼 시공간 내의 한 사건으로 그려 넣을 수는 있다. 여기 등장한 사람은 물론 당신이다. 나이도 지금의 나이와 똑같다. 바로 이러한 이유 때문에 당신은 지금의 나이가 되면 반드시 1965년 12월 31일 밤 11시 50분으로 시간여행을 떠나야만 하는 것이다. 당신은 그렇게 될 수밖에 없는 운명이었다. 이제 시공간에서 좀 더 미래 쪽으로 가면 당신의 아버지가 당신을 보고 놀라는 모습이 보이고 넘어지는 아버지를 어머니가 끌어안는다. 그 후 두 사람은 사랑에 빠져 결혼을 하고, 그로부터 1년 후에 태어난 당신은 행복한 어린 시절을 보내다가 점차 세파에 시달리면서 중년을 맞이하게 되며, 결국에는 모진 결심을 하고 타임머신에 올라탄다…. 과거로의 시간여행이 정말로 가능하다면 어떤 한 순간에 일어난 사건의 원인을 과거에서 찾을 수 없는 경우가 생긴다(당신의 부모가 결혼하게 된 근본적인 원인은 미래에 사는 당신이 과거로 갔기 때문이다). 그러나 어떠한 경우에도 전체적인 사건의 개요는 항상 모순 없이 논리정연하게 진행된다.

앞 절에서 강조한 바와 같이, 무에서 유가 창조된다거나 없던 것이 갑자기 나타난다고 해서 과거로 가는 시간여행이 불가능하다고 단정 지을 수는 없다. 그러나 과거로의 여행은 자신의 탄생을 방해하는 등의 모순적인 상황을 필연적으로 유발시킨다. 아무리 애를 써도 원주율 π의 값을 바꿀 수 없는 것처럼, 당신이 과거로 간다 해도 이미 벌어진 상황을 바꿀 수는 없다. 만일 당신이 과거로 간다면 그것은 시공간의 그 지점에 당신이라는 존재가 이미 있었기 때문이다. 당신은 시공간에 '적혀 있는 대로' 순응하기 위해 과거로 간 것이다.

그림 5.1처럼 시공간을 바깥에서 바라볼 때, 이 설명은 매우 엄밀하고 논리적이다. 시공간을 전체적으로 조망해 보면, 모든 사건들은 거대한 퍼즐의 조각들처럼 매우 치밀하고 질서정연하게 배열되어 있다. 그러나 당신의 관점에서 볼 때 1965년 12월 31일에 있었던 사건은 여전히 우리를 헷갈리게 한다. 위에서 나는 당신이 부모님의 만남을 저지하기 위해 과거로 간다 해도 고전적인 관점의 시공간에서는 결코 목적을 이룰 수 없다고 단언했다. 당신은 아버지와 어머니가 만나는 광경을 목격할 수도 있고, 심지어는 두 사람의 만남을 앞장서서 주선할 수도 있다. 또는 실패를 만회하기 위해 과거여행을 여러 번 시도할 수도 있다. 이렇게 되면 과거의 한 시점에는 부모님의 만남을 방해하는(또는 도와주는) 여러 명의 당신이 함께 존재하게 된다. 그러나 어떤 경우에도 당신의 방해공작은 성공할 수 없다. 시공간에는 당신 부모의 결혼과 당신의 탄생이 이미 기록되어 있기 때문이다. 물론, 당신이 과거로 가는 사건도 이미 기록되어 있다. 결국 당신은 자유의지가 아닌 시공간의 시나리오에 따라 움직인 것에 불과하다.

그렇다면 다음의 질문을 제기하지 않을 수 없다. 과거로 갔을 때 나의 행동을 방해하는 요인은 무엇인가? 나의 목적은 부모님의 만남을 방해하는 것이었는데, 왜 나는 그 목적을 이루지 못하는가? 만일 당신이 1965년 12월 31일 밤 11시 50분에 파티장에 나타나서 당신의 어머니를 목격했다면, 왜 그녀를 들쳐업고 밖으로 도망가지 못하는가? 또는 당신의 아버지를 봤을 때(좀 극단적인 사례이긴 하지만) 왜 총을 발사하지 못하는가? 과거로 간 당신은 더 이상 자유의지가 없는 것일까? 바로 이 시점에서 양자역학이 등장하게 된다.

자유의지와 다중우주, 그리고 시간여행

시간여행이라는 복잡한 요인을 굳이 개입시키지 않아도 자유의지란 원래 모호한 개념이다. 고전물리학의 법칙은 결정론적인 특성을 갖고 있다. 앞에서 언급한 대로, 우주의 현재 상태를 완벽하게 알고 있다면(우주를 구성하고 있는 모든 입자의 현재 위치와 속도를 알고 있다면) 고전역학의 법칙을 이용하여 우주의 모든 과거와 미래를 알아낼 수 있다. 그러나 인간의 자유의지는 물리학의 방정식과 별다른 관계가 없다. 어떤 사람들은 이런 이유 때문에 고전적 우주에서 자유의지를 논하는 것이 무의미하다고 주장하기도 한다. 사실, 당신의 몸은 다른 물체들처럼 다량의 입자로 이루어져 있으므로, 고전역학의 법칙이 그 모든 입자들의 과거와 미래를 결정한다면 당신의 자유의지는 매우 무기력한 것처럼 보인다. 나는 개인적으로 이 의견에 동의하지만 "인간은 단순한 입자의 집합이 아니라 그 이상의 존재이다"라고 주장하는 사람들은 나와 다른 의견을 갖고 있을 것이다.

어쨌거나, 고전역학으로 모든 것이 결정된다는 관점은 분명한 한계가 있다. 우리의 우주는 고전물리학이 아닌 양자역학의 지배를 받고 있기 때문이다. 양자역학은 고전역학과 닮은 점도 있지만 중요한 부분에서는 많은 차이를 보이고 있다. 7장에서 말한 대로, 우주를 구성하고 있는 모든 입자의 현재 파동함수(확률파동)를 알고 있다면 슈뢰딩거 방정식을 이용하여 과거와 미래의 파동함수를 모두 알아낼 수 있다. 이 점에서는 양자역학도 다분히 결정론적 특성을 갖고 있다. 그러나 일단 '관측measurement'이라는 문제가 개입되면 양자역학은 끝도 없이 복잡해지기 시작한다. 지금도 물리학자들은 양자적 관측에 관한 문제를 놓고 열띤 토론을 벌이고 있다. 만일 슈뢰딩거 방정식이 양자역학의 전부라는 결론이 내려진다면, 양자역학은 고전역학처럼 결정론적인 이론이 될 것이다. 그리고 일부 사람들은 인간의 자유의지라는 것이 고전역학뿐만 아니라 양자역학적으로도 무의미하다고 주장할 것이다. 그러나 추상적인 확률에서 명확한 결과로 넘어가는 중간단계를 우리가 아직 이해하지 못하고 있는 것이라면, 이 미지의 단계에 인간의 자유의지가 결부되어 있을 수도 있다. 일부 물리학자들의 주장대로, 인간의 의식이 개입된 관측행위가 양자역학의 핵심을 이루고 있을지도 모른다. 만일 그렇다면 인간의 의지는 파동함수라는 양자적 안개를 명확한 관측결과로 바꿔 주는 촉매의 역할을 할 수도 있다.[9] 나는 개인적으로 이 주장을 믿지 않지만, 절대로 그렇지 않다는 것을 입증할 방법도 없다.

인간의 자유의지와 근본적인 물리법칙 사이의 관계는 아직 규명되지 않았다. 그래서 지금부터는 두 가지 가능성(인간의 자유의지가 환상에 불과하다는 주장과 자유의지가 물리법칙에 깊숙이 관여하고 있다는 주장)을 모두 고려하여 우리 나름대로의 결론을 내려 보기로 하자.

만일 과거로의 시간여행이 가능하고 인간의 자유의지가 환상에 불과하다면, 부모님의 만남을 방해하러 과거로 갔다가 갑자기 무력해지는 현상은 하나도 이상할 것이 없다. 과거로 간 당신은 자유의지대로 행동하고 있다고 생각하겠지만, 사실은 물리학의 법칙이 당신의 사지를 실로 묶어서 인형처럼 조종하고 있다. 만일 당신이 어머니를 납치하거나 아버지를 총으로 쏘겠다는 결심으로 시간여행을 한다면 물리법칙 자체가 당신의 행위를 방해할 것이다. 즉, 타임머신이 오작동하여 엉뚱한 시대나 엉뚱한 장소로 가 버린다거나, 아버지를 향해 방아쇠를 당겼는데 총이 고장난다거나, 혹은 총알이 발사되긴 했는데 조준이 빗나가서 아버지의 연적이 될 뻔했던 남자를 맞추는 바람에 부모님의 결혼이 더욱 순조로워지거나, 아니면 타임머신에서 내리는 순간에 부모님의 만남을 방해할 생각이 없어져 버리는 등, 부모님이 결혼을 못하는 사건은 절대로 일어나지 않을 것이다. 타임머신을 탈 때 무슨 생각을 했건 간에, 타임머신에서 내리는 당신은 이미 존재하고 있는 '논리적으로 타당한' 시공간의 일부이다. 그러므로 물리학의 법칙은 당신의 모든 시도를 '논리적인 물거품'으로 만들 것이다. 과거에서 당신이 하는 모든 일은 절대로 인과율을 위배하지 않는다. 당신은 부모님의 만남을 방해하기 위해 과거로 갔지만, 오히려 거의 만날 가능성이 없었던 부모님이 당신 덕분에 극적으로 만나는 상황이 연출될 것이다. 이미 존재하는 시공간은 절대로 바꿀 수 없기 때문이다.

그러나 인간의 자유의지가 정말로 존재한다면 사정은 달라진다. 이 경우에 양자역학은 고전물리학과 다른 몇 개의 해답을 제시하고 있는데, 그중 가장 흥미로운 해답으로는 도이치Deutsch가 다중우주 해석론을 이용하여 제시했던 해답을 들 수 있다. 다중우주 해석론이란 7장에서 언급한 대로 양자적 파동함수에 포함되어 있는 여러 가지 가능성들(입자의 스핀이나 위치 등을 관측했을 때 나올 수 있는 다양한 값들이 파동함수에 확률적으로 존재하는 상태)이 관측을 통해 하나의 값으로 정해질 때마다 이 우주가 여러 갈래로 나뉘어 진행된다는 이론이다. 이 주장에 따르면 특정한 시간에 우리가 느끼는 우주는 관측을 통해 갈라진 무수히 많은 다중우주들 중 하나에 불과하다. 물론 여러 개의 우주를 양산하는 관측행위는 당신뿐만 아니라 어느 누구라도 실행할 수 있다. 그렇다면 우리의 자유의지는 여러 갈래로 갈라지는 우주들 중 어떤 우주에 편승할 것인지를 결정하는 중요한 요인으로 생각할 수도 있다. 단, 당신과 나를 비롯한 모든 만물들은 무수히 많은 갈래로 갈라진 우주에 모두 존재하고 있으므로 인간의 정체성이나 자유의지도 확장된 관점에서 재해석되어야 한다.

시간여행과 관련된 역설에 관하여, 다중우주 해석은 그야말로 깔끔한 해답을 제시하고 있다. 당신은 1965년 12월 31일 밤 11시 50분으로 되돌아가서 준비해 온 권총을 꺼내 아버지를 겨냥한다. 그리고 당신은 일말의 망설임도 없이 방아쇠를 당겼으며, 정비가 잘 되어 있는 총은 어김없이 총알을 발사한다. 그러나 이 사건은 당신이 살았던 현재를 고려할 때 결코 일어날 수 없으므로 당신의 시간여행은 시간뿐만 아니라 평행하게 진행되고 있는 우주까지도 건너뛴 여행이라고 해석할 수밖에 없다. 즉, 당신은 타임머신을 타고 과거로 가면서 다른 우주로 건너뛴 것이다. 총알이 성공적으로 발사되어 아버지에게 명중한 우주는 당신이 속해 있었던 그 우주가 아니라 당신의 부모님이 만나지 못하고 당신도 태어나지 않은 우주이다. 이 논리를 따른다면 아무런 모순도 발생하지 않는다. 왜냐하면 매 순간마다 다른 식으로 진행되는 우주가 공존하고 있기 때문이다(물론 모든 평행우주들은 동일한 물리법칙을 따른다). 다중우주 해석론에서 시공간의 빵은 하나가 아니라 무수히 많이 존재하는 셈이다. 원래 당신이 속해 있었던 우주에서는, 당신의 아버지와 어머니가 1965년 12월 31일 자정에 만났고 그 후 두 사람이 결혼하여 당신이 태어났으며, 성장하면서 세상에 대한 환멸과 아버지에 대한 증오를 키웠다. 그런 와중에 환상적인 타임머신이 발명되어 1965년 12월 31일로 되돌아와 당신의 아버지를 총으로 살해하였다. 그러므로 타임머신을 타고 당신이 도착한 우주는, 1965년 12월 31일에 당신의 아버지가 미래의 아내를 만나기도 전에 아들이라고 주장하는 어떤 킬러(당신)에 의해 살해된 우주이다. 이 버전의 우주에서 당신은 태어나지 못하지만 모순이 발생하지는 않는다. 왜냐하면 당신이 방아쇠를 당긴 당신의 부모님은 다른 우주에서 건강하게 살아 계시기 때문이다. 당신이 아버지를 살해한 우주에서 사건담당 형사들이 당신의 말을 믿어줄지는 모르겠지만, 두 개의 우주(당신이 떠나온 우주와 도착한 우주)의 스토리는 나름대로 모순 없이 진행되고 있다.

또 한 가지 짚고 넘어갈 것은 다중우주의 개념을 도입한다 해도 시간여행으로 과거를 바꿀 수는 없다는 점이다. 과거로 가서 아버지를 살해했다면 무언가가 달라질 것 같지만 사실 그 과거는 당신이 속해 있던 우주의 과거가 아니다. 당신이 타임머신에서 내리면서 진입한 우주는 1965년 12월 31일 밤 11시 50분에 당신이 갑자기 나타났다고 해도 바뀌는 것이 전혀 없다. 이 우주의 시공간에는 원래 그 시간, 그 장소에 당신이 존재하고 있었다. 다중우주 해석론에 등장하는 모든 우주에서는(이를 '평행우주parallel universes'라 한다) 모든 사건들이 물리적, 논리적으로 합당하게 진행되고 있다. 당신이 과거로 이동하면서 진입한 우주는 당신의 살인계획이 실현되는 우주이다. 당신이 1965년 12월 31일에 아버지를 살해하는 사건은 그 우주의 시공간에 선명하게 새겨져 있는 불변의 사건인 것이다.

다중우주 해석론은 어머니와 내가 논문을 급조하여 끈이론을 완성시킨 경우에도 나름대로의 해결책을 제시하고 있다. 앞서 말한 대로 고전적인 시공간 개념에 의하면 논문의 아이디어는 무에서 창조된 셈이지만, 다중우주 해석론에 의하면 수많은 평행우주들 중 우리 어머니가 나의 개인지도를 잘 습득하여 세계적인 석학이 되는 우주가 반드시 존재하며, 내가 미래에서 읽은 논문은 우리 어머니의 작품이 분명하다. 왜 그런가? 내가 타임머신을 타고 미래로 갔을 때 도착한 우주가 바로 그런 우주였기 때문이다. 거기서 내가 읽었던 어머니의 논문은 그 우주에서 어머니 스스로 작성한 논문이었다. 그리고 급한 마음으로 되돌아온 우주는 불행히도 우리 어머니가 끈이론을 끝내 습득하지 못하는 우주였던 것이다. 몇 년간의 노력 끝에 도저히 실현가능성이 없음을 간파한 나는 미래에서 읽었던 논문의 내용을 어머니에게 불러 드렸고 어머니는 영문도 모르는 채 물리학의 역사를 바꿀 논문을 작성하였다. 그러나 이 경우에는 아이디어의 주인이 없는 역설적인 상황은 발생하지 않는다. 그 획기적인 아이디어의 주인은 바로 '어머니가 물리학의 대가로 성공한 우주'에 살고 있는 우리 어머니이다. 상황이 이렇게 꼬인 이유는 내가 시간여행을 하면서 서로 다른 평행우주들 사이를 오락가락했기 때문이다. 이런 식의 설명도 받아들이기는 쉽지 않지만 '주인 없는 논문'이나 '유명무실한 자유의지'를 받아들이는 것보다는 훨씬 마음이 편할 것이다.

물론, 이 절과 앞 절에서 제시된 이론들이 시간여행에서 발생하는 역설의 해결책이라고 단정 지을 수는 없다. 그러나 우리는 이 이론들을 조명하면서 수수께끼나 역설적 상황이 양산된다는 이유로 시간여행의 가능성을 부정할 수는 없다는 사실을 알게 되었다. 단, "어찌어찌하면 모순적인 상황을 피해 갈 수 있다"는 논리만으로는 시간여행의 가능성을 확신할 수도 없다. 그렇다면 시간여행의 가능성을 좌우하는 진정한 요인은 무엇인가? 지금부터 차근차근 알아보기로 하자.

과거로의 시간여행은 과연 가능한가?

냉정한 사고를 하는 물리학자들은 이 질문에 "불가능하다"고 답할 것이다. 나 자신도 과거로의 시간여행은 불가능하다고 생각한다. 그러나 여기서 말하는 불가능은 100% 확실한 불가능이 아니다. 만일 당신이 "무거운 물체를 가속시켜서 빛보다 빠르게 움직이도록 만들 수 있습니까?"라고 묻거나, "맥스웰의 이론에서 전자와 동일한 전하를 가진 입자가 분해되어 전하가 두 배인 입자가 탄생할 수 있습니까?"라고 묻는다면 그 대답은 100% "아니오"이다. 이런 현상이 불가능하다는 것은 이론과 실험을 통하여 충분히 검증되었기 때문이다.

그러나 과거로의 시간여행이 불가능하다는 것을 100%의 신뢰도로 증명한 사례는 아직 없다. 심지어 일부 급진적인 물리학자들 중에는 과학이 극도로 발달한 문명에서 타임머신이 제작되는 과정을 (약간의 가정을 섞어서) 장황하게 설명하는 사람도 있다(흔히 타임머신이라고 하면 과거와 미래를 모두 오갈 수 있는 기계장치를 떠올린다). 물론 드로리안의 엔진을 업그레이드시킨다고 해서 자동차가 타임머신으로 변할 수는 없다. 대다수의 물리학자들은 현재 알려진 물리법칙의 범위 안에서 타임머신의 제작이 불가능하다고 믿고 있다. 그러나 이것은 심증에 의한 믿음일 뿐, 엄밀한 증명을 거친 것은 아니다.

아인슈타인도 일반상대성이론 연구에 몰두하고 있을 때 과거로의 시간여행을 생각해 본 적이 있었다.[10] 사실, 그가 시간여행을 전혀 생각한 적이 없다면 그게 더 이상한 일일 것이다. 아인슈타인에 의해 시공간의 혁명을 겪었던 당시 과학자들은 그 파급효과가 과연 어디까지 미칠 것인지 궁금했다. 그동안 별 의심 없이 수용되어 왔던 직관적인 시간의 개념은 상대론의 혁명 속에서 단 일부라도 살아남을 수 있을 것인가? 아인슈타인은 시간여행에 관하여 이렇다 할 저술을 남기지 않았다. 왜냐하면 이 문제에 관한 한 그 자신도 아는 것이 별로 없었기 때문이다. 그러나 일반상대성이론이 발표된 후로 전 세계의 물리학자들은 시간여행과 관련된 논문을 조심스럽게 발표하기 시작했다.

일반상대성이론과 시간여행을 결부시킨 최초의 논문으로는 1937년에 스코틀랜드의 물리학자 반 스토쿰W. J. van Stockum의 논문과[11] 고등과학원에서 아인슈타인과 같이 근무했던 쿠르트 괴델Kurt Gödel이 1949년에 발표한 논문을 들 수 있다. 반 스토쿰은 밀도가 아주 크고 무한히 긴 실린더형 물체가 중심축에 대하여 회전할 때 나타나는 현상을 연구하였는데, '무한히' 긴 실린더는 물리적으로 현실성이 없지만 그가 얻은 결과는 학계의 관심을 끌기에 충분했다. 14장에서 언급한 바와 같이 질량이 큰 물체가 회전하면 주변의 공간은 소용돌이처럼 왜곡된다. 그런데 수학적인 분석을 해 보면 시간도 공간을 따라 왜곡된다는 것을 알 수 있다. 이때, 시간의 방향이 물체가 회전하는 쪽으로 꼬이면서 그 주변에 있는 대상(당신)을 과거로 데려간다는 것이 반 스토쿰의 시간여행이론이었다. 만일 당신이 타고 있는 로켓에 이런 물체가 실려 있다면 당신은 로켓이 출발했던 지점으로 되돌아갈 수 있다. 물론 무한히 긴 실린더를 만들 수는 없지만, 이것은 일반상대성이론이 과거로의 시간여행을 금지하고 있지 않다는 사실을 증명한 최초의 논문이었다.

괴델도 회전운동을 시간여행의 중요한 실마리로 삼았다. 그러나 그는 반 스토쿰처럼 공간 안에서 회전하는 물체를 고려한 것이 아니라 공간 자체가 회전하고 있을 때 나타나는 효과를 연구하였다. 만일 마흐가 괴델의 논문을 읽었다면 아무런 의미가 없다고 일축했을 것이다. 마흐의 관점에서 볼 때 공간 전체가 회전하고 있다면 '회전하는 공간'을 비교 판단할 수 있는 대상이 전혀 없기 때문이다. 마흐의 관점을 따른다면 회전하는 우주와 정지해 있는 우주는 완전히 동일하다. 이것은 아인슈타인의 일반상대성이론과 마흐의 상대론적 개념이 일치하지 않는 또 하나의 사례이다. 일반상대성이론에 의하면 회전하는 우주와 정지해 있는 우주는 분명히 다른 우주이며, 그 차이는 관측으로 확인될 수 있다. 예를 들어, 회전하는 우주에서 레이저빔을 발사했을 때 일반상대성이론에 의하면 빔은 똑바로 가지 않고 곡선을 그리며 휘어져야 한다(회전목마를 탄 채로 공을 던졌을 때 공의 궤적이 휘어지는 것과 같은 이치이다). 괴델은 회전하는 우주에서 로켓을 타고 적절한 궤적을 따라가면 로켓이 출발했던 시간보다 이전의 시점으로 되돌아올 수 있다고 주장했다. 즉, 회전하는 우주는 그 자체로 타임머신이 되는 셈이다.

아인슈타인은 괴델의 혁신적인 발견을 축하해 주면서, 한편으로는 과거여행을 허용하는 일반상대성이론의 해가 다른 물리법칙과 상충될 수도 있다는 점을 지적하였다. 괴델이 얻은 해를 그대로 인정한다 해도, 레이저빔이 휘어지는 현상은 관측되지 않았으므로 이 우주는 회전하지 않는다고 결론지을 수밖에 없다. 그러나 반 스토쿰과 괴델은 병 속에 들어 있던 요정을 처음으로 꺼낸 장본인으로서 그 업적을 인정받고 있다. 그 후 과거여행을 허용하는 아인슈타인 방정식의 해가 다양한 형태로 발견되었다.

타임머신에 대한 학자들의 관심은 최근 수십 년 사이에 다시 고조되고 있다. 1970년대에 프랭크 티플러Frank Tipler는 반 스토쿰이 얻었던 해를 더욱 발전시켰으며, 1991년에 프린스턴대학의 리처드 고트Richard Gott는 우주적 끈cosmic string(초기우주가 위상변화를 겪으면서 공간에 남긴 것으로 추정되는 가상의 무한 끈)을 이용한 타임머신 제작법을 제안하였다. 이 모든 이론들이 시간여행의 실현에 나름대로 공헌을 한 것은 사실이지만, 가장 그럴듯한 타임머신 모델을 제안한 사람은 캘리포니아공과대학의 킵 손Kip Thorne과 그의 동료들이었다. 이들이 제안한 타임머신에서는 웜홀wormhole이 결정적인 역할을 한다.

웜홀 타임머신의 설계도

우선 킵 손이 제기했던 타임머신의 기본원리를 개괄적으로 이해한 후, 그에 수반되는 문제점과 해결책을 찾아보기로 하자.

웜홀이란, 공간에 나 있는 가상의 터널을 칭하는 용어이다. 산을 관통하는 일상적인 터널은 산의 한쪽 기슭과 반대쪽 기슭을 연결해 주는 일종의 지름길 역할을 한다. 웜홀의 기능도 이와 비슷한데, 일상적인 터널과는 중요한 차이점을 갖고 있다. 산을 관통하는 터널은 이미 존재하는 공간 속을 가로지르는 지름길이지만(길을 막고 있는 산과 그 산이 점유하고 있는 공간은 터널이 완공되기 전부터 존재했었다), 웜홀은 기존의 공간을 통하지 않으면서 공간상의 한 지점과 다른 지점을 연결시켜 주는 새로운 지름길이다. 일상적인 터널을 제거한다 해도 그 터널이 점유하고 있던 공간은 그대로 남아 있지만, 웜홀을 제거하면 웜홀이 점유하고 있던 공간도 사라진다.

그림 15.2a는 스프링필드의 핵발전소와 쇼핑몰을 연결하는 웜홀을 표현한 것이다. 그러나 이 그림은 사실과 전혀 다르다. 실제의 웜홀은 그림처럼

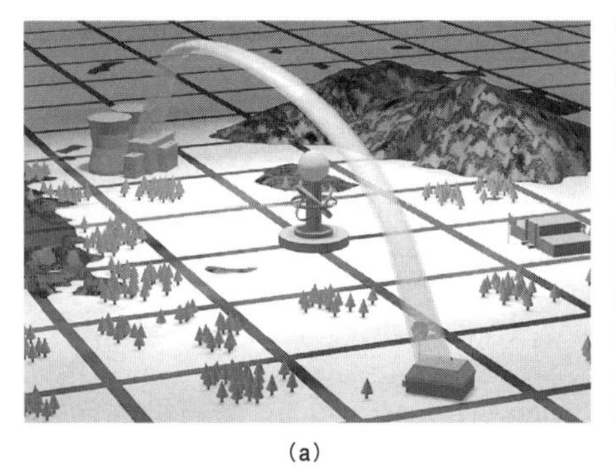

(a)

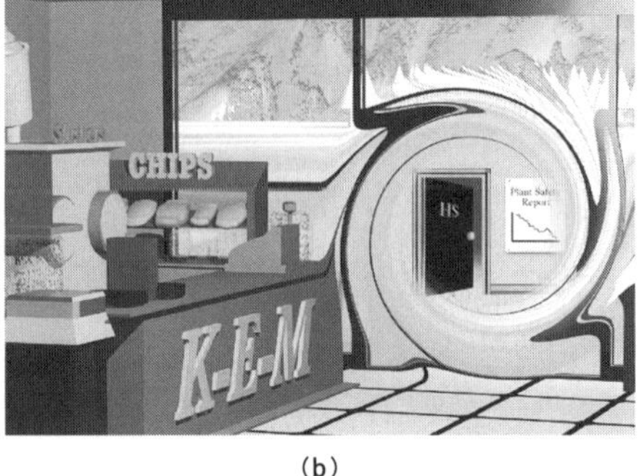

(b)

그림 15.2 (a) 스프링필드의 핵발전소와 쇼핑몰을 연결하는 웜홀. (b) 쇼핑몰에서 바라본 웜홀의 입구. 반대쪽 입구에는 핵발전소의 모습이 보인다.

공간상에 표현할 수 없기 때문이다. 좀 더 정확하게 표현하자면 웜홀은 양쪽 끝만 기존의 공간에 연결되어 있고 중간부분은 다른 공간에 속해 있는 통로이다. 당신이 스프링필드의 거리를 거닐면서 하늘을 아무리 바라봐도 웜홀은 보이지 않을 것이다. 웜홀을 눈으로 확인하려면 쇼핑몰 안으로 들어가서 웜홀의 한쪽 끝(입구)을 직접 확인하는 수밖에 없다. 그곳에서 웜홀을 바라보면 그림 15.2b처럼 반대쪽 입구와 연결되어 있는 핵발전소의 내부가 보일 것이다. 그림 15.2a에서 또 한 가지 잘못된 것은 그림에 표현된 웜홀이 전혀 지름길이 아니라는 점이다. 허공에 아치형으로 나 있는 길은 분명히 직선거리보다 길다. 이 모든 것은 웜홀을 가시화시키기 위해 공간에 존재하는 것처럼 그렸기 때문에 발생한 오류이다. 그래서 물리학자들은 웜홀을 표현할 때 그림 15.3과 같은 그림을 자주 이용한다. 이 그림에서 보면 핵발전소와 쇼핑몰을 연결하는 직선경로(지면을 따라 가는 직선경로)는 새로운 공간에 나 있는 웜홀보다 확실히 길다. 그림으로 표현하기가 어렵기로 유명한 일반상대성이론의 기하학을 지면 위에 억지로 구현시키다 보니, 그림 15.3은 실제의 모습에서 많이 왜곡되었다. 그러나 이렇게 부정확한 그림만으로도 많은 부분을 직관적으로 이해할 수 있다.

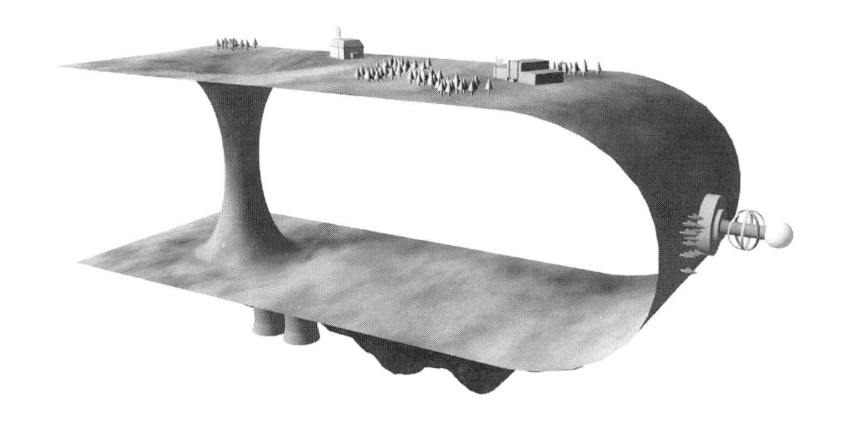

그림 15.3 웜홀은 3차원 공간에서 두 지점을 연결하는 지름길의 역할을 한다(웜홀의 양쪽 끝은 쇼핑몰과 핵발전소의 내부와 연결되어 있어야 하지만 그림으로 표현하기가 어려워서 대충 그려 놓았다).

웜홀이 정말로 존재하는지는 아무도 알 수 없다. 그러나 물리학자들은 일반상대성이론이 웜홀의 존재를 허용한다는 사실을 이미 수십 년 전부터 알고 있었다. 1950년대에 존 휠러와 그의 연구동료들은 이 연구를 최초로 시도하여 웜홀이 갖고 있는 수학적 특성들을 체계적으로 규명해 놓았다. 그 후, 킵 손과 그의 동료들은 웜홀이 공간을 연결하는 지름길일 뿐만 아니라 시간을 뛰어넘는 지름길도 된다는 놀라운 사실을 발견함으로써, 시간여행의 가능성을 한층 더 높여 놓았다.

그들이 제시했던 아이디어는 다음과 같다. 스프링필드에 형성되어 있는 웜홀의 양쪽 끝에 바트Bart와 리사Lisa가 서 있다고 가정해 보자. 핵발전소 쪽으로 나 있는 웜홀의 입구에는 바트가 서 있고 쇼핑몰이 있는 웜홀의 입구에는 리사가 서 있다. 이들은 호머Homer에게 줄 생일선물을 정하기 위해 서로 대화를 나누던 중 문득 바트가 안드로메다성운에 직접 다녀오겠다고 했다(평소 호머의 소원은 안드로메다산 생선튀김을 먹어 보는 것이었다). 리사는 그 먼 곳까지 따라갈 생각은 없었지만 평소 안드로메다성운을 한번쯤 보고 싶었으므로 바트에게 다음과 같이 부탁했다. "그럼 네 우주선에 웜홀 입구를

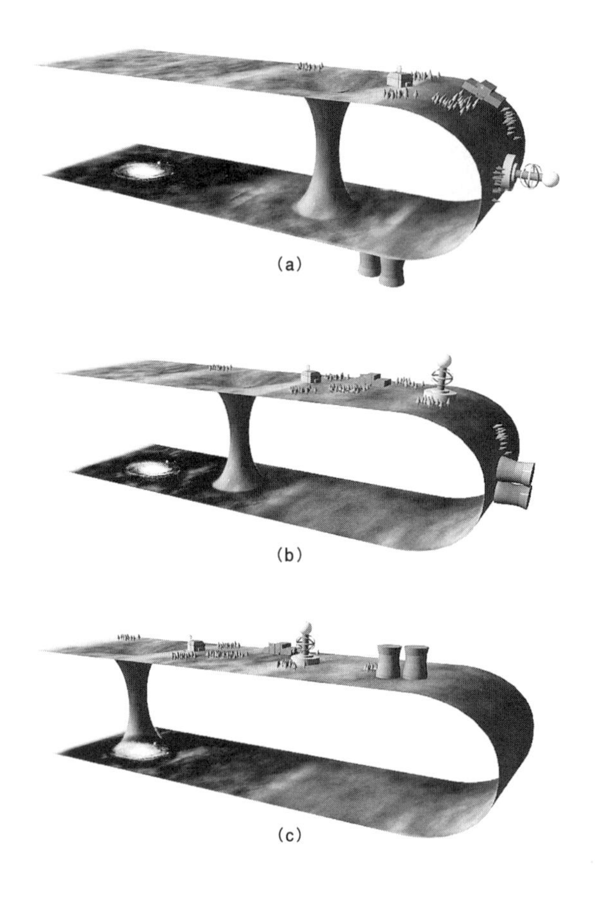

그림 15.4 **(a)** 핵발전소와 쇼핑몰을 연결하는 웜홀. **(b)** 웜홀의 아래쪽 입구(핵발전소 쪽 입구)가 우주 저편으로 이동한 상태. **(c)** 안드로메다성운에 도착한 웜홀의 입구. 반대쪽 입구는 여전히 쇼핑몰과 연결되어 있다. 입구가 이동하는 동안 웜홀의 길이는 전혀 변하지 않는다.

연결해서 안드로메다성운까지 가져갈 수 있겠니? 나도 여기서 안드로메다를 볼 수 있게 말이야." 자, 이런 경우에 바트가 리사의 부탁을 들어주려면 웜홀을 안드로메다까지의 거리만큼 길게 늘여야 할까? 아니다. 안드로메다가 멀긴 하지만 그것은 3차원 공간에서 볼 때 멀다는 뜻이고 웜홀이 존재하는 공간에서는 사정이 전혀 다르다. 일반상대성이론의 기하학에 의하면 바트는 안드로메다로 가는 동안 웜홀의 길이를 연장시킬 필요가 없다. 이 상황은 그림 15.4에 도식적으로 나타나 있다. 바트가 탄 로켓이 지구를 떠나 안드로메다에 도착할 때까지, 바트와 리사를 연결하는 웜홀의 길이는 처음 상태 그대로 유지된다. 이것이 바로 웜홀 타임머신의 핵심을 이루는 아이디어이다. 바트가 우주공간의 어디에 있건 간에, 웜홀을 통한 바트와 리사 사이의 거리는 변하지 않는다. 웜홀이 공간을 연결하는 지름길 역할을 하는 것은 바로 이런 이유 때문이다.

좀 더 구체적인 예를 들어 보자. 바트는 광속의 99.99999999999999999%에 달하는 속력으로 안드로메다를 향하여 4시간 동안 비행하면서, 웜홀을 통하여 리사와 줄곧 대화를 나눴다. 그리고 바트가 안드로메다에 도착했을 때 리사는 조용히 풍경을 감상하기 위해 대화를 중단했다. 그런데 성질 급한 바트가 빨리 생선튀김을 사야 한다며 재촉하는 바람에, 외계의 풍경을 제대로 감상하지 못한 리사는 몹시 화가 났다. 그래서 바트는 지구로 귀환한 후에 자세히 설명해 주겠다며 리사를 달래 놓고 급히 생선튀김을 구입한 후에 안드로메다를 떠났다. 그리고 약 4시간이 흐른 뒤에 바트를 실은 우주선은 스프링필드 언덕의 잔디밭 위에 사뿐히 내려앉았다.

그런데 바트는 우주선의 창문을 통해 바깥을 내다보면서 놀라움을 감추지 못했다. 스프링필드의 풍경이 떠날 때와 전혀 딴판인데다가, 축구경기장에 달려 있는 전자달력은 서기 6백만 년이 넘는 햇수를 가리키고 있지 않은가! 바트는 자신이 엉뚱한 곳에 도착했다고 생각했다. 그러나 곰곰 생각해 보니 그럴 만도 했다. 그는 "빠른 속도로 이동할수록 시간이 늦게 간다"는 특수상대성이론을 기억해 냈다. 아주 빠른 속도로 몇 시간 동안 우주공간을 돌아다니다가 지구로 돌아오면 지구의 시간은 수천 년에서 수백만 년 이상 흘렀을 수도 있다. 바트는 재빨리 계산기를 꺼내서 우주선의 속도와 자신이 느낀 여행시간(8시간)을 입력하여 지구에서 흐른 시간을 계산해 보았다. 그랬더니 아니나 다를까, 지구에서 흐른 시간은 정말로 6백만 년이었다. 결국 전광판의 달력이 옳았던 것이다. 바트는 자신이 6백만 년 후의 스프링필드에 도착했다는 사실을 깨닫고 몹시 당혹스러웠다. "젠장. 왜 진작 특수상대성이론을 생각하지 못했지? 안드로메다표 생선튀김은 하는 수 없이 내가 먹어야겠군."

그런데 갑자기 웜홀 입구에서 리사의 목소리가 들려왔다. "바트! 내 말 들리니? 빨리 서두르는 게 좋겠어. 집에 가서 저녁 먹어야지!" 바트는 안도의 한숨을 내쉬었다. '그렇구나, 웜홀이 있었지! 끌고 다니길 정말 잘했네.' 그는 이렇게 중얼거린 후 웜홀을 통해 리사에게 소리쳤다. "이봐, 리사! 난 스프링필드 언덕 위에 이미 도착했어." 리사는 창 밖으로 언덕을 바라보았지만 우주선은 보이지 않았다. "무슨 소리야? 언덕에는 아무것도 없는데?"

바트가 말했다. "그래. 지금은 보이지 않을 거야. 난 지금 6백만 년 후의 스프링필드에 도착했으니까. 지금 너는 올바른 장소를 보고 있긴 하지만 시간이 틀렸어. 그곳에서 나를 보려면 6백만 년을 기다려야 해."

리사가 대답했다. "나도 알아. 특수상대성이론의 시간팽창효과 때문이지? 어쨌든 난 지금 배가 고파 죽겠어. 그러니까 빨리 웜홀을 타고 이쪽으로 건너와. 우리 집에 가서 밥이나 먹자." "오우케이!" 바트는 웜홀 속을 통과하여 현재의 리사와 감격의 재회를 한 후 집으로 돌아갔다.

바트가 웜홀을 통과하는 데 걸린 시간은 단 몇 초, 또는 몇 분에 불과했지만 그 사이에 바트는 6백만 년이라는 시간을 뛰어넘어 과거로 이동하였다. 바트와 우주선, 그리고 웜홀의 입구는 지구의 까마득한 미래에 도착했었다. 만일 그가 우주선 밖으로 나와서 사람들과 대화를 나누고 신문을 읽었다면 그때가 서기 6백만 2000년임을 분명하게 확인할 수 있었을 것이다. 그런데 웜홀을 통해 리사와 재회하는 순간, 바트는 6백만 년 전의 과거로 되돌아갔다. 만일 바트가 우주선의 문을 잠그지 않아서 그 동네에 사는 어린아이가 무심결에 우주선 안으로 들어왔다가 호기심에 끌려 웜홀을 통과했다면, 그 아이야말로 영문도 모르는 채 6백만 년 전의 과거로 시간여행을 하게 되는

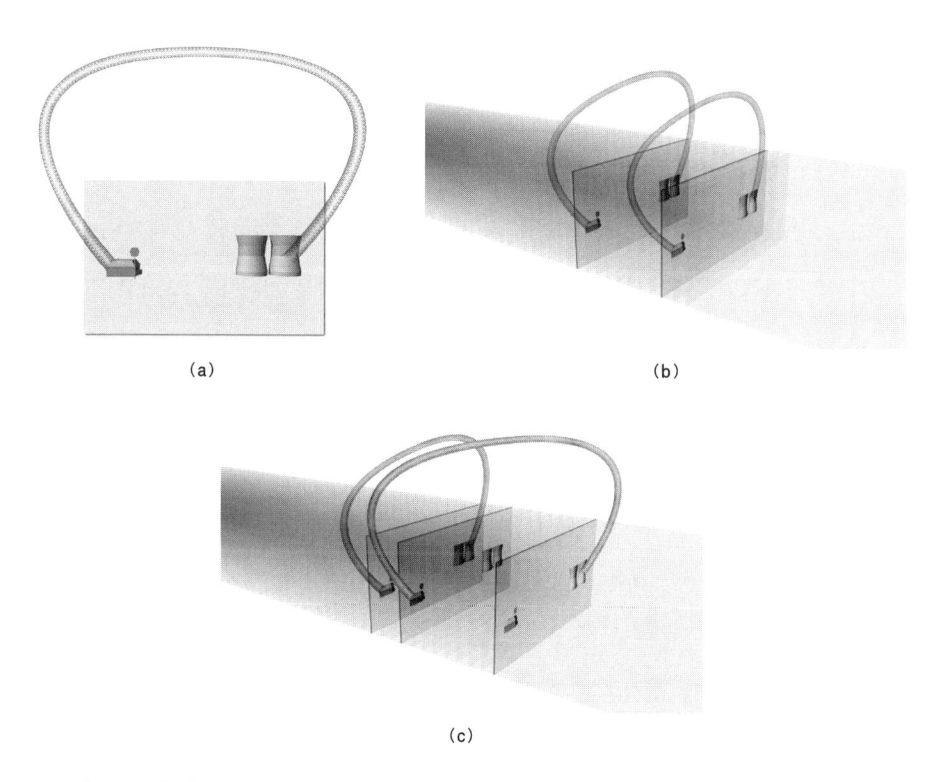

(a) (b) (c)

그림 15.5 **(a)** 어느 한 시점에 생성된 웜홀은 공간상의 두 지점을 연결해 준다. **(b)** 웜홀의 양쪽 입구가 서로에 대하여 정지해 있으면 이들의 시간은 동일한 빠르기로 흐르기 때문에 항상 같은 시간대를 연결한다. **(c)** 웜홀의 한쪽 입구가 아주 빠른 속도로 왕복여행을 했다면(그림에는 표현되어 있지 않음) 다른 쪽 입구보다 시간이 느리게 흘렀기 때문에 두 개의 입구는 서로 다른 시간대를 연결하게 된다. 즉, 웜홀은 타임머신의 역할을 하게 된다.

셈이다. 쇼핑몰 쪽으로 연결된 웜홀도 사정은 마찬가지다. 쇼핑몰의 직원이 무심결에 웜홀을 통과한다면 그는 6백만 년 후의 미래로 시간이동을 하게 된다. 여기서 중요한 것은 바트가 우주선을 타고 여행하면서 웜홀의 끝을 공간적으로 이동시켰을 뿐만 아니라 시간상으로도 이동을 시켰다는 점이다. 바트의 여행은 웜홀의 입구를 지구의 미래로 옮겨 놓음으로써 공간에 나 있는 터널을 시간의 터널로 변형시켰다. 즉, 바트는 웜홀을 타임머신으로 바꿔 놓은 셈이다.

바트의 타임머신과 웜홀의 개요도는 그림 15.5와 같다. 그림 15.5a는 동일한 시간대의 핵발전소와 쇼핑몰을 연결하는 웜홀을 나타낸다. 단, 웜홀이 기존의 공간에 속해 있지 않다는 사실을 강조하기 위해 공간(그림에서는 평면)의 바깥에 있는 것처럼 그려 놓았다. 그림 15.5b는 웜홀의 양쪽 입구가 고정되어 있다는 가정하에 시간의 흐름에 따른 웜홀의 변화를 보여 주고 있다(각 시간단면은 정지해 있는 관측자의 관점에서 바라본 것이다). 그리고 그림 15.5c는 웜홀의 한쪽 입구를 우주선에 묶어 둔 채 빠른 속도로 먼 곳까지 왕복운동을 했을 때 나타나는 결과를 보여 주고 있다. 우주선과 함께 움직이는 웜홀의 입구에서는 시간이 느리게 가기 때문에, 이 입구는 결국 미래로 이동하게 된다(움직이는 시계로 한 시간이 흐르는 동안 정지해 있는 시계로 1,000년이 흘렀다면, 움직이는 시계는 정지해 있는 시계의 입장에서 볼 때 1,000년만큼 미래로 이동한 셈이다). 그러므로 이런 경우에 동일한 시간단면을 연결하는 웜홀은 과거와 미래를 연결하는 통로가 된다. 이 상태에서 웜홀의 한쪽 입구가 더 이상 이동하지 않는다면 양끝의 시간차는 그대로 유지된다. 만일 당신이 이 웜홀을 통과한다면 방향에 따라 과거→미래, 또는 미래→과거로 이동할 수 있다.

웜홀 타임머신 만들기

이제 우리는 타임머신을 실현시키는 한 가지 방법을 알게 되었다. 1단계: 당신의 몸이나 전송하고자 하는 물체가 충분히 지나갈 수 있을 만큼 폭이 넉넉한 웜홀을 만든다(또는 찾는다). 2단계: 웜홀의 양쪽 입구에 시간 차를 발생시킨다(한쪽 입구가 다른 쪽 입구에 대하여 움직이도록 만들면 된다). 원리적으로는 이것이 전부이다.

그렇다면 현실적인 문제는 없을까? 앞서 말한 대로 웜홀의 존재 여부는 아직 확인되지 않았다. 일부 물리학자들은 미시적 스케일에서 일어나는 중력의 양자적 요동이 수많은 웜홀을 만들어 낸다고 생각하고 있다. 만일 그렇다면 우리가 해야 할 일은 미시적 스케일의 웜홀을 거시적인 규모로 키우는 것이다. 어떻게 해야 할까? 그동안 몇 가지 방법이 제안되긴 했지만 실현 가능성은 거의 없다. 일부 물리학자들은 일반상대성이론을 공학적으로 응용하여 대형 웜홀을 만드는 방법을 연구하고 있다. 공간의 곡률은 물질과 에너지의 존재에 대한 반응이므로, 물질과 에너지의 분포를 적절히 제어하면 공간에 웜홀을 만들 수도 있다. 그런데 이 방법은 공간을 찢어서 웜홀의 입구에 연결시켜야 한다는 어려움을 안고 있다.[12] 이런 식으로 공간을 찢는 것이 물리적으로 가능한지는 아무도 알 수 없다. 현재 내가 연구하고 있는 끈이론 분야에서 알려진 바로는 공간을 찢는 것이 가능하긴 하지만, 이것이 웜홀의 생성과 어떤 관계에 있는지는 아직 밝혀지지 않았다. 아무튼, 웜홀을 인공적으로 만드는 것은 아직 요원한 이야기다.

거시적인 크기의 웜홀을 만드는 데 성공했다 해도 문제는 여전히 남아 있다. 첫 번째 장애는 일반상대성이론에 입각하여 만들어진 웜홀이 긴 시간 동안 안정된 상태를 유지할 수 없다는 점이다. 이 사실은 1960년대에 휠러와 로버트 풀러Robert Fuller가 처음으로 증명하였다. 웜홀의 벽은 생성된 지 몇분의 1초 만에 안으로 붕괴되기 때문에 시간여행의 통로로 이용되기가 어렵다. 그런데 최근 들어 손Thone과 모리스, 매트 비셔Matt Visser 등은 웜홀의 붕괴를 피할 수 있는 방법을 제안하였다. 웜홀의 내부가 비어 있지 않고 어떤 물질로 가득 차 있다면(이 물질을 '이종물질exotic matter'이라 한다) 웜홀의 벽을 바깥으로 밀어내는 힘이 작용하여 붕괴가 일어나지 않을 수도 있다. 이종물질은 음의 에너지negative energy를 갖고 있기 때문에 밀어내는 중력을 행사할 수 있다(따라서 음압negative pressure에 의해 밀어내는 중력을 행사하는 우주상수와는 그 특성이 다르다[13]). 아주 특별한 조건하에서는 양자역학적으로 음의 에너지 상태가 가능하긴 하지만,[14] 거시적인 웜홀을 긴 시간 동안 유지시킬 만큼 충분한 양의 이종물질이 존재할 가능성은 별로 없어 보인다(예를 들어, 비서의 계산에 의하면 1m 폭의 웜홀을 유지시키는 데 필요한 음의 에너지는 태양이 10억 년 동안 만들어 내는 에너지의 양과 비슷하다[15]).

거시적 규모의 웜홀을 만드는 데 성공하고, 붕괴를 성공적으로 방지하고, 양쪽 입구 사이에 시간 차를 유발시키는 데 성공했다 해도(한쪽 입구를 우주선에 연결하여 빠른 속도로 이동하면 된다), 웜홀을 타임머신으로 사용하려면 극복해야 할 문제가 또 있다. 스티븐 호킹을 비롯한 일단의 물리학자들은 진공요동vacuum fluctuation(불확정성원리에 의해 장이 겪는 요동으로, 빈 공간에서도 일어남. 12장 참조)에 의해 웜홀이 붕괴될 수도 있음을 발견하였다. 진공요동은 마치 마이크에서 듣기 거북한 잡음이 나는 것처럼 일종의 피드백 현상을 일으켜서 시간여행 준비가 완료된 웜홀을 붕괴시킬 수도 있다는 것이다. 미래에서 발생한 진공요동이 웜홀을 타고 과거로 전달된 후 정상적인 시공간을 거쳐 미래로 진행하여 다시 웜홀을 타고 과거로 이동하는 식으로 끊임없이 되풀이되면 에너지가 걷잡을 수 없이 커져서 웜홀이 붕괴될 수도 있다. 이것은 이론적으로 충분히 일어날 수 있는 현상이지만, 더욱 엄밀하게 증명하려면 일반상대성이론과 양자역학을 휘어진 공간에 적용할 수 있어야 한다. 이 문제는 아직 완전하게 해결되지 않았다.

웜홀 타임머신을 제작하는 것은 기술적, 재정적인 면에서 엄청나게 큰 프로젝트임이 분명하다. 그러나 이 문제에 관하여 단언을 내리기에는 양자역학과 중력에 대한 우리의 이해가 턱없이 부족하다. 물론, 초끈이론이 최종적인 해답을 줄 수도 있다. 물리학자들은 정확한 정보가 없는 상태에서 직관적인 심증으로 과거로의 시간여행이 불가능하다는 데 대체로 동의하고 있지만 미래에 어떤 혁명적인 변화가 초래될지는 아무도 알 수 없다.

우주적 호기심

스티븐 호킹은 시간여행과 관련하여 흥미로운 의문을 제기했다. 미래에 시간여행이 가능해진다면, 우리는 왜 미래에서 온 여행객을 한 번도 본 적이 없는가? 독자들 중에는 "미래의 인간들은 이미 여러 차례 다녀갔다" 고 생각하는 사람도 있을 것이다. 아마도 미래의 세계에서 타임머신을 타고 온 시간여행객들은 우리와 접할 수 없는 장막을 두르고 있을지도 모른다. 물론 호킹은 반농담조로 이 말을 던졌지만 그냥 웃고 넘길 만한 문제는 아니다. 미래의 여행객이 과거를 방문한 사례가 정말로 단 한 번도 없다면, 이 사실만으로 타임머신이 불가능하다고 단언할 수 있을까? 미래의 인류가 타임머신을 발명한다면 일부 역사학자들은 과거에 있었던 유명한 사건들을 현지답사하기 위해(원자폭탄의 첫 실험장면이나 인류가 달에 처음 착륙하는 장면, 최초의 리얼리티 쇼가 TV에 방영되는 장면 등) 타임머신을 사용할 수도 있을 것이다. 그러므로 미래의 인류가 과거를 방문한 사례가 전혀 없다면 타임머신은 영원히 발명되지 않는다고 생각할 수도 있다.

그러나 반드시 그렇다고 단언할 수는 없다. 지금까지 제안된 타임머신의 작동원리에 의하면, 타임머신이 만들어진 시점보다 더 과거로 이동하는 것은 불가능하기 때문이다. 웜홀 타임머신의 경우, 그림 15.5를 면밀히 들여다보면 이 사실을 분명하게 알 수 있다. 웜홀의 양쪽 입구를 다른 시대로 가져가면 과거로의 이동이 가능하지만, 그 과거라는 것은 끽해야 시간의 차이가 형성되기 시작한 시점일 뿐이다. 시공간의 시작점(까마득한 과거)에는 웜홀이라는 것이 존재하지 않았으므로, 웜홀을 이용하여 그 시대로 이동하는 것은 절대로 불가능하다. 따라서 서기 10,000년에 타임머신이 처음으로 만들어진다면 그때부터 비로소 미래의 시간여행객들이 수시로 드나들게 될 것이다.

미래에서 온 여행객이 우리의 눈에 뜨이지 않는 이유는 아직 타임머신이 만들어지지 않았기 때문이다.

현재 우리가 알고 있는 물리법칙만으로 시간여행의 모순을 해결하고 구체적인 방법까지 제시할 수 있다는 것은 실로 놀라운 일이다. 사실, 나는 개인적으로 과거여행이 불가능하다고 생각하지만 정확한 사실이 밝혀질 때까지는 열린 마음으로 시간여행을 대할 필요가 있다. 시간여행을 집중적으로 연구하다 보면 적어도 시공간의 특성을 더욱 깊은 수준에서 이해하게 될 것이고, 잘하면 시공을 가로지르는 혁신적인 지름길이 개발될 수도 있다. 결국, 타임머신을 만들지 못한 채 속절없이 흘러가고 있는 지금의 시간은 훗날 수많은 과학자들의 궁금증을 자아내는 '미지의 시간'이 될 것이다.

제16장

암시적인 미래

시간과 공간의 전망

물리학자들은 대부분의 삶을 혼돈 속에서 보내는 사람들이다. 뛰어난 물리학자가 되려면 굴곡이 심한 진리의 길을 따라가면서 모든 의구심과 의문을 포용해야 한다. 문제가 복잡하고 혼란스러울수록 창의력을 발휘할 기회는 그만큼 많아지며, 물리학자의 투지는 더욱 불타오른다. 그러나 이 과정에서 이론물리학자들은 심증이나 추측, 또는 조그만 실마리에 의지한 채 모호함으로 가득 찬 미지의 정글 속을 헤치고 나가야 한다. 가끔씩은 덤불 속에서 보석을 줍는 행운이 찾아오기도 하지만, 정글 전체를 뒤져도 별 소득이 없는 경우가 태반이다. 자연은 자신의 비밀을 쉽게 드러내지 않기 때문이다.

지금까지 우리는 시간과 공간의 정체를 규명하려는 인간 노력의 역사를 살펴보았다. 개중에는 깊은 통찰력을 발휘한 혁신적인 아이디어도 있었지만, 모든 혼란스러움을 극복하고 유레카를 외칠 수 있는 단계에는 아직 도달하지 못했다. 우리는 아직도 정글 속을 헤매고 있는 것이다. 그렇다면 지금 우리가 서 있는 곳은 어디인가? 시공간에 대하여 그 다음으로 할 이야기는 무엇인가? 물론 아무도 알 수 없다. 최근 들어 몇 개의 실마리가 발견되었는데,

전체적인 그림은 아직 미완성이지만 다수의 물리학자들은 이로부터 새로운 혁명을 기대하고 있다. 앞으로 연구가 계속 진행되면 지금 우리가 알고 있는 시간과 공간의 개념은 물리적 실체의 근간을 이루는 더욱 근본적인 개념으로 수정될 것이다. 이 장에서는 최근 발견된 새로운 사실들을 소개하고 앞으로 나아갈 방향을 제시하면서 우주의 구조와 시공간의 정체를 탐사해 온 우리의 여정에 마침표를 찍고자 한다.

시간과 공간은 과연 근본적인 개념인가?

독일의 철학자 임마누엘 칸트Immanuel Kant는 "시간과 공간의 개념을 누락시킨 채로 우주를 설명하는 것은 어려운 정도가 아니라 아예 불가능하다"고 단언했다. 나는 칸트가 왜 이런 말을 했는지 어느 정도 이해할 수 있을 것 같다. 자리에 앉아서 눈을 감고 '공간을 점유하고 있지 않은 그 무엇'이나 '시간의 흐름으로부터 자유로운 그 무엇'에 대해 생각하다 보면 나의 머리는 금방 한계에 도달한다. 우리는 '무언가로 채워져 있는 공간'과 '무언가의 변화를 야기하는 시간'에 너무 익숙해져 있기 때문이다. 아이러니컬하게도, 나는 수학 계산에 몰두해 있을 때(대부분 시간이나 공간과 관련된 계산이다!) 현실적인 시간과 공간을 까맣게 잊곤 한다. 연구에 완전히 빠져 있을 때 잠시나마 시공을 초월한 존재가 되는 것이다. 그러나 머릿속에 떠오르는 생각과 그 생각을 하고 있는 나의 몸은 언제나 시공간의 일부일 수밖에 없다.

이렇게 시간과 공간은 언제 어디서나 존재하지만, 학계를 선도하는 물리학자들은 이들 자체가 근본적인 개념이 아닐 수도 있다고 생각하고 있다. 포탄의 견고한 성질은 수많은 원자들이 한데 모여 종합적으로 나타난 특성이고, 치타의 빠른 주력은 미세한 근육과 신경, 그리고 피부조직이 결합되어 나타나는 특성인 것처럼, 우리가 알고 있는 시간과 공간도 무언가 더욱 근본적인 구성요소들이 한데 모여 집합적으로 나타나는 특성일 수도 있다는 것이다.

물리학자들은 이와 같은 생각을 다음의 한마디로 요약하곤 한다— "시공간은 하나의 환상이다!" 언뜻 듣기에는 상당히 도전적이고 이 책을 거의 다 읽어 가는 독자들을 약 올리는 말 같기도 하지만 그들이 이런 과격한 표현을 쓰는 데에는 그럴 만한 이유가 있다. 당신이 빠른 속도로 날아오는 포탄에 맞았거나 장미꽃의 향기를 들이마셨을 때, 또는 맹렬한 속도로 달리는 치타를 보았을 때, 그들이 눈에 보이는 것보다 더욱 근본적인 원자로 구성되어 있다는 이유로 그들의 존재를 부인하지는 않을 것이다. 대부분의 사람들은 포탄과 장미, 그리고 치타의 존재를 당연하게 받아들이면서 원자단위의 특성을 연구하면 이들의 실체를 더욱 자세하게 알 수 있다고 생각할 것이다. 그러나 이들 모두는 이미 '집합체'이기 때문에, 우주의 기본요소를 포탄이나 장미, 또는 치타로 간주하는 이론을 만들 사람은 없을 것이다. 이와 마찬가지로, 만일 시간과 공간이 모종의 복합체로 판명된다면 뉴턴의 물통에서 아인슈타인의 중력에 이르는 모든 이론들은 하나의 환상에 불과하다. 이렇게 되면 우주는 시간이나 공간의 개념을 배제한 채 가장 근본적인 단계에서 처음부터 재서술되어야 한다. 시간과 공간이 근본적인 물리량이라는 믿음은 우리 스스로 만들어 낸 환상일지도 모른다. 포탄의 견고함과 장미꽃의 향기, 그리고 질주하는 치타를 원자적 규모에서 분석하면 그 특성이 모두 사라져 버리듯이, 자연의 법칙을 가장 근본적인 단계까지 추적하다 보면 우리가 하늘같이 믿고 있는 시간과 공간의 특성도 사라질 수 있다.

"시공간은 우주를 구성하는 근본적 구성요소가 아닐 수도 있다" —독자들에게는 이 말이 억지처럼 들릴지도 모른다. 물론 그렇게 들리는 것이 당연하다. 그러나 이것은 기존의 물리학에 딴지를 걸거나 새로운 논문을 쓰기 위해 작위적으로 만들어 낸 이론이 결코 아니다. 첨단의 물리학자들이 이런 황당한 주장을 하는 데에는 다 그럴 만한 이유가 있다. 지금부터 그들이 제시했던 아이디어를 조심스럽게 따라가 보자.

양자적 평균

12장에서 우리는 불확정성원리에 의해 발생하는 양자적 요동이 공간의 구조에 미치는 영향을 알아보았다. 바로 이 요동 때문에 점입자설로는 중력이론의 양자역학 버전을 만들 수 없었다. 입자를 점이 아닌 끈으로 간주하는 끈이론이 대두되면서 양자역학과 중력이론은 성공적으로 통합될 수 있었지만, 그림 12.2의 제일 위에 있는 그림에서 알 수 있듯이 시공간의 요동은 여전히 존재하고 있다. 이로부터 우리는 시공간이 처하게 될 운명을 어느 정도 짐작할 수 있다.

앞에서 지적한 대로, 우리에게 친숙한 시간과 공간의 개념은 일종의 '평균내기 과정'을 거친 결과이다. 예를 들어, 몇 cm 앞에서 TV를 바라볼 때 나타나는 '입자로 이루어진 영상'을 떠올려 보자. 이때 보이는 영상은 먼 거리에서 보이는 영상과 사뭇 다른 형태로 나타난다. 먼 거리에서는 TV화면을 화소단위로 분해할 수 없기 때문에, 우리의 눈은 여러 화소들을 '평균적으로' 인식하는 경향이 있다. TV를 멀리서 볼 때 영상이 매끄럽게 나타나는 것은 바로 이런 이유 때문이다. 평균내기 과정을 거친 TV화면은 우리에게 친숙한 연속 동영상을 만들어 내지만, 근거리에서 화면을 바라보면 각각의 화소들은 전혀 연속적으로 변하고 있지 않다. 이와 마찬가지로 시공간은 미시적인 영역에서 복잡다단한 요동을 겪고 있지만, 우리는 이 영역을 감지할 수 없기 때문에 시공간을 연속적인 객체로 간주하고 있는 것이다. 인간의 눈은 물론이고 가장 성능이 좋은 관측장비를 통해서 들여다봐도 시간과 공간의 미세한 요동은 마치 TV의 화면처럼 평균적으로 뭉개져서 '두루뭉술하게' 나타나며, 이것이 바로 우리가 알고 있는 시공간의 모습이다. 또한, 시공간의 요동은 완전히 무작위적으로 일어나기 때문에 '위쪽' 요동과 '아래쪽' 요동의 빈도수가 거의 일치하여 이들을 평균하면 호수처럼 잔잔해진다. 그래서 우리가 느끼는 시간과 공간도 거의 아무런 요동 없이 조용한 상태를 유지하고 있는 것처럼 보인다. 그러나 TV화면의 경우처럼, 시공간의 미세한 영역에서는 격렬한 양자적 요동이 진행되고 있다.

양자적 평균과정은 시공간이 환상일 수도 있다는 일부 물리학자들의 주장을 구체적으로 입증하는 사례이다. 무언가의 평균을 취하는 것은 여러 모로 유용하지만 분석대상의 구체적인 특성까지 알려 주지는 못한다. 최근 통계에 따르면 미국 가정의 평균 자녀수는 2.2명이다. 그러나 미국의 모든 집을 다 돌아다녀도 자녀가 정확하게 2.2명인 집을 찾을 수는 없을 것이다. 또 다른 통계자료에는 우유 1갤런의 평균가격이 2.783달러라고 나와 있지만, 정확하게 이 가격으로 판매하고 있는 상점을 찾기는 쉽지 않다. 이와 마찬가지로, 미시적 특성이 평균되어 나타난 시공간에는 근본적인 특성이 상실되어 있다. 시간과 공간은 복합적이고 근사적인 개념으로서, 천문학적 스케일에서 우주를 분석할 때는 매우 유용하지만 '평균 2.2명의 자녀'처럼 구체적인 정보를 담고 있지 않다.

또 한 가지 염두에 두어야 할 것은 시간과 공간을 분할하는 데 한계가 있다는 점이다. 작은 영역으로 갈수록 양자적 요동이 격렬해진다는 것은, 플랑크길이(10^{-33}cm)나 플랑크시간(10^{-43}초) 스케일에서 시간과 공간을 더 이상 분할할 수 없음을 시사하고 있다. 초미세 영역으로 가면 일상적인 시공간의 개념은 더 이상 먹혀들지 않는다. 이 사실은 12장에서 이미 확인한 바 있다. 시공간을 무한히 분할하는 것이 정말로 불가능하다면, 거기에는 우리가 모르는 초미세 구조가 숨어 있음이 분명하다. 시공간의 궁극적인 실체는(만일 존재한다면) 더 이상 분해될 수 없으며, 거시적인 관점에서 바라본 시공간과는 전혀 다른 모습을 띠고 있을 것이다.

그러므로 자연의 가장 깊은 영역에서 일상적인 시공간의 개념을 찾는 것은 모네가 그린 건초 더미 속에서 건초 한 줄기를 찾으려는 것과 다를 바가 없다. 우리 인간의 무딘 눈에 비치는 자연의 모습과 초미세 영역에 숨어 있는 자연의 실체는 상상을 초월할 정도로 판이할 수도 있는 것이다.

번역된 기하학

일부 물리학자들은 또 다른 의견을 제시하고 있다. 시공간을 근본적인 물리량으로 취급하지 않는다는 점에서는 전술한 내용과 일치하지만, 이들은 그 원인을 다른 곳에서 찾고 있다. 이들이 제시한 이론은 양자적 평균보다 훨씬 복잡한 수학체계로 되어 있기 때문에 이 책에서 구체적인 내용을 설명할 수는 없다. 그러나 많은 물리학자들은 이것을 끈이론의 상징처럼 인식하고 있으므로, 첨단 이론을 소개한다는 취지에서 기본적인 아이디어를 간략하게 소개하기로 한다. 끈이론에서 말하는 '기하학적 이중성geometrical duality'이 바로 그것이다.

13장에서 우리는 다섯 개의 끈이론들이 하나의 동일한 이론을 다섯 가지 언어로 번역한 결과라는 것을 확인하였다. 번역판이 다섯 종류나 되기 때문에, 하나의 이론에서 풀기 어려운 문제가 있을 때 다른 이론으로 번역하면 쉽게 해결될 수도 있다. 그런데 다섯 개의 이론을 하나로 통합하는 '번역사전'은 이 책에서 아직 설명하지 않은 독특한 성질을 갖고 있다. 하나의 이론을 다른 이론으로 번역했을 때 문제의 난이도가 크게 달라진다면, 시공간에 관한 문제도 예외는 아닐 것이다.

끈이론은 일상적인 3차원 공간과 1차원의 시간 이외에 여분의 차원을 요구하고 있다. 우리는 12~13장에 걸쳐 여분의 차원을 찾기 위한 다양한 시도들을 살펴보았다. 거기서 우리가 얻은 답은 여분의 차원이 현재의 관측장비로는 도저히 인지할 수 없는 작은 영역 안에 숨어 있다는 것이었다. 그리고 이 여분차원의 형태에 따라 끈의 진동패턴이 크게 달라지기 때문에, 우리의 눈에 보이는 우주의 형태도 여분차원에 의해 좌우된다고 결론지었다. 그런데 이 문제와 관련하여 아직 언급하지 않은 것이 있다.

하나의 끈이론에서 제기된 문제를 다른 이론으로 번역하면 그 문제만 달라지는 것이 아니라 여분차원의 기하학적 특성도 함께 변환된다. 예를 들어, 여분차원이 어떤 특정한 형태로 숨어 있는 IIA형 끈이론을 연구하여 어떤 결과를 얻었다면, IIB형 끈이론에서도 (원리적으로는) 동일한 결과를 얻을 수 있다. 그러나 IIA형→IIB형으로 번역을 거치는 과정에서 여분차원의 기하학적 특성은 번역된 이론에 맞게 변형된다.

각 이론마다 달라지는 시공간의 기하학은 경우에 따라 심각한 변화를 초래할 수도 있다. 예를 들어 IIA형 끈이론에서 여분차원들 중 하나가 그림 12.7처럼 원형으로 감겨 있다고 했을 때, 이것을 IIB형 끈이론으로 번역하면 원형으로 감긴 여분차원의 반지름은 IIA형 이론에 나타나는 반지름에 반비례한다(모든 길이를 플랑크길이의 정수 배로 표현했을 때, 둘 중 한 이론에 나오는 원형 여분차원의 반지름을 R이라 하면 다른 이론에 나오는 원형 여분차원의 반지름은 $1/R$이다). 독자들은 커다란 차원과 조그만 차원을 쉽게 구별할 수 있다고 생각하겠지만, 끈이론에서는 사정이 전혀 다르다. 커다란 원형차원이 존재하는 IIA형 끈이론에서 끈들 사이의 상호작용으로부터 유도된 모든 결과들은 조그만 원형차원이 존재하는 IIB형 끈이론 버전으로 동일하게 해석될 수 있다. 이들은 똑같은 물리학을 서로 다른 방식으로 서술하고 있을 뿐이다. 다섯 개의 끈이론들은 저마다 다른 언어로 자연을 서술하고 있지만, 각 이론은 나름대로 타당한 체계를 갖추고 있으며 하나의 이론에서 유도된 결과는 적절한 번역을 거쳐 다른 이론으로 해석될 수 있다(이것은 원형차원에서 움직이는 끈이 두 가지 상태에 놓일 수 있기 때문에 가능하다. 닫힌 끈은 가느다란 캔을 감고 있는 고무줄처럼 원형차원을 감을 수도 있고, 캔의 옆면에 붙어 있는 고무줄처럼 그냥 원형차원의 일부를 점유하고 있을 수도 있다. 전자의 경우, 끈의 에너지는 원형차원의 반지름에 비례하며(반지름이 클수록 그것을 감고 있는 끈의 에너지는 더욱 커진다), 후자의 경우 끈의 에너지는 원형차원의 반지름에 반비례한다(원형차원의 반지름이 작을수록 끈은 상대적으로 큰 영역을 둘러싸고 있으므로 불확정성원리에 의해 에너지가 커진다). 이때 원형차원의 반지름을 역수로 바꾸고 그와 함께 끈의 감긴 상태도 바꿔 주면 전체적인 에너지는 변하지 않는다. 바로 이것이 IIA형 끈이론과 IIB형 끈이론을 연결하는 변환규칙으로서, 두 이론은 서로 다른 기하학 체계를 갖고 있음에도 불구하고 동일한 물리학을 서술하고 있다).

12장에서 말한 대로, 원형차원을 더욱 복잡한 칼라비-야우 형태로 대치시키는 경우에도 이와 비슷한 아이디어를 적용할 수 있다. 여분의 차원이 어떤 특정한 형태의 칼라비-야우 형태로 표현되는 끈이론을 다른 끈이론으로 변환시키면, 그 여분차원도 다른 형태의 칼라비-야우 형태로 변환된다(이때의 여분차원 공간을 원래 공간의 '거울mirror' 또는 '듀얼dual'이라고 한다). 이런 경우에는 칼라비-야우 형태의 크기가 변하면서 공간에 나 있는 구멍의 수도 달라진다. 그러나 이들 사이를 연결하는 번역사전은 두 개의 이론으로 예견되는 물리학이 완전히 동일해지도록 구성되어 있다(하나의 칼라비-야우 형태에는 두 가지 종류의 구멍이 존재할 수 있다. 그러나 끈의 진동패턴과 그로부터 예견되는 물리학은 각 이론에서 허용하는 구멍 수의 차이에만 의존한다. 따라서 구멍이 두 개 나 있는 칼라비-야우 형태와 구멍이 다섯 개인 칼라비-야우 형태, 그리고 구멍이 다섯 개 나 있는 칼라비-야우 형태와 구멍이 두 개인 칼라비-야우 형태는 전혀 다른 기하학적 구조를 갖고 있지만 이들로부터 만들어진 끈이론은 모두 동일한 물리학을 서술하고 있다[✣]).

기하학적 이중성은 시공간이 근본적 개념이 아니라는 주장을 뒷받침하고 있다. 다섯 개의 끈이론은 여분차원의 후보로서 각기 다른 크기와 형태를 갖는 칼라비-야우 공간을 제안하고 있지만, 이들 모두는 동일한 물리학(동일한 우주)을 서술하고 있으므로 어느 쪽이 옳다고 결론지을 수는 없다. 공간의 크기와 형태가 다르게 나왔다고 해도, 다섯 개의 이론은 모두 옳다고 봐야 한다. 이것은 특수상대성이론의 경우처럼 "관측자의 운동상태에 따라 시공간을 자르는 방향은 다양하지만 모든 관측자의 관점은 똑같이 옳다"고 말하는 것과 사정이 다르다. 각각의 끈이론으로부터 예견되는 우주공간의 크기와 형태가 다르다 하더라도 모든 이론들이 똑같이 옳다는 것이다. 만일 시공간이 근본적인 물리량이라면, 모든 물리학자들은 사용한 수학체계가 다르고 관점이 다르다 해도 시공간의 기하학적 특성에 관한 한 동일한 결과를 얻어야 한다. 그런데 다섯 개의 끈이론으로부터 예견되는 우주공간의 특성은 서로 일치하지 않고 있다. 즉, 끈이론은 시공간이 근본적 물리량이 아님을 강하게 시사하고 있는 것이다.

앞의 두 절에 걸쳐 언급한 단서들이 우리에게 옳은 방향을 제시하고 있다면, 그리고 우리에게 친숙한 시공간이 어떤 근본적인 구성요소의 결합으로 나타난 결과라면, 그 근본적인 구성요소의 정체는 무엇이며 어떤 특성을 갖고 있는가? 지금으로서는 알 길이 없다. 그러나 물리학자들은 정보가 태부족한 와중에도 시공간의 근원을 끈질기게 추적하여 몇 개의 단서를 더 찾아내는 데 성공했다. 그중 가장 중요한 것이 바로 블랙홀에서 찾아낸 단서이다.

✣ 원형차원과 칼라비-야우 형태의 기하학적 이중성(geometrical duality)에 대하여 더 자세한 내용을 알고 싶은 독자들은 『엘러건트 유니버스』의 10장을 참고하기 바란다.

블랙홀 엔트로피

블랙홀의 외형은 모든 천체들 중 가장 완벽한 포커페이스라 할 수 있다. 휠러와 호킹 등의 물리학자들이 블랙홀의 성질을 부분적으로 밝혀내긴 했지만 대부분의 특성은 아직도 베일에 싸여 있다. 블랙홀을 바깥쪽에서 바라본 모습은 아주 간단명료하다. 블랙홀의 특성을 좌우하는 것은 질량(크기의 척도. 블랙홀의 크기는 중심에서 사건지평선event horizon(이 안에서 일어나는 사건은 밖에서 관측할 수 없다)까지의 거리로 정의된다)과 전기전하, 그리고 스핀뿐이다. 이것 외에는 블랙홀끼리 구별할 만한 다른 특성이 전혀 없다. 그래서 물리학자들은 "블랙홀은 머리카락이 없다"고 표현하곤 한다. 블랙홀의 개성을 반영하고 있는 물리량이 그 정도로 부족하다는 뜻이다. 만일 당신이 블랙홀을 관측하여 질량과 전하, 그리고 스핀을 알아냈다면(블랙홀은 말 그대로 검은 천체이기 때문에 이런 특성을 직접 관측할 수 없다. 근처에 있는 다른 천체의 움직임으로부터 간접적으로 알아내야 한다), 그 블랙홀에 관해서는 더 이상 알아낼 것이 아무것도 없다.

블랙홀의 외형은 이렇게 단순하지만 그 내부는 거대한 비밀창고이다. 동일한 크기의 모든 가능한 물체들 중에서 블랙홀은 가장 큰 엔트로피를 갖고 있다. 우리는 6장에서 "물체의 외형에 변화를 주지 않으면서 내부구조의 배열을 바꾸는 방법의 수"로 엔트로피를 정의했었다. 블랙홀의 경우, 내부구조를 알 수는 없지만(블랙홀에서는 빛조차도 중력을 이겨내지 못하고 갇혀 있기 때문에 바깥에서 내부를 관측할 방법이 없다), 내부구조가 달라진다 해도 블랙홀의 질량과 전하, 그리고 스핀은 변하지 않을 것이다. 이것은 『전쟁과 평화』의 원고 순서를 아무리 바꿔도 책 전체의 무게가 변하지 않는 것과 같은 이치이다. 그런데 질량과 전하, 그리고 스핀은 블랙홀의 외형을 좌우하는 모든 것이므로 블랙홀의 외형을 그대로 유지하면서 내부구조를 바꾸는 방법의 수는 엄청나게 많다. 블랙홀의 엔트로피가 모든 물체들 중에서 가장 크다고 말하는 것은 바로 이런 이유 때문이다.

블랙홀보다 엔트로피가 큰 상태를 인공적으로 만들 수는 없을까? 주어진 블랙홀과 동일한 크기의 빈 구를 만들어서 그 내부에 기체(산소, 헬륨, 이산화탄소 등 어떤 기체나 상관없다)를 가득 채웠다고 가정해 보자. 기체를 많이 주입할수록 내부의 엔트로피는 커진다. 분자의 개수가 많아질수록 재배열시키는 방법의 수도 많아지기 때문이다. 그렇다면 펌프질을 계속하여 기체를 꽉꽉 채워 넣다 보면 블랙홀보다 엔트로피가 커지는 시점이 찾아오지 않을까? 언뜻 듣기에는 그럴듯하지만 실제로는 불가능하다. 왜 그럴까? 기체를 계속 주입시켜서 구의 질량을 키워 나가다가 어떤 임계값에 도달하면 구 전체가 블랙홀이 된다. 아무리 기발한 수단을 동원하다 해도 이 단계를 피해 갈 수는 없다. 즉, 블랙홀은 '최대 엔트로피를 갖는 유일한 물체'인 것이다.

블랙홀에 기체를 더 주입시켜서 엔트로피가 증가하도록 만들 수는 없을까? 물론 가능하다. 그러나 이때부터는 게임의 법칙을 바꿔야 한다. 블랙홀에 외부의 물체가 주입되면 엔트로피뿐만 아니라 블랙홀의 크기도 함께 증가한다. 그런데 블랙홀의 질량은 크기에 비례하므로 더 이상 이전의 블랙홀로 간주할 수 없게 된다. 즉, 블랙홀의 체급이 달라지는 것이다. 이렇게 되면 블랙홀 전체의 엔트로피는 증가하지만 특정 지역의 무질서도 자체는 더 이상 증가하지 않는다. 블랙홀은 무질서도가 최고조에 달한 상태이다. 온갖 방법을 동원하여 블랙홀에 물질을 주입시킨다 해도 무질서도는 더 이상 증가하지 않고 크기만 커질 뿐이다. 이런 맥락에서 보면 엔트로피는 블랙홀의 근본적인 특성뿐만 아니라 공간 자체의 근본적인 특성도 함께 반영하고 있다고 생각할 수 있다. **주어진 공간에 주입될 수 있는 엔트로피의 최대값은 동일한 크기의 블랙홀에 내재되어 있는 엔트로피와 같다.**

그렇다면 주어진 크기의 블랙홀은 어느 정도의 엔트로피를 갖고 있을까? 바로 이 시점부터 문제가 흥미로워지기 시작한다. 우리에게 친숙한 물건인 터퍼웨어tupperware(음식물 등을 밀봉상태로 보관하는 플라스틱 용기: 옮긴이)를 예로 들어 보자. 속이 빈 터퍼웨어 두 개를 연결시키면 부피가 두 배로 커지면서 그 안에 들어 있는 공기분자의 수도 두 배로 증가한다. 그렇다면 엔트로피도 두 배로 커질 것인가? 구체적인 계산을 해 보면 엔트로피는 용기의 부피에 비례한다는 것을 알 수 있다.[1] 즉, 터퍼웨어 두 개를 연결시키면 엔트로피도 두 배로 커진다. 그렇다면 블랙홀의 경우는 어떨까? 블랙홀의 엔트로피도 부피에 비례할 것인가?

1970년대에 야콥 베켄슈타인Jacob Bekenstein과 스티븐 호킹Stephen Hawking은 블랙홀의 엔트로피가 부피에 비례하지 않고 사건지평선의 면적에 비례한다는 사실을 발견하여 학계를 놀라게 했다. 블랙홀의 반지름이 두 배로 커지면 부피는 $8(2^3)$배로 커지고 표면적은 $4(2^2)$배로 증가한다. 반지름을 100배로 키웠다면 부피는 무려 100만(100^3)배로 커지지만 표면적은 $10,000(100^2)$배밖에 커지지 않는다.[2] 블랙홀은 동일한 크기의 어떤 물체보다 높은 엔트로피를 갖고 있지만, 그 값은 우리가 생각하는 것만큼 크지 않다.

엔트로피가 표면적에 비례한다는 사실은 블랙홀과 터퍼웨어의 차이이기도 하지만, 원리적으로는 공간이 함유할 수 있는 엔트로피의 최대값을 계산하는 데 중요한 정보를 제공한다. 방금 위에서 말한 대로, 블랙홀은 공간이 가질 수 있는 엔트로피의 한계를 지정하고 있다. 공간상의 특정 지역을 잡아서 엔트로피의 최대값을 알고 싶을 때에는 그 지역과 크기가 같은 블랙홀을 상정하여 엔트로피를 계산하면 된다. 이 값이 바로 그 공간에 축적될 수 있는 엔트로피의 최대값이다. 그런데 블랙홀의 엔트로피는 표면적에 비례하므로, 결국 주어진 영역에 존재할 수 있는 엔트로피의 최대값은 그 영역의 표면적에 비례한다는 결론을 내릴 수 있다.[3]

그런데 왜 터퍼웨어의 엔트로피는 부피에 비례하는 것일까? 그 이유는 간단하다. 우리는 은연중에 공기분자의 분포가 균일하다고 가정하였으므로 터퍼웨어의 엔트로피 계산에는 중력이 전혀 고려되어 있지 않다(중력이 개입되면 전혀 새로운 현상, 즉 '한곳으로 뭉치는' 현상이 나타난다). 밀도가 작을 때에는 중력을 무시해도 거의 정확한 결과를 얻을 수 있지만 초고밀도 상태에서는 중력이 중요한 변수로 작용하여 터퍼웨어식 논리를 더 이상 적용할 수 없게 된다(여기서 말하는 중력은 지구와 공기분자 사이의 중력이 아니라 기체분자들 사이에 작용하는 중력을 의미한다: 옮긴이). 이런 극단적인 경우에는 베켄슈타인과 호킹이 제안했던 계산법을 따라야 하는데, 그 결과에 의하면 최대 엔트로피는 부피가 아닌 표면적에 비례하게 된다.

여기까지는 그런대로 수긍이 갈 것이다. 그 다음 질문— 최대 엔트로피가 중요하게 취급되는 이유는 무엇인가? 여기에는 두 가지 이유가 있다.

첫째, 엔트로피의 극한값은 공간의 궁극적인 구조가 불연속적이라는 단서를 제공하고 있다. 베켄슈타인과 호킹은 블랙홀의 사건지평선 위에 바둑판 모양의 격자무늬를 그렸을 때(격자 사이의 간격은 플랑크길이로 잡는다. 이렇게 하면 사각형 하나의 면적은 $10^{-66}cm^2$이 된다) 블랙홀의 엔트로피가 사각형의 개수와 같다는 것을 증명하였다.[4] 이로부터 우리는 플랑크길이를 한 변으로 갖는 정사각형(이를 '플랑크사각형'이라 하자)이 공간을 이루는 최소단위이며, 각각의 사각형은 가장 작은 기본단위의 엔트로피를 갖는다는 것을 알 수 있다. 그렇다면 플랑크사각형 안에서는 아무런 일도 일어나지 않아야 한다. 왜냐하면 플랑크사각형 안에서 어떤 사건이 일어나면 엔트로피는 무조건 증가하게 되고, 그렇게 되면 베켄슈타인과 호킹이 얻은 결과(플랑크사각형은 가장 작은 기본단위의 엔트로피를 갖는다는 정리)에 위배되기 때문이다. 이와 같이, 앞 절에서 서술한 기하학적 이중성과는 전혀 다른 관점에서 접근해도 '공간의 최소단위'라는 새로운 개념에 도달하게 된다.[5]

두 번째 이유는 엔트로피의 극한값 자체가 물리적으로 매우 중요한 의미를 지니고 있기 때문이다. 그 이유를 이해하기 위해, 당신이 행동 분석을 전공한 정신과의사에게 임시로 고용되어 활기차게 뛰어 노는 아이들의 상호작용을 관찰하고 있다고 가정해 보자. 요즘 당신은 매일 아침 일어날 때마다 '오늘도 무사히'를 바라며 간절히 기도하고 있다. 아이들이 소동을 피울수록 당신의 일은 더욱 어려워지기 때문이다. 그 이유는 직관적으로 자명하다. 아이들의 무질서도가 커지면 당신이 쫓아다녀야 할 거리도 당연히 길어진다. 우리의 우주는 물리학자들에게 이와 비슷한 노동을 요구하고 있다. 근본적인 물리학이라면 모든 만물의 진행과정(또는 앞으로 진행될 과정)을 주어진 공간 안에서 적어도 원리적으로는 설명할 수 있어야 한다. 그런데 주어진 공간 안에서 무질서도가 증가하면 설명해야 할 대상도 그만큼 많아진다. 그러므로 엔트로피가 최대인 물리계를 설명하는 것은 이론의 성능을 검증하는 훌륭한 테스트가 될 수 있다. 물리학자들은 엔트로피가 최대인 공간을 완벽하게 설명할 수 있는 이론을 찾고 있다. 그것이야말로 가장 근본적인 단계에서 자연을 서술하는 이론이기 때문이다.

만일 터퍼웨어식 논리가 아무런 제한 없이 적용될 수 있다면 근본적인 이론은 부피에 비례하는 무질서도를 설명해야 한다. 그러나 근본적 이론에 중력이 빠질 수는 없으므로, 근본적인 이론은 면적에 비례하는 정도의 무질서도를 설명할 수 있으면 된다. 앞에서 숫자를 예로 들어가며 비교했던 것처럼, 넓은 지역일수록 후자의 경우가 훨씬 간단하다.

베켄슈타인과 호킹의 결과에 의하면 중력을 고려한 이론이 그렇지 않은 이론보다 간단하다. 중력을 고려하면 물리계의 자유도degree of freedom가 작아지기 때문이다. 자유도가 작으면 변하는 양도 그만큼 작아져서 무질서도가 크게 증가하지 않는다. 이것만으로도 충분히 흥미롭지만, 논리를 한 단계 더 발전시키면 매우 희한한 결과가 얻어진다. 주어진 영역의 최대 엔트로피가 그 영역의 부피가 아닌 면적에 비례한다면, 무질서도의 원인이 되는 근본적인 자유도는 영역의 내부가 아닌 표면에 존재하게 된다. 만일 그렇다면 우주의 물리적 과정들은 우리를 에워싸고 있는 표면 위에서 진행되고 있는 셈이며, 우리가 보고 느끼는 모든 것은 이 과정이 투영된 영상에 불과하다. 즉, 우주는 하나의 거대한 홀로그램hologram일 수도 있다는 것이다.

물론 이것은 아직 가설에 불과하지만 최근 들어서 많은 학자들의 지지를 받고 있다.

우주는 홀로그램인가?

홀로그램이란, 에칭etching이 새겨진 2차원의 평면 플라스틱 조각에 레이저를 적절한 방향으로 투사하여 공간에 3차원 입체영상을 만들어 내는 장치이다.[6] 1990년대 초에 네덜란드 출신의 물리학자이자 노벨상 수상자인 헤라르뒤스 토프트Gerardus 't Hooft와 끈이론의 대부로 불리는 레너드 서스킨드Leonard Susskind는 우주가 홀로그램과 비슷한 방식으로 운영되고 있다는 파격적인 의견을 제시하여 학계의 관심을 끌었다. 이들은 현재 3차원 공간에서 벌어지고 있는 모든 일상사들이 '정말로 그곳에서 일어나고 있는 사건'이 아니라, 아주 먼 곳에 있는 2차원 평면에서 진행되는 사건들이 우리 눈앞에 투영된 결과라고 주장했다. 만일 그렇다면 우리가 보고 느끼는 모든 것들은 일종의 3차원 홀로그램 영상인 셈이다. 이들의 주장은 모든 현상들이 실체의 그림자에 불과하다는 플라톤식 사고방식과 일맥상통하는 부분도 있지만 그 안을 들여다보면 결정적인 차이점이 발견된다. 플라톤이 말하는 그림자는 더 높은 차원에 존재하는 실체가 낮은 차원에 투영되어(단순화되어) 나타나는 결과인 반면, 홀로그램은 2차원 평면에 들어 있는 정보가 더 높은 차원(3차원)

으로 투영되면서 나타나는 결과이다.[+]

토프트와 서스킨드의 홀로그래피 원리는 상식을 완전히 벗어나 있고 시공간의 근원을 추적하는 데 어떤 도움이 될지 분명하진 않지만, 이런 희한한 이론이 탄생한 데에는 그럴 만한 이유가 있다. 앞 절에서 논한 대로, 공간상의 한 지역에 저장될 수 있는 엔트로피의 최대값은 부피가 아닌 표면적에 의해 좌우된다. 그러므로 우주의 가장 근본적인 구성요소와 가장 기본적인 자유도(우주의 엔트로피를 운반하는 최소단위)는 우주의 내부가 아닌 경계면에 존재하고 있을 것이다. 그렇다면 우리가 경험하고 있는 우주의 내부는 우주의 경계면에서 발생하는 사건들에 의해 전적으로 좌우된다. 이것은 플라스틱 조각의 표면에 새겨진 정보로부터 3차원 영상이 결정되는 홀로그래피와 그 원리가 비슷하다. 물리학의 법칙은 우주적 레이저빔의 역할을 하여 경계면에서 일어나고 있는 과정들을 비추고, 그 결과로 나타나는 것이 바로 우리의 일상적인 삶, 즉 홀로그램 영상인 것이다.

이 홀로그래피 원리가 현실세계에 어떻게 구현되는지는 아직 알려지지 않았다. 한 가지 문제는 이 우주가 경계면 없이 무한히 크거나, 8장에서 말한 비디오게임의 화면처럼 크기는 유한하지만 경계면이 없을 수도 있다는 점이다. 홀로그래피 영상을 반사시키는 우주의 경계면은 과연 어디에 있을까? 더욱 이상한 점은 우주의 가장 깊은 심연에 살고 있는 우리들이 바로 눈앞에서 물리적 과정을 제어할 수 있다는 것이다. 이곳에서 우리가 물리적 과정을 바꿨다고 해서 그 변화가 우주의 경계면에 전달되어 연쇄적인 변화를 초래할 것 같지는 않다. 그렇다면 물리적 과정을 제어하는 것조차도 환영이라는 말인가? 이 문제에 관해서는 아직 논쟁의 여지가 남아 있다.

[+] 굳이 플라톤의 그림자 개념과 비교하지 않더라도, 홀로그램 우주는 브레인세계 가설과 일맥상통하는 부분이 있다. 예를 들어, 우리가 살고 있는 3-브레인이 4차원의 세계를 에워싸고 있는 표면이라고 상상해 보자(사과의 3차원 내용물은 2차원 껍질에 둘러싸여 있다). 그렇다면 우리가 느끼는 3차원 세계는 4차원의 실체가 껍질에 투영된 그림자일 수도 있다.

1997년에 아르헨티나 출신의 물리학자 후안 말다세나Juan Maldacena는 이 문제와 관련하여 획기적인 아이디어를 제시하였다. 그의 발견은 홀로그래피의 역할을 묻는 질문에 해답을 제시하진 못했지만, 그동안 추상적인 개념으로 취급되어 왔던 홀로그래피 원리가 전통적인 물리학에 입각하여 수학적으로 정확하게(그리고 구체적으로) 구현되는 가상의 우주모델이 가능하다는 것을 증명하였다. 말다세나는 어떤 기술적인 이유로 인해 4개의 대형 공간차원과 하나의 시간차원을 갖는 우주를 연구대상으로 삼았으며, 그 우주는 그림 8.6c와 같이 음의 곡률(프링글스 감자칩의 고차원 버전)을 갖고 있었다. 약간의 수학적 분석을 거치면 말다세나의 5차원 시공간은 자신보다 차원이 하나 작은 경계를 갖는다는 것을 증명할 수 있다. 즉, 말다세나의 가상우주는 3차원 공간과 1차원 시간으로 이루어진 경계를 갖고 있다[7](항상 그렇듯이 고차원 공간은 그림으로 표현하기가 쉽지 않다. 굳이 머릿속에 시각화시키고 싶다면 토마토 수프가 들어 있는 통조림을 떠올리면 된다. 이 경우, 3차원의 액체수프는 5차원 시공간에 해당되고 깡통의 2차원 표면은 4차원 경계에 대응된다). 말다세나는 여기에 끈이론이 요구하는 여분의 차원들을 추가하여, 이 우주(수프)에 살고 있는 관측자가 바라보는 물리학이 경계면(통조림의 면)의 물리학으로 완벽하게 서술될 수 있음을 증명하였다.

현실세계와 거리가 있긴 했지만, 말다세나는 구체적인 수학을 통해 홀로그래피 원리를 구현한 최초의 물리학자였다.[8] 그리고 이 과정에서 우주 전체에 적용된 홀로그래피 원리에 관하여 다양한 사실들이 새롭게 알려졌다. 예를 들어, 말다세나의 이론에 의하면 우주의 내부에서 서술된 물리학과 경계면에서 서술된 물리학은 완전히 동일한 기초를 갖고 있으며, 어느 한쪽이 다른 쪽보다 조금도 우월하지 않다. 다섯 개의 끈이론들이 동일한 이론의 다양한 번역본이었던 것처럼, 우주 내부의 물리학과 경계면의 물리학은 서로 다른 언어로 번역된 동일한 물리학이었다. 그런데 이 번역은 매우 독특하여 한

번 번역과정을 거치면 우주의 차원이 달라진다. 뿐만 아니라 우주의 내부에 적용되는 물리학은 중력을 고려하고 있지만(말다세나는 끈이론을 이용하였다), 경계면의 물리학에는 중력이 포함되어 있지 않다. 그럼에도 불구하고 하나의 이론에서 얻어진 다양한 계산결과와 온갖 질문들은 다른 이론 버전으로 변환될 수 있다. 이 사전에 익숙하지 않은 사람은 두 개의 이론이 전혀 다르다고 생각하겠지만(예를 들어, 경계면 이론은 중력을 포함하고 있지 않으므로 우주의 내부에서 중력에 관하여 제기된 질문을 경계면 버전으로 번역하면 전혀 다른 질문으로 변환될 것이다), 두 개의 언어에 모두 익숙한 사람은 모든 질문과 계산결과들이 우주의 내부와 경계면에서 정확하게 일치한다는 사실을 잘 알고 있을 것이다. 지금까지 많은 계산결과들이 서로 일치하는 것으로 판명되었으며, 말다세나의 이론을 지지하는 학자들도 점차 많아지고 있다.

물론 이 책을 읽는 독자들은 구체적인 내용을 알 필요가 없다. 여기서 중요한 것은 말다세나가 끈이론의 범주 안에서 홀로그래피 우주가설을 거의 완벽하게 구현했다는 점이다. 그의 이론에 따르면 중력이 포함되어 있지 않은 특별한 양자이론은 한 차원 위의 공간에서 중력이 포함된 다른 양자이론으로 번역될 수 있다. 이 아이디어를 현실적인 우주에서 구현하는 연구는 지금 한창 진행 중에 있는데, 기술적인 문제에 부딪혀 다소 지지부진한 상태이다(처음부터 말다세나는 기술적인 문제를 피하기 위해 5차원 시공간을 선택하였다. 현실적인 4차원 시공간으로 내려오면 수학적 분석이 훨씬 어려워진다). 그러나 끈이론이 홀로그래피 원리를 강력하게 지지하고 있다는 사실만은 분명하다. 그리고 이것은 시공간이 근본적 물리량이 아님을 시사하는 또 하나의 증거이다. 하나의 이론체계에서 다른 (동일한) 이론체계로 옮겨 갈 때 시공간의 크기와 형태만 변하는 것이 아니라 차원의 수도 변하기 때문이다.

시공간의 차원이 이론의 버전에 따라 달라진다는 것은 시공간 자체가 근본적인 양이 아님을 의미한다. cat과 gato는 영어와 스페인어로 모두 '고양이'를 칭하는 단어지만, 그 안에 들어 있는 글자의 수와 음절, 모음 등은 전혀 다르게 배열되어 있다. 이와 마찬가지로, 우리에게 친숙한 이론으로 우주를 서술하는 과학자에게는 시공간이 필수 불가결한 요소이겠지만, 다른 이론으로 번역된 후에는 시공간이 전혀 다른 요소로 대치될 수도 있다. 말다세나의 주장이 맞는다면(지금까지 많은 증거가 발견되긴 했지만 완벽한 증명은 아직 이루어지지 않았다), 시간과 공간의 절대적인 입지는 커다란 위협을 받게 될 것이다.

지금까지 나열한 여러 개의 단서들 중, 홀로그래피 원리는 앞으로 이론물리학에서 가장 중요한 역할을 할 것으로 기대된다. 이 원리는 이론물리학의 총아라 할 수 있는 블랙홀(엔트로피)에서 출발했기 때문이다. 앞으로 기존 이론의 구체적인 내용들이 바뀐다고 해도 중력을 설명하는 새로운 이론은 블랙홀의 존재를 여전히 허용할 것이며, 엔트로피의 극한값도 여전히 존재하면서 홀로그래피 원리와 모순 없이 부합될 것이다. 또한 홀로그래피 원리에 끈이론이 자연스럽게 결부된다는 것도 원리의 타당성을 입증하는 증거라고 할 수 있다. 시간과 공간의 근본을 추적하는 연구가 우리를 어떤 곳으로 인도할지 아직은 알 수 없지만, 홀로그래피 원리는 연구의 방향을 선도하는 이정표가 될 것으로 기대된다.

시공간의 구성요소

지금까지 나는 시공간의 초미세 구조에 대하여 여러 차례 언급하면서 간접적인 증거를 제시해 왔지만, 구체적인 내용은 한 번도 언급하지 않았다. 그 이유는 물론 아는 것이 전혀 없기 때문이다. 시공간의 근본적인 구성요소를 규명하라고 하면, 지금 알고 있는 것들에 대한 자신감도 줄어들 판이다.

그러나 이 문제의 역사적 의미는 한번쯤 짚고 넘어갈 만한 가치가 있다.

19세기 말의 물리학자들에게 "물질의 궁극적인 구성요소가 무엇이라고 생각하십니까?" 라는 설문지를 돌린다면 각양각색의 대답이 돌아올 것이다. 지금부터 100년 전만 해도 모든 물질이 원자로 이루어져 있다는 주장은 논란의 여지가 다분한 가설에 불과했었다. 특히, 에른스트 마흐는 원자가설을 강하게 부인했던 사람이었다. 20세기 초에 원자가설이 광범위하게 수용된 후에도 원자의 구체적인 형태는 여러 차례에 걸쳐 수정-보완되었으며, 결국에는 원자조차도 세부구조를 갖고 있는 것으로 판명되었다(양성자와 중성자, 그리고 쿼크도 이 무렵에 발견되었다). 끈이론은 이 분야에서 가장 최근에 등장한 첨단 이론이지만 아직 실험적인 검증을 거치지 않았으므로(만일 검증된다고 해도 끈보다 작은 세부구조가 또 존재할 수도 있다) 자연의 최소단위를 찾는 연구는 아직도 진행 중이라고 보아야 한다.

시간과 공간이 과학적 연구대상으로 취급되기 시작한 것은 뉴턴이 활약했던 1600년대의 일이었다. 그 후 미세 단위의 시간과 공간을 추적하던 물리학자들은 20세기에 이르러 일반상대성이론과 양자역학을 탄생시켰다. 그러므로 인류의 역사라는 관점에서 보면 시공간의 근원을 추적하는 연구는 이제 막 시작된 것이나 다름없다. 따라서 지금 당장 시공간의 궁극적인 구성요소를 모른다고 해서 낙담할 필요는 없다. 지금 우리가 알고 있는 시간과 공간의 특성들도 100년 전에는 상상조차 하지 못했던 새로운 사실이다. 물질이건 시공간이건 간에, 우주의 근본적인 구성요소를 찾는 작업은 당분간 과학자들의 주된 업무가 될 것이다.

오늘날, 시공간의 구성요소를 찾는 연구는 크게 두 가지 방향으로 진행되고 있는데, 그중 하나는 끈이론에 기초를 둔 접근법이고 다른 하나는 '루프-양자중력이론loop quantum gravity'에 기초를 두고 있다.

끈이론식 접근법은 생각하기에 따라 직관과 부합될 수도 있고 황당한 이론이 될 수도 있다. 지금 우리는 시공간의 '구조fabric'를 문제 삼고 있으므로, 실로 직물을 짜듯이 시공간이 끈으로 짜여 있다고 생각할 수도 있을 것이다. 수많은 실 가닥들이 적절히 결합되어 옷을 만들어 내는 것처럼, 우리가 알고 있는 시공간은 수많은 끈들이 적절한 패턴으로 결합되어 나타난 결과일 수도 있다. 당신과 나의 몸을 포함한 모든 물질들은 진동하는 끈의 집합체이며, 이 끈들은 소음 속에서 울려 퍼지는 음악처럼 시공간이 흐트러지지 않도록 그 배열을 유지하면서 절묘하게 움직이고 있다.

이 정도면 아주 매력적이고 설득력 있는 제안이지만, 정확한 수학적 서술은 아직 완성되지 않았다. 내가 말할 수 있는 것은 이론을 구현하는 과정에서 나타나는 수학적 걸림돌이 그다지 심각한 수준은 아니라는 점이다. 예를 들어 누군가가 옷 한 벌을 완전히 풀어 헤쳐서 얻은 한 무더기의 실을 당신에게 내밀면서 원래대로 복구해 달라는 부탁을 한다면 당신은 매우 난처할 것이다. 실로 옷을 짜는 원리 자체에는 신비한 구석이 전혀 없지만 정작 그 일을 하라고 시키면 별로 내키지 않는 것이 사실이다. 그러나 시공간을 구성하고 있는 끈들을 완전히 풀어 헤쳐서 쌓아 놓고 이것으로 시공간을 다시 만들어 보라고 한다면, 내키지 않는 정도가 아니라 거의 아무런 생각도 떠오르지 않을 것이다(적어도 나의 경우는 그렇다). 대략적으로는 실로 옷을 짜는 원리와 비슷하겠지만, 이렇게 두루뭉술한 생각으로는 결코 시공간을 재현시킬 수 없다. 우리는 끈을 "공간 안에서 시간의 흐름을 따라 진동하는 객체"로 인식하고 있지만, 시공간이 끈으로 이루어진 직물이라면 끈으로 분해된 그곳에는 시간과 공간이 더 이상 존재하지 않는다. 풀어 헤쳐진 수많은 끈들이 다시 원래대로 복구되기 전에는 시간이나 공간이라는 개념이 아예 존재하지 않는 것이다.

그러므로 끈이론에 입각한 접근법이 의미를 가지려면 "이미 존재하는 시공간 안에서 진동하는 끈"이 아니라, 시공간이 아예 존재하지 않는 단계에서도 끈을 서술할 수 있는 이론체계를 만들어야 한다. 즉, 시간과 공간의 개념이 개입되지 않은 새로운 끈이론이 필요하다는 뜻이다. 그러면 시간과 공간의 특성은 끈의 집합적인 성질로부터 자연스럽게 유추될 수 있을 것이다.

이 분야는 그동안 약간의 진전이 있긴 했지만 시간과 공간이 개입되지 않은 끈이론 체계는 아직 완성되지 않았다(일부 물리학자들은 이 이론을 가리켜 '배경과 독립적인background-independent' 이론이라고 부르기도 한다. 이것은 시공간이 물리적 사건의 배경이라는 막연한 개념으로부터 탄생한 용어이다). 지금까지 시도되고 있는 모든 접근법들은 이미 이론의 저변에 존재하고 있는 시공간에서 끈의 진동과 움직임을 분석하고 있다. 즉, 시공간은 이론 자체로부터 유도되는 양이 아니라 '이미 존재하는 그 무엇'으로 간주되고 있다는 것이다. 다수의 물리학자들은 배경과 독립적인 이론을 구축하는 것이야말로 끈이론이 직면하고 있는 가장 중요한 과제라고 생각하고 있다. 이 문제가 해결되면 시공간의 근원에 관하여 새로운 영감을 얻을 수 있을 뿐만 아니라 여분 차원의 구체적인 형태를 찾는 데에도 중요한 단서를 얻을 수 있을 것이다. 일단 끈을 서술하는 수학체계가 시공간으로부터 성공적으로 분리되면, 끈이론은 모든 가능성을 탐사하면서 그 진위 여부까지 판가름하는 능력을 갖게 될 것이다.

시공간의 기본구조를 끈으로 간주하는 접근법의 또 다른 문제점은 13장에서 말한 바와 같이 끈이론 자체가 끈 이외의 다른 구성요소를 허용하고 있다는 점이다. 다른 구성요소들은 시공간을 이루는 데 어떤 역할을 하고 있는가? 이 질문은 특히 브레인세계 가설에서 분명하게 부각된다. 우리가 살고 있는 세계가 3-브레인이라면, 이 브레인은 더 이상 분해할 수 없는 것일까? 아니면 3-브레인은 이론에 등장하는 다른 구성요소들로 이루어져 있을까? 브레인은 끈으로 만들어졌는가? 또는 브레인과 끈 모두 근본적인 최소단위인가? 아니면 브레인과 끈은 더욱 작은 구성요소의 집합체인가? 이 질문들에 대한 해답은 아직 나와 있지 않지만 이장의 목적은 다양한 단서들을 제공하는 것이므로 현재 학계의 관심을 끌고 있는 몇 가지 주장을 소개하기로 한다.

앞에서 우리는 끈이론/M-이론에 등장하는 다양한 브레인(1-브레인, 2-브레인, 3-브레인, *p*-브레인 등)을 접한 적이 있다. 앞에서 특별히 강조하지는 않았지만, 이 이론에는 점입자처럼 공간을 점유하지 않는 0-브레인도 포함되어 있다. 그런데 끈이론 자체가 점입자이론의 한계(양자적 중력에 의한 요동을 설명하지 못하는 한계)를 극복하기 위한 대안이었으므로, 언뜻 생각하면 0-브레인은 이론의 취지에서 벗어난 것처럼 보인다. 그러나 0-브레인은 그림 13.2에 나와 있는 다른 브레인들과 마찬가지로 끈을 통해 서로 연결되어 있기 때문에 그들 사이의 상호작용도 끈에 의해 좌우된다. 따라서 0-브레인은 점입자와 전혀 다른 방식으로 행동하고 있다. 그러나 무엇보다 중요한 것은 0-브레인이 초미세 시공간의 팽창-수축에 적극적으로 관여하고 있다는 점이다. 0-브레인은 양자역학과 일반상대성이론을 결합할 때 점입자이론의 경우와 같은 심각한 모순을 일으키지 않는다.

러트거스대학Rutgers Univ.의 톰 뱅크스Tom Banks와 텍사스 오스틴대학의 윌리 피슐러Willy Fischler, 그리고 지금 스탠퍼드대학에 있는 레너드 서스킨드와 스티븐 셴커Stephen Shenker는 0-브레인을 기본단위로 하는 새로운 끈이론/M-이론을 제안하였다. 이들의 이론에 의하면 끈을 비롯한 다른 고차원 브레인들은 0-브레인의 집합으로 이루어져 있다. 흔히 '매트릭스이론Matrix theory(M-이론의 'M'이 Matrix의 약자라고 주장하는 사람도 있다)'이라 불리는 이 이론은 물리학자들 사이에 커다란 반향을 불러일으켰지만 관련된 수학이 너무 어려워서 아직 완성되지는 않았다. 그러나 지금까지 계산된 결과를 보면 매트릭스이론은 시공간이 끈으로 이루어져 있다는 아이디어를 강하게 지지하는 듯하다. 만일 매트릭스이론이 맞는다면 끈과 브레인, 그리고 시공간까지도 0-브레인의 적절한 조합으로 이루어져 있다는 뜻이 된다. 물리학자들은 매트릭스이론을 조심스럽게 지지하면서 수년 내에 진위 여부가 밝혀질 것으로 기대하고 있다.

지금까지 우리는 시공간의 근본적인 구조를 연구하는 이론물리학자들의 발자취를 따라왔다. 그러나 앞서 말한 대로 이 분야에서는 끈이론식 접근법 이외에 루프-양자중력이론이 활발하게 연구되고 있다. 루프-양자중력은 일반상대성이론과 양자역학을 결합하는 또 하나의 대안으로 1980년대 중반에 탄생한 이론이다. 지금은 이에 관한 자세한 설명을 생략한 채 우리의 관심사와 관련된 부분만 골라서 소개하기로 한다(구체적인 내용을 알고 싶은 독자들은 리 스몰린Lee Smolin의 저서 『Three Roads to Quantum Gravity』를 참고하기 바란다).

끈이론과 루프-양자중력이론은 각기 다른 방법으로 양자적 중력이론을 구축하는 데 성공했다. 사실, 끈이론은 전통적인 입자물리학의 성공사례를 등에 업고 발전한 측면이 크다. 그래서 초기의 끈이론학자들은 중력을 부수적인 문제로 취급했었다. 그러나 루프-양자중력은 일반상대성이론에 뿌리를 둔 이론이었으므로 처음부터 중력을 중요하게 다루어 왔다. 이들을 한 문장으로 비교한다면 끈이론은 작은 영역(양자역학)에서 출발하여 큰 영역(중력)으로 진화해 온 반면에 루프-양자중력은 큰 영역(중력)에서 출발하여 작은 영역(양자역학)으로 진화해 왔다고 할 수 있다.[9] 12장에서 말한 대로, 끈이론은 원래 원자핵 안에서 발생하는 강력을 설명하려는 목적으로 탄생했다가 나중에 '운 좋게' 중력과 조우한 후로 막강한 잠재력을 보유하게 되었다. 이와는 정반대로 루프-양자중력이론은 아인슈타인의 일반상대성이론에서 출발하여 양자역학을 포용하는 이론으로 발전해 왔다.

두 이론은 이렇게 상반된 곳에서 출발했으므로 가는 길이 다를 수밖에 없었다. 전부 다 그런 것은 아니지만, 한 이론이 성공을 거둔 분야에서 다른 이론은 대체로 성공을 거두지 못했다. 예를 들어, 끈이론은 모든 입자들을 진동하는 끈으로 간주함으로써, 자연에 존재하는 모든 힘과 물질들을 하나의 이론체계 속에 통합할 수 있는 기틀을 마련하였다. 이렇게 보면 중력의 매개입자인 중력자도 끈의 진동패턴 중 하나에 해당되므로 양자적 스케일에서 상호작용을 주고받는 중력의 얼개도 자연스럽게 설명될 수 있다. 그러나 끈이론은 진동하는 끈의 배경으로 시간과 공간의 존재를 이미 가정하고 있다는 점에서 성공적인 이론으로 간주하기는 좀 어렵다. 그런데 이와는 대조적으로 루프-양자중력은 시공간을 배경으로 가정하고 있지 않다. 다시 말해서, 루프-양자중력은 '배경과 무관한(독립적인)' 이론인 것이다. 그러나 루프-양자중력이론(또는 일반상대성이론)을 거시적인 규모에 적용하면서 일상적인 시간과 공간의 개념을 배제시키는 것은 결코 쉬운 일이 아니어서, 지금도 물리학자들을 괴롭히고 있다. 뿐만 아니라 루프-양자중력은 중력자를 역학적으로 이해하는 데에도 상당한 어려움을 겪고 있다.

끈이론학자들과 루프-양자중력이론의 신봉자들은 동일한 이론을 찾고 있지만 접근방법이 전혀 다르다. 그러나 이런 상황에서는 한쪽이 다른 한쪽을 보완할 수도 있기 때문에 성공확률은 그만큼 높다고 할 수 있다. 두 이론은 모두 루프를 다루고 있으므로(끈이론의 루프는 끈 자체이며, 루프-양자중력이론에 등장하는 루프는 수학 없이 설명하기 어렵지만 대충 말하자면 공간 자체가 루프를 형성한다) 이들 사이에는 어떤 연관성이 있을 것 같다. 사실, 몇 가지 문제에 관해서는 두 이론이 동일한 답을 제시하고 있으므로 전혀 불가능한 이야기는 아닐 것이다. 특히 블랙홀의 엔트로피에 관한 한, 두 개의 이론은 완전히 일치하는 것으로 알려져 있다.[10] 그리고 시공간의 구성요소에 관하여 두 이론은 "모든 물질들이 원자로 이루어져 있는 것처럼 시공간도 미세구조를 갖고 있다"는 의견에 동의하고 있다. 끈이론의 경우, 이 가설을 뒷받침하는 단서들은 이미 앞에서 소개한 바 있다. 그러나 루프-양자중력이 제시하는 단서들은 이보다 더욱 구체적이며 설득력도 강하다. 루프이론을 연구하는 학자들은, 루프-양자중력에 등장하는 수많은 루프들이 마치 스웨터를 이루는 실들처럼 복잡하게 엮여 있으며 이들을 거시적인 스케일에서 보면 시공간과 비슷한 구조로 나타난다는 사실을 발견하였다. 무엇보다도 관심을 끄는 것은 이러한 공간의 표면적이 직접 계산되었다는 점이다. 한 개, 두 개, 또는 202개의 전자를 가질 수는 있지만 1.6개의 전자를 가질 수는 없는 것처럼, 이 계산결과에 의하면 공간의 표면적은 플랑크길이의 제곱(플랑크사각형)의 한 배, 두 배, 또는 202배가 될 수는 있지만 1.6배나 32.4배 등 소수로 떨어지는 배율을 가질 수 없다. 이것은 시공간이 어떤 최소단위로 이루어져 있음을 보여 주는 강력한 증거이다.[11]

누군가가 나에게 이론물리학의 앞날을 점쳐 보라고 한다면, 나는 루프-양자중력이론이 개발한 배경 독립적(시공간과 무관한) 논리가 끈이론에 수용되어 시공간으로부터 자유로운 끈이론이 탄생할 것이라고 예견하고 싶다. 그리고 이것을 발단으로 끈이론의 3차 혁명기가 도래하면서 모든 미해결 문제들이 풀릴 것으로 기대한다. 이렇게 되면 시공간의 개념은 다시 원위치로 되돌아오는 셈이다. 이 책의 초반부에서 나는 시간과 공간, 그리고 시공간의 개념이 절대론자와 상대론자들 사이를 단진자처럼 오락가락해 왔다고 말한 적이 있다. 과연 공간은 '실재하는 그 무엇'인가? 아니면 추상적인 개념에 불과한가? 시공간은 실재하는가? 아니면 이것도 추상적인 개념인가? 지난 수세기에 걸쳐 학자들의 의견은 변화에 변화를 거듭해 왔다. 나는 일반상대성이론과 양자역학이 시공간에 무관한 방식으로 결합되었을 때 이 의문도 함께 풀릴 것으로 믿는다. 이론의 구성요소들이 시공간과 무관해지면 끈이론과 루프-양자중력이론은 어떻게든 연결되겠지만, 원래 시공간은 이론으로부터 자연스럽게 유도되는 양이 아니라 외부에서 인위적으로 끼워 넣은 개념이기 때문에 시공간을 완전히 배제시키면 라이프니츠와 마흐의 주장처럼 상대적인 개념이 중요한 요소로 부상하게 될 것이다. 이론의 구성요소(끈이나 브레인, 루프, 또는 앞으로 발견될 그 무엇이건 간에)들이 한데 결합하여 우리에게 친숙한 거시적 시공간을 만들어 낸다면, 우리는 앞에서 말했던 일반상대성이론의 관점으로 되돌아가게 된다. 즉, 아무것도 없이 텅 빈 무한공간에서 회전하는 물통의 수면은 오목해질 것이다. 이렇게 되면 손으로 만질 수 있는 물질과 시공간 사이의 차이점은 사라지고, 이들 모두는 더욱 근본적인(그리고 시간과 공간에 무관한) 구성요소의 집합체로 판명될 것이다. 만일 이것이 사실이라면 라이프니츠와 뉴턴, 그리고 마흐와 아인슈타인은 모두 승리자가 되는 셈이다.

내부와 외부의 공간

과학의 미래를 예측하는 것은 매우 흥미롭고 바람직한 시도이다. 우리는 이러한 시도를 통해 현재의 과학을 더욱 넓은 시야에서 바라볼 수 있고 과학이 추구하는 궁극의 목표를 다시 한 번 되새길 수 있다. 그러나 시공간의 미래를 생각하면 별로 떠오르는 것이 없다. 아무리 뛰어난 상상력을 발휘한다 해도, 현실이라는 감각의 영역을 벗어날 수는 없기 때문이다. 미래의 과학이 그 어떤 것을 새롭게 발견한다 해도, 인간의 경험은 시간과 공간이라는 배경을 기초로 형성될 것이다. 인간의 일상사가 계속 진행되는 한, 시간과 공간은 항상 그곳에 존재할 것이다. 단, 시간과 공간에 대한 우리의 이해수준은 얼마든지 변할 수 있다. 시공간의 정체는 지난 수세기 동안 꾸준히 연구되어 왔지만 아직도 우리는 '가장 친숙한 이방인' 정도로 이해하고 있다. 시간과 공간은 자신의 실체를 규명하려는 인간의 노력에 전혀 개의치 않고 내부의 은밀한 구조를 절묘하게 숨긴 채 지금도 태연하게 자신의 길을 가고 있다.

지난 한 세기동안 우리는 아인슈타인의 특수 및 일반상대성이론과 양자역학을 통해 시간과 공간에 감춰져 있는 많은 비밀들을 밝혀낼 수 있었다. 시간의 팽창효과와 상대론적 동시성, 시간 단면의 방향, 중력에 의해 왜곡되는 시간과 공간, 물리적 실체의 확률적 성질, 그리고 멀리 떨어져 있는 물체들 간의 양자적 얽힘 등은 19세기만 해도 상상조차 하지 못했던 새로운 발견이었다.

현대의 과학자들은 전혀 예상하지 못했던 새로운 아이디어로 무장하고 있다. 우주의 대부분을 이루는 것으로 추정되는 암흑물질과 암흑에너지, 그리고 아인슈타인의 일반상대성이론으로부터 예견되는 중력파는 우리로 하여금 우주의 구조를 근본적인 단계에서 다시 생각하도록 만들었고 힉스장의 개념은 질량의 근원을 밝혀 줄 후보로 기대를 모으고 있다. 뿐만 아니라 우주의 생김새를 결정하는 인플레이션이론은 우주 전역이 균일한 밀도를 갖게 된 이유와 시간이 한쪽 방향으로만 흐르는 이유를 나름대로 설명하고 있으며, 끈이론은 점으로 생각했던 입자들에 크기를 부여함으로써 모든 입자와 힘을 하나의 이론체계로 통일시키는 기틀을 마련하였다. 끈이론의 수학에서 나타난 여분의 차원들도 앞으로 10년 이내에 대형 입자가속기를 통해 관측 가능할 것으로 기대되고 있다. 또한, 우리의 우주가 더 높은 차원 속에서 떠다니고 있는 수많은 3-브레인들 중 하나라는 브레인세계 가설과 시간과 공간이 미세구조(시간이나 공간적 성질을 전혀 갖고 있지 않은 요소)를 갖고 있다는 가설도 제시되어 있다.

향후 10년 이내에 완공될 초대형 입자가속기는 그동안 상상 속에서만 가능했던 실험을 줄줄이 실행하여 수많은 의문들을 우리의 눈앞에서 해결해 줄 것이다. 나 역시 물리학자로서 그날이 하루속히 오기를 손꼽아 기다리고 있다. 지금까지 제기된 이론들은 실험으로 확인될 날을 기다리며 후보대기실을 가득 메우고 있다. 이런 점에서 볼 때 지금 활동 중인 물리학자들은 참으로 운이 좋은 사람들이다. 자신이 살아 있는 동안 온갖 가설의 진위 여부가 판명되는 현장을 목격할 수 있기 때문이다.

성공할 확률은 그리 높지 않지만 다른 방향의 연구도 진행되고 있다. 11장에서 우리는 미세한 양자적 요동이 우주의 팽창과 함께 확대되어 별과 은하의 기원이 되었다는 주장을 다룬 적이 있다(예를 들어, 풍선의 표면에 휘갈긴 낙서는 풍선의 팽창과 함께 커진다). 이것은 양자역학의 원리가 우주적 스케일에 적용되는 대표적인 사례이다. 앞으로 우주가 더 팽창하면 양자적 요동의 규모도 더욱 커질 것이다. 끈이나 양자중력, 또는 시공간의 초미세 구조도 우주의 팽창과 함께 거시적 규모의 흔적을 남길지도 모른다. 만일 이런 흔적이 존재한다면 적절한 관측을 통해 이론의 결정적인 증거를 눈으로 확인할 수도 있다.

첨단 이론의 진위 여부를 판별하려면 초대형 가속기를 이용하여 빅뱅과 비슷한 환경을 인위적으로 만들어야 한다. 그러나 내가 보기에 가장 시적이면서도 우아하고 완벽하게 자연의 법칙을 통일하는 방법은 가속기에 의존하지 않고 가장 강력한 천체망원경을 하늘 쪽으로 향하여 별들을 조용하게 바라보는 것이라고 생각한다.

후주

후주는 본문에서 인용한 부분에 대한 출처와, 본문에서는 지나치고 넘어갔던 수학적 내용을 담고 있다. 출처의 경우, 부연설명이 필요한 경우가 아니면 원서 그대로를 달았고, 설명 중에 등장하는 이름 중 일부는 가독성을 높이기 위해 한글로 표기하였다.

제 1 장

1 1894년에 시카고대학의 라이어슨 연구소(Ryerson Laboratory)에서 개최된 강연회의 석상에서 마이컬슨은 켈빈의 말을 인용하였다(*Physics Today*, 1988년 11월호 D. Kleppner의 기사 참조).

2 Lord Kelvin, "Nineteenth Century Clouds over the Dynamical Theory of Heat and Light", *Phil. Mag.* Ii — 6th series 1 (1901).

3 A. Einstein, N. Rosen, and B. Podolsky, *Phys. Rev.* 47, 777 (1935).

4 Sir Arthur Eddington, *The Nature of the Physical World* (Cambridge, Eng.: Cambridge University Press, 1928).

5 6장의 후주 2번에서 자세히 설명하겠지만, 이것은 다소 과장된 이야기다. 약한 상호작용(약력, weak force)을 주고받는 K-중간자나 B-중간자와 같은 소립자들은 과거와 미래를 동일하게 취급하지 않는 것으로 알려져 있다. 그러나 나를 포함한 다수의 물리학자들은 이 입자들이 시간의 수수께끼를 풀어 주지는 못한다고 생각하고 있다. K-중간자와 B-중간자는 일상적인 물체의 특성을 결정하는 데 아무런 기여도 하지 못하기 때문이다. 그러므로 약간 과장된 표현이긴 하지만 "물리법칙은 과거와 미래를 차별하지 않는다"는 말을 이 책의 전반에 걸쳐 사용하기로 한다.

6 Timothy Ferris, *Coming of Age in the Milky Way* (New York: Anchor, 1989).

제2장

1 Isaac Newton, *Sir Isaac Newton's Mathematical Principle of Natural Philosophy and His System of the World*, trans. A. Motte and Florian Cajori (Berkeley: University of California Press, 1934), vol. 1, p. 10.

2 같은 책, p. 6

3 같은 책

4 같은 책, p. 12

5 아인슈타인. Max Jammer, *Concepts of Space: The History of Theories of Space in Physics* (New York: Dover, 1993)의 서문에서 발췌.

6 A. Rupert Hall, *Isaac Newton, Adventure in Thought* (Cambridge, Eng.: Cambridge University Press, 1992), p.27.

7 같은 책

8 H. G. Alexander, ed., *The Leibniz-Clark Correspondence* (Manchester: Manchester University Press, 1956).

9 본문에서는 절대공간의 개념을 부정했던 사람으로 라이프니츠만 언급되어 있으나, 이와 같은 주장을 펼쳤던 과학자는 라이프니츠 이외에도 많이 있다. 호이겐스(Christiaan Huygens)와 버클리(Bishop Berkeley)도 절대공간에 대하여 부정적인 생각을 갖고 있었다.

10 Max Jammer, p. 116 참조.

11 V. I. Lenin, *Materialism and Empiriocriticism: Critical Comments on a Reactionary Philosophy* (New York: International Publications, 1909). Second English ed. of *Materializm' i Empiriokritisizm': Kriticheskia Zametki ob' Odnoi Reaktsionnoi Filosofii* (Moscow: Zveno Press, 1909).

제3장

1 **[수학에 관심 있는 독자들을 위한 부가설명]**
전자기학에 등장하는 4개의 방정식은 다음과 같다.

$$\nabla \cdot \boldsymbol{E} = \rho/\varepsilon_0, \quad \nabla \cdot \boldsymbol{B} = 0, \quad \nabla \times \boldsymbol{E} + \partial \boldsymbol{B}/\partial t = 0, \quad \nabla \times \boldsymbol{B} - \varepsilon_0 \mu_0 \partial \boldsymbol{E}/\partial t = \mu_0 \boldsymbol{J}$$

여기서 $\boldsymbol{E}$는 전기장, $\boldsymbol{B}$는 자기장, ρ는 전하밀도, $\boldsymbol{J}$는 전류밀도, ε_0는 유전율(permittivity), 그리고 μ_0는 투과율(permeability)을 나타낸다. 보다시피 맥스웰의 방정식은 전자기장의 변화와 전하-진류의 존재를 서로 연결시켜 주고 있다. 전자기파의 전달속도는 이 방정식으로부터 쉽게 유도할 수 있는데, 그 결과는 $1/\sqrt{\varepsilon_0 \mu_0}$로서 빛의 속도와 정확하게 일치한다.

2 에테르를 관측하는 일련의 실험들은 아인슈타인의 특수상대성이론에 어떤 영향을 미쳤는가? 여기에는 논란의 여지가 남아 있다. 아인슈타인의 전기 『신비의 신: 아인슈타인의 과학과 삶(Subtle is the Lord: The Science and the Life of Albert Einstein)』(옥스퍼드대학 출판부, 1982, pp. 115-119)에서 에이브러햄 파이스(Abraham Pais)는 아인슈타인이 말년에 했던 말을 인용하면서 그가 마이컬슨-몰리의 실험결과를 알고 있었다고 증언했다. 알브레흐트 폴싱(Albrecht Fölsing)의 저서인 『아인슈타인 전기(Albert Einstein: A Biography)』(New York: Viking, 1997, pp. 217-220)에도 아인슈타인은 에테르 측정을 목적으로 실행된 피조(Armand Fizeau)의 실험과 마이컬슨-몰리의 실험이 실패로 끝났다는 것을 알고 있었다고 적혀 있다. 그러나 폴싱을 비롯한 많은 역사가들은 이러한 실험들이 아인슈타인의 이론에 부차적인 역할밖에 하지 않은 것으로 믿고 있다. 특수상대성이론은 아인슈타인이 생전에 추구했던 수학적 대칭과 단순함, 그리고 그의 뛰어난 물리적 직관이 낳은 위대한 작품이라는 것이다.

3 우리가 어떤 대상을 본다는 것은 그 대상으로부터 빛이 날아와서 우리의 눈에 도달했다는 뜻이다. 그 대상이 빛 자체인 경우도 예외는 아니어서, 빛이 우리의 눈에 들어와야 그 존재를 감지할 수 있다. 그러므로 본문 중에서 바트가 자신으로부터 달아나는 빛의 속도를 측정했다는 것은 그 빛을 눈으로 직접 봤다는 뜻이 아니라 다른 간접적인 방법을 동원했다는 뜻이다(즉, 빛의 속도를 측정할 때 빛이 바트의 눈에 도달할 때까지 소요되는 시간을 고려하지 않는다는 뜻이다). 예를 들어, 바트의 조수들이 빛의 경로를 따라 일정한 간격으로 늘어서서 바트와 같은 속도로 일제히 달리고 있다면, 조수들은 빛이 자기를 추월하는 시간을 바트에게 알려 줌으로써 현재 바트와 빛 사이의 간격을 수시로 업데이트할 수 있고 이로부터 바트는 자신에 대한 빛의 속도를 계산할 수 있다.

4 특수상대성이론에는 아인슈타인의 영감 어린 생각들이 수학적 과정을 통해 유도되어 있다. 관심 있는 독자들은 『엘러건트 유니버스』의 제2장을 참고하기 바

란다(수학적 내용은 책의 후주에 소개되어 있다). 좀 더 수학적이면서 내용이 명쾌한 책으로는 에드윈 테일러(Edwin Taylor)와 존 휠러(John Archibald Wheeler)의 『시공간의 물리학: 특수상대성이론 입문(Spacetime Physics, Introduction to Special Relativity)』(New York, W. H. Freeman & Co. 1992)이 있다.

5 광속으로 달리면 시간이 흐르지 않는다는 것은 흥미로운 이야깃거리이긴 하지만, 이것을 '젊음을 유지하는 비결'로 생각하면 곤란하다. 특수상대성이론에 의하면 어떤 물체도 빛의 속도로(또는 빛보다 빠른 속도로) 움직일 수 없다. 물체의 속도가 빨라질수록, 속도를 더 빠르게 만드는 것이 그만큼 어려워진다(특수상대성이론에 의해, 속도가 빨라질수록 물체의 질량이 증가하기 때문이다). 우여곡절 끝에 광속보다 조금 느린 속도까지 가속시키는 데 성공했다고 해도, 여기서 광속에 이르게 하려면 무한대의 힘으로 물체를 밀어붙여야 한다. 그런데 이 우주에 산재되어 있는 모든 힘을 다 긁어모아도 무한대가 될 수는 없으므로, 이것은 이룰 수 없는 꿈에 불과하다. 단, 광자는 정지질량이 0이어서 광속으로 달리는 것이 가능하다. 따라서 "빛의 속도로 달린다면…"이나 "빛보다 빠른 속도로 달린다면…"으로 시작되는 가설에 마음을 빼앗길 필요는 없다.

6 Abraham Pais, *Subtle is the Lord*, pp. 113-114.

7 마흐의 관점을 따른다면 텅 빈 공간에는 회전이라는 개념이 아예 없으므로 물통의 수면은 항상 평평해야 한다(회전하는 두 개의 돌멩이를 연결한 줄은 항상 느슨해야 한다). 그런데 특수상대성이론은 텅 빈 공간에서도 회전운동의 개념을 허용하고 있으므로 회전하는 물통의 수면은 오목해져야 한다(회전하는 두 개의 돌멩이를 연결한 줄은 팽팽해져야 한다). 이 점에서 보면 특수상대성이론과 마흐의 원리는 서로 상충된다고 할 수 있다.

8 Albrecht Fölsing, *Albert Einstein* (New York: Viking Press, 1997), pp. 208-210.

9 **[수학에 관심 있는 독자들을 위한 부가설명]**
단위시간에 빛이 이동하는 거리를 한 단위로 잡으면(시간의 기본단위를 1초로 잡고, 빛이 1초 동안 진행하는 거리를 공간상의 기본단위로 잡는다는 뜻이다. 빛은 1초에 300,000km를 진행하는데, 공간상에서 이 길이를 기본단위로 취급하면 빛은 매초당 '1'의 거리를 가는 셈이다. 또는 1년을 시간의 기본단위로 잡고 빛이 1년 동안 가는 거리를 공간의 기본단위로 잡을 수도 있다), 빛의 진행은 시공간에서 45°의 각도를 이루는 직선으로 표현된다(2차원 직교좌표의 가로축을 시간에 대응시키고 세로축을 공간에 대응시키면 45° 대각선은 단위시간에 단위거리를 이동하는 운동궤적을 나타낸다. 단, 시간의 한 단위와 공간의 한 단위를 같은 길이로 작도해야 한다). 또한, 어떤 물체도 빛보다 빠르게 움직일 수는 없으므로 모든 물체의 운동은 단위시간 동안 단위거리만큼 이동하지 못하며, 이 운동을 시공간에 직선으로 나타내면 항상 45°보다 작은 각도를 유지하게 된다. 특수상대성이론에 의하면 v의 속도로 움직이는 관측자는(공간을 1차원이라고 가정했을 때) $t_{운동}=\gamma(t_{정지}-(v/c^2)x_{정지})$라는 관계식을 얻는다. 여기서 $\gamma=(1-v^2/c^2)^{-1/2}$이고 c는 빛의 속도이다. $c=1$인 단위를 사용하면 $v<1$이며, 움직이는 관측자의 시간단면($t_{정지}$가 하나의 값으로 고정된 시공간)은 '$(t_{정지}-vx_{정지})=$일정'과 같은 형태로 나타난다. 이 시간단면은 정지해 있는 관점에서 본 시간단면($t_{정지}=$일정)과 어떤 각도를 이루며, 이 각도는 항상 45°보다 작다($v<1$이므로).

10 **[수학에 관심 있는 독자들을 위한 부가설명]**
수학자들은 시공간 속에 그려진 직선을 '민코프스키(Minkowski) 공간에 그려진 측지선(geodesic)'이라고 표현한다. 다시 말해서, '시공간상의 두 점을 잇는 가장 짧은 선'이라는 뜻이다. 이 선의 기하학적 특성은 기준 좌표계를 바꿔도 달라지지 않는다. 민코프스키의 표준계량(standard metric)을 사용했을 때 측지선은 시간 축과 이루는 각도가 45°보다 작은 직선으로 표현된다.

11 자신의 운동상태와 무관하게 모든 관측자들이 동의하는 내용은 이것 말고도 또 있다. 책에서 이미 함축적으로 언급되긴 했지만 한번쯤은 제대로 짚고 넘어갈 필요가 있다. 어떤 사건이 원인이 되어 다른 사건이 일어났을 때(돌멩이를 던져서 유리창이 깨지는 경우 등), 원인이 결과보다 먼저 발생한다는 데에는 이견의 여지가 없다. 각자 다른 운동상태에 있는 관측자들도 이 점에는 모두 동의할 것이다(유리창이 깨지는 사건은 누군가가 돌을 던지는 사건보다 나중에 일어난다). 수학에 관심 있는 독자들은 약간의 참고서적을 통해 이 사실을 수학적으로 증명할 수 있다. 사건 A가 사건 B의 원인이라고 했을 때, 시공간에서 A와 B를 연결하는 선은 그 사이에 놓여 있는 여러 개의 시간단면(사건 A에 대하여 정지해 있는 관측자가 보는 시간단면)과 45°보다 큰 각도로 만나게 된다(한 시간단면도의 공간축과 AB를 잇는 선 사이의 각도는 항상 45°보다 크다). 예를 들어, 사건 A와 B가 공간상의 동일한 지점에서 발생했다면(고무줄로 손가락을 친친 감으면

(A) 피가 흐르지 않아 손가락이 하얗게 된다(B)), 시공간에서 A와 B를 연결하는 선은 그 중간과정에 놓여 있는 시간단면들과 90°의 각도로 교차한다. 그러나 A와 B가 다른 장소에서 발생했다면, A로부터 B로 어떤 경로를 거쳐 가건 간에(새총에서 출발한 돌멩이가 유리창을 향해 날아가는 과정을 상상하면 된다) 사건이 진행되는 속도는 빛의 속도보다 빠를 수 없다. 그러므로 위에서 말한 교차각은 45°와 90° 사이의 값을 갖게 된다. 즉, A와 B를 잇는 선과 시간단면 사이의 각은 45°보다 크다. 그런데, 후주 3.9에서 말한 바와 같이 움직이는 관찰자의 시간단면과 정지해 있는 관찰자의 시간단면이 이루는 각도는 기껏해야 45°를 넘을 수 없고 두 개의 사건을 잇는 선은 시간단면과 45°보다 큰 각도로 만나기 때문에, 빛보다 느릴 수밖에 없는 관측자의 시간단면이 원인(A)보다 결과(B)와 먼저 만나는 경우는 결코 발생하지 않는다. 즉, 모든 관측자들은 사건의 결과보다 원인을 먼저 보게 되는 것이다.

12 어떤 물체나 신호, 또는 모종의 영향이 빛보다 빨리 전달되면 "원인은 결과보다 시간적으로 먼저 발생한다"는 인과율(causality)은 심각한 위협을 받게 된다(후주 3.11 참조).

13 Isaac Newton, *Sir Isaac Newton's Mathematical Principles of Natural Philosophy and His System of the World*, trans. A. Motte and Florian Cajori (Berkeley: University of California Press, 1962), vol. 1, p. 634.

14 지구의 중력은 위치에 따라 달라지기 때문에, 지구로 떨어지고 있는 관측자는 미세한 중력의 변화를 느낄 수 있다. 예를 들어, 똑바로 선 자세로 추락하고 있는 관측자가 양손에 야구공을 하나씩 들고 있다가 양팔을 뻗은 상태에서 가만히 놓았다면 각각의 공은 수직방향으로 떨어지지 않고 지구의 중심을 향해 떨어지게 된다(지구는 둥글다!). 그러므로 지구의 중심을 향해 추락하고 있는 관측자의 관점에서 볼 때 오른손으로 쥐고 있던 공은 아래로 떨어지면서 약간 왼쪽으로 편향되고 왼손에 쥐고 있던 공은 아래로 추락하면서 약간 오른쪽으로 편향될 것이다. 정밀한 관측장비를 동원하면 관측자는 두 개의 공이 서서히 가까워지고 있음을 알아낼 수 있다. 야구공은 애초에 공간상의 다른 지점(양팔의 간격만큼 다른 지점)에서 출발했고 지구는 제법 덩치가 크기 때문에 이들이 자유낙하하는 경로는 서로 다를 수밖에 없다. 그러나 일반상대성이론에서 이런 복잡한 효과들은 논리에 지장을 주지 않으면서 피해 갈 수 있다.

15 중력에 의해 시간과 공간이 왜곡되는 현상은 『엘러건트 유니버스』의 제2장에

비교적 자세하게 설명되어 있다.

16 **[수학에 관심 있는 독자들을 위한 부가설명]**
아인슈타인의 장방정식은 $G_{\mu\nu}=(8\pi G/c^4)T_{\mu\nu}$로 표현된다. 여기서 $G_{\mu\nu}$는 시공간의 곡률을 뜻하는 텐서(tensor)이고 우변은 에너지-운동량 텐서(energy-momentum tensor)를 이용하여 우주에 분포되어 있는 물체와 에너지의 분포상태를 표현한 것이다.

17 Charles Misner, Kip Thorne, and John Archibald Wheeler, *Gravitation* (San Francisco: W. H. Freeman and Co., 1973), pp. 544-545.

18 1954년에 아인슈타인은 동료에게 쓴 편지에서 "사실, 마흐의 원리를 언급하는 것은 더 이상 의미가 없다"고 했다(Abraham Pais의 *Subtle is the Lord*, p. 288 참조).

19 앞서 말한 바와 같이 마흐는 자신의 주장을 분명하게 표현하지 않았다. 이 책에서 말하는 마흐의 원리는 후대의 사람들이 그의 글을 재해석하면서 알려진 것이다.

20 그러나 우주가 생성될 때 출발한 중력적 영향이 아직 지구에 도달하지 않을 정도로 멀리 있는 별은 현재의 중력장에 (아직은) 기여하지 못한다.

21 엄밀히 말해서 이것은 다소 과장된 서술이다. 왜냐하면 일반상대성이론에는 자명하지 않은 해(비-민코프스키 공간, non-Minkowski space)가 존재하기 때문이다. 나의 의도는 '일반상대성이론에서 중력에 의한 효과를 제외시키면 특수상대성이론과 같아진다'는 사실을 지적하려는 것뿐이다.

22 일부 물리학자와 철학자들은 여기에 동의하지 않고 있다. 공평함을 유지하기 위해 그들의 주장을 간략히 소개하기로 한다. 아인슈타인은 마흐의 원리를 포기했지만 마흐의 원리는 그 후로 30여 년 동안 나름대로 생명력을 유지했다. 물리학자들은 마흐의 원리를 다양한 각도로 재해석하였고 일각에서는 일반상대성이론과 마흐의 원리가 서로 조화롭게 융화된다는 주장이 제기되기도 했다. 그들은 '무한히 넓은 평평한 시공간'이라는 특수한 경우에만 마흐의 원리가 틀린 것처럼 보일 뿐, 다양한 천체들이 골고루 분포되어 있는 현실적인 우주에서는 마흐의 원리가 성립된다고 주장하고 있다. 또 다른 물리학자들은 텅 빈 공간에서 회전하는 물통의 수면을 문제 삼지 않고, 다양한 시간단면도들의 상호

관계를 문제 삼는 쪽으로 마흐의 원리를 수정하기도 했다. 이에 관한 자세한 내용은 Julian Barbour와 Herbert Pfister가 저술한 『마흐의 원리: 뉴턴의 물통에서 양자역학까지(Mach's Principle: From Newton's Bucket to Quantum Theory)』에 잘 정리되어 있다. 이 책에 의하면 90% 이상의 물리학자들이 일반상대성원리와 마흐원리를 '어울리지 않는 쌍'으로 인식하고 있다고 한다(이 통계는 약 40명의 물리학자를 대상으로 한 것이다). 마흐의 원리를 옹호하는 책들 중에서 일반인들이 쉽게 읽을 수 있는 책으로는 『시간의 끝: 물리학의 차기 혁명(The End of Time: The Next Revolution in Physics)』(Oxford: Oxford University Press, 1999)이 있다.

23 **[수학에 관심 있는 독자들을 위한 부가설명]**
아인슈타인은 시공간이 계량(metric, 시공간에서 두 점 사이의 거리를 결정하는 수학연산자)과 독립적으로 존재할 수 없다고 믿었다. 그러므로 계량을 포함한 모든 것을 제거한다면 시공간의 존재도 사라지는 셈이다. 이 책에서 말하는 시공간이란 일종의 다양체(manifold)로서, 아인슈타인의 방정식을 만족하는 계량도 그 안에 포함되어 있다. 그래서 "시공간은 실재하는 '그 무엇'이다"라고 주장할 수 있는 것이다.

24 Max Jammer, *Concept of Space*, p. xvii.

제 4 장

1 좀 더 정확하게 말하자면 이것은 아리스토텔레스의 사상에 기초한 중세유럽의 우주관이었다.

2 나중에 다시 언급되겠지만, 아인슈타인의 상대성이론으로는 설명할 수 없는 부분도 있다. 현대적 우주론에 의하면 빅뱅이 일어나기 전의 우주는 지극히 작은 영역 안에 모든 내용물들이 밀집되어 있었고 따라서 밀도는 거의 무한대에 가까웠다. 이것은 수학적으로 지극히 비정상적인 상태여서, 상대성이론을 동원한다 해도 그 정체를 규명하기가 쉽지 않다. 그러므로 본문에서 말하는 '모든 과거'란 '우주의 운영법칙이 알려져 있는 모든 과거'를 의미한다.

3 이 책의 초고가 완성되었을 무렵, 부두교의 한 마술사에게 들은 이야기에 의하면 부두교의 견습교도들은 염력을 이용하여 물체를 움직일 수 있다고 한다. 물

론 이것은 사실여부가 확인되지 않은 소문에 불과하므로 내키지 않는 사람은 믿지 않아도 된다.

4 독자들의 혼란을 막기 위해, "우주는 국소적이다"라는 말과 "이곳에서 행해진 어떤 행위가 멀리 떨어진 곳에 영향을 줄 수 있다"는 말의 의미를 다시 한 번 짚고 넘어가기로 하자. 이 말은 "멀리 떨어져 있는 대상에게 어떤 영향을 즉각적으로 행사할 수 있다"는 뜻이 아니라, "한 곳에서 실행된 관측행위는 다른 곳에서 실행된 관측결과에 영향을 준다"는 뜻이다(이 영향은 가장 빠르다는 빛보다도 더 빠른 속도로 전달된다). 다시 말해서, 나는 지금 어떤 신호가 빛보다 빠르게 전달될 수 있다고 주장하는 것이 아니라, 공간이 국소적 특성을 갖고 있지 않다는 것을 말하고 있는 것이다. 언뜻 듣기에 이것은 그다지 놀랄 것 없는 평범한 주장으로 들릴지도 모른다. 만일 당신이 여러 켤레의 장갑을 구입하여 그들 중 한쪽 장갑만 모아서 멀리 떨어져 있는 친구에게 정표로 보냈다면 당신이 갖고 있는 나머지 장갑들과 친구가 받은 장갑들 사이에는 분명한 상호관계가 존재한다. 만일 당신의 친구가 포장을 뜯자마자 제일 먼저 노란색 왼쪽 장갑을 보았다면 당신은 노란색 오른쪽 장갑을 보고 있다는 뜻이고, 그 친구가 오른쪽 장갑을 보았다면 당신은 왼쪽 장갑을 보고 있다는 뜻이다. 보다시피 이러한 상호관계는 아무리 멀리 떨어진 곳이라 해도 즉각적으로 상대방의 관측결과에 영향을 준다. 여기에 논리적으로 이상한 점이라고는 하나도 없다. 그러나 양자역학에 등장하는 상호관계는 장갑의 경우와 전혀 다르다. '양자적 장갑'은 왼쪽도, 오른쪽도 될 수 있으며 어떻게든 관측이나 상호작용이 이루어져야 둘 중 하나로 결정된다. 다시 말해서, 당신이 장갑 하나를 관측하여 왼쪽임을 확인했다 해도, 멀리 있는 친구가 양자적 장갑을 관측하여 얻은 결과는 오른쪽이나 왼쪽, 둘 다 가능하다. 그런데도 그 친구의 관측결과는 항상 왼쪽이라는 것이 양자역학의 주장이다. 정말 이상하지 않은가? 본문을 계속 읽다 보면 좀 더 정확한 내용을 알 수 있을 것이다.

5 원자규모의 미시세계에서는 양자역학의 이론적 예견치와 실험을 통해 얻은 값들이 기가 막힐 정도로 잘 일치한다. 이 점에 관해서는 이견의 여지가 없다. 그러나 이 장에서 언급하고 있는 양자역학의 구체적인 특징들은 우리의 일상적인 경험과 엄청나게 다를 뿐만 아니라 그것을 서술하는 수학체계 자체도 다르기 때문에, 비국소성을 비롯한 양자역학의 이론들을 어떻게 해석해야 할지는 아직 분명치 않다. 이 장에서는 현재 받아들여지고 있는 이론과 실험자료에 근

거하여 설명을 해나갈 것이다. 물론, 여기에 동의하지 않는 물리학자들도 많이 있을 것이다. 다른 관점에 대해서는 관련 내용을 충분히 설명한 후에 따로 소개할 예정이다.

6 수학에 관심 있는 독자들을 위해, 사람들이 흔히 범하기 쉬운 오류를 지적하고 넘어가기로 한다. 여러 개의 입자들로 이루어진 물리계에서 확률파동(전문용어로는 파동함수(wave function)라 한다)은 입자 하나의 확률파동과 같은 의미로 해석되지만, 파동 자체는 일상적인 공간이 아니라 '배위공간(configuration space)'에 존재하는 것으로 이해되어야 한다(입자가 N개이면 전체 자유도는 3N이다). 파동함수가 물리적 실체인지, 아니면 수학적인 도구에 불과한지를 따질 때에는 배위공간의 실체성도 함께 고려되어야 한다. 상대론적 양자역학에서 장(場)은 4차원 객체로 정의되지만, 경우에 따라서는 일반화된 파동함수(장공간(field space)이라는 좀 더 추상적인 공간에서 정의된 파동범함수(wavefunctional))가 사용되기도 한다.

7 여기서 말하는 실험이란 아인슈타인이 발견했던 광전효과(photoelectric effect, 금속에 빛을 쪼였을 때 전자가 튀어나오는 현상)를 의미한다. 실험결과에 의하면 빛을 강하게 쪼일수록 튀어나오는 전자의 개수가 증가하고, 높은 진동수의 빛을 쪼일수록 튀어나오는 전자의 운동에너지가 증가한다. 빛이 입자로 이루어져 있다는 가설을 내세우지 않으면 이 현상을 설명할 방법이 없다. 빛의 입자설은 1923년에 컴프턴(Arthur Compton)이 실행했던 전자와 광자의 탄성충돌 실험을 통해 확실하게 입증되었다.

8 Institut International de Physique Solvay, *Rapport et discussions du 5ème Conseil* (Paris, 1928), pp. 253ff.

9 Irene Born, trans., *The Born-Einstein Letters* (New York: Walker, 1971), p. 223.

10 Henry Stapp, *Nuovo Cimento* 40B(1977), 191-204.

11 데이비드 보옴(David Bohm)은 양자역학에 지대한 공헌을 했던 20세기의 물리학자로서, 1917년에 펜실베이니아에서 출생하여 버클리대학의 오펜하이머(Robert Oppenheimer)에게 물리학을 배웠다. 훗날 보옴은 프린스턴대학에서 교편을 잡았다가 브라질 상파울루대학, 이스라엘의 테크니온(Technion) 등을 거쳐 런던의 브릭벡(Brickbeck)대학에서 정년을 맞이한 후 1992년에 런던에서

사망하였다.

12 원리적으로, 한 입자를 측정한 후 충분히 긴 시간 동안 기다리면 다른 입자에 영향을 줄 수 있다. 한 입자가 다른 입자에게 '측정을 당했다'는 경고신호를 보낼 수도 있기 때문이다. 그러나 어떤 신호도 빛보다 빠르게 갈 수는 없기 때문에 이 영향은 즉각적으로 전달되지 않는다. 지금 우리에게 중요한 것은 한 입자의 스핀을 측정하는 바로 그 순간에 다른 입자의 스핀을 알게 된다는 사실이다. 그러므로 입자들 간의 정상적인 신호전달은 문제의 본질과 상관없다.

13 벨의 발견을 극화로 비유한 내용은 데이빗 머민(David Mermin)의 논문 「Quantum Mysteries for Anyone」(『Journal of Philosophy 78』(1981), pp. 397-408)과, 커싱(James T. Cushing)과 맥멀린(Ernan McMullin)의 저서 『Philosophical Consequences of Quantum Theory: Reflections on Bell's Theorem』(University of Notre Dame Press, 1989) 그리고 『The Great Ideas Today』 (Encyclopaedia Britannica, Inc. 1988)의 「Spooky Action at a Distance: Mysteries of the Quantun Theory」에서 발췌하여 재구성한 것이다. 관심 있는 독자들은 벨의 논문을 직접 읽어 보기 바란다. 그의 논문은 『Speakable and Unspeakable in Quantum Mechanics』(Cambridge, Eng.: Cambridge University Press, 1997)에 잘 정리되어 있다.

14 공간의 국소성은 EPR의 논문에서 핵심을 이루는 가설이었으나, 양자물리학자들은 여기에 집중하지 않고 EPR이 우주가 비국소적이라는 결론이 내려지는 것을 의도적으로 피했다는 점을 문제 삼았다. 그들은 "모든 물체는 측정과정에 영향을 받지 않는 특성을 갖고 있다"는 실존주의적 관점을 포기해야 실험 데이터를 설명할 수 있다고 주장했다. 그러나 이 주장은 논리의 핵심을 벗어난 것이다. 만일 실험을 통해 EPR의 논리가 사실임이 입증된다면 양자역학의 '장거리 상호관계'는 고전물리학의 장거리 상호작용(중력, 전자기력 등)과 같이 상식적인 선에서 이해할 수 있게 된다. 이것은 왼쪽 장갑이 '여기' 있을 때 '저기'에서 오른쪽 장갑이 발견되는 이유와 같다. 그러나 EPR의 주장은 벨의 이론과 아스펙의 실험에 의해 잘못된 것으로 판명되었다. 그런데 EPR의 주장이 기각되었다고 해서 실체라는 개념을 포기한다면, 멀리 떨어져 있는 두 물체 사이에 존재하는 장거리 상호작용은 여전히 신비한 수수께끼로 남으며 후주 4.4에 언급된 장갑은 '양자적 장갑'이 된다. 실존주의적 관점을 포기한다고 해서 비국소적 상호관계의 수수께끼가 풀리는 것은 아니다. EPR과 벨, 그리고 아스펙이

얻은 결과를 종합해 볼 때, 만일 우리가 실존주의적 관점을 고집한다면(물리적 실체를 인정한다면), 양자역학이 말하는 비국소성은 '비국소적 상호관계(nonlocal correlation)'라기보다 '비국소적 상호작용(nonlocal interaction)'에 가까워진다. 대부분의 물리학자들은 이 점을 받아들일 수가 없어서 실존주의적 관점을 포기했다.

15 겔만(Murray Gell-Mann)의 『The Quark and the Jaguar』(New York: Freeman, 1994)와 프라이스(Huw Price)의 『Time's Arrow and Archimedes' Point』(Oxford: Oxford University Press, 1996)를 참고하기 바란다.

16 특수상대성이론은 빛보다 느리게 움직이던 물체가 점차 가속되어 광속을 초과하는 것을 금지하고 있다. 그러므로 항상 빛보다 빠르게 움직이는 물체가 있다 해도 특수상대성이론에 위배되지 않는다. 실제로 물리학자들은 빛보다 빠르게 움직이는 가상의 입자를 도입하여 필요할 때마다 유용하게 써먹고 있다(이런 입자를 타키온(tachyon)이라 한다). 대부분의 물리학자들은 타키온의 존재를 믿지 않지만, 타키온과 관련된 '튀는 논문'은 지금도 심심치 않게 발표되고 있다. 물론 특수상대성이론의 방정식을 이런 입자에 적용시키면 비정상적인 결과가 얻어질 뿐, 실질적인 소득은 없다.

17 **[수학에 관심 있는 독자들을 위한 부가설명]**
특수상대성이론에 의하면 물리학의 법칙들은 로렌츠 변환(Lorentz transformation)에 대하여 불변이다(이 변환을 SO(3,1) 변환이라고 부르기도 한다). 그러므로 양자역학도 로렌츠 변환에 대하여 불변이면 특수상대성이론과 양자역학은 상호모순 없이 조화를 이룰 수 있다. 이를 목적으로 탄생한 것이 상대론적 양자역학(relativistic quantum mechanics)과 상대론적 양자장이론(relativistic quantum field theory)인데, 측정과 관련된 문제를 로렌츠 불변량과 연계시키지 못하여 아직 완전한 체계를 갖추지 못하고 있다. 어떤 물리량을 측정했을 때 특정 결과가 나올 확률은 상대론적 양자장 이론을 이용하여 로렌츠 불변성을 만족하는 형태로 계산할 수 있지만, 여러 가지 확률 중에서 하나의 값이 어떻게 선택되는지, 그 과정은 아직도 미지로 남아 있다. 좀 더 자세한 내용을 알고 싶은 독자들은 팀 머들린(Tim Maudlin)의 『Quantum Non-locality and Relativity』(Oxford: Blackwell, 2002)를 참고하기 바란다.

18 **[수학에 관심 있는 독자들을 위한 부가설명]**
양자역학의 이론과 아스펙의 실험이 일치하는 극적인 장면을 여기서 재현해 보

자. 감지기가 관측하고자 하는 스핀의 축이 수직방향과 수직에서 시계방향으로 120° 돌아간 방향, 그리고 수직에서 반시계방향으로 120° 돌아간 방향이라고 가정해 보자(두 개의 시계가 12시, 4시, 또는 8시로 맞춰진 채 마주 보고 있다고 생각하면 된다). 그리고 상황을 간단히 하기 위해, 두 개의 전자는 두 감지기의 중간지점에서 출발하여 홑겹상태(singlet state)에서 감지기를 향해 나아간다고 가정하자. 홑겹상태에서는 전체 스핀이 0이므로 하나의 축에 대하여 전자의 스핀이 '위(spin-up)'로 판명되면 나머지 전자의 스핀은 '아래(spin-down)'로 결정된다(이 책의 본문에서는 혼돈을 피하기 위해 두 전자의 스핀이 항상 같아지게끔 상호 연관되어 있다고 가정했었다. 그러나 실제의 전자는 스핀이 항상 반대 방향으로 나오도록 연관되어 있다. 이것은 우리의 논지에서 별로 중요한 문제가 아니므로, 두 대의 감지기 중 하나의 눈금을 정반대로 세팅했다고 생각하면 된다). 양자역학의 표준이론에 의하면 두 감지기가 측정하는 스핀 축 사이의 각도를 θ라고 했을 때 이들이 서로 정반대의 스핀 값(본문에서는 동일한 스핀 값)을 관측할 확률은 $\cos^2(\theta/2)$이다. 따라서 두 감지기가 측정하는 스핀 축의 방향을 일치시키면 $(\theta=0)$ 이들은 항상 정반대의 스핀 값을 관측하게 되고, θ를 +120°나 -120°로 맞추면 스핀이 정반대일 확률은 $\cos^2(120°)=\cos^2(-120°)=1/4$이 된다. 이제, 축의 방향을 무작위로 바꿔가면서 동일한 실험을 반복하면 스핀이 같을 확률은 1/3이고 다르게 나올 확률은 2/3이다. 따라서 스핀이 정반대로 나올 전체확률은 $(1/3)\times(1)+(2/3)\times(1/4)=1/2$이 되어 아스펙의 실험결과와 일치한다.

19 독자들은 파동함수의 즉각적인 붕괴가 특수상대성이론이 지정한 속도의 한계(광속)에 위배된다고 생각할지도 모른다. 확률파동이 수면파와 같은 파동이라면 특수상대성이론은 분명 위기에 처할 것이다. 우주 전역에 걸쳐 있는 확률파동이 한순간에 0으로 사라진다는 것은 태평양에 일고 있는 모든 파도들이 어느 한순간에 갑자기 사라지면서 바다 전체가 평평해지는 것보다 더욱 신기한 현상이다. 그러나 양자역학을 연구하는 학자들은 확률파동과 수면파가 근본적으로 다르다고 생각하고 있다. 확률파동은 물질을 서술하는 수단이긴 하지만 물질 자체는 아니며, 빛보다 빠르게 움직일 수 없다는 특수상대성이론의 금지조항은 그 움직임을 측정할 수 있는 물질에만 적용된다는 것이다. 전자의 확률파동이 0으로 붕괴되면 안드로메다에 사는 물리학자는 절대로 그 전자를 발견할 수 없다. 그들은 '지구에 있는 입자감지기가 전자 하나를 관측했기 때문에 그 파동함수가 전 우주적으로 붕괴되었다'는 사실을 결코 알지 못할 것이다. 전자

가 몸소 빛보다 빠르게 움직이지 않는 한, 특수상대성이론과의 충돌은 일어나지 않는다. 보다시피 사건의 진상은 간단하다. 뉴욕시에 설치된 입자감지기에 전자 하나가 관측되었고 그 전자는 다른 곳에서 결코 발견되지 않았다. 확률파동의 붕괴는 풀리지 않은 수수께끼임이 분명하지만(이 문제는 7장에서 좀 더 구체적으로 다룰 예정이다), 특수상대성이론에 위배되지는 않는다.

20 더 자세한 내용을 알고 싶은 독자들은 팀 머들린(Tim Maudlin)의 『Quantum Non-locality and Relativity』(Oxford: Blackwell, 2002)를 참고하기 바란다.

제5장

1 **[수학에 관심 있는 독자들을 위한 부가설명]**

방정식 $t_{운동}=\gamma(t_{정지}-(v/c^2)x_{정지})$로부터(후주 3.9 참조), 주어진 한 순간에 작성된 미키의 지금-목록에는 지구에 사는 사람들이 시간상으로 $(v/c^2)x_{지구}$만큼 과거에 겪은 사건들이 기록되어 있다. 여기서 $x_{지구}$는 지구와 미키 사이의 거리이다. 미키가 지구를 향해 다가오는 경우에는 v의 부호가 반대로 변하여, 미키의 지금-목록에는 지구인들이 $(v/c^2)x_{지구}$만큼 시간이 더 흘러야 겪을 수 있는 사건들이 기록되어 있을 것이다. 여기에 $v=10$마일/h와 $x_{지구}=10^{10}$광년을 대입하면 $(v/c^2)x_{지구}$는 약 150년이 된다.

2 시속 9.3마일이라는 숫자는 이 책의 초판이 출판되던 시점을 '지금'으로 간주하여 계산된 값이다. 만일 독자들이 그로부터 한참 후에 이 책을 읽고 있다면 미키의 속도는 약간 수정되어야 한다.

3 **[수학에 관심 있는 독자들을 위한 부가설명]**

시공간의 빵을 다른 각도로 자르는 것은 특수상대성이론의 교과과정에서 배우는 시공간도표(spacetime diagram)를 비유적으로 표현한 것이다. 주어진 한 순간의 3차원 공간은 정지해 있는 관측자의 관점에서 볼 때 시공간도표에서 하나의 수평선으로 표현되며(좀 더 정성을 들인 도표에서는 수평면으로 표현되기도 한다), 시간은 세로축으로 표현된다(본문에서 사용하고 있는 비유법에 의하면, 썰어낸 얇은 빵 조각은 어떤 한 순간에 존재하는 모든 공간을 나타내고 빵의 중심을 따라 빵과 나란하게 나 있는 선은 시간 축을 나타낸다). 시공간도표를 이용하면 당신과 미키의 지금-목록을 더욱 분명하게 이해할 수 있다.

위의 그림에서 가느다란 실선은 지구에 대하여 정지해 있는 관측자의 동일한

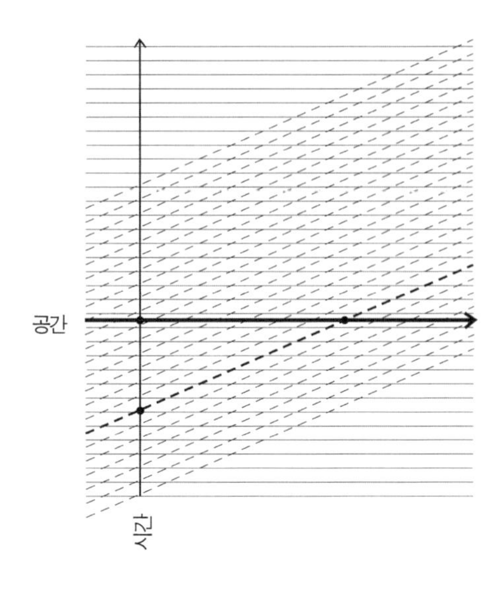

시간(지금)을 나타내고(지구는 자전도 안 하고 가속운동도 하지 않는다고 가정하자. 그래도 우리의 논리에는 아무런 지장이 없다), 가느다란 점선은 시속 9.3마일의 속도로 지구로부터 멀어져 가는 관측자의 동일시간을 나타낸다. 만일 미키가 지구에 대하여 정지해 있다면 그의 지금-단면은 가느다란 점선으로 표현되며(당신은 지구에 대하여 줄곧 정지상태를 유지하고 있으므로 가느다란 실선은 당신의 지금-단면을 나타내기도 한다), 굵은 실선은 21세기의 지구에 살고 있는 당신(왼쪽에 찍힌 점)과 미키(오른쪽에 찍힌 점)를 모두 포함하는 지금-단면을 나타낸다. 미키가 지구로부터 멀어지고 있다면 그의 지금-단면은 점선에 해당되고, 굵은 점선은 지금 막 이동을 시작한 미키와 부스(링컨의 암살범, 굵은 점선의 왼쪽에 찍힌 점)가 공유하고 있는 지금-단면이다. 그런데, 시간 축을 따라 나열되어 있는 여러 개의 가느다란 점선들 중에는 움직이는 미키와 21세기의 지구에서 책을 읽고 있는 당신을 모두 포함하는 점선이 하나 있다. 따라서 당신이 느끼는 어느 한 순간은 미키가 소유하고 있는 지금-목록들 중 2개의 목록에 동시 기재되어 있다. 이 중 하나는 미키가 이동을 시작하기 전이고 다른 하나는 이동을 시작한 후의 목록이다. 이것은 '지금'에 대한 우리의 직관적인 개념이 특수상대성이론을 거치면서 상식 밖의 개념으로 전환되는 대표적인 사례이다. 그러나 이 '지금-목록'들은 인과율(후주 3.11)을 위배하지 않는다. 미키는 자신의 기준계를 갑자기 바꿨기 때문에(가만히 정지해 있다가 갑자기 시속 9.3마일로 움직였다는 뜻이다. 물론 이런 운동은 원리적으로 불가능하다. 정지상태에서 시속

9.3마일의 속도에 도달하려면 그 중간속도를 반드시 거쳐야 하고, 이렇게 되면 가속 운동을 따로 고려해야 한다. 여기서는 문제를 단순화하기 위해 가속과 관련된 모든 요인들을 생략하였다: 옮긴이) 미키의 지금-목록도 갑작스런 변화를 겪는다. 그러나 시공간에서 적절한 좌표계를 설정한 관측자들은 사건이 진행되는 순서에 만장일치로 동의할 것이다.

4 물리학을 공부한 독자들은 알겠지만, 나는 지금 시공간이 민코프스키 공간(Minkowskian)임을 가정하고 있다. 다른 기하학에서는 이와 비슷한 논리를 펼쳐도 전체 시공간이 유도되지는 않는다.

5 *Albert Einstein and Michele Besso: Correspondence 1903-1955*, P. Speziali, ed. (Paris: Hermann, 1972).

6 이것은 우리가 지금 이 순간에 겪고 있는 경험과 지금 갖고 있는 기억들이 삶을 느끼는 기본적 요소임을 보여 주는 사례이다. 만일 당신의 두뇌와 몸이 전체적으로 재구성되어 10년 전의 상태로 되돌아갔다면 당신은 아무런 혼란스러움 없이 10년 전의 그 모습으로 생활을 영위할 것이다(주변환경에 적응하는 것은 또 다른 문제이다). 심지어는 결혼한 적이 없는 당신이 10년 전의 '다른 유부남'으로 재구성되었다 해도 문제될 것이 전혀 없다. 당신의 머릿속에는 가정생활을 영위하는 데 필요한 모든 기억이 들어 있을 것이기 때문이다(나는 사람의 기억과 됨됨이가 몸을 구성하는 원자의 배열상태에 전적으로 좌우된다고 생각한다).

7 **[수학에 관심 있는 독자들을 위한 부가설명]**
독자들은 지금 진행 중인 이야기와 "모든 물체는 시공간에서 빛의 속도로 움직인다(3장 참조)"는 말이 어떻게 연관되는지 궁금할 것이다. 그 답을 대충 설명하자면 다음과 같다. 한 물체가 겪어온 모든 역사는 시공간 안에서 하나의 곡선궤적(정지해 있는 물체라면 직선궤적)으로 표현된다(그림 5.1 참조). 그러므로 시공간에서의 '움직임'은 굳이 이곳에서 저곳으로 이동하는 장면을 상상할 필요 없이 하나의 정해진 궤적으로 간주할 수 있다. 이 궤적과 관련된 '속도'는 궤적의 길이(궤적 위에서 선택한 두 점 사이의 길이)를 시간차(선택된 두 점에서 누군가가 측정한 시간의 차이)로 나눈 값에 해당된다. 여기에 '시간의 흐름' 같은 개념은 필요 없다. 우리가 관심을 갖는 두 점에서 시계의 눈금만 읽으면 된다. 이 방법으로 시공간에서 임의의 물체의 속도를 계산하면 항상 빛의 속도와 일치한다. 민코프스키의 시공간에서 계량(metric)은 $ds^2=c^2dt^2-dx^2$로 표현되며 (여기서 dx^2은 유클리드의 길이, 즉 $dx_1^2+dx_2^2+dx_3^2$이다), 시계로부터 알아낸 시간차(이를 고유시간(proper time)이라 한다)는 $d\tau^2 = ds^2/c^2$로 주어진다. 그러므로 시공간에서의 속도 $ds/d\tau$는 항상 c, 즉 광속임을 알 수 있다.

8 Rudolf Carnap, "Autobiography", in *The Philosophy of Rudolf Carnap*, P. A. Schilpp, ed. (Chicago: Library of Living Philosophers, 1963), p. 37.

제 6 장

1 여기서 말하는 비대칭성이란, 사건이 발생하는 순서가 비대칭적이라는 뜻이다 (이것을 시간적 비대칭(temporal asymmetry)이라 한다). 물론 시간 자체에 비대칭성이 존재할 수도 있다. 나중에 다시 언급되겠지만, 일부 우주론에 의하면 시간이 처음 시작된 시점은 있지만 시간이 끝나는 시점은 존재하지 않는다. 이것은 본문에서 말하는 것과 조금 다른 개념의 비대칭성으로서, 지금 당장은 고려하지 않을 것이다. 6장의 끝부분에 가면 모든 사물의 시간적 비대칭성이 초기우주에 부과되어 있었던 초기조건에 의해 결정되었음을 알게 될 것이다. 시간의 방향성은 현대 우주론과 밀접하게 연관되어 있다.

2 **[수학에 관심 있는 독자들을 위한 부가설명]**

시간되짚기 대칭성의 정확한 의미와 예외적인 경우에 대하여 좀 더 자세히 알아보자. 시간되짚기의 개념을 가장 간단하게 설명하는 방법은 다음과 같다— 어떤 운동방정식의 해를 $S(t)$라고 했을 때, $S(-t)$도 같은 방정식을 만족하면 이 방정식으로 서술되는 물리법칙은 시간되짚기 대칭성을 갖는다. 뉴턴의 운동방정식을 예로 들어보자. 3차원 공간에서 임의의 시간 t에 입자 n개의 위치를 $x(t) = (x_1(t), x_2(t), \cdots, x_{3n}(t))$라 하면, 이 $x(t)$는 운동방정식 $d^2x(t)/dt^2 = F(x(t))$를 만족한다. 그런데 방정식의 특성상, $x(t)$가 이 방정식을 만족하면 $x(-t)$도 같은 방정식을 만족한다. 여기서 $x(-t)$는 $x(t)$의 궤적을 거꾸로 거슬러 가는 운동을 의미한다.

시간$=t_0$에서 어떤 물리계의 초기상태가 주어졌다고 하자. 여기에 적절한 물리법칙을 적용하면 시간이 $t+t_0$로 흘렀을 때 물리계가 어떻게 변해 가는지를 알 수 있다. 이러한 변화는 $U(t)$라는 과도함수를 도입하여 $S(t+t_0) = U(t)S(t_0)$로 표현할 수 있다. 여기서 $S(t)$는 시간$=t$에서 물리계의 상태를 나타낸다. 즉, $S(t_0)$를 입력(input)으로 삼아 $U(t)$라는 과도기를 거치면 $S(t+t_0)$라는 출력(output)이 얻어진다는 뜻이다. 이때, $U(-t) = \mathbf{T}^{-1}U(t)\mathbf{T}$를 만족하는 변환 $\mathbf{T}$가 존재하면 $U(t)$는 시간되짚기 대칭성을 갖는다. 즉, 어떤 한 순간에 주어진 물리계에 적절한 변환을 가하면(**T**), 시간이 t만큼 흘렀을 때 물리계의 진행상황은 시간이 t만큼 과거로 흘렀을 때($-t$)의 진행상황과 동일하다는 뜻이다. 예를 들어, 임의의 한 순간에 위치와 속도가 알려져 있는 물리계에 변환 **T**를 가하면, 위치는 변하지 않고 속도만 반대부호로 변한다. 이렇게 변환된 물리계가 시간 t동안 진행되었다는 것은, 원래의 물리계가 시간 t만큼 과거로 거슬러 올라갔다는 것을 의미한다.

그런데 일부 법칙들은 **T** 변환이 매우 복잡하게 나타나기도 한다. 예를 들어 전자기장 안에서 움직이는 하전입자의 경우, 입자의 운동상태를 고스란히 반대로 재현시키려면 속도뿐만 아니라 자기장의 방향도 반대로 바꿔 주어야 한다(로렌츠힘의 $\boldsymbol{v} \times B$가 변하지 않으려면 $\boldsymbol{v}$와 B, 둘 다 부호가 바뀌어야 한다). 따라서 이 경우에 **T** 변환은 속도와 자기장에 모두 적용된다. 그러나 바꿔야 할 목록이 추가되었다고 해서 본문의 논지에 영향을 주지는 않는다. 여기서 중요한 것은, 한 방향으로 진행되는 입자의 운동을 반대 방향으로 바꿔도 여전히 물리법칙에 위배되지 않는다는 점이다. 자기장의 방향을 추가로 바꾸는 것은 부차적인 문제이다.

그런데 우리의 관심을 약력(약한 상호작용)으로 옮기면 문제는 아주 미묘해진다. 약한 상호작용은 양자역학으로 설명할 수 있는데(9장에서 간략하게 다룰 예정이다), 일반적인 정리에 의하면 양자장이론(quantum field theory)은 전하반전 C(charge conjugation, 입자를 반입자로 바꾸는 변환)와 반전성 P(parity, '홀짝성'이라고도 함. 원점을 중심으로 입자의 위치를 정반대로 바꾸는 변환), 그리고 시간되짚기 변환 T(time reversal, 시간 t를 $-t$로 바꾸는 변환)를 한꺼번에 가했을 때 불변성을 갖는다. 그러므로 앞에서 정의한 **T**는 이 경우에 CPT(세 변환의 곱)로 정의되어야 한다. 이런 식으로 **T** 변환에 CP가 포함된다면, **T**는 단순히 '궤적을 거꾸로 거슬러 가는' 변환으로 해석될 수 없다(궤적을 거슬러 가는 입자가 반입자로 바뀌었으므로 동일한 상황으로 간주할 수 없다). 그런데 지금까지 알려진 바에 의하면 어떤 특정 입자들(K-중간자와 B-중간자)은 CPT 변환에 대하여 불변이지만 T 변환 하나만 적용하면 불변성이 유지되지 않는다. 1964년에 제임스 크로닌(James Cronin)과 발 피치(Val Fitch)를 중심으로 하는 일단의 연구팀은 K-중간자가 CP 변환에 대하여 불변임을 실험으로 입증하였는데(크로닌과 피치는 이 공로를 인정받아 1980년에 노벨 물리학상을 수상하였다), 이것은

K-중간자가 시간되짚기 변환 *T*에 대하여 불변이 아님을 보여 주는 간접적인 증거였다(*CP* 변환에 대해 불변이 아니므로 *T* 변환에 대해서도 불변이 아니어야 *CPT* 불변성이 유지될 수 있다). 그 후 *T* 불변성이 성립하지 않는 사례는 CERN의 CPLEAR 실험과 페르미연구소의 KTEV에 의해 직접적으로 관측되었다. 그러나 K-중간자는 고에너지 상태에서 잠시 나타났다가 사라질 뿐, 일상적인 물체를 이루는 기본입자가 아니기 때문에 시간의 방향성 문제와는 별 관련이 없다는 것이 나를 포함한 대부분 물리학자들의 생각이다. 그래서 이 예외적인 경우는 더 이상 고려하지 않기로 하겠다(물론, 진실은 아무도 모른다).

3 독자들은 조각난 계란껍질이 한데 붙어서 원래의 모습으로 되돌아간다는 주장을 믿기 어려울 것이다. 나 역시 가끔씩은 회의적인 생각을 품곤 한다. 그러나 바로 전의 후주에서 설명한 바와 같이 시간되짚기 대칭성은 자연계에 분명히 존재하며, 계란이라고 해서 특별히 예외가 될 수는 없다. 미시적 관점에서 볼 때 계란의 껍질이 깨지는 것은 엄청나게 많은 분자들이 연관된 물리적 과정이다. 계란이 바닥과 충돌하면서 발생한 충격은 껍질을 이루고 있는 분자에 전달되어 그들 사이의 결합을 붕괴시키고, 이 과정이 집단적으로 발생하면 껍질에 금이 가는 현상으로 나타난다. 이 모든 분자들의 운동을 일제히 반대로 되돌리면 껍질은 원래의 모습으로 되돌아갈 수 있다.

4 나는 현대적인 방법으로 엔트로피를 설명하기 위해, 이와 관련된 몇 가지 재미있는 역사적 사실을 언급하지 않았다. 볼츠만의 엔트로피는 1870~1880년대를 거치면서 개념상으로 커다란 변화를 겪었는데, 이 기간 동안 그는 맥스웰을 비롯하여 켈빈(Lord Kelvin), 로슈미트(Josef Loschmidt), 깁스(Willard Gibbs), 푸앵카레(Henri Poincaré), 버버리(S.H. Burbury), 제르멜로(Ernest Zermelo) 등의 물리학자들과 여러 차례 의견을 교환하였다. 초기의 볼츠만은 고립된 물리계의 엔트로피가 절대로 감소하지 않는다는 것을 증명할 수 있다고 생각했으나 많은 물리학자들의 반대의견에 부딪히는 바람에 결국 통계적/확률적 접근법을 사용하여 증명을 완성하였다. 오늘날 통용되고 있는 증명법은 이런 과정을 거쳐 탄생한 것이다.

5 가넷(Constance Garnet)이 번역한 톨스토이의 『전쟁과 평화』는 총 1,386페이지로 되어 있다.

6 대부분의 경우에 숫자가 이렇게 크기 때문에, 엔트로피는 여기에 log를 붙여서 정의한다. 물론 본문의 내용은 log의 적용 여부와 아무 상관없다. 그러나 엔트

로피에 log를 붙인 것은 실제 계산에서 결정적인 편의를 제공해준다. 예를 들어, 두 개의 시스템을 하나로 합쳤을 때 전체 엔트로피는 각 엔트로피의 합으로 계산되는데, 이것은 log 연산자가 $\log A + \log B = \log AB$라는 성질을 갖고 있기 때문에 가능하다. 만일 엔트로피에 log를 붙이지 않았다면 총 엔트로피는 각 엔트로피의 곱이 되었을 것이다(두 개의 사건이 발생하는 방법의 수를 각각 A, B라 하면, A와 B를 하나의 사건으로 간주했을 때 발생할 수 있는 전체 경우의 수는 AB이다).

7 각각의 낱장들이 떨어질 위치는 원리적으로 계산 가능하지만 이 종이들을 수거하여 한곳에 쌓는 것은 또 다른 문제이다. 이 문제는 우리가 논하고 있는 물리학과 직접적인 관계는 없지만 굳이 여기에도 물리적 의미를 부여하려면 다음과 같이 생각하면 된다. "종이들이 바닥에 떨어졌을 때 당신이 있는 곳에서 가장 가까운 거리에 있는 종이부터 시작하여 한 장씩 쌓아 나간다."

8 사실, 종이가 몇 장 안 되는 경우에도 뉴턴의 법칙으로 종이의 낙하지점을 계산하는 것은 거의 불가능에 가깝다. 종이의 무게와 유연성, 공기의 흐름, 종이와 공기의 마찰 등 관련된 힘들을 모두 고려하여 운동방정식을 풀어야 하는데, 이 계산은 최첨단 슈퍼컴퓨터의 능력을 벗어나 있다.

9 독자들은 "종이 더미와 기체분자는 물리적 조건이 다르므로 엔트로피도 각각 다르게 정의해야 하지 않을까?"라고 반문할지도 모른다. 사실, 종이 더미는 양이 좀 많더라도 일일이 헤아릴 수 있고 가능한 배열의 개수도 (꽤 많긴 하지만) 유한한 반면, 기체분자의 위치와 속도는 연속적인 양이기 때문에 굳이 개수로 따지자면 무한대가 된다. 그렇다면 분자들의 '가능한 배열의 수'를 어떻게 헤아려야 하는가? 매우 좋은 질문이다. 다행히도 이 문제는 부지런한 물리학자들에 의해 완벽하게 해결되었다. 이것으로 대답이 되었다면 이 후주를 더 읽지 않아도 상관없다. 지금부터 의심 많은 독자들을 위해 그 내용을 설명할 예정인데, 수학적인 내용을 피해 가야 하기 때문에 완벽한 설명이라고 보기는 어려울 것이다.

물리학자들은 많은 입자들로 이루어진 고전적 물리계를 주로 '위상공간(phase space)'이라는 $6N$차원의 공간에서 표현한다(N은 입자의 개수이다). 위상공간에 있는 하나의 점은 모든 입자들이 처할 수 있는 하나의 배열상태에 대응된다(입자 하나의 위치를 나타내는 데 3개의 좌표가 필요하고 속도 성분도 3개이므로 입자 N개의 전체적인 상태를 나타내려면 $6N$개의 좌표가 필요하다). 여기서 중요한 것은 입자의 속도가 모두 같은 배열로 위상공간을 분할할 수 있다는 점이다. 즉, 분할된 영역 안의 모든 점들은 입자의 속도가 모두 같은 배열에 해당된다. 이때 입자의 배열상태가 분할된 영역의 한 점에서 같은 영역의 다른 점으로 이동해도 거시적으로는 이 두 가지 배열을 구별할 수 없다. 물리학자들은 분할된 영역 안에 존재하는 점의 수를 헤아리는 대신(열심히 세어 봐야 무한대가 될 것이 뻔하다!) 각 영역의 부피를 엔트로피로 정의하였다. 즉, 부피가 큰 영역일수록 동일한 상태가 많이 존재하므로 엔트로피도 크다. 일반 독자들은 3차원보다 높은 차원에서 부피를 상상하기 어렵겠지만 수학적으로는 자연스럽게 정의할 수 있다.

10 이 기적 같은 사건은 인위적으로 일어나게 만들 수 있다 — 여기, 마개를 개봉한 지 사흘이 지난 콜라 병이 하나 있다. 앞서 지적한 대로, 지금 이 순간에 방 안에 퍼져 있는 모든 CO_2 분자와 지난 사흘 동안 이들과 상호작용을 주고받은 모든 원자 및 분자들의 속도를 반대 방향으로 바꿔 주고 이틀 동안 기다리면 방 안의 대기상태는 이전으로 돌아가고 CO_2 분자들은 병으로 되돌아갈 것이다. 그러나 여기 관련된 모든 입자의 속도를 일제히 반대 방향으로 바꾼다는 것은 현실성이 없다. 물리계가 스스로 이렇게 움직일 수 있는 경우는 없을까? 그럴 수 있다! 충분히 오랜 시간 동안 기다리면 CO_2 분자들은 스스로 병 속으로 들어간다! 이것은 1800년대에 프랑스의 수학자 조셉 리우비(Joseph Liouville)가 증명한 정리로서, 푸앵카레의 순환정리(recurrence theorem)도 이로부터 유도되었다. 이 정리에 의하면 유한한 에너지를 가진 채로 유한한 영역 안에 갇혀 있는 물리계는(방 안에 갇혀 있는 CO_2 분자들) 충분히 오랜 시간이 지나면 초기상태로 되돌아간다(CO_2 분자들이 병 속으로 되돌아간다). 얼마나 오랫동안 기다려야 할까? 계산결과에 의하면 구성요소가 얼마 되지 않는 물리계도 초기의 상태로 되돌아가려면 현재 우주의 나이보다 더 긴 시간이 소요된다. 시간은 좀 오래 걸리지만 어쨌거나 끈기를 갖고 기다리면 물리계는 초기상태로 되돌아간다.

11 독자들은 이런 의문을 떠올릴지도 모른다. "그러면 물은 어떻게 얼음이 될 수 있는가? 물이 얼음으로 변하려면 엔트로피가 감소해야 하지 않는가?" 대략적으로 설명하자면 다음과 같다. 물이 얼음으로 변하려면 그 과정에서 다량의 에너지를 외부로 방출해야 하며(이와 반대로 얼음이 녹을 때에는 외부로부터 에너지를 흡수한다. 흡수할 에너지가 없다면 얼음은 녹지 않는다), 방출된 에너지는 주변의 엔트로피를 증가시킨다. 주변의 온도가 0°C 이하일 때 이렇게 증가한 엔트

로피는 물이 얼음으로 변하면서 감소한 엔트로피보다 많기 때문에 전체적으로는 엔트로피가 증가한 효과로 나타나게 된다. 그러므로 주변 공기가 차가우면 물은 얼마든지 얼음으로 변할 수 있다. 냉장고의 냉동실에서 물이 얼음으로 변하는 과정도 마찬가지다. 물은 엔트로피가 감소하면서 얼음이 되지만, 냉장고는 물을 얼리기 위해 다량의 열에너지를 바깥으로 방출하여 주변의 엔트로피를 증가시키고 있으며, 이때 엔트로피의 전체적인 변화량을 따져보면 결국 증가하는 쪽으로 나타난다.

[수학에 관심 있는 독자들을 위한 부가설명]

어떤 사건이 자발적으로 일어날 수 있는지의 여부는 '자유에너지(free energy)'에 의해 좌우된다. 직관적으로, 자유에너지는 물리계가 갖고 있는 총 에너지 중에서 일(work)로 전환될 수 있는 에너지를 의미한다. 수학적으로 자유에너지 F는 $F=U-TS$로 표현되며, 여기서 U는 총 에너지, T는 물리계의 온도이고 S는 엔트로피를 나타낸다. 일반적으로, 자유에너지가 감소하는 변화는 자발적으로 일어날 수 있다. 온도가 충분히 낮으면 U의 감소량이 S의 감소량(더 정확하게는 $-TS$의 증가량)을 초과하기 때문에 냉장고 안의 물은 자발적으로 얼음이 될 수 있는 것이다. 그리고 0°C보다 높은 온도에서는 S의 증가량이 U의 변화보다 커져서 얼음은 자발적으로 녹을 수 있다.

12 엔트로피 이론에 의해 카메라에 기록된 디지털 영상과 머릿속의 기억이 '믿을 수 없는 기록'으로 전락하는 과정에 대해서는 바이잭커(C. F. von Weizsäcker)의 『The Unity of Nature』(New York: Farrar, Straus, and Giroux, 1980)의 138~146쪽과 데이비드 앨버트(David Albert)의 『Time and Chance』(Cambridge, Mass: Harvard University Press, 2000)를 참조하기 바란다.

13 물리학의 법칙은 과거와 미래를 전혀 구별하지 않기 때문에, "30분 전에 완전한 얼음이 있었다"고 말하는 것은 "지금 일부가 녹아내린 이 얼음은 30분 후에 완전한 얼음이 될 것이다"라고 주장하는 것만큼이나 어불성설이다. 이와 반대로, "30분 전에는 물이었던 것이 서서히 얼음 덩어리로 변해서 지금 상태에 이르렀다"고 말하는 것은 "지금 일부가 녹아내린 얼음은 30분 후에 다 녹아서 물로 변할 것이다"라고 말하는 것과 똑같이 이치에 맞는다. 후자의 설명은 10시 30분에 실행된 관찰행위를 기점으로 시간적인 대칭을 이루며 향후 30분 동안 관찰했을 때 나타나는 결과와 정확하게 일치한다.

14 세심한 독자들은 '초창기'라는 표현을 읽으면서 내가 어떤 편견을 가진 채 논

리를 전개하고 있다고 생각할지도 모른다(초창기라는 말 자체에 시간적 대칭성이 내포되어 있기 때문이다). 본문에서 했던 말을 좀 더 정확하게 표현하자면 "시간 차원의 (적어도) 한쪽 끝을 규명하려면 특별한 조건이 필요하다"는 뜻이다. 앞으로 차차 분명해지겠지만, 이 특별한 조건이란 '저-엔트로피 경계조건(low entropy boundary condition)'을 의미하며, 이 조건을 만족하는 쪽을 '과거'라 부르기로 한다.

15 "시간의 방향성을 설명하려면 과거의 엔트로피는 지금보다 작아야 한다" — 이것은 볼츠만 시대부터 꾸준히 제기되어온 아이디어였다. 자세한 내용은 한스 라이첸바흐(Hans Reichenbach)의 『The Direction of Time』(Mineola, N.Y.: Dover Publication, 1984)과 로저 펜로즈(Roger Penrose)의 『The Emperor's New Mind』(New York: Oxford University Press, 1989) 317쪽 이하를 참고하기 바란다.

16 이 장에서는 양자적 효과를 고려하고 있지 않다는 것을 다시 한 번 상기하기 바란다. 1970년대에 호킹(Stephen Hawking)은 블랙홀에 양자역학을 도입하여 블랙홀에서도 특정량의 복사가 방출된다는 사실을 알아냈다. 그러나 이 점을 고려한다 해도 블랙홀은 여전히 우주 안에서 엔트로피가 가장 큰 천체이다.

17 그렇다면 엔트로피에 부과되는 '미래조건'은 없는 것일까? 지금 펼치고 있는 논리에 의하면 그런 조건은 없다. 그러나 일부 물리학자들은 실험을 통해 그 조건을 찾을 수 있다고 주장하고 있다. 엔트로피에 부과된 미래조건과 과거조건에 대하여 좀 더 자세히 알고 싶은 독자들은 할리웰(J. J. Halliwell)과 메르카더(Perez-Mercader), 그리고 주렉(W. H. Zurek)이 편집한 논문집 『Physical Origins of Time Symmetry』에서 겔만(Murray Gell-Mann)과 하틀(James Hartle)의 논문 「Time Symmetry and Asymmetry in Quantum Mechanics and Quantum Cosmology」를 참고하기 바란다. 이 논문집의 4부와 5부에 수록된 논문들도 좋은 참고가 될 것이다.

18 6장에서 언급하고 있는 시간의 방향성(arrow of time)에는 시공간의 시간 축(임의의 관측자가 설정한 시간 축)에 대하여 비대칭이라는 당연한 가정이 깔려 있다. 이 세계에서 일어날 수 있는 다양한 사건들은 시간 축을 따라 한쪽 방향(과거→미래)으로만 진행되며 그 반대 방향으로 일어날 가능성은 거의 없다. 물리학자들과 철학자들은 이러한 사건들을 시간적 비대칭의 유형에 따라 두 가지로 분류하고 있다. 예를 들어, 열은 뜨거운 곳에서 찬 곳으로 이동하지만 그 반

대 방향으로는 이동하지 않으며, 전자기파는 별이나 전구와 같은 소스(source)에서 밖으로 방출되지만 소스를 향해 모여들지는 않는다. 이 우주는 수축이 아닌 팽창을 겪고 있으며 우리는 미래가 아닌 과거를 기억하고 있다(이들을 각각 열역학적, 전자기적, 우주적, 심리적 시간의 방향이라고 한다). 그런데, 이들이 갖고 있는 시간적 비대칭성은 (원리적으로) 전혀 다른 물리학적 원리에서 비롯되었을 가능성도 있다. 내가 보기에, 방금 열거한 사건들 중에서 우주의 팽창을 제외한 나머지는 본문에서 설명한 원리로 설명될 수 있다. 예를 들어, 소스로부터 방출되는 전자기파와 소스로 수렴하는 전자기파는 둘 다 맥스웰 방정식의 해가 될 수 있음에도 불구하고 왜 실제의 전자기파는 소스로부터 방출되기만 하는가? 그것은 우리의 우주가 처음부터 밖으로 전자기파를 방출하는 저-엔트로피 소스를 갖고 있었기 때문이다. 이러한 질서는 우주의 초창기부터 이미 존재했었다. 심리적인 시간의 방향성은 인간 사고의 미시적 요인이 아직 알려져 있지 않기 때문에 설명하기가 어렵다. 그러나 컴퓨터의 계산과정에서 엔트로피는 분명히 증가하고 있으므로 이로부터 간접적으로 이해할 수 있을 것이다(이 문제는 베넷(Charles Bennett)과 란다우어(Rolf Landauer) 등에 의해 집중적으로 연구되었다). 그러므로 인간의 사고과정을 어떻게든 컴퓨터의 연산과정과 연결시켜 생각할 수 있다면 열역학에 입각한 설명도 가능해진다. 그러나 우주가 수축하지 않고 팽창만 한다는 우주적 비대칭성은 우리가 다루고 있는 시간의 방향성 문제와 근본적으로 다른 성질을 갖고 있다. 만일 우주의 팽창속도가 서서히 느려져서 완전히 멈춘 후에 어느 날부터 수축되기 시작한다 해도, 그때의 시간은 여전히 미래로 흐르고 있을 것이다. 우주가 수축을 하는 시기에도 물리적 과정들(계란이 깨지고 사람이 늙어 가는 현상 등)은 여전히 지금과 같은 방향으로 진행될 것이다.

19 [수학에 관심 있는 독자들을 위한 부가설명]
일반적으로 어떤 사실을 확률에 입각하여 서술할 때, 우리는 "지금 눈에 보이는 상태를 이룰 수 있는 모든 가능한 미시적 배열들은 동일한 확률을 갖는다"는 가정을 하고 있다. 물론 다른 가정에서 출발할 수도 있다. 예를 들어, 『시간과 확률(Time and Chance)』에서 데이비드 앨버트(David Albert)는 위에서 언급한 가정과 함께 초기의 우주가 극저-엔트로피 상태였다는 '과거 가설(past-hypothesis)'을 동원하여 자신의 주장을 펼치고 있다. 이렇게 생각하면 초기우주가 왜 저-엔트로피 상태였는지를 따지고 들 필요가 없다. 확률적 관점에서는 별로 설득력이 없지만, 우주는 100%의 확률로 그냥 그렇게 시작되었을 뿐이다.

20 독자들은 초기의 우주가 아주 작은 영역 속에 갇혀 있었으므로 엔트로피가 작았다고 생각할지도 모른다(페이지 수가 적은 원고는 섞일 수 있는 경우의 수가 몇 개 없으므로 엔트로피도 작다). 그러나 사실은 그렇지 않다. 우주가 아무리 작은 공간에 갇혀 있었다고 해도, 엔트로피는 얼마든지 커질 수 있다. 한 가지 가능성은(별로 확률이 크진 않지만) 이 우주가 어느 날 팽창을 멈추고 수축을 겪으면서 결국에는 으깨진다는 가설을 채용하면 된다(이것을 '빅 크런치(big crunch)'라고 부른다). 실제로 계산을 해 보면 우주가 수축되는 와중에도 엔트로피는 계속 증가한다는 것을 알 수 있다. 즉, 부피가 작아도 엔트로피는 얼마든지 큰 값을 가질 수 있다는 것이다. 초기우주의 부피가 작다는 가정은 우리의 논지에서 아주 중요한 역할을 한다. 이 내용은 11장에서 다시 언급될 것이다.

제7장

1 세 개 이상의 물체가 상호작용을 주고받는 경우, 고전역학의 운동방정식으로는 정확한 해를 구할 수 없다. 그래서 관련된 입자의 수가 많을 때에는 근사적인 해를 구하는 것이 고전역학의 최선이다. 그러나 이 근사적 해의 정확도에는 원리적으로 아무런 한계가 없다. 그러므로 이 세계가 고전역학의 법칙을 따른다면, 그리고 현재 상태의 정확한 데이터(모든 입자의 현재위치와 속도)와 강력한 컴퓨터가 주어져 있다면 우주의 모든 과거와 미래를 얼마든지 정확하게 알아낼 수 있다.

2 4장의 끝부분에서 지적한 대로, 벨과 아스펙이 얻은 결과는 입자가 정확한 위치와 속도를 가질 수 있는 가능성을 완전히 배제시키지는 않는다. 그리고 보옴(Bohm)이 제안한 양자역학은 이 가능성을 구체적으로 구현시키고 있다. 전통적인 양자역학적 관점에 의하면, 관측되지 않은 전자(electron)는 위치라는 속성을 갖지 않는 것으로 되어 있지만, 이것은 엄밀히 말해서 다소 과장된 표현이다. 7장의 끝부분에서 다시 언급되겠지만, 보옴의 양자역학에서 입자는 항상 확률파동과 함께 움직인다. 즉, 기존의 양자역학은 '파동 또는 입자'로 대변되지만, 보옴의 양자역학은 '파동과 입자'를 동시에 다루고 있다. 그러므로 현재의 입자가 공간상의 특정한 지점을 과거 매 순간마다 거쳐왔다고 생각해도(고전적으로는 당연한 생각이지만) 틀리지 않는다. 기존의 양자역학에서 입자는 임의의 순간에 다양한 위치를 동시에 점유할 수 있지만 보옴의 양자역학은 파일

럿 파동(pilot wave)을 포함하고 있다(양자역학에 익숙한 독자들은 기존의 양자역학에서 파일럿 파동이 파동함수를 의미한다는 것을 잘 알고 있을 것이다. 그러나 보옴의 양자역학에서는 다른 의미로 사용된다). 본문에서는 혼돈을 피하기 위해 전통적인 양자역학의 관점을 먼저 다룬 후 7장의 후반부에서 보옴의 접근법을 다루었다.

3 **[수학에 관심 있는 독자들을 위한 부가설명]**
이와 관련된 교재로는 파인만과 힙스(A.R. Hibbs)가 공동 저술한 『Quantum Mechanics and Path Integrals』(Burr Ridge, Ill.: McGraw-Hill Higher Education, 1965)가 있다.

4 3장에서 다뤘던 특수상대성이론에 의하면 물체의 속도가 빠를수록 시간이 늦게 가다가 속도가 광속에 이르면 시간이 멈추게 된다. 따라서 독자들은 다음과 같이 생각할 수도 있다. "광속으로 움직이는 광자에게는 시간이 흐르지 않으므로 광자가 볼 때 과거와 미래는 동일한 시간이다. 따라서 광자는 광선분리기를 통과할 때 저 멀리 있는 광자감지기의 스위치 상태를 미리 알 수 있다." 하지만 이 실험은 광자가 아닌 다른 입자(예: 전자)를 대상으로 실행될 수도 있다. 그리고 그 결과는 광자의 경우와 똑같이 나타난다. 그러므로 속도를 고려한 상대론적 논리를 동원해도 이 현상을 설명할 수는 없다.

5 구체적인 실험장치와 자세한 실험결과는 다음에 수록되어 있다. Y. Kim, R. Yu, S. Kulik, Y. Shih, M. Scully, *Phys. Rev. Lett*, vol. 84, no. 1, pp. 1-5.

6 1925년에 하이젠베르크(Werner Heisenberg)가 행렬역학(matrix mechanics)에 입각하여 유도한 방정식도 슈뢰딩거의 방정식과 동일한 방정식으로 알려져 있다. 슈뢰딩거의 방정식은 $H\Psi(x, t) = i\hbar(d\Psi(x, t)/dt)$로 표현되는데, 여기서 H는 해밀토니안(Hamiltonian), Ψ는 파동함수이고 $\hbar$는 플랑크 상수(Planck's constant)이다.

7 사실, 슈뢰딩거 방정식의 해를 거꾸로 흐르는 시간에 대한 해로 바꾸려면 원래의 해에 복소켤레(complex conjugate)를 취해야 한다. 즉, 후주 6.2에 등장했던 시간되짚기 변환 **T**를 확률파동(파동함수라고도 한다) $\Psi(x, t)$에 적용하면 $\Psi^*(x, -t)$가 된다. 그러나 우리의 논리는 이런 세세한 부분을 고려하지 않아도 별다른 문제없이 진행될 수 있다.

8 보옴의 접근법은 드브로이(Prince Louis de Broglie)의 아이디어에 그 뿌리를 두고 있다. 그래서 그의 이론은 종종 '드브로이-보옴 접근법(de Broglie-Bohm approach)'이라 불린다.

9 **[수학에 관심 있는 독자들을 위한 부가설명]**
보옴의 접근법은 배위공간(configuration space)에서 국소적이지만 실제의 공간에서는 비국소적이다. 실제 공간의 한 지점에서 파동함수에 변화가 생기면 그 변화는 즉각적으로 멀리 있는 다른 입자에 영향을 미친다.

10 기라르디-리미니-웨버의 접근법에 대하여 더욱 자세한 내용을 알고 싶은 독자들은 벨(J. S. Bell)의 저서인 『Speakable and Unspeakable in Quantum Mechanics』(Cambridge, Eng.: Cambridge University Press, 1993)에서 「Are There Quantum Jumps?」 부분을 참고하기 바란다.

11 일부 물리학자들은 이 문제를 원래부터 있던 문제의 부산물 정도로 생각하면서 파동함수를 관측 가능한 물리량을 계산하는 수학적인 도구로 간주하고 있다(그래서 이 관점은 '닥치고 계산하기(Shut up and calculate)' 접근법이라고 불리기도 한다. 파동함수의 의미 같은 것은 신경 쓰지 말고 그냥 양자역학을 사용하기만 하라는 뜻이다). 여기서 파생된 또 하나의 이론이 있다. "파동함수는 실제로 붕괴되지 않지만 주변환경과 상호작용을 주고받으면서 마치 붕괴되는 것처럼 보인다"는 주장이 바로 그것이다(이 접근법은 본문에서 잠시 후에 언급될 것이다). 나는 개인적으로 이 의견에 동의하며, '파동함수의 붕괴'라는 개념이 아예 필요 없게 되는 날이 반드시 찾아오리라 믿는다. 물론 여기에는 해결되어야 할 수학적 문제들이 아직도 많이 남아 있다.

12 다중우주 해석론에 대한 반대의견은 이것 말고도 또 있다. 예를 들어, 모든 가능성들이 일제히 진행되고 있는 무한히 많은 우주에 대하여 확률의 개념을 정립하는 것은 결코 쉬운 일이 아니다. 어떤 관측자가 정말로 무한히 많은 우주들 중 하나에 살고 있다면 '그가 관측을 행하여 이러이러한 결과를 얻을 확률'을 어떻게 해석해야 하는가? 그 많은 관측자들 중에서 진짜 '그'는 누구인가? 각각의 우주에 살고 있는 모든 관측자들은 자신의 우주에 할당된 확률에 의거하여 관측결과를 얻게 될 것이므로(이렇게 될 확률은 정확하게 1이다), 전체적인 확률체계는 더욱 조심스럽게 다뤄져야 한다. 뿐만 아니라 다중우주를 얼마나 구체적으로 정의하느냐에 따라서 고유값(eigenvalue)의 범위도 크게 달라진다. 이 한계는 어떻게 결정되어야 하는가? 이 문제에 관해서는 지금까지 수많은 해

결책이 제시되었지만 일반적으로 수용될 만한 답은 아직 발견되지 않았다.

13 보옴의 접근법(드브로이-보옴 접근법)은 물리학자들의 관심을 끌지 못했다. 아마도 그 이유는 벨이 『Speakable and Unspeakable in Quantum Mechanics』에서 밝힌 것처럼 보옴과 드브로이가 자신이 개발한 이론을 별로 좋아하지 않았기 때문일 것이다. 그러나 드브로이-보옴의 접근법은 표준 접근법의 한계인 모호함과 주관적 관점이 상당부분 배제되어 있다. 만일 보옴의 접근법이 틀렸다 해도 입자가 모든 시간에 정확한 위치와 정확한 속도를 갖는다는 아이디어는 고려해 볼 만한 가치가 있다(물론 우리는 이들을 동시에 측정할 수 없다). 물리학자들이 보옴의 접근법에 반대하는 또 하나의 이유는 그의 논리에 등장하는 비국소성이 표준 양자역학에 등장하는 비국소성보다 훨씬 더 엄격하기 때문이다. 표준 양자역학에서 비국소성은 깊은 곳에 은밀하게 숨어 있다가 멀리 떨어져 있는 입자들을 관측했을 때에 한하여 그 성질을 드러내지만, 보옴이 말하는 비국소성은 논리의 초입부터 등장하여 파동함수와 입자 사이의 상호작용에 깊이 관여하고 있다. 그러나 보옴의 지지자들은 무언가가 숨겨져 있는 것과 아예 없는 것은 분명히 다른 상황임을 강조하면서, 비국소성이 가장 극명하게 드러나는 '관측'문제에 관하여 표준 양자역학이 모호한 입장을 취하고 있으므로 결국 우리가 취할 수 있는 대안은 보옴의 접근법밖에 없다고 믿고 있다. 보옴의 이론과 관련된 수학적 내용을 알고 싶은 독자들은 팀 모들린(Tim Maudlin)의 『Quantum Non-locality and Relativity』(Malden, Mass.: Blackwell, 2002)를 참고하기 바란다.

14 양자적 결어긋남과 시간의 방향성의 관계에 관하여 자세히 알고 싶은 독자들은 H. D. Zeh의 저서인 『The Physical Basis of the Direction of Time』(Heidelberg: Springer, 2001)을 참고하기 바란다.

15 결어긋남 현상이 얼마나 빨리 진행되는지를 이해하기 위해 몇 가지 사례를 들어 보자(여기 제시된 숫자들은 정확한 값은 아니지만 논지에 지장을 줄 정도는 아니다). 방 안에서 공기분자들과 수시로 충돌하면서 이리저리 떠다니고 있는 먼지 한 톨의 파동함수가 결어긋남 현상을 겪는 데 걸리는 시간은 약 10^{-36}초(10억×10억×10억×10억분의 1초)이며, 우주공간에서 태초의 마이크로파와 상호작용을 주고받으며 떠다니는 먼지 한 톨이 결어긋남 현상을 겪는 데 걸리는 시간은 약 100만분의 1초이다. 이와 같이 조그만 먼지 한 톨도 약간의 상호작용만 있으면 순식간에 결어긋남 상태로 가게 된다. 물론 커다란 물체는 구성성분이 훨

씬 많으므로 소요시간이 훨씬 더 짧다. 이 우주가 양자역학의 지배를 받으면서 겉으로는 고전역학의 법칙을 따르는 것처럼 보이는 것은 바로 이런 이유 때문이다(자세한 내용은 『Decoherence: Theoretical, Experimental, and Conceptual Problems』(Ph. Blanchard, D. Giulini, E. Joos, C. Kiefer, I. O. Stamatescu, eds. Berlin: Springer, 2000)에서 E. Joos가 쓴 「Elements of Environmental Decoherence」 부분을 참고하기 바란다).

제 8 장

1 사실, 코네티컷과 뉴욕에서 동일한 물리법칙이 적용된다는 말속에는 병진대칭과 회전대칭이 모두 내포되어 있다. 코네티컷과 뉴욕은 위치상으로도 다르지만 그곳에 있는 체육관의 방향(또는 철봉이 세워진 방향)도 다를 가능성이 높기 때문이다.

2 뉴턴의 운동법칙은 가속운동을 하고 있지 않은 '관성좌표계(inertial frame)'에 한하여 성립한다. 관성좌표계에 있는 관측자는 아무런 힘도 느끼지 않으며, 뉴턴의 법칙을 마음 놓고 적용할 수 있다. 그러나 가속운동을 하고 있는 좌표계(비관성좌표계)에서는 가속운동에 따른 힘이 추가로 느껴지기 때문에 뉴턴의 운동법칙을 적용할 수 없다(굳이 적용하려면 관성력이나 원심력 같은 가상의 힘을 새로 도입해야 한다). 반면에, 아인슈타인의 일반상대성이론은 등속이나 가속 여부에 상관없이 모든 운동에 적용되는 이론이다.

3 만일 모든 변화가 정지해 버린다면 우리는 시간의 흐름을 전혀 느끼지 못할 것이다(물론 우리의 몸이나 두뇌의 활동도 정지된 상태를 말한다). 그러나 그림 5.1에 그려진 시공간 블록이 언젠가는 종말에 도달할 것인지, 아니면 시간 축을 따라 영원히 계속될 것인지의 여부는 여전히 알 수 없다. 시간이 정지한다는 가정은 엔트로피가 더 이상 증가할 여지가 없을 정도로 최고조에 도달한 상태를 의미하는 것은 아니다.

4 우주배경복사는 1964년에 벨연구소의 아르노 펜지어스(Arno Penzias)와 로버트 윌슨(Robert Wilson)에 의해 처음으로 발견되었다. 그들은 안테나로 수신되는 신호를 분석하다가 정체불명의 잡음을 발견하였는데, 안테나의 내부에 묻어 있는 새의 배설물을 말끔히 닦아낸 후에도 그 잡음은 사라지지 않았다. 그 후 프린스턴대학의 로버트 디키(Robert Dicke)와 그의 학생인 피터 롤(Peter Roll),

데이비드 윌킨슨(David Wilkinson), 짐 피블스(Jim Peebles) 등의 도움을 받아 그 잡음이 빅뱅 때 방출된 마이크로 복사파라는 사실을 알게 되었다(이 현상은 조지 가모브(George Garmow)와 랠프 앨퍼(Ralph Alpher), 그리고 로버트 허먼(Robert Herman) 등에 의해 이미 예견되어 있었다). 나중에 자세히 언급되겠지만, 이 복사파는 빅뱅 후 30만 년이 지난 우주의 모습을 우리에게 보여 주고 있다. 이 무렵에 전자나 양성자와 같은 하전입자들이 한데 뭉치면서 전기적으로 중성인 원자가 만들어졌으며, 하전입자들 때문에 사방으로 산란되던 빛은 이때부터 아무런 방해도 받지 않고 자신의 길을 갈 수 있게 되었다. 오늘날 우주공간에 퍼져 있는 마이크로파는 이때 생성된 빛의 흔적이라고 할 수 있다.

5 11장에서 다시 언급되겠지만, 천체들이 멀어져 가는 현상은 '적색편이(red-shift)'로 알려져 있다. 일상적인 수소원자나 산소원자들은 특정 파장에 해당하는 빛을 방출하는데, 이러한 물질로 이루어진 은하가 지구로부터 멀어져 가면 그곳에서 방출된 빛은 파장이 원래보다 길어진 채로 지구에 도달하게 된다. 이것은 관측자로부터 멀어져 가는 구급차의 사이렌소리가 원래보다 낮게 들리는 것과 비슷한 현상이다. 붉은색 빛은 가시광선 중에서 파장이 제일 길기 때문에, 빛의 파장이 길어지는 현상을 통칭 적색편이라 부른다. 광원이 멀어져 가는 속도가 빠를수록 적색편이는 더욱 두드러지게 나타난다. 따라서 멀리 있는 천체로부터 방출된 빛을 스펙트럼으로 분류하여 실험실에서 얻은 스펙트럼과 대조해 보면 관측된 천체의 이동속도를 알 수 있다(이것은 '도플러효과(Doppler effect)'의 한 사례이다. 그러나 빛은 중력에 의해서도 적색편이를 일으킬 수 있다. 광자는 중력장을 빠져나올 때 파장이 길어진다).

6 **[수학에 관심 있는 독자들을 위한 부가설명]**
좀 더 정확하게 말해서, 반지름이 R이고, 질량밀도가 ρ인 구면 위에 질량 m인 물체가 놓여 있을 때 이 물체는 $d^2R/dt^2=(4\pi/3)R^3G\rho/R^2$의 가속도를 가지며, 따라서 $(1/R)d^2R/dt^2=(4\pi/3)G\rho$의 관계가 성립한다. 여기서 R을 우주의 반지름이라 하고 ρ를 우주의 질량밀도라 하면 시간에 따라 우주의 크기가 변해 가는 과정을 구체적으로 알 수 있다.

7 피블스(P.J.E. Peebles)의 『Principles of Physical Cosmology』(Princeton: Princeton University Press, 1993), p. 81 참조.

그림에 추가된 글의 내용은 다음과 같다. "하지만 풍선을 불고 있는 주인공은 과연 누구인가? 우주가 팽창하는 원인은 무엇인가? 아마도 람다(Λ)가 그 일을

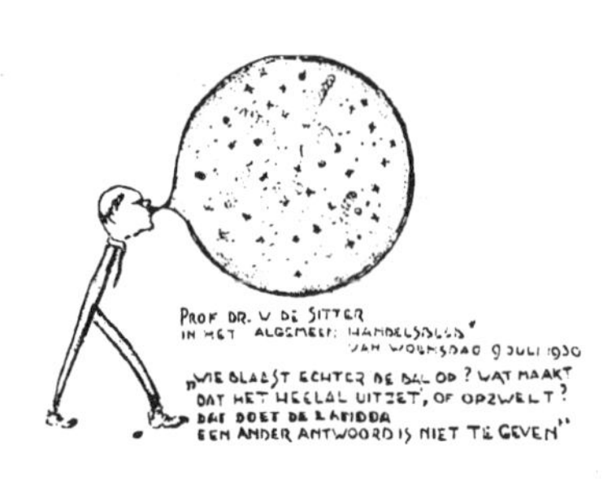

하고 있는 것 같다. 그 외에는 어떤 답도 제시할 수 없다." 여기서 '람다'란 우주상수(cosmological constant)를 말하는데, 그 의미는 10장에서 설명할 예정이다.

8 사실, 동전은 모두 똑같이 생겼지만 은하들은 그 모습이 천차만별이므로 '동전이 붙어 있는 풍선'은 그다지 적절한 비유라고 할 수 없다. 그러나 수억 광년의 거리에 비하면 은하들 사이의 개인차(개은차?)는 무시할 수 있을 정도로 작기 때문에, 전체 공간의 특성을 논할 때에는 별다른 문제를 일으키지 않는다.

9 블랙홀의 경계면 근처에서 중력에 빨려 들어가지 않도록 엔진을 최대로 가동하면 그 상태를 유지하면서 머물 수 있다. 그런데 블랙홀의 강한 중력이 주변의 시공간을 심하게 왜곡시키고 있으므로 로켓에 달려 있는 시계는 다른 곳에 있는 시계보다 훨씬 느리게 간다. 물론 이 시계를 바라보고 있는 당신의 관점은 다른 시계에 준한 관점과 똑같이 옳다. 그러나 빠른 속도로 우주공간을 이동하는 로켓과 마찬가지로 이 경우 역시 개인적인 관점에 불과하다. 우주의 전체적인 특성을 논할 때에는 개인적인 시간보다 우주 전역에서 통용되는 시간을 사용하는 것이 훨씬 편리하며, 팽창하는 공간과 함께 움직이는 시계가 그 기준을 제공해 주고 있다.

10 **[수학에 관심 있는 독자들을 위한 부가설명]**
빛은 시공간 계량(spacetime metric)에서 영-측지선(zero geodesic)을 따라 이동하며, 수학적으로는 $ds^2 = dt^2 - a^2(t)(dx)^2$으로 표현된다. 여기서 $dx^2 = dx_1^2 + dx_2^2 + dx_3^2$이며 x_i는 3차원 공간좌표이다. 영-측지선에서 $ds^2 = 0$이므로 시간 t에서 방출된 빛이 시간 t_0까지 이동한 거리는 $\int_t^{t_0}(dt/a(t))$로 쓸 수 있다. 여기서 시간 t_0에서의 스케일 인자(scale factor) $a(t_0)$를 양변에 곱하면 주어진 시간 동안 빛이 이동한 물리적 거리를 구할 수 있다. 이것은 주어진 시간 간격 동안 빛이 이동한 거리를 계산할 때 흔히 사용하는 방법으로서, 두 지점이 인과적으로 연결되어 있는지의 여부를 판별해 준다. 팽창속도가 점점 빨라지는 상황에서는 t_0가 아무리 커도 적분은 유한한 값을 가지며, 그 결과 빛은 어디에도 도달할 수 없게 된다. 즉, 우주 안에서 우리와 신호를 교환할 수 없는 장소(은하)가 생기는 것이다. 이런 지역은 '우주적 지평선 너머에 존재한다'고 말할 수 있다.

11 수학자와 물리학자들은 도형을 분석할 때 곡률(curvature)이라는 개념을 즐겨 사용한다. 19세기 수학자들이 처음으로 도입했던 곡률의 개념은 현대에 와서 미분기하학(differential geometry)의 중요한 요소로 자리 잡았다. 임의로 휘어진 면 위에 그려진 삼각형을 상상하면 곡률의 정의를 쉽게 이해할 수 있다. 만일 삼각형의 내각의 합이 정확하게 180°라면 그 면은 전혀 휘어지지 않은 평면이다. 그러나 내각의 합이 180°보다 작거나 크다면 그 면은 0이 아닌 곡률을 갖는 곡면이 된다(구면 위에 그려진 삼각형은 내각의 합이 180°보다 크고 말안장처럼 생긴 면에 그려진 삼각형은 내각의 합이 180°보다 작다). 각각의 상황은 그림 8.6에 예시되어 있다.

12 사각형 평면을 구부려서 오른쪽 끝과 왼쪽 끝을 연결시키면 원통(cylinder)이 된다. 그리고 이 상태에서 원통의 한쪽 끝과 반대쪽 끝을 연결시키면 도넛 모양의 도형이 얻어진다. 그러므로 도넛은 2차원 원환면을 가시화시키는 방법 중 하나라고 할 수 있다. 한 가지 문제는 도넛의 표면이 곡면처럼 보인다는 점인데, 사실은 그렇지 않다. 도넛의 표면에 그려진 삼각형 내각의 합은 정확하게 180°이다. 그러나 기하학에 익숙하지 않은 사람들은 도넛의 표면을 곡면으로 착각하는 경우가 많기 때문에, 본문에서는 2차원 원환면을 도넛에 비유하지 않은 것이다.

13 본문에서 우리는 '곡률(curvature)'과 '형태(shape)'의 개념을 엄격하게 구분하지 않았다. 완전한 대칭을 갖는 공간은 세 가지의 곡률(+, 0, −)을 가질 수 있다, 그러나 양끝이 연결된 비디오게임의 화면과 무한히 큰 평면은 곡률이 같음에도 불구하고 서로 다른 모양을 하고 있다. 대칭의 개념이 가능한 공간의 종류를 세 가지로 줄여 주긴 했지만 생긴 모양으로 따진다면 그 종류는 훨씬 많아진다.

14 지금까지 우리는 4차원 시공간의 시간단면인 3차원 공간의 곡률만을 고려해왔다. 그러나 곡률의 부호가 어떻게 판명되건 간에 시공간 자체도 휘어져 있으며 그 곡률은 빅뱅으로 거슬러 올라갈수록 커진다. 실제로 빅뱅이 일어나던 무

렵에는 4차원 시공간의 곡률이 너무 커서 아인슈타인의 방정식을 적용할 수 없다. 이 문제는 나중에 다시 언급될 것이다.

제9장

1 물체의 온도가 아주 높아지면 원자를 이루는 입자들(전자와 원자핵)이 낱낱이 분리되는데, 이 상태를 플라즈마(plasma) 상태라 한다.

2 로셸염(Rochelle salt)은 다른 일반적인 물질과 정반대로 온도가 높아질수록 질서정연한 상태로 변한다.

3 힘에 의한 장(force field)과 물질에 의한 장(matter field)의 다른 점 중 하나는 볼프강 파울리(Wolfgang Pauli)의 배타원리(exclusion principle)로 설명될 수 있다. 이 원리에 의하면 광자와 같이 힘을 매개하는 입자들이 한곳에 모이면 눈에 보이는 고전적 장을 형성하는 반면(예를 들어 어두운 방에 들어가서 벽의 스위치를 켜면 당장 장의 존재를 눈으로 확인할 수 있다), 물질을 이루는 입자들은 양자역학의 법칙에 의해 서로 배타적인 성질을 갖고 있다(좀 더 정확하게 말하면 같은 종류의 입자들은 동일한 상태에 놓일 수 없다. 그러나 광자는 이런 제한을 받지 않는다. 그러므로 물질에 의한 장은 일반적으로 거시적인 특성이 나타나지 않는다).

4 양자장이론에서 모든 입자들은 각 입자가 속해 있는 종(種)과 관련된 장의 들뜬 상태(excitation)로 해석된다. 예를 들어 광자는 광자장, 즉 전자기장의 들뜬 상태이며 위쿼크(up-quark)는 위쿼크장의 들뜬 상태에 해당된다. 양자역학에서 모든 물질과 힘은 이렇게 통일된 언어로 표현될 수 있다. 단, 중력만은 이런 식으로 표현하는 것이 아주 어려운데, 이 문제는 12장에서 자세히 다룰 예정이다.

5 힉스장은 피터 힉스(Peter Higgs)의 이름에서 유래되었지만 이와 관련된 이론은 토마스 키블(Thomas Kibble), 필립 앤더슨(Philip Anderson), 브라우트(R. Brout), 프랑수아 앙글레(François Englert) 등 여러 사람들에 의해 개발되었다.

6 장의 값은 '용기의 중심으로부터 측정한 수평거리'에 대응되므로 장의 에너지(용기상의 고도)가 0이라 해도 장 자체는 0이 아닌 값을 가질 수 있다.

7 본문에서는 한 점에 할당된 힉스장의 값이 그릇의 중심부와 그 점 사이의 수평

거리로 정의하였으므로 원형대칭을 이루는 계곡의 모든 점들은 힉스장의 값이 같다. 그러나 각도가 달라지면 힉스장의 값은 변하지 않지만 위상이 달라진다(힉스장의 값은 복소수로 표현된다).

8 물리학에 등장하는 질량은 두 가지 의미를 갖고 있다. 그중 하나는 본문에서 이미 언급한 질량, 즉 가속운동에 저항하는 질량으로서 흔히 '관성질량(inertia mass)'이라 부른다. 두 번째 질량은 두 물체 사이에 작용하는 중력의 크기를 결정하는 질량으로, 이를 '중력질량(gravitational mass)'이라 한다. 언뜻 생각하기에 힉스장은 관성질량에만 관계하는 것 같지만, 중력과 가속운동은 완전히 동일한 현상이므로(일반상대성이론의 등가원리) 힉스장은 중력질량과도 밀접하게 관련되어 있으며 이로부터 관성질량과 중력질량이 동일한 개념임을 알 수 있다.

9 이 비유는 영국의 과학부 장관인 윌리엄 월더그레이브(William Waldegrave)가 1993년에 영국물리학회에서 국민의 세금으로 힉스입자(힉스장)를 찾는 것이 왜 타당한지를 설명할 때 데이비드 밀러(David Miller)교수가 제안했던 비유와 비슷하다고 한다. 이 사실을 나에게 알려준 라파엘 캐스퍼(Raphael Kasper)에게 감사의 말을 전한다.

10 **[수학에 관심 있는 독자들을 위한 부가설명]**

약전자기이론(electroweak theory)에서 광자와 W 및 Z 보존(boson)은 SU(2)×U(1)군(group)의 수반나툼(adjoint representation)으로 표현되며, 이 군의 작용(group action)에 의해 서로 교환된다. 게다가 약전자기이론에 등장하는 방정식은 이 군의 작용하에서 완벽한 대칭성을 갖고 있기 때문에 힘입자들이 서로 밀접하게 연관되어 있다고 말할 수 있는 것이다. 좀 더 정확하게 말하자면 약전자기이론에서 광자는 U(1)대칭을 갖는 게이지보존(gauge boson)과 SU(2)의 부분군(subgroup)에 해당되는 U(1)대칭 게이지보존이 혼합된 형태로 표현된다. 그러므로 광자는 약게이지보존(weak gauge boson)과 밀접하게 관련되어 있다고 볼 수 있다. 그러나 대칭군의 곱셈연산이 갖고 있는 특성 때문에, 네 개의 보존(W 보존은 전하의 부호에 따라 두 종류로 구분된다)은 이 작용하에서 완전하게 섞이지 않는다. 이것은 약력과 전자기력만으로 완벽하게 통일된 체계가 세워지는 것이 아니라 이들을 포함하는 더욱 큰 체계가 존재한다는 것을 강하게 시사하고 있다. 여기에 강한 핵력을 추가하면 이들을 나타내는 군은 SU(3)×SU(2)×U(1)으로 확장되는데, 이런 식으로 대칭의 규모를 확장해가면서 서로 다른 상호작용(힘)을 통일해 나가는 이론을 대통일이론(grand unified theory)이라 한다(구체적인 내용은 다음 장에서 언급될 것이다).

11 **[수학에 관심 있는 독자들을 위한 부가설명]**
조자이와 글래쇼의 대통일이론은 강한 핵력과 관계된 SU(3)군과 약전자기력과 관계된 SU(2)×U(1)군을 모두 포함하는 SU(5)군에 수학적 기초를 두고 있다. 그 후로 물리학자들은 모든 상호작용을 포함하는 대통일군, 즉 SO(10)과 E_6군에 관심을 갖기 시작했다.

제10장

1 앞에서도 언급한 적이 있지만, 빅뱅은 이미 존재하던 공간상의 한 지점에서 발생한 사건이 아니다. 그래서 "빅뱅은 어느 곳에서 발발하였는가?"라는 질문은 제기할 필요가 없다. 앨런 구스(Alan Guth)의 저서 『The Inflationary Universe』(Reading, Eng.: Perseus Books, 1997), xiii쪽에는 빅뱅이론의 결점이 재미있는 문체로 지적되어 있다.

2 '빅뱅'이라는 말은 종종 우주가 탄생하던 바로 그 순간(시간=0)을 칭하는 용어로 사용되기도 한다. 그러나 (다음 장에서 다시 언급되겠지만) 일반상대성이론의 방정식은 시간=0인 시점에서 정상적으로 적용될 수 없기 때문에 그 순간에 어떤 사건이 일어났는지는 아무도 알 수 없다. 그래서 "빅뱅이론에는 뱅(bang, 폭발)이 빠져 있다"고 말하는 것이다. 이 장에서는 우주의 기원을 찾아 가능한 한 과거로 거슬러 올라가겠지만, 우리가 탐색할 수 있는 시간대는 어쩔 수 없이 '아인슈타인의 방정식이 무력해지지 않는 시점'으로 한정된다. 빅뱅이라는 초대형 사건이 정말로 일어났었다면, 시간=0인 시점에서 발생한 사건은 인플레이션 우주론을 도입한다 해도 여전히 미지로 남을 수밖에 없다.

3 Abraham Pais, *Subtle is the Lord* (Oxford: Oxford University Press, 1982), p. 253.

4 **[수학에 관심 있는 독자들을 위한 부가설명]**
아인슈타인은 자신의 방정식 $G_{\mu\nu}=8\pi T_{\mu\nu}$를 $G_{\mu\nu}+\Lambda g_{\mu\nu}=8\pi T_{\mu\nu}$로 대치시켰다. 여기서 Λ는 우주상수(cosmological constant)이다.

5 이 책에서 말하는 '물체의 질량'이란, 물체를 이루고 있는 모든 구성성분들의

질량의 합을 의미한다. 예를 들어 금덩이 하나가 1,000개의 금 원자로 이루어져 있다면, 이 금덩이는 금 원자 하나의 질량보다 1,000배 큰 질량을 가지며, 이것은 뉴턴식 사고방식과 일치한다. 뉴턴의 법칙에 의하면 이 금덩이의 질량은 금 원자 하나의 질량보다 1,000배 크기 때문에 무게도 1,000배 무거워야 한다. 그러나 아인슈타인의 이론에 의하면 금덩이의 질량은 그것을 구성하고 있는 원자의 운동에너지에 따라 달라진다(만일 다른 원자가 섞여 있다면 그 원자의 운동에너지도 질량에 영향을 준다). 이것은 아인슈타인의 그 유명한 공식 $E=mc^2$에서 비롯된 결과이다. 에너지(E)는 그 근원이 무엇이건 간에 질량(m)으로 환산될 수 있다. 뉴턴은 $E=mc^2$의 관계를 알지 못했으므로, 그의 중력법칙에는 운동에너지와 같이 '질량과 직접적인 관계가 없어 보이는 에너지'에 의한 질량증가 효과가 고려되지 않은 것이다.

6 본문에서 언급된 내용은 그 저변에 깔려 있는 물리학을 함축성 있게 표현하고 있지만 모든 것을 설명하지는 못한다. 압축된 용수철이 상자에 가하는 압력은 상자가 지구 쪽으로 당겨지는 힘의 강도에 분명히 영향을 주고 있지만, 이것은 압축된 용수철이 상자의 전체 에너지에 영향을 주기 때문이며 에너지가 중력에 영향을 미친다는 것은 이미 언급된 사실이다. 그러나 지금 내가 강조하고 싶은 바는 질량이나 에너지처럼 '압력 자체'도 중력을 만들어낸다는 것이다. 일반상대성이론에 의하면 압력은 분명히 중력을 만들어 내고 있다. 그리고 본문에서 말하는 '밀어내는 중력'이란 음압이 작용하는 지역 안에 존재하는 내부 중력장(internal gravitational field)을 의미한다. 이런 상황에서 음압은 그 지역 '안에서' 밀어내는 중력장을 만들어낸다.

7 우주상수는 하나의 숫자이며 수학기호로는 Λ로 표기한다(후주 10.4 참조). 이 값이 양수이건, 혹은 음수이건 간에 아인슈타인의 방정식은 항상 성립한다. 본문의 내용은 Λ가 양수인 경우, 즉 음압이 작용하는 경우에 초점이 맞춰져 있지만, Λ가 음수인 경우에도 나름대로의 논리를 진행시킬 수 있다(이 점에 관해서는 나중에 다시 언급될 것이다). 또 한 가지 짚고 넘어갈 것은 우주상수로부터 도입된 압력은 전 공간에 걸쳐 균일하게 작용하기 때문에, 물속에서 고막에 가해지는 힘과 같은 '압력의 차이에 의한 힘'을 유발시키지 않는다는 점이다. 우주상수에 의해 발생하는 힘은 오로지 중력뿐이다.

8 일상적인 자석은 항상 N극과 S극을 동시에 갖고 있다. 그러나 대통일이론은 N극, 또는 S극만을 갖는 입자의 존재를 허용하고 있다. 이러한 입자의 존재

여부는 표준 빅뱅이론에 중요한 영향을 미친다. 물론 지금까지 자기홀극은 단 한 번도 발견되지 않았다.

9 과냉각된 힉스장이 우주상수와 동일한 방식으로 행동한다는 것은 구스와 타이 이전에 마르티누스 벨트만(Martinus Veltman)을 비롯한 다른 물리학자들도 이미 알고 있는 사실이었다. 언젠가 타이는 나와 대화를 나누면서 "구스가 자신의 연구결과를 발표했던 『Physical Review Letters』에 원고 분량의 제한이 있었기 때문에 초기우주가 지수함수적으로 팽창했다는 내용을 결론에 추가하지 못했다"고 했다. 그래서 타이는 우주가 지수함수적으로 팽창했다는 사실을 처음으로 알아낸 사람이 구스라고 굳게 믿고 있었다(이 내용은 다음 장에서 다룰 예정이다).

러시아의 물리학자인 알렉세이 스타로빈스키(Alexei Starobinsky)는 이보다 전에 독창적인 방법으로 인플레이션이론을 유도하였지만 서방세계의 물리학자들에게 잘 알려지지 않은 저널에 발표하는 바람에 그 공적이 묻혀버리기도 했다. 그러나 스타로빈스키는 우주 초기의 급속한 팽창이 우주론을 완성하는 데 핵심적 요소임을 특별히 강조하지 않았으므로, 그의 논문이 서방세계에 알려졌다 해도 구스의 논문처럼 센세이션을 불러일으키지는 못했을 것이다. 1981년에는 일본의 물리학자 가주히토 사토(Katsuhito Sato)가 인플레이션 우주론을 개발하였고, 그보다 먼저 1978년에는 러시아의 물리학자 제나디 시비소프(Gennady Chibisov)와 안드레이 린데(Andrei Linde)도 인플레이션이라는 아이디어를 떠올리긴 했지만, 이들은 중요한 문제(후주 10.11 참조)를 해결하지 못했기에 연구결과를 저널에 발표하지 않았다.

초기의 우주가 급속한 속도로 팽창했다는 사실은 수학적으로 쉽게 이해할 수 있다. 아인슈타인의 방정식 중 하나인 $d^2a/dt^2/a = -4\pi/3(\rho + 3p)$에서($a$는 우주의 척도인자(scale factor, 우주의 크기와 관계된 상수)이고 ρ는 에너지 밀도, 그리고 p는 압력밀도이다) 우변이 0보다 크면 척도인자 a는 점차 빠른 속도로 증가하게 된다. 즉, 우주의 팽창속도가 점차 빨라진다는 뜻이다. 힉스장이 위치에너지 그릇의 중심부에 자리 잡은 경우, 장의 압력밀도는 에너지밀도의 마이너스 부호와 같아지기 때문에(우주상수도 이 성질을 만족한다) 방정식의 우변은 0보다 크다.

10 여기서 말하는 양자적 과정은 4장에서 설명한 불확정성원리와 밀접하게 관련되어 있다. 양자적 불확정성을 장(field)에 적용하는 과정은 11장과 12장에서

다룰 예정인데, 그 내용을 미리 간단히 설명하자면 다음과 같다. 공간상의 한 지점에서 장의 값과 그 점에서 장의 값의 변화율은 입자의 위치 및 속도(운동량)에 대응된다. 따라서 입자의 위치와 운동량을 동시에 정확하게 측정할 수 없는 것처럼, 한 지점에서 장의 값과 장의 변화율도 동시에 정확하게 측정할 수 없다. 한 순간에 장의 값을 정확하게 측정할수록 장의 변화율은 더욱 모호해진다. 즉, 잠시 후에 장의 값이 변할 확률이 그만큼 커진다는 뜻이다. 양자적 불확정성에 기인하는 이 변화를 본문에서 '양자적 점프'라고 표현한 것이다.

11 구스가 처음 제안했던 '구형(old)' 인플레이션 우주모델은 결정적인 결함을 갖고 있었으므로 이 문제를 해결한 린데와 알브레흐트, 그리고 슈타인하르트의 연구는 학자들 사이에서 매우 높이 평가받고 있다. 본문에서 말한 대로, 과냉각된 힉스장(전문용어로는 '인플라톤장(inflaton field)'이라 한다)은 전 공간에 걸쳐 에너지 그릇 중심의 돌출부에 해당되는 값(0)을 갖는다. 그런데 인플라톤장이 아주 짧은 시간 내에 최저에너지로 점프하는 과정에서 한 가지 문제되는 것이 있다. "양자적 점프는 전 공간에서 동시에 일어날 수 있는가?" 답: 그럴 수 없다. 구스가 논했던 대로, 인플라톤장이 에너지=0인 상태로 가는 사건은 소위 말하는 '기포 핵 형성(bubble nucleation)' 과정을 통해 일어난다. 일단 한 지점에서 인플라톤장의 에너지가 0이 되면 그곳을 기점으로 '바깥쪽으로 확장되는 기포'가 형성되어 그 크기가 빛의 속도로 자라나며, 이 기포의 벽이 통과하는 지점은 에너지=0인 상태가 된다. 구스는 이러한 기포가 여러 장소에서 동시에 형성되어 하나로 합쳐지면서 인플라톤장의 에너지를 한꺼번에 0으로 만드는 효과를 가져온다고 생각했다. 그러나 구스 자신도 인정했듯이, 기포를 에워싸고 있는 인플라톤장의 에너지는 아직 0으로 떨어지지 않은 채 공간과 함께 빠른 속도로 팽창하고 있으므로, 기포가 여러 개 형성되었다 해도 그들 사이의 거리는 점점 멀어지게 된다. 즉, 기포들이 모여서 하나로 합쳐진다는 보장이 없는 것이다. 또한, 구스는 인플라톤장의 에너지가 0으로 떨어져도 에너지는 손실되지 않고 일상적인 입자나 복사로 전환된다고 주장했다. 따라서 구스의 이론이 설득력을 가지려면 인플라톤장으로부터 형성된 물질과 복사가 전 공간에 균일하게 분포되어야 하는데(관측 결과와 일치해야 하므로), 구스와 컬럼비아대학의 에릭 와인버그(Erick Weinberg), 캠브리지대학의 스티븐 호킹(Stephen Hawking)과 이안 모스(Ian Moss), 존 스튜어드(John Steward) 등이 계산을 수행한 결과, 균일하게 분포되지 않는 것으로 나타났다. 구스의 인플레이션 모델이 갖고 있는 심각한 문제란 바로 이것을 두고 하는 말이었다.

알브레흐트, 슈타인하르트는 그림 10.2와 같이 완만한 모양의 퍼텐셜에너지를 도입함으로써 구스의 이론이 직면했던 문제를 말끔하게 해결하였다(이들의 이론은 '신형 인플레이션(new inflation)'이라고도 한다). 인플레이션이 언덕 꼭대기에서 계곡으로 서서히 '굴러 내려와서' 에너지가 0인 상태에 이르도록 허용하면 굳이 양자적 점프라는 과정을 도입할 필요가 없다. 위치에너지 그래프를 완만하게 수정하여 인플레이션의 진행속도를 늦추면 하나의 기포가 자라나서 전체 우주를 덮을 수 있을 만큼 충분한 시간이 확보되므로 여러 개의 기포가 하나로 뭉치는 과정도 필요 없어진다. 구스는 인플라톤장의 에너지가 '기포들 간의 충돌을 통해' 일상적인 입자와 복사로 전환된다고 설명했지만, 새로운 인플레이션이론은 기포의 가설을 폐기하고 인플라톤장의 에너지가 (전 공간에 걸쳐) 에너지 언덕을 서서히 굴러 내려올 때 입자와 복사에 의한 장과 일종의 마찰을 일으키면서(상호작용을 하면서) 에너지가 전환되는 것으로 설명하고 있다.

신형 인플레이션이론이 발표되고 약 1년쯤 지난 후에, 린데는 또 한 차례의 획기적인 진보를 이룩하였다. 새로운 인플레이션이 성공적으로 일어나려면 몇 가지 조건들이 충족되어야 한다. 위치에너지 그릇이 적절하게 완만한 형태를 갖춰야 하고, 인플라톤장의 값은 위치에너지 그릇의 정점에서 시작되어야 한다. 그러나 린데는 이런 까다로운 조건들이 만족되지 않아도 초고속 팽창(inflation burst)이 일어날 수 있음을 입증하였다. 위치에너지 그릇이 그림 9.1a와 같이 생겼고 인플라톤장의 값이 초기조건을 만족하지 않아도 인플레이션은 자연스럽게 일어날 수 있는데, 그 아이디어는 다음과 같다. 초창기의 우주가 엄청나게 혼란스러운 상태(chaotic)여서 인플라톤장의 값이 이리저리 널을 뛰고 있었다고 상상해 보자. 즉, 어떤 지점에서는 인플라톤장의 값이 작고 또 어떤 지점에서는 중간 정도의 값을 가지며 또 다른 지점에서는 아주 큰 값을 갖는다고 가정해 보자. 린데는 장의 값이 작거나 중간 정도인 지점에서는 별다른 사건이 일어나지 않지만 장의 값이 큰 지역에서는(그 지역이 10^{-33}cm 이내의 작은 지역이라 해도) 매우 흥미로운 사건이 일어난다는 것을 알아냈다. 인플라톤장의 값이 크면 언덕 위에서 아래로 굴러 내려올 때 일종의 '우주적 마찰'이 작용하여 굴러 내려오는 속도가 매우 느려진다는 것이다. 그렇다면 이 과정에서 인플라톤장의 값은 거의 상수에 가까워지므로 공간은 거의 일정한 에너지와 일정한 음압을 갖게 된다. 독자들도 잘 알다시피, 이것은 갑작스런 팽창이 일어나기 위해 반드시 만족되어야 할 조건이다. 그러므로 초기우주가 혼돈상태였다는 가정을 세우면 에너지 그릇의 생김새와 인플라톤장의 값에 특별한 조건을 부과하지 않아도 초기우주의 급속한 팽창을 설명할 수 있다(린데는 이 이론을 '혼돈 인플레이션(chaotic inflation)'이라고 명명했다). 현재 대다수의 물리학자들은 린데의 이론을 수용하고 있다.

12 구스는 우주론의 지평선문제(horizon)와 평평성문제(flatness)를 연구하던 와중에 새로운 인플레이션이론을 탄생시켰다. 이 문제는 잠시 후에 언급될 것이다.

13 독자들은 "9장에서 언급되었던 약전자기 힉스장이나 대통일 힉스장이 인플레이션을 일으킬 수도 있지 않을까?"라고 생각할지도 모른다. 학계에는 이런 의문에서 출발한 우주모델도 많이 제시되어 있지만 하나같이 기술적인 문제를 안고 있어서 정설로 인정되지 않고 있다. 인플레이션을 설득력 있게 구현하려면 어쩔 수 없이 새로운 힉스장을 도입해야 한다.

14 후주 10.11을 참고할 것.

15 당신이 있는 곳을 중심으로 반지름이 약 140억 광년인 거대한 가상의 구를 설정하면 이 구의 표면은 당신의 관점에서 바라본 우주적 지평선(지평면)이 된다. 빅뱅은 지금부터 약 140억 광년 전에 일어났으므로 이 구의 내부에 있는 천체들은 우리와 정보를 교환할 수 있고 그 바깥에 있는 천체들하고는 정보를 교환할 수 없기 때문이다(어떤 정보도 빛보다 빠르게 전달될 수 없음을 상기하라). 물론 구의 크기는 시간이 흐를수록 커지므로 아득한 과거에는 지금보다 반지름이 훨씬 작았을 것이다(후주 8.11 참조).

16 인플레이션 우주론으로 지평선 문제를 해결하는 논리는 대충 본문의 내용과 같지만 여기에는 오해를 살 만한 부분이 있으므로 요점을 다시 한 번 짚고 넘어가는 것이 좋을 것 같다. 어느 날 밤, 당신과 친구가 탁 트인 평원 위에 서로 마주보고 서서 손전등으로 빛 신호를 교환하고 있다고 가정해 보자. 이때 당신이 친구로부터 멀어지는 방향으로 아무리 빨리 달린다 해도 두 사람은 여전히 빛을 주고받을 수 있다. 왜 그런가? 친구가 발사한 빛이 당신에게 도달하지 못하게 하려면 당신은 빛보다 빠르게 달려야 하고, 이것은 특수상대성이론에 의해 불가능하기 때문이다. 그렇다면 우주 초기에 빛 신호를 교환할 수 있는 거리에 있었던(또는 온도가 같았던) 두 지점이 오늘날 정보교환영역의 한계를 넘어서 존재하는 이유는 무엇인가? 손전등의 사례에서 보았던 것처럼, 이것은 두 지점이 빛보다 빠른 속도로 멀어졌음을 의미한다. 실제로 밀어내는 중력과 함께 진행된 인플레이션 과정에서 모든 지점들은 빛보다 빠른 속도로 멀어져 갔다. 그

리고 이것은 "모든 물체는 빛보다 빠르게 움직일 수 없다"는 특수상대성이론에 위배되지 않는다. 왜냐하면 특수상대성이론의 금지조항은 공간을 가로질러 가는 물체의 이동속도, 즉 공간에 대한 물체의 속도가 빛보다 빠를 수 없다는 것이지, 공간 자체가 팽창하는 속도까지 제한한 것은 아니기 때문이다.

17 임계밀도의 구체적인 값은 공간이 팽창할수록 감소한다. 즉, 넓은 공간의 임계밀도는 좁은 공간의 임계밀도보다 작다. 본문에서 임계밀도의 값이 유지된다고 한 것은 값 자체가 불변이라는 뜻이 아니라 공간이 아무리 팽창해도 항상 그 상황에 맞는 임계밀도 값을 유지한다는 뜻이다.

18 **[수학에 관심 있는 독자들을 위한 부가설명]**
인플레이션이 진행되는 동안에도 우리의 관점에서 바라본 우주적 지평선의 크기는 고정되어 있었다(후주 8.10에 언급된 스케일 인자(scale factor)에 지수함수를 취하면 이 사실을 쉽게 확인할 수 있다). 관측 가능한 우주가 전체 우주의 극히 일부분이라고 말할 수 있는 것은 바로 이런 이유 때문이다.

19 프레스턴(R. Preston)의 저서 『First Light』(New York: Random House Trade Paperbacks, 1996) p. 118 참조. (박병철 옮김, 『오레오 쿠키를 먹는 사람들』(영림카디널, 2004))

20 암흑물질에 대하여 좀 더 자세한 내용을 알고 싶은 독자들은 크라우스(L. Krauss)의 저서 『Quintessence: The Mystery of Missing Mass in the Universe』(New York: Basic Books, 2000)를 참고하기 바란다.

21 암흑물질도 그 종류에 따라 밀도가 다를 수 있지만 지금 우리는 우주 전체에 퍼져 있는 암흑물질의 총량에 관심을 두고 있으므로 이들을 굳이 구별할 필요는 없다.

22 Ia형 초신성들이 모두 동일한 과정을 거치는지는 분명치 않다(이 점을 내게 지적해 준 스퍼겔(D. Spergel)에게 감사드린다). 그러나 Ia형 초신성의 고유한 밝기가 모두 동일하다는 것은 관측을 통해 이미 입증된 사실이다.

23 프린스턴 대학의 짐 피블스(Jim Peebles)와 케이스 웨스턴 대학의 로렌스 크라우스(Lawrence Krauss), 그리고 시카고 대학의 마이클 터너(Michael Turner)와 오하이오 주립대학의 게리 스티그만(Gary Steigman)은 펄뮤터와 슈미트 팀이 연구를 수행하기 전에 "이 우주는 아주 작은 우주상수의 영향을 받고 있다"는

연구결과를 발표한 적이 있다. 이들의 논문은 그 당시에 별 관심을 끌지 못했지만 초신성의 관측결과가 알려지면서 학계의 태도는 백팔십도 달라졌다. 또한, 우리는 앞에서 우주상수에 의한 '밀어내는 힘'이 개구리가 꼭대기에 올라앉은 힉스장에 의한 효과와 비슷한 점이 많다는 것을 확인한 바 있다. 그러므로 우주상수가 관측데이터와 잘 일치하는 것은 사실이지만 이 상황을 좀 더 정확하게 표현하면 다음과 같다— "초신성을 관측한 연구팀들은 이 우주가 (우주상수와 비슷하게) 바깥으로 밀어내는 힘을 만들어 내는 무언가로 가득 차 있어야 한다는 결론을 내렸다." (공간을 바깥쪽으로 밀어내는 힘은 힉스장의 개념으로 설명할 수도 있다. 관측 데이터를 우주상수로 설명해야 할지, 또는 이와 유사한 중력적 효과를 가져오는 다른 물체를 도입해야 할지의 여부는 14장에서 다시 언급될 것이다.) 이 분야를 연구하는 학자들은 눈에 보이지 않으면서 우주공간을 바깥으로 밀어내고 있는 원천을 통틀어서 '암흑에너지(dark energy)'라고 부른다.

24 암흑에너지는 팽창이 가속되는 현상을 설명해 주는 가장 그럴듯한 후보로 널리 받아들여지고 있지만, 학계에는 다른 이론도 많이 제시되어 있다. 예를 들어, 개중에는 두 물체 사이의 거리가 천문학적 스케일로 멀어지면 중력의 법칙이 뉴턴이나 아인슈타인이 제시했던 법칙과 달라진다고 주장하는 이론도 있다. 그리고 초신성의 관측결과(우주의 팽창속도가 점점 빨라진다는 결과)를 신뢰하지 않는 학자들은 더욱 믿을 만한 관측이 행해지기를 기다리고 있다. 앞으로 어떤 관측결과가 나올지 알 수 없으므로 우리는 다른 이론들도 염두에 두고 있어야 한다. 그러나 학계에서는 이 책의 본문에 소개된 내용이 거의 정설로 통용되고 있다.

제11장

1 1980년대 초에 양자적 요동으로 우주의 비균질성을 설명한 학자로는 스티븐 호킹(Stephen Hawking), 알렉세이 스타로빈스키(Alexei Starobinsky), 앨런 구스(Alan Guth), 피소영(So-Young Pi), 제임스 바딘(James Bardeen), 폴 슈타인하르트(Paul Steinhardt), 마이클 터너(Michael Turner), 비아체슬라프 무카노프(Viatcheslav Mukhanov), 제나디 시비소프(Gennady Chibisov) 등이 있다.

2 그래도 독자들은 티끌보다도 작은 인플라톤장의 질량/에너지가 어떻게 우주 전체의 질량/에너지의 근원이 될 수 있었는지 여전히 의심스러울 것이다. 작은

질량으로 시작하여 방대한 질량으로 마무리되려면 어떤 과정을 거쳐야 할까? 본문에서 말한 대로 인플라톤장은 음압을 이용하여 중력으로부터 에너지를 '캐낼 수 있다.' 이는 곧 인플라톤장의 에너지가 증가할수록 중력장의 에너지는 감소한다는 것을 의미한다. 뉴턴 시대부터 알려져 있었던 중력장의 가장 큰 특징 중 하나는 그것이 음(minus)의 에너지를 가질 수 있다는 것이다. 비유적으로 말해서, 중력은 아무런 제한 없이 돈을 빌려 주는 은행과도 비슷하다(마이너스 통장을 떠올리면 된다). 인플라톤장은 공간이 팽창하는 동안 중력으로부터 무제한의 에너지를 충당할 수 있다.

균일한 인플라톤장이 갖고 있었던 초기 에너지는 인플레이션 모델에 따라 조금씩 다르다(각 모델은 위치에너지 그릇의 구체적인 형태를 조금씩 다르게 가정하고 있다). 본문의 계산은 인플라톤장의 초기 밀도가 약 10^{82}g/cm^3이었다는 가정하에 수행된 것이다. 그러면 부피는 $(10^{-26}cm)^3=10^{-78}cm^3$이 되어, 전체 질량= $10^{82}g/cm^3 \times 10^{-78}cm^3=10^4g=10kg$=약 20파운드가 된다. 대부분의 인플레이션 모델은 이 수치를 사용하고 있지만 정확한 값은 아니므로 그냥 수치적인 감만 잡고 넘어가기 바란다. 린데는 자신이 제창한 혼돈 인플레이션 모델에서(후주 10.11 참조) 우리의 우주가 이보다 훨씬 적은 10^{-33}cm(이를 '플랑크길이(Planck length)'라고 한다)짜리 초소형 덩어리에서 시작되었으며 에너지 밀도는 약 10^{94}g/cm^3이었다고 주장하였다. 그의 이론이 맞는다면 탄생 초기 우주의 총 질량은 약 10^{-5}g(이를 '플랑크질량(Planck mass)'이라 한다)으로, 먼지 한 톨 정도에 불과하다.

3 폴 데이비스(Paul Davies)의 「Inflation and Time Asymmetry in the Universe」(Nature, vol. 301, p. 398)와 돈 페이지(Don Page)의 「Inflation Does Not Explain Time Asymmetry」(Nature, vol. 304, p. 39), 그리고 폴 데이비스의 「Inflation in the Universe and Time Asymmetry」(Nature, vol. 312, p. 524)를 참조할 것.

4 본문에서는 설명을 쉽게 하기 위해 엔트로피를 그 근원에 따라 시공간과 중력에 의한 엔트로피와 그 나머지 요인에 의한 엔트로피로 분류하였다. 물론 수학적으로는 이들 사이의 구분이 명확하지 않지만, 이런 식으로 구분해도 결론에는 별 지장이 없다. 엔트로피를 구분하는 것이 혼란스럽다면 중력을 아예 고려하지 않아도 된다. 우리의 논리는 중력에 의한 엔트로피를 따로 고려하지 않아도 똑같은 결론에 이를 수 있다. 6장에서 강조했던 바와 같이 잡아당기는 중력

이 강하게 작용하면 물질은 덩어리를 이룬다. 이 과정에서 물질이 갖고 있던 위치에너지는 운동에너지로 전환되며, 그 후 에너지의 일부가 복사로 전환되면서 덩어리는 빛을 발하기 시작한다. 이 모든 것은 엔트로피가 증가하는 과정에 해당된다(입자의 평균 운동에너지가 클수록 위상공간의 부피가 커지고, 상호작용을 통해 발생하는 복사는 관련 입자의 개수를 증가시킨다. 이들 모두는 총 엔트로피를 증가시키는 효과가 있다). 그러므로 본문에서 말하는 '중력에 의한 엔트로피'란 '중력에 의한 물질의 엔트로피'라고 할 수 있다. 중력에 의한 엔트로피가 작다는 것은 '중력이 물질을 한곳에 뭉쳐서 엔트로피를 증가시킬 여지가 많이 남아 있는 상황'을 의미한다. 그리고 이 가능성이 실현되면서 질량덩어리는 자신의 주변에 '균일하지 않고 비등방적인(non-uniform, non-homogeneous)' 중력장을 형성한다. 본문에서는 이것을 '엔트로피가 높은 상태'로 표현하였다. 이 사실들을 종합해 보면, 물질이 큰 덩어리로 뭉칠수록 엔트로피가 커진다는 결론을 내릴 수 있다.

5 멀쩡한 계란이 깨질 수도 있고 깨진 계란껍질이 다시 붙어서 원래의 모습으로 되돌아갈 수도 있는 것처럼, 양자적 요동이 점차 자라나서 커다란 불균일성을 만들어 낼 수도 있고, 다양한 불균일성이 서로 연관되어 양자적 요동이 자라나는 것을 방해할 수도 있다. 그러므로 시간의 방향성을 인플레이션으로 설명하려면 원시우주에 독립적인 양자적 요동이 존재했다고 가정해야 한다. 볼츠만식으로 생각해 보면 인플레이션에 근접한 조건을 갖춘 여러 가지 요동들 중에서 어느 하나가 잭팟을 터뜨려 지금과 같은 우주를 만들어 냈다고 할 수 있다.

6 현재의 상황을 낙관적인 시각으로 바라보는 물리학자들도 있다. 예를 들어, 안드레이 린데는 혼돈 인플레이션(chaotic inflation, 후주 10.11 참조) 이론을 통해 현재의 우주가 플랑크-길이 규모의 작은 영역 안에서 플랑크-규모의 에너지를 갖는 인플라톤장으로부터 탄생했다고 주장하였다. 또한 린데는 몇 가지 가정하에서 "조그만 덩어리 안에 갇혀 있는 균일한 인플라톤장의 엔트로피는 다른 환경에 있는 인플라톤장의 엔트로피와 크게 다르지 않으므로 인플레이션을 유도하기 위해 특별한 조건을 내세울 필요가 없다"고 주장했다.

제12장

1 중력을 제외한 세 종류의 힘들(전자기력, 약력, 강력)은 힘이 작용하는 주변 환

경의 에너지와 온도에 영향을 받는다는 공통점을 갖고 있다. 본문에서 말하는 가능성은 바로 이 사실에 근거한 것이다. 일상적인 환경(저-에너지, 저온 상태)에서 세 가지 힘은 다르게 나타나지만 초기우주처럼 온도가 극도로 높아지면 이들은 구별할 수 없는 하나의 힘으로 통합된다. 이에 관하여 자세한 내용을 알고 싶은 독자들은 『엘러건트 유니버스』의 7장을 참고하기 바란다.

2 역장(force field)은 우주를 이루는 기본요소이며, 이들은 우주의 모든 곳에 산재하고 있다. 장은 단순히 공간을 채우고 있는 것이 아니라 공간의 구조와 밀접하게 관련되어 있다. 그러므로 공간 자체를 제거할 수 없는 것처럼 장을 말끔하게 제거하는 것도 불가능하다. 우리는 그저 장의 에너지를 최소화시킬 수 있을 뿐이다. 전자기장은 에너지가 최소일 때 장의 값도 0이 된다. 그러나 인플라톤장이나 표준모델의 힉스장은 에너지가 최소일 때에도 0이 아닌 특정 값을 가지며, 이 값은 9~10장에서 말한 대로 위치에너지 그릇의 형태에 따라 달라진다. 본문에서 말한 대로, 우리는 문제를 단순화시키기 위해 에너지가 최소일 때 장의 값도 0이 되는 전자기장을 주로 다룰 예정이지만, 힉스장을 도입한다 해도 결과는 달라지지 않는다.

3 에너지와 시간에 관한 불확정성원리에 의하면 에너지의 요동은 에너지를 관측하는 데 소요되는 시간에 반비례한다. 그러므로 장의 에너지가 짧은 시간 안에서 정의될수록 장의 요동은 커진다.

4 이 실험에서 라모로는 카시미르의 아이디어를 조금 수정하여 구형으로 연마된 석영렌즈와 금속판 사이의 인력을 측정하였다. 최근 들어 파도바(Padova)대학의 기아니 카루뇨(Gianni Carugno)와 로베르토 오노프리오(Roberto Onofrio)가 이끄는 연구팀은 카시미르의 원래 아이디어를 따라 두 금속판 사이의 힘을 측정하였는데, 그 오차는 약 15%로서, 지금까지 얻은 실험값(금속판 두 개를 대상으로 한 실험)들 중 가장 정확한 값으로 알려져 있다. 두 개의 조그만 금속판을 완벽한 평행상태로 세팅하는 것은 결코 쉬운 일이 아니다.

5 돌이켜 생각해 보면, 1917년에 아인슈타인이 우주상수를 도입하지 않았다 해도 양자물리학자들은 수십 년 이내에 그와 동일한 상수를 나름대로 도입했을 것이다. 아인슈타인의 우주상수는 모든 공간에 퍼져 있는 에너지를 고려하기 위한 조치였지만 그 근원은 아인슈타인 자신도(그리고 그의 추종자들도) 설명하지 못했다. 그런데 양자물리학에 의하면 빈 공간은 요동치는 장으로 가득 차있고, 이는 곧 텅 빈 공간에도 에너지가 존재한다는 것을 의미한다(카시미르의 힘

이 그 증거이다). 그렇다면 장의 요동에 의한 에너지를 모두 더하면 빈 공간의 총 에너지(총 우주상수)와 일치할 것인가? 이 문제는 이론물리학자들의 호기심을 자극하기에 충분하지만 사실여부는 아직 확인되지 않고 있다(현재의 이론으로는 정확한 분석을 할 수 없고, 대략적인 계산결과는 관측된 값보다 훨씬 커서 신뢰할 수 없다). 우주상수의 값이 정말로 0인지, 아니면 인플레이션이론과 초신성의 관측 데이터가 말해 주듯 0보다 조금 큰 값을 갖는지의 여부는 현대 이론물리학이 규명해야 할 매우 중요한 문제이다.

6 이 절에서는 일반상대성이론과 양자역학 사이의 불일치를 어떤 한 가지 방법으로 설명할 것이다. 그러나 시간과 공간의 진정한 성질을 찾는 우리의 목적을 염두에 두고 일반상대성이론과 양자역학을 한데 합치다 보면, 분명하진 않지만 매우 중요한 수수께끼에 직면하게 된다는 것을 미리 말해두고 싶다. 이 문제는 중력(일반상대성이론)을 양자역학 버전으로 수정할 때 발생하는데(이 문제는 브라이스 드위트(Bryce DeWitt)에 의해 처음으로 제기되었으며, 지금은 휠러-드위트 방정식(Wheeler-DeWitt equation)으로 알려져 있다), 관련된 방정식에는 시간변수가 등장하지 않는다. 이 접근법은 시간을 고려하지 않고 우주의 물리적 특성(예를 들면 밀도 등)의 변화를 추적하고 있는데, 이것이 중력을 양자화시키는 올바른 방법인지는 아무도 알 수 없다. 이 장에서는 중력과 양자역학을 조화시키는 수단으로 초끈이론(superstring theory)을 도입할 예정이다.

7 사실, '블랙홀의 중심'이라는 말은 그리 적절한 표현이 아니다. 대략적으로 말해서, 블랙홀의 사건지평선(event horizon, 블랙홀의 바깥쪽 경계면)을 뚫고 들어가면 시간과 공간의 역할이 서로 뒤바뀌게 된다. 그러므로 시간의 흐름에 저항할 수 없는 것처럼 블랙홀의 내부에서는 중심 쪽으로 빨려 들어갈 수밖에 없다. 블랙홀의 내부에서 중심으로 빨려 들어가는 현상과 미래로 흘러가는 시간 사이의 유사성은 블랙홀을 수학적으로 다루는 과정에서 발견되었다. 따라서 블랙홀의 중심은 '특정 지역을 점유하고 있는 공간상의 위치'라기보다 '시간상의 위치'에 더 가깝다고 할 수 있다. 또한, 블랙홀의 중심에 이르면 더 이상 갈 곳이 없으므로 블랙홀의 중심은 시공간에서 시간이 끝나는 지점에 해당된다고 생각할 수도 있다. 그러나 극단적으로 미세한 영역에 거대한 질량이 놓여 있는 이와 같은 상황에서 일반상대성이론은 제 역할을 할 수 없으므로 섣부른 결론을 내릴 수는 없다. 만일 블랙홀의 내부에서도 제대로 작동하는 방정식이 발견된다면 시간의 특성에 대하여 상당히 많은 부분을 새롭게 알 수 있을 것이다.

이것은 초끈이론이 추구하고 있는 목적 중 하나이다.

8 앞에서 언급했던 관측 가능한 우주란, '망원경으로 볼 수 있는 우주'가 아니라 '빅뱅 이후로 지금까지 우리와 정보교환이 가능한 우주'를 의미한다. 만일 우주의 크기가 문자 그대로 '무한대'라면, 빅뱅이 일어나던 바로 그 순간까지 거슬러 올라가도 우주의 크기는 점으로까지 축소되지 않는다. 관측 가능한 우주는 과거로 거슬러갈수록 작아지는 것이 분명하지만, 그 너머에도 우리와 영원히 분리되어 있는 무언가가 존재했을 가능성이 높다.

9 레너드 서스킨드(Leonard Susskind), 〈The Elegant Universe〉편, 《NOVA》, PBS(미국 공공방송 프로 제공협회)제작 다큐멘터리, 2003년 10월 28일, 11월 4일 방영.

10 끈이론이 실험적으로 검증되기 어려운 현실은 이론 자체의 커다란 결점이며, 끈이론을 수용하지 않는 학자들도 대부분 이 점을 이유로 들고 있다. 그러나 앞으로 보게 되겠지만 끈이론은 최근 들어 실험분야에서도 괄목할 만한 진보를 이루었다. 끈이론을 연구하는 학자들은 앞으로 고성능(고에너지) 입자가속기가 건설되면 많은 사실들을 확인할 수 있을 것으로 믿고 있다.

11 본문에서는 언급하지 않았지만 모든 입자들은 자신의 파트너에 해당되는 반입자(antiparticle)를 갖고 있다. 서로 짝을 이루는 입자와 반입자는 질량이 같고 힘전하(force charge)의 부호는 반대이다. 전자의 반입자는 양전자(positron)이며, 위쿼크의 반입자는 반-위쿼크(anti-up-quark)이다. 다른 반입자들도 각기 나름대로 이름을 갖고 있다.

12 13장으로 가면 알게 되겠지만, 최근에 발표된 끈이론 관련 논문에 의하면 끈의 길이는 플랑크길이보다 훨씬 길 수도 있다. 만일 이것이 사실이라면 실험을 통한 끈이론의 검증이 훨씬 쉬워진다.

13 현대적 의미의 원자론이 처음 제기될 때에도 간접적인 논리가 사용되었으며, 블랙홀의 존재도 블랙홀을 직접 관측하지 않고(사실, 관측할 수도 없다) 그 근처에 있는 다른 천체들의 비정상적인 움직임으로부터 간접적으로 유추되었다.

14 끈이 제아무리 조용하게 진동한다 해도, 일단 진동을 하고 있으면 어느 정도의 에너지를 갖게 된다. 그러므로 독자들은 조용하게 진동하는 끈이 질량=0인 입자에 해당된다는 본문의 설명에 납득이 가지 않을 것이다. 그 속사정을 정확

하게 이해하려면 양자역학의 불확정성원리를 동원해야 한다. 불확정성원리에 의하면 끈이 제아무리 조용한 상태를 유지한다 해도 최소한의 요동을 겪고 있어야 한다. 그리고 양자역학의 희한한 법칙에 의하면, 불확정성원리에서 비롯된 이 요동은 음(−)의 에너지를 만들어 낸다. 이 에너지가 조용한 진동에 의한 에너지와 서로 상쇄되기 때문에 질량=0인 입자가 존재할 수 있는 것이다.

15 [수학에 관심 있는 독자들을 위한 부가설명]
사실은 끈의 질량의 제곱이 플랑크질량의 제곱의 정수 배로 나타난다. 좀 더 정확하게 표현하자면(이와 관련된 최근의 연구결과는 13장에서 다룰 예정이다) 질량의 제곱이 끈 스케일(string scale)의 정수 배로 나타난다(끈 스케일은 끈의 길이의 제곱에 반비례한다). 그런데 전통적인 끈이론에서는 끈 스케일과 플랑크질량이 거의 같기 때문에, 본문에서는 끈 스케일이라는 용어를 도입하지 않고 그냥 플랑크질량으로 대신하였다. 끈 스케일과 플랑크질량은 경우에 따라 달라질 수도 있는데, 자세한 내용은 13장에서 언급될 것이다.

16 클라인의 분석에 플랑크길이가 개입되는 과정은 어렵지 않게 이해할 수 있다. 일반상대성이론과 양자역학에는 세 개의 중요한 상수(빛의 속도 c, 중력상수 G, 플랑크상수 $\hbar$)가 등장하는데, 이들을 조합한 $(\hbar G/c^3)^{1/2}$는 길이의 단위를 가지며 그 값은 플랑크길이와 일치한다(사실, 이 값은 플랑크길이의 정의이다). 각 상수의 값을 대입해 보면 이 값은 약 1.616×10^{-33}cm이다. 그러므로 단위가 없으면서 1보다 훨씬 크거나 작은 상수가 이론에 등장하지 않는 한(체계가 확실하고 간단한 이론에서 이런 상수는 거의 등장하지 않는다), 플랑크길이는 숨어 있는 차원의 길이와 같이 이론의 특성을 좌우하는 중요한 상수라 할 수 있다. 물론 그렇다고 해서 숨어 있는 차원의 규모가 플랑크길이보다 클 수 없다는 뜻은 아니다. 이 가능성은 13장에서 구체적으로 다뤄질 것이다.

17 전자의 질량이 전하에 비해서 심하게 작은 이유를 설명하는 것은 물리학자들의 투지를 자극하는 흥미로운 문제로 남아 있다.

18 8장에서 언급했던 '균질 대칭성(우주배경복사의 균일한 온도 등)'의 대상은 3차원 공간이며, 여분의 6차원과는 관계없는 이야기다.

19 여분의 차원은 공간뿐만 아니라 시간에도 존재할 수 있지 않을까? 일부 물리학자들(예를 들면 남부 캘리포니아대학의 이차크 바스(Itzhak Bars)같은 사람)의 연구결과에 따르면 물리적으로 모순을 일으키지 않으면서 시간차원이 두 개인 이

론을 만들 수는 있다. 그러나 두 번째 시간차원이 원래의 시간과 동등한 의미를 갖는지, 아니면 그저 수학적인 가능성에 불과한 것인지는 아직 분명하게 밝혀지지 않았다(학계의 일반적인 견해는 후자 쪽으로 기울고 있다).

20 끈이론에 익숙한 독자들(또는 『엘러건트 유니버스』를 이미 읽은 독자들)은 최근 발표된 끈이론이 11차원 시공간에서 성립한다는 사실을 알고 있을 것이다(이 내용은 13장에서 다룰 예정이다). 11차원 끈이론이 과연 맞는 이론인지, 아니면 끈이론에 어떤 극한을 취했을 때 나타나는 특별한 이론인지에 대해서는 아직도 논란의 여지가 남아 있다(IIA형 끈이론에서 끈의 결합상수를 크게 가져가면 11차원 끈이론이 된다). 이 책에서는 논란의 여지가 없는 부분을 주로 다루었다.

제13장

1 **[수학에 관심 있는 독자들을 위한 부가설명]**
여기서 말하는 대칭은 다름 아닌 '등각대칭(conformal symmetry)'이다. 등각대칭이란 각도를 유지한 채 좌표를 임의로 변형시키는 변환에 대하여 불변인 성질을 뜻하며, 변환의 대상은 이론에서 가정한 끈이나 원반 등이 움직이면서 쓸고 지나가는 시공간이다. 끈은 2차원 시공간을 쓸고 지나가므로 끈이론의 방정식은 2차원 등각군(2-dimensional conformal group)에 대하여 불변이다(2차원 등각군은 무한차원 대칭군(infinite dimensional symmetry group)이다). 그러나 1차원 끈이 아닌 2차원 이상의 기본구조를 가정하면 쓸고 지나가는 시공간의 차원이 커지고, 여기 대응되는 등각군은 유한한 차원을 갖게 된다.

2 이 분야에 기여한 물리학자들로는 마이클 더프(Michael Duff), 폴 호위(Paul Howe), 다케오 이나미(Takeo Inami), 켈리 스텔(Kelley Stelle), 에릭 버그셰프(Eric Bergshoeff), 에르긴 체긴(Ergin Szegin), 폴 타운센드(Paul Townsend), 크리스 헐(Chris Hull), 크리스 포프(Chris Pope), 존 슈워츠(John Schwarz), 아쇼크 센(Ashoke Sen), 앤드루 스트로밍거(Andrew Strominger), 커티스 칼란(Curtis Callan), 조 폴친스키(Joe Polchinski), 페트르 호라바(Petr Horava), J. 다이(J. Dai), 로버트 리(Robert Leigh), 헤르만 니콜라이(Hermann Nicolai), 버나드 드위트(Bernard deWit) 등이 있다.

3 전에 출판된 나의 책 『엘러건트 유니버스』의 12장에서 설명된 바와 같이, 새로 도입된 열 번째 공간차원과 p-브레인(p-brane)은 매우 밀접하게 연관되어 있

다. 예를 들어, IIA형 끈이론에서 열 번째 차원의 크기를 키우면 1차원 끈은 자동차 타이어처럼 생긴 2차원 멤브레인(membrane)으로 확장된다. 그리고 열 번째 차원이 아주 작다고 가정하면 자동차 타이어는 끈처럼 보인다(물리적 성질도 끈으로 되돌아온다). 새롭게 발견된 브레인(brane)이 가장 궁극적인 구조인지, 아니면 그 안에 더욱 작은 세부구조를 갖고 있는지는 아직 밝혀지지 않았다. 그리고 M-이론에 등장하는 브레인들이 실제의 입자와 대응된다는 결정적인 증거도 아직 나타나지 않았다. 그러나 그렇게 될 가능성은 매우 높다. 앞으로 이 책에서는 끈과 브레인이 만물을 이루는 가장 작은 기본단위라고 가정하고 논리를 전개해 나갈 것이다(본문에서 내려지는 대부분의 결론들은 이 가정과 아무런 상관이 없다).

4 실제로 우리가 살고 있는 우주는 3-브레인보다 차원이 높은 브레인일 수도 있다(4-브레인, 5-브레인, …). 이 중 세 개의 차원은 우리가 익히 알고 있는 3차원 공간을 채우고 있고 나머지 차원들은 끈이론에 등장하는 여분의 차원을 채우고 있다고 생각하면 된다.

5 **[수학에 관심 있는 독자들을 위한 부가설명]**
일반적으로, 닫힌 끈은 T-이중성(T-duality)을 만족한다(이 내용은 『엘러건트 유니버스』의 10장에 자세히 설명되어 있다). T-이중성이란, 여분의 차원이 원형구조(수도용 호스를 생각하면 된다)로 되어 있을 때, "끈이론은 원의 반지름이 R인 경우와 $1/R$인 경우를 구별하지 못한다"는 것을 칭하는 용어이다. 이 두 가지가 동일하게 취급되는 이유는 다음과 같다. 호스형 우주에 존재하는 끈은 호스의 표면 위에 놓인 채 움직일 수도 있고(운동량 모드, momentum mode) 호스를 감은 채로 움직일 수도 있는데(감긴 모드, winding mode), 호스의 반지름 R을 $1/R$로 대치하면 두 개의 모드가 정확하게 뒤바뀌면서 전체적인 특성은 전혀 변하지 않는다. 그런데 T-이중성은 감긴 끈의 경우에만 만족되며, 열린 끈은 T-이중성을 만족하지 않는다. 왜냐하면 열린 끈은 안정된 상태로 호스형 차원을 감을 수 없기 때문이다(끊어진 밴드로는 호스를 감을 수 없는 것과 비슷한 이치이다). 그러므로 언뜻 보기에 닫힌 끈과 열린 끈은 전혀 다른 방식으로 행동하는 것처럼 보인다. 폴친스키와 다이, 레이, 호라바, 그린 등은 열린 끈에 디리클레 경계조건(Dirichlet boundary condition)을 적용하여 이 수수께끼를 해결하였다.

6 암흑물질(또는 암흑에너지)의 존재를 인정하면 우리의 눈에 보이는 물체들뿐만

아니라 암흑물질도 중력에 기여하고 있는 셈이므로 뉴턴의 중력법칙은 달라질 수도 있다. 지금까지 새로운 중력법칙을 주장하는 몇 개의 이론이 제안되었으나 별다른 호응을 얻지 못하고 있다.

7 이 아이디어를 처음으로 제안한 물리학자는 기딩스(S. Giddings)와 토마스(S. Thomas), 그리고 디모폴로스와 랜스버그(G. Landsberg)였다.

8 팽창-수축을 반복하는 우주가 팽창을 겪고 있을 때 계란이 자연스럽게 깨지고 초가 녹아내린다고 해서, 그 우주가 수축하는 동안 깨진 계란이 저절로 복원되거나 초가 다시 자라지는 않는다. 물리적 과정들은 팽창-수축의 여부와 상관없이 항상 미래로 진행되며, 이와 함께 엔트로피도 증가한다.

9 물리학을 공부한 독자들은 알고 있겠지만, 주기적 우주모델은 3-브레인에서 4차원 장론(field theory)으로 구현될 수 있다. 그리고 이 이론은 스칼라장이 도입된 인플레이션이론과 많은 공통점을 갖고 있다. 본문에서 슈타인하르트의 모델이 새롭다고 표현한 것은 3-브레인끼리 충돌한다는 부분을 두고 하는 말이다.

10 여기서 말하는 차원은 시간을 고려하지 않은 차원임을 명심하기 바란다. 두 개의 3-브레인은 그들 사이를 연결하는 통로까지 포함하여 4차원 공간을 형성하며, 시간까지 고려하면 5차원 시공간이 된다. 그러므로 칼라비-야우 공간에 숨어 있는 여분의 차원은 6차원이다.

11 중력장의 균질성은 두 이론에서 차이를 보이는데(이를 원시중력파(primordial gravitational wave)라 한다), 이 내용은 이장의 마지막부분과 14장에서 다시 언급될 것이다.

12 양자역학적 관점에서 보면 우연한 요동에 의해 주기적 성질이 붕괴될 가능성(하나의 브레인이 다른 브레인에 대하여 뒤틀리는 사건 등)은 0이 아니다. 이 확률이 아무리 작다고 해도 주기가 영원히 계속될 수 없다는 것만은 분명한 사실이다.

제 14장

1 A. Einstein, "Vierteljahrschrift für gerichtliche Medizin und öffentliches Sanitätswesen", 44 37 (1912). D. Brill and J. Cohen, *Phys. Rev.* vol. 143,

no. 4, 1011 (1966); H. Pfister and K. Braun, *Class. Quantum Grav.* 2, 909 (1985).

2 쉬프와 푸우가 실험을 처음 제안한 후로 40년 동안 좌표계 이끌림 현상을 관측하는 다양한 방법들이 제시되었다. 브루노 베르토티(Bruno Bertotti)와 이그나치오 치우폴리니(Ignatzio Ciufolini), 피터 벤더(Peter Bender), 샤피로(I. I. Shapiro), 리젠버그(R. D. Reasenberg), 챈들러(J. F. Chandler), 밥콕(R. W. Bobcock) 등은 인공위성과 함께 달의 운동까지 고려하여 좌표계 이끌림 현상을 관측하려고 했다. 중력탐사 B호 위성은 이 모든 현상을 관측할 수 있는 가장 완벽한 장비를 갖추고 있으므로, 좌표계 이끌림 현상을 입증해 줄 수 있는 가장 믿음직한 후보로 손색이 없다.

3 그림 3.10은 일반상대성이론의 핵심원리를 그림으로 표현하는 가장 효과적인 방법이지만, 본문의 지적처럼 질량이 움직일 때에는 공간의 곡률변화를 표현할 수 없을 뿐만 아니라 시간이 왜곡되는 정도도 나타낼 수 없다. 사실, 태양과 같이 일상적인 천체들로부터 일반상대론적 효과를 측정해 보면 공간의 왜곡보다 시간의 왜곡이 더 크게 나타난다(지구가 태양에 가까워질수록 시계는 더욱 느려진다). 그러나 시간의 왜곡현상은 그림으로 나타낼 수가 없기 때문에 그림 3.10에서는 공간의 왜곡만을 표현한 것이다. 아무튼, 일상적인 천문학적 환경에서는 공간의 왜곡보다 시간의 왜곡이 더욱 두드러지게 나타난다는 것을 마음속에 기억해 두기 바란다.

4 1974년에 러셀 헐스(Russell Hulse)와 조지프 테일러(Joseph Taylor)는 이중 펄서(binary pulsar, 서로에 대하여 공전하고 있는 두 개의 중성자별. 각각의 별들은 빠른 속도로 자전하고 있다)를 발견하였다. 이들은 근거리에서 매우 빠르게 움직이고 있었는데, 아인슈타인의 일반상대성이론에 입각하여 분석해 보면 두 개의 별은 중력에 의한 다량의 복사를 방출하고 있어야 한다. 이 복사를 직접 관측하기는 어렵지만, 복사를 통해 에너지를 방출하고 있는 두 별의 주기가 점차 빨라지고 있다는 사실이 관측되면서 일반상대성이론은 간접적으로 입증되었다. 헐스와 테일러는 이 공로를 인정받아 1993년에 노벨 물리학상을 수상하였다.

5 그러나 후주 14.4에서 말한 대로 간접적인 증거는 이미 발견되었다.

6 그러므로 에너지의 관점에서 보면 우주선은 가장 강력한 입자가속기의 역할을

하고 있는 셈이다. 그러나 입자의 방향과 에너지를 우리가 원하는 대로 조절할 수 없기 때문에 실용성은 없다. 게다가 고에너지로 갈수록 우주선 입자의 수는 급격하게 줄어든다. 매 초당 $1km^2$의 지표면에 도달하는 입자들 중 양성자와 질량이 동일한 입자는 무려 100억 개나 되지만(이들 중 일부는 당신의 몸을 관통하고 있다), 양성자 질량의 1천억 배에 달하는 초-고에너지 입자는 100년에 한 개꼴로 도달한다. 또한, 입자가속기는 두 개의 입자를 반대 방향으로 가속시켜 충돌시킴으로써 높은 에너지를 얻을 수 있지만 우주선 입자는 상대적으로 속도가 느린 대기 중의 입자와 충돌하기 때문에 큰 에너지를 얻기가 어렵다. 그러나 이러한 결점은 기술적으로 극복될 수 있다. 지난 수십 년 동안 입자물리학자들은 다량으로 쏟아지는 저에너지 우주선 입자들을 관측하여 많은 사실을 새롭게 알아낼 수 있었다. 감지기를 여러 곳에 설치하면 고에너지 입자가 감지될 확률을 크게 높일 수 있다.

7 역학적 시공간에 관한 에너지보존법칙은 조금 미묘한 구석이 있다. 아인슈타인 방정식에 등장하는 변형력텐서(stress tensor)는 공변적으로(covariantly) 보존되지만, 이것만으로 에너지가 보존된다고 단언할 수는 없다. 변형력텐서에는 중력에 의한 에너지가 고려되어 있지 않기 때문이다(이것은 일반상대성이론에서 가장 어려운 개념이다). 아주 짧은 거리와 짧은 시간에서는 에너지보존법칙이 국소적으로 성립하지만 거시적인 관점에서 보존법칙을 논하려면 더욱 세심한 주의를 기울여야 한다.

8 이것은 가장 단순한 인플레이션 모델에만 적용되는 사실이다. 복잡한 인플레이션이론에서는 중력파의 생성을 이론적으로 차단시킬 수 있다.

9 암흑물질의 후보가 되려면 무엇보다도 안정적이어야 한다(즉, 입자의 수명이 길어야 한다). 순식간에 다른 입자로 분해되는 불안정한 입자는 암흑물질의 후보로서 자격미달이다. 그런데 초대칭입자들 중에서 이 조건을 만족하는 것은 가장 가벼운 입자들이다. 그러므로 좀 더 정확하게 서술하려면 본문은 다음과 같이 수정되어야 한다 — "가장 가벼운 포티노(photino)와 지노(zino), 그리고 힉시노(higgsino)는 암흑물질의 후보가 될 수 있다."

10 얼마 전에 이탈리아와 중국의 물리학자들이 DAMA(Dark Matter Experiment)라는 연구팀을 조직하여 이탈리아의 그란 사소(Gran Sasso)에서 실험을 하다가 암흑물질을 최초로 발견했다는 솔깃한 주장을 발표한 적이 있다. 그러나 그들의 주장은 아직 검증되지 않았다. 스탠퍼드에 본부를 두고 있는 또 다른 연구

팀 CDMS(극저온 암흑물질 조사, Cryogenic Dark Matter Search 주로 미국과 러시아의 물리학자들로 구성되었다)는 DAMA의 주장을 부정할 만한 실험데이터를 제시하였다. 이들 이외에도 암흑물질을 찾는 실험은 도처에서 진행되고 있다. 자세한 내용을 알고 싶은 독자들은 http://hepwww.rl.ac.uk/ukdmc/dark_matter/other_searches.html을 참고하기 바란다.

제 15 장

1 물론 이것은 보옴이 주장했던 '숨겨진 변수(hidden variable)'를 전혀 고려하지 않고 하는 말이다. 그러나 보옴의 접근법을 채용한다 해도 위치와 속도에 관한 정보만으로는 물체의 전체적인 양자상태(파동함수)를 전송할 수 없다.

2 자일링거의 연구팀에는 딕 보우미스터(Dick Bouwmeester)와 지안-위 판(Jian-Wi Pan), 클라우스 매틀(Klaus Mattle), 맨프레드 아이블(Manfred Eibl), 해럴드 와인푸르터(Harald Weinfurter) 등이 참여했고 마르티니의 연구팀에는 지아코미니(S. Giacomini), 밀라니(G. Milani), 시아리노(F. Sciarrino), 롬바르디(E. Lombardi) 등이 속해 있었다.

3 양자역학에 대하여 어느 정도 알고 있는 독자들을 위해 구체적인 과정을 여기 소개한다. 먼저, 뉴욕에 있는 광자 A의 초기상태를 $|\Psi\rangle_A = \alpha|0\rangle_A + \beta|1\rangle_A$ 라 하자. 여기서 $|0\rangle$와 $|1\rangle$은 광자가 가질 수 있는 두 가지 스핀상태를 나타내며, α와 β는 규격화된 상수로서 임의의 값을 가질 수 있다. 나의 목적은 니콜라스가 A와 동일한 상태에 있는 광자를 가질 수 있도록 충분한 정보를 전달해 주는 것이다. 이를 위해, 니콜라스와 나는 양자적으로 얽힌 관계에 있는 두 개의 광자 B와 C를 하나씩 나눠 갖는다. 이들의 상태를 $|\Psi\rangle_{BC} = (1/\sqrt{2})|0_B0_C\rangle - (1/\sqrt{2})|1_B1_C\rangle$ 라고 하자. 그러면 세 개의 광자는 $|\Psi\rangle_{ABC} = (\alpha/\sqrt{2})\{|0_A0_B0_C\rangle - |0_A1_B1_C\rangle\} + (\beta\sqrt{2})\{|1_A0_B0_C\rangle - |1_A1_B1_C\rangle\}$라는 초기상태에 놓이게 된다. 이제, 광자 A와 B의 스핀관계를 측정하면 이 입자계는 $|\Phi\rangle_\pm = (1/\sqrt{2})\{|0_A0_B\rangle \pm |1_A1_B\rangle\}$와 $|\Omega\rangle_\pm = (1/\sqrt{2})\{|0_A1_B\rangle \pm |1_A0_B\rangle\}$의 4가지 상태 중 하나에 놓이게 된다. 이를 이용하여 광자 A와 B의 초기상태를 다시 표현하면 $|\Psi\rangle_{ABC} = \frac{1}{2}\{|\Phi\rangle_+(\alpha|0_C\rangle - \beta|1_C\rangle) + |\Phi\rangle_-(\alpha|0_C\rangle + \beta|1_C\rangle) + |\Omega\rangle_+(-\alpha|1_C\rangle + \beta|0_C\rangle) + |\Omega\rangle_-(-\alpha|1_C\rangle - \beta|0_C\rangle)\}$이 된다. 그러므로 내가 뉴욕에서 관측을 하고 나면 우리의 입자계는 위에 나타난 네 개의 항들 중 하나로 붕괴된다. 이제

니콜라스에게 전화를 걸어 네 개의 항들 중 어떤 항이 선택되었는지를 알려 주면 그는 자신에게 주어진 광자 C에 어떤 조작을 가해야 A를 얻을 수 있는지 알게 된다. 예를 들어, 나의 관측결과가 $|\Phi\rangle_-$이었다면 니콜라스는 광자 C에 아무런 조작도 가할 필요가 없다. 왜냐하면 광자 C는 이미 A와 같은 상태에 있기 때문이다. 그러나 관측결과가 이와 다르게 나온 경우에도 니콜라스는 적절한 회전을 가하여(내가 얻은 결과를 참고하여) 광자 C를 A와 같은 상태로 만들 수 있다.

4 **[수학에 관심 있는 독자들을 위한 부가설명]**
양자복사 정리(quantum cloning theorem)는 어렵지 않게 증명할 수 있다. 주어진 양자상태를 입력으로 삼아 두 개의 복사본을 만들어 내는 유니터리 복사 연산자(unitary cloning operator) U를 가정해 보자(주어진 입력을 $|\alpha\rangle$라 했을 때, U는 $|\alpha\rangle$를 $|\alpha\rangle|\alpha\rangle$로 변환시킨다). 이제 U를 $(|\alpha\rangle+|\beta\rangle)$에 적용시키면 $(|\alpha\rangle|\alpha\rangle+|\beta\rangle|\beta\rangle)$가 되는데, 이는 원래 상태 $(|\alpha\rangle+|\beta\rangle)$의 이중복사본인 $(|\alpha\rangle+|\beta\rangle)(|\alpha\rangle+|\beta\rangle)$와 다르다. 따라서 이런 연산자 U는 존재할 수 없다(이 정리는 1980년대 초에 우터스(Wooters)와 주렉(Zurek)에 의해 처음으로 증명되었다).

5 양자적 순간이동을 이론 및 실험적으로 연구한 학자들은 이들 외에도 많이 있다. 특히 산두 포페스쿠(Sandu Popescu)는 케임브리지대학에 있을 때 마르티니 팀의 연구에 크게 공헌하였고 캘리포니아공과대학(Caltech)의 제프리 킴블(Jeffrey Kimble)이 이끌던 연구팀은 양자적 상태의 연속적인 특성을 전송하는데 선구적인 업적을 남겼다.

6 양자적으로 얽혀 있는 입자군(群)의 관측에 대하여 알고 싶은 독자들은 B. Julsgaard와 A. Kozhekin, 그리고 E. S. Polzik의 논문 「Experimental long-lived entanglement of two macroscopic objects」, 『Nature』 413호(2001년 9월), 400~403쪽을 참고하기 바란다.

7 양자적 얽힘과 양자적 순간이동을 활용하는 연구분야로는 양자 컴퓨터(quantum computer)를 들 수 있다. 자세한 내용을 알고 싶은 독자들은 Tom Siegfried의 『The Bit and the Pendulum』(New York: John Wiley, 2000)과 George Johnson의 『A Shortcut Through Time』(New York: Knopf, 2003)을 참고하기 바란다.

8 3장에서 언급하지는 않았지만 미래로 가는 지름길을 논할 때 빠지지 않고 등장하는 문제로 '쌍둥이 역설(twin paradox)'이라는 것이 있는데, 그 내용은 다음과 같다. 만일 당신이 나에 대하여 등속운동을 하고 있다면, 내 눈에 보이는 당신의 시계는 내가 갖고 있는 시계보다 느리게 가는 것처럼 보인다. 그러나 당신의 입장에서 보면 운동하는 사람은 당신이 아니라 나라고 주장할 수도 있으므로 당신의 눈에는 내 시계가 당신의 시계보다 느리게 가는 것처럼 보일 것이다. 그렇다면 두 사람 모두 '상대방의 시계는 내 시계보다 느리게 간다'고 느낄 것이므로 언뜻 생각하면 서로 모순되는 것 같지만 사실은 그렇지 않다. 서로에 대하여 등속운동을 하고 있다면 둘 사이의 거리는 꾸준하게 멀어지고 있기 때문에 각자의 시계를 눈에 보이는 대로 비교할 수는 없다. 그리고 휴대폰 등의 통신수단을 이용하여 두 사람의 시계를 비교한다면 신호가 전달되는 데 시간이 걸릴 것이므로 각자의 관점에서 본 '지금'을 역추적해야 하는 번거로움이 필연적으로 수반된다. 자세한 설명은 생략하거니와, 모든 정황을 고려하여 분석해 보면 결국은 아무런 모순도 나다나지 않는다는 점을 강조하고자 한다(구체적인 내용을 알고 싶다면 E. Taylor와 J. A. Wheeler의 『Spacetime Physics』를 참고하라). 그런데, 둘 중 한 사람(당신)이 U-턴을 하여 두 사람이 한곳에서 만났다면 '지금'이라는 시제가 일치하는 상황에서 시계를 곧바로 비교할 수 있게 되는데, 이 경우에도 혼란스럽기는 마찬가지다. 둘 중 누구의 시계가 더 앞서가고 있을 것인가? 이것이 바로 쌍둥이 역설이다. 만일 당신과 내가 쌍둥이 형제였다면 재회한 후에도 두 사람의 나이는 같을 것인가? 아니면 한쪽이 다른 쪽보다 더 늙어 있을 것인가? 정답은 "U-턴을 하지 않은 내가 더 늙어 있다"이다. 왜 그럴까? 이유는 여러 가지 방법으로 설명할 수 있는데, 가장 간단한 설명은 다음과 같다—당신이 U-턴을 하려면 반드시 가속운동을 해야 하고 가속운동을 하면 힘을 느낀다. 그런데 이 힘을 느낀 사람은 당신뿐이기 때문에, 두 사람 사이의 대칭적인 관점은 가속운동이 일어나는 순간에 붕괴된다. 즉, 두 사람의 관점은 더 이상 동등하지 않은 것이다. 나는 힘을 느낀 적이 없는데 당신은 U-턴을 하면서 분명히 힘을 느꼈다. 그리고 이 과정에서 당신의 시계가 내 시계보다 느리게 갔기 때문에 재회한 후에도 두 사람의 시계는 일치하지 않는 것이다.

9 존 휠러(John Wheeler)는 양자역학의 세계에서 인간의 역할을 다음과 같이 표현하였다. "관측되지 않은 현상은 자연현상이 아니다. 무엇이건 인간에게 관측되어야 비로소 자연현상이라는 이름으로 불릴 수 있다." 휠러의 자연관은 케니

스 포드(Kenneth Ford)와 휠러가 공동저술한 『Geons, Black Holes, and Quantum Foam: A Life in Physics』(New York: Norton, 1998)에 잘 나타나 있다. 로저 펜로즈(Roger Penrose)도 『The Emperor's Mind』와 『Shadows of the Mind: A Search for the Missing Science of Consciousness』(Oxford: Oxford University Press, 1994)를 통해 인간의 마음과 양자역학 사이의 관계를 조명하였다.

10 P. A. Schilpp가 편저술한 『The Library of Living Philosophers』(New York: MJF Books, 2001)의 제7권에 수록된 아인슈타인의 「Reply to Criticisms」 참고.

11 W. J. van Stockum, *Proc. R. Soc. Edin.* A 57 (1973), 135.

12 1966년에 존 휠러의 제자였던 로버트 게로치(Robert Geroch)는 공간을 찢지 않고 웜홀을 만드는 것이 원리적으로 가능하다고 주장하였다(사실, 공간을 단순히 찢기만 해서는 시간여행이 가능한 웜홀을 만들 수 없다). 게로치는 웜홀을 만드는 단계에서 시간을 왜곡시켜 시간여행이 가능하도록 만들었는데, 이 방법으로는 웜홀을 만들었던 시점보다 과거로 이동하는 것은 불가능하다.

13 대충 말하자면, 이종물질로 가득 찬 지역을 빛의 속도로 이동하면서 에너지를 관측하여 평균을 취한 값이 음(negative)이라는 뜻이다. 그러나 이종물질은 소위 말하는 '평균 약에너지 조건(averaged weak energy condition)'을 위배하는 것으로 알려져 있다.

14 이종물질을 만들어 내는 가장 간단한 방법은 12장에서 언급했던 헨드릭 카시미르(Hendrick Casimir)의 실험처럼 평행판 사이에서 일어나는 전자기장의 양자적 요동을 이용하는 것이다. 평행판 사이에서 양자적 요동이 감소하면 평균적으로 음의 에너지가 얻어진다(이 경우에는 음압도 함께 발생한다).

15 웜홀에 대하여 더 자세히 알고 싶은 독자들은 매트 비셔(Matt Visser)의 『Lorentzian Wormholes: From Einstein to Hawking』(New York: American Institute of Physics Press, 1996)을 참고하기 바란다.

제16장

1 **[수학에 관심 있는 독자들을 위한 부가설명]**
엔트로피는 가능한 배열상태의 수에 log를 취한 값으로 정의된다(후주 6.6 참조). 터퍼웨어 그릇 두 개를 한데 합쳤을 때 용기 안에 갇힌 공기분자들이 취할 수 있는 상태의 수는 각 용기에 들어 있는 분자들의 상태수의 곱으로 표현된다. 그런데 이 값에 log를 취한 것이 엔트로피이므로, $\log AB = \log A + \log B$의 규칙에 따라 총 엔트로피는 그릇 하나의 엔트로피의 두 배가 된다($A=B$인 경우).

2 부피와 표면적은 단위가 다르기 때문에 이들을 직접 비교하는 것은 의미가 없다. 본문에서 내가 말하고자 하는 것은 반지름이 증가할 때 표면적보다 부피가 훨씬 빠르게 증가한다는 점이다. 블랙홀의 반지름이 커지면 엔트로피도 증가하지만, 부피에 비례하는 경우보다는 증가속도가 현저하게 느리다.

3 내용을 잘 아는 독자들은 본문의 내용이 대략적인 설명에 불과하다는 것을 잘 알고 있을 것이다. 라파엘(Raphael)과 부소(Bousso)의 이론에 입각하여 좀 더 정확하게 설명하자면 영-초공간(null hyperspace)을 통과하는 엔트로피의 다발(flux)은 $A/4$라는 최대값을 갖는다. 여기서 A는 영-초공간의 공간적 관계 단면적(spacelike cross-section)이다.

4 좀 더 정확하게 말하자면 블랙홀의 엔트로피는 '사건지평선에 그릴 수 있는 플랑크사각형의 개수÷4×볼츠만 상수'이다.

5 8장의 후주에서 언급한 대로, 물리학자들은 사건지평선 이외에 '우주적 지평선(cosmic horizon)'이라는 개념도 사용하고 있다. 우주적 지평선은 관측자와 교신이 가능한 지역과 그렇지 않은 지역을 구분하는 경계면으로서, 엔트로피가 면적에 비례한다는 사실을 입증하는 또 하나의 사례로 이용되고 있다.

6 1971년에 헝가리 태생의 물리학자 데니스 가보르(Dennis Gabor)는 홀로그래피를 발견하여 노벨 물리학상을 수상하였다. 원래 전자현미경의 분해능을 향상시키는 연구를 집중적으로 수행했던 가보르는 1940년대에 이르러 물체에 반사된 빛에서 더욱 많은 정보를 추출해 내는 방법을 고안하였다. 예를 들어 카메라는 빛의 강도를 기록하는 장치로서, 강한 빛이 들어온 부분은 밝은 흔적이 남고 약한 빛이 들어온 부분에는 어두운 흔적이 남아서 종합적으로 원래의 영상을 평면에 재현시키는 장치이다. 그러나 당시 가보르를 비롯한 많은 물리학자들은 강도라는 것이 빛에 담겨 있는 정보의 일부에 지나지 않는다고 생각했

다. 이 사실은 그림 4.3b에서도 확인할 수 있다. 빛의 강도가 커지면 스크린에 형성된 간섭무늬도 밝아지지만, 간섭무늬 자체는 빛의 강도가 아니라 파동의 마루와 골이 다양한 형태로 합쳐지면서 나타나는 결과이다. 이때, 파동의 마루와 골이 합쳐지는 형태는 빛의 위상(pahse)에 의해 전적으로 좌우된다. 두 개의 파동이 보강간섭을 일으키면 두 빛이 '맞음 위상(in phase, 두 빛의 마루와 마루, 또는 골과 골이 일치하는 상태)'에 있다고 하고, 소멸간섭을 일으키면 '엇갈림 위상(out of phase, 두 빛의 마루와 골, 또는 골과 마루가 일치하는 상태)'에 있다고 말한다. 또한, 맞음 위상과 엇갈림 위상 사이에는 무수히 많은 위상상태가 존재할 수 있으며 이들 모두는 간섭무늬의 패턴을 결정하는 중요한 요인으로 작용한다.

가보르는 물체에서 반사된 빛의 강도와 위상정보를 모두 보강하는 특수한 필름을 개발하였다. 현대식 개념에 비유하면 가보르가 고안했던 방법은 그림 7.1의 실험장치와 비슷하다. 단, 가보르가 사용했던 두 줄기의 레이저빔 중 하나는 스크린에 도달하기 전에 관측하고자 하는 물체에 부딪혀 반사된다는 점이 다를 뿐이다. 감광유제가 칠해진 필름을 스크린에 부착해 놓으면 자유롭게 진행하는 빔과 물체에 부딪혀 반사된 빔이 만나면서 필름의 표면에 에칭무늬(간섭무늬)를 만들게 된다. 물론 이 무늬에는 두 레이저빔의 강도와 위상정보가 모두 들어 있다. 이렇게 개발된 홀로그램은 실험물리학 분야에 혁신적인 기여를 했지만, 지금은 주로 예술분야나 상업적인 광고에 사용되고 있다.

일반적인 사진은 빛의 강도만을 기록하기 때문에 2차원 평면에 재생될 수밖에 없다. 여기에 원근 정보까지 기록하려면 빛의 위상정보가 추가되어야 한다. 빛은 마루와 골이 번갈아 나타나면서 진행하기 때문에, 빛이 얼마나 멀리서 왔는지를 판별하려면 위상정보(정확하게는 위상차)가 반드시 필요하다. 예를 들어, 당신이 고양이를 정면에서 바라보고 있을 때 고양이의 눈이 코 보다 멀리 있는 것처럼 보이는 이유는 눈에서 반사된 빛과 코에서 반사된 빛이 특정한 위상차를 가진 채로 당신의 눈에 도달하기 때문이다. 홀로그램에 레이저를 발사하면 이 위상정보가 추출되면서 '깊이'까지 표현된 3차원 입체영상을 복원할 수 있다. 간단히 말해서, 2차원 플라스틱 조각(필름)으로부터 3차원 영상이 재현되는 것이다(그러나 우리의 눈은 위상차가 아니라 오른쪽 눈과 왼쪽 눈의 시차(parallax)로부터 원근을 판별한다. 그래서 한쪽 눈을 안대로 가리고 있으면 원근을 판별할 수 없다).

7 [수학에 관심 있는 독자들을 위한 부가설명]
이 말은 빛(일반적으로는 질량이 없는 입자)이 유한한 시간 동안 반-데시테르(anti-deSitter) 공간의 한 지점에서 출발하여 무한히 먼 지점까지 왕복할 수 있다는 것을 의미한다.

8 [수학에 관심 있는 독자들을 위한 부가설명]
말다세나는 $AdS_5 \times S^5$을 연구대상으로 삼았으며, 경계는 AdS_5의 경계를 이용하였다.

9 그러나 끈이론은 일반상대성이론의 예견과 부합되는 유일한 이론이다. 거시적인 스케일에 적용되는 일반상대성이론을 미시세계로 축소 적용할 수 있는 이론은 끈이론뿐이기 때문이다. 루프-양자중력이론은 미시영역에서 성공적으로 적용되지만 거시적인 스케일로 확장하는 것은 아직 어려운 과제로 남아 있다.

10 앞에서 언급한 대로 블랙홀이 취할 수 있는 엔트로피는 1970년대에 베켄슈타인과 호킹의 연구를 통해 밝혀졌다. 그러나 이들은 간접적인 접근법을 사용했기 때문에 미시적인 재배열상태를 정확하게 규명하지는 못했다. 이 문제는 1990년대 중반에 앤드루 스트로밍거(Andrew Strominger)와 쿰룬 바파(Cumrun Vafa)가 끈이론/M-이론에 등장하는 브레인의 특정 배열과 블랙홀 사이의 관계를 규명하면서 비로소 해결되었다. 이들은 어떤 특별한 블랙홀의 가능한 재배열 상태가 브레인으로 이루어진 어떤 특별한 조합의 재배열과 일치한다는 사실을 알아냈다. 계산에 따르면 브레인의 조합이 취할 수 있는 가능한 재배열상태의 수에 로그를 취한 값은 플랑크 단위로 표현한 블랙홀의 표면적을 4로 나눈 값, 즉 블랙홀의 엔트로피와 정확하게 일치한다. 한편, 루프-양자중력이론을 연구하는 학자들은 블랙홀의 엔트로피가 표면적에 비례한다는 사실을 전부터 알고 있었다. 단, 1/4이라는 인자의 출처는 아직 밝혀지지 않고 있다. 이미르치 매개변수(Immirzi parameter)를 적절한 값으로 선택하면 루프-양자중력이론의 수학으로 블랙홀의 엔트로피가 정확하게 재현되지만, 왜 그런 값이 선택되어야 하는지는 아직 분명치 않다.

11 이 책의 전반에 걸쳐서 개념적인 이해에 큰 영향을 주지 않는 상수들은 대부분 생략되었다.

D-브레인, 디리클레-*p*-브레인(D-brane, Dirichlet-*p*-brane) : 열린 끈의 한쪽 끝이 달라 붙어 있는 *p*-브레인.

M-이론(M-theory) : 다섯 개의 끈이론을 하나로 통일하는 목적으로 탄생한 미완성의 첨단 이론. 모든 물질과 힘을 다루는 양자적 이론.

***p*-브레인(*p*-brane)** : 끈이론/M-이론의 최소 기본단위인 *p*차원의 객체. D-*p*-브레인 참조.

W, Z입자(W and Z particles) : 약력을 매개하는 입자들.

가속(acceleration) : 속력의 크기나 방향이 변하는 운동.

가속기(accelerator, atom smasher) : 입자를 빠른 속도로 가속시켜서 충돌을 유도하는 고가의 실험장비.

간섭(interference) : 두 개, 또는 여러 개의 파동이 합쳐지면서 새로운 파동이 생성되는 현상.

강력/핵력(strong nuclear force) : 쿼크 사이에 작용하는 힘. 쿼크는 이 힘에 의해 강하게 달라붙어서 양성자나 중성자를 이루고 있다.

경로정보(which-path information) : 출발점에서 스크린(종착점)에 도달할 때까지 입자가 거쳐온 경로를 알려 주는 양자역학적 정보.

고전물리학(classical physics) : 이 책에서는 뉴턴과 맥스웰에 의해 체계를 갖춘 물리학의 총칭으로 사용함. 일반적으로는 양자역학이 탄생하기 전의 물리학을 일컫는 용어이며, 아인슈타인의 특수 및 일반상대성이론도 고전물리학으로 분류된다.

관성(inertia) : 가속운동에 저항하는 물체 고유의 성질.

관측 가능한 우주(observable universe) : 관측자를 중심으로 한 우주 지평선 이내의 지역. 거리가 가까워서 관측자에게 빛이 도달할 수 있는 지역.

광자(photon) : 전자기력을 매개하는 입자. 빛의 최소단위.

글루온(gluon) : 강력(핵력)을 매개하는 입자.

끈이론(string theory) : 모든 물체의 근원을 진동하는 1차원 끈으로 간주하는 새로운 물리학체계. 초끈이론과 달리 끈이론은 초대칭을 고려하지 않은 이론이다. 그러나 이 책에서는 초끈이론을 줄여서 그냥 끈이론으로 칭하고 있다.

다중우주 해석(Many Worlds interpretation) : 관측을 행할 때마다 확률파동에 들어 있는 모든 가능성들이 각기 다른 세계로 갈라져서 별도로 진행된다는 양자역학적 해석.

닫힌 끈(closed string) : 양쪽 끝이 하나로 연결되어 닫힌 폐곡선을 이루는 끈.

대칭(symmetry) : 물리계의 외형이나 물리법칙을 변화시키지 않는 모든 변환의 총칭(예를 들어, 완벽한 구는 중심에 대하여 임의의 각도로 회전해도 겉모습이 변하지 않는다).

대통일이론(grand unification) : 강력, 약력, 전자기력, 중력을 하나의 체계로 통일하는 이론.

마흐원리(Mach's principle) : 모든 운동은 상대적이며 우주의 평균질량분포가 정지상태의 표준임을 주장하는 원리.

배경과 독립적인 이론(background independence) : 시간과 공간을 인위적으로 끼워 넣지 않고 더욱 근본적인 개념으로 취급하는 물리학이론.

병진불변성, 병진대칭(translational invariance, translational symmetry) : 물리법칙이 공간의 모든 지점에서 똑같이 적용되는 현상.

불확정성원리(uncertainty principle) : 서로 상보적 관계에 있는 물리적 특성을 동시에 정확하게 측정할 수 없다는 양자역학의 원리.

브레인세계 가설(braneworld scenario) : 끈이론/M-이론의 범주 안에서 우리가 살고 있는 3차원 공간이 3-브레인이라고 가정한 이론.

블랙홀(black hole) : 중력이 너무 강하여 어떤 임계거리(사건지평선, event horizon) 이내에 있는 모든 물체를 빨아들이는 천체. 임계거리 이내에서는 빛조차도 블랙홀을 빠져 나오지 못한다.

빅 크런치(big crunch) : 우주가 도달할 수 있는 가능한 종말 중 하나. 공간이 스스로 수축되어 한 점으로 붕괴되는 우주의 종말이론으로서, 빅뱅이 역으로 진행되는 과정과 비슷하다.

사건지평선(event horizon) : 블랙홀을 에워싸고 있는 가상의 구를 칭하는 용어. 사건지평선을 통과한 물체는 블랙홀의 중력으로부터 벗어날 수 없다.

상대론자(relationist) : 모든 운동은 상대적이며 공간은 절대적 개념이 아님을 주장하는 사람.

속도(velocity) : 움직이는 물체의 빠르기와 방향을 모두 나타내는 물리량.

스핀(spin) : 소립자가 팽이처럼 돌아가면서 갖게 되는 양자적 특성.

시간단면(time slice) : 임의의 한 순간에 바라본 공간 전체의 모습. 시간축을 따라가면서 자른 시공간의 단면도.

시간되짚기 대칭(Time-Reversal Symmetry) : 시간을 거꾸로 진행시켜도 물리법칙이 변하지 않는 현상. 물리법칙은 주어진 한 순간에 과거와 미래를 구별하지 않는다.

시간의 방향성(arrow of time) : 시간이 진행하는 방향(과거→미래).

시공간(spacetime) : 특수상대성이론에 의해 하나로 통일된 시간과 공간.

암흑물질(dark matter) : 공간을 가득 채우고 있는 가상의 물질. 중력은 작용하지만 빛을 발하지 않는다.

암흑에너지(dark energy) : 공간을 가득 채우고 있는 가상의 에너지와 압력. 우주상수보다 더욱 일반적인 개념으로서, 시간에 따라 변할 수 있다.

약력(weak nuclear force) : 원자적 스케일에서 방사능붕괴와 같은 모든 종류의 붕괴에 관여하는 힘.

약전자기 힉스장(electroweak Higgs field) : 저온의 텅 빈 공간에서 0이 아닌 값을 갖는 장. 입자들로 하여금 질량을 갖게 하는 근원으로 추정되고 있다.

약전자기이론(electroweak theory) : 전자기력과 약력을 약전자기력으로 통일한 이론.

양자색역학(quantum chromodynamics) : 강력(핵력)을 양자역학적으로 설명하는 이론.

양자역학(quantum mechanics) : 원자규모 이하의 미시적 현상을 설명하기 위해 1920～1930년대에 걸쳐 개발된 물리학이론.

양자적 관측문제(quantum mesurement problem) : 파동함수에 내포되어 있는 수많은 가능성들이 관측 후에 단 하나의 값으로 결정되는 과정을 규명하는 문제.

양자적 얽힘(entanglement, quantum entanglement) : 서로 멀리 떨어진 입자들의 특성이 상호 연관되어 있는 양자적 현상.

양자적 요동(quantum fluctuation, quantum jitter) : 불확정성원리에 의해 미세 영역에서 일어나는 장의 요동.

에너지 그릇(energy bowl) : '위치에너지 그릇(potential energy bowl)' 참조.

에테르(aether, luminiferous aether) : 공간을 가득 채우고 있으면서 빛의 진행을 매개하는 가상의 물질. 현재는 폐기된 개념임.

엔트로피(entropy) : 물리계의 무질서도를 나타내는 양. 물리계의 전체적인 외형을 변형시키지 않고 구성요소들의 배열을 바꿀 수 있는 방법의 수.

열린 끈(open string) : 닫힌 끈과는 달리 양끝이 연결되어 있지 않은 끈.

열역학 제2법칙(second law of thermodynamics) : 물리계의 엔트로피가 평균적으로 항상 증가한다는 법칙.

우주론(cosmology) : 우주의 기원과 진화과정을 연구하는 분야.

우주배경복사(cosmic microwave background radiation) : 우주 초기에 발생한 복사(광자)의 잔해. 우주 전역에 걸쳐 고르게 퍼져 있다.

우주상수(cosmological constant) : 우주공간을 가득 채우고 있는 가상의 에너지와 압력을 나타내는 상수. 우주상수의 기원과 구체적인 성분은 아직 알려지지 않았다.

우주 지평선(cosmic horizon) : 우주가 탄생한 이후로 우리(관측자)와 단 한 번도 통신을 주고받을 수 없을 정도로 먼 거리에서 빠르게 멀어지고 있는 지역의 경계선.

위상변화(phase transition) : 온도가 큰 폭으로 변할 때 물리계의 특성이 변하는 현상.

위치에너지(potential energy) : 장이나 물체에 저장되어 있는 에너지.

위치에너지 그릇(potential energy bowl) : 위치에 따른 에너지장의 형태(그래프)를 칭하는 용어. 전문용어로는 '장의 위치에너지(field's potential energy)'라고 함.

음의 곡률(negative curvature) : 임계밀도보다 작은 밀도를 갖는 우주의 기하학적 형태. 말안장이나 프링글스 감자칩과 같은 모양.

인플라톤장(inflaton field) : 인플레이션 팽창의 원인이 되는 에너지와 음압을 제공하는 장.

인플레이션 우주론(inflationary cosmology) : 우주 초기의 짧은 시간 동안 엄청난 규모의 팽창이 있었음을 주장하는 우주론.

일반상대성이론(general relativity) : 아이슈타인이 제창한 중력이론. 시간과 공간의 곡률을 주로 다룬다.

임계밀도(critical density) : 우주공간이 평평하다고 했을 때 요구되는 질량/에너지의 밀도. 약 10^{-23}g/cm^3.

자발적인 대칭성 붕괴(spontaneous symmetry breaking) : 힉스장의 형태를 칭하는 전문용어. 힉스장에 존재했던 대칭성이 감춰지거나 사라지는 과정.

장(field) : 공간에 안개처럼 퍼져 있는 사물의 본질(essence). 힘을 전달하거나 입자의 존재/운동을 서술하는 수단으로 사용되며, 수학적으로는 각 지점마다 특정한 값(또는 여러 개의 값들)을 갖는 함수로 표현된다.

전령입자(messenger particle) : 힘의 가장 작은 단위에 해당되는 덩어리(bundle). 힘을 전달하는 입자. 매개입자라고도 함.

전자기력(electromagnetic force) : 자연계에 존재하는 네 가지 힘들 중 하나. 전기전하를 갖는 입자에만 작용한다.

전자기장(electromagnetic field) : 전자기력을 발휘하는 장.

전자장(electron field) : 전자를 가장 작은 에너지단위로 갖는 장.

절대공간(absolute space) : 뉴턴이 생각했던 공간의 개념. 절대공간은 그 안에 들어 있는 내용물과 무관하게 항상 동일한 상태를 유지한다.

절대론자(absolutist) : 공간이 절대적 객체임을 주장하는 사람.

절대시공간(absolute spacetime) : 특수상대성이론에서 탄생한 공간의 개념. 시간을 따라 진행되는 모든 시제의 공간들을 한데 이어 놓은 개념으로, 그 안에 들어 있는 내용에 상관없이 불변량으로 취급된다.

중력자(graviton) : 중력을 매개하는 가상의 입자(아직 발견되지 않았음).

지평선 문제(horizon problem) : 우주적 지평선 너머에 있는 지역들이 거의 동일한 특성을 갖고 있는 이유를 규명하는 문제.

진공(vacuum) : 아무 것도 없이 텅 비어 있는 상태. 최저에너지 상태.

진공장 요동(vacuum field fluctuation) : '양자적 요동(quantum fluctuation)' 참조.

초끈이론(superstring theory) : 모든 만물의 근원을 진동하는 1차원 열린 끈이나 닫힌 끈으로 간주하면서 초대칭을 도입한 새로운 물리학체계. 일반상대성이론과 양자역학을 모순 없이 결합시키는 데 결정적인 기여를 함.

초대칭(supersymmetry) : 정수 스핀을 갖는 입자(힘입자)와 반정수 스핀을 갖는 입자(물질입자)를 서로 맞바꿔도 물리법칙이 변하지 않는 현상.

카시미르힘(Casimir force) : 진공장 요동(vacuum field fluctuation)의 불균형에 의해 발생하는 양자역학적 힘.

칼루자-클라인 이론(Kaluza-Klein theory) : 우주가 3차원 이상의 차원을 갖고 있음을 주장하는 이론.

켈빈(Kelvin) : 절대온도의 단위. 가장 낮은 온도인 절대온도 0도는 섭씨 -273도.

코펜하겐 해석(Copenhagen interpretation) : 거시적인 물체는 고전물리학의 법칙을 따르고 미시적인 물체는 양자역학의 법칙을 따른다는 해석.

쿼크(quark) : 강력(핵력)을 행사하는 기본입자. 위쿼크(up-quark), 아래쿼크(down), 이상쿼크(strange), 맵시쿼크(charm), 꼭대기쿼크(top), 바닥쿼크(bottom)의 여섯 종류가 있음.

통일이론(unified theory) : 모든 물질과 힘을 하나의 체계로 통일시키는 이론.

특수상대성이론(special relativity) : 시간과 공간이 각기 독립적이지 않고 관측자의 관점에 따라 다르게 보인다는 원리를 주 내용으로 하는 아인슈타인의 이론.

파동함수(wavefunction) : '확률파동(probability wave)' 참조.

평평한 공간(flat space) : 우주공간이 가질 수 있는 기하학적 형태의 하나. 곡률=0.

표준모델(standard model) : 양자색역학과 약전자기이론으로 구성된 양자역학이론. 모든 소립자들이 점입자라는 가정하에 중력을 제외한 모든 힘과 물질을 설명하고 있다.

(표준) 빅뱅이론(big bang theory/standard big bang theory) : 우주 탄생 직후의 초고온 상태와 팽창을 설명하는 이론.

표준촛불(standard candle) : 항상 고정된 밝기를 갖는 천체. 다른 천체까지의 거리를 관측할 때 기준으로 사용됨.

플랑크길이(Planck length) : 일상적인 공간의 개념을 더 이상 적용할 수 없는 한계. 10^{-33}cm.

플랑크시간(Planck time) : 빛이 플랑크 길이를 통과하는 데 걸리는 시간. 약 10^{-43}초. 이보다 짧은 시간간격에서는 기존의 시간개념이 적용되지 않는다.

플랑크질량(Planck mass) : 진동하는 끈의 전형적인 질량. 약 10^{-5}g(먼지 한 톨의 질량, 양성자 질량의 약 10^{19}배).

확률파동(probability wave) : 입자가 특정 위치에서 발견될 확률을 나타내는 양자역학적 파동.

확률파동의 붕괴, 파동함수의 붕괴(collapse of probability wave, collapse of wavefunction) : 넓은 영역에 퍼져 있는 확률파동(파동함수)이 관측에 의

해 하나의 값으로 결정되는 과정을 설명하기 위한 가설.

회전불변성, 회전대칭(rotational invariance, rotational symmetry) : 회전을 시켜도 변하지 않는 물리계, 또는 물리법칙의 특성.

힉스입자(Higgs particles) : 힉스장의 가장 작은 양자적 에너지단위.

힉스의 바다(Higgs ocean) : 이 책에서는 '힉스장의 진공 기대값'의 약어로 사용되었음.

힉스장(Higgs field) : '약전자기 힉스장' 참조.

힉스장의 진공 기대값(Higgs field vacuum expectation value) : 빈 공간에서 힉스장이 0이 아닌 값을 갖는 상태. 힉스의 바다.

시간과 공간은 우주의 삼라만상이 진행되는 무대이자 인간의 육체와 정신을 전적으로 지배하고 있는 무형의 울타리이다. 종교적 신념이 인간의 행동규범을 지배했던 과거에는 과학자들이 시간과 공간에 불변의 속성을 부여하여 "확인할 수는 없지만 항상 그곳에 있으며, 척도가 영원히 변치 않는 절대적 객체"로 간주했었다. 이러한 믿음은 뉴턴의 시대에 이르러 '절대공간과 절대시간'이라는 물리적 개념으로 구체화되었고, 그 후로 시간과 공간은 모든 운동의 기준이 되는 절대적 기준계의 역할을 했다. 고전적인 시간과 공간은 중세 유럽인들의 삶을 지배했던 절대적인 신의 개념과 한데 어우러져, 엄밀한 증명도 없이 '이견의 여지가 없는 불변의 진리'로 군림해 온 것이다.

절대적인 시간과 공간의 개념이 오랜 세월 동안 수용되어 온 또 다른 이유는 그것이 인간의 경험이나 직관과 정확하게 일치하기 때문이다. 사실, 지구에 붙어사는 인간이 "공간은 우주 어디서나 균일한 척도로 무한히 곧게 뻗어 있고, 시간은 언제 어디서나 동일한 속도로 미래를 향해 흐른다"고 주장하는 것은 매우 대담한 발상이라고 할 수 있다. 그러나 우리가 일상적으로 경험하는 모든 현상들은 우주적 규모에서 볼 때 지극히 작은 공간과 짧은 시간 안에서 일어나고 있으므로, 시공간의 부분적 특성을 전체적인 본질로 이해하고 살아가도 손해 볼 것은 전혀 없다. 그래서 뉴턴의 절대공간과 절대시간은 근 250년 동안 과학적 전제를 넘어서 당연한 사실로 받아들여졌다.

공간에 대한 뉴턴의 고전적 개념에 처음으로 심각한 타격을 입힌 사람은 에른스트 마흐였다. 그는 운동의 기준을 꾸준히 파고든 끝에 "공간은 실체가 아니며 가속운동은 우주의 전체적인 질량분포에 대하여 상대적이다"라는 상대적 개념의 공간을 주장하였다. 그러나 마흐의 이론은 수학적인 체계를 갖추지 못하여 당대의 과학자들을 설득하기에 역부족이었다.

지금부터 정확하게 100년 전, 알베르트 아인슈타인은 특수상대성이론을 발표하면서 절대적인 시간과 공간의 개념에 비로소 종지부를 찍었다. 알고 보니 시간과 공간은 서로 독립된 객체가 아니라 관측자의 운동상태에 따라 변하는 하나의 세트였던 것이다. 육면체를 정면에서 바라보면 앞면만 보이지만 각도를 조금 돌리면 앞면과 옆면이 같이 보이는 것처럼, 시간과 공간은 관측자의 운동상태에 따라 다양한 비율로 섞이는 양이었다. 즉, 한 사람이 바라보고 있는 공간을 다른 사람(운동상태가 다른 사람)이 보면 일부는 공간으로, 일부는 시간으로 보인다는 뜻이다. 이리하여 시간과 공간은 하나의 체계 속에 통합되었고, 그 통합체에는 시공간(spacetime)이라는 이름이 붙여졌다.

특수 및 일반상대성이론을 혼자서 완성한 아인슈타인은 여기서 한 걸음 더 나아가 자연에 존재하는 모든 상호작용(힘)들을 하나의 체계로 통합하는 통일장이론을 연구하였다. 비록 그는 결실을 맺지 못하고 세상을 떠났으나, 그의 우주관은 후대의 물리학자들에게 충실히 전수되어 자연의 법칙을 하나로 통일하려는 연구는 꾸준히 계속되어 왔다. 그러던 중 1980년대 중반에 이르러 초끈이론(superstring theory)이 탄생하면서 통일장이론은 혁명적인 변화를 겪게 된다. 초끈이론에 의하면 우리는 3차원 공간이 아니라 무려 10차원이나 되는 공간 속에서 살고 있다. 만일 이것이 사실이라면 그 많은 차원들 중에서 왜 3개의 차원만 우리의 눈에 보이며 나머지는 어디에, 어떻게, 왜 숨어 있는지를 규명해야 한다. 아직 명쾌한 결론은 내려지지 않았지만,

끈이론학자들은 공간의 개념을 새로 구축한 아인슈타인의 계보를 잇고 자연의 모든 법칙들을 하나로 통일하기 위해 지금도 혼신의 노력을 기울이고 있다.

이 책은 일반 독자들이 가벼운 마음으로 쉽게 읽을 수 있는 책이 아니다. 흔히 교양과학도서는 일반 독자들의 흥미를 유도하기 위해 쉬운 설명을 강조하거나 내용을 지나치게 단순화하여 핵심을 놓치는 경우가 많다. 물리학이 어렵게 느껴지는 것은 설명이 어려워서가 아니라, 자연의 법칙 자체가 우리의 직관이나 상식에서 크게 벗어나 있기 때문이다. 그러므로 과학서적이 제 역할을 하려면 자연의 법칙을 '인간적인' 사고의 틀에 맞출 것이 아니라, 사고의 틀을 자연의 법칙에 맞추도록 유도해야 한다. 이런 점에서 볼 때, 브라이언 그린의 책은 모범적인 교양과학도서로서 부족함이 없다. 그는 문제를 지나치게 단순화시키지 않으면서도 핵심만을 간결하게 추려 내는 특별한 재능을 가진 사람이다. 그의 글을 읽다 보면 '복잡한 것=어려운 것'이라는 편견 어린 등식으로부터 자유로워지면서 사고의 범위를 자연스럽게 넓혀 갈 수 있을 것이다.

앞서 말한 대로, 올해는 상대성이론이 발표된 지 1세기가 되는 해이다. 그동안 특수 및 일반상대성이론은 물리학의 전 분야에 걸쳐 막대한 영향력을 행사하면서 양자역학과 함께 현대물리학을 떠받치는 주춧돌로 확고하게 자리 잡았다. 그러나 일반인들에게는 100년 전이나 지금이나 여전히 "한 천재의 머릿속에서 나온 엄청나게 복잡하고 어려운 이론"일 뿐이다. 하긴, 반경 6,370km 남짓한 지구의 표면 위에서 100년 이내의 짧은 생을 살다 가는 인간이 우주적 스케일의 시간과 공간을 '취미 삼아' 이해한다는 것은 결코 자연스러운 행동이라 할 수 없다. 시간과 공간의 진정한 특성을 이해하는 것과 지구인의 생존능력 사이에는 아무런 관계도 없다. 게다가 머릿속에 그려지지도 않는 10차원 공간(11차원 시공간)까지 머릿속에 담고 살기에는 우리가 처한 현실이 지나치게 각박한 것도 사실이다. 그러나 인류가 20~21세기에 이루어 낸 새로운 문명은 대부분 과학으로부터 탄생하였고, 모든 과학의 저변에는 "실생활에 별로 도움될 것 같지 않은" 기초과학이 자리 잡고 있다. 기초과학의 목적은 인간의 생존능력을 키우는 것이 아니라, 자연과 인간의 상관관계를 더욱 깊이 이해하여 인간의 한계를 인지하고 그 본분을 확립하는 것이다. 생존능력의 함양과 본분의 확립—이들 중 어느 쪽에 관심을 둘 것인지는 각자의 취향이겠으나, 어느 쪽이 더 근본적인 문제인지는 굳이 강조할 필요가 없을 줄로 안다.

시공간의 비밀이 풀리면 우주의 비밀도 자연스럽게 풀릴 것이다. 시공간은 우주라는 양탄자를 구성하는 실이기 때문이다. 브라이언 그린의 책 『우주의 구조』는 이 문제에 관한 한 가장 고급정보를 담고 있는 교양과학도서로서, 물리의 해를 맞이하여 일반 독자들의 관심을 불러일으키는 데 커다란 몫을 할 것이다. 이렇게 훌륭한 책을 번역할 기회를 주신 도서출판 승산의 황승기 사장님과, 꼼꼼한 편집으로 책의 완성도를 한껏 높여 준 이진영 씨에게 진심으로 깊은 감사를 드린다.

2005년 5월
역자 박병철

찾아보기

물리

How the nature behaves

엘러건트 유니버스

브라이언 그린 지음 | 박병철 옮김 | 592쪽 | 20,000원

초끈이론과 숨겨진 차원, 그리고 궁극의 이론을 향한 탐구 여행.
초끈이론의 권위자 브라이언 그린은 핵심을 비껴가지 않고도 가장 명쾌한 방법을 택한다.

파인만의 물리학 강의 I

리처드 파인만 강의 | 로버트 레이턴, 매슈 샌즈 엮음 | 박병철 옮김 | 736쪽 | 양장 38,000원, 반양장 18,000원, 16,000원(I-I, I-II로 분권)

40년 동안 한 번도 절판되지 않았던, 전 세계 이공계생들의 필독서, 파인만의 빨간 책.

파인만의 물리학 강의 II

리처드 파인만 강의 | 로버트 레이턴, 매슈 샌즈 엮음 | 김인보, 박병철 외 6명 옮김 | 800쪽 | 40,000원

파인만의 물리학 강의 I에 이어 우리나라에 처음 소개되는 파인만 물리학 강의의 완역본. 주로 전자기학과 물성에 관한 내용을 담고 있다.

파인만의 여섯 가지 물리 이야기

리처드 파인만 강의 | 박병철 옮김 | 246쪽 | 양장 13,000원, 반양장 9,800원

파인만의 강의록 중 일반인도 이해할 만한 '쉬운' 여섯 개 장을 선별하여 묶은 책.

파인만의 또 다른 물리 이야기

리처드 파인만 강의 | 박병철 옮김 | 238쪽 | 양장 13,000원, 반양장 9,800원

파인만의 강의록 중 상대성이론에 관한 '쉽지만은 않은' 여섯 개 장을 선별하여 묶은 책.

일반인을 위한 파인만의 QED 강의

리처드 파인만 강의 | 박병철 옮김 | 224쪽 | 9,800원

가장 복잡한 물리학 이론인 양자전기역학을 가장 평범한 일상의 언어로 풀어낸 나흘간의 여행.

발견하는 즐거움

리처드 파인만 지음 | 김희봉, 승영조 옮김 | 320쪽 | 9,800원

인간이 만든 이론 가운데 가장 정확한 이론이라는 '양자전기역학(QED)'의 완성자로 평가받는 파인만. 그에게서 듣는 삶에 대한 열정.

천재: 리처드 파인만의 삶과 과학

제임스 글릭 지음 | 황혁기 옮김 | 792쪽 | 28,000원

'카오스'의 저자 제임스 글릭이 쓴, 천재 과학자 리처드 파인만의 전기. 과학자라면, 특히 과학을 공부하는 학생이라면 꼭 읽어야 하는 책. 2006 과학기술부 인증 '우수과학도서', 아태 이론물리센터 선정 **'2006년 올해의 과학도서 10권'**

볼츠만의 원자

데이비드 린들리 지음 | 이덕환 옮김 | 340쪽 | 15,000원

19세기 과학과 불화했던 비운의 천재, 루트비히 볼츠만의 생애. 그리고 그가 남긴 과학이론의 발자취.

스트레인지 뷰티 : 머리 겔만과 20세기 물리학의 혁명

조지 존슨 지음 | 고중숙 옮김 | 608쪽 | 20,000원

20여 년에 걸쳐 입자 물리학을 지배했던, 탁월하면서도 고뇌를 벗어나지 못했던 한 인간에 대한 다차원적인 조명.

시데레우스 눈치우스 : 갈릴레오의 천문노트

갈릴레오 갈릴레이 지음 | 장헌영 옮김 | 208쪽 | 9,500원

스스로 만든 망원경을 통해 달을 관찰하고, 그 내용을 바탕으로 당대의 천문학적 믿음을 뒤엎었던 갈릴레오. 시대를 넘어선 갈릴레오의 뛰어난 통찰력과 날카로운 지성을 느껴 볼 수 있다.

과학의 새로운 언어, 정보

한스 크리스천 폰 베이어 지음 | 전대호 옮김 | 352쪽 | 18,000원

양자역학이 보여 주는 '반직관적인' 세계관과 새로운 정보 개념의 소개. 눈에 보이는 것이 세상의 전부가 아님을 입증해 주는 '양자역학'의 세계와, 현대 생활에서 점점 더 중요시되는 '정보' 을 다룬다.
한국과학문화재단 출판지원 선정 도서

아인슈타인의 베일

안톤 차일링거 지음 | 전대호 옮김 | 312쪽 | 15,000원

양자물리학의 전체적인 흐름을 심오한 질문들을 통해 설명하는 책. 세계의 비밀을 감추고 있는 거대한 '베일'을 양자이론으로 점차 들춰낸다. 고전물리학에서 최첨단의 실험 결과에 이르기까지, 일반 독자들을 위해 쉽게 설명하고 있다.

수학

An invention of the human mind

뷰티풀 마인드

실비아 네이사 지음 | 신현용, 승영조, 이종인 옮김 | 757쪽 | 18,000원

존 내쉬의 영화 같았던 삶. 그의 삶 속에서 진정한 승리는 정신분열증을 극복하고 노벨상을 수상한 것이 아니라 아내 앨리샤와의 사랑이 끝까지 살아남아 성장할 수 있었다는 점이다.

우리 수학자 모두는 약간 미친 겁니다

폴 호프만 지음 | 신현용 옮김 | 376쪽 | 12,000원

83년간 살면서 하루 19시간씩 수학문제만 풀었고, 485명의 수학자들과 함께 1,475편의 수학논문을 써낸 20세기 최고의 전설적인 수학자 폴 에어디쉬의 전기.

무한의 신비

애머 악첼 지음 | 신현용, 승영조 옮김 | 304쪽 | 12,000원

고대부터 현대에 이르기까지 수학자들이 이루어 낸 무한에 대한 도전과 좌절. 무한의 개념을 연구하다 정신병원에서 쓸쓸히 생을 마쳐야 했던 칸토어와, 피타고라스에서 괴델에 이르는 '무한'의 역사.

유추를 통한 수학적 탐구

P. M. 에르든예프, 한인기 공저 | 272쪽 | 18,000원

유추는 개념과 개념을, 생각과 생각을 연결하는 징검다리와 같다.
이 책을 통해 우리는 '내 힘으로' 수학하는 기쁨을 얻게 된다.

리만 가설: 베른하르트 리만과 소수의 비밀

존 더비셔 지음 | 박병철 옮김 | 560쪽 | 20,000원

수학의 역사와 구체적인 수학적 기술을 적절하게 배합시켜 '리만 가설'을 향한 인류의 도전사를 흥미진진하게 보여 준다. 일반 독자들도 명실 공히 최고 수준이라 할 수 있는 난제를 해결하는 지적 성취감을 느낄 수 있을 것이다.

2007 대한민국학술원 우수학술도서 선정

소수의 음악: 수학 최고의 신비를 찾아

마커스 드 사토이 지음 | 고중숙 옮김 | 560쪽 | 20,000원

소수, 수가 연주하는 가장 아름다운 음악! 이 책은 세계 최고의 수학자들이 혼돈 속에서 질서를 찾고 소수의 음악을 듣기 위해 기울인 힘겨운 노력에 대한 매혹적인 서술이다. 19세기 이후부터 현대 정수론의 모든 것. 일반인을 위한 '리만 가설', 최고의 안내서.

2007 과학기술부 인증 '우수과학도서'

저자인 마커스 드 사토이는 180여 년의 전통을 가진 '영국왕립연구소 크리스마스 과학강연'을 한국에 옮겨 와 '수의 신비'라는 주제로 2007년 8월 12, 13일에 총 4회 강연(8월의 크리스마스 과학강연)

우주의 구조

1판 1쇄 펴냄 2005년 6월 24일
1판 15쇄 펴냄 2022년 3월 1일

지은이 | 브라이언 그린
옮긴이 | 박병철
펴낸이 | 황승기

마케팅 | 송선경
표지디자인 | 이은주
본문디자인 | 장선숙

펴낸곳 | 도서출판 승산
등록날짜 | 1998년 4월 2일
주소 | 서울특별시 강남구 역삼동 723번지 혜성빌딩 402호
전화번호 | 02-568-6111
팩시밀리 | 02-568-6118
이메일 | books@seungsan.com

ISBN 978-89-88907-73-3 03420

* 이 도서는 한국과학문화재단이 시행하는 과학문화지원사업의 지원을 받아 출판되었습니다.
* 이 도서의 국립중앙도서관 출판도서목록(CIP)은
e-CIP 홈페이지(http://www.nl.go.kr/cip.php)에서 이용하실 수 있습니다
(CIP제어번호: CIP2007003052)
* 도서출판 승산은 좋은 책을 만들기 위해 언제나 독자의 소리에 귀를 기울이고 있습니다.